捕捞工程学

卢伙胜　夏章英　主编

科　学　出　版　社

北　京

内 容 简 介

　　《捕捞工程学》是在钟百灵《中国海洋渔具学》专著的分类结构理论基础上，依专业培养和教学的需要，增加现代新渔具，并介绍主要渔具的捕捞技术、实验分析、鱼类行为适应性、捕捞选择性、渔业资源保护和渔具设计理论等内容。本书所有定义、术语和符号都采用国内最新标准，并力求与国际趋同。按教学的需要划分章节并设置丰富的例题和练习题。可按教学大纲要求选择专科、本科、硕士等教学层次的内容进行课堂教学或研读。

　　本书可供渔业资源学、捕捞学等相关专业师生参考，也可供渔业科研人员、渔业管理人员使用。

图书在版编目（CIP）数据

捕捞工程学 / 卢伙胜，夏章英主编. —北京：科学出版社，2023.3

ISBN 978-7-03-074174-5

Ⅰ.①捕… Ⅱ.①卢… ②夏… Ⅲ.①渔捞学 Ⅳ.①S97

中国版本图书馆 CIP 数据核字（2022）第 237630 号

责任编辑：郭勇斌　彭婧煜　常诗尧 / 责任校对：郝甜甜
责任印制：张　伟 / 封面设计：刘　静

科 学 出 版 社 出版

北京东黄城根北街 16 号
邮政编码：100717
http://www.sciencep.com

北京中科印刷有限公司印刷

科学出版社发行　各地新华书店经销

＊

2023 年 3 月第　一　版　　开本：890×1240　1/16
2023 年 3 月第一次印刷　　印张：49 3/4
字数：1 680 000

定价：298.00 元

（如有印装质量问题，我社负责调换）

本书编委会

主　编：卢伙胜　夏章英

副主编：秦明双　钟百灵

编　委：冯　波　颜云榕　陈文河

卢伙胜简介

　　1948 年 8 月生，广东省阳江市阳西县人。1982 年毕业于湛江水产学院海洋捕捞专业，获工学学士学位。1982～1991 年，在湛江海洋渔业公司技术科工作，主要从事渔场开发和捕捞技术研究，曾任海洋捕捞助理工程师、工程师等职。

　　1991 年至今在广东海洋大学水产学院工作，教授，硕士生导师。曾任水产学院副院长、海洋渔业系主任、南海渔业资源监测与评估中心常务副主任等职。曾是阳西县外聘农业专家，广东省农业技术专家库专家，农业部（现农业农村部）技术专家库专家，湛江市第三届科学技术专家咨询委员会专家，《广东海洋大学学报》编委，广东海洋大学学术委员会委员，中国水产学会资深会员，全国标准化技术委员会委员，中国水产学会捕捞学分会委员，中国水产学会渔业资源与环境分会委员，中国水产公司首席技术顾问，中越北部湾渔业资源专家组成员，全国海洋渔业资源评估专家委员会委员。曾主讲捕捞学、鱼类行为学、渔业资源增养殖学等课程。长期致力于海洋渔业资源调查、评估、开发和修复技术研究。

　　从 2000 年起至今，主持国家自然科学基金、808 专项、国家科技支撑计划项目等国家、部、省、市级和企业横向项目 62 项，发表论文四十余篇，获广东省科学技术奖二等奖 1 项，获农业部（现农业农村部）"神农中华农业科技奖"二等奖 1 项，获市级科学技术奖一等奖 3 项，市级科学技术奖二、三等奖各 1 项，主编专著 1 部，参编专著和教材 8 部，获发明专利 2 项，获实用新型专利多项。

夏章英简介

　　1937 年生，福建省福鼎市人。1960 年毕业于上海水产学院，分配到中国科学院南海海洋研究所工作。1961 年在中国科学院地球物理学部进修（主要从事水声研究），1962 年 9 月调到湛江水产专科学校从事水产教育工作（该校后升格为湛江水产学院、湛江海洋大学、广东海洋大学）并连任两届海洋渔业系系主任职务。1997 年退休后，在海南省海洋学校（现已解散）工作一年，主要协助该校开办海洋开发与管理专业。2002 年被湛江海洋大学（现广东海洋大学）返聘 3 年，1993 年起享受国务院特殊专家津贴。

　　在职时，除了从事捕捞学和渔政管理学的教学任务之外，还创办了"海洋渔政管理"和高教自考"渔业管理"两个专科新专业，并完成了农业部（现农业农村部）下达的"光诱机钓鱿鱼"和"化学光捕虾"两项海上生产试验的科研任务，撰写了《光诱围网》《渔政管理学》等 5 部著作，发表了《猎夜红围网网长探讨》等 8 篇论文，编写了捕捞专业用的《围网》《声光电与捕鱼》等 10 本教材。

　　退休后发表了《浅谈南海渔业管理对策》等 3 篇论文，且在广东海洋大学海洋渔业系教师的支持下，出版了《人工鱼礁工程学》、《渔业管理》及《渔港监督》等 11 部著作。

目 录

第一章 概 论

第一节 灿烂辉煌的中国古代捕捞业

马克思主义认为：人类社会区别于猿群的基本特点，是能够制造工具，生产自己所必需的生活资料。根据考古发现和研究，人类社会最古老的工具，是捕鱼和打猎的工具。就是说，人类社会的生产活动是从捕鱼打猎开始的。我国自原始社会就开始了渔猎活动，渔业源远流长，内涵丰富，对中华民族的生存和发展起着巨大的作用。

一、原始时期的捕鱼活动

我国原始社会开始于距今 170 万年前，止于公元前 21 世纪。考古发现，云南元谋人（距今约170 万年）、陕西蓝田人（距今 115 万～65 万年）、北京周口店的北京人（距今 70 万～20 万年）、广东省的马坝人（距今 13.5 万～12.95 万年）和山西襄汾的丁村人（距今 20 万～10 万年），都有捕食鱼的行为。

母系氏族公社是原始社会的高级阶段，在此时期，打猎、捕鱼和手工制作领先发展，家畜饲养和农业种植相继出现。在我国发现的母系氏族公社时期的人类化石，有广西柳江的柳江人，北京周口店的山顶洞人；东北三省、内蒙古、宁夏等地的细石器文化，河南渑池的仰韶文化，浙江余姚的河姆渡文化等遗址中有出土的蚶壳、鱼镖、鱼纹彩陶、淡水鱼骨和鳍刺等。

母系氏族公社时期，人们也在海边抓鱼、镖鱼，多人张网下海捕鱼，但主要手段是采食贝类。至今在我国沿海地带，北起辽宁，南至海南岛，留置着无数的贝冢或贝丘——人们食后弃置的贝壳堆积如冢如丘。

在父系氏族公社时期，全国几乎从南到北，从东到西，都在使用有坠渔网捕鱼。有坠渔网的普遍使用，大大提升了原始网罟的技术性能，使渔获量大增，大幅度地提高了生产力水平。在此时期海洋捕鱼活动发展很快，山东省胶县（现胶州市）[①]一处胶州湾滨海遗址，属大汶口文化，出土了大量食后弃置的鱼骨骼，经鉴定，绝大部分是鲮、鳓和蓝点马鲛。

约在尧舜时期，我国的原始社会开始解体，古代国家机构破土萌芽。古文献记载，尧为部落联盟领袖，年老时，选举舜为接班人，舜名重华，原是有虞氏的部落长，他能耕、能陶、善渔。舜接任部落联盟领袖后，根据当时生产发展和社会进步的情况，在部落联盟领导机构中分设了司空、稷、司徒、共工、虞、秩宗等官职。其中的虞，负责管理山泽，也就是管理打猎、捕鱼。也就是说，原始国家机构一出现，就设有渔业管理部门。第一位主持虞的工作的人叫益。《史记·五帝本纪》记载："益主虞，山泽辟。"益对渔业的发展，作出了重要贡献。

二、夏、商、周时期蓬勃发展的早期捕捞业

公元前 21 世纪，中国进入奴隶制社会夏朝，农业和渔猎是夏人的两个主要生产部门。《古本竹

---

① 本书在旧地名首次出现时括注现（属）地名，为便于与相关历史资料对应，后沿用旧地名，不再注明。

书纪年》载,夏王芒"茫命九夷,东狩于海,获大鱼",反映了当时大规模使用奴隶的渔猎活动。商朝统治时期,渔业生产进一步专业化。商代遗址出土有龟甲、鲸骨、海贝等,这些产于渤海、黄海、东海和南海的水生生物遗骸,说明了渔业生产范围的扩大。周朝统治时期,渔业生产的范围进一步扩大。位于渤海之滨的齐国,是西周开国元勋姜太公的封国。《史记·齐太公世家》记载,太公就国后,"通商工之业,便鱼盐之利,而人民多归齐,齐为大国"。夏、商、周时期(公元前2070~前256年)同原始社会相比,捕捞渔业有了巨大进步,并体现在捕捞工具的发展上。这一时期的捕捞工具,可分为网渔具、钓渔具和杂渔具三大类。

渔网(古称网罟)始于原始社会时期,人们利用植物纤维编织渔网,张捕或拖捕鱼类,夏文化遗址出土有网坠。殷墟甲骨文"渔"字,象征双手拉网捕鱼。到周代,渔网因捕捞水域和捕捞对象的不同,已有不同的名称。一种大型渔网名罛,是专捕鳣鲔(鲟鳇)等大型鱼类的渔网。一种中型渔网名九罭,尾部有许多小袋,后世也称百袋网,用以捕捞赤眼鳟和鳊等鱼类。另有一种小渔网名汕,用以抄捞小鱼。《诗经》中对以上各种网具都有明确的记载。

1952年,河南偃师二里头早商宫殿遗址出土一枚铜鱼钩。到春秋时期,随着铁器的出现,鱼钩开始改用铁制。周代对钓竿、钓线、钓饵及浮子等构件都很重视,《诗经·召南》中也有记述。

杂渔具是指网、钓以外的各式渔具,带有较强的地区性。夏、商、周三代使用杂渔具很多,有鱼叉、弓箭、鱼笱、罩等多种。鱼叉最开始用骨木制作,后来逐步改用铜铁制作。弓箭的使用和原始社会相同,既是武器,又是捕鱼打猎的工具。殷墟甲骨文中记载的"王弜鱼",即指用弓箭射鱼。周代使用弓箭射鱼相当广泛,已形成这样的概念:一般捕鱼均称"矢鱼"。鱼笱是一种捕鱼竹笼,颈部装有倒须,放置在鱼类洄游的通道上,鱼能进而不能出。

随着捕捞工具的改进,周代的捕捞能力明显提高,当时捕捞的有淡水鱼类,也有海洋鱼类。据《诗经》记载,当时捕食的鱼类有鲔(中华鲟)、鲔(白鲟)、鲤等13种,而后的《尔雅·释鱼》记载的鱼名更多达22种。

三、秦、汉至唐、宋时期捕捞技术的进步

公元前221年,秦始皇统一中国,至公元1279年,南宋灭亡,其间随着社会生产力水平的提高,特别是铁制生产工具普遍应用,渔业得到了更大规模的发展。唐、宋是我国传统渔业发展的高峰,渔业生产的重心从内陆水域转向近海,捕捞工具和技术进一步发展,大量海洋渔业资源被开发利用。同时许多名人,如杜甫、王建、张志和、李白、白居易、柳宗元、胡令能、米芾、李煜、苏轼、范仲淹、陆游等写下了描述和歌颂渔业生产的诗篇,出现了一个"渔文化"高潮。秦、汉至唐、宋时期,捕捞工具和技术进一步发展,主要体现在:捕鱼机械的使用,浅海张网、刺网渔具的出现,钓具技术的发展,诱捕和声响捕鱼技术的进步,远海捕捞的开展等。

西汉《淮南子》中有曰"钓者静之",说明当时人们已掌握钓鱼的一定要诀。到东汉,出现一种以模拟鱼诱集鱼群,然后将其钓捕的方法。王充《论衡·乱龙篇》记载:"钓者以木为鱼,丹漆其身,近之水流而击之,起水动作,鱼以为真,并来聚会。"这成为后世拟饵钓和诱鱼捕捞的雏形。唐代还出现了一种筒钓,这也是单线钓,方法是截竹为筒,下系钓线和钓钩,钩上装有钓饵,置于天然水域,隔一定时间去收取。韩偓《赠渔者》诗中有曰:"尽日风扉从自掩,无人筒钓是谁抛?"反映出筒钓时,不需要人在旁边守护的情景。竿钓是最古老的钓法,至宋代时,钓具已趋于完整。邵雍在《渔樵问对》中把竿钓归纳为由竿(钓竿)、纶(钓线)、浮(浮子)、沉(沉子)、钩(钓钩)、饵(钓饵)六样东西所组成,这与近代竿钓基本相同。

北宋宣和年间(1119~1125年),南海出现了拖钓(又称曳绳钓);南宋时,又出现了空钩延绳钓(又称滚钩),主要用于捕捞江中大鱼如鲟鳇等。

东汉时期，有一种网罟（渔网），把四角系在 4 根大木上，用轮轴起放，张捕鱼类。到唐代，这种渔具被广泛应用于江、河通道。到宋代，更发展为船罾，也用轮轴起放网具。唐代还出现一种规模巨大的拉网。它的作业方式是通过人或船将网具沿岸边放成弧形，然后在陆岸拖曳网具至岸边，以达到捕捞目的。杜甫的《观打鱼歌》中写述"绵州（今四川绵阳）江水之东津，鲂鱼鲅鲅色胜银。渔人漾舟沈大网，截江一拥数百鳞"。由此可见，一网能捕鲂鱼几百尾，可见其网具之大。

在西晋时，已有利用鱼类听觉与发声的特性，进行探鱼和捕捞的方法。唐代李善说："以长木叩舷为声。……所以惊鱼，令入网也。"

汉代至唐代，我国造船业迅速发展，特别是宋代，大海船能载员数百人，促进了海洋渔业发展。例如宋代南海郡的贡品有龟壳、鲛鱼皮；浙江和山东沿海进贡的海产品种类更多。说明海洋渔业在宋代有了相当水平和规模。此外，考古工作者还在西沙群岛甘泉岛等地，发现了唐、宋时代人们食用后抛弃的鸟骨和螺蚌壳，说明远离大陆的西沙群岛的海洋渔业资源，在唐、宋代就已得到利用。

宋代时浙江出现大莆网，这是一种张网。它用两只单齿锚把锥形网具固定在浅海中，网口对准急流，利用流水，将鱼冲入网内达到捕捞目的，它是浙江沿海捕捞大黄鱼等的重要渔具。宋代还出现刺网，刺网呈长带形，敷设在鱼类通道上，刺挂或缠络鱼类，以达到捕捞目的。这种方法目前沿海各地仍在使用。周密《齐东野语》记载了用双船定置刺网捕马鲛的情形。

宋代出现了鳜诱捕法，"渔者以索贯一雄，置之溪畔，群雌来唼，曳之不舍，掣而取之，常得十数尾"（罗愿《尔雅翼》）。此外，还有以腥物、彩缕，或萤火、火把等诱集鱼类的诱捕法。

四、元、明、清时期我国捕捞业的进一步发展

元代轻视渔业，课税之外，基本情况是"听民自渔"（《元史·本纪·世祖》）。明初，朝廷下令"片帆寸板不许下海"，实行禁海。清初为了巩固统治又实行禁海、迁海政策，使渔业遭受巨大的摧残。但明初洪武、永乐时期和清朝的中期（康熙、雍正、乾隆），推行了一些振兴生产的政策和措施，特别是广大渔民群众的努力，以及资本主义萌芽和商业活动的刺激，使捕捞业得到了进一步发展，主要体现在海洋渔场扩大开发利用，渔具、渔法有了更大的进步。

我国沿海渔场和各海区沿岸，包括南海西沙群岛，到了明、清时期，大多已被发现和利用。各地方的疆域志和物产志都列有渔场名称或水产名录。在《新译中国江海险要图志》中记载的渔场有广东省硇洲岛、琼州、香港、东沃等 36 处，福建省深沪澳、崇武澳、北桑列岛等 9 处，浙江省瓯江、黑山群岛、象山港、长涂岛等 12 处，山东省威海卫港、芝罘等 6 处，以及辽宁、河北等省的渔场。同时使用渔船因海区而异，种类繁多。明代时，我国渔船已有二三百种，每一个海区，每一种渔业都有特殊类型的渔船，内陆水域江河湖泊渔船和海洋渔船的船型有别，各海区渔船船型也不相同，由此可见捕捞业发展之快。

明代，海洋捕捞出现了拖网，由于两船对拖，网口扩张，渔获较多，拖网捕鱼逐渐成为一种重要作业方式。

明末清初，广东沿海开始用围网捕鱼，不仅可捕中上层鱼类，也可捕中下层鱼类，这在当时的世界上也属先进。据屈大均《广东新语》记载，当时最大的渔具是罛。"有曰索罛，下海水深多用之。其深八九丈，其长五六十丈。以一大缳为上纲，一为下纲。上纲间五寸一藤圈，下纲间五寸一铁圈。为圈甚众，贯以索以为放收。而以一大船为罛公，一小船为罛姥，二船相合，以罛连缀之。乃登桅以望鱼，鱼大至，水底成片如黑云，是谓鱼云。乃皆以石击鱼使前，鱼惊回以入罛。鱼入，则二船收索以阖罛口，徐牵而上。"这是典型的双船围网捕捞。

明末清初，我国石首鱼（大、小黄鱼）渔业已形成巨大规模。顾炎武《天下郡国利病书》记

载："淡水门者，产黄鱼之渊薮。每岁孟夏，潮大势急，则推鱼至涂，渔船于此时出洋捞取，计宁、台、温大小船以万计，苏松沙船以数百计。小满前后凡三度，浃旬之间，获利不知几万金。"在长期的实践中，人们逐渐熟悉了大、小黄鱼的渔期，以及寻找鱼群的方法。王士性《广志绎》记载"渔师则以篙筒下水听之，鱼声向上则下网，下则不"，渔获量很多，"舟每利者，一水可得二三百金"。

带鱼渔业的兴起，也证明了渔具渔法的进步。史籍记载，明万历年间带鱼上市。清代中期浙江沿海出现饵延绳钓捕带鱼，带鱼捕捞在海洋渔业中开始占重要地位。郭柏苍《海错百一录》记载："截竹为筒绁索，索间横悬钓丝，或百或数十，相距各二尺许，先用籫布钓，理饵其中，或蚯蚓或蝌蚪，或带鱼尾，投其所好也。"这种渔具渔法至今仍在沿海各地应用。

第二节　中国现代渔业的诞生和捕捞学科的建立

现代渔业主要是指以渔轮为工具的捕捞作业，以及与之相适应的现代渔业科学技术。随着蒸汽机的发明，1874 年开始，利用蒸汽发动机为动力的渔轮代替了风帆船，并利用机械操作网具，在广阔的海洋上进行捕捞作业。恩格斯说："蒸汽和新的工具机把工场手工业变成了现代的大工业。"同传统的风帆船相比，渔轮的出现是渔业发展史的一大技术革命。由于中国封建社会统治时期较长，以及清王朝晚期的没落腐朽、帝国主义的侵略等原因，中国现代渔业的诞生时间和之后的发展大大落后于渔业先进国家。

一、中国现代渔业的诞生

随着用动力渔轮替代风帆船，并用机械操作起放网具后，捕鱼的活动区域扩展到外海远洋，生产水平大大提高，经济效益显著，因此十数年间，被许多渔业国家广泛应用。到 1900 年前后，外国渔轮已在我国沿海侵渔。1903 年清王朝成立商部，一年后商部头等顾问官张謇，愤于"中国渔政久失，士大夫不知海权"，条陈商部建议组织渔业公司，开创现代渔业。商部请清王朝奏准，诏令张謇具体规划，沿海七省同时筹备。张謇的规划设想是：区分内海外海，定新旧渔业行渔范围，近海维持旧式渔业，外海以新式渔轮与各国抗衡，即所谓"外为内障，内为外固"。1904 年，江浙渔业公司首先成立，公司直属商部，当时的渔政，即由张謇筹划。其时，正有一艘德国舷拖网渔轮，以青岛为基地在黄海侵渔。张謇乃报请商部乘机将其购置，并定名"福海"，这是我国渔业史上的第一艘现代渔轮，它标志着中国现代渔业的开端。

1908 年广东省有力资本家集资白银 60 万两，创立广东省渔业公司。山东巡抚亦以准备金 3 万两，在烟台创立渔业公司。1921 年，烟台、大连两地渔业公司联合，从日本购入手缲网（对拖网）渔轮（石油发动机，30 hp）。1934 年上海企业家建造大型拖网渔船一艘（主机 500 hp），一切船壳材料尽量采用国货，同年下水试捕，成绩颇佳，是国产渔轮中的最优秀者。此后自造和购置并举，至 1936 年，全国共发展有拖网渔轮 10 艘，手缲网渔轮 150 艘，在半封建半殖民地的中国，建起了一支幼小的现代渔轮队伍。

1937 年抗日战争全面爆发，沿海各省次第沦陷，内陆产鱼省份也大都相继开战，渔轮渔船或遭战火破坏，或被征用，全国渔业基本上陷于瘫痪。1945 年中国人民抗日战争胜利以后，国民党又忙于内战，机轮渔业未能再有重大发展。

二、中国水产教育、科学研究的初创

清代末年，一些头脑清醒的封建官吏，开始提倡新学，重视培养新式人才。1906 年直隶提学使卢靖兼管直隶渔业公司事宜，认为"中国海面辽阔，鱼盐利薄，只以采取无方，致使货弃于海"。因谓"谋振兴事业，必先造就人才。欲造成人才，则舍兴办学校，殆无良法"。卢靖以开滦煤矿和京师自来水公司两项股票 7 万元，用作筹办水产学校基金，并派员赴欧美考察。其后劝业道孙多森继办渔业公司，孙氏办学有年，对教育尤为关注，乃于宣统元年（1909 年）禀准直隶总督，孙凤藻赴日本调查水产讲习所、试验场、制造场，以作正式筹办学校的准备。宣统二年（1910 年）五月，水产讲习所在天津成立，并招收首批学生 96 名，是我国正式开办水产教育的开始，之后改为水产学校，也就是河北省立水产专科学校的前身。而后其他省亦先后成立了江苏省立水产学校、浙江省立高级水产学校、集美高级水产航海学校、广东省立高级（水产）学校、山东省水产讲习所、辽宁省立高级水产学校等。

科学试验（包括研究、调查），是现代渔业的开路先锋，是传统渔业走向现代渔业的桥梁。清末，此项工作未摆上日程，民国以后乃日感其重要。民国六年（1917 年），山东省长公署首委陈葆刚筹备山东省立水产试验场，场址设于烟台西沙旺，这是我国水产科学试验机构建立的开始。1918 年，农商部创办定海渔业技术传习所。次年冬，农商部与江苏省合办海州渔业技术传习所。当时传习所的传习办法，分为所内传习、渔场传习和渔港传习。所内传习，每期以渔民 20 人为限，授予渔具制造和各种机械使用方法。渔场传习，由所内技术人员乘实习渔轮，携带渔具赴渔场实地示范。渔港传习，是分派技术员前往渔船集中的港湾讲演。而后，有的省将渔业技术传习所改为省立水产试验场（山东），或省立渔业试验场（江苏）；有的省建立省立水产试验场（浙江、广东等）。各试验研究机构，主要从事调查（渔业基本情况、渔具、渔法、专项渔业等）和试验研究（鱼类分布洄游，渔具渔法改革等）工作。在体制上设有渔（捕）捞、制造（加工）、养殖等学科或部门，与各水产学校设立的渔捞、制造、养殖学科基本一致，这也是捕捞学的创始时期。

第三节　世界捕捞理论发展及趋势

全世界海洋水域面积约占整个地球面积的 71%，在这些水域里，蕴藏着丰富的渔业资源，发展捕捞开发渔业资源成为海洋国家获取粮食和发展经济的手段之一。世界渔业的发展与我国不尽相同，前期滞后于中国，但欧洲在第一次和第二次工业革命后，发展速度和水平迅速超越中国。蒸汽机及内燃机的兴起带动了造船业的发展，从而带动沿海工业化国家踏上现代渔业发展道路。20 世纪初，以动力渔船为主力的捕捞公司像雨后春笋般冒出，英国、法国、荷兰、挪威、葡萄牙、西班牙、俄国、日本、美国等国家还发展了远洋捕捞船队。虽然遭受第一次世界大战和第二次世界大战的短暂摧残，但渔业恢复迅速。特别是第二次世界大战后，食物极度短缺，促使一些国家将军舰改装成渔船从事捕捞业。第二次世界大战后，超声波探测仪器在捕捞渔船上的应用，促进了部分捕捞手段的变革，瞄准捕捞成为可能。

很多国家意识到海洋开发的重要性，纷纷发展海洋捕捞教育事业，成立海洋捕捞专业教育的学院、系，设立捕捞专业课程，培养捕捞专业人才。世界各国的水产教育差距悬殊，总的来说，沿海国家比较发达，东亚国家尤为完善。日本、韩国、朝鲜、俄罗斯、美国、英国、挪威、越南等国家的水产教育，尤其是本科教育，都有相当长的历史。海洋渔业的课程在各国的水产教育中各有侧重。

第二次世界大战后，捕捞理论得到快速发展，渔具渔法设计不再停留在经验阶段，流体力学、结构力学、鱼类行为学、声学、光学等理论在捕捞学中得到充分应用。一些国家纷纷成立研究院或研究所，一些大学也争先实施研究工作，苏联科学家巴拉诺夫著有《渔具设计理论》一书，是当时代表之作。这些研究对渔具设计理论影响深远，大目拖网是这些理论指导下的杰作。

形成于 19 世纪中期的现代渔业，经历了一百多年的发展，渔具渔法已达到了相当完善程度。人类的捕捞活动早已使渔业资源开发在 20 世纪 70 年代达到了极限，许多重要渔业资源种类遭受破坏，传统渔场衰退，产量逐步下降，区位生态和物种多样性受到威胁。这表明，渔业持续发展受到传统捕捞方法的制约和威胁。1982 年 12 月 10 日，《联合国海洋法公约》的签署，使世界渔业进入了一个新的管理型发展时代。以 200 海里专属经济区制度为主要标志的新时代，通过立法形式强调了海洋生物资源的养护和管理，制定了渔业可持续发展和负责任捕捞的行为准则，限量的选择性捕捞理论成为主旋律。作为渔业资源的修复和替代性开发手段，海洋牧场、增殖放流和设施渔业正在兴起。

第四节　捕捞学的相关内容

捕捞学是根据捕捞对象的种类、数量及其分布习性和渔场、环境（底质、地貌、水文、气象等）特点，研究、设计捕捞工具（渔具）和捕捞技术（渔法），以达到捕捞目的的综合性学科，是水产学的重要分支学科。从广义的范围来看，随着水产经济动物的生态学和行为学的发展，环境科学的不断完善，渔船大型化、自动化程度的提高，电子助渔、助航仪器设备的更新和发展，自动控制和计算机技术应用的日益广泛，捕捞学已从研究、设计渔具和渔法，发展到渔具、渔法结合上述学科的发展，成为一门综合性范围更广泛的学科。

一、捕捞学的研究范围

根据捕捞学的含义和具体内容，捕捞学的主要研究范围面较广，同时涉及基础学科也较多，其基础学科包括鱼类生态学、水产资源学、水文学、水声学、流体力学、材料力学、渔具力学、电子学、机械工程学、渔船构造和航海学等。捕捞学的主要研究范围如下。

（一）渔具材料和工艺学的研究

渔具材料和工艺学是研究渔具材料的结构和性能、渔具装配的工艺及其有关计算的一门学科。在捕捞学研究范围内，主要是合理选择设计、制造渔具的材料，并正确地运用各项工艺技能装配渔具，以延长渔具的使用期限，提高渔具的渔获率。而渔具材料的结构和制造，则有专门的学科进行研究，非捕捞学研究的重点，但对某些渔具材料的质量和性能指标的要求，则应是捕捞学所研究的重要内容。

各类渔具渔获效果的好坏，除了设计时选用的渔具材料是否恰当是关键外，还与渔具的制造工艺和装配技术密切相关。例如，编织网片的质量、网片剪裁与缝合的正确度，网衣与纲索间的缩结合理性等，都会影响渔具在作业过程中的形态及受力的均匀性。为确保渔具装配的正确性，在实施各项工艺之前，进行有关工艺设计和计算是必不可少的。有时还可进一步改进材料的结构和制造工艺，达到降低成本、减小劳动强度、提高捕捞效率的目的。例如围网网衣由有结节网片改用无结节网片，拖网渔具的菱形网目有的改用六边形网目等。

网片的染色或着色，以及网片的定型处理研究和工艺，也是渔具材料和工艺学研究的热点。例如锦纶单丝是刺网的主要材料，其性能的优劣直接影响到流刺网的渔获率。近年来，人们不仅重视锦纶 6 单丝的物理机械性能，而且对其透明度、色泽等渔用性能越来越关注。实践证明，有色单丝的渔用性能优于本（白）色丝。染色丝能提高渔获率，但容易褪色，采用原液着色锦纶 6 单丝，着色牢度高，不易褪色，能明显提高刺网的渔获率。

近年来，聚合物共混改性技术发展迅速，对渔用合成纤维的改性试验也较多，例如高强力烃纶渔用绳索材料，就是依据多元高聚合物共混改性原理，进行新材料配方设计研制而成，新材料性能明显优于常用的乙纶绳索。也有改变加工成型技术，改变聚合物的内部聚态结构，提高分子排列的有序性，从而提高材料的抗拉伸性能，例如采用高强度聚合工艺的渔用聚乙烯网线和绳索，强度可提高 30% 左右。将上述新材料应用于拖网网具上，不仅可以减小相同网型网具的阻力，降低作业能耗，而且可以在渔船拖力相同的情况下，扩大网具的主尺度，增加扫海面积，提高捕捞渔获率。总之，渔具材料和工艺学的研究和改进的内容较多，其效果直接影响捕捞结果和经济效益。

（二）鱼类对渔具的反应行为研究

实践经验证明，合理、科学的渔具、渔法设计和应用，都离不开渔具、渔法基础理论研究的科学依据。渔具、渔法基础理论研究，主要包括渔具力学和捕捞对象（水产经济动物如鱼类、虾类等）的生态学、行为学两大部分。

渔具力学是研究渔具构件（网线、纲索、网片等）、渔具周围的流态，各种参数对升力、阻力的影响，以及渔具形状和作用力之间的关系的科学。主要通过实验、力学分析建立数学方程组后利用电子计算机进行数值计算，求得各部分形状和张力等。目前经常应用静水池或动水池、风洞等实验设备，对网线、网片、纲索、浮子、网板等构件实物或模型进行实验，从而获得有关的参数、作用力及形状观察等重要数据。也有应用力学模拟的方法分析研究问题，有的直接在海上实测渔具构件和渔具的受力，或观察其形态等，为改进渔具结构、降低阻力、改善滤水性能、节约能耗、扩大渔具的捕捞性能、合理选用材料和结构形式等提供科学依据。由于渔具有很大部分是由网线、绳索、网片等柔性体构成，在外力的作用下产生位移和变形，同时作用在渔具上的外力，随着作业海区的条件（水深、底质、潮流等）及船舶的工况条件而多变，均要应用渔具力学结合渔具模型试验方法进行深入研究。

在渔具、渔法基础理论研究中，还有一个主要研究方面是捕捞对象对渔具的反应，以及捕捞对象本身的生态、行为活动，有些学者称此为"鱼类行为学"。在目前的条件下，要搞清楚一种或几种鱼类的生态和行为活动则非易事。鉴于鱼类对渔具和物体反应的重要性，研究设计的渔具，能适应捕捞对象行为的要求，则可获得较好的捕捞效果。我国劳动人民早就注意到鱼类的行动与季节、气候和捕捞的关系。明代李时珍记述，石首鱼（即大、小黄鱼）"每岁四月，来自海洋，绵亘数里，其声如雷，海人以竹筒探水底，闻其声乃下网截流取之"，"勒（即鱽）鱼出东南海中，以四月至，渔人设网候之，听水中有声，则鱼至矣"。据此，足见古时劳动人民对鱼类的生态习性已有相当的了解，并将其应用于生产之中。随着水产经济动物的生态学、行为学的发展，以及水下观察和基础实验的深入，人们对水产经济动物的视觉、游泳能力、听觉和触觉，以及趋光、趋电、趋流、趋固性的定向行为反应特性进行了研究，为渔具、渔法的设计和改革，提供了更好的科学依据。例如利用一些鱼类和头足类（如鲐、鲹、秋刀鱼、鱿鱼等）的趋光性，设计了光诱围网、光诱舷提网、光诱罩网、光诱鱿鱼钓等。又如近年来得到迅速发展的大网目拖网或绳子拖网，就是在鱼类行为研究成果的基础上发展起来的。人们通过各种观察和试验，发现鱼群在拖网前部网衣处，没有直接穿刺逃逸行为，特别是在较宽阔的网口前面部位，鱼类与网具保持一定的距离活动，待鱼群驱入较狭窄的网身、网囊部位时，才会产生直接穿刺逃逸行为。扩大拖网前部网目尺寸，可减少网具阻力，增加网口面积，有效地改善拖网的捕捞效果。

（三）渔具、渔法的设计和研究

渔具、渔法的设计和研究，是捕捞学最重要的组成部分。它是根据捕捞对象的基本习性和捕捞水域环境条件，设计和研究其捕捞工具和捕捞技术的综合性学科。随着水产经济动物（如鱼类、甲壳类、头足类等）生态学、行为学的发展，水域环境科学的不断完善，机械化、自动化及计算机技术的日益广泛应用，渔具、渔法的设计研究，已从渔具力学研究，发展到渔具渔法与捕捞对象生态学、行为学相结合，与高科技相联系，从而使捕鱼技术从一般的经验操作向选择性捕捞、瞄准捕捞和自动化捕捞方向发展。

人们在开发渔业资源的生产实践过程中，为捕捞各种栖息于不同水域环境中的水产经济动物，创造了形式多种多样、生产规模大小不一、结构简单或复杂、数以千百计的渔具。随着科学技术的发展，人们创造了能从水深较浅的水域一直到水深数千米的深海大洋，捕捞各种水产经济动物的多种捕捞方法。在渔具、渔法的设计中，应该充分重视渔业资源的合理利用和持续发展，既要提高捕捞效率，又要合理利用渔业资源。过去由于过度捕捞，造成某些渔业资源衰退甚至枯竭的事屡见不鲜。例如小黄鱼、大黄鱼、带鱼和乌贼，是我国著名的四大海洋捕捞对象，目前除带鱼尚保持一定的产量外，其他的已不能形成渔汛。渔获物组成日益趋向小型化、低龄化和低营养级化。又如海洋中的鲸，由于过去较长期的滥捕，数量显著减少，现已成为世界禁捕对象。

渔具、渔法的设计研究，还与使用渔船和侦察、捕捞仪器设备改革相联系，远洋深海捕捞业的发展，渔船和装备现代化、大型化是关键，这些设备的应用和完善，都是基于新的渔具、渔法的产生和要求。因此，渔具、渔法的设计研究中，应该提出渔船设计要求，以及侦察渔情和捕捞有关设备、仪器等要求，供有关专业技术人员研究和创造。

（四）渔业资源、渔场、渔期和环境条件的研究

在广阔的水域里，有着丰富的渔业资源，但是这些水域里并非到处都有可供捕捞的鱼群或其他水产经济动物，因为它们并不是均匀地分布于各个水域，而是根据它们本身的生物学特性和外界环境因素，呈现出不同的分布状态。因此，有的水域经济鱼类或其他水产经济动物分布比较密集，有的比较稀疏；有的水域具有开发利用价值，有的则不具备这种价值。凡是经济鱼类或其他水产经济动物分布比较集中，且可以利用捕捞工具进行作业，具有开发利用价值的水域称为渔场。在渔场中可以达到较高产量的时期称为渔期或渔汛。根据不同的捕捞对象，有大黄鱼汛、带鱼汛等。同一渔汛又可根据其数量大小、持续时间长短分为初汛、旺汛、末汛三个阶段。每一种经济鱼类或其他水产经济动物，都有一定的渔业资源量、渔场和渔期。根据捕捞学的含义，欲达到捕捞某种经济鱼类或其他水产经济动物的目的，而进行研究设计渔具、渔法前，必须依据有关资料，分析研究其整体或局部水域的资源量、渔场、渔期。

实践经验说明，在一定条件下形成的良好渔场，并非一成不变，有的渔场可能由于水域环境的变化或捕捞强度的盲目加大，导致渔业资源衰退，不再具有利用价值；而有的原来不具备开发价值或未被开发利用的水域，随着设备的现代化和捕捞技术的不断提高，或发现新的捕捞对象，逐步地被开发起来，成为新的渔场。例如光诱鱿鱼钓渔场，采用了光源功能较大的渔船，应用灯光诱集鱿鱼后进行捕捞作业，因此其渔场在不断地增加，由日本海到北太平洋西部、中部，一直发展到南太平洋新西兰海域。

为了达到较高的捕捞效率，除了应用性能、设备较好的渔船，以及设计合理的渔具外，如何研究、分析某种捕捞对象的渔场、渔期和环境条件的关系，将占据重要地位，也是渔法的主要内容。

例如拖网渔船抵达渔场后，可以根据渔场中其他渔船的生产情况，渔获物生物学特性（鱼体大小、雌雄比例、性腺成熟度、胃中食饵等），以及渔场水深、水温、盐度和地形、底质等客观情况，对中心渔场位置作出判断，并根据不断变化的情况，使渔船始终保持在变动的中心渔场作业。

（五）渔船、捕捞机械设备和助渔仪器的研究

渔船和装备的优劣，将直接影响到捕捞效益，它是捕捞三要素（渔船、渔具、渔场）之一。现代化捕捞业，以及今后捕捞业的发展，均离不开渔船及装备的改革。目前深海大型拖网作业，在水深 1000 m 以上的海底拖曳，没有排水量千吨级以上的渔船，以及 100 kN 以上绞拉力的绞纲机械设备等，不可能进行深海底层拖网作业。没有先进的助渔、助航仪器，也不可能进行安全航行和瞄准捕捞。因此，新渔具、渔法的创造，除了必须由渔具渔法设计者进行设计渔具外，还需对渔船的性能和规格，以及捕捞装备的性能等提出要求，由有关专业的技术人员和工厂根据要求研制。例如，较长的时期内，对于大洋性洄游的金枪鱼，大多是应用延绳钓捕捞，随着科技的发展，创造了应用大型围网（网具长度达 2000 m 以上，质量达 20 t 左右）围捕金枪鱼的作业方法。这种捕捞方法，对金枪鱼围网渔船提出了航速快（一般为 14～17 kn）、主机功率大（大型船为 3800～5800 kW）、回转性能好、续航能力强的要求。尾部为作业甲板，因此甲板离水面距离不宜过高，同时尾部做成斜坡形并设有滑道，以便放置和起卸助渔艇。为了减小劳动强度和优化人员配置，捕捞机械设备有十多种、20 台左右；因金枪鱼是作生鱼片的原料，对其保鲜要求高，船上应设有深冻保鲜设备，鱼体温度需 $-55\,^{\circ}\mathrm{C}$ 左右，冻结能力一般为 6 t/d，高的可达 12 t/d，因而制冷压缩机和电源的能量配备均较大。由于金枪鱼围网作业的经济效益好，至 20 世纪 80 年代初已扩展至三大洋作业，投入这项作业的已有十余个国家和地区。由此可见新的捕捞方法的产生，以及现有捕捞方法的改革，必然需要对渔船、捕捞设备、仪器等配置提出新的要求，这些都是捕捞学研究的内容之一。

二、捕捞学的主要内容

捕捞学的内容宏大、繁杂，限于篇幅，本书主要包含如下几方面内容。

1. 渔具学

将重点介绍渔具分类基础，渔具捕捞原理，渔具结构，渔具制图，渔具图核算等内容。

2. 渔法学

将重点介绍各种渔具的捕捞操作方法、鱼群诱集及与鱼类行为相适应的捕捞技术。

3. 渔具设计理论

将重点介绍主要渔具的设计理论和方法，渔具性能参数实验及分析理论，渔具选择性在渔具设计中的应用等。

第二章
渔具分类基础

渔具是指在海洋和内陆水域中直接捕捞水产经济动物的工具。渔具发展的种类和型、式多样。又由于地区、习惯等因素，性质相同或相似的渔具，其名称也各异，这无疑对渔具、渔法的研究、政策的制定和执行，以及技术交流和改进造成很多不便。理应有统一的渔具分类和命名，但因各国学者对渔具分类的意见不同，故迄今为止尚未有统一的国际标准，各国和各地区都有惯用的分类法。我国于1985年发布和实施了《渔具分类、命名及代号》（GB/T 5147—1985），后由农业部提出修订形成新的国家标准（GB/T 5147—2003）。

第一节　国内外渔具分类研究概述

我国历史上有关渔具的记述，散见于各种古籍中。最早的分类文献，是唐朝陆龟蒙的《渔具诗·序》，系统地描述和区分了当时的渔具、渔法，有网具、钓具、投刺渔具、定置渔具和药渔法等。但在中华人民共和国成立以前，渔业生产和科技发展缓慢，渔具分类研究工作得不到重视。

中华人民共和国成立后，有关部门先后在沿海省市的重点渔区进行调查。1958～1959年，有关部门对全国海洋渔船渔具进行了普查，出版了《中国海洋渔具调查报告》。1962年以后又对内陆水域的渔船、渔具、渔法进行了调查，先后出版了《中国海洋渔船调查报告》和《长江流域渔具渔法调查报告》，把我国的海洋渔具划分为：部—类—小类—种。即网渔具、钓渔具、猎捕渔具和杂渔具4个部；网渔具部和钓渔具部中，分别列出8个网渔具类和4个钓渔具类；大多数类还分若干小类，最后是种。这个分类系统统一了我国的渔具分类，并延续至1985年国家标准的颁布。

在国外，某些渔业发达的国家对渔具分类的研究较多。如1925年日本文部省（现为文部科学省）将渔具分为9类，即突具、钓具、掩具、搔具、刺网、陷阱、曳网、敷网和旋网，其分类系统为：类—种。1953年日本长栋辉友在其著作中将渔具分为网渔具、钓渔具、杂渔具3大类，其分类系统为：大类—类—种。长栋辉友分类的特点是渔具与渔法分开，分别列出两个分类系列，并将渔法划分为主要渔法和辅助渔法两个大类。

在欧洲，德国的Brandt认为渔具分类的主要依据是捕捞原理和历史发展，把欧洲渔具分为14类，即无渔具捕鱼、投刺渔具、麻痹式渔具、钓渔具、陷阱、捕跳跃鱼类的陷阱、框张网、拖曳渔具、旋曳网、围网、敷网、掩网、刺网和流网，其分类系统是：类—小类—种。这比较完整地反映了欧洲主要渔业国家的渔具，但未叙述分类原则，而且把渔具和渔法统列在一个系统内。

在苏联，Баранов在其著作中将渔具分为刺网、网捕过滤式渔具、拖网、张网和钓具5类。然而一般采用的分类为刺缠渔具、滤过式渔具、张网、钓具和其他渔具5部，分类系统为：部—类—小类—种。

美国的渔具、渔法分类据2012年出版的《渔业技术》（第三版）一书从渔业生物采集的角度，将渔具按渔法分为两大类：主动捕鱼工具和被动捕鱼工具。

被动捕鱼是指有机生物体被捕捉时不依赖人类或机械装置的运动，这些捕捞水生动物的方式有缠绕、陷阱和被动钓捕。生物被捕捉是由生物本身的行为或运动造成的。

缠绕：鱼陷入或缠入自然或人造材料制成的网状结构中。工具包括单层刺网（gill net）、双重或多重刺网（trammel net）。

陷阱：渔业生物通过一个或多个通道、V 形开口进入一个封闭区域。工具包括圆柱形地笼（hoop net）、笼壶（pot gears）、插网（stick net）、建网等。

被动钓捕：无人伺候的条件下利用线和带饵的钓钩诱捕鱼类。工具包括漂流延绳钓、底层定置延绳钓。

主动捕鱼是指利用移动的网片或工具收集鱼类、贝类和大型脊椎动物。主要方式有扫荡、包围、主动钓捕和其他主动而独特的方式。

扫荡：工具有拖网（trawl）、耙网（dredges）。

包围：工具包括有囊围网和无囊围网（purse seine）、地拉网（beach seine）。

主动钓捕：工具有竿钓或手钓（angling）。

其他：工具有推网（push net）、敷网（lift net）、掩罩网（drop net）、手抛网（cast net）、鱼叉（spear）、电鱼（electrofishing）等。

联合国粮食及农业组织（FAO）曾建议采用由大西洋渔业统计局（AFS）协调工作组（CWP）提出的国际渔具标准统计分类方法，根据捕鱼方式将渔具分为 12 大类，即围网、地拉网、拖网、耙网、敷网、掩罩、刺缠、陷阱、钓具、刺杀渔具、取鱼机械设备（鱼泵、耙犁等）和其他捕鱼工具（驱赶设备、麻醉剂、爆炸和训练的动物等）。每一大类还可以分为若干小类。由于它是 FAO 的建议，而不是一项决定，同时由于一些国家均有自成体系的分类系统等，上述分类系统未被广泛采用。

第二节　我国渔具分类、命名及代号

我国于 1985 年 5 月 8 日发布了《渔具分类、命名及代号》（GB/T 5147—1985），后经修改发布了《渔具分类、命名及代号》（GB/T 5147—2003）（以下简称"我国渔具分类标准"），标准的主要内容如下。

1. 渔具分类的原则

渔具分类依据捕捞原理、结构特征和作业方式，划分为类、型、式三级。第一级为类，以捕捞原理作为划分"类"的依据；第二级为型，在同类渔具中，以其结构特征作为划分"型"的依据；第三级为式，在同一类、型渔具中，以其作业方式作为划分"式"的依据。

2. 渔具分类的命名

类、型、式的名称，根据分类原则命名。渔具分类的名称，按下列规定顺序书写：

式的名称＋型的名称＋类的名称。

例 2-1

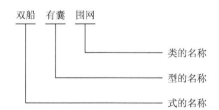

按分类原则，我国渔具分为刺网、围网、拖网、地拉网、张网、敷网、抄网、掩罩、陷阱、钓具、耙刺、笼壶12类。在同类渔具中，按结构特征可分为若干型，按作业方式可分为若干式，可详见表2-1。

以网衣为主体构成的渔具为网渔具，简称网具。在上述12类渔具中，刺网、围网、拖网、地拉网、张网、敷网、抄网、掩罩中的掩网、陷阱中的插网和建网均属于网具。

3. 渔具分类的代号

类的代号，按类的名称，一般用其第一个汉字的汉语拼音首字母大写表示，涉及两个字母的，第二个字母小写（表2-2）。型的代号，按型的名称，一般用其汉字的汉语拼音的首字母小写表示（表2-3）。式的代号，分别用二位阿拉伯数字表示（表2-4）。

渔具分类的代号，按下列规定书写：

式的代号＋型的代号＋类的代号，各代号之间应加圆点分开。

例2-2　双船有囊围网

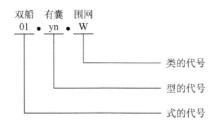

表2-1　渔具分类的类、型、式名称及代号汇总表

序号	类		型		式	
	名称	代号	名称	代号	名称	代号
1	刺网	C	单片	dp	定置	20
			双重	shch	漂流	21
			三重	sch	包围	22
			无下纲	wxg	拖曳	23
			框格	kg		
			混合	hh		
2	围网	W	有囊	yn	单船	00
			无囊	wn	双船	01
					多船	02
3	拖网	T	单囊	dan	单船表层	50
			多囊	dun	单船中层	51
			有翼单囊	yda	单船底层	52
			有翼多囊	ydu	双船表层	53
			桁杆	hg	双船中层	54
			框架	kj	双船底层	55
			单片	dp	多船	02
4	地拉网	Di	有翼单囊	yda		
			有翼多囊	ydu		
			单囊	dan	船布	44
			多囊	dun	穿冰	40
			桁杆	hg	抛撒	38
			无囊	wn		
			框架	kj		

续表

序号	类		型		式	
	名称	代号	名称	代号	名称	代号
5	张网	Zh	张纲	zg	单桩	03
			框架	kj	双桩	04
			桁杆	hg	多桩	05
			竖杆	sg	单锚	06
			单片	dp	双锚	07
			有翼单囊	yda	船张	26
					樯张	27
					并列	25
6	敷网	F	箕状	jz	岸敷	42
			撑架	cj	船敷	43
					拦河	41
7	抄网	Ch	兜状	dz	推移	32
8	掩罩	Y	掩网	yw	抛撒	38
			罩架	zj	撑开	31
					扣罩	33
					罩夹	34
9	陷阱	X	插网	cw	拦截	10
			建网	jw	导陷	11
			箔筌	bq		
10	钓具	D	真饵单钩	zhd		
			真饵复钩	zhf	定置延绳	46
			拟饵单钩	nd	漂流延绳	47
			拟饵复钩	nf	曳绳	24
			无钩	wg	垂钓	30
			弹卡	dk		
11	耙刺	P	滚钩	gg	定置延绳	46
			柄钩	bg	漂流延绳	47
			叉刺	chc	拖曳	23
			复钩	fg	投射	35
			齿耙	chp	铲耙	37
			锹铲	qch	钩刺	36
12	笼壶	L	倒须	dax	定置延绳	46
			洞穴	dox	漂流延绳	47
					散布	45

表 2-2　类的名称及代号

名称	代号	名称	代号	名称	代号	名称	代号
刺网	C	地拉网	Di	抄网	Ch	钓具	D
围网	W	张网	Zh	掩罩	Y	耙刺	P
拖网	T	敷网	F	陷阱	X	笼壶	L

表 2-3　型的名称及代号

名称	代号	名称	代号	名称	代号	名称	代号
柄钩	bg	洞穴	dox	拟饵复钩	nf	有翼多囊	ydu
箔筌	bq	兜状	dzh	锹铲	qch	有囊	yn
叉刺	chc	滚钩	gg	三重	sch	掩网	yw
撑架	chj	桁杆	hg	双重	shch	真饵单钩	zhd
齿耙	chp	建网	jw	竖杆	sg	真饵复钩	zhf
插网	chw	箭铦	jsh	弹卡	dk	张纲	zhg
倒须	dax	箕状	jzh	无钩	wg	罩架	zj
单囊	dan	框格	kg	无囊	wn	混合	hh
单片	dp	框架	kj	无下纲	wxg	双联	shl
多囊	dun	拟饵单钩	nd	有翼单囊	yda	双体	sht

表 2-4　式的名称及代号

名称	代号	名称	代号	名称	代号	名称	代号
单船	00	漂流	21	罩夹	34	定置延绳	46
双船	01	包围	22	投射	35	漂流延绳	47
多船	02	拖曳	23	钩刺	36	单船表层	50
单桩	03	曳绳	24	铲耙	37	单船中层	51
双桩	04	并列	25	抛撒	38	单船底层	52
多桩	05	船张	26	穿冰	40	双船表层	53
单锚	06	橹张	27	拦河	41	双船中层	54
双锚	07	垂钓	30	岸敷	42	双船底层	55
拦截	10	撑开	31	船敷	43		
导陷	11	推移	32	船布	44		
定置	20	扣罩	33	散布	45		

习　　题

1. 试在《中国海洋渔具图集》（以下简称《中国图集》）中找出每类渔具的一种，写出它们的渔具分类名称及代号。

2. 试写出《中国图集》中所有拖网类渔具的渔具分类名称及代号。

第三章
渔 具 制 图

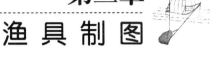

正如机械图是机械工程的共同语言一样，进行渔具的设计、施工和技术交流，也要有符合本身特点的适当语言——渔具图。绘制并标注渔具网衣、绳索和属具的形状、材料、规格、数量及其制作装配工艺的图称为渔具图。渔具图是在机械制图方法和标准的基础上适合渔具结构特点的有统一而严格标准的图。种类较多的大部分渔具，是以网衣为主构成的渔具，通常称为网渔具——简称网具，这些渔具的图又称为网图。

第一节　渔具图的类别

渔具图既要求对渔具的结构和规格提供尽可能完整而详细的资料，又须选择尽可能简单而明确的表达方式，为此，用一种图同时表示众多的意义和内容往往是困难的。现有的渔具图，根据渔具的结构和说明的问题，通常分别采用下述多种图式。

一、渔具图的图式

（一）总布置图

绘出整个渔具在作业状态下的完整装配布置的图称为总布置图。已经装配起来的完整渔具，用总布置图表示。总布置图可概略地提供渔具外观形状和构件配置情况，这类图一般绘成实物示意图的形式（图3-1），但也可绘成总装配图的简图形式（图3-2），并应尽可能标出渔具的主要尺度（只有在难以表达时才予以省略）。

总布置图一般应用较小的比例尺，故不可能把许多小的但很重要的部件都画上去，这时，就需要采用规定的代表符号表示，渔具图上常用的代表符号和缩写符号见本书附录 B。由于部（零）件种类较多，所以对主要部（零）件进行编号，在图形下方或标题栏列表详细列出和加以说明。

（二）网衣展开图

网衣是网渔具中最重要的组成部分，但网衣是柔性体，没有固定的形状，我们必须将网衣展开成虚构的平面图形，图形的长度和宽度将由网衣对应边的拉直长度确定。在这些虚构的图形中标注相应网衣的材料、规格、数量及其与相邻网衣、纲索、属具相互关系的图称为网衣展开图。各种网具的网衣展开图都是用适当比例严格绘制成的平面展开图（这类图的绘制方法在第二节中再行介绍），图上注有网衣的详细资料，并尽可能标上主要纲索，有的还标上主要属具，后者几乎与总布置图没有多大区别，但网衣展开图能给出网衣规格、材料、数量和装配工艺等信息，是网渔具设计计算的主要依据（图3-3上方图和图3-4）。

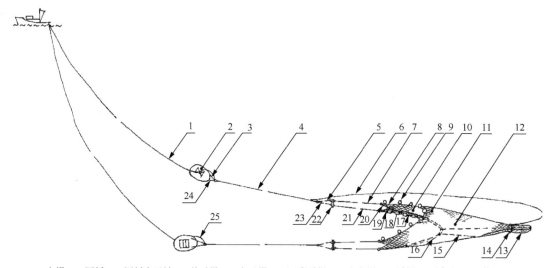

1. 曳绳；2. 网板；3. 网板上叉链；4. 单手绳；5. 上叉绳；6. 网囊引绳；7. 上空绳；8. 浮纲；9. 浮子；10. 翼网衣；
11. 盖网衣；12. 身网衣；13. 囊网衣；14. 网囊束绳；15. 网身力纲；16. 下缘纲；17. 沉纲；18. 滚轮；19. 沉子；
20. 翼端纲；21. 下空绳；22. 撑杆；23. 下叉绳；24. 网板下叉链；25. 游绳

图 3-1　单船底层拖网总布置图

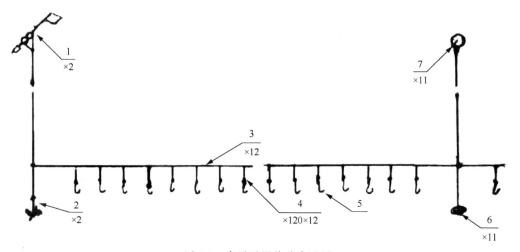

图 3-2　定置延绳钓总布置图

（三）局部结构图

总布置图或网衣展开图中不能充分表明的部分，可用局部结构图（也称局部装配图）表示。局部结构图既可表示一个完整的部件，也可用来表示渔具某一组成部分（局部）的结构或装配工艺，并且根据所要表达的内容和性质，可以分别绘成总装配图的简图、实物示意图等方式。

局部结构图用以表明部件或属具的结构时，图上一般应标出装配尺寸（图 3-3 中间部分为局部结构图）；表明渔具某一组成部分的连接或装配方式时（如网列的连接、翼端的连接、钓线的连接、钓钩的结缚、浮子或沉子的结缚等），仅标出最必要的尺寸，见图 3-6 右下角。但主要的局部结构图，仍应标明足够的资料，以便更准确地指导施工（图 3-5）。

局部结构图一般单独描绘，但是有时根据需要，可以置于渔具图的某一部位。也可以作为其他图式的局部放大图，这时应尽量绘制在被放大部位的附近，并用适当的符号标出（图 3-6）。

门鳝网（广东 阳江）
43.72 m×3.44 m

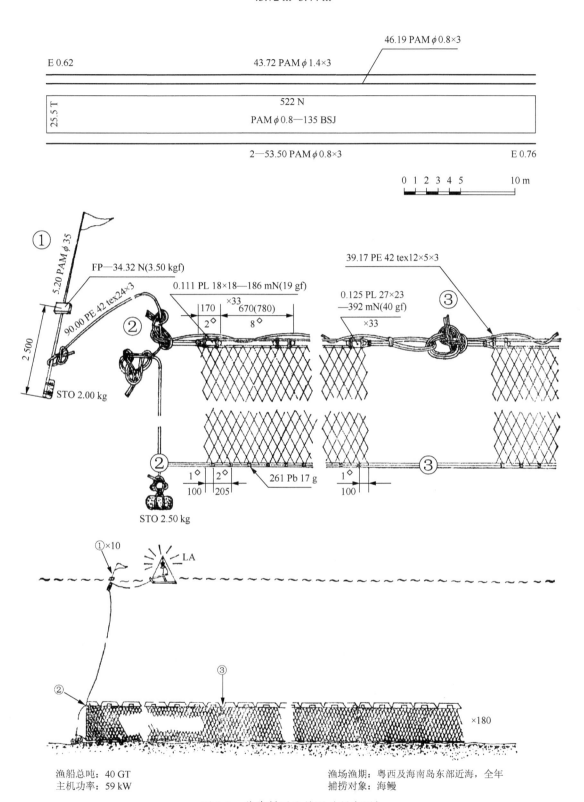

图 3-3 单片刺网渔具图（调查图）

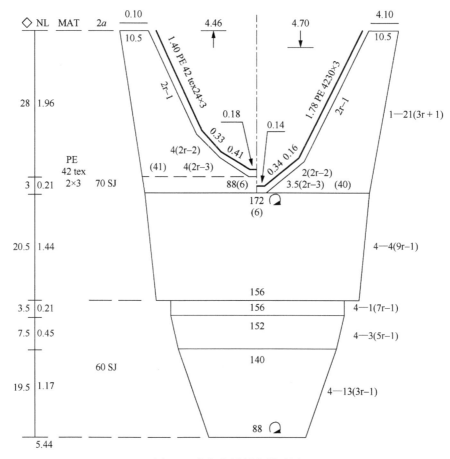

图 3-4　桁杆拖网网衣展开图

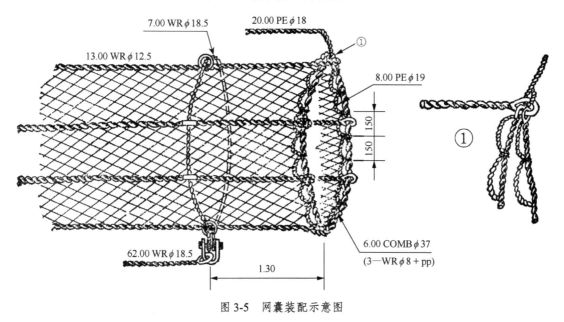

图 3-5　网囊装配示意图

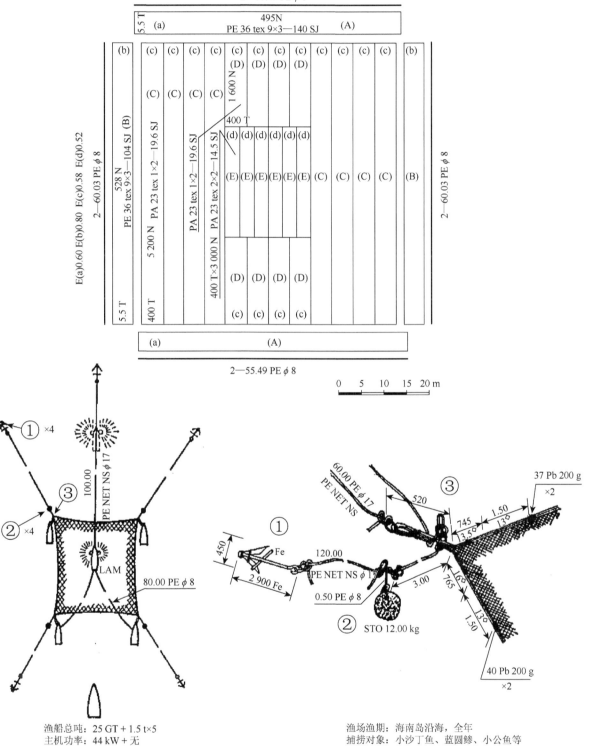

灯光四角缯（广东 遂溪）
55.49 m×60.03 m

图 3-6 敷网渔具图（调查图）

（四）部（零）件图

在总布置图中不能完整表述构成的部（零）件的结构、形状、材料和尺度时，必须单独绘制该构件的部（零）件图（一些图中也叫构件图）（图 3-7，这类图的绘制方法在第二节中再行介绍）。

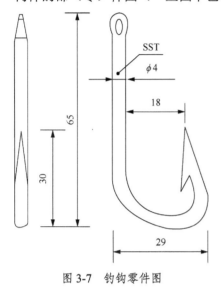

图 3-7　钓钩零件图

一般说来，比较特殊的部件和比较重要的零件，需要特别说明时才予以描绘，而对于有统一规格的成品或易于识别的工艺，这类部（零）件图也常被省去，用规定的代表符号图形代替。有关资料可载入列表中。因此，并非每种渔具都要求各类图式齐备不缺。

（五）作业示意图

表明渔具的工作状态或作业方式和作业水层的图称为作业示意图。绘制时比较灵活，一般绘制成实物示意图，没有固定的格式和标准，有时甚至只表明渔具作业的特征。这类图一般可不标尺寸（图 3-8），但也可根据需要标出必要的尺寸（图 3-6 左下角）。图 3-8 是总布置图和作业示意图兼有的渔具图。因为总布置图是在作业状态下的总装配图，有些渔具两图基本一致，如图 3-2 所示，所以可用作业示意图代替总布置图。一种图能同时表示多层意义，近似的图式就常被省去，对于结构简单的渔具尤其如此，两图绘一即可。

二、渔具调查图

由于渔具的传承和实用性较强，民间流传很多性能优良的渔具，已佚名。为了技术交流和改进推广，技术人员需要进行调查总结。中华人民共和国建立后，为了促进捕捞技术发展，振兴现代渔业，曾进行多次大规模的全国性渔具、渔法调查。最著名的是 20 世纪 80 年代的全国性调查，这次调查形成很多成果，其中《中国海洋渔具图集》就是代表性成果之一。其形式及表达的方法与前述渔具图是一致的，是没有外框和标题栏及设计者的渔具图。它的特点是：某种渔具的所有图都可以集中绘制在一张或多张纸上，各种图的位置编排也较灵活。页面编排习惯采用如下格式：页面顶端为渔具名称（俗称），后面用括号注明使用地域；渔具名称下方用小一号字标出渔具主尺度；渔具主尺度下方空间可按需要安置各种图；图的下方（或末端）分二行，靠左边标明"渔船总吨"和"渔船功率"，靠右边标明"渔场渔期"和"捕捞对象"。一般的网具：渔具主尺度下方空间的上部绘制网衣展开图，中部绘制局部结构图和部件图，下部绘制总布置图或作业示意图。详见图 3-3 和图 3-8。对于结构较复杂的网具，可根据需要在适当位置插进网衣的列表或浮子方装配图、沉子方装配图等。非网具：渔具主尺度下方空间的上部绘制总布置图，中部绘制局部结构图和零件图，下部绘制其他图。如有必要，也可绘制作业示意图。各种图集中绘制在一张纸上，比例不一。所以，按比例绘制的图必须在对应图的右下方标注比例尺。相对而言，比下述的渔具设计图略为简单。

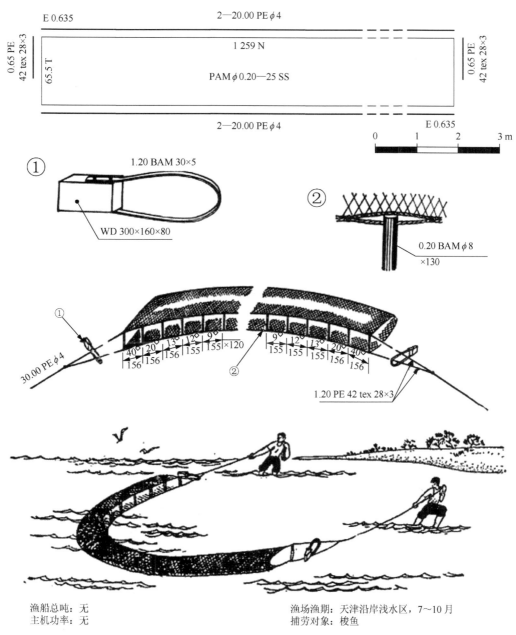

图 3-8　梭鱼拉网网图（调查图）

三、渔具设计图

　　渔具设计图就是指某设计者设计的某种渔具的图纸，是计算的基础和施工的依据，也是设计者的责任和成果。其形式及表达的方法与前述渔具图的内容相同，只是在图中加入外框和标题栏，使之更加接近图纸的形式。详见图 3-9 至图 3-12。渔具设计图不能像渔具调查图那样绘制在一张图纸上，各种部（零）件必须独立绘制在一张图纸上，其绘制比例更加严格，标注更加细致，采用图的张数更多。如一个部件——网板，就需要一整套（十多张）图纸才能完整表达，见图 3-9 所示。

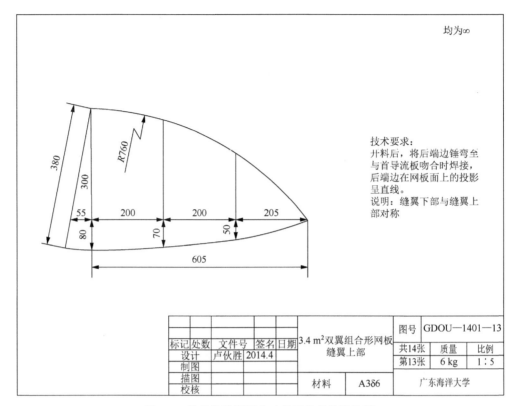

图 3-9　属于机械制图范畴的网板部件设计图

第二节　渔具图的绘制及标注

由于渔具的种类繁多，各类渔具结构复杂程度相差甚远，描绘的渔具图种类不一，需结合各种渔具的结构特点灵活运用。但各类渔具图的绘制目标是一致的，表达必须清晰、准确和符合规范。根据各种渔具特点绘制渔具图的方法在后面各章内容中均有详细阐述。

一、一般规定

（一）图纸和图幅

目前采用制图的图纸有 0、1、2、3、4、5 号，相应称为 A0、A1、A2、A3、A4、A5 号。相应的尺寸和留边见图 3-10 和表 3-1。

渔具图图样绘制比例选择，应遵循既能充分表达物体的详细资料，又能满足图面丰度和美感，并避免出现无尽循环小数的图样尺度。参考图样比例见表 3-2。

在调查渔具图中，一般采用 4 号图纸的较多，并不加外框和标题栏，但要在图正上方标出渔具名称和标注主尺度（图 3-6，在后面相关章节内容中均有介绍）。应尽量把前述四种图（总布置图和作业示意图大致相同时只绘制一种）绘制在一张图纸上，上方为网衣展开图或总布置图，中间为局部结构图或部（零）件图，下方为作业示意图。如容纳不下，可增加图纸张数，但编排顺序不应改变。

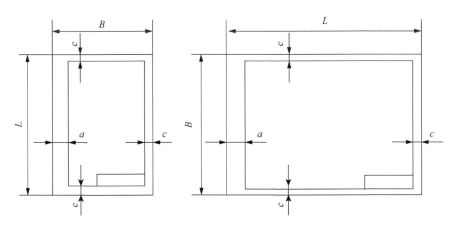

图 3-10　图纸幅面

表 3-1　图幅尺度及留边宽度　　　　　　　　　　　　　　　　（单位：mm）

幅面代号	A0	A1	A2	A3	A4	A5
$B \times L$	841×1189	594×841	420×594	297×420	210×297	148×210
c	10	10	10	5	5	5
a	25	25	25	25	25	25

表 3-2　图样比例

与实物相同	缩小的比例	放大的比例
1∶1	1∶2，1∶2.5，1∶3，1∶4，1∶5， 1∶10 n，1∶2×10 n，1∶2.5×10 n， 1∶5×10 n	2∶1，2.5∶1，4∶1，5∶1， 10∶1，10 n∶1

（二）标题栏格式

在渔具设计图中的下方或右下角必须加上标题栏，其格式如图 3-11 至图 3-15 所示。

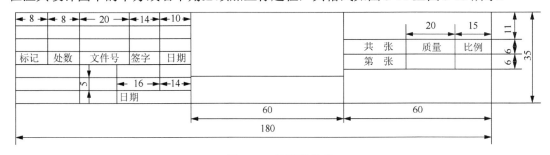

图 3-11　标题栏格式

在绘制渔具设计图中的总布置图（或部件的总装配图）时，如不能充分表述部（零）件的尺度、材料和数量，必须用引出线对所有部（零）件进行编号，并在标题栏的上方增加附表栏给以注明（图 3-13 至图 3-15）。在渔具调查图中，编号的部（零）件名称在图的下方按编号顺序列出。部（零）件的图形面积太小，以至于难以分辨引出线端部的小圆点时，可将引出线端部改用箭头表示。箭头指向表述的部（零）件，箭头尖端与该部（零）件相距 1 mm。此表示方法也常用于局部结构图的绘制。

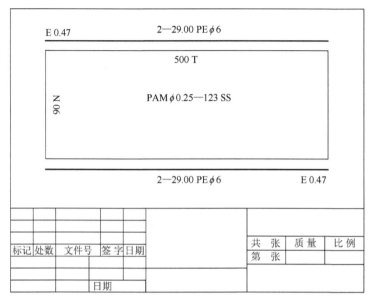

图 3-12　设计渔具图的网衣展开图

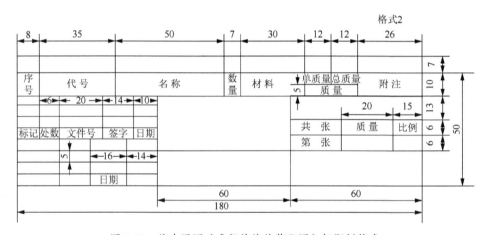

图 3-13　总布置图（或部件的总装配图）标题栏格式

（三）图线

各种图样及标注均按国家标准执行。详见表 3-3。此表图线用法仅限于不属于机械制图（设计图）的渔具设计图及渔具调查图。属于机械制图的渔具部（零）件设计图的图样及标注均按机械制图的相关国家标准执行。

图线用法：

①粗实线：表示纲索，延绳钓干线，浮标绳。宽度 0.4～1.2 mm。

②细实线：表示纵、横和斜向网衣界线，可见图样轮廓线，尺寸线和尺寸界线，延绳钓支线。宽度约 $b/3$ 或更细。

③虚线：表示横向网衣界线引出线，不可见轮廓线。宽度约 $b/3$ 或更细。

④点划线：表示对称中心线。宽度约 $b/3$ 或更细。

⑤双点划线：表示手编网衣增（减）目线。宽度约 $b/3$ 或更细。

⑥波浪线：表示图样断开线。宽度约 $b/3$ 或更细。

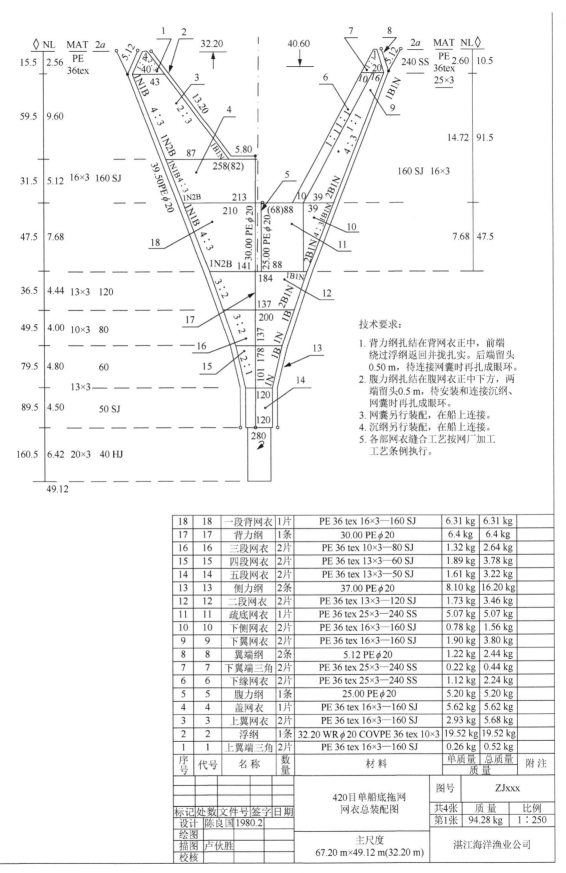

技术要求:

1. 背力纲扎结在背网衣正中,前端绕过浮纲返回并拢扎实。后端留头0.50 m,待连接网囊时再扎成眼环。

2. 腹力纲扎结在腹网衣正中下方,两端留头0.5 m,待安装和连接沉纲、网囊时再扎成眼环。

3. 网囊另行装配,在船上连接。

4. 沉纲另行装配,在船上连接。

5. 各部网衣缝合工艺按网厂加工工艺条例执行。

18	18	一段背网衣	1片	PE 36 tex 16×3—160 SJ	6.31 kg	6.31 kg	
17	17	背力纲	1条	30.00 PE ϕ 20	6.4 kg	6.4 kg	
16	16	三段网衣	2片	PE 36 tex 10×3—80 SJ	1.32 kg	2.64 kg	
15	15	四段网衣	2片	PE 36 tex 13×3—60 SJ	1.89 kg	3.78 kg	
14	14	五段网衣	2片	PE 36 tex 13×3—50 SJ	1.61 kg	3.22 kg	
13	13	侧力纲	2条	37.00 PE ϕ 20	8.10 kg	16.20 kg	
12	12	二段网衣	2片	PE 36 tex 13×3—120 SJ	1.73 kg	3.46 kg	
11	11	疏底网衣	1片	PE 36 tex 25×3—240 SS	5.07 kg	5.07 kg	
10	10	下侧网衣	2片	PE 36 tex 16×3—160 SJ	0.78 kg	1.56 kg	
9	9	下翼网衣	2片	PE 36 tex 16×3—160 SJ	1.90 kg	3.80 kg	
8	8	翼端纲	2条	5.12 PE ϕ 20	1.22 kg	2.44 kg	
7	7	下翼端三角	2片	PE 36 tex 25×3—240 SS	0.22 kg	0.44 kg	
6	6	下缘网衣	2片	PE 36 tex 25×3—240 SS	1.12 kg	2.24 kg	
5	5	腹力纲	1条	25.00 PE ϕ 20	5.20 kg	5.20 kg	
4	4	盖网衣	1片	PE 36 tex 16×3—160 SJ	5.62 kg	5.62 kg	
3	3	上翼网衣	2片	PE 36 tex 16×3—160 SJ	2.93 kg	5.68 kg	
2	2	浮纲	1条	32.20 WR ϕ 20 COVPE 36 tex 10×3	19.52 kg	19.52 kg	
1	1	上翼端三角	2片	PE 36 tex 16×3—160 SJ	0.26 kg	0.52 kg	
序号	代号	名 称	数量	材 料	单质量 质量	总质量	附注

标记 处数 文件号 签字 日期				420目单船底拖网网衣总装配图	图号		ZJxxx	
设计	陈良国	1980.2			共4张	质量		比例
绘图					第1张	94.28 kg		1:250
描图	卢伙胜			主尺度 67.20 m×49.12 m(32.20 m)	湛江海洋渔业公司			
校核								

图 3-14 拖网网衣总装配图

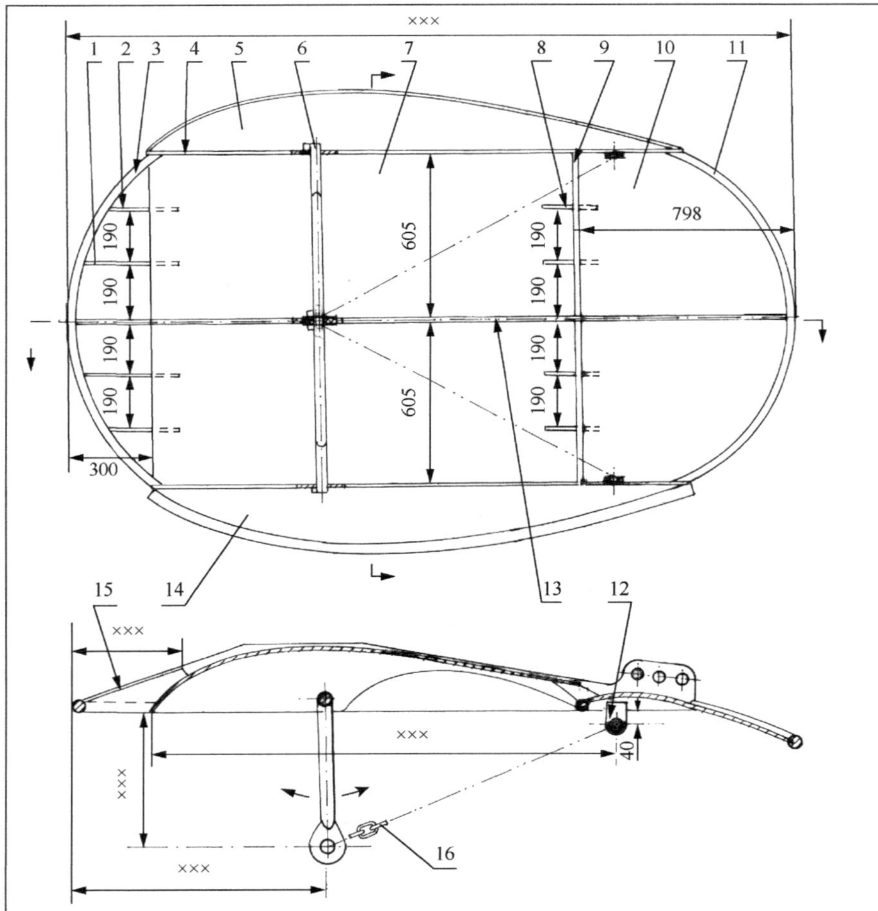

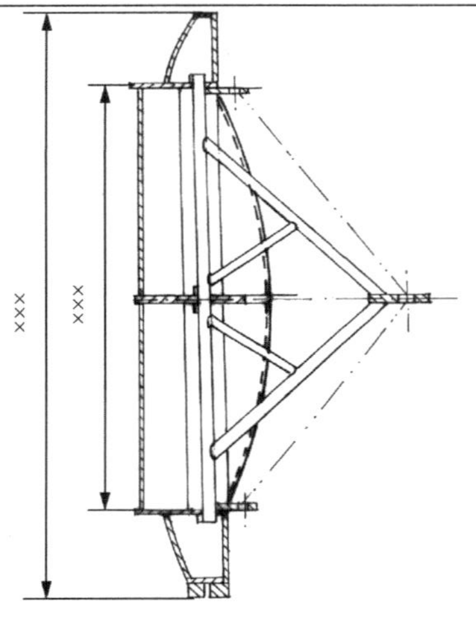

序号	代号	构件名称	数量	材料	单质量 质量	总质量 质量	附注
16		支链翼	2	CH φ16	6.0	12.0	长1 200 mm
15	第13张	缝翼	2	A₃√6	125.9	125.9	上下部对称
14	第12张	拖铁	1	A₃√12＋钢轨	24.4	24.4	加重25 kg
13	第11张	中主肋板	1	A₃√10	1.0	2.0	
12	第2张	三角链端板	2	A₃√20	5.4	5.4	
11	第4张	后围边	1	A₃φ25	48.3	48.3	
10	第10张	三角围边	2	A₃√6、√8	3.9	7.8	上下部各1件
9	第9张	襟翼	4	A₃φ25	0.3	1.2	
8	第8张	襟翼加强肋	2	A₃√6	45.0	90.0	上下各1件
7	第7张	后导流板	1	A₃√6	28.2	28.2	
6	第6张	三角支架	1	A₃φ40	32.0	32.0	上下各1件
5	第5张	主翼	2	A₃√6	33.3	66.6	
4	第4张	上侧翼	1	A₃√12	5.4	5.4	上下各1件
3	第4张	侧主肋板	2	A₃φ25	1.0	2.0	
2	第3张	前围边	2	A₃√6	1.2	2.4	上下各1件
1	第2张	前导流板(2) 前导流板(1)		A₃√6			

3.4m²双翼组合形网板总装配图

图号	GDOU—1401—01
比例	1：10

共14张
第1张

广东海洋大学

标记 处数 文件号 签字 日期		
设计	户伙附 2014.4	
制图		
描图		
校核		

技术要求:
1. 外廓尺寸允许误差±5 mm;
2. 部件位置允许误差点允许误差±3 mm;
曳网支点允许误差±3 mm;
3. 焊接工艺，焊接牢固，焊路平整，除清焊渣，表面除锈后，上防锈漆2次，船用漆2次。

说明：左、右网板对称。可根据需要配重，左、右网板允许质量差±5 kg。

图 3-15 拖网网板总装配图

表 3-3　各种图线的式样和粗细

图线名称	图线形式	图线宽度
粗实线	─────────	*b*
细实线	─────────	
虚线	── ── ── ── ──	
点划线	─── ─ ───	约 *b*/3
双点划线	─── ‥ ───	
波浪线	～～～～	

（四）文字标注

图样和技术文件中，机打的汉字、数字、字母均采用宋体。手绘渔具图采用仿宋简体汉字、手写体英文字母和手写体阿拉伯数字。手写体文字要工整和大小一致。基本规定如下。

1. 图样中的尺寸标注

长度单位用"米（m）"和"毫米（mm）"表示。以"米（m）"为单位时，标注的整数部分之后要加两位定位小数。以"毫米（mm）"为单位时，只标注整数部分，均不需标注单位名称或其符号。但网目尺寸和纲索、网线直径等均应以毫米表示，并允许用整数和小数。如可能发生混淆时，必须标注毫米的符号。

①渔具的每一尺寸，应在图样的清晰部位标注一次。尺寸数值不应被图线通过，不可避免时，应将图线断开。

②线性尺寸应标注在尺寸线上方正中，位置不够时，可引出标注。

③线性尺寸数值，应按图向顺序填写，并应尽量避免在如图 3-16 左方所示 30° 范围内填写。当无法避免时，可按图 3-16 右方所示填写。

④渔具的真实尺寸，是以图样中标注的数值为依据，与图样的精确度和大小无关。

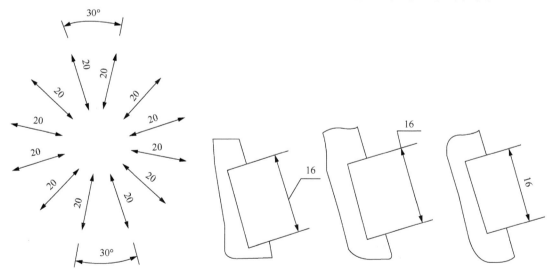

图 3-16　渔具制图斜向标注

2. 图样中的网衣材料规格标注

①网衣以"目"为单位时，不需标注单位名称或其代号。如发生混淆时，应在目数值之后加注网衣方向代号 N（纵向）或 T（横向）。以"节（kn）"为单位时，要标注代号"r"。

②图样中的网衣目数，系指未经过修补、补强等工艺处理的目数。

③网衣材料规格标注内容，依次如下：

a. 网衣材料名称，以代号表示；

b. 网线综合线密度或单纱（丝）线密度以每股单纱（丝）数乘股数表示；

c. 网目长度，以毫米表示；

d. 网结型式，以代号表示，单死结可省略；

e. 网衣横向目数；

f. 网衣纵向目数；

g. 网衣增（减）目形式。

④在拖网和有囊围网及张网网衣展开图中，a、b、c、d、e 各项，应分别标注在图样两侧 MAT、2a、NL 各栏内。f 项应标注在网衣横向界线正中。g 项应标注在拖网网衣纵向界线外侧正中，有囊围网及张网应标注在网衣纵向界线外侧正中。

⑤在刺网和无囊围网等其他网具的网衣展开图中，a、b、c、d 各项应标注在图内相应部位中部，其 a、b 和 b、c 项之间，要用"—"连接。e、f 项应分别标注在网衣横向和纵向界线内侧正中。

⑥机编网衣通过剪裁增（减）目，应标注边旁与单脚、边旁与宕眼、宕眼与单脚代号组成的混合剪裁式。也允许标注剪裁斜率。

⑦手编网衣增（减）目标注方式依次为：增（减）目道数、每道增（减）目周期数、括号内纵向"节"数和增（减）目数。前两项用"—"连接。括号内两项属减目的用"−"连接，属增目的用"+"连接，图样中各道增（减）目的增（减）目方式相同时，只标注一次，不同时，要分别标出。

示例：有 8 道增（减）目线，每道增（减）10 次、纵向 6 节减 2 目的网衣，标注形式为

$$8—10（6r−2）$$

⑧相邻网衣的横向和纵向目数相等或者网衣材料规格相同时，可只标注一次，不同时应分别标注出。在简化画法中，对称中心线一侧的网衣目数，应标注全部目数。

⑨网具某一部位装配的网衣目数有一定规定时，应将该目数填写在括号内。双线网目和六边形网目，应标注其符号。

⑩狭长网衣的宽度和长度目数，可以用"宽度目数×长度目数"表示。

3. 图样中的绳索和钓线材料规格标注

绳索和钓线标注内容依次如下：

①绳索和钓线数量（数量为 1 时，可省略）；

②绳索和钓线长度（不包括连接所需的长度）；

③绳索和钓线材料、名称，以代号表示；

④绳索和钓线粗度，以直径（ϕ）表示；

⑤绳索和钓线捻向，以 Z 或 S 表示（Z 捻可省略）。

①、②项之间要用"—"号连接，②、③、④、⑤项之间应空出一个字母距离。

示例：一根长 18 m、直径 15 mm、Z 捻的夹芯绳，标注形式为

$$18.00 \text{ COMB } \phi15$$

20 根每根长 1.5 m、23 特 3 股、每股 5 根系 S 捻的锦纶捻线，标注形式为

$$20—1.50 \text{ PA } 23 \text{ tex}5×3S$$

4. 对称中心线一侧的纲索标注

简化画法图样中，对称中心线一侧的纲索，要标注全长。

5. 网衣缩结系数标注

①网衣缩结以缩结系数代号 E 表示。此系数应采用小数方式标注。

②拖网、有囊围网和张网，一般可不标注缩结系数。

③刺网、无囊围网和陷阱渔具的网墙等网具，如采用一种缩结系数装配时，应标注在相应纲索的左上侧或右下侧部位。如各部网衣采用不同的缩结系数装配或需表明各部网衣的缩结系数时，应对各部网衣进行编号后，在靠近相应纲索线的左上方或右下方顺次标注。如 E(a)0.5、E(b)0.65 等。

6. 浮子和沉子标注

①渔具上的浮子，以标注材料代号和浮力（F）表示。

a. 浮子的浮力相同，且均匀分布时，应以规定长度内的浮子数量乘每只浮子的浮力表示。

示例：每 100 m 上纲装配 20 只浮力为 49 N 的硬质塑料浮子，标注形式为

$$20\ PL\text{—}49\ N/100\ m$$

b. 浮子的浮力相同，但为非均匀分布；或者浮力不同，均应在图样中注明浮子的浮力和装配间距。

②渔具上的沉子，以沉降力（Q）（简称为沉力）表示。也允许用质量表示。

a. 沉子的沉降力相同，且均匀分布时，应以规定长度内的沉子数量乘每只沉子的沉降力表示。

b. 沉子的沉降力相同，但非均匀分布，或者沉降力不同，均应在图样中注明沉子的沉降力和装配间距。

7. 渔具上的浮标（浮筒）和沉石（沉块）标注

渔具上的浮标（浮筒）有多个构件，其中有浮体、竹竿、旗帜（旗杆）、沉石（沉块）和浮筒绳等，应分开标注。

①浮体由浮子构成，用标注浮子的方式标注。由多个浮子构成，则在材料代号前加注浮子个数；如是由单个几何体构成，则在材料代号后加注特征尺度，有多个特征尺度的，长度指标移至材料代号前并用"m"为单位进行标注。凡是柱、球、圆环、圆孔的直径尺度在前加标注符号"ϕ"，有多个的，从第二个起，由大到小用"d 或 d_1，d_2，…"区分表示。方体（块）在材料代号后加注宽×高尺度。不规则体只标注浮力。

②竹竿，用柱体标注法进行标注。即在材料代号前加标注长度，在材料代号后加注平均直径。

③旗帜（旗杆），用材料代号标注。

④沉石（沉块），只标注沉力或质量。

⑤浮筒绳，用绳索标注的方法进行标注。

二、网衣展开图的绘制及标注方法

在网具的设计和制造中，网衣展开图是最重要的图式资料，也是分析研究和学习交流必不可少的资料。网具图中经常需要作网衣的描绘，而网衣展开图甚至需要对每片网衣作出详细的标注，因而网具图中网衣的描绘成了最基本的描绘。目前有几种网衣描绘的方法可供选择。

（一）网衣展开的方式

结构比较简单的刺网类渔具，通常只展开网列中的一块网衣，将网衣展开图单独描绘是合适的。拖网、围网和张网等类渔具远比刺网复杂，类型也多，为了充分展示网衣的配置，通常采取下面两种不同的方式。

1. 全展开式

全展开式是将全部网衣铺开展示的一种方式，图上能直接反映网衣的数量和配置情况。这种展示方式由于图面宽阔，标注比较清晰、明了（图3-17）。

2. 部分展开式（也称半展开式）

部分展开式是将一部分网衣（一半或大部分）铺开展示的一种方式，通常适用于对称式网具。例如拖网、有囊围网等截锥、圆筒和有囊类网衣的描绘，其省略的部分即是对称的部分，故图上仍能明确表示全部网衣的配置，而网衣的描绘却比全展开式来得简便（图3-18）。

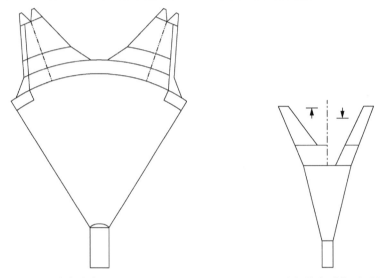

图3-17　双翼式单囊型拖网网衣全展开图　　图3-18　双翼式单囊型拖网网衣半展开图

（二）绘制网衣展开图的基本尺度

规定用网衣拉直尺寸作为绘制网衣展开图的基本尺度。显然，网衣的拉直尺寸与缩结系数的大小无关，其形状和面积都将是"虚构"的，图样并不反映网衣张开时的实际情况。为了合理地展示网衣张开时的形状同时简化制图工作，针对各种渔具的结构特点采用一些不同的法则（后面各类渔具内容中均有叙述）。

机械图应严格按比例绘制，网衣展开图也应严格按比例绘制。然而，网衣各部分的尺寸往往大小相差悬殊，以致小尺寸无法按同一比例绘制，这时，有关部分的真实尺寸只能以标注数字为依据。

1. 网衣展开图的绘制比例

网衣展开图应依图幅的容纳度选择一个绘图规范允许的比例，使图幅饱满适度。

2. 长宽比够大的画法

如单一网衣展开图的长宽比大于15，长度方向应采用断开画法。断开部位置于网衣展开图的近右侧，用三小段断开线表示（图3-19）。

3. 网衣展开图一般画法

网衣展开图一般应遵循下列规定。
网衣展开图的纵、横向与图纸幅面纵、横向一致（平行）。

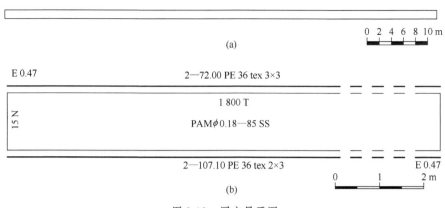

图 3-19 网衣展开图

有的渔具由多片不同规格网衣组成，所有网衣展开图必须绘在一幅图上。各网衣展开图的位置必须与网具装配后的位置一致。有缝接关系的网衣展开图以邻边重叠绘出，如两边线有部分不能完全重叠，应视为两者是按同一缩结系数缝接的。如是一片网衣与多片网衣缝接，各缝接边的缩结系数不同，该网衣的缝接边线不必与其他网衣缝接边线重叠，但要在其他网衣对应边内侧标注缩结系数。如有多个缩结系数应引出图形轮廓外标注，相互间的缩结系数应加上编号，形成一一对应的关系（图 3-20）。如所有缩结系数相同，只标注一个缩结系数。

（三）网衣展开图中的网衣标注

网衣展开图中的网衣尺度是虚构的，且各种渔具网衣展开方法不同，网衣的尺度只能用网目数表示，而网目尺寸采用整数（单位：mm）标注。确需标注网衣缩结长度的渔具：有结缚纲索的，其缩结长度与纲索长度一致，无需重复标出，缩结系数标注在网衣配纲边轮廓线外侧（上纲在左上角，下纲在右下角，上、下纲的缩结系数相同，则只标出上纲）前面加字母"E"，如缩结系数为 0.5，标注为"E 0.5"；无结缚纲索的可用等长的刻度线在网衣展开图一侧标注，计量单位采用 m，取两位小数。网目数标注在网衣展开图对应边轮廓线内侧中间，后面附网衣使用方向 N（纵向）或 T（横向）。

有剪裁斜边的网衣，须在斜边轮廓线内侧标注剪裁循环符号（以前渔具制图国家标准采用斜率标注，后来的行业标准规定和国际上均采用剪裁循环符号标注）。有编结斜边的网衣，须在斜边轮廓线内侧标注编结形式符号。网衣中间有增减目道，须在增减目道线一侧标注增减目道编结形式符号。手编网衣的起编目数需带括号以示区别，网衣的网目尺寸、网线规格、结节形式等采用材料工艺学规定的书写形式标注在网衣展开图中间位置。有的渔具是由多片网衣构成，网衣展开图组成图形复杂，各片网衣展开图空间有限，往往采用引出标注，在后面的章节中有详细叙述。

网衣半展开式图中，只标注绘出部分的网衣资料，对于隐去的对称（有对称线为标志）或重叠部分理解为与绘出部分对称或相同，画出部分是背、腹部或左、右侧网衣，必须用相应符号标明（图 3-18）。但是同属一片网衣的网长和网宽目数必须完整标出。若是圆筒网衣，必须在网目数后面附上圆周符号（图 3-14）。

（四）网衣展开图中的纲索绘制方法及标注

结缚网衣上的纲索，必须在网衣展开图中紧挨结缚边用粗实线绘出，纲索分段处的连接点用小圆圈标出。描绘纲索线条的长度与结缚网衣展开图对应边的长度一致。该纲索的长度（净长）和材料规格依照材料与工艺学规定的书写方法标注在紧挨纲索线条的一侧，也可用引出线标出在远离纲索的地方。纲索线不能与网衣展开图边线重叠。纲索长度以 m 为计量单位标出，保留两位小数。

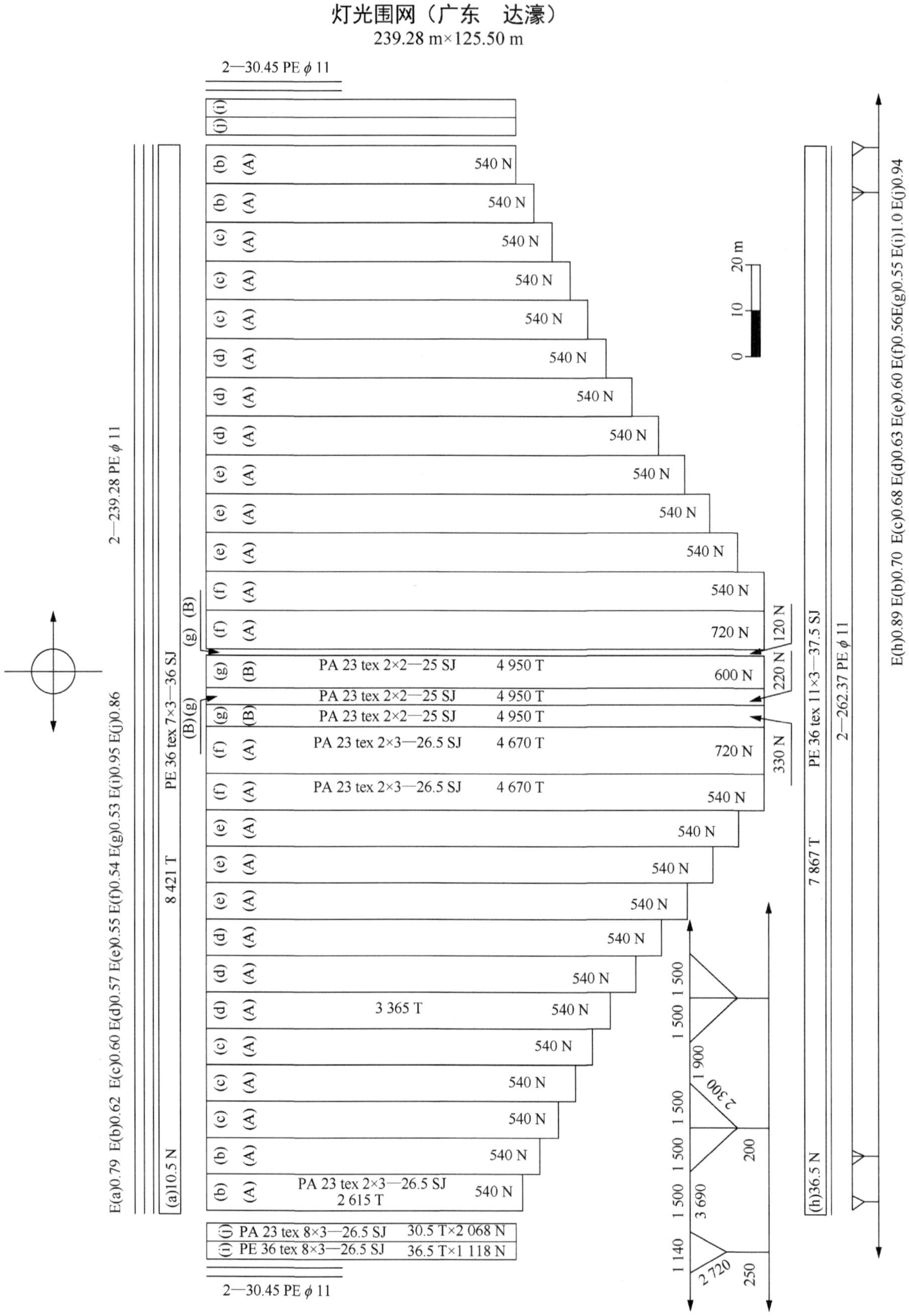

灯光围网（广东　达濠）
239.28 m×125.50 m
2—30.45 PE ϕ 11
2—239.28 PE ϕ 11
E(a)0.79 E(b)0.62 E(c)0.60 E(d)0.57 E(e)0.55 E(f)0.54 E(g)0.53 E(i)0.95 E(j)0.86
PE 36 tex 7×3—36 SJ
8 421 T
(a)10.5 N
540 N
720 N
600 N
PA 23 tex 2×2—25 SJ
4 950 T
PA 23 tex 2×3—26.5 SJ
4 670 T
3 365 T
2 615 T
PA 23 tex 8×3—26.5 SJ
30.5 T×2 068 N
PE 36 tex 8×3—26.5 SJ
36.5 T×1 118 N
120 N
220 N
330 N
PE 36 tex 11×3—37.5 SJ
7 867 T
(h)36.5 N
2—262.37 PE ϕ 11
E(h)0.89 E(b)0.70 E(c)0.68 E(d)0.63 E(e)0.60 E(f)0.56E(g)0.55 E(i)1.0 E(j)0.94
20 m

图 3-20　无囊围网网衣展开图（部分引用原图）

（五）网衣展开图绘制比例的标注

在渔具调查图中，网衣展开图绘制的比例一般用比例尺绘在网衣展开图的右下角。可与网衣展开图一起放大或缩小，对排版、印刷和交流十分方便。

在渔具设计图中，网衣展开图绘制的比例一般在标题栏标出。在渔具设计图中的网衣展开图属图纸性质，绘制尺寸一旦确定就不能随意放大或缩小。

三、渔具局部结构图的绘制和标注方法

（一）渔具局部结构图的绘制方法

渔具局部结构图就是总布置图的局部放大图，根据复杂程度，可选择绘制成实物示意图或装配图的简图形式（渔具图上常用的代表符号和缩写符号见本书附录 B）。网衣用带有斜格（菱形网目）或方格（方形网目）的图形表示，只绘制出其他属具相关联部分。为了详细表述各部（零）件的连接方式或工艺，一般都把部（零）件绘制成实物（示意）图形式。标准的部（零）件和连接方式可用代表符号和缩写符号代替。网具局部结构图中的纲索或绳索用两条平行的细实线条描绘。网线或结扎线用细实线条描绘。没有固定外部形状的部（零）件，如石头、铅块、水泥块等，应用细实线条描绘其外廓形状，再在图形中间加绘材料的标志。如石头、水泥块的图形中间须加绘不少于三点的小黑点，铅块图形中间涂黑等。

网具局部结构图中的部件过大不能完全描绘时，可用断开方法绘制，其断开描绘方式与网衣展开图不同，一处断开只留 3～5 mm 的空白间距。

（二）渔具局部结构图的标注方法

网具局部结构图一般不标注部（零）件的尺寸，有必要时标注出装配长（宽）度，其长（宽）度标注线绘制方法与机械制图方法相同。网衣长（宽）度用装配目数标注，装配纲索长度小于 1 m 时用整数（单位：mm）标注，大于 1 m 时取两位小数标注。在某一部位同时标注网衣长（宽）度和装配纲索长度时，可于表示尺度横线上方中间标注纲索长度，在表示尺度横线下方中间标注网目数（附单位符号）。注意：部（零）件图形可断开绘制，但标注尺度线不能断开。

网具局部结构图一般不标注部（零）件的数量，有必要标注时采用在该部（零）件图形旁加注"×"部（零）件的数量的阿拉伯数字标注。部（零）件的质量采用 g 或 kg 标注。部（零）件的沉降力或浮力采用 N 或 mN 标注。质量或力量数标注在部（零）件的代号的后方。需要引出标注时采用引出线标注，数据标注在引出线上方。

四、总布置图或作业示意图的绘制和标注方法

（一）渔具总布置图或作业示意图的绘制方法

渔具总布置图或作业示意图一般绘制成示意图方式，其目的是表述清楚渔具在完整或作业状态下的整体形状和各部件之间的连接关系。各部件没有统一的比例，但应尽量保持比例接近。绳索、纲索、钓线用粗实线表示。网衣用细实线绘出外部轮廓，再在轮廓线内部分或全部加绘菱形斜格线表示。尺度较小且外形难以表述的零部件采用规定的代表符号表示。若渔具总布置图与作业示

意图一致，只绘制其中一种。作业示意图一般要描绘出水面线和海底地形图案，正确表达渔具的作业水层。

（二）渔具总布置图或作业示意图的标注方法

渔具总布置图或作业示意图主要有如下几项标注内容。

1. 部件名称标注

部件较多的渔具总布置图，且不能靠图形判别部件名称时，需要标注部件名称，一般采用引出线从左至右，从上至下，从右至左，逐一顺次编号进行标注。

在渔具调查图中标注的部件名称，将编号和名称顺次罗列于渔具总布置图的下方。

在渔具设计图中标注的部件名称，将编号和名称顺次录于渔具总布置图的列表中。

2. 部件材料规格的标注

渔具总布置图或作业示意图一般不标注部件的材料规格，确实需要标注的，在适当位置用引出线进行标注，或在部件旁紧靠部件和部件走向相同的地方标注，要尽量避免误解。在渔具设计图中，部件的序号、名称、材料、规格、数量及质量等内容都录于渔具总布置图的列表中。

3. 部件数量的标注

部件数量是指渔具每种部（零）件总的使用数量。在渔具设计图中，都注明在列表中。在渔具调查图中，一般采用引出线进行标注：引出线上方标编号，下方用"×n"标出数量，"n"就是该种部（零）件的使用数量。也可在放大符号"○"旁用"×n"标出数量。不用引出线的，用"n-"置于部件的材料规格前标注。

习　题

1. 试绘制网片 PE 36 tex6×3—80（50 T×20 N）SJ 的设计图。
2. 试绘制一只硬质塑料浮子（形状、尺度自选）的设计图。
3. 试绘制网片 PA 0.35—80（500 T×30 N）SS 的设计图。

第四章
刺网类渔具

第一节 刺网捕捞原理和型、式划分

刺网是以网目刺挂或网衣缠络为原理作业的网具。它的作业方法是把若干片矩形网具连接成长带形状的网列，放在水中直立呈垣墙状，截断水产经济动物的通道，迫使水产经济动物强行穿越时刺挂于网目内或缠络于网衣中，从而达到捕捞目的（图4-1）。

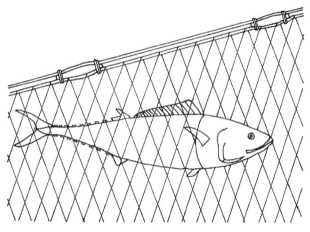

图4-1　鱼刺挂于网目内

根据我国渔具分类标准，刺网按结构特征可分为单片、双重、三重、无下纲、框格5个型，按作业方式可分为定置、漂流、包围、拖曳4个式。

一、刺网的型

（一）单片型

单片型的刺网由单片网衣和上、下纲构成，称为单片刺网。它和其他型的刺网相比，结构较简单，操作较方便，摘鱼耗时相对较少，所捕获鱼体损伤相对较轻，故应用最广泛。我国海洋刺网以单片刺网为主。

按照网衣网目尺寸（后面简称"目大"）的不同，单片刺网可分为同一种目大的单层刺网和由上、下两层两种不同目大组成的双层刺网。我国海洋单片刺网基本采用单层刺网，其网衣展开图如图4-2所示。在渔场中，若上、下水层分别栖息着不同大小的鱼类，也可把单片刺网制成有两种不同目大的双层单片刺网，其网衣展开图如图4-3所示。双层单片刺网的优点是可在同一次捕捞中捕获多种体长的鱼类，缺点是对体长相近的鱼类进行捕捞时效果并不好，因此在国内极少采用。

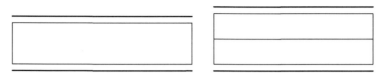

图 4-2　单层单片刺网网衣展开图　　图 4-3　双层单片刺网网衣展开图

（二）双重型

双重型的刺网由两片网目尺寸不同的重合网衣和上、下纲构成，称为双重刺网，其网衣展开图如图 4-4 所示。设置双重刺网时，应注意将小目网衣放在迎流面或鱼类游来的方向，较小的鱼体可能刺入小目网衣的网目中。当较大的鱼体穿越网衣时，小目网衣在大目网衣的网目内形成网袋而包缠鱼体，如图 4-5 所示。双重刺网在国内海洋渔业中应用极少，主要在江河湖泊捕捞作业中使用。

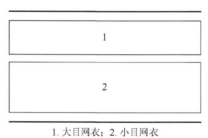

1. 大目网衣；2. 小目网衣

图 4-4　双重刺网网衣展开图

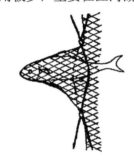

图 4-5　双重刺网缠络鱼体示意图

（三）三重型

三重型的刺网由两片大目网衣中间夹一片小目网衣和上、下纲构成，称为三重刺网。其网衣展开图和局部装配图分别如图 4-6 和图 4-7 所示。

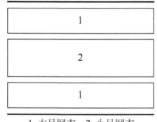

1. 大目网衣；2. 小目网衣

图 4-6　三重刺网网衣展开图

图 4-7　三重刺网局部装配图

较小的鱼体可能刺入小目网衣的网目中。当较大的鱼体穿越网衣时，被小目网衣在大目网衣内形成的网袋缠络。三重刺网在捕捞对象种类较多、鱼体大小参差不齐的渔场作业时，有良好的效果，但其网具结构复杂，摘鱼也较费事。三重刺网对于捕捞各种体形的鱼类、对虾、龙虾、虾蛄、蟹、乌贼等有较高的捕捞效率，故在南海区刺网渔业中使用较广。

（四）无下纲型

无下纲型的刺网由单片网衣和上纲构成，称为无下纲刺网或散腿刺网。和其他型的刺网相比，其结构最简单。无下纲刺网的网衣张力较小，鱼触网后较易刺入网目或被网衣缠络。

与单片刺网相同，无下纲刺网可以根据网衣由一种规格或两种规格组成而区分为单层无下纲刺网或双层无下纲刺网。它的优点是在同一次捕捞中，可多捕获不同体长的鱼类；缺点是对体长相近鱼类进行捕捞时，效果较差。在我国海洋渔业中，无下纲刺网多数采用单层无下纲刺网，其网衣展开图如图4-8所示；双层无下纲刺网采用较少，其网衣展开图如图4-9所示。

图4-8　单层无下纲刺网网衣展开图　　图4-9　双层无下纲刺网网衣展开图

（五）框格型

框格型的刺网由单片网衣与细绳结成的若干框格和上、下纲构成，称为框格刺网或框刺网。其中，框格呈方形的称为方形框刺网，框格呈菱形的称为菱形框刺网。

1. 方形框刺网

方形框刺网是网衣被细绳索分隔成若干方形框格的刺网（图4-10）。框格的作用类似双重刺网的大目网衣，使单片网衣易于在框格内形成兜状（图4-11）。框格绳分横框绳和纵框绳，横框绳一般与上、下纲等长，纵框绳与侧纲等长。每条纵框绳的上、下方各装一个浮、沉子，这有利于维持框格的正常形状。

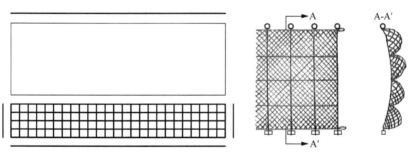

图4-10　方形框刺网网衣展开图　　图4-11　方形框刺网结构示意图

2. 菱形框刺网

菱形框刺网是网衣被细绳索分隔成若干菱形框格的刺网（图 4-12）。菱形框刺网的装配方法是先将网衣装成单片刺网，然后每间隔一定的网目数，沿单脚斜线方向向左、右各穿一条细框格绳，在两条框格绳的交叉点打一个结节。由于网衣采用较小的水平缩结系数，斜向框格绳又短于装置部位网衣沿单脚斜向的长度，所以网衣在框格上形成松弛的兜状（图4-13），有利于缠络捕捞对象。

由于框刺网的网衣在流水作用下或鱼体穿越框格时网衣呈囊兜状，故渔获物个体大小范围比单片刺网更广，产量也比单片刺网更高。它与多重刺网相比，在有流水区域作业时效果较好，摘取渔获物也较方便。但框刺网的囊兜形状较稳定而且收缩性差，鱼易逃脱，故在流水缓慢或静水区域作业时，产量不及多重刺网。方形框刺网主要用于内陆水域捕捞，而菱形框刺网较少用。

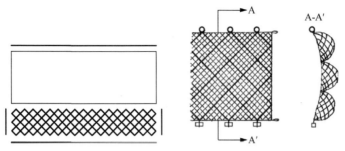

图 4-12　菱形框刺网网衣展开图　　图 4-13　菱形框刺网结构示意图

二、刺网的式

（一）定置式

定置式的刺网用石、锚、桩、樯等固定敷设而成，称为定置刺网或定刺网。用桩或樯定置的海洋定刺网一般设置在近岸较浅的海域作业，每片或每列网具两端用桩或樯定置，靠浮子、沉子保持网衣的垂直伸展。该种定刺网距岸近，作业规模较小。

根据网具敷设水层不同，定刺网可分为中层定刺网（图 4-14）和底层定刺网（图 4-15）。中层定刺网配备的浮力必须大于沉力，底层定刺网的浮力必须小于沉力。

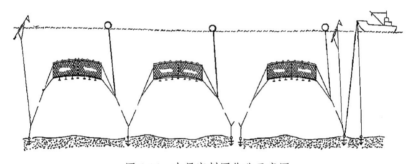

图 4-14　中层定刺网作业示意图

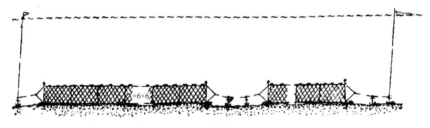

图 4-15　底层定刺网作业示意图

（二）漂流式

漂流式的刺网随水流漂移作业，称为漂流刺网或流刺网、流网。流网在刺网类中数量最多，其主要优点是网衣张开面积大、张力小；除底层流网外，一般不受海域水深和底形、底质的限制，渔场范围广阔；网具随水流漂移，在单位时间内扫海容积较大，故产量比其他作业方式的刺网高。

根据作业水层不同，流网可分为表层流网（图 4-16）、中层流网（图 4-17）和底层流网（图 4-18）。

表层流网的浮力大于沉力，上纲的浮子漂浮在海面上；中层流网的上纲不装浮子或所装浮子的浮力稍小于沉力，由浮筒绳的长短来控制网列处在鱼群活动的水层；底层流网作业于底层或近底层水域，网衣高度一般比表层和中层的流网低，网具的浮力小于沉降力，使网具贴近海底作业。表层流网和中层流网不受渔场底形、底质的限制，比底层流网的适应性强。

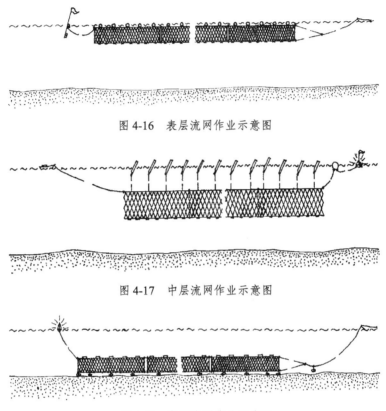

图 4-16　表层流网作业示意图

图 4-17　中层流网作业示意图

图 4-18　底层流网作业示意图

（三）包围式

包围式的刺网以包围方式作业，称为包围刺网或围刺网（图 4-19）。围刺网包围鱼群或者栖息有鱼群的近岸岩礁、人工鱼礁，然后利用声响等手段惊吓鱼群，使鱼逃窜而刺挂于网衣上。围刺网网具的浮力小于沉力，网具贴近并定置于海底，网具这种作业方式的优点是可以在底形不平坦及有岩礁海域作业。专门捕捞中上层鱼群的围刺网则刚好相反，网具的浮力大于沉力，上纲浮于水面。围刺网多用于水流较弱的沿岸近海或河口、湾内浅水区。

（四）拖曳式

拖曳式的刺网以拖曳方式作业，称为拖曳刺网或拖刺网。20 世纪 50 年代，在广东沿海曾有由 2 艘小帆船拖曳长约 500～600 m 的网列捕捞银鲳、乌鲳、竹荚鱼等中上层鱼类的作业方式，但因为捕捞效率不高，现已被淘汰。20 世纪 80 年代初期，在浙江沿海滩涂浅水区曾有人涉水逆流拖曳长约 10 m 的单片刺网捕捞棱鲻。由于拖刺网作业方式落后、效益低，使用者日趋减少。

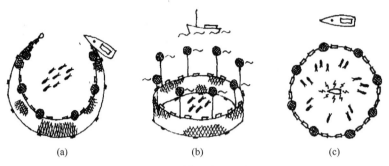

图 4-19　围刺网作业示意图

第二节　刺网结构

我国刺网虽有 5 个网型，但海洋刺网使用较多的只有单片、三重和无下纲 3 个型，其中单片型使用最为广泛，故本节着重介绍单片刺网的结构及其构件的作用，对三重刺网和无下纲刺网的结构只做简单的介绍。

一、单片刺网结构

刺网由网衣、绳索和属具三个部分组成，如表 4-1 所示。定置单片刺网和漂流单片刺网的总布置图分别如图 4-20 和图 4-21 所示。

表 4-1　单片刺网网具构件组成

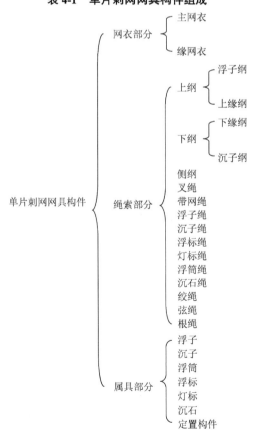

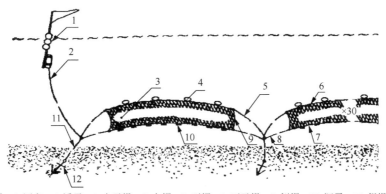

1. 浮标；2. 浮标绳；3. 网衣；4. 浮子；5. 上叉绳；6. 上纲；7. 下纲；8. 下叉绳；9. 侧纲；10. 沉子；11. 根绳（锚绳）；12. 锚

图 4-20 定置单片刺网总布置图

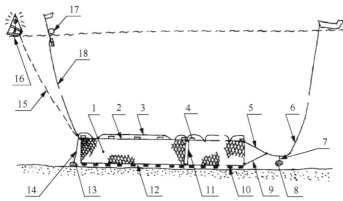

1. 网衣；2. 上纲；3. 绞绳；4. 浮子；5. 上叉绳；6. 带网绳；7. 沉石绳；8. 沉石；9. 下叉绳；10. 沉子；11. 侧纲；12. 下纲；13. 沉石；14. 沉石绳；15. 灯标绳；16. 灯标；17. 浮标；18. 浮标绳

图 4-21 漂流单片刺网总布置图

（一）网衣部分

网衣是组成网具主要部件的网片。单片刺网一般由一片同种网线材料规格、同种目大和网结类型的网衣构成。也有些单片刺网的网衣是由主网衣和缘网衣组成，如图 4-22 所示。

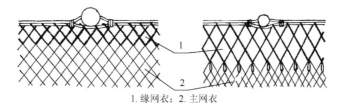

1. 缘网衣；2. 主网衣

图 4-22 主网衣与缘网衣的缝合示意图

1. 主网衣

主网衣是刺网网具的主体构件，它是一片矩形网片。其主要作用是：作业时在浮力和沉力的作用下，在水下伸展呈"垂直"网壁，使捕捞对象刺挂于网目内或缠络于网衣中。网衣的目大要均匀，其尺寸需与捕捞对象的体长相适应。为了保护水产资源，网目尺寸不得小于对捕捞对象所规定的最小网目尺寸。网线在保证足够强度的条件下越细越好。

历史上网衣采用的网结类型有 7 种，如图 4-23 所示。机织网片常为单死结和双死结。如图 4-23 中的（b）和（d）所示。

现代刺网的主网衣主要有两种：一是机织锦纶单丝双死结深度（纵向）定型网片，主要用于底层流刺网的主网衣，如金线鱼流刺网；二是机织乙纶单丝单捻股死结长度（横向）定型网片，主要用于表层或中层流刺网的主网衣，如马鲛流刺网。

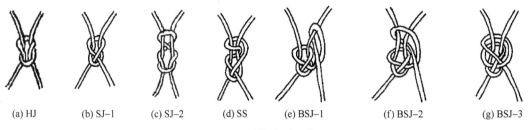

| (a) HJ | (b) SJ–1 | (c) SJ–2 | (d) SS | (e) BSJ–1 | (f) BSJ–2 | (g) BSJ–3 |

图 4-23　网结类型示意图

注：图中代号的含义可详见附录 B，下同。

2. 缘网衣

缘网衣是为增加摩擦力和避免主网衣边缘磨损而用廉价耐磨材料编结的网衣。随着刺网起网机的普遍使用，缘网衣的使用越来越多。缘网衣装置有三种形式，一种是在主网衣上、下边缘均装置上、下缘网衣，如图 4-24（a）所示，上、下缘网衣的网高目数一般为 1.5～2.5 目；另一种是只在下边缘装置下缘网衣，如图 4-24（b）所示；最后一种是装置在主网衣上、下、左、右边缘的缘网衣，如图 4-24（c）所示。

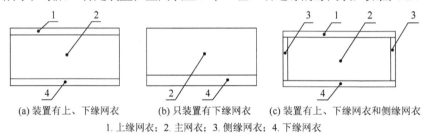

| (a) 装置有上、下缘网衣 | (b) 只装置有下缘网衣 | (c) 装置有上、下缘网衣和侧缘网衣 |

1. 上缘网衣；2. 主网衣；3. 侧缘网衣；4. 下缘网衣

图 4-24　装置有缘网衣的单层单片刺网网衣展开图

3. 网衣使用方向

"网片（衣）纵向"指与手工结网网线走向相垂直的方向（图 4-25），代号为 N。"网片（衣）横向"是指与手工结网网线走向相平行的方向（图 4-25），代号为 T。刺网在作业时，若无水流影响，其网衣是直立水中的。对于直立水中的网衣，"纵目使用"是指网衣纵向与网衣水平方向①垂直［图 4-26（a）］；"横目使用"是指网衣横向与网衣水平方向垂直［图 4-26（b）和图 4-27（a）、(d)、(e)、(g)、(h)、(i)］。

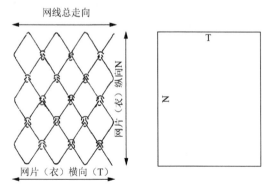

图 4-25　网片（衣）方向示意图

---

① 刺网的"网衣水平方向"指"若无水流影响直立水中的刺网网衣上边缘与海平面平行的方向"，如图 4-26 上方的 2 条两端带箭头的水平线所示的方向。

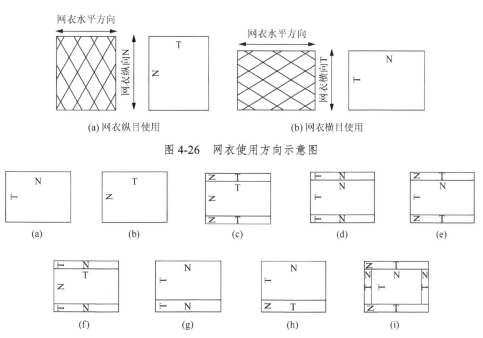

(a) 网衣纵目使用　　　　　　　　(b) 网衣横目使用

图 4-26 网衣使用方向示意图

(a)　　　(b)　　　(c)　　　(d)　　　(e)

(f)　　　(g)　　　(h)　　　(i)

图 4-27 刺网网衣使用方向示意图

（二）绳索部分

网具上的绳索有两种，一种是结缚在网衣上面或边缘的绳或线，另一种是装置在网衣外面用于网衣与网衣、网衣与绳索、网衣与属具、网衣与渔船等之间连接的绳或线。结扎在网衣上面或边缘的绳或线称为纲，其他起连接作用的绳或线（编结网片用的网线除外）统称为绳。简单地说，结扎在网衣上面或边缘的绳或线均称为某某纲，装置在网衣外面的绳或线均称为某某绳。

刺网网具上的绳索有浮子纲、沉子纲、上缘纲、下缘纲、侧纲、叉绳、带网绳、浮子绳、沉子绳、浮标绳、灯标绳、浮筒绳、沉石绳、绞绳、弦绳、根绳等。

1. 浮子纲、沉子纲

浮子纲是网衣上方边缘缚有浮子的绳索，如图 4-28（a）中的 1 所示。沉子纲是网衣下方边缘缚有沉子的绳索，如图 4-28（a）中的 3 所示。浮、沉子纲分别与上、下缘纲一起构成刺网的主要骨架，分别用来结缚浮、沉子和承受网具的全部载荷。单片刺网一般装置浮、沉子纲各 1 条。浮、沉子纲一般要求采用具有足够强度、坚韧而柔软、耐腐蚀及长度稳定的单丝、线或绳。

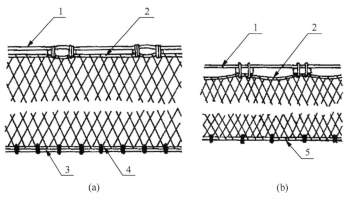

(a)　　　　　　　　　　　(b)

1. 浮子纲；2. 上缘纲；3. 沉子纲；4. 下缘纲；5. 单下纲

图 4-28 上、下纲装配型式示意图

2. 缘纲

缘纲是穿进网衣上、下边缘网目并用于固定网衣边缘尺度的绳索。单片刺网网衣的上、下边缘均分别穿扎有 1 条缘纲，分别称为上缘纲和下缘纲，如图 4-28（a）中的 2 和 4 所示。缘纲对绳索性能的要求与浮、沉子纲相同。

浮子纲和上缘纲均是网具上方边缘的绳索，总称为上纲，是主要承受网具上方作用力的绳索。上纲由浮子纲与上缘纲（各 1 条）组成，两纲长度一般等长，如图 4-28（a）的上方所示。有的单片刺网上缘纲比浮子纲稍长，装配后形成水扣形状，如图 4-28（b）的上方所示，其上缘纲和浮子纲的长度比为 1.02～1.08。有的单片刺网浮子纲比上缘纲长，如图 4-30 的（d）、（f）所示，即用浮子纲将浮子两端结扎在浮子纲和上缘纲之间。

沉子纲和下缘纲均是网具下边缘的主要绳索，总称为下纲，是主要承受网具下方作用力的绳索。由沉子纲和下缘纲（各 1 条）组成的下纲，两纲长度多数等长，如图 4-28（a）的下方所示；单片刺网只用 1 条下纲，这种单下纲相当于双下纲的下缘纲，均是先穿进网衣下边缘网目后再与网衣下边缘结扎在一起，故又可称为单下纲刺网，类似图 4-28（b）的 5。有的单片刺网沉子纲比下缘纲长，如图 4-31（d）所示，即用沉子纲将沉子两端结扎在沉子纲和下缘纲之间，可将图 4-30（d）上下颠倒，并把浮子改画成沉子即是。此外，有的刺网采用 2 条等长的沉子纲和 3 条等长的沉子纲，并且均采用 1 条等长的下缘纲，分别属于三下纲刺网和四下纲刺网。

（1）下纲与上纲的长度比

由于浮子纲与上缘纲一般是等长的，即使有上缘纲比浮子纲稍长或浮子纲比上缘纲稍长的刺网，其网具长度是受短的浮子纲（上缘纲）控制的，浮子纲或较短的上缘纲代表了上纲长度。沉子纲与下缘纲一般也是等长的，下缘纲比沉子纲稍长或沉子纲比下缘纲稍长的刺网，其下纲长度是受短的沉子纲（下缘纲）控制的，沉子纲或较短的下缘纲表示了下纲的长度。下纲与上纲的长度比就是下纲中较短的纲索或单下纲的长度与上纲中较短的纲索长度之比。

（2）上、下纲的材料及其强度

上、下纲采用乙纶单丝捻线——乙纶渔网线（简称乙纶网线，其网线直径小于 4 mm）或乙纶单丝捻绳（简称乙纶绳，其绳索直径大于或等于 4 mm）制成，也可以采用锦纶渔网线（简称锦纶网线）或锦纶绳制成。若将双上纲的浮子纲与上缘纲的强度相加作为上纲的强度（浮子纲与上缘纲等长），双下纲的沉子纲与下缘纲的强度相加作为下纲强度（沉子纲与下缘纲等长），两者的比值称为上下纲强度比，则刺网的上下纲强度比大于或等于 1。这与上纲承受的张力较大有关。

3. 侧纲

侧纲是缚在网衣侧缘的绳索。侧纲起着维持网衣端部高度的作用，可加强网衣侧部边缘的强度，减少起网和漂流时网衣侧部的应力集中。

我国单片刺网的侧纲装置有单侧纲和双侧纲 2 种。单侧纲是用 1 条侧纲穿进网衣侧缘网目后，再按一定的缩结用网线将网衣侧缘缝合在侧纲上，如图 4-29（a）中的 4 所示。双侧纲是由 1 条侧纲和 1 条侧缘纲组成，先将侧缘纲穿进网衣侧缘网目后，再按一定的缩结用网线将网衣侧缘和侧缘纲一起拼扎在侧纲上，如图 4-29（b）中的 7 所示。侧纲的上、下两端分别绕过上、下纲后用网线扎牢。

为了便于说明刺网的绳索和属具的装置部位，首先介绍有关网列的组成形式。刺网作业时，将若干矩形网具连接成长带状的网列，如图 4-14 至图 4-18 所示，这种"矩形网具"又可简称为"网列"。刺网网列的组成形式可分为连续式网列和分离式网列两类。连续式网列是两相邻网衣间的上、下纲两端留头（即指上、下纲在网衣两端侧缘外留出用于网衣间连接用的绳索长度）相互连接形成

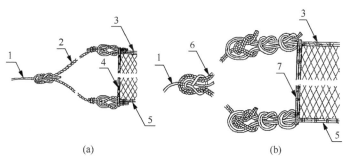

1.根绳或带网绳；2.单叉绳；3.上纲；4.单侧纲；5.下纲；6.双叉绳；7.双侧纲

图 4-29　叉绳连接装配图

长矩形的网列，如图 4-16 至图 4-18 所示。分离式网列可分为网衣分离式网列和网组分离式网列两种。网衣分离式网列的两相邻网衣间是通过叉绳端（图 4-20）或根绳端（参见图 4-14，可把图中分离的网组当作分离的网衣）相互连接形成网衣分离状的网列。网组分离式网列是先将若干网衣的上、下纲两端留头相互连接，并用网线把两相邻网衣的侧缘用绕缝方法连接而形成一列连续式的网组，再通过叉绳（参见图 4-20，可把图中分离的网衣当作分离的网组）或根绳（图 4-14、图 4-15）把网组连接形成网组分离状的网列。

4. 叉绳

叉绳是连接在网具侧端和根绳或带网绳等之间的 V 形绳索，通常由 1 条或 2 条绳索对折制成，如图 4-29 所示。叉绳除了起连接作用外，还将网具上、下纲的张力传递给根绳或带网绳，并使网具侧部能上、下分开，使网衣正常展开。

单片刺网的叉绳如图 4-29（a）所示，是 1 条对折后的 V 形绳索，其两端分别与网具一端的上、下纲留头相连接，中间对折点与根绳或带网绳等相连接。双叉绳如图 4-29（b）所示，一般是用 2 条相同材料规格和等长的叉绳合并在一起对折后形成的 V 形绳索，其两端也分别与网具侧部的上、下纲留头相连接，中间对折点也与根绳或带网绳等相连接。叉绳在中间对折后，与上纲连接的称为上叉绳，与下纲连接的称为下叉绳，如图 4-20、图 4-21 所示。也有不是在中点对折的叉绳，但使用者不多。叉绳对绳索性能的要求和采用的材料与浮、沉子纲相似，采用乙纶绳较多。单叉绳的叉绳强度一般与浮子纲的强度相同或较大，双叉绳的叉绳强度一般为浮子纲强度的 1～4 倍。

5. 带网绳

带网绳是刺网作业时连接网具和渔船的绳索。带网绳的主要作用是承受网列和船之间的拉力，使网列和渔船共同定置或漂流。带网绳的强度一般为浮子纲强度的 1.5～9.0 倍，是单片刺网中强度最大的绳索。

6. 浮子绳、沉子绳

浮子绳是连接浮子和上纲的绳索，沉子绳是连接沉子和下纲的绳索。若浮子或沉子是直接固定在上纲或下纲上时，则其浮子绳或沉子绳一般采用乙纶网线或锦纶单丝，这种将浮子或沉子直接固定在纲索上的乙纶网线或锦纶单丝俗称为"结扎线"。

我国单片刺网的浮子方结构[①]如图 4-30 所示。上纲由浮子纲和上缘纲组成，装配时，上缘纲先穿进网衣上边缘网目后，再与浮子纲、浮子结扎在一起。此外，还有 1 种浮子方如图 4-28（b）所示，其两个浮子之间的上缘纲比浮子纲稍长，故上缘纲在作业时形成水扣的形状。

---

① 浮子方结构指刺网网具上方浮子与上纲、网衣的连接结构。

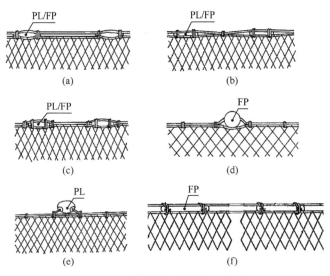

图 4-30　刺网浮子方结构示意图

单片刺网的沉子方结构①如图 4-31 所示。下纲合并拉直等长并固定后，再按结扎分档要求将下缘纲和沉子纲并扎在一起。然后根据沉子的安装间距长度要求，先用 1 条结扎线沿着沉子长度中点的环槽将沉子结扎，并使沉子两侧在长度方向的沟槽夹在下缘纲和沉子纲之间，再在沉子两端外分别各用 1 条结扎线将双下纲扎牢。

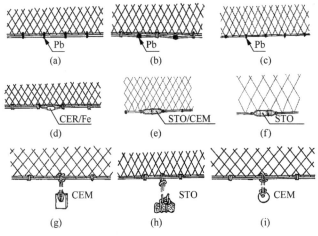

图 4-31　沉子方结构示意图

图 4-31（a）～（f）均属把沉子固定在下纲上的结构方式，图 4-31（g）～（i）均属把沉子悬挂在下纲上的结构方式。

7. 浮标绳、浮筒绳

浮标（灯标）绳是连接浮标（灯标）和网具的绳索，浮筒绳是连接浮筒和网具的绳索。中层单片刺网还可通过调整浮筒绳的长度来调整网列的作业水层。

浮标绳和灯标绳一般是通用的，即白天作业用来连接浮标时，为浮标绳；晚上作业用来连接灯标时，为灯标绳。现在的浮标上都带干电池灯泡了，浮标与灯标早已合二为一。浮标绳或浮筒绳的强度一般约为浮子纲强度的 0.3～3.0 倍。

---

① 沉子方结构指刺网网具下方沉子与下纲、网衣的连接结构。

浮标绳或浮筒绳一般连接在网列首尾和中间。

8. 沉石绳

沉石绳是连接沉石和网具的绳索。一般采用乙纶捻线或捻绳，强度要求与浮子纲的强度差不多。

国内定置单片刺网一般不装置沉石绳，沉石绳主要装置在流刺网上。我国流刺网绝大多数为连续式网列，其沉石绳连接部位主要有 4 种：第一种是连接在下纲上，即分别连接在网列首或网列尾的下纲端，或者连接在网列中间两网片的下纲连接处，沉石绳所连接的沉石又称为下纲沉石；第二种是连接在网列尾离叉绳端或上纲端（无叉绳）若干米处的带网绳网上，此沉石绳所连接的沉石又称为带网绳沉石，如图 4-18 和图 4-21 所示；还有一种特殊的底层定置刺网（鲨刺网）装置有上纲泥石绳，如图 4-32 所示。第三种是连接在网列尾下纲端附近的下叉绳上，此沉石绳所连接的沉石又称为下叉绳沉石；第四种是连接在网列尾叉绳与带网绳的连接处，此沉石绳所连接的沉石又称为叉绳端沉石。

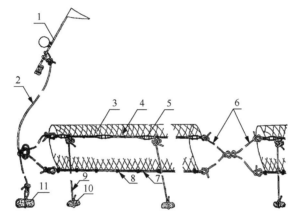

1. 浮标；2. 浮标绳；3. 网衣；4. 上纲；5. 浮子；6. 叉绳；7. 下纲；8. 铅沉子；9. 上纲沉石绳；10. 沉石；11. 碇石

图 4-32　鲨刺网结构示意图

9. 绞绳

绞绳是装置在流刺网的每片网具上方且与上纲两端连接的绳索，如图 4-21 网列上方的 3 所示，用于较原始的机械化作业，通过鼓轮式绞纲机绞收绞绳拉起网具。绞绳一般采用乙纶绳，其长度与上纲长度相同或稍长。绞绳是流刺网网具中承受强力最大的绳索。

10. 弦绳

弦绳是装置在底层定置单片刺网每片网具的迎流方，并且两端分别与上、下纲连接的绳索，如图 4-33 中的 4 所示。弦绳长度与网衣缩结高度之比为 0.63～0.73，故能使网衣在水流作用下形成兜状，从而提高了舌鳎、蟹、龙虾或乌贼的捕获率。弦绳一般采用乙纶网线或锦纶单丝，采用乙纶网线较多。弦绳强度与浮子绳强度之比为 0.2～1.0。

11. 根绳

根绳是定置单片刺网中锚、碇、桩等固定构件和网衣连接的绳索。用于连接锚和网衣的根绳，又称为锚绳；用于连接碇和网衣的根绳，又称为碇绳；用于连接桩和网衣的根绳，又称为桩绳。根绳均采用乙纶网线或乙纶绳。根绳的强度一般为浮子纲强度的 1.7～5.5 倍，是定置单片刺网中强度较大的绳索。

定置单片刺网的网列主要有分离式网列和连续式网列 2 种。在分离式网列中，根绳的连接部位有 2 种：1 种是根绳连接在网列首、尾的叉绳端和网列中间每两个网片之间叉绳端的连接处，如图 4-20

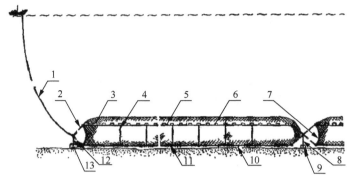

1. 带网绳；2. 叉绳；3. 网衣；4. 弦绳；5. 上纲；6. 浮子；7. 侧纲；8. 根绳（小碇绳）；
9. 小碇石；10. 下纲；11. 沉子；12. 根绳（大碇绳）；13. 大碇石

图 4-33　墨鱼刺网作业示意图

中的 11（锚绳）、图 4-33 中的 8（小碇绳）和 12（大碇绳）所示；另外 1 种是根绳连接在每组网两侧的叉绳端，如图 4-14（锚绳）和图 4-15（锚绳）所示。在连续式网列中，根绳连接在网列首尾的下纲端，并且在网列的两网片之间的下纲端连接处也连接有根绳。

（三）属具部分

属具是在渔具中起辅助作用的构件的总称。

刺网属具有浮子、沉子、浮筒、浮标、灯标、沉石和定置构件等。

1. 浮子

浮子是在水中具有浮力，并且形状和结构适合装配在渔具上的属具。刺网利用浮子的浮力支持网列和渔获物的沉降力，并且使网衣垂直向上展开。刺网作业时，浮力均匀配布以使网列整齐。海洋刺网一般采用小型的硬质塑料浮子或泡沫塑料浮子。硬质塑料浮子一般制成方菱体（菱鼓状）[图 4-34（a）]和椭球体（橄榄状）[图 4-34（b）] 2 种，泡沫塑料浮子一般制成中孔球体 [图 4-34（c）] 和长方体 [图 4-34（d）] 2 种。硬质塑料浮子有一定的抗压能力，在水中不易变形，浮力不会产生变化，采用此类浮子的网具浮沉比固定。为避免浮子受压破碎，此类浮子有限定的使用水深范围。泡沫塑料浮子的优点是价廉质轻，但在较深水中受水压易变形，导致其浮力减少，表层刺网使用此类浮子较多，底层刺网一般不采用，以免影响浮沉比。

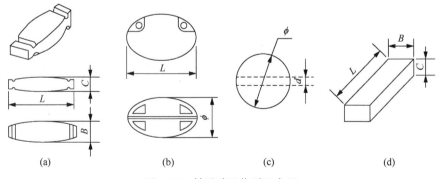

(a)　　　　　　(b)　　　　　　(c)　　　　　　(d)

图 4-34　刺网浮子体形示意图

2. 沉子

沉子是在水中具有沉力，并且形状与结构适合装配在渔具上的属具。沉子的沉力使网具下沉，并且和浮子的浮力相互作用使网衣垂向展开。刺网的沉力配布均匀可以使网衣垂向张开均匀，保持网列整齐。

刺网主要采用如图 4-35 所示的 4 种沉子。图 4-35（a）为铅沉子，制作方法是先将铅块碾成或铸成一定宽、厚度的铅片，再根据沉子质量要求将铅片切成相同规格的小铅片，并把小铅片弯曲成 U 形作为装配前的铅沉子，铅沉子的规格用单个的质量数表示。铅沉子的装配方式式 3 种：第一种如图 4-31（a）所示，铅粒按安装间隔要求将网衣下边缘的 1 个网目钳夹在下纲上；第二种如图 4-31（b）所示，铅粒按安装间隔要求钳夹在双下纲结扎档中点的沉子纲上；第三种如图 4-31（c）所示，铅粒按安装间隔要求将网衣下边缘的 1 个网目钳夹在单下纲上。图 4-35（b）为中孔鼓体陶沉子，一般其尺寸规格用最大外径（ϕ）×长（L）和孔径（d）表示，单位为 mm，其装配方式一般如图 4-31（d）所示。此外，也有少数采用中孔柱体陶沉子，其尺寸规格表示方法和装配方式均与中孔鼓体沉子相同。

还有悬挂（套挂或吊挂）在下纲下方的沉子，如图 4-31（g）～（i）所示。

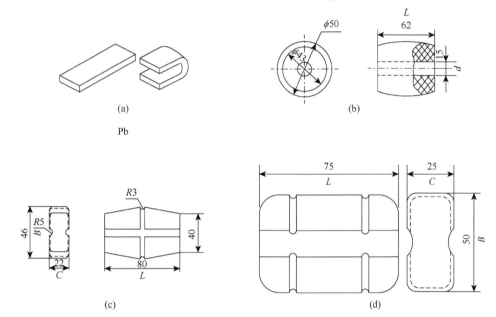

图 4-35　刺网沉子形式示意图

3. 浮筒

浮筒是用浮筒绳连接在渔具的上方并漂浮在水面上的浮子。海洋单片刺网中采用较多的浮筒如图 4-36 所示。

刺网在作业时，网列的位置和形状一般采用浮标或灯标标识，但在日间作业的，也有少数刺网采用浮筒来标识。除了上述起着网列标识作用的浮筒外，尚有两种起着特殊作用的浮筒：一是控制网列作业水层的浮筒；二是便于起网作业的起网浮筒。

4. 浮标

浮标是装有旗帜等附件，并且浮于水面用来标识渔具在水中位置的浮具。浮标是刺网网列的标识，在刺网作业时，可根据浮标的排列位置来观察网列的位置和形状。浮标由标杆、旗帜、浮子和沉子组成，如图 4-37 所示。标杆为一支竹竿，上端装配有三角形或矩形的布质旗帜，中部结缚有浮子，下端结缚有沉子，以使浮标能直立浮于海面上。

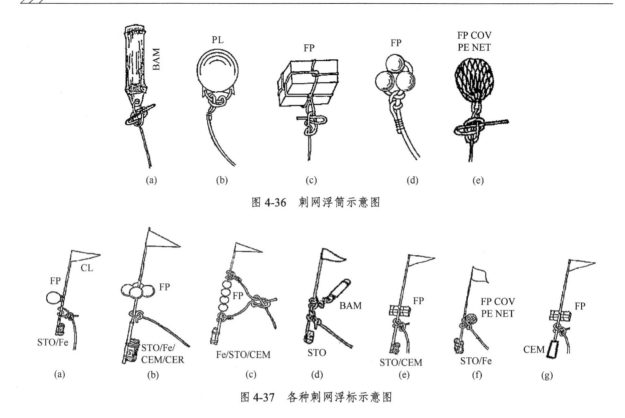

图 4-36　刺网浮筒示意图

图 4-37　各种刺网浮标示意图

现在浮标上的沉子已逐渐被浇注在杆端的水泥结块所取代。

5. 灯标

灯标是装有灯具等附件，并且浮于水面用来标识渔具在水中位置的浮具。灯标也是刺网网列的标识，刺网在夜间作业时，可根据灯标的排列位置来观察网列的位置和形状。常被采用的灯标如图 4-38 所示。

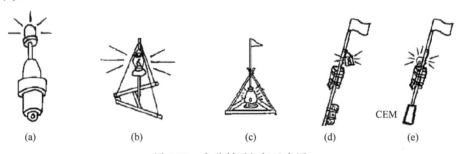

图 4-38　各种刺网灯标示意图

刺网在夜间作业，可按需要放置多个灯标于网列两端和中间。现代的灯标早已和浮标合二为一了，没有灯标和浮标之分。

6. 沉石

沉石是在水中具有沉降力，且形状与结构适宜用沉石绳连接在渔具下方的石块。单片刺网中，常用的沉石如图 4-39 所示，其中，图 4-39（a）是近似长椭球体的天然石块，图 4-39（b）是稍微加工过的近似长方体石块，图 4-39（c）是加工成秤锤形的石块。目前多数刺网用水泥浇注成的沉石。

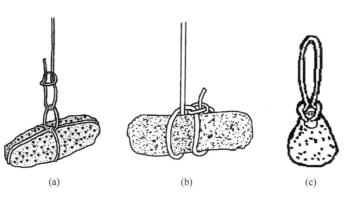

图 4-39 刺网沉石示意图

根据沉石绳连接的部位不同，沉石的作用大体可分为 3 种。第一种是用沉石绳连接在网列首、尾的下纲端或网列中间两网片的下纲连接处的下纲沉石，其连接处的上方相应装置有浮标（图 4-40 左下方的网列首）或浮筒，可通过调整沉石质量来调节浮标或浮筒在海面上的漂流速度，以使其漂流速度与网片的漂流速度近似，保持网列直线平移漂流，使扫海面积最大。沉石质量一般为 1.5～3 kg，轻的为 0.3～0.5 kg，重的达 8～10 kg。第二种是连接在网列末端带网绳上的沉石，沉石的缓冲作用可以使网列尾部减少因带网绳上下起伏（由船头受海浪冲击而上下颠簸）造成的影响。由此可以缩短带网绳的长度。离开叉绳端若干米的带网绳沉石，如图 4-40 的右上方和图 4-41、图 4-42 所示。带网绳沉石质量一般为 10～30 kg，小的为 2～5 kg，大的达 100 kg。第三种是连接在网列尾端附近的下叉绳沉石，如图 4-43 所示，作用是使上、下叉绳能充分张开以保证网列尾端网衣的充分展开。

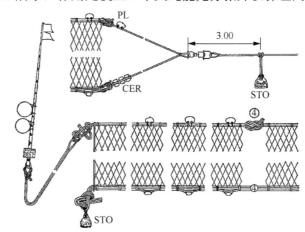

图 4-40 流网局部装配图

图 4-41 流网作业局部示意图（一）　　图 4-42 流网作业局部示意图（二）

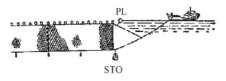

图 4-43 流网作业局部示意图（三）

7. 定置构件

定置构件是定置刺网中用于将网具固定于某一固定作业位置的一种属具。我国海洋定置刺网的定置构件有碇、锚、桩和橹 4 种。

（1）碇

碇是固定刺网的石块。碇与沉石相似，是在水中具有沉力且形状与结构适宜用碇绳连接在网具下方的石块。沉石一般用于流刺网，碇用于定刺网，故碇又可看成是用于固定刺网的沉石，可以称为碇石。海洋定刺网常用的碇石有 2 种形状，一种是近似椭球体的天然碇石，其形状如图 4-39（a）所示；另外一种是稍微加工过的近似长方体的碇石，如图 4-39（b）所示。采用天然碇石的较多，每个碇石质量一般为 10～40 kg。

（2）锚

锚是固定刺网的齿状属具。锚的固定作用与碇一样，但锚具有固定力（也叫爬驻力），故锚的固定作用比碇更加可靠和牢固。定刺网一般采用铁锚，有单齿和双齿两种，如图 4-44 所示。

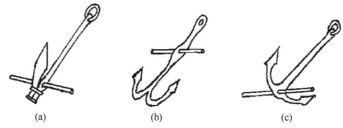

（a） （b） （c）

图 4-44　刺网使用的锚示意图

（3）桩

桩是固定刺网作业位置的较短的杆状属具。桩的材料一般有木和竹 2 种，其结构如图 4-45 所示。

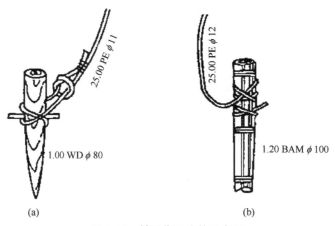

（a） （b）

图 4-45　刺网使用的桩示意图

（4）橹

橹是固定刺网作业位置的较长的杆状属具，如图 4-46 左边的①图所示，是 1 支长 1.3～1.4 m、直径约 150 mm 的竹竿。

二、三重刺网结构

三重刺网是由两片大网目网衣中间夹一片小网目网衣和上、下纲构成的刺网。

三重刺网一般不设置缘网衣，其他网具构件基本与单片刺网一样。

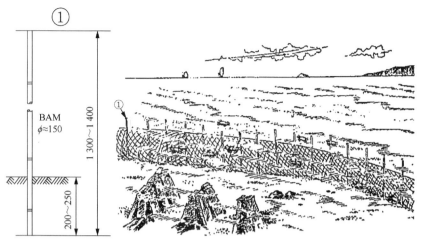

图 4-46 蟳仔帘作业示意图

海洋三重刺网的网衣均采用锦纶单丝双死结或变形死结编结。现普遍采用机织锦纶单丝双死结网片。网结类型可见图 4-23。

上纲、下纲和侧纲大多数采用乙纶网线，少数采用锦纶单丝编线，极少数采用乙纶捻绳或锦纶单丝。

三重刺网一般采用方菱体硬质塑料浮子，浮子纲和上缘纲一般等长，其装配型式如图 4-30（c）所示。少数上缘纲长于浮子纲，其装配型式如图 4-28（b）中的 1、2 所示，上缘纲在作业中形成水扣形状。少数三重刺网采用长方体泡沫塑料浮子，一般采用图 4-30（c）的装配型式。三重刺网习惯采用片状的铅沉子把下缘纲和沉子纲钳夹在一起，如图 4-31（a）所示。也可以只钳夹在沉子纲上，如图 4-31（b）所示。三重刺网的浮标，其标杆均为竹竿，浮子多数采用球体硬质塑料浮子。浮子的采用很灵活，只要有足够浮力的器具都可以用作浮标的浮子。其沉子大多是与标杆浇注在一起的柱体水泥块，也有的采用铁块或石块，如图 4-37 所示。三重刺网浮筒取材也非常灵活，与浮标上的浮子相同。

三、无下纲刺网结构

无下纲刺网实际是网衣下边缘不装下纲的单片刺网。

无下纲刺网除了无缘网衣、下纲和叉绳外，其他网具构件基本与单片刺网一样。

无下纲刺网的沉子方如图 4-47 所示。

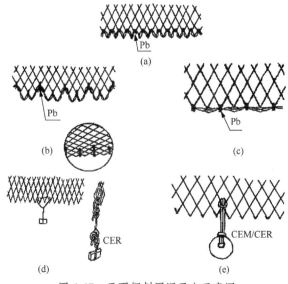

图 4-47 无下纲刺网沉子方示意图

第三节 刺网渔法

刺网渔法内容包括两部分，一是刺网渔船和捕捞设备，二是刺网捕鱼技术。

一、刺网渔船和捕捞设备

刺网渔船和设备随年代和技术进步而发展，我国 20 世纪末以前大多以小、中型柴油机动力渔船在沿岸和浅海渔场从事刺网作业。21 世纪 10 年代，部分已发展成大型钢壳渔轮，从事中远海渔场流刺网作业。刺网渔船吨位范围比较广，小的渔船总长只有 4 m，挂桨柴油机功率 2.94 kW，载重 1～3 t，带网 3～5 片。大的钢壳流刺网渔轮 180 GT，功率 453 kW，带网 800 片，配员 13 人。定刺网均应用于小型渔船沿岸作业。

21 世纪始，一般的小型刺网渔船都备有一台纺车轮式的起网机，主机功率 44 kW 以上的刺网渔船，多数设置有 1～2 台立式绞纲机，拉力 10～15 kN。有些较大型的刺网渔船（如马鲛刺网），还设置有液压起网机（即动力滑车）。随着作业渔场向外海推移，刺网渔船上逐渐普及卫星电话、探鱼仪、北斗卫星导航系统、雷达等助渔导航仪器。

刺网渔船大多数进行单船式作业，母子式作业的较少。母子式刺网以船队形式作业，子船进行捕捞工作，母船加工或冻结渔获物。

二、刺网捕鱼技术

（一）流刺网捕鱼技术

1. 渔场的选择与鱼群侦察

大型中、表层流刺网渔船在出海作业前，对渔场的选择和鱼群侦察应作充分准备。一般是根据历史资料及现场的渔情报告，进行综合分析后确定计划生产渔场。江河出口、湾口、流隔、混浊区、峡口和鱼群洄游通道都是首选渔场，要注意避开航道。当渔船驶抵渔场后，进行水温、水色、盐度等测定，同时应用探鱼仪探测鱼群和观察渔场其他生产渔船的动态后进行试捕。通过试捕确认为作业渔场后，才进行正常生产。根据实际捕捞效果及周围环境特点，分析目前的中心渔场位置，再作下一次放网位置的选择和决定。

2. 渔场选择注意事项

底层流刺网一般以主要捕捞对象的栖息地和潮流为主要选择依据。尽量避开大型拖网作业区和岩礁区，以免渔具受损。

3. 捕捞操作技术

由于捕捞对象、渔场环境特点的不同，有关渔场的选择和鱼群侦察方法和技术的应用也有所区别，不可能作统一的模式叙述。而放起网操作、网具调整、渔捞事故的预防与处理则基本相同。对于小型渔船，操作简单，技术含量低。对于中、大型渔船，操作较复杂，具体操作顺次分述如下。

（1）放网前的准备

放网前的准备包括网具的连接和整理，观察风、流方向和速度，检查并润滑操作机械。

①网具的连接和整理。放网前依需要把网片依次连接成相应网列。浮标、浮筒、沉石等属具可预先连接，也可边放网边系接。已连接好的网列，分别依次盘放。一般是右舷放网左舷起网，相应将下纲盘放在靠近船首甲板，上纲盘放在船中部或靠近船尾部甲板。浮标、沉石等属具分别依照先后顺序放在上、下纲的圈盘之外。

②观察风、流的方向和速度，以便确定放网和漂流的方向。预测渔场作业水深，并在放网前预先按作业水层要求调整好浮标绳的长度。

③检查并润滑操作机械，以保证操作安全和作业速度，提高效率。

（2）放网

放网主要是放网时间、放网方向、放网顺序的掌握，以及一些放网注意事项。

①放网时间。底层鱼类一般在清晨或傍晚活动比较活跃，中上层鱼类上半夜和清晨比较活跃。捕捞中上层鱼群的流刺网在夜间作业，一般是傍晚放网，清晨起网。捕捞底层鱼群的流刺网在日间作业，一般是清晨放网，中午起网。

②放网方向。一般以横流顺风或侧流顺风放网。风对船的影响较大时，应在上风舷放网；流对网具的影响较大时，应在下流舷放网。考虑到风、流同时作用下，风大时以上风舷放网为主，流大时以下流舷放网为主，这是船舷放网的基本原则。

进车放网的渔船，当风向与流向垂直时，可采用顺风横流在下流舷放网。要求渔船保持直线行驶，避免网具卷入螺旋桨，如图4-48（a）所示。这种投网方式速度较快，但风较大时，渔船不能一直开车放网，而应采取断续开车放网，即渔船开车放网一段时间后，停车靠惯性进行放网，反复数次，直到放完全部网具。网列呈波浪形，如图4-48（b）所示。

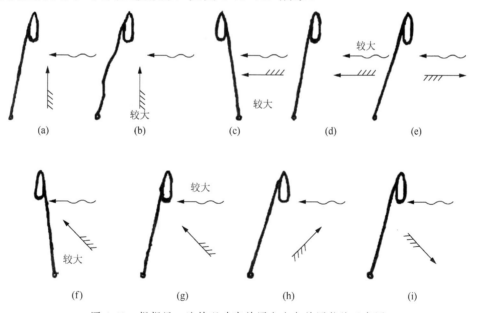

图4-48　根据风、流情况确定放网方向与放网舷的示意图

当风向与流向相同或相反时，可采用横风放网。风、流方向相反时，渔船应保持一定速度边进车边放网。这时应注意避免网列靠近船舷造成网衣卷进螺旋桨。放网前应先估计是风对船的影响大还是流对网具推移的作用大。若风的影响较大，则采用横风上风舷放网，如图4-48（c）所示；若水流的影响大，则采用横流下流舷放网，如图4-48（d）所示。在放网过程中若出现网列靠近船舷的情况，这时应停车，靠惯性进行放网。待船和网列在风、流的作用下互相偏离后，再开车放网。这样

反复进行,直至放网完毕。当风、流方向相反时,可采用横风上风舷放网,如图 4-48(e)所示。

总之,应根据风、流的实际情况,确定放网方向和放网舷,如图 4-48(f)～(i)所示。在放网过程中若出现网列靠近船舷的情况,则应停车,靠惯性进行放网,待船舷和网列分离后再继续开车放网。应根据实际情况确定是否还需要停车放网,直到放网完毕。

③放网顺序。根据海况,船开慢车或开中车将船首对准放网方向后停车,借余速放网。由专人先放网列前端的浮标、浮标绳和沉石,接着按顺序分别投放下纲和上纲,并带动网衣入水。待网具下水后再开车继续放网。根据情况控制船速,将网放完。最后投放带网绳并将其系结在船首,船、网随流漂流。

这种放网方法,网具卷进螺旋桨的风险较大,大多数渔船已改用倒车放网。

④放网注意事项。注意事项较多,具体如下:

a. 投放浮标、浮筒时,要远离网具上纲位置,避免浮标和浮标绳、浮筒和浮筒绳与上纲纠缠。

b. 同部位的下纲投放在先,上纲投放在后,使上下纲尽量分开,以防纠缠。

c. 投放网具速度要与船速配合,投放速度若快于船速,容易造成网列沉入海底重叠、纠缠等事故;投放速度若慢于船速,将影响网列的正常沉降,网列易撕裂。

d. 放网时应注意避免网列靠近船舷,防止网列被压入船底,避免网衣被卷进螺旋桨。

e. 放网方向以横流为宜,放出的网列尽量保持直线,以增加捕捞面积。

f. 风浪大、周围生产渔船较多的情况下,可采取多列式放网,以免网列过长而容易受外界条件干扰。多列式的两网列之间距离至少在 1.0～1.5 n mile 以上,以防网列互相纠缠。

g. 作业海域要避开航道。

(3)漂流巡航

放网完毕,船带网列随风、流漂移,或船离开网列,网列随流漂移,渔船则进行巡航。母子式作业一般放 2～3 列网列时,船与网列脱离。漂移巡视过程中的注意事项如下。

①网列尽可能垂直于流向。

②船带网列漂流时,船随风和流漂移,网列随流漂移,二者漂流速度要一致,若不一致时应设法调整。风小时,适当开动渔船,增加船的漂流速度,把网列拉直。

③注意风、流方向变化,若对网列影响较大,应给予调整或立即起网,避免造成网列折叠、起网困难的情况。

④带网绳的张力和形状能反映网列漂流的状态,如遇张力过大或形状不正常时,应分析原因,及时处理,风大时,应放长带网绳,防止带网绳张力过大断裂或撕裂网具。

⑤观察周围船只动态,发现有他船靠近网列时,要及时向他船发出避让信号,进行表层流网作业的更应加强戒备。

⑥如遇雾天应加强对网列的巡视,携带舢板的流刺网可放下舢板分段巡视,防止网具丢失。

⑦注意浮(灯)标及渔船上的避碰信号灯是否正常。

漂流时间视渔场环境、探鱼仪映像、气候变化、他船动态、作业需要等因素而定。

(4)起网

起网过程从收取带网绳开始,先起上网列端部浮标,然后依次起上网具。船上只有一台绞纲机时,起网要有 2 人在船首操作,其中 1 人用绞纲机绞收带网绳、上叉绳和绞绳,另 1 人整理,盘收下纲。1 人在船中盘收上纲,另 1 人持抄网,捞取从网上掉下的渔获物并收取浮标。其余人员在甲板中部收网衣并摘鱼。船上装有起网机时,起网时先收绞带网绳,起至网片时,将网衣拢成束状楔在起网机的槽轮间,使网衣随着槽轮的转动而起到甲板上。

在起网过程中,如果起网速度较慢,采取边起网边摘鱼、边理网具的做法;如果起网速度较快,顺风起网,或罹网渔获物多时,则采取先行起网,然后在整理网具时摘取渔获物。有时渔获物很少,或需迅速转移渔场，采取先起网、后摘鱼的方法。风浪大时，为了减少掉落海中的罹网渔获物，可将上、下纲与网衣合拢一起收拉，起上甲板后再行摘鱼。起网过程中的注意事项如下。

①一般应顶流开车并使起网舷处于受风位置，起网时如果风向变化较大（超过 90°时），应到另一端起网，以避免顺风起网。

②一般在受风、顶流舷起网，尽可能使网列与船首方向成锐角，不让网具压入船底，防止网衣缠绕螺旋桨。当网衣被压入船底时，不能开车，待网衣拉出船底后才能动车。

③及时修补网具和补充丢失的属具。

④观察鱼体新鲜程度和鱼刺入网衣的部位，为下一网的投网地点和敷设水层提供参考。

（5）网具和作业渔场的调整

网具调整和渔场调整两方面工作在作业中是紧密相关的。

①网具调整。流刺网作业中网具的调整，主要是作业水层的调整、带网绳长度的调整等。

a. 网具作业水层调整。网具漂流的水层，对渔获量有直接影响。因为鱼在水中分布不是均匀的，而是比较集中在某一水层中，这是各种鱼类对于水温等渔场因子适应的结果。网具若设置在鱼群较密集的水层，渔获量会提高。

若单船生产时，可先根据生产经验将网具设置在某一水层或以阶梯形式设置网具。起网时观察渔获物所刺网具部位，然后再调整作业水层。在同一渔场有多船生产的情况下，各船的网具可能分布在不同水层，比较各船的生产情况，再决定作业水层。

通过调整浮、沉力，可以调节网具所在水层。如需在表层作业，调整上纲的浮力使其大于下纲沉力。如需在中层或底层作业，调整浮力使其小于沉力，结合调整浮筒绳长度，网具下纲即可保持在所设水层。

风、流反向，网具垂直深度会减少。要适当加长浮筒绳。

b. 带网绳长度调整。带网绳的长度取决于作业水层、风力和流速。作业水层深、风大流急时应增加其长度；反之则收短。此外，带网绳的长度还与船舶参数有关，船舶受风、流面积越大，所需带网绳越长。为了尽可能缩短带网绳长度，可在靠近叉绳或靠近网衣的带网绳上系结一定质量的沉石。

c. 底层流网如需减少网具下纲的摩擦阻力，增加漂流速度，可适当减少沉力；如需使刺网网衣松弛，可同时减少浮、沉力。制作好的网具，调整浮、沉力十分困难，一般是通过调整沉石来实现。

②渔场调整。根据海况及周围渔情的分析，并根据渔获物刺挂网列的部位和对鱼体新鲜程度的观察，判断是否处于中心渔场。如认为已偏离，应在下一网次放网时纠正，适当调整放网船位，使网列在漂流过程中，有较多时间处于中心渔场范围内。

（6）渔捞事故预防与处理。由于刺网网列较长，受风、流影响较大，操作不当时，很容易发生渔捞事故，这些事故较常见的有下列几种。

①网具自纠缠螺旋桨。此事故发生的原因主要有以下几种。

a. 没有辨清风、流方向，放网方向错误，非作业舷受风，船体压在刚放出的网具上面。

b. 放网时船首没有保持直线方向，船尾碰到刚放出的网具。

c. 起网时操作不慎，使起网舷的另一侧受风，船压在刚浮出水面的网具上。

d. 在浅水流急处起网时，将要上船的网具早已漂浮，而操作人员还未发现，结果船误越过网具，引起网衣纠缠螺旋桨。

e. 起网时船速快于收网速度，使网具漂向船后并接近船尾。

预防放网过程网具纠缠螺旋桨的措施有：放网前要观察清楚风向、风速和流向、流速，然后根据风、流情况确定正确的放网方向。放网时应注意避免网列靠近船舷，防止网具被压入船底。起网时要保持网列始终位于起网舷前方。不要顺风起网，以免网具被压入船底。

②破网。目前用于刺网网衣的材料，以合成纤维为主，尤以锦纶单丝居多。合成纤维虽然具有

很多优点,但存在材料容易老化的缺点。材料老化的特征是强度显著降低,颜色变黄,网衣变脆等。在生产过程中受到较大外力时,容易造成破网的现象。为防止材料老化,要尽量减少网具在阳光下曝晒,网具堆放而不进行生产期间,要用帆布遮盖。网片老化后要及时更换,以免影响作业效果。网衣受污染变色,应及时清洗。

破网事故除了上述材料老化的原因之外,主要由下列情况引起。

a. 放网时上、下纲未分开,或网衣盖在浮子纲上,受纲索拉扯破裂。

b. 顺风放网,船速过快,网具来不及放出,张力过大被拉扯破裂。

c. 网具在漂流中钩挂海底障碍物被拉扯破裂。

d. 大型鱼类被缠络后,由于挣扎而导致网衣破损。

e. 起网时,由于网衣钩挂船舷,或钩挂其他突出部位,或网具、绳索相互纠缠被拉扯破裂。

③网具缠络。这种事故渔民称为"网打团"或"网打圈",产生原因主要是潮流过急、流向不规则、网列在流隔处、流向判断不对、漂流中风向突然变化等。其预防与处理方法主要有下列几种。

a. 放网时如发现风向变化,可慢车改变网列放出方向,继续保持船首顶风,或立即起网,以防网具缠绕。

b. 多列式流网在漂流过程中,两网列之间应保持 1 n mile 以上距离。如果由于渔场狭窄或其他原因而使两网列距离太近,网列就可能互相纠缠,导致网具不能正常作业,甚至使网具损坏。预防方法是:有条件的渔场,要尽量加大网列之间的距离。同时在漂流过程中要经常观察网列在海中的动向,若发现风、流变化影响网列的走向而可能使网列互相纠缠时,要及时起网。

c. 起网时,网衣已经纠缠,可将船置于网列下风采用慢倒车起网。

d. 起网时,如果绳索纠缠网衣,可将绳索和网衣一起拉上,置于舷边,解开后再按序放入水中,重新起网盘放。

④断绳。目前用于刺网绳索的材料基本上是合成纤维,容易老化,老化后绳索强度显著降低。断绳的原因除了材料老化外,还可能是绳索过细,也可能是绳索质量不好,或使用时间太长。至于上、下纲长度不等,短的先断,长的后断。

断绳的预防方法是经常注意绳索的使用情况,及时更换和调整绳索。

⑤钩挂障碍物。流刺网是通过漂流来扩大扫海面积而取得渔获物的,一旦钩挂了障碍物,网具将停止漂流而使网列变形,严重的将导致网具拉断或破损。因此,作业时要避开海图标示的障碍物位置和以往作业中发生钩挂网具的地方。同时注意观察网列钩挂的部位和程度,采取反向拉开的措施使其脱钩,让网具恢复正常作业。

⑥与其他渔具纠缠。在同一渔场,往往会有多种渔船同时作业。当流网与拖网靠近时,网具会与拖网的曳绳、网板、网具等纠缠而被拖拉。被拖拉后可能产生的后果,一是网列变形,二是部分网衣被拖破或断裂,三是整列网具被拖走。因此在多种渔船作业的渔场,刺网网列要尽量投放在远离其他渔船作业的水域,同时要多投显示流网网列的标示,以便他船看到及早避让。在网列漂流过程中,作业渔船要对海面加强观察瞭望,发现有拖网渔船逼近网列时,要及时向来船发出避让信号。此外,流网也应避开定置性渔具和网箱养殖区作业,以免网具与定置物体纠缠而造成损坏。

⑦与航行船舶纠缠。流网,特别是表层流网,在漂流过程中,由于受到潮流的影响,网列可能会向航道漂去,有可能被过往船舶钩挂,除了网具受到损坏之外,网衣、绳索还会纠缠航船的螺旋桨,导致航船发生航海事故。所以流网应严格遵守法规不要到航道附近作业。

(二)定刺网捕鱼技术

定刺网作业渔场主要在河口、岛礁周边、海湾和底质较差的近岸水域。多数定刺网敷设在潮流明显的浅海水域，敷设方向垂直于流向或与流向呈一定夹角。

现以辽宁庄河的锚网为例，叙述定刺网的放起网操作方法。锚网属于中层作业的锚定刺网。其捕捞对象为斑鰶、黄姑鱼、马鲛、鳓和鲈等。锚网的渔船总吨为 10 GT，主机功率为 15 kW，船员 5 人，带网 30 片。锚网的作业如图 4-49 所示。锚网可日夜作业，以白天作业为主，多数渔船朝出晚归，一日投网两次，涨落潮各投网一次，一般在右舷作业，其操作方法如下。

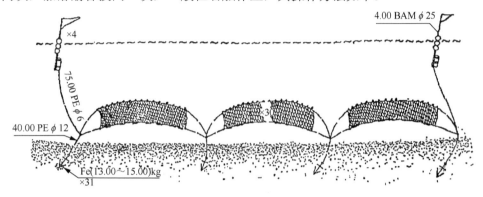

图 4-49　锚网作业示意图

1. 放网前的准备

出海前把网片两端的叉绳彼此连接形成网列，并把网具放在右舷甲板上，下纲在前，上纲在后，并把锚绳结缚在叉绳的端点上，把浮标绳结缚在网列两端的叉绳端点上，在网列中间每间隔 10 片网处连接一个浮标，浮标绳连接在两片网的叉绳端，把锚按投放顺序排放在船首的右舷甲板上，并把浮标也放在船首。

2. 放网

锚网应顺风横流慢车放网，为此要在平流前开始放网，使网列与流向垂直。放网时，一人在船首投锚和浮标，一人在前甲板投下纲，一人在船中部投上纲及网衣，一人开机及掌舵。次序是：先投锚并投锚绳，投完叉绳后开车，待锚绳稍拉紧后抛出浮标绳和浮标，并投放叉绳、网衣，放完一片网后紧拉住两网片之间的叉绳连接点开车，待网衣拉紧后抛出第 2 个锚，顺序放下第 2 片网，直至放完 10 片网后扯住叉绳连接点开车，待网衣拉紧后抛出第 11 个锚，待锚绳稍拉紧后抛出第 2 条浮标绳和浮标，以后再每隔 10 片网抛出 1 条浮标绳和浮标，直至放完所有的网衣、抛出最后 1 个锚和最后一支浮标为止。

放网后，船在网侧抛锚停泊看守，船上值班人员昼夜观察，随时注意网列和周围船只动态及气象变化情况。

3. 起网

根据海况和渔情来确定是否转移渔场。若不转移，可捋网摘鱼，否则就要起网。

捋网是将船开到网列的上风或上流，首先用大钩把网列一端的浮标钩上船首，拔起浮标绳和叉绳后，应先使船首迎流或迎风，流大迎流，风大迎风，后将叉绳越过船首，把网衣横放在船上，下纲在前，上纲在后，一人在前甲板拉下纲，一人在船中部拉上纲，还有一人在其两人之间拉网衣和摘取渔获物。一般从右舷拉网上甲板摘鱼，于左舷放网回海中，当捋完第一片网至另一端叉绳后，继续捋第 2 片网，直至捋完。

若要转移渔场，需把网全部起上。起网也要在平流前开始进行，以免流速减弱后被兜捕的渔获物逃逸。起网时，根据风力、风向及潮流情况确定起网方向，一般在迎风舷或迎流舷起网，风大迎风，流大迎流。起网时，一人负责在船首钩浮标、起锚兼在前甲板拉网衣、摘鱼，一人在前甲板拔下纲，一人在船中部拔上纲，一人开机及掌舵。次序是：首先用大钩把网列端的浮标绳钩起，至叉绳后，一人拔下叉绳和下纲，一人拔上叉绳和上纲，一人拔锚绳和起锚后协助摘鱼。起至叉绳连接点时，拉网衣、摘鱼的人起锚绳和锚，接着再继续起第 2 片网。起网时，上纲、网衣、下纲应保持同步上船，网衣和属具顺次排放。

（三）围刺网捕鱼技术

围刺网作业规模小，一般在有大鱼群活动和鱼群喜欢聚集的礁盘区渔场作业。渔场局限于河口、湾内、岛礁周边流缓的浅海海域。通常采用单片刺网，按作业渔船数量分，有单船围刺网作业、双船围刺网作业和多船围刺网作业三种。

1. 黄花鱼（大黄鱼）围刺网

在农历七月至十月，黄花鱼喜在每天下午 5～9 时发出求偶的"咕咕"叫声，故这段时间为最佳作业时间。渔船驶到渔场后，停机让船随风、流漂移，由有经验的渔民以耳贴船板或通过插入水中的大竹筒听大黄鱼的叫声，以判断鱼群的大小和位置。估计有捕捞价值时，即可进行围刺作业。

黄花鱼围刺网是进行单船作业的围刺网，使用一艘 18 GT、主机功率 79 kW 的机动渔船，其作业示意如图 4-19。渔船偏顺流放网，后转向横流继续放网，使下纲沉至海底，逐渐形成包围圈，把鱼群包围在网圈内，如图 4-19（a）所示。迅速封闭网口后，渔船停在网圈外，如图 4-19（b）所示。渔船放小艇下水，小艇小心进入网圈，并以敲打船板或用木棍击水等方式惊吓鱼群，迫使鱼群四处乱窜而刺挂于网目中，从而达到捕捞目的，如图 4-19（c）所示。

2. 黄鱼罟

黄鱼罟主要捕捞对象是斑鰶，俗称黄鱼。黄鱼罟应先以包围方式围住鱼群，故侦察鱼群很重要，渔民总结了许多经验，主要有：若发现"墨水"，即海面呈深色，说明鱼群密集，稳定性好，容易围捕；海面出现波纹，这是鱼群在表层活动形成的迹象，若波纹细而多，表明鱼群较密集而且群体较大。

黄鱼罟是进行双船作业的围刺网，使用两艘载重约 3.5 t、主机功率约 9 kW 的机动渔船，每船带网 5 片左右，渔船达到渔场后，两船以一定间隔，同方向平行慢速前进，由有经验的渔民站在船首对鱼群进行目视侦察。黄鱼罟的作业示意如图 4-50 所示。当发现鱼群后，两船立即驶到鱼群的上流方向并顺流靠拢，连接好两船间的网片，然后两船分开向预定的方向放网，迅速包围鱼群，如图 4-50（a）和（b）所示。一般经过十多分钟即可起网，两船同时起各自所放的网，一边摘取渔获物，一边整理网具，如图 4-50（c）所示，然后继续寻找鱼群，准备进行下一网次作业。

3. 多船围刺网

多船围刺网是分布于珠江口沿岸，以多种渔船为一个作业单位的作业方式，一般由 8～10 艘功率为 14.7 kW 的渔船组成，其中两艘带小围网一盘，其余各带刺网 1～2 片。捕捞对象主要为鲻、斑鰶、梅童鱼、大黄鱼、凤鲚、叫姑鱼和小沙丁鱼等。渔场主要在珠江口内、海岛间和湾内海域。渔期主要为小潮期。

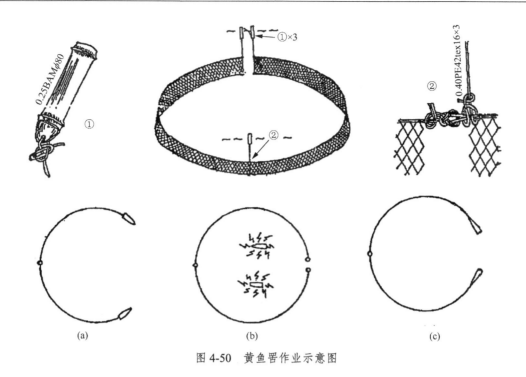

图 4-50　黄鱼罟作业示意图

渔法：天亮前船队出发，到达渔场后各船分头对鱼群进行目视侦察。发现鱼群的渔船发出信号，带刺网的渔船包围鱼群，两船为一组，将网具互相连接，同时放网，放完后，相近两船将网具末端连接好。两围网渔船进入网圈，赶追围捕鱼群。鱼群一部分被围捕，一部分受惊吓逃窜罹网。两围网渔船起网后，网圈内还有鱼群时，继续围捕鱼群。直至再没有发现鱼群时，各刺网船起网，再进行下一网次作业。

第四节　刺网渔具图

标注刺网网衣、绳索和属具的形状、材料、规格、数量及其制作装配工艺的图称为刺网渔具图，又称为刺网网图。设计刺网，最后要通过绘制刺网网图来完成。制作与装配刺网时，要按照网图规格进行施工。刺网网图又是检修网具的主要依据，是改进网具结构、制作装配工艺和进行技术交流的重要文件资料。

一、刺网网图种类

刺网网图有总布置图、网衣展开图、局部装配图、作业示意图、构件图等。每种刺网一定要绘有网衣展开图和局部装配图。因总布置图与作业示意图类似，一定要根据需要选绘其中一种。有些属具构件，如浮子、沉子、锚、桩等，如果结构特殊，也应根据需要绘制出其构件图。刺网渔具调查图一般可以集中绘制在一张图纸上（A3 或 A4 号）。一般网衣展开图绘制在上方；局部装配图绘制在中间；总布置图或作业示意图绘制在下方；如有构件图，可在局部装配图附近位置绘制；如图 4-51 所示。

（一）网衣展开图

网衣展开图轮廓尺寸的绘制方法规定：每片网衣的水平长度依结缚网衣的上纲长度按比例缩小绘制；垂直高度，无论有、无侧纲均依网衣拉直高度按同一比例缩小绘制。

白帘（广东　阳江）
44.90 m×1.45 m

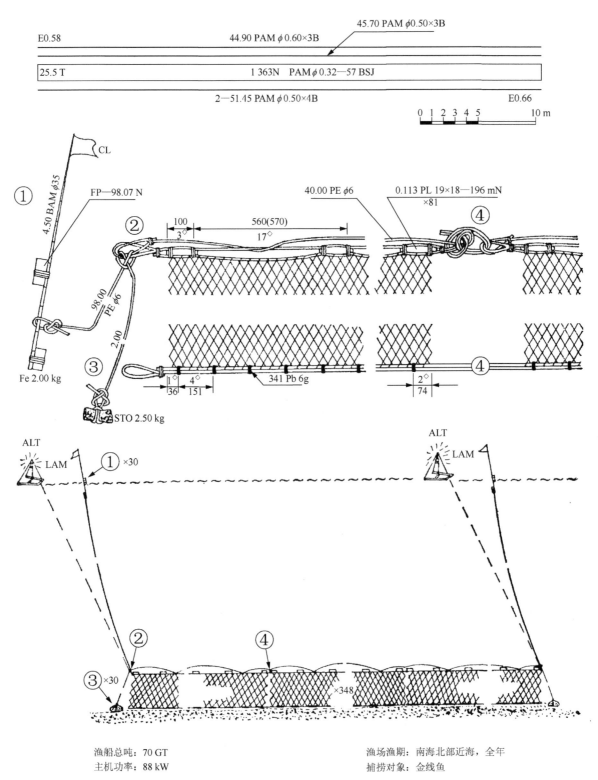

图 4-51　白帘刺网网图（调查图）

渔船总吨：70 GT
主机功率：88 kW

渔场渔期：南海北部近海，全年
捕捞对象：金线鱼

在网衣展开图中，除了标注网衣规格外，还要标注网衣上、下边缘的缩结系数，以及结缚网衣的上、下纲和侧纲的数量、长度、材料及其规格，如图 4-51 的上方所示。

（二）局部装配图

参考第三章内容。

（三）总布置图

一般要求绘出整列网具的装配布置，如图 4-51 的下方所示。若整个网列头尾对称，可绘出整列网的装配布置，也可以只绘出网头部分最少 1.5 片网的装配布置，即在图 4-51 的总布置图中，采用断开画法绘出左侧部分即可。在总布置图中，还应标注整列网所使用的网片、浮标或灯标、浮筒、沉石或碇等构件的数量。

二、刺网网图图形

（一）网衣图形

参考第三章内容。

（二）绳索图形

参考第三章内容。由于叉绳、带网绳、浮筒绳、浮标绳、沉石绳、根绳等均未依实际长度按比例描绘，故其绳索线中间要求断开表示。

（三）属具图形

参考第三章内容。

三、渔具图中计量单位表示方法

（一）长度

参考第三章内容。

（二）质量

在渔具调查图中，质量单位为千克（kg）或克（g）。应在数字后面标注单位。在渔具设计图中，应按机械制图方法标注在列表中。

（三）浮力和沉力

参考第三章内容。

四、刺网网图标注

在渔具调查图中，每种刺网网图的最上方有个标题栏，内容包括渔具名称、渔具调查地点和渔具主尺度[①]。在每种刺网网图的最下方有个使用条件栏，内容包括使用此刺网的渔船总吨、主机功率、渔场渔期和捕捞对象共 4 项。

（一）渔具名称

渔具名称有渔具分类名称和俗名 2 种，俗名是地方上的习惯称呼名称。在我国的渔具图册中，渔具图标题栏上标明的渔具名称一般为俗名。

（二）渔具调查地点

渔具调查图中，在渔具名称后面的括号内写明该渔具的调查地点，一般为 4 个字，前 2 个字为省（自治区、直辖市）的名称，后 2 个字为县或县级市（区）的名称。

（三）刺网主尺度

渔具调查图中刺网主尺度的表示方法如下。

1. 单片刺网

每片网具结缚网衣的上纲长度×网衣拉直高度。
例如：白帘 44.90 m×1.45 m（图 4-51）。

2. 三重刺网

每片网具结缚网衣的上纲长度×大目网衣拉直高度。
例如：三黎网 37.66 m×3.30 m（《中国图集》49 号网）。

3. 无下纲刺网

表示方法与单片刺网相同。

（四）渔船总吨

表示使用渔具的渔船总吨位，其单位为总吨（GT）。若渔船无总吨时，用渔船载重吨（t）表示。若渔具作业时不需用渔船，则在"渔船总吨"栏后面标注"无"。

（五）主机功率

使用渔具的渔船主机功率，单位用千瓦（kW）表示。若作业渔船无主机设备，只依靠人力或风

[①] 渔具主尺度是渔具规模大小的主要标志。主尺度数字较大的，说明其渔具规模相对较大；数字较小的，说明其渔具规模相对较小。

力等进行作业，可在"主机功率"栏后面标注"无"，并且在渔具图中应绘制有表示如何利用人力或风力等进行作业的"作业示意图"。

（六）渔场渔期

渔场可用该渔具作业的海域或内陆水域名称表示，渔期可用一年内的月份范围来表示。若该渔具整年均可进行作业，则其渔期标注为"全年"。

（七）捕捞对象

捕捞对象一般是指主要的捕捞对象。捕捞对象的名称应采用中文学名，尽量避免采用不是全国通用的俗名。

（八）网衣标注

参考第三章内容。

（九）绳索标注

我国海洋刺网的绳索，有的采用直径小于 4 mm 的网线，有的采用直径等于或大于 4 mm 的网绳。网线有锦纶单丝、乙纶网线、锦纶网线和锦纶单丝编线。网绳均为合成纤维捻绳等。标注方法见第三章内容。

（十）属具标注

见第三章内容。

（十一）其他标注

在总布置图（或作业示意图）中，其属具结构和与绳索连接工艺难以表述时，可采用局部放大描绘，对应部位用相同序号的放大符号（带有圆圈的阿拉伯数字）表示。在总布置图中的放大符号应按由上到下和由左到右的顺序排列。在总布置图中的放大符号应画稍小些，符号的箭头指引线应指向放大部位；在放大图中的放大符号应画稍大些，符号应置于对应放大属具或部位图附近。在局部装配图中，若两网片间上、下纲端的连接方法相同时，则可只画上纲端的连接方法，而在下纲端的连接处只画出 1 个放大符号即可，如图 4-51 中的④所示。

在刺网总布置图中，应标注有整列刺网的网片数量，即在网列断开处乘上网片数，如"×348"。若为网组分离式网列，应在网列断开处乘上网组内的网片数后再乘上网组数量，如"×6×10"。还应标注有整列刺网需用的浮标、灯标、浮筒、沉石或碇石等属具的数量，即在该属具图形附近或该属具放大符号右侧乘上其数量，如"×30"或"←①×30"。有些属具，拟同时标注每片和整列网的装配数量时，可在该属具图形附近或该属具放大符号右侧连续乘上每片的装配数量和整列的装配数量，如"×8×10"或"←⑤×8×10"。

渔具图中标注的略语、代号与符号，其含义均可详见附录 B。

第五节　刺网网图核算与材料表

在渔具调查时，应对网具草图进行严密核算，以便发现错误及时改正。如要推广使用，在网具制作前，应先对刺网网图进行核算。发现网图有错误，应先进行修改，然后按照核对过的网图制订材料表，按照材料表备料进行制作及装配。

一、刺网网图核算

网图核算是根据各部件间的关系相互印证的原理和实际使用数据范围，来证明标注数据的正确性和合理性，内容包括核对网衣上、下边缘的缩结系数，网长目数，网高目数，侧纲长度，上、下纲长度和浮沉力配备等。根据局部装配图中浮子方和沉子方的装配间隔，可以核算网衣上、下边缘的缩结系数。根据浮、沉子方的装配间隔和浮、沉子数量，可以核算网长目数和上、下纲长度。若无侧纲，可根据目大和网高目数核算网衣拉直高度，如果核算的网高与主尺度标注的数字相符，则说明网高目数无误；若装有侧纲，则应核算网衣缩结高度是否等于或大于侧纲长度，如果侧纲长度大于网衣缩结高度，则是不合理的，应修改为等于或小于网衣缩结高度。根据每个浮子的浮力和每片网的浮子个数，可以算出每片网浮子的浮力；根据每个沉子的沉力和每片网的沉子个数，可以算出每片网沉子的沉力。中层定刺网配备的浮力应大于沉力；底层定刺网的浮力应小于沉力。表层流网的浮力应大于沉力；中层流网的浮力应稍小于沉力；底层流网的浮力应小于沉力。

下面举例说明如何进行刺网网图核算。

例 4-1　试对广东省阳江市的白帘网图（图 4-51）进行核算。

解：

1. 核对网衣上边缘缩结系数

假设网衣目大（57 mm）和浮子方装配图中浮子安装的间隔长度（560 mm）、间隔目数（17 目）均正确，则网衣上边缘缩结系数为

$$E' = 560 \div (57 \times 17) = 0.58$$

核算结果与网图标注相符，说明网衣上边缘缩结系数无误，也说明假设无误，即网衣目大和浮子安装的间隔长度、间隔目数均无误。

2. 核对网衣下边缘缩结系数

假设沉子方装配图中沉子安装间隔的长度（151 mm）和目数（4 目）均正确，则网衣下边缘缩结系数为

$$E'' = 151 \div (57 \times 4) = 0.66$$

核算结果与网图标注相符，说明网衣下边缘缩结系数无误，也说明沉子安装间隔的长度和目数无误。

3. 核对网长目数

（1）核对浮子下方穿系的目数

假设浮子下方穿系的目数（3 目）是正确的，则 3 目的缩结长度为

$$57 \times 3 \times 0.58 = 99 (\text{mm})$$

缩结长度与浮子长度（113 mm）相差 14 mm。若浮子两结扎端距小于 7 mm（14 mm÷2＝7 mm），则浮子下方可以穿系 4 目，也可以穿系 3 目；若结扎端距大于 7 mm，可以穿系 3 目，也可以穿系 2 目。网图上标注穿系 3 目，是可行的。

（2）核对网长目数

假设浮子数量（81 个）是正确的，则根据浮子方数据可以得出网长目数为

$$17 \times (81-1) + 3 = 1363 (目)$$

核算结果与网图标注相符，说明浮子数量无误。

假设沉子数量（341 个）是正确的，则根据沉子方数字可得出网长目数为

$$1 + 4 \times (341-1) + 2 = 1363 (目)$$

核算结果与网图标注相符，说明网长目数和沉子数量均无误。

4. 核对网高目数

假设网高目数 25.5 目是正确的，则网衣拉直高度为

$$0.057 \times 25.5 = 1.45 (m)$$

核算结果与主尺度标注相符，说明网高目数无误。

5. 核对上纲长度

（1）核算上纲端部 3 目的配纲长度

$$560 \div 17 \times 3 = 99 (mm) = 0.099 (m)$$

（2）核算浮子纲长度

$$0.56 \times (81-1) + 0.099 = 44.899 (m)$$

为了使浮子纲长度为整数（以厘米为单位），可取 44.90 m，即端部 3 目处配纲应取 100 mm。核算结果，说明上纲端部 3 目的配纲长度和浮子纲长度均无误。

（3）核对上缘纲长度

假设浮子安装间隔中的上缘纲间隔长度（570 mm）是正确的，则上缘纲长度为

$$0.10 + 0.57 \times (81-1) = 45.70 (m)$$

核算结果与网图标注相符，说明上缘纲长度无误，也说明浮子安装间隔中的上缘纲间隔长度无误。

6. 核对下纲长度

（1）核算下纲两端多余目数的配纲长度

①1 目配纲长度为

$$151 \div 4 \times 1 = 38 (mm) = 0.038 (m)$$

②2 目配纲长度为

$$151 \div 4 \times 2 = 76 (mm) = 0.076 (m)$$

（2）核算下纲长度

$$0.038 + 0.151 \times (341-1) + 0.076 = 51.454 (m)$$

为了使下纲长度为整数（以厘米为单位），可取 51.45 m，即 1 目处配纲应取 36 mm，2 目处配纲应取 74 mm。

核对结果，说明下纲两端多余目数的配纲长度合理且下纲长度无误。

7. 核对浮沉子配备

从局部装配图中得知每个浮子的浮力为 196 mN，每片网的浮子 81 个，则每片网的浮力为

$$196 \times 81 = 15\,876(\text{mN}) = 15.88(\text{N})$$

每个铅沉子的质量为 6 g，从附录 C 得知铅的沉降率为 8.92 mN/g，每片网的铅沉子 341 个，则每片网的沉力为

$$8.92 \times 6 \times 341 = 18\,250(\text{mN}) = 18.25(\text{N})$$

核算结果标明，沉力大于浮力，即为底层作业，在总布置图中将网列画成贴底作业是正确的。

二、刺网材料表

渔具调查图核算准确后，就可按照网图的准确数据制订材料表。渔具设计图的局部装配图或总装配图中已有材料表，制订材料表工作可省略。

刺网材料表中的数据是分开每片网和整列网标明的，但浮标及浮标绳、灯标及灯标绳、沉石及沉石绳、叉绳、带网绳等，一般应标明整列刺网所需的数量。材料表中的绳索长度是分开标明每条绳索的净长和全长的。在网衣展开图中，上纲、下纲和侧纲的长度只标注结缚网衣部分的长度，即净长，其两端尚需加上留头长度，以方便网片之间的连接和侧纲与上、下纲两端之间的连接。净长加两端留头长度即为全长。材料表中的用量是分开标明每片网、每条绳索（全长）、每个属具的用量和整列刺网所需的合计用量。

完整的刺网网图，应标明刺网全部构件的材料、规格和数量等，使我们可以根据刺网网图列出制作整列刺网的材料表。现根据图 4-51 列出广东省阳江市的白帘材料表，如表 4-2 所示。

表 4-2　白帘材料表　　　　　　　　　　（主尺度：44.90 m×1.45 m）

名称	数量		材料及规格	网衣目数		绳索长度/(m/条)		单位数量用量/g	合计用量/g	附注
	每片	整列		网长	网高	净长	全长			
网衣	1 片	348 片	PAMϕ0.32—57 BSJ	1 363 N	25.5 T			496	172 608	
浮子纲	1 条	348 条	PAMϕ0.60×3B			44.90	45.40	49.44	17 206	每条留头 0.25 m×2
上缘纲	1 条	348 条	PAMϕ0.50×3B			45.70	46.05	36.47	12 692	每条留头 0.10 m + 0.25 m
下缘纲	1 条	348 条	PAMϕ0.50×4B			51.45	51.80	54.70	19 036	每条留头 0.10 m + 0.25 m
沉子纲	1 条	348 条	PAMϕ0.50×4B			51.45	51.95	54.86	19 092	每条留头 0.25 m×2
绞绳	1 条	1 条	PEϕ6			13 920.00	13 920.50		253 354	留头 0.25 m×2
浮标绳		30 条	PEϕ6				100.00	1 820	54 600	浮标（灯标）绳与沉石绳连成 1 条，共长 100 m
浮子	81 个	28 188 个	PL113×19×18—196 mN							
沉子	341 个	118 668 个	Pb6 g					6	712 008	
浮标		30 支	4.50 BAMϕ35 + FP—98.07 N + Fe 2.00 kg + CL							日间使用
灯标		30 支	WD + BAM + Fe + LAM							夜间使用
沉石		30 块	STO 2.50 kg					2 500	75 000	

（一）网线用量

从网衣展开图（图 4-51）中可以看出白帘网衣的标注为 PAM ϕ0.32—57BSJ，即此网衣是由直径为 0.32 mm 的锦纶单丝编结成目大（$2a$）为 57 mm 的变形死结网衣。从附录 D 中可以查出，直径 0.32 mm 的锦纶单丝的线密度为 101 g/km，即其单位长度质量（G_H）为 0.101 g/m。根据图 4-51 的网衣展开图得知，白帘网衣的网结类型为双抱死结。从图 4-23 中可以看出，双抱死结的网结耗线量约为死结的 2 倍。从附录 E 中得知死结的网结耗线系数为 16，则双抱死结的网结耗线系数（C）可取为 32。白帘网长为 1363 目，网高为 25.5 目，则其网衣总网目数（N）为 1363×25.5。将上述有关数值代入如下网片的网线用量计算公式：

$$G = \frac{G_H(2a + C \cdot \phi)N}{500}$$

再加上施工损耗 5%，可得出每片网片的网线用量为
$$G = 0.101 \times (57 + 32 \times 0.32) \times 1363 \times 25.5 \div 500 \times 1.05 = 496(\text{g})$$

整网列有 348 片网衣，则整网列的合计网线用量为
$$496 \times 348 = 172\ 608(\text{g})$$

（二）绳索用量

用结构号数表示的锦纶单丝捻线或编线作为绳索使用时，其用量可用下式估算
$$G = G_H \times L \times e \times 1.1$$

式中，G ——锦纶单丝捻线或编线的用量（g）；

$\quad\ G_H$ ——锦纶单丝单位长度质量（g/m），可查询附录 D；

$\quad\ L$ ——绳索全长（m），全长等于净长（结缚网衣的长度）加两端用于结扎连接的留头长度，留头长度可根据实际结扎连接工艺要求来确定；

$\quad\ e$ ——总单丝数。

由于刺网中用于制作锦纶单丝捻线或编线的锦纶单丝一般较细，其单位长度质量一般小于 1 g/m，故在计算每条绳索用量后，以 g 为单位时应取 2 位小数。计算整网列的合计用量也以 g 为单位时，应把小于 1 g 的小数全部作为 1 g 进 1，即取大不取小。

浮子纲和沉子纲的首端留头要折回扎成眼环，其尾端留头拟穿过另一片网的首端眼环后结扎连接，故其两端留头应长一些，可取为 0.25 m。上缘纲和下缘纲首端留头只结缚在首端眼环的后端处，故其留头可短一些，可取为 0.10 m；其尾端留头与浮子纲、沉子纲尾端留头并拢一起拟穿过另一片网的首端眼环后结扎连接，故也可取为 0.25 m，则每条浮子纲、沉子纲的留头均为 0.25×2，每条上、下缘纲的留头均为 0.10 + 0.25。

表 4-2 中锦纶单丝编结的绳索用量计算如下。在图 4-51 的网衣展开图中，浮子纲的标注为 44.90 PAM ϕ0.60×3B。从附录 D 得知，直径为 0.60 mm 的锦纶单丝的线密度为 330 g/km，即 G_H = 330 g/km = 0.330 g/m。上面已确定浮子纲的留头为 0.25×2，则其全长 L = 44.90 + 0.25×2。其总单丝数 e = 3。根据上述数值可得出每条浮子纲的质量为
$$G = 0.330 \times (44.90 + 0.25 \times 2) \times 3 \times 1.1 = 49.44(\text{g})$$

整网列有 348 片网，则整网列浮子纲的合计用量为
$$49.44 \times 348 = 17\ 205.12(\text{g})$$

质量的整数部分以克为单位已满足工艺需求，故计算后均把小数点后值作进 1 取舍，取为

17 206 g。今后在计算绳索合计用量时均采用同样的进位方法。

上缘纲的标注为 45.70 PAM ϕ0.50×3B，其有关数值的确定方法与浮子纲的相同，不再赘述。则每条上缘纲用量为

$$G = 0.240 \times (45.70 + 0.10 + 0.25) \times 3 \times 1.1 = 36.47(\text{g})$$

整网列上缘纲的合计用量为

$$36.47 \times 348 = 12\ 692(\text{g})$$

下缘纲的标注为 51.45 PAM ϕ0.50×4B，则每条下缘纲用量和整网列下缘纲的合计用量分别为

$$G = 0.240 \times (51.45 + 0.10 + 0.25) \times 4 \times 1.1 = 54.70(\text{g})$$

$$54.70 \times 348 = 19\ 036(\text{g})$$

沉子纲的标注为 51.45 PAM ϕ0.50×4B，则每条沉子纲用量和整网列沉子纲的合计用量分别为

$$G = 0.240 \times (51.45 + 0.25 \times 2) \times 4 \times 1.1 = 54.86(\text{g})$$

$$54.86 \times 348 = 19\ 092(\text{g})$$

绳索用量一般可用下式计算：

$$G = G_H \times L$$

式中，G ——绳索用量（g）；

$\quad G_H$ ——绳索单位长度质量（g/m），乙纶绳的数值可查询附录 H；

$\quad L$ ——绳索全长（m），对于在网图上标注为净长的绳索，需根据装配工艺要求来确定留头长度。

在图 4-51 的局部装配图的上方，用引出线标注了绞绳的净长规格为 40.00 PEϕ6。从附录 H 可查出直径 6 mm 的乙纶绳的单位长度质量 $G_H = 18.2$ g/m。从图 4-51 的局部装配图②和④可以看出其表述是错误的，整列网的绞绳是用一整条的，两端留头均扎成眼环，即绞绳的留头也是 0.25×2，将上述数值代入可得出每条绞绳用量为

$$G = 18.2 \times (40.00 \times 348 + 0.25 \times 2) = 253\ 354(\text{g})$$

从图 4-51 的局部装配图的左方可看出，其浮标（灯标）绳和沉石绳是同一条绳。浮标绳共长 100 m，其下端有 2 m 长穿过网列首上纲端和绞绳端的眼环后结扎，最后下端再与沉石连续结扎。由于浮标绳一般较长，没有必要考虑其两端与浮标和沉石连接结扎时的长度耗损，故浮标绳一般均标注全长，则每条浮标绳用量为

$$G = 18.2 \times 100.00 = 1820(\text{g})$$

在图 4-51 的总布置图的左上方标注了整网列有 30 支浮标，即应用 30 条浮标绳，则整网列浮标绳的合计用量为

$$1820 \times 30 = 54\ 600(\text{g})$$

第六节　刺网设计理论

按照刺网的捕捞原理，捕捞只能靠捕捞对象的直接接触，而且渔获体的大小与网目尺寸要保持严格的比例关系才能有效刺挂渔获物。所以在设计刺网时，首先必须掌握捕捞对象的特性和作业水域的特点，如捕捞对象对刺网渔具的反应行为、视觉距离、主体形状、栖息水层，水的透明度，背景颜色，作业水深、水温、水流特点，等等。其次还要考虑网线材料、网线颜色、网目尺寸、网线直径、网衣缩结、网具尺度，以及纲索、属具和装配工艺等是否与捕捞对象和作业环境相适应。最后还要分析刺网受力情况、在水流作用下刺网形状变化、网目变形、网高和捕捞面积等，以避免捕

捞效率下降。为此，在设计时必须分析网具诸多参数对渔具性能的影响，以使设计的刺网渔具有较高的捕捞效率和选择性能，实现负责任捕捞目的。

一、鱼类对刺网渔具的反应行为

鱼类对刺网渔具是靠其视觉、听觉和鱼体的侧线功能而作出反应的，其反应速度的快慢，除了与鱼体各器官具备的功能有关之外，还受到水的透明度、背景颜色、网线粗细、网具动态、网线颜色和张力及水流速度（即流刺网网列漂流速度）等的影响，直接影响到刺网的渔获率。

（一）网线颜色对鱼类反应行为的影响

众所周知，大多数鱼类都具有辨色能力，特别是中上层鱼类。例如，与海水背景颜色相似的浅蓝色网线，鱼类在靠网片很近时才能发现，半透明的锦纶单丝也不容易被鱼类发现，而白色的网片最容易被发现。鱼类对网线颜色的视觉距离，是随着网线与海水背景颜色的对比度不同而不同的，会影响渔获率。锦纶单丝刺网的渔获率比棉线刺网的渔获率高出4～5倍。但是夜间颜色不起作用，鱼类在夜间是不能辨别网线颜色的。

（二）网线粗度对鱼类行为反应的影响

粗线编织的刺网网衣更容易被鱼类发现，如小沙丁鱼依靠视觉可感知刺网网衣之间连接处较粗的缝合线，加上该处网线易晃动，更容易被鱼类发现，所以在连接部位处渔获率较低（夜间情况除外）。过细的网线虽然不易被鱼类发现，可是强力较小，易断裂，也会影响渔获率。锦纶单丝网片具有半透明的特点，不易被鱼类发现，加上断裂强力（可简称为破断力）大，目前应用比较普遍。网线粗细不仅影响网衣强度，也会影响网具的缠络性能。以刺挂性能为主的刺网，选择网线主要考虑强力的需要。而对于以缠络性能为主的刺网，选择细而柔软的网线为佳。

（三）潮水流速对鱼类反应行为的影响

小潮期间，流速缓慢，鱼类视觉良好，白天不仅能看到刺网的动态，而且还能主动地及早避开网具，特别是当鱼类集群游动时反应更早，会向深处下沉或者改变游动方向。而在大潮期间，流刺网随潮流移动较快，鱼类往往来不及躲避而被刺入网目。例如，在大潮时蓝点马鲛与流刺网相距约1 m时才能发现网具，从而改变游向沿网列平行方向游动，这表明此时鱼类已发现迎面漂来的刺网，但因距离太近来不及逃避而被刺入网目，所以大潮期间流刺网的渔获率较高。但是，此时对于定置刺网而言，由于水流冲击定置刺网时会发出低频振动噪声，鱼类侧线感觉器官反应敏捷，可较早做出逃避行为，故渔获率不高。而这时的流刺网因随流漂移，网具受水流作用发出的低频噪声很小，鱼类侧线感觉器官未能及时作出反应，因此鱼类容易接近网衣而罹网。据许多试验表明，鱼类对次声波的反应比对一般音响的反应慢。

二、刺网渔具受力分析

刺网结构虽然简单，但对捕捞对象具有明显的选择性。因此在网具设计时必须对某些参数及其受力情况进行分析研究，这样才能提高捕捞效率和实现负责任捕捞。

（一）鱼刺入网目时的受力分析

刺网网目能够刺挂鱼类，是由于鱼碰到刺网时试图穿过网目。因为大多数鱼体是锥形的并具有可压性，所以当鱼类刺入网目后继续往前游动时，网目就会沿着鱼体表面滑动并挤压鱼体，直至卡住鱼体。如果刺入网目后的鱼往后退逃，可能被鳃盖挂住，所以捕捞学上把鱼体鳃盖后缘至背鳍前缘称为刺挂断面。

鱼刺入网目的受力如图 4-52 所示。鱼体穿过网目时受到网线正压力 F 的作用。该力在垂直和平行于网目平面上可分解为压缩鱼体和阻止鱼体继续前进的两个分力 F_1 和 F_2，它们之间的关系可用下式表示

$$\begin{cases} F_1 = F \sin \alpha \\ F_2 = F \cos \alpha \end{cases}$$

式中，α——鱼体卡点正压力 F 与垂直分力 F_2 的夹角，即鱼体轮廓的切线与鱼体纵轴线的夹角，鱼体形状不同 α 角也不同。

图 4-52　鱼体刺入网目时的受力示意图

从图 4-52 中可见，F_1 的方向与鱼体游动方向相反，并且作用于鱼体的四周，其作用是阻止鱼体继续前进，而 F_2 则压缩鱼体，使之被卡住。

从上式可知，当 α 角较小时，F_1 也随之减小，因 F_1 不能有效地阻止鱼体继续前进，鱼就可能穿过网目而逃逸，海鳗、带鱼等体形修长的鱼属于该种情况 [图 4-53（a）]；如果 α 角过大，则 F_2 较小，由于对鱼体的压力不足，同样可能退脱逃逸，鲳科等体形圆钝的鱼属于此类 [图 4-53（b）]。

应该指出，以上仅从力学角度进行分析，而未考虑鱼类行为的因素。实际上鱼体的 α 角难以测量，因而常使用其他方法描述。从刺网捕捞原理可知，鱼类除了因刺挂而被捕获之外，还有因缠络而被捕获的，或是两者兼有之。网衣缠络鱼体，受力较复杂，有待进一步研究。

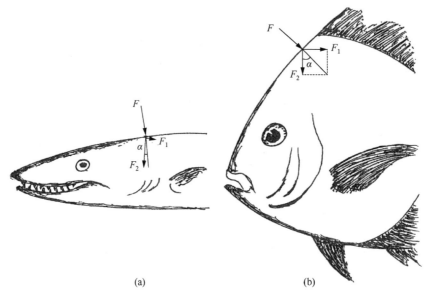

(a)　　　　　　　　(b)

图 4-53　不同夹角鱼体的受力示意图

（二）网片受力分析研究

刺网在水中因受到水流冲击和其他外力作用而改变形状。对于流刺网还会因网具结构和参数不同而改变漂流速度。现以流刺网为例，分析研究网片在漂流中的受力情况。

一般情况下，网片在水中受到水动力、浮沉力、海底摩擦力（底层流刺网）、鱼体沉力和鱼体挣扎力的作用，这些力对网片在水中的形状起着决定性作用。由于鱼体沉力和挣扎力变化很大又比较复杂，难以从理论上作清晰的解释。

1. 作用在网衣上的力

作用在网衣上的力主要有水动力、浮沉力和海底摩擦力。水动力，是指潮流或海流对网片的作用力 R。流刺网在水动力的作用下有一定的漂流速度，网片具有拱度，网具高度有所减小，如图 4-54 所示。

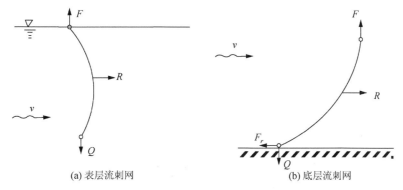

(a) 表层流刺网　　　　　　　　　　　　　(b) 底层流刺网

图 4-54　刺网在水流作用下的形状变化示意图

浮沉力，是指网具上纲结缚浮子产生的浮力 F 和下纲结缚沉子产生的沉力 Q，该作用力使网具在水中垂直方向张开。不同水层和作业方式刺网浮沉力不同，但对某一特定的刺网，其浮沉力通常是固定的。

海底摩擦力，是指底层刺网下纲贴海底运动时与海底的摩擦力 F_r。其作用是防止鱼从网具下方穿越和防止刺网漂流过快，其大小为

$$F_r = \mu Q \tag{4-1}$$

式中，F_r——海底摩擦力（N）；

Q——网具在水中的沉力（N）；

μ——海底对下纲的摩擦系数，大小与网具沉降力、沉子材料、沉子形状及海底底质有关。

表 4-3 为苏联学者测定各种材料沉子与不同底质海底的摩擦系数。

表 4-3　各种材料的沉子与不同底质海底的摩擦系数

沉子材料	摩擦系数	
	泥沙	硬沙
铁	0.47	0.61
木	0.51	0.73
石头	0.54	0.70
沙袋	0.63	0.76
植物绳索	0.70	0.80
铅	0.44	0.53

2. 网片在水中的受力分析

网片在水中的受力有两种情况，一种是网片与水流平行的情况，另一种是网片与水流垂直的情况。这里主要从理论上进行分析研究，后者结合生产实际进行分析研究，因为生产中刺网网列一般都是横流设置的，这样可提高捕捞效率。

（1）网片与水流平行时的受力研究

当网衣与水流方向平行时，网衣高度的变化在网列平面内，高度降低的程度主要与流速、浮力（对底层流刺网）和网线种类有关。

Steward 等曾借助水槽对与水流平行设置的定置刺网进行了系列观察和测试，以研究流速、网目实心率、浮力对网具高度的影响。实验结果表明，刺网在水流作用下形成的拱度 F_h 与流速等的关系式为

$$1 - F_h = av^b S_0^c F^d T^e \tag{4-2}$$

式中，F_h——拱度，即网具实际高度与网具缩结高度之比；

v——水流速度（m/s）；

S_0——网目实心率，即网线面积与网目面积之比；

F——浮力（N）；

T——网线种类；

a——回归系数；

b、c、d、e——指数。

为了精确地描述水流中网高的变化情况，将上式变为（$\frac{1}{F_h} - 1$）与速度等因素的函数，经回归处理得

$$\frac{1}{F_h} - 1 = 2.04 v^{1.34} S_0^{0.51} F^{-0.79} T^{0.42} \tag{4-3}$$

相关系数为 $R = 0.931$。

从上式可知，当流速为 0 时，$F_h = 1$，即网片实际高度与缩结高度相等。当流速增加时，实际高度随之下降，而浮力 F 的增加将使实际高度增加。

（2）网片与水流垂直时的受力研究

生产实际中刺网网列一般是横流设置的。因此，虽然有浮沉力的支撑，但在水流作用下，网具高度必然降低。由于网线面积、线面积系数 d/a（网线直径与网片目脚长度的比值）和缩结系数 E 等对水动力的影响，致使网高的降低难以精确计算。

日本学者松田皎对底层流刺网进行分析研究后，得出刺网实际高度 H 可用下式表示

$$H = \frac{(a - wk)H_0}{\sqrt{(\alpha + k)^2 v^2 + (\alpha - wk)^2}} \tag{4-4}$$

式中，α——回归系数；

v——水流速度（m/s）；

H_0——网衣缩结高度（m）；

w、k——系数，由式（4-5）求得。

$$\begin{cases} k = \dfrac{k_1 H_0}{b} \\[2mm] w = \dfrac{bQ_1}{k_1 F} \end{cases} \tag{4-5}$$

式中，b——上纲和浮子阻力系数，取 5；

Q_1——网衣沉力（N）；

F——浮力（N）；

　　k_1——网片阻力系数，取 24。

　　由此可见，刺网在水中的实际高度可通过浮力的增减进行调节。

三、刺网网线材料、粗度和颜色的选择

　　刺网渔具的网线材料和网线粗度关系到渔具的柔软性、强度、弹性和结节的稳定性（即鱼类刺挂后的牢固性）和在水中的能见度等，可直接影响渔获率。在刺网设计时这两者的具体要求如下。

（一）网线材料的选择

　　实践中都认为选择刺网网线材料时首先应考虑的是使网线不易被鱼类发现，同时网线应尽量柔软，以增加网衣缠络性能，减少鱼类侧线对网线的反应。网线材料还必须具有足够的弹性和延伸性，以保证网线能有效地卡住鱼体。鱼体与网线间的摩擦系数越大，则渔获率越高。网衣结节应具有良好的持着力，以便在负荷和浸湿的作用下，使网目尺寸保持不变，因为网目尺寸的变化将直接影响刺网的捕捞效率。为达此目的，网片织好后要进行定型处理。

　　目前刺网所采用的材料，大多为锦纶单丝或长丝捻线。在大型刺网上较多采用锦纶单丝，除此之外，有的刺网也采用乙纶、丙纶和维纶，在选择网线材料时也会考虑材料价格和来源等因素。

（二）网线粗度的选择

　　选择刺网网线粗度时，主要考虑渔获率和网目强度两个问题。网线细时对鱼体压强大，刺挂牢固，也不易被鱼发现，罹网机会多；在相同的张力下，细线伸长率大，渔获物体长选择范围宽，渔获量就可增加。对刺网渔获率具有决定意义的是 d/a 值。网目大，d/a 值小。d/a 值越小，刺网渔获性能越好。当然，刺网的 d/a 值因网目大小与捕捞对象而异。国内使用的刺网，d/a 值在 $0.007 \sim 0.02$ 之间。

　　确保刺网网衣强度是确定网线粗度的另一重要因素，与网目强度相比网衣总体强度更为重要。假定鱼体产生的力量与其体长成正比，同时由于网目脚长度与鱼体体长成正比，网线强度与网目脚长度关系如式（4-6）所示：

$$\frac{T_1}{T_2} = \frac{a_1}{a_2} \tag{4-6}$$

式中，T_1、T_2 为母型网和设计网的网线强度。

　　网线强度与网线截面积成正比，则有

$$\frac{T_1}{T_2} = \frac{d_1^2}{d_2^2} \tag{4-7}$$

若保持网片中网衣的网目强度相同，则有

$$\frac{a_1}{a_2} = \frac{d_1^2}{d_2^2} \tag{4-8}$$

即

$$d_2 = d_1 \sqrt{\frac{a_2}{a_1}} \tag{4-9}$$

　　在渔业生产中，刺网所用锦纶单丝直径 d 一般为 $0.2 \sim 0.7$ mm。

　　例 4-2　母型网网片 $a_1 = 30$ mm，$d_1 = 0.3$ mm，设计网网片 $a_2 = 60$ mm，求设计网网片中的网线直径 d。

解：若保持渔获性能相同，则

$$d_2 = \frac{d_1 a_2}{a_1} = \frac{0.3 \times 60}{30} = 0.6 \text{(mm)}$$

若保持网目强度相等，则

$$d_2 = d_1 \sqrt{\frac{a_2}{a_1}} = 0.3 \times \sqrt{\frac{60}{30}} = 0.42 \text{(mm)}$$

从上述计算中可看出，网目尺寸不同，所取的 d/a 值也不同。小网目的刺网渔具 d/a 为 $0.01 \sim 0.02$，大网目刺网渔具的 d/a 值为 $0.007 \sim 0.01$。对增大网目而言，如 d 随 a 增至 2 倍，其网线强度增至 4 倍，所以 d/a 值可减小。

（三）网线颜色的选择

生产实践的经验表明，鱼类的视觉和辨色能力是选择网线颜色的依据。许多学者的研究也充分证明，大多数中上层鱼类有较好的视觉功能，能在一定的照度下，辨认出物体或网线，在正常情况下鱼类发现网衣后会主动回避。鱼类的辨色能力和视力，随鱼种、年龄和海水的物理特性、背景等而有所区别。

刺网网线颜色与渔获率的关系，一直是渔业科研人员的重要研究课题之一。例如，苏联学者巴拉诺夫利用各种颜色的刺网作捕捞效果比较，发现正确染色的刺网渔获率比染色不当的刺网要高 8～10 倍；日本学者神田在水池中安置不同颜色的网片，并配置 4 个 30 W 的光源，发现红色网衣最能阻止鱼类的游动方向，蓝色网衣次之，绿色网衣阻止作用最小。中外学者一致认为，浅蓝绿色刺网捕捞效果最好；在顺光条件下网线颜色与海水背景颜色越接近，越不易被鱼类发现，而在逆光条件下，大多数网线只有颜色深浅之分。

四、刺网网目尺寸的选择

（一）刺网渔获性能的表示方法

刺网渔获性能可用渔获物体长组成曲线和相对渔获率曲线来表示，从前者可以了解到某刺网网片所能捕捞到鱼的体长范围和最适体长，而后者主要用于分析渔获物各体长组之间的关系。

1. 渔获物体长组成曲线

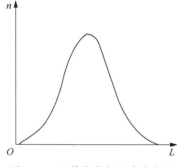

刺网的渔获性能主要是通过渔获物体长组成曲线来表示，以捕捞到鱼的尾数 n 为纵坐标，鱼的体长 L 为横坐标，并将捕捞到的鱼按单位体长组由小到大排列，就可得到渔获物体长组成曲线（图 4-55）。

2. 相对渔获率曲线

图 4-55 渔获物体长组成曲线图

如果以渔获物各体长组的渔获尾数与总尾数之比 n/N 的百分数为纵坐标，体长 L 为横坐标，则可得到相对渔获率曲线 [图 4-56（a）]，或以各体长组的尾数 n 与最适体长组尾数 n_i 之比 n/n_i 的百分数为纵坐标，体长 L 为横坐标表示 [图 4-56（b）]。

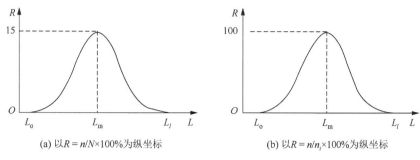

(a) 以 $R=n/N\times100\%$ 为纵坐标　　　　　(b) 以 $R=n/n_l\times100\%$ 为纵坐标

图 4-56　相对渔获率曲线图

（二）刺网网目尺寸的确定

刺网网目尺寸可以根据鱼体长度与网目尺寸的关系来确定，其所需系数 k 值可以根据鱼体断面周长来确定。

1. 鱼体长度与网目尺寸的关系

刺网捕鱼的最大特点之一，是对捕捞对象的种类和大小具有明显的选择性。生物学测定表明，同一种鱼的形态是相似的，鱼体断面周长与体长之间存在一定的比例关系。这也间接地决定了刺网网目尺寸与被刺鱼类体长之间亦存在某种比例关系。研究表明，网目尺寸与鱼体体长存在线性关系，即

$$a=kL \tag{4-10}$$

式中，a——网目目脚长度（mm）；

　　　L——鱼体体长（mm）；

　　　k——无量纲系数，与捕捞对象种类有关。

当主要捕捞对象的体长 L 已知后，只要求得相应的 k 值，就可确定网目尺寸 $2a$。

2. k 值的确定方法

k 值的确定有两种方法。一种是根据刺网渔获物体长组成曲线求 k 值，另一种是根据鱼体断面周长求 k 值。

（1）根据刺网渔获物体长组成曲线确定 k 值

k 值可根据网片网目尺寸分别为 $2a_1$ 和 $2a_2$ 的刺网渔获物体长组成曲线获得。其确定方法如下。

已知两刺网网目尺寸分别为 $2a_1$ 和 $2a_2$ 的刺网渔获物体长组成曲线，其中 L_{m1} 和 L_{m2} 分别为网片 1 和网片 2 捕捞相同渔获物所对应的渔获物体长，如图 4-57 所示。

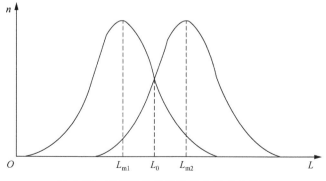

图 4-57　两刺网的渔获物体长组成曲线图

根据前面所述的鱼体长度与网目尺寸成比例,则有

$$\frac{L_{m1}}{a_1} = \frac{L_{m2}}{a_2} \qquad (4\text{-}11)$$

根据相似性可得

$$\frac{L_0 - L_{m1}}{a_1} = \frac{L_{m2} - L_0}{a_2}$$

经整理后可得

$$L_0\left(\frac{1}{a_1} + \frac{1}{a_2}\right) = \frac{L_{m1}}{a_1} + \frac{L_{m2}}{a_2} \qquad (4\text{-}12)$$

由 $a = kL$ 类推得

$$a_1 = kL_{m1}, a_2 = kL_{m2}$$

则式(4-12)可改写为

$$L_0\left(\frac{a_1 + a_2}{a_1 a_2}\right) = \frac{1}{k} + \frac{1}{k}$$

所以

$$k = \frac{2\alpha_1\alpha_2}{L_0(\alpha_1 + \alpha_2)} \qquad (4\text{-}13)$$

由此可见,用两片不同网目尺寸的网片,通过捕捞和统计后可得两条渔获物体长组成曲线,并从曲线中得到对应两片网有相同渔获量的体长 L_0,进而根据公式求得 k 值。

为了提高统计精度,降低可能存在的误差,一般采用三种或三种以上不同网目尺寸的刺网进行捕捞试验,求得三个不同的 L_0 和 k 值,然后取其平均值。

例如,我国黄海水产研究所曾做过试验,研究蓝点马鲛流刺网最小网目尺寸时,于1980年春汛选择了3种不同网目尺寸的流刺网进行捕捞对比试验,其中测得网目尺寸为 $a_1 = 88\,mm$、$a_2 = 93\,mm$ 和 $a_3 = 98\,mm$ 时,流刺网渔获物组成曲线中3个不同的 L_0 分别为 520 mm($a_1 = 88\,mm$ 和 $a_2 = 93\,mm$)、550 mm($a_1 = 88\,mm$ 和 $a_3 = 98\,mm$)和 570 mm($a_2 = 93\,mm$ 和 $a_3 = 98\,mm$),求蓝点马鲛的 k 值。

根据公式(4-13)得

$$k_1 = \frac{2 \times 88 \times 93}{520 \times (88 + 93)} = 0.174$$

$$k_2 = \frac{2 \times 88 \times 98}{550 \times (88 + 98)} = 0.169$$

$$k_3 = \frac{2 \times 93 \times 98}{570 \times (93 + 98)} = 0.167$$

$$k = \frac{k_1 + k_2 + k_3}{3} = 0.17$$

(2)根据鱼体断面周长确定 k 值

这种方法比上述方法简便可靠,是一种比较常用的确定 k 值的方法。具体有下列两种做法。

① 设被刺鱼体最大断面周长为 S_2,鱼体体长为 L,并且 $S_2 > 4a$,$4a$ 与 S_2 之比为 n_1,即

$$n_1 = \frac{4a}{S_2} \qquad (4\text{-}14)$$

同时,设鱼体最大断面周长 S_2 与鱼体体长 L 之比为 n_2,即

$$n_2 = \frac{S_2}{L} \qquad (4\text{-}15)$$

由前述可知,鱼体刺入网目时,要使鱼体被网目牢固地卡住,鱼体必须受到网目的压逼。许多

试验表明，网目周长较鱼体最大断面周长少 20%，即 $n_1 = 0.8$ 才能有效捕到该种鱼，则式（4-14）、式（4-15）可改写为

$$\begin{cases} a = \dfrac{0.8S_2}{4} \\[3mm] L = \dfrac{S_2}{n_2} \end{cases}$$

因为 $k = a/L$，所以

$$k = \frac{0.8S_2}{4} \times \frac{n_2}{S_2} = 0.2n_2 \tag{4-16}$$

由此可知，只要测定大量鱼体最大断面周长和鱼体体长，并计算 n_2 的平均值就可以求得 k 值。

②设 S_1 为鱼体鳃盖后沿断面周长，S_2 为最大断面周长，它们与体长 L 的线性关系如图 4-58 所示。

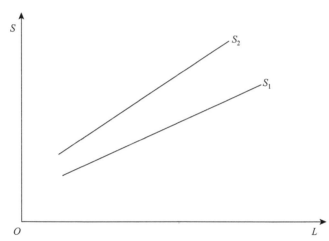

图 4-58　鱼体周长与鱼体体长的关系示意图

其数学表达式为

$$\begin{cases} S_1 = a_1 + b_1L \\ S_2 = a_2 + b_2L \end{cases} \tag{4-17}$$

式中，a_1、a_2、b_1、b_2 为系数，设网目周长 $4a$ 位于 S_1 和 S_2 之间，即

$$4a = \frac{S_1 + S_2}{2} \tag{4-18}$$

整理式（4-17）和式（4-18）式可得

$$a = \frac{a_1 + b_1L + a_2 + b_2L}{8} = \frac{(a_1 + a_2) + (b_1 + b_2)L}{8}$$

令

$$A = \frac{a_1 + a_2}{8}$$

$$B = \frac{b_1 + b_2}{8}$$

则式（4-18）为

$$a = A + BL$$

又因

$$a = kL$$

所以

$$k = \frac{A}{L} + B \qquad (4\text{-}19)$$

从图 4-58 可知，当 $L = 0$ 时，S_1 和 S_2 趋近于零，故 $A = 0$，则式（4-19）可简化为

$$k = B = \frac{b_1 + b_2}{8} \qquad (4\text{-}20)$$

所以只要求出两直线的斜率，就可以求出 k 值。

用鱼体断面周长求 k 的过程，一般可在陆上进行，不需要进行海上试捕，工作量大为减少，但由于对每一尾鱼都假定了相同的刺挂部位和鱼体压缩情况，与实际捕获情况会有出入，从而影响了 k 值的准确性。

从上述分析可知，用体长求 k 值的方法工作量大，但结果较为准确；用断面周长确定 k 值的方法工作量小，但准确度相对低。为此，研究者可根据实验条件选用其中一种方法，也可同时使用两种方法，比较后选用其中一种方法。

3. 最适网目尺寸和最小网目尺寸

从刺网的渔获物体长组成曲线可知，刺网捕鱼之所以具有明显的选择性，是因为每一网目尺寸的刺网对特定捕捞对象都有一定的捕捞体长范围，其中某一体长范围的鱼被捕最多，而另一体长范围的鱼很少被捕或根本捕不到，即对某一捕捞对象来说，存在一个相对应的捕捞最适网目尺寸和最小网目尺寸。

（1）最适网目尺寸

理论上，当 k 值确定后，可根据所需捕捞鱼体确定相应的网目尺寸，该网目尺寸称为最适网目脚尺寸 a_c，采用网目脚尺寸为 a_c 的刺网捕捞的渔获物中，相对渔获率为 100% 的体长 L_i 与网目尺寸 a_c 之比为 k，即

$$a_c = kL_i \qquad (4\text{-}21)$$

式中，a_c——最适网目脚尺寸（mm）；

L_i——最适网目脚尺寸 a_c 所捕鱼的体长（mm）。

（2）最小网目尺寸

根据大量刺网捕鱼统计可发现，当鱼体偏离最适体长 L_i 的 20% 时，其相对渔获率降到 3% 以下，如图 4-59 所示。因此认为刺网不能捕捞偏离最适体长 20% 以上的鱼。

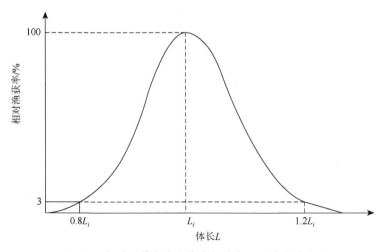

图 4-59　相对渔获率随鱼体体长偏离而下降的曲线图

从保护资源的角度来看，网目脚尺寸为 a_c 的刺网不但可捕捞最适体长的鱼类，而且还会捕到比最适体长小 20% 的鱼。为了避免捕到渔业法规规定不可捕的最小体长 L_{min} 以下的鱼，则网目脚尺寸应放大 20%，即

$$a_{min} = 1.2kL_{min} \tag{4-22}$$

式中，a_{min}——捕捞鱼体体长 L_{min} 的最小网目脚长度（mm）；

L_{min}——渔业法规定的最小可捕体长的鱼体体长（mm）。

4. 图解法求取刺网有效捕捞范围

从上述分析可知，对于以刺挂为主的刺网，一种网目尺寸能捕到一定体长范围的鱼。这一体长范围也可用图解法求得，具体步骤如下。

①随机取样一定数量的渔获物，测定其体长（或叉长）、最大体周 S_2（背鳍前缘）和最小体周 S_1（鳃盖后缘）作体长与体周关系曲线；得出最大体周 S_2 和最小体周 S_1 与鱼体体长 L 关系的两条直线，如图 4-60 所示。

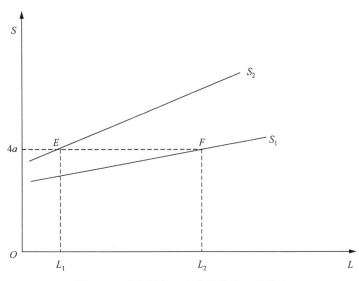

图 4-60　鱼体周长 S 与鱼体体长 L 的关系

②根据设计网目周长 $4a$ 在纵坐标上作一条水平直线，与 S_2 和 S_1 相交 E、F 两点。两个交点对应的体长 L_1 和 L_2 便是该设计网目尺寸所捕捞的有效体长范围。

这里值得注意的是，根据图解法确定的捕捞范围是理论值，在实际中由于各种因素的影响，捕捞范围会有一些偏离。而对于依靠缠络捕捞的刺网和捕捞非鱼类的刺网，情况有所不同，所以网目尺寸要结合生产经验来综合确定。

五、刺网网衣缩结系数的选择

（一）影响缩结系数的因素

缩结系数关系到网目张开的形状、网线张力的大小，以及网具高度、网片利用率等诸多因素。刺网网目的张开形状必须与捕捞的鱼体横断面形状近似，这对于以刺挂为主的刺网是非常重要的。而网线张力的大小直接影响到网衣的松弛程度，这对于以缠络为主的刺网来说也是关键的条件之一。由此可见，刺网缩结系数的选择直接关系到刺网渔获率的高低。

1. 影响刺网网衣缩结系数的因素

影响刺网网衣缩结系数的因素很多，其中鱼体横断面形状、网线张力及网片面积等较为突出。

（1）鱼体横断面形状

对于靠刺挂原理捕捞的刺网，应根据鱼体横断面形状选择缩结系数，使网目形状与鱼体横断面形状近似。鱼类行为实验表明，鱼面对网衣时，更多选择与鱼体横断面形状近似网目穿越。缩结系数决定网目张开形状。

（2）网线张力

从《渔具材料与工艺学》得知，网线张力与网衣缩结系数的关系为

$$T = q \cdot a \cdot \frac{E_{\mathrm{T}}}{E_{\mathrm{N}}} \tag{4-23}$$

式中，　T——网线张力，即网目脚张力（N）；

　　　　q——单位长度网片的均布载荷（N）；

　　　　a——网目脚长度（mm）；

　　　　E_{T}——网衣水平缩结系数；

　　　　E_{N}——网衣垂直缩结系数。

从上述可以看出，网线张力随水平缩结系数的增加而增大，同时网线张力大小也影响到网衣的松弛程度，从而影响刺网的缠络性能。

（3）网衣面积

网衣面积随缩结系数的变化而变化。在刺网通常采用的缩结系数范围内，水平缩结系数越大，缩结面积就越大，拦截捕捞对象的面积也越大。

2. 缩结系数选择的依据

生产实践证实，合理的缩结系数应该使缩结后的网目形状与鱼体横断面形状近似，这是确定缩结系数的主要依据。

这里以刺挂性能为主的刺网为例，设鱼体横断面宽度为 m，网目的宽度为 m'，鱼体的高度为 h，网目的高度为 h'，如图 4-61 所示。

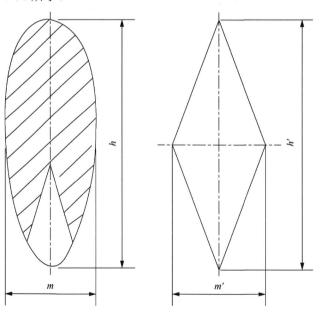

图 4-61　网目形状与鱼体横断面形状的关系示意图

当鱼体横断面形状与网目形状近似，有

$$\frac{m}{h} = \frac{m'}{h'}$$

因为

$$E_{\text{T}} = \frac{m'}{2a}$$

$$E_{\text{N}} = \frac{h'}{2a}$$

所以

$$\frac{m}{h} = \frac{E_{\text{T}}}{E_{\text{N}}}$$

又因

$$E_{\text{T}} = \sqrt{1 - E_{\text{N}}^2}$$

代入上式得

$$\frac{m}{h} = \frac{\sqrt{1 - E_{\text{N}}^2}}{E_{\text{N}}}$$

整理后得

$$E_{\text{N}} = \frac{h}{\sqrt{m^2 + h^2}} \tag{4-24}$$

$$E_{\text{T}} = \frac{m}{\sqrt{m^2 + h^2}} \tag{4-25}$$

所以，根据鱼体横断面的高度和宽度可以算出缩结系数的理论值。

例如，根据江苏省海洋水产研究所 1980 年秋汛对吕泗渔场燕尾鲳进行的生物学测定结果，燕尾鲳最大刺挂断面的长、短轴的平均值分别为 149 mm 和 36 mm，求刺网的缩结系数。

因为已知值 $m = 36\,\text{mm}$，$h = 149\,\text{mm}$，代入式（4-25），得

$$E_{\text{T}} = \frac{m}{\sqrt{m^2 + h^2}} = \frac{36}{\sqrt{36^2 + 149^2}} = 0.24$$

以上理论计算值并未考虑实心率对鱼类视觉的影响。每种刺网的捕捞对象都不可能只有一种鱼，设计刺网时，应综合考虑理论值和生产经验数据来确定缩结系数。我国流刺网的缩结系数，一般为 0.35～0.65（以刺挂性能为主的刺网）和 0.30～0.45（以缠络性能为主的刺网）。

六、刺网主尺度的确定

刺网主尺度是指刺网的长度和高度。这些数据是刺网网具设计中最基本的数据。

（一）刺网长度的确定

刺网长度是指每片刺网的上纲长度，确定长度的原则是便于制作、搬运、进行起放网操作，长

度范围在 20 m 至 50 m 之间比较适宜。小渔船的刺网上纲长度较短，大型渔船的刺网上纲长度较长。渔船能带多少片刺网出海，每次作业放多少片才是最重要的。同样大小的渔船，所带网片数量都有差别，主要由船员素质、渔船机械化程度和渔船续航能力决定。每次作业放多少片网，则由海况和渔汛决定。特别是在外海作业的流刺网，必须遵循联合国 44 届第 85 次会议决定，禁止在公海使用大型流刺网的 225 号决议。

（二）刺网高度的确定

刺网高度是指网衣的拉直高度，确定依据是捕捞对象的栖息水层和鱼群垂直活动范围，渔船大小和起网机也对刺网高度有限制作用。对于中上层鱼类，垂直分布范围大，垂直活动能力强，所以网具高度要高。而对于底层鱼类，大多数因鱼鳔限制了垂直活动范围，所以网具高度可较矮。一般来说，捕捞中上层鱼类刺网高度为 10～25 m，甚至高达 40 m；捕捞底层鱼类刺网，近岸浅海作业的高度在 0.6～1.5 m，中远海作业的高度在 2～6 m。刺网高度要与渔船操作甲板相适应，大型渔船甲板面积宽阔，比较适宜高度较高的刺网。但生产实践告诉我们，确定刺网高度时要注意，在水流冲击下网具高度会明显下降。刺网高度具体要依据刺网受力情况而定。

七、刺网主要纲索的选择

刺网渔具上的绳索很多，这里着重介绍带网绳的强度及其长度的确定及叉绳的选择。

带网绳是流刺网渔具上受力最大的绳索，也是其他绳索强度计算的依据。带网绳强度和长度是两个重要指标，选择适当可以保证刺网作业时绳索不易断裂，还可以减少渔船对网具作业水层的影响。

（一）带网绳强度的确定

带网绳是指连接渔船和网列的一条重要绳索，其张力可按下式计算：

$$R = 1.18BHv^2 \tag{4-26}$$

式中，R——带网绳所承受的张力（N）；

B——渔船的宽度（m）；

H——渔船上层建筑顶部的高度（m）；

v——风速（m/s）；

流刺网作业，渔船和带网绳随海流一起漂流，因海流引起的渔船与带网绳间的作用力可以忽略不计，风力大于 7 级时一般不作业，因此计算带网绳强度的风速可按 6～7 级计算。求得带网绳的张力后就可求出带网绳的破断力，破断力可按下式计算：

$$F = nR \tag{4-27}$$

式中，F——带网绳的断裂强力（N）；

n——安全系数，一般取 6。

（二）带网绳长度的确定

带网绳可视为柔索，如图 4-62 所示。

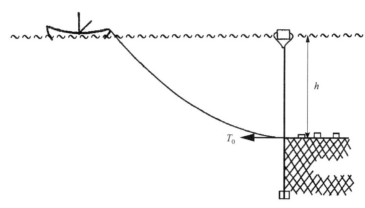

图 4-62　带网绳长度计算分析图

带网绳长度可按下式求得

$$L_{带} = \sqrt{h^2 + 2h\frac{T_0}{q}} \tag{4-28}$$

式中，$L_{带}$——带网绳长度（m）；

　　　h——垂度（参考图 4-62）（m）；

　　　T_0——切向张力（N）；

　　　q——带网绳单位长度在水中沉力（N/m）。

带网绳长度理论计算值与生产实际有一定的差异。作业渔船一般配备带网绳 50～150 m，带网绳由于密度大于海水而产生附加沉降力，过长则更甚，会导致网具下沉；反之，会产生升力。特别在大风浪天气作业时，渔船的波动会影响网具作业水层的稳定。通过在带网绳上多加挂几处浮筒、沉石的方法，既可减少带网绳长度，又可较好地降低大风浪对网具的影响（图 4-63）。浮筒、沉石越大，效果越好。

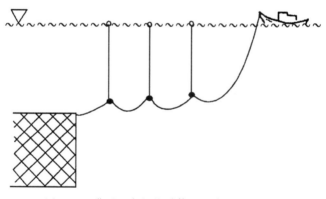

图 4-63　带网绳上加挂浮筒沉石的方法示意图

（三）叉绳的选择

大型流刺网在网列的端部装有叉绳，如图 4-64 所示。

叉绳用于分摊带网绳传给网具上、下纲的拉力，减少网衣的集中受力，上、下叉绳之间的夹角 α 一般为 20°～30°，其长度 $L_{叉}$ 可由下式求得：

$$L_{叉} = \frac{h}{2\sin\alpha/2} \tag{4-29}$$

式中，$L_{叉}$——叉绳长度（m）；

　　　h——网衣的缩结高度（m）。

叉绳的强力可取带网绳强力的 1/2。

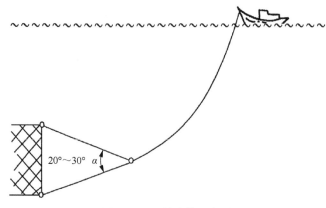

图 4-64 叉绳连接示意图

（四）其他纲索的强力

上纲和下纲的强力分别取与之相应的叉绳强力相同或略小。

八、刺网浮沉力配备

刺网浮沉力除使网衣在水中充分张开外，还有调整网具作业水层和漂流速度的作用。

（一）定置中层刺网的浮沉力配备

刺网的垂向拉力大，刺网张开稳定。但是，目脚张力大，缠络性能降低。所以应采用合理的浮沉力配备。定置中层刺网浮子的总浮力与网具的总沉力成正比，并可由式（4-30）确定：

$$F = aQ \tag{4-30}$$

式中，F——浮子的总浮力（N）；

Q——网具的总沉力（N）；

a——系数，一般取 3.0~6.0。

（二）定置中层刺网的浮筒间距及数量

有的定置中层刺网采用大规格浮筒，两浮筒间隔过大，使浮筒间的上纲下垂，刺网的有效面积减少，所以浮筒间距及浮筒相应数量可以根据刺网有效面积的容许损失值来确定，而两个相邻浮筒之间有一段下垂的上纲，如图 4-65 所示。

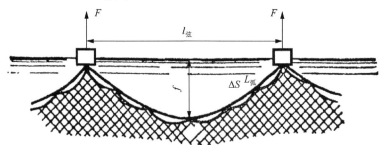

图 4-65 相邻浮筒间的一段网衣垂度示意图

假定这段上纲是抛物线形状，这时弧与弦之间的面积可以表示为

$$\Delta S = 0.4 l_{弦}^2 \sqrt{\frac{L_{弧} - l_{弦}}{l_{弦}}} \qquad (4\text{-}31)$$

式中，ΔS——弧与弦之间的面积（m^2）；

　　　$l_{弦}$——弦长（m）；

　　　$L_{弧}$——弧长（浮筒之间的弧线长度，m）。

对于抛物线来说，有

$$\Delta S = \frac{2}{3} l_{弦} f \;(f\text{为垂度})$$

$$f = \sqrt{\frac{3}{8} l_{弦}(L_{弧} - l_{弦})}$$

将 f 代入上式，便可得出弧与弦之间的面积公式：

$$\Delta S = 0.4 l_{弦}^2 \sqrt{\frac{L_{弧} - l_{弦}}{l_{弦}}}$$

按照通常装配刺网的松弛程度，（$L_{弧} - l_{弦}$）值等于（$0.2 \sim 0.30$）$L_{弧}$，这时 ΔS 值可改写为

$$\Delta S = 0.13 L_{弧}^2 \qquad (4\text{-}32)$$

由此可见，刺网有效面积的损失与浮筒之间的弧线长度平方成正比。

如果各浮筒间的跨距数为 m，则刺网长度 $L_{弧}' = m L_{弧}$，刺网面积 $S' = L_{弧}' H = m L_{弧}' H$，在 m 个跨距内，面积损失为 $m\Delta S = 0.13 L_{弧}^2 m$，假定这一数值不应大于刺网总面积的容许损失值 $\beta S'$，这时可得到 $0.13 L_{弧}^2 m = \beta m L_{弧} H$，由此可得

$$L_{弧} = 7.7 \beta H$$

若刺网面积容许损失值为其正常面积的 10%（即 $\beta = 0.1$），则在这种情况下 $L_{弧} = 0.77 H$，也就是说，浮筒间的弧度距离 $L_{弧}$ 应该大致等于网高的 3/4，获得 $L_{弧}$ 值后，浮筒数量应该是：

$$m = \frac{L_{弧}'}{L_{弧}}$$

而每个浮筒的浮力为

$$F' = \frac{F}{m}$$

机械化捕捞作业中，浮筒数量及其大小及间距，应根据起网机起网方便程度来确定。

上述方法也可以用于测算中层流刺网两浮筒间的网衣面积损失。

而定置刺网沉子在水中的总沉力 Q_{T}，可以由下式确定：

$$Q_{\text{T}} = rF \qquad (4\text{-}33)$$

根据生产经验，经验系数 $r = 1.25$ 较适宜。捕捞紧靠底层的鱼类，如鲆、鲽类，这时 $r = 1.75$ 较好。

（三）流刺网的浮沉力配备

对于流刺网，沿上纲配置的浮子，按下列条件计算：

$$F = Q_{\text{C}} \qquad (4\text{-}34)$$

式中，Q_{C}——刺网网衣及纲索在水中的总沉力（N）；

　　　F——刺网的浮力（N）。（中层流刺网和底层流刺网浮力应等于或小于总沉力。）

流刺网带网绳的沉力及罹网的鱼所产生的沉力也作用在流刺网上。这些力比刺网自身的沉力可能大许多倍，要使浮标的浮力与其平衡，中层流刺网浮标的浮力可以近似按下述条件确定：

$$F_K = 20Q_C \tag{4-35}$$

式中，F_K——浮标的浮力（N）；

Q_C——刺网网衣及纲索在水中的总沉力（N）。

对于流网，网列的沉子质量可按式（4-36）确定：

$$G_T = Q_C g - 1 \tag{4-36}$$

生产实践中常用的不同水层流刺网的浮沉比如表4-4所示。

表4-4 不同水层流刺网的浮沉比

作业水层	浮沉比
上层	1.1～2.2
中层	0.55～1.1
底层	0.33～1.1

对于底层流刺网，由于网衣和部分属具自身的沉力，即使浮沉比等于1，网具也不一定能上浮，而使网具更大程度地张开，减少在水流冲击下的变形。但保险起见，中上层流刺网的总浮力应大于或等于总沉力，底层流刺网的总沉力大于总浮力。

底层流刺网浮沉力的计算，是根据其作业特点进行的，即刺网配备的浮力除了能克服网衣和纲索在水中的沉力之外，还能部分地克服因水流冲击使上纲下沉的力，也就是说需要考虑外加储备浮力。底层流刺网浮力配备可按式（4-37）确定：

$$F_j = K(Q_1 + Q_2) \tag{4-37}$$

式中，F_j——总静浮力（N）；

K——浮力储备系数，一般取2；

Q_1、Q_2——网衣和纲索在水中的沉力（N）。

浮力确定后，根据浮沉力比确定其沉力。

中上层流刺网浮沉力计算，首先应根据经验确定其所需要的沉降力 Q，其次还要考虑网目张开程度、水流冲击后网具降低高度和漂流速度等。它的计算式可表示为

$$F_j = K(Q_1 + Q_2 + Q_z) \tag{4-38}$$

式中，Q_z——沉子沉降力（N）。

中上层流刺网浮沉力的确定，也是在确定了沉降力之后，按浮沉比确定的。

第七节 刺网渔具选择性理论

一、渔具选择性的含义

有关渔具选择性的确切定义，至今还没有完善，这是因为选择性并不是一个量的概念，而是一个涉及捕捞过程中各种因素交互影响的过程，不同种鱼类资源由于年龄、性别、环境、生活习性和形态存在差异，造成渔具捕获率的不同。因此，选择性可以被认为是捕捞对象被渔具捕获的概率。

任何一种捕捞方法，其捕捞过程一般都可以分为几个独立的步骤：首先，捕捞对象要与渔具作业在时间和空间上重合；然后，捕捞对象接触或进入渔具；最后，捕捞对象被捕捞上岸。因此这些阶段中都存在着相关的选择性。既然选择性可能是在捕获过程的不同阶段中发生的，那么不同阶段的选择性所对应的资源量就有所不同，则有资源选择性、可捕资源选择性和接触资源选择性。

从狭义的角度来看，渔具选择性是指特定的渔具只捕捞特定的种类或具有特定生物学特征的捕捞对象的特性。它是渔具特性与捕捞对象体形特征及行为特性相互作用的结果。所以，渔具的捕捞原理对种类的选择性较强，网具的网衣对捕捞对象的体形特征和尺度的选择性较强。

选择性在大多数情况下，所研究的只是网目尺寸选择性，例如，网目大小对鱼体体长的选择性，所以选择性往往成为网目尺寸选择性的代名词。

至于选择性曲线，也称为选择率曲线，是为了方便熟悉选择性的某些特性而进行的函数化、曲线化、图形化表示。从而可以直接看出随着相关特征值的不断改变，渔具选择曲线相应变化的规律，如果所研究的是网目大小的选择性，那么其选择率曲线是一条在单位捕捞努力量下，不同大小网目（或不同鱼体特征值）对应的渔获物种类与总产量的比值曲线。

二、影响刺网渔具选择性的因素

（一）刺网渔具的捕捞性能

藤森康橙等将刺网渔具的渔获过程分为三步：鱼类的行为过程，如对光照强度的周期性活动；鱼类接触渔具的过程；渔具的捕获缠络过程（孙满昌，2004；孙仲之，2014）。

刺网的英文名称为 gill net，gill 指的就是鱼的鳃盖，这似乎意味着鱼类都是在鳃盖部分被刺挂捕获的。实际上这一观念往往会使人们产生错误的估计，因为刺网渔具还有许多其他的捕捞性能。一般认为，刺网的渔获性能有两种——刺挂和缠络。但是在选择性研究中，认为只有这两种渔获性能是远远不够的，因为在渔获性能上细小的差别就可能引起对选择率估算的偏差（孙满昌，2004；孙仲之，2014）。

Baranov 将刺网的渔获性能分为三类：刺入、契入和缠络。在此基础上，Sparre 等将刺网的渔获性能较为系统地分为 4 种：①搁绊（snagged）：是指鱼类在头部被网目挂住捕获，通常发生在鱼体眼睛的后面，这种渔获过程通常出现在那些头部有突出腭骨和鳍棘的鱼类 [图 4-66（a）]；②刺入（gilled）：gill 这个单词已经说明了鱼被刺网网目刺挂的位置就在鳃盖的后缘 [图 4-66（b）]；③契入（wedged）：鱼体在身体部分被网目刺挂住，当鱼的最大体周就在鳃盖后缘时，刺入与契入很难区分 [图 4-66（c）]；④缠络（entangled）：鱼类被缠入网衣或因为牙齿、鳍或其他突出物被网衣缠络，而鱼体不需进入网目 [图 4-66（d）]（孙满昌，2004；孙仲之，2014）。

除此之外，对于一些其他形式的刺网，同样存在着与上述不同的渔获方式。例如三重刺网就被认为用袋捕（pocketed）渔获。Matsuoka 认为，这种渔获性能与缠络有着很大的差别，并将三重刺网渔具的选择性视为 4 个组成部分的组合：原始刺网（original gill net）的刺入和缠络及由外部网衣所引起的附加功能（additional function）而导致的刺入和缠络所导致的选择性（孙满昌，2004；孙仲之，2014）。

对于以刺入或契入捕捞性能为主的刺网类渔具，其选择性特征主要取决于网衣网目的尺寸；对于缠络性能，网目大小的影响则相对较弱。据观察，个体很小的鱼可以直接穿越网目，而个体很大的鱼则不能刺入很深，很容易逃脱。因此可以认为，刺网所能捕获的最小个体鱼的鱼体最大周长和所能捕获的最大个体鱼的头部周长应与网目内径一致。对于某一特定网目，总存在一个鱼体最适体长范围，也就是说，该体长范围的鱼被捕获的概率最高（或采用鱼体其他某些特征量，如鱼体最大截面的周长等），并随着体长逐渐偏离最适体长，被捕获的概率逐渐变小。

（二）影响刺网渔具选择性的因素

影响刺网渔具选择性的因素很多，不可能对所有影响因素都进行充分研究，而只能对其中一些相对重要的因素进行分析和研究，如刺网渔具的结构特征值和网具参数、鱼体体形、作业参数等。

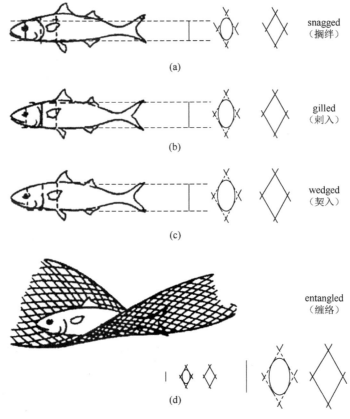

图 4-66　刺网不同的渔获性能示意图

1. 刺网渔具结构特征值和网具参数

刺网渔具结构特征值和网具参数包括网目大小、缩结系数、网衣网线特征值，以及网衣垂直松弛度等。

（1）网目大小

刺网是非常具有网目选择性的渔具，网目大小被认为是刺网渔具最大的特征，特定网目大小的刺网渔具只能捕获特定体长范围的鱼类，因此影响刺网渔具选择性的主要因素就是网目的大小。随着网目尺寸的增大，刺网渔具渔获物的最大体长也相应增大，网目选择率也就提高了。

网目大小是影响渔具选择性最关键的因素，因此研究工作都是在假设一定的理论基础上，展开对网目大小选择性的研究。

（2）缩结系数

相对而言，缩结系数对于缠络的影响远远大于对刺入和契入的影响。随着缩结系数的加大，缠络捕获的鱼显著减少。类似地也发现当缩结系数从 0.6 降到 0.4 时，个体较小的兰野鳕被松散的网衣所捕获，刺网对该鱼类的选择性变差。虽然缩结系数影响了刺网渔具的渔获率，但是对网目的刺挂性能没有影响，因此渔获选择率并没有发生显著改变。有人在生产中注意到，随着缩结系数从 0.6 降到 0.5 时，缠绕的金枪鱼数量上升。一些研究认为，松散悬挂的刺网具有较高的渔获率，而对于鳕鱼则相差不大。

当然，缩结系数的改变并不能显著地影响刺网渔具选择性曲线的众多体长，但是选择范围通常会改变。对应由缠绕引起的较大尺度渔获物，选择性曲线部分的形状会受网衣缩结系数的影响。对于三重刺网，内层网衣所受的影响更为明显，因为这类渔具主要是通过缠络鱼类达到捕捞效果的。

（3）网衣网线特征值

网衣网线特征值包括网线材料、网线直径等、网线颜色和可见度。

①网线材料。现有国内外的刺网渔具网衣网线普遍采用的材料结构形式有：单丝、捻线及编线等。

网线材料对捕捞对象的触感特性影响网具的捕捞概率，网衣网线的弹性与柔软性也可以影响渔具的选择性，弹性较好的网衣捕获鱼的体长范围更大。缠络相对刺入、契入而言，更依靠网线的柔软性而不是网目大小。因此对于容易缠绕的捕捞对象，如龙虾、蟹、虾蛄等，网线的柔软性是影响选择率的重要因素。

②网线直径。生产实践中都能看到，细网线制成的刺网网片与粗网线制成的刺网网片相比能捕获到更多的鱼，这种渔获能力可以归因于细网线制成的网片"较软"，鱼的视觉反应较低。

③网线颜色和可见度。绝大多数鱼类是依靠视觉来躲避网具的，因此网线的颜色和能见度也是影响刺网渔具选择率的一个重要因素。曾有学者提出简单的设想，认为网片最有效的颜色应与鱼体鳍区的颜色一致，因为这种颜色可以在特定环境下迷惑鱼类。也有学者认为，不同种类捕捞对象之间的最佳颜色也有差异，而且不同颜色网线的效率具有季节差异，但通常认为可见度差的刺网更容易捕获鱼类。

通过比较不同颜色的网具所捕获的渔获物可以看出颜色与可见度对网具选择性的影响规律，但颜色的影响可能随着时间和其他条件的改变而改变。不同种类的鱼对网具颜色的反应不同，选择适当的网线颜色，可以提高刺网的捕捞选择率。

（4）网衣垂直松弛度

网衣垂直松弛度对刺网渔具选择性的影响往往是指三重刺网。三重刺网外部两层网片的网目相对较大，网具的高度和长度取决于外部的两层网片，中间层悬挂松弛，并允许网片形成网袋穿过大网目网片。网衣垂直松弛度是内层与外层网衣的拉直高度之比，可以通过控制三重刺网的网具缩结高度来调节网衣垂直松弛度。垂直松弛度为1:1的三重刺网的选择性曲线与相同网目大小的单片刺网的选择性曲线形状基本相似。缠络在网具上的个体较大的渔获物，随着网衣垂直松弛度的增加而增加。

2. 鱼体体形

实践中都能看到，鱼体体形也是影响刺网渔具选择性的重要因素。无论是刺入还是契入，渔获过程都取决于网目和鱼体体形的几何形状。实际上，几何相似原理是指在一种鱼的情况下，对于不同种类的鱼，由于它们的体形存在显著的差异，因此选择性也会明显不同，具体应用到选择性曲线上，就能更加直接观察出来。图4-67显示了两种不同体形鱼类的选择性曲线（横坐标是长宽比，符合几何相似原理），从中反映了鱼体体形对刺网渔具选择性的影响，图4-67（a）是典型的棒形鱼类的选择性曲线，而图4-67（b）是侧扁鱼类的选择性曲线。

3. 作业参数

作业参数是指不同网目网衣组成的网列相互影响，以及渔获物饱和度与网具浸泡时间的两种类型。

①不同网目网衣组成的网列相互影响。有不少学者认为，刺网无论是用于资源调查还是渔具选择性的估算（简称估算），都需要多种不同大小的网目网列进行同时作业。在资源调查中，为了覆盖所有接触网具鱼类的潜在体长组成，需要多种不同网目大小，一般需要10种以上的网目尺寸。

在使用不同网目网衣组成的网列试验中，一种网目的网片效率可能会被其他网目尺寸相邻的网片影响，因此在同一网列中也会出现网片间的相互影响。例如小网目网片的导向作用，当大个体鱼类不能被小网目网衣捕获时，较小网目的网片就可能会引导鱼类游向大网目网片，这就出现了不同网目网片的可捕率差异，若进行选择性估算，结果势必存在偏差。

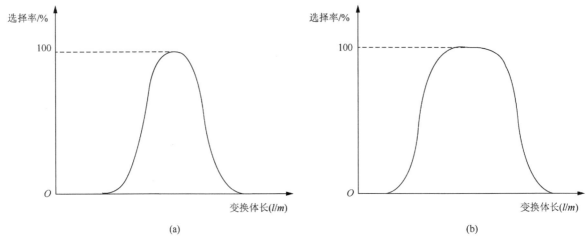

图 4-67　不同体形鱼类的选择性曲线图

②渔获物饱和度与网具浸泡时间。生产实践中看到，刺网作业随着渔获量的增加或因为海藻、淤泥等使网具变得污浊，捕捞效率逐渐降低，即渔获量不可能随作业时间（网具浸泡时间）的增加以相同的速率增长。浸泡时间对网具选择率的影响非常明显，但是影响规律并不确定。

在选择性研究中，很多学者发现刺网渔具的渔获率随着浸泡时间的增加而增加，但也有学者得到的结论正好相反。这些结论说明刺网浸泡时间（作业时间）所引起的渔获率高低取决于各种捕捞对象间的行为差异和网衣的渔获物饱和状况及网具所处的环境。

有学者利用刺挂刺网和缠络刺网进行户外水槽试验，发现浸泡时间和渔获率之间的关系较复杂：在很短的浸泡时间里，捕捞效率随着浸泡时间的增加而增加，然后在很长的一段时间里捕捞效率降低，最后又增加。这被认为是鱼类的活动规律和网具渔获物饱和度两个因素共同作用的结果。

在选择性研究中，通常将浸泡时间的影响和渔具捕获饱和度影响一起考虑。在试验中，为了减小试验带来的偏差，必须保证各不同网目大小的网具浸泡时间保持固定，如果渔获物饱和度对于某些种类的影响是已知的，那么网具的作业时间无须很长。

4. 其他因素

除了上述的这些研究较多的因素之外，影响刺网渔具选择性的因素还有不少，如海洋环境因素的影响。海洋环境因素对刺网渔具选择率的影响，其中光线对其选择率的影响显著，特别是对底层鱼类，水的透明度和近底层的流态对刺网的选择率产生影响，光照条件对三重刺网的影响更大。但光线也是影响鱼类活动规律的重要因素，种类间差异很大，有的影响规律相反。

海洋环境因素的影响，也包括潮流对刺网选择性的影响。在近海海域作业鱼顺流罹网的最多，而沿岸海域的鱼顺、逆流罹网均有。据分析，近海与沿岸飞鱼的趋流行为不同，与其产卵生态的习性有关。

此外，网具的操作技术，甚至作业渔船的规格都有可能影响到刺网渔具的选择性。

三、刺网渔具的选择性特点及其选择性曲线的形状

被动性渔具的选择性曲线与主动性渔具的选择性曲线有着本质的区别。拖网渔具的选择性曲线一般呈 S 形，即对于特定的网目大小，当鱼体特征值超过某一范围后，这些个体都将被捕获（图 4-68）。Hamley 认为，当鱼体的尺寸与刺网渔具捕获的最适尺寸相差超过 20%的时候，鱼类就很难被捕获。因此，早期研究刺网选择性的大多数学者认为，刺网（被动性渔具）的选择性曲线是典型的钟形，或者说是倒置的喇叭形，也有学者称之为单峰的概率分布（unimodal probability distribution），如图 4-69（a）中的选择性曲线 a 所示。

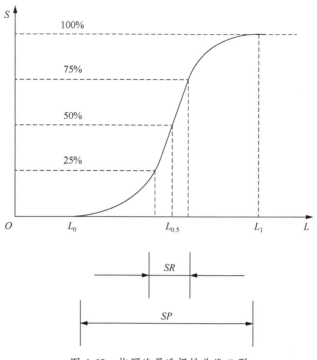

图 4-68　拖网渔具选择性曲线 S 形

Baranov 的几何相似原理建立在刺网渔具选择性研究的基础上，是刺网渔具选择性研究中的一项重要内容，它不仅是许多选择性曲线估算方法的基础，而且可以减少刺网渔具选择性曲线估算的参数（孙满昌，2004；孙仲之，2014）。Baranov 认为，刺网的作业过程仅是一个网目和鱼体的相对几何形状的一个机械过程，其选择性仅仅是鱼体尺寸和网目尺寸的函数。并认为：由于所有的网目几何相似，而且同一种鱼（一定体长范围内）的体形同样也是几何相似，因此，不同大小的网目选择性曲线势必相似。在此基础上，Baranov 推导了几何相似原理。他认为刺网渔具选择性仅取决于与网目大小有关的鱼体大小。将选择率（S）写成网目大小（m）和鱼体大小（l）的函数，那么，当鱼体大小与网目大小的比值不变时，选择率也不变，即

$$S(l,m) = S(kl,km) = S(l/m)\qquad(4\text{-}39)$$

式中：S——选择率；

　　　m——网目大小；

　　　l——鱼体大小；

　　　k——常数。

几何相似原理暗示了当选择性被表示为 l/m 时，使用网目大小将鱼体大小进行标准化，不同选择性曲线将有相同的形状。

各网目对最佳渔获物体长组的效率一样，即

$$S_{\text{maxi}} = 常数\qquad(4\text{-}40)$$

最佳渔获物体长 l_0 与网目大小成正比，即

$$m = kl_0\qquad(4\text{-}41)$$

根据式（4-39）及它的推论式（4-40）和式（4-41）不难看出，不同网目捕获的最适体长与网目大小成比例，不同网目的最适体长的渔获率相等，不同网目的选择性曲线的辐展（spread）与网目大小成正比。对于形状相同目大不同的网目，它们所捕获的最佳体长组（众数体长）的选择率应该是一致的，如图 4-69（a）的 a、b 曲线所示。

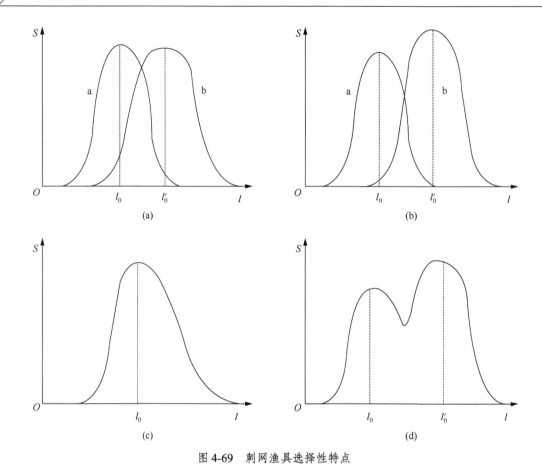

图 4-69　刺网渔具选择性特点

如果同一网目对于某一种渔获物的渔获方式有两种：刺入和搁绊，刺入渔获方式的众数体长为 l_0，那么搁绊渔获方式相关的众数体长 l_0' 为

$$l_0' = l_0 \frac{c_2}{c_1} \tag{4-42}$$

式中，c_1、c_2——刺挂处体周和腭骨体周。

由于不同种类的鱼类体形的不同，因此渔获方式的重要性随着种类的不同而不同。

四、刺网渔具选择性模型的函数表示方法

选择性曲线是描述渔具选择性的直观方法，如何描述选择性曲线也是选择性研究中一项重要的内容。选择性曲线模型选择得当，不仅可以简化选择性估算的方法，而且也是消除刺网渔具选择性研究不确定性的一个重要方面。刺网渔具的选择性曲线可以通过参数化方法构建，但是，更为常用的选择性曲线通常使用参数化的函数表达式来确定。描述刺网渔具选择性曲线的函数表达式有两种：单峰概率分布的选择性曲线和多峰概率分布的选择性曲线。

（一）单峰概率分布的选择性曲线

1. 对称钟形曲线

对于如图 4-69（a）中所示的对称钟形曲线，人们最先想到的是用正态分布的概率密度函数去描述。根据 Baranov 的几何相似理论，不同大小网目的选择性曲线具有相同的最大值，设该最大值为 1，

则其数学表达式为

$$S(R_{ij}) = \exp\left[-\frac{(R_{ij} - R_0)^2}{2\sigma^2}\right] \tag{4-43}$$

式中，R_0——选择性因素（SF），也可以称为众数相对体长，表示选择性曲线中选择率最大（$S=1$）时所对应的相对体长，$R_0 = l_0/m$；

R_{ij}——鱼体的相对体长，$R_{ij} = l_j/m_i$。l_j 是第 j 种鱼体长，m_i 为第 i 种网目大小；

σ——模型的标准差，决定了选择性曲线的宽度。

式（4-43）所表示的是相对体长的选择性曲线，在很多研究中，还用到了绝对体长的选择性曲线

$$S(l_j) = \exp\left[-\frac{(l_j - R_0 \cdot m)^2}{(m \cdot \sigma)^2}\right] \tag{4-44}$$

式（4-44）所表示的选择性曲线与式（4-43）所表示的选择性曲线是一致的，它们都符合 Baranov 几何相似原理，选择性曲线的宽度随着网目的增大而增大，但有的时候选择性曲线宽度不变的模型更能符合实际情况，因此也存在如下的表达式

$$S(l_j) = \exp\left[-\frac{(l_j - R_0 \cdot m)^2}{\sigma^2}\right] \tag{4-45}$$

当然，这种表达方式违背了 Baranov 的几何相似原理。

2. 不对称钟形曲线

理论上讲，刺网渔具的选择性曲线应该是左右对称的，但是实际情况大多不是这样。图 4-69（c）所反映的情况就是不对称的选择性曲线。有关不对称选择性曲线的描述模型有很多，如对数正态分布、Gamma 分布、倾斜正态分布、皮尔逊 I 型曲线、反高斯模型及指数函数的形式等。

（1）对数正态分布

选择性曲线的对数正态分布模型表达式

$$S(R_{ij}) = \exp\left[-\frac{(\ln R_{ij} - \ln R_0)^2}{2\sigma^2}\right] \tag{4-46}$$

有时候用下面的表达式

$$S(R_{ij}) = \frac{1}{R_{ij}} \exp\left[R_0 - \frac{\sigma^2}{2} - \frac{(\ln l_j - R_0)^2}{2\sigma^2}\right] \tag{4-47}$$

同样，式（4-46）和式（4-47）是相对体长的选择性曲线，绝对选择性［相对于式（4-47）］曲线如下

$$S(l_j) = \frac{1}{l_j} \exp\left[\ln m + R_0 - \frac{\sigma^2}{2} - \frac{(\ln l_j - \ln m - R_0)^2}{2\sigma^2}\right] \tag{4-48}$$

（2）伽马分布

伽马分布的绝对体长选择性曲线

$$S(l_j) = \left[\frac{l_j}{(\alpha-1)\beta}\right]^{\alpha-1} \exp\left(\alpha - 1 - \frac{l_j}{\beta}\right) \tag{4-49}$$

式中，α、β——模型参数，α 表示形状参数，β 表示尺度参数。

（3）倾斜正态分布

倾斜正态分布有时也能表示选择性曲线或者说是截顶的 Gram-Charlier 系列，表达式为

$$S(R_{ij}) = \exp\left[\frac{(R_{ij} - R_0)^2}{2\sigma^2}\right]\left\{1 - \frac{1}{2}q\sigma^{\frac{3}{2}}\left[\frac{R_{ij} - R_0}{\sigma} - \frac{(R_{ij} - R_0)^3}{3\sigma^3}\right]\right\} \tag{4-50}$$

式中，q——倾斜系数。

这种方法在倾斜度不大的时候能较好地拟合实际的渔具选择性。

（4）皮尔逊 I 型曲线

Hamley 和 Reiger（1973）认为，当选择性曲线与正态偏差很大或者被忽略的较高次项变得显著时，使用倾斜的正态曲线来拟合选择性数据并不合适（孙满昌，2004；孙仲之，2014）。因此，他们将选择性曲线拟合成皮尔逊 I 型曲线，曲线的函数形式如下

$$S(l_j) = a\left(1 + \frac{l_j}{b}\right)^{bd}\left(1 - \frac{l_j}{c}\right)^{cd} \tag{4-51}$$

式中，a、b、c、d——模型参数，d 为峰度，a、b、c 的含义可以从图 4-70 中得知。

（5）指数函数形式的选择性曲线

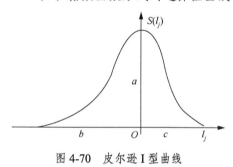

图 4-70 皮尔逊 I 型曲线

早期，一些学者使用了指数模型来拟合刺网渔具的选择性曲线，其形式如下

$$S(l_j) = k \cdot \exp[\mu(l_j - l_0) + \nu(l_j - l_0)^2] \tag{4-52}$$

式中，k, μ, ν——系数；

l_0——特定网目的最适体长。

Fujimori 等、Purbayanto 等在上面的基础上（孙满昌，2004；孙仲之，2014），认为刺网渔具的选择性曲线可以服从式（4-53）

$$S(R_{ij}) = \exp[(a_n R_{ij}^n + a_{n-1} R_{ij}^{n-1} + a_{n-2} R_{ij}^{n-2} + \cdots + a_0) - S_{\max}] \tag{4-53}$$

式中，$S_{\max}$——近似选择性曲线选择率最大值；

$a_0, a_1, \cdots, a_n$——系数。

3. 单峰选择性曲线的双边模型

Hamley 认为选择性曲线众数前后的选择性是由不同的因素所控制的。例如，选择性曲线众数前的选择率取决于网具的刺挂渔获方式，而众数右边的选择率可能会受到缠络的影响。这样，把刺网选择性分成左右两部分来进行模型处理更适合实际情况。反映到选择性曲线的表示方法上，通常使用两边不等的模型对选择性进行处理（孙满昌，2004；孙仲之，2014）。

（1）正态分布模型

将众数两边的选择性曲线用参数不同的正态分布来描述，相对体长的选择性曲线表达式如下

$$S(R_{ij}) = \begin{cases} \exp\left[-\dfrac{(R_{ij} - R_0)^2}{2\sigma_1^2}\right], & \text{当} R_{ij} < R_0 \text{时;} \\[3mm] \exp\left[-\dfrac{(R_{ij} - R_0)^2}{2\sigma_2^2}\right], & \text{当} R_{ij} > R_0 \text{时。} \end{cases} \tag{4-54}$$

绝对体长选择性曲线形式参见式（4-44）。

除了这种正态分布以外，Sechin 和 Kawamara 使用体周测量值与网目内径比较，建立了相应的正态分布模型并对选择性曲线进行了解释（孙满昌，2004；孙仲之，2014）。

（2）Logistic 曲线合成的双边模型（two-sided model）

使用拖网渔具的 Logistic 选择性曲线模型来表示刺网渔具的选择性曲线，这种方法的优点在于

可以很好地拟合倾斜的选择性曲线及顶部被截的曲线形状。如图 4-71 所示，其中 Logistic 曲线 a 和 b 是两条相互独立、参数不同的曲线。而总的选择性曲线 c 可以看成是两条 Logistic 曲线的乘积。

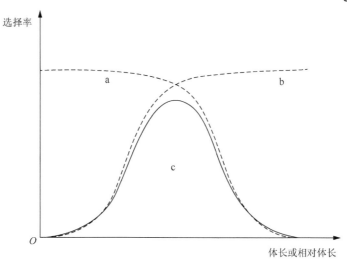

图 4-71　Logistic 曲线合成的刺网选择性曲线

这种选择性曲线的数学表达式为

$$S(R_{ij}) = \frac{\exp(\alpha_1 + \beta_1 R_{ij})}{1 + \exp(\alpha_1 + \beta_1 R_{ij})} \cdot \frac{\exp(\alpha_2 + \beta_2 R_{ij})}{1 + \exp(\alpha_2 + \beta_2 R_{ij})} \qquad (4\text{-}55)$$

式中，α_1, β_1——曲线 a 的 Logistic 参数；

$\quad\quad\quad$ α_2, β_2——曲线 b 的 Logistic 参数。

如果用绝对体长 l_j 代替 R_{ij}，并使用 β/m 代替式（4-55）中的 β，选择性方程就成为了绝对体长的选择性曲线。

（二）多峰概率分布的选择性曲线

当网具以不同的渔获方式捕捞目标种类时，出现了如图 4-69（d）所示的选择性曲线。Holt、Hamley 和 Regier、Hovgård 认为这种选择性曲线可以被认为是几种单独的渔获方式选择性曲线的叠加（孙满昌，2004；孙仲之，2014）。

如果网衣对目标种类的渔获方式有两种，那么选择性曲线可以被表示成

$$S(R_{ij}) = \frac{1}{\delta}\left\{\exp\left[-\frac{(R_{ij} + R_{01})^2}{2\sigma_1^2}\right] + \omega\left[-\frac{(R_{ij} - R_{02})^2}{2\sigma_2^2}\right]\right\} \qquad (4\text{-}56)$$

式中，$\quad\quad\quad\quad$ δ——为了使选择性曲线具有最大值等于 1 的情况而设置的比例系数；

$\quad$ $R_{01}, R_{02}, \sigma_1, \sigma_2$——两种不同的渔获方式选择性曲线众数所对应的相对体长和曲线宽度；

$\quad\quad\quad\quad\quad$ ω——常数。

在选择性研究的早期，还有学者提出了这样的观点：第 k 种（例如刺入）渔获方式的渔获尾数为 C_{ijk}，其占总渔获物 $\sum\limits_{k} C_{ijk}$ 的比例与该种渔获方式选择率 S_{ijk} 占总选择率 $\sum\limits_{k} S_{ijk}$ 比例相同。即

$$\frac{C_{ijk}}{\sum\limits_{k} C_{ijk}} = \frac{S_{ijk}}{\sum\limits_{k} S_{ijk}} \qquad (4\text{-}57)$$

只要每一尾被捕获的鱼的渔获方式被记录，那么，总的选择性曲线可以通过两种方法估算：①分

别估算每一种渔获方式的选择性曲线，然后相互叠加；②估算其中一种渔获方式的选择性曲线，然后乘以 $\dfrac{C_{ijk}}{\sum\limits_{k} C_{ijk}}$ 项。

五、刺网渔具选择性的估算方法

刺网渔具选择性的估算方法是经历了很长的历史时期逐渐发展起来的，而且刺网渔具选择性研究大多集中在鱼体和网目的形态学方面。这些方法不需要试验，只需鱼类的一些特征和网目形状信息，因此使用较为方便。但由于忽略其他因素的事实使得它只能作为一种粗略的估计手段，然而随着电子计算机技术的迅速发展，计算能力的大幅度提高，原来一些难以完成的计算成为现实。在这种情况下，一些统计学家开始对刺网渔具选择性的估算方法进行了补充，如 Hamley 将不同的刺网选择性估算方法分为 5 类：根据鱼体形状和体周估算、通过死亡率估算、根据渔获物体长分布估算、直接估算法和间接估算法（孙满昌，2004；孙仲之，2014）。

（一）几何形态法

Sechin 和 Kawamura 提出了使用体长-体周信息从几何学上来进行刺网选择性推算的简单方法。这两种方法几乎是一致的。但是，这些方法通常只能应用于刺入、契入渔获方式的刺网，对于缠络刺网，则明显不适用（孙满昌，2004；孙仲之，2014）。

Sechin 方法的基本想法是假设刺网选择性是两个尺寸相关过程的结果：①鱼体必须足够小，以使它的头进入网目；②鱼体又必须足够大，使其留存于网目中。

在考虑体周的同时还必须考虑鱼体的可压缩性和网目的弹性。鱼体的可压缩性和网线的弹性随鱼的力量、鱼体硬度、网线材料而异，一般相差可达 5%～10%。通过向体长-体周关系增加一个修正系数（k 系数）来表示这些因素。显然，刺入位置和体周最大处位置的可压缩性不同，因为刺入通常发生在头部，其可压缩性较小，而鱼体体周最大处的可压缩性因为体腔软组织而较大。因此，需要两个 k 系数：k_{max} 和 k_{gill} 来描述这些差异。k 系数可以从一个比率获得：网目内径比测量体周，其中体周测量值可分别从靠近鳃盖和靠近最大体周处发现的网目痕迹取得。此外，Sechin 考虑到网目内径存在差异，于是他没有直接使用观察到的体长与体周关系数据，而是假设变量（σ_{gill}，σ_{max}）服从期望值为（$k_{gill}G_{gill}$，$k_{max}G_{max}$）的正态分布，其中 G_{gill} 表示刺入位置的体周，而 G_{max} 表示鱼体最大体周。

利用累积正态分布函数可以得出鱼留存和穿越网目的比例。鱼被留存的概率可以用式（4-58）表示

$$P_{retained} = p\{G_{max} \geqslant G\} = 1 - \Phi\left[\frac{G - k_{max}G_{max}}{\sqrt{(\sigma_{max})^2 + \sigma^2}}\right] \tag{4-58}$$

式中，G ——网目内径；

σ ——网目内径测量值的方差。

类似地，鱼穿越网目的比例可以表示为

$$P_{passed} = p\{G_{max} \geqslant G\} = 1 - \Phi\left[\frac{G - k_{gill}G_{gill}}{\sqrt{(\sigma_{max})^2 + \sigma^2}}\right] \tag{4-59}$$

最终，选择性曲线从残留和通过的概率中得到

$$Selection = P_{retained} \cdot P_{passed} \tag{4-60}$$

通过几何形态法进行选择性估算在渔具作业前就可以完成，这有助于设计试验和更好地完成试

验。通过这种方法可以直接得出鱼体体形对选择性曲线的影响。

现假设鱼类各部位是等比例生长的，那么无论鱼体多大，鱼体的体形都保持不变。等比例生长意味着：①体周与体长成比例；②σ_{max} 与 σ_{gill} 也与体长成比例（体周差异特征由一个差异的常系数来确定）。

由于大多数鱼类都或多或少地以等比例方式生长，因此选择性曲线都应该符合 Baranov 几何相似原理。

Sechin 方法估算的选择性曲线的形状取决于 $k_{gill}C_{gill}$ 和 $k_{max}C_{max}$ 之间的差异。当差异较小时，选择性曲线较窄，而差异较大时选择性曲线较宽（图 4-67）。

Sechin 方法作为一种可以建立有关选择性曲线形状假设的工具很具吸引力，尽管在收集必要数据方面简单，但在选择性实际研究中却很少使用。这种方法没有考虑缠络的影响，而且忽略了不同体长大小鱼体的行为差异。另外，这种方法认为任何头部体周小于网目内径而最大体周大于网目内径（即 $k_{gill}C_{gill}<C<k_{max}C_{max}$）鱼的捕获概率相同的假设也是不现实的。

几何形态法估算刺网渔具选择性实例如下。

Hovgård 和 Lassen 使用 Sechin 的方法估算了椭斑马鲛（*Scomberomorus maculatus*）的刺网渔具选择率（孙满昌，2004；孙仲之，2014）。

首先，他们使用线性关系来描述体长-体周关系：$C = a + bl$。然后，考虑到各体长组之间的标准差（σ_{max}，σ_{gill}）差异并不显著，因此对于所有的体长组使用相同的标准差。网目内径的方差（σ）很小，设为 0。主要参数的值见表 4-5。

表 4-5　椭斑马鲛的主要参数

主要参数	鱼体最大体周处	刺入部位
参数 a	−2.51	0.21
参数 b	0.51	0.38
k	0.975	0.977
σ^2	1.173	0.609
网目内径	17.8	17.8

将这些参数代入式（4-58）至式（4-60），得出各体长组选择率（表 4-6）。

表 4-6　根据上述参数得出的选择率

体长/cm	最大体周留存率/%	刺入部通过率/%	选择率/%
35	0.012	1.000	0.012
36	0.036	1.000	0.036
37	0.092	1.000	0.092
38	0.195	1.000	0.195
39	0.349	1.000	0.349
40	0.533	0.999	0.533
41	0.710	0.995	0.707
42	0.847	0.982	0.832
43	0.933	0.945	0.882
44	0.975	0.868	0.846
45	0.993	0.735	0.730
46	0.998	0.556	0.555

续表

体长/cm	最大体周留存率/%	刺入部通过率/%	选择率/%
47	1.000	0.365	0.365
48	1.000	0.202	0.202
49	1.000	0.093	0.093
50	1.000	0.035	0.035
51	1.000	0.011	0.011
52	1.000	0.003	0.003
53	1.000	0.001	0.001
54	1.000	0.000	0.000

其选择性曲线如图 4-72 所示。

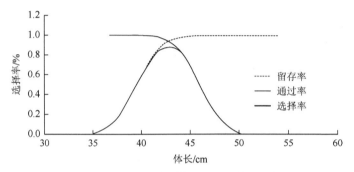

图 4-72　Sechin 方法得到的椭斑马鲛的刺网选择性曲线

Pet 等对 Sechin 的方法进行了扩展，认为体周测量值的方差与体周成正比，并使用这一方法对多种鱼类和网具进行了选择性分析（孙满昌，2004；孙仲之，2014）。

Kawamura 假设每一体长鱼类的体周服从一个具有相同方差的正态分布，并且所有被渔获的鱼都是在鳃盖和最大体周之间的位置被捕获（孙满昌，2004；孙仲之，2014）。当某一群体的鱼接触渔具时，一些鱼类因为它们的最大体周小于网目内径而通过网目，一些鱼则改变它们的游泳路线游离网具，其余的则被捕获。将体长为 z 的鱼没有穿越网目的概率表示为

$$P_1 = \int_{\frac{C_{mc}-(p+ql)}{\sigma C_m}}^{\infty} \frac{1}{\sqrt{2\pi}} e^{-\frac{x^2}{2}} dx \qquad (4\text{-}61)$$

式中，C_{mc}——最大体周的临界值；

σC_m——最大体周正态分布的方差；

p, q——最大体周与体长线性关系系数。

而鱼进入网目的概率可以表示为

$$P_2 = \int_{-\infty}^{\frac{C_{oc}-(v+\omega l)}{\sigma C_o}} \frac{1}{\sqrt{2\pi}} e^{-\frac{x^2}{2}} dx \qquad (4\text{-}62)$$

式中，C_{oc}——鳃盖处体周的临界值；

σC_o——鳃盖处体周正态分布的方差；

v, ω——鳃盖处体周与体长线性关系系数。

最终，鱼类被留存的概率可以通过两条累加描述曲线下的面积表示（图 4-73）。

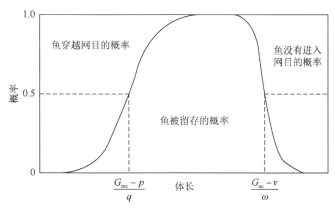

图 4-73　刺网渔具选择性概率的估算

Kawamura 的方法在日本的选择性研究中得到了广泛的应用（孙满昌，2004；孙仲之，2014）。

（二）以渔获物的体长分布表示选择性曲线

如果资源中每一体长组的渔获物数量相同，可以根据渔获物体长概率分布推算选择率。渔获物体长分布有时被假设成可以直接表示选择性曲线，而忽略资源的体长分布。Hamley 简单地介绍了这一情况，并注意到刺网一般非常具有选择性，结果可以作为一个粗略的替代。选择性方程规定当资源的体长分布相对均匀时，渔获物的体长分布可以替代选择性曲线（孙满昌，2004；孙仲之，2014）。

在渔具仅对一个很窄的体长范围有效时，使用体长分布直接代替选择性曲线可能是有用的，但是这种方法的使用有很大的局限性。对于以资源调查为目的的选择率，这一假设有时很有用，但是最终的选择性估算值应该从资源体长分布的方法中获得。

从渔业中获得的渔获数据覆盖了不同区域和不同时期，且数目较大时，观察的渔获物体长分布可以为选择性曲线提供一个相当准确的估计值。在进行刺网试验设计时，刺网渔获物的体长分布信息可以作为参考。

（三）使用死亡率估算刺网渔具的选择性

如果对各体长组独立进行死亡率的估算，那么在这个过程中就可以估算出渔具的选择率。与直接估算方法一样，通过死亡率估算选择率不仅可以估算出选择性曲线的形状，而且能够估算出选择性曲线的最大宽度。这种方法不需要对选择率曲线本身进行假设，它的不足之处在于很难取得足够的样本，并且很难满足渔获能力保持不变的假设。

Hamley 认为，对一封闭的群体进行捕捞时，单位捕捞努力量的渔获量会随着资源量的下降而减小（孙满昌，2004；孙仲之，2014）。如果渔获能力保持不变，则

$$(C_j/E)_t = S_j N_{j0} - S_j \sum_t C_{jt} \tag{4-63}$$

或

$$\ln(C_j/E)_t = \ln(S_j N_{j0}) - S_j \sum_t E_t \tag{4-64}$$

式中，　　　　　S_j——选择率；

$(C_j/E)_t$——t 时间内单位捕捞努力量的渔获量；

N_{j0}——体长组为 j 的原始资源量；

$\sum_t C_{jt}, \sum_t E_t$ ——t 时间内的渔获量和捕捞努力量的累加。

选择率 S_j 可以通过线性回归 $(C_j/E)_t$ 与 $\sum_t C_{jt}$ 或线性回归 $\ln(C_j/E)_t$ 与 $\sum_t E_t$ 求得。如果存在几种不同网目大小的网具同时作业，且在 t 时间内，渔获分别独立，则上述第一个公式（4-63）可以被分为

$$(C_j/X)_t = S_{ij} N_{j0} - S_{ij} \sum_i \sum_t C_{ijt} \qquad (4\text{-}65)$$

（四）直接估算法

直接估算法是建立在资源体长分布信息为已知的前提下。由于每一体长组的资源很少被确切知道，因此在选择率研究中，很少使用直接估算法。

大多数刺网渔具选择性直接估算法采用了标志放流的方法。通过标志或标记大量的鱼并确定渔具捕获的每一尺寸组鱼类的比例来估算，这在小湖泊中能够比较容易地完成，却很少能够在较大的湖泊或海洋中完成，但 Anganuzzi 等曾使用近 55 000 尾标志鱼类来估算刺网的选择率（孙满昌，2004；孙仲之，2014）。

当然，也可以通过其他的方法得到资源的体长分布结构以便进行刺网选择性的直接估算，其中最为常用的方法为比较已知选择性渔具的渔获物结构。如果资源的体长分布本身已知，那么，直接估算法的形式将更为简单。

1. 通过比较已知选择性渔具的渔获物进行刺网渔具的选择性估算

（1）通过比较无选择性渔具的渔获物进行刺网渔具选择性估算

通常情况下，可以将无选择性渔具的渔获物作为资源尺寸分布的一个代表，这样就可以通过比较刺网渔具渔获物和这些渔具的渔获物尺寸分布的差异来直接估算刺网渔具的尺寸选择性，当然，这里假设存在着无选择性的渔具，例如围网、拖网。但是，从严格意义上讲，实际上并不存在无选择性的渔具。

假设当资源体长组体长超过一定大小后，选择率都等于 1。那么，比较刺网中这些尺寸的渔获物和围网的渔获物可得

$$\frac{C_{\text{GN}j}}{C_{\text{PS}j}} = k \cdot \frac{q_{\text{GN}j}}{q_{\text{PS}j}} S_{\text{GN}j} \qquad (4\text{-}66)$$

式中，　　k ——包括捕捞努力量和渔获能力影响的一个常数；

　　　　$C_{\text{GN}j}$ ——刺网渔获量的累加；

　　　　$q_{\text{GN}j}$ ——刺网渔获率和累加；

　　　　$C_{\text{PS}j}$ ——围网渔获量的累加；

　　　　$q_{\text{PS}j}$ ——围网渔获率和累加；

　　　　$S_{\text{GN}j}$ ——刺网 t 时间内选择率的累加。

当所有体长组鱼对不同渔具接触概率相同时，即 $q_{\text{GN}j} = q_{\text{PS}j}$ 时，不同渔具的渔获率仅仅反映选择性。但这种假设实际上是不存在的。对于拖网或围网，在捕捞大马哈鱼和沙丁鱼时，都不能有效地捕捞大个体的鱼体。

（2）通过比较已知选择性渔具的渔获物进行刺网渔具的选择性估算

当存在一种已知选择性的渔具时，也可以比较刺网和这类渔具的渔获物尺寸来进行选择性估算。Losanes 等就通过比较更具选择性的刺网渔获物来估算三重刺网和二重刺网的选择性（孙满昌，2004；孙仲之，2014）。

2. 资源体长分布已知情况下估算刺网渔具选择性

如果作业发生在一个储备资源已知的试验区或在天然环境下对标志放流的资源进行研究时，可以认为资源的尺寸结构为已知。当体长组资源量（N_j）已知时，选择性可以直接从选择性方程式中估算：

$$\frac{C_{ij}}{N_j \cdot E_i} = q_{ij} P_i S_{ij} \tag{4-67}$$

式中，G_{ij}——t 时间内和渔获量累加；

E_i——单位时间内的努力量；

q_{ij}——某渔具的捕获概率；

P_i——某体长鱼类的选择概率；

S_{ij}——t 时间内选择率的累加。

从式（4-67）中可以看出，选择性方程只能估算出可捕率、渔获能力和选择性的联合结果。例如，Fujimori 等注意到在直接估算法的试验中，大网目尺寸可以捕获更多的虾，并将此解释成大尺寸网目渔获能力的提高（一个 P_i 的效应）。但是，这也可能是因为随着虾大小增加，游泳距离增大，从而改变了可捕率（一个 q_{ij} 的效应），这些不确定性只有通过合适的实验设计才可以解决（孙满昌，2004；孙仲之，2014）。

如果将式（4-67）右边的部分看成是广义的选择率，那么刺网渔具的选择率 $\hat{S}_{ij}$ 很快就能得到：

$$\hat{S}_{ij} = \frac{C_{ij}}{N_j E_i} \tag{4-68}$$

当刺网渔获量较大或者资源是封闭系统时，渔获可能使得具有较高比例效率体长组的鱼数量急剧下降从而影响到选择率的估算。Hamley 和 Regier 利用选择率估计值的日平均值 $\bar{\hat{S}}_{ij}$，并通过测量存活渔获物的体重得出：

$$\bar{\hat{S}}_{ij} = \frac{\sum_t C_{ijt} / E_{it}}{\sum_t N_{jt}} \tag{4-69}$$

式中，N_{jt}——第 t 天开始时，体长组 j 的资源量；

C_{ijt}——捕捞努力量为 E_{it} 时第 i 种渔具的体长组 j 的渔获量。

这种选择性的估算方法只要求对一种刺网进行实验即可得出它的选择性曲线。然后，使用适当的曲线函数模型来拟合 $\bar{\hat{S}}_{ij}$。

但是，对资源估计的不确定性影响了选择性的估算。选择率 S 估算的相对不确定性可以写成：

$$\frac{V(S)}{S^2} = \frac{V(C/E)}{(C/E)^2} + \frac{V(N)}{N^2} \tag{4-70}$$

假设单位捕捞努力量渔获量（C/E）和资源（N）独立估算。这就意味着当资源体长分布不能被精确地知道时，这些不确定性就会被带入选择性的估算中。资源尺寸很难评估，因此在直接选择性研究中很少有过报道。

3. 通过标志放流与重捕进行刺网渔具的选择性估算

Myers 和 Hoenig 利用多次标志放流与重捕渔获物数据进行了刺网渔具的选择性直接估算（孙满昌，2004；孙仲之，2014）。

假设第 t 次标志放流试验释放体长为 l_i 的鱼 N_i^t 尾，第 j 类渔具对此体长组的开发率为 U_j^t，此类渔具的选择率为 S_{ij}，则放流资源的捕获尾数的数学期望为：

$$E(C_{ij}^t) = N_i^t R_j^t U_j^t S_{ij} \tag{4-71}$$

式中，R_j^t 为标志放流后的存活率与标志保持率（非遗失率）及采用 j 类渔具捕获第 t 组试验释放资源所得的标志率的乘积。

假设对于同一体长组的每一尾标志放流的鱼，其被捕获的概率相等且相互独立，则其重新被捕获的概率 $\pi_{ij}^t = R_i^t U_j^t S_{ij}$。重新捕获的渔获物 C_{ij}^t 的概率服从二项式分布，其分布函数为

$$P(C_{ij}^t) = \begin{bmatrix} N_i^t \\ C_{ij}^t \end{bmatrix} (\pi_{ij}^t)^{C_{ij}^t} (1 - \pi_{ij}^t)^{N_i^t - C_{ij}^t} \tag{4-72}$$

函数的似然值与上面这一概率相同。

这个概率所适用的最简单的模型是复合模型，令

$$\lg(\pi_{ij}^t) = \lg(R_j^t) + \lg(U_j^t) + \lg(S_{ij}) = r_j^t + u_j^t + s_{ij} \tag{4-73}$$

因为 r_j^t 和 u_j^t 非常复杂，所以把 $r_j^t + u_j^t$ 看成一个复杂的参数。在通用线性模型中，捕获的所给体长标志放流的比值具有一个多项取样误差，其平均值取决于（$r_j^t + u_j^t$）和 s_{ij}。用多项误差假设和一个对数相关函数进行统计试验和估计，利用标准似然率（standard likelihood ratio）和观察离差来检验各体长组的选择率的区别。使用这种方法所估算的每一类渔具的选择率是相对的。对每一体长组的渔具选择率进行标准化，使选择率的最大值为 1，这样将不存在与选择率相关的标准差。

（五）间接估算法

在大多数刺网选择性研究中，作业区域的资源体长颁布信息往往是未知数，而通过标志放流的试验方法来进行选择性研究的成本也非常昂贵。因此，绝大多数的选择性研究是通过间接估算法进行的。间接估算法通过比较两种和多种不同网目大小的渔具的渔获数据进行选择性的估算。刺网渔具选择性的间接估算无需资源的尺寸分布信息，而且，在间接估算选择性的同时，还可以估算资源体长分布情况。间接估算法不需要资源的信息，但仍需一定的假设：①给定大小的鱼对同时作业的不同网目大小的网具来说有效性相同；②选择性仅取决于鱼体的大小和网目的大小。

第一个假设规定了进行比较的不同渔具的可捕率相同（$q_{i1,j} = q_{i2,j}$），而第二个假设条件可以用 Baranov 的几何相似原理来解释。

Hamley 将刺网渔具的选择性间接估算法分为两大类：①以 B 类曲线作为中介来估算 A 类曲线；②通过预先确定选择性曲线的形式进行选择性曲线的拟合方法（孙满昌，2004；孙仲之，2014）。

Hovgård 和 Lassen 将选择性间接估算法分为 3 类（孙满昌，2004；孙仲之，2014）：

①使用不同渔具捕捞给定体长鱼类的渔获物比率来反映选择性差异的方法。例如，假设两种渔具的渔获能力和捕捞努力量相同，比较两种渔具的渔获物，得出 $\dfrac{C_{l,1}}{C_{l,2}} = \dfrac{S_{l,1}}{S_{l,2}}$。这种方法被广泛地应用于各种与最佳渔获相关的估算方法中。

②使用选择性相同的渔具渔获的方法反映了有效资源的差异（同样假设可捕率和捕捞努力量相同），即当 $S_{l,1} = S_{l,2}$ 时，$\dfrac{C_{l,1}}{C_{l,2}} = \dfrac{q_l N_l}{q_l N_l}$。这一方法被用于 McCombie 和 Fry 及 Kitahara 的图形法中（孙满昌，2004；孙仲之，2014）。

③同时估算 q_j 和 S_{ij} 的方法。这种方法主要被用于近几年出现的基于统计的方法。大多数学者都认为可以将刺网渔具选择性的间接估算方法按 Hamley 的分类方法分为两类，Hamley 早期对刺网渔具选择性的研究不可能预见到现今复杂模型在选择性研究中的运用，而且这些模型可以用于其他的选择性估算方法中（孙满昌，2004；孙仲之，2014）。

1. 以 B 类曲线作为中介来估算 A 类曲线

Regier 和 Robson 将 A 类曲线定义为同一网目不同体长组的选择率曲线，而将 B 类曲线定义为不同网目对同一体长组的选择率曲线。A 类曲线较 B 类曲线更常用，一般用来代表"选择率曲线"，但 B 类曲线在适当的假设条件下很容易估算，因此，A 类曲线可通过 B 类曲线估算出。Ishida 将这种方法分为三步：①估算 B 类曲线；②对不同体长组鱼的选择性曲线估算相对高度；③从 B 类曲线估算 A 类曲线（孙满昌，2004；孙仲之，2014）。

对于 B 类曲线，同一网目本身以相同的捕捞努力量进行作业，因此，假设单一尺寸组的鱼类对于不同网目的接触概率相同，那么每一网目捕获的这一尺寸组鱼类对于最具效率网目的渔获比例相同。Hamley 认为，B 类曲线的形状可以通过比较不同尺寸网目的相同尺寸组渔获无偏估计而得到（孙满昌，2004；孙仲之，2014）。

当所有的 B 类曲线都估算出来以后，把它们按顺序组织到一个三维坐标系中，然后用一垂直于 B 类曲线的面横贯所有的 B 类曲线，即可得到 A 类曲线的大概形状和大小（图 4-74）。

即使 B 类曲线估算很正确，因为不同体长组的资源可能并不相同，B 类曲线的高度并没有一个是同一的尺度。Baranov 假设它们的高度相同，提出了一种可行的方法，而 McCombie 和 Fry 假设曲线具有相同的面积从而进行估算。下面介绍几种估算方法（孙满昌，2004；孙仲之，2014）。

（1）Baranov 法

Baranov 给出了根据两种不同网目所捕获相同体长渔获物的比较而估算选择率的方法（孙满昌，2004；孙仲之，2014）。假设对于同一体长的鱼，其接触不同网目概率相同，那么渔获量 C_{1j} 和 C_{2j}（网目大小分别为 m_1、m_2）和它们的相对选择率 S_{1j} 和 S_{2j} 成正比：

$$\frac{C_{1j}}{C_{2j}} = \frac{S_{1j}}{S_{2j}} \tag{4-74}$$

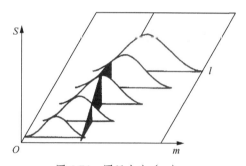

图 4-74　网目大小（m）、鱼体体长（l）与选择率（S）关系
A 类曲线（阴影）以直角与 B 类曲线（无阴影）相交

渔获量相等的体长组 l' 对应的选择率曲线对称，且形状相似，则

$$\frac{l' - l_{10}}{m_1} = \frac{l_{20} - l'}{m_2} \tag{4-75}$$

其中，l_{10} 和 l_{20} 为网目大小为 m_1、m_2 的选择率曲线，两条曲线均对称，且形状相似，如果 l_{10} 和 l_{20} 与网目尺寸成比例，即可写成：

$$l_{10} = \frac{l'(m_1 + m_2)}{2m_2} \tag{4-76}$$

$$l_{20} = \frac{l'(m_1 + m_2)}{2m_1} \tag{4-77}$$

这种方法可以对选择率曲线的形状进行一定的估算。如果将最适体长组的选择率视为单位（例如 $S_{11} = S_{22} = 1$），则最适体长等于一个网目尺寸对应另一网目选择率曲线上一点的估算值。将每一网目分别进行计算就可以得到各网目选择性曲线上的一个点。

根据 $S(l, m) = S(kl, km) = S(l/m)$，$m_1 = kl_{10}$ 和 $m_2 = kl_{20}$，得到选择率因素：

$$k = \frac{2m_1 m_2}{l'(m_1 + m_2)} \tag{4-78}$$

各符号及过程如图 4-75 所示。这种方法在欧洲曾得到普遍应用。

（2）Nomura 法

Nomura 设计了另一种通过比较渔获量进而推算选择率的方法（孙满昌，2004；孙仲之，2014）。他认为，采用网目略有差异的网具作业，将渔获物分组到不同的体长组，这些体长组的宽度等于两条选择率曲线沿横坐标的距离，在此基础上，假定两条选择率曲线一致并注意到较小网目选择率 S_{1j}（体长组 j 的鱼）等于较大网目选择率 S_{2j+1}（体长组为 $j+1$ 的鱼），因此，相应的渔获量 C_{1j} 和 C_{2j} 与其对应体长组的资源密度成正比，即

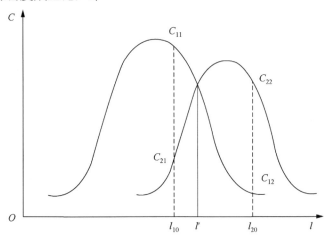

图 4-75 Baranov 法获得的渔获量（C）与体长（l）的关系

$$\frac{C_{1j}}{N_j} = \frac{C_{2j+1}}{N_{j+1}} \tag{4-79}$$

代替上述式（4-74）中的 N_{j+1}，即

$$\frac{S_{1j}}{S_{1j+1}} = \frac{C_{1j}/N_j}{C_{1j}/N_{j+1}} = \frac{C_{2j+1}}{C_{1j+1}} \tag{4-80}$$

最后，重复对每一对连续体长组的数据进行完整的选择率曲线估算（图 4-76）。

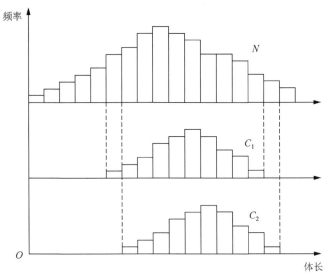

图 4-76 Nomura 法示意图

（3）McCombie 和 Fry 图形法

McCombie 和 Fry 在有关鲱形白鲑（lake whitefish）的研究中第一次完整地运用了 B 类曲线（孙满昌，2004；孙仲之，2014）。

首先，假设对于所有使 $\dfrac{m_i}{l_j}$ 相等的 i, j，所有的 S_{ij} 都相等。换句话说，$m = k(a, s)l$。基于这一假设，

鱼体体长为 l_j 的 B 类曲线可以通过 $\hat{\pi}_{ij}l_j$ 估算，其中：$\hat{\pi}_{ij} = \dfrac{n_{ij}}{\sum\limits_i n_{ij}}$ （如果 $l_j = 1$，则 $\hat{\pi}_{ij} = S_{ij}$）。

所有的 $\hat{\pi}_{ij}l_j$ 都可以从它们各自的平面上变换至单一平面上，这一平面可能是 $l = l'$ 或者是 $m = m'$。对于 $l = l'$ 这种情况，得到了在 l' 上的 B 类曲线共同的散布图；对于 $m = m'$，则得到了 m' 平面上的 A 类曲线共同的散布图。在后面这种情况中，变换是通过将 (m_i, l_j) 重新部署至 (m', l_{ij}) 来完成的，其中 m' 对于所有的 i、j 都是主观固定的，而且 $l_{ij} = \dfrac{m'l_{ij}}{m_i}$。

当将所有的 $\hat{\pi}_{ij}l_j$ 都变换成 $m = m'$ 后，就可以通过目视或者合适的数学模型及客观的估算方法进行曲线拟合。任何网目 m_1 的 A 类曲线估算值都可以在将一个系列的 $\hat{S}$ 的范围分别从各自的 (m', l') 变换扩展至 $\left(m', l = \dfrac{m_1 l'}{m'}\right)$ 的综合估计中得出。

McCombie 和 Fry 将曲线视为对数正态分布，但也有人将曲线拟合成一条倾斜的正态分布曲线（孙满昌，2004；孙仲之，2014）。

Regier 和 Robson 在上述方法的基础上对 McCombie 和 Fry 图形法进行了一些修正：首先，他们假设一定鱼体体长范围内，B 类曲线的方差为常数，即曲线的宽度不变（称为方差常数法）；其次，采用多项式关系 $m = (a, s) + k_1 l + k_2 l^2 + \cdots + k_r l^r$ 替代 $m = k(a, s)l$，并为 B 类曲线假设一个数学模型，使各体长组渔获物能有效拟合这一模型（称为计算法）（孙满昌，2004；孙仲之，2014）。他们比较了使用直接估算法（无偏差估算）得到的选择率曲线与其他不同间接估算法估算的选择率曲线后发现，直接估算法得到的选择率曲线与计算法所得曲线最吻合。

从 B 类曲线推算 A 类曲线最大的优点在于，使用 B 类曲线进行选择性估算不会受不同体长组资源量差异的影响，因为每一网目尺寸所捕获的给定体长鱼的渔获物与该尺寸网目的选择率成正比。但正如 Regier 和 Robson 认为的那样，这些方法在数据的拟合或选择率的统计属性上都比较主观。

（4）Ishida 法

Ishida 开发了一种原则上与 McCombie 和 Fry 图形法相似的刺网渔具选择性估算方法，但是，在两个方面存在差异：①对 B 类曲线在横坐标上进行比例变换，所以 B 类曲线也是特定网目的 A 类曲线，横坐标表示了鱼体的体长（cm）而不再是鱼体体周与网目内径的比例；②通过调整曲线的高度将 B 类曲线变换至相同的纵坐标上，直到它们相互重合（孙满昌，2004；孙仲之，2014）。

横坐标的变换是根据 $S(l, m) = S(kl, km) = S(l/m)$［式（4-39）］进行的：将不同 i 网目的 j 尺寸组渔获物和长度 m_j/i 用坐标表示。Ishida 法在后来的刺网渔具选择性研究中得到了发展。

（5）Kitahara 法

Kitahara 通过合并 McCombie 和 Fry 图形法及 Ishida 法开发出另外一种刺网渔具选择性估算方法。Kitahara 根据前面 McCombie 和 Fry 及 Ishida 的假设，认为对于所有使 $\dfrac{l_j}{m_i}$ 相等的 (m_i, l_j)，选择率相同，因此可以得到：

$$S(m, l) = S(km, kl) = S(l/m) \tag{4-81}$$

其中，k 为常数（孙满昌，2004；孙仲之，2014）。

因为常数 k 可能会受到不同因素的影响，诸如鱼类的体形和游泳刺入及网具的材料等，上面这一等式只有在一定的体长范围内才有效。

根据选择性方程，假设捕捞努力量为一个单位，则得到

$$C_{ij} = S(m_i, l_j)qN_j$$

其中 q 为选择率最大时的渔获能力。

对上式进行对数变化得到：

$$\lg C_{ij} = \lg S(m_i, l_j) + \lg(qN_j) \tag{4-82}$$

将 $\lg C_{ij}$ 对 l_j/m_i 进行坐标表示，可以得到不同网目一系列垂直平行的曲线。在一定的 (m, l) 范围内通过平行变换对这些曲线重叠至一标准曲线就得到了一条主选择曲线。从上面这一等式可以看出，变换距离的反对数就代表了资源密度的理论比率。

在此基础上，Kitahara 认为当 $(l_j-l_0)/(m_i-m_0)$ 相等时，选择率相等，则式（4-81）可以表示为

$$S(m, l) = S[k(m-m_0), k(l-l_0)] = S[(l-l_0)/(m-m_0)] \tag{4-83}$$

同样对其进行对数变换，并使用相同的方法拟合得到一条主选择曲线（孙满昌，2004；孙仲之，2014）。

Purbayanto 等、Fujimori 等使用这一方法进行了选择性估算，他们在得到 $\lg C_{ij}$ 对 l_i/m_i 的曲线后，使用指数形式的选择性模型来表示选择性曲线，并采用非线性的回归方法进行参数估计，最终利用参数的估算值来确定主选择曲线（孙满昌，2004；孙仲之，2014）。

（6）同时估算 A 类、B 类曲线的方法

Helser 和 Condrey（1991）在前人的基础上开发了一种通过 B 类曲线估算刺网渔具选择性的新方法。他们使用不同网目尺寸刺网试验的渔获物体长分布数据，同时解出描述不同网目尺寸和鱼体尺寸组的假设数学模型中动差（矩）的函数关系的 m 个方程和 n 个参数。对这一模型的解决是一个描述 i 网目中 j 体长鱼的捕获概率的反应面（孙满昌，2004；孙仲之，2014）。

首先，他们使用倾斜的正态分布来描述刺网渔具的选择性曲线，并将其表示成网目大小的函数：

$$S_{ij} = \frac{1}{\sigma_j\sqrt{2\pi}}\exp\left[-\frac{(m_i-\mu_j)^2}{2\sigma_j^2}\right]\left\{1 - \frac{1}{2q_i}\sigma_j^{\frac{3}{2}}\left[\frac{m_i-\mu_j}{\sigma_j} - \frac{(m_i-\mu_j)^3}{3\sigma_j^3}\right]\right\} \tag{4-84}$$

式中，μ_j——j 体长组的最适网目大小；

σ_j——对于 j 尺寸组最适网目的标准差。

根据 Regier 和 Robson 使用观察的渔获数据可以得到每一尺寸组 j 的假设数学模型参数 μ, σ, q：

$$\mu_j = \frac{\sum\limits_i n_{ij}m_i}{\sum\limits_i n_{ij}} \tag{4-85}$$

$$\sigma_j = \frac{\sum\limits_i n_{ij}(m_i-\hat{\mu}_j)^2}{\sum\limits_i n_{ij}} \tag{4-86}$$

$$q_j = \frac{\sum\limits_i n_{ij}(m_i-\hat{\mu}_j)^3}{\sum\limits_i n_{ij}} \tag{4-87}$$

然后使用多项线性回归模型估算这些参数和尺寸组 j 之间的函数关系，得到：

$$\hat{\mu}_j = \sum_{k=0}^{p}\mu_k l_j^k + \varepsilon_j \tag{4-88}$$

$$\hat{\sigma}_j = \sum_{k=0}^{p}\sigma_k l_j^k + \delta_j \tag{4-89}$$

$$\hat{q}_j = \sum_{k=0}^{p}q_k l_j^k + \tau_j \tag{4-90}$$

其中，$\varepsilon_j, \delta_j, \tau_j$ 相互独立，并且都服从下正态分布随机误差；对于所有的 $k = 0, 1, \cdots, p$，各 μ, σ, q 是回

归系数（孙满昌，2004；孙仲之，2014）。

使用一定的数值方法求上述各回归系数。Helser 等使用的拟合结果为：

$$\hat{\mu}_j = \mu_0 + \mu_1 l_j ;$$
$$\hat{\sigma}_j = \sigma_0 + \sigma_1 l_j ;$$
$$\hat{q} = q_0 + q_1 l_j 。$$

将上面这些线性关系式置入选择曲线方程，并同时使用非线性最小二乘估计方法拟合 i 尺寸组的 π_{ij} $\left(\pi_{ij} = \dfrac{n_{ij}}{\sum\limits_i n_{ij}} \right)$ 或者 $\prod_{ij} \left(\prod_{ij} = \dfrac{n_{ij}}{\max_i(n_{ij})} \right)$，就可以得出参数估计值。

Helser 和 Condrey 使用的是迭代的方法来估算参数。Helser 等的研究得出最后的选择性反应回归面如图 4-77 所示（孙满昌，2004；孙仲之，2014）。

2. 使用 Baranov 几何相似原理的图形法

该方法建立在 Baranov 几何相似原理的基础上，主要用于刺网。选择性被描述成一个体长与网目尺寸的函数并假设所有网目尺寸的渔获能力都相同。

在这里，选择性方程被用于比较两种不同网目大小（m_1, m_2）不同体长组（l_1, l_2）的渔获物：

$$\frac{C_{l1,m1}}{C_{l2,m2}} = \frac{q_{l1} N_{l1}}{q_{l2} N_{l2}}$$

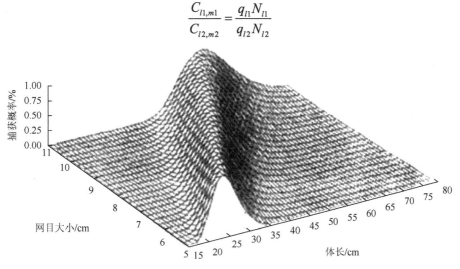

图 4-77 刺网网目选择性反应回归面

根据几何相似原理，当鱼体大小与网目大小之比相同（即 $l_1/m_1 = l_2/m_2$）时，选择性也相等。选择性方程可以写成：

$$\frac{C_{l,m}}{E_m} = q_l N_l S\left(\frac{l}{m} \right) \tag{4-91}$$

对于每一特定的体长组，所有使用的网目所对应的 $q_l N_l$ 相同。这就意味着对于一个给定的体长 l，其 $C_{l,m}/E_m$ 与 $S(l/m)$ 成比例。因此，以每一体长组的 l/m 和 $C_{l,m}/E_m$ 进行坐标表示就给出了选择性曲线的一个替代，不同体长组选择性曲线具有相同的形状，但 $q_l N_l$ 之间的差异曲线的振幅不同。

选择性曲线的估算步骤如下：①先将 $C_l, m/E_m$ 与 $S(l/m)$ 进行坐标表示；②选择合适的模型来描述标记的点（例如点排列的形状像钟形，则采用正态分布表示）。

对每一体长组进行等比例标定至一个相同的大小，需要为每一体长组猜测一个适当的比例因子，而这些因子可以由 $1/q_l N_l$ 的测量值近似表示。

3. 通过拟合一个预先确定分布来间接估算

假设选择率曲线符合一个已知的数学模型（只采用普通曲线），A 类曲线可由渔获数据采用代数估算得到，而无须 B 类曲线作为中间步骤。当然，这些方法建立在比较不同网目大小的同一体长组渔获物的基础上。同时，这些方法假设选择率曲线具有相同的高度，这样才能服从以 B 类曲线作为中介而进行估算的相似偏差。

（1）Holt 法

Holt 法是 1963 年由 Holt 建立的，是刺网选择性研究中应用最为广泛的方法之一。该方法也被用于钓具渔业的选择性研究中。此方法建立在标准线性回归的基础上，可以使用简单的计算器完成。然而此方法将选择性曲线假设成正态曲线，因此具有局限性。这一选择性模型并不符合几何相似原理。

Holt 方法建立在几个假设条件下：①众数体长 l_0（也就是说选择性曲线最大选择率所对应的体长）必须与网目大小成比例；②各网目的选择性曲线宽度（方差）相同；③各网目尺寸网具的捕捞努力量相同。

这种方法比较具有相近网目大小的两种不同刺网的系统体长组渔获物，并假设选择性曲线为正态曲线，根据 $S(l_j) = \exp\left[-\dfrac{(l_j - R_0 \cdot m)^2}{\sigma^2}\right]$ ［式（4-45）］，得到绝对体长的选择性曲线表达式，即

$$S(l) = \exp\left[-\frac{(l - k \cdot m)^2}{2\sigma^2}\right]$$

使用相同体长组渔获物的算术比率进行线性回归。如果两种刺网的捕捞努力量相同（如渔获能力相同而网目大小不同），作业对应的资源情况相同，则相对选择性为 $\dfrac{C_{l,m1}}{C_{l,m2}} = \dfrac{S_{l,m1}}{S_{l,m2}}$，对两边求对数则表达式变成：

$$\ln \frac{C_{l,m1}}{C_{l,m2}} = \ln \frac{S_{l,m1}}{S_{l,m2}} = \alpha l + \beta \tag{4-92}$$

回归系数（α, β）可以从正态分布中得到

$$\alpha = \frac{k(m_1 - m_2)}{\sigma^2} \tag{4-93}$$

$$\beta = \frac{k^2(m_2^2 - m_1^2)}{2\sigma^2} \tag{4-94}$$

通过线性回归求得系数（α, β），再根据

$$k = \frac{2\beta}{\alpha(m_1 + m_2)} \tag{4-95}$$

得到

$$\sigma^2 = \frac{k(m_1 - m_2)}{\alpha} = \frac{2\beta(m_1 - m_2)}{\alpha^2(m_1 + m_2)} \tag{4-96}$$

这种方法除了可以估算网目尺寸的选择性外，还可以估算相对资源量。将估算的选择率重新代入选择性模型就得出了相对资源量：

$$q_l N_l = \frac{C_{l,m}}{S_{l,m}} \tag{4-97}$$

Sparre 等对 Holt 法进行了一定的改进，认为如果存在 n 组网目规格，根据前面的公式，可以分别对每一网目规格进行计算，共计算出（$n-1$）组斜率 α 和截距 β，即对于（m_1, m_2），（m_2, m_3），…，（m_{n-1}, m_n），分别存在（α_1, β_1），（α_2, β_2），…，（$\alpha_{n-1}, \beta_{n-1}$）。每一组数据（即每一网目规格的渔获物）在估算选择性时分别被运用两次（孙满昌，2004；孙仲之，2014）。根据这些，可以得到

$$-2\frac{\beta_i}{\alpha_i} = k(m_i + m_{i+1}), i = 1, 2, \cdots, n-1 \tag{4-98}$$

令 $y_i = -2\dfrac{\beta_i}{\alpha_i}$，$x_i = m_i + m_{i+1}$，那么，平均选择因素 k 为

$$k = \sum (x_i y_i) / \sum x_i^2 \tag{4-99}$$

估算的平均方差为每一对连接的网目组独立估算的方差平均值，为

$$\bar{\sigma} = \sum_l [\bar{\sigma}(l) \cdot \Delta l] / \sum_l \Delta l \tag{4-100}$$

Holt 的方法论自被开发以来，得到了广泛的运用，即便现在有了很多其他的选择性估算方法，该方法仍得以应用。

（2）对双边 Logistic 曲线的拟合

使用两条 Logistic 曲线进行刺网渔具的选择性曲线拟合是一种简单、方便的方法。根据 $S(l_j) = k \cdot \exp[\mu(l_j - l_0) + v(l_j - l_0)^2]$［式（4-52）］，对众数两边的数据分别使用不同参数的 Logistic 曲线拟合，不仅可以拟合非对称的选择性曲线，而且在表示宽的选择性曲线时显得尤为简单。

对于体长为 l 的鱼体，其选择性可以通过 Logistic 曲线进行数学表达：

$$S(l) = \frac{\exp(a + bl)}{1 + \exp(a + bl)} \tag{4-101}$$

式中，a, b 为选择性参数，也就是待估算的参数。

在这个公式中，因为要求 $S(l)$ 随着体长 l 的增加而增加，所以 $b > 0$。同样，因为需要体长为 0 的体长组的留存概率（选择率）为 0，所以 $a < 0$。

例如，对于 25% 的选择体长 $l_{0.25}$：

$$25\% = \frac{\exp(a + b \times l_{0.25})}{1 + \exp(a + b \times l_{0.25})}$$

$$\Rightarrow (a + b \times l_{0.25}) = \ln(1/3)$$

$$\Rightarrow l_{0.25} = -\frac{\ln 3 + a}{b}$$

同理，可以求出 50%、75% 的选择体长 $l_{0.5}$、$l_{0.75}$：

$$l_{0.5} = -\frac{a}{b}$$

$$l_{0.75} = \frac{\ln 3 - a}{b}$$

此外，还经常使用形式更为简洁的数学表达式：

$$S(l) = \frac{1}{1 + \exp(a' + b'l)} \tag{4-102}$$

式中，a'、b' 为待估算的选择性参数，其值分别为 $a' = -a$，$b' = -b$。

4. 统计模型方法

如果刺网渔具的选择性模型在选择性的估算以前就可以确定，那么可以使用一些严格的统计学方法进行渔获观察数据与特定模型的拟合来确定模型参数（显然，这一方法是在预先确定选择性模型方法基础之上进行的）。从 Kirkwood 和 Walker 使用极大似然估计法开始，各种形式的统计模型开始被研究人员所接受。其中最具代表性的有 Millar 的 SELECT 模型（share each length's catch total model）等（孙满昌，2004；孙仲之，2014）。

SELECT 模型的原理是：假设体长为 l_i 的鱼接触所有联合渔具的数量（在试验期间）服从未知

参数 λ_i 的泊松分布（Poisson distribution）（有时过度分散的泊松分布对于一些集群鱼类更为合适，对于过度离散的鱼类可以通过使用一个尺度因子进行模型处理）。如果有 K 类渔具，相对作业强度分别为 p_j（$j = 1, 2, \cdots, K$），体长为 l_i 的鱼接触 j 类渔具的数量可以服从参数 $p_j\lambda_i$ 的泊松分布且相对独立。现定义 K 类渔具的选择性曲线为 $r_j(l)$（$j = 1, 2, \cdots, K$），那么，体长为 l_i 的鱼被第 j 种渔具渔获物的数量 N_{ij} 服从参数为 $r_j(l)p_j\lambda_i$ 的泊松分布：

$$N_{ij} \sim \text{Poisson}[p_j\lambda_i r_j(l)] \tag{4-103}$$

大多数选择性估算方法都忽略了捕捞努力量项和渔获能力项，因此，简化了选择性方程（一般假设相等）。但是，另一方面选择性方程可以被扩展成包含了对观察值随机误差（Noise）的特定模型。这样选择性方程 $C_{ij} = q_{ij}N_jS_{ij}E_i$ 变成：

$$C_{ij} = qN_jS_{ij} + \text{Noise} \tag{4-104}$$

随机误差项包括了鱼类分布集群性、鱼类对渔具行为的差异、渔具性能差异及取样差异等因素造成的影响。值得注意的是，对一些概率分布（如正态分布）来说，用另外的随机项代表随机误差是很自然的，但对于其他的分布（比如泊松分布）则不行。为了满足一致性，在这里使用随机误差来代表一般的所有随机因素。

假设每一体长组的观察渔获与其他体长组的观察渔获相互独立，这样可以简化估计问题。同时为了简便，一般忽略几个试验之间的微小差异累加，而将这个问题看成是使用不同"渔具"的单一试验。

估算可以使用极大似然估计法（maximum likelihood method）或者采用最小二乘法（least square method）。

极大似然估计法需要对观察数据的误差结构进行清晰的假设，Millar 和 Fryer（1999）认为误差结构过度离散，但是泊松分布误差通常可以提供一个精确的描述。

最小二乘法相对来说假设没有如此严格，但仍需要假设统计误差关于期望值以一正态的方差对称分布，这通常不可以直接进行假设，因此实践中需要转化数据。当误差正态分布时，极大似然估计法和最小二乘法的结果是一致的。

1）极大似然估计法

Kirkwood 和 Walker 采用极大似然估计法并假设泊松分布误差对刺网渔具网目选择性进行了研究。而 Millar 根据运用于拖网选择性模型的指数误差分布的普遍系列对该方法进行了研究。Millar 和 Holst 对刺网渔具选择性模型的极大似然估计法进行了研究。李灵智等利用 Normal、Lognormal、Gamma 和 Binomial 模型对银鲳（*Stromatecoides argenteus*）流刺网渔获数据进行了拟合，采用极大似然法估算了模型参数。张鹏等应用 Normal、Gamma 和 Logmormal 三种刺网选择性曲线模型，对金线鱼（*Nemipterus virgatus*）刺网渔获资料做了分析，结果表明，金线鱼刺网的选择性最适合用 Lognormal 模型曲线公式描述（孙满昌，2004；孙仲之，2014）。

（1）泊松分布观察方差

假设误差结构为泊松分布（即方差与均值成正比）在很多情况下是最简单的方法。这一公式化过程中，观察值的误差为

$$\text{Noise} \in \text{Poisson}(\lambda = aN_jS_{ij}) = \frac{\lambda^{C_{ij}}}{C_{ij}!}\text{e}^{-\lambda} \tag{4-105}$$

那么，对数似然函数为

$$\lg L = \sum_i\sum_j[C_{ij}\lg\lambda - \lg(C_{ij}!) - \lambda] \tag{4-106}$$

当式（4-84）达到最大时，参数 θ 就是所求的选择性参数。

$$\frac{\partial\lg L}{\partial\theta} = \sum_i\sum_j[C_{ij} - \lambda]\frac{\partial\lg\lambda}{\partial\theta} = 0 \tag{4-107}$$

当式（4-107）为 0 时，对数似然值［式（4-106）］达到最大，这时可以用来估算极大似然估计参数。参数包括了选择性参数和资源量（$q_j N_j$），由于选择性方程是乘法结构，因此对所有的选择性模型进行资源的估算是可能的。

$$C\sim \text{Poisson}(\lambda = \ln q_j N_j + \ln S_{ij}) = \frac{\exp(\lambda C_{ij})}{C_{ij}!}\exp[-\exp(\lambda)] \tag{4-108}$$

则对数似然函数为

$$\lg L = \sum_i \sum_j [C_{ij}\lambda - \lg C_{ij}! - \exp(\lambda)] \tag{4-109}$$

对于不同的参数，对数似然函数的值并不相同，似然函数最大时（函数的导数为 0 时）的参数就是所要估算的参数：

$$\frac{\partial \lg L}{\partial \theta} = \sum_i \sum_j [C_{ij} - \exp(\lambda)]\frac{\partial \lambda}{\partial \theta} = 0 \tag{4-110}$$

其中，参数为渔获率参数 $\lg(q_j N_j)$ 和主要选择性参数。式（4-110）是偏导函数，对各参数分别进行偏导就可以估算出相应的参数。以选择率估算值作为条件，就可以直接算出渔获率项：

$$\frac{\partial \lg L}{\partial \lg(q_j N_j)} = \begin{cases} 1, & \text{对于与}\lambda\text{相符合} \\ 0, & \text{其他} \end{cases}$$

$$\frac{\partial \lg L}{\partial \lg(q_j N_j)} = \sum_i C_{ij} - (q_j N_j)\sum_i S_{ij}$$

$$q_j N_j = \frac{\sum_i C_{ij}}{\sum_i S_{ij}} \tag{4-111}$$

如果选择性模型被确定，将式（4-111）代入其他估算选择性参数的等式，就可以估算选择性参数了。当然，选择性模型有很多（如前面所述）。假如使用对数正态分布模型，根据 $S(R_{ij}) = \exp\left[-\frac{(\ln R_{ij} - \ln R_0)^2}{2\sigma^2}\right]$ ［式（4-46）］，则每一体长组的选择率为

$$\lg S_{ij} = -\frac{[(\lg l_j / m_i - \lg k)]}{2\sigma^2} \tag{4-112}$$

对不同的选择性参数求偏导，得到：

$$\frac{\partial \lambda}{\partial \lg k} = \frac{[\lg(l_j / m_i) - \lg k]}{\sigma^2} \tag{4-113}$$

$$\frac{\partial \lambda}{\partial \sigma^2} = \frac{[\lg(m_j / m_i) - \lg k]^2}{2\sigma^2} \tag{4-114}$$

将上述公式代入选择性方程得：

$$\sum\sum(C_{ij} - q_j N_j S_{ij})[\lg(l_j / m_i) - \lg k] = 0 \tag{4-115}$$

$$\sum\sum(C_{ij} - q_j N_j S_{ij})[\lg(l_j / m_i) - \lg k]^2 = 0 \tag{4-116}$$

然而，因为可以很简单地直接最大化对数似然函数，这种方法不经常使用。在计算过程中，将资源量（qN）包括进量估算的选择性参数中是有可能的，但是参数的修正可能会导致减缓收敛。

（2）对数正态分布观察方差

无论是极大似然估计法估算还是对数据进行变换，大多数学者都是通过假设泊松误差分布进行刺网渔具选择性估算的。泊松分布误差所对应的是鱼类被随机捕获，但是，由于鱼类往往是不均匀

分布，因此更可能是过度离散。而对数正态误差结构（即方差与均值独立估算）具有符合过度离散观察数据的特点。

这时，观察值的随机误差为

$$\text{Noise} \in \lg \text{Normal}(\lambda = q_j N_j S_{ij};\quad \sigma^2) = \frac{\Delta l}{\sqrt{2\pi}\sigma} \exp\left[-\frac{(\lg C_{ij} - \lg\lambda)^2}{2\sigma^2}\right] \tag{4-117}$$

其中，Δl 为体长组的宽度。

似然函数则变成：

$$\lg L = \sum_i \sum_j \lg\frac{\Delta l}{\sqrt{2\pi}\sigma} - \frac{(\lg C_{ij} - \lg\lambda)^2}{2\sigma^2} = \max \tag{4-118}$$

和前面的方法一样，我们可以通过极大似然估算法直接估算出不同体长的相对资源量（$q_j N_j$）。对式（4-117）求 $q_j N_j$ 偏导并将等式等于 0 即可得到：

$$\lg(q_j N_j) = \frac{\sum_i (\lg C_{ij} - \lg S_{ij})}{n_i} \tag{4-119}$$

当然，还要确定刺网渔具的选择性模型，并通过极大似然估计法对模型参数进行估算。除了上述两种方法外，还有很多的计算模型可以用来对刺网渔具的选择性模型参数进行估计。

（3）Fujimori 和 Tokai 的极大似然估算模型

该方法建立在 SELECT 模型之上，区别在于 Millar）使用绝对体长来表示选择性曲线，而 Fujimori 和 Tokai 将选择性曲线表示成了体长和网目大小的比值函数（孙满昌，2004；孙仲之，2014）。

假设 C_{ij} 为网目大小为 m_i 的渔具捕获体长为 l_j 的渔获尾数，根据选择性方程得到：

$$C_{ij} = q_i \lambda_j S_{ij} E_i$$

式中，λ_j ——j 体长组接触网具的资源量；

S_{ij} ——i 组网具对 j 体长组鱼的选择率；

q_i ——渔具效率；

E_i ——i 组网具的捕捞努力量。

同 SELECT 模型一样，引进相对作业强度 $p_i = q_i E_i$，则

$$C_{ij} = p_i \lambda_j S_{ij}$$

其中，$\sum_{i=1}^{k} p_i = 1$，k 为使用网具的网目组数。

假设刺网渔具选择性符合 Baranov 的几何相似原理，则选择率

$$S_{ij} = S(R_{ij}) = S(l_i / m_i)$$

最后得 $C_{ij} = p_i \lambda_j S(R_{ij})$。然后使用极大似然法拟合。

令 C_j 表示各网目大小的网具捕获体长为 l_j 鱼的总尾数，则：

$$C_j = \sum_{i=1}^{k} C_{ij} \tag{4-120}$$

假设体长为 l_j 的一尾鱼被各网具捕获的概率符合多项分布：

$$P_j = \frac{C_j!}{\prod_{i=1}^{k} C_{ij}!} \prod_{i=1}^{k} \varphi_{ij}^{C_{ij}} \tag{4-121}$$

其中，φ_{ij} 为 i 组渔具捕获 j 体长组的比例。

$$\varphi_{ij} = C_{ij} / C_j = C_{ij} / \sum_{i=1}^{k} C_{ij} = p_i \lambda_j S(R_{ij}) / \sum_{i=1}^{k} p_i \lambda_j S(R_{ij}) = p_i S(R_{ij}) / \sum_{i=1}^{k} p_i S(R_{ij}) \tag{4-122}$$

如果将式（4-121）独立地运用于每一体长组，则总概率为

$$P = \prod_{j=1}^{n} p_j = \prod_{j=1}^{n} \left[\frac{C_i!}{\prod\limits_{i=1}^{k} C_{ij}!} \prod_{i=1}^{k} \varphi_{ij}^{C_{ij}} \right] \qquad (4\text{-}123)$$

其中，n 为网目组数。

然后，最大化似然函数：

$$L = \prod_{j=1}^{n} \left\{ \frac{C_i!}{\prod\limits_{i=1}^{k} C_{ij}!} \prod_{i=1}^{k} \left[p_i S(R_{ij}) / \sum_{i=1}^{k} p_i S(R_{ij}) \right] \right\} \qquad (4\text{-}124)$$

即可以估算选择率模型的参数和相对作业强度 p_i。在实际计算中，通常以最大化对数似然式来估算，对数似然函数形式为

$$\lg L = \sum_{j=1}^{n} \sum_{i=1}^{k} \left\{ C_{ij} \lg \left[p_i S(R_{ij}) / \sum_{i=1}^{k} p_j S(R_{ij}) \right] \right\} \qquad (4\text{-}125)$$

（4）Millar 和 Holst 对数线性回归法

对于给定某一体长组 L，接触网具 j 的渔获物，假设尾数 y_{Lj} 独立并服从泊松分布：

$$y_{Lj} \sim \mathrm{Poisson}(p_j \lambda_L)$$

其中，$p_j \lambda_L$ 为 j 网具的相对作业强度和 L 体长组的资源丰度乘积（孙满昌，2004；孙仲之，2014）。

渔具的相对作业强度是捕捞努力量和捕捞力量的结合。令 $r_j(\cdot)$ 为 L 体长组留在 j 网具中的概率，则 j 网具捕获 L 体长组的渔获尾数服从泊松分布：

$$V_{Lj} \sim \mathrm{Poisson}[p_j \lambda_L r_j(L)] \qquad (4\text{-}126)$$

假设每一渔具的选择率曲线具有单位高度，在实际中这个模型要求对 p_j，λ_L 和 $r_j(\cdot)$ 作一些假设，其中包括考虑相对作业强度、资源的体长分布、所适用的模型及几何相似理论等。

从泊松分布可以得出，j 网具捕获 L 体长组的渔获尾数的数学期望为

$$E(V_{Lj}) = p_j \lambda_L r_j(L) \qquad (4\text{-}127)$$

用对数线性形式表示如下：

$$\lg E(V_{Lj}) = \lg(p_j) + \lg(\lambda_L) + \lg[r_j(L)] = \sum_i \beta_i f_i(j, L) \qquad (4\text{-}128)$$

其中，$f_i(j, L)$ 为只与 j 和（或）L 有关的函数关系式。

在很多情况下，对数线性模型可以是极大似然模型，使用适当的统计软件很快就可以拟合这个模型。

假设选择率符合正态分布，根据 $S(R_{ij}) = \exp\left[\dfrac{(R_{ij} - R_0)^2}{2\sigma^2} \right]$［式（4-43）］得到残留率（选择率）为

$$r_j(L) = \exp\left[-\frac{(L - \mu_j)^2}{2\sigma_j^2} \right]$$

根据几何相似原理，j 网具 σ_j 与网目大小 m_j 成比例：

$$\mu_j = k_1 m_j$$
$$\sigma_j^2 = k_2 m_j^2$$

其中，k_1，k_2 为所要估算的值。

因此

$$\lg E(V_{Lj}) = \lg(p_j) + \lg(\lambda_L) + \lg[r_j(L)]$$

$$= \lg(p_j) + \lg(\lambda_L) - \frac{(L-\mu_j)^2}{2\sigma_j^2}$$

$$= \lg(p_j) + \lg(\lambda_L) - \frac{(L-k_1 \cdot m_j)^2}{2k_2 m_j^2} \tag{4-129}$$

$$= \lg(p_j) + \lg(\lambda_L) - \frac{k_1^2}{2k_2} + \frac{k_1}{k_2} \cdot \frac{L}{m_j} - \frac{1}{2k_2}\left(\frac{L}{m_j}\right)^2$$

$$= \lg(p_j) + \lg(\lambda_L) + \beta_0 + \beta_1 \cdot X_{Lj} + \beta_2 \cdot X_{Lj}^2$$

其中，

$$\beta_0 = -\frac{k_1^2}{2k_2}, \beta_1 = \frac{k_1}{k_2}, \beta_2 = -\frac{1}{2k_2}, X_{Lj} = \frac{L}{m_j}$$

如果没有对资源的体长分布作过假设，则 $\lg(\lambda_L)$ 可拟合成一个因子，β_0 不仅相当复杂，而且是多余的。另外，假设相对作业强度相等，那么 $\lg(p_j)$ 也可以被忽略，最终模型如下：

$$\lg E(V_{Lj}) = \text{factor}(L) + \beta_1 X_{Lj} + \beta_2 X_{Lj}^2 \tag{4-130}$$

估算出 β_1 和 β_2 后，根据：

$$k_2 = -1/(2\beta_2); \quad k_1 = -\beta_1/(2\beta_2)$$

可以估算 k_1 和 k_2。

如果假设作业强度与网目大小成比例，则 $\lg(p_j) = \lg(m_j)$ 模型变为

$$\lg E(V_{Lj}) = \lg(m_j) + \text{factor}(L) + \beta_1 X_{Lj} + \beta_2 X_{Lj}^2 \tag{4-131}$$

这样，在处理时就将 $\lg(m_j)$ 当作一个多余的数。

如果假设资源的体长分布服从平均值为 θ、方差为 τ^2 的正态分布，即 $\lambda_L = N \exp\left[-\frac{(L-\theta)^2}{2\tau^2}\right]$，则

$$\lg E(V_{Lj}) = \left[\lg(N) - \frac{k_1^2}{2k_2} - \frac{\theta^2}{2\tau^2}\right] + \left(\frac{\theta}{\tau^2}\right)L + \left(-\frac{1}{2\tau^2}\right)L^2 + \left(\frac{k_1}{k_2}\right)\frac{L}{m_j} + \left(-\frac{1}{2k_2}\right)\left(\frac{L}{m_j}\right)^2 \tag{4-132}$$

$$= \beta_0 + \beta_1 L + \beta_2 L^2 + \beta_3 X_{Lj} + \beta_4 X_{Lj}^2$$

不同选择性模型的线性方程见表 4-7。

表 4-7 不同模型的回归方程

选择性模型	选择性曲线方程 $r_j(L)$	对数线性方程 $\sum_i (\beta_i)[f_i(L, j)]$
正态分布	$\exp\left[-\frac{(L-k \cdot m_j)^2}{2\sigma^2}\right]$	$\left(\frac{k}{\sigma^2}\right)(L \cdot m_j) + \left(-\frac{k^2}{2\sigma^2}\right)(m_j^2)$
方差与网目成比例的正态分布	$\exp\left[-\frac{(L-k \cdot m_j)^2}{2(k_2 m_j)^2}\right]$	$\left(\frac{k_1}{k_2}\right)\left(\frac{L}{m_j}\right) + \left(\frac{1}{2k_2}\right)\left[\left(\frac{L}{m_j}\right)^2\right]$
对数正态分布	$\frac{1}{L}\left\{\exp\mu_1 + \lg\left(\frac{m_j}{m_1}\right) - \frac{\sigma^2}{2} - \frac{\left[\lg(L) - \mu_1 - \lg\left(\frac{m_j}{m_1}\right)\right]^2}{2\sigma^2}\right\}$	$\left(\frac{1}{\sigma^2}\right)\left[\lg(L) \cdot \lg\left(\frac{m_j}{m_1}\right) - \frac{1}{2}\lg^2\left(\frac{m_j}{m_1}\right)\right] + \left(1 - \frac{\mu_1}{\sigma^2}\right)\left[\lg\left(\frac{m_j}{m_1}\right)\right]$
伽马	$\left[\frac{l}{(\alpha-1)\beta}\right]^{\alpha-1}\exp\left(\alpha - 1 - \frac{L}{\beta}\right)$	$(\alpha-1) \cdot \left[\lg\left(\frac{L}{m_j}\right)\right] + \left(-\frac{1}{k}\right)\left[\frac{L}{m_j}\right]$

资料来源：孙满昌，2004。

Millar 和 Holst 使用 SAS 统计软件对上述方法进行了计算（孙满昌，2004；孙仲之，2014）。使用一些统计软件的软件包可以很快将各参数估算出来。首先建立刺网的渔获数据库 gilldata，其中包括了每一观察值的三个变量：lens、msizes 及 catch，然后编写代码进行计算。

（5）Quang 的模型

考虑所捕鱼的体长分布，捕获概率既取决于网具的选择性，也取决于资源的分布情况。第 j 组网具大小所捕的体长概率密度函数 $f_j(x)$ 取决于选择率 $r_j(x)$ 和资源体长概率分布函数 $\varphi(x)$，即

$$f_j(x) = \frac{r_j(x)\varphi(x)}{p_j} \tag{4-133}$$

其中，$p_j = \int_0^\infty r_j(t)\varphi(t)\mathrm{d}t$，$p_j$ 被认为是第 j 组网具对给定资源的平均选择率。

由于渔获物体长可以直接观察得到，因此，可以采用极大似然估计法直接估算资源和选择率的参数。

分别假设鱼体长度和渔具选择率的参数函数形式为 $\varphi(x\mid\boldsymbol{\theta_0})$ 和 $r_j(x\mid\boldsymbol{\theta_j})$，其中 $\boldsymbol{\theta_0}$ 和 $\boldsymbol{\theta_j}$ 代表了参数矢量，则函数形式为 $f_j(x\mid\boldsymbol{\theta})$，其中 $\boldsymbol{\theta}$ 代表了所涉及的所有参数的矢量集合。令 $q_{ij} = \int_{l_i - \frac{1}{2}\Delta}^{l_i + \frac{1}{2}\Delta} f_j(x\mid\boldsymbol{\theta})\mathrm{d}x$，那么（$n_{1j}, n_{2j}, \cdots, n_{lj}$）服从总量为 $n_j = \sum n_{lj}$ 的多项式分布，单位概率为 $q_{1j}(\boldsymbol{\theta}), q_{2j}(\boldsymbol{\theta}), \cdots, q_{lj}(\boldsymbol{\theta})$，对数似然函数为

$$L_1(\boldsymbol{\theta}) = \sum_{j=1}^J \sum_{i=1}^I n_{ij} \lg[q_{ij}(\boldsymbol{\theta})] \tag{4-134}$$

如果 Δ 很小，即

$$q_{ij}(\boldsymbol{\theta}) \approx \Delta f_i(l_j\mid\boldsymbol{\theta})$$

则对数似然函数近似为

$$L_2(\boldsymbol{\theta}) = \sum_{j=1}^J \sum_{i=1}^I n_{ij} \lg[f_i(l_i\mid\boldsymbol{\theta})] \tag{4-135}$$

最大化对数似然函数即可估算出所有参数。

假设资源的体长分布服从正态分布

$$\varphi(x\mid\mu,\sigma) = \frac{1}{\sqrt{2\pi}\sigma} \exp\left[-\frac{(x-\mu)^2}{2\sigma^2}\right] \tag{4-136}$$

选择率也服从正态分布

$$r(x\mid h_j,\mu_j,\sigma_j) = h_j \exp\left[-\frac{(x-\mu_j)^2}{2\sigma_j^2}\right] \tag{4-137}$$

其中，h_j 为选择率曲线的最大高度，除非同时存在非选择性渔具作业，否则 h_j 因为捕捞努力量和资源密度而非常复杂，因此在应用中先假设 $h_j = 1$。

合并上述式（4-136）和式（4-137）得

$$f_i(x\mid\boldsymbol{\theta}) = \sqrt{\frac{a_j}{\pi}} \exp\left[-a_j\left(x - \frac{b_j}{a_j}\right)^2\right] \tag{4-138}$$

其中，

$$a_j = \frac{1}{2\sigma^2} + \frac{1}{2\sigma_j^2}; \quad b_j = \frac{\mu}{2\sigma^2} + \frac{\mu_j}{2\sigma_j^2}。$$

以及

$$p_j = \frac{h_j}{\sqrt{2a_j}\,\sigma} \exp\left(\frac{b_j^2 - a_j c_j}{a_j}\right) \tag{4-139}$$

其中，$c_j = \dfrac{\mu^2}{2\sigma^2} + \dfrac{\mu_j}{2\sigma_j^2}$。从式（4-139）中可以看出，方程中不再含有 h_j，这就是为什么不能用极大似然法估算 h_j 的原因。

在 $f_j(x \mid \boldsymbol{\theta})$ 的表达式中，剩余的 $2J+2$ 个参数分别为 $\mu, \sigma, \mu_1, \cdots, \mu_J, \sigma_1, \cdots, \sigma_J$。第 j 组网具所捕获的鱼的体长组 $X_{j1}, \cdots, X_{jn}$ 服从均值为 $\xi_j = b_j/a_j$、方差为 $\tau_j^2 = \dfrac{1}{2a_j}$ 的正态分布。采用极大似然法的估计值 $\hat{\xi}_j$ 和 $\hat{\tau}_j^2$ 分别为

$$\hat{\xi}_j = \frac{\hat{b}_j}{\hat{a}_j} = \frac{1}{n_j} \sum_{i=1}^{n_j} X_{ji}$$

$$\hat{\tau}_j^2 = \frac{1}{2\hat{a}_j} = \frac{1}{n_j} \sum_{i=1}^{n_j} (X_{ji} - \hat{\xi}_{ji})^2$$

然后，开始计算上述表达式中的 $2J$ 个估计量 $\hat{a}_j$ 和 $\hat{b}_j$，再解 a_j 和 b_j 表达式中的 $\hat{\mu}, \hat{\sigma}, \hat{\mu}_1, \cdots, \hat{\mu}_J, \hat{\sigma}_1, \cdots, \hat{\sigma}_J$。因为有 $2J+2$ 个参数但只有 $2J$ 个方程，不能直接得到参数的估计值。可以采用几何相似理论，假设 $h_1 = \cdots = h_J = h$，$\mu_j = k_1 m_j$，$\sigma_j = k_2 m_j$，这样参数被减少到 5 个：μ, σ, h, k_1, k_2。最终，对数似然变为如下形式：

$$L_2(\mu, \sigma, k_1, k_2) = \sum_{i=1}^{I} \sum_{j=1}^{J} n_{ij} \left[\frac{1}{2} \lg a_j - a_j \left(l_i - \frac{b_j}{a_j}\right)^2\right] \tag{4-140}$$

其中，

$$a_j = \frac{1}{2\sigma^2} + \frac{k_1}{2m_j^2 k_2^2}; \quad b_j = \frac{\mu}{2\sigma^2} + \frac{k_1}{2m_j k_2^2}。$$

最大化 $L_2(\mu, \sigma, k_1, k_2)$ 就可以估算出选择率曲线模型中的参数 μ, σ, k_1 和 k_2。

这种方法由于预先假设了资源的体长分布，因此也可以被认为是一种直接估算法的特殊形式。

2）回归结构

这里使用的回归方法是 Hovgård 和 Hovgård 等所使用的回归方法的通用形式（孙满昌，2004；孙仲之，2014）。这一结构允许通过使用一对渔获数据的渔获能力变换来考虑误差结构及进行最小二乘估算。回归最小化观察值和转化尺度得到预期值之间的差异[例如，$\min \sum (C^\beta - \hat{C}^\beta)$]，其中 β 是一个[0, 1]之间的数。当 $\beta = 0.5$ 时，假设渔获物随机分布（泊松分布），$\beta > 0.5$ 则意味着离散分布，而 $\beta < 0.5$ 表示集群分布。

通过对各参数求导最终得到每一体长组的资源估计值：

$$q_j N_j = \left[\frac{\sum_i (C_{ij} E_i P_i S_{ij})^\beta}{\sum_i (P_i E_i S_{ij})^{2\beta}}\right]^{1/\beta} \tag{4-141}$$

其余的参数通过最小平方和求得：

$$\text{LSQ} = \sum_i \sum_j [C_{ij}^\beta - (E_i P_i S_{ij} q_j N_j)^\beta]^2 = \min \tag{4-142}$$

如果所比较的渔具具有相同的渔具规格，那么，在同一时间内作业，捕捞努力量项 E_i 可以被忽略。类似地，如果假设作业能力相同，那么也可以忽略该项。

Hovgård 和 Hovgård 等所使用的模型中还考虑了捕捞努力量因素，但是回归结构的基本理论是一致的（孙满昌，2004；孙仲之，2014）。

第八节　刺网渔具的选择性装置

国内外许多专家、学者都一致认为，在捕捞渔获物过程中，选择合适的目标种类，释放不需要的兼捕种类鱼，都是渔具选择性的重要内容。渔具选择性装置，是指在渔具中用以分离兼捕种类鱼的装置，其目的是保护渔业资源，避免兼捕种类鱼。这种装置的研究起始于世界渔业资源开始衰退、兼捕被抛弃的 20 世纪 60 年代，而后世界各国都发明许多适合于特定渔业的选择性装置，特别是拖网渔具，各种减少兼捕的装置备受各国重视。相对于拖网渔具，其他渔具的选择性装置较少，其主要原因是其他一些渔具从结构上改变渔具设计来减少兼捕较为困难。近年来，随着一些兼捕种类受关注程度的增加，许多研究人员也开始对非拖网渔具的选择性装置进行了研究。

刺网渔具选择性装置研究也很重要，因为刺网作业中也会导致兼捕、抛弃渔获物。有些国家或地区立法规定兼捕是非法的。渔具或丢失渔具引起的，或是由于渔民在作业过程中的错误操作造成的，捕捞到受保护的种类或非允许捕捞种类，都要承担法律责任或接受行政处罚。

改善刺网渔具选择性的方法很多，除了从影响刺网选择性因素的角度来改善刺网选择性的方法之外，一些国家（如英国、加拿大、美国等）的刺网渔业中还有一些减少兼捕的装置。

一、在刺网渔具中装置"假下纲"来避免蟹类被兼捕

在英国，使用底层刺网捕鱼的渔民经常会兼捕到不需要的蟹类，这些蟹类通常以刺网捕获的渔获物为食物。这样，兼捕到的蟹类不但减少了目标鱼类的产量，而且还增加了渔民的劳动强度。渔民经过了多年的生产实践，发明了一种方法，即在刺网渔具上安装一条"假下纲"，如图 4-78 所示，来阻止蟹类在刺网中找食物，从而减少蟹类的兼捕。

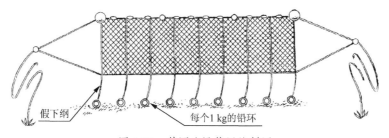

图 4-78　英国渔民使用的刺网

二、使用低强度噪声发射器防止海洋哺乳动物靠近刺网

防止海洋哺乳动物靠近刺网的一种行之有效的方法，就是在刺网渔具上安装低强度噪声发射器，使海洋哺乳动物感到前方水域有障碍物，不得游近。美国缅因州北部渔民发现，此装置使海豚被刺网缠络现象明显减少，虽然对刺网捕捞效率影响不大，但是会使一些种类被赶走，起了一定的负面影响。海豚之所以被刺网捕获是因为海豚的声波探测器官不能探测到刺网的存在，因此一些渔民在网具上安装一些较大的目标，以使哺乳动物能探测到刺网的存在，从而减少海豚接近刺网而被兼捕，这种装置被称为"声波反射装置"。但是这种装置在船上操作较困难，而且在起放网过程中还会与网具纠缠，因此没有得到很大推广。

三、使用爆破装置来防止海豹意外被捕

这种装置加沉力后便可在水下使用，但是当水深超过 6～9 m 时效果不明显，可能是过于远离刺网，同时海豹也容易习惯于这种噪声，结果造成海豹继续接触刺网而使它置于缠绕的危险，因此渔民认为此装置作用有限。

四、网具使用不同断裂强度的材料来减少大型兼捕种类的渔获

例如在网具上纲上安装强力较差的材料结构，当动物挣脱网具突破逃出时上纲就断裂，这不仅有利于这些动物的逃逸，也不会引起网具缠绕。当然，网具材料要有一定的强度才能适应作业的要求，这种方法局限于捕捞大个体动物如大鲨鱼或鲸类。在美国缅因湾，断裂上纲法是防止误捕海洋哺乳类动物缠绕的最好方法，并以法规形式强制使用。

五、在刺网渔具上安装一个信号发射装置

丢失刺网在作业中经常发生，这不仅造成经济损失，而且丢失的刺网还会在丢失后的一段时间内继续捕鱼，造成严重的生态和环境问题。因此加拿大的 NOtu 电力公司开发了一种电子定位系统，即在刺网上安装一个信号发射装置，一旦发生网具丢失，可以很快将其找回，此装置如图 4-79 所示。

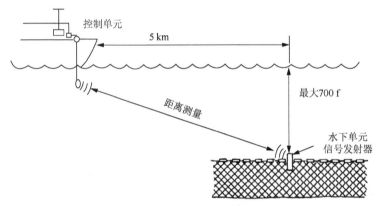

图 4-79　刺网电子定位系统图

1 f = 1.8288 m

习　题

1. 在《中国图集》中，有哪几种刺网是中上层定刺网？有哪几种流网是表层流网或可以在表层作业的流网？有哪几种流网是中层流网？

提示：有的流网可能兼有两种作业水层。

刺网类别	网号
中上层定刺网	
表层流网	
中层流网	

2. 试写出某省、市、区海洋渔具的图集或报告中各种刺网的渔具分类名称，渔具分类代号及其作业水层。

提示：型的名称可从网衣展开图中辨别，式的名称可根据总布置图或作业示意图来辨别。

（1）由锚、桩或橛杆固定的刺网，肯定是定置刺网。网列两端的沉石质量等于或大于 4.00 kg 或网片之间还挂有稍轻些的沉石的，一般是定置刺网。

（2）有带网纲的一般是流网。网列两端沉石等于或小于 2.5 kg，网衣之间一般没有挂沉石或沉石质量等于或小于 1.00 kg，一般是流网。表层刺网肯定是流网。

（3）上纲画成浮于水面的肯定是表层流网。网片画在水层中间的，可能是表层流网的误画，尤其是带有浮标绳的表层流网，常把表层流网的网片画在水层中间。在这种情况下，如果在网片之间装有浮标绳或浮筒绳，并在每片网片上仍装有 1～4 条浮筒绳时，则肯定是中层流网；若网片上没装有浮筒绳，则应核算其浮沉力。

定刺网：当浮力大于沉力时，为中上层定刺网；当沉力大于浮力时，为底层定刺网。

流网：当浮力大于沉力时，为表层流网；当沉力比浮力大得多时，为底层流网。中层流网的网片中间应画有 1～4 条浮筒绳及其浮筒，其下纲的沉力应稍大于上纲的浮力。

渔具分类名称	渔具分类代号	作业水层	网号或页数

3. 试用表格方式列出《中国图集》24 号刺网各种构件的名称、材料、规格及其数量。

提示：构件名称的顺序可按下表的顺序书写。要求全部用文字写明（不准用略语），数量应标明其单位名称。

构件名称	材料	规格	数量	
			每片	整列

4. 在《中国图集》的无下纲刺网中，请写出哪几种刺网是横目使用的。

5. 试核算《中国图集》25 号刺网网图。

提示：（1）核对上纲长度；（2）核对上缘纲长度。

假设上缘纲长度是正确的，则浮子安装间隔中的上缘纲间隔长 24 目应为

……

即浮子安装间隔中的上缘纲间隔长度应改为……mm，即上缘纲长度是正确的。

6. 试编制《中国图集》28 号刺网的材料表。

提示：上下纲、侧纲两端和叉纲中间、两端的留头均可取为 0.25 m。浮标绳规格应改为 15.00 PE 36 tex28×3。

7. 试在当地渔港调查一种刺网，绘制渔具调查图（免写调查报告）。

8. 试为南海某 441 kW 渔船设计主捕康氏马鲛流刺网。

提示：先在网络或文献上检索，获得康氏马鲛的可捕规格和常用马鲛刺网的网目尺寸范围。再结合实地调查所获资料，设计康氏马鲛流刺网并绘制其中一片刺网的设计图。

9. 试指出英国渔民使用的刺网的"假下纲"在渔具结构上属什么"绳索"？试解释这种装置是如何避免或减少蟹类被兼捕的？

第五章 围网类渔具

第一节　围网捕捞原理和型、式划分

围网是由网翼和取鱼部或网囊构成，用以围捕集群对象的网具。它的作业方法是发现鱼群后，依靠渔船把长带状网具或一囊两翼的裤形网具投入水中，使其垂直展开成圆柱形网壁，包围集群鱼类，收绞括绳和网翼后呈囊状，迫使鱼群进入网具的取鱼部或网囊中从而达到捕捞目的。

根据我国渔具分类标准，围网类按结构特征可分为有囊、无囊 2 个型，按作业船数可分为单船、双船、多船 3 个式。

一、围网的型

（一）有囊型

有囊型的围网由网翼和网囊构成，称为有囊围网。有囊围网网衣展开的轮廓线图形如图 5-1 所示，与有翼单囊拖网相似，均具有一囊两翼。它与拖网的区别在于网囊相对较短而网翼相对较长，网具规格较大，网口很大。一般浮子漂浮在水面，沉子沉降至海底或近海底，用两翼包围鱼群并驱鱼进入网囊（图 5-2）。

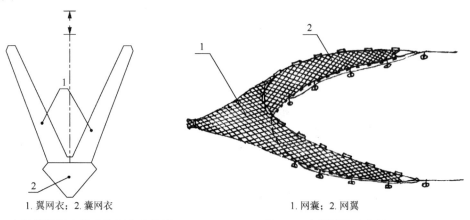

1. 翼网衣；2. 囊网衣	1. 网囊；2. 网翼
图 5-1　有囊围网网衣展开轮廓线示意图	图 5-2　有囊围网示意图

（二）无囊型

无囊型的围网由网翼和取鱼部构成，称为无囊围网，俗称围网。无囊围网的网具呈长带状，一般中间高、两端低，由起网囊作用的取鱼部和网翼等组成。无囊围网依其取鱼部位置的不同，可分为单翼式围网（端取鱼部式）和双翼式围网（中取鱼部式）。单翼式围网的取鱼部位于网具的一端，其余为长带状网翼（图 5-3）。双翼式围网的取鱼部位于网具中间，两边为左右对称的长带状网翼。

双翼式无囊围网又可依其网底部有无底环、括绳等收括装置，分为双翼式有环无囊围网（图 5-4）和双翼式无环无囊围网两种。图 5-5 是无囊围网的原始网型，网具由两翼和取鱼部组成：网翼较长，用来包围鱼群；取鱼部在中间，用来聚集渔获物。无环围网的下纲一般比上纲短，因此在包围鱼群后起网时，下纲有一定的超前，可防止鱼群由下纲处逃逸。

此外，有的无环无囊围网，其网具不是呈中间高、两端低的带状，而与刺网网具相似，呈长矩形的带状，其网衣展开图如图 5-6 所示。

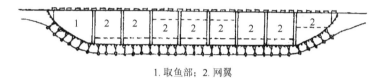

1. 取鱼部；2. 网翼

图 5-3　单翼式有环无囊围网示意图

1. 取鱼部；2. 网翼

图 5-4　双翼式有环无囊围网示意图

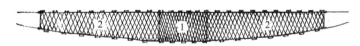

1. 取鱼部；2. 网翼

图 5-5　双翼式无环无囊围网示意图

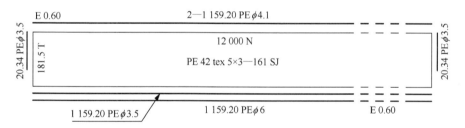

图 5-6　长矩形无囊围网网衣展开轮廓线形示意图

无囊围网作业方法如图 5-7 所示。

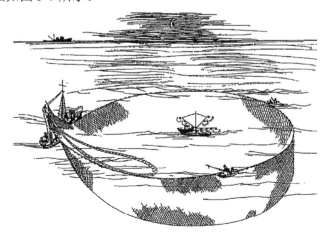

图 5-7　无囊围网作业示意图

二、围网的式

（一）单船式

单船式的围网是用 1 艘网船放网和起网，称为单船围网。1 个作业单位只有 1 艘网船，采用 1 盘围网包围鱼群。这种作业的优点是操作灵活，行动方便，投资规模小，以光诱方法为主作业的单船式围网优点显著，但探测鱼群和包围鱼群不如双船有效。单船围网包括单船有囊围网和单船无囊围网 2 种，作业示意图分别如图 5-8 和图 5-9 所示。20 世纪 80 年代，国内黄海、渤海、东海区的大型灯光围网全部采用单船作业方式，使用单翼式有环无囊围网，放起网作业如图 5-9 所示。国内南海区的光诱围网全部采用单船作业方式，使用双翼式有环无囊围网，放起网作业也如图 5-9 所示。

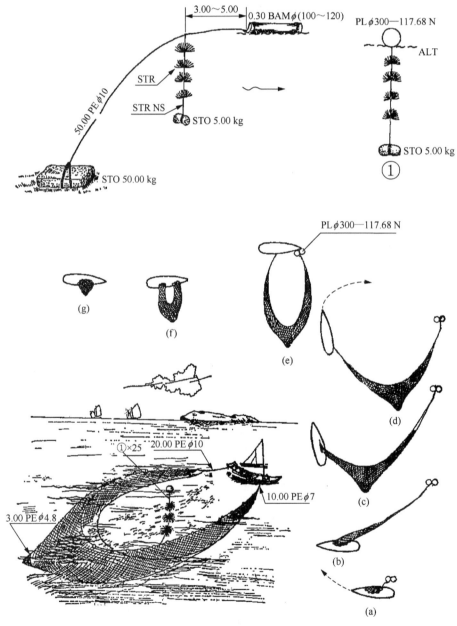

图 5-8　单船有囊围网作业示意图

单船式围网采用单翼网具还是双翼网具由渔船甲板布置和起网机械决定：后甲板放网，只有一台起网机的渔船采用单翼式围网；后甲板放网，有两台起网机的渔船采用双翼式围网；前甲板放网，有两台起网机的渔船采用双翼式围网。双翼式围网可以从两端同时起网，起网速度较快（图5-10）。

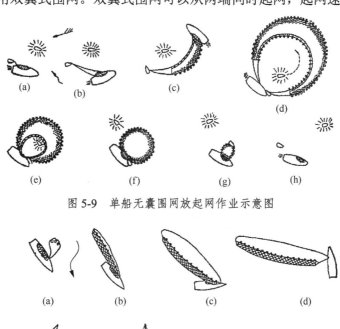

图 5-9 单船无囊围网放起网作业示意图

图 5-10 单船双翼式无环无囊围网放起网作业示意图

（二）双船式

双船式的围网用 2 艘船型相同、主机功率相近的渔船配合放网和起网，称为双船围网。1 个作业单位有 2 艘渔船，采用 1 盘围网包围鱼群。这种作业方式的主要优点是在瞄准捕捞和捕起水鱼群时，发现鱼群后，双船围网能较迅速地包围鱼群，空网率较少，尤其是围捕起水鱼群有把握，较单船围网优越；主要缺点是投资规模大。国内沿海各地区的单船无囊围网占多数，双船无囊围网较少。

（三）多船式

多船式的围网用多艘船型相同、总吨位相近的渔船配合放网和起网，称为多船围网。20 世纪 50 年代，我国小渔船大多数还没装有渔船动力主机，而靠人力摇橹作业，当时广东的赤鱼围网就是利用两对 5～10 GT 的渔船作业，如图 5-11 所示。每船各带半盘大围网放网，待大围网形成大包围圈且围住鱼群后，两对船驶进包围圈内，每对船各用一盘小围网包围鱼群和捞取渔获物。这种作业方式由于捕捞作业船只相对较多，操作、指挥均不方便，加上大围网网具庞大，包围操作相对缓慢等缺点，现已淘汰。

多船式作业中多能围刺网作业示意图如图5-12所示，赤鱼围网放起网作业示意图如图5-13所示。多能围刺网网衣展开图如图5-14所示。

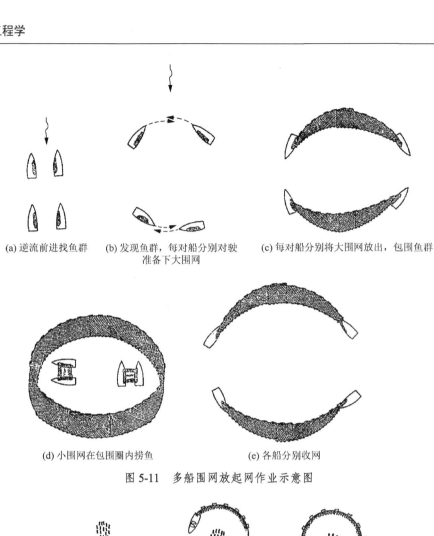

(a) 逆流前进找鱼群　(b) 发现鱼群, 每对船分别对驶　(c) 每对船分别将大围网放出, 包围鱼群
　　　　　　　　　　　　准备下大围网

(d) 小围网在包围圈内捞鱼　　　　(e) 各船分别收网

图 5-11　多船围网放起网作业示意图

(a)　　　　　　　(b)　　　　　　　(c)

(d)　　　　　　　(e)　　　　　　　(f)

图 5-12　多能围刺网放起网作业示意图

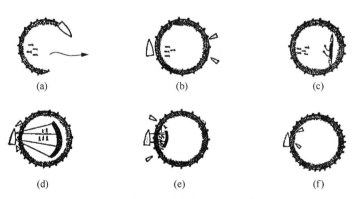

(a)　　　　　　　(b)　　　　　　　(c)

(d)　　　　　　　(e)　　　　　　　(f)

图 5-13　赤鱼围网放起网作业示意图

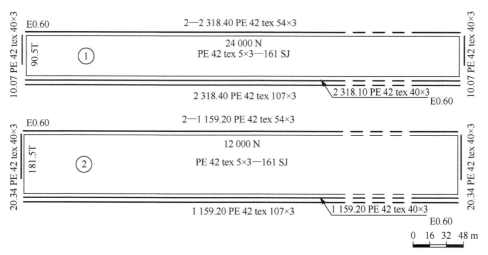

图 5-14 多能围刺网网衣展开图

第二节 围网结构

无囊围网由网衣、绳索和属具 3 部分网具构件组成，如表 5-1 所示。

表 5-1 无囊围网网具构件组成

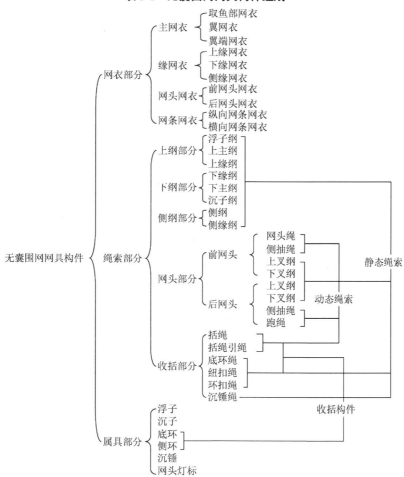

下面只介绍国内使用较多的 2 种无囊围网，即单船单翼式有环无囊围网和单船双翼式有环无囊围网的结构。其构件组成如表 5-1 所示。

一、单船单翼式有环无囊围网结构

单船单翼式有环无囊围网是我国大型围网和黄海、渤海、东海区围网的主要网型。总布置图如图 5-15 所示。

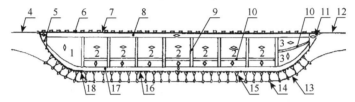

1. 取鱼部；2. 网翼；3. 翼端；4. 网头绳；5. 前网头网衣；6. 浮子；7. 上纲；8. 上缘网衣；
9. 纵向网条网衣；10. 横向网条网衣；11. 后网头网衣；12. 跑绳；13. 括绳；
14. 底环；15. 底环绳；16. 下纲；17. 下缘网衣；18. 沉子

图 5-15 大型灯光围网总布置图

（一）网衣部分

网衣是围网构件组成的主体部分，它由主网衣、缘网衣、网头网衣和网条网衣等组成，如图 5-16 所示。

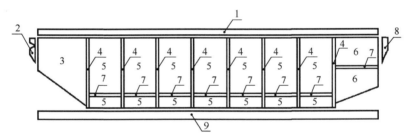

1. 上缘网衣；2. 前网头网衣；3. 取鱼部网衣；4. 纵向网条网衣；5. 翼网衣；6. 翼端网衣；
7. 横向网条网衣；8. 后网头网衣；9. 下缘网衣

图 5-16 单翼式围网网衣配置示意图

1. 主网衣

主网衣是网衣的主要组成部分。它由取鱼部网衣、翼网衣和翼端网衣组成。在作业时，主网衣形成网壁包围鱼群。由于主网衣面积较大，为了装配和运输方便，一般分为 9～14 段，取鱼部网衣为第一段，翼端网衣为最后一段。

（1）取鱼部网衣

取鱼部网衣是无囊围网最后集中渔获物的部件。单翼式围网的取鱼部设置在网具的前部。取鱼部除了与网翼、翼端一起作为网壁包围鱼群外，更主要是用来集拢从翼端、网翼而来的鱼群，以便使用抄网捞鱼或鱼泵吸鱼。取鱼部是围网结构中的重要部位，是大量渔获物的集中处，要求具有足够的强度，以保证网衣不被渔获物的挤压力和操作时的外力破坏。因此，取鱼部网衣常采用较小的水平缩结系数、较小的目大和较粗的网线，纵目使用，以保证取鱼部网衣具有足够的强度，避免因强度不够而造成破网逃鱼的结果。取鱼部也可以详细分为主取鱼部、副取鱼部和近取鱼部，如图 5-17 所示。取鱼部网衣由若干网幅拼接而成，每个网幅又由许多规格相同的网片拼接而成。取鱼部网衣形状呈直角梯形，下边有斜度，通过剪裁或缩结方式制作而成。

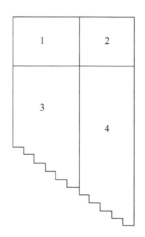

1. 主取鱼部网衣；2. 副取鱼部网衣；3. 近取鱼部网衣；4. 近取鱼部网衣（因与3分开制做，因此使用不同序号）

图 5-17　取鱼部网衣

（2）翼网衣

翼网衣是拦截和引导鱼群进入取鱼部的部件。单翼式围网的翼网衣设置在网具的中部和后部。翼网衣较长，作业时形成网具的主体网壁包围鱼群，在起网过程中阻拦且引导鱼群向取鱼部集拢，因此翼网衣的水平缩结系数和目大可比取鱼部网衣稍大，网线可比取鱼部的稍细。同时，在起网收绞网衣过程中，网衣横向受力较大，故网衣通常采取横目使用。由于翼网衣较长，为了便于网衣的编结、装配、拆换和搬运，生产中常把翼网衣分成若干段，待各段搬运到渔船后，才将其连接成一盘完整的网具。段数取决于翼网衣的总长度和每段的长度。翼网衣下边缘一般呈直线，少数呈曲线，两端低、中间高。

（3）翼端网衣

单翼式围网设置有翼端网衣。翼端网衣设置在网具的后部，是起网时跑纲单点拉力向上、下纲和网衣分散传递的过渡段。放网时入水较迟，起网时离水较早，在水中时间较短。其作用除分散跑绳对主网衣的应力外，还可以在作业时形成部分网壁包围鱼群，在起网时阻拦鱼群逃逸并引导鱼群进入网翼。在起网收绞网衣时，翼端网衣横向受力较大，故通常采取横目使用。考虑到起网收绞括绳时网衣下边缘纵向受力较大，因此有部分翼端网衣上部采用横目使用，下部纵目使用。翼端网衣形状和取鱼部网衣一样，呈直角梯形，下边缘的斜度采用剪裁斜边或逐段网衣缩结方式制作而成。

目前，主网衣材料均采用合成纤维网片。取鱼部网衣一般采用机织锦纶长丝捻线死结网片，部分也采用涤纶无结网片。由于乙纶网衣有质轻、价廉和吸水率低的特点，翼网衣的锦纶网片逐渐被乙纶死结网片取代。乙纶材料密度比海水低，所以在使用乙纶死结网片制作围网翼网衣时，需在网衣上均匀地加装一定的小铅沉子，以增加网衣的沉力。

2. 缘网衣

缘网衣是为便于结缚纲索和加强主网衣边缘强度而采用粗线编结的网衣。缘网衣由若干目宽的长条网片构成。缘网衣有上缘网衣和下缘网衣，不用网头网衣的围网设有侧缘网衣。装在主网衣上边缘的称为上缘网衣，装在下边缘的称为下缘网衣，装在两端外侧边缘的称为侧缘网衣。缘网衣的主要作用是便于结缚纲索和加强主网衣外侧边缘的强度，减少或代替主网衣与机械的摩擦，并缓冲外力对主网衣的作用。有的缘网衣网目稍大，便于穿过缘纲。下缘网衣俗称网脚，有泄泥作用。由于缘网衣受力较大，所以缘网衣的强度要比主网衣的稍大。尤其是下缘网衣在收绞括绳时受力更大，因此下缘网衣的强度要比上缘网衣的稍大。由于下缘网衣在起网收绞括绳中网目逐渐并拢，下纲沉到海底时，其下缘网衣亦有泄泥作用，所以下缘网衣网目比上缘网衣的稍大，高度目数比上缘网衣多，这样可以减轻在浅水区作业时下纲刮泥的影响。有部分围网不采用上缘网衣，有部分围网上、下缘网衣都不采用，而是在主网衣上、下边缘用双线或粗线编结 1～2 目，用以穿缘纲和加强主网衣边缘强度。上、下缘网衣的水平缩结系数一般比主网衣的稍小，横目使用。有的下缘网衣采用纵目使用。采用机编网片的上、下缘网衣都是纵目使用。侧缘网衣的水平缩结系数可比主网衣的稍大，采用纵目使用。

3. 网头网衣

网头网衣位于主网衣的两端。设在取鱼部前端的为前网头网衣，一般较小；设在网翼后端的为后网头网衣，一般较大。有的由楔形（直角梯形）网片构成，有的前、后网头网衣采用等规格的正梯形网衣。

网头网衣的主要作用是减少主网衣两端的应力集中，缓冲主网衣两端的张力，并且减少网具包围圈两端的空隙，防止鱼群从此部位逃逸。前网头的楔形网衣目大与上缘网衣相同或稍大，其网线与上缘网衣的相同或稍粗。后网头的楔形网衣，由于放网时入水最迟、起网时离水最早，在水中时间最短，故其网目可比前网头网目约大一倍，是整个网具的最大网目部位，其网线可比前网头的稍细。国内普遍采用乙纶死结网片作为网头网衣的材料，横目使用。

4. 网条网衣

在大型围网的每段主网衣之间，有的设置有一条长带状的加强网衣，称为纵向网条网衣，纵目使用。有的在同一段翼网衣和翼端网衣的下方设置有纵目使用的网幅，于是在上方横目使用的网幅和下方纵目使用的网幅之间，也设置一条长带状的加强网衣，称为横向网条网衣，横目使用，如图 5-16 所示。

网条网衣主要作用是加强主网衣强度，防止主网衣破裂扩大，故其网衣强度应比主网衣大。如主网衣采用锦纶网片，网条网衣采用乙纶网片，则网条网衣的网高（或网长）应比相邻主网衣的高（或长）多 2%左右。因为锦纶纤维浸湿后会伸长 1%～3%，而乙纶网线浸湿后一般不会伸缩。网条网衣的网宽一般为 6 目。也有部分围网的网条网衣采用锦纶网片。

（二）绳索部分

绳索是围网构件组成的重要部分。单翼式围网的绳索可分为上纲、下纲、网头和收括 4 部分绳索。

1. 上纲部分的绳索

上纲是装在网衣上方边缘，用于固定网具上方长度和承受网具上方主要作用力的绳索。大型围网的上纲由 3 条绳索组成，即浮子纲、上主纲和上缘纲各 1 条，如图 5-18（a）所示。小型围网的上纲由 2 条绳索组成，即浮子纲和上缘纲各 1 条，如图 5-18（b）所示。

（1）浮子纲

浮子纲是装在网衣最上方，用于穿结浮子的绳索。大型围网的浮子纲一般为上纲部分绳索中较长较细的一条绳索，其主要作用是穿结浮子，承受浮力，一般采用乙纶绳，有的也采用维纶绳。上纲采用 3 条绳索的小型围网，和大型围网相同，其浮子纲也是一条较细的绳索；如用 2 条绳索，则其浮子纲与上缘纲等长等粗或稍粗，浮子纲和上缘纲共同固定网具上方长度并承受网具上方的主要作用力。小型围网的浮子纲均采用乙纶绳。

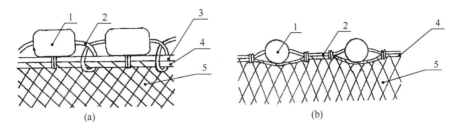

1. 浮子；2. 浮子纲；3. 上主纲；4. 上缘纲；5. 上网缘

图 5-18　上纲部分结构示意图

（2）上主纲

上主纲是装在网衣上方边缘，用于固定网具上方长度和承受网具上方主要作用力的绳索。上主纲一般与上缘纲等长等粗，个别的上主纲稍粗。上主纲一般采用乙纶绳，有的围网采用维纶绳。

（3）上缘纲

上缘纲是穿过网衣上边缘网目，用于固定网衣上边缘长度和增加网衣上边缘强度的绳索。上缘纲贯穿网衣上边缘网目后，再按设定的缩结系数用结扎线将网衣结缚在上主纲或浮子纲上。上缘纲与上主纲或上缘纲与浮子纲共同固定网具上方的长度，承受网具上方的主要作用力。为了防止上纲在使用中发生"捻掗"现象，上缘纲的捻向应与上主纲或浮子纲的捻向相反。大型围网的上缘纲一般采用乙纶绳，有的也采用维纶绳；小型围网的上缘纲采用乙纶绳。

2. 下纲部分绳索

下纲是装在网衣下方边缘，用于固定网具下方长度和承受网具下方主要作用力的绳索。有部分大型围网下纲使用 3 条绳索，即下缘纲、下主纲、沉子纲各 1 条，如图 5-19（a）所示；有的使用两条绳索，即下缘纲和沉子纲各 1 条，如图 5-19（b）所示。小型围网的下纲均使用 2 条绳索，即下缘纲和沉子纲各 1 条，如图 5-19（b）所示。结缚在下纲上的绳索有底环绳。

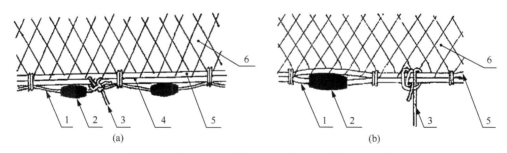

1. 沉子纲；2. 沉子；3. 底环绳；4. 下主纲；5. 下缘纲；6. 下网缘

图 5-19　下纲部分结构示意图

（1）下缘纲

下缘纲是穿过网衣下边缘网目，用于固定网衣下边缘长度和增加网衣下边缘强度的绳索。下缘纲贯穿网衣下边缘网目后，再按设定的缩结系数用网线将网衣和缘纲一起结缚在下主纲或沉子纲上。

（2）下主纲

只有部分大型围网设置下主纲。下主纲是装在网衣的下方边缘，用于固定网具下方长度和承受网具下方主要作用力的绳索。此外，在起网收绞括绳时，传递括绳的收绞力。为了防止下纲在使用中发生扭结,下主纲的捻向应与下缘纲的相反。下主纲和下缘纲一般采用与上主纲等粗的乙纶绳,最好采用具有沉力的维纶绳或涤纶绳,其强力与上主纲相同或略小。

（3）沉子纲

沉子纲是装在网衣最下方,用于穿结或钳夹沉子的绳索。其主要作用是穿结或钳夹沉子,承受沉力。采用 3 条下纲的围网,其沉子纲一般采用比下缘纲、下主纲较长较细的维纶绳或乙纶绳。采用 2 条下纲的围网,其沉子纲与下缘纲一般等长等粗,并且共同固定网具下方的长度,承受网具下方的主要作用力。沉子纲的捻向应与下缘纲的相反。沉子纲和下缘纲一般采用乙纶绳,有的也采用维纶绳。

3. 网头部分绳索

网头部分绳索有上叉纲、下叉纲、网头绳和跑绳。上、下叉纲的一端分别与上、下纲的一端相连接,另一端交接处或折回处分别与网头绳或跑绳相连接,分别如图 5-20（a）或图 5-20（b）所示。

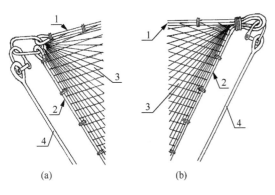

1. 上叉纲；2. 下叉纲；3. 网头网衣；4. 网头绳或跑绳

图 5-20 网头部分结构示意图

（1）叉纲

叉纲是装在围网两端网头网衣上、下边缘,用于连接上、下纲和网头绳或跑绳的 V 形绳索,如图 5-20 所示,相当于上、下纲的延伸部分。叉纲通常由一对绳索对折制作［图 5-20（b）中的 1、2］,或将网头网衣上、下边缘叉纲分开制作,各条叉纲由一条绳索对折,再在折回处相接而成［图 5-20（a）中的 1、2］。位置在上的又称为上叉纲,位置在下的又称为下叉纲。叉纲除了起连接作用外,还具有在起网时将网头绳或跑绳的收绞力传递给上、下纲和固定网头网衣三角形状的作用。叉纲通常采用乙纶绳,个别的也采用钢丝绳。

（2）网头绳

网头绳是单船围网作业时,连接围网前网头和带网船(艇)或灯标的绳索(图 5-20 中的 4)。放网时,将网头绳交给带网船或带网艇,以便拖带网具下水。起网时,带网船或带网艇将网头绳送交网船,以便收取前网头。网头绳一般长 50～60 m,大型围网的网头绳一般采用钢丝绳,有的采用锦纶绳。小型围网通常采用乙纶绳。

（3）跑绳

跑绳是在单船围网作业时,连接围网后网头和网船的绳索。跑绳的主要作用是补充网具形成包围圈时的不足网长,长度依实际情况而定,一般储备 50～350 m,常采用钢丝绳或乙纶绳。大型渔船储备长一些,小型渔船储备短一些。

4. 收括部分绳索

收括部分绳索有底环绳、环扣绳、纽扣绳、括绳和括绳引绳。底环绳安装在下纲上,一般通过环扣绳和纽扣绳与底环的套环连接;也有的直接通过环扣绳与底环的套环连接,底环没有套环的通过环扣绳直接与底环连接。底环绳与底环的连接方式很多,依操作需要而定。

（1）底环绳

底环绳是下纲和底环之间的连接绳索之一。底环绳形状有多种。V 形底环绳使用较多,采用 1 条绳索对折使用,其对折处可直接套在底环的套环上,而底环绳两端呈 V 形分开并连接在下纲上,如图 5-21（a）所示。

底环绳的主要作用是承受底环和括绳的沉力，将括绳的收绞力传递给下纲，并且驱使下纲集拢。同时，底环绳可使下纲与底环分开，避免收绞括绳时网具下部网衣与底环、括绳纠缠。因此底环绳需要具备一定的强度和适当的长度，一般采用与下纲等强度或稍大的绳索。有的大型金枪鱼围网渔船采用铁链制作底环绳，可大幅提高下纲沉降速度。

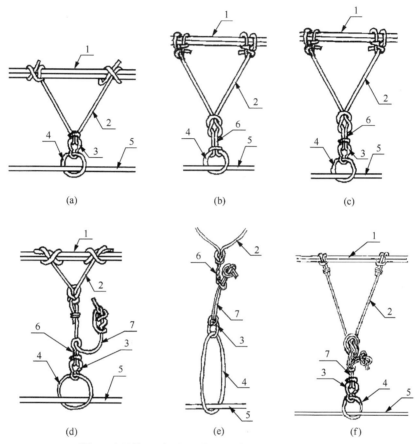

（a）　　　　　　　　　（b）　　　　　　　　　（c）

（d）　　　　　　　　　（e）　　　　　　　　　（f）

1. 下纲；2. 底环绳；3. 套环；4. 底环；5. 括绳；6. 环扣绳；7. 纽扣绳

图 5-21　收括部分结构

（2）环扣绳

环扣绳是底环绳与底环之间的连接绳索之一，是用 1 段绳索的两端连接而成的 1 个环圈。底环绳通过环扣绳连接底环的方式有 2 种，一是底环绳只通过一个环扣绳直接连接底环，如图 5-21（b）所示；二是底环绳通过一个环扣绳连接到底环的套环上，如图 5-21（c）所示。

（3）纽扣绳

纽扣绳是在底环为可卸式结构中所常用的绳索，也属于底环绳与底环之间的连接绳索之一。其结构有 3 种，第一种如图 5-21（d）中的 7 所示，采用 1 段绳索，一端扎成穿套 2 次的绳头结，另一端穿过底环绳的对折处扎成死结后用一段网线结扎，最后将纽扣绳的绳头结套进套环上方的环扣绳后，即将底环绳与底环连接在一起。第二种如图 5-21（e）中的 7 所示，采用一段绳索对折使用，在对折后绳索两端合并处扎成一个绳头结。连接时，纽扣绳的对折处先套在底环的套环上，再将纽扣绳的绳头结套进底环绳下方的小环孔，即将底环绳与底环连接在一起。第三种如图 5-21（f）中的 7 所示，其结构与图 5-21（e）的完全一样，而底环绳对折处附近合并缚个单结，并使对折端形成 1 个小绳环，小绳环应能刚好套进纽扣绳的绳头结。连接时，将纽扣绳的绳头结套进底环绳下端的绳环中，即将底环绳与底环连接。纽扣式连接的主要作用是在大型围网收绞网衣时，底环能方便地从网具上拆卸。由于纽扣绳、环扣绳也与底环绳一样起到传递收绞力的作用,故也要求具备一定的强度。纽扣绳、环扣绳一般采用与底环绳等强力的绳索。

（4）括绳

括绳是穿过底环,起网时快速收拢、封闭网具底部和拉起底环的绳索。大型围网的括绳采用钢丝绳,长度为上纲的 1.2～1.6 倍。括绳分成两端长中间短共 3 段,中间的短段俗称"小腰",一般长 3～4 m,各绳端插成眼环,相互用卸扣、转环连接,如图 5-22 所示。小腰的作用是消除收绞括绳时产生的扭转力,防止括绳扭结,并便于吊起底环时拆卸。有的小型围网的括绳也采用钢丝绳,长度为上纲的 1.2～4 倍,部分也采用小腰结构形式;有的分成 3 段,相互间装有转环,中间段起"小腰"作用,防止括绳扭结。由于括绳是用钢丝绳制作,放网时,括绳还有沉力的作用,可以加快网具下部的沉降。由于在收绞括绳过程中,网具的水阻力较大,所以括绳抗拉强度的要求较高,安全系数均比其他绳索大。

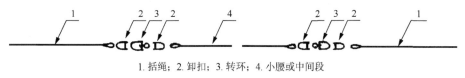

1. 括绳；2. 卸扣；3. 转环；4. 小腰或中间段

图 5-22　围网括绳构成示意图

（5）括绳引绳

括绳引绳是装置在括绳前端的绳索。放网时,带网船(艇)用括绳引绳牵引括绳下水。起网时,带网船(艇)将括绳引绳交给网船,如图 5-9 所示。括绳引绳可采用比括绳稍细的绳索。围网的括绳引绳长约 50～60 m。部分围网船没有带网船(艇),括绳引绳的首端连接在网头灯标上。

（三）属具部分

属具有浮子、沉子、底环等,是组成围网的部分构件之一。浮子产生浮力,沉子、底环产生沉力,浮、沉力的相互作用使网衣垂直展开形成网壁,底环是收括部分的重要构件。

1. 浮子

浮子是装置在网具上边缘,用于保证上纲浮于水面的属具。现有用聚苯乙烯或聚氯乙烯制成的浮子,形状有中孔球体和中孔柱体两种,如图 5-23 所示。大型围网一般采用中孔柱体浮子,每个浮力为 13.73～24.52 N。小型围网一般采用中孔球体浮子,每个浮力为 7.85～19.61 N。浮子的作用是产生浮力,承受网具、渔获物及收绞括绳时产生的沉力,保持上纲浮于水面。

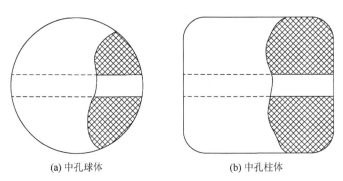

(a) 中孔球体　　　　　　　　(b) 中孔柱体

图 5-23　围网浮子

2. 沉子

沉子是装置在网具下边缘，促使下纲沉降的属具。沉子在水中的沉力是网具总沉力的一部分。沉子材料为铅或铸铁，形状为中孔柱体或中孔鼓体，如图 5-24 所示，每个质量 0.30～0.50 kg。沉子的主要作用是产生沉力，在放网时可加快网具下部沉降，使网衣在水中垂直展开，形成包围鱼群的网壁。

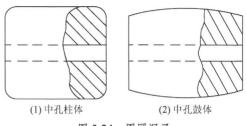

(1) 中孔柱体　　　　(2) 中孔鼓体

图 5-24　围网沉子

3. 底环

底环是悬挂在围网下纲的下方，供括绳穿过的金属圆环，如图 5-15 中的 14 和图 5-21 中的 4 所示。围网底环的形状一般如图 5-21 所示，它是由直径为 d_1 的圆形金属条弯曲焊接或锻压成外径为 ϕ 的圆环。

大型围网的底环中一般套连 1 个较小的套环，以便与底环绳连接，套环用比底环稍细的圆形金属条制成。套环的形状有 8 字环 [图 5-21（d）中的 3] 和椭圆形套环 [图 5-21（e）中的 3]。套环连接在底环与环扣绳或纽扣绳之间，既有利于底环的转动，又避免了括绳与环扣绳或纽扣绳之间的摩擦。大型围网底环有 90～150 个，常多储备 1 倍，以便轮流或补充使用。每个底环质量为 2.10～2.69 kg，外径为 220～260 mm，材料一般为直径 20～24 mm 的圆钢条。小型围网底环有 54～90 个，损耗极少，一般不储备。

此外，围网还使用若干个卸扣和转环等属具。卸扣用于绳索与绳索、绳索与其他属具等的连接。转环是用于消除连接的绳索产生扭转的属具。

二、单船双翼式有环无囊围网结构

单船双翼式有环无囊围网是 20 世纪后期国内南海区灯光围网形成的网型，其网具总布置图类似图 5-25。

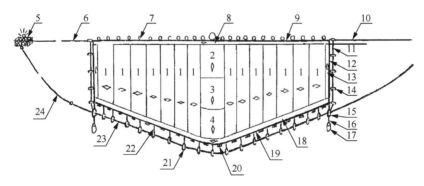

1. 翼网衣；2. 主取鱼部；3. 副取鱼部；4. 近取鱼部；5. 网头灯标；6. 网头绳；7. 浮子；8. 上缘网衣；9. 上纲；10. 跑绳；11. 侧抽绳；12. 侧纲；13. 侧缘网衣；14. 侧环；15. 重力底环；16. 沉锤绳；17. 沉锤；18. 下缘网衣；19. 下纲；20. 沉子；21. 底环；22. 底环绳；23. 括绳；24. 括绳引绳

图 5-25　南海区灯光围网总布置图

（一）网衣部分

双翼式围网网衣由主网衣和缘网衣组成。

1. 主网衣

双翼式围网的主网衣由取鱼部网衣和翼网衣组成。取鱼部网衣在中间，翼网衣在两旁，左右对称。

（1）取鱼部网衣

双翼式围网的取鱼部设置在网具的中部，其结构与单翼式围网相同。若取鱼部网高有2幅取鱼部网衣，则上幅为主取鱼部，下幅为副取鱼部；若取鱼部网高有3幅网衣，则上幅为主取鱼部，中幅为副取鱼部，下幅为近取鱼部（图5-25）；若取鱼部网高有4幅网衣，则上2幅分别为主、副取鱼部，下2幅为近取鱼部；若取鱼部网高有5幅网衣，则上2幅分别为主、副取鱼部，下3幅为近取鱼部。

（2）翼网衣

双翼式围网的翼网衣设置在取鱼部的两旁。其功能及结构与单翼式围网基本相同，但不设网头网衣和网条网衣。

目前，双翼式灯光围网的主网衣大多数采用乙纶死结网片，取鱼部网衣或主取鱼部网衣采用锦纶死结网片。有部分网具主要采用锦纶死结网片，只在翼网衣两侧靠近侧纲的若干幅网衣采用乙纶死结网片。随着锦纶经编无结网片的推广使用，有些围网采用锦纶经编网片。

2. 缘网衣

双翼式灯光围网的缘网衣有上缘网衣、下缘网衣和侧缘网衣。缘网衣的结构和作用与单翼式围网一样。

（二）绳索部分

双翼式围网的绳索与单翼式围网的绳索相比多了侧纲而少了叉纲部分绳索，可分为上纲、下纲、侧纲、网头和收括这5部分的绳索。

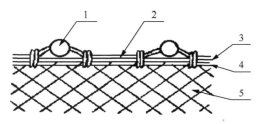

1.浮子；2.浮子纲；3.上主纲；4.上缘纲；5.上缘网衣

图5-26 上纲部分结构图示意图

1. 上纲部分绳索

上纲部分的绳索有浮子纲、上主纲和上缘纲，少数没有上主纲，只有浮子纲和上缘纲。采用3条上纲的一般是浮子纲较长，上主纲和上缘纲较短且等长，如图5-26所示。

2. 下纲部分绳索

下纲部分绳索多数采用2条绳索并列组成的下纲，即其下纲采用下缘纲和下主纲共2条等长等粗的绳索并列组成，如图5-19中的（b）所示。少数采用3条绳索并列组成的下纲。即采用1条下缘纲和2条下主纲并列组成，如图5-19中的（a）所示。

3. 侧纲部分绳索

侧纲部分绳索是泛指装在网具侧缘的绳索。没有网头网衣的围网才设置侧纲，一般由1~3条绳索组成。若把侧纲部分绳索细分，则穿过网衣侧边缘网目的绳索称为侧缘纲，与侧缘纲并拢结扎的绳索均称为侧纲。

（1）侧缘纲

侧缘纲是穿过网衣两侧边缘的网目，用于固定两侧网衣边缘缩结高度和增加边缘强度的绳索。侧缘纲的捻向应与侧纲相反。

（2）侧纲

侧纲是装在网具侧缘外侧的绳索。其作用是和侧缘纲共同固定网具侧边高度，维持网形，承受网具两侧垂直方向外力。侧纲要求具备足够强度，整个侧纲部分强度一般与上纲相同或稍小。不论采用 2 条或 3 条，应尽量保持相邻绳索之间的捻向相反。

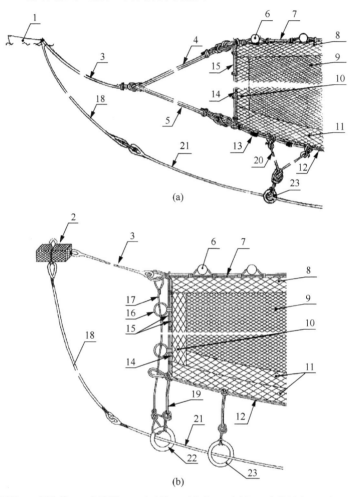

1. 带网艇；2. 网头灯标；3. 网头绳；4. 上叉绳；5. 下叉绳；6. 浮子；7. 上纲；8. 上缘网衣；9. 主网衣；10. 侧缘网衣；
11. 下缘网衣；12. 下纲；13. 沉子；14. 侧缘纲；15. 侧纲；16. 侧环；17. 侧抽绳；18. 括绳引绳；
19. I 形底环绳；20. Y 形底环绳；21. 括绳；22. 重力底环；23. 底环

图 5-27 侧纲部分和网头部分结构示意图

图为前网头，后网头有跑绳

4. 网头部分绳索

单船双翼式围网的网头装置有 3 种类型，第一种如图 5-27（a）所示，网头部分绳索有叉绳、网头绳和跑绳；第二种如图 5-27（b）所示，网头部分绳索有侧抽绳、网头绳和跑绳；第三种网具规模较小，网头部分绳索只有网头绳和跑绳。

（1）叉绳

叉绳是装在围网两端，用于连接上、下纲和网头绳或跑绳的 V 形绳索。如图 5-27（a）中的 4、5 所示。与单翼式围网不同，叉绳不结缚在网衣上。

（2）侧抽绳

侧抽绳是装在侧纲外侧并穿过侧环或者连接环，用于起网时快速收拢网侧网衣的绳索。侧抽绳上端连接有多种方式，如图 5-27（b）中的 17、图 5-28（a）中的 10 和图 5-28（b）中的 10 所示。

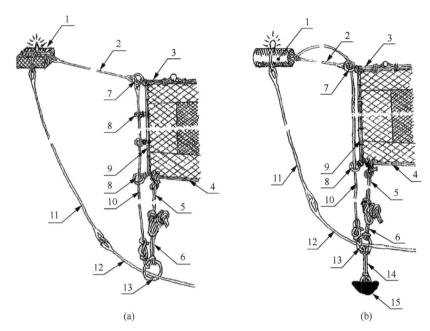

1. 网头灯标；2. 网头绳；3. 上纲；4. 下纲；5. 底环绳；6. 纽扣绳；7. 连接环；8. 侧环；9. 侧纲；10. 侧抽绳；
11. 括绳引绳；12. 括绳；13. 底环；14. 沉锤绳；15. 沉锤

图 5-28　双翼式围网局部装配图

（3）网头绳

网头绳是连接网头灯标和网具上纲前端的绳索。放网前将网头绳前端系结在网头灯标上，网头绳的后端连接在前网头叉绳的前端或上纲前端的眼环或连接环上，如图 5-28（a）中的 2、图 5-28（b）中的 2 所示。

（4）跑绳

跑绳是连接网具上纲后端和渔船的绳索。跑绳的前端连接在后网头叉绳的后端或上纲后端的眼环或连接环上，其后端连接在网船上。

5. 收括部分绳索

双翼式围网的收括部分绳索有底环绳、纽扣绳、沉锤绳、括绳和括绳引绳。

（1）底环绳

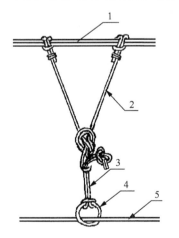

1. 下纲；2. 底环绳；3. 纽扣绳；4. 底环；5. 括绳

图 5-29　Y 形连接结构

底环绳的形状有 I 形和 Y 形 2 种。I 形底环绳有 2 种形式，1 种是用 1 条绳索的两端插接成绳环，先将绳环合并拉直后，再将其上端套结在下纲上，如图 5-27（b）所示，其下端合并缚成单结后形成 1 个稍长的绳环，以便能套结在重力底环或底环上；另外 1 种是用 1 条绳索对折使用，其两端作为上端结缚在下纲上，如图 5-28 中的（a）所示，其下端对折处附近合并缚成单结后形成 1 个稍短的绳环，此绳环刚好套进纽扣绳的绳头结。Y 形底环绳也有 2 种形式，1 种是将 1 条绳索对折使用，其上方两端分开分别结缚在下纲上，如图 5-27（a）中的 20 所示，其中间朝下处合并缚成单结后形成 1 个稍长的绳环，以便此绳环能套在底环或重力底环上，这是 1 种由 1 条绳索构成的 Y 形底环绳；另外 1 种也是将 1 条绳索对折使用，其上方两端分开分别结扎在下纲上，如图 5-29 中 2 所示，不同的是在其中间朝下的地方合并缚成单结后形成 1 个稍短的绳环，此绳环刚好能套进纽扣绳的绳头结，这也是 1 种由 1 条绳索构成的 Y 形底环绳。底环绳一般采用与下纲同强度或强度稍大的乙纶绳。

（2）纽扣绳

纽扣绳与单翼式围网基本相同，只有起网时须卸脱底环的围网才采用，如图 5-29 中的 3 所示。

（3）沉锤绳

沉锤绳是用于沉锤与底环之间的连接绳索。沉锤绳可以是 1 条绳索，其上端结扎在底环上，下端结扎在沉锤上；也可以是将 1 条绳索两端插接成绳环状，其上端套在底环上，下端套在沉锤的连接环上，如图 5-28（b）中的 14 所示。

（4）括绳

南海区渔船一般采用包芯绳制作括绳，即用直径 11～14.5 mm 的钢丝绳为芯，外包 3 股直径 12～16 mm 的废乙纶网衣单股绳捻成外径 38～44 mm 的包芯绳。括绳的长度一般为上纲的 1.2～2.0 倍。

（5）括绳引绳

南海区光诱围网的括绳引绳连接在网头灯标和括绳之间，如图 5-27 中的 18 或图 5-28 中的 11 所示。

（三）属具部分

双翼式围网的属具有浮子、沉子、底环、侧环、连接环、沉锤和网头灯标等。

1. 浮子

双翼式围网一般采用中孔球体或中孔鼓体的泡沫塑料浮子，每个浮子浮力为 3.33～7.35 N。少数围网在取鱼部及其附近改用浮力较大的中孔鼓体泡沫塑料浮子，每个浮子浮力为 9.81～16.67 N。为了标注取鱼部位置，一般在取鱼部的上纲中点结缚一个红色的直径 240～250 mm 的球体硬质塑料浮子。为了标注网具两端的位置，少数围网在上纲两端各结缚一个大型长方体的泡沫塑料浮子，每个浮子浮力为 60.80～108.85 N。

2. 沉子

装置在沉子纲上的沉子，材料大多数为铅，极少数用铸铁，形状为中孔柱体或中孔鼓体，每个质量 0.20～0.35 kg。南海区光诱围网的下纲一般不设置沉子，而采用较重的底环，用底环的沉力代替沉子的沉力。

3. 底环

下纲装有沉子的双翼式围网，其底环较轻，每个底环质量为 2.25～4.60 kg，外径为 180～275 mm，材料为直径 24～30 mm 的圆铁，每盘网用 49～62 个底环。下纲不设置沉子的围网，其底环较重，每个底环质量为 3.50～6.25 kg，外径为 200～250 mm，材料为圆铁圈外包裹着铅皮制成，包裹铅后的直径为 30～38 mm。南海区光诱围网还使用重力底环，悬挂在网具两端的侧纲下方。重力底环和普通的裹铅底环结构一样，只是规格更大，一般每个重力底环质量为 8～10 kg，外径为 240～280 mm，圆铁条包裹铅后的直径为 40～46 mm。部分围网在取鱼部下纲中间设置 2～3 个重力底环，在下纲两端各设置 2 个重力底环，用于加速网具中部和两端的下纲沉降。重力底环具有底环和沉锤双重作用。

4. 侧环或连接环

侧环是结扎在侧纲的外侧供侧抽绳穿过的金属圆环，对侧抽绳起限位和导向作用，如图 5-28 中的 8 所示。连接环是装置在上纲与网头绳或跑绳之间作为连接具的金属环，如图 5-28 中的 7 所示。侧环和连接环的规格一般相同，即侧环和连接环均是用直径为 5～6 mm 的圆形不锈钢条制成的圆环，其圆环外径为 50～92 mm。

5. 沉锤

沉锤是悬挂于网具侧纲下端，用以加速下纲两端沉降的属具。沉锤的主要作用是加速网具两端卜纲沉降，调节沉降力，减小在起网过程中由于网具两端提升过快而造成的空隙。沉锤的形状如图 5-30 所示，有长方体、椭球体和半球体等，常用水泥、铸铁或铅等浇铸而成。

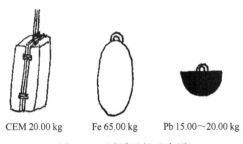

CEM 20.00 kg　　Fe 65.00 kg　　Pb 15.00～20.00 kg

图 5-30　围网沉锤示意图

6. 网头灯标

网头灯标是中、小型灯光围网放网时，连接在网头绳前端用于代替带网艇的副渔具。一般采用长方体或柱体的大型泡沫塑料块，其上方装置由防水密封的干电池提供电源的灯泡，便于夜间作业。也有部分灯标由标杆、浮子、沉子和灯具构成，如图 5-31 所示。

此外，双翼式围网还要使用若干个卸扣和转环等属具。

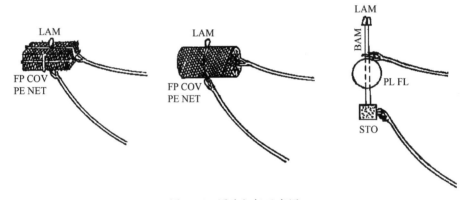

图 5-31　网头灯标示意图

三、有囊围网结构

有囊围网由一囊两翼构成，福建的围缯、浙江的对网、江苏和上海的大洋网等，以及 21 世纪初由此发展而成的光诱三脚虎网，其网具结构原理基本相同，均属于我国前后期典型的有囊围网。因此可以综合简述如下：有囊围网由网衣、绳索和属具 3 部分构成，其前期网具结构如图 5-32 所示，其网具构件组成如表 5-2 所示。

至于后期发展而成的光诱三脚虎网，双船作业已改成单船操作，渔船的后甲板安装了 2 台液压起网机，其机械化能力已发生了很大变化，上纲结构已与无囊围网相同，下纲采用带沉子纲的单翼式下纲结构，如沉石绳、沉石、搭纲绳、引绳等，或失去其功能被取消，或被具有相同功能的构件所代替。

接下来，将介绍前期有囊围网各部分网具构件的作用和要求。

（一）网衣部分

现以浙江普陀的带鱼对网（图 5-33）为例介绍网衣部分的构件。

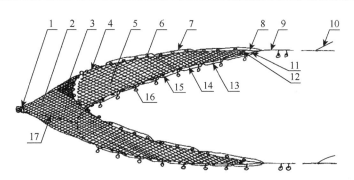

1. 囊底扎绳；2. 囊网衣；3. 三角网衣；4. 上纲；5. 翼网衣；6. 浮子；7. 上引绳；8. 上叉绳；9. 曳绳；
10. 支绳；11. 下叉绳；12. 翼端纲；13. 下引绳；14. 下纲；15. 沉子；16. 沉石；17. 力纲

图 5-32　有囊围网总布置图

表 5-2　有囊围网网具构件组成

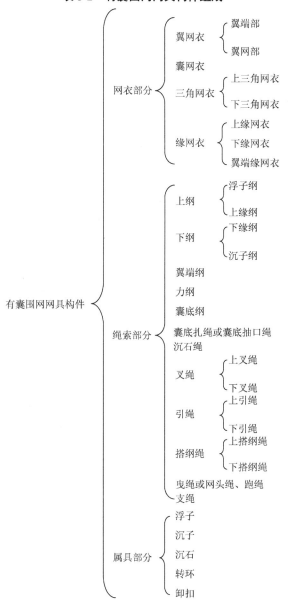

带鱼对网（浙江　普陀）

501.12 m×396.55 m×83.16 m

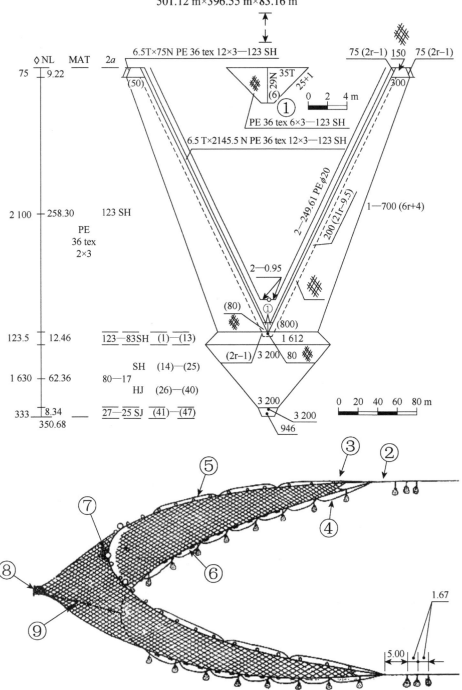

图 5-33（a）　带鱼对网网图（调查图，局部）

带鱼对网网衣材料规格表

名称	数量/片	序号	网衣规格 PE 36 tex	目大网结/mm	宽度/目 起目	宽度/目 终目	节数/节	长度/m	增减目方法
翼网衣	2	1	2×3	123 SH	1 600	600	4 200	258.30	中间1—700(6r＋4)、两边200(21r−9.5)
	4	2	2×3（双）	123 SH	300	150	150	9.22	两边75(2r−1)
	合计							267.52	
囊网衣	2	1	2×3	123 SH	1 612	1 612	13	0.80	末节 96 (13+1) 26 (14+1)
		2	2×3	120 SH	1 734	1 734	14	0.84	末节 96 (14+1) 26 (15+1)
		3	2×3	117 SH	1 856	1 856	15	0.88	末节 96 (15+1) 26 (16+1)
		4	2×3	113 SH	1 978	1 978	16	0.90	末节 96 (16+1) 26 (17+1)
		5	2×3	110 SH	2 100	2 100	17	0.94	末节 96 (17+1) 26 (18+1)
		6	2×3	107 SH	2 222	2 222	18	0.96	末节 96 (18+1) 26 (19+1)
		7	2×3	103 SH	2 344	2 344	19	0.98	末节 96 (19+1) 26 (20+1)
		8	2×3	100 SH	2 466	2 466	20	1.00	末节 96 (20+1) 26 (21+1)
		9	2×3	97 SH	2 588	2 588	21	1.02	末节 96 (21+1) 26 (22+1)
		10	2×3	93 SH	2 710	2 710	22	1.02	末节 96 (22+1) 26 (23+1)
		11	2×3	90 SH	2 832	2 832	23	1.04	末节 96 (23+1) 26 (24+1)
		12	2×3	87 SH	2 954	2 954	24	1.04	末节 96 (24+1) 26 (25+1)
		13	2×3	83 SH	3 076	3 076	25	1.04	末节 96 (24+1) 26 (25+1)
		小计	2×3				247	12.46	
	2	14	2×3	80 SH	3 200	3 200	70	2.80	无增减目
		15	2×3	77 SH	3 200	3 200	75	2.89	无增减目
		16	2×3	73 SH	3 200	3 200	80	2.92	无增减目
		17	2×3	70 SH	3 200	3 200	85	2.98	无增减目
		18	2×3	67 SH	3 200	3 200	90	3.02	无增减目
		19	2×3	63 SH	3 200	3 200	95	2.99	无增减目
		20	2×3	60 SH	3 200	3 200	100	3.00	无增减目
		21	2×3	57 SH	3 200	3 200	190	5.42	无增减目
		22	2×3	53 SH	3 200	3 200	75	1.99	无增减目
		23	2×3	50 SH	3 200	3 200	80	2.00	无增减目
		24	2×3	47 SH	3 200	3 200	85	2.00	无增减目
		25	2×3	43 SH	3 200	3 200	90	1.94	无增减目
		26	2×3	40 HJ	3 200	3 200	95	1.90	无增减目
		27	2×3	38 HJ	3 200	3 200	100	1.90	无增减目
		28	2×3	37 HJ	3 200	3 200	100	1.85	无增减目
		29	2×3	35 HJ	3 200	3 200	100	1.75	无增减目
		30	2×3	33 HJ	3 200	3 200	110	1.82	无增减目
		31	2×3	32 HJ	3 200	3 200	120	1.92	无增减目
		32	2×3	30 HJ	3 200	3 200	130	1.95	无增减目
		33	2×3	28 HJ	3 200	3 200	140	1.96	无增减目
		34	2×3	27 HJ	3 200	3 200	150	2.02	无增减目
		35	2×3	25 HJ	3 200	3 200	160	2.00	无增减目
		36	2×3	23 HJ	3 200	3 200	170	1.96	无增减目
		37	2×3	22 HJ	3 200	3 200	180	1.98	无增减目
		38	2×3	20 HJ	3 200	3 200	190	1.90	无增减目
		39	2×3	18 HJ	3 200	3 200	200	1.80	无增减目
		40	2×3	17 HJ	3 200	3 200	200	1.70	无增减目
		小计					3 260	62.36	
		41	2×3	27 SJ	3 200	1 600	6	0.08	第二节1600(2−1)
		42	2×3	25 SJ	1 600	1 600	100	1.25	末节 160 (10−1)
		43	2×3	25 SJ	1 440	1 440	100	1.25	末节 144 (10−1)
		44	2×3	25 SJ	1 296	1 296	110	1.38	末节 123 (10−1) 6 (11−1)
		45	2×3	25 SJ	1 167	1 167	110	1.38	末节 109 (10−1) 7 (11−1)
		46	2×3	25 SJ	1 051	1 051	120	1.50	末节 104 (10−1) 1 (11−1)
		47	2×3	25 SJ	946	946	120	1.50	无增减目
		小计					666	8.34	
	合计							83.16	
直角三角网衣	4		6×3(双)	123 SH	6	35	58	3.57	一边 (2r+1)，另一边无增减目
上、下缘网衣	4		12×3	123 SH	6.5	6.5	4 291	263.90	无增减目
翼端缘网衣	2		12×3	123 SH	6.5	6.5	300	18.45	无增减目

注：在该表中翼网部网衣（序号1）的两侧双线网衣与中间单线网衣和囊网衣1～21段的两侧双线网衣与中间单线网衣均没有标注出来。

图 5-33（b） 带鱼对网网图（调查图，局部）

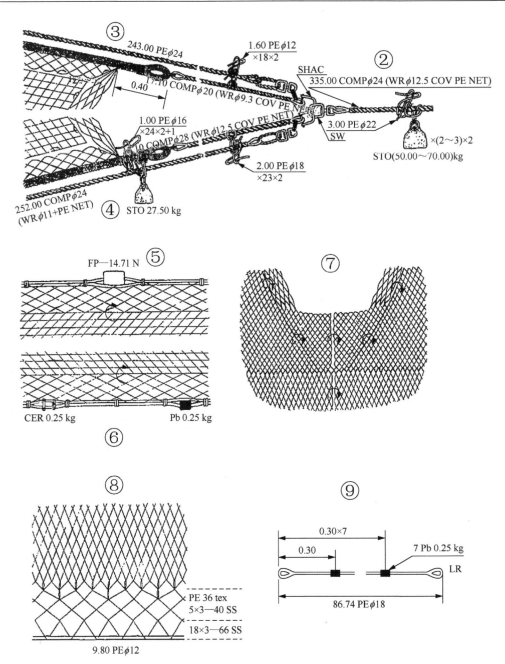

③ 243.00 PEφ24

1.60 PEφ12
×18×2

SHAC

② 335.00 COMPφ24 (WRφ12.5 COV PE NET)

0.40

17.10 COMPφ20 (WRφ9.3 COV PE NET)

1.00 PEφ16
×24×2+1

3.00 PEφ22

SW

.0 COMPφ28 (WRφ12.5 COV PE NET)

×(2～3)×2
STO(50.00～70.00)kg

2.00 PEφ18
×23×2

252.00 COMPφ24
(WRφ11+PE NET)

④ STO 27.50 kg

FP—14.71 N ⑤

⑦

CER 0.25 kg

Pb 0.25 kg

⑥

⑧

⑨

0.30×7

0.30

7 Pb 0.25 kg

LR

86.74 PEφ18

PE 36 tex
5×3—40 SS
18×3—66 SS

9.80 PEφ12

图 5-33（c） 带鱼对网网图（调查图，局部）

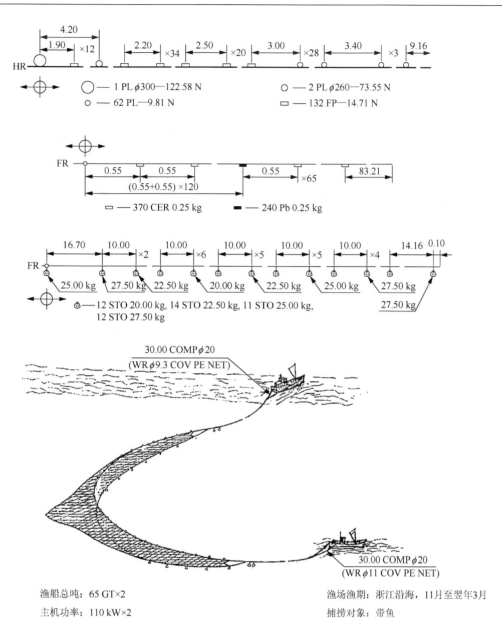

图 5-33（d）　带鱼对网网图（调查图，局部）

中大型有囊围网的网衣一般由左、右对称的两大片网衣与囊网衣前边缘互相缝合而成，每大片网衣的全展开图如图 5-34 所示。有囊围网网衣均是采用手工按一定增减目方法直接编结而成。从图 5-34 中可以看出，它是左右对称的编结网，其网衣纵向对称线（点划线）与网具运动方向一致，故有囊围网网衣属于纵目使用。其囊网衣以前头的网口目数为起头目数，由前向后分段编结；翼网衣以囊网衣的网口目数为起编目数，由后向前编结。网衣均采用乙纶网线。

1. 翼网衣

翼网衣是位于有囊围网网口（囊网衣的前头部位）前方两侧，用于拦截包围和引导捕捞对象进入网囊的左、右对称的两大片网衣。在作业过程中，翼网衣在水流作用下形成良好的拱度，起包围、拦截和引导鱼群进入网囊的作用。每片翼网衣又分为前、后两段，其后段为翼网部网衣，是 1 片以网口目数为起编目数，采用中间 1 道增目和两边减目编结成的正梯形网衣，如图 5-34 中 4 用实线所示的范围。翼网部网衣的中间部位是用单线编结的正梯形网衣，如图 5-34 中 4 两侧用虚线所示的范

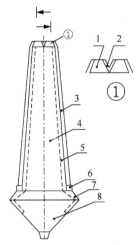

1. 翼端部网衣；2. 翼端缘网衣；3. 上、下缘网衣；4. 翼网部网衣；5. 翼网部双线部位；
6. 三角网衣；7. 囊网衣双线部位；8. 囊网衣

图 5-34　有囊围网网衣全展开图

围。在翼网部网衣的两侧边缘部位，各有从 80 目宽逐渐减至 50 目宽的用双线编结的斜梯形网衣，有助于增加边缘的强度，如图 5-34 中的 5 所示。每片翼网部双线部位有 2 片，则每顶围网共用 2 片翼网部单线网衣和 4 片翼网部双线网衣。翼网衣前段为翼端部网衣，是并列的 2 片以翼网部网衣前头一半目数为起编目数和采用两边减目编结的正梯形网衣，如图 5-34 中①图所示，则每顶围网共用 4 片正梯形的翼端部网衣。

大型的有囊围网，其翼端部网衣目大与网口目大相同，均为 100～150 mm，线粗一般也与网口线粗相同，均为 36 tex2×3 或 36 tex3×3；其翼端部网衣目大一般也与网口目大相同，但采用比网口粗的网线进行单线编结，或者采用与网口线粗相同的 2 根网线进行双线编结。

2. 囊网衣

囊网衣是位于有囊围网网口后方，用于集中渔获物的袋状网衣。囊网衣前端网目较大，越向囊底网目越小，而网线粗度一般前、后相同，部分在后端约 6～8 m 长稍粗些。囊网衣一般由左、右对称的两大片近似梯形网衣缝合而成。其每大片囊网衣的形状如图 5-34 中的 8 所示，它从前往后分增目、无增减目、减目 3 段手工编结而成。囊网衣前头是有囊围网的网口，垂直扩张较大，一般可达25～30 m。由于网口大，加上囊网衣前部锥形收缩小，甚至有的稍为放宽，所以网内空间（网膛）较大，可以充分容纳鱼群，鱼群入网后，不易受惊而逐步进入囊底。即囊网衣前部起容纳鱼群且引导鱼群逐步进入囊底的作用，而囊网衣后部起贮纳渔获物的作用。此外，在囊网衣两侧边缘（即三角网衣后面网口处），从前向后由 80 目宽向后逐渐减至 41 目，而后再各编长 5 目，至囊网衣中部用双线编结，有助于增加该部位的强度，如图 5-34 中的 7 所示。

3. 三角网衣

三角网衣是嵌于网口前方两片翼网衣后部之间近似三角形的网衣，其作用是减小应力集中，避免撕破网口。三角网衣又分为上三角网衣和下三角网衣，分别位于上网口正中的前方和下网口正中的前方。大型的有囊围网，其三角网衣由两片直角梯形网片缝合而成，如图 5-33（a）的上方和图 5-34 中的 6 所示。三角网衣目大一般与翼网衣的目大相同，用双线或较粗的单线编结，其强度应比翼网衣边缘双线部位的强度大。

4. 缘网衣

缘网衣是位于翼网衣上、下边缘两外侧，并与上、下翼网衣绕缝连接的网衣，如图 5-34 中的 3

所示。位于翼网衣上边缘外侧的称为上缘网衣，位于翼网衣下边缘外侧的称为下缘网衣。上、下缘网衣规格相同，各有左、右2片，一共4片，均为宽5.5～8.5目的两侧无增减目的长矩形网衣。其拉直长度与相应缝合部位的翼网衣拉直长度相等，目大与三角网衣目大相同，网线强度与三角网衣的网线强度相近，一般采用较粗的单线编结。缘网衣的主要作用是增加翼网衣边缘的强度，并且防止翼网衣与纲索摩擦。有时在翼端部网衣的内侧边缘也绕缝连接有缘网衣，称为翼端缘网衣，如图5-34中的2所示。翼端缘网衣除了拉直长度应与相应缝合部位的翼端部网衣拉直长度相等外，其线粗、目大、规格及其作用与上、下缘网衣相同。

（二）绳索部分

1. 上纲

上纲是装在网衣上方边缘，承受网具上方主要作用力的绳索，如图5-32中的4所示。它由上缘纲和浮子纲各1条组成，起到维持网形、承受网具张力的作用，一般采用乙纶绳。

上缘纲用于穿进上缘网衣的上边缘网目和三角网衣的前边缘网目，以便将上缘网衣和上三角网衣结扎在浮子纲上，如图5-35中的2所示。左、右翼各用1条上缘纲。

浮子纲结缚于上缘纲上，组成上纲，其作用是结缚浮子，如图5-35中的3所示。左、右翼各用1条浮子纲，其规格与上缘纲相同，但捻向与上缘纲相反，以防上纲产生扭结。

2. 下纲

下纲是装在网衣下方边缘，承受网具下方主要作用力的绳索，如图5-32中的14所示。它由下缘纲和沉子纲各1条组成，和上纲共同维持网形，承受网具张力。一般也采用乙纶绳。

下缘纲是用于穿进下缘网衣的下边缘网目和下三角网衣的前边缘网目，以便将下缘网衣、下三角网衣结扎在沉子纲上的纲索，如图5-35中的14所示。左、右翼各用1条下缘纲，其规格与上缘纲相同。

沉子纲结扎于下缘纲上，组成下纲，其作用是结缚沉子，如图5-35中的12、13所示。左、右翼各用1条沉子纲，其规格与下缘纲相同，但捻向与下缘纲相反，以防止下纲产生扭结。

由以上可知，上、下纲共需用8条规格相同的乙纶绳，其中4条乙纶绳的捻向应与另4条乙纶绳相反。

3. 翼端纲

翼端纲是装在网翼前端，用于增加翼端部网衣前边缘强度的绳索，如图5-32中的12和图5-35中的17所示。装有翼端缘网衣的有囊围网，可不再装置翼端纲，如图5-35中的22所示。左、右翼各用1条翼端纲，可采用比上、下纲细的乙纶绳。

4. 力纲

力纲是装在左、右下三角网衣和左、右囊网衣下边缘之间的缝合边上，用于加强腹部网衣强度的绳索，如图5-33（a）中的⑨所示。力纲只用1条，采用与下纲同粗或稍细的乙纶绳。

5. 囊底纲

囊底纲是装在囊网衣末端边缘，用于限定囊口大小并增加边缘强度的绳索。囊网衣末端边缘可按0.2～0.3的缩结系数装配在囊底纲上。囊底纲只用1条，一般采用直径6～8 mm的乙纶绳。

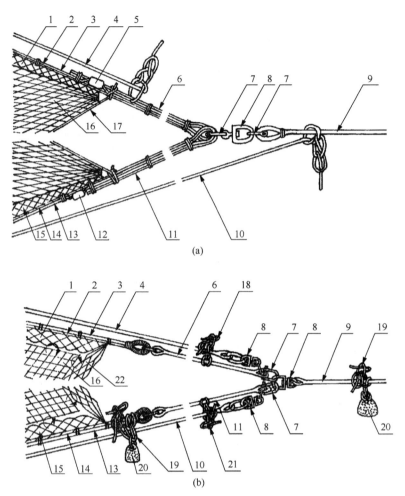

1. 上缘网衣；2. 上缘纲；3. 浮子纲；4. 上引绳；5. 浮子；6. 上叉绳；7. 卸扣；8. 转环；9. 曳绳；10. 下引绳；
11. 下叉绳；12. 沉子；13. 沉子纲；14. 下缘纲；15. 下缘网衣；16. 翼网衣；17. 翼端纲；
18. 上搭纲绳；19. 沉石绳；20. 沉石；21. 下搭纲绳；22. 翼端缘网衣

图 5-35　有囊围网翼端装配图

6. 囊底扎绳或囊底抽口绳

囊底扎绳是结缚在囊网衣后部，用于开闭囊底取鱼口的绳索，如图 5-32 中 1 所示。起网后，解开囊底扎绳，即可卸出渔获物。囊底扎绳只用 1 条，一般采用长 3 m、直径 8 mm 左右的乙纶绳。

有的网不用囊底纲和囊底扎绳，而是在囊口用较粗的网线加编 2 目大目网衣，再采用一条直径 12 mm 左右的乙纶绳，穿过囊口后缘大网目后两端插接牢固，使用时抽拢打结封住囊底即可。其长度为囊口圆周拉直长度的 0.21～0.25 倍。这种用于网囊末端开闭取鱼口的绳索，称为囊底抽口绳。

7. 沉石绳

沉石绳是连接沉石和网具的绳索，如图 5-35（b）中的 19 所示。沉石绳和沉石的个数一致，一般采用乙纶绳。与下纲连接的沉石绳比沉子纲稍细，与曳绳连接的沉石绳则应比沉子纲稍粗，即沉石绳粗细应与沉石的质量相适应。

8. 叉绳

叉绳是装在网翼前端，用于连接上、下纲和曳绳的 V 形绳索。有的叉绳是上、下纲在翼端的延长部分，分别对折合并使用，上纲的延长部分称为上叉绳，下纲的延长部分称为下叉绳，则上、下叉绳各由 4 条绳索组成，如图 5-35（a）中的 6、11 所示。有的叉绳是由上、下叉绳各 1 条绳索的前端相接而成，如图 5-35（b）中的 6、11 所示。这种叉绳，有的采用包芯绳，下叉绳比上叉绳稍粗；有的上叉绳用乙纶绳，下叉绳用废乙纶网衣捻绳；有的上、下叉绳均用同规格的乙纶绳，左、右翼各用 2 条。上、下叉绳的长度一般相同，也有个别的下叉绳稍长。

9. 引绳

引绳是装在上、下纲上，起网时牵引上、下纲的绳索。装在上纲上的引绳称为上引绳，装在下纲上的引绳称为下引绳，左、右翼各有 2 条，如图 5-32 中的 7、13 或图 5-35 中的 4、10 所示。起网作业时，利用绞纲机收绞引绳帮助起网，提高起网速度。故只在装置有绞纲机的渔船上，并且使用较大型的有囊围网时，才装置引绳。上引绳一般采用比上纲稍粗的乙纶绳，下引绳一般采用强度比上引绳大很多的包芯绳，下引绳一般比上引绳稍长。下引绳也可以采用与上引绳等长的乙纶绳，但其强度仍比上引绳大很多。

10. 搭纲绳

搭纲绳是将上、下引绳分别结缚在上、下纲及上、下叉绳相应部位上的绳索。结缚在上纲、上叉绳上的称为上搭纲绳，结缚在下纲、下叉绳上的称为下搭纲绳，如图 5-35 中的 18、21 所示。上搭纲绳采用长 1.2～1.6 m、直径 12～16 mm 的乙纶绳，结缚间距为 10～17 m。下搭纲绳采用长 1.8～2.2 m、直径 18～20 mm 的乙纶绳，结缚间距为 10 m 左右。此外，每条下搭纲绳一般均结缚在每块沉石前 0.3～0.7 m 处。

11. 曳绳（或网头绳、跑绳）

在双船有囊围网中，曳绳是装在叉绳和渔船之间，用于拖曳网具的绳索，如图 5-32 或图 5-35 中的 9 所示。捕捞近底层鱼类的大型有囊围网，其曳绳较长，为 220～335 m，采用直径 28～36 mm 的包芯绳。捕捞中上层鱼类的大型有囊围网，其曳绳较短，为 45～80 m，采用直径 45 mm 的乙纶绳或直径 28 mm 左右的包芯绳。曳绳需左、右各用 1 条。曳绳相当于单船围网的网头绳和跑绳。

12. 支绳

支绳是曳绳在船端的分支，与曳绳形成 Y 状，支绳和曳绳末端分别固定在船的两边，用于调整船首方向的绳索，如图 5-32 中的 10 所示。曳网时依靠调整支绳的长度来控制船首方向，以便保持一定的两船间距。支绳比曳绳稍细，左、右翼各用 1 条。左翼支绳长 30 m 左右，右翼支绳一般比左翼长 3～7 m，比左翼稍粗。

（三）属具部分

1. 浮子

浮子是装置在上纲上，用于保证网衣向水面扩张的属具，如图 5-32 中的 6 所示。一般用聚苯乙烯或聚氯乙烯泡沫塑料浮子。大型网具一般采用浮力 13.73～24.52 N 的中孔柱体泡沫塑料浮子，如图 5-35 中的 5 所示；在网口部位特别采用几个浮力较大、直径 200～300 mm 的球体硬质塑料浮子。小型网具一般采用单个浮力 1.96～5.69 N 的中孔球体泡沫塑料浮子，如图 5-23（a）所示。

2. 沉子

沉子是装置在下纲上，促使下纲沉降的属具，如图 5-32 中的 15 所示。一般采用单个质量 0.15～

0.55 kg 的铅沉子，有的部分用单个质量 0.20～0.30 kg 的陶沉子。沉子的主要作用是产生沉力，在放网时可使下纲沉降，并且和浮子配合使网口垂直扩张，维持一定的网形。

3. 沉石

沉石是吊缚在下纲上，用于调节沉力的属具，如图 5-32 中的 16 所示。大型围网一般采用 30～50 个沉石，沉石由天然石块制成，呈秤锤状，质量 10～40 kg，如图 5-35（b）中的 20 所示。沉石除了起到增加网具沉力、加快沉降速度的作用外，更重要的是可以通过增减沉石个数来调节网具贴底程度，甚至改变网具的作业水层，以适应不同捕捞对象。此外，捕捞近底层鱼类的大型围网，还需在近叉绳前端的曳绳上用沉石绳吊缚质量 40～80 kg 的大沉石，左、右翼各用 1～3 个，起稳定曳网的作用，如图 5-33（a）的右下方所示。

此外，有囊围网还要使用若干卸扣和转环等属具，主要用于叉绳前端和曳绳后端的连接，如图 5-35（a）中的 7、8 所示；或用于引绳前端、叉绳前端和曳绳后端之间的连接，如图 5-35（b）中的 7、8 所示。

第三节　围网渔法

围网主要捕捞中上层集群鱼类，为此人们利用各种手段把小鱼群诱集成大鱼群后放网围捕。围网渔法包括侦察鱼群方法、诱集鱼群方法、无囊围网捕捞技术和有囊围网捕捞技术，现分述如下。

一、侦察鱼群方法

围网作业，主是捕捞集群性较强的中上层鱼类，其作业方式概括起来有四种：起水鱼围捕、阴诱围捕、光诱围捕、瞄准围捕。白天利用鱼群起水机会进行围捕，称起水鱼围捕；白天利用物体造成阴影诱集鱼群然后进行围捕，称阴诱围捕；夜间利用灯光诱集鱼群然后进行围捕，称光诱围捕；使用探鱼仪跟踪鱼群进行瞄准围捕，称瞄准围捕。上述四种作业方式离不开侦察鱼群环节。侦察鱼群花去的时间约占作业时间的 80%，所以在围网捕鱼过程中，能否尽快发现鱼群，缩短侦察鱼群时间，是提高生产效率的重要途径。

侦察鱼群方式通常有两种类型，一种是渔场资源调查和预报，属远景侦察，另一种是生产现场探测，属作业侦察。前者是在渔汛前期的大范围侦察，着重于渔场水文要素对饵料生物组成和分布及捕捞对象生物学特性的调查，结合有关历史资料，分析渔场海况、捕捞对象群体组成等。后者是在作业过程中寻找捕捞鱼群的小范围侦察。这两种侦察方式有着内在联系，不可分割。目前我国围网生产中常用的作业侦察方式，有目视侦察、探鱼仪侦察和生物学侦察，并逐渐引入飞机侦察和人造卫星遥感侦察。

（一）目视侦察

围网生产，围捕起水鱼群占有相当比重。起水鱼群，是指鱼类因生理条件和水域环境等原因，活动于水面或水面下数米水域，用人眼能直接观察到的鱼群。有经验的瞭望员，在桅斗或甲板上，可以根据鱼群在水表面的游动形成的形状、大小及颜色等特点，判断鱼的种类、数量和移动方向。

1. 目视侦察的直接标志

生产中常发现的起水鱼，有金枪鱼、鲐、蓝圆鲹、竹荚鱼、小沙丁鱼、鳀、鲚、乌鲳等。其鱼群在水面游动激起一片片波纹，或在水下数米处游动，呈现出与海面不同的颜色，有黄色、黄褐色、红色、紫红色、紫色、紫黑色等颜色。这些颜色渔民称为"鱼色"，群体越大，鱼色越浓。同时鱼群游动也有不同的形状。

（1）鲐群形状和颜色

鲐起水后常使水色发生变化并激起海面碎波，伴随出现不同的轮廓形状，如图 5-36 所示。

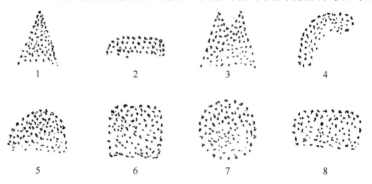

1. 箭头形；2. 一字形；3. 分头形；4. 镰刀形；5. 半圆形；6. 方形；7. 圆形；8. 长方形

图 5-36　鲐群形状示意图

箭头形：前尖后宽，鱼群多集中在前头，后头为鱼群游泳时激起的水花。这种形状的鱼群，游速快，无明显鱼色。鱼的数量一般为四五百尾，多时达千余尾。

一字形：鱼群横向一字形排开，向前游动，前部密集，后部稀疏，无鱼色，数量比箭头形的多，约一两千尾。

分头形：为其他形状演变而成，游动时常分裂为两群，无鱼色，一般面积较大，数量有一两千尾。

镰刀形：呈镰刀形状游动，有可能变成半圆形，无鱼色，数量多为三四千尾。

半圆形：鱼群大部分集中在前头，游动迟缓，数量一般三四千尾，呈黄色达四五千尾，较易捕获。

方形：旺季出现最多，常在无风天气形成红褐色，游动较慢。稍有风时潜入水下数米处，呈圆形，颜色更深，数量达 1 万至数万尾，较易捕获。

圆形：在捕捞起水鱼群季节较为常见，多数由方形变成，游动缓慢，无一定方向游动，鱼色较深，群体甚大，数量达数万尾，有时达十余万尾。

长方形：群体很大，呈长方形状，长达 100 m 以上，一般不游于水表层，常呈紫红色或紫色。有风天气起群时能压浪（即海面有波浪时鱼群位置较平静），数量一般为三四万尾甚至 10 万尾以上。

上述各种形状，其中一字形、分头形、镰刀形多出现在产卵后。由于游动快，激起的水花远看好像水面冒烟似的，渔民称"冒烟鱼"，一般数量较少，不易捕获。

（2）其他鱼群的形状和颜色

其他鱼群如蓝圆鲹群、竹荚鱼群、鳀群、小沙丁鱼群、鲅群、鲔群、鲚群、毛虾群等。

蓝圆鲹群：因鱼体比鲐小，同一面积的群体，数量比鲐多，最多时达二十余万尾。群体密集，游动很像鲐，但颜色有区别，如万尾左右的蓝圆鲹群呈黄色。汛初蓝圆鲹群游速比鲐群快，但对声音的敏感性比鲐差。

竹荚鱼群：呈汞红色，索饵时游速快，群体稳定，水面有气泡。

鳀群：鱼体小，群体密集，呈黄色，与鲐很相似，但有下列特点：无风天气起水时，波纹细而密，很像下雨的雨点；在水下数米时，呈红色或紫色，有鱼翻肚，像闪耀的星星；游动迟缓，敏感性较差，有时用石子扔向鱼群也不会惊动鱼群，船舶接近鱼群时向四周散开，过后又重新集群。

鲔群：群体不大，鱼色不明显，一般游速较快，起群时激起波纹较粗，不稳定，易下沉。

2. 目视侦察的间接标志

目视侦察的一些间接标志包括油花、海鸟、鱼跃、海水发光及他船的动态等。

油花：为鲐群摄食后产生排泄物，鱼体游动与排泄物摩擦造成的光反射，海面有这些排泄物，意味着周围有鱼群存在。

海鸟：鱼类是海鸟的摄食对象，海鸟动态标志着鱼类集群的状态。鱼群起水时，海鸟上下飞翔，接触水面，并发出尖锐的叫声；鱼群栖息于水面下数米时，海鸟在空中盘旋，有时逼近水面；鱼群分散时，海鸟活动范围大。用雷达探测飞鸟群已成为大型金枪鱼围网发现金枪鱼鱼群的手段之一。

鱼跃：天气变化前，气压有变化，鱼类会跃出水面。由于此时鱼群未起浮，且鱼跃是零星鱼类的活动，所以必须细心观察才能判断鱼群的存在及其动向和数量，在这种情况下常有大鱼群存在。

海水发光：海洋中夜光虫等发光生物，受到鱼群游动时的扰动，会发出荧光。若海面发现一片片荧光，可能是鱼群起水时激起的荧光；若发现零星的荧光，则为个体鱼起水。

他船的动态：在同一渔场常有许多船在侦察和生产，因此他船的去留能提示鱼群的动向，这是一种非常有效的侦察方法。

除此之外，目视侦察还可以观察海洋中饵料浮游生物的多寡，以判断鱼群存在的可能性；海洋中的流隔也是依据之一，这可能是两水团的交界处，容易聚集鱼群。

（二）遥感侦察

渔业遥感技术是 20 世纪 60 年代开始发展起来的一门新技术。它与空间技术、激光技术、红外技术、光电成像技术、计算机技术等现代科学发展密切相关。遥感技术主要指：从遥感平台上，利用各种遥感设备侦察并测量海洋水色和电磁辐射的特征信息，进行分析和判断，从而识别目标。遥感侦察渔场，目前还处于发展阶段，但它是科学侦察渔场的有效手段，能在大面积范围内，长期而又及时地获得多种信息，在海洋捕捞中能提高渔场预报的准确度，加大鱼群侦察的范围，提高鱼群侦察的质量。遥感侦察渔场的方式，有下列两种。

1. 遥感直接探鱼

遥感直接探鱼的原理是，近表层鱼群在海水的背景中形成部分海域的明暗颜色，在船上或在数百米高空飞行的飞机上可以看见。航空摄影能记录和重现信息特征，是空中侦察鱼群常用的方法。由于水介质对电磁辐射的强衰减作用，对水下的观察只能在可见光部分很窄的蓝绿波段（0.08～0.55 μm）内进行，也只有蓝绿激光束才能穿透较深的水层，利用机载激光，能探测到水深 25.6 m 的目标，也能在沿岸混水中测绘 10 m 深处的海底剖面。激光测深的能力，与水质透明度关系很大。

美国国家海洋渔业局（NMFS）和加利福尼亚州的 TRW 组织合作，使用 TRW 水色分光仪，在墨西哥湾北部测量了 15 种鱼的反射光谱，从 120 种光谱中得到 33 种能区别海水反射和鱼群反射并能鉴别鱼群种类的光谱。图 5-37 为马鲛光谱反射曲线，马鲛在光谱的绿色部分（0.5～0.6 μm），有易于鉴别的峰值。美国国家海洋渔业局还用具有十万倍放大能力的激光增强器，探测海面发光鱼群和水下 3 m 以内的鱼群。

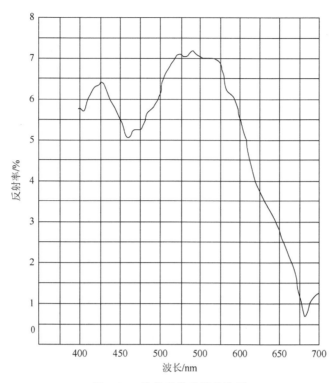

图 5-37　马鲛光谱反射曲线图

国外还用激光电视摄影系统和视频记录器，利用飞机进行黑夜探鱼，观察者可以记录鱼群的分布情况，通过不同时间的观察，还可研究鱼群的活动。用黑夜低空飞行的飞机探鱼，是利用了鱼群在游动中扰动水中的浮游生物使其辐射可见光的原理。浮游生物辐射光的光谱分布在 $350\sim650$ nm 之间，其辐射能级为 10^{-4}lx。这样的辐射能量虽然很低，但对于飞机侦察鱼群已经足够了。

密度不同的鱼群，其辐射曲线如图 5-38 所示。图 5-38 为侦察飞机在晴朗天气，与太阳光线成 45°角，距离水面 304.8 m 处的低空飞行观察得到的资料，观察时每立方米的水体中，叶绿素 a 的含量为 1 mg，鱼群在水面下 50 cm 处。曲线 A 表示该日海水的辐射情况，曲线 B 表示鱼群在 50 cm 深度处 25%水域中覆盖马鲛的辐射情况，曲线 C 和 D 分别表示鱼群在同一水深处 50%和 100%水域中覆盖马鲛的辐射情况。

2. 遥感间接探鱼

通过遥测水温、盐度、水色及海况等海洋因子，寻找渔场的方法，称为遥感间接探鱼。如人造卫星侦察，它利用卫星传感器测量可能影响鱼群分布的海洋学参数，然后对这些参数进行处理，来预报渔场的分布和资源量。

①水温。海水表面温度，一般通过红外遥测和海洋浮标探测获得。

在美国加利福尼亚州，有人利用可见光和人造地球卫星上的红外辐射计所提供的信息，绘制出能反应海平面高度的地形图，以判断金枪鱼和鲑的活动区域。美国人造卫星环境厅（NESS）在卫星信息的基础上，绘制出了世界各大洋主要区域的温跃层分布图。现在有海洋遥感卫星的国家，都可以提供此类信息。

②盐度。海水盐度的遥测，是利用微波辐射计对海水的微波辐射密度进行测量。由于海水的含盐度对海水的微波亮度有影响，因此可以通过遥测海水的微波亮度分布，推测出海水的盐度分布。

目前利用微波遥测海水含盐量的精确度较低，存在 1%～3%误差，还不足以显示出海洋盐度的分布规律（注：海洋遥感图显示的盐度一般由海洋浮标提供）。

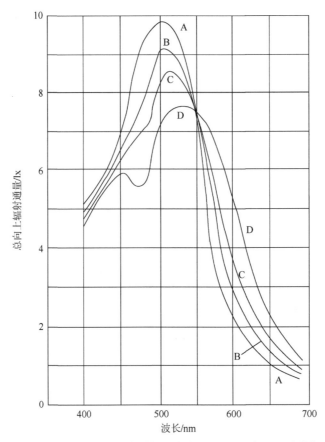

A. 海水辐射曲线；B. 50 cm深度处25%水域中覆盖马鲛辐射曲线；C. 50 cm深度处50%水域中覆盖马鲛辐射曲线；
D. 50 cm深度处100%水域中覆盖马鲛辐射曲线

图 5-38　海水中不同密度马鲛向上辐射比较曲线图

③水色。海洋水色是在可见光谱区直接观察到的一个参数。遥感观察海洋水色，是通过光谱遥感仪器观察海水叶绿素的反射光谱与实际值对照，推算海域的叶绿素的密集度，判断浮游植物的含量指标。叶绿素是形成海洋水色的主要因素，叶绿素含量是浮游植物的主要标志，遥感图中用不同颜色来显示不同叶绿素浓度。蓝色表明缺乏叶绿素，海域初级生产力低。绿色表明海域叶绿素丰富，初级生产力高。通过对海洋水色的研究，不但可以预知渔场可能存在的区域，而且还可以研究海洋生物生产力及其动态循环的规律。

④海况。大面积的渔场预报和分析，需要多种海况信息，如风暴、海啸、波浪、海冰等，其中海况对渔船安全有直接影响，因此颇受重视。海况的遥测，一般都应用微波技术，因为海上浮标与周围海水虽然温度相同，但有微波亮度特征的微波温度却相差 100 K，因此可以从微波温度上区分海冰与海水的区域。

（三）探鱼仪侦察

探鱼仪侦察鱼群分为垂直探鱼仪侦察和水平探鱼仪（又称声呐）侦察，垂直探鱼仪是从船底垂直向下发射超声波，探测船体下方的鱼群情况，水平探鱼仪是向水平面以下四周发射超声波，探测鱼群等目标的方位、距离及所在水层。水平探鱼仪可分为单波束和多波束两种。单波束水平探鱼仪为机械扫描，换能器发射的波束可以俯仰和水平回转。多波束水平探鱼仪为电子扫描，换能器发射的波束有 90°、180°扇面积和 360°全方向三种，一次能向多方向发射同一强度的声波脉冲；接收时以电子方法让极的指向性波束旋转，即可得到各方向回波，并在显示器上显示出鱼群方向、距离和分布范围。使用探鱼仪侦察鱼群如图 5-39 所示。

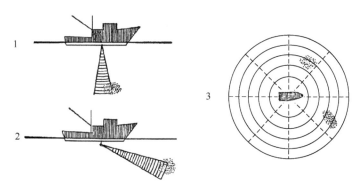

1. 垂直探鱼仪侦察；2. 单波束水平探鱼仪侦察；3. 多波束水平探鱼仪侦察

图 5-39　各种探鱼仪侦察鱼群示意图

这里着重介绍垂直探鱼仪侦察技术，因为垂直探鱼仪记录的映像比较细致，其中有鱼群映像、浮游生物映像、暗礁映像等，识别记录的映像比较好理解。

垂直探鱼仪侦察鱼群，是国内 21 世纪前光诱围网生产的重要手段之一。根据探鱼仪记录的鱼群映像，可以估算鱼群的大小、识别各种映像（包括浮游生物的映像、海底暗礁映像等），并可根据鱼群映像的特点结合作业渔场、渔船、集鱼灯光的性质和设置位置、生产经验等来诱捕趋光鱼群。

1. 侦察方式

当船队到达预定渔场后，数艘船保持一定队形和距离，大型渔船一般相距 500～800 m，小型渔船相距 200～300 m。侦察方式有直线航测、曲线航测和折回航测。

（1）直线航测

探测船保持直线方向边航行边探测，称直线航测。通常在渔场范围较大或作业船只较少的情况下，由数艘船彼此保持一定间距，并排呈一字形进行直线航测。

航测时适当增大探鱼仪灵敏度并用宽脉冲（特别在深水渔场），探到鱼群后降低航速、调低灵敏度并改用窄脉冲。当记录到色泽较浓、无间隙或有二次回波记录的鱼群映像时，表明鱼群密度大，很有捕捞价值。当各船都探测到少数鱼群时，表明鱼群分散，不是中心渔场。

（2）曲线航测

探测船保持曲线方向边航行边探测，称为曲线航测。当记录到微小或孤立的鱼群映像时，为摸清鱼群的大致分布，应采用曲线航测。

大型光诱围网船组中，灯船航速较慢，网船航速较快，为了扩大侦察范围和便于相互照顾，网船在两灯船之间进行曲线航测，灯船在两边直线航测，如图 5-40（a）所示。

（3）折回航测

当探测较大鱼群时，为摸清鱼群中心位置和范围大小，采用折线航行来回探测，称折回航测，如图 5-40（b）所示。

探测船在探测到鱼群时投下 A 标，并继续航行，待鱼群映像将要消失时投下 B 标，然后向左转 135°，航行到与 A、B 标中点交叉的位置，向左转 135°航行；当再次探到鱼群时投下 C 标，到鱼群将要消失时又投下 D 标。可根据浮标的位置评估鱼群的大小及进行放网操作。

鱼群大小估算。新式探鱼仪可以直接显示鱼群的质量，旧式探鱼仪无此功能，可根据记录的鱼群映像，估算鱼群的大小。

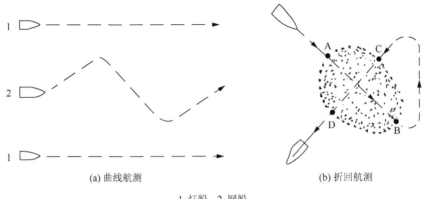

(a) 曲线航测　　　　　　　　　　(b) 折回航测

1. 灯船；2. 网船

图 5-40　各种航测示意图

鱼群水平长度可由探测船速度、探鱼仪卷纸速度和记录纸上的鱼群映像水平长度求出。上述几个因素的关系可用式（5-1）表示：

$$L=\frac{I}{v_0}\cdot v \qquad\qquad\qquad (5\text{-}1)$$

式中，L——鱼群水平长度（m）；

　　　　I——记录纸上的鱼群映像水平长度（mm）；

　　　　v——探测船航速（m/min）；

　　　　v_0——探鱼仪卷纸速度（mm/min）。

计算过程必须把船的速度（kn）化为每分钟航行多少米。例如，使用 69-2 型探鱼仪，卷纸速度 9 mm/min，探测船航速为 10 kn，鱼群映像水平长度 9 mm，则鱼群水平长度为

$$L=\frac{I}{v_0}\cdot v=\frac{9}{9}\times\frac{1853}{60}\times 10=309(\text{m})$$

从上式可以看出，鱼群水平长度与鱼群映像水平长度成正比，探测速度与鱼群映像水平长度成反比。

2. 垂直探鱼仪记录映像识别

探鱼仪记录映像，有鱼群映像、暗礁映像、浮游生物映像等，由于它们对超声波的反射强弱不同，所以出现的记录映像有很大差别。

（1）鱼群映像

垂直探鱼仪记录的鱼群映像，除了与发射功率、脉冲宽度、记录形式、映像移动速度、灵敏度大小及探测速度等有关之外，还与鱼群密度、栖息水层及鱼体大小、体腔大小、有鳔无鳔、有鳞无鳞有关。鱼群映像特点是呈不规则的山峰状，色泽浓淡相间，而且鱼群映像一般没有第二次回波记录。但在探鱼仪灵敏度很高，鱼群密度又很大时，鱼群也会有第二次回波反射记录，不过色泽总比暗礁映像淡。

（2）暗礁映像

根据超声波反射特性，超声波碰到暗礁等坚硬物体，反射很强，并有多次反射，第二次反射记录常留有映像，同时由于超声波不能穿过暗礁，所以暗礁映像轮廓底部都有凹陷，而鱼群映像没有这种现象。

（3）浮游生物映像

浮游生物一般指浮游性的鱼卵、甲壳类的幼虫、桡足类、毛虾及硅藻、蓝藻等，有集群和昼夜垂直移动习性。探鱼仪探测到这类海洋生物时，映像呈微小点状或模糊不清的云雾状，连续记录呈

带状，色泽浅淡，没有清晰轮廓。映像出现时间较长，船舶来回探测不受影响，灵敏度调低后映像消失，提灯时跟灯慢，声音对它也无影响。而幼鱼鱼群提灯时跟灯快，声音对它有影响。

鱼群映像、暗礁映像、浮游生物映像如图 5-41 至图 5-43 所示。

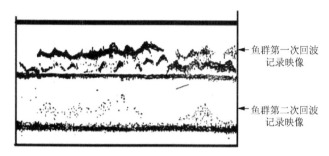

图 5-41　鱼群回波记录映像图

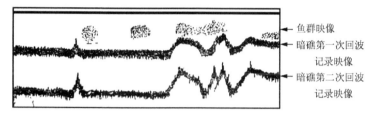

图 5-42　鱼群与暗礁记录映像图

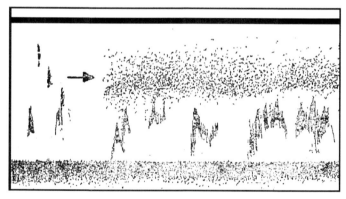

图 5-43　浮游生物记录映像图

随着时代的进步，垂直探鱼仪已逐步被声呐取代，显示已全部采用彩色，鱼群的质量及分布、运动等参数都已实现数字化显示，给鱼群侦察和指导放网提供了很大方便。

（四）生物学观察

通常可根据鱼群的体长组成判断中心渔场的位置，如果捕捞的鱼体长较大而且均匀，则该渔场潜力较大，可作为中心渔场继续作业。与此相反，当鱼体长参差不齐时，则应该寻找新的中心渔场。

二、诱集鱼群方法

围网诱集鱼群的方法，主要有灯光诱集和荫影诱集两种方法，其中声诱技术尚未成熟。国内的无囊围网生产主要采用灯光诱集方法，荫影诱集也是我国远洋金枪鱼围网生产采用的手段之一，阴诱的工具俗称"流木"。

灯光诱集鱼群是利用中上层鱼类的趋光习性，在夜间黑暗的环境下用人工光源将鱼群诱集成高密度的大鱼群，以便围网捕捞。鱼类趋光的原因，有几种假说，即摄食集群说、鱼类生理说、适宜照度说、阶段反射说等。

灯光诱集鱼群是光诱围网生产的基础，只有诱集到鱼群才能进行有效捕捞，必然涉及集鱼灯的种类和性能。

（一）集鱼灯的种类及其性能

目前，国内外曾经用于光诱围网生产的集鱼灯，有白炽灯、弧光灯、卤钨灯、水银灯及金属卤素灯等。集鱼灯按使用场所分有水上灯和水下灯，按能源分有电光源灯和非电光源灯，按电光源集鱼灯的发光原理又可分为热辐射电光源和气体放电电光源。非电光源只能用于水上灯。集鱼灯的种类如表5-3所示。

1. 白炽灯

白炽灯是热辐射电光源的一种，问世较早，也是最早被用作集鱼灯的一种电光源。如作为水下灯时，结构比较特殊，必须具有水密性和耐压性，并由抗腐蚀材料制成。白炽灯发光效率低，一般为$10\sim20$ lm/W。其光谱除了$360\sim760$ nm为可见光外，大部分为红外线，峰值也在红外区，只有10%的能量转化为可见光。也就是说它的大部分能量分布在光谱的长波段，而短波段很少。若从鱼类对光谱的感知角度来看，白炽灯辐射的绝大部分能量，不能被鱼类感知，所以诱鱼效率低。同时，靠近光源处有很强的光，鱼类趋光时无法接近，只能在离光源一定距离的区域集群。

表5-3 集鱼灯种类

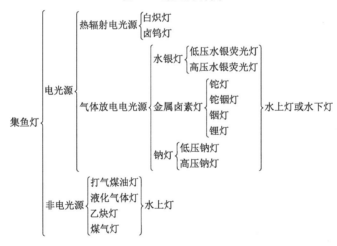

白炽灯虽然发光效率低，但由于价格便宜，安装方便，不需要其他附件，通电开灯迅速，可用变压器任意调节灯光强度，以适应集鱼的要求，因此目前还在被使用。与气体放电灯相比，白炽灯的电光转换效率较低，寿命也比较短，所以，当高效、长寿的气体放电灯出现后，它就逐渐被替代了。

2. 卤钨灯

卤钨灯是利用卤钨循环原理而研制成功的新一代白炽灯。利用卤素与钨的物化作用，使从钨丝上蒸发出来并沉积在灯泡玻壳上的钨原子，重新返回钨丝，这不仅大大提高了白炽灯的寿命（一般为2000 h），而且还可使灯泡的玻壳不发黑而长期保持高透光率。另外，卤钨灯的体积可做得比普通白炽灯小，发光效率也略有提高。

与气体放电灯相比，卤钨灯具有价格低廉、电路简单、对电源要求不高、光谱连续而显色性好、光强可调范围大、操作和维护均很方便等优点。因此，在金属卤素灯被应用于光诱捕鱼之前，卤钨灯仍是应用最广泛的集鱼灯。碘是最早被采用的卤化循环剂，后来人们又陆续采用溴、溴化氢和卤素的碳氢化合物等作为循环剂。

3. 低压水银荧光灯

低压水银荧光灯是最早成熟的气体放电灯，也是最早引入光诱的一种气体放电灯。它的发光效率约为 30～70 lm/W，寿命可达上千乃至几千小时，价格也不贵。但由于单灯功率有限（功率最大的商品灯大概是 40 W），应用上也比较麻烦（灯管两端电极易受海水和盐雾侵蚀而引起故障，并需配置镇流器和起辉器使得电路较复杂，布置也不方便），因而未被渔民所沿用。

4. 高压水银荧光灯（弧光灯）

高压水银荧光灯通常也称为高压汞灯，它是利用高气压水银蒸气放电而发光的，是介于辉光放电与弧光放电之间的气体放电电光源。其发光原理为：当电源开关合上后，电压经镇流器加在电极之间，首先启动电极及其附近的主电极，形成辉光放电，接着两个主电极开始弧光放电。弧光放电后，两个主电极间的电压低于主电极与启动电极间的辉光放电电压，辉光放电停止。随着主电极的放电，水银逐渐气化，发出可见光和紫外光，紫外光又激发外层玻璃壳内壁的荧光粉，灯泡发光。

高压水银荧光灯有 15%～17% 的能量用于产生可见光，而在可见光区，它的相对光谱能量分布主要由 404.7 nm（紫）、435.8 nm（蓝）、546.1 nm（绿）及 577～579 nm（黄）组成，呈蓝绿色。与白炽灯比较，高压水银荧光灯发光效率高，一般为 35～60 lm/W，比白炽灯高 3～4 倍；光色好，呈蓝绿色，适于诱鱼；体积小，寿命长，一般为数千小时至一万小时。但就整个光效而言，高压水银荧光灯只有 30 lm/W。当工作电压过高时会自动熄灭，再启动需要 5～10 min，并且光照度不能调节，价格昂贵。

使用高压水银荧光灯时，必须注意配用镇流器，否则会使灯泡损坏；灯泡安装最好处于垂直状态，横向安装发光效率较低；灯泡熄灭后，须冷却一段时间，待水银气压降低后再启动使用。

与低压水银荧光灯相比，高压水银荧光灯的发光效率虽不算高，但单灯功率大为提高，寿命也可达上万小时。然而，高压水银荧光灯的价格较高，也有研究表明，尽管相同功率的高压汞灯所产生的照度比起白炽灯来要高出许多倍，高压汞灯的光线在水中的穿透性也好于白炽灯的光线，但它们诱集鱿鱼的效果却差不多（这可能与高压汞灯的显色性较差有关），另外，炽热状态的高压汞灯一旦熄灭，要等到它冷却后才能被再次点燃。因此，高压汞灯的应用也受到了制约。

5. 低压钠灯

低压钠灯在许多方面和低压水银荧光灯相似，具有典型的低压金属蒸气放电特性。低压钠灯的光效很高，普通低压钠灯 SOX180 光效为 180 lm/W，经济型低压钠灯 SOX—E131 可达 200 lm/W。低压钠灯的辐射只集中在波长为 589.0 nm 和 589.6 nm 的黄色钠共振线上，单色性很强，也即显色性差。在低压钠灯中，绝大部分的辐射能集中在钠 D 线上，具有很高的发光效率。低压钠灯的主要优点是光束维持率高、寿命长、透雾性强。

6. 高压钠灯

高压钠灯是在单晶或多晶体氧化铝陶瓷管（因为这些材料能抵抗高温钠腐蚀）中建立起来的一种高压钠蒸气放电灯。和高压汞蒸气放电类似，高压钠蒸气放电具有收缩的电弧，有高的电流密度和气体温度。高压钠灯使用时发出全白色光，它具有发光效率高、耗电少、寿命长、透雾能力强和不诱蚀等优点。标准型 400 W 高压钠灯的光效为 125 lm/W，寿命超过 24 000 h。但普通高压钠灯的光色较差，一般显色指数 R 只有 15～30，相关色温约 2000 K。但显色改进型高压钠灯和高显色性高压钠灯已研制成功并得到使用。

高压钠灯是一种高强度气体放电灯泡。由于气体放电灯泡的负阻特性，如果把灯泡单独接到电网中去，其工作状态是不稳定的，随着放电过程继续，它必将导致电路中电流无限上升，最后直至灯光或电路中的零、部件被过流烧毁。所以，高压钠灯必须串联与灯泡规格相应的镇流器后方可使用。

7. 金属卤素灯

金属卤素灯又称金卤灯，是在高压汞灯的基础上添加某些金属卤化物成分而研制发展起来的第三代气体放电灯。如加入碘化铊为碘化铊灯，即铊灯；加入碘化铊和碘化铟则为铊铟灯。此灯与高压汞灯大致相同，不同之处在于石英玻璃管内不仅充有水银和氩气，还加入碘化铊或碘化铟。在高压汞灯中加入碘化铊，则光管发光的光谱线是在汞灯基础上增加铊的光谱线，其光谱主峰值为 5350 Å，灯光呈绿色；加入碘化铊和碘化铟，光谱主峰值为 4900 Å，灯光呈蓝色；加入碘化锂，光谱主峰值为 6708 Å，灯光呈红色；加入碘化铟，光谱主峰值为 4511 Å，灯光呈蓝色。此外，灯管中启动电极易因烧坏而被取消，启动需要触发器。

金卤灯的发光原理是：当金卤灯受到触发器高频高压的脉冲触发后，高压汞弧放电产生的热量使石英放电壁受热，温度升高至 1000 K，金属卤化物便从管壁蒸发成蒸气，并向灯泡中心扩散；汞弧放电中心的气体温度高于 6000 K，金属卤化物分解为金属蒸气和卤素蒸气，金属原子被汞弧中高速电子碰撞后激发发光。同时金属原子与卤素原子也会向温度低的管壁扩散，重新化合成金属卤化物，如此循环下去。发光后由电源直接供电，工作电压 220 V，但需限流器限制灯管内的电流量，以保证灯管正常工作。

金卤灯的高光效（约 90～110 lm/W）、高强度（日本的渔用金卤灯单灯功率一般已做到 2 kW～5 kW）、长寿命（10 000 h）及优良的显色性（R 以～65），使其在众多的电光源产品中脱颖而出。

与白炽灯比较，金属卤素灯发光效率高，铊灯或铊铟灯的发光效率约为 80 lm/W，而大功率白炽灯为 20 lm/W，前者是后者的 4 倍；亮度大，耗电小，据实测一盏 400 W 的铊灯在水中的照度范围，相当于一盏 1500 W 白炽灯的照度分布范围，而耗电不到白炽灯的一半，铊灯电流为 3 A，白炽灯为 7 A；诱鱼范围大，鱼群趋光反应快，铊灯或铊铟灯光呈蓝绿色，对海水透射力度大，鲐、蓝圆鲹对光反应的光谱敏感特性最大值为 4800～4900 Å，与上述两灯光谱主峰值相一致，所以光谱效果好。

（二）集鱼灯水中照度比较

各种水上灯、水下灯的水中照度比较，从试验测试中看得最清楚。

1. 水上灯与水下灯水中照度比较

如图 5-44 所示，图中为 1 盏 500 W 白炽灯，置于水面上 1 m 和水面下 1 m 位置，分别测得其水中照度分布。从图中可以看出，在灯光垂直下方附近，两者无多大差别，而在离灯光 10 m 以上位置，水下灯照度较大。

2. 水上荧光灯水中照度比较

如图 5-45 所示，图中为四种颜色的荧光灯在水中的照度分布，其中各色灯功率为 3×30 W，离水面 2.5 m，海水透明度 6 m；图中曲线照度单位为 lx，从图中可以看出，绿色灯光透射性能较好，不仅垂直方向透射远，而且水平和倾斜方向的透射距离都较大；蓝色灯光垂直透射性能最佳，但在水平方向较弱；黄色灯光在垂直和水平方向的透射性能都不如蓝、绿色灯光，但在倾斜方向的透射性能与绿色灯光差不多；红色灯光透射性能最差。

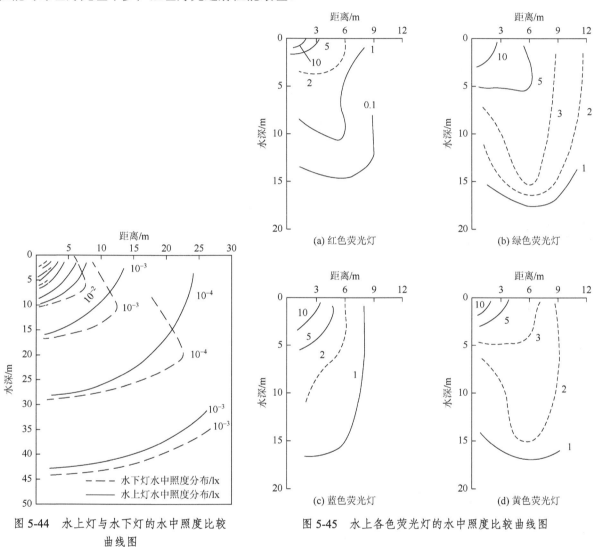

图 5-44　水上灯与水下灯的水中照度比较曲线图

图 5-45　水上各色荧光灯的水中照度比较曲线图

3. 白炽灯与高压水银荧光灯水中照度比较

如图 5-46 所示，图中分别表示海水透明度为 9 m 时白炽灯和高压水银荧光灯在水中的照度分布，曲线照度单位为 lx。其中白炽灯功率 2.4 kW（1.2 kW×2）比高压水银荧光灯 2 kW（1 kW×2）电力消耗增大 20%。从图中看出，在相同照度范围内，高压水银荧光灯与白炽灯相比照射面积扩展 30%，即在相同距离下，前者高度比后者大 2～5 倍。

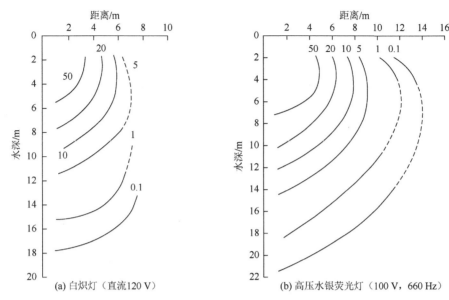

图 5-46　白炽灯与高压水银荧光灯水中照度比较曲线图

4. 白炽灯与铊灯水中照度比较

白炽灯与铊灯水中照度比较曲线如图 5-47 所示，从图中看出，实际消耗电功率 340 W 的铊灯与 1.5 kW 白炽灯比较，在各种距离和角度上铊灯水中照度都达到或超过 1.5 kW 白炽灯的照度，而且越远铊灯照度越比白炽灯大。

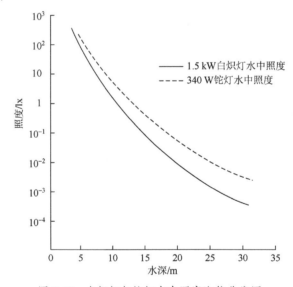

图 5-47　白炽灯与铊灯水中照度比较曲线图

（三）诱鱼光源作用区域及其功率计算

不同物理激源（光、声、电）的能量都常会被介质吸收，并按指数规律减小。对于光源，这一过程可用布格尔定律描述为

$$E_R = \frac{\Phi}{w\alpha^2} \cdot \mathrm{e}^{-r\alpha} \tag{5-2}$$

式中，E_R——距光源 R 处的照度（lx）；

　　　r——介质密度；

Φ——光源的光通量（lm）；

α——光通量衰减系数（m^{-1}）；

w——光源照射球面角（平均值，sr）。

光场的作用界限是照度 E_R 等于一定鱼类眼睛的阈限光敏度 E_p 的等值面。由此，沙巴诺（шабанов）将上式写为下列形式：

$$R = 1.15Z_0\left(\tan\frac{q\Phi}{w} - \tan E_p - 2\tan R\right) \tag{5-3}$$

式中，R——光诱区半径（m）；

Φ——光通量（lm）；

Z_0——水的透明度，根据谢基圆盘测得的深度（m）；

q——人工光源光线的相对透射系数。

光诱区半径实质上就是鱼类最大被光诱的距离，这样就可以决定趋光范围半径 R，或者决定形成这一趋光范围所必需的光源功率（光通量，lm）。

Φ 值按灯泡出厂数据确定，如 CV 型白炽灯的数据如表 5-4 所示。

表 5-4　灯光功率与光通量的关系

功率/W	15	100	500	1 000	1 500	2 000	4 000	6 000
光通量/lm	95	1 000	7 500	17 200	25 800	34 400	68 800	10 220

按水质透明度的不同，对于白炽真空灯，$q = 0.7 \sim 0.9$；对于充气灯，$q = 0.8 \sim 0.9$；对于日光灯，$q = 0.9 \sim 1.0$。E_p 的阈值取为 $10^{-5} \sim 10^{-3}$ lx。由此可看出，光场作用区域计算的可靠性是不高的，但是计算的意义在于可以分析和比较决定现象的各种因素的作用。图 5-48 为当 $Z_0 = 11$ m、$w = 4\pi$、$E_p = 10^{-5}$ lx 时，趋光区域大小的计算结果。

如果假定渔获量与趋光区域的体积成正比，很明显渔获量的比值等于光诱区半径立方的比值。通过捕捞里海鳀鲱的资料比较，表明该假定与实际符合良好。但是，灯泡功率超过 6 kW 时，渔获量开始下降。这可能是由于灯泡周围鱼类不良感觉区域增加，效率因渔具作用范围的限制开始下降。

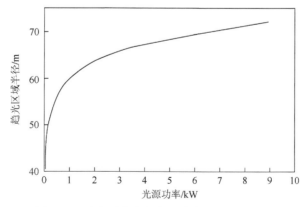

图 5-48　光源功率与趋光区域半径变化示意图

为提高功率一定的光源的效率，可以将几个灯泡联合成一组灯，构成照明通路，将鱼类导向捕捞；也可利用光构成拦鱼装置，使趋光性鱼类集群；设置一串水上灯（捕枪乌贼时）；等等。所有光源光场作用总范围，可以由各个光源光场范围的总和得出。

（四）诱集鱼群操作

诱集鱼群的整个操作过程，包括光诱地点选择、光诱方式选择及鱼群诱集操作的各个环节，务必使灯船（灯艇）与网船的操作配合协调。

（五）光诱地点选择

光诱围网生产，一般在下午 3～4 点达到渔场，开始探测鱼群，确定光诱地点。选择光诱地点应根据探测鱼群所获得的情况、渔汛特点、海况条件及生产经验，在做法上参考下列几点。

1. 中心渔场判别

如果白天发现鱼群起水，傍晚探鱼仪仅探到零星鱼群，可以在此开始诱鱼。或进入夜间后，海况、天气与白天相比无多大变化，即使很少探到鱼群，也可以开始诱鱼，因为在这种情况下，起水鱼群往往分散于水表层，处于水平探鱼仪的"盲区"范围内，可能记录不到鱼群映像。

2. 围捕越冬洄游鲐鲹群的方法

因其他因素影响不易被诱集的鱼群，常要在探到鱼群后迅速开灯，诱导到一定程度要迅速围捕，既要用"速战速决"的方法，还要偏重抓"网次"。而对于索饵洄游的鱼群，或比较容易被诱集的鱼群，在时间允许的情况下，可以适当多探测，待找到较密集的鱼群后才开灯诱鱼，即要偏重抓"网头"。

3. 灵活措施

如果连续一段时间都探测到分散鱼群，或者各船同时探到零星鱼群，可以开灯诱鱼。如果到了下半夜或月亮出来前不久，还找不到密集鱼群，也要抓紧时间开灯试诱。

4. 流界渔场

流界渔场即两个不同性质的水团或海流相接触的区域，由于水温的水平梯度变化较大，往往会阻断鱼群的洄游路线，鱼群在此处集结，因此也是开灯诱鱼的好场所。

（六）光诱方法选择

围网船组到达渔场后，根据鱼群分布情况、风向、流向和强度，选择合适的光诱方式，以便广泛地诱集和稳定鱼群。生产中通常采用下列三种方法。

1. 漂流光诱

渔船开启水上灯和水下灯，停车随风漂流，是目前应用最广泛的光诱方式，其特点是：能扩大诱集范围；水下灯与渔船同步漂流，水下灯深度变化较小；转移渔场方便。漂流光诱应用于风速、流速较低，或鱼群分散的渔场条件。但在风大流急时不宜采用，因为此时渔船漂移快，鱼群很难跟随。

2. 抛锚光诱

渔船在渔场抛锚并开启水上灯和水下灯诱鱼，该方法能够准确地占据中心渔场有利位置，并可控制船组内各船之间的距离，适用于渔场范围小或风大流急的条件，但抛锚和起锚的音响、水花及泥浆对趋光鱼群有影响；水流冲击水下灯和电缆，使水下灯偏离预定水层，其深度不断变化，从而影响诱鱼效果；同时垂直探鱼仪也难以监控水下灯周围的鱼群。生产中常采用提前起锚的方法，让惊动后的鱼群经过一段时间的适应，重新趋向光源。现有很多渔船采用水锚代替铁锚，效果很好。

3. 拖锚光诱

拖描光诱是介于抛锚光诱和漂流光诱的一种光诱方式。当渔场风大流急、鱼群分散时，为了减小灯船（或灯艇）漂流速度，达到较好的诱鱼效果，采用拖锚方式。灯船（或灯艇）根据渔场风、流速度，放出适当长度的锚缆，以达到慢速漂流的目的，但抛锚时引起的泥浆、水花，对趋光鱼群影响较大。有了水锚的渔船，已不采用此方法了。

在生产中通常采用漂流光诱试验，如果光诱效果好可以继续光诱，否则应立即转移渔场，如果风、流速度过大可改用拖锚光诱或抛锚光诱。在同一船组内，也可以根据船型的不同，分别采用漂流光诱和拖锚光诱、抛锚光诱，或采用水锚。

（七）鱼群诱集操作程序

鱼群诱集是光诱作业的主要内容，其作业程序可分为诱鱼、送鱼和集鱼三个过程。

1. 诱鱼

利用水上灯或水下灯将分散或小群的鱼诱集成大群，并将其稳定地诱集在渔船周围的过程称为诱鱼。诱集效果除了与光诱地点、光诱方式有关之外，还与灯光布局、诱鱼时间和观察监控的掌握有关。

灯光布局：如作业时有两艘灯船和一艘网船，为了形成最大的光场，一般采用三角形布置，即网船在上风或上流位置，而灯船在下风或下流位置，相互间距依灯船（或灯艇）的性能、海况条件、鱼群分布及光诱方式等决定。如鱼群分散，海况条件良好，则间距大些，大型光诱围网，漂流光诱时，一般灯船间距为 600～1000 m；抛锚光诱时，灯船间距为 300～500 m；拖锚光诱时，灯船间距介于两者之间。

水上灯与水下灯的配布，应根据渔场的具体情况而定，如鱼群多栖息于中上层水域，应增加水上灯；鱼群多栖息于中下层时，应增加水下灯；有月光的夜晚，应以水下灯为主；无月光的夜晚，应以水上灯为主；蓝圆鲹多时，应增加水下灯；小沙丁鱼多时，应增加水上灯。水上灯在空气中照得远，光照范围大，当渔场水浅，鱼群处于表层时，水上灯诱鱼效果也很好，但在一般情况下，特别是在深水渔场，水下灯效果好。生产中通常水上灯与水下灯配合使用。

水上灯离水面要有一定高度，过低灯易受溅水损坏，过高光照度与距离平方成反比，照度减小。水上灯的光线入射角大小不仅影响到水面反射损失的大小，同时还影响折射光线的强弱变化，入射角小，折射光线强；入射角大，折射光线弱。目前，生产中使用的水上灯离水面高度一般为 1 m 左右。有灯罩的要注意把入射角调到最小。

诱鱼开始时，水下灯不能太接近鱼群，更不能放到鱼群中间，一般离鱼群 5～10 m。鱼群不稳定，可以适当放近些。等鱼群适应灯光后，逐渐增加灯光强度。可结合探鱼仪的鱼群影像进行调整。

灯光布置应根据鱼群栖息水层而定，如果鱼群上下水层分布较广，灯光应做阶梯式布置，即在 10 m、15 m、20 m、25 m、30 m 等水层各布置一盏灯。如果鱼群上下水层都有分布，水平方向分布较广，则灯光应以水平布置为主。

诱鱼时间应根据鱼的种类、鱼群密度、季节、潮流等因素决定，通常为 3 h。鱼群分散，时间可长些，甚至可超过 4 h。鱼群集中，有时缩短到 1～2 h。在诱鱼过程中，网船不诱鱼时，应每隔一定时间用探鱼仪探测灯船周围，判断鱼的集群程度，决定放网时间。灯船有水平探鱼仪设备，则本身可以判断鱼的集群程度，确定放网时间。

诱鱼要善于抓住有利时机，上半夜鱼群趋光强烈，如潮流平缓，诱鱼效果更好。浪大、流急和下半夜诱鱼效果较差，接近黎明时效果更差。月光对诱鱼效果有较大影响，在上弦月月出前、下弦月月刚落，或月亮被大片云遮挡，月光显著变弱时，灯诱效果比较好。

诱鱼时，如果发现趋光鱼群突然失散，要分析其原因，是因鲨鱼扰乱或灯船摇摆，还是因漂流光诱时鱼群遇到水温急剧变化的水层，然后采取相应措施找回鱼群。灯艇人员可能会钓鱼，利用钓线漂移方向，判断是否有两层流或多层流存在，这对提高放网成功率有一定好处。

2. 送鱼

将各船诱到的鱼群，引导并集中到另一灯船（或灯艇）周围这一过程，称为送鱼。送鱼是光诱操作过程中的重要环节，生产中常常诱到很多鱼，因送鱼不当而丢失。送鱼过程一般以诱鱼多的灯船为主灯船，也有主副灯船轮流承担。有时由于各船都诱到鱼群，而相对位置移动有困难时也可以临时指定主灯船。

送鱼顺序：先让网船靠拢，把鱼送给主灯船，以便做好放网前的准备工作，然后到副灯船送鱼，前后相隔约 10 min。如果网船不参加送鱼，则送鱼只需副灯船向主灯船靠拢。

送鱼过程：送鱼时应考虑机器噪音影响、送鱼速度、灯光控制及探鱼仪的使用，并注意如下事项：

①送鱼时最好尽量少动车，防止机声和水花惊吓鱼群，多采用舢舨送缆拔缆靠船，或借风帆送鱼。若要动车，应将水下灯电缆移向船首，以便在动车时避免电缆与螺旋桨纠缠，并要提前动车，开开停停，使鱼群适应机声。动车前要扳好舵角，先开车后扳舵，就会因舵与海水冲击声音较大而惊动鱼群。人力舵要避免急促大舵角扳舵。

②送鱼速度应根据鱼的种类及其所处水层而定，如蓝圆鲹处于较深水层，送鱼速度要慢；金色小沙丁鱼处于较浅水层，则速度可快些。但一般以慢速为宜，以免鱼群跟不上。

③灯光应以不使鱼群受到突发性光线刺激为原则，使鱼群紧跟光照区移动。当副灯船与主灯船相距 20～30 m 时，两船要协调调节灯光亮度，送鱼船先调低亮度，再关闭离主灯船远舷侧水下灯，后关闭近舷侧水下灯，待关闭全部灯光后，送鱼船迅速离开主灯船。各船水下灯亮度不能超过主灯船，否则，不但不能把鱼群送到主灯船，反而把主灯船鱼群诱向它船。

④在送鱼整个过程中应开启探鱼仪，监视鱼群跟灯情况，若发现鱼群跟不上或突然失散，应分析原因，及时采取措施。

送鱼完毕：主灯船要把刚送来的鱼群稳定下来，因两群鱼合并后，开始时不大适应，需经过一段时间，才能逐渐趋向光源。待鱼群完全稳定后，主灯船将鱼群栖息水层及诱集情况详细向网船汇报，以便网船做好准备，并与副灯船（也就是网头船）配合进行围捕。

3. 集鱼

在短时间内使已经诱到的鱼群缩小到更加密集的范围，并尽量把鱼群诱向水表层，以便围捕的这一过程，称为集鱼。集鱼常用两种方法，一种是减弱光强，另一种是采用色灯，在一般情况下，后者效果比前者好。

减弱光强通常采用减少灯光盏数或降低电压的方式来实现。在诱鱼过程中，当探鱼仪记录的鱼群映像浓度增加缓慢或不再增加，映像边缘稳定时，这表明趋光鱼群不再增加，处于稳定状态，可以开始集鱼。把水平分布的水下灯收拢，垂直分布的水下灯逐个提升。提灯速度和幅度，应根据鱼群跟灯情况调整。鱼群跟灯紧，提灯可快些，幅度可大些；鱼群跟灯不紧，提灯慢些，幅度小些。一般情况下，每隔 10 min，提升 3～5 m。如果有温跃层存在，鱼群不能越过时，则不能盲目提灯，应就此围捕。

降低白炽灯电压也能达到集鱼的目的，但应根据捕捞对象的种类降到适当的电压值，有人从生产中总结出：在一般情况下，110 V 1 kW 的白炽灯，诱集蓝圆鲹时，电压可缓慢降到 40～60 V；诱集金色小沙丁鱼时，可降到 70～90 V；诱集圆腹鲱时，可降到 90 V。电压过低，鱼群易失散。降低电压操作过程要均匀缓慢，并分几次进行。降低白炽灯电压，鱼群逐渐密集，鱼群映像如图 5-49 所示。现在已普遍使用金卤灯，调电压已不可用，应采用逐步熄灭灯光的方法。即每分钟熄灭一半，5～10 min 熄完。

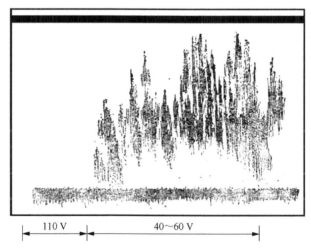

图 5-49　白炽灯降低电压后鱼群密集度增加的记录映像（垂直探鱼仪）图

生产实践证明，色灯集鱼比白炽灯降压集鱼效果更好，集鱼速度更快，鱼群稳定，密度更大，更接近水面，但时间不宜过长，一般为 20～30 min。色灯集鱼，以红灯效果最佳，有人认为：红色水下灯较适宜诱集蓝圆鲹和金色小沙丁鱼的混合群；紫色水下灯较适宜诱集蓝圆鲹，维持时间比红灯长些。使用大光灯集鱼是在灯的外面围上一层红布，可达到色灯集鱼的效果。但在色灯集鱼之后，不要再开白炽灯，因为红灯下鱼群行动迟钝，突然开启白炽灯，会惊散鱼群。

色灯集鱼效果如图 5-50 所示，图中灯船开始时使用 110 V 白炽灯诱鱼（4 盏 1 kW 的水下白炽灯，2 盏水上白炽灯），记录到一些接近海底的鱼群映像，随后降压到 80 V，鱼群开始集拢，映像浓度增大，最后换用 1 盏红色水下灯并降压至 80 V，鱼群起浮、密集、稳定，映像离开海底，浓黑成片，边缘波动很小。关闭红灯，鱼群又很快恢复到原来的情况，但这时如果开白炽灯，鱼群很快惊散，映像完全消失。

三、无囊围网捕捞技术

无囊围网在围网渔业中具有代表性，特别是 20 世纪 80 年代后，光诱围网发展迅速，无囊围网渔法，根据捕捞鱼群栖息水层及其习性，在围网渔业发展中，先后出现过起水鱼围捕、阴诱围捕、光诱围捕及瞄准围捕等作业方式。起水鱼围捕具有较快的移动速度，易受惊吓，要求有较高的围捕技术。阴诱围捕比起水鱼围捕稳定，不易受惊吓。光诱围捕比上两种围捕更稳定，要求有较完善的光诱设备。瞄准围捕的鱼群比起水鱼围捕的更稳定，作业中要求有良好的探鱼设备和较高的探鱼技术，而且昼夜均可作业。

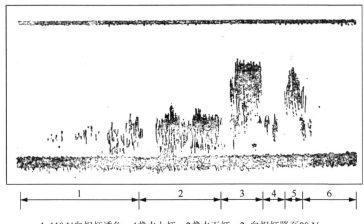

1. 110 V 白炽灯诱鱼,4 盏水上灯、2 盏水下灯;2. 白炽灯降至 80 V;
3. 换用红灯并降压至 80 V;4. 关闭红灯;5. 开启红灯;6. 再开白炽灯

图 5-50　红灯集鱼效果的试验记录映像(垂直探鱼仪)图

广东闸坡的灯光围网的渔具分类名称为单船无囊围网,主要捕捞集群性强的中上层趋光鱼类。这种网具是在 1965 年以后由灯光索罟网逐步改变发展而来。广东闸坡的灯光围网作业渔场分布在珠江口东、西部海域,海南岛东、南部海域,全年均可作业,渔期主要在 1~10 月,主要捕捞蓝圆鲹、颌圆鲹、小沙丁鱼、眼镜鱼、带鱼、鲔、青干金枪鱼、羽鳃鲐等。

(一)渔船

1. 网船

网船为钢质,总吨位 200~300 GT,主机功率 220~480 kW,发电机功率 240~400 kW,安装诱鱼灯 140~360 盏,全部为 1 kW 弧光灯或金卤灯。网船配备有三合一海图机、探程为 1200 m 的声呐、北斗定位导航系统和对讲机等,配员 11~14 人。

2. 灯艇

玻璃钢艇,内置 12 kW 的柴油发电机 1 台,设 1 kW 的弧光灯 4 盏。

(二)副渔具

渔船使用抄网作为副渔具。用直径 12 mm 的不锈钢筋做网圈,网圈直径 600 mm。网衣由结构号数为 36 tex 20×3 的乙纶网线编结,单死结,目大 40 mm,纵向拉直长 1200 mm,下部开口边缘穿过直径 8 mm 的乙纶束绳。手柄钢管直径 38 mm,长 2.50 m。

(三)捕捞操作技术

1. 探鱼

用垂直探鱼仪和声呐进行航测,选择鱼群较多且密集的海域进行作业。

2. 光诱

日落时,先将灯架放低至离水面约 1.50 m 处固定,然后开灯光诱。视海况采用漂流光诱、拖锚光诱或抛锚光诱，采用水锚的渔船更加方便。光诱一段时间后，开启探鱼仪探测趋光鱼群情况，如趋光鱼群密集，则可放网围捕。

3. 放网

从船尾吊下灯艇，灯艇启动发电机，待两舷的灯亮后离开网船约 60.00 m，网船逐步熄灭船上所有的诱鱼灯和甲板照明灯。待灯船把网船下方诱集的鱼群吸引到灯艇下方后，网船逐渐离开灯艇至 150.00～200.00 m 的距离，并且选择适当位置放网。左舷放网，先丢下网头灯标，再松放网头绳，打开底环摆杆，最后网船按圆形航线进行放网包围鱼群。包围即将完成，视包围的封闭情况适当松放跑绳，快速封闭包围圈。

4. 起网

迅速提起网头灯标，解下网头绳和括绳引绳，利用绞纲机鼓轮从左舷收绞网头绳和跑绳，利用绞纲机滚筒从船头收绞括绳引绳。网头绳、跑绳和括绳引绳收绞完后，再利用侧抽绳配合括绳的收绞将两网头收拢。括绳收绞完毕且底环被拉上船头甲板后，开始收绞网衣，先竖起置于船左舷中部的滚筒，利用集束分段牵引绞收的方法逐段收绞网衣。网衣一边收绞一边理顺，整齐叠放于前甲板左舷一侧。网衣收绞到取鱼部时，形成一个网槽，网槽内鱼群高度集中，向下压力很大，可能会压沉浮子纲使鱼群外逃，此时灯艇应协助牵拉，当网槽圈缩小到一定限度时，打开大吊杆，将网槽中部上纲稍吊离水面。继续拉收取鱼部网衣，使鱼群密集并上升至水面，打开起鱼吊杆，放下抄网捞取渔获物。捞取渔获物时，1 人操抄网手柄，1 人负责绞吊，1 人操抄网底束绳，两人负责加冰。抄网中的渔获物直接卸入（冷水）鱼舱。

四、有囊围网捕捞技术

有囊围网的作业方法与无囊围网一样，主要有起水鱼围捕、阴诱围捕、光诱围捕和瞄准围捕四种，主要是围捕鲐、鲹等中上层鱼类。采用阴诱围捕的有囊围网，适用于夏季诱捕金色小沙丁鱼和鲐、鲹幼鱼；采用光诱围捕的有囊围网，适用于围捕鲐、鲹等；采用瞄准围捕的有囊围网，适用于围捕带鱼。

有囊围网与无囊围网一样，是用以包围集群鱼类的网具，为此人们要先利用各种方法去侦察鱼群。若发现起水集群鱼，即可进行起水鱼围捕作业。若发现分散的趋光鱼群，则可进行光诱围捕作业。有囊围网的鱼群侦察和光诱技术与无囊围网相类似。

下面只介绍浙江普陀带鱼对网的渔船和捕捞操作技术。

（一）渔船

浙江普陀带鱼对网的渔船为木质，船长 26.00 m，型宽 5.20 m，型深 2.20 m，总吨位 65 GT，主机功率 110 kW，自由航速 9.0～9.5 kn。主、副船相同。

船上主要装备有：辅机 1 台，功率 8.8 kW（副船无）；立式绞纲机 2 台（副船 1 台），每台绞纲机拉力 14.71 kN；探鱼仪 1 台（副船无），单边带对讲机 2 台（主、副船各 1 台），电台 1 台（副船无）。

作业人员：主船 20～24 人，副船 8 人。

（二）捕捞操作技术

1. 放网前的准备

主船整理好网具，盘放于右舷甲板，右网翼在前，左网翼在后，下、上纲前后分开，网囊置于左网翼之上，并连接好各种绳索。抵渔场后，主船根据探鱼映像、作业水深和风、流情况，决定放网位置、曳绳长度和结缚沉石数量。准备妥当，与副船联系放网。

2. 放网

主船定好航向以慢速或中速前进。副船以相同或稍快速度自主船的右前方相迎驶拢，相距20～30 m时空车或慢速趋近，两船右舷相遇。副船接过由主船投过来的右曳绳及右翼支绳，将曳绳绕过船尾系于左舷缆桩上。在船尾部用绳索将曳绳吊高，防止其接近螺旋桨。右翼支绳先系于机舱边缆桩上，后移系于尾侧缆柱上，同时保持匀速前进。主船放出右曳绳，待右曳绳受力后，右舷开始放网，依次放出右网翼、网囊和左网翼，慢速松放左曳绳至预定长度，并分别将左曳绳和左翼支绳系到与副船相应的位置上。两船以曳绳、支绳的长短来调整船向和两船间距，以预定的主机转速曳行。

3. 曳网

一般以中速拖曳40～60 min（捕大黄鱼时以快速拖曳5～15 min）。根据风速、流速及捕捞对象的情况，不断用支绳的长短来调整船向和两船间距。

4. 起网

主船与副船联系做好起网准备。起网前约10 min，主机转速逐步提高。确定起网后，两船逐渐靠拢。两船靠近时均停车，主船右转让副船超越其船首，互以左舷相遇。待主船钩住右曳绳后，副船迅速投过引缆、拖船缆和右曳绳，并解去右翼支绳。主船把右、左曳绳分别绕于前、后绞机绞盘上起绞。同时把拖船缆及其支绳分别锁于左舷中部前、后弹钩上。副船继续松放拖船缆，注意避免拖船缆与螺旋桨纠缠，船首转至主船正横方向，以慢速拉紧拖船缆，再根据风、流情况，把主船横向拖着。主船同步收绞两条曳绳。曳绳收绞完后，钩住左、右翼叉绳，解下两翼的上、下引绳，分别绕入前、后绞机的绞盘上同步绞收，并收拉叉绳。每翼11～12人，同时边拉网翼，边整理盘放。网翼起上后，起网囊。起至网囊后半部，主船拉开弹钩卸去拖船缆，由副船收上盘挂于船尾。然后主船开始捞鱼。鱼少时，直接把网囊吊上；鱼多时，拆开囊底抽口绳或一段绕缝线，用抄网捞取。取鱼完毕，边动车，边整理网具，准备再放网。

一般网次时间2 h左右，其中放网约5 min，曳网40～60 min，起网30～40 min，取鱼时间长短不一。鱼旺发时，缩短曳网时间，以增加网次，提高产量。

第四节　围网渔具图及其核算

一、无囊围网渔具图及其核算

标注无囊围网网衣、绳索、属具的形状、材料、规格、数量和制作装配工艺要求的图称为无囊围网渔具图，又称为无囊围网网图，简称为围网网图。

（一）无囊围网网图种类

无囊围网网图有总布置图、网衣展开图、局部装配图，浮沉力布置图、作业示意图等。每种围网一定要绘有网衣展开图、局部装配图和浮沉力布置图。围网调查图一般可以绘制在两张图纸上。第一张绘制网衣展开图，第二张绘制局部装配图和浮沉力布置图，如图5-51所示。

1. 网衣展开图

一般要求绘出整盘网衣的展开图。但对于大型的双翼式围网，若在一张图纸上绘出整盘网衣有困难时，也可只绘出取鱼部网衣及其一端的翼网衣，并且在取鱼部网衣中点的上方标注左右对称中心符号。网衣展开图的轮廓尺寸按如下规定绘制：水平长度依结缚网衣的上纲长度按比例缩小绘制，垂直高度依网衣拉直高度按同一比例缩小绘制。

2. 局部装配图

双翼式围网的前、后网头结构装配基本类似，可以只绘出一端的网头部分（一般画出左侧前网头部分）的结构装配。要绘出浮子方、沉子方的结构，上、下、侧缘网衣之间的配布方式，上纲部分、下纲部分、侧纲部分、网头部分、收括部分绳索之间的连接，并标注各种绳索的材料和规格，如图 5-51（b）的上方所示。单翼式围网的前、后网头装配不同时，应分别绘制出前网头和后网头的局部装配图。

3. 浮沉力布置图

要标注浮子、沉子、底环、沉锤等材料、规格、数量及其安装间隔的长度和数量，如图 5-51（b）的下方所示。

双翼式围网的浮沉力布置图一般左右对称，故其布置图可以只绘出一侧的布置，在图形中轴线上标注左右对称中心符号。图 5-51（b）包括 3 个分图：上方为浮子布置图；中间为沉子布置图；下方为底环布置图。在浮子布置图中，中间用粗实线描绘 1 条上纲（HR）直线，其上方标注浮子的安装间距，单位为 mm，下方标注整盘围网的浮子数量、材料及其规格。沉子布置图和底环布置图也按同样要求进行绘制和标注。

（二）无囊围网网图标注

围网调查图的第一张图纸上部有 1 个标题栏，在第二张图纸的下部有 1 个使用条件栏。标题栏和使用条件栏的内容与刺网网图中一样。设计图的标题栏在图的右下角，使用条件用技术说明标出。

1. 渔具名称

渔具图标题栏中的渔具名称均采用俗名。在渔具名称的下方标出主尺度。

2. 主尺度标注

无囊围网主尺度：结缚网衣的上纲长度×网衣最大拉直高度。网衣最大拉直高度是指网具（垂直方向）最高部位所有网衣拉直高度之和。

例如：灯光围网［图 5-51（a）］主尺度：208.23 m×102.10 m。

3. 网衣标注

无囊围网的网衣展开图一般由多幅矩形网衣组成，每片网衣的规格和缩结系数代号（带括号的小写英语字母）均参考第三章所述方法标注。

4. 绳索标注

见第三章内容。

灯光围网（海南 三亚）
208.23 m×102.10 m

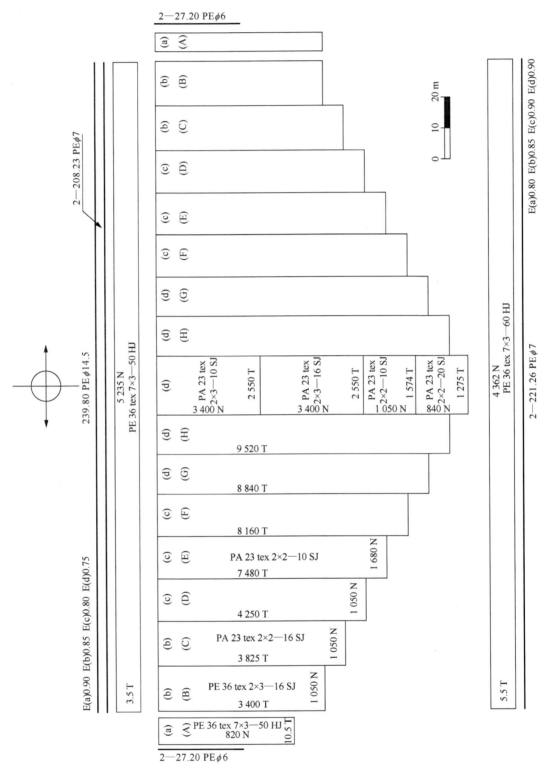

图 5-51（a） 围网网图（调查图，局部）

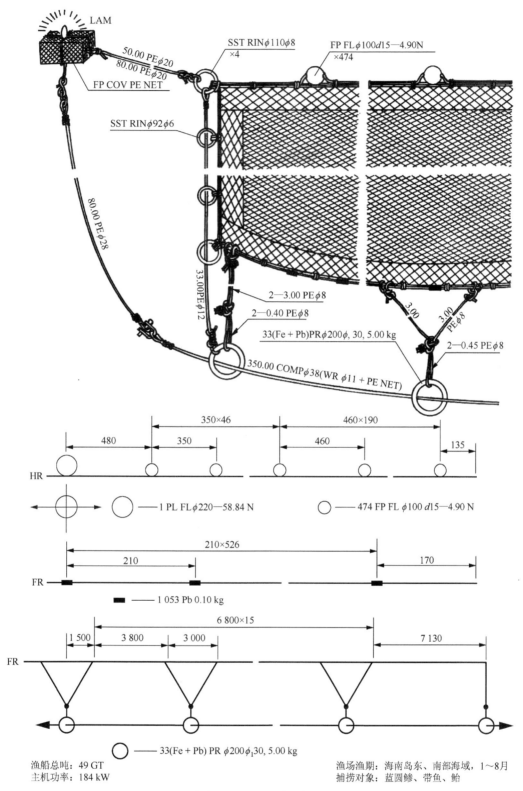

图 5-51（b） 围网网图（调查图，局部）

渔船总吨：49 GT
主机功率：184 kW

渔场渔期：海南岛东、南部海域，1～8月
捕捞对象：蓝圆鲹、带鱼、鲐

5. 属具标注

除了侧环的数量、材料、规格及其安装间距标注在局部装配图中外，其他属具的均标注在浮沉力布置图中。

属具标注见第三章内容。

6. 其他标注

①在网衣展开图中，若有几幅网衣的材料规格（包括网线材料规格、目大、网结类型及长、高目数）相同时，可只标注其中 1 幅网衣的材料规格，其余相同的网衣用带括号的大写英语字母来表示，并且标注在缩结系数代号下方。如在图 5-51（a）中，灯光围网的取鱼部两侧的各幅网衣左、右对称，故可只标注左侧各幅网衣的材料规格，而右侧的各幅网衣只用（A）～（H）来表示，并分别标注在各幅网衣的缩结系数代号（a）～（d）的下方。

②若有几幅网衣的网高目数呈等差数列递增，而其他材料规格均相同时，可只标注最低边和最高边的网衣材料规格。

（三）无囊围网网图核算

所有渔具进行制作装配前，均应先对渔具图进行核算。如果发现渔具图有错误时，应先进行修改后，再按照核对好的渔具图数据制定材料表，然后按照材料表备料，最后根据核对好的渔具图进行制作装配。对于设计图，则无需制作材料表。

双翼式围网的网图核算，包括核对取鱼部各幅网衣的网宽目数，上、下纲长度，网衣最大拉直高度，上、下缘网衣网长目数，侧纲长度，侧抽绳长度，浮子，底环，侧环个数，等等。

根据取鱼部各幅网衣应等宽的原理来核对各幅网衣的网宽目数。根据侧缘网衣和主网衣各幅网衣的目大、网长目数和上、下边缘缩结系数计算其上下边缘应配纲的长度，然后核算上、下纲长度。根据网具最高部位处上、下缘网衣和主网衣的目大和网高目数核算网衣最大拉直高度。上、下缘网衣的缩结系数分段与侧缘网衣、主网衣各幅网衣的上、下边缘缩结系数相同时，可根据上缘网衣的拉直长度应与侧缘网衣和主网衣各幅网衣的拉直长度之和相等的原理来核算上缘网衣的网长目数。再根据上、下缘网衣的拉直长度应相等的原理来核算下缘网衣的网长目数。根据侧纲长度应等于或小于上、下缘网衣和侧缘网衣的缩结高度之和的原理来核对侧纲长度。根据侧抽绳净长应稍大于其安装部位长度的原理来核对其长度。先证明浮子、沉子、底环、侧环的安装间隔正确，然后再核算其个数。

例 5-1 试对海南省三亚市的灯光围网网图［图 5-51（a）、图 5-51（b）］进行核算。

解：

1. 核对取鱼部各幅网衣的网宽目数

副取鱼部和主取鱼部的目大均为 10 mm，现副取鱼部与主取鱼部的网宽目数一样，均为 2550 目，这是正确的。

近取鱼部有两幅网衣，其上幅的网宽应与副取鱼部的网宽相等，则近取鱼部上幅的网宽目数应为
$$10 \times 2550 \div 16 = 1593.75(目)$$

可取为 1594 目。经核对有误，网图中标注为 1574 目错误，应改为 1594 目。近取鱼部下幅的网宽应与上幅的网宽相等，则近取鱼部下幅的网宽目数应为
$$16 \times 1594 \div 20 = 1275.2(目)$$

可取为 1275 目。经核对无误。

2. 核对上纲长度

侧缘网衣和主网衣各幅网衣的上方应配纲的长度：
侧缘网衣（A）
$$0.050 \times 10.5 \times 0.90 = 0.47(m)$$

翼网衣（B）、（C）

$$0.016 \times 1050 \times 0.85 = 14.28 (m)$$

翼网衣（D）

$$0.016 \times 1050 \times 0.80 = 13.44 (m)$$

翼网衣（E）、（F）

$$0.010 \times 1680 \times 0.80 = 13.44 (m)$$

翼网衣（G）、（H）

$$0.010 \times 1680 \times 0.75 = 12.60 (m)$$

主取鱼部

$$0.010 \times 2550 \times 0.75 = 19.125 (m)$$

根据国家标准的数值修约规定（GB/T 8170—2008），主取鱼部上方应配纲的长度应取为 19.12 m。则上纲长度应为

$$(0.47 + 14.28 \times 2 + 13.44 + 13.44 \times 2 + 12.60 \times 2) \times 2 + 19.12 = 208.22 (m)$$

核算结果比网图数字（208.23 m）少 0.01 m，这是由于该网图计算主取鱼部的上方应配方纲长度后修约时的错误造成的，即 19.1250 不应修约为 19.13，而应修约为 19.12。故该网图的上纲标注应改为 2—208.22 PE ϕ 7，该网图的主尺度标注应改为 208.22 m×102.10 m。上述核对基本无误，说明侧缘网衣和主网衣各幅网衣的上边缘缩结系数无误，又初步说明侧缘网衣和主网衣各幅网衣的目大、网长目数也均无误。

3. 核对下纲长度

侧缘网衣和主网衣各幅的下边缘应配纲的长度：

侧缘网衣（A）

$$0.050 \times 10.5 \times 0.90 = 0.47 (m)$$

翼网衣（B）、（C）

$$0.016 \times 1050 \times 0.90 = 15.12 (m)$$

翼网衣（D）

$$0.016 \times 1050 \times 0.85 = 14.28 (m)$$

翼网衣（E）、（F）

$$0.010 \times 1680 \times 0.85 = 14.28 (m)$$

翼网衣（G）、（H）

$$0.010 \times 1680 \times 0.80 = 13.44 (m)$$

近取鱼部

$$0.020 \times 1275 \times 0.80 = 20.40 (m)$$

则下纲长度应为

$$(0.47 + 15.12 \times 2 + 14.28 + 14.28 \times 2 + 13.44 \times 2) \times 2 + 20.40 = 221.26 (m)$$

核算结果与网图数字相符，说明下纲长度、侧缘网衣和主网衣各幅网衣的下边缘缩结系数均无误，并且进一步说明侧缘网衣和主网衣各幅网衣的目大、网长目数均无误。

4. 核对网衣最大拉直高度

该网具的最高部位是取鱼部，则其网衣最大拉直高度应为

$$0.050 \times 3.5 + 0.010 \times (3400 + 3400) + 0.016 \times 1050 + 0.020 \times 840 + 0.060 \times 5.5 = 102.10 (m)$$

核算结果与主尺度数字相符，说明网衣最大拉直高度，上、下缘网衣和取鱼部各幅网衣的目大和网高目数均无误。

5. 核对上缘网衣网长目数

该网网图中，上缘网衣中没有标注缩结系数代号，说明上缘网衣的缩结系数分段与侧缘网衣、主网衣各幅网衣的上边缘缩结系数取为相同，即上缘网衣的拉直长度应与侧缘网衣、主网衣的各幅网衣拉直长度之和相等，则上缘网衣的网长目数应为

$$[(0.050 \times 10.5 + 0.016 \times 1050 \times 3 + 0.010 \times 1680 \times 4) \times 2 + 0.010 \times 2\,550] \div 0.050 = 5235(目)$$

经核对，网图数字无误。

6. 核对下缘网衣网长目数

上、下缘网衣的拉直长度应相等，则下缘网衣的网长目数应为

$$0.050 \times 5235 \div 0.060 = 4362.5(目)$$

取整数为 4362 目。经核对无误。

7. 核对侧纲长度

上、侧、下缘网衣的缩结高度之和为

$$(0.050 \times 3.5 + 0.050 \times 820 + 0.060 \times 5.5) \times \sqrt{1 - (0.90)^2} = 18.09(m)$$

核对结果，网图上的侧纲长度（27.20 m）大于上、侧、下缘网衣的缩结高度之和，则侧纲并不受力，无法起到保护网具两侧边网衣的作用，故是不合理的。但在该网的调查报告中写明，"（6）侧纲：由直径 6 mm 的乙纶绳制成，净长 27.20 m，与侧缘纲对折使用，每盘网共用 2 条"，则侧纲和侧缘纲对折后的实际净长应为 13.6 m，故图上标注"2—27.20 PE ϕ6"错误，应改为"2—13.60 PE ϕ6"，则侧纲长度小于 18.09 m，是合理的。

8. 核对侧抽绳长度

与侧抽绳安装部位相对应的侧纲、底环绳和纽扣绳的长度之和为

$$13.60 + 3.00 + 0.40 = 17.00(m)$$

侧抽绳的净长可等于或稍大于 17.00 m。但网图中标注的长度为 33.00 m，太长，不合理。现取净长约 17.00 m，加上两端各留头 0.5 m，侧抽绳全长可取为 18.00 m。

9. 核对浮子个数

假设浮子安装的间隔长度和间隔数量正确，则上纲长度应为

$$(0.48 + 0.35 \times 46 + 0.46 \times 190 + 0.135) \times 2 = 208.23(m)$$

核算结果与网图标注一致，但在前面核对上纲长度时已把上纲长度改为 208.22 m，即减少了 10 mm。因此，应把图 5-51（b）中间的浮子布置图中上纲两端浮子端距 135 mm 改为 130 mm。除了在上纲中点装有 1 个球体硬质塑料浮子外，其余的球体泡沫塑料浮子的个数应为

$$(1 + 46 + 190) \times 2 = 474(个)$$

经核对无误。

10. 核对沉子个数

假设沉子安装间隔的长度和数量正确。则下纲长度应为

$$(0.21 \times 526 + 0.17) \times 2 = 221.26(m)$$

经核对无误，说明假设无误，则铅沉子个数应为

$$1 + 526 \times 2 = 1053(个)$$

经核对无误。

11. 核对底环个数

假设底环安装间隔的长度和数量正确，则下纲长度应为
$$3.00 + (6.80 \times 15 + 7.13) \times 2 = 221.26(\text{m})$$
经核对无误，说明假设无误，则底环个数应为
$$1 + (15 + 1) \times 2 = 33(\text{个})$$
经核对无误。

12. 核算侧环个数和安装间距

网图中没有标注侧环的数量及其安装间距。南海区的灯光围网，侧环的安装间距一般为 2.4～3.2 m。现该网的侧纲实际为 13.60 m，若一侧的侧环个数取用 5 个，则侧环的安装间距为
$$13.60 \div 5 = 2.72(\text{m})$$
此安装间距在 2.4～3.2 m 内，是合理的。

此外，在上纲两端各用 1 个连接环分别与网头绳和跑绳连接，连接环可采用与侧环同规格的不锈钢圆环，则围网两侧的侧环加上两侧的连接环共需 12 个不锈钢圆环。根据实际情况，连接环也可改用稍粗的不锈钢条制成。

根据上述对海南省三亚市的灯光围网（《南海渔具》53 页）的核对结果，得知图 5-51 中需进行修改之处如下：

①在图 5-51（a）中（自上而下）：a. 主尺度标注改为 208.22 m×102.10 m；b. 上主纲、上缘纲的规格标注改为 2—208.22 PEϕ7；c. 侧纲的规格标注改为 2—13.60 PEϕ6（2 处）；d. 近取鱼部上幅网衣的网宽目数改为 1594 T。

②在图 5-51（b）中（自上而下）：a. 侧抽绳的规格标注改为 18.00 PEϕ12；b. 在浮子布置图的右端，上纲两端的浮子端距 135 mm 改为 130 mm。

二、有囊围网渔具图及其核算

（一）有囊围网网图的种类

有囊围网网图有总布置图、网衣展开图、局部装配图、浮沉力布置图、作业示意图等。每种有囊围网一定要绘有网衣展开图、总布置图、局部装配图和浮沉力布置图。有囊围网的囊网衣分段较多，并且增减目方法过于繁杂而无法在网衣展开图中详细标注清楚时，应另外编制一张"网衣材料规格表"来表示其详细规格。要完整地表示较大型网具的结构和装配，调查图一般绘制在 4 张 A4 纸上。第一张绘制网衣展开图和总布置图，第二张绘制网衣材料规格表，第三张绘制局部装配图，第四张绘制浮沉力布置图和作业示意图。

1. 网衣展开图

我国大型的有囊围网，一般由左、右两块网衣缝合而成，因此可绘制成左、右两块网衣的展开图，每块网衣的展开如图 5-52 所示。由于两块网衣互相对称，故可按半展开模式只绘出一块网衣展开图，并在其上方标注有上网衣符号"↑"和下网衣符号"↓"。在图 5-52 中，由于翼网部网衣又可看作由上、下对称的斜梯形网衣组成，则可沿着翼网部网衣中间的纵向增目线将翼网部上、下分开，形成如图 5-52 中的 4 所示的左、右 2 片斜梯形网片；由于囊网衣也可以看作上、下对称的多边形网衣组成，

则可沿着囊网衣中间的对称轴线将囊网衣上、下分开，形成如图 5-52 中的 8 所示的左、右两片直角多边形网片。图 5-52 既是有囊围网背部的上网衣展开图，又是有囊围网腹部的下网衣展开图。

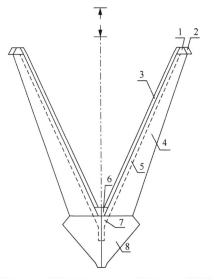

1. 翼端部；2. 翼端缘网衣；3. 上、下缘网衣；4. 翼网衣；
5. 翼网衣双线部位；6. 三角网衣；7. 囊网衣双线部位；8. 囊网衣

图 5-52　有囊围网网衣半展开图

当有囊围网在海中向前移动作业时，在网具前移方向的两侧进行侧视，并且以网衣的纵向中心线为基准，绘出左侧或右侧的一块网衣，这是一种全展开的绘制方法，如图 5-34 所示。

无论是全展开或半展开的绘制方法，有囊围网网衣展开图的轮廓尺寸应按如下规定绘制：纵向长度依网衣拉直长度按比例缩小绘制；横向宽度依网衣拉直宽度的一半按同一比例缩小绘制。

在网衣展开图中，除了标注每段网衣的材料及规格外，还要标注结缚在网衣边缘纲索的材料及规格，如上纲、下纲的材料及规格。要求用局部放大图的形式标注三角网衣的规格，如图 5-33（a）的上方所示。

我国大型的有囊围网，均是先编结和缝合成左、右两大块如图 5-34 所示的网衣后，再在网囊部位将 2 片囊网衣的两侧边分别绕缝而形成 1 个圆锥形的网囊。而小型的有囊围网，若其网囊是 1 个圆锥网衣时，则不必在囊网衣图形中间画 1 条纵向粗实线，可以画成类似图 5-33（a）上方所示的网衣半展开图的图形。

2. 总布置图

总布置图要求表示完整的网具形状和结构。图上应绘出网具结构各组成部分的相互配布关系，如图 5-33（a）的下方所示。

3. 局部装配图

局部装配图要求绘出一边翼端部分及其前方的网衣、绳索和属具的连接装配，应标注翼端纲、叉绳、引绳、搭纲绳、沉石绳、曳绳等绳索的材料规格，还应标注沉石的材料规格和数量，如图 5-33（c）的上方所示。

还要求绘出浮、沉子方装配图。在图中应标出浮、沉子的装配方法，如图 5-33（c）中的⑤、⑥放大图所示。

还可考虑绘出三角网衣和缘网衣、翼网衣、囊网衣的配置示意图，如图 5-33（c）中的⑦所示；还可考虑绘出囊底抽口绳的装配图，如图 5-33（c）中的⑧所示；还可考虑绘出力纲上沉子的装配图，如图 5-33（c）中的⑨所示。凡在总装配图中未能明确表达的，都应用放大图标出。

4. 浮沉力布置图

有囊围网的浮沉力配布左右对称，故其浮沉力布置图可只绘出其右侧一边的配布数字。在图中要求标注浮子、沉子、沉石等的材料、规格、数量及其安装的间隔长度和间隔数量，如图 5-33（d）的上方所示。此图包括 3 个分图，上方为浮子布置图，中间为沉子布置图，下方为沉石布置图。

5. 作业示意图

作业示意图可分为表示整个放起网过程的动态作业示意图和表示曳网状态的瞬时作业示意图。前者又可称为放起网作业示意图，后者一般绘成曳网作业示意图。

在曳网作业示意图中，网具部分的绘制和总布置图相似，要求表示出整个网具的形状和结构，但可比总布置图简化些，不需要结构完整。还应绘出网具和渔船的连接，呈现曳网作业时的网、船动态，以及标注支绳的材料和规格，如图 5-33（d）的下方所示。

（二）有囊围网网图的标注

1. 主尺度标注

有囊围网主尺度：结缚网衣的上纲长度×网口网衣拉直周长×囊网衣拉直长度。

例：带鱼对网［图 5-33（a）］主尺度：

$$501.12 \text{ m} \times 396.55 \text{ m} \times 83.16 \text{ m}$$

2. 网衣标注

有囊围网属多种规格网线编织成多种形状网衣组合的裤装网衣，由于网衣展开图空间有限，难以标注全部的资料，应采用引出法标注。将各网的长度目数、拉直长度、网线材料规格、网目尺寸和结节型式引出（上片）左侧，（下片）右侧标注，各项与相应部位横向对齐，不同部位用细横线分隔，各项纵向用空列相间。拉直长度在侧边用刻度线标出（建议以后囊状网衣用此法标注）［图 5-33（a）］。

若采用全展开方式绘制有囊围网网衣展开图，而且只绘成一侧网衣的图形，则该图的上方应标注左、右侧网衣符号"|←——→|"，表示图中所标注的材料及规格，既是左侧网衣的，也是右侧网衣的，如图 5-34 所示。若网衣展开图是采用半展开方式绘制的，则在该图的上方应标注有上、下网衣符号"↕"，表示图中所标注的材料及规格，既是上网衣的，也是下网衣的，如图 5-33（a）的上方所示。

在网衣展开图中，网衣的网宽目数标注在网衣轮廓线内和靠近网衣前、后边缘横线的中间处。在全展开的网衣图中，其网宽目数标注整片网衣的目数。在半展开的网衣图中，其网宽目数标注半片网衣的目数。在图 5-33（a）的网衣展开图中，其翼网衣图按半展开绘制，故其前、后头的网宽目数是标注半片网衣的网宽目数；翼端部缘网衣的网衣展开图均是全展开绘制的，故其前、后头的网宽目数是标注整片网衣的网宽目数。在图 5-33（a）的翼网部网衣的后边缘标注为（800），这表示半片翼网部网衣大头的起编数目。

我国 21 世纪前的有囊围网网衣是由手工直接编结而成的。在其网衣展开图中，翼网衣后头是附有括号的网宽目数，是指后头的起编目数，此目数是后一段网衣前端的网宽目数。凡是在翼网衣边缘用虚线划出和标注有双线符号"◈"的部位的前、后头附近标注的附有括号的网宽目数，既表示此目数为双线部位的前、后头目数，又表示此目数为翼网衣前、后头网宽目数的一部分。现以图 5-33（a）的网衣展开图为例来说明附有括号的网宽目数的意义。如半片翼网部网衣的大头标注为（800），即表示半片翼网部大头是由囊网衣前头的 800 目起编，则整片翼网部大头是由囊网衣前头 1600 目起编的。又如在网衣展开图上方的三角网衣放大图中，可知三角网衣是由左、右 2 片直角梯形网衣组成的，其每片网衣的小头标注为（6），即表示此网衣的小头是由每片囊网衣两侧边缘的前头 6 目起编，类似如图 5-33（c）的⑦图所示[①]。

再如翼网部网衣两侧边缘用虚线划出的双线部位后、前头目数分别标注（80）和（50）。后头的（80），既表示翼网部两侧边缘双线部位大头是由囊网衣前头的 80 目起编，又表示这 80 目包括在每片翼网部大头的起编目数 1600 目之内；前头的（50），既表示翼网部两侧边缘双线部位小头为 50 目，又表示这 50 目包括在每片翼网部小头 600 目之内。

---

①此⑦图是按"浙江报告"86 页的⑥图扫描过来的，直角梯形网衣的起编目数应为 6 目，但此⑦图的起编目数只画为 2 目，故说明此⑦图只是表示由 2 片直角梯形网衣组成的三角网衣与翼网部网衣、缘网衣、囊网衣之间是如何配布和缝合的示意图。

在网衣展开图中，翼网衣两侧边缘的编结符号标注在网衣轮廓线内，网衣中间的编结符号标注在网衣轮廓线的右侧。网衣材料及规格的其他数字均标注在网衣轮廓线外的左侧，从内向外依次为目大（2a）和网结类型、网线材料规格（MAT）、各段网衣纵向拉直长度（NL，在纵向直线的右侧）和各段网衣网长目数（◇，在纵向直线的左侧）。

网衣的编结方法用编结符号表示：

①网衣中间纵向增减目用"增减目道数—每道增减目周期组数（周期内节数±周期内增减目数）"表示，例如图5-33（a）中翼网部网衣中间的纵向增目表示方法：1—700（6r＋4）。

②网衣中间横向增减目用"每路增减目数（增减目位置的横向间隔目数±1）"表示，例如图5-33（b）中囊网衣1段末节的横向增目表示方法：96（13＋1）26（14＋1）。

③绳索标注。关于绳索的标注方法，见第三章内容。

④属具标注。属具的数量、材料、规格及其装配间隔大部分已标注在浮沉力布置图中，其他的如转环、卸扣等则标注在局部装配图中。

关于属具的标注方法，见第三章内容。

（三）有囊围网网图核算

有囊围网网图的核算，包括核对各段网衣的网长目数、编结符号、网宽目数、各部分网衣的配纲和浮子、沉子、沉石的个数及其安装规格。

1. 网图核算的步骤与原则

（1）核对各段网衣的网长目数

在网图中标有各段网衣的拉直长度时，可先根据各段网衣的目大和网长目数算出各段网衣的拉直长度。假如算出的各段网衣拉直长度与网衣展开图中标注的各段网衣拉直长度相符，则说明各段网长目数无误，否则就需改正。若网图中有网衣材料规格表的，可在表中根据各段网衣的目大和网长目数核算其拉直长度。表中的各段网衣拉直长度核对无误后，再对照检查网衣展开图中标注的目大、网长目数和拉直长度等数字是否有误。

（2）核对各段网衣的编结符号

根据网长目数除以编结周期内的纵向目数（以后简称纵目）可以得出网衣中间的每道增减目周期组数或网衣边缘的减目周期组数。假如各段算出的周期组数与编结符号内的周期组数相符，则说明编结符号中的增减目周期组数和周期内节数均无误，否则就需改正。

（3）核对各段网衣的网宽目数

根据网口目大和网口目数计算出网口周长是否与主尺度数字相符，若相符就以此为已知数，向前核对网翼各段的大小头目数，然后再向后核对网囊各段的网宽目数。

在核对各段网衣大小头目数时，一般是把已核对无误的编结符号和大头目数（或小头目数）作为已知数，由这些已知数求出小头目数（或大头目数）。假如求出的目数与网图数字相符，即说明网图无误，否则应加以改正。

核对各段网衣大小头目数的具体计算方法，因网衣编结制作工艺不同而有所不同。我国的有囊网具，按网衣制作工艺的不同可分为剪裁网和编结网两种。我国的有囊围网属于手工编结网。现简要地介绍类似图5-33（a）上方的网衣半展开图的核算方法。

①翼网部半片斜梯形网衣大小头目数校核公式。

网衣中间增目方式可按下式计算出一半增目的横向增加目数：

$$x' = n'z'(t \div 2)$$

网衣边缘减目方式可按下式计算出网衣边缘的横向减少目数：

$$x'' = n'' \cdot z''$$

计算出 x' 值和 x'' 值后即可代入下列校核公式来计算斜梯形网衣的大小头目数：

$$m_2 = m_1 + x' - x'' = m_1 + n' \cdot z'(t \div 2) - n'' \cdot z'' \tag{5-4}$$

式中，m_2——小头目数；

　　　m_1——大头起编目数；

　　　x'——一半增目道的横向增加目数；

　　　x''——网衣配纲边的横向减少目数；

　　　n'——周期内的横向增加目数；

　　　n''——周期内的横向减少目数；

　　　z'——每道增目周期组数；

　　　z''——每道减目周期组数；

　　　t——增目道数。

②2r±1 边的横向增减目数。若从起编目数计算，2r±1 边的横向增减目数等于编长目数。若从起头目数（小头或大头目数）计算，2r±1 边的横向增减目数比编长目数少一目。

③囊网衣横向增减目方法的核算。有囊围网的囊网衣一般是由若干段横向增减目网衣和若干段无增减目网衣组成的。只有小型的、个别的囊网衣是由若干段纵向减目网衣组成的。大型的有囊围网，其囊网衣自前向后由横向增目网衣、无增减目网衣和横向减目网衣三部分组成。每段网衣基本上均为矩形网衣，其横向增减目一般只在末节进行增减。在网图中的网衣材料规格表中标明了各段网衣之间的横向增减目方法。核对囊网衣的网宽目数，只能从核对各段网衣之间的横向增减方法入手。若根据两段不同的网宽目数核算出来的横向增减目方法与表中标明的数字一样，则说明网宽目数是正确的，否则不是网宽目数有误就是所标明的横向增减目方法有误，这就要从前后的网宽目数和增减目方法的变化规律来判断哪个是有误的并加以改正。

横向增减目方法的计算如下。

假设后端网衣的大头起编目数为 m_1，前段网衣的小头目数为 m_2，则两者的差数 n 即为横向增减目数，也就是横向增减目的总次数。若 n 为正值，则为横向增目；若 n 为负值，则为横向减目。将前段网衣后头目数 m_2 除以 n 次，则所得商数的整数 x 是每次增减目的间隔目数，并设有余数 c：

$$m_1 - m_2 = n$$
$$m_2 \div |n| = x \cdots\cdots c$$

则间隔 x 目增减一目为 $(|n|-c)$ 次，而间隔 $(x+1)$ 目增减一目为 c 次，即 $(x\pm1)$ 为 $(|n|-c)$ 次，$(x+1)\pm1$ 为 c 次即为

$$\overline{(|n|-c)(x\pm1)}\ \overline{c(x+1)\pm1}$$

注：上式中上面的一划是表示其下面的两个数应算出后只写成一个数。

④核对各部分网衣的配纲。可先算出各部分网衣配纲的缩结系数，然后检查这些缩结系数是否合理，可根据我国有囊围网配纲的实用值考虑。

核对了各部分网衣配纲的合理性后，接着可计算出结缚网衣上、下纲总长度，核对其是否与网图中的主尺度数字和网衣展开图中的标注数字相符。

⑤核对引绳的装配。这部分包括计算出上引绳长度和上搭纲绳数量、下引绳长度和下搭纲绳数量，并分别核对其是否与网图中标注的长度或数量相符。

⑥核对浮子、沉子和沉石个数。这部分的核算方法与无囊围网网图核算中核对浮子、沉子等个数的方法一样，即先证明浮子、沉子和沉石的安装间隔是正确的，然后才核算出其个数。

2. 网图核算实例

例 5-2　试对带鱼对网 [图 5-33（a）、图 5-33（b）、图 5-33（c）、图 5-33（d）] 进行核算。

解：

（1）核对各段网衣的网长目数

先核算带鱼对网网衣材料规格表 [图 5-33（b）] 中各段网衣的长度，即用各段网衣的目大乘以长度目数（长度节数除以 2 即为长度目数）得出长度（以米为单位）。核算结果，表中的长度全部无误，证明表中的目大、网衣长度和节数均无误。

根据网衣材料规格表中已核对无误的目大、网衣长度和节数对照网衣展开图 [图 5-33（a）的上方] 中的相应数字，证明网衣展开图中各部分网衣的目大、网长目数和长度均无误。

从网衣展开图中可以看出，翼网衣上、下配纲边的缘网衣网长目数（假设缘网衣与翼网衣之间没有缩结）应为

$$75 + 2100 - 29 - 0.5 = 2145.5(目)$$

经核对无误 [从图 5-33（c）中的⑥可看出缘网衣与三角网衣之间编缝了半目]。

翼端缘网衣与翼端部网衣的目大相同，现翼端缘网衣与翼端部网衣的网长目数相同，均为 75 目，这是正确的。翼网衣前端的翼端缘网衣有上、下两片，这两片缘网衣是连在一起的，形成一大片长 150 目、宽 6.5 目的长条网片，这与网衣材料规格表中的翼端缘网衣的数字是相符的。

在网衣材料规格表中，翼网衣的合计长度为 267.52 m，囊网衣的合计长度为 83.16 m（与主尺度的囊网衣拉直长度数字一致）。根据表中数字，网衣拉直总长度应为

$$267.52 + 83.16 = 350.68(m)$$

核算结果与网衣展开图中左侧的纵向直线下方的网衣拉直总长度相符，证明了该网各段网衣的目大、网长目数和长度均无误。

（2）核对各段网衣的编结符号

在网衣展开图中，除了斜边$(2r+1)$符号外，翼网衣还标注有两个编结符号。一个是翼网部网衣中间的一道纵向增目，其编结符号为 1—700$(6r+4)$，已知翼网部网衣长为 2100 目，则其增目周期组数应为

$$2100 \div (6 \div 2) = 700(组)$$

核算结果与编结符号内的周期组数（700）相符，说明增目周期组数和周期内节数均无误。

另一个是翼网部网衣两侧边缘的减目边，其编结符号为 200$(21r-9.5)$，已知翼网部网衣长为 2100 目，则其减目周期组数应为

$$2100 \div (21 \div 2) = 200(组)$$

核算结果与编结符号内的周期组数（200）相符，说明减目周期组数和周期内节数均无误。

（3）核对各段网衣的网宽目数

①核对网口目数。

假设囊网衣前缘的起头目数 1612 目是正确的，则网口周长应为

$$0.123 \times 1612 \times 2 = 396.55(m)$$

核算结果与主尺度的网口周长数字相符，则证明囊网衣的网口目数无误，即囊网衣一段的起头目数无误。

②核对翼网部半片斜梯形网衣的网宽目数[①]。

从图 5-33 可以看出，囊网衣前头目数减去其两侧各留出的 6 目作为直角三角网衣的起编目数外，

[①] 斜梯形网衣的网宽目数，又可称为斜梯形网衣的大头目数和小头目数，又可简称为斜梯形网衣的大小头目数。

其余均为翼网部网衣的起编目数（1612–6×2），则在图 5-33（a）的网衣展图中标注的翼网部半片斜梯形网衣大头的起编目数应为

$$(1612 - 6 \times 2) \div 2 = 800(目)$$

核算结果与网衣展开图的标注（800）相符，即经核对无误。

已知翼网部网衣中间为 1—700(6r + 4)增目，配纲边为 200(21r—9.5)减目，斜梯形网衣大头以 800 目起编，即已知 $m_1 = 800$，$n' = 4$，$z' = 700$，$t = 1$，$n'' = 9.5$，$z'' = 200$。

将上述数值代入式（5-4）可得斜梯形网衣小头目数 m_2 为

$$800 + 4 \times 700 \times (1 \div 2) - 9.5 \times 200 = 300(目)$$

经核对无误，说明斜梯形网衣大小头目数均无误。

③核对翼端部网衣的小头目数。

翼端部网衣由翼网部网衣的小头 300 目起编，两边 2r–1 减目，编长 75 目，则小头应为

$$300 - 75 - 75 = 150(目)$$

经核对无误。

④核对直角三角网衣的网宽目数。

两个直角三角网衣各由囊网衣前头两侧的 6 目起编，两边为 2r + 1 增目和直目向前编结，编长 29 目，则大头应为

$$6 + 29 = 35(目)$$

经核对无误，说明直角三角网衣的大、小头目数均无误。

⑤核对囊网衣 1 段末节的增目方法。

从图 5-33（b）的网衣材料规格表中得知，囊网衣 1 段后头为 $m_2 = 1612$，囊网衣 2 段前头为 $m_1 = 1734$，增目方法可分别为

$$1734–1612 = 122$$
$$1612 \div 122 = 13 \cdots 26$$

则其末节的增目方法为

$$(13 + 1)：(122–26) = 96(次)$$
$$(14 + 1)：26 \ 次$$

即为 96(13 + 1)26(14 + 1)。

经核对无误。

⑥核对囊网衣 41 段的减目方法。

囊网衣 41 段第二节的减目计算为

$$1600–3200 = –1600$$
$$3200 \div 1600 = 2$$

即为 1600(2–1)。

经核对无误。

⑦核对囊网衣 44 段的减目方法。

囊网衣 44 段末节的横向减目计算为

$$1167–1296 = –129$$
$$1296 \div 129 = 10 \cdots\cdots 6$$

则其减目方法为

$$(10–1)：(129–6) = 123 \ 次$$
$$(11–1)：6 \ 次$$

即为 123(10–1)6(11–1)。

经核对无误。

（4）核对各部分网衣的配纲。

①三角网衣的配纲。

从图 5-33（a）的网衣展开图可看出直角三角网衣的配纲为 0.95 m。从网衣展开图上方的三角网衣放大图中可看到直角三角网衣的目大为 0.123 m，大头为 35 目。从网衣展开图中翼网衣的标注和图 5-33（b）的网衣材料规格表中上、下缘网衣行的说明中，得知缘网衣是宽 6.5 目两侧直目编结无增减目长矩形网衣。三角网衣和缘网衣、翼网衣、囊网衣的配置示意图如图 5-33（c）的⑥图所示。从图中可以看出，直角梯形网衣大头靠近（2r+1）边的 4 目是与 4.5 目宽的缘网衣编缝连接的（示意图的绘制不大准确），则在实际的直角三角形网衣大头 35 目中应有 6 目与缘网衣编缝在一起。即与 0.95 m 配纲相结扎的大头目数应为（35−6）目，其目大为 0.123 m，则直角三角网衣缩结系数为

$$E_t = 0.95 \div [0.123 \times (35-6)] = 0.266$$

缩结系数在 0.17～0.46 范围内，是合理的。

②翼网衣的配纲。

从网衣展开图中可看出带鱼对翼网衣与缘网衣的目大相同，故翼网衣的配纲实际就是缘网衣的配纲。从展开图中可看出缘网衣的配纲长度为 249.61 m，目大为 0.123 m，网长为 2145.5 目，而配纲目数应等于缘网衣的网长目数加上缘网衣后端与直角三角网衣大头之间编缝缝合的 0.5 目，则缘网衣的平均缩结系数（翼网衣的平均缩结系数）为

$$E_b = 249.61 \div [0.123 \times (2145.5 + 0.5)] = 0.946$$

缩结系数在 0.90～0.95 范围内，是合理的。

③核对结缚网衣上的上、下纲总长度。

该网的网衣是上下左右对称的，故其结缚网衣的上、下纲总长度是相等的，应为

$$(0.95 + 249.61) \times 2 = 501.12(\text{m})$$

核算结果与主尺度数字相符无误。

④力纲的装配。

力纲装于下三角网衣和网囊腹部的中间缝线上。根据图 5-33（c）中的网衣展开图和局部装配图中的⑥～⑧，其囊网衣在力纲上的缩结系数为

$$E_n = 86.74 \div (0.123 \times 29 + 12.46 + 62.36 + 8.34 + 0.040 \times 1.5 + 0.066 \times 0.5) = 0.999$$

即力纲与网衣拉直几乎等长装配，这是可以的。

⑤囊底抽口绳的装配。

根据图 5-33（c）中的⑦和网衣展开图可以计算出囊底抽口绳长度与囊口圆周拉直长度之比为

$$9.80 \div \left[0.066 \times \left(946 \times 2 \div 2 \times \frac{2}{3} \right) \right] = 0.235$$

此比值在 0.21～0.25 范围内，是合理的。

（5）核对引绳的装配

①核对上引绳长度。

在图 5-33（c）的网衣展开图中可看到网口三角配纲中央有个小圆圈，说明上、下纲均由左、右 2 条纲索连接而成。上引绳分左、右共 2 条。根据带鱼对网的调查报告（《浙江报告》80 页）得知，上引绳后端接有转环，分别结缚于左、右上纲距网口中央 25 m 处。其前端接有绳圈和转环，分别与左、右曳绳连接的上叉绳眼环用小绳绕扎连接，如图 5-33（c）上方的③图所示。

从图 5-33（c）上方的③、④图中可以看出，左、右的上、下纲均伸出翼端 0.40 m 后折回并扎成绳端眼环，则每条上、下纲的净长为

$$0.95 + 249.61 + 0.40 = 250.96(\text{m})$$

从图 5-33（c）的③图中还可以看出，上纲前端的眼环与上叉绳后端的眼环之间用小绳绕扎连接，则上引绳的净长应约等于上纲净长加上叉绳净长（17.10 m）再减网口中央至上引绳后端连接处的距离（25.00 m），即为

$$250.96 + 17.10 - 25.00 = 243.06(\text{m})$$

可取为 243.00 m，核算结果与③图数字相符无误。

②核对上搭纲绳数量。

从上引绳后端连结处开始，向前每间隔 13 m 用 1 条上搭纲绳将上引绳与上纲平行拉直等长地系结在一起，则在上引绳中间可系结的上搭纲绳数量为

$$243.00 \div 13.00 = 18.7(\text{条})$$

可系结 18 条。此外，从报告中还得知，在上叉绳前端距曳绳端 1.70 m 处还应多系结 1 条上搭纲绳，如图 5-33（c）的②、③图之间所示。则整顶网 2 条上引绳系结的上搭纲绳数量应为 19×2，这与图中标注数字（×18×2）不符，故应修改标注为"×19×2"。

③核对下引绳长度。

下引绳也分为左、右共 2 条，下引绳后端接有转环，分别结缚于左、右下纲距网口中央 16 m 处。其前端接有绳圈和转环，分别与左、右曳绳连接的下叉绳眼环用小绳绕扎连接，如图 5-33（c）上方的④图所示。与上引绳净长的计算同理，下引绳的净长应约为

$$250.96 + 17.10 - 16.00 = 252.06(\text{m})$$

可取为 252.00 m，核算结果与④图数字相符无误。

④核对下搭纲绳数量。

下搭纲绳均系结在每个沉石系结处前 0.30 m 处。此外，在下叉绳前端距曳绳端 1.70 m 处还多系结 1 条下搭纲绳。从图 5-33（d）的沉石布置图中可看出，在离网口中央（即指下纲直线左端标注有左右对称中心符号的小圆圈处）16.70 m 处的 27.50 kg 沉石与下引绳后端在下纲的连接处只有 0.70 m（16.70–16.00），距离较近不需系结下搭纲绳。故除了网口中央的 25.00 kg 沉石和第 1 个 27.50 kg 沉石附近不需系结下搭纲绳外，其他沉石连接处前 0.30 m 处均需要系 1 条下搭纲绳。根据沉石布置图可计算出其他沉石的个数为

$$2 + 6 + 5 + 5 + 4 + 1 = 23(\text{个})$$

即在下引绳中间应系结 23 条下搭纲绳，加上在下叉绳前端多系结 1 条下搭纲绳，则整顶网 2 条下引绳系结的下搭纲绳数量应为 24×2，这与图中标注数字（×23×2）不符，故应修改标注为"×24×2"。

（6）核对浮子、沉子和沉石的个数

①核对浮子个数。

在浮子布置图中，假设浮子安装间隔的长度和数量是正确的，则每条上纲净长应为

$$1.90 \times 12 + 2.20 \times 34 + 2.50 \times 20 + 3.00 \times 28 + 3.40 \times 3 + 9.16 = 250.96(\text{m})$$

核算结果与"（5）核对引绳的装配"中核算出的每条上、下纲净长数字（250.96 m）相符，说明假设无误。则整顶网所需外径为 300 mm 的球体硬质塑料浮子 1 个，外径为 260 mm 的球体硬质塑料浮子个数为

$$1 \times 2 = 2(\text{个})$$

中孔球体硬质塑料浮子个数为

$$(28 + 3) \times 2 = 62(\text{个})$$

中孔柱体泡沫塑料浮子个数为

$$(12 + 34 + 20) \times 2 = 132(\text{个})$$

经核对均无误。

②核对沉子个数。

在沉子布置图中，假设沉子安装间隔的长度和数量是正确的，则每条下纲净长应为

$$(0.55 + 0.55) \times 120 + 0.55 \times 65 + 83.21 = 250.96(\text{m})$$

该网的上、下纲是等长的，现核算结果与上纲净长相符，说明假设无误。则整顶网所需的陶沉子个数为

$$(120 + 65) \times 2 = 370(\text{个})$$

铅沉子个数为

$$120 \times 2 = 240(\text{个})$$

经核对均无误。

③核对沉石个数。

在沉石布置图中，假设沉石安装间隔的长度和数量是正确的，则每条下纲净长应为

$$16.70 + 10.00 \times (2 + 6 + 5 + 5 + 4) + 14.16 + 0.10 = 250.96(\text{m})$$

核算结果与上纲净长相符，说明假设无误。则整顶网所需的 20 kg 沉石个数为

$$6 \times 2 = 12(\text{个})$$

22.5 kg 沉石个数为

$$(2 + 5) \times 2 = 14(\text{个})$$

25 kg 沉石个数为

$$1 + 5 \times 2 = 11(\text{个})$$

27.5 kg 沉石个数为

$$(1 + 4 + 1) \times 2 = 12(\text{个})$$

经核对无误。

第五节　围网材料表与网具装配

一、无囊围网材料表与网具装配

（一）无囊围网材料表

围网材料表中的数量指一盘网所需的数量。材料表中的绳索用量要用全长来计算。在网图中，凡是结缚网衣的纲索均标注净长，其他绳索一般标注全长。但采用钢丝绳、夹芯绳、包芯绳的绳索，一般标注净长。

完整的渔具调查图，应标明渔具全部构件的材料、规格和数量等，使我们可以根据渔具图列出制作该渔具时所需的材料表。现根据图 5-51 和例 5-1 的结果列出灯光围网材料表，如表 5-5 和表 5-6 所示。

表 5-5　灯光围网网衣材料表　（主尺度：208.22 m×102.10 m）

名称	使用数量/片	网线材料规格—目大网结	目向	网衣尺寸/目		网线用量/kg	
				网长	网高	每片	合计
翼网衣（B）	2	PE 36 tex 2×3—16 SJ		1 050	3 400	48.49	96.98
翼网衣（C）	2	PA 23 tex 2×2—16 SJ		1 050	3 825	19.42	38.84
翼网衣（D）	2	PA 23 tex 2×2—16 SJ		1 050	4 250	21.56	43.12

续表

名称	使用数量/片	网线材料规格—目大网结	目向	网衣尺寸/目		网线用量/kg	
				网长	网高	每片	合计
翼网衣（E）	2	PA 23 tex 2×2—10 SJ		1 680	7 480	44.57	89.14
翼网衣（F）	2	PA 23 tex 2×2—10 SJ		1 680	8 160	48.63	97.26
翼网衣（G）	2	PA 23 tex 2×2—10 SJ		1 680	8 840	52.68	105.36
翼网衣（H）	2	PA 23 tex 2×2—10 SJ		1 680	9 520	56.73	113.46
主取鱼部	1	PA 23 tex 2×3—10 SJ		2 550	3 400	50.26	50.26
副取鱼部	1	PA 23 tex 2×2—10 SJ		2 550	3 400	30.75	30.75
近取鱼部上幅	1	PE 36 tex 2×3—16 SJ		1 594	1 050	22.73	22.73
近取鱼部下幅	1	PA 23 tex 2×3—20 SJ		1 275	840	9.63	9.63
上缘网衣	1	PE 36 tex 7×3—50 HJ		5 242	3.5	2.17	2.17
下缘网衣	1	PE 36 tex 7×3—60 HJ		4 369	5.5	3.25	3.25
侧缘网衣（A）	2	PE 36 tex 7×3—50 HJ		10.5	820	1.02	2.04
整盘网衣总用量							704.99

其中锦纶渔网线需用 577.82 kg，乙纶渔网线需用 127.17 kg

表 5-6　灯光围网绳索、属具材料表

名称	数量/个（条）	材料及规格	绳索长度/(m/条)		单位数量用量/kg	合计用量/kg	附注
			净长	全长			
浮子纲	1	PE φ14.5	239.80	240.30	24.751	24.76	
上纲	2	PE φ7	208.22	209.42	5.215	10.43	上主纲、上缘纲各 1 条
下纲	2	PE φ7	221.26	222.46	5.540	11.08	下缘纲、沉子纲各 1 条
侧纲	4	PE φ6	13.60	14.00	0.255	1.02	其中 2 条为侧缘纲
侧抽绳	2	PE φ12	17.00	18.00	1.296	2.60	
网头绳	1	PE φ20	50.00	50.70	10.140	10.14	
跑绳	1	PE φ20	80.00	80.70	16.140	16.14	
底环绳	33	PE φ8		6.00	0.197	6.50	对折使用
纽扣绳	33	PE φ8		0.80	0.027	0.89	对折使用
括绳	1	COMP φ38（WR φ11＋PE NET）	350.00	350.80	145.232	145.24	为钢丝绳用量
括绳引绳	1	PE φ28	50.00	51.60	20.228	20.23	
浮子	1	PL φ240—58.84 N					球体硬质塑料浮子
	474	FP φ100 d15—4.90 N					球体泡沫塑料浮子
沉子	1053	Pb 0.10 kg			0.100	105.30	制成铅片钳夹下纲
底环	33	（Fe＋Pb）PR φ200 φ₁30			5.000	165.00	
侧环	12	SSTRIN φ92 φ₁6					其中包括 2 个连接环
网头灯标	1	FP COV PE NET＋LAM					缺具体规格

注：此外尚需若干个金属圆环、卸扣和转环用于绳索与属具之间的连接。两端处的两条底环绳短一些，为了简化计算，所有底环绳按同一规格计算。

（二）灯光围网材料用量计算说明

1. 翼网衣（B）每片网线用量计算

从图 5-51（a）的下侧可看出翼网衣（B）是一片矩形的乙纶死结网片，其目大为 $2a = 16$ mm。

根据网线规格 PE 36 tex 2×3，可从附录 F 中查得其线密度为 $G_H = 231/1000 = 0.231$ (g/m)，其直径 0.75 mm。根据死结可从附录 E 查得其网结耗线系数 $C = 16$。翼网衣（B）网长 1050 目，网高 3400 目，则其网衣总目数为 $N = (1050 \times 3400)$ 目。翼网衣（B）的每片网线用量根据公式 $G = G_H \times (2a + C\phi) \times N \div 500 \times 1.05$ 有

$$G = 0.231 \times (16 + 16 \times 0.75) \times 1050 \times 3400 \div 500 \times 1.05 = 48491(\text{g}) = 48.49(\text{kg})$$

2. 上、下缘网衣网长目数的计算

该灯光围网拟分成 3 段进行装配，即中间的取鱼部与两侧的翼网衣（G）、（H）作为 1 段，两侧的侧缘网衣（A）和翼网衣（B）～（F）各作为 1 段。在网衣展开图中，上、下缘网衣均无标注缩结系数代号，则各段的上、下缘网衣拉直长度应与相应的主网衣或侧缘网衣的各幅网衣拉直长度之和相等，则中间 1 段的上缘网衣网长目数应为

$$(0.010 \times 1680 \times 2 \times 2 + 0.010 \times 2550) \div 0.050 = 92.70 \div 0.050 = 1854(\text{目})$$

中间 1 段的下缘网衣网长目数应为

$$92.70 \div 0.060 = 1545(\text{目})$$

两侧各 1 段的上缘网衣网长目数应为

$$(0.050 \times 10.5 + 0.016 \times 1050 \times 3 + 0.010 \times 1680 \times 2) \div 0.050 = 84.525 \div 0.050 = 1690.5(\text{目})$$

两侧各 1 段的下缘网衣网长目数应为

$$84.525 \div 0.06 = 1408.5(\text{目})$$

为了防止各段上、下纲连接处的结节被拉紧伸长后拉破各段缘网衣连接处，故在连接处的缘网衣两端各增长 1.5 目，则中间 1 段的上缘网衣两端各增长 1.5 目后，其网长应为 1857 目；中间 1 段的下缘网衣在两端各增长 1.5 目后，其网长应为 1548 目；两侧各 1 段的上缘网衣连接端增长 1.5 目后，其网长应为 1692 目；两侧各 1 段的下缘网衣连接端增长 1.5 目后，其网长应为 1410 目。在表 5-5 中，其上缘网衣的网线用量计算是先将 3 段上缘网衣编成 1 片后再剪成 3 段，每剪 1 次破坏 0.5 目，故 1 片上缘网衣的网长应为

$$1692 + 0.5 + 1857 + 0.5 + 1692 = 5242(\text{目})$$

同理，1 片下缘网衣的网长应为

$$1410 + 0.5 + 1548 + 0.5 + 1410 = 4369(\text{目})$$

3. 绳索全长的计算

（1）浮子纲

从图 5-51（a）的上方可看出，浮子纲净长为 239.80 m，不分段，只用 1 条，若其两端各取留头 0.25 m 与连接环相连接，则其全长为

$$239.80 + 0.25 \times 2 = 240.30(\text{m})$$

（2）上、下纲

上纲由 3 条绳索组成，即浮子纲、上主纲和上缘纲各 1 条，下纲由 2 条绳索组成，即下缘纲和沉子纲各 1 条。由于浮子纲不分段装配，故分开计算。而上主纲与上缘纲是等长等粗的乙纶绳，故可一起当作上纲来计算。下缘纲与沉子纲也是等长等粗的乙纶绳，故也一起当作下纲来计算。

根据例 5-1 核对上纲长度的核算数字，可得知中间 1 段的上纲净长为

$$12.60 \times 2 + 19.12 + 12.60 \times 2 = 69.52(\text{m})$$

两侧各 1 段的上纲净长为

$$0.47 + 14.28 \times 2 + 13.44 \times 3 = 69.35(\text{m})$$

中间 1 段下纲净长为

$$13.44 \times 2 + 20.40 + 13.44 \times 2 = 74.16(\text{m})$$

两侧各 1 段的下纲净长为

$$0.47 + 15.12 \times 2 + 14.28 \times 3 = 73.55(\text{m})$$

中间 1 段的上纲两端各取留头 0.20 m 分别与两侧各 1 段的上纲端相连接，则中间 1 段的上纲全长为

$$69.52 + 0.20 \times 2 = 69.92(\text{m})$$

两端各 1 段的上纲两端也各取留头 0.20 m 分别与中间 1 段的上纲端和 1 个连接环相连接，则两侧各 1 段的上纲全长为

$$69.35 + 0.20 \times 2 = 69.75(\text{m})$$

同理，中间 1 段的下纲净长为 74.16 m，加上两端各留头 0.20 m，则全长为 74.56 m；两侧各 1 段的下纲净长为 73.55 m，加上两端各留头 0.20 m，则全长为 73.95 m。

在表 5-6 中，每条上纲的全长指 3 段上纲全长之和，则每条上纲全长为
$$69.75 + 69.92 + 69.75 = 209.42(\text{m})$$

每条下纲的全长是指 3 段下纲全长之和，则每条下纲全长为
$$73.95 + 74.56 + 73.95 = 222.46(\text{m})$$

（3）侧纲

从图 5-51（a）的两侧看出，该网侧纲由 2 条等长等粗的乙纶绳组成（即 1 条侧纲和 1 条侧缘纲）。根据例 5-1 可知，网图中标注的侧纲净长 27.20 m 是 2 条侧纲净长之和，则每条侧纲净长应改为 13.60 m，加上两端各留头 0.20m 分别与上、下纲两端相连接，则每条侧纲全长为 14.00 m。

（4）侧抽绳

根据例 5-1 可知，核算结果侧抽绳净长为 17.00 m，全长可取为 18 m。

（5）网头绳和跑绳

从图 5-51（b）上方的局部装配图的左上方可看出，网头绳和跑绳的净长分别为 50 m 和 80 m，其两端插制眼环的留头可取为 0.35 m，则网头和跑绳的全长分别为 50.70 m 和 80.70 m。

（6）底环绳和纽扣绳

从局部装配图的下方看出，底环绳和纽扣绳的标注分别为 2—3.00 PE ϕ8 和 2—0.40 PE ϕ8。底环绳是 1 条对折使用的乙纶绳，其两端合并结缚在下纲上，下端对折点附近缚成 1 个单结并形成一个较短的绳环。此底环绳全长应为 3.00 m 的 2 倍，即为 6.00 m。纽扣绳也是 1 条对折使用的乙纶绳，其对折处套扣在底环上，其两端合并制成绳端结且套入底环绳下端的绳环中。此纽扣绳全长应为 0.40 m 的 2 倍，即为 0.80 m。

4. 括绳绳索用量计算

在图 5-51（b）的下方可看出，括绳的标注为 350.00 COMPϕ38（WRϕ11 + PE NET），这是废乙纶网衣包钢丝绳（包芯绳）。这种包芯绳一般手工制作，无统一的制作规格，故难以计算其用量。但包芯绳中的钢丝规格则应按设计要求制作。因此在材料表中，根据包芯绳绳索规格要求应对所使用的钢丝绳用量给予计算和标明。包芯绳两端的钢丝绳芯应做成眼环，以便绳索之间的连接。钢丝绳两端插制眼环时需消耗一定的钢丝绳长度，这种另需消耗的长度叫作留头长度。留头长度与钢丝绳的粗度有关。各种粗度的钢丝绳插制眼环时的一端留头长度可见附录 J。

包芯绳中钢丝用量根据钢丝绳直径 11 mm，可以从附录 I 中查得 $G_H = 0.414\,\text{kg/m}$，从附录 J 中查得其插制一端眼环的留头为 0.40 m，则插制长 350.00 m 的包芯绳所需钢丝绳全长为 $L = (350.00 + 0.40 \times 2)$ m。括绳的钢丝绳用量为

$$G = 0.414 \times (350.00 + 0.40 \times 2) = 0.414 \times 350.80 = 145.2312(\text{kg})$$

在计算绳索用量时，考虑到制作绳索工艺中的耗损，在绳索用量数值修约时只取大不取小。在表 5-6 中，每条绳索用量以 kg 为单位并取 3 位小数，则 4 位小数以后全部进 1。绳索合计用量取 2 位小数，则 3 位小数以后全部进 1。于是每条括绳中的钢丝绳用量应取为 145.232 kg。因为只用 1 条括绳，则其合计用量应取为 145.24 kg。

在计算绳索用量时，其数值的修约只取大不取小，以后均同样处理。

5. 括绳引绳用量计算

从局部装配的左侧可看出，括绳引绳的标注为 50.00 PEϕ28。根据乙纶绳直径 28 mm，从附录 H 中查得 $G_H = 0.392$ kg/m。其两端插制眼环的留头可参考附录 K 取为 0.80 m，则括绳引绳的全长为 51.60 m。可得出括绳引绳的用量为

$$G = 0.392 \times 51.60 = 20.2272 (\text{kg})$$

每条括绳引绳的乙纶绳用量应取为 20.228 kg。只用 1 条括绳引绳，则其合计用量应取为 20.23 kg。

此外，在网头绳、跑绳与上纲两端的连接环之间，在网头绳与网头灯标之间，在括绳引绳两端分别与网头灯标和括绳之间，为了便于装卸和防止起网绞收绳索时产生绳索的扭结，在上述连接处应采用卸扣和转环来连接。在图 5-51（b）的局部装配图中，有的画有卸扣和转环，而在网头灯标上的连接没有画出，为了便于装卸，网头灯标最少应各用 1 个转环和 1 个卸扣分别与网头绳和括绳引绳相连接。

（三）无囊围网网具装配

围网是大型长带状网具，装配工作量大，并且需较大的施工场地。为了便于装配、卸载、搬运和局部调换使用，以及能在较小场地施工，一般将网具分成几段进行装配。每段长度无严格规定（大型围网每段为 70～100 m，小型围网每段为 50～70 m），可根据网图资料选择最利于施工的分段。先分段装配，然后将各段连接而构成完整的一盘网具。装配工艺要求坚固匀整，避免造成应力集中，引起网衣破裂，影响捕鱼效果，同时工艺要求装配方便和提高效率。

装配程序应根据网具结构特点，以装配方便和利于机械化为原则来选定。应先装好浮沉子、上下纲及上下缘网衣，形成上下纲部分，然后将缝合好的各段网衣与其相对应的上下纲缝合，最后装配底环绳、底环、括绳、网头绳、跑绳等。一般分为 5 个程序装配：上纲部分、下纲部分、网衣部分、收括部分、网头部分。较多的小型围网，其上、下缘网衣的缩结系数分段与侧缘网衣、主网衣各段的缩结系数相同，则应先将各部分网衣缝合，然后将已缝合的各段网衣与其对应的上下纲、浮沉子等结扎，最后装上底环绳、底环、括绳、侧环、侧抽绳、网头绳、跑绳等。即一般分为 4 个程序装配：网衣部分、配纲部分、收括部分及网头部分。图 5-51 属于中型双翼式机船围网，现根据图 5-51、例 5-1 的数据和"灯光围网材料用量计算说明"的数据描述灯光围网的装配程序如下。

根据图 5-51（a）中网衣缩结系数配布的特点，将侧缘网衣（A）和翼网衣（B）～（F）作为一段，取鱼部与两侧的翼网衣（G）、（H）作为一段，即整盘网分成 3 段先分别进行前 2 个程序的装配，然后将各段连接，再进行后 2 个程序的装配。

1. 网衣部分

网衣分成 3 段进行装配，即由中间 1 段和两侧各 1 段分开进行各幅网衣之间的缝合装配。

（1）中间 1 段网衣的缝合装配

中间 1 段网衣由取鱼部网衣 1 幅、翼网衣（G）和翼网衣（H）各 2 幅、上缘网衣和下缘网衣各 1 幅组成。

①取鱼部网衣的缝合。

如图 5-51（a）中间所示，取鱼部网衣由主取鱼部网衣、副取鱼部网衣、近取鱼部上幅网衣和近取鱼部下幅网衣 4 幅网衣自上而下排列组成。其各幅网衣之间的缝合边均应并拢拉直至等长后用锦纶 23 tex 3×3 网线绕缝缝合。缝合时应每隔 0.25 m 网长扎 1 个结，将 4 幅网衣缝合成 1 幅长矩形网衣。

②翼网衣（H）与取鱼部网衣的缝合。

根据图 5-51（a）可计算出取鱼部网衣的网高为

$$0.010 \times 3400 + 0.010 \times 3400 + 0.016 \times 1050 + 0.020 \times 840 = 34.00 + 34.00 + 16.80 + 16.80 = 101.60(m)$$

翼网衣（H）的网高为

$$0.010 \times 9520 = 95.20(m)$$

由于取鱼部网衣两侧的网高（101.60 m）比翼网衣（H）的网高（95.20 m）长，因此要求取鱼部网衣的缝合边均匀缩缝到翼网衣（H）的缝合边上。与取鱼部各幅网衣缝合边高度相对应的翼网衣（H）缝合边高度分别计算如下。

与主取鱼部或副取鱼部相对应的翼网衣（H）网高为

$$95.20 \times (34.00 \div 101.60) = 31.86(m)$$

与近取鱼部上幅或近取鱼部下幅相对应的翼网衣（H）网高为

$$95.20 \times (16.80 \div 101.60) = 15.74(m)$$

自上而下，主取鱼部和副取鱼部的缝合边先后分别缩缝到翼网衣（H）31.86 m 的网高上，近取鱼部上幅和近取鱼部下幅的缝合边先后缩缝到翼网衣（H）15.74 m 的网高上，均用锦纶 23 tex 3×3 网线绕缝，间隔 0.25 m 打一结。

③翼网衣（G）与翼网衣（H）的缝合。

翼网衣（H）的网高应均匀缩缝到翼网衣（G）的网高上，可用锦纶 23 tex 2×3 网线绕缝，间隔 0.25 m 打 1 个结。

④缘网衣与主网衣的缝合。

在表 5-5 中得知，上缘网衣为 1 片长 5242 目、宽 3.5 目的网片，下缘网衣为 1 片长 4369 目、宽 5.5 目的网片。根据"灯光围网材料用量计算说明"中的"2. 上、下缘网衣网长目数的计算"的数字，可先将上缘网衣沿横向剪成长为 1692 目、1857 目、1692 目的 3 幅上缘网衣，再将下缘网衣剪成长为 1410 目、1548 目、1410 目 3 幅下缘网衣。

中间 1 段网衣的上缘网衣（长 1857 目）和下缘网衣（长 1548 目）的网长两端各留出 1.5 目后，其中间 1854 目和 1545 目的拉直网长与主网衣拉直网衣［即取鱼部网衣和左、右各 2 幅翼网衣（G）、翼网衣（H）的拉直网长之和］是等长的，则上、下缘网衣两端各留出 1.5 目，其中间网长缝合分别与主网衣上、下网衣缝合边并拢拉直至等长后，可用乙纶 36 tex 8×3 网线绕缝，间隔 0.25 m 打 1 个结。

（2）两侧各 1 段网衣的缝合装配

两侧各 1 段网衣由侧缘网衣（A）1 幅、翼网衣（B）至翼网衣（F）5 幅、上缘网衣和下缘网衣各 1 幅组成。

①侧缘网衣（A）与翼网衣（B）的缝合。

翼网衣（B）的网高应均匀缩缝到侧缘网衣（A）的网高上，可用乙纶 36 tex 8×3 网线绕缝，间隔 0.25 m 打 1 个结。

②翼网衣（B）和翼网衣（C）的缝合。

翼网衣（C）的网高应均匀缩缝到翼网衣（B）的网高上，可用乙纶 36 tex 3×3 网线绕缝，间隔 0.25 m 打 1 个结。

③翼网衣（C）至翼网衣（F）4 幅网衣之间缝合。

在各幅网衣的网高缝合之间，较长的缝合边应均匀缩缝到较短的缝合边上，可用锦纶 23 tex 2×3 网线绕缝，间隔 0.25 m 打 1 个结。

④上、下缘网衣与侧缘网衣、主网衣的缝合。

上缘网衣（长 1692 目）和下缘网衣（长 1410 目）的网长一端留出 1.5 目后，剩下的 1690.5 目和 1408.5 目的拉直网长与缘网衣（A）和翼网衣（B）至翼网衣（F）的拉直网长之和等长，则上、下缘网衣在翼网衣（F）端留出 1.5 目后，其余网长缝合边分别与侧缘网衣和主网衣（即翼网衣 B 至翼网衣 F）的上、下网长缝合边并拢拉直等长后，可用乙纶 36 tex 8×3 网线绕缝，间隔 0.25 m 打 1 个结。

2. 配纲部分

配纲也是分成 3 段进行装配，即由中间 1 段网衣和两侧各 1 段网衣分开进行上、下和两侧的纲索装配。

（1）中间 1 段网衣的配纲

在表 5-6 中得知上纲为 2 条全长 209.42 m 的乙纶绳，下纲为 2 条全长 222.46 m 的乙纶绳。根据“灯光围网材料用量计算说明”中的上、下纲全长计算数字得知，每条上纲分成 3 段，分别长为 69.75 m、69.92 m 和 69.75 m。每条下纲也分成 3 段，分别为 73.95 m、74.56 m 和 73.95 m。

①上纲装配。

根据例 5-1 的数据得知，翼网衣（G）和翼网衣（H）配上纲长度均为 12.60 m，取鱼部网衣配上纲长度为 19.12 m。中间 1 段网衣的上纲全长 69.92 m，左、右捻各 1 条，即上主纲和上缘纲各 1 条。先将上缘纲穿入上缘网衣的外缘网目中，再将上主纲与上缘纲合并拉直至等长后，在上纲两端各留出 0.20 m 长的留头，上缘网衣两端各留出 1.5 目，用乙纶 36 tex 8×3 网线将上缘网衣和 2 条上纲的两端结扎固定，最后将两端与翼网衣（G）和翼网衣（H）的上边缘长度相对应的上缘网衣分别均匀缩缝到长为 12.60 m 的上纲上，将中间与取鱼部网衣的上边缘长度相对应的上缘网衣均匀缩缝到长为 19.12 m 的上纲上。用乙纶 36 tex 8×3 网线将上缘网衣上边缘网目和 2 条上纲结扎在一起，每间隔 0.10 m 结扎 1 次。

②下纲装配。

根据例 5-1 的数据得知，翼网衣（G）和翼网衣（H）配下纲长度均为 13.44 m，取鱼部网衣配下纲长度为 20.40 m。中间 1 段网衣的下纲全长 74.56 m，左、右捻各 1 条，即下缘纲和沉子纲各 1 条。先将下缘纲穿入下缘网衣的外缘网目中，再将沉子纲与下缘纲合并拉直至等长后，在下纲两端各留出 0.20 m 长的留头，下缘网衣两端各留出 1.5 目，用乙纶 36 tex 8×3 网线将下缘网衣和 2 条下纲的两端结扎固定，最后将两端与翼网衣（G）和翼网衣（H）的下边缘长度相对应的下缘网衣分别均匀缩结到长为 13.44 m 的下纲上，将中间与取鱼部网衣的下边缘长度相对应的下缘网衣均匀缩缝到长为 20.40 m 的下纲上。可用乙纶 36 tex 8×3 网线将下缘网衣下边缘网目和 2 条下纲结扎在一起，每间隔 0.10 m 结扎 1 次。

（2）两侧各段网衣的配纲

①上纲装配。

根据例 5-1 的数据得知，侧缘网衣（A）配上纲长度为 0.47 m，翼网衣（B）和翼网衣（C）配上纲长度分别均为 14.28 m，翼网衣（D）、翼网衣（E）和翼网衣（F）配上纲长度均为 13.44 m。两侧各段网衣的上纲全长 69.75 m，左、右捻各 1 条，即上主纲和上缘纲各 1 条。先将上缘纲穿入上缘网衣的外缘网目中，再将上主纲与上缘纲合并拉直至等长后，在上纲两端各留出 0.20 m 长的留头，上缘网衣在翼网衣（F）端留出 1.5 目，用乙纶 36 tex 8×3 网线将上缘网衣和 2 条上纲的两端结扎固定，最后将与侧缘网衣（A）上边缘长度相对应的上缘网衣均匀缩缝到长为 0.47 m 的上纲上，将与翼网衣（B）和翼网衣（C）的上边缘长度相对应的上缘网衣分别均匀缩缝到长为 14.28 m 的上纲上，将与翼网衣（D）、翼网衣（E）和翼网衣（F）的上边缘长度相对应的上缘网衣分别均匀缩缝到长为 13.44 m 的上纲上。可用乙纶 36 tex 8×3 网线将上缘网衣上边缘网目和 2 条上纲结扎在一起，每间隔 0.10 m 结扎 1 次。

②下纲装配。

根据例 5-1 的数据得知，侧缘网衣（A）配下纲长度为 0.47 m，翼网衣（B）和翼网衣（C）配下纲长度均为 15.12 m，翼网衣（D）、翼网衣（E）和翼网衣（F）配下纲长度均为 14.28 m。两侧各段网衣的下纲全长 73.95 m，左、右捻各 1 条，即下缘纲和沉子纲各 1 条。先将下缘纲穿入下缘网衣的外缘网目中，再将沉子纲与下缘纲合并拉直至等长后，在下纲两端各留出 0.20 m 长的留头和下缘网衣在翼网衣（F）端留出 1.5 目，用乙纶 36 tex 8×3 网线将下缘网衣和 2 条下纲的两端结扎固定，最后将与侧缘网衣（A）下边缘长度相对应的下缘网衣均匀缩缝到长为 0.47 m 的下纲上，将与翼网衣（B）和翼网衣（C）的下边缘长度相对应的下缘网衣分别均匀缩缝到长 15.12 m 的下纲上，将与翼网衣（D）、翼网衣（E）和翼网衣（F）的下边缘长度相对应的下缘网衣分别均匀缩缝到长为 14.28 m 的下纲上。可用乙纶 36 tex 8×3 网线将下缘网衣下边缘网目和 2 条下纲结扎在一起，每间隔 0.10 m 结扎 1 次。

③侧纲装配。

根据表 5-6 得知，侧纲为 4 条全长为 14.00 m 的乙纶绳，两端留头均为 0.20 m。即左侧或右侧 1 段网衣各装配 2 条侧纲，左、右捻各 1 条，即为侧缘纲和侧纲各 1 条。

如图 5-51（b）的局部装配图所示，先将侧缘纲穿入上缘网衣、侧缘网衣和下缘网衣的侧缘网目中；再将侧纲与侧缘纲合并拉直至等长后，在侧纲两端各留出 0.20 m 长的留头，将上缘网衣、侧缘网衣和下缘网衣分别均匀缩缝到侧纲上。可用乙纶 36 tex 8×3 网线将缘网衣侧边缘网目和 2 条侧纲结扎在一起，每间隔 0.10 m 结扎一次。2 条侧纲的两端留头合并一起分别绕过上、下纲后，折回并拢用乙纶 36 tex 8×3 网线缠绕结扎固定，形成净长为 13.60 m 的双侧纲。

3. 属具部分

3 段网衣分别配纲后，分段搬运到渔船上，再进行总装配。先进行 3 段网衣之间的连接。3 段上缘网衣之间和 3 段下缘网衣之间，并拢拉直至等长后绕缝连接。在翼网衣（F）和翼网衣（G）之间，把翼网衣（G）的网高均匀缩缝到翼网衣（F）的网高上。用乙纶 36 tex 8×3 网线绕缝，间隔 0.25 m 打一结。再进行 3 段上纲之间和 3 段下纲之间作结连接，使中间 1 段网衣的上纲净长为 69.52 m，两侧各段的上纲净长为 69.35 m，则整条上纲净长为 208.22 m；使中间段网衣的下纲净长为 74.16 m，两侧各段网衣的下纲净长为 73.55 m，则整条下纲净长为 221.26 m。将 3 段网连接形成整盘网具后，进行浮子和沉子的装配。

（1）浮子装配

先将浮子纲穿入 474 个泡沫塑料浮子的中孔后，再按图 5-51（b）中间的浮子布置图进行装配。浮子纲在上缘网衣端先留出 0.25 m 长的留头后，在离端部 0.13 m（核算后的修改数字，不包括留头长度）处装配第 1 个浮子，然后以间距 0.46 m 装配 190 个浮子，再以间距 0.35 m 装配 46 个浮子，这时已装配到取鱼部中间部位。接着再装配另一半浮子，即先间隔 0.96 m 装配 1 个浮子，然后以间距 0.35 m 装配 46 个浮子，再以间距 0.46 m 装 190 个浮子。在每个浮子两侧用乙纶 36 tex 8×3 网线将 3 条上纲结扎一道以固定浮子的位置。在两个结扎处之间，浮子纲与上主纲、上缘纲是合拢拉直至等长装配。浮子纲两端各留出 0.25 m 长的留头。最后在浮子纲中点（即主取鱼部上方的中点）结扎 1 个直径为 220 mm 的红色带耳球体硬质塑料浮子，作为网具上纲中点的标志。

（2）沉子装配

先将铅制成长 60 mm、宽 18 mm、厚 8 mm 的铅片，然后沿长度方向弯曲成 U 形，每个铅片平均质量 100 g。U 形铅沉子钳夹在 2 条下纲上，用铁锤将 U 形铅片的开口打成封闭的环状，形成宽 18 mm 的环状铅沉子。铅沉子按图 5-51(b)中下方的沉子布置图进行装配。整条下纲净长为 221.26 m，在离端部 0.17 m（不包括留头长度，0.17 m 又称为下纲两端沉子的端距）处钳夹第 1 个沉子。整条下纲共钳夹 1053 个沉子，下纲两端的沉子端距均为 0.17 m。

4. 收括部分

（1）底环绳装配

该围网两端的底环绳是 I 形底环绳，先将该处的两条底环绳分别对折，其两端合并扎牢在下纲上，如图 5-28 中的 5 所示，对折处附近扎 1 个单结形成一个稍短的绳环。其余 Y 形底环绳可按图 5-51（b）下方的底环布置图进行装配。从两端向中间，先以端距 7.13 m 扎 1 条底环绳，再以间距 6.80 m 结扎 1 条底环绳，整条下纲共结扎 33 条底环绳。

（2）底环装配

将纽扣绳对折，折点处套结在底环上，两端合并扎成一个绳头结。作业时，将底环上纽扣绳的绳头结穿过底环绳下端的绳环相连，如图 5-28 中的 6 所示。

（3）括绳装配

括绳是网具在船上装配好后或放网前才与网具对接安装的，将制作好的括绳穿过所有的底环后，前端用卸扣和转环与括绳引绳相连；在放网时，括绳引绳的前端用卸扣连接于网头灯标下方的圆环上，如图 5-51（b）的下方和左方所示。括绳后端留在渔船上。

5. 网头部分

（1）侧环装配

根据例 5-1 的数据得知，在网的两条侧纲上各结扎 5 个侧环，结扎间隔为 2.72 m。侧环装配如图 5-51（b）的局部装配图所示，自侧纲上端开始，每间隔 2.72 m 用乙纶网线将 1 个侧环缠绕结扎在 2 条侧纲上；在侧纲中部可结扎 4 个侧环，最后在侧纲与下纲的连接处结扎 1 个侧环。

（2）侧抽绳装配

网两侧各装配 1 条侧抽绳，其装配如图 5-51（b）的局部装配图所示。其左右 2 条侧抽绳分别穿过网具两侧的侧环后，上端分别连接在上纲前端与网头绳或上纲后端与跑绳之间的连接环上，其下端分别连接在下纲前、后两端下方的底环上。

（3）网头绳装配

如图 5-51（b）的局部装配图所示，网头绳后端通过转环和卸扣连接在上纲前端的连接环上，在放网前，其前端用卸扣连接在网头灯标侧面的圆环上。

（4）跑绳装配

跑绳的前端通过转环和卸扣连接在上纲后端的连接环上，其后端留在渔船上。

此外，网具装配时应注意的事项如下。

①在同一幅网衣内，尽量采用材料规格和目大网结均相同的网片。如果采用不同目大的网片，则在网片缝合时，网片之间应以拉直长度相等为准，避免在网片之间采用缩结方法，以防网衣受力不均匀。

②在同一幅网衣内，若纵目使用网片和横目使用网片联合使用，则在互相缝合时，不能采用目对目绕缝。因为横目使用网片的横向实际长度要比纵目使用网片的纵向实际长度长 2%，所以应采用缩缝方法缝合。

③网片缝合时要注意新、旧、干、湿状态对网片长度的影响，对不同状态的网片要采取相应的措施，才能使网片之间受力均匀。例如，在同一幅网衣内采用不同目大的网片时，一定要在两网片的干湿状态相同的情况下进行网片之间的缝合。

④各段网衣连接处的上、下缘网衣要留出2～3目，以防各段纲索连接处的绳结拉紧伸长从而拉破网衣。

⑤缝合（绕缝或编缝）用线的强度要比被缝合网衣的网线强度稍大。各幅之间的缝合一般采用与网衣同一材料不同颜色的粗线或双线缝合。

⑥在装配前，结缚网衣的纲索要进行拉伸定型处理。预加张力后，乙纶绳会伸长6.5%，锦纶绳会伸长8.5%。

⑦纲索装配时，要注意不同材料结扎线的不同技术性能。例如，锦纶网线下水后会伸长约1%～3%，因此用锦纶网线结扎纲索时需预先浸水；乙纶网线下水后其长度无明显变化，维纶网线下水后会缩短约2%，因此用乙纶网线或维纶网线结扎纲索时不需预先浸水。

二、有囊围网材料表及计算方法

（一）有囊围网材料表

有囊围网材料表中的数量是指一顶网具所需的数量。在网图中，凡是结缚网衣的纲索均表示净长。带鱼对网除了搭纲绳、沉石绳、曳绳和支绳表示全长外，其余的绳索均表示净长。

现根据图5-33和例5-2网图核算的修改结果（即上搭纲绳数量改为38条和下搭纲绳数量改为48条），可列出带鱼对网材料表如表5-7、表5-8所示。

表5-7　带鱼对网网衣材料表　（主尺度：501.12 m×396.55 m×83.16 m）

名称	序号	数量/片	网线材料规格一目大网结	网衣尺寸/目			网线用量/kg	
				起目	终目	网长	每片	合计
翼网衣	1	2	PE 36 tex2×3—123 SH	1 440	500	2 100	137.85	275.70
		4	PE 36 tex2×3（2）—123 SH	80	50	2 100	20.66	82.64
	2	4	PE 36 tex2×3（2）—123 SH	300	150	75	2.56	10.24
囊网衣	1	2	PE 36 tex2×3—123 SH	1 440	1 451	6.5	0.64	1.28
		4	PE 36 tex2×3（2）—123 SH	86	80.5	6.5	0.08	0.32
	2	2	PE 36 tex2×3—120 SH	1 561	1 575	7	0.73	1.46
		4	PE 36 tex2×3（2）—120 SH	86.5	79.5	7	0.09	0.36
	3	2	PE 36 tex2×3—117 SH	1 687	1 702	7.5	0.83	1.66
		4	PE 36 tex2×3（2）—117 SH	84.5	77	7.5	0.09	0.36
	4	2	PE 36 tex2×3—113 SH	1 814	1 830	8	0.92	1.84
		4	PE 36 tex2×3（2）—113 SH	82	74	8	0.09	0.36
	5	2	PE 36 tex2×3—110 SH	1 944	1 961	8.5	1.02	2.04
		4	PE 36 tex2×3（2）—110 SH	78	69.5	8.5	0.09	0.36
	6	2	PE 36 tex2×3—107 SH	2 075	2 093	9	1.13	2.26
		4	PE 36 tex2×3（2）—107 SH	73.5	64.5	9	0.09	0.36
	7	2	PE 36 tex2×3—103 SH	2 209	2 228	9.5	1.23	2.46
		4	PE 36 tex2×3（2）—103 SH	67.5	58	9.5	0.08	0.32
	8	2	PE 36 tex2×3—100 SH	2 344	2 364	10	1.34	2.68
		4	PE 36 tex2×3（2）—100 SH	61	51	10	0.08	0.32
	9	2	PE 36 tex2×3—97 SH	2 482	2 503	10.5	1.45	2.90
		4	PE 36 tex2×3（2）—97 SH	53	42.5	10.5	0.07	0.28

名称	序号	数量/片	网线材料规格—目大网结	网衣尺寸/目			网线用量/kg	
				起目	终目	网长	每片	合计
囊网衣	10	2	PE 36 tex2×3—93 SH	2 700	2 700	11	1.58	3.16
		4	PE 36 tex2×3（2）—93 SH	5	5	11	0.01	0.04
	11	2	PE 36 tex2×3—90 SH	2 822	2 822	11.5	1.68	3.36
		4	PE 36 tex2×3（2）—90 SH	5	5	11.5	0.01	0.04
	12	2	PE 36 tex2×3—87 SH	2 944	2 944	12	1.77	3.54
		4	PE 36 tex2×3（2）—87 SH	5	5	12	0.01	0.04
	13	2	PE 36 tex2×3—83 SH	3 066	3 066	12.5	1.85	3.70
		4	PE 36 tex2×3（2）—83 SH	5	5	12.5	0.01	0.04
	14	2	PE 36 tex2×3—80 SH	3 190	3 190	35	5.23	10.46
		4	PE 36 tex2×3（2）—80 SH	5	5	35	0.02	0.08
	15	2	PE 36 tex2×3—77 SH	3 190	3 190	37.5	5.43	10.86
		4	PE 36 tex2×3（2）—77 SH	5	5	37.5	0.03	0.12
	16	2	PE 36 tex2×3—73 SH	3 190	3 190	40	5.54	11.08
		4	PE 36 tex2×3（2）—73 SH	5	5	40	0.03	0.12
	17	2	PE 36 tex2×3—70 SH	3190	3190	42.5	5.69	11.38
		4	PE 36 tex2×3（2）—70 SH	5	5	42.5	0.03	0.12
	18	2	PE 36 tex2×3—67 SH	3 190	3 190	45	5.81	11.62
		4	PE 36 tex2×3（2）—67 SH	5	5	45	0.03	0.12
	19	2	PE 36 tex2×3—63 SH	3 190	3 190	47.5	5.84	11.68
		4	PE 36 tex2×3（2）—63 SH	5	5	47.5	0.03	0.12
	20	2	PE 36 tex2×3—60 SH	3 190	3 190	50	5.92	11.84
		4	PE 36 tex2×3（2）—60 SH	5	5	50	0.03	0.12
	21	2	PE 36 tex2×3—57 SH	3 190	3 190	95	10.81	21.62
		4	PE 36 tex2×3（2）—57 SH	5	5	95	0.05	0.20
	22	2	PE 36 tex2×3—53 SH	3 200	3 200	37.5	4.05	8.10
	23	2	PE 36 tex2×3—50 SH	3 200	3 200	40	4.13	8.26
	24	2	PE 36 tex2×3—47 SH	3 200	3 200	42.5	4.19	8.38
	25	2	PE 36 tex2×3—43 SH	3 200	3 200	45	4.16	8.32
	26	2	PE 36 tex2×3—40 HJ	3 200	3 200	47.5	3.73	7.46
	27	2	PE 36 tex2×3—38 HJ	3 200	3 200	50	3.77	7.54
	28	2	PE 36 tex2×3—37 HJ	3 200	3 200	50	3.69	7.38
	29	2	PE 36 tex2×3—35 HJ	3 200	3 200	50	3.53	7.06
	30	2	PE 36 tex2×3—33 HJ	3 200	3 200	55	3.71	7.42
	31	2	PE 36 tex2×3—32 HJ	3 200	3 200	60	3.96	7.92
	32	2	PE 36 tex2×3—30 HJ	3 200	3 200	65	4.09	8.18
	33	2	PE 36 tex2×3—28 HJ	3 200	3 200	70	4.18	8.36
	34	2	PE 36 tex2×3—27 HJ	3 200	3 200	75	4.37	8.74
	35	2	PE 36 tex2×3—25 HJ	3 200	3 200	80	4.41	8.82
	36	2	PE 36 tex2×3—23 HJ	3 200	3 200	85	4.42	8.84
	37	2	PE 36 tex2×3—22 HJ	3 200	3 200	90	4.54	9.08

续表

名称	序号	数量/片	网线材料规格—目大网结	网衣尺寸/目			网线用量/kg	
				起目	终目	网长	每片	合计
囊网衣	38	2	PE 36 tex2×3—20 HJ	3 200	3 200	95	4.50	9.00
	39	2	PE 36 tex2×3—18 HJ	3 200	3 200	100	4.42	8.84
	40	2	PE 36 tex2×3—17 HJ	3 200	3 200	100	4.27	8.54
	41	2	PE 36 tex2×3—27 SJ	3 200	3 200	0.5	0.11	0.22
		2	PE 36 tex2×3—27 SJ	1 600	1 600	2.5		
	42	2	PE 36 tex2×3—25 SJ	1 600	1 600	50	1.44	2.88
	43	2	PE 36 tex2×3—25 SJ	1 440	1 440	50	1.29	2.58
	44	2	PE 36 tex2×3—25 SJ	1 296	1 296	55	1.28	2.56
	45	2	PE 36 tex2×3—25 SJ	1 167	1 167	55	1.15	2.30
	46	2	PE 36 tex2×3—25 SJ	1 051	1 051	60	1.13	2.26
	47	2	PE 36 tex2×3—25 SJ	946	946	60	1.02	2.04
直角三角网衣	1	4	PE 36 tex6×3（2）—123 SH	6	35	29	0.31	1.24
上、下缘网衣	1	4	PE 36 tex12×3—123 SH	6.5	6.5	2 145.5	7.05	28.20
翼端缘网衣	1	2	PE 36 tex12×3—123 SH	6.5	6.5	150	0.49	0.98
整顶网衣总用量								707.16

括号内数字表示双线。

表 5-8　带鱼对网绳索、属具材料表

名称	数量/个（条）	材料及规格	绳索长度/(m/条)		单位数量用量/kg	合计用量/kg	附注
			净长	全长			
上、下纲	8	PEϕ20	250.96	253.00	50.600	404.80	
力纲	1	PEϕ18	86.74	88.00	14.168	14.17	两端插眼环
囊底抽扣绳	1	PEϕ12	9.80	10.10	0.728	0.73	两端插接
上搭纲绳	38	PEϕ12		1.60	0.116	4.41	
下搭纲绳	48	PEϕ18		2.20	0.355	17.04	
沉石绳	49	PEϕ16		1.00	0.128	6.28	下纲沉石绳
	6	PEϕ22		3.00	0.729	4.38	曳绳沉石绳
上引绳	2	PEϕ24	243.00	244.50	72.128	144.26	两端插眼环
下引绳	2	COMPϕ24（WRϕ11＋PE NET）	252.00	252.80	104.660	209.32	为钢丝绳用量 两端插眼环
上叉绳	2	COMPϕ20（WRϕ9.3＋PE NET）	17.10	17.80	5.412	10.83	为钢丝绳用量 两端插眼环
下叉绳	2	COMPϕ28（WRϕ12.5＋PE NET）	17.10	18.00	9.558	19.12	为钢丝绳用量 两端插眼环
曳绳	2	COMPϕ24（WRϕ12.5＋PE NET）		335.00	177.885	355.77	为钢丝绳用量
左翼支绳	1	COMPϕ20（WRϕ9.3＋PE NET）		30.00	9.120	9.12	为钢丝绳用量
右翼支绳	1	COMPϕ22（WRϕ11＋PE NET）		37.00	15.318	15.32	为钢丝绳用量
浮子	132	FP—14.71 N					中孔柱体泡沫塑料浮子
	62	PL—9.81 N					中孔球体硬质塑料浮子
	2	PLϕ260—73.55 N					球体硬质塑料浮子
	1	PLϕ300—122.58 N					球体硬质塑料浮子

名称	数量/个(条)	材料及规格	绳索长度/(m/条) 净长	绳索长度/(m/条) 全长	单位数量用量/kg	合计用量/kg	附注
沉子	247	Pb 0.25 kg			0.25	61.75	片状,钳夹后呈圆柱形
	370	CER 0.25 kg			0.25	92.50	扁长形
沉石	12	STO 20.00 kg			20.00	240.00	下纲沉石,均为秤锤形
	14	STO 22.50 kg			22.50	315.00	
	11	STO 25.00 kg			25.00	275.00	
	12	STO 27.50 kg			27.50	330.00	
	2	STO 50.00 kg			50.00	100.00	曳绳沉石,均为秤锤形
	2	STO 55.00 kg			55.00	110.00	
	2	STO 65.00 kg			65.00	130.00	

(二)带鱼对网网衣材料表数据计算说明

1. 翼网部网衣（翼网衣 1）网线用量计算

从图 5-33（a）上方的网衣展开图和图 5-33（b）的网衣材料规格表中可看出，每片翼网部网衣大头由每片囊网衣前头网目（1612 目）两侧各留出 6 目后剩下的 1600 目起编向前编结，中间 1 道增目，两边减目，编长 2100 目（4200 节）后，小头目为 600 目。翼网部网衣中间是用 36 tex 2×3 乙纶网线单线编结，翼网部网衣大头两侧各有 80 目宽是用 36 tex 2×3 乙纶网线双线向前编结，并逐渐减少双线网宽目数，编至翼网部网衣小头时减至 50。则翼网部网衣单线（PE 36 tex2 ×3）部位的起目（指大头起编目数）为1440 目（800×2−80×2），终目（指小头目数）为500 目（300×2−50×2），编长 2100 目，左、右共用 2 片。查附录 F 得知 36 tex 2×3 乙纶网线的单位长度质量 G_H 为 0.231 g/m，直径 ϕ 为 0.75 mm，翼网部网衣目大 $2a$ 为 123 mm，查附录 E 得知双活节（SH）的网结耗线系数 C 为 22。翼网部网衣单线部位为正梯形网衣，其起目为 1440 目，终目为 500 目，网长 2100 目，则其网衣总目数 N 为"起目加终目除以 2 乘网长目数"。将上述有关数值代入相关网衣的网线用量计算公式，可得出每片翼网部网衣单线部位的网线用量为

$$G = G_H(2a + C\phi) \cdot N \div 500 \times 1.05$$
$$= 0.231 \times (123 + 22 \times 0.75) \times (1440 + 500) \div 2 \times 2100 \div 500 \times 1.05$$
$$= 137\,847(g) = 137.85(kg)$$

翼网部网衣双线［PE 36 tex2×3（2）］部位的起目（指大头起编目数）为 80 目，终目（指小头目数）为 50 目，网长 2100 目。每片翼网部网衣双线部位有左、右共 2 片，则 2 片翼网部网衣的双线部位共有 4 片。仍用 2×3 乙纶网线，但采用双线编结，故其单线的 G_H 值仍为 0.231 g/m，ϕ 值仍为 0.75 mm，目大仍为 123 mm，查附录 E 得知双线双活节的 C 值为 44。翼网部网衣双线部位为斜梯形网衣。不论是斜梯形网衣、正梯形网衣、直角梯形网衣等，都是属于梯形网衣，其 N 值均为"起目加终目除以 2 乘网长目数"。

双线网衣网线用量计算公式为

$$G = G_H(2a + C\phi) \cdot N \div 500 \times 2 \times 1.05 \qquad (5\text{-}5)$$

将上面有关数值代入上式可得出每片翼网部双线部位网线用量为

$$G = 0.231 \times (123 + 44 \times 0.75) \times (80 + 50) \div 2 \times 2100 \div 500 \times 2 \times 1.05 = 20\,659(g) = 20.66(kg)$$

计算出的网线用量是以 g 为单位的，一般取整数，并采用小数进 1 的原则。中小型网渔具的材

料表中，其网线、绳索、属具用量一般取为整数（以 g 为单位），采用小数进 1 的原则。而大型的网渔具，如大型的围网、拖网等，其材料表中的用量一般以 kg 为单位，并保留 2 位小数和采用第 3 位以后的小数均进 1 的原则。

2. 囊网衣各段单线部位和双线部位的起目与终目的计算

在图 5-33（a）上方的网衣展开图中，其囊网衣图形中间没有任何标注，会被误解为囊网衣是由上、下 2 大片网衣缝合而成的囊状网衣。但实际上它是由左、右 2 大片网衣缝合而成的，故应在囊网衣轮廓线中间绘上 1 条纵向细实线把囊网衣分成左、右 2 大片，如图 5-34 中的 8 所示。

每大片囊网衣是由 47 段扁矩形网衣组成的，根据有囊围网的绘图规定，可绘出每大片囊网衣展开图的实际形状如图 5-33 所示。在图 5-33（a）的网衣展开图中，其囊网衣分成 3 大段表示，从 1 段至 13 段为横向增目段，从 14 段至 40 段为无增减目段，从 41 段至 47 段为横向减目段。在图 5-33（a）、图 5-53 中，囊网衣的轮廓线绘成如图 5-34 中用虚线画出的形状，这是囊网衣在作业过程中的近似形状。

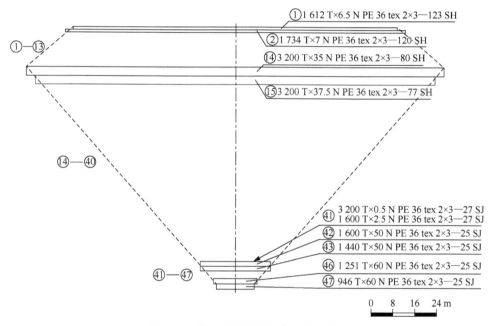

图 5-53　带鱼对网囊网衣实际展开简图

（1）囊网衣 1 段

1 段两侧双线部位呈直角梯形，如图 5-54 所示，其起目 86 目为起头目数，绳长 6.5 目，一侧以 2r−1 减目，即减少 5.5 目，另一侧边为直目（AN），即无增减目，则终目为

$$86 - 5.5 = 80.5(目)$$

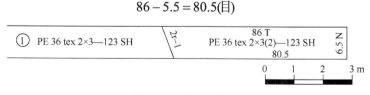

图 5-54　编织示意图

从图 5-33（b）的表中得知囊网衣 1 段为宽 1612 目的矩形网衣，则其中间单线部位起目（起头目数）为

$$1612 - 86 \times 2 = 1440(目)$$

单线部位的终目为

$$1612 - 80.5 \times 2 = 1451(目)$$

（2）囊网衣 2 段至囊网衣 8 段

囊网衣 1 段末节的增目方法为 96(13 + 1)26(14 + 1)，即表示在网长最后一节处每间隔 13 目增加 1 目，共增加 96 次和每间隔 14 目增加 1 目，共增加 26 次。为了施工方便，一般是把次数少的 26(14 + 1) 放在两边编结。为了避免增目位置出现在两侧边缘，要求两侧边缘的间隔目数取一半。囊网衣 1 段双线部位的终目为 80.5 目，则增目为

$$(80.5 - 14 \div 2) \div 14 = 5.25(目)$$

表示除了先间隔 7 目（14÷2）增加 1 目外，尚可增加 5 目（取 5.25 的整数），即共增加 6 目，则囊网衣 2 段双线部位的起编目数为

$$80.5 + 6 = 86.5(目)$$

2 段双线部位仍为直角梯形网衣，编长 7 目，由起目 86.5 目起编目数，则 2r–1 边减少 7 目，即双线部位的终目为

$$86.5 - 7 = 79.5(目)$$

已知 2 段的网宽为 1734 目，则 2 段单线部位的起编目数为

$$1734 - 86.5 \times 2 = 1561(目)$$

2 段单线部位终目为

$$1734 - 79.5 \times 2 = 1575(目)$$

囊网衣 3 段至 9 段双线部位和单线部位的起目（实际均为起编目数）和终目的计算方法与 2 段的计算方法相同。

（3）囊网衣 10 段至 21 段

囊网衣 10 段至 21 段，其两旁双线部位均呈矩形，网宽均为 5 目，而中间单线部位也呈矩形，其网宽目数等于各段整体网宽目数减去 10 目。

囊网衣 1 段至 21 段单线部位和双线部位的网线用量计算方法与翼网部网衣单线部位和双线部位的计算方法基本相同。稍不同的是矩形网衣总网目数 N 为"网宽目数×网长目数"。

（4）囊网衣 22 段至 40 段

囊网衣 22 段至 40 段均位于无增减目段的中后部位，其每段网衣均为宽 3200 目，用单线编结的矩形网衣，其网线用量可按式（5-5）进行计算。

（5）囊网衣 41 段至 47 段

从图 5-33（b）的表中得知 41 段网长为 0.08 m，图 5-54 的囊网衣编织示意图缩小比例为 1∶800，则按比例缩小后 41 段的网长应绘成为

$$0.08 \div 800 = 0.0001 = 0.1(mm)$$

在图 5-54 中，41 段网长缩小 800 倍后的 0.1 mm 是无法在图中绘出来的。因用笔划出来的线粗已超过 0.1 mm，故在图 5-53 中，41 段网衣只能借用 42 段网衣前缘的 1 条横向细实线来标示。

41 段至 47 段为横向减目段。其实 41 段是由无增减目段转变为横向减目段的过渡段。41 段只编长 6 节（3 目）网衣，在第二节以 1600(2–1)方法减目，网宽目数由 3200 目一下子收缩为 1600 目，这种突然收缩过大的设计是极不合理的。

41 段的网线用量计算，可分成宽 3200 目、长 0.5 目的矩形和宽 1600 目、长 2.5 目的矩形共 2 个部位，分开计算后相加即可。42 段至 47 段均为用单线编结的矩形网衣，故横向减目的各段网衣之间线用量均可按式（5-5）进行计算。

3. 带鱼对网绳索、属具材料表计算说明

（1）上、下纲全长计算

带鱼对网的上纲是由浮子纲和上缘纲合并组成，下纲是由下缘纲和沉子纲合并组成。整顶网的浮子纲、上缘纲、下缘纲和沉子纲又分别由左、右共 2 条等长等粗的绳索在三角网衣前缘中点连接而成，故上、下是共用 8 条同材料、等长等粗的乙纶绳组成。从相关例题的带鱼对网网图核算中得知，每条上、下纲的净长为 250.96 m。上、下纲装置在网口的一端应插制成眼环，其留头可按上、下纲直径 20 mm，参考附录 J 取 0.75 m。另一端如图 5-33（c）的上方②、③图所示，应伸出翼端 0.40 m 处折回并扎成绳端眼环后再重合于上、下纲上结扎至离翼端向后 1 m 左右处，则每条上、下纲全长应约为

$$250.96 + 0.75 + 0.40 + 1.00 = 253.11(\text{m})$$

可取长为 253.00 m。

（2）绳索计算

渔具上所使用的绳索，较细的用锦纶单丝、乙纶渔网线或锦纶渔网线等来制作，较粗的用乙纶绳、钢丝绳、包芯绳或夹芯绳等来制作。绳索计算包括长度计算和用量计算两个内容。绳索长度分为净长和全长两种。在渔具图中，结缚在网衣边缘或中间的绳索一般标注净长，有的标注每条的净长，如刺网或无囊围网的上、下纲和侧纲，有囊围网的翼端纲、力纲和囊底抽口绳等；有的标注分段配纲长度，如带鱼对网的上、下纲净长，需要通过计算后才得出，前面已举例计算过。

连接在网衣以外的绳索，有的标注净长，如空绳、叉绳、引绳等；有的标注全长，如搭纲绳、沉石绳、曳绳、支绳等。

标注净长或经计算得出净长的绳索，可根据渔具图的实际连接工艺要求估计出其两端留头长度后计算出其全长。采用钢丝绳或夹芯绳的绳索，其两端插制眼环的留头长度可根据绳索直径查阅本书附录 J 或附录 K 得出后，再计算其全长。

若采用以结构号数表示的锦纶单丝捻线或编绳作为绳索使用时，其绳索用量可按式（5-6）计算，即

$$G = G_{\text{H}} \times L \times e \times 1.1 \tag{5-6}$$

若采用以直径表示的锦纶单丝、乙纶渔网线、锦纶渔网线、乙纶绳、钢丝绳等作为绳索使用时，其单丝、网线或绳索用量可按下式计算，即

$$G = G_{\text{H}} \times L \tag{5-7}$$

式中，单丝、网线、绳索单位长度质量 G_{H} 可查阅附录 D、F、G、H 或 I 得出。

此外，包芯绳一般是手工制作的，没有统一的规格，故包芯绳只计算其用作绳芯的钢丝绳的长度和质量。夹芯绳一般也是手工制作的，没有统一的规格，故只计算其长度，不计算其质量。

以后各种渔具的绳索用量计算，均如以上所述，故后文各章的"渔具材料表"内容中，不再详述一般的绳索计算。

第六节　围网设计理论

围网渔具设计除了要根据捕捞对象的特性、作业渔场条件等来确定围网的各种要素之外，还要考虑作业渔船性能对捕捞效率的影响，如果渔船回转性能或者围捕速度没有鱼群游速快，哪怕设计的网具再先进也是无法捕获整个鱼群的。为此，讨论围网渔具设计时，除了确定网具的长度、高度、缩结系数、上下纲长度比、浮沉力及其各参数之间的相互影响之外，还要考虑围网船只的技术特性，如直线航行和回转时的航速、最小回转半径等，这样才能发挥设计网具应有的作用。

一、鱼类对围网渔具的反应行为

围网的捕捞对象主要是集群性强的中上层鱼类，这些鱼类的特点是反应灵敏、游速快。为此，在讨论鱼类对围网渔具的行为反应时，首先就要掌握这些鱼类的特性，接着便是了解围捕作业开始时这些鱼类对来自渔船的追捕威胁产生的反应及鱼群被包围在网圈中的反应行为。

（一）围网捕捞对象的特性

围网主要捕捞中上层集群性鱼类，集群密度在 $0.5 \sim 5.0 \text{ kg/m}^3$ 时捕捞是最有效的，其中小型鱼类的集群密度比大型鱼类集群密度大，而大型鱼类游速快，给捕捞技术造成较大困难。所以在设计围网渔具时，捕捞对象的特性具有重要意义，即鱼群的大小和形状、鱼群可能下沉的深度及对惊吓源的反应距离等。

1. 鱼群的大小和形状

生产实践证明，围网捕捞最有效的时期，是在鱼类索饵期和产卵前期，因为这个时期鱼类集群范围比较大，如上层鱼类（大西洋鲱、竹荚鱼、小沙丁鱼、金枪鱼、鳀等），集群范围长达 $20 \sim 25 \text{ m}$，鱼群的形状多样，有圆形、三角形、长条形等，这取决于饵料的分布、水温、天气状况和其他因素，而鱼群的垂直厚度通常是其水中长度的 $20\% \sim 30\%$。

2. 鱼群的下沉深度和对惊吓源的反应距离

一般来说，鱼群的下沉深度，受作业区域水的物理、化学性质的限制，如黄鳍金枪鱼的下沉极限是 20℃等温线和 35‰盐度线。但受惊吓时鱼群下沉深度会超过海水物理、化学性质所决定的限度。鱼群下沉的速度则受鳔的承受能力的限制。金枪鱼类和一些中上层鱼类都没有鳔。

鱼群对不同惊吓源（光、声）的反应距离，取决于鱼的种类及其生物学特性。大多数上层鱼类对螺旋桨的噪声、主机的音响等反应敏感，在这种情况下，鱼群会改变其游速和游向，向深处下沉。鱼群对惊吓源的反应距离，在很大程度上影响围网所需的长度。生产中看到，对于索饵鱼群，投网时鱼群与渔船的最小距离通常是 $30 \sim 40 \text{ m}$，对于洄游鱼群为 $50 \sim 100 \text{ m}$。

（二）鱼群在围网捕捞前后的反应行为

生产实践中可以看到，在围网作业开始时，鱼群凭感觉器官对来自渔船的追捕威胁产生反应，并以最大游速迅速逃离，当渔船机器运转和捕捞网具产生的噪声传向鱼群时，鱼群受惊，立即逃离渔船，转向或向下潜逃。当鱼群受到网圈阻挡时，常会出现散群现象，行为混乱，无一定方向。此时，鱼群中的某个个体发现围网某处有破洞时，就会迅速从此逃出，随后整个鱼群便会随之逃出。下潜逃避的鱼群也会由于网具下沉、水温和水压的影响又重新上浮，也有的企图越过上纲逃离，此时的鱼群表现出极度惊恐状态。例如，黑海的鲻和竹荚鱼碰到围网时，会立即以 $0.5 \sim 1.0 \text{ m/s}$ 的速度潜向深处。因此围网操作过程中，必须等到围网网衣完全沉降到鱼群下潜深度以下，才可开始收绞括绳和收缩网圈。

括绳收绞时也会引起鱼群混乱。据探鱼仪记录，投网前行动一致的沙丁鱼群在开始收绞括绳时会分成下、上两群，对网具反应各不相同，上层鱼群急速向下移动，而下层鱼群急速浮至上层。发生这些变化的深度一般为 $7.5 \sim 15 \text{ m}$。

（三）金枪鱼群被围网包围后在网圈中的行为反应

据日本学者调查分析，金枪鱼围网作业过程常发现投网后金枪鱼群逃避的行为反应有下列三种类型：①当鱼群游速较快或先头鱼处于渔船前方较远时，鱼群会直线游动，在大多情况下，鱼群向围网船的前方游动或是下潜逃避；②在网船追赶过程中，鱼群会改变游向或下沉逃避，但在大多数情况下常在投网的同时或投网不久后又会掉头逃逸，以致包围不完全；③网具包围完全后，鱼群会在网圈中回旋1～2圈，并在网圈口附近或在沉纲下方逃逸。

二、围网渔船的技术特性

围网的效率在很大程度上取决于围网渔船技术特性，包括直线航行和回转时的航速、最小回转半径、干舷高度、操作甲板尺寸、捕鱼机械的拉力和速度及船的稳定性。

围网渔船稳定性要求较高，这是由于网具庞大、捕捞机械设备多，特别是动力滑车悬挂于吊杆末端，着力点较高，增加了船的倾覆力矩，在横风情况下收绞括绳和收拢网衣时由于力矩影响而使船舶横倾或横摇加剧，同时捕鱼机械操作时负荷也将影响船的稳定性，增大网头渔获时渔获物死亡后产生的沉降力，也会给渔船带来倾覆危险。所以金枪鱼围网渔船尾部甲板面积宽敞，增加了网具堆放面积，降低了网具堆放重心高度，这些都有利于稳定性的改善。

渔船的航速要求快，这是由于围捕起水鱼群时应有较高的投网速度。一般围捕速度要大于鱼群游速的几倍（通常在两倍以上）。同时，航速快也可以缩短非生产性航行时间。

渔船要求回转性能好，回转半径小、操作灵活。鱼群遇到渔船时，逃避方向多变，船舶回转性能必然要求较高，回转半径要小，操纵要灵活，这样才能提高捕捞效率。生产经验认为，围网渔船投网时的回转速度 v_c 可用下公式表示：

$$v_c = 0.8v\frac{\overline{R}^2}{\overline{R}^2+1.9} \tag{5-8}$$

式中，　v ——围网渔船直线航行速度（m/s）；

　　　　v_c ——围网船的回转航速（m/s）；

　　　　$\overline{R}$ ——相对回转半径（回转半径 R 与船长 L 之比）。

我国现代围网渔船的回转性能对所使用的网长产生的影响，可查阅有关资料。围网渔船最小回转半径与船体水线长的比例如表5-9所示。

表5-9　围网渔船最小回转半径 R_H 与船体水线长 L_x 的比例

围网渔船类型	比值 R_H/L_x
大型船	1.25～1.50
中型船	1.0～1.25
小型船	0.7～1.0

由表5-9可见，围网渔船最小回转周长 L_c 为

$$L_c = (0.75～1.5)\times 2\pi \times L_x = (4.7～9.4)L_x$$

由于网船围捕鱼群时都是以一定的舵角和速度绕鱼群回转的，所以围网网具的实际长度 L 必须大于网船的最小回转周长即

$$L > L_c$$

所以

$$L > (4.7 \sim 9.4)L_x$$

我国 441 kW 围网船水线长为 40 m，按有关公式计算围网船最小回转周长 188～376 m，而其实际使用的围网长度为 850～900 m，这就明显地大于最小回转周长了，所以我国现代围网不必考虑渔船回转性能对网长的影响。

三、围网长度的确定

围网长度是指围网网具的上纲长度，简称网长。由于围网长度决定了该网具在作业中所包围的水域面积，网具越长越有利于围捕鱼群，但网具过长将增大网具阻力，从而增加起网机的负荷，甚至造成起网困难。网材料用量受甲板容纳量的限制，也会使围网长度受限。因此合理地确定围网长度有着重要意义。围网长度应满足作业方式的要求。下面介绍围捕起水鱼群网长的确定。

起水鱼群是指处于海表面或近水面的活动的鱼群。这种鱼群游速快，并且在受惊吓后易改变游动方向和下潜逃逸，其逃逸有两种可能，一种是在网圈未封闭时从网圈缺口逃出，另一种是鱼群接触网壁时下纲来不及降到一定拦截深度会从下纲底下潜逃。

1. 网长确定依据

网长确定主要依据捕捞对象特点、作业渔船性能、投网起始位置、作业渔场条件及网具高度等。

捕捞对象特点是指捕捞鱼群的游速、鱼群的水平范围等。显然，鱼群游速越快、鱼群水平范围越大，网具长度就越长。然而，鱼群游速因鱼的种类、鱼体大小、鱼类的生活阶段、群体大小及环境条件等的不同而有明显差异，如鱼群产卵洄游速度小于越冬洄游速度，群体越大的鱼群游速越慢，捕捞对象的群体游速一般都比个体游速慢，个体大的鱼游速比个体小的鱼快。

作业渔船性能是指网船的主机功率和回转性能、捕鱼机械性能等。为了在一定水域内尽快包围鱼群，网船必须有较快的速度，这样所需的网具就可短些。由于在围捕过程中网船始终处于回转状态，所以网船投网速度总是小于直线航速，而且网船回转性能与船体长度有关，船体长度越短，回转半径越小。至于捕鱼机械，我国围网渔船主要有括绳绞机和动力滑车，在一定条件下，捕鱼机械的额定绞收拉力和收绞速度会制约网具长度。

投网起始位置是指在开始放网时网船与鱼群的相对位置、距离及鱼群在被包围的水域内的移动路线。在生产实践中此位置往往是根据鱼群现状和作业渔场风、流情况灵活确定的，投网起始位置不同，所确定的网长也不同。

作业渔场条件是指渔场的流速缓急和风力大小，网具高度是指与网长成一定比例的高度。例如，渔场流急、鱼群栖息较深，网具就要长些；网高较大的网具，网长要相应长些。

2. 网长确定方法

根据国内外围网生产的经验，围网长度确定的方法，归纳起来主要有半径正交式网长计算方法，直径接触式网长计算方法，以及两圆同心式网长计算方法。这些计算方法，主要是根据捕捞对象的特点来确定的，如我国南海珠江口一带渔民根据夜间起水的蓝圆鲹等鱼群游动的特点，来确定两圆同心式的网长计算方法。一般渔船都不是采用单一方法作业的，应计算多种网长后选择最大者或综合考虑，最后要考虑渔船甲板容量。

（1）半径正交式的网长计算方法

半径正交式是指鱼群在计划网圈内的游动路线与网圈的两条正交半径成45°角，如图5-55所示。

图中，v_f 为鱼群游速；$2r$ 为鱼群水平范围直径；v_s 为网船围捕速度；x 为超前距离，即投网时为不惊吓鱼群，网圈至鱼群边缘的最小距离；R 为网圈半径。

在图5-55中，网船从 C 点开始投网，此时鱼群中心在 A 点，当鱼群沿其游动路线游至 B 点时，要求网船到达 D 点。当鱼群游到 D 点时，网具下纲已沉降到一定深度而形成网壁，阻止了鱼群的潜逃。此时鱼群会改变游动方法，试图逃离网圈。这时鱼群逃离网圈的最大可能是向左改变游动方向，然而网船在这段时间内已对鱼群完成了拦截，围捕成功。

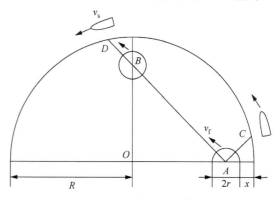

图5-55 半径正交式的网长计算方法分析图

按上述条件，网船从 C 点至 D 点所回转的距离为 $\overset{\frown}{CD}$，即

$$\overset{\frown}{CD} = \frac{2\pi R}{4} = \frac{\pi R}{2}$$

而网船所经过的时间 t_1 为

$$t_1 = \frac{\overset{\frown}{CD}}{v_s} = \frac{\pi R}{2v_s}$$

鱼群从 A 点到 B 点的距离 AB 为

$$AB = \sqrt{2}[R - (x + r)]$$

鱼群经 AB 距离需要的时间 t_2 为

$$t_2 = \frac{\sqrt{2}[R - (x + r)]}{v_f}$$

因为网船投网从 C 点至 D 点与鱼群从 A 点游至 B 点是同时进行的，所需的时间相等，即 $t_1 = t_2$，则

$$\frac{\pi R}{2v_s} = \frac{\sqrt{2}[R - (x + r)]}{v_f}$$

$$\frac{v_s}{v_f} = \frac{\pi R}{2\sqrt{2}[R - (x + r)]}$$

设网船投网速度与鱼群游速之比为 $\overline{Z}$，即

$$\overline{Z} = \frac{v_s}{v_f}$$

$$\overline{Z} = \frac{\pi R}{2\sqrt{2}[R - (x + r)]}$$

由上式可得

$$R = \frac{\overline{Z}(x + r)}{\overline{Z} - 1.1}$$

因此，网长 L 为

$$L = \frac{2\pi\overline{Z}(x + r)}{\overline{Z} - 1.1} \tag{5-9}$$

或

$$L = k(x + r) \tag{5-10}$$

式中，k 为网长系数，即

$$k = \frac{2\pi\overline{Z}}{\overline{Z} - 1.1}$$

为了计算方便，把 k 与 $\overline{Z}$（即 $\frac{v_s}{v_f}$）的对应值列于表 5-10 中以便查用。

表 5-10　网长系数 k 与 v_s/v_f 的关系

v_s/v_f	2.0	2.5	3.0	3.5	4.0	4.5	5.0	5.5	6.0	6.5	7.0
k	14.11	11.36	9.96	9.20	8.71	8.35	8.07	7.88	7.71	7.60	7.41

在实际围捕作业中，由于多种因素的影响，不可能保证网圈呈正圆形，所以网具的设计长度在利用上述公式计算网长的基础上应增加 10%，则上述网长计算公式可改为

$$L = \frac{2.2\pi(x + r)}{1 - \frac{1.1}{\overline{Z}}} \tag{5-11}$$

分析上述网长计算公式可得出下列结论：

①在其他条件不变的情况下，鱼群水平范围的半径越大，超前距离越大，所需网具越长，反之网具可短些。

②如果 x 和 r 值不变，网船投网速度与鱼群游速之比 $\overline{Z}$ 越大，所需网长 L 越小，即网船投网速度越快，网长越短。

③当网船投网速度与鱼群游速之比 $\overline{Z}$ 小于或等于 1：1 时，网长没有意义，即 v_s 必须明显大于 v_f，否则采用此种投网方式围捕鱼群难以成功。

（2）两圆同心式的网长计算方法

两圆同心式是指渔船投网的轨迹与鱼群游动的路线是两个不同半径的同心圆的运动轨迹，两圆同心式的网长计算方法分析图如图 5-56 所示。

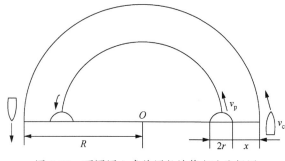

v_c 为渔船围捕速度；v_p 为鱼群游速；R 为渔船围捕时的网圈半径；$2r$ 为鱼群水平范围的直径；x 为放网超前距离，即不惊吓鱼群时网圈至鱼群的最小距离。

在图 5-56 中，网船投网轨迹为正圆形，网圈半径为 R，圆心为 O；网船投网拦截"鱼头"过程中鱼群游动路线为某一半径的圆；网船投网路线为鱼群游动路线的同心圆。

按上述条件，鱼群经过的距离 S 为

图 5-56　两圆同心式的网长计算方法分析图

$$S = 2\pi[R - (x + r)]$$

鱼群经过距离所需的时间 t_1 为

$$t_1 = \frac{2\pi[R - (x + r)]}{v_p}$$

渔船经过的距离 S' 为

$$S' = 2\pi R$$

渔船经过距离所需的时间 t 为

$$t = \frac{2\pi R}{v_c}$$

因为投网过程鱼群和渔船经过的时间相等，即 $t_1 = t$，所以

$$\frac{2\pi[R - (x + r)]}{v_p} = \frac{2\pi R}{v_c}$$

$$\frac{v_c}{v_p} = \frac{2\pi R}{2\pi[R - (x + r)]}$$

设 $\dfrac{v_c}{v_p} = Z$，则

$$Z = \frac{R}{R - (x + r)}$$

$$R = \frac{Z(x + r)}{Z - 1}$$

所以网长 L 计算公式为

$$L = 2\pi R = \frac{2\pi Z}{Z - 1}(x + r) \tag{5-12}$$

设

$$k_1 = \frac{2\pi Z}{Z - 1}$$

则

$$L = k_1(x + r) \tag{5-13}$$

式中，k_1 为网长系数，为了计算方便，把 k_1 与 v_c/v_p 的对应值列于表 5-11 中，以便查用。

表 5-11　网长系数 k_1 与 v_c/v_p 的关系

v_c/v_p	2	2.5	3	3.5	4	4.5	5	5.5	6	6.5	7
k_1	12.56	10.47	9.42	8.79	8.37	8.07	7.85	7.68	7.54	7.42	7.33

从网长公式和上述表（表 5-11）中，可以得出下列结论。

a. 当鱼群游速不变时，网长随渔船围捕速度的增加而减少，即 v_p 不变时的情况：

$$v_c \uparrow \rightarrow \frac{v_c}{v_p} \uparrow \rightarrow k(\text{或} k_1) \downarrow \rightarrow L \downarrow$$

b. 当渔船围捕速度不变时，网长随鱼群游速的增加而增加，即 v_c 不变时的情况：

$$v_p \uparrow \rightarrow \frac{v_c}{v_p} \downarrow \rightarrow k(\text{或} k_1) \uparrow \rightarrow L \uparrow$$

c. 当渔船围捕速度略大、等于或小于鱼群游速时，网长计算公式没有意义，即 v_c 略大于 v_p、$v_c \geqslant v_p$，$L \rightarrow \infty$ 或为负值。

（3）光诱鱼群网长和瞄准捕捞鱼群网长的确定

光诱鱼群是指用集鱼灯诱集的鱼群；瞄准捕捞鱼群是指在水面下自然集群的鱼群。这两种鱼群在水中都比较稳定，特别是光诱鱼群。瞄准捕捞鱼群比光诱鱼群活跃些，有一定移动速度，但比表层鱼群稳定得多。因此在围捕过程中不存在追越鱼群的阶段，即不以鱼群的移动速度和网船投网速度来确定网具长度。

①光诱围网网长的确定。光诱围网网长依据鱼群的水平范围、网船至鱼群边缘的距离及灯船在网圈中的漂流状况等来确定。具体分述如下。

    a. 鱼群的水平范围。光诱鱼群的水平范围大小与光源的种类、功率、光色、光源布置、鱼的种类、鱼的生活阶段、鱼的趋光习性及渔场海况条件等有关。例如，诱鱼灯功率高、鱼类趋光弱、海水透明度大、渔场风大流急时，光诱鱼群水平范围就会大些。生产中看到，鲐鲹类在 10 kW 诱鱼灯附近时，鱼群水平范围可达 30～50 m。光诱鱼群范围越大，网长相对就要长些。

    b. 网船至鱼群边缘的距离。在开始下网时和围捕过程中，为了不惊吓鱼群，网船至鱼群边缘要保持一定距离，而距离的大小取决于鱼群的稳定性、范围大小、栖息水层及海况条件等。我国光诱围网在放网时此距离一般都在 30 m 左右。此距离越大，网长也相对越长。

    c. 灯船在网圈中的漂流状况。当网船投网结束后，网圈中的灯船（或灯艇）为了使鱼群在网圈中处于合适位置，必须经常移动，因为灯船在网圈中受风、流影响会随风漂流（灯船漂流速度比灯艇快），这会影响网具长度的确定。

    ②光诱围网网长计算。光诱围网作业过程不需追越鱼群，因此不能以鱼群游速和网船围捕速度作为网长的确定依据，而是以上述的趋光鱼群范围大小和投网点至鱼群边缘的距离来确定。

    假设投网过程网圈是正圆形，网圈半径为趋光鱼群水平范围的半径与投网点至鱼群边缘距离之和，同时考虑灯船在网圈中受风、流影响而产生的位移，则围捕光诱鱼群与网长 L 的关系为

$$L = 2\pi R = 2\pi(r + k_{\mathrm{o}}x) \tag{5-14}$$

式中， R——网圈半径（m）；

      r——趋光鱼群水平范围的半径（m）；

      x——在不惊动鱼群的条件下，投网点至鱼群边缘的距离（m）；

      k_{o}——灯船在网圈中的漂流系数，一般为 1.0～1.4。

    有人根据生产实践认为，投网点至鱼群边缘的距离，机轮取 30～50 m，小型渔船取 10～20 m，但此距离与渔场的海况条件、鱼群栖息深度有关。因此，网具的长度确定，必须依实际情况再做适当调整。

    至于瞄准捕捞鱼群所需的网长，由于瞄准捕捞鱼群的状态比光诱鱼群活跃，具有一定移动速度，但比表层鱼群稳定得多，在围捕过程中又不需考虑灯船在网圈中的漂流问题，所以瞄准捕捞围网长度的确定可参考光诱围网的网具长度。

四、围网高度的确定

    围网高度有三种表示方法，第一种是缩结高度（H），即网衣缩结后的计算高度，它表明网具的理论沉降深度。用下式表示：

$$H = H_0\sqrt{1 - E_{\mathrm{T}}^2}$$

式中， H——网衣的缩结高度（m）；

      H_0——网衣的纵向拉直高度（m）；

      E_{T}——主网衣横向缩结系数。

    第二种是工作高度（H_1），即在收绞括绳致网圈底部封闭后，底环集中在网圈正下方时的主网衣高度，用 $H_1 = H_0\dfrac{E_{\mathrm{T}}}{\arcsin E_{\mathrm{T}}}$ 计算。

    第三种是拉直高度（H_0），即网具中部网衣纵向拉直高度，用 $H_0 = 2a \cdot N$ 计算（式中 H_0 为网衣的纵向拉直高度，a 为网衣目脚长度，N 为网衣纵向目数）。现在常用的围网高度是指拉直高度。围网高度是决定网具围捕深度的重要参数之一。这三种网具高度如图 5-57 所示。

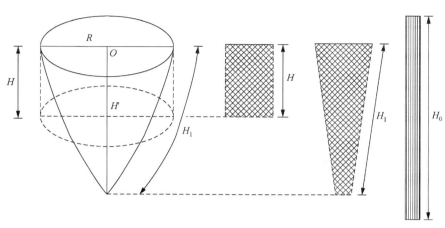

图 5-57　围网网具高度变化分析图

网具有足够的高度，可以减少鱼群从下纲底下潜逃，但网具过高，会造成材料浪费，使阻力增大，收绞时间延长，网次减少，浅水渔场作业时网衣易堆积在沉纲上方并与括绳纠缠。而网具过矮，收绞时网衣受力过大，容易破网，网具包围体积减小。所以网高要适当，才能提高操作效能和捕捞效率。

网具高度确定的依据和方法有多种，具体分述如下。

（一）围网高度确定的依据

围网高度（网高）确定的依据有外在因素和内在因素，外在因素如捕捞对象的生物学特性和作业渔场特点等，而内在因素主要指网具自身的长高比。这些因素常是同时影响网具高度的。

1. 捕捞对象的生物学特性

捕捞对象的生物学特性通常是指捕捞对象的栖息水层及其受惊吓后的垂直移动范围。如鲐鲹群的栖息水层与季节、群体大小有关。我国东海、黄海的鲐鲹群春夏季节多栖息于表层，秋冬季节多栖息于底层或近底层，对于有一定厚度和密度的鲐鲹群，在春夏季节受惊吓后下沉深度不大，而鲱群受惊吓后则会向深处潜逃。对于光诱鱼群，由于鱼群受灯光的诱集，能保持在较稳定的水层中，一般处于中层或下层水域。鱼群的栖息水层和稳定程度是确定网具高度的重要依据之一。

2. 作业渔场特点

中、小型渔船一般在近海（浅水）渔场作业，为了在下纲收拢前减少鱼群从下纲下方逃离，下纲沉至海底较稳妥，因此渔场水深就成了确定网高的重要条件之一。但大、中型渔船在外海（深水）渔场作业，渔场水深就不能作为网高的确定依据了。如果作业渔场有稳定的温跃层存在，则温跃层的水深也是确定网高的依据因素，这是因为鱼类通常是不穿过温跃层的。

在近海（浅水）渔场作业时，网高的确定不当，会严重影响操作。网太高，大量网衣堆积海底，容易造成网衣纠缠括绳；网太矮，收绞过程下纲迅速提升，底环不易向中心集拢，鱼群容易潜逃。因此，作业渔场水深是确定网高的重要依据条件之一。

3. 围网长高比

围网网具长度与网高的关系，直接影响放网网圈的形状，这可以从收绞括绳过程网形的变化中看出，如图 5-58 所示为收绞括绳（网船受灯船横向拖曳情况下）不同时间（从 1～8）网形的变化过程。

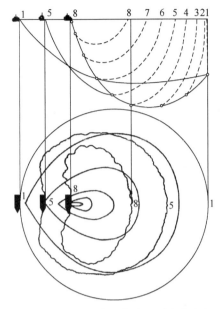

图 5-58 收绞括绳过程中的网形变化分析图

我国围网生产中收绞括绳的方式是由船上的绞纲机直接绞收，网具下纲被拉向船舷边集拢，因此收绞括绳后的围网实际空间高度比理论工作高度要小得多，其减少的程度与围网长度关系密切。围网长度大，网具长高比（即围网上纲长度与网具拉直高度之比）大的围网，放网的网圈形状变化严重，网具实际空间高度损失大，在风大流急海况作业十分不利。而长高比小的围网，实际空间高度损失较小。因此，围网网具的长度（或长高比）也是确定网高依据的因素之一。

（二）围网高度确定的方法

在上述围网高度确定依据的基础上，进一步探讨围网高度的确定方法，包括根据作业渔场水深和捕捞对象栖息水层来确定网高，根据网具长度来确定网高。

1. 根据作业渔场水深和捕捞对象栖息水层来确定网高

据我国围网生产经验，在 50～70 m 水深作业时，机轮围网拉直高度为作业渔场水深的 2.0～2.5 倍，小型渔船围网的拉直高度一般为作业渔场水深的 1.5～2.0 倍，由此可以确定网高。

至于如何根据捕捞对象栖息水层来确定网高，由捕捞对象的栖息深度与其生物学特性、群体大小不一、季节和海况都有关系，如大洋性活动能力较强的金枪鱼，多栖息于表层或近表层。捕捞起水鱼群，网高必须超过鱼群下潜深度，才能有效地拦截鱼群。也就是说，鱼群下潜能力越大，网具就应越高。

生产实践中证实，围捕光诱鱼群和瞄准捕捞水面下自然集结的鱼群时，网具高度必须超过鱼群栖息深度，并在收绞括绳过程中使下纲与鱼群之间保持一定距离，这样才能有效地捕到鱼群。网高与鱼群栖息深度的关系如图 5-59 所示。

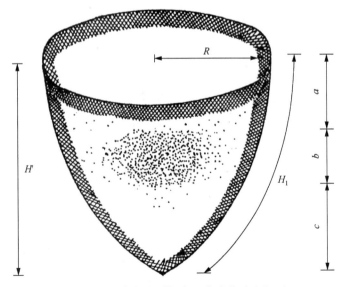

图 5-59 网高与鱼群栖息深度的关系分析图

作如下假设：作业过程，底环集拢一点后，网具形状近似圆锥面。

底环集拢后，在不影响鱼群稳定的情况下，鱼群下缘至下纲的最小距离为 c。

网具包围圈半径为 R，E_T 为水平缩结系数。

鱼群栖息深度为 a，垂直厚度为 b。

网具作业时，空间高度 H' 为 a、b、c 的总和，即

$$H' = a + b + c$$

网圈半径 $R = \dfrac{L}{2\pi}$，L 为网长。

工作高度 H_1 为

$$H_1 = \sqrt{R^2 + (H')^2} = \sqrt{\left(\frac{L}{2\pi}\right)^2 + (a+b+c)^2}$$

因为 $H_1 = H_0 \dfrac{E_T}{\arcsin E_T}$，则网高与捕捞对象栖息深度的关系为

$$H_0 = \frac{\arcsin E_T}{E_T} \sqrt{\left(\frac{L}{2\pi}\right)^2 + (a+b+c)^2} \tag{5-15}$$

从式（5-15）可看出，当捕捞对象栖息深度增加时，网具高度必须增加，但不能超过一定范围，否则网具太高，网具质量太大，起网机无法收绞，或者鱼群离海底太近，围捕有困难。

捕捞对象栖息深度与网高的关系，国外有特殊例子，如在北大西洋捕捞栖息于 50 m 水深以上的鲱群时，用一种网高不大结构特殊的网具，此网具浮子数量不多，浮力不大，但在上纲上设有像流刺网一样的浮筒和一定长度的浮筒绳，作业时网具利用自身的沉力，迅速沉降到所需深度，当括绳收绞时，上纲逐渐上升，浮出水面。

2. 根据网长来确定网高

当选定适当的网长后，就可根据其比值来确定网高，即

$$H_0 = \frac{L}{K} \tag{5-16}$$

式中，H_0——围网拉直高度（m）；

　　　L——围网上纲长度（m）；

　　　K——长高比。

长高比大，网具长；长高比小，网具短，网具长高比关系到网型、网衣受力及捕捞性能。我国常用网具长高比为 5.9 左右，网圈变形小，网具运作正常。对于瞄准捕捞鱼群和光诱鱼群，由于鱼群栖息较深，故应采用较小的长高比，我国东海、黄海围网一般采用 4～6 的长高比，南海围网长高比一般为 3 左右，日本的鲐鲹围网长高比为 4.4～6.0，挪威的鲱围网长高比为 4.4，冰岛的鲱围网长高比为 2.5。但对于围捕表层或近表层鱼群的围网，水平包围范围显得更为重要，所以长高比偏大，我国围捕起水鱼群的围网长高比为 9～10，美国金枪鱼围网长高比为 10.4，日本的金枪鱼围网长高比为 7。一般说，长高比为 1.4～5 的网具，适用于围捕近海垂直移动较大的鱼群，其抗流性也较强。

网具长高比大，收绞括绳时下纲提升快，网圈变化速度快。而网具长高比小，网衣阻力增加，沉降速度减慢，浅水渔场作业时网衣会出现下纲括泥或网衣缠络纲索的现象。

网具长高比一样，网型不一定相同。如图 5-60 所示，网具最高部位的下纲长度与网长比例越大，网具越接近矩形，网衣用量增多，作业时包围体积增加；反之，网具越呈三角形，网具底部空隙增大，鱼群容易潜逃。

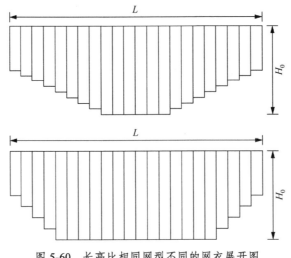

图 5-60　长高比相同网型不同的网衣展开图

（三）围网高度的确定

围网高度与鱼群大小和深度不适应，降低了网具捕捞效率。也就是说，在给定围网上纲有效包围面积 S 的前提下，捕捞效率最高时的网高 H 值，而不是不顾捕捞效率单纯考虑包围水域体积 V 最大时的网高 H 值，才是确定的网高。

（四）网具两端高度的确定

围网的网高除了网具中部的高度之外，还有两端的高度。网具两端的高度要小于中部的高度，这样可防止在收绞括绳时网具两端的网衣与括绳等发生纠缠。网具两端的高度一般以网具中部高度的百分数表示，中小型网具两端高度约为中部网衣高度的 65%～75%，大中型网具两端高度约为中部高度的 60%～70%，同时后网端的高度要比前网端高度小一些，这是因为后网端入水较迟而离水较早，沉降深度比前网端小。

五、围网长高比的理论最佳值

（一）围网长高比的合理性分析

围网的网长和网高是围网设计中的两个重要参数。围网网具在作业中要取得最佳效果，不外乎要具备如下两个主要条件：①网具要有足够的长度，以保证对鱼群形成有效的包围圈；②网具有足够的高度和沉降速度，以形成有效的网壁，防止鱼群在放网过程中和括绳封闭网底前逃逸。在网具的长度确定后，网高是最主要的问题。网具高度偏小，有效包围的水体偏小，网底也不易快速封闭，不能充分发挥网具的作用。网具偏高，则网衣过多，造成浪费，影响操作。下面将以数学推理方法，分析和论证网具长高比的合理性。

假设围网在投放形成圆形的网圈后，浮子纲处于静止状态，当括绳收绞到网底完全封闭，网底中点处收力的垂直分力与围网下纲（包括底环等）的总沉降力相等时，网衣在水中处于自身沉降力作用状态。设不考虑各部分的形状差异，则整盘网具在理想状态下所包围的水体，是以围网缩结高度为弧长的悬链线绕 y 轴旋转一周的旋转体（图 5-61）。

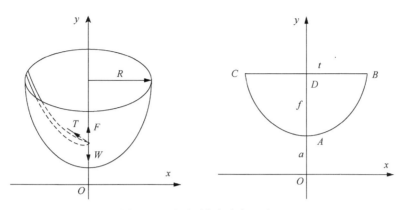

图 5-61 围网形状与坐标示意图

图 5-61 中，$\overset{\frown}{AB}$ 是悬链线弧长 S 的一半，也即是围网的缩结高度（指围网中部缩结高度，下同）；R 是以网长为 L_c 的包围圈的半径；AD 是围网所包围水体的最大水深，也即是悬链线的垂度 f；CB 是围网包围圈的直径，也即是悬链线的弦长 L。显然有

$$L = BC = 2R = \frac{L_c}{\pi}$$

$$\frac{S}{2} = \overset{\frown}{AB} = H, \quad AD = f$$

$$\frac{L}{S} = \frac{BC}{2\overset{\frown}{AB}} = \frac{L_c}{2\pi H}$$

利用 $\dfrac{L}{S}$ 的值查"悬链线因素表"（见第六章表 6-19）即可求得 f 的值。f 即是网具长度为 L_c、网具缩结高度为 H 时所包围水体的最大水深。显然

$$H \gg \frac{L_c}{2\pi}$$

即

$$\frac{L_c}{H} \ll 2\pi$$

可以这样认为，网长与网具缩结高度之比不能接近或等于 2π，更不能大于 2π。当 L_c/H 值等于或接近 2π 时，网具在底部封闭时所包围的水体深度等于 0，水体体积等于或趋于 0，括绳绞收力无穷大。当 $L_c/H > 2\pi$ 时，网具底部处于不能封闭状态。

事实上，网具的上纲是柔软的，并且在绞收括绳过程中受到括绳通过网衣传递过来的牵引力，一直在移动和改变原来网圈的形状。当 L_c/H 值接近或大于 2π 时，网具的底部同样可以收拢和封闭，只不过是以牺牲网圈的形状为代价。这种网具在绞收括绳时，网具底部的收拢速度必须保持很慢，以维持网圈的形状和下纲的水深。否则网圈迅速变形，下纲迅速提升，捕捞效果大大降低。

L_c/H 的值也并不是越小越好，要看网具包围水体的有效水深是否与渔场水深、鱼群栖息水深相适应，同时还要考虑风、流影响的程度。当 f 值等于渔场水深或鱼群下部（鱼群的最深部位水深，最好留有余地）时，我们认为网具的 L_c/H 值是合理的，否则不合理。

（二）最佳长高比

当围网的 H 值已达到渔场和鱼群的水深要求时，怎样的 L_c/H 值最好呢？这是网具的效率问题。显然，网具包围的水体最大时，其网衣的使用面积最小，效率最大。这与网具形成的悬链线旋转体的体积有关，它和旋转体纵截面的面积和网具缩结高度（即悬链线弧长）的最大值是等效的。即

$$\frac{V}{S_V} \approx \frac{S_y}{2H}$$

式中。 V——网具包围水体的体积（m^3）；

S_V——以悬链线弧长为 H 的旋转体的面积（m^2），$S_V \approx LH$；

S_y——旋转体通过 y 轴纵截面的面积（m^2）；

H——网具缩结高度（m），即悬链线弧长 S 的一半。

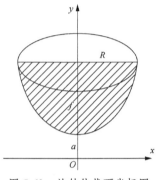

图 5-62　旋转体截面坐标图

在图 5-62 中，旋转体的截面面积

$$S_y = 2\int_0^R (f+a)\mathrm{d}x - 2\int_0^R \frac{a}{2}\left(\mathrm{e}^{\frac{x}{a}} + \mathrm{e}^{-\frac{x}{a}}\right)\mathrm{d}x = 2(f+a)\cdot R - a^2\left(\mathrm{e}^{\frac{x}{a}} + \mathrm{e}^{-\frac{x}{a}}\right)\theta H$$

$$= \frac{a}{2}\left(\mathrm{e}^{\frac{R}{a}} - \mathrm{e}^{-\frac{R}{a}}\right)$$

$$\therefore \frac{S_y}{2H} = \frac{(f+a)R}{H} - a$$

又

$$R = \frac{L_c}{2\pi}$$

$$\therefore \frac{S_y}{2H} = \frac{(f+a)\frac{L_c}{2\pi}}{H} - a = \frac{L_c}{H} \cdot \frac{(f+a)}{2\pi} - a$$

式中，L_c——围网的上纲长度（m）。

根据悬链线方程有

$$a = \frac{S}{2\tan A} = \frac{2H}{2\tan A} = \frac{H}{\tan A}$$

式中，S——悬链线弧长；

A——悬链线端切线角。

当 H 为定值时，采用逐步逼近方法，求得 $S/2H$ 值最大时的 L_c/H 值为 4.4。考虑到围网长高比的定义是指围网上纲长度（L_c）与网具最大拉直高度（H_0）之比，设网具最大高度处的纵向平均缩结系数为 E_N，则有

$$\frac{L_c}{H_0} = 4.4E_N \tag{5-17}$$

$4.4E_N$ 是围网长高比的黄金值。具有 $4.4E_N$ 围网长高比的围网，其包围水体的体积与网衣缩结面积之比最大。

（三）围网包围水体体积的近似计算

悬链线方程为

$$y = \frac{a}{2}\left(\mathrm{e}^{\frac{x}{a}} - \mathrm{e}^{-\frac{x}{a}}\right)$$

用级数将其展开并取得主部

$$y = a + \frac{a}{2}\left(\frac{x}{a}\right)^2 = a + \frac{x^2}{2a}$$

$$x^2 = 2a(y-a)$$

根据旋转体的体积公式有

$$V = \int_a^{f+a} \pi x^2 \mathrm{d}y = \int_a^{f+a} 2\pi a(y-a)\mathrm{d}y = \pi a f^2 \qquad (5\text{-}18)$$

其中，$a = \dfrac{H}{\tan A}$；f 为悬链线垂度。

以上 a、f 的值均可利用 L、H 等已知值查表 6-19 求得。

在假设 H 为定值时，利用体积公式，采用逐步逼近方法同样可求得最大体积时 L/H 的黄金值为 4.6，此值比 4.4 稍大一些，是由于悬链线方程在用级数展开后弃掉副部尾项的误差而引起的。说明式（5-18）计算的体积偏大一些。

（四）围网长高比与网圈形状关系

在绞收括绳过程中（此处分析的条件是网船没有受到灯船的拖拉作用），围网下纲的中点在到达旋转体中轴以前，下纲中部的大部分主要做向轴心聚拢的向心运动，并被括绳提拉稍上升，各点的运动速度大致相等（图 5-63）。

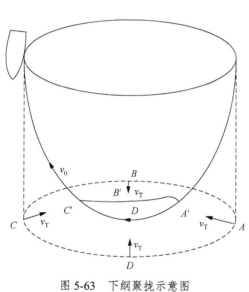

图 5-63 下纲聚拢示意图

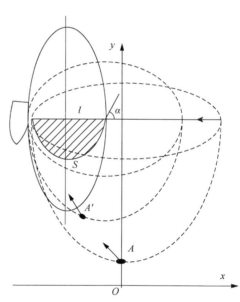

图 5-64 括绳绞收过程网圈变化

$$v_{\mathrm{T}} \approx \frac{v_0}{2\pi} \qquad (5\text{-}19)$$

式中，v_0——括绳绞收速度（m/s）；

v_{T}——下纲各点向轴心聚拢速度（m/s）。

下纲的中点跨越中轴以后，直接受到括绳的牵引作用越来越大，其速度很快接近并达到括绳的绞收速度，该处下纲快速向船方向靠拢，但离开中点部分的下纲，由于底环的滑动作用，受括绳的作用力减少，速度降低，越是远离下纲中点，速度下降的幅度越大。这样，通过网衣传递给上纲的拉力和拉力引起相应部位的运动速度也不一样。显然，上纲中间部位向船方向的运动速度最大，离开中点越远的部位向船方向运动的速度越小，经过一段时间后，在水表面形成的圆形网圈，会逐渐变成近似椭圆形。上纲中点与船上绞收点的连线，即为椭圆网圈的短轴（图 5-64）。

当括绳绞收完毕，底环被绞上甲板的瞬间，网衣失去外力作用，围网中部网衣在本身沉降力的作用下形成悬链线状。悬链线弦长 l 即是上纲形成椭圆网圈的短轴，链长 S 即是中部网衣的拉直高

度（注：此时中部的网衣网目可看作是闭拢的）（图 5-64），围网中部网衣在水中形成的悬链线形状
与下面的一些因素有关：

①在括绳绞收过程中，由于网衣是柔性体，下纲受到括绳拉力的水平分力，比上纲受到网衣传递过来的拉力的水平分力大得多，况且网衣和上纲还受到水阻力的作用，因而下纲中点向船靠拢的运动速度比上纲中点速度大。两者的速度差会随括绳的绞收速度增大而增大。在网衣高度相同情况下，括绳绞收速度越快，l 值越大。

②由于上纲中点与船的距离是由该点的运动速度决定的，当中部网衣高度增大时，即链长 S 增大时，端切线与弦夹角增大，网衣传给上纲的张力水平分力减少，上纲的运动速度也减少。因此，网衣高度 H_0 较大，上纲中部移动速度慢，网圈变形慢，l 值大。

我们总希望，在作业过程中，当括绳把底环绞上甲板后，网衣能形成较大的包围空间，以避免鱼群受挤迫而乱窜，影响捕获效果。从上面分析可知，围网长高比 L/H 值小的，在括绳绞收过程中网圈的变形幅度小，包围的水体相对较大；绞收括绳速度快，在括绳绞收过程中网圈的变化幅度也相对小，但绞收括绳速度快，下纲和下部网衣的提升速度也快，不利于网圈中较低水层鱼群保持稳定。

六、围网缩结系数的确定

围网缩结系数是指围网网衣拉直长度与上下纲装配时两者长度的比值。围网网具有两种缩结系数，一种是主网衣对上下纲的缩结系数，另一种是缘网衣对上下纲的缩结系数。围网缩结系数的确定关系到网高增长值、网衣用量、下纲沉降速度及网衣受力等。合理确定缩结系数，可以提高网具工作性能，减少材料消耗，延长网具使用寿命。

这里着重介绍缩结系数确定的依据，而对于如何确定缩结系数，主要是根据网具各部位的作用要求和作业特点，并参考国内外围网的具体选用范围来确定。

（一）围网缩结系数确定的依据

围网缩结系数主要是由网具各要素与缩结系数的关系来决定的，如网衣用量、下纲沉降速度、网具缩结高度及网线张力等与缩结系数的关系，当然还要考虑网具各部位的作用和作业特点等。

1. 网衣用量与缩结系数的关系

网衣用量关系到网片展开面积和网目形状变化，网目形状取决于缩结系数，因此缩结系数与网衣用量有关，可从网目形状变化中看出（图 5-65）。（相关内容请参阅《渔具材料与工艺学》）

2. 下纲沉降速度与缩结系数的关系

网具下纲沉降速度，取决于下纲沉降力和网衣沉降过程受到的阻力，而沉降力大小主要取决于沉子、底环、括绳在水中沉力。阻力大小取决于网衣数量，因为缩结系数关系到网衣用量，网衣用量增加，沉降过程阻力增大，则下纲沉降速度就会减小。因此，正确确定缩结系数不仅可以节约网衣用量，同时也有利于减小沉降过程中的阻力，提高下纲沉降速度。

曾有学者做过试验，使用 NO20/9 规格网片，网目尺寸 24 cm，当水平缩结系数为 0.5 时，需要 280 s 才沉降到 40 m 水深，平均沉降速度 0.143 m/s，而水平缩结系数改为 0.75 时，只需 144 s 就能沉降到 40 m 水深，平均沉降速度 0.271 m/s。缩结系数从 0.5 增加到 0.75 时，沉降速度增加一倍，如图 5-66 所示。

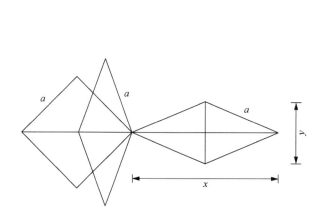

图 5-65 网衣用量与缩结系数关系的分析图

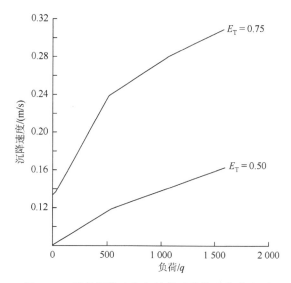

图 5-66 下纲沉降速度与缩结系数关系的曲线图

3. 网具缩结高度与水平缩结系数的关系

在前面已给出了网具工作高度的表达公式

$$H_1 = H_0 \frac{E_T}{\arcsin E_T}$$

因为

$$H_0 = H \frac{1}{\sqrt{1 - E_T^2}}$$

所以网具工作高度的另一表达式可改写为

$$H_1 = H \frac{E_T}{\arcsin E_T \sqrt{1 - E_T^2}} \tag{5-20}$$

式中， H——网具主网衣缩结高度（m）；

E_T——主网衣水平缩结系数。

现进一步分析在网具拉直高度不变的条件下，网具工作高度 H_1 与水平缩结系数 E_T 的关系，现对上式（即 H_1 与 H_0 的表达式）求导数得

$$H_1 = \frac{(1 - E_T^2)^{\frac{1}{2}} \arcsin E_T - E_T}{(1 - E_T^2)^{\frac{1}{2}} (\arcsin E_T)^2} \cdot H_0$$

当 E_T 不为 1 或 0 和 $0 \leqslant E_T < 1$ 时，用数学分析和数字代入法可判定上式分子的大小，由此可得出结论：在网具拉直高度不变的条件下，网具工作高度与主网衣水平缩结系数成反比，即水平缩结系数越大，网具缩结高度越小。

4. 网线张力与缩结系数的关系

在围网作业过程中，网衣的受力较复杂，有在收绞括绳过程中的绞收力、鱼群对网衣的挤压力、波浪和流水的冲击力等。在外力作用下，网线承受的张力与网衣的缩结系数有关，由《渔具材料与工艺学》得知，网线张力与网片缩结系数的关系为

$$T = P_1 \cdot a \frac{E_T}{E_N} \tag{5-21}$$

$$T = P_2 \cdot a \frac{E_N}{E_T} \tag{5-22}$$

式中，　　　T——网片目脚上的张力（N）；

P_1——单位长度上纲分布的纵向力（包括下纲所受的收绞力、沉力、网衣水中沉力等，N/m）；

E_T、E_N——网片横向缩结系数、网衣纵向缩结系数；

a——网片目脚长度（m）；

P_2——单位长度网衣上分布的横向拉力（N/m）。

从式（5-21）中可看出，在纵向力的作用下，网线上的张力 T 与网片的横向缩结系数 E_T 成正比，即主网衣横向（上纲）缩结系数越大，网线上的张力越大，围网绞收括绳时网衣受力属于这种情况。

从式（5-22）中可看出，在横向力作用下，网线上的张力 T 与横向缩结系数 E_T 成反比，动力滑车绞收网衣属于这种情况，可见增加横向缩结系数可减小网线张力。

在此应该注意的是，纵向力作用时，网线目脚上除了纵向分力外，还同时有横向分力，此横向分力使网圈变形和缩小，横向缩结系数也随之变小，开始绞收括绳时变化最为剧烈，随着上纲网圈的集拢，变化趋于缓慢，这种缩结系数的变化，给设计围网时选择较大的缩结系数提供了依据。当横向力作用时，网线目脚上除了横向分力外，还同时有纵向分力，此纵向分力影响浮子纲下沉、沉子纲上提的趋势，采用最大的横向缩结系数可减小此作用力。

（二）围网缩结系数确定的方法

围网缩结系数确定的方法主要根据网具各部位的作用、要求和作业特点。例如，取鱼部主要起集拢渔获物的作用，网衣纵向受力较大，水平缩结系数要选小些。缘网衣主要是缓冲纲索拉力对主网衣的作用，下缘网衣收绞时纵向受力较大，水平缩结系数要选小些。翼网衣主要起拦截鱼群和引导鱼群进入取鱼部的作用，要求作业时有较大的网高增长值，起网过程网衣横向受力较大，所以水平缩结系数选大些。在现代的围网中，下纲一般比上纲长 5%～10%，上下纲装配的缘网衣拉直长度相同，所以下纲缩结系数比同一段上纲大 5%～10%。在围网设计中，为了便于确定各部位缩结系数，现将我国几个主要渔业公司使用围网各部位的缩结系数列于表 5-12，同时也可参考国外几个渔业发达国家围网的规格及上纲的缩结系数选用范围，如美国金枪鱼围网（780 m×75 m），其上纲缩结系数为 0.90；法国沙丁鱼围网（345 m×116 m）其上纲缩结系数为 0.95～0.96；日本围网（1130 m×300 m），其上纲缩结系数为 0.74 等。

表 5-12　我国主要渔业公司围网缩结系数选用范围

企业名称	部位	取鱼部缩结系数		网翼缩结系数		翼端缩结系数	
		主网衣	网缘	主网衣	网缘	主网衣	网缘
大连海洋渔业总公司	上纲	0.70	0.65	0.73	0.70	0.70	0.70
	下纲	0.74	0.70	0.77	0.70	0.77	0.70
烟台渔业总公司	上纲	0.67～0.70	0.61～0.71	0.71～0.76	0.61～0.71	0.71～0.76	0.61～0.71
	下纲	0.70～0.74	0.64～0.71	0.74～0.83	0.64～0.76	0.74～0.83	0.63～0.71
青岛渔业公司	上纲	0.67～0.71	0.56～0.64	0.71～0.76	0.59～0.70	0.71～0.76	0.59～0.70
	下纲	0.71～0.77	0.56～0.70	0.74～0.80	0.57～0.70	0.74～0.80	0.57～0.70
上海渔业公司	上纲	0.67～0.70	0.56～0.66	0.72～0.74	0.61～0.65	0.70～0.75	0.61～0.65
	下纲	0.71～0.81	0.57～0.63	0.77～0.82	0.52～0.63	0.71～0.82	0.49～0.63

续表

企业名称	部位	取鱼部围网缩结系数		网翼围网缩结系数		翼端围网缩结系数	
		主网衣	网缘	主网衣	网缘	主网衣	网缘
江苏渔业公司	上纲	0.70	0.55	0.75	0.60	0.75	0.60
	下纲	0.762	0.575	0.812	0.615	0.812	0.625
舟山渔业公司	上纲	0.70	0.562	0.737	0.615	0.74	0.625
	下纲	0.766	0.57	0.78~0.80	0.625	0.772	0.572

七、围网网衣规格的确定

围网网衣规格的确定，包括网目尺寸、网线直径、网衣材料、网衣颜色及网衣网结形式和网目使用方向等的确定，关系到网具性能、网衣用量、网具使用期限及捕捞对象和渔业资源保护。合理确定网衣材料、网线粗度、网目尺寸等可以提高渔获量，降低渔具制造成本。

（一）网目尺寸的确定

生产中捕捞对象刺挂网目，会影响操作和网次，要避免这种现象，必须分析网目刺鱼的内在关系。通常是取刺鱼部位网目和被刺上的鱼，可以看出网线勒在鱼体和鱼体被网目压缩。网目尺寸与捕捞对象的关系如图 5-67 所示。

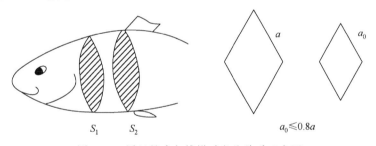

$a_0 \leqslant 0.8a$

图 5-67　网目尺寸与捕捞对象的关系示意图

设鱼体刺入网目部位断面周长为 S_1，鱼体最大部位断面周长为 S_2，网目脚长度为 a，捕捞对象体长为 L。

根据刺网理论，网目尺寸与被刺鱼体最大断面周长成正比，同一种鱼，最大断面周长与鱼体长度成正比，即

$$a \propto S_2$$
$$S_2 \propto L$$

则有 $a = kL$，或

$$k = \frac{a}{L} = \frac{n_1 n_2 n_3}{4} \tag{5-23}$$

式中，n_1、n_2、n_3 可通过实测和换算获得，k 为捕捞对象体形系数，L 为捕捞对象体长。

根据刺网理论，刺网网目可刺范围为

$$0.8a_C < a_k < 1.2a_C \tag{5-24}$$

式中，a_C——最适刺网网目尺寸（mm）；

a_k——可刺网目尺寸（mm）。

由此可见，捕捞对象不刺入围网网目时的网目尺寸，应满足以下关系：

$$a_w \leqslant 0.8a_c$$

则围网网目尺寸与捕捞对象的关系为

$$a_w \leqslant 0.8kL \tag{5-25}$$

式中，a_w——围网网目尺寸（mm）；

L——捕捞对象体长（mm）；

k——捕捞对象体形系数。

由于网衣各部位作用不同，网目尺寸应有差异，如取鱼部网衣网目为捕捞同种鱼类刺网网目的 50%～60%，翼网衣网目为 60%～70%，翼端网衣网目为 70%～80%，上缘网衣网目为取鱼部网衣网目的 1.5～2 倍，下缘网衣和侧缘网衣网目允许比取鱼部网目大 2～3 倍，网头网衣网目可以比下网缘网衣网目大 1.5～2 倍。

但是，在确定网目尺寸时，必须考虑网衣材料在加工、热处理、干湿状态时网目伸缩情况。例如，锦纶材料，染色后网目收缩 2%～3%，定型后伸长 3%～4%，湿态比干态伸长 3%～4%。为了保护渔业资源，相关国家和地区都制定了最小可用网目尺寸的法规，设计的最小网目尺寸必须符合当地的法规。如按中国、日本两国间的渔业协定，东海中型围网最小网目尺寸不得小于 35 mm，即浸水后的网目内径尺寸不得小于 35mm。

（二）网线粗度的确定

网线粗度的确定首先应满足强力的要求，其次要考虑 d/a 的值。在最低刺缠条件下，应选择直径小的网线，在正常作业中，网线张力并不大。例如日本学者曾测试网线在作业中的张力如表 5-13 所示。

表 5-13　围网网线张力　　　　　　　　　　　　　　　　　　（单位：N）

操作阶段	网衣上部网线张力	网衣中部网线张力	网衣下部网线张力
投网	4.21	4.12	9.21
收绞括绳	1.37	0.39	31.95
起网	6.17	10.78	9.41

由此可见，网具的破损是由集中载荷或冲击载荷造成的。因此，在围网设计中，一般要参考母型网，保持 d/a 值或适当调整。先确定网目尺寸，再由 d/a 值确定网线直径。如果设计网与母型网材料不同，则可保持两者网线断裂强度相等。一般认为：

$$d_{取} = (0.055 \sim 0.065)a_{取}$$

$$d_{翼} = (0.045 \sim 0.055)a_{翼}$$

$$d_{端} = (0.040 \sim 0.045)a_{端}$$

$$d_{上} = 2d_{取}$$

$$d_{下} = (2 \sim 3)d_{取}$$

式中，$d_{取}$、$d_{翼}$、$d_{端}$、$d_{上}$、$d_{下}$——取鱼部、网翼、翼端、上网缘、下网缘的网线直径（mm）；

$a_{取}$、$a_{翼}$、$a_{端}$——取鱼部、网翼、翼端的目脚长度（mm）。

（三）网线材料的确定

根据围网捕捞原理和作业特点，网线材料应具备强度高、耐磨、密度大、结节稳定的特性，特别是密度大的材料对提高网具沉降性能起到重要作用。目前，围网网线材料主要有锦纶、涤纶、乙纶等，其中锦纶和涤纶是较好的选用材料。

（四）网衣颜色的确定

围网网衣的颜色，以围网在水中的能见度最小为宜，对于在水中拉直放置的网片和在自然光线下的情况，根据麦里尼科夫的资料，具有下列反射系数 P_S 的灰色网衣能见度最小

$$P_S = 1.1\sqrt{\frac{1}{x_c}} \tag{5-26}$$

式中，x_c——水的透明度（m）。

当 x_c 大于 4～5 m 时，P_S 值为 0.2～0.25，相当于深灰色。

这种理论有悖于围网网衣的使用初衷，围网在包围鱼群阶段，应起到拦截吓阻作用。只有在鱼群被完全包围后，深灰色才能发挥作用。对于光诱围网，网衣颜色的作用十分微小。

（五）网衣结节型式和使用方向的确定

由于围网需快速沉降并且起网时围网受横向拉力作用，因此对网衣中的网结形式和网片使用方法有特殊的要求。目前网衣分有网结和无网结两种（无结网片又分多种，这里仅指绞捻和经编网片）。无结网片比传统的有结网片有更多优点，其水阻力小，可以明显提高沉降速度，节省网材料，依网目尺寸和网线粗度的不同可节省网材料 20%～70%，网具的堆放体积可减少约 30%，无结网衣的强度和耐磨度高于有结网衣。因此，世界渔业发达国家围网的主网衣普遍使用无结网片。

采用有结网片，应根据网衣的受力特点考虑其使用方向。例如，在收绞括绳的过程中，网衣主要是纵向受力，并且网衣下部受力明显大于网衣的中部和上部，因此主网衣下部网衣纵向使用较合理，同时纵向使用也有利于下纲集拢。在收绞网头绳、跑绳过程中，翼端承受较大的绞收力，在翼端应该横向使用。对于取鱼部网衣，由于承受鱼群的压力，主要受力方向为纵向，所以该处网衣也应该纵目使用。在起网时，翼网衣主要承受横向力，一般有结网片的横向断裂强度比纵向小 20%（此处指纵向定型网片），因此围网网翼网衣应横向使用。同时，横向使用在起网时网衣和上下纲组成的网束较光顺，便于起网，便于设计大的缩结系数，故我国围网的网翼、翼端上部和网缘的有结网衣均采用横目使用方式。网头网衣主要是横向拉力，一般也是横目使用，而对于靠近下网缘的网翼、翼端下部、下纲缘和取鱼部都采用纵目使用，这些都被实践证明具有良好的效果，符合网衣实际受力情况。机织有结网片，定型方向的断裂强力比较大，设计时要注意。

八、围网纲索的确定

围网纲索，包括静态纲索和动态纲索。静态纲索，如浮子纲、上主纲、上缘纲、沉子纲、下主纲、下缘纲、上叉纲（绳）、下叉纲（绳）、侧纲、侧缘纲和底环绳；动态纲索，如括绳、跑绳、网头绳、侧抽绳等。合理确定纲索，可以延长网具使用期限，提高网具作业性能，降低成本。这里着重介绍括绳、跑绳及上下纲的确定。

（一）围网纲索确定的依据

围网纲索确定必须根据网具各部位磨损和最大张力。例如，跑绳的确定，应考虑网具包围鱼群两端封闭时在一定的绞收速度下所承受的最大拉力。上下纲长度比值的确定，必须根据作业的不同要求，如机轮光诱围网，下纲应比上纲长些，这样才有利于网具扩大包围体积和动力滑车收绞网衣。

上、下叉纲长度确定，必须根据船舷高度和操作需要。就直角三角形的前网头来说，上叉纲长度，一般为船舷系缆柱至水面的距离，以保证收绞后网头离开水面；后网头上叉纲长度，相当于前网头上叉纲长度的 1.2 倍。下叉纲长度，取决于下边缘网衣高度和缝合系数。底环绳长度的确定，必须根据底环集拢后固结点至水面的斜向距离，以保证底环固定于船上后网具下纲全部露出水面。底环绳太短，括绳至下纲距离太小，收绞时网衣容易与括绳纠缠，底环绳太长，收绞后下纲不能离开水面，鱼群容易从水面缺口逃逸。底环间距，应根据网具各部位受力大小和操作需要，并以两底环互不相碰和防止纠缠为原则。一般小型网具选用等距离底环绳，而大型网具中央部位的底环绳间距，要比其他部位的间距小些，但也有选用均等间距的。对于没有侧纲结构的网具，下纲两端应空出一段不装底环绳，其距离依船型而定。对于单翼式围网，通常接近取鱼部的第一个底环位置至前网端的距离，应略大于前网头固定点与起网后底环固定点的距离；接近后网头的最后一个底环位置与网头端部的距离，应略大于底环固定点与船尾的距离；等等。围网的各种纲索要以渔船设备、网具结构和作业方式为依据。

（二）围网纲索确定的方法

围网作业过程中，作用在纲索上的力是很复杂的，很难按纲索负载的大小或按作业时间的长短准确确定，为此必须根据作业过程中各种纲索的状态对网具性能的影响，或其相互之间的关系，并参照母型网的具体情况进行确定，以使结果更为确实可靠。

1. 括绳张力的确定

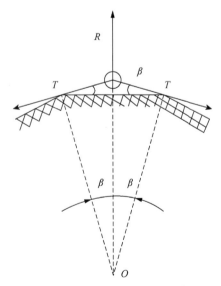

括绳张力的大小，影响着投网和绞收过程中下纲的沉降速度和深度，如果投放时括绳拉得太紧，则围网下沉速度较慢，而且不能伸展到最大深度；收网时括绳收绞速度太快，张力太大，同样也会使围捕深度快速减小，从而降低围捕性能。从生产中得知，影响括绳张力的主要因素有网具阻力、底环与括绳的摩擦力及网船阻力等。

（1）网具阻力与括绳张力的关系

收绞过程中，括绳在平面上成正多角形，其折点为底环，如图 5-68 所示。

根据巴拉诺夫的计算，在不考虑底环摩擦力的情况下，括绳张力可表示为

$$T = \frac{R}{2\cos\beta}$$

图 5-68　收绞中作用力与括绳上的张力分析图

式中，R 为长度等于相邻两底环距离，高度等于网高的一段网衣，向围捕水域中线运动时的网衣阻力。

阻力 R 数值等于作用在底环上的径向力，底环数量很多时，$\angle\beta$ 很小，所以可以取 $\cos\beta=\beta$，由此可得

$$T=\frac{R}{2\beta}$$

而径向力的数值，一般可写成

$$R=kSv_t^2 \tag{5-27}$$

式中，v_t——一段网衣沿径向向中心运动的速度（m/s）；

　　　　S——一段网衣的面积（$S=L/n\times H$，其中 L 为网长，H 为网高，n 为段数）；

　　　　k——量纲公式系数。

假设长为 L 的围网沿半径为 r 的圆周投网，使括绳两端的方向与此圆周相切，由于 $L=2\pi r$，所以对 t 微分，得

$$\frac{\mathrm{d}L}{\mathrm{d}t}=2\pi\frac{\mathrm{d}r}{\mathrm{d}t}$$

或 $v_c=2\pi v_t$，由此

$$v_t=\frac{v_c}{2\pi}$$

式中，v_c 是绞机绞收括绳的速度。如果两端同时收绞括绳，则收绞速度相应地增加到两边。

因为

$$R=k\frac{LH}{n}\cdot v_t^2$$

$$2\beta=2\pi/n$$

根据式 $T=R/2\beta$ 得

$$T=\frac{kLHv_c^2}{2\pi}$$

阻力值 $kLHv_t^2=R_0$，是整盘围网以速度 v_t 做直线运动时受到的阻力，所以

$$T=\frac{R_0}{2\pi} \tag{5-28}$$

由上式确定的括绳张力 T 的数值，实际上对括绳中部才是正确的，因为收绞时括绳两边对称并保持不动，从括纲中部到翼端，由于底环的摩擦力，括绳张力还会增加。

（2）括绳末端张力的确定

考虑底环的摩擦力，则上述关系式仅适用于网具的中央部位，括绳底环中的摩擦力为

$$fR=2f\beta T$$

式中，f——摩擦系数，对钢丝绳为 0.25，对植物绳为 0.33。

当底环间距很小，且其相应的中心角为 $\mathrm{d}\alpha$ 时，则得

$$\mathrm{d}T=fT\mathrm{d}\alpha$$

$$\frac{\mathrm{d}T}{T}=f\mathrm{d}\alpha$$

$$\int\frac{1}{T}\mathrm{d}T=\ln T=f\alpha+C_1$$

所以 $T=C_1\mathrm{e}^{\alpha f}$，式中 e = 2.71828，$C_1$ 表示积分常数。

当 $\alpha=0$ 时，相当于网具中央部位的括绳张力，其值为

$$T=\frac{R}{2\beta}$$

由此得 $C_1 = \dfrac{R}{2\beta}$，所以

$$T = \frac{R}{2\beta}\mathrm{e}^{\alpha_0 f} \tag{5-29}$$

式中，α_0 为括绳中部底环之间的中心角。于是只要知道 α_0 和 f 值，便可求出括绳末端张力和起网机所需的绞收力。

由于括绳收绞时，括绳与下纲为空间曲线，同时角度也难确定，所以 α_0 值一般为

$$\frac{\pi}{2} < \alpha_0 < \pi$$

将 α_0 和 $f = 0.33$ 代入上式得

$$1.7\frac{R}{2\beta} < T < 2.8\frac{R}{2\beta}$$

如果取 $1.7\sim2.8$ 的平均值为 2，则括绳两端的张力为其中央部位张力的两倍，即

$$T = 2\frac{R}{2\beta} = \frac{R}{\beta} \tag{5-30}$$

因此，网具在收绞过程中的形状不是正圆形，而是椭圆形，其曲率半径自中部向两端增大。

从式中看出，括绳张力为网具在收绞过程中网衣阻力的 $\dfrac{1}{\beta}$ 倍。

上述分析的括绳末端张力是根据网具阻力得出的，该阻力比船舶阻力大。

生产实践中，在收绞括绳时并不是网向船靠拢，而是船向网靠拢。

图 5-69 表示 CHC-150 渔船上的测试结果。括绳张力 T 曲线的特征大致与上述情况相符。此外，图 5-69 还表示出括绳收绞速度 v 和绞机功率的变化。

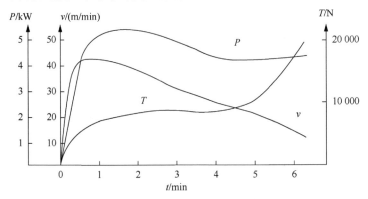

图 5-69　括绳收绞过程中 T、v、P 的特性曲线图

（3）括绳最大张力的确定

围网沉力作用在括绳上时，安德烈耶夫建议采用下述关系式：

$$T = 0.5(G_1 + G_2 + G_3) \tag{5-31}$$

式中，G_1——围网下半部网衣在水中的沉力（N）；

　　　G_2——湿下纲和底环绳的重力（N）；

　　　G_3——沉子和底环的重力（N）。

不排除高速收绞时，张力 T 大于按式（5-31）确定的收绞结束时的张力。所以确定括绳直径时，为了考虑由于船舷的摇摆和括绳的钩挂可能产生的负荷，计算断裂强力时，取安全系数为 2，即

$$T_{px} = 2T \tag{5-32}$$

沃依尼卡斯·米尔斯基在确定括绳张力数值时，研究了船网相互靠近的运动，这种情况出现在收绞过程中括绳两端露出水面时。围网和船的运动速度与其相应的阻力面积成正比。

围网的阻力比相对较小的围网船体的阻力大几十倍，所以可认为围网不移动，而船向网移动，根据这一点，建议使用下述关系式，

$$T = 0.6S_1v_b^2 + 300S_2v_c^2 \qquad (5\text{-}33)$$

式中，　T——括绳张力（N）；

S_1——网船水线上船体侧面受风面积（m^2）；

S_2——网船水线下船体侧面受水流面积（m^2）；

v_b——网船船体横风时的风速（m/s）；

v_c——括绳收绞速度，即船舶向网移动的速度（m/s）。

根据船舶阻力估算括绳张力 T，就可确定括绳的断裂强力，安全系数可取 3～4，我国 441 kW 围网渔船使用 848 m×200 m 的围网时，括绳张力最大值约 34 kN。

2. 跑绳张力的确定

跑绳与括绳一样都是围网网具上的动态纲索，所以对跑绳的张力确定也是比较难的，为此，只能用估算的方法，或者根据多年的生产经验，来分析跑绳的张力状况。

有些学者曾对跑绳在作业中的受力情况进行过实测，如 845 m×200 m 的单翼式围网跑绳，其受力过程曲线图如图 5-70 所示。

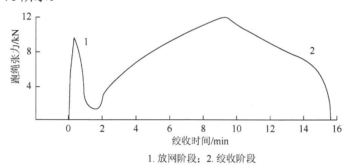

1. 放网阶段；2. 绞收阶段

图 5-70　跑绳受力过程曲线图

图 5-70 表明，曲线前段 1 为放网阶段的受力过程，后网头下水并拖动跑绳时，跑绳受到一定冲击力，其峰值达到 9.5 kN，而后跑绳的张力下降至 1.5 kN；曲线后段 2 为绞收阶段，绞收时跑绳张力逐渐增加，当跑绳长度绞收至一半时，跑绳张力达 11.5 kN，然后逐渐降低，跑绳收绞完毕时，其张力将为零。

由于跑绳的张力主要来自被牵动网衣的水阻力，所以可通过网衣的阻力粗略估算跑绳的张力，如用苏联学者建议采用的公式

$$T_n = 4.9HLv^2 \qquad (5\text{-}34)$$

式中，T_n——跑绳张力（N）；

H——围网缩结高度（m）；

L——围网长度（m）；

v——跑绳收绞速度，一般取 0.06 m/s。

跑绳张力与其收绞速度的关系，可能随着收绞速度范围的不同而不同。有的学者认为，收绞跑绳所产生的张力与收绞速度和网具阻力（缩结面积 S 与速度平方 v^2 乘积）的关系，可用下列公式表示

$$T_n = 0.5Sv^2 = 0.5HLv^2 \qquad (5\text{-}35)$$

式中，T_n——跑绳张力（kN）；

　　　S——网具缩结面积（m²）；

　　　L——网具长度（m）；

　　　H——网具缩结高度（m）；

　　　v——跑绳收绞速度，一般取 0.15～0.20 m/s。

跑绳的破断力 P 为

$$P = nT_n$$

式中，n 为安全系数，一般取 2～3。根据纲索破断力，可从纲索性能表中找到所需规格的纲索。

3. 上下纲张力的确定

围网上下纲受力过程也比较复杂，曾有学者对 848 m×200 m 单翼式围网的上纲受力过程进行过测试，其张力曲线如图 5-71 所示。

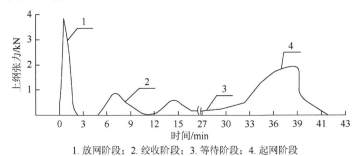

1. 放网阶段；2. 绞收阶段；3. 等待阶段；4. 起网阶段

图 5-71　围网作业时上纲受力过程曲线图

上纲受力可分为放网、绞收、等待和起网 4 个阶段。在放网阶段，网具被拖入水中时，上纲受力由 0 跳跃至第一个峰值约 4 kN，但时间较短，随后迅速下降接近零值；在绞收阶段，上纲张力第二次上升，峰值约 0.8 kN；然后由于操作上进入等待阶段，上纲张力又恢复零值；在起网阶段，绞收网衣时，上纲张力第三次上升，最大值可达 2 kN，穿过动力滑车后的上纲其张力降为 0。以上是 848 m×200 m 围网上纲张力实测数值，供网具设计者参考。

下纲的受力过程，可分为放网和收绞括绳两个阶段。在放网阶段，下纲被拉下水中的短时间受到一个冲击载荷，对于 848 m×200 m 围网约为 2 kN，然后下降至 1 kN；收绞括绳阶段，下纲受到底环绳的拉力，张力再次上升，最大值约 2.8 kN，随着底环的集中，下纲张力下降至 0.9 kN，直至括绳收绞结束。

比较上纲、下纲的张力值和受力时间，可以看出下纲张力的最大值小于上纲，受力时间约为上纲的 1/4～1/3，据此下纲的张力比上纲小。

上纲、下纲的强力，可根据跑纲来计算，上纲的安全系数 n 取 1.7～2.0（跑绳的安全系数一般取 2～3），下纲、底环绳的破断力参考上纲，叉纲（绳）的破断力，取下纲与上纲的破断力之间。

4. 底环绳张力的确定

围网作业过程中，由于括绳在网具两端收绞，这就必然使下纲先向下网圈的中心以等速的方式集拢，然后向船舷集拢。开始收绞括绳阶段，网具中部网衣因移动产生水阻力，同时网高大于两端。因此，在底环绳均匀分布的情况下，网具中部底环绳的张力大于两侧底环绳的张力。生产实践中，在下纲 2/5 处的网衣常出现破损，这说明该处底环绳受力较大。

底环绳张力的大小，还取决于底环绳的数量、分布和结构形式。显然，底环绳数量越多，其间距越小，底环绳张力也就越小。

当下纲集拢在一起靠近船舷离开水面时，底环绳主要承受网具的沉力，如果每根底环绳平均受力，则每条底环绳的张力为

$$R = \frac{Q_n + Q_t}{n} \qquad (5\text{-}36)$$

或

$$R = \frac{2T}{n} \qquad (5\text{-}37)$$

式中，Q_n——网具下半部网衣在水中沉力（N）；

$\quad\quad Q_t$——沉子、下纲和底环绳在水中的总沉力（N）；

$\quad\quad T$——下纲离开水面时括绳的张力（N）；

$\quad\quad n$——底环绳的数量。

九、围网沉浮力的确定

沉力，是指网具下纲承受的负荷。浮力，是指网具上纲在下纲负荷的作用下所需的支持力。沉力产生于沉子、底环、括绳。浮力产生于浮子。沉浮力是作用在网具上两个方向相反的外力，其值取决于网具各部件的材料和数量。正确确定网具的沉浮力，关系到网具下纲能否有效拦截鱼群和节省操作时间。

（一）围网沉浮力确定的依据

沉力确定必须根据网具下纲迅速沉降拦截鱼群所需的时间和绞收括绳时下纲的上升情况。下纲沉降拦截鱼群所需时间越短，则每米下纲所需负荷越大；收绞过程两翼下纲提升越快，则两翼沉力配备应越多，以保证下纲不至于过早离开原来水层，有利于捕捞栖息于较深水层的鱼群。总浮力的配备，必须以总沉力为依据，总浮力大于总沉力。在一般情况下，取鱼部和网翼端的沉力配备比其他部位大些。底环配备数量与下纲长度和底环绳连接形式等有关。

（二）围网沉浮力确定的方法

围网作业过程中，沉浮力同时作用在网具上，使网衣在水中上下展开成网壁包围鱼群，沉浮力的确定，主要是沉力的确定，对网具的沉降性能起着重要作用。

1. 沉力的确定

在围网生产实践中，国内外学者在沉力的确定这方面做了很多研究实验。

（1）影响下纲沉降的因素

影响下纲沉降的因素比较复杂，且相互制约，但主要因素有下列几方面：

①网线的密度。网线材料密度越大，越有利于下纲的沉降，目前我国机轮围网均采用锦纶材料的网衣，由于锦纶材料的密度比水大，因此锦纶网衣具有较好的沉降性能。

②沉子质量。网具下纲所装配的铅沉子是增加下纲沉降的重要因素，随着沉子质量的增加，网片沉降速度逐渐加快。

③投网时括绳的松紧程度。在投网过程中，控制括绳的松放速度对下纲沉降有明显的影响，如果过慢，括绳就会承受较大张力而不能自由下降，同时连带下纲不能快速沉降，所以在投放过程中应适当地控制括绳的松放速度。

生产中可以看到，影响下纲沉降速度还有其他因素，如上下纲长度差、网衣缩结系数等，然而

最主要的还是下纲的沉力大小。

（2）下纲沉降速度与下纲沉力的关系

下纲沉降速度与下纲沉力的关系实质上是下纲沉降速度与下纲负荷的关系，这方面，围网学者曾在理论上做过研究，即在网具水平方向上截取 1 m 宽的一段，分析在单位沉降力的作用下网具的沉降速度（图 5-72）。

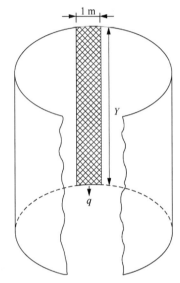

图 5-72　下纲沉降速度与沉降力的关系分析图

作如下假设：网衣、纲索在海水中沉力忽略不计；网具沉降时水流与网衣平行；网具沉降时忽略惯性力的影响；单位长度网具沉降力 Q 在时间 t 内下纲沉降至深度 Y。

则单位长度网具在沉降力 Q 作用下不断沉降和伸长，在时间 t 内下纲沉至深度 Y，网具展开的面积

$$S = L \times Y = Y$$

沉降速度

$$v = \frac{\mathrm{d}Y}{\mathrm{d}t}$$

当水流与网片平行时，网衣阻力为

$$R = 17.64Sv^2 = 17.64Y\left(\frac{\mathrm{d}Y}{\mathrm{d}t}\right)^2$$

网衣沉降速度缓慢，略去惯性力影响，单位长度网衣阻力 R 等于沉力 Q，即

$$Q = 17.64Y\left(\frac{\mathrm{d}Y}{\mathrm{d}t}\right)^2$$

$$\frac{\mathrm{d}Y}{\mathrm{d}t} = \sqrt{\frac{Q}{17.64Y}}$$

$$\mathrm{d}t = \frac{\mathrm{d}Y}{\sqrt{\dfrac{Q}{17.64Y}}} = \sqrt{\frac{17.64Y}{Q}}\,\mathrm{d}Y$$

等式两边积分，在 t 时间内下纲沉降 H 深度，即

$$\int_0^t \mathrm{d}t = \int_0^H \sqrt{\frac{17.64Y}{Q}}\,\mathrm{d}Y$$

$$t = \sqrt{\frac{17.64Y}{Q}}\int_0^H \sqrt{Y}\,\mathrm{d}Y = \frac{2}{3}\sqrt{\frac{17.64}{Q}}H^{\frac{1}{2}} = 2.8H\sqrt{\frac{H}{Q}}$$

则下纲平均沉降速度与下纲沉力 Q 的关系为

$$v_{\mathrm{cp}} = 0.35\sqrt{\frac{Q}{H}}$$

可知下纲沉降速度与沉力的平方根成正比。

在推导上述公式时，没有考虑网衣和纲索沉力的影响，但根据结论，下纲的总负荷应为沉子、底环、括绳沉力与 0.6 倍网衣、纲索的沉力之和，即

$$v_{\mathrm{cp}} = 0.35\sqrt{\frac{Q_1 + 0.6Q}{H}} \tag{5-38}$$

式中，Q ——每米下纲上网衣和纲索沉力；

Q_1 ——每米下纲上括绳、底环、沉子的沉力。

根据此公式，可以求出网具下纲在沉力作用下沉降到预定深度所需的时间和平均沉降速度。

例如，某网具下纲每米配备 1.5 kg 沉子，括绳为 10 mm 直径的钢丝绳，网目尺寸 50 mm，缩结系数 0.75，单位长度网衣质量为 0.96 kg，计算下纲沉至 40 m 深度，所需时间和平均沉降速度。

按上述公式计算结果是：下纲沉降所需时间为 171 s，平均沉降速度为 0.233 m/s。

如果其他条件不变，仅改用网目尺寸为 12 mm 网片，计算结果是：下纲沉降所需时间为 138 s，平均沉降速度为 0.29 m/s。

从上述计算看出，随着网目尺寸从 50 mm 减至 12 mm，网衣沉力增加，下纲沉降速度增加（未考虑网衣的水阻力）。

但生产中结论与上述结果有所区别，如曾有学者做过这样的试验，在其他条件相同情况下，仅改变网目尺寸，测得网具下纲沉降速度，结果如表 5-14 所示。

表 5-14　下纲沉降速度与下纲负荷、网目尺寸的关系

网片规格	下纲沉降速度/[(m/s)]	
	不装沉子	每米下纲装配铅沉子 1.5 kg
NO.20/q—50 mm	0.100	0.334
NO.20/q—12 mm	0.140	0.290

从表中看出，下纲不装沉子时，网目越小网片越重，下纲沉降速度越快；下纲装上较重沉子时，网目越小，网片越重，沉降时阻力越大，下纲沉降速度越慢。

上述理论计算与实际情况存在的区别，主要原因在于公式推导过程中假设网具是在水流与网具平行的情况下沉降的，而实际上网衣与水流有一定角度。

近年来，日本学者做了大型模型网试验，假定沉子用量增加的比例与沉降速度增加的比例之间的关系时得出：沉子用量从 2.5 t 增至 4.8 t 再至 7.0 t，即沉子用量增加至标准用量的 1.9 倍和 2.8 倍时，沉降速度只增加 1.35 倍和 1.52 倍，下纲沉降速度增加的比例远小于沉子用量增加的比例。从而认为，为了提高沉降速度而无限增加下纲负荷是不必要的，同时也证实下纲沉降速度与下纲负荷的平方根成正比的结论是正确的。

（3）沉子数量计算

生产中看到，投网时围网的不同部位处于不同的状态，所以沉子沿纲索的分布也应该是均匀的，前网翼的沉子相对多些，因为其最先投放可以带动后续投放的沉纲下降。投网结束后，收绞括绳两翼的沉子应当减慢下纲提升，所以后翼的沉子数量也要增加，而围网中部的沉子要重一些（详见后述）。

试验研究的结果表明，单位长度沉纲附加载荷增加到 45～50 N/m 时，下纲的沉降速度显著加快，而连续增加沉子数量，沉降速度变化不大。设围网下纲沉子总质量为 M，由 n 段组成，可以写成

$$M = \sum_{1}^{n} \rho_i L_i \tag{5-39}$$

式中，L_i——该段纲索长度（m）；

ρ_i——单位长度沉纲上沉子的质量（kg/m）。

每段网的沉子数量 N_i，与单个沉子的质量有关，并由下式决定：

$$N_i = \rho_i L / m$$

式中，m——单个沉子质量（kg）；

N_i——每段网的沉子数量。

其总数量 N 按下式计算

$$N = \sum_{1}^{n} N_i \qquad (5\text{-}40)$$

（4）下纲沉子的分配

从下纲沉降方面考虑单船围网与双船围网存在差异，在投网时网具随着网船行进而逐渐入水，投网时间约 20 min，投网结束时，先入水网段的下纲沉降时间多于后入水部位。为有利于后入水部位下纲也能充分沉降，对于单船围网，应从前网端至后网段逐渐增加沉子；对于双船围网，应从网具的中部向两端逐渐增加沉子。若从减小下纲提升考虑，网具两端在收绞括绳过程中易提升，因此网具两端应配备更大的沉降力，以免两端过早提升。

综合围网沉降和两端提升的特点，认为翼端每米配备沉子最大，取鱼部次之，中部最小较为合理。如大连海洋渔业总公司，上海渔业公司围网下纲沉子配备情况，详见表 5-15。

表 5-15　我国围网沉子配备

企业名称	每米下纲沉子沉力/[(N/m)]		
	取鱼部	中部	翼端
大连海洋渔业总公司	12.94	9.41	17.05
上海渔业公司	13.43	9.80	12.25

2. 浮子的确定

（1）浮力与网具沉力和括绳绞收力的关系

在围网作业过程中，作用在浮子纲上关系较为密切的几种沉降力，有网具沉力、括绳绞收力和鱼群挤压力。

网具沉力为网具各种材料如网衣、纲索、底环、括纲、沉子等在水中沉力的总和，每米上纲上网具沉力 Q 为

$$Q = Q_1 + Q_2 + Q_3 + Q_4 + Q_5 \qquad (5\text{-}41)$$

式中，Q——每米网具沉力（N/m）；

Q_1——每米网衣在水中的沉力（N/m）；

Q_2——每米纲索在水中的沉力（N/m）；

Q_3——每米底环在水中的沉力（N/m）；

Q_4——每米括绳在水中的沉力（N/m）；

Q_5——每米沉子在水中的沉力（N/m）。

括绳绞收力，根据机械模拟实验，得

$$F_1 = 1.3 \frac{T}{L} \qquad (5\text{-}42)$$

式中，F_1——括绳绞收力（N/m）；

T——括绳一端张力（N）；

L——网具长度（m）。

鱼群挤压力 F_2 理论上很难计算，但可通过配备浮力系数 K 一起考虑，则网具总浮力 F 与网具沉力 Q、括绳绞收力 F_1 及鱼群挤压力 F_2 的关系为

$$F = (Q + F_1 + F_2)L = KL(Q + F_1)$$

式中储备浮力系数 K 一般取 1.5～3。从上述关系可看出，只要知道每个浮子的浮力，就可计算所需浮子数量，即

$$N = \frac{F}{F_N} = \frac{KL}{F_N}(q + F_1) \tag{5-43}$$

式中，　N——浮子数量；

　　　　F——总浮力（N）；

　　　　F_N——每个浮子浮力（N）。

（2）浮子的分配

为了使各部上纲在作业中保持在水面上，避免鱼类越过浮子纲逃逸，浮子分配应根据在捕捞过程中，网具各部上纲受的不同沉降力，给予不同数量的分配。当起网至最后阶段，鱼群高度集中在取鱼部，会对网衣产生很大挤压力，无鳔的鱼类死后也会产生沉力，使上纲下沉，因此取鱼部的浮力应多配备。在收绞括绳过程中，由于收绞力的作用，网具中央段较两端下沉，同时在网具两端 1/3 处应力较集中。基于上述特点，浮力分配应是取鱼部最多，中央段次之，翼端最小，如我国机轮围网一般在取鱼部的浮力为 100 N/m，其他部位约 78 N/m，平均上纲浮力约 78～88 N/m。此外，在网船上常有备用浮子，以便围捕到特大鱼群时临时结缚于取鱼部的上纲上，防止鱼群"压浮"。

习　题

1. 试写出《中国图集》中所有围网的渔具分类名称及代号。

2. 在《中国图集》中，有哪几号围网属于无环围网？有哪几号围网属于单翼式围网？

提示：无环围网可从网衣展开图或局部装配图中辨别，单翼式围网可根据网衣展开图形状来辨别。66 号网中，①号网是作为流网用的，②号网是大围网，③号网是小围网。69 号网第一张图面的上方是大围网，下方是小围网。要区别说明是大围网还是小围网属于无环围网。

网别	网号
无环围网	
单翼式围网	

3. 试列出《中国图集》59 号围网各种构件的名称及其数量。

提示：构件名称应按表 7 的方式和顺序列出，其数量应标注单位名称。取鱼部上方中间的网衣（H）为主取鱼部，其网衣上结缚有主取鱼部沉子 209 个。主取鱼部的两侧网衣（G）及其下方的两片网衣（I、J）均称为副取鱼部，取鱼部下方的网衣（K）称为近取鱼部。

4. 试核算《中国图集》62 号围网。

提示：

（1）核对上、下缘纲长度，该网上纲由两条同规格的纲索组成，下纲由三条同长度的纲索组成，故不用再核对上、下缘纲长度。

（2）核对缩结系数，该网上、下缘网衣的缩结系数与侧缘网衣、主网衣上、下边缘的缩结系数不同，故不能采用书中（例 5-2）的核算方法直接算出上、下缘网衣的网长目数，而应采用反证法来核算，即：假设上缘网衣的目大 40 mm 和网长目数 9975 是正确的，则其缩结系数为

……

核算结果与网图数字相符，说明上缘网衣网长目数及其目大均无误。

下缘网衣网长目数也应采用相同的反证法来核对。

（3）核对沉子个数

假设沉子个数和沉子安装间隔长度是正确的，则沉子在沉子纲上的端距为

……

考虑到下纲两端装有重力底环，故下纲两端沉子端距（…m）稍大于沉子安装间隔长度（0.322 m）是合理的，即说明假设无误。

（4）核对底环个数

前面在核对底环绳装配规格时，已证明了底环的安装规格和底环的总个数无误，则根据底环布置图可看出重力底环 A 的个数为…个，底环 B 的个数为

……

底环 C 的个数为

……

核算结果与底环布置图下方标注的数字一致，说明各种底环个数均无误。

5. 试编制《中国图集》62 号围网的材料表。

提示：材料表应完整列出。网衣部分的用量可只算出翼网衣（D）和上缘网衣的网线用量。上下纲留头为 0.50 m×2，侧纲部分留头 0.40 m×2，支纲（16.28 PE ϕ12）留头为 0.40 m×2，底环绳留头为 0.30 m×2，环扣绳留头 0.20 m。纲索用量可只算出上纲部分的用量。底环 49 Fe PR ϕ245 d185，4.00 kg + 2Fe PR ϕ270 d170，11.78 kg。属具部分要求全部计算，侧纲部分有侧主纲。

6. 试列出《中国图集》71 号围网各种构件的名称及其数量。

提示：翼网衣 1、2、3、4、5 段，囊网衣 1、2、3 段。上搭纲绳结缚间距约 15 m，下搭纲绳一般结缚在每块沉石前约 0.3~0.7 m 处。

7. 试核算《中国图集》71 号围网。

解：

（1）核对各段网衣的网长目数（略）

（2）核对各段网衣的编结符号

在网衣展开图中，除了斜边（2r–1）符号外，翼网衣还标注有 5 个编结符号。根据图中所标注的网长目数除以编结周期纵目可算出翼网衣各段中间的增减目周期数，如下表所示：

名称	段别	网衣中间纵向增减目周期数
翼网衣	1	
	2	
	3	
	4	
	5	44÷(1÷2)–1 = 87

核算结果与网图数字相符，说明翼网衣各段的增减目周期数和周期内节数均无误。

（3）核对各段网衣的网宽目数

a. 核对网口目数

b. 核对翼网衣一段网宽目数

从局部装配图④中可以看出，囊网衣前缘有 10 目与三角网衣后端的二目缝合外，其余均为翼网衣的起编目数，则网图中标注的翼网衣一段的一半起编目数应为

......

c. 核对翼网衣二段小头目数

d. 核对翼网衣三段小头目数

e. 核对翼网衣四段小头目数

f. 核对翼网衣五段小头目数

g. 核对三角网衣的网宽目数

8. 试核算《中国图集》72 号围网。

解：

（1）核对囊网衣网目横向减目方法

a. 25 段囊网衣中部减目

b. 28 段囊网衣中部减目

（2）核对各部分网衣的配纲

a. 三角网衣中间的配纲

b. 三角网衣两侧的配纲

c. 翼网衣、导网衣上边缘的配纲

d. 翼网衣下边缘的配纲

e. 核对上纲总长度

f. 网囊抽口绳的装配

（3）核对浮子、沉子和沉石的个数

a. 核对浮子个数

b. 核对下纲上的沉子个数

c. 核对导网衣上的沉子个数

d. 核对沉石个数

注：①在浮子布置图中，125.36 尺寸线右端箭头应止于右端最后一个浮子的上方。②在沉石布置图中，右端第一个沉石系结在离下纲前端为 0.21 m 的叉纲上。③导网衣上目沉子安装间隔及其数量如右图补充标注所示。

9. 试编制《中国图集》72 号围网的材料表。

提示：网衣材料表只要求列出翼网衣最前三个序号、三角网衣和缘网衣。纲索属具材料表应全部列出。网衣部分可只计算翼网衣 3 号和三角网衣的网线用量，如下表所示。纲索部分可只计算上、下纲用量，属具部分应全部计算。上、下纲各 4 条，上、下纲长度的一半加上 10 m 作为一条纲的净长，只在其网口一端留头 0.20 m 扎一个眼环。在附注中应注明包括上、下纲。浮子纲左、右共 2 条。上搭纲绳的材料、规格，数量与下搭纲绳的一样。网囊抽口绳的留头为 0.20 m。

灯光对网网衣材料表　　（主尺度：299.72 m×168.00 m）

名称	序号	数量/片	材料、网目规格	网衣尺寸/⌃			单片网衣网线用量/g	网线合计用量/g
				起目	终目	网长		
翼网衣	1	2		50	50			
		4						
	2	2						√
		2		900	900	7.5	√	√
	3	2		950	950	1	√	√
		4		50	50	8.5	√	√

续表

名称	序号	数量/片	材料、网目规格	网衣尺寸/°			单片网衣网线用量/g	网线合计用量/g
				起目	终目	网长		
三角网衣	1	2					√	√
	2	4					√	√
上缘网衣								
下缘网衣								
翼端缘网衣								

10. 分析下列网具，能否捕获栖息于集鱼灯下方 25 m、垂直厚度 14 m 的鱼群，并提出改进措施。网具规格为 845 m×65 m（2a = 35 mm），网衣沿上纲水平缩结系数 0.37。

11. 某机轮光诱围网，上纲长度 714 m，最高部位网衣伸直高度 150 m，如果沿上纲水平缩结系数为 0.5、0.6、0.67、0.707、0.80、0.85，试计算分析不同缩结系数时网具高度及其增长值。

12. 某机轮光诱围网网具，上纲长度 820 m，缩结高度 120 m，网衣为标准网片（每回伸直长度 100 m、宽 100 目、目大 35 mm、重 10.5 kg），试计算水平缩结系数为 0.5、0.6、0.67、0.707、0.75、0.80、0.85 时的网衣消耗量。如果以 $E_T = 0.5$ 为基数，分析在各种缩结系数时网衣节约的百分数。

13. 某机轮光诱围网网具，网长 876 m，中部网衣伸直高度 170 m，取鱼部一端伸直高度 118.49 m，翼端一侧伸直高度 109.82 m，取鱼部纲长度为网长的 13.42%，翼网纲长度为网长的 68.5%，翼端纲长度为网长的 18.08%，前网头纲长度 14 m，后网头纲长度 16 m，取鱼部上下缘网衣水平缩结系数 0.56，翼网主网衣水平缩结系数 0.75，翼端主网衣水平缩结系数 0.8，网头缩结系数 0.707，下缘网衣长度为上缘网衣长度的 1.1 倍，所用锦纶网片长宽目数为 400°×400°，捕捞蓝圆鲹的刺网网目 60 mm，上缘网高 5 目，下缘网高 15 目，计算网衣用量。

14. 某机帆船光诱围网，网具规格为 289 m×102 m（2a = 22 mm），沿上纲水平缩结系数 0.73，沿下纲水平缩结系数 0.66，上下纲两圆半径差为 $\frac{1}{5}$ 缩结高度，括绳每端收绞速度 15 m/min，试求其下纲长度、网高损失及收绞结束下纲缩成一点时所花时间。

15. 某机轮光诱围网，网具规格为 820 m×162 m（2a = 35 mm），网衣水平缩结系数 0.75，起网时跑绳收绞速度 13 m/min，括绳一端收绞速度 30 m/min，该渔轮水面上受风面积 186 m²，水面下受流面积 103 m²，作业时风速 9 m/s，试选择跑绳、上纲、下纲、括绳的规格，并计算其质量。

16. 某光诱围网，网具上纲长度 820 m，下纲比上纲长 8%，锦纶网衣质量 5714 kg，乙纶网衣质量 1189 kg，乙纶纲索质量 1244 kg，钢丝绳括绳质量 1682 kg，底环质量 250 kg，作业水深 60 m，投网超前距离 40 m，投网时鱼群游向网壁的速度 1.25 m/s，收绞过程括绳一端张力 12 kN，每个沉子质量 0.3 kg，每个浮子浮力 20 N，试计算沉子、浮子用量。

17. 某光诱围网网具，每米下纲上括绳、底环、沉子在水中沉力为 30 kN，每平方米网衣在水中沉力为 0.1 kN，试计算投网后经过 50 s 下纲沉降深度。

18. 某机轮从事光诱围网作业，鱼群聚集在集鱼灯周围的直径为 80 m，采用光诱方式投网时，渔船至鱼群边缘的距离为 33 m，试计算所需网具长度。

19. 某光诱围网渔船，使用的网具规格为 320 m×128 m（2a = 22 mm）。如果采用两圆同心投网方式兼作围捕起水鱼群，渔船围捕速度 7 kn，鱼群直径 50 m、游速 2 kn、碰到网缝后逃逸的圆心角 135°，假设鱼群逃逸速度等于原来游速，试验算上述规格网具能否适用。

20. 某渔船主要从事光诱围网生产，但在每年 12 月至翌年 2 月，在珠江口渔场夜间围捕起水蓝圆鲹群。该船自由航速 8.5 kn，夜间起水即将产卵的蓝圆鲹群游速 1.5 kn，鱼群半径 6 m，投网时渔船至鱼群边缘距离 24 m，作业渔场水深 50 m，沿上纲水平缩结系数 0.75，试计算所需网具的长度和高度。

第一节　拖网捕捞原理和型、式划分

拖网是用渔船拖曳网具，迫使捕捞对象进入网内的渔具。它的作业方法是依靠渔船动力或自然风力等拖曳网具，在拖曳过程中将鱼、虾、蟹或软体动物等捕捞对象驱集入网，使水滤过网目，渔获物既不能通过网目，又不刺于网目中，从而达到捕捞目的。

根据我国渔具分类标准，拖网类按结构特征可分为单片、单囊、多囊、有翼单囊、有翼多囊、桁杆、框架 7 个型，按作业船数和作业水层[①]可分为单船表层、单船中层、单船底层、双船表层、双船中层、双船底层、多船 7 个式。

一、拖网的型

（一）单片型

单片型拖网由单片网衣和上、下纲构成，称为单片拖网。

单片拖网如图 6-1 所示，其网具结构与定置单片刺网的网具结构类似，其网具是由单片矩形网衣和上、下、侧纲构成的。图 6-1 是山东掖县（现莱州市）的带网，由若干支细竹撑竿将上、下纲撑开，使网衣在拖曳中形成兜状，在黄河口外水深 1.5～3.0 m 海域作业，拖捕梭鱼。

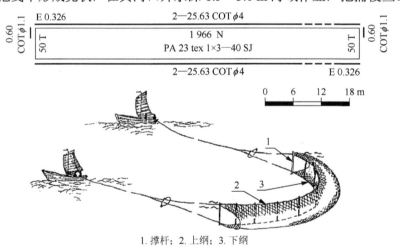

1. 撑杆；2. 上纲；3. 下纲

图 6-1　双船表层单片拖网（带网）示意图

（二）单囊型

单囊型的拖网由网身和单一网囊构成，称为单囊拖网。

---

① 拖网作业时，网具的上缘到达水面，而下缘不触底的属表层；上缘不到水面，下缘不触底的属中层；凡下缘到底的均属底层。

　　大型的单囊拖网一般为中层单囊拖网，需用两块网板或两艘渔船来维持其网口的水平扩张，需用浮子和沉子、沉锤等来维持其网口的垂直扩张（图6-2和图6-3）。小型的单囊拖网一般是用桁杆、桁架或框架来撑开其网口作业的，故又可称为单囊桁杆拖网或单囊框架拖网。

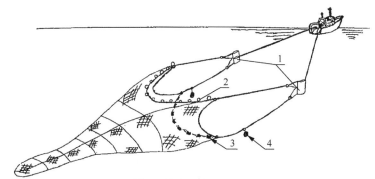

1. 网板；2. 浮子；3. 沉子；4. 沉锤

图 6-2　单船中层单囊拖网示意图

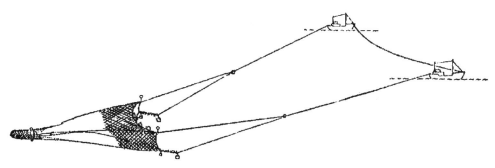

图 6-3　双船中层单囊拖网示意图

（三）多囊型

　　多囊型的拖网由网身和若干网囊构成，称为多囊拖网。

　　小型的多囊拖网一般需用桁杆来维持其网口的水平扩张，故又可称为多囊桁杆拖网。

（四）有翼单囊型

　　有翼单囊型的拖网由网翼、网身和一个网囊构成，称为有翼单囊拖网。

　　有翼单囊拖网是拖网类中数量最多的一种，也是拖网类网具中较大型和产量较高的一种拖网。

（五）有翼多囊型

　　有翼多囊型的拖网由网翼、网身和若干网囊构成，称为有翼多囊拖网。

　　有翼多囊拖网在内陆水域使用较多，在海洋渔具中则少见，在我国海洋渔具中尚找不到该型的实例，日本的平行式和垂直式双体拖网就属于这种类型（图6-4和图6-5）。

（六）桁杆型

　　桁杆型的拖网是指由桁杆或桁架和网身、网囊（兜）构成的拖网。

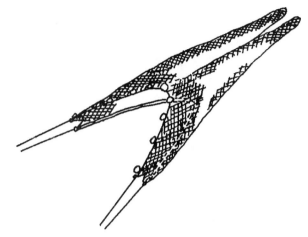

图 6-4　有翼多囊拖网（平行式双体拖网）示意图

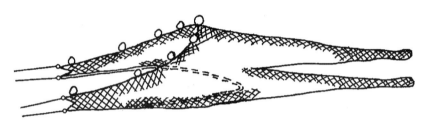

图 6-5　有翼多囊拖网（垂直式双体拖网）示意图

属于桁杆型的拖网，一般是较小型的囊状拖网，利用桁杆或桁架来维持其网口的扩张。若将原桁杆型定义中的"桁杆或桁架"分开，则原桁杆型可改为单囊桁杆型、多囊桁杆型、有翼单囊桁杆型和单囊桁架型共 4 种网型。其中单囊桁杆型、多囊桁杆型和有翼单囊桁杆型的拖网又可统一简称为"桁杆拖网"，而单囊桁架型的拖网又可简称为"桁架拖网"。

1. 单囊桁杆型

单囊桁杆型的拖网由桁杆和网囊或网兜构成，称为单囊桁杆拖网。

单囊桁杆拖网的网衣有 2 种，1 种呈囊状，另外 1 种呈兜状。呈囊状的单囊桁杆拖网如图 6-6 所示，其网衣是由上、下两片网衣缝合而成的 1 个圆锥形的网囊。

呈兜状的单囊桁杆拖网如图 6-7 所示。图的左上方，其网衣是一片矩形网衣，沿网衣横向对折后将两侧直目边缘并拢拉直至等长后缝合在一起而形成 1 个网兜，如图 6-7 右上方的总布置图下半部分所示。

2. 多囊桁杆型

多囊桁杆型的拖网由桁杆和网身、若干网囊构成，称为多囊桁杆拖网。

多囊桁杆拖网是 20 世纪 70 年代末至 80 年代初在东海区试验推广的一种高产拖虾网，有双囊和三囊之分，网具规格比单囊桁杆拖网大得多，一般为一船拖曳一顶网，主要拖捕虾、蟹类，如图 6-8 所示。这是一种双囊桁杆拖网，采用桁杆固定其网口的水平扩张，利用结扎在桁杆上的浮子浮力和沉纲上的沉子沉力维持其网口的垂直扩张。

3. 有翼单囊桁杆型

有翼单囊桁杆型的拖网由桁杆和网翼、网身、单个网囊构成，称为有翼单囊桁杆拖网。

有翼单囊桁杆拖网的结构分为一杆单网和一杆双网。一杆单网的有翼单囊拖网如图 6-9 所示，一杆双网的有翼单囊桁杆拖网如图 6-10 所示。

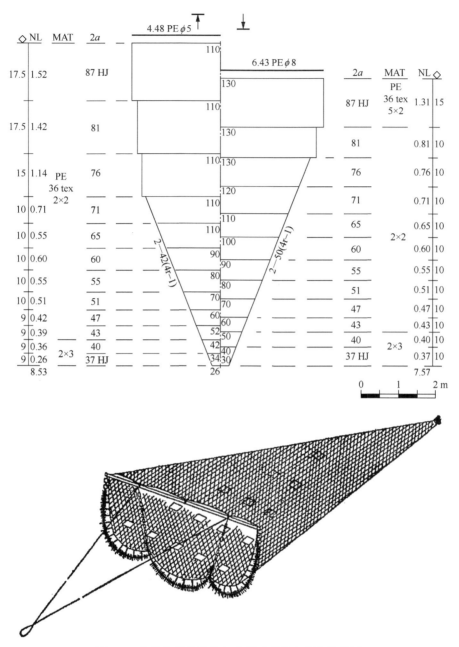

图 6-6 单船底层单囊桁杆拖网（囊状）网衣结构图

4. 单囊桁架型

单囊桁架型的拖网由桁架和网囊或网兜构成，称为单囊桁架拖网。

呈囊状的单囊桁架拖网如图 6-11 所示，其网衣是由十道减目编结而成的一个圆锥形的网囊，采用桁架（图 6-11 中右方的①图）固定其网口扩张。

呈兜状的单囊桁架拖网如图 6-12 所示，其网衣是由 5 段矩形网片组成，可按此网图上方的网衣展开图所示将各网片缝合成 1 个网兜，如网图中间的总布置图所示，采用桁架固定其网口扩张。

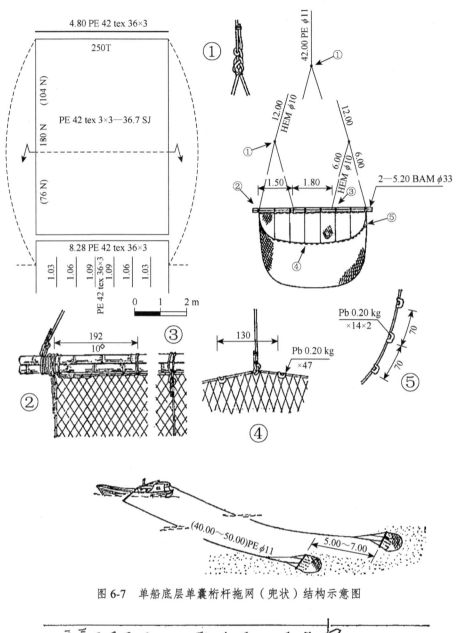

图 6-7　单船底层单囊桁杆拖网（兜状）结构示意图

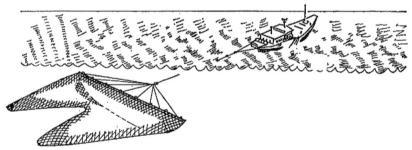

图 6-8　单船底层多囊桁杆拖网（双囊桁杆拖网）示意图

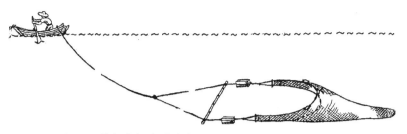

图 6-9　单船底层有翼单囊桁杆拖网（一杆单网）示意图

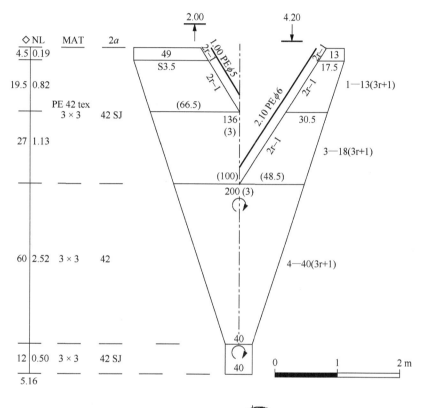

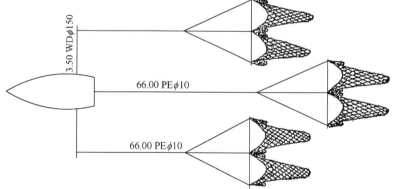

图 6-10　单船底层有翼单囊桁杆拖网（一杆双网）示意图

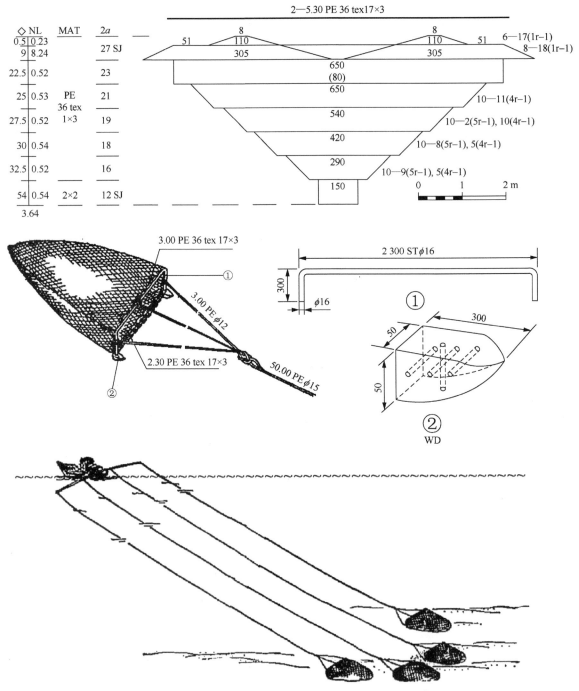

图 6-11 单船底层单囊桁架拖网（囊状）结构示意图

（七）框架型

框架型的拖网由框架和网身、网囊构成，称为框架拖网。

如图 6-13 所示的蚬子网，其网衣没有网身和网囊之分，只有一个囊状网衣，利用框架固定其网口扩张，如图中的①图所示。

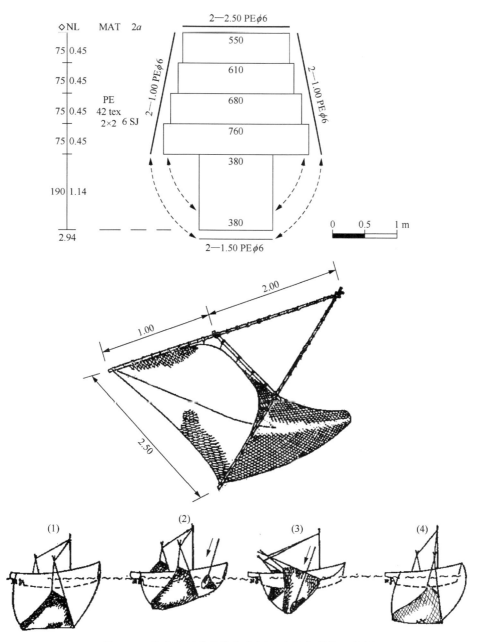

图 6-12　单船表层单囊桁架拖网（兜状）结构示意图

二、拖网的式

（一）单船表层式

单船表层式的拖网在单船一侧或两侧拖曳，并在水域表层作业，称为单船表层拖网（图 6-12）。

单船表层拖网利用桁杆或撑杆、吊绳、曳绳等将网具伸出舷外张开网口并在表层水域进行拖曳作业，在河口、港湾和沿岸浅水海域拖捕在水表层的游泳动物。在珠江口海域的单船表层拖网俗称掺缯。

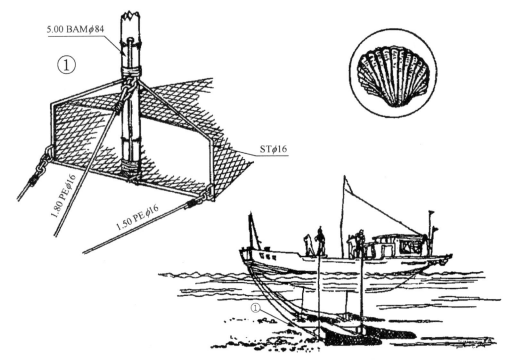

图 6-13　单船底层框架拖网（蚶子网）结构示意图

（二）单船中层式

单船中层式的拖网在单船尾部拖曳，并在水域中层作业，称为单船中层拖网。

单船中层拖网一般采用单囊型网具，即单船中层单囊拖网。如图 6-2 所示，利用渔船拖曳两块网板所产生的扩张力来维持网口的水平扩张，利用上纲上的浮力和下纲上的沉力来维持网口的垂直扩张，作业时网板和网具均在中层水域移动。在俄罗斯、德国、加拿大、日本、韩国、法国、西班牙、波兰和中国，均有单船中层单囊拖网，其使用的渔船和网具均较大型，拖捕鲱、鳕、鲹、竹荚鱼等中上层鱼类和南极磷虾。

（三）单船底层式

单船底层式的拖网在单船尾部拖曳，并在水域底层作业，称为单船底层拖网。

单船底层拖网有 5 种型式，即单船底层有翼单囊拖网、单船底层单囊桁杆拖网、单船底层多囊桁杆拖网、单船底层有翼单囊桁杆拖网和单船底层单囊桁架拖网。

单船底层有翼单囊拖网如图 6-14 所示，其使用 1 艘渔船拖曳 2 块网板来维持网口的水平扩张，利用上纲上的浮子浮力和下纲上的沉子沉力来维持网口的垂直扩张，作业时其网板和网具均在底层水域移动，网板和网具的下缘均接触海底，拖捕底层和近底层鱼类、头足类、甲壳类、贝类等。

单船底层单囊桁杆拖网如图 6-6 和图 6-7 所示，单船底层多囊桁杆拖网如图 6-8 所示，单船底层有翼单囊桁杆拖网如图 6-9 和图 6-10 所示，单船底层单囊桁架拖网如图 6-11 所示。

（四）双船表层式

双船表层式的拖网在双船尾部拖曳，并在水域表层作业，称为双船表层拖网。

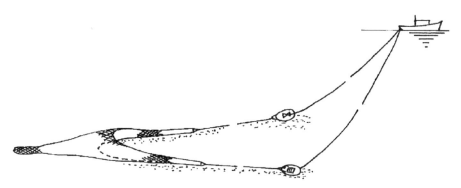

图 6-14 单船底层有翼单囊拖网作业示意图

双船表层有翼单囊拖网如图 6-15 所示，是利用两船拖距维持网口的水平扩张，利用上纲上的浮力和下纲上的沉力维持网口的垂直扩张，作业时网具在表层水域移动，网具的上缘到达水面，在沿岸海域拖捕颌针鱼、鱵等中上层鱼类。

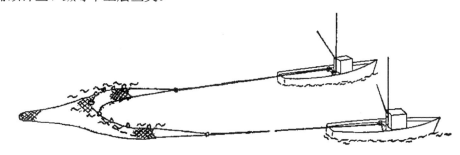

图 6-15 双船表层有翼单囊拖网作业示意图

（五）双船中层式

双船中层式的拖网在双船尾部拖曳，并在水域中层作业，称为双船中层拖网。

双船中层拖网一般采用单囊型网具，即双船中层单囊拖网，如图 6-3 所示，是利用两船拖距维持网口的水平扩张，利用上纲上的浮力和下纲上的沉力维持网口的垂直扩张，作业时网具在中层水域移动。

（六）双船底层式

双船底层式的拖网在双船尾部拖曳，并在水域底层作业，称为双船底层拖网。

我国的双船底层拖网有两种型式，即双船底层单片拖网和双船底层有翼单囊拖网。双船底层单片拖网如图 6-16 所示，这是山东海阳的裙子网，是利用双船拖距维持网具的水平扩张，利用拖曳时曳绳对上纲产生的浮力和下纲的沉子沉力维持上、下纲之间的垂直扩张。

双船底层有翼单囊拖网如图 6-17 所示，是利用双船拖距维持网具的水平扩张，利用上、下纲上的浮、沉子维持网口的垂直扩张，作业时网具在底层水域移动，网具的下缘接触海底，拖捕底层和近底层鱼类、头足类、虾类、蟹类等。

（七）多船式

多船式的拖网在多船尾部拖曳，称为多船拖网。

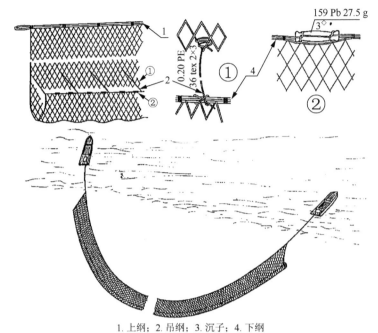

1. 上纲；2. 吊纲；3. 沉子；4. 下纲

图 6-16　双船底层单片拖网（裙子网）结构示意图

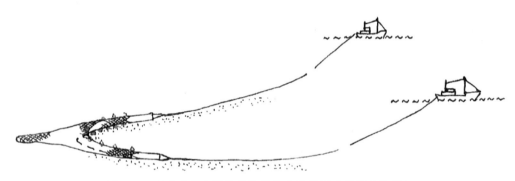

图 6-17　双船底层有翼单囊拖网作业示意图（底层双拖网）

在海洋渔业中没有多船式作业。在淡水渔业中采用大型的单片拖网而只用两艘小渔船无法拖曳时，才采用多船式作业。

第二节　拖网网衣结构类型

我国海洋拖网按网衣结构和有无桁杆或桁架可分为单片型、单囊型、有翼单囊型、单囊桁杆型、多囊桁杆型、有翼单囊桁杆型、有翼桁架型 7 个型。但若只按网衣结构分，除了单片型，其余 6 个型的拖网又可分为无翼拖网和有翼拖网两种基本结构类型。

一、无翼拖网

无翼拖网一般是拖网中比较原始、规模较小的桁杆或桁架拖网。我国小型的无翼拖网分为单船底层单囊桁杆拖网、单船底层多囊桁杆拖网、单船表层单囊桁架拖网和单船底层单囊桁架拖网。

（一）单船底层单囊桁杆拖网

单船底层单囊桁杆拖网如图6-18所示，底层作业，拖捕毛虾。

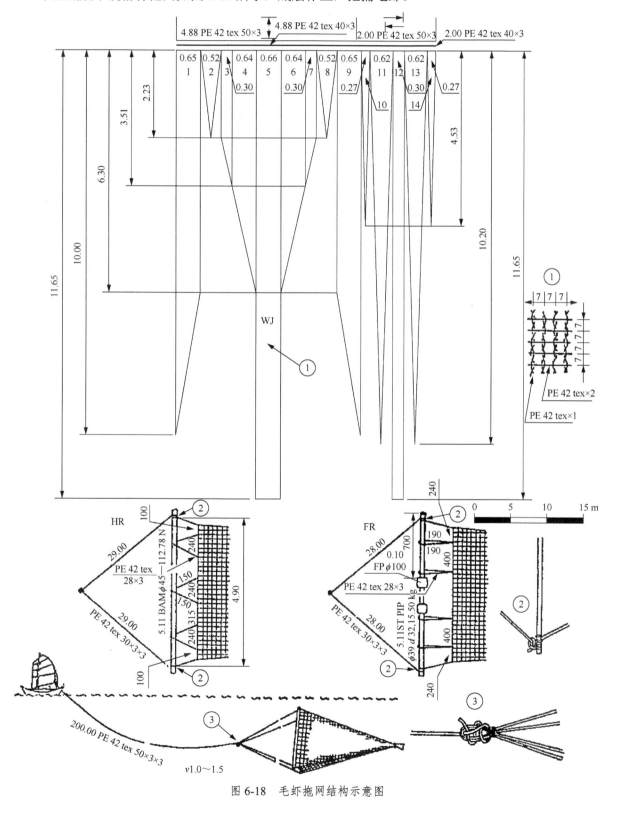

图6-18 毛虾拖网结构示意图

（二）单船底层多囊桁杆拖网

双囊桁杆拖网的网衣展开图如图 6-19 所示。其盖网衣是 1 片矩形网衣，身网衣 1～3 段分别由上、下 2 片同规格的矩形网衣组成，身网衣 4 段由 4 片同规格的等腰梯形网衣组成，囊网衣是由 4 片同规格的矩形网衣组成。三囊桁杆拖网的网衣展开如图 6-20 所示，从图中可看出，盖网衣是 1 片矩形网衣，身网衣 1～4 段分别由 2 片相同的矩形网衣组成，身网衣 5 段由 6 片相同的等腰梯形网衣组成，囊网衣由 6 片相同的矩形网衣组成。其作业状态如图 6-21 所示。

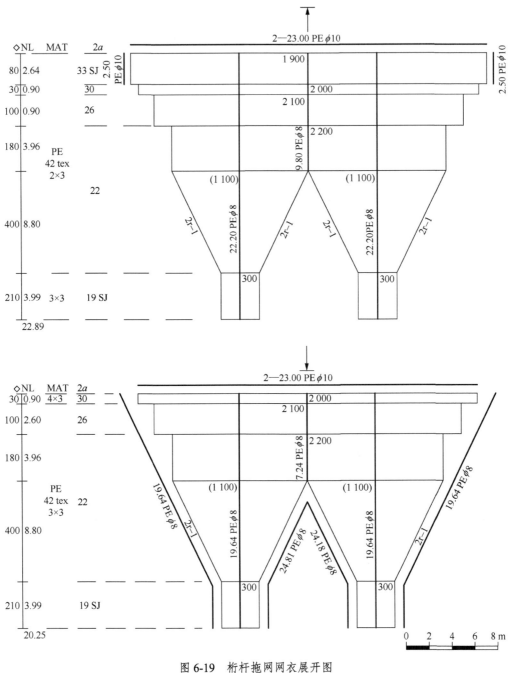

图 6-19　桁杆拖网网衣展开图

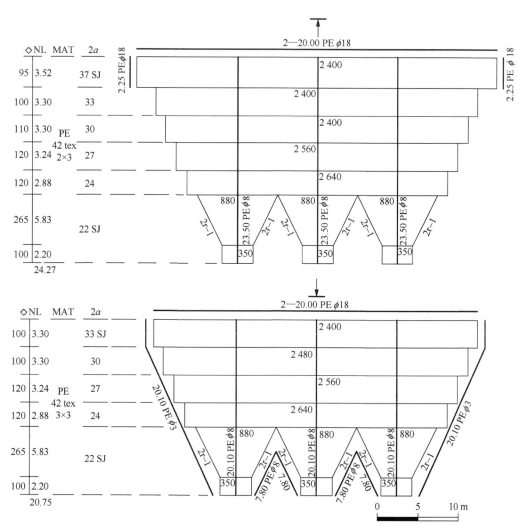

图 6-20 三囊桁杆拖网网衣展开图

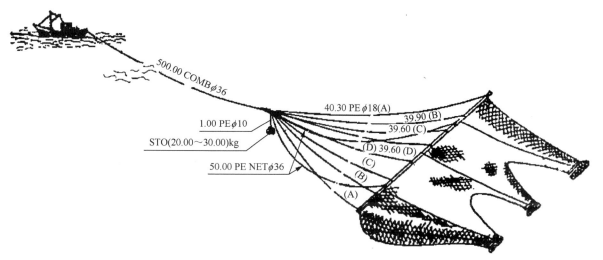

图 6-21 三囊桁杆拖网作业示意图

（三）单船表层单囊桁架拖网

单船表层单囊桁架拖网由桁架和网衣构成，表层作业。网衣由身网衣和囊网衣构成，如图 6-12 和图 6-22 所示。

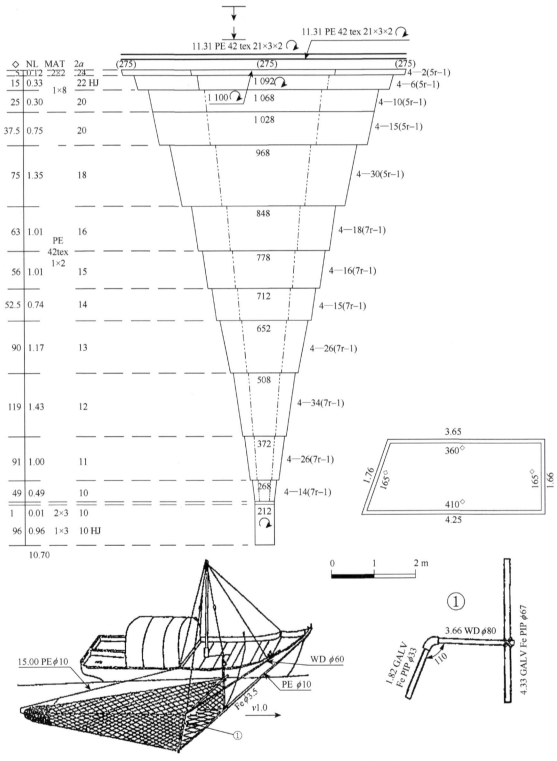

图 6-22　单船表层单囊桁架拖网（囊状）结构示意图

（四）单船底层单囊桁架拖网

单船底层单囊桁架拖网由桁架和网衣构成，底层作业。网衣由身网衣、囊网衣和耳网衣构成。

二、有翼拖网

有翼拖网若按网型分有 2 种，1 种是有翼单囊桁杆型，另外 1 种是有翼单囊型。若将有翼拖网按通俗方法以身网衣的结构特征划分"式"，又可分为圆锥式、两片式、四片式、六片式、八片式及多片式等拖网。

（一）圆锥式拖网

采用手工方法将其身网衣直接编结成截锥形的拖网，又可称为圆锥式编结网。圆锥式拖网在21 世纪前被我国南方沿海的拖网渔业广泛用于底层作业，故又称为圆锥式底层拖网，可简称为圆锥式底拖网。现圆锥式拖网已逐渐被大目拖网取代，除网身前部大网目网衣还采用手工编织外，其余网衣均采用机编网片。

1. 单船底层有翼单囊桁杆拖网

单船底层有翼单囊桁杆拖网网衣如图 6-10 中上方所示，由前向后由翼网衣、盖网衣、身网衣和囊网衣组成。身网衣由网口起头向后编结成 4 道纵向减目的截锥形网衣。

2. 单船底层有翼单囊拖网

单船底层有翼单囊拖网作业如图 6-23 所示，利用两翼增加了网具的水平扩张，并利用上、下纲的浮、沉力来维持网口的垂直扩张。福建的撑杆虾拖网如图 6-24 所示，利用两撑杆的跨距和上、下纲的浮、沉子来维持网口的扩张。网翼是增加网具扫海面积的有效途径之一。

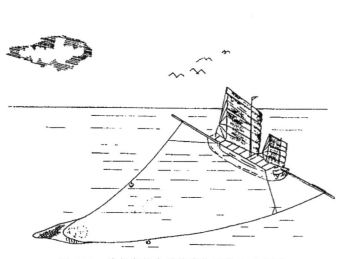

图 6-23　单船底层有翼单囊拖网作业示意图

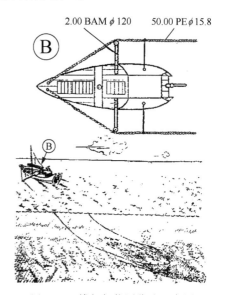

图 6-24　撑杆虾拖网作业示意图

3. 双船底层有翼单囊拖网

双船底层圆锥式拖网的网衣编结方法与单船底层圆锥式拖网类似。身网衣分成许多段，从网口向后，其每段目大是逐渐减小的。其编结方法有 3 种：第一种是分道纵向减目的编结方法，如图 6-25 的（a）所示；第二种是采用分路横向增减目的编结方法，如图 6-25 的（b）所示；第三种是直目编结方法，其身网衣的半展开形状类似如图 6-25 的（b）所示。不同的是每段网衣的网周目数均是相同的，这种无增减目网衣又可称为直目编结网衣。

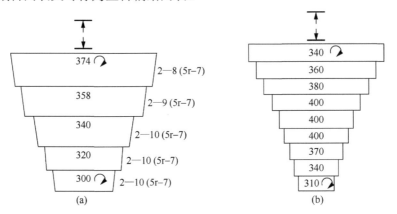

图 6-25　圆锥式底拖网网身网衣半展开图

（二）两片式拖网

两片式、四片式、六片式、八片式等分片式拖网，每片网衣的形状一般为梯形、矩形、三角形或平行四边形等。这些网衣的制作，一般是制作成矩形网片，然后采用人工剪裁方法剪出所需各种不同形状的网衣，再将这些网衣缝合成所需的拖网。这种拖网又称为剪裁网，故分片式拖网又称为分片式剪裁网。

两片式拖网的网身由背、腹两片网衣构成，即由上网衣和下网衣组成。

两片式拖网在渔业中被广泛使用，其中尤以欧洲最为普遍，日本只有少数渔船使用。我国拖网渔业也广泛使用这种结构类型。

两片式拖网网衣是由上网衣和下网衣缝合而成，如图 6-26 所示。由于拖网网衣是左、右对称的，故一般可将上网衣和下网衣各只画出一半而组成一个网衣的半展开图。若身网衣和囊网衣的上、下两片规格相同，则在身网衣和囊网衣的中间，可不必绘出纵向对称线来区分左右，如图 6-27 所示。若身网衣和囊网衣上、下两片规格不同，则仍需绘对称线区分左右。

1. 双船底层两片式拖网

双船底层两片式拖网又称为两片式双船底拖网，有尾拖型网、疏目型网和改进疏目型网共 3 种网型。

（1）尾拖型网

我国的尾拖型网是由美国引进的单船底层尾拖网经改进而成的，于 1957 年在上海的国有拖网机轮上试捕成功，并在全国逐渐推广使用。这种尾拖型网的网衣模式如图 6-28（b）或图 6-26 所示。

（2）疏目型网

疏目型网的网衣模式如图 6-28（c）所示。其显著特点是：在尾拖型的基础上增加了翼端三角、上、下网口三角和疏底。

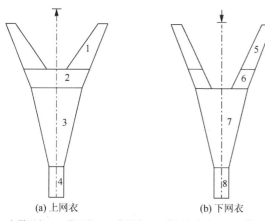

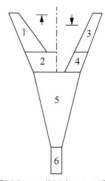

(a) 上网衣　　　　　　(b) 下网衣

1. 上翼网衣；2. 盖网衣；3. 背网衣；4. 囊网衣上片；5. 下翼网衣；
6. 网盖下翼网衣；7. 腹网衣；8. 囊网衣下片

图 6-26　两片式底拖网网衣全展开图

1. 上翼网衣；2. 盖网衣；3. 下翼网衣；
4. 网盖下翼网衣；5. 身网衣；6. 囊网衣

图 6-27　两片式底拖网网衣半展开图

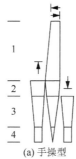

(a) 手操型

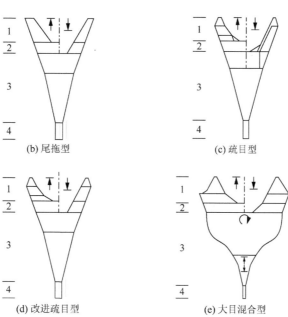

(b) 尾拖型　　　　　　　　　　　(c) 疏目型

(d) 改进疏目型　　　　　　　　(e) 大目混合型

1. 翼网衣；2. 盖网衣；3. 身网衣；4. 囊网衣

图 6-28　我国国有机轮底拖网网型

（3）改进疏目型网

上海海洋渔业有限公司在尾拖型网基础上，吸取了广东疏目编结拖网拖速快、网目疏和燕尾式翼端等特点改型设计成改进疏目型网，如图 6-28（d）所示。

（4）大目混合型网

目前，国内外大目拖网发展迅速。由于网目大于 1000 mm 的网衣很难采用织网机编织，也不便采用剪裁工艺，所以网目大于 1000 mm 的网衣（一般是网身一段及网口前部网衣）直接采用手工编织，等于或小于 800 mm 网目的网衣（一般是网身二段及以后部分网衣）采用机织矩形网片缝合成圆筒，结合逐步减少网周目数和缩小网目尺寸的办法使网身形成圆锥状。或采用剪裁的方法，把机织网片剪裁成等腰梯形网衣，通过缝接形成二片或多片式身网衣。我们把这种通过手工编织和剪裁制作的大目拖网称作大目混合型拖网，如图 6-28（e）所示。

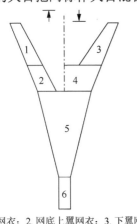

1. 上翼网衣；2. 网底上翼网衣；3. 下翼网衣；
4. 底网衣；5. 身网衣；6. 囊网衣

图 6-29　两片式浮拖网网衣半展开图

2. 双船表层两片式拖网

双船表层两片式拖网又称为两片式双船浮拖网。

浮拖网网衣模式如图 6-29 所示，它与底拖网网衣模式（图 6-26）相似，相当于把底拖网网衣上、下翻转 180° 就变成了浮拖网网衣。

3. 单船底层两片式拖网

单船底层两片式拖网又称两片式单船底拖网。

（三）四片式拖网

四片式拖网的网身由背、腹和两侧共 4 片网衣构成，也可说是由上网衣、下网衣和左、右侧网衣组成。我国的四片式拖网均为底层作业，故又称为四片式底拖网。

四片式底拖网在日本、加拿大、冰岛、美国、丹麦、挪威、印度等国均有采用，但日本使用较多。日本的四片式底拖网设计得比较瘦长，如图 6-30 所示。其特点是长网翼和长网盖。我国四片式底拖网的作业方式有双船作业和单船作业 2 种，见图 6-31、图 6-32。

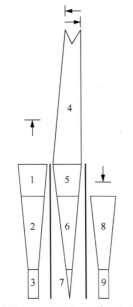

1. 盖网衣；2. 背网衣；3. 囊网衣上片；
4. 侧翼网衣；5. 肩网衣；6. 侧网衣；
7. 囊网衣侧片；8. 腹网衣；9. 囊网衣下片

图 6-30　日本四片式底拖网网衣模式图

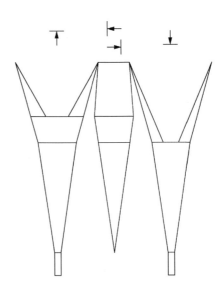

图 6-31　中国四片式双船底拖网网衣模式图（一）

此外，还有 1 种比较特殊的四片式双船底拖网，即福建晋江的底拖网（图 6-33）。一般地说，四片式拖网的网身是由背、腹和两侧共 4 片网衣构成的，但图 6-33 的四片式底拖网的网身则是由两片背网衣和两片腹网衣构成的，即网身是由 4 片规格相同的网衣沿纵向两侧边缘缝合而成的。

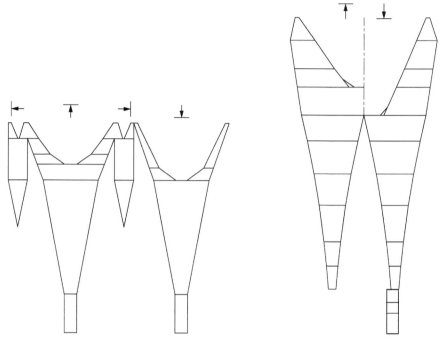

图 6-32　中国四片式双船底拖网网衣模式图（二）　　图 6-33　四片式双船底拖网网衣模式图

双撑架拖网是渔船在船体中部的双撑架端上各拖曳 1 顶拖网，如图 6-34 所示。从图中可以看出双撑架拖网是由 1 艘渔船、2 对网板和 2 顶网具组成，其网具一般采用四片式单船底拖网，其网衣模式如图 6-35 所示。

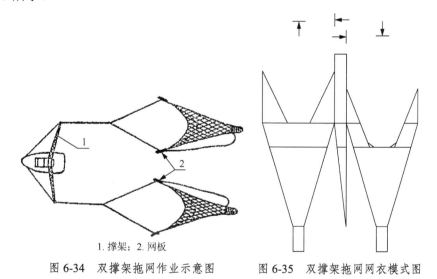

1. 撑架；2. 网板

图 6-34　双撑架拖网作业示意图　　图 6-35　双撑架拖网网衣模式图

（四）六片式拖网

六片式拖网是四片式拖网的改进型，可看成是在四片式拖网的上网衣两侧与侧网衣的缝合边部位各插进 1 片三角网衣组成的，其网衣模式如图 6-36 所示。

六片式底拖网始于日本，后传播到韩国和中国，曾被较广泛地应用在远洋单船底拖网上。

（五）八片式及多片式拖网

20 世纪 70～80 年代，我国东海水产研究所从日本引进的"东方"号调查船（1839 kW，853 t）配置有日本的八片式深水底拖网，其网衣模式如图 6-37 所示。

我国远洋中层拖网的网衣模式如图 6-38 所示，其网衣由上、下和两侧共 4 片网衣组成。

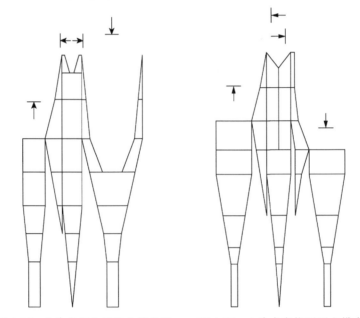

图 6-36　六片式底拖网网衣模式图　　图 6-37　八片式底拖网网衣模式图

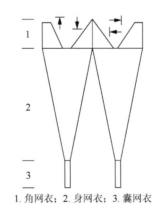

1. 角网衣；2. 身网衣；3. 囊网衣

图 6-38　远洋中层拖网网衣模式图

第三节　拖网结构

拖网网具结构虽因其型、式不同而有所不同，但基于相同的捕捞原理，很多拖网网具结构形式还是大同小异的。以下以我国较普遍采用的两片式、圆锥式的底层有翼单囊拖网为例进行分析介绍。

　　拖网由网衣、绳索和属具 3 部分构成。圆锥式双船底拖网和两片式单船底拖网的网具结构分别如图 6-39 和图 6-40 所示，其网具构件组成分别如表 6-1 和表 6-2 所示。

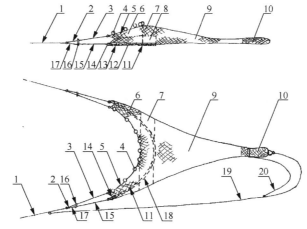

1. 曳绳；2. 上叉绳；3. 上空绳；4. 浮子；5. 浮纲；6. 翼网衣；7. 网盖背部网衣；
8. 网盖腹部网衣；9. 身网衣；10. 囊网衣；11. 沉纲；12. 滚轮；13. 沉子；
14. 翼端纲；15. 下空绳；16. 撑杆；17. 下叉绳；18. 下缘纲；19. 大抽；20. 二抽

图 6-39　圆锥式双船底拖网总布置图

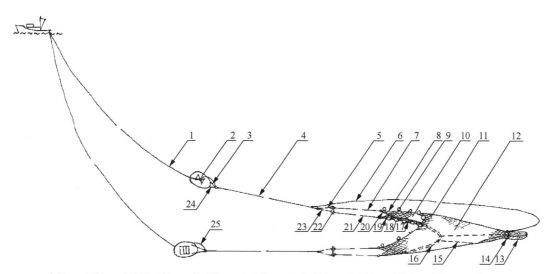

1. 曳绳；2. 网板；3. 网板上叉链；4. 单手绳；5. 上叉绳；6. 网囊引绳；7. 上空绳；8. 浮纲；9. 浮子；10. 翼网衣；
11. 盖网衣；12. 身网衣；13. 囊网衣；14. 网囊束绳；15. 网身力纲；16. 下缘纲；17. 沉纲；18. 滚轮；19. 沉子；
20. 翼端纲；21. 下空绳；22. 撑杆；23. 下叉绳；24. 网板下叉链；25. 游绳

图 6-40　两片式单船底拖网总布置图

一、网衣部分

　　有翼拖网网衣一般由网翼、网缘、网盖、网身和网囊等部件组成。

（一）网翼

　　网翼是拦截和引导捕捞对象进入网内的部件。网翼俗称为网袖，它位于网具的最前端，拖网网口前方左、右两侧。其主要作用是扩大捕捞范围，阻拦、驱赶并诱导捕捞对象进入网内。网翼的上边缘结缚有浮纲，下边缘结缚有下缘纲或与网缘相缝合，前边缘结缚有翼端纲，后边缘与网盖或网腹的前边缘相缝合。

表 6-1　两片式单船底拖网网具构件组成

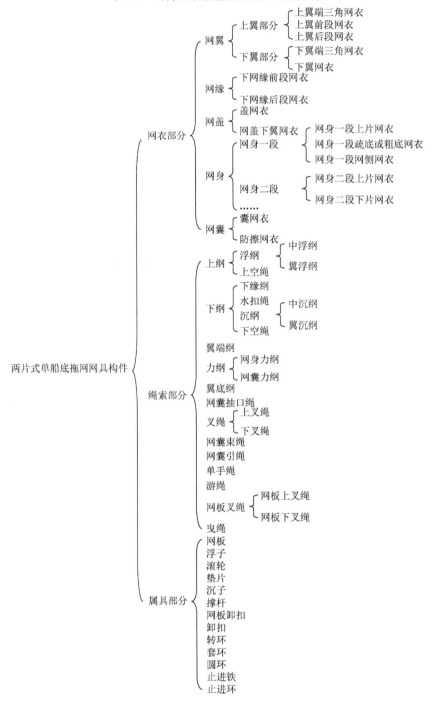

两片式底拖网采用上、下翼结构。南海区单拖渔船使用的疏目型网,其上翼部分包括上翼端三角、上翼前段和上翼后段共 3 片网衣,由于网翼是左、右对称的,每顶拖网上翼部分共 6 片网衣,如图 6-41 中的 1、2、3 所示。下翼部分包括下翼端三角和下翼共 2 片网衣,每顶网左、右共 4 片网衣,如图 6-41 中的 11、12 所示。上、下翼端三角均为前小后大的梯形网衣,上翼前、后段和下翼均为前小后大的斜梯形网衣。东海、黄海、渤海区双拖渔船使用的改进疏目型网,其上翼部分包括上翼端三角、上翼前段和上翼后段共 3 片网衣,每顶网左、右共用 6 片网衣,如图 6-42 中的 1、2、3 所示。下翼部分包括下翼端三角、下翼前段、下翼中段和下翼后段共 4 片网衣,如图 6-42 中的

12、13、14、15 所示，每顶网左、右共 8 片网衣。上、下翼端三角均为前小后大的正梯形网衣，上翼前、后段和下翼前、后段均为前小后大的斜梯形网衣。

表 6-2　圆锥式双船底拖网网具构件组成

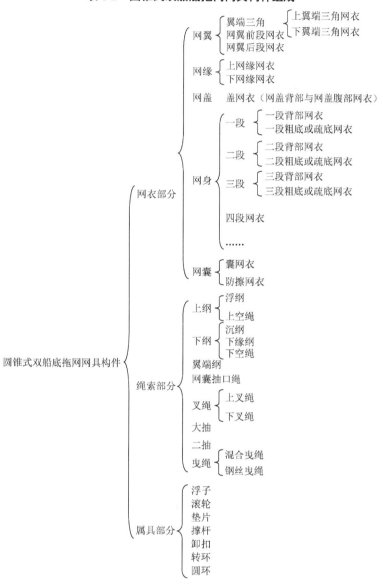

圆锥式底拖网采用有翼单囊结构。南海区双拖渔船使用编结型网（现已被大目拖网取代），其网翼包括上、下翼端三角和网翼前段、网翼后段共 4 片网衣，如图 6-43 中的 1、2、3、4 所示。

疏目型网的网翼长度一般以网衣拉直长度来表示。我国两片式底拖网的网翼长与网口周长的比值一般为 8%～23%。网翼长度影响着网具的扫海面积和阻力，网翼较长则扫海面积较大，所产生的阻力也较大，网具的拖速慢。捕捞栖息于底层且游速较慢的种类宜用长网翼，而捕捞游速较快的种类则宜采用短网翼。

网翼前端结构有平头式和燕尾式 2 种。平头式翼端是较原始形式，指由斜梯形的上、下翼网衣小头组成的翼端，如图 6-44（a）所示。燕尾式翼端是后改进形式，指由上、下翼端三角网衣组成的翼端，如图 6-44（b）所示。平头式翼端在拖曳中，其翼端纲中部向后弯曲，造成翼端纲附近网衣松弛而形成网衣折叠现象，增加了翼端网衣的水阻力。而燕尾式翼端网模在拖曳中，其翼端网衣受力比较均匀，网衣张开较光顺，既可减少阻力，又可节约网衣用量。

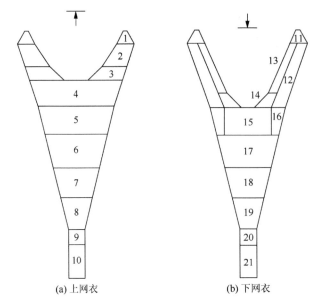

(a) 上网衣　　　　　　　　(b) 下网衣

1. 上翼端三角；2. 上翼前段；3. 上翼后段；4. 盖网衣；5. 网身一段上片；
6. 网身二段上片；7. 网身三段上片；8. 网身四段上片；9. 网身五段上片；
10. 囊网衣背部；11. 下翼端三角；12. 下翼；13. 下网缘前段；14. 下网缘后段；
15. 疏底或粗底；16. 网侧；17. 网身二段下片；18. 网身三段下片；19. 网身四段下片；
20. 网身五段下片；21. 囊网衣腹部

图 6-41　疏目型拖网网衣全展开图

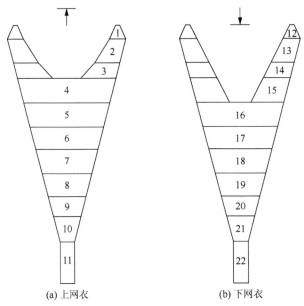

(a) 上网衣　　　　　　　　(b) 下网衣

1. 上翼端三角；2. 上翼前段；3. 上翼后段；4. 盖网衣；5. 网身一段上片；
6. 网身二段上片；7. 网身三段上片；8. 网身四段上片；9. 网身五段上片；
10. 网身六段上片；11. 囊网衣背部；12. 下翼端三角；13. 下翼前段；
14. 下翼后段；15. 网盖下翼；16. 网身一段下片；17. 网身二段下片；
18. 网身三段下片；19. 网身四段下片；20. 网身五段下片；
21. 网身六段下片；22. 囊网衣腹部

图 6-42　改进疏目型拖网网衣全展开图

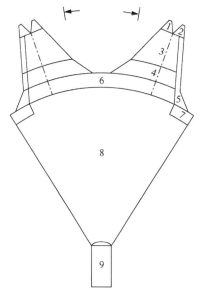

1.上翼端三角网衣；2.下翼端三角网衣；3.网翼前段网衣；
4.网翼后段网衣；5.下缘网网衣；6.盖网衣；7.粗底网衣；
8.身网衣；9.囊网衣

图 6-43　编结型网网衣全展开图

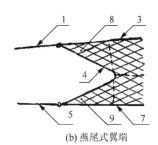

(a) 平头式翼端　　　　(b) 燕尾式翼端
1.上空绳；2.上翼网衣；3.浮纲；4.翼端纲；5.下空绳；6.下翼网衣；
7.下纲；8.上翼端三角网衣；9.下翼端三角网衣

图 6-44　翼端结构图

大目拖网的网翼因网目尺寸太大，无法进行机器编织和实施剪裁工艺，不管是单拖还是双拖都保留了圆锥式拖网的左、右翼结构和增减目手工编织工艺。

（二）网缘

网缘是为加强网衣边缘强度及耐磨性能而采用的粗线编结的部件，位于网翼上边缘的称为上网缘，位于网翼下边缘的称为下网缘。

（三）网盖

网盖是威胁捕捞对象不要轻易向上逃逸的部件，是底拖网特有的结构。网盖位于拖网网口的上前方并与网身连接。网盖为底拖网的特有装置，其作用是防止捕捞对象进网后向上方逃逸，并有助于增大底拖网网口的垂直扩张。

网盖的长度取决于捕捞对象上窜逃逸的能力。捕捞对象向上逃逸能力越大，则网盖要越长，反之则可缩短。网盖过长会增加网具阻力。

（四）网身

网身是引导捕捞对象进入网囊的部件。网身位于网口与网囊之间，其作用是将网翼、网盖拦入的捕捞对象，通过网身引导至网囊，以达到捕捞的目的。渔获物较多且超过网囊的容量时，网身后部也起着容纳渔获物的作用。

网身在作业中呈前大后小的喇叭状，有利于把捕捞对象导入网囊。同时身网衣目大自前至后逐步减小，以适应进网捕捞对象逐渐增强的逃逸反应。两片式底拖网的网身可看成由上、下两片网衣组成，其上面 1 片称为背网衣，下面 1 片称为腹网衣。为了便于制作和缝拆，整个网身由若干段的上、下片网衣组成。编结型网的网身编结方法有 3 种：第一种是逐段减小目大和网衣宽度且分道纵向减目编结的身网衣，每段网衣的半展开图形状为等腰梯形；第二种是逐段减小目大和网衣宽度且分路横向增减目编结的身网衣，每段网衣的半展开图形状为矩形；第三种是逐段减小目大且网周目数保持不变的无增减目编结的身网衣，其每段网衣的半展开形状为矩形，与第二种相似。随着大目拖网的普及，三种方式身网衣已被多段目大和网宽均由前向后逐段减小的圆筒形机织网片所取代。

网身的长度影响网具的稳定性、导鱼性能、阻力和网材料的消耗。网身长，渔获逆向逃离网口的难度增大，网具的稳定性和导鱼性能较好，但网身过长必将增加网具阻力和网线材料消耗。因此网身长度的确定，是多种因素影响下的统筹结果。在保证稳定和导鱼性能的前提下，应酌量缩短网身长度。

网身前缘又称为网口，其周长是表征网具大小的主要尺度之一。

（五）网囊

网囊是网具最后集中渔获物的袋形部件。网囊是拖网的最后部分，其前缘与网身连接，起汇聚渔获物的作用。网囊的目大在全网中属最小的，它决定了该拖网可捕渔获物的最小尺度（或质量）。为了保护渔业资源，世界上大多数渔业国都对拖网网囊网目尺寸进行限制。我国规定东海区、黄海区拖网网囊最小网目尺寸（内径）为 54 mm，南海区拖网网囊最小网目尺寸（内径）为 39 mm。

网囊的网衣一般为一片矩形网片纵向对折缝合而成的圆筒形网衣。网囊长度和网囊前缘周长与网具规模、渔获量和起网取鱼方式等有关。

在拖曳中，考虑到网囊在集聚一定的渔获物后其腹部与海底产生摩擦，可在网囊的腹部或四周外围装置防擦网衣，其主要作用是防止囊网衣与海底直接摩擦。

二、绳索部分

（一）上纲和下纲

上纲是装置在网具上方，承受网具主要作用力的绳索。拖网的上纲包括浮子纲、上缘纲和上空绳。下纲是装置在网具下方，承受网具主要作用力的绳索。拖网的下纲包括下缘纲、水扣绳、沉子纲和下空绳。上、下纲是拖网的主要构件之一，起着维持拖网网口张开的"骨架"作用。它承受整顶网具的阻力负荷，并传递给曳绳，因此受力较大，需用强韧而柔软的材料制作。

上、下纲的长度和浮沉力比例，对网口形状、网具受力、捕捞效果等都起着很大的作用。

1. 浮子纲

浮子纲是装置在网衣上方边缘或网具上方装有浮子的绳索。尾拖型、疏目型、改进疏目型、编结型等普通目大拖网（目大为 100～600 mm），简称通用拖网，其网衣上方边缘一般只装置浮子纲，又称为浮纲。大目混合型、大目编结型等大目拖网（目大为 1 m 以上），其网衣上方边缘装置上缘纲，在上缘纲上方再装置一条浮子纲，将浮子固定在浮子纲和上缘纲之间，可防止浮子穿过网衣上边缘的大网目而引起纠缠。

通用拖网的浮纲可由 1 条绳索制成，如图 6-45 中的 2 所示。也可由 3 段绳索组成，装置在上口门（盖网衣前缘中间不与上翼网衣后缘缝合的部位）处的称为中浮纲，又称为上中纲，如图 6-46 中的 6 所示；装置在上翼网衣上边缘处的称为翼浮纲，又称为上边纲，如图 6-46 中的 2 所示。中浮纲和左、右两段翼浮纲之间用卸扣连接，如图 6-46 中的 4 所示。浮纲的主要作用是结缚浮子，保证网具向上扩张，固定网衣上边缘的缩结，维持拖网上方形状，承受和传递上部网衣的阻力。此外，它还起着增加网衣上方边缘强度的作用。

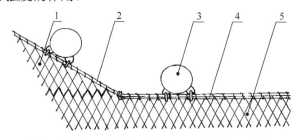

1. 网口三角网衣；2. 浮纲；3. 浮子；4. 乙纶细绳；5. 盖网衣

图 6-45　浮纲与网衣装配图（一）

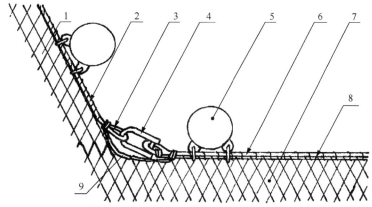

1. 翼网衣；2. 翼浮纲；3. 眼环；4. 卸扣；5. 浮子；
6. 中浮纲；7. 盖网衣；8. 乙纶细绳；9. 小段绳索

图 6-46　浮纲与网衣装配图（二）

浮纲现用的材料有三种，第一种是软钢丝绳外缠绕一层乙纶网线或将软钢丝绳包裹薄膜后再外缠绕一层乙纶网线，以减缓软钢丝绳保护油脂损耗及增加软钢丝绳表面的摩擦力；第二种是采用钢丝与维纶制成的混合绳；第三种是合成纤维绳。我国通用拖网一般采用钢丝绳，外国渔船和我国部分远洋渔船较多使用混合绳。我国大目拖网一般采用丙纶绳。

2. 缘纲

拖网缘纲是装置在网衣边缘（不穿过边缘网目），用于增加边缘强度和固定网衣缩结的绳索。装置在网衣上边缘的称为上缘纲，装置在网衣下边缘的称为下缘纲。缘纲可由 1 条绳索制成，也可分为 3 段。3 段组成的缘纲，装置在上口门的称为上中缘纲，装置在下口门（网身一段下片网衣前缘中间不与网盖下翼网衣后缘缝合的部位）的称为下中缘纲，装置在网盖下翼网衣和下翼网衣或下网缘网衣的下边缘的称为下翼缘纲。中缘纲和左、右两段翼缘纲之间用卸扣连接。上缘纲起着与浮纲一起结缚浮子的作用，下缘纲还起着便于与沉纲相连接的作用。通用拖网的下缘纲一般采用与浮纲同粗或稍细的软钢丝绳。少数采用乙纶绳，但乙纶绳较易伸缩，对固定网衣缩结不利。大目拖网的上缘纲一般用软钢丝绳，下缘纲有的采用与浮纲相同或稍细的软钢丝绳，有的采用比浮纲粗些的丙纶绳。

3. 水扣绳

水扣绳是装置在沉纲上，用于沉纲与下缘纲或网衣边缘连接的绳索。水扣绳又称为档绳。每档水扣绳扎制成适当的弧形，俗称"水扣"，如图6-47（b）所示。每档水扣绳在沉纲上的结扎间距，又称为档长（l_d）。用网线将下缘纲或网衣边缘绕扎在水扣绳上后，在网具拖曳中，会使下缘纲或网衣边缘与沉纲之间形成一定的空隙，这空隙的间距又称为行距（h），如图6-47（a）所示。这种装配形式称为水扣结构。水扣绳的作用除了使下缘纲或网衣边缘间接地装配在沉纲上外，同时增加了网衣边缘的强度，并且在曳网时，水扣还便于滤过泥沙和小杂物。每档水扣绳的档长 l_d 是根据网具大小和部位确定的，一般在下口门处，档长一般稍短，行距 h 一般稍大；在网翼下边缘的档长一般稍长，行距一般稍小。水扣档长一般为230～564 mm，行距为30～110 mm，水扣绳一般采用直径8～20 mm的乙纶绳。若拖网上有下缘纲装置的，水扣绳一般稍细；若无下缘纲装置的，水扣绳一般稍粗。

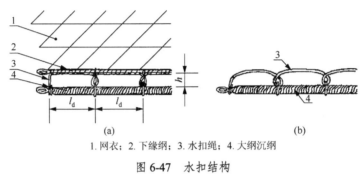

1. 网衣；2. 下缘纲；3. 水扣绳；4. 大纲沉纲

图6-47　水扣结构

4. 沉子纲

沉子纲是装置在网具下方串有滚轮、沉子等或本身具有沉力作用的绳索。沉子纲又称为沉纲。沉纲可由1条绳索制成，也可由3段、5段或7段绳索组成。装置在下口门（腹网衣前缘中间不与下翼网衣或网盖下翼网衣后缘缝合的部位）处称为中沉纲，又称为下中纲，如图6-48中的6所示；装置在下翼网衣（包括网盖下翼网衣）下边缘处的称为翼沉纲，又称为下边纲，如图6-48中的9所示。翼沉纲可以是1条，若翼沉纲较长，为了方便制作或搬运，也可以分成2段或3段。中沉纲和左、右各段翼沉纲之间用卸扣连接，如图6-48中的8所示。沉纲的主要作用是串缚滚轮、沉子等，加速网具沉降并使沉纲紧贴海底，和下缘纲一起维持拖网下方形状，承受和传递下部网衣的阻力。

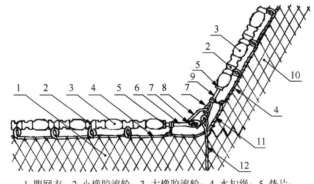

1. 腹网衣；2. 小橡胶滚轮；3. 大橡胶滚轮；4. 水扣绳；5. 垫片；
6. 中沉纲钢丝绳；7. 眼环；8. 卸扣；9. 翼沉纲钢丝绳；
10. 网盖下翼网衣；11. 小段绳索；12. 网身力纲

图6-48　滚轮式沉纲与网衣装配图

沉纲一般采用比浮纲稍粗的软钢丝绳制成。根据底质不同，沉纲有下列不同的结构形式。

（1）缠绕式沉纲

缠绕式沉纲是在沉纲钢丝绳上依次缠绕用作衬底的废乙纶网衣、用废乙纶网衣捻成的绳股和耐摩擦用的废乙纶网衣，缠绕绳股的层数越多，沉纲的粗度越大，所夹带泥沙的质量越大，因此又称为大纲沉纲。大型的大纲沉纲，是用吊链连接到下缘纲上的。吊链用钢丝绳夹（简称绳夹）连接在沉纲钢丝绳上，其结构如图6-49所示。这种沉纲粗度大，不易陷于泥中，但耐磨性较差，寿命较短，适宜在泥和泥沙底质海域中使用。东海、黄海、渤海区渔船习惯用大纲沉纲。

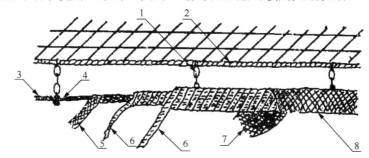

1. 吊链；2. 下缘纲；3. 钢丝绳；4. 绳夹；5. 废网衣；6. 废网衣绳股；7. 外包废网衣；8. 沉纲

图6-49　缠绕式沉纲结构示意图

（2）铅沉子式沉纲

铅沉子式沉纲是用乙纶网线将小钢圈（由大钢圈和小钢圈互套组成）按一定间距扎牢在下缘纲上，再将丙纶捻绳沉纲穿进大不锈钢圈，大钢圈两侧根据档长要求用铅沉子夹紧在沉纲上所成［图6-50（a）］。有的铅沉子式沉纲在缠绕绳沉纲或包芯绳沉纲上用乙纶网线绕成的吊绳将沉纲分档固定扎牢在下缘纲上，然后依需要将铅沉子钳夹在沉纲上［图6-50（b）］。有的铅沉子式沉纲在上述每档之间，再用钳夹有4个小铅沉子的细绳连接在每档沉纲上［图6-50（c）］。南海区的编结型、大目编结型拖网普遍采用铅沉子式沉纲在底形较平坦的泥沙底质海域作业。

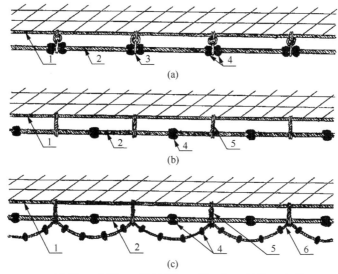

1. 下缘纲；2. 沉纲；3. 不锈钢圈；4. 铅沉子；5. 吊绳；6. 细绳

图6-50　铅沉子式沉纲结构示意图

（3）滚轮式沉纲

在沉纲钢丝绳上穿有用橡胶、塑料、金属或木材做成的滚轮，称为滚轮式沉纲。滚轮式沉纲有2种，1种是间隔穿木滚轮式沉纲，其结构如图6-51所示，20世纪70～80年代南海区的疏目型、编结型拖网普遍采用这种结构的滚轮式沉纲；另外1种是全穿橡胶滚轮式沉纲，其结构如图6-52所示，20世纪80年代，东海、黄海区的改进疏目型拖网普遍采用这种结构的滚轮式沉纲。滚轮式沉纲穿制方便，比大纲沉纲耐磨，可用于较粗糙的底质海域作业。

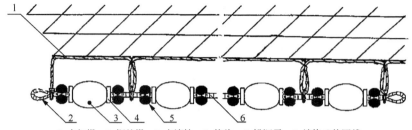

1. 水扣绳；2. 钢丝绳；3. 木滚轮；4. 垫片；5. 铅沉子；6. 缠绕乙纶网线

图 6-51　木滚轮式沉纲结构示意图

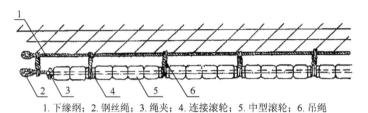

1. 下缘纲；2. 钢丝绳；3. 绳夹；4. 连接滚轮；5. 中型滚轮；6. 吊绳

图 6-52　橡胶滚轮式沉纲结构示意图

（4）橡胶片式沉纲

橡胶片式沉纲是在钢丝绳上串有橡胶片、滚球、铁滚轮和吊链，并利用压紧夹使橡胶片紧密排列而成的沉纲，其结构如图 6-53 所示。由于橡胶片是用废旧汽车的轮胎冲制而成，能耐粗糙海底的摩擦，它适用于砾石区捕捞底层鱼类。21 世纪初，我国福建省到印度尼西亚进行过洋性渔业生产的大目混合型拖网普遍采用橡胶片式沉纲，与图 6-53 稍不同的是该大目混合型拖网没有滚球，压紧夹采用一般的钢丝绳夹。

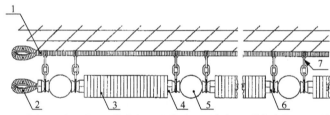

1. 下缘纲；2. 钢丝绳；3. 橡胶片；4. 压紧夹；5. 滚球；6. 连接滚轮；7. 吊链

图 6-53　橡胶片式沉纲结构示意图

（5）滚球式沉纲

滚球式沉纲是在钢丝绳夹上串有直径 250～400 mm 可滚动的铁球和滚轮及长度大于铁球半径的吊链，可使网衣离开海底，它适用于在礁石海域作业的大型底拖网，其结构如图 6-54 所示。欧洲的大型单船底拖网曾普遍采用这种沉纲。

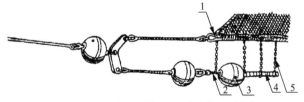

1. 下缘纲；2. 沉纲；3. 铁球；4. 小滚轮；5. 铁链

图 6-54　滚球式沉纲结构示意图

（6）链式沉纲

链式沉纲是用铁链直接结缚于下纲上，铁链的直径和长度决定了沉纲质量。有的是用整条铁链按比例长度分档结缚于下纲上；有的是将铁链段的两端间隔着结缚于下纲上，其结构如图 6-55（a）所示；有的是将铁链段的一端间隔着结缚于下纲上，其结构如图 6-55（b）所示。

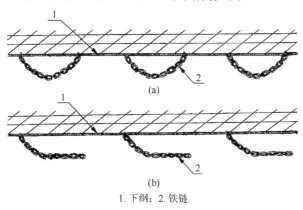

1. 下纲；2. 铁链

图 6-55 链式沉纲结构

采用下缘纲的拖网，其下缘纲与沉纲之间的连接可用铁链段（又称为吊链）连接如图 6-49 中的 1、图 6-53 中的 7 和图 6-54 中的 5 所示；也可用乙纶网线在下缘纲与沉纲之间缠绕成的吊绳连接，如图 6-50（b）、（c）中的 5 和图 6-52 中的 6 所示；还可先在沉纲上用水扣绳分档结扎好水扣结构，再用网线将下缘纲结缚在水扣绳上，如图 6-47（a）中的 2、3、4 所示。不采用下缘纲的拖网，一定要先在沉纲上用水扣绳扎制好水扣结构，然后将网衣下边缘结缚在沉纲的水扣绳上，如图 6-51 所示。

大目拖网一般不设置缘纲，而是通过在相当于剪裁网衣 1 个单脚处留出 1 个绳耳（等于半目长度），在绳耳端结缚小钢圈，大纲圈穿过铅沉子沉纲而将沉纲与网衣连接。

5. 空绳

空绳是拖网翼端上、下纲延伸的绳索统称。空绳分为上空绳和下空绳，上空绳是拖网翼端上纲延伸的绳索，下空绳是拖网翼端下纲延伸的绳索（图 6-39 中的 3、15 和图 6-40 中的 7、21）。上、下空绳一般等长，其左、右翼各用 2 条。

南海区的底拖网，其上、下空绳一般与撑杆的上、下端连接。南海区疏目型拖网（单船主机功率为 294～662 kW）的空绳长度一般为 8.00～16.50 m，其上空绳一般采用直径为 12～15.5 mm 的钢丝绳，下空绳一般采用直径为 15～17 mm 的钢丝绳串有若干滚轮构成。大目拖网的空绳长度为 85～111 m，其上空绳一般采用直径为 11～12.5 mm 的钢丝绳，下空绳一般采用直径 40～45 mm 的夹芯绳。夹芯绳用直径为 12.5～17 mm 的钢丝绳的单股为芯，外用单股废乙纶网衣绳缠绕形成股绳，再由三股捻成夹芯绳。双船拖网的空绳较长，单船拖网的空绳较短。

东海、黄海区的改进疏目型拖网（单船主机功率为 147～441 kW）不用撑杆，其上、下空绳前段相并直接与曳绳连接。空绳长度一般为 55～92 m，其上空绳一般采用直径为 11.5～18.5 mm 的钢丝绳，下空绳一般采用直径为 37～44 mm 的夹芯绳，使用直径为 18.5～21.5 mm 的钢丝绳的单股为芯，外用单股白棕绳或单股丙纶绳缠绕形成绳股，再由三股捻成夹芯绳。

空绳可以看成是网翼的延伸。拖曳网具时，上空绳抖动产生的振动波和下空绳刮起的海底泥浆犹如屏障，起着威吓和驱集捕捞对象入网的作用。在一定的长度范围内，网口高度与空绳长度成正比。空绳长度不足，网口高度会受到限制；空绳过长，前端可能发生两空绳并拢，在放起网操作中，上、下空绳容易互相纠缠，或使撑杆侧转。

（二）翼端纲

翼端纲是装置在网翼前端，增加网衣边缘强度的绳索（图 6-39 中的 14）。它的主要作用是保护翼端网衣边缘并固定其缩结，维持翼端在拖曳中的正常形状。

翼端纲一般采用乙纶绳或丙纶绳，大型拖网个别也采用钢丝绳。翼端纲左、右共用 2 条。

（三）力纲

力纲是装置在网衣中间或缝合处，承受作用力和限制网衣破裂扩大的绳索。根据装置部位不同，力纲可分为网身力纲和网囊力纲 2 种。

1. 网身力纲

国内两片式底拖网（尾拖型网、疏目型网、改进疏目型网）一般装置 2 条网身力纲。尾拖型网或改进疏目型网的网身力纲的前端从中沉纲与翼沉纲连接处或其附近处装起，沿一行纵目的网目对角线向后装置至背、腹网衣的缝合边后，再沿缝合边向后装置至网身末端，如图 6-40 中的 15 所示。疏目型网的网身力纲前端的起点大致掌握在下网缘后段网衣的中间部位。这种力纲一般采用钢丝绳，钢丝绳外缠绕乙纶网线或废乙纶网衣单股绳，也可以采用乙纶绳。这种在网腹装置两条力纲的方式已被我国两片式底拖网普遍采用，这种力纲又可称为网腹力纲。

网身力纲长度原则上与网衣拉直长度相等。由于力纲与网衣之间无缩结，故在拖曳作业中力纲呈"蛇形"弯曲状，并不受力。若力纲是采用钢丝绳，尚能起稳定网具的作用。待到渔获物甚多，或网具在海底拖到障碍物，或起网时网衣受力甚大时，迫使网目闭拢拉直后，力纲才开始发挥其保险作用，承受作用力。所以，力纲犹如网衣的保险绳。

由于网身力纲与网衣之间无缩结，力纲对网目的展开有一定的妨碍作用。此外在网具装配中，2 条力纲也很难装置得十分均匀对称，故现用力纲装置也有一定的不利作用。正是由于这个原因，南海区圆锥式底拖网（齐口网、编结型网、大目型网）是不装力纲的，只以大抽作为网囊的保险绳。

2. 网囊力纲

大型拖网起网后是用吊杆吊起网囊倒出渔获物的，故为了加强网囊的强度，一般在囊网衣上装置有 4～8 条网囊力纲，如图 6-56 中的 8 所示。一般采用乙纶绳，其长度一般与囊网衣长度相等。

南海区的双船底拖网因起网时先用大抽、二抽将网囊绞近船舷后再用抄网将渔获物抄上甲板，故网囊受力不大，不需装置网囊力纲。

（四）囊底纲和网囊抽口绳

大型拖网一般采用吊杆吊起网囊倒出渔获物，故其网囊囊底即为取鱼口，需在囊底装置囊底纲和网囊抽口绳，如图 6-56 中的 10 和 11 所示。而南海区的双船底拖网一般用抄网将渔获物抄上甲板，其取鱼口开在网囊后半部的网背上，只需用 1 条网囊抽口绳封启取鱼口即可。

囊底纲是装在网囊后端，限定囊口大小和增强网囊后缘强度的绳索，如图 6-56 中的 10 所示。囊底纲一般采用钢丝绳或乙纶绳，其长度为网囊周长的 0.41～0.62 倍。

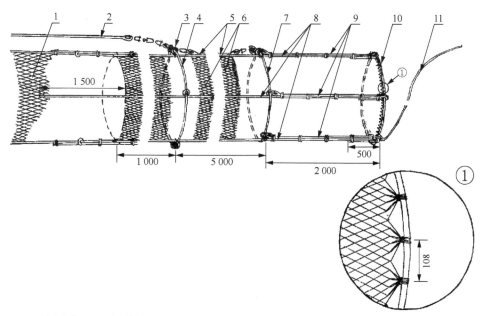

1. 网身末段；2. 网囊引绳75.00 COMB ϕ 40；3. 圆环 Fe RIN ϕ 80 ϕ_1 10×8；4. 网囊束绳 5.50 WR ϕ 16；
5. 隔绳引绳5.00 WR ϕ 16；6. 网囊；7. 隔绳7.50 WR ϕ 16；8. 网囊力纲10.00 PE ϕ 20×4；
9. 囊底力纲2.00 WR ϕ 16×4；10. 囊底纲6.48 PE ϕ 20；11. 网囊抽口绳10.00 PE ϕ 7

图 6-56　网囊装配示意图

大型拖网的网囊抽口绳是结缚在囊底纲上，用于开闭取鱼口的绳索。网囊抽口绳是用活络结来封闭囊底取鱼口的，起吊网囊后，抽出网囊抽口绳，则可倒出渔获物。网囊抽口绳一般采用乙纶绳，其长度一般可取为囊底纲长度的 2.1～3.0 倍。

（五）叉绳

叉绳是连接于撑杆上、下端，另一端与单手绳或曳绳连接的"V"字形绳索。其中，位置在上者称为上叉绳，在下者称为下叉绳。叉绳主要起连接作用。上、下叉绳一般等长，其长度一般为撑杆长的 3～5 倍。叉绳采用钢丝绳，其粗度一般与下空绳相同。叉绳上、下、左、右一共使用 4 条。

南海区的底拖网，一般在上、下空绳前端之间装置有撑杆，故也装置有叉绳，如图 6-39 中的 2、17 和图 6-40 的 5、23 所示。东海、黄海、渤海区的底拖网，其上、下空绳前端合并后直接与曳绳相连接，不采用撑杆，故也不用叉绳。

（六）网囊束绳和网囊引绳

网囊束绳是套在拖网网囊外围，起网时束紧网囊前部或分割渔获物，便于起吊操作的绳索。网囊引绳是其后端与网囊束绳连接，起网时牵引网囊的绳索。我国两片式底拖网一般装有网囊束绳和网囊引绳。网囊引绳和网囊束绳的作用有 2 种：一是利用网囊引绳和网囊束绳牵引网囊，起网时，待叉绳前端绞近船尾或下纲绞上尾甲板后，解下并收绞网囊引绳，网囊引绳牵引网囊束绳束紧网囊，不让渔获物倒出，直到把网囊拉近船边并吊上甲板为止；二是利用网囊引绳和网囊束绳来分隔渔获物，起网时，待绞收网身并发现渔获物较多而需多次分吊渔获物时，才解下其前端结缚于网身力纲或背、腹网衣缝合边上的网囊引绳，绞收网囊引绳并把网囊束紧，从而达到分隔渔获物并多次吊上甲板的目的，故这种束绳又称为隔绳，如图 6-56 中的 7 所示。

网囊束绳长度以不影响网囊在拖曳中正常张开为原则，其长度一般为网囊周长的 0.50～0.67 倍。

网囊束绳穿过结缚在网囊力纲上的钢环后与网囊引绳连接。在南海区，主要利用网囊引绳牵引网囊的，其圆环结缚在网囊的前半部位，如图 6-56 中的 2、3、4 所示。在东海、黄海、渤海区，主要利用网囊引绳分隔渔获物的，其圆环结缚在网囊后半部位，圆环结缚处离囊底的距离应根据吊杆、吊钩允许的起吊载荷和网囊宽度大小来决定。在东海、黄海、渤海区，只作分隔渔获物用的网囊引绳，沿着背、腹网衣缝合边向前附扎到网身二、三段处。南海区的单船拖网，其网囊引绳前端通过小 G 形钩连接件连接在右边叉绳前端的连接卸扣上或叉绳前方附近的单手绳上。这种用于拉引网囊的网囊引绳，其长度应比其装置部位长度长 15%～25%。

网囊束绳一般采用钢丝绳。在东海、黄海、渤海区起分隔渔获物作用的网囊引绳一般也采用钢丝绳，在南海区起拉引网囊作用的网囊引绳一般采用废乙纶网衣夹钢丝绳。

南海区的双船底拖网，由于起网操作方法不同，其网囊束绳和网囊引绳的装置也不同，因而有大抽和二抽的不同叫法。大抽前端一般连接在左边的卡头索（叉绳前端数起的第一条混合曳绳）上，后端连接在囊底。二抽前端连接在大抽的中后部，后端穿过网囊前部的圆环后回接在离末端约 0.7 倍以上网囊周长部位，如图 6-39 中的 20 所示。有的大抽和二抽的后端连接部位相反，即大抽后端穿过网囊前部的圆环后回接，二抽前端与大抽后端连接，后端连接在囊底。大抽长度应比大抽装置部位的网衣和纲索总拉直长度长 10%～25%，二抽长度可取为 20～30 m。大抽、二抽的材料一般采用废乙纶网衣夹钢丝绳或乙纶绳。

（七）单手绳

单手绳是在单船底拖网中，用于叉绳前端或空绳前端与网板叉绳后端之间的连接绳索，如图 6-40 中的 4 所示。单手绳除了起连接作用外，还起着扩大两块网板之间的距离和括起海底泥浆以威吓、拦集捕捞对象入网的作用。南海区单船底拖网的单手绳长度范围为 60～120 m。功率 294 kW 及以下的渔船单手绳长 60～85 m，采用直径 11～16 mm 的钢丝绳单股为芯制成直径为 45～70 mm 的废乙纶网衣夹钢丝绳。功率 441 kW 以上的渔船采用长 110～120 m 长的单手绳，采用直径 18～24 mm 的钢丝绳单股为芯制成直径为 41～54 mm 的废乙纶网衣夹钢丝绳。单手绳左、右各用 1 条。

（八）游绳

游绳是在单船底拖网中，便于网板连接和卸脱的绳索。游绳置于曳绳后端与单手绳前端之间，前端连接网板连接环，后端连接止进器，如图 6-40 中的 25 所示。游绳的长度比网板长度与网板叉绳长度之和稍长一些，由于游绳是起、放网的过渡性绳索，一般采用与沉纲同粗度或稍细的钢丝绳。游绳左、右各用 1 条。

（九）网板叉绳

网板叉绳是在单船底拖网网中，用于网板后连接点与单手绳前端之间连接的 V 字形绳索。网板叉绳通常是由两条绳索组成，其前端分别与网板后端的上、下连接点连接，其后端合并连接止进环。也可以合并后连接一段长 3～5 m 的绳索（俗称"老鼠尾"），再在这段绳索的末段连接止进环。如采用这种结构，游绳需相应加长 3～5 m，如图 6-40 中的 3 和 24 所示。其中位置在上的称为网板上叉绳，位置在下的称为网板下叉绳。网板叉绳主要是起连接作用，也可以通过调节上下叉绳的长度差来调节网板工作状态。有的网板叉绳采用铁链制作，故又称为网板叉链。上、下网板叉绳左、右各用 2 条，共用 4 条。

（十）曳绳

曳绳是渔船拖曳网具的绳索，是渔船与网具连接的纽带。在渔船拖曳作业中，2 条曳绳承受整个网具的阻力和沉力。

在单船底拖网系统中，曳绳连接在渔船与网板之间，如图 6-40 中的 1 所示，主要起传递牵引力和拖曳网具的作用。单船底拖网作业渔船使用 1 顶拖网和 2 条曳绳，每条曳绳的备用长度可根据预定的最大作业水深并参照生产经验来确定。功率 294 kW 及以上的渔船采用直径为 18.5～24 mm 的钢丝绳，294 kW 以下的渔船采用直径为 12.5～15 mm 的钢丝绳。

在双船底拖网系统中，曳绳连接在渔船船尾与叉绳（或空绳）前端之间，如图 6-39 中的 1 所示。此曳绳由前、后两段组成。前面与渔船连接的一段一般不与海底接触，主要起传递牵引力和拖曳网具的作用，采用钢丝绳材料，又称为钢丝曳绳。后面与叉绳（或空绳）连接的一段一般贴海底拖曳，其作用除了在拖曳中紧贴海底激起水花和泥浆威吓和拦集捕捞对象入网和扩大网具扫海面积外，还兼有消除来自渔船的上下波动和稳定网具贴底的作用，因此采用较粗的混合绳材料，又称为混合曳绳。

大型双船底拖网作业是由两船轮流使用 2 顶网和 3 条曳绳，其中有 1 条曳绳是两船轮流使用的公用曳绳。南海区双船底拖网作业由两船轮流使用 2 顶网和 2 条曳绳，每条曳绳也由钢丝曳绳和混合曳绳两段组成。混合曳绳备用长度可根据各地生产习惯或经验而定，采用直径为 30～60 mm 的废乙纶网衣夹钢丝绳。钢丝曳绳备用长度可根据预定的最大作业水深并参照生产经验来确定，采用直径为 12.5～22 mm 的钢丝绳。

三、属具部分

（一）浮子

浮子是结缚在浮纲上，使网口向上扩张的属具，如图 6-39 中的 4 和图 6-40 中的 9 所示。我国底拖网一般采用球体硬质塑料浮子，采用耳环式球体硬质塑料浮子较普通，简称带耳球浮，如图 6-57（a）所示。我国原料为 ABS 树脂的带耳球浮，其外径为 220～300 mm，每个浮力为 42.14～115.44 N。大目拖网采用中孔球体硬质塑料浮子，简称中孔球浮如图 6-57（b）所示，其外径为 250～287 mm。

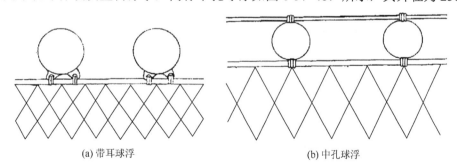

(a) 带耳球浮　　　　　　　　　　(b) 中孔球浮

图 6-57　球体硬质塑料浮子结缚示意图

（二）滚轮

滚轮是串在沉纲或下空绳上，起增加下纲沉力和耐海底磨损作用的属具。滚轮一般做成中孔圆鼓体（其形状如图 6-51 中的 3 所示）或中孔柱体（其形状如图 6-52 中的 5 所示），其材料有橡胶、乙纶、氯纶、铸铁或硬木材。这种滚轮是滚轮式沉纲的主要构件。滚轮也有做成中孔球体的,又称为滚球,其材料为铸铁或铸钢。滚球是橡胶片式沉纲和滚球式沉纲的构件之一,如图 6-53 中的 5 和图 6-54 中的 3 所示。

(三)垫片

垫片是串附于滚轮的两侧,用于固定滚轮位置的属具,如图 6-51 中的 4 所示。垫片又称为介子,是用厚度为 2~3 mm 的薄铁板冲制而成的圆环状物,其外径为 33~40 mm,内径为 18~22 mm,外表镀锌,每个质量为 12~21 g,如图 6-58 所示。

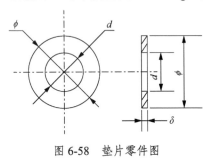

图 6-58　垫片零件图

全串滚轮式沉纲(图 6-48)一般不用垫片,有的也只在滚轮式沉纲的两端外侧各串上一个垫片。东海、黄海、渤海区的底拖网一般采用全串滚轮的形式,故其沉纲较重。南海区的底拖网为了适应快拖,要求沉纲轻一些,故一般采用间隔串滚轮的形式,滚轮之间一般用稍粗的乙纶网线缠绕。为了防止缠绕的网线塞入滚轮内孔而影响滚轮的滚动,故在滚轮两侧各串上一个垫片,如图 6-51 所示。有的在滚轮后侧(网翼部位)或滚轮两侧(下口门部位)各钳夹上一个铅沉子,也可起到垫片的作用而不再串用垫片。

(四)沉子

沉子是装置在沉纲上,用于增加沉纲沉降力的属具。

沉子材料有多种,如铁链、铅、橡胶片、铁滚筒等。东海、黄海、渤海区一般采用全串滚轮式沉纲或大纲沉纲,故一般结缚铁链条来调整沉力。南海区采用间隔穿滚轮式沉纲、铅沉子式沉纲或大纲沉纲(其大纲直径较细),一般均采用钳夹或卸下铅沉子来调整沉力。橡胶片是橡胶片式沉纲的主要构件。南海区底拖网使用的橡胶片是由废汽车轮胎冲制而成的圆环状体,外径 85~204 mm,厚度 10~28 mm,中孔直径 20~28 mm。在制作滚轮式沉纲或橡胶片式沉纲时,可根据沉力配布要求,适当加串铁滚筒。铁滚筒用铸铁铸成,其外形是与滚轮相似的筒状物。虽然它可滚动,但其外径比滚轮或橡胶片的外径小得多,故在拖曳中它一般是不贴底滚动的。

(五)撑杆

撑杆是装置在上、下叉绳后端与上、下空绳前端之间,使上、下空绳端分开的杆状属具,又称为档杆,如图 6-39 中的 16 或图 6-40 中的 22 所示。南海区的单船底拖网一般采用此装置,它的主要作用是撑开上、下空绳的前端,有利于网口的垂直扩张。用了它,空绳长度可相对缩短;不用它,则需加长空绳,方能保持原来有撑杆时的网口高度。东海、黄海、渤海区的底拖网起网时要将空绳卷进钢盘,撑杆有妨碍作用,因而一般采用长空绳而不用撑杆。

南海区的撑杆,采用直径为 40~80 mm、长为 0.4~0.9 m 的圆钢管或圆铁管制成,如图 6-59 中(a)所示。也有采用三角撑杆的,如图 6-59 中(b)所示。三角撑杆又称为撑板,是用厚度为 16~30 mm 的钢板制成的,其三角形边长为 300~600 mm。稍小的撑板可做成三角形的实心板;稍大的撑板可做成空心板,即其内部挖空,留出边宽 60~80 mm。撑板的三个角附近均钻有一个小孔,以便与曳绳后端和上、下空绳前端相连接。

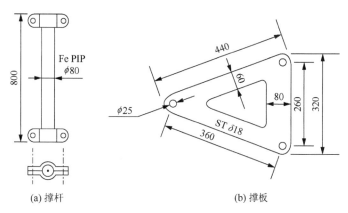

(a) 撑杆　　　　　　　(b) 撑板

图 6-59　撑杆构件示意图

（六）网板

网板是利用拖曳中产生的水动力，维持单船拖网水平扩张的属具，如图 6-40 中的 2 所示。1 顶拖网左、右共使用 2 块网板。关于网板的结构、规格等将在后面内容里专门叙述。

（七）卸扣

卸扣是用于连接绳索与绳索、绳索与属具的连接具。拖网上的钢丝绳与钢丝绳、撑杆、网板之间，混合绳与混合绳、钢丝绳之间的连接，均采用卸扣。拖网上一般采用平头卸扣和圆头卸扣两种，如图 6-60（a）和（b）所示。卸扣规格可以用卸扣横销的直径 d_1 来表示。卸扣规格应根据被连接的钢丝绳的最大直径来选用，具体选用时可参照附录 M。圆形卸扣的具体规格数据可参考《船用卸扣》（CB/T 32—1999）。

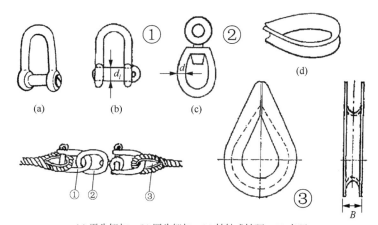

(a) 平头卸扣；(b) 圆头卸扣；(c) 转轴式转环；(d) 套环

图 6-60　绳索连接具图

（八）转环

转环是用于防止连接的绳索产生扭结的连接具。转环一般通过卸扣装置在绳索与绳索之间的连接处，如图 6-60 中的左下方所示。拖网上一般采用普通转环，如图 6-60 中（c）所示。转环规格可以用制作转环体的钢条直径 d 来表示。转环规格也应根据被连接的钢丝绳的最大直径来选用，具体选用时也可参考附录 M。普通转环的具体规格数据可参考钟若英主编的《渔具材料与工艺学》附表 5-4 普通转环规格表。

（九）套环

套环是装在绳索的眼环中，用于避免卸扣与眼环之间直接摩擦的属具。套环又称为反唇圈。拖网上一般采用尖口套环，如图 6-60（d）所示。由于拖网上的绳索受力较大，套环使用一段时间后常会变形，其尖口处翘起来后经常会挂破网衣，故套环一般只用在非结缚在网衣上或非靠近网衣的钢丝绳眼环里。套环规格可以用套环侧面最大宽度 B 来表示。套环规格应根据使用套环的钢丝绳直径来选用，具体选用时可参考附录 M。尖口套环的具体规格数据可参看《索具套环》（GB/T 33—1999）。

（十）圆环

圆环是结缚在网囊力纲上，被网囊束绳贯穿的属具。拖网的圆环形状与无囊围网的底环或侧环的形状相同，如图 6-56 中的 3 所示。圆环采用直径（ϕ）为 10～12 mm 的圆铁条弯曲制成外径（ϕ）为 80～100 mm 的圆环。南海区双船底拖网有的也采用直径为 7 mm 的不锈钢条弯曲制成外径为 77 mm 的圆环。装有网囊力纲的拖网将圆环结缚在网囊力纲上。双船底拖网一般不装网囊力纲，而是编制一小块网带将圆环套附在囊网衣上，在囊网衣的正中和左、右两侧共装 4 个，也有的装 6 个，除了两侧各装 1 个外，还在两侧之间均匀地装上 2 个。

第四节　拖网网板

一、单船拖网

单船拖网作业为一船拖曳一顶或几顶网具。拖多顶小型网具时利用桁杆、桁架等来实现网具扩张，拖大型网具时则利用网板来实现网具的水平扩张。

单船拖网（简称单拖）作业与双船拖网（简称双拖）作业的主要区别是：单拖利用网板实现网具的水平扩张，双拖则利用两船间距实现网具的水平扩张。从捕捞生产角度来看，单拖作业与双拖作业各有优劣。一般认为，单拖生产比较机动灵活，出航率相对较高，网板增大了网具的沉降力和稳定性，深水渔场作业和捕捞底层种类优势大。双拖由两船间距来保证网具的水平扩张，其扫海面积较大，而且渔船主机的噪音对鱼类的影响会使鱼群更集中于两船之间，有利于提高单位网次产量。双拖因无网板负担，网具规模大，网口高，拖速快，对栖息水层高、集群大的捕捞对象有优势，网次产量高。但在同一水深作业，双拖放出的曳绳长度是单拖的数倍，作业水深受限，网具贴底稳定性差。单拖借助网板来获得网具的水平扩张，但网板的扩张力有限，因而网具的水平扩张也是有限的，故单拖的水平扫海面积相对较小。同时受网板影响，网具规模小，网口低，网次产量低，单拖的捕捞效果比双拖差。

一般认为单拖在水较深的渔场作业有优势。而小型单拖作业渔船在近海水浅海域捕捞非集群性的底栖动物，如虾、蟹、贝等效果较好。

由于单拖较适合远洋深海作业，故世界各主要渔业国家，都建造了大型的尾滑道式冷冻加工拖网渔船。

二、网板基本概念

（一）网板的水动力、升力、阻力和升阻比

单拖作业时，其工作状态的水平投影如图 6-61 所示，在网板向外的扩张力（升力）F_y 作用下网具水平张开。

1. 水动力

当网板平面与运动方向成一夹角 α（称为冲角）运动时，水流对网板各部分作用力的合力称为网板的水动压力，简称为网板的水动力，以 F 表示，如图 6-62 所示。

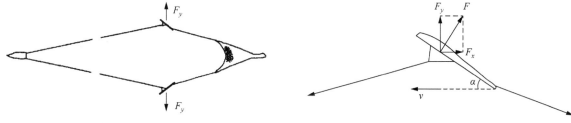

图 6-61　单拖作业工作状态示意图　　　　　图 6-62　网板上的作用力示意图

2. 升力（扩张力）和阻力（水阻力）

水动力又可分解为垂直与平行于运动方向的两个分力，其中垂直分力称为网板的升力（扩张力），以 F_y 表示；平行分力称为网板的阻力（水阻力），以 F_x 表示，如图 6-63 所示。

3. 升阻比（水动力效率）

升力与阻力的比值称为网板的升阻比（水动力效率），以 C_r 表示，即

$$C_r = \frac{F_y}{F_x} \tag{6-1}$$

从渔具力学中可知，网板的升力和阻力可表示为

$$F_y = \frac{1}{2} C_y \rho S v^2$$
$$F_x = \frac{1}{2} C_x \rho S v^2 \tag{6-2}$$

则网板的升阻比可表示为

$$C_r = \frac{\frac{1}{2} C_y \rho S v^2}{\frac{1}{2} C_x \rho S v^2} = \frac{C_y}{C_x} \tag{6-3}$$

式中，C_r——升阻比（水动力效率）；

　　　F_y——升力（扩张力）（N）；

　　　F_x——阻力（水阻力）（N）；

　　　C_y——升力系数（扩张力系数）；

　　　C_x——阻力系数（水阻力系数）；

　　　ρ——介质密度；

S——网板面积；

v——网板与介质的相对运动速度。

升阻比的大小是评价网板性能的重要指标。网板的升力能使网具水平扩张，是水动力有利的一面；阻力的方向与网板运动方向相反，增加了网具前进的阻力，是水动力不利的一面。因此，在选用或设计网板时，应尽可能选用升力大、阻力小（即其升阻比较大）的网板，以利于提高单拖捕捞效果。

（二）表示网板形状的主要标志

1. 网板的平面形状

网板的平面形状是指网板最大投影平面的形状，此最大投影平面是计算网板面积的基准面。网板的平面形状有矩形、椭圆形（蛋形）、奋形、圆形、圆缺形等。

2. 网板的剖面形状

网板剖面为垂直于网板平面及网板前沿直线边的一个切面（对于椭圆形平面等前沿没有直线边的网板，则取与其前后缘最远二点连线平行面）。一块网板有许多剖面，但以最长剖面为基准剖面。网板的剖面形状是指网板基准剖面的形状。网板剖面形状有平板形、机翼形、弧形、平凸形、凹凸形等。

飞机机翼剖面的形状称为机翼形。网板剖面有不少类似机翼形的，如图 6-63 所示。表示机翼剖面形状的几个标志如下。

（1）翼弦

翼弦为网板基准剖面上距离最远两点的连线。此连线的长度称为网板弦长，又称为基准弦长，通常也称为网板最大长度，用 b 表示。

（2）厚度

厚度为网板基准剖面上，背、腹表面之间垂直于翼弦连线的距离[①]。显然，网板厚度不一定是定值，通常以最大厚度 c_m 来表示网板厚度。在设计中，网板厚度又常用相对厚度 $\bar{c}$ 表示，即

$$\bar{c} = \frac{c_m}{b} \times 100\%$$

（3）中弧

中弧为网板基准剖面上厚度中点的连线。对于剖面厚度不是定值的网板，其中弧为弧形线，如图 6-63 的点划线所示。

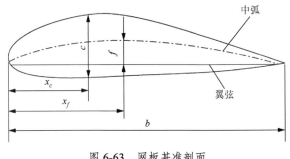

图 6-63　网板基准剖面

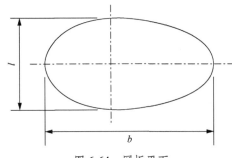

图 6-64　网板平面

（4）弯度

弯度为网板基准剖面上，中弧至翼弦的垂直距离。显然，网板弯度也不一定是定值，通常以最大弯度 f_m 来表示网板弯度。在设计中，网板弯度又常用相对弯度 $\bar{f}$ 表示，即

---

① 弧形剖面网板，建议厚度取弧形曲率半径与剖面背、腹表面交点之间的线段长度。

$$\overline{f} = \frac{f_\mathrm{m}}{b} \times 100\%$$

3. 网板的展弦比

翼展为在网板平面上垂直于翼弦的最大宽度。此宽度又称为网板展长，用 l 表示，如图 6-64 所示。

对于任意形状的网板，展弦比（λ）即为展长的平方与网板平面面积 S 之比，即

$$\lambda = \frac{l^2}{S}$$

对于矩形网板，其面积

$$S = l \times b$$

所以矩形网板的展弦比

$$\lambda = \frac{l^2}{S} = \frac{l^2}{l \times b} = \frac{l}{b}$$

即矩形网板的展弦比是展长与弦长之比。

（三）网板的冲角

网板翼弦与网板运动方向的夹角称为冲角，也称为迎角、攻角、攻击角等，以 α 表示（图 6-62）。

图 6-65 显示了我国 2.3 m² 双叶片椭圆形网板的升、阻力系数与冲角的关系曲线，称为网板水动力特性曲线。从图中可见，在小冲角时，网板升力系数 C_y 随 α 的增加而增大。但当 α 达到一定值后，C_y 反而减小。C_y 值为最大时对应的冲角，称为临界冲角。网板阻力系数 C_x 也随 α 的增加而增大。在 α 小于 90° 的范围内，都没有峰值。但超过临界冲角后，C_x 值的增大速度更快。这是由于超过临界冲角后，在网板背面出现的涡流区增长得更快，涡流会降低网板的升力，因而使 C_y 减小，C_x 增大。

各种网板的水动力特性曲线各不相同，显示了各种网板的不同特性。同样，各种网板的临界冲角值也不同。例如，从图 6-65 中可以看出双叶片椭圆形网板的临界冲角值为 43°。矩形、V 形和鱼雷形网板的临界冲角值也均为 43°，大展弦比矩形网板（立式网板）的临界冲角值约为 20°。

在选用或设计网板工作冲角时，一般不选取临界冲角，而是选取比临界冲角小 3°～5° 的工作冲角，以保证在网板冲角有小幅变动时，不至于引起扩张力大幅波动。故矩形、V 形、鱼雷形和双叶片椭圆形网板，其工作冲角一般选用 38°～40°，大展弦比矩形网板的工作冲角一般选用 15°～17°。

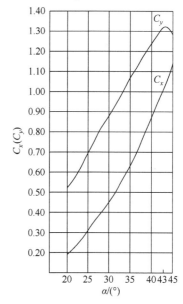

图 6-65 双叶片椭圆形网板特性曲线

三、网板种类及其特点

目前国内外使用的网板种类甚多，下面只介绍我国渔船曾使用过或还在使用的几种类型。

（一）矩形平面网板

矩形平面网板是最早采用（1894 年英国 Scott 首先设计使用）的一种网板，其形状为矩形平板。

图 6-66 是我国单拖渔轮最早使用的矩形平面网板。为了便于在海底拖曳时越过障碍物，其前底角常做成圆角。网板材料主要为木板，四边和中间镶上铁板，底边装置底铁，以增加耐磨并降低网板重心。这种网板结构简单，制作容易，操作方便。但其水动力效率较低，已逐渐被其他性能更好的网板所代替，目前仍有一些国家的近海小型渔船少量使用。

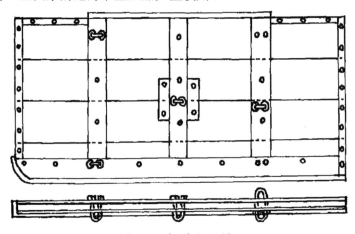

图 6-66　矩形平面网板

我国南海区渔民在 20 世纪 50 年代创制的单臂式网板（图 6-67），也属于矩形平面网板的一种。图 6-67 为功率 18 kW 小机船所使用的单臂式网板。单臂式网板几乎全部用木材制成，展弦比较小，为 0.18～0.28。距网板前缘约 0.3 m 处安装一木柄（单臂）。网板采用外吊式连接，曳绳和手绳的张力不通过网板，网板只承受本身的水动力及与海底的摩擦阻力的作用，因此不要求网板强度高，用材不必太厚（20～30 mm），重量较轻，网板本身浮于水，靠拖曳时外倾状态产生的水动力的向下分力沉降。

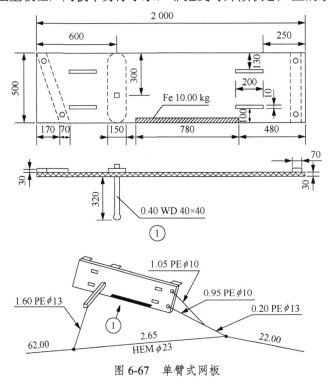

图 6-67　单臂式网板

目前国内外双撑架拖网广泛使用矩形平面宽底铁网板。图 6-68 是南海区功率 268 kW 渔船所使用的矩形平面宽底铁网板。这种网板只是普通矩形平面网板的变型。其结构与普通矩形平面网板相似，只是组成板体的木板之间留有水平缝口。另一个主要特点是其底边装有较宽的底铁。用双撑架拖网进行拖虾时多在松软的海底拖曳，装有较宽的底铁可以减轻网板陷入海底淤泥。这种网板的水动力效率接近或略低于普通矩形平面网板，但重量轻，操作容易，制作维修方便，其主要的局限性是不适于在粗糙的海底使用。目前南海区小型双撑杆拖网渔船，以及我国在西非进行过洋性远洋渔业生产的 588 kW 和 882 kW 双撑架拖网渔船均采用矩形平面宽底铁网板。

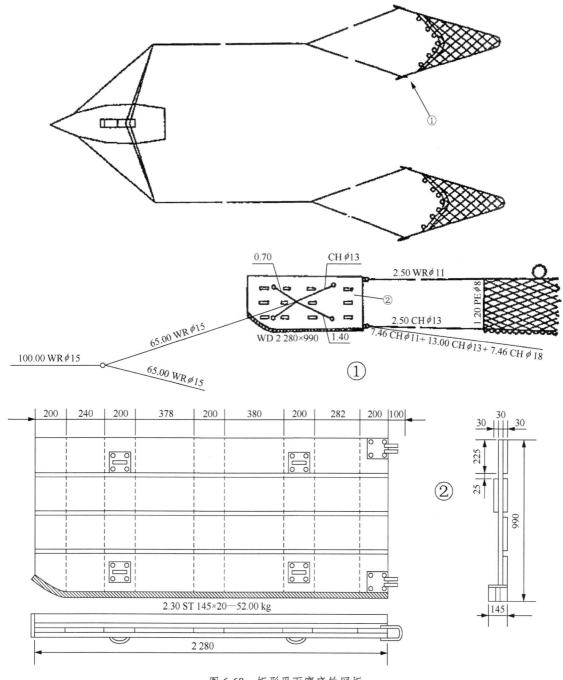

图 6-68 矩形平面宽底铁网板

（二）椭圆形网板

椭圆形网板的种类较多，有椭圆形平面网板、椭圆形平面开缝网板、椭圆形曲面开缝网板等。

1. 椭圆形平面开缝网板

椭圆形平面开缝网板是由苏联马特洛索夫创造的网板，故又称为马特洛索夫网板，1950 年前后在苏联和北欧的渔船上使用。它是在椭圆形平面网板的基础上发展而成，通常在网板中部开缝或再嵌上金属叶片，形成 1~4 道缝口。网板为钢木结构，钢板主要在外缘加固，底部装上拖铁。这种网板在苏联使用得比较广泛，波兰、挪威、法国等国也使用结构相似的椭圆形平面开缝网板。使用得比较普遍的是双叶片椭圆形网板，在挪威、法国等国则以单缝口椭圆形网板使用较多。我国自 20 世纪 60 年代初开始使用双叶片椭圆形网板，双叶片椭圆形网板效果较好，至今仍为单拖渔船使用。图 6-69 为我国已定型的 2.3 m² 双叶片椭圆形网板。这种网板的平面为略带椭圆形的蛋形，剖面为似机翼形的平凸形。网板的展弦比为 0.65，相对厚度 $\bar{c}$ 为 6%，叶片的安装角为 25°，网板质量为 350 kg，尾叉链长 2.5~3.0 m 左右，使用渔船的主机功率为 294~441 kW。这种网板的特点是比较容易越过障碍，可在粗糙海底作业，曳行比较稳定，操作较方便，水动力效率比矩形平面网板高。但网板结构复杂，造价较高，维修不便，质量较大，小型机船使用不方便。此网板不适用中层拖网作业。我国单拖渔船和到西非进行过洋性远洋渔业生产的 441~735 kW 单拖渔船曾使用双叶片椭圆形网板，现已改用综合型网板。椭圆形平面开缝网板，在国外也已被广泛使用，特别是在大型拖网渔船上。

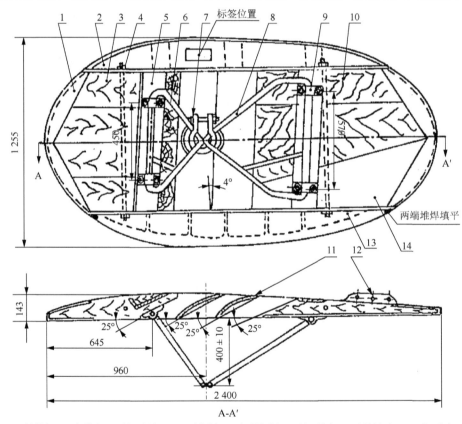

1. 网板框架；2. 上翼木；3. 前网板木；4. 双头螺栓；5. 加强钢板；6. 前三脚架；7. 网板卸扣；8. 后三脚架；9. 三脚架底座；10. 后网板木；11. 叶片；12. 尾链固结孔；13. 拖铁；14. 防擦钢板

图 6-69   2.3 m² 双叶片椭圆形网板

2. 椭圆形曲面开缝网板（综合型网板）

20 世纪 70 年代初期，法国设计制造了椭圆形曲面开缝网板，如图 6-70 所示。它是椭圆形网板和曲面网板两者结合的产物。因此，它既具有曲面网板升力，又具有椭圆形网板稳定性好及易越过障碍物的特点。该网板为全钢结构，采用固定的硬架式连接曳绳装置，简化了操作并能减少变形。由于它的升力系数较椭圆形网板稍高，成本也较高，但网板使用寿命较长，现已逐步代替双叶片椭圆形网板。这种网板适用于底层或中层拖网作业。但在中层水域中，它的水动力效率不如大展弦比矩形曲面网板。这种网板因为重量大，不适用于近水面的中层拖网作业。虽然这种网板基本上适用于底层和中层拖网作业，但在实际中，渔船只有在底拖作业时才使用综合型网板。目前正在使用这种网板的国家有法国、西班牙、德国和中国等。

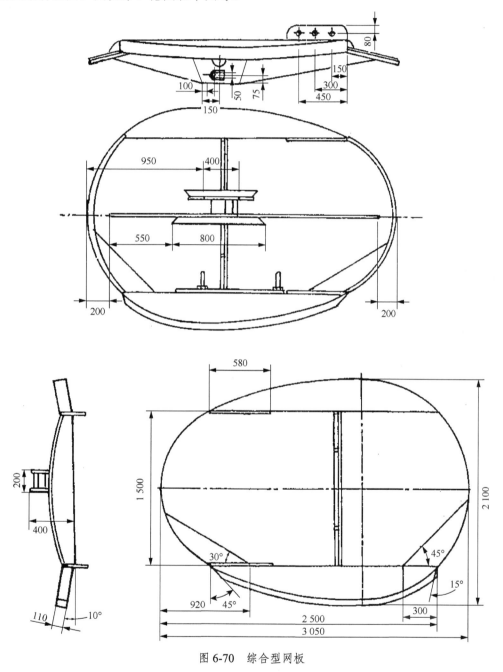

图 6-70 综合型网板

（三）V 形网板

V 形网板是 20 世纪 50 年代在我国台湾地区发展起来的，创制人是胡露奇。这种网板侧视近似"V"字，故称为 V 形网板，如图 6-71 所示。这种网板的投影平面形状是四角带有大圆角的矩形，剖面形状为折角的平板形（V形），其背面形状有点像乌龟壳，故渔民又称它为龟背式网板。V形网板全部用钢材制成，结构简单，制作容易，造价较便宜，经济耐用，操作较方便，网板前后对称，可以调头使用，左、右网板能够互换。由于左、右网板可互换使用，拖铁磨损比较均匀，因此有效地延长了网板的使用寿命。同时可减少备用件，只需一个备用网板。V形网板的缺点是升力较小，还不如矩形平面网板，但它的阻力也较小，故其水动力效率反而比矩形平面网板稍高。V形网板的优点是作业稳定，越障能力较强，翻倒后也容易自行复原，可在拖曳中急转弯。V形网板主要为沿岸中小型单拖渔船所采用。曾在新西兰、加拿大、美国、英国、丹麦等国和中国台湾地区及香港特别行政区广泛使用，中国东海、南海区也有使用。

我国广东、上海等地渔业工作者，在V形网板的基础上，进行了开缝、加叶片等试验。由于开缝口加叶片，减少了网板背部涡流，因而水动力效率提高，同时保存了V形网板的稳定性和容易越障的优点。但是原V形网板的结构简单、制作容易、左右网板的互换性等原有优点，也就无法保持。图6-72是20世纪70～80年代福建省184kW单拖渔船所采用的三缝口V形网板。

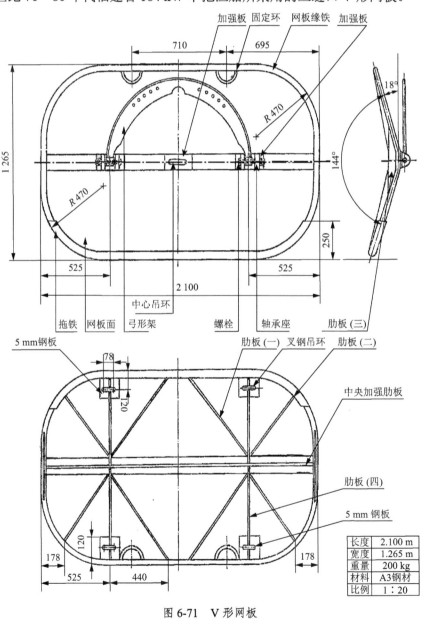

图 6-71　V 形网板

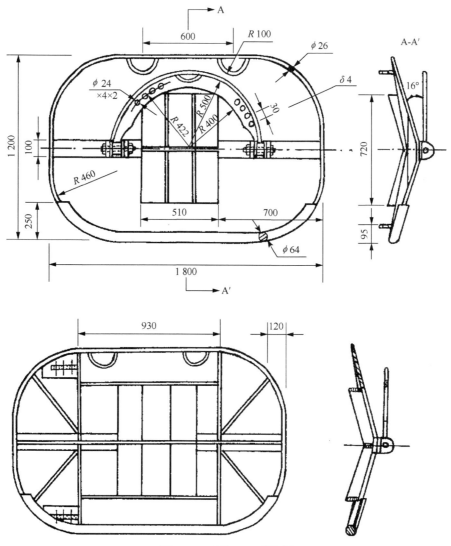

图 6-72 三缝口 V 形网板

图 6-73 是我国陈良国于 20 世纪 70 年代后期研制的椭圆形三缝口龟背式网板，是把网板平面做成近似椭圆形（蛋形）的 V 形开缝网板。其升力虽比双叶片椭圆形网板稍小一些，但其阻力比双叶片椭圆形网板小得多，故其水动力效率比双叶片椭圆形网板高。20 世纪 80 年代这种网板曾在汕头海洋渔业公司的 441 kW 单拖渔船上推广使用。

（四）大展弦比矩形曲面网板

大展弦比矩形曲面网板是在 20 世纪 30 年代逐渐发展起来的，其主要特点是网板平面为矩形，有如小展弦比的矩形旋转 90°，故又称为立式网板。大展弦比矩形曲面网板由德国 Süberkrüb 首创，故又称为 Süberkrüb 型网板（图 6-74）。这种网板具有大于或等

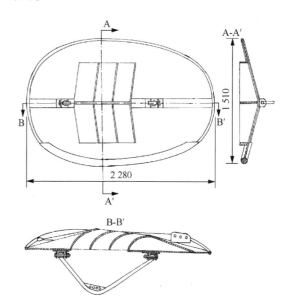

图 6-73 2.7 m² 椭圆形三缝口龟背式网板

于 2 的展弦比，也就是说，网板高度等于其长度的两倍或两倍以上。网板曲面的曲率半径等于或小于网板弦长，全钢结构，维修方便，经久耐用。一般认为立式网板只能用于中层拖网，而不能用于底拖作业。日本渔业研究者对 Süberkrüb 型网板进行改进，采用不同的剖面形状（如接近机翼形的平凸形、圆弧形、非圆弧形三种不同剖面）。20 世纪 50 年代，日本 1986 kW 大型单拖网渔船曾采用展弦比为 2 的平凹型立式网板在西非海域作业。这种实践是和原先使用 Süberkrüb 设计的作为中底层两用网板进行试验的情况是一致的。后来在 Süberkrüb 型网板的基础上，日本设计了适用于底层拖网的大展弦比矩形曲面网板，又称为日本型底拖网网板（图 6-75）。这种日本型底拖网板与 Süberkrüb 型网板之间的主要差别是：前者曲面的曲率半径较大，曲率半径大于网板弦长；前者的展弦比较小，一般为 1.5～1.7。

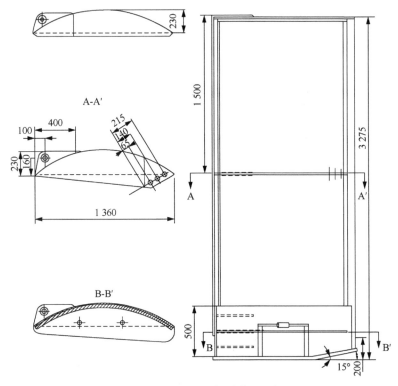

图 6-74　大展弦比矩形曲面网板

大展弦比矩形曲面网板是水动力效率最高的一种类型。这类型网板的使用冲角小，背部涡流较小，阻力小，既适用于大型单拖渔船，也适用于中型渔船；既适用于中层拖网，也适用于底拖网，是比较优良的网板。但这类型的网板在曳行中遇到障碍物或大角度转向时容易翻倒，所以要求操作时特别小心。如发现网板翻倒，可收绞曳绳，使网板离开海底，等到曳绳扩张度恢复正常后再将曳绳放出去。日本型底拖网网板（图 6-75）在日本、韩国和中国等均有使用。

（五）组合翼畚形网板

组合翼畚形网板是 1985 年我国卢伙胜把机翼缝翼和襟翼的结构原理，应用于小展弦比网板而设计制成的。此网板的展弦比为 0.7，其投影平面近似于截去一小部分的椭圆形，其立体形状近似于家庭用的畚箕。

我国 441 kW 单拖渔船所用的组合翼畚形网板的结构如图 6-76 所示。这种网板的临界冲角与双叶片椭圆形网板相似，约为 43°。临界冲角对应的 C_y 值为 1.35，C_x 值为 1.2。此 C_y 值比双叶片椭圆

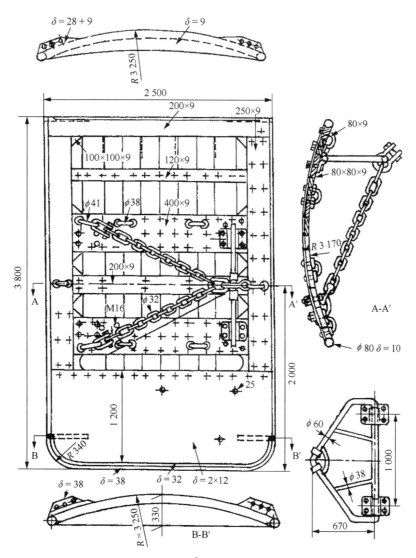

图 6-75　90 m² 日本型底拖网网板

形网板大 0.1，与三缝口龟背式网板几乎相同，C_r 值比双叶片椭圆形网板和三缝口龟背式网板均大 0.1 左右。在冲角为 35°～47° 的区间内，C_y–α 曲线的隆起较平缓，因而有较大的可供选择的工作冲角区间和良好的稳定性，深水拖曳稳定性极佳。此网板全钢结构，制作工艺比双叶片椭圆形网板简单，维修较方便，造价与同面积的双叶片椭圆形网板相比可减少 1/4 左右。20 世纪 80 年代后期曾在湛江海洋渔业公司的部分单拖渔轮上使用，现已改进成性能更加优秀的双翼组合型网板（图 3-15）。

此外，尚有不少类型的网板，如 20 世纪 50 年代后期，我国渔业工作者曾生产和试用过的栅形网板；20 世纪 60 年代，英国制造的小展弦比矩形曲面网板；20 世纪 60 年代后期，我国香港同利公司制造的鱼雷形网板；20 世纪 70 年代前后，外国研制的中、底层两用的圆盾形网板；20 世纪 70 年代后期，我国胡彬麟在总结国内外网板基础上设计和试用的双叶片 D 形网板；20 世纪 80 年代，外国研制的中、底层两用的立式曲面 V 形网板等。

为了便于分析比较各种网板的技术特性，现把国内外有关网板特性资料综合列表说明，如表 6-3 和表 6-4 所示。

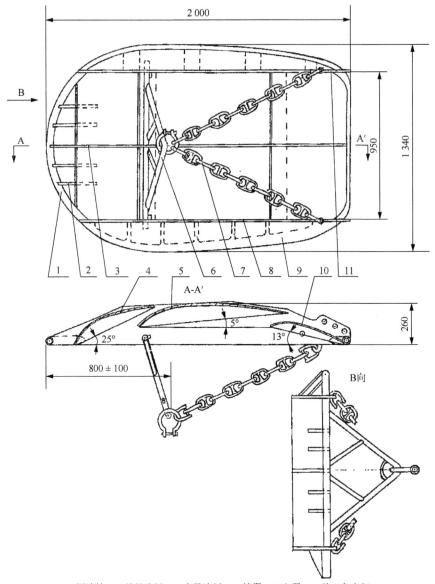

1. 围边管；2. 首导流板；3. 中导流板；4. 缝翼；5. 主翼；6. 前三角支架；
7. 后三角支架链；8. 下翼侧板；9. 拖铁；10. 襟翼；11. 上翼侧板

图 6-76　2.3 m² 组合翼畚形网板

表 6-3　我国主要网板特性一览表

网板类型	工作冲角	相应的水动力特性			捕捞作业适应性			制造条件			附注
		系数		升阻比	总效率	操作性能	在底层*	在中层	装配技术和工作情况	成本		
		C_y	C_x	C_r						价格	维修难易程度	
双叶片椭圆形网板	38°	1.17	0.77	1.52	中等	中上	A、B、C 良好	中下	中等以上	高	中等	公认是好的，已被国有渔轮广泛使用
V 形网板	38°	1.00	0.77	1.30	中下	良好	A、B、C 良好	不好	中等	中等	低	公认是好的，已被中、小型渔船广泛使用
三缝口 V 形网板	38°	1.12	0.73	1.53	中等	良好	A、B、C 良好	不好	中等以上	中上	中下	已被部分中、小型渔船使用过
三缝口龟背式网板	38°	1.16	0.72	1.61	中等	良好	A、B、C 良好	不好	中等以上	中上	中下	已被部分国有渔轮使用过

续表

| 网板类型 | 工作冲角 | 相应的水动力特性 | | | 总效率 | 捕捞作业适应性 | | | 制造条件 | | | 附注 |
| | | 系数 | | 升阻比 | | 操作性能 | 在底层* | 在中层 | 装配技术和工作情况 | 成本 | | |
		C_y	C_x	C_r						价格	维修难易程度	
双叶片D形网板	38°	1.30	0.50	2.60	良好	中上	A、B、C良好	中下	中等以上	中上	中下	曾在国有渔轮上试用
大展弦比矩形曲面网板（Süberkrüb型网板）	15°	1.17	0.24	4.88	很好	中层作业良好，底层作业中下	A、B良好C不适用	很好	中等以上（需弯曲设备）	中上	低	公认是好的，在引进的大型尾滑道拖网加工渔船上被使用
大展弦比矩形曲面网板（日本型底拖网网板）	15°	1.00	0.26	3.85	很好	中等（有翻倒危险）	A、B良好C不适用	良好	中等以上（需弯曲设备）	中上	中等	在引进的科学研究调查渔船上被使用过

注：此表是根据1976年标准设计图协作组拖网网板计算和1978年湛江海洋渔业公司等单位在南京航空学院低速风洞试验室进行实验测得的有关资料综合整理而成。

* 海底底质分类。

A——底质好：平坦，无障碍物等；

B——底质中等：有石块，水深无较大变化；

C——底质差：有大障碍物，不平坦，水深有较多的急剧变化。

表6-4　国外主要网板特性一览表

| 网板类型 | 工作冲角 | 相应的水动力特性 | | | 总效率 | 捕捞作业适应性 | | | 制造条件 | | | 附注 |
| | | 系数 | | 升阻比 | | 操作性能 | 在底层* | 在中层 | 装配技术和工作情况 | 成本 | | |
		C_y	C_x	C_r						价格	维修难易程度	
通用矩形平面网板	40°	0.82	0.72	1.14	中下	良好	A、B良好，C不好	不好	中等	中等	中等	公认是好的，已被广泛应用于底拖作业
矩形平面宽底铁网板	40°	0.82	0.72	1.14	中下	良好	A良好、B不好、C不适用	不好	中等以下	低	低	公认是好的，在撑架拖网作业中被广泛应用
矩形曲面网板（小展弦比）	35°	1.26	0.81	1.56	良好	中等（翻倒时难扶正）	A、B良好，C不好	不好	中等以下（需弯曲设备）	高	中等	在生产中使用不多
椭圆形平面开缝网板	35°	0.86	0.63	1.37	中等	中上	A、B、C良好	中下	中等以上	高	中等	公认是好的，已被广泛应用于底拖作业
椭圆形曲面开缝网板（综合型网板）	35°	0.93	0.74	1.26	中下	中上	A、B、C良好	中上	中等以上（需弯曲设备）	高	中等	使用者愈来愈多，主要应用于大型尾滑道远洋拖网加工渔船的底拖
矩形V形网板	40°	0.80	0.65	1.23	中下	良好	A、B、C良好	不好	中等	中等	低	公认是好的，已被广泛应用于中、小型渔船
鱼雷形网板（特殊设计的矩形平面网板）	40°	0.82	0.72	1.14	中下	很好	A、B良好，C中等	中等	高	很高	低	在生产中使用不多
大展弦比矩形曲面网板（Süberkrüb型网板）	15°	1.52	0.25	6.08	很好	中层作业良好底层作业中下	A、B良好，C不适用	很好	中等以上（需弯曲设备）	中等偏高	低	公认是好的，在中层拖网作业中被大小不同的拖网船所广泛使用

续表

网板类型	工作冲角	相应的水动力特性			总效率	捕捞作业适应性			制造条件			附注
		系数		升阻比		操作性能	在底层*	在中层	装配技术和工作情况	成本		
		C_y	C_x	C_r						价格	维修难易程度	
大展弦比矩形曲面网板（日本型底拖网网板）	25°	1.30	0.50	2.60	很好	中等（有翻倒危险）	A、B良好，C不适用	良好	中等以上（需弯曲设备）	中等偏高	中等	在日本拖网船上被广泛使用

注：此表来自 FAO 编辑出版的《网板性能和设计》。

* 海底底质分类参看表 6-3 的脚注。

第五节 底拖网渔法

我国拖网渔具种类较多，其规模（包括渔船、网具规格）大小相差甚大。拖网按作业船数，可分为单船拖网和双船拖网两大类；按作业水层可分为表层拖网、中层拖网和底层拖网三大类。现以我国有代表性的双船底层拖网（简称双拖）和单船底层拖网（简称单拖）为例，分别介绍两者的渔法。

一、渔船和有关设备

拖网渔船要求具有较大比例拖力输出，以发挥渔具在渔场作业的性能，同时在大风浪天气时，仍能在海上坚持生产，以获取较多的作业时间。一般在近海和外海作业的拖网渔船，均有制冷保鲜设备，如冰鲜和冻结冷藏设备，以保持渔获的鲜度，从而获得较好的经济效益。在捕捞机械方面，应尽量配备较大容量纲盘和绞拉力的绞纲机械以提高捕捞效率。在助航仪器方面，应有先进的助渔、导航仪器，以及通信设备，以确保航行安全和信息畅通，不断拓展深远海渔场，实施负责任捕捞。

为了适应我国海洋拖网渔业的发展，包括过洋性远洋拖网渔业的发展，20 世纪 80 年代以来，我国自行设计和建造了一批具代表性船型和设备。

国内双拖渔船以 GY8154C 型 291GT 尾滑道冷冻拖网渔船为代表，该型船于 1979 年首次建造，在 20 世纪 80 年代已建造数百艘。我国近期建造的主要中型钢质拖网渔船参数如表 6-5 所示。

表 6-5　我国主要中型钢质拖网渔船参数

渔船参数	GY8154C	GY8157	GY8104G5	GY8166
总吨/GT	291	301	298	510
主机功率/kW	441	552	662	1030
总长/m	43.5	43.5	44.86	43
型宽/m	7.6	7.61	7.62	9
型深/m	3.8	3.8	4	6.4
设计排水量/t	428	451	482	751
航区	I	I	I	I
航速/kn	12	11.8	12	
系柱拉力/kN	71.36	76.17	117.7	156
3.5 kn 时拉力/kN	60	73.4		128

续表

渔船参数	GY8154C	GY8157	GY8104G5	GY8166
绞纲机拉力/kN	78.4	80	24.5	58.8×2
绞纲速度/(m/min)	70	70	38	90
鱼舱容积/m³	170	190	224	
储备燃油量/t	47.5	66.8	72.7	
储备淡水量/t	43.3	43.6	54.9	
保鲜方式	冰鲜冻结	冻结	冻结、冷藏	冰鲜

注：来自《中国钢质海洋渔船图集》，1991。

二、单拖操作技术

根据渔船结构特点，单拖操作有舷拖、尾拖和尾滑道之分，舷拖是指网具的放起网操作在前甲板进行，拖曳时两曳绳的前端并拢锁于一舷的束锁内，现舷拖作业基本淘汰；尾拖是指网具的放起网操作在船前部或尾部进行，拖曳时两曳绳的前端连接于船尾两舷；尾滑道是指网具的放起网操作均通过船尾滑道进行，它比尾拖操作放起网更为简便和安全，这种操作方式已成为国内外拖网操作的基本方式，因此这里仅介绍尾滑道渔船的单拖操作技术。

中型尾滑道单船拖网系统的连接方法，如图 6-77 所示。

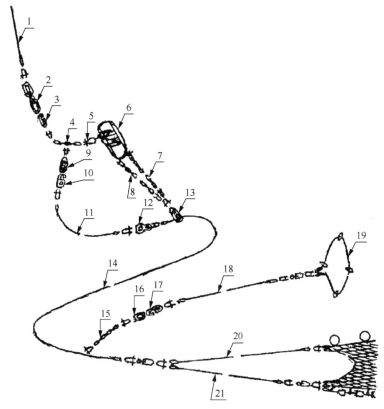

1. 曳绳；2. 网板连接环；3. 网板连接钩；4. 网板引链；5. 网板卸扣；6. 网板；7. 网板上叉链；
8. 网板下叉链；9. 游绳连接环；10. 游绳连接钩；11. 游绳；12. 止进器；13. 止进环；14. 单手绳；
15. 网囊引绳连接链；16. 网囊引绳连接环；17. 网囊引绳连接钩；18. 网囊引绳；19. 网囊束绳；
20. 上空绳；21. 下空绳

图 6-77 单船拖网系统连接示意图

操作过程包括放网前准备、放网、曳网、起网及连续放网的几个过程。

（一）放网前准备

渔船到达渔场后，当即根据天气、海况、底形、底质及其他渔船生产情况等选择放网地点，确定拖向。拖向确定的原则，一般是当风、流不大，底形、底质条件允许时，可对准中心渔场或顺底形、底质的有利方向拖曳。若风、流较大，可顺风顺流拖曳。除了选定放网地点、拖向之外，在放网前还必须做好以下几点工作：

①尾滑道渔船甲板上的捕捞机械设备较多，放网前除了需保证这些机械能正常工作外，还需将网具整理好。放网前，网板已挂在网板架上，网板连接钩与网板连接环在脱落状态，网板叉链及其后端的止进环置于网台后部的网侧。曳绳、游绳、单手绳和空绳均卷入绞纲机的钢盘中。

②放网前，先将网具按顺序叠放在船尾网台上，沉纲中间拉直并靠近船尾滑道前缘的横滚筒前边，浮纲中间放在网台前缘，然后将网盖、网身、网囊依次叠放在网台的中后部上，其中网囊在最上面。在网台两侧靠近网板架部位前方放置两边网翼。翼沉纲自靠近沉纲中间至翼端依次盘旋在横滚筒前边两侧，翼浮纲也同样依次盘放在稍前部位。盘叠网具时，应将浮子尽量放在网衣外面，以防纠缠。同时连接绳索的卸扣（还应检查卸扣是否拧紧）、转环也应尽量放在网衣外面，不要与网衣纠缠。

③将网囊引绳盘放在网台右舷内侧，前端在下，后端在上。放网前先检查网囊引绳前端的连接钩是否已挂牢在网囊引绳连接链后端的连接环中，并检查网囊引绳后端的网囊束绳是否已松开到预定位置固定好。最后检查网囊抽口绳是否已将囊底封好。

④放网前应移去放在网具上的所有杂物，排除网具下水的一切障碍，最后打开尾滑道前缘的铁门。

（二）放网

放网操作的顺序，如图6-78和图6-79所示。

当渔船选择好放网地点和确定拖向后，放网前将船首转至拟定的拖向，中车前进。放网时停车，利用余速放网。先将网囊引绳后端放入海中。船尾人员将网囊从尾滑道推入海中，水的阻力将网身、网盖、网翼、空绳等依次拖入海中，并配合松放网囊引绳。当空绳前端被拖下海后立即刹住绞纲机，待空绳受力时即可慢车前进，使网具在船尾附近曳行，此时浮子应全部漂浮于水面。当观察到网具张开正常后，才开始松放单手绳。若发现网具有纠缠时应绞进处理后再重新放网。

保持拖向慢车前进，继续松放单手绳，待单手绳松放完时应稍刹住绞纲机使松放速度放慢。使单手绳前端的止进器徐徐插入止进环中，不致因受力太猛而发生事故。

当止进器被止进环卡住时，挂于网板架上的网板受力，游绳松弛。这时把网板连接钩钩在网板连接环中，然后利用绞纲机绞进部分曳绳把网板吊高，待钩挂网板铁链松弛后解开网板挂钩，则网板脱离了网板架，接着快车前进，并徐徐松放曳绳，使网板徐徐进入海中。

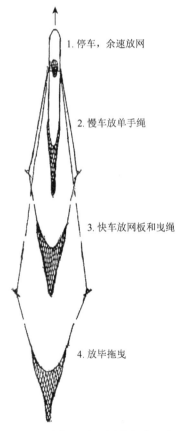

图 6-78　单拖网放网操作顺序示意图

1. 停车，余速放网
2. 慢车放单手绳
3. 快车放网板和曳绳
4. 放毕拖曳

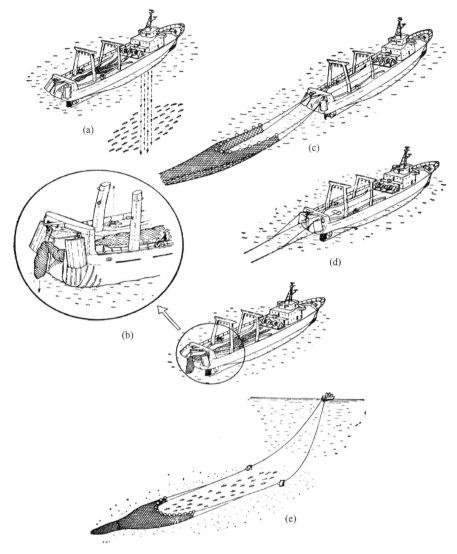

图 6-79 尾滑道渔船放网操作示意图

松放网板时应快车前进，同时同步将两网板徐徐放入海中，两网板受水流冲击向左右张开，待确认网板无纠缠后，继续松放曳绳。曳绳的第一个记号（50 m 处）到达网板架的悬吊滑车时，绞纲机应停放曳绳 10 s 左右以使两网板充分张开，再继续松放曳绳。为了做到两网板平齐，曳绳上每隔 50 m 记号，达到网板的悬吊滑车时，绞纲机应刹车数秒，使两曳绳的 50 m 记号平齐。松放曳绳时，必须保持拖向稳定，因为左右摇摆可能会引发网板倒伏事故。当发现两条曳绳向内靠拢时，应立即停止松放曳绳。若停止松放后两曳绳能左右分开，说明网板还没倒伏，则可继续松放曳绳。若停止松放后两曳绳还继续靠拢而不能分开时，则应立即停车收绞两条曳绳起网。处理好后重新继续放网。松放曳绳速度不宜过快，以保持网板的正常张开。放出的曳绳长度一般为水深的 5 倍（指 75 m 水深左右），在更深水区为 3～4 倍，在浅水区为 6～7 倍。曳绳松放至预定长度后，将绞纲机锁住，调整主机转速进行曳网。

（三）曳网

曳网是拖网作业的直接捕鱼过程，曳网的正常与否直接影响渔获量。曳网时驾驶室的值班人员除了完成正常的避让、定位和记录外，还要注意如下几个问题。

1. 曳网方向

曳网方向一般是由船长确定的，但在曳网过程中，由于风、流影响，船首往往会发生偏转，值班员应随时操舵纠正，否则偏差过大而难于恢复原航向。如采用过大舵角转向，则有网板倒伏或网板互搅的危险。

2. 曳网速度

我国单拖拖速一般为 3.0～4.5 kn，在整个拖网过程中应保持较为稳定的拖速。当渔船主机拖力富余时，可分阶段增加车速，先低后高，可以保持拖速稳定。拖速由捕捞对象的游泳速度决定。捕捞对象的游泳速度快，拖速要高，捕捞对象的游泳速度慢，拖速要低（网口高度与拖速成反比），才能取得较好的捕捞效果。

在障碍物较多的渔区作业，要预先规划好避开障碍物的航线。同时要随时注意拖速仪的读数（一般用计程仪）。当拖速明显下降时应立即停车起网。因此时多半钩挂障碍物，停车可避免拉断曳绳或严重撕裂网具。缺少拖速仪的渔船，拖速变化一般可由观察舷边的水花后移速度加以判断。渔船在正常曳网时处于前进状态，水花后移速度快。若船舷水花后移速度变慢，甚至停流、倒流，则为拖到障碍物的象征，应及时停车处理。

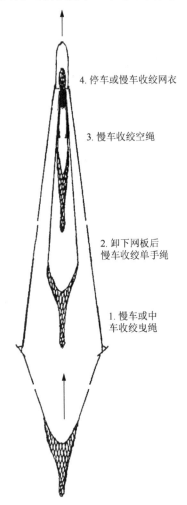

4. 停车或慢车收绞网衣

3. 慢车收绞空绳

2. 卸下网板后慢车收绞单手绳

1. 慢车或中车收绞曳绳

图 6-80　单拖网起网操作顺序示意图

3. 曳网状态

曳网时可看到船尾两曳绳张开呈"八"字状。若两曳绳平行或靠拢，则可能是两网板互搅，或拖到障碍物；若两曳绳分开角度过大，则可能是网具大破；若两曳绳向一边倾斜，则可能是遇到横流，或两曳绳长短不一，或一边网板失去扩张力。渔船在正常曳网时，曳绳与船尾的夹角应较稳定，曳绳振动幅度小，否则应及时检查处理。

4. 曳网时间

每网次的曳网时间一般为 1～3 h。在旺汛鱼群密集和渔获物较多时，曳网时间应短些，以保证渔获物鲜度。曳网时间通常由船长决定。在正常情况下，应按预定曳网时间起网。

（四）起网

起网操作的顺序如图 6-80 和图 6-81 所示。

1. 单拖起网操作技术

单拖起网操作技术大致包括：慢车或中车收绞曳绳、卸下网板后慢车收绞单手绳、慢车收绞空绳及停车或慢车收绞网衣。具体分述如下。

起网时，慢车前进，开动绞纲机，收绞曳绳。两边曳绳绞收速度要保持一致。收绞曳绳同时，船逐渐转向顺风。当网板接近海面时，应慢速收绞，当网板引链前端绞过网板架的悬吊滑车后，全力刹住绞纲机，用网板架挂钩钩住网板连接环，立即松开绞纲机以使曳绳放松，再用人力将曳绳后端的网板连接环和网板连接钩向船尾方向拉过网板架的悬吊滑车。这时网具的阻力转移到网板架上，曳绳不受力，于是可将网板连接钩从网板连接环中解脱，使曳绳与网板脱离。

图 6-81　尾滑道单拖渔船起网操作示意图

　　当网具阻力转移到网板架上时，游绳不受力，此时将游绳前段的连接钩与连接环脱离，并利用牵引钢丝绳连接游绳引入尾滑道。因此游绳、单手绳、空绳和网衣均经尾滑道进入尾甲板。

　　继续慢车收绞游绳、单手绳和空绳。收绞单手绳和空绳时，左右两边绞速也应相等。当空绳前端绞进尾滑道时，应刹住绞纲机，并开快车片刻，以迫使渔获物全部进入网囊，并可减少渔获物中的泥沙含量。

　　若估计渔获物较多（渔获量超过网囊束绳和囊底之间的容量）时，可继续收绞空绳和网衣，把网具全部绞进船尾甲板上。当网衣翼端绞至绞纲机滚筒时停止收绞，采用牵引钢丝绳分段将网翼、网盖和网身平拖上尾甲板。在平拖网衣过程中可酌情停车或慢车，严防网衣纠缠螺旋桨。当部分网囊绞进甲板尾部时用桅杆吊钩吊起网囊，解开网囊抽口绳，将渔获物倒在甲板上，然后冲洗和处理渔获物。

　　若估计渔获物较少（渔获量不超过网囊束绳和囊底之间的容量）时，则不用收绞空绳和网衣。将网囊引绳从连接环中解脱，利用起网引绳和右绞纲机滚筒收绞网囊引绳，直到网囊束绳束紧网囊并在部分网囊绞进甲板尾部时吊起网囊，解开网囊抽口绳，将渔获物倒在甲板的理鱼处。这样可以减少下网次的放网时间。

　　2. 连续放网

　　单拖网操作使用网囊引绳后，起网时不再将网具全部拖进船内，便可快速连续放网，甚为方便。具体操作如下。

①将囊底的网囊抽口绳扎好，将网囊引绳连接回空绳前端的网囊引绳连接环中，网囊束绳松开，将两端合并后用细网线缚牢在网囊右侧的圆环上，网囊引绳盘放在网台靠近右舷处。

②将船首转到拟定的拖向上，半速前进，利用余速放网。先将网囊引绳后端抛入海中，再将网囊从尾滑道推入海中，并相应松放网囊引绳。

③放完网囊引绳并在网囊引绳离开螺旋桨后，稍慢车使网具离开船尾，并使网具张开正常。

④保持航向稳定。松放单手绳，后面的操作与前述"放网"相同。

三、双拖操作技术

根据渔船结构的特点，双拖操作有前甲板操作、后甲板操作和尾滑道操作三种方式。目前我国前甲板操作的渔船已越来越少，而尾滑道操作方式是由后甲板操作方式发展而来的，网具的进出均通过尾滑道，既方便又安全。这里仅介绍尾滑道渔船的双拖操作技术。

（一）放网前的准备

放网前的准备包括整理网具，检查绞纲机状态，移去放在网具上的所有杂物等。

①整理网具。将网具的网盖、网身、网囊按下水先后次序折叠堆放于船尾网台上，中沉纲尽可能拉直并靠近尾滑道前缘的滚筒前边，放在网具的最下层，并不要压在网衣或其他绳索上。中浮纲叠放在网台前缘，然后将网盖、网身依次叠放在网台的中后部分，最后网囊叠在最上面。翼沉纲、翼浮纲分左、右并分别按前后顺序盘放在网台的左右两侧。翼沉纲靠后，翼浮纲靠前。

放网前应检查网具各部分绳索的连接，特别要检查卸扣等是否拧紧，检查空绳前端的转环是否已锁入并固定在船尾的空绳弹钩内。

②放网前应试转绞纲机等捕捞机械，以保证其正常工作。

③放网前应移去放在网具上的所有杂物，并排除网具下水时的一切障碍，最后打开尾滑道前端的铁门。

放网前除了要做好上述准备工作之外，带网船应将右舷的公用混合曳绳后端拉出并与曳绳引绳（一般为一段钢丝绳，俗称过洋绳）的后端连接，引绳前端又与甩绳（一般为一段合成纤维绳）的后端连接。甩绳前端一般连接着一个沙袋。放网前应将过洋绳和甩绳分开盘绕并挂在带网船网台左舷的挂钩上。

（二）放网

放网包括投放网具、靠傍带网、投放曳绳，其操作顺序如图 6-82 所示。

1. 投放网具

放网船放网前使船首转到拟定的拖向上，中车前进，放网时停车，开动船尾绞机或绞纲机，通过引绳和船尾门形架上的放网滑轮将网囊拉入海中。借船的余速作用，将网身、网盖、网翼、空绳等依次拖入海中，直至放网前已被船尾空绳弹钩钩住的空绳前端拉紧为止。再将左曳绳从尾滑道移入船尾舷板上的开口滑轮内。此时放网船以慢车前进，待网具张开正常后才通知带网船前来靠傍。

(a) 网船放网带网船靠傍　　(b) 带网船曳绳引至放网船　　(c) 两船各自向外分开并松放曳绳　　(d) 两船平行拖曳

图 6-82　双拖放网操作顺序示意图

2. 靠傍带网

带网船从放网船右后方靠拢。靠拢时两船保持 20～25 m 距离平行前进。带网船通过过洋引绳和过洋绳将公用混合曳绳后端传给放网船，放网船接到后与本船网具右边空绳前端的转环连接。放网时，同时打开连接左、右空绳前端的船尾空绳弹钩，带网船快车前进松出曳绳。

3. 投放曳绳

开始松放曳绳时，两船各以拖向向外 45° 方向开快车前进，并放出混合曳绳。混合曳绳松放完毕，两船即行转向预定的拖向，继续放出钢丝曳绳。待预定的最后一段钢丝绳后端的连接卸扣下海后，将与船尾拖带弹钩连接的拖带钢丝绳后端的卸扣套入正在松放中的曳绳眼环，在拧紧卸扣横锁时要注意不要拧错方向，否则在松放最后一段钢丝曳绳时由于钢丝的摩擦使卸扣脱开，造成单脚网事故。至曳绳最后剩下 50 m 左右时，两船同时停车，借船舶的前进惯性力，放出最后的曳绳，以减少预定的最后一段钢丝曳绳前端的连接卸扣与拖带钢丝绳后端的卸扣之间的冲击力。当带网船的最后一段曳绳前端的连接卸扣松放至网台时，刹住绞纲机停顿片刻，以便把甩绳和过洋绳的后端与连接卸扣连接，并将过洋绳和甩绳分开盘绕挂在带网船网台左舷的挂钩上。最后徐徐松放曳绳，至曳绳前端的连接卸扣与拖带钢丝绳后端的卸扣互相卡住，使曳绳和拖带钢丝绳同时受力拉紧后，两船同时按预定的拖速曳网。

放网过程应注意下列情况：①放网过程中，所有人员不能在网具上走动或跨越，更不能站在网具、绳索上面，以免被网具拖带下海；②放网不宜过快，因网具下水速度太快，容易引起人员落海；③注意靠傍安全，靠傍角度不宜过大，两船距离不宜过近，尤其在大风浪下更要小心；④在放网过程中，发生任何钩挂事故时，首先要停车，绝不能用脚踢或手拉，应尽量利用绞纲机解除事故。

（三）曳网

在曳网过程中，驾驶室必须有专人负责值班。值班人员除了完成正常的避让，定位和记录之外，还要注意如下几点。

1. 曳网方向（拖向）

在曳网过程中，由于风、流的影响，船首往往会发生偏离，值班员应随时操舵纠正。

2. 曳网速度

我国 441 kW 渔船双拖网作业的拖速一般为 3 kn 左右，拖速的调整控制和拖速快慢变化的观测等与单拖曳网时相类似，这里不再赘述。

3. 曳网状态

两船平行曳网时的距离称为"两船间距"又称为"拖距"。它的大小应视渔船主机功率、渔船水深和曳绳长度等决定。在通常情况下，我国 441 kW 渔船双拖网作业的两船间距保持在 400～600 m，具体尚可根据渔场特点、捕捞对象和气候情况等进行必要的调整。在曳网中，应尽量保持两船平行同速拖曳，平行同速曳网所形成的正常网形会提高渔获量。但在实际中由于两船拖力大小不同，以及渔场风、流的影响等原因，往往两船不能保持平行同速拖曳，应及时采取相应措施予以改正。

4. 曳网时间

每网次的曳网时间一般为 2～3 h，可根据不同渔场、捕捞对象和海况等，适当延长或缩短曳网时间。

（四）起网

起网操作顺序如图 6-83 所示。

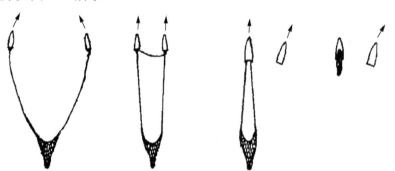

(a) 两船靠拢起网　(b) 带网船曳绳引至放网船　(c) 放网船收绞曳绳　(d) 放网船收绞网具

图 6-83　双拖网起网操作顺序示意图

起网前 15 min，放网船应出示信号通知带网船做好起网准备。待捕捞机械能正常运转后放网船再次通知带网船开始起网。

1. 靠傍

起网开始时，可根据拖速快慢来确定舵角大小。开始时一般先用大舵角。当两船靠拢至适当距离时即应回舵，再用小舵角慢慢靠拢，靠拢过程中拖速不能降低。至两船间距能抛过甩绳即可。靠傍起网时，两船驾驶员要谨慎操作，预防两船碰撞。

2. 带网船曳绳引至放网船

当两船间距减至 20～25 m 时，两船平行拖曳 2～3 min，将网身中的渔获物冲入网囊，但平行拖曳时间不宜过长，因为此时由于网具两翼扩张已减少，拖速剧增，时间太长容易引起破网事故。在风浪大时，平行拖曳时间还应短些，因两船间距不易保持，容易发生碰撞事故。两船平行拖曳时，带网船要迅速将甩绳和过洋绳抛给放网船，并准备随时打开船尾拖带弹钩。起网船将甩绳收进，并将过洋绳移入船尾右舷的滑轮导向绞纲机的摩擦鼓轮上圈绕几道后，才通知带网船将船尾拖带弹钩打开。带网船打开弹钩后驶离放网船，在附近漂流等待。起网船立即收绞过洋绳，并将公用曳绳接入右舷绞纲机的纲盘中。此后起网船停车并打开本船的船尾拖带弹钩，两舷同时开始收绞钢丝曳绳。

3. 收绞曳绳

收绞曳绳时，两条曳绳要保持速度一致均匀绞进，如遇流急或船后退较快时，要及时开车，开开停停，使曳绳与船尾保持有一定的斜度，防止曳绳被压入船底。在收绞第一段钢丝曳绳时，左舷必须在钢丝曳绳第一个连接卸扣来到船尾之前，将船尾的拖带钢丝绳后端的卸扣打开并从钢丝绳上取下。待混合曳绳绞进约剩最后一段时，要及时开车，以免因开车过晚而发生缠绕螺旋桨事故。当空绳前端绞进船尾时，应刹住绞纲机让两船船尾空绳弹钩钩住左、右空绳前端的转环，并快车片刻，以促使渔获物全部进入网囊，并减少渔获物中的泥沙含量。

4. 收绞网具

收绞网具前利用牵引钢丝绳连接空绳前端引入尾滑道。开始收绞网具时，同时打开两舷船尾空绳弹钩，继续收绞空绳和网衣，把网具全部通过尾滑道绞进船尾甲板上。上网衣翼端绞至绞纲机前时，停止收绞，并采用牵引钢丝绳分段将网翼、网盖和网身拖上尾甲板。最后用桅杆吊钩吊起网囊，解开囊底，将渔获物倒在甲板的理鱼处。

5. 在起网过程中应注意的事项

起网过程中应注意的事项概括起来有下列 5 点：①起网船员必全员进入工作岗位后才能开始靠拢起网，以防遇到事故时，能保证有足够人员及时进行处理；②等速收绞左右曳绳，如发现下垂，应及时动车或停车，防止曳绳纠缠螺旋桨；③在起网过程中要注意经常检查网具各部分的连接、卸扣的松紧、曳绳和网衣的破损等，一经发现应在下一网次放网前处理好；④网身起上时，要正确估计渔获量，决定一次吊上网囊或多次分吊渔获物；⑤吊网囊时必须注意安全，特别是大风浪中要防止由于网囊摇摆、绳索故障等造成人身事故。

6. 双拖作业的放网船与带网船轮换关系

上一网次的带网船，在下一网次则变为放网船；上一网次的放网船，在下一网次则变为带网船。在一般情况下，两船轮流交换，直至航次结束。在双拖网作业中，目前多数是两船共用 3 条等长同质量的曳绳。其中各船都有 1 条曳绳固定为本船使用，并置于左舷。而在右舷，则两船共同轮流使用 1 条共用曳绳。上一网次起网后，船有 2 条曳绳的渔船，下一网次变为带网船，而只有左舷 1 条固定曳绳的渔船，下一网次变为放网船。南海区的双拖作业略有差别，放网船和带网船是同时参与放曳绳和绞收曳绳的，虽然互相轮流放起网，但起网船即下网次放网船，所以两船共用 1 顶网和各用 1 条曳绳。两艘单拖渔船临时合作进行双拖作业，则各放各的网，各起各的网，各收各的渔获，作业时间段按双方约定轮流交替。

四、渔获物处理

渔获物处理方法根据市场需要和船舶保鲜设备而定。冰鲜处理过程是按品种和规格分类、冲洗、装箱和加碎冰储藏。我国历来采用冰鲜的方法保鲜，方法较简单。

自我国发展远洋渔业以来，速冻冷藏方式被普遍使用，其步骤包括清洗和分类和分级、速冻、装箱和冷藏、装盘、称重。

清洗。为了清理鱼体上附着的杂物和保持鱼体洁净的外观，需要对鱼类进行清洗。对乌贼应首先采用专用夹子封闭墨管，防止墨汁外溢，然后洗净乌贼表面的墨迹；对枪乌贼虽不需封闭墨管，但应清洗墨迹；对去头、尾和内脏的大型鱼类应洗净腹腔和表面的血迹；虾类除了清洗干净外，还需放入 2%～3%亚硫酸钠溶液中浸泡 10～30 min，以防虾类变黑。

分类和分级。渔获物不但需要按品种分类，而且还需根据市场的需求，按规格和质量分级。分类和分级标准由收购商提供。分级的主要目的是按级定价，通常鱼体越大，价格越高。

速冻。将鱼盘置于平板速冻机中速冻，使鱼体中心温度达–10℃以下，以有效地抑制鱼体上微生物的繁殖和鱼体内酶的变化。一般 4～6 h 可达到冻结的要求。其中章鱼对冻结要求较高，如过早结束冻结工序，置冷藏舱后难以将鱼体中心温度降至预定的要求。

装箱和冷藏。待鱼体冻结硬化并达到预定温度后，将鱼盘从平板冻结机中取出，使冻块拖入鱼盘，以减少水分的升华，然后装入塑料薄膜袋，每两袋装入一箱，捆扎，打印鱼品等级标记，送冷藏舱冷藏。冷藏舱的舱温保持在–18℃以下。

装盘、称重。按统一标准装盘。

五、网具调整

（一）上下空绳长度差调整

一般在连接网具时，预先在下空绳后端与沉纲之间连接一段长 30 cm 以上的铁链条，使上下空绳形成 30 cm 的长度差。可通过增加或减少连接卸扣的数量或取消铁链段来调整上下空绳的长度差。上下空绳的增减长度应左、右一致。

上下空绳长度差的调整对网具的稳定性和网口高度有一定的影响。加长下空绳意味着下纲加长，改变了整顶网具的受力状况，结果使下纲松弛，上纲受力增大，迫使网口高度降低，撑杆内倾增大，网具稳定性提高，阻力增大。当网口高度下降到一定程度时，网具阻力下降。这对在大风浪海况作业和增加拖速捕捞游速较快的鱼群是有好处的。但下空绳加长过多，会引起网衣严重变形和网具吃泥。反之，加长上空绳，结果使上纲松弛，下纲受力增大，网口高度增加，撑杆内倾减少，网具稳定性下降，阻力减少。这对在风平浪静海况和软泥海底渔场作业是有好处的。上空绳加长过多，会引起网衣严重变形和网具离底。两者的调整都不能过量（≤2%）。

（二）拖速调整

1. 拖速对双船底拖网性能的影响

在正常拖曳中，曳绳后端有一部分是贴底的，如图 6-84 所示。在曳绳的悬垂部分任意取一点 A，它受到曳绳拉力 T 和网具拉力 R 的共同作用。当拖网匀速拖曳时，这两个力是大小相等和方向相反的，于是 A 点处于平衡状态。

假设在曳绳长度、浮沉力和拖距等条件不变的情况下，主机转数加大，拖速加快，曳绳拉力相应增大，曳绳的上提力也相应增大，则贴底曳绳会部分被提起，曳绳的悬垂部分会相应增加。同时，由于曳绳拉力增大，上下纲的拉力也随着增大。上纲拉力增大，会压低网口高度，下纲贴底程度降低。反之，减小主机转数，即减慢拖速，曳绳的悬垂部分减小，网口会升高，下纲会增大贴底程度。

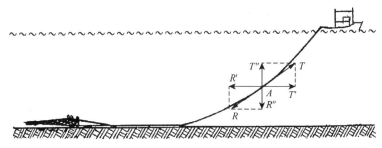

图 6-84　曳绳受力分析

2. 拖速对单船底拖网性能影响

在一定的拖速和适当曳绳长度下，网具正常运行。随着主机转数加大，拖速加快，曳绳上提力也相应增大，随之网板头部提高，网板出现外倾，升阻比下降，严重者会影响网板曳行的稳定性。如果上提力大于网板沉力时，则会产生网板离底和不稳定的结果，影响网具下纲的贴底性能。拖速加快，使网板扩张力增加，扩张距增大，网口高度下降。

（三）浮沉力调整

1. 浮力增加对网口高度的影响

王明彦等研究认为：网模实验证明浮力增加以后，网口高度及网具阻力均随之相应增加，但是网口高度的增大幅度要大于网具阻力的增加幅度。另外，从实验结果中还可以看出，浮力增加之后，网口高度增加幅度随拖速的提高而增加。总之，在拖网渔船尚有一定的拖力储备条件下，为取得较大的网口高度，增加浮子是有效的措施之一。

2. 浮力分布对网口高度的影响

王明彦等研究认为：当总浮力不变，中纲浮力（包括三角网部分）占总浮力的比例越高，网口高度也越高，而网具阻力变化甚微。对于网口目大为 1.5 m 的大网目底拖网，当浮沉比为 1.06～1.30，拖速为 3.5～4.0 kn 时，在保证下纲不离底的前提下，中纲浮力占总浮力的比例为 52%最佳。

关于如何利用浮力来增加网口高度，要视具体情况确定。在拖网渔船主机尚有一定的拖力储备和尚有多余的浮子储备的条件下，可采用增加浮子的方法来增大网口高度。在渔船尚有一定的拖力储备，但船上没有多余浮子的条件下，可采用"集中浮力"的办法，即将左、右边纲的若干个浮子解下，并用后移装配在中纲部位上的办法来增大网口高度。

（四）拖距的调整

拖距是指双船底拖网拖曳时两船的间距，东海、渤海区习惯称为"网档"，而南海区把拖距的调整称为"校口"。拖网间距与渔船功率大小有关。183.75～441 kW 的对拖渔船，作业时的拖网间距为 350～550m 左右，147 kW 以下渔船的拖网间距则可略小。拖网间距大小与曳绳长度有关，对网具的水平和垂直张开有较大影响。

由于拖网是一个柔软体，网具的水平扩张与垂直扩张有着密切关系。例如，水平扩张增大必然引起垂直扩张减小。反之亦然。拖网的垂直扩张是指网口高度，而拖网的水平扩张是指左右两翼端的间距，其直接关系到拖网的扫海宽度。

拖距对网形和网具作业性能有较大影响，例如：

①拖距大小与渔船主机功率大小成正比，在作业水深相同的条件下，渔船主机功率大，拖曳时曳绳拉力也大，则曳绳悬垂部分的长度也大，那曳绳应长些。为了保持拖网的水平扩张相似，曳绳长的拖距应大些，曳绳短的拖距可小些。即拖距大小应与渔船主机功率大小成正比。如东海、黄海区的441～735 kW双船底拖网的拖距为400～600 m，184～441 kW双船底拖网的拖距为350～500 m，小于147 kW双船底拖网的拖距可再小些。

②网口高度大小与拖距成反比，下纲贴底程度的大小与拖距成正比。在拖曳中，上下纲的拉力是由曳绳拉力传递过来的，由于上纲比下纲短，则随着拖距的增大，上纲将吃紧一些，而下纲相对松弛一些。这样，原来由下纲承受的一部分拉力转移到上纲上。同时，随着拖距的增大，由于上纲和上片网衣的下压力也随之增大而使网口高度压低；由于下片网衣的上提力也随之减小从而又使下纲贴底程度增大。

综合上述分析得知，拖距增大，则网具的水平扩张也随之增大，而网口高度相应减小。因此捕捞贴底鱼类（如鲆、鲽类等）时，应适当增大拖距，以加大扫海面积。当捕捞近底层和游速较快的鱼类（如蓝圆鲹、鲐、马鲛等）时，除了增大主机转数外，还应适当减小拖距，以增加拖速。在雾天、大风浪天气或渔场渔船拥挤时，拖距可比正常情况减小50～100 m，以保证安全生产。

在南海区用编结型双船底拖网捕捞栖息水层较高的鲐、鲹和带鱼时，要求有较高的网口，故拖距宜小些，一般为250～300 m；对于贴底鱼类，如金线鱼、鲱鲤、蛇鲻等，水平扩张要求较宽，故拖距宜大些，一般为400～500 m。

（五）曳绳长度的调整

在单拖作业时，曳绳的长度随作业水深等因素而定，一般在水深200 m以内，曳绳的长度约为水深的3～5倍；在水深较浅（30 m左右以内）的海域作业时，曳绳的长度约为水深的6～8倍。当在深水作业时，曳绳放出长度的倍数相对减小，如水深1000 m，一般放出曳绳的长度为2200～2400 m左右。作业中还须考虑风浪大小、拖速快慢等，对曳绳长度做适当调整。由于单拖作业中，曳绳直接固结于拖网绞纲机上，因此，对曳绳长度的调节比较方便。在实际生产中，拖网过程中可随时进行适当的收放调整。

在对拖作业中，对于曳绳长度的调节没有单拖作业时方便。对拖作业的曳绳由两部分组成：钢丝曳绳和夹棕钢丝曳绳。一般是钢丝曳绳悬垂于海中，夹棕钢丝曳绳贴于海底。曳绳的总长度，取决于曳绳张力、钢丝绳沉力和作业渔场水深。在水深变化不太大的情况下，一般不做调整。如作业渔场水深变大，曳绳要放长些，水浅时可短一些。前者是避免曳绳贴海底部分太少，不利于威吓鱼类进网。后者为防止曳绳贴海底部分太多，摩擦阻力太大，易使网具吃泥。调整曳绳时应注意下列两点：

①对拖渔船3条曳绳长度应调整一致，以公用曳绳为标准等长。

②调整曳绳长短时，一般可把钢丝曳绳长度固定，单独调整夹棕钢丝曳绳的长度。

（六）网板的调整

网板和网具一样，往往由于装配错误，或使用变形等原因，不能满足正常拖网的需要，直接影响渔获物产量。有时由于网板不稳定，可直接影响到不能拖网作业。网板是否工作正常，一般可通过曳绳张开、拖网渔获状况和网板各部分的摩擦情况进行分析判断。造成网板不稳定的因素较多，有时是网板特性和装配造成的，有的是操作及磨损变形等原因造成的。对于前者可提高设计和制造的精确性，而对于后者，则可根据具体情况进行调整。

1. 网板冲角的调整

任何一种网板，都有它各自的临界冲角和使用冲角，一般的网板使用冲角，应略小于临界冲角。如实际冲角过大，容易使网板发生自转现象而不稳定，或网板的效率降低等；实际冲角过小，则不能充分发挥网板固有的扩张力。由于装配错误或网板使用后支架、铁链变形等原因，网板的实际冲角偏离预定的工作冲角，影响了网板的正常工作，需要进行调整。网板冲角正常与否，主要根据网板拖铁的摩擦情况进行判断，此外，也可以通过计算、作图和静力模拟法等进行判断。对于一般常用的网板，例如，椭圆形网板、矩形平面网板和大展弦比机翼形网板的冲角调整，主要是移动设在网板背部的网板叉绳固结点的前后位置，也可以移动曳绳固接点的前后位置。对 V 形网板冲角的调整，则用调整弓形架的孔位（即曳绳固接点的前后位置）的方法。如曳绳固接点的位置前移，则网板的冲角可减小；曳绳固接点的位置后移，则网板的冲角可增大。

2. 网板内、外倾的调整

由于网板种类不同，对其工作状况的要求也各不相同。例如椭圆形网板，由于其重量较大，要求作业时略微内倾。V 形网板和大展弦比机翼形网板，则要求作业时基本保持直立状态，以便最大限度地发挥网板效能。总之各种网板各有其合适的工作状态。网板略有内倾是正常的，以便越过障碍物。但内倾过大不仅影响效能，还会破坏其平衡状态，造成网板吃泥或起浮。网板内倾程度的判断，一般通过网板在海底的摩擦痕迹判断。

网板内、外倾的调整，一般是调整曳绳固接点的上下位置，或网板上下叉绳的相对长度，或改变曳绳的松放长度。一般曳绳固接点向上移，或网板下叉绳长度相对增长，或曳绳长度相对放长，均能促使网板内倾；如网板内倾较大，则可以用上述相反的方式改进。

3. 网板前、后倾的调整

在正常拖曳情况下，网板作业时的工作状态，是略为后倾，以便越过障碍物。但后倾过大，将影响网板效能的发挥。如发生网板前倾，则容易使网板插入海底。因此，生产上不采用网板前倾的作业状态。

网板前、后倾的判断，也是通过网板拖铁等部分在海底的摩擦痕迹所决定。一般以网板拖铁从后缘起，长度的三分之二磨亮较为合理。若磨亮部位不正常，则应及早调整。

关于网板前、后倾的调整方法，一般是调整网板上、下叉绳的长度。如网板下叉绳较上叉绳长，则网板后倾，反之则前倾。上、下叉绳的长度相差越大，则网板前、后倾越明显。

（七）网板间距的测定

为了及时了解网板在海洋中的扩张情况，在可能的条件下，应经常测定网板间距。关于网板间距的大小，目前还没有精确的测试仪器进行测定，一般可采用下述的近似计算法求得。

如图 6-85 所示，L_{AE}、L_{BF} 分别为两条曳绳的长度，而 AC、BD 分别为两条曳绳中的一段，A、B 分别为两网板架滑轮的中心。$L_{AC} = L_{BD}$，长度一般取 1 m 左右。因 $ABFE$ 及 $ABDC$ 均为等腰梯形，从 A、B 两点分别向 EF 作垂线，与 CD 线交于 L、H，与 EF 线交于 N、G。则

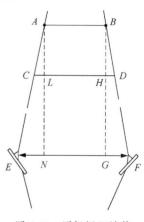

图 6-85 网板间距计算

$$\frac{L_{AC}}{L_{AE}} = \frac{L_{CL}}{L_{EN}}, \quad L_{EN} = L_{CL} \times \frac{L_{AE}}{L_{AC}}$$

同理

$$L_{GF} = L_{DH} \times \frac{L_{BF}}{L_{BD}}$$

所以

$$L_{EF} = 2L_{EN} + L_{NG} = 2L_{GF} + L_{AB} = 2L_{EN} + L_{AB}$$

式中，L_{AB}、L_{CD}、L_{AC}、L_{BD} 都可在船上直接测量。毫无疑问，这种计算方法的精度，主要取决于 L_{AB}、L_{CD}、L_{AC}、L_{BD} 的测量精度。在条件许可的情况下，L_{AC}、L_{BD} 的长度越长，则 L_{CD} 的精度也越高。同时由于作业时曳绳在水中有一定的垂度，因此曳绳的长度不等于曳绳的投影长度 L_{AE} 及 L_{BF}，一般是曳绳的投影长度比曳绳长度减少 5%左右。为了计算简化，上述修正值可不计。

如果船尾两曳绳滑轮的距离刚好等于船宽，即为 L_{AB}，取 $L_{AC} = L_{BD} = 1\,\mathrm{m}$，量得 L_{AB} 与 L_{CD} 的长度差，那么，两网板的扩张距离就等于这长度差与松放曳绳长度的乘积与船宽之和。即

$$L_{EF} = (L_{CD} - L_{AB}) \cdot L + L_{AB}$$

式中，L——松放的曳绳长度（m）。

网板间距在作业过程中时有变化，这是因为在作业过程中，外界的条件和受力发生变动，均能直接反应到网板间距的大小。例如，在相同的渔场条件下，因拖网过程中渔获量不断增加，网板间距逐渐变小是正常的。如网具大量吃泥，则网板间距显著减小，同时拖速亦将减慢，则应立即采取措施改正。在拖速不同或水流变化时（顺流或逆流拖曳），网板间距也有较大的不同。这些情况均需结合当时的具体情况分析，才能判明网具和网板在海中的作业状况是否正常。

第六节　拖网渔具图

一、拖网网图种类

拖网网图有总布置图、网衣展开图、网衣剪裁计划图、网衣缝合示意图、绳索属具布置图、浮沉力布置图、装配图、网板图、零件图和作业示意图等。每种拖网一定要绘有网衣展开图、绳索属具布置图和浮沉力布置图。拖网调查图一般绘制在两张（4 号图纸）图纸上。第一张绘制网衣展开图和绳索属具布置图，第二张绘制浮沉力布置图，如图 6-86 所示。还可以在第二张图纸上加绘放起网作业示意图，以保持图面饱满。

（一）总布置图

总布置图要表达整个渔具各部件的相互位置和连接关系。总布置图可绘成一张总装配图，也可绘成一张由上方的侧视图和下方的俯视图组成的总布置图。详见第三章内容。

（二）网衣展开图

国内的有翼单囊底拖网一般是两片式或圆锥式拖网。两片式拖网网片是由上、下两片网衣缝合而成的，因此可绘制成上、下两片的网衣半展开图。圆锥式拖网网衣可以绘制成一片的网衣全展开图。也可绘制成上、下两片的全展开图，同理也可将上、下两片网衣各绘出一半组成 1 个圆锥式底拖网的半展开图。国内拖网网图一般绘制成半展开图。这种网图的绘制以网具的纵向对称线为基准，

在左边绘出上片网衣的左侧，在右边绘出下片网衣的右侧。身网衣和囊网衣左右对称和上、下两片规格相同时，则不用纵向对称线标分左右，其所标注的数据，既代表上片，也代表下片。详见第三章内容和图 6-86（a）、图 6-86（b）。

四片式拖网是由上、下、左、右 4 片网衣缝合而成的，故可绘出上、下、左、右共 4 片网衣的全展开图。由于左、右 2 片侧网衣一般是左右对称的，为简化绘图，可只绘出上、下片网衣和 1 片侧网衣即可。由于四片式拖网其上、下片网衣和左、右片网衣分别互相对称，一般只绘出 2 片网衣的局部展开图。有囊拖网网衣展开图一般绘制成半展开图，其轮廓尺寸按如下规定绘制：纵向长度依网衣拉直长度按比例缩小绘制，横向宽度依网衣拉直宽度的一半或依网周拉直宽度的四分之一按同一比例缩小绘制。

在网衣展开图中，除了标注各段网衣的规格外，还要标注与网衣连接的绳索规格，如浮纲、缘纲、沉纲、翼端纲、网身力纲等的分段装配规格及浮纲、缘纲或沉纲（不包括中间卸扣的连接长度）总长度，如图 6-86（a）所示。

此外，单片拖网网衣展开图的绘制方法与刺网等单片型网衣相同，即每片网衣的水平长度依结缚网衣的上纲长度按比例缩小绘制，垂直高度依网衣拉直高度按同一比例缩小绘制。

关于单片拖网网衣展开图中的标注要求详见第三章内容。

（三）绳索属具布置图

绳索属具布置图要求绘出一边翼端部分的网衣与绳索和属具的连接布置，应标注沉纲、翼端纲、空绳、叉绳、单手绳、网板叉绳、游绳、曳绳等绳索的规格和浮子、撑杆、网板、滚轮、垫片、沉子等属具的规格，如图 6-86（a）下图和图 6-86（b）所示。

（四）浮沉力布置图

拖网的浮沉力配布是左、右对称的，故其浮沉力布置图可以只绘出一边或一端的安装布置，应标注浮子、滚轮、垫片、沉子等的数量、材料、规格及其安装的位置或间隔长度等，如图 6-86（b）所示。

（五）网板图和零件图

网板图和零件图是分别表达网板和渔具零件的形状、结构的图样，在渔具调查图中也应依机械制图的规定按比例缩小绘制，并标注其材料和规格尺寸。

二、拖网网图标注

（一）主尺度标注

1. 有翼拖网

网口网衣拉直周长×网衣拉直总长（结缚网衣的上纲长度）。
例：340 目底层拖网　81.60 m×61.24 m（38.50 m），见图 6-86（a）。

2. 桁杆拖网

网口网衣拉直周长×网衣拉直总长（桁杆总长）。
例：毛蟹拖网　12.04 m×5.44 m（4.00 m），见《中国图集》105 号网。

340目底层拖网（广西 北海）

81.60 m × 61.24 m（38.50 m）

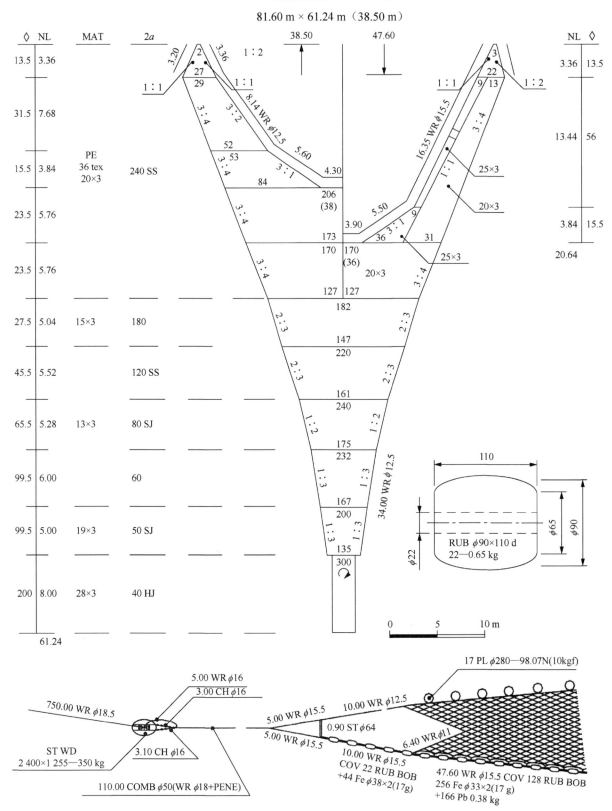

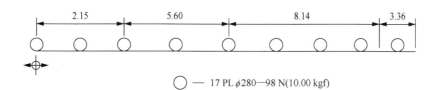

◯ —— 17 PL ϕ280—98 N(10.00 kgf)

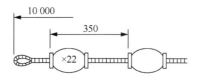

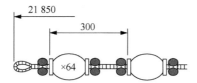

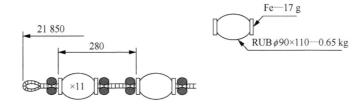

渔船总吨：245 GT
主机功率：441 kW

渔场渔期：北部湾、粤西及南沙渔场，全年
捕捞对象：金线鱼、大眼鲷、乌鲳、枪乌贼等

(a) 调查图（原图）

340目底层拖网（广西　北海）

81.60 m×61.24 m（38.50 m）

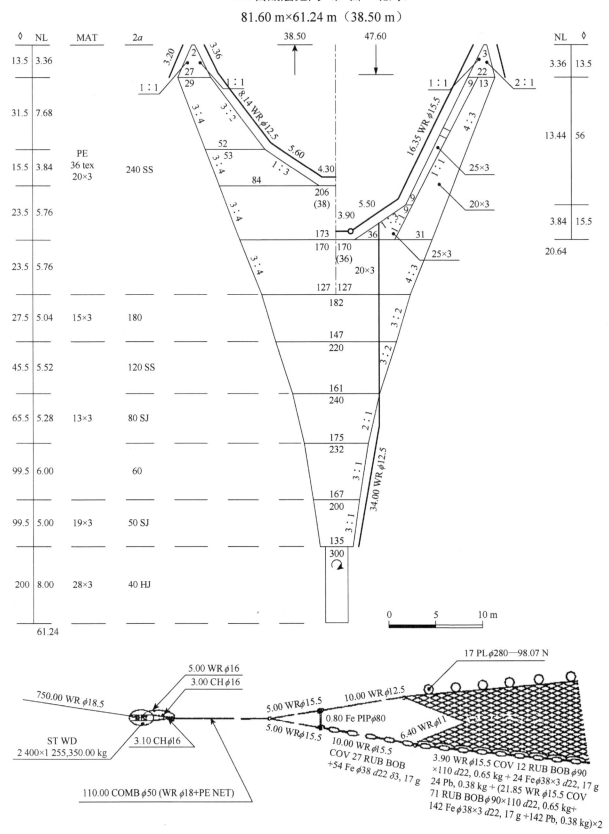

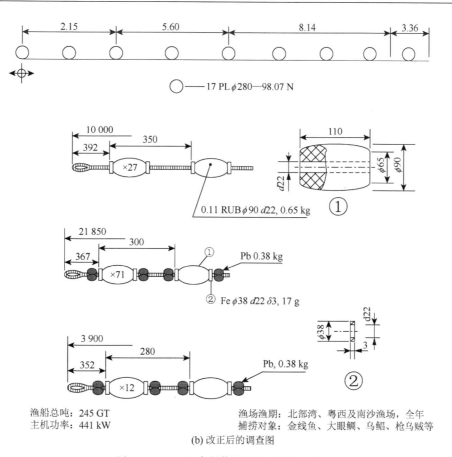

渔船总吨：245 GT
主机功率：441 kW

渔场渔期：北部湾、粤西及南沙渔场，全年
捕捞对象：金线鱼、大眼鲷、乌鲳、枪乌贼等

(b) 改正后的调查图

图 6-86 340 目底层拖网网图（调查图）

3. 桁架拖网

网口网衣拉直周长×网衣拉直总长（结缚网衣的网口纲长度）。

例：划网 71.82 m×9.07 m（9.00 m），见《中国图集》106 号网。

4. 单片拖网

单片拖网的表示法与单片刺网相同，即每片网具结缚网衣的上纲长度×网衣拉直高度。

例：带网 25.63 m×2.00 m。

（二）网衣标注

网衣按第三章的渔具制图方法标注。

拖网绝大多数是由多片不同规格的网片拼接缝合或编织而成的囊状网衣，建议采用引出法标注（见有囊围网网图标注内容）。

拖网网衣的剪裁方法采用剪裁循环来表示。剪裁循环中的边旁用代号 N 表示，全边旁用 AN 表示，宕眼用 T 表示，全宕眼用 AT 表示，单脚用 B 表示，全单脚（简称全单）用 AB 表示[①]。拖网网衣的编结方法可用编结符号表示。

---

① 国内的很多渔具图册的剪裁网衣斜边标注习惯采用"斜率"标注，而实际是采用"斜率的倒数"标注，但对剪裁方式的确定是一致的。只要将"斜率的倒数"倒过来变为"斜率"就可以了。如"3∶1"变为"1∶3"，其剪裁方式都是 1T1B。

（三）绳索标注

绳索按第三章的渔具制图方法标注。

钢丝绳和植物纤维绳用长度（m）、材料略语及其直径 ϕ（mm）标注，如 750.00 WR ϕ18.5，62.00 HEM ϕ23。铁链用长度（m）、铁链略语 CH 及制链钢条直径 ϕ（mm）标注，如 3.00 CH ϕ16。

我国拖网网具上使用的混合绳有 3 种。第一种是夹芯绳（COMB），是以钢丝绳的股为绳芯，外层包以植物纤维或合成纤维绳纱捻制成绳股的三股复捻绳。如 110.00 COMB ϕ55（WR ϕ21.5 + PE NET），是将直径为 21.5 mm 的钢丝绳拆开，取其 1 条钢丝绳股为芯，外层包缠废乙纶网衣（将废乙纶网衣剪成若干目宽的长条网片）捻制成绳股，然后用 3 条绳股再捻制成直径为 55 mm、长为 110 m 的复捻绳，又可称为废乙纶网衣夹芯绳。夹芯绳在拖网网具中主要用作混合曳绳、单手绳、下空绳、网身力纲和网囊引绳。网身力纲一般采用钢丝绳，先涂黄油后用塑料薄膜包裹再在外层缠绕乙纶网线。第二种是包芯绳（COMP），以钢丝绳为绳芯，外围包捻 3 条植物纤维或合成纤维绳股的复捻绳。如 13.60 COMP ϕ32（WR ϕ12 + PE NET），是以直径 12 mm 的钢丝绳为绳芯，外围包缠 3 条废乙纶网衣单捻绳股捻制成直径为 32 mm、长为 13.60 m 的三股复捻绳，又可称为废乙纶网衣包芯绳。包芯绳在拖网网具中主要用作混合曳绳、单手绳和下空绳。第三种是缠绕绳（COVR），以钢丝绳为芯，外围包缠 1 条植物纤维或合成纤维绳股的混合绳。如 72.00 COVR ϕ40（WR ϕ12.5 + PE NET + MAN），是以直径 12.5 mm 的钢丝绳为绳芯，外围包缠 1 条废乙纶网衣和白棕混合单捻绳股，形成 1 层或若干层缠绕的直径为 40 mm、长为 72 m 的缠绕绳，又可称为废乙纶网衣和白棕混合缠绕绳。缠绕绳在拖网网具中主要用作下空绳或大纲沉纲。

（四）属具标注

属具的数量、材料、规格均标注在绳索属具布置图和浮沉力布置图中。若没有绘制浮沉力布置图，则浮子、滚轮、沉子等的数量、材料、规格应标注在绳索属具布置图中。

属具的标注方法因属具不同而异，带耳球浮用"数量（个）、材料略语、外径 ϕ（mm）—每个浮子浮力"标注，如 17 PL ϕ280—98.07 N。中孔球浮用"数量（个）、材料略语、外径 ϕ（mm）、孔径 d（mm）—每个浮子浮力"标注，如 49 ABS ϕ300 d15—111.52 N。滚轮用"数量（个）、材料略语、外径 ϕ（mm）×长度（mm）、孔径 d（mm），每个滚轮质量"标注，如 128 RUB BOB ϕ90×110 d22，0.65 kg。垫片用"数量（个）、材料略语、外径 ϕ（mm）×厚度（mm）、孔径 d（mm），每个质量"标注，如 256 Fe ϕ38×3 d22，17 g。撑杆、竹竿等杆状物用"长度（m）、材料略语、外径 ϕ（mm）"标注，如 0.80 Fe PIP ϕ80，4.00 BAM ϕ40 等。网板用"材料略语、弦长（mm）×展长（mm），每块质量"标注，如 STWD2400×1255，350.00 kg。圆环用"数量（个）、材料略语、圆环略语、外径 ϕ（mm）、圆环材料直径 ϕ_1（mm），每个质量"标注，如 4 Fe RIN ϕ80 $\phi_1$10，0.13 kg。

第七节　拖网网图核算

网图核算是网具施工前的重要工作之一。在实践中，往往由于网图的差错而在施工中造成人力和物力的浪费。为此，在施工前一定要严格进行网图核算，经核算后确实证明无误，或进行了改正后，才能进一步根据网图计算用料、备料和施工。

一、拖网网图核算步骤与原则

拖网可分为剪裁网和编结网 2 种。下面分别介绍其网图的核算步骤与原则。

（一）剪裁网的核算步骤与原则

1. 核对网衣两侧边斜度的合理性

首先根据网衣展开图中两侧边所标注的剪裁符号，换算出两侧边的斜度，然后根据斜度来分析一下各段网衣的剪裁符号是否合理。假设网目的横向缩结系数为 0.4472（其纵向缩结系数即为 0.8944），则网衣斜边的斜度定义如下：

$$\tan \alpha = \frac{m'}{2M'}$$

或

$$\alpha = \arctan\left(\frac{m'}{2M'}\right)$$

式中，　　　α——斜度；

m'、M'——剪裁斜边的横目与纵目，或一个剪裁循环组的横目与纵目。

上述假设与拖网网图的绘制方法（网长按拉直长度、网宽按拉直宽度的一半来按比例缩小绘制）是一致的。即由上式求得的斜度与网衣展开图中斜边与纵轴线之间的夹角是相等的。现将可能会见到的几种剪裁符号的斜度列出如表 6-6 所示，以供参考。

根据拖网各部分网衣的作用，最好能使网衣在拖曳时形成一个较为光顺的喇叭状，即网衣两侧边的斜度由前到后应逐渐地减小。其递减幅度不宜相差过大或过小，如能均匀地递减则比较理想。尽可能防止斜度前小后大或由前到后突然减小过多的现象出现。

表 6-6　剪裁斜率（R）、剪裁循环（C）与斜度（α）对应值表

$R(M':m')$	C	α	$R(M':m')$	C	α	$R(M':m')$	C	α
1:1	AB	26°34′	2:1	1N2B	14°02′	5:1	2N1B	5°43′
6:5	1N10B	22°37′	5:2	3N4B	11°19′	6:1	5N2B	4°46′
5:4	1N8B	21°48′	3:1	1N1B	9°28′	7:1	3N1B	4°05′
9:7	1N7B	21°15′	10:3	7N6B	8°32′	8:1	7N2B	3°35′
4:3	1N6B	20°33′	7:2	5N4B	8°08′	9:1	4N1B	3°11′
7:5	1N5B	19°39′	11:3	4N3B	7°46′	10:1	9N2B	2°52′
3:2	1N4B	18°26′	4:1	3N2B	7°08′	11:1	5N1B	2°36′
5:3	1N3B	16°42′	9:2	7N4B	6°20′	12:1	11N2B	2°23′

2. 核对各段网衣网长目数

在我国未统一绘图标准前，有部分剪裁拖网网衣展开图中，各段网衣拉直长度的标注，因各海区的习惯不同而有区别。在东海、黄海、渤海区，其网衣拉直长度（NL）实际上是标注各段网片的拉直长度，即不包括前（或后）两段网片之间横向缝合的半目，如《中国图集》78 号、82 号、86 号、87 号、88 号、89 号、90 号网等。在南海区，其网衣拉直长度标注各段网衣的拉直长度，即包括前、后两段网衣之间纵向缝合的半目，如《中国图集》79 号、80 号、84 号网等。

根据各段网衣的目大和网长目数可算出各段的拉直长度。假如各段算出的拉直长度与网衣展开图中标注的各段拉直长度数字相符，并且各段长度之和与主尺度的网衣拉直总长数字相符，则说明各段的网长目数无误，否则就需改正。此外，如果网盖下翼不单独剪裁成一片，可以根据下翼拉直长度应等于上翼与网盖拉直长度之和、疏底拉直长度应等于网侧或网身一段上片的拉直长度等原则，来核算上述各片网衣的网长目数。

3. 核对各段网衣网宽目数

在我国剪裁拖网网衣展开图中，网宽目数的标注，因各海区的缝合工艺要求不同而有区别。在东海、黄渤海区，一般是把斜梯形和正梯形网片底边钝角处的第一个单脚看成是半目，在网图标注中，斜梯形网片的大小头目数均计有半目，正梯形网衣小头两端钝角处的第一个单脚也看成是半目，两端加起来为一目，表面看来小头目数是整数，但实际上是计有两个半目的整目数。计有半目的正梯形网衣标注有个特点：由于网长均带有半目，其大头目数为偶数时，小头目数也为偶数；同理，其大头为奇数时，则小头也为奇数。在 20 世纪 80 年代出版的各省（自治区、直辖市）的图集中，山东省、天津市的拖网网图，其网宽目数均计有半目，但在斜梯形网衣标注中，网宽均省略了半目的标注，其实质还是计有半目的。在南海区，其网宽均不计半目，网宽目数均为整数，正梯形网衣标注也有个特点：由于网长均带有半目，若大头为偶数时，则小头为奇数；若大头为奇数时，则小头为偶数。这种不计半目的标注方法与 FAO 编辑出版的《渔具设计图集》和《小型渔具设计图集》拖网网衣展开图的网宽目数标注方法是一致的，与我国编结拖网网宽目数的标注也相同。

不论网宽是否计有半目，其核对方法是一样的，只是网衣大小头目数的校核公式稍有差别。

核对各段网衣网宽时，首先核对根据网口目大和网口目数计算出的网口周长是否与主尺度的网口网衣拉直周长数字相符。若相符，我们就依此为准，以各段网长目数、剪裁符号和网口目数为已知数，由网口向前核对盖网衣、上翼网衣、网盖下翼网衣和下翼网衣的各段大小头目数，然后再由网口向后核对网身各段网衣的大小头目数和囊网衣的网周目数或网宽目数。

在核对各段网衣的大小头目数时，一般是把已核对无误的网长目数、剪裁符号、大头目数（或小头目数）作为已知数，然后由这些已知数求出小头目数（或大头目数）。假如求出的目数与网图数字不符，说明网图有错，应加以改正。

核对各段网衣大小头目数的计算方法是先计算出剪边的整剪裁循环的组数和余目数，并运用对称剪裁基本法则将余目数搭配好开终剪写出剪边的对称剪裁排列，再应用校核公式进行核算。

对称剪裁基本法则如下：

①剪裁循环为一边旁多单脚（包括一边旁一单脚）时，钝角处剪裁组应比锐角处剪裁组多一个单脚，相应钝角处剪裁组纵目数比锐角处剪裁组纵目数多半目。

②剪裁循环为一宕眼多单脚（包括一宕眼一单脚）时，钝角处剪裁组应比锐角处剪裁组多三个单脚，相应钝角处剪裁组纵目数比锐角处剪裁组纵目数多半目。

③剪裁循环为多边旁一单脚时，钝角处剪裁组应比锐角处剪裁组少一个边旁，相应钝角处剪裁组纵目数比锐角处剪裁组纵目数少一目。

剪裁后，网宽目数不计入剪成单脚的半目的网衣大小头目数校核公式如下：

①直角梯形网衣大小头目数校核公式（斜边为边旁单脚剪时）为

$$m_2 = m_1 - \frac{\sum B}{2} \tag{6-4}$$

②两斜边均为边旁单脚剪裁的等腰梯形网衣大小头目数校核公式为

$$m_2 = m_1 - \sum B \tag{6-5}$$

③两斜边均为全单脚剪裁的等腰梯形网衣大小头目数校核公式为

$$m_2 = m_1 - (M-1) \times 2 \tag{6-6}$$

④一斜边为全单脚剪裁和另一斜边为边旁单脚剪裁的非等腰梯形网衣大小头目数校核公式为

$$m_2 = m_1 - (M-1) - \frac{\sum B}{2} \tag{6-7}$$

⑤一斜边为全单脚剪裁和另一斜边为宕眼单脚剪裁的非等腰梯形网衣大小头目数校核公式为

$$m_2 = m_1 - (M-1) \times 2 - \sum T \tag{6-8}$$

⑥一斜边为边旁单脚剪裁和另一斜边为宕眼单脚剪裁的斜梯形网衣大小头目数校核公式为

$$m_2 = m_1 - (\sum N - 1) - \sum T \tag{6-9}$$

⑦一斜边为边旁单脚剪裁和另一斜边为全单脚剪裁的斜梯形网衣大小头目数校核公式为

$$m_2 = m_1 - (\sum N - 1) \tag{6-10}$$

⑧一斜边为宕眼单脚剪裁和另一斜边为全单脚剪裁的斜梯形网衣大小头目数校核公式为

$$m_2 = m_1 - \sum T \tag{6-11}$$

式中，　m_2——网衣的小头目数；

　　　　m_1——网衣的大头目数；

　　　　$\sum B$——一条单脚斜边上单脚数的总和；

　　　　M——网长目数；

　　　　$\sum T$——宕眼单脚斜边上宕眼数的总和；

　　　　$\sum N$——边旁单脚斜边上边旁数的总和。

网宽目数计半目的网衣大小头目数校核公式与网宽目数不计半目的校核公式相似，只要把公式中的 $\sum B$、$M-1$、$\sum N-1$ 分别改为 $\sum B-1$、$M-0.5$、$\sum N-0.5$ 即可，则网宽不计半目的校核公式式（6-4）至式（6-11）可改为网宽计半目的校核公式式（6-12）至式（6-19）。

$$m_2 = m_1 - \frac{\sum B - 1}{2} \tag{6-12}$$

$$m_2 = m_1 - (\sum B - 1) \tag{6-13}$$

$$m_2 = m_1 - (M - 0.5) \times 2 \tag{6-14}$$

$$m_2 = m_1 - (M - 0.5) - \frac{\sum B - 1}{2} \tag{6-15}$$

$$m_2 = m_1 - (M - 0.5) \times 2 - \sum T \tag{6-16}$$

$$m_2 = m_1 - (\sum N - 0.5) - \sum T \tag{6-17}$$

$$m_2 = m_1 - (\sum N - 0.5) \tag{6-18}$$

$$m_2 = m_1 - \sum T \tag{6-19}$$

4. 核对各部分网衣的配纲

先根据网衣展开图计算出各部分网衣的配纲系数，然后检查这些配纲系数是否合理。上、下口门或平头式翼端的配纲系数可由下式求得

$$\eta = L_{平} \div [2a(N-1)] \tag{6-20}$$

式中，　η——配纲系数；

$L_{平}$——上、下口门或平头式翼端的配纲长度（m）；

$2a$——上、下口门或翼端的目大（m）；

N——上、下口门目数或平头式翼端目数。

上口门目数是指盖网衣大头前缘两旁与上翼网衣大头后缘缝合后的中间部分剩余目数。下口门目数是指网身一段下片大头前缘两旁与下翼网衣大头或网盖下翼网衣大头后缘缝合后的中间部分剩余目数。

网翼或燕尾式翼端的配纲系数可由下式求得

$$\eta = L_{翼} \div 2a'M \tag{6-21}$$

式中，　η——配纲系数；

$L_{翼}$——网翼或翼端三角的配纲长度（m）；

$2a'$——网翼或翼端三角的目大（m）；

M——配纲部分网衣的网长目数。

配纲系数是否合理是设计问题，调查核算很难考究，但也可以参考一些当时习惯的使用范围，如表 6-7 所示。

表 6-7　20 世纪 80 年代配纲系数的习惯使用范围

配纲部位		η
上口门		0.41～0.50
上翼	1：3(1T1B)/1r±1.5	1.35～1.60
	1：2(1T2B)/2r±2	1.14～1.26
	2：3(1T2B)/4r±3	1.06～1.12
下口门		0.35～0.46
下翼	1：3(1T2B)/1r±1.5	1.26～1.50
	1：2(1T2B)/2r±2	1.10～1.23
	2：3(1T2B)/4r±3	1.05～1.09
1：1(AB)/2r±1		0.93～1.00
平头式翼端		0.35～0.50

核对各段网衣配纲的合理性后，接着可计算出上口门、上翼各段网衣的配纲长度之和，核对其是否与网图标注的浮纲总长度相符；再计算下口门、下翼（包括网盖下翼）各段网衣配纲长度之和，核对其是否与网图标注的缘纲或沉纲总长度相等。核对沉纲的总长度应等于或稍短于缘纲总长度，否则就不合理。计算上、下翼端配翼端纲长度之和，核对其是否与绳索属具布置图中标注的翼端纲长度相等。最后计算网身力纲装置部位的网衣拉直总长度，核对出此总长度应稍长或等于网身力纲长度，否则就不合理。

5. 核对浮、沉力的配布

根据浮力布置图计算出浮子个数，核对其是否与网图标注的浮子个数相符。根据沉力布置图的滚轮安装间隔长度和滚轮个数计算出其装配长度，如装配长度稍小于纲长度（约小于 0.8 m），则说明滚轮的配布是可行的。

（二）手编网的核算步骤与原则

1. 核对各段网衣网长目数

根据各段网衣的目大和网长目数可算出各段的拉直长度。假若各段算出的拉直长度与网衣展开图中标注的各段拉直长度数字相符，而且各段长度之和与主尺度的网衣拉直总长数字和网衣展开图左侧刻度线下方的网衣总长数字均相符时，则说明各段的网长目数均无误，否则就需改正。

2. 核对各段网衣编结符号

假设编结周期内的纵目和网衣中间的每道增减目周期组数或网衣边缘的减目周期组数是无误的，根据周期内的纵目乘以周期组数可以得出网长目数。若算出的网长目数与网图数字相符，说明假设正确，即编结符号中的增减目周期组数和周期内节数均无误，否则就需改正。

3. 核对各段网衣网宽目数

首先核对根据网口目大和网口目数算出的网口周长是否与主尺度的网口网衣拉直周长数字相符。若相符，我们就以各段网衣的网长目数、编结符号和网宽目数为已知数，向前核对网盖、网翼、网缘各段的大小头目数，然后再向后核对网身和网囊的网宽目数。

手编网衣大小头目数的校核公式如下：

①两斜边均为网衣中间纵向增目的等腰梯形网衣的大小头目数校核公式为

$$m_1 = m_2' + n \cdot z \cdot t \tag{6-22}$$

②两斜边均为单脚减目（2r–1）的等腰梯形网衣大小头目数校核公式为

$$m_2 = m_1' - M \times 2 \tag{6-23}$$

③一斜边为单脚减目，另一斜边为宕眼单脚减目的非等腰梯形网衣大小头目数校核公式为

$$m_2 = m_1' - M \times 2 - z \tag{6-24}$$

④一斜边为网衣中间纵向增目和另一斜边为单脚减目的斜梯形网衣大小头目数校核公式为

$$m_1 = m_1' + n \cdot z \cdot \frac{t}{2} - M \tag{6-25}$$

⑤一斜边为单脚增目和另一斜边为宕眼单脚减目的斜梯形网衣大小头目数校核公式为

$$m_2 = m_1' - z + 1 \tag{6-26}$$

⑥手编纵向减目的截锥网衣大小头网周目数校核公式为

$$m_2'' = m_1'' - n \cdot z \cdot t'' \tag{6-27}$$

式中，　m_1 ——网衣大头目数；

m_1'——网衣大头的起编目数；

m_2——网衣小头目数；

m_2'——网衣小头的起编目数；

n——编结周期内的横向增减目数；

z——网衣中间每道或边缘的编结周期组数或组数总和；

t——一处网衣中间纵向增减目编结的道数；

t''——截锥网衣纵向减目编结的总道数；

M——网衣的编长目数；

m_2''——截锥网衣小头的网周目数；

m_1''——截锥网衣大头的网周目数。

4. 核对各部分网衣的配纲

手编网各部分网衣配纲系数的计算方法和配纲系数是否合理的辨别方法等可参考剪裁网的核算步骤与原则的相应部分内容，在此不再赘述。

二、网图核算实例

（一）剪裁网的核算

例 6-1　试对图 6-86（a）和图 6-86（b）进行核算。
解：

1. 两侧边斜度的合理性评估

根据该网两侧边的剪裁斜率并参考表 6-6 可得出该网两侧边的斜度如表 6-8 所示。

从表 6-8 可以看出，两侧边的斜度由前到后逐渐减小，这是合理的。其递减幅度约为 2°～5°，不算相差太大。

表 6-8　剪裁边斜度对照表

	网翼、网盖	网身一段	网身二段	网身三段	网身四段	网身五段	网身六段
R	1N6B	1N6B	1N4B	1N4B	1N2B	1N1B	1N1N
α	20°33′	20°33′	18°26′	18°26′	14°02′	9°28′	9°28′

2. 核对各段网衣网长目数

根据网衣展开图所标注目大和网长目数（包围前后两段网衣之间缝合的半目）可算出各段网衣的拉直长度如表 6-9 所示。

表 6-9　拉直长度计算表

段别	拉直长度/m	网衣总长/m
翼端三角	0.24×14 = 3.36	
上翼前段	0.24×32 = 7.68	61.24
上翼后段	0.24×16 = 3.84	

段别	拉直长度/m	网衣总长/m
网盖	$0.24 \times 24 = 5.76$	
网身一段	$0.24 \times 24 = 5.76$	
网身二段	$0.18 \times 28 = 5.04$	
网身三段	$0.12 \times 46 = 5.52$	61.24
网身四段	$0.08 \times 66 = 5.28$	
网身五段	$0.06 \times 100 = 6.00$	
网身六段	$0.05 \times 100 = 5.00$	
网囊	$0.04 \times 200 = 8.00$	

经核算后各段网衣拉直长度与网图标注的数字相符，各段长度加起来得出的网衣总长也与网图主尺度的数字和网衣展开图左侧刻度线下方的网衣总长数字均相符，证明了表 6-9 所列各段网衣的网长目数均无误。

此外，上翼和网盖的网长目数之和为

$$31.5 + 0.5 + 15.5 + 0.5 + 23.5 = 71.5(目)$$

下翼网长目数为

$$56 + 15.5 = 71.5(目)$$

核算结果，下翼网长目数与上翼和网盖的网长目数之和相同，则证明下翼网长目数无误。

3. 核对各段网衣网宽目数

该网网图的网宽目数不计半目，也不包括网衣两斜边的绕编或扎边所消耗的目数。

（1）核对网口周长

该网的网口周长为

$$0.24 \times (170 + 170) = 81.60(m)$$

核算结果与主尺度的网口周长数字相等，说明网身一段上、下片的大头目数均无误。

（2）核对盖网衣大小目数

盖网衣小头与网身一段上片大头是一目对一目编缝的，缝合处两端应保持 1N6B，如图 6-87 所示。盖网衣小头目数应为

$$170 + 1.5 \times 2 = 173(目)$$

已知网长 23.5 目，两边 1N6B，小头 173 目，求大头目数。

$$23.5 \div 4 = 5 \cdots\cdots 3.5$$

上式说明 1 N6B 边有 5 个整剪裁循环组，余目数为 3.5 目，运用对称剪裁基本法则①可将余目数分解为 1.5 目和 2 目，并将 1.5 目化为 1N1B 放在锐角处作为开剪组，将 2 目化为 1N2B 放在钝角处作为终剪组；也可将余目数化为 1N5B 放在锐角处作为开剪组。该网采用前一种对称剪裁排列，即为

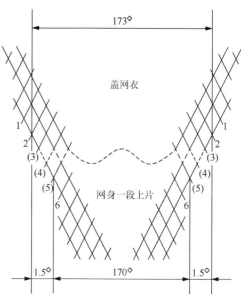

图 6-87　盖网衣与网身一段上片缝合示意图

$$1N1B \quad 1N6B（5）\quad 1N2B$$

盖网衣是两斜边均为边旁单脚剪裁的等腰梯形网衣，则可根据网衣大小头目数的校核公式（6-5）计算出盖网衣的大头目数为

$$m_1 = m_2 + \sum B = (173 + 1 + 6 \times 5 + 2) = 206(目)$$

核算结果与网图标注数字相符，说明经核对后得知盖网衣大头目数无误。

（3）核对上口门和上翼后段大头的目数

上翼后段大头与盖网衣大头两旁是一目对一目编缝的，缝合处两端边形成 1N6B 和 1T3B，如图 6-88 所示。假设上翼后段大头目数是无误的，则上口门目数应为

$$206 - 84 \times 2 = 38(目)$$

核算结果与网图标注的上口门目数（38 目）相符，说明上口门和上翼后段大头的目数均无误。

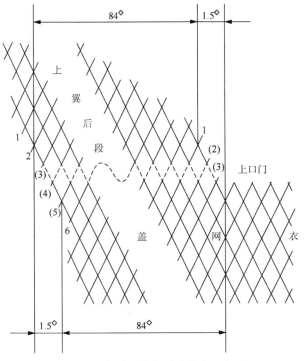

图 6-88　上翼后段与网盖缝合示意图

上口门两旁与上翼后段大头锐角处的缝合处装配浮纲后又称为"上三拼口处"。该网的上三拼口处的设计把网衣缝成 1T3B，这是欠妥的。但这种设计上的不妥可在上三拼口处的网衣与浮纲装配时给予调整，可详见本章第九节"拖网制作与装配"中的有关叙述。

（4）核对上翼后段小头目数

已知网长 15.5 目，1N6B 和 1T1B 边，大头 84 目，求小头目数。

1N6B 边

$$15.5 \div 4 = 3 \cdots\cdots 3.5$$

$$1N1B \quad 1N6B（3）\quad 1N2B$$

1T1B 边（1T1B 的纵目为 0.5 目）

$$15.5 \div 0.5 = 26 \cdots\cdots 2.5$$

上式说明 1T1B 边有 26 个整剪裁循环组，余目数为 2.5 目，运用对称剪裁基本法则②可将余目

数分解为 1 目和 1.5 目，并将 1 目化为 1 N 放在锐角处作为开剪组，将 1.5 目化为 1T3B 放在钝角处作为终剪组，则其对称剪裁排列为

$$1N \quad 1T1B（26） \quad 1T3B$$

上翼后段是一斜边为边旁单脚剪裁和另一斜边为宕眼单脚剪裁的斜梯形网衣，则可根据校核公式（6-9）计算出其小头目数为

$$m_2 = m_1 - (\sum N - 1) - \sum T = 84 - (1 + 3 + 1 - 1) - (26 + 1) = 53(目)$$

经核对无误。

（5）核对上翼前段大小头目数

上翼前段大头与上翼后段小头是一目对一目编缝的，缝合处两端边形成 1N6B 和 1T4B，如图 6-89 所示。上翼前段大头应比上翼后段小头少 1 目，为 52 目，这与网图数字相符。

已知网长 31.5 目，1 N6B 和 1T4B 边，大头 52 目，求小头目数。

1N6B 边

$$31.5 \div 4 = 7 \cdots\cdots 3.5$$

$$1N1B \quad 1N6B（7） \quad 1N2B$$

1T4B 边

$$31.5 \div 2 = 15 \cdots\cdots 1.5$$

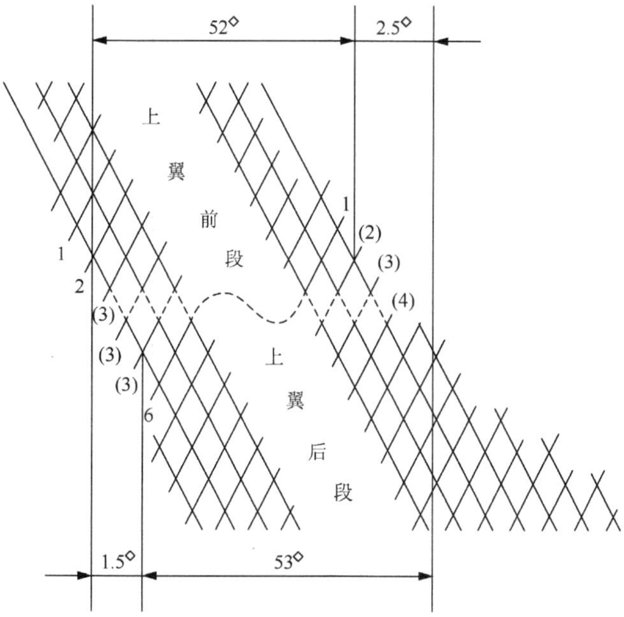

图 6-89　上翼前段与上翼后段缝合示意图

运用对称剪裁基本法则②可将余目数化为 1N1B 放在锐角处作为开剪组，则其对称剪裁排列为

$$1N1B \quad 1T4B（15）$$

上翼前段两斜边的剪裁与上翼后段两斜边的剪裁相似，则可根据校核公式（6-9）计算出其小头目数为

$$m_2 = 52 - (1 + 7 + 1 - 1) - 15 = 29(目)$$

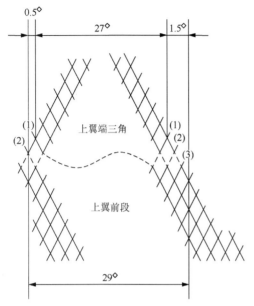

图 6-90　上翼端三角与上翼前段缝合示意图

经核对无误。

（6）核对上翼端三角大小头目数

上翼端三角大头与上翼前段小头是一目对一目编缝的，缝合处两端边形成 2B1N 和 3B，如图 6-90 所示。上翼端三角大头应比上翼前端小头少 2 目，即为 27 目，这与网图数字相等。

已知网长 13.5 目，两边为 AB，大头 27 目，求小头目数。

上翼端三角是两斜边均为全单脚剪裁的等腰正梯形网衣，可根据校核公式（6-6）计算出其小头目数为

$$m_2 = m_1 - (M-1) \times 2 = 27 - (13.5-1) \times 2 = 2(目)$$

经核算无误。

（7）核对下口门、下网缘后段大头与网身一段下片大头的目数

下网缘后段大头、下翼大头与网身一段下片大头两旁是一目对一目编缝的，缝合处两端边形成 1N6B 和 1T3B，如图 6-91 所示。从图中可以看出，下网缘后段的全单边与下翼的全单边先扎边和绕缝形成一片网衣后，其大头和网身一段下片大头两旁是一目对一目编缝的。假设下网缘后段大头目数和下翼大头目数是无误的，则下口门目数应为

$$170 - (36 + 31) \times 2 = 36(目)$$

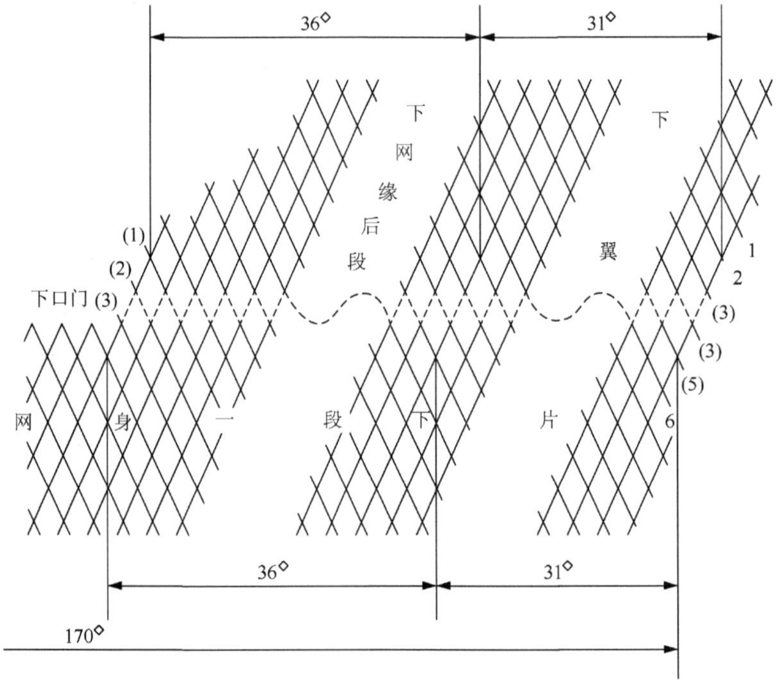

图 6-91　下网缘后段、下翼与网身一段下片缝合示意图

核算结果与网图数字相符，则证明下口门、下网缘后段大头和下翼大头的目数均无误。

（8）核对下网缘后段小头目数

已知网长 15.5 目，1T1B 和 AB 边，大头 36 目，求小头目数。

$$15.5 \div 0.5 = 26 \cdots\cdots 2.5$$

$$1N \quad 1T1B（26） \quad 1T3B$$

下网缘后段是一斜边为宕眼单脚剪裁和另一斜边为全单脚剪裁的斜梯形网衣，则可根据校核公式（6-11）计算出其小头目数为

$$m_2 = m_1 - \sum T = 36 - 26 - 1 = 9(\text{目})$$

经核对无误。

（9）核对下网缘前段网宽目数

下网缘前段是两边均为 AB 边的平行四边形网衣，网图中标注其网宽目数为 9 目，与下网缘后段的小头目数等宽，这是合理的，核对下网缘前段网宽目数无误。

（10）核对下翼小头目数

根据网图标注，下翼网长应为

$$M = 56 + 15.5 = 71.5(\text{目})$$

已知网长 71.5 目，1 N6B 和 AB 边，大头 31 目，求小头目数。

$$71.5 \div 4 = 17 \cdots\cdots 3.5$$

$$1N1B \quad 1N6B（17） \quad 1N2B$$

下翼是一斜边为边旁单脚剪裁和另一斜边为全单脚剪裁的斜梯形网衣，可根据校核公式（6-10）计算出其小头目数为

$$m_2 = m_1 - (\sum N - 1) = 31 - (1 + 17 + 1 - 1) = 13(\text{目})$$

经核算无误。

（11）核对下翼端三角大小头目数

下翼端三角大头与下网缘前段前头、下翼小头是一目对一目编缝的，缝合处两端边形成3B，如图 6-92 所示。下翼端三角大头目数应等于下网缘前段前头和下翼小头的目数之和。

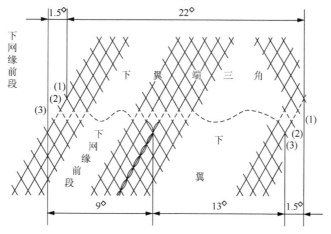

图 6-92　下翼端三角与下网缘前段、下翼缝合示意图

即

$$9 + 13 = 22(\text{目})$$

已知网长 13.5 目，1N2B 和 AB 边，大头 22 目，求小头目数。

$$13.5 \div 2 = 6 \cdots\cdots 1.5$$

运用对称剪裁基本法则①可将余目数化为 1N1B 放在锐角处作为开剪组，则其对称剪裁排列为

$$1N1B \quad 1N2B（6）$$

下翼端三角是一斜边为全单脚剪裁和另一斜边为边旁单脚剪裁的非等腰正梯形网衣，则可根据校核公式（6-7）计算出其小头目数为

$$m_2 = m_1 - (M-1) - \frac{\sum B}{2} = 22 - (13.5-1) - \frac{1+2\times6}{2} = 3(目)$$

经核对无误。

（12）核对网身一段小头目数

该网身网衣是由六筒截锥状网衣前后缝合组成的。每筒身网衣是由上、下 2 片两边均为边旁单脚剪裁的等腰正梯形网衣的两斜边绕缝缝合而成的，故其斜边可运用对称剪裁基本法则①进行对称剪裁排列，其网宽目数可根据校核公式（6-5）进行核算。

该网图把网身一段上、下两片标注为同规格的网衣，这是错误的。若上、下两片规格完全相同，则没有必要画出纵向对称线而分成上、下 2 片。根据广西北海渔民设计疏目型拖网的习惯，网身一段下片的线粗一般取与下网缘相同，故应将该网图中标注的网身一段下片线粗 20×3 改为 25×3。

已知网长 23.5 目，两边 1N6B，大头 170 目，求小头目数。

$$23.5 \div 4 = 5\cdots\cdots 3.5$$

$$1N1B \quad 1N6B（5） \quad 1N2B$$

$$m_2 = 170 - 1 - 6\times5 - 2 = 137(目)$$

经核算与网图标注不符，故网图标注 127 目是错误的，应改为 137 目。

（13）核对网身二段大小头目数

网身二段大头应与网身一段小头等宽，则网身二段大头目数应为

$$240\times137 \div 180 = 182.7(目)$$

因网身一段小头 137 目为奇数，则网身二段大头目数应取偶数。现该网取小一些，为 182 目，这是可以的。

已知网长 27.5 目，两边 1N4B，大头 182 目，求小头目数。

$$27.5 \div 3 = 8\cdots\cdots 3.5$$

$$1N1B \quad 1N4B（8） \quad 1N2B$$

$$m_2 = 182 - 1 - 4\times8 - 2 = 147(目)$$

经核对无误。

（14）核对网身三段大小头目数

网身三段大头目数应为

$$180\times147 \div 120 = 220.5(目)$$

网身三段大头目数应取为偶数，现该网取为 220 目，这是可以的。

已知网长 45.5 目，两边 1N4B，大头 220 目，求小头目数。

$$45.5 \div 3 = 14\cdots\cdots 3.5$$

$$1N1B \quad 1N4B（14） \quad 1N2B$$

$$m_2 = 220 - 1 - 4\times14 - 2 = 161(目)$$

经核对无误。

（15）核对网身四段大小头目数

网身四段大头目数应为

$$120 \times 161 \div 80 = 241.5(\text{目})$$

网身四段大头目数应取为偶数，现该网取为 240 目，这是可以的。

已知网长 65.5 目，两边 1N2B，大头 240 目，求小头目数。

$$65.5 \div 2 = 32 \cdots\cdots 1.5$$

$$1N1B \quad 1N2B（32）$$

$$m_2 = 240 - 1 - 2 \times 32 = 175(\text{目})$$

经核对无误。

（16）核对网身五段大小头目数

网身五段大头目数应为

$$80 \times 175 \div 60 = 233.3(\text{目})$$

网身五段大头目数应为偶数，现该网取为 232 目，这是可以的。

已知网长 99.5 目，两边 1N1B，大头 232 目，求小头目数。

$$99 \div 1.5 = 65$$

$$1N1B（65） \quad 1N2B$$

$$m_2 = 232 - 1 \times 65 - 2 = 165(\text{目})$$

经核对与网图标注不符，故网身五段小头目数应由图标的 167 目改为 165 目。

（17）核对网身六段大小头目数

网身六段大小头目数应为

$$60 \times 165 \div 50 = 198(\text{目})$$

网身六段大头目数应取为偶数，现该网取为 200 目，虽然稍大一些，也是可以的。

已知网长 99.5 目，两边 1N1B，大头 200 目，求小头目数。

$$99.5 \div 1.5 = 65 \cdots\cdots 2$$

$$1N1B（65） \quad 1N2B$$

$$m_2 = 200 - 1 \times 65 - 2 = 133(\text{目})$$

经核对有误，故网身六段小头目数应由图标的 135 目改为 133 目。

（18）核对囊网衣网周目数

囊网衣是由矩形网片两直目边缝合后形成的圆筒网衣。网身六段上、下两片网衣缝合成圆锥筒后，其小头网周有 266（133×2）目。囊网衣网周目数应为

$$50 \times 266 \div 40 = 332.5(\text{目})$$

现该网图标网周目数为 300 目，相差太多，是不合理的。

4. 核对各部分网衣的配纲

（1）验算配纲系数

①上口门：

$$\eta = 4.30 \div [0.24 \times (38 - 1)] = 0.484$$

②上翼后段 1T1B 边：

$$\eta = 5.60 \div 3.84 = 1.458$$

③上翼前段 1T4B 边：

$$\eta = 8.14 \div 7.68 = 1.060$$

④上翼端三角 AB 边：

$$\eta = 3.36 \div 3.36 = 1.000$$

⑤下口门：

$$\eta = 3.90 \div [0.24 \times (36 - 1)] = 0.464$$

⑥下网缘后段 1T1B 边：

$$\eta = 5.50 \div 3.84 = 1.432$$

⑦下网缘前段与下翼端三角 AB 边：

$$\eta = 16.35 \div (13.44 + 3.36) = 0.973$$

⑧翼端纲计算如下：

在网衣展开图中只标注出上翼端三角配翼端纲长度为 3.20 m，而漏标下翼端三角的配翼端纲长度。但在绳索属具布置图中标注出整条翼端纲长度为 6.40 m，则下翼端三角部分配翼端纲的长度为

$$6.40 - 3.20 = 3.20 \text{(m)}$$

上、下翼端三角的配翼端纲的配纲系数均为

$$\eta = 3.20 \div 3.36 = 0.952$$

参看表 6-7，可知上述配纲系数均在我国两片式底拖网当时习惯使用的配纲系数范围之内，故上述各部分网衣的配纲基本上是可以的。

（2）核对浮纲长度

$$4.30 + (5.60 + 8.14 + 3.36) \times 2 = 38.50 \text{(m)}$$

核算结果与该网主尺度中的结缚网衣的上纲长度（38.50 m）和上网衣符号上方的浮纲长度数字相符无误。

（3）核对沉纲总长度

该网下纲中无缘纲，用水扣绳代替缘纲的作用。在网衣展开图中的下三拼口处，在下口门的配纲和下网缘后段的配纲之间有个小圆圈链接，说明该网的沉纲由 1 段中沉纲（下口门的配纲）和 2 段翼沉纲（下翼端三角及下网缘前、后段的配纲）组成，则该网沉纲总长度为

$$3.90 \text{m} + (5.50 + 16.35) \times 2 = 47.60 \text{(m)}$$

核算结果与网衣展开图中下网衣符号上方的沉纲总长度数字相符无误。

（4）核对网身力纲长度

从该网的调查资料中得知，网身力纲前端固结在下网缘后段配纲边的第 16 组宕眼的相应部位，顺直目对角线向后结扎，直到背、腹网衣的缝合边，再沿缝合边结扎到网身末端并穿过网囊力纲前端留头长度折回形成的眼环后，其后端剩余长度折回固定结扎在网身力纲上。每组宕眼网长 0.5 目，

网身力纲净长应等于其装置部位总长度，则其净长应为

$$0.24 \times 0.5 \times 16 + 5.76 \times 5.04 + 5.52 + 5.28 + 6.00 + 5.00 = 34.52(\text{m})$$

网图中标注的网身力纲全长为 34.00 m，比其装置部位总长度稍短，这是合理的。

5. 核对浮沉力的配布

（1）核对浮子个数

在图 6-86（b）上方的浮力布置图中，可以看出上口门配纲右侧一半上配布 2 个浮子，上翼后段配纲上配布 2 个浮子，上翼前段配纲上配布 3.5 个浮子，上翼端三角上配布 1 个浮子，则整条浮纲上配布的浮子个数应为

$$(2 + 2 + 3.5 + 1) \times 2 = 17(\text{个})$$

核算结果与绳索属具布置图中及浮力布置图下方标注的浮子数量相符无误。

（2）核对垫片的规格

每个垫片的质量可由下式求得

$$W = \rho\left(\frac{\pi\phi^2}{4} - \frac{\pi d^2}{4}\right)\delta = \frac{\pi}{4}\rho(\phi^2 - d^2)\delta \tag{6-28}$$

式中，W——垫片的质量（g）；

π——圆周率；

ρ——垫片材料锻铁的密度，为 7.5 g/cm³；

ϕ——垫片的外径（cm）；

d——垫片的孔径（cm）；

δ——垫片的厚度（cm）。

从图 6-86（b）右下方的垫片零件图②中得知该网垫片的外径为 3.8 cm，孔径为 2.2 cm，厚度为 0.2 cm，现将这些数据代入上式可计算出每个垫片的质量为

$$W = \frac{3.1416}{4} \times 7.5 \times (3.8^2 - 2.2^2) \times 0.2 = 11(\text{g})$$

核算结果与图表垫片质量（17 g）不符。假设垫片的材料、外径、孔径和质量（17 g）均无误，则其厚度应为

$$\delta = \frac{4}{\pi}W \div [\rho(\phi^2 - d^2)] = \frac{4}{3.1416} \times 17 \div [7.5 \times (3.8^2 - 2.2^2)] = 0.3(\text{cm})$$

核算结果说明本网垫片规格标注应改为 Feϕ38×3d22,17 g，即把垫片的厚度由 2 mm 改为 3 mm。

也可能是将垫片质量 11 g 误标为 17 g。

（3）核对下空绳沉力的配布

在图 6-86（b）中，得知该网下空绳和沉纲均采用间隔穿滚轮的滚轮绳索。在图 6-86（a）左中上方的下空绳沉力布置图中，标注滚轮装配档长为 0.35 m，滚轮个数为 22 个，则滚轮装配净长应等于 21 档滚轮装配长度加上 1 个滚轮长度（0.11 m）和 2 个垫片的厚度（0.003 m×2）之和，即为

$$0.35 \times (22 - 1) + 0.11 + 0.003 \times 2 = 7.466(\text{m})$$

在绳索属具布置图和下空绳沉力布置图中均标注下空绳净长（指下空绳两端插制眼环后的长度）为 10.00 m。从滚轮绳索两端的眼环端至两端第一个滚轮侧边的装配长度，又称为滚轮装配的端距，

在该网的沉力布置图中均漏标这个"端距"数字。该网下空绳的端距应等于滚轮绳索净长与滚轮装配长度之差的一半，即为

$$[10.00 - 0.35 \times (22 - 1) - 0.11 - 0.003 \times 2] \div 2 = 1.267(\text{m})$$

根据我国拖网钢丝绳两端插制眼环的习惯，端距一般为 0.40 m 左右。现该网下空绳按图中数字计算出其端距为 1.267 m，相差太大，极不合理。造成这种错误的原因有两种可能，一是滚轮个数有误，二是滚轮装配档长有误。

在该网的网具调查中，滚轮装配档长一般是在滚轮绳索的两端和中间共测量 3 处的档长后取其平均值的，故档长的误差不会太大。现假设滚轮装配档长无误，端距暂取为 0.40 m，则下空绳的滚轮档数（为每条滚轮绳索所串有的滚轮个数减 1）应为

$$(10.00 - 0.11 - 0.003 \times 2 - 0.40 \times 2) \div 0.35 = 26.00(\text{档})$$

滚轮档数可取为 26 档，即滚轮个数应改为 27 个。则下空绳端距实际为

$$[10.00 - 0.35 \times (27 - 1) - 0.11 - 0.003 \times 2] \div 2 = 0.392(\text{m})$$

综合上述核算结果，在下空绳沉力布置图中，应补充标注端距为"392"mm，其滚轮个数"×22"应改为"×27"，还应依端距、档长等按比例重新绘制下空绳沉力布置图。此外，在图 6-86（a）的绳索属具布置图中，下空绳下方关于滚轮和垫片的标注，若按本书的标注规范则应将"COV 22 RUB BOB + 44 Fe ϕ 38 × 2 (17 g)"改为"COV 27 RUB BOB ϕ 90 × 110 d 22，0.65 kg + 54 Fe ϕ 38 × 3 d 22，17 g"。

（4）核对翼沉纲沉力布置

图 6-86（b）中，标注翼沉纲长度为 21.85 m，这与网衣展开图中下网缘后段配纲（5.50 m）与下网缘前段、下网口三角配纲（16.35 m）之和 21.85 m 是一致的，说明翼沉纲长度的标注无误。现假设图中标注的滚轮档长（0.30 m）无误，端距暂取为 0.40 m，则翼沉纲的滚轮档数应为

$$(21.85 - 0.11 - 0.003 \times 2 - 0.40 \times 2) \div 0.30 = 69.78(\text{档})$$

滚轮档数可取为 70 档，即滚轮个数应改为 71 个。则翼沉纲端距实际为

$$[21.85 - 0.30 \times (71 - 1) - 0.11 - 0.003 \times 2] \div 2 = 0.367(\text{m})$$

综上所述，在翼沉纲沉力布置图中，应补充标注端距为"367"mm，其滚轮个数"×64"应改为"×71"，还应依端距、档长等按比例重新绘制翼沉纲沉力布置图。

（5）核对中沉纲沉力的配布

在图 6-86（b）左下方的中沉纲沉力布装置图中，标注中沉纲长度为 3.90 m，这与网衣展开图的下口门标注 3.90 m 是一致的，说明中沉纲长度的标注无误。现假设图中标注的滚轮档长（0.28 m）无误，端距暂取为 0.40 m，则中沉纲的滚轮档数应为

$$(3.90 - 0.11 - 0.003 \times 2 - 0.40 \times 2) \div 0.28 = 10.66(\text{档})$$

滚轮档数可取为 11 档，即滚轮个数应改为 12 个，则中沉纲端距实际为

$$[3.90 - 0.28 \times (12 - 1) - 0.11 - 0.003 \times 2] \div 2 = 0.352(\text{m})$$

综合上述，在中沉纲沉力布置图中，应补充标注端距为"352"mm，其滚轮个数"×11"应改为"×12"，还应依端距、档长等按比例重新绘制中沉纲沉力布置图。

（6）核对沉纲的滚轮、垫片、沉子数量

该网沉纲由 1 段中沉纲和 2 段翼沉纲组成，则原图整条沉纲的滚轮数量应为

$$11 + 64 \times 2 = 139(\text{个})$$

核算结果与绳索属具布置图的沉纲规格标注中滚轮数量为 128 个不符，这是因为图中只标注了 2 段翼沉纲的滚轮数量 128（64×2）个和垫片数量 256（128×2）个，而缺了中沉纲的滚轮、

垫片数量。在《南海渔具》中，"340目底层拖网"的调查报告中，没有关于铅沉子的介绍，只在绳索属具布置图的沉纲标注中看到铅沉子规格为"166 Pb 0.38 kg"，并在浮沉力布置图中，可看到沉纲上的每个滚轮两侧各附有1个垫片和1个铅沉子，即垫片或铅沉子的数量均为滚轮数量的两倍。故沉纲规格的标注是错误的，现建议将沉纲规格标注改为标注一段中沉纲和两段翼沉纲的规格。根据前面的翼沉纲和中沉纲沉力配布的核算结果对网图标注进行修改，修改结果见图6-86（b）。

（二）手编网的核算

例6-2　试对图6-93（a）进行核算。

解：

1. 核对各段网衣网长目数

根据网衣展开图所标注的目大和网长目数可算出各段网衣的拉直长度如附表1所示。

附表1中经核算的各段网衣拉直长度有4段与网图标注不符。其中网身二段、网身十二段和网身二十段这三段网衣的准确拉直长度应分别为1.365 m、1.305 m和1.365 m。由于网图中以 m 为单位的长度要求只标注二位小数，而该网图在修约时是根据"4 舍 5 入"的原则，附表1执行的则是现行国家标准的规定，"4 舍 6 入 5 看齐，奇进偶不进"（偶数包括零），故附表1中网身二段、网身十二段和网身二十段分别修约为1.36 m、1.30 m和1.36 m，比原网图标注各少了0.05 m。还有一段是网囊，附表1中根据目大和网长目数核算出为12.00 m，但从主尺度标注和网衣展开图左侧纵向直线下方标注的网衣总长数字看，网囊长度应为15.00 m，则网囊的网长目数应改为

$$15.00 \div 0.04 = 375(目)$$

则网衣总长的准确数字应为

$$84.96 + (15.00 - 12.00) = 87.96(m)$$

即该网主尺度中的网衣总长度和网衣展开图中标注的网衣总长后由87.99 m改为87.96 m。此外，在网衣展开图中，网身二段、网身十二段和网身二十段的拉直长度标注应分别由1.37、1.31和1.37改为1.36、1.30和1.36。

2. 核对各段网衣编结符号

（1）网盖与网盖下翼之间纵向增目的编结符号

在网衣展开图中，网盖与网盖下翼之间和网翼中间的纵向增目编结符号标注在一起，为3—11(8r + 2)，理应分开标注。

网盖与网盖下翼之间的纵向增目，其编结周期内的纵目为4目（8r），编长17目，则其增目周期组数应为

$$17 \div 4 = 4 \cdots\cdots 1$$

网盖与网盖下翼之间纵向增目的编结符号应为3—4(8r + 2)。

（2）网翼中间纵向增目的编结符号

网翼编结29目，则其增目周期组数应为

$$29 \div 4 = 7 \cdots\cdots 1$$

网翼中间纵向增目的编结符号应为3—7(8r + 2)。

40 cm底层双船拖网（广东　博贺）

132.00 m × 87.96 m（46.26 m）

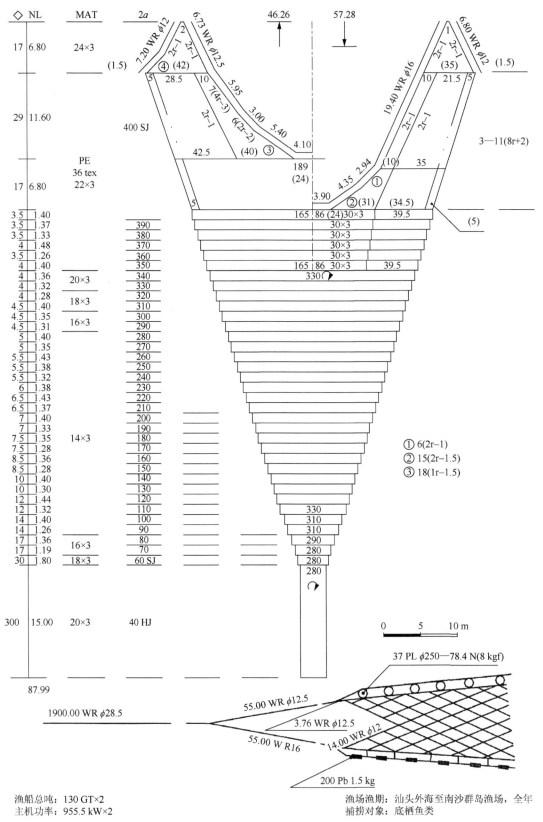

（a）调查图（原图）

渔船总吨：130 GT×2
主机功率：955.5 kW×2

渔场渔期：汕头外海至南沙群岛渔场，全年
捕捞对象：底栖鱼类

40 cm底层双船拖网（广东　博贺）

132.00 m×87.96 m（46.26 m）

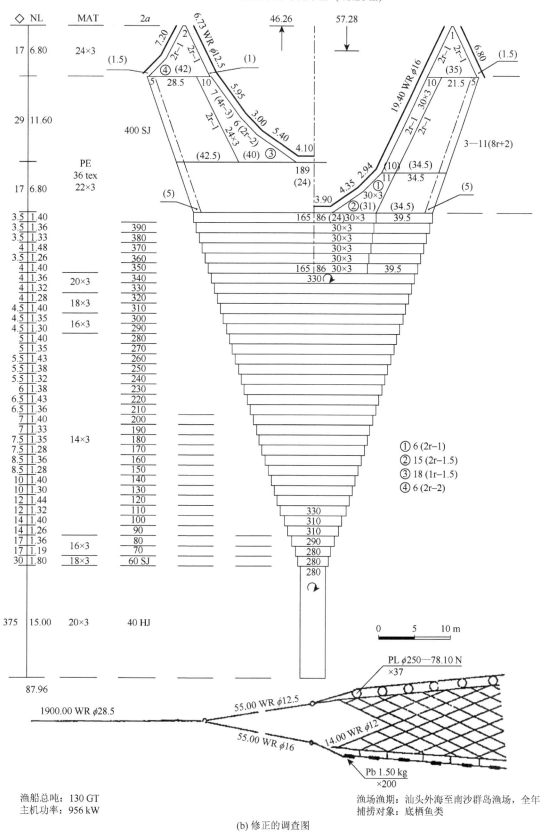

渔船总吨：130 GT
主机功率：956 kW

渔场渔期：汕头外海至南沙群岛渔场，全年
捕捞对象：底栖鱼类

(b) 修正的调查图

图 6-93　40 cm底层双船拖网网图（调查图）

附表1　各段网衣的拉直长度

段别	拉直长度/m	段别	拉直长度/m	段别	拉直长度/m
翼端三角	0.40×17＝6.80	网身十一段	0.30×4.5＝1.35	网身廿四段	0.17×7.5＝1.28
网翼	0.40×29＝11.60	网身十二段	0.29×4.5＝1.30	网身廿五段	0.16×8.5＝1.36
网盖	0.40×17＝6.80	网身十三段	0.28×5＝1.40	网身廿六段	0.15×8.5＝1.28
网身一段	0.40×3.5＝1.40	网身十四段	0.27×5＝1.35	网身廿七段	0.14×10＝1.40
网身二段	0.39×3.5＝1.36	网身十五段	0.26×5.5＝1.43	网身廿八段	0.13×10＝1.30
网身三段	0.38×3.5＝1.33	网身十六段	0.25×5.5＝1.38	网身廿九段	0.12×12＝1.44
网身四段	0.37×4＝1.48	网身十七段	0.24×5.5＝1.32	网身三十段	0.11×12＝1.32
网身五段	0.36×3.5＝1.26	网身十八段	0.23×6＝1.38	网身卅一段	0.10×14＝1.40
网身六段	0.35×4＝1.40	网身十九段	0.22×6.5＝1.43	网身卅二段	0.09×14＝1.26
网身七段	0.34×4＝1.36	网身二十段	0.21×6.5＝1.36	网身卅三段	0.08×17＝1.36
网身八段	0.33×4＝1.32	网身廿一段	0.20×7＝1.40	网身卅四段	0.07×17＝1.19
网身九段	0.32×4＝1.28	网身廿二段	0.19×7＝1.33	网身卅五段	0.06×30＝1.80
网身十段	0.31×4.5＝1.40	网身廿三段	0.18×7.5＝1.35	网囊	0.04×300＝12.00
				网衣总长	84.96

网盖与网盖下翼之间和网翼中间的纵向增目周期组数之和为

$$4+7=11$$

核算结果与网图标注相符。

（3）上网缘配纲边缘的编结符号

上网缘配纲边缘的编结符号为 7（4r−3）、6（2r−2）、18（1r−1.5），其编结周期内的纵目分别为 2 目（4r）、1 目（2r）、0.5 目（1r），其编结周期组数分别为 7、6、18。假设其编结周期的纵目和组数是正确的，则上网缘的网长目数应为

$$M = 2×7+1×6+0.5×18 = 29(目)$$

核算结果与网图数字相符，说明上网缘配纲边缘的减目周期组数和周期内节数均无误。

（4）下网缘后段配纲边的编结符号

下网缘后段配纲边的编结符号为 15（1r−1.5）、6（2r−2）。由于在网图中没有标注下网缘后段的网长目数，故无法核对其编结符号的正确性，只有在核对其网宽目数得知无误后，方能得知其编结符号也是无误的。

3. 核对各段网衣网宽目数

（1）网口周长

网身一段背部为宽 165 目的细线（22×3）网衣。网身一段腹部由中间宽 86 目的粗线（30×3）网衣（又称为粗底）和两旁各宽 39.5 目的细线（22×3）网组成。网口周长是指网身一段前缘的网周网目的横向拉直长度，即为

$$0.40×(165+39.5×2+86) = 132.00(m)$$

核算结果与主尺度的网口周长数字相符，说明网身一段各部位所标注的网宽目数均无误。

（2）网身

网身共分为 35 段，前 30 段网周均为 330 目，但每段均减少目大 10 mm，而不减少网周目数。后 5 段每段也减少目大 10 mm，而网周目数也逐渐减少。

①网身一段至网身六段的背部均为 165 目，其腹部中间的粗底均为 86 目，腹部两旁（位于粗底两侧）均为 39.5 目，则其网周目数均为

$$165 + 86 + 39.5 \times 2 = 330 (目)$$

②网身七段至网身三十段的网周均为 330 目。

③网身卅一段和网身卅二段的网周减少 20 目，均为 310 目。

④网身卅三段的网周再减少 20 目，为 290 目。

⑤网身卅四段和网身卅五段的网周再减少 10 目，均为 280 目。

从网衣展开图中可以看出，该网图呈圆锥筒状，基本上是合理的。网身一段至网身三十段的网周均为 330 目，最后 5 段网周逐渐减少至 280 目，与网囊网周目数相同，这也是合理的。但最后 5 段网周逐渐减少的规律性不够合理，建议最后 5 段的网周可改为 320 目（比原网的减少 10 目）、310 目（不变）、300 目（减少 10 目）、290 目（减少 10 目）、280 目（不变）。

（3）网囊

该网囊的网周目数与网身后端的网周目数相同，基本上是可以的。

（4）网盖背部

已知小头由网身一段背部的 165 目起编，两边与网盖腹部一起以 3—4（8r+2）增目，求大头目数。

网盖背部是两斜边均为网衣中间纵向增目的等腰正梯形网衣，则可根据大小头目数校核公式（6-22）计算出其大头目数为

$$m_1 = m_2' + n \cdot z \cdot t = 165 + 2 \times 4 \times 3 = 189 (目)$$

经核对无误。

（5）网翼背部

假设上口门目数（24）和上网缘大头起编目数（40）是无误的，则网翼背部大头的起编目数应为

$$(189 - 24) \div 2 - 40 = 42.5 (目)$$

核算结果与网图标注的数字相符，说明上口门与上网缘大头、网翼背部大头起编的目数均无误。网图中的 42.5 是起编目数，应加上括号，即应改为（42.5）。

已知网翼背部大头由网盖背部大头两旁的 42.5 目起编，一边与网翼腹部一起以 3—7（8r+2）增目，另一边以 2r–1 减目，编长 29 目，求小头目数。

网翼背部是一斜边为网衣中间纵向增目和另一斜边为单脚减目的斜梯形网衣，则可根据大小头目数校核公式（6-25）计算出其小头目数为

$$m_2 = m_1' + n \cdot z \cdot \frac{t}{2} - M = 42.5 + 2 \times 7 \times \frac{3}{2} - 29 = 34.5 (目)$$

核算结果与网图标注（5 + 28.5 = 33.5）不符，故网翼背部小头处的 28.5 目应改为 29.5（34.5 – 5）目。

（6）上网缘

已知上网缘大头由网盖背部大头两旁的 40 目起编，一边以 2r+1 增目，另一边以 18（1r–1.5）、6（2r–2）、7（4r–3）减目，求小头目数。

上网缘是一斜边为单脚增目和另一斜边为宕眼单脚减目的斜梯形网衣，则可根据大小头目数校核公式（6-26）计算出其小头目数为

$$m_2 = m_1' - z + 1 = 40 - 18 - 6 - 7 + 1 = 10 (目)$$

经核对无误。

需要注意的是图 6-94 是缩小的上网缘网衣的示意图及其网衣展开图。这是一斜边为单脚增目和另一斜边为宕眼单脚减目的斜梯形网衣，故其小头目数应等于大头起编目数减去宕眼数。在图 6-94

中有 10（6＋2＋2）组编结周期，但其宕眼数只有 9 个，即宕眼数为编结周期总组数（z）减 1，则图中上网缘的小头目数应为

$$m_2 = m_1 - (z-1) = m_1 - z + 1 = 12 - 6 - 2 - 2 + 1 = 3(目)$$

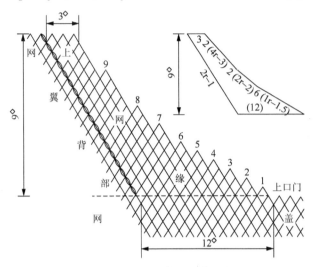

图 6-94　上网缘网衣示意图及其网衣展开图

（7）上翼端三角

上翼端三角是从上网缘和网翼背部的小头起编的。起编时，在上网缘的钝角处留出 1 目，在网翼背部的钝角处留出 1.5 目，如图 6-95 所示。上翼端三角大头的起编目数应为

$$m_1' = 10 - 1 + 29.5 + 5 - 1.5 = 42(目)$$

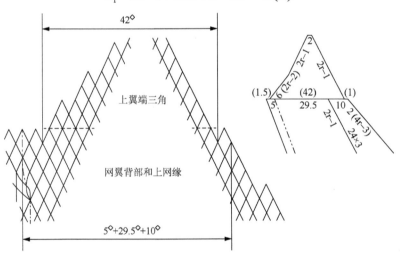

图 6-95　上翼端三角起编示意图及其网衣展开图

核算结果与网图标注相符。

已知上翼端三角由上网缘和网翼背部的小头 42 目起编，一边以 2r-1 减目，另一边以 6（2r-2）和 2r-1 减目，编长 17 目，求小头。

上翼端三角一斜边为单脚减目，另一斜边为宕眼单脚和单脚减目的非等腰正梯形网衣，根据大小头目数校核公式（6-24）计算出其小头目数为

$$m_2 = m_1' - M \times 2 - z = 42 - 17 \times 2 - 6 = 2(目)$$

经核对无误。

（8）网盖腹部

已知网盖腹部大头由网身一段腹部的 39.5(34.5 + 5) 目起编，一边与网盖背部一起以 3—4(8r + 2) 增目，另一边以 2r–1 减目，编长 17 目，求小头目数。

可根据大小头目数校核公式（6-25）计算出其小头目数为

$$m_2 = 39.5 + 2 \times 4 \times \frac{3}{2} - 17 = 34.5(\text{目})$$

在网图上没有标注网盖腹部的小头目数，网盖腹部小头边线的位置也画错了。

（9）网翼腹部

已知大头由网盖腹部小头 34.5 目起编，一边与网翼背部一起以 3—7(8r + 2) 增目，另一边以 2r–1 减目，编长 29 目，则其小头目数应为

$$m_2 = 34.5 + 2 \times 7 \times \frac{3}{2} - 29 = 26.5(\text{目})$$

核算结果与网图标注（ $5 + 21.5 = 26.5$ ）相符。

（10）下网缘后段

假设下口门目数（24）是无误的，则下网缘后段大头的起编目数应为

$$(86 - 24) \div 2 = 31(\text{目})$$

经核对无误，说明下口门和下网缘后段大头起编的目数均无误。

已知下网缘后段大头由粗底前头两旁的 31 目起编，一边以 2r + 1 增目，另一边以 15(1r–1.5)、6(2r–2) 减目，则其小头目数应为

$$m_2 = 31 - 15 - 6 + 1 = 11(\text{目})$$

在网图上没有标注下网缘后段的小头目数。

（11）下网缘前段

下网缘前段由下网缘后段小头的 10 目起编（在配纲边留出一目），一边以 2r + 1 增目，另一边以 2r–1 减目，即编成网宽为 10 目的平行四边形网衣，编长为

$$17 + 29 - 0.5 \times 15 - 1 \times 6 = 32.5(\text{目})$$

（12）下翼端三角

下翼端三角是从下网缘前段和网翼腹部的前头起编的。起编时，在网翼腹部的锐角处留出 1.5 目，则其大头的起编目数应为

$$10 + 21.5 + 5 - 1.5 = 35(\text{目})$$

已知下翼端三角大头由 35 目起编，两边以 2r–1 减目，编长 17 目，求小头目数。

下翼端三角是两斜边均为单脚减目的等腰正梯形网衣，则可根据校核公式（6-23）计算出其小头目数为

$$m_2 = m_1' - M \times 2 = 35 - 17 \times 2 = 1(\text{目})$$

经核对无误。

由于该网的网衣展开图中，下网缘、网翼腹部和网盖腹部的绘制和标注均不够准确和规范，现重新绘出上述网衣的展开图如图 6-96 所示。

4. 核对各部分网衣的配纲

（1）验算配纲系数

①上口门：

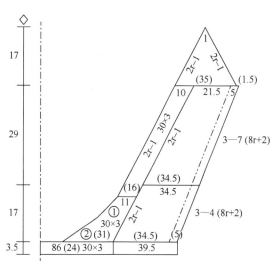

图6-96　下翼端三角、下网缘、网翼腹部、网盖腹部和网身一段腹部的网衣展开图

$$\eta = 4.10 \div [0.40 \times (24-1)] = 0.446$$

②上网缘 18(1r−1.5)边：

$$\eta = 5.40 \div [0.40 \times (0.5 \times 18)] = 1.500$$

③上网缘 6(2r−2)边：

$$\eta = 3.00 \div [0.40 \times (1 \times 6)] = 1.250$$

④上网缘 7(4r−3)边：

$$\eta = 5.95 \div [0.40 \times (2 \times 7)] = 1.062$$

⑤上翼端三角 2r−1 边：

$$\eta = 6.73 \div 6.80 = 0.990$$

⑥下口门：

$$\eta = 3.90 \div [0.40 \times (24-1)] = 0.424$$

⑦下网缘后段 15(1r−1.5)边：

$$\eta = 4.35 \div [0.40 \times (0.5 \times 15)] = 1.450$$

⑧下网缘后段 6(2r−2)边：

$$\eta = 2.94 \div [0.40 \times (1 \times 6)] = 1.225$$

⑨下网缘前段与下翼端三角 2r−1 边：

前面核对下网缘前段时，得知其编长 32.5 目，则下网缘前段与下网翼三角 2r−1 边配纲为

$$\eta = 19.40 \div [0.40 \times (32.5+17)] = 0.98$$
$$3.90 + (4.35 + 2.94 + 19.40) \times 2 = 57.28 (\text{m})$$

⑩下翼端三角配翼端纲的 2r−1 边

$$\eta = 6.80 \div 6.80 = 1.000$$

⑪上翼端三角配翼端纲边

由 6(2r−2)和 2r−1 两段组成，则 2r−1 段的编长目数为

$$17 - 1 \times 6 = 11 (\text{目})$$

假设 2r−1 段的配纲系数与下翼端三角配翼端纲 2r−1 边的配纲系数是相同的，即为 1.000，则上翼端三角配翼端纲 2r−1 段的配纲长度为

$$0.40 \times 11 \times 1.000 = 4.40 (\text{m})$$

则上翼端三角 6(2r−2)段的配纲长度为

$$7.20 - 4.40 = 2.80 (\text{m})$$

则其配纲系数为

$$\eta = 2.80 \div [0.40 \times (1 \times 6)] = 1.167$$

参考表 6-7，可知上述配纲系数均在我国南海编结型底拖网当时习惯使用的配纲系数范围之内，故上述各部分网衣的配纲基本上是可以的。

（2）核对浮纲长度

$$4.10 + (5.40 + 3.00 + 5.95 + 6.73) \times 2 = 46.26 (\text{m})$$

核算结果与该网主尺度中的结缚网衣上纲长度（46.26 m）和上网衣符号上方的浮纲长度数字相符无误。

（3）核对沉纲长度

$$3.90 + (4.35 + 2.94 + 19.40) \times 2 = 57.28 (\text{m})$$

核算结果与下网衣符号上方的沉纲长度数字相符无误。

（4）核对翼端纲长度

根据网衣展开图中上、下翼端三角配翼端纲的长度标注数字，可以计算出翼端纲长度为

$$7.20 + 6.80 = 14.00(\text{m})$$

核算结果与网绳属具布置图中的翼端纲标注（14.00 WR ϕ12）相符无误。

经核算结果修改后的网图见图 6-93（b）。

第八节　拖网材料表

本节只介绍剪裁拖网材料表。

一、网料用量计算

对于渔具调查图，在网衣制作施工前，首先按照网衣展开图数字先算出网料用量，然后才能根据网料用量要求来编结和备好网片材料，再剪裁成所需的网衣。

由于网衣展开图中的网宽目数有不计半目和计有半目之分，故计算网料用量时稍有不同，下面先介绍不计半目的网料用量计算方法，再介绍计有半目的网料用量计算方法。

网料用量是指剪裁一片或几片网衣时需用多宽多长的等面积矩形网片。因此，网料用量计算就是计算等面积矩形网片的横向目数和纵向目数。拖网的上、下翼均是左右对称的，网身的上、下片一般也是上下对称的。因此，相同的两片网衣，或是具有相同的线粗目大、网结类型、网长目数和一斜边剪裁符号相同的两片以上的网衣，都可以换算成等面积矩形网片一起进行联合剪裁，以减少网料的浪费。如图 6-97（a）～（f）所示。

上、下翼端三角左、右各两片或上、下网口三角左、右各两片或上、下翼左、右各两片进行四片联合剪裁，或者身网衣上、下两片或翼网衣左、右两片进行联合剪裁时，应先将网料两侧边纵向编缝半目形成圆筒后才开始进行剪裁。因为纵向编缝会使圆筒的网周目数比原矩形网片的横向目数增加半目，故在进行网料的横向目数（简称横目）计算时应减去半目。

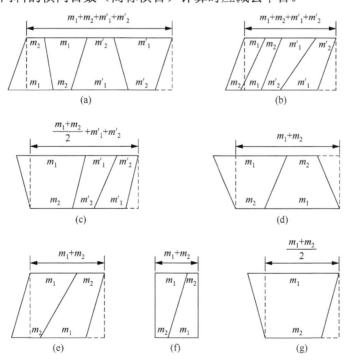

图 6-97　网料横目计算方法

网衣剪裁时，斜向剪裁一次，网料横目一般会被破坏一目，网口三角全部保持 1T1B 边的剪裁一次，网料横目会被破坏三目。宕眼单脚边的钝角处剪为 1B1T 或 2B1T 的剪裁一次，其底边横目被破坏二目，故网料横目计算时应增加相应破坏的目数。

盖网衣和左、右网盖下翼网衣进行三片联合剪裁或盖网衣、背网衣（身网衣各段上片）、腹网衣（身网衣各段下片）各单独一片进行剪裁后，其网料两侧边应纵向绕缝在一起形成一片正梯形网衣，如图 6-98 和图 6-99 所示，每侧边各扎去一目，故网料横目计算时应增加二目。

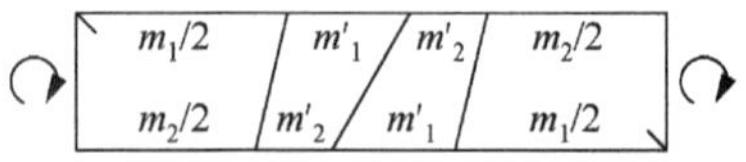

图 6-98　盖网衣和左、右网盖下翼网衣联合剪裁计划 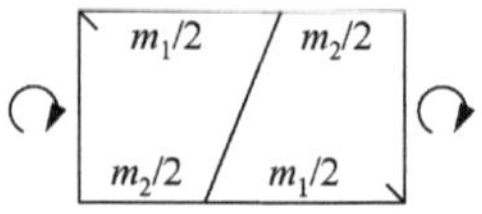　图 6-99　等腰梯形网衣单片剪裁计划

如果网衣展开图中的网宽目数不包括扎边或绕缝目数，则网料横目计算时还应加入网衣两侧边的扎边或绕缝目数。除了网口三角全部保持 1T1B 边（倒扎）和宕眼单脚边锐角处为 1N1T 时在该处需扎去横向二目外，其余网衣两侧边各扎边或绕缝一目。故网料横目计算时，每片网衣应增加相应的目数。

总的来说，联合剪裁设计要按照工艺制造习惯。网料用量的纵向目数（简称纵目）等于网衣的网长目数，网料用量的横目由网衣的大、小头目数组成，还必须考虑网料是否先要纵向编缝半目形成圆筒、剪裁次数及其破坏的总目数、网衣中间是否需纵向绕缝而扎去的目数和网衣两侧边扎边或绕缝而扎去的总目数。

（一）计算方法

由于剪裁拖网各段网衣形状大多数是梯形（网囊和矩形的疏底、网身末段等网衣除外），根据上述计算原理，网图网宽目数不计半目的网衣所需网料横目计算式如下：

①剪裁上、下翼端三角或上、下翼或上、下网口三角共四片网衣时所需网料的横目［先纵向编缝形成圆筒后，再剪裁四次，如图 6-97（a）、（b）所示］为[①]

$$m = m_1 + m_2 + m'_1 + m'_2 - 0.5 + 4(+8)$$

剪裁配纲边全部保持 1T1B 的网口三角共四片网衣时，则为

$$m = m_1 + m_2 + m'_1 + m'_2 - 0.5 + 8(+12)$$

②剪裁网盖和网盖下翼共三片网衣的方法有两种，一种是将网料先纵向编缝形成圆筒后，再剪裁三次，如图 6-97（c）所示，所需网料的横目为

$$m = (m_1 + m_2) \div 2 + m'_1 + m'_2 - 0.5 + 3(+6)$$

另一种是网料先剪裁 3 次，再将一侧的直角梯形网衣的直目边调头与另一侧的直角梯形网衣的直目边纵向绕缝一次，所需网料的横目为

$$m = (m_1 + m_2) \div 2 + m'_1 + m'_2 + 3 + 2(+6)$$

③剪裁网身上、下片或网翼左、右片共两片网衣时所需网料的横目（先纵向编缝形成圆筒后，再剪裁二次）为

$$m = m_1 + m_2 - 0.5 + 2(+4)$$

剪裁配纲边全部保持 1T1B 的上翼后段或下网缘后段共两片网衣时，则为

---

① 带括号的数字为网衣两侧边所需扎边或绕缝的总目数。若网衣展开图中的网宽目数已包括了扎边或绕缝的目数时，则不必再加上此数（下同）。

$$m = m_1 + m_2 - 0.5 + 4(+6)$$

④剪裁网侧左、右片共两片网衣时所需网料的横目为

$$m = m_1 + m_2 + 1(+4)$$

⑤剪裁网盖、网身上片或下片单独一片网衣时所需网料的增目为

$$m = (m_1 + m_2) \div 2 + 1 + 2(+2)$$

式中，　　　　m——网料的横目；

m_1、m_1'——不同网衣的大头目数；

m_2、m_2'——不同网衣的小头目数。

南海区剪裁拖网网衣展开图时，除了正（直角）梯形网衣直目边的下角或上角处的单脚因计作半目外，梯形网衣斜边钝角处的单脚均不计作半目，故在网衣展开图中，只有在直角梯形网衣的小头或大头计有半目，而其他梯形网衣的大小头目数均为整目数。若为等腰梯形网衣，其大头目数一般为偶数，则小头目数一定为奇数。反之，大头目数为奇数而小头目数为偶数。在以往的图集资料中，南海区剪裁拖网网衣展开图的网宽目数，有的已经包括了绕缝或扎边目数，如广州、汕头、海南等海洋渔业公司的网图；有的没有包括绕缝或扎边目数，如湛江、北海等海洋渔业公司的网图。东海、黄海、渤海区剪裁拖网网衣展开图，均把梯形网衣斜边钝角处的单脚计作半目，故在标注斜梯形网衣的大、小头目数一般均为偶数。

东海、黄海、渤海区剪裁拖网网衣展开图的网宽目数一般带有半目，而且一般已经包括了扎边目数，故进行网料用量计算时可不再考虑扎边的消耗目数。但对于网宽是否计半目的网图，一定要事先检查，其斜梯形网衣大小头目数是否已标注有半目，如果省略了半目的标注，则计算网料用量时一定要加上这半目还要检查其等腰梯形网衣的大小头目数是否均为偶数或均为奇数。如果不是，则应进行网宽目数核算，待其大小头目数修正后再进行网料计算。网宽目数计半目的网料用量计算式与网宽不计半目的计算式子基本相似，只要把斜向剪裁一次，网料横目会被破坏一目、二目或三目分别改为被破坏半目、一目半或二目半即可。下面举例说明网料用量的具体计算。

（二）计算实例

例 6-3　图 6-86 各段网衣的网料用量。

解：图 6-86（a）是广西北海海洋渔业总公司（简称北渔）的一种剪裁拖网，其网宽目数不计半目，也不包括绕缝或扎边的目数。北渔的剪裁拖网，其宕眼单脚的配纲边不是采用扎边补强的方法，而是采用镶边补强的方法，即在配纲边缘用比网衣稍粗的网线重合在边缘目脚上编结或加绕作结，这种补强方法并不影响网衣的网宽目数。

1. **翼端三角　20×3—240 SS**

上翼端三角两片与下翼端三角两片一起剪裁，求得所需矩形网料为

$$m(横目) = m_1 + m_2 + m_1' + m_2' - 0.5 + 4 + 8 = 27 + 2 + 22 + 3 - 0.5 + 4 + 8 = 65.5(目)$$
$$M(纵目) = 13.5(目)$$

2. **上翼前段　20×3—240 SS**

左、右两片一起剪裁，其配纲边为镶边，求得所需网料为

$$m = m_1 + m_2 - 0.5 + 2(+2) = 52 + 29 - 0.5 + 2 + 2 + 2 = 86.5(目)$$
$$M = 31.5(目)$$

其中，配纲边为镶边补强，故每片网衣只扎边 1 目。

3. 上翼后段 20×3—240 SS

左、右两片一起剪裁，其配纲边为镶边补强，则其网料计算与上翼前段相同，即

$$m = 84 + 53 - 0.5 + 2 + 2 = 140.5(目)$$
$$M = 15.5(目)$$

4. 下翼 20×3—240 SS

左、右两片一起剪裁，其两斜边均为绕缝缝合，求得所需网料为

$$m = m_1 + m_2 - 0.5 + 2(+4) = 31 + 13 - 0.5 + 2 + 4 = 49.5(目)$$
$$M = 56 + 15.5 = 71.5(目)$$

5. 下网缘前段 25×3—240 SS

在图 6-86（a）右上方的纵向直线外侧所标注的下网缘前段网长目数 56 目包括了下网缘前段与下网缘后段之间编缝缝合的半目，故下网缘前段网长应为 55.5 目。为了施工方便，拟先剪成四片，再由每两片之间横向编缝半目连接成一片。其网料用量为

$$m = 9 + 9 + 9 + 9 - 0.5 + 4 + 8 = 47.5(目)$$
$$M = (55.5 - 0.5) \div 2 = 27.5(目)$$

6. 下网缘后段 25×3—240 SS

左、右两片一起剪裁，其配纲边为镶边补强，则网料计算与上翼后段相同，即为

$$m = 36 + 9 - 0.5 + 2 + 2 = 48.5(目)$$
$$M = 15.5(目)$$

7. 网盖 20×3—240 SS

只用一片，其网料用量为

$$m = (206 + 173) \div 2 + 1 + 2 + 2 = 194.5(目)$$
$$M = 23.5(目)$$

8. 网身一段上片 20×3—240 SS

只用一片，经网图核算得知小头目数应改为 137 目，其网料计算与网盖相同，即

$$m = (170 + 137) \div 2 + 1 + 2 + 2 = 158.5(目)$$
$$M = 23.5(目)$$

9. 网身一段下片 25×3—240 SS

只用一片，同理小头目数应改为 137 目。

$$m = (170 + 137) \div 2 + 1 + 2 + 2 = 158.5(目)$$
$$M = 23.5(目)$$

10. 网身二段 15×3—180 SS

上、下两片一起剪裁，可求得

$$m = 182 + 147 - 0.5 + 2 + 4 = 334.5(目)$$
$$M = 27.5(目)$$

11. 网身三段 13×3—120 SS

上、下两片一起剪裁。

$$m = 220 + 161 - 0.5 + 2 + 4 = 386.5(目)$$
$$M = 45.5(目)$$

12. 网身四段 13×3—80 SJ

上、下两片一起剪裁。

$$m = 240 + 175 - 0.5 + 2 + 4 = 420.5(目)$$
$$M = 65.5(目)$$

13. 网身五段 13×3—60 SJ

上、下两片一起剪裁，经网图核算得知小头目数应改为 165 目。

$$m = 232 + 165 - 0.5 + 2 + 4 = 402.5(目)$$
$$M = 99.5(目)$$

14. 网身六段 19×3—50 SJ

上、下两片一起剪裁，经网图核算得知小头目数应改为 133 目。

$$m = 200 + 133 - 0.5 + 2 + 4 = 338.5(目)$$
$$M = 99.5(目)$$

15. 网囊 28×3—40 HJ

为一矩形网衣。先做成加宽 2.5 目的网片，然后经纵向绕缝扎去 2.5 目，即为网周 300 目的圆筒网衣。

$$m = 300 + 2.5 = 302.5(目)$$
$$M = 200(目)$$

例中的数据是根据图 6-86（a）的网衣展开图经核对后改正的数字和我国剪裁拖网网衣剪裁生产择优选用的，故不一定与北渔的网衣剪裁完全相同。

二、绳索用量计算

拖网的绳索大多数采用钢丝绳和混合绳，其绳索之间的连接一般采用卸扣，这要求绳索的两端要做成眼环。这种做成眼环的工艺叫插制眼环。插制眼环的每端留头长度与绳索的粗度、插制眼环的技术水平有关。各种粗度钢丝绳插制眼环的留头长度可参看附录 K。

在拖网网图中，凡是结缚网衣的纲索，除了网身力纲一般标注全长外，其余的均标注净长。其他绳索，除了曳绳、网板叉链是表示全长外，其余的也均表示净长。

绳索用量是指绳索全长的用量，即绳索净长加上两端留头长度的总用量。

三、拖网材料表

由于拖网网具构件名称较多，一般要分别列出网衣、绳索和属具三个材料表。

现根据图 6-86（a）、图 6-86（b）、网图核算修改结果和《南海渔具》中有关 340 目底层拖网的调查资料可以列出 340 目底层拖网的材料表如表 6-10 至表 6-12 所示。

表 6-10 340 目底层拖网网衣材料表 （主尺度：81.60 m×61.24 m（38.50 m））

名称	网线材料规格—目大网结	网料用量/目		网线用量/kg	附注
		m	M		
下网缘前段	PE 36 tex 25×3—240 SS	47.5	27.5	2.58	纵向编缝半目
下网缘后段	PE 36 tex 25×3—241 SS	48.5	15.5	1.49	纵向编缝半目
网身一段下片	PE 36 tex 25×3—242 SS	158.5	23.5	7.36	纵向绕缝扎去二目
翼端三角	PE 36 tex 20×3—240 SS	65.5	13.5	1.36	纵向编缝半目
上翼前段	PE 36 tex 20×3—241 SS	84.5	31.5	4.09	纵向编缝半目
上翼后段	PE 36 tex 20×3—242 SS	140.5	15.5	3.35	纵向编缝半目
下翼	PE 36 tex 20×3—243 SS	49.5	71.5	5.44	纵向编缝半目
网盖	PE 36 tex 20×3—244 SS	194.5	23.5	7.02	纵向绕缝扎去二目
网身一段上片	PE 36 tex 20×3—245 SS	158.5	23.5	5.72	纵向绕缝扎去二目
网身二段	PE 36 tex 15×3—180 SS	334.5	27.5	8.23	纵向编缝半目
网身三段	PE 36 tex 13×3—120 SS	386.5	45.5	9.94	纵向编缝半目
网身四段	PE 36 tex 13×3—80 SJ	420.5	65.5	10.63	纵向编缝半目
网身五段	PE 36 tex 13×3—60 SJ	402.5	99.5	12.81	纵向编缝半目
网身六段	PE 36 tex 19×3—50 SJ	338.5	99.5	15.24	纵向编缝半目
网囊	PE 36 tex 15×3—185 SS	302.5	200	36.96	纵向绕缝扎去二目半
整顶网衣总用量				132.22	

注：整顶网衣总用量尚未包括各段网衣之间的缝合线用量。

表 6-11 340 目底层拖网绳索材料表

名称	数量/条	材料及规格	长度/(m/条)		每条绳索用量/kg	合计用量/kg	附注
			净长	全长			
翼端纲	2	WR φ11	6.40	7.20	2.981	5.97	外缠绕 10×3 网线
浮纲	1	WR φ12.5	38.50	39.40	20.922	20.93	外缠绕 10×3 网线
上空绳	2	WR φ12.5	10.00	10.90	5.788	11.58	需用 19 mm 套环 2 个
网身力纲	2	WR φ12.5		38.00	20.178	40.36	外缠绕 13×3 网线
中沉纲	1	WR φ15.5	3.90	5.10	4.315	4.32	不穿滚轮处外缠 15×3 线
翼沉纲	2	WR φ15.5	21.85	23.05	19.501	39.01	不穿滚轮处外缠 15×3 线
下空绳	2	WR φ15.5	10.00	11.20	9.476	18.96	需用 22 mm 套环 2 个
叉绳	4	WR φ15.5	5.00	6.20	5.246	20.99	需用 22 mm 套环 8 个
网囊束绳	1	WR φ16	5.50	6.70	6.051	6.06	
游绳	2	WR φ16	5.00	6.20	5.599	11.20	需用 25 mm 套环 4 个
曳绳	2	WR φ18.5		750.00	913.500	1 827.00	需用 27 mm 套环 4 个
网囊引绳	1	COMB φ40 （WR φ18＋PE NET）		75.00			缺废乙纶网衣夹
单手绳	2	COMB φ50 （WR φ18＋PE NET）	110.00	111.90			钢丝绳规格资料
网囊抽口绳	1	PE φ7	10.00	10.15	0.253	0.26	一端留头用于结扎
水扣绳	1	PE φ8		110.00	3.597	3.60	
网囊力纲	4	PE φ20	8.00	10.00	2.000	8.00	留头 1.50 m＋0.50 m
囊底纲	1	PE φ20	6.48	6.98	1.396	1.40	两端插接留头 0.50 m
网板上叉链	2	CH φ16		3.00			
网板下叉链	2	CH φ16		3.10			缺铁链规格资料
铁链条	1	CH φ9		1.00			

表 6-12　340 目底层拖网属具材料表

名称	数量/个	形状	材料及规格	单位数量用量/kg	用量/kg	附注
浮子	17	球状	PL ϕ280—98.07 N			带耳球浮，缺质量数字
滚轮	208	腰鼓	RUB ϕ90×110 d22	0.65	135.20	
垫片	416	圆环	Fe ϕ38×3 d22	0.02	8.32	
沉子	416	圆环	Pb 0.38 kg	0.38	158.08	
撑杆	2	杆状	0.80 Fe PIP 80			缺质量数字
网板	2	椭圆	ST + WD 2 400×1 255	350	700.00	
网板卸扣	2		ST			
网板连接钩	2		ST			
网板连接环	2		ST			均为网板连接件，均缺规格资料
止进铁	2		ST			
止进环	2		ST			
连接钩	1		ST			均为引绳前端的连接件，均缺规格资料
连接环	1		ST			
卸扣	1	圆头	ST d16	0.30	0.30	
	4	圆头	ST d20	0.69	2.76	
	12	圆头	ST d24	1.10	13.20	参看国标（GB/T32—1999）
	16	圆头	ST d28	1.54	24.64	
	10	圆头	ST d32	2.20	22.00	
	2	平头	ST d32			缺规格资料
转环	3	普通	ST d22	1.60	4.80	参看《渔具材料与工艺学》241 页附表 5-4
	2	普通	ST d25	2.40	4.80	
套环	2	尖口	STB 19	0.50	1.00	
	10	尖口	STB 22	0.70	7.00	参看国标（GB/T33—1999）
	4	尖口	STB 25	1.00	4.00	
	4	尖口	STB 27	1.28	5.12	
圆环	4	环圆	Fe RIN ϕ80 $\phi_1$10	0.14	0.56	其质量为理论计算值

第九节　拖网制作与装配

一、网衣制作

网具材料备好后，就可着手进行网衣的制作。按照网衣制作工艺的不同，拖网可分为剪裁拖网和编结拖网两种。

（一）剪裁拖网网衣制作

剪裁拖网网衣制作是根据网料用量要求先编结制作成一片一片的矩形网片，然后按网图要求将网片剪裁成各种形状的网衣，最后将剪好的网衣进行扎边、缝合形成整顶拖网网衣。自从采用机织网片后，所有同规格的网片都编织在一起。可剪成矩形网片用料进行联合剪，也可在大片用料上直接剪成所需网片。下面将根据上述网衣制作的工艺过程分别介绍。

1. 网衣剪裁计划

按照网料用量要求编结好的矩形网片，经过定型处理后就可以进行剪裁了。如果对剪裁工艺不够熟悉，在剪裁施工前，最好先拟定剪裁计划。现以340目底层拖网为例试作其各段网衣的剪裁计划。根据图6-86（a）、例6-1的网图核算结果和表6-6，可以绘制出340目底层拖网网衣剪裁计划，如图6-100所示。

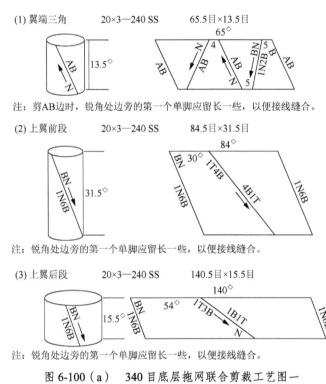

图 6-100（a） 340目底层拖网联合剪裁工艺图一

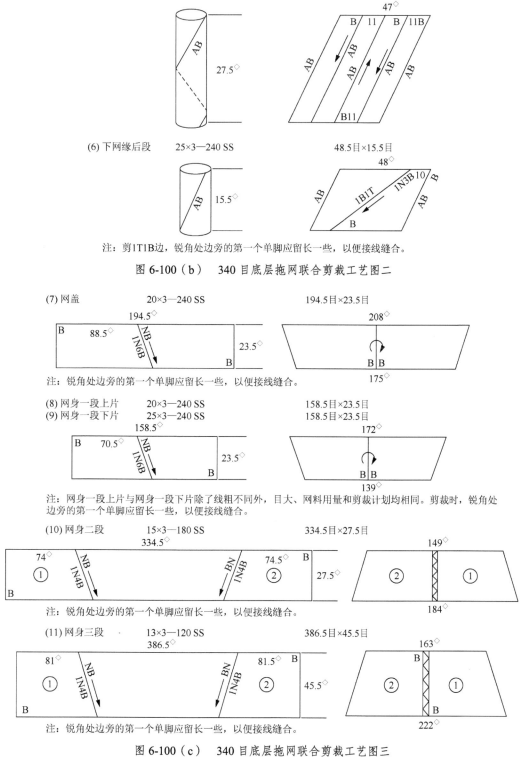

(5) 下网缘前段　　　　25×3—240 SS　　　　47.5目×27.5目

(6) 下网缘后段　　　　25×3—240 SS　　　　48.5目×15.5目

注：剪1T1B边，锐角处边旁的第一个单脚应留长一些，以便接线缝合。

图 6-100（b）　340 目底层拖网联合剪裁工艺图二

(7) 网盖　　　　　　　20×3—240 SS　　　　194.5目×23.5目

注：锐角处边旁的第一个单脚应留长一些，以便接线缝合。

(8) 网身一段上片　　　20×3—240 SS　　　　158.5目×23.5目
(9) 网身一段下片　　　25×3—240 SS　　　　158.5目×23.5目

注：网身一段上片与网身一段下片除了线粗不同外，目大、网料用量和剪裁计划均相同。剪裁时，锐角处边旁的第一个单脚应留长一些，以便接线缝合。

(10) 网身二段　　　　15×3—180 SS　　　　334.5目×27.5目

注：锐角处边旁的第一个单脚应留长一些，以便接线缝合。

(11) 网身三段　　　　13×3—120 SS　　　　386.5目×45.5目

注：锐角处边旁的第一个单脚应留长一些，以便接线缝合。

图 6-100（c）　340 目底层拖网联合剪裁工艺图三

(12) 网身四段　　　　13×3—80 SJ　　　　420.5目×65.5目

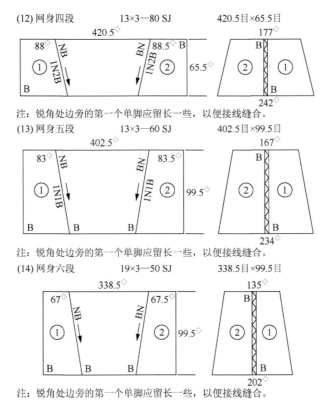

注：锐角处边旁的第一个单脚应留长一些，以便接线缝合。

(13) 网身五段　　　　13×3—60 SJ　　　　402.5目×99.5目

注：锐角处边旁的第一个单脚应留长一些，以便接线缝合。

(14) 网身六段　　　　19×3—50 SJ　　　　338.5目×99.5目

注：锐角处边旁的第一个单脚应留长一些，以便接线缝合。

图 6-100（d）　340 目底层拖网联合剪裁工艺图四

随着织网机械化水平的不断提高，剪裁拖网批量生产的网片材料逐渐被机织网片取代。其制作方法比较简单，可先按网图要求的网片规格编织成网长等于各段网长目数和任意网宽的矩形网料，再按网图标注规格剪出相应的网衣。

2. 网衣补强与缝合

各段网衣剪裁后，就可进行补强和缝合。

1）镶边

镶边工艺如图 6-101 所示。

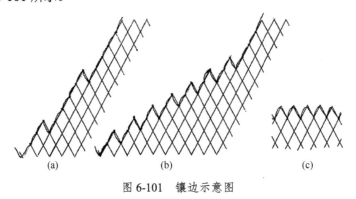

图 6-101　镶边示意图

2）扎边

扎边工艺如图 6-102 至图 6-105 所示。

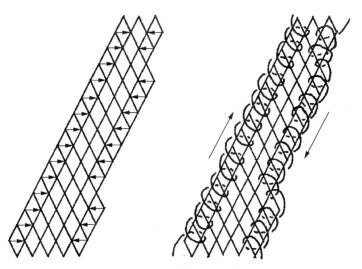

图 6-102　顺目扎边示意图（一）

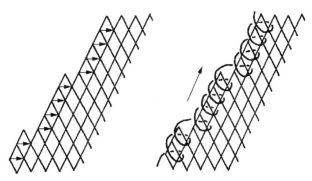

图 6-103　顺目扎边示意图（二）

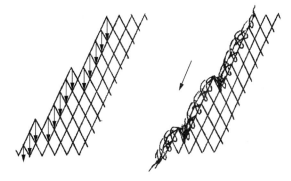

图 6-104　倒目扎边示意图（一）

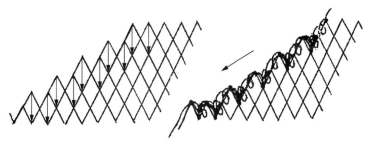

图 6-105　倒目扎边示意图（二）

3）缘编

缘编是在网衣边缘用粗线或双线另行编结若干目的网条。

4）网衣缝合

网衣缝合是网衣（网片）间相互连接的工艺。缝合边上网目数相等的网衣（网片）缝合称为等目缝合，网目数不等的网衣（网片）缝称为不等目缝合。网衣缝合方法有编结缝、绕缝、并缝、活络缝等。

（1）编结缝

编结缝是缝线在两缝合边间编结一行或一列半目的缝合，简称编缝。编结一列半目的缝合又称为纵向编缝，编结一行半目的缝合又称为横向编缝。

纵向等目编缝如图 6-106 所示。

横向编缝又可分为等目编缝和不等目编缝。横向等目编缝如图 6-107 所示。剪裁斜边形式与横向等目编缝的目数关系如图 6-108 所示。340 目底层拖网横向等目编缝的缝接形式如图 6-109 所示。

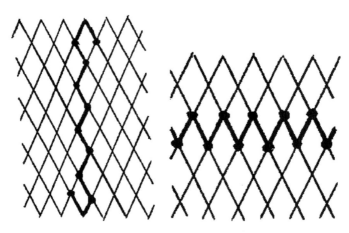

图 6-106　纵向等目编缝　　　图 6-107　横向等目编缝

剪裁拖网的网身，一般是不等目编缝，必须事先进行缝合比计算，计算方法见《材料与工艺学》。

在吃目编缝的工艺中，为实现吃目要求经常采用的方法有两种：一种是在少目边上挂目（增目），根据挂目所在位置不同，又有上行挂目和下行挂目的区别，如图 6-110（a）、（b）所示；另一种是在多目边上并目（减目），如图 6-110（c）所示。施工时，并目编缝比较简单。340 目底层拖网横向不等目编缝的编接形式见图 6-111 和图 6-112。

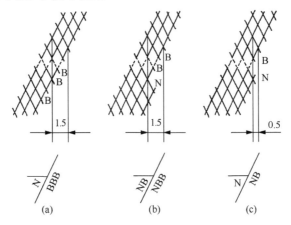

（a）　　　　　　　　（b）　　　　　　　　（c）

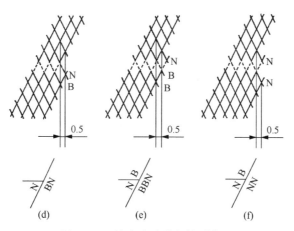

图 6-108 缝合端边的缝接形式图

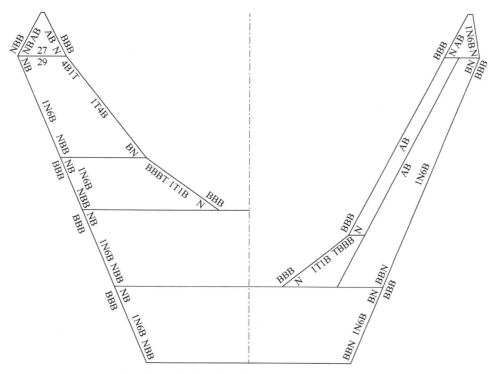

图 6-109 340 目底层拖网横向等目编缝的缝接形式

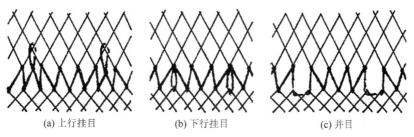

(a) 上行挂目   (b) 下行挂目   (c) 并目

图 6-110 吃目编缝方法

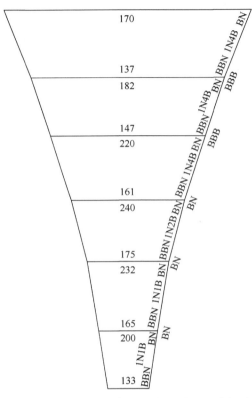

图 6-111　340 目底层拖网横向不等目编缝的编接形式图

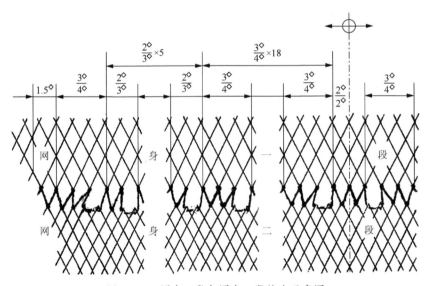

图 6-112　网身一段与网身二段缝合示意图

（2）绕缝

绕缝是缝线在两缝合边上不逐目作结的缝合（增加半目或不增加半目）或逐目作结的缝合（不增加半目），也就是在两缝合边用缝线穿绕网目目脚的一种缝合。

①纵向绕缝。两片式拖网网衣的纵向绕缝较少，主要是矩形的网囊或网身末段的矩形网料，需采用纵向绕缝后形成圆筒网衣，属于等目纵向绕缝。由于矩形网料是网宽带半目的网片，但要求缝成网周为整目数的网筒，故缝线在网料的一侧边穿绕一目和另一侧边穿绕一目半，共扎去两目半，如图 6-113 所示。

此外在网衣剪裁制作过程中，也会遇到等目纵向绕缝的问题。如两片式拖网的网盖只需用一片，即需进行单片剪裁，是由一片矩形网料中间斜剪一次形成两片直角梯形网片后，再将两网片的纵向直目边对齐拉直合并绕缝而形成的一片等腰正梯形网衣，如图 6-114 所示。其两缝合边的边旁是一一对应的，缝线依次穿绕各对应的半目或一目拉直合并绕缝，每边各扎去半目或一目，共扎去一目或两目，如图 6-114 所示。

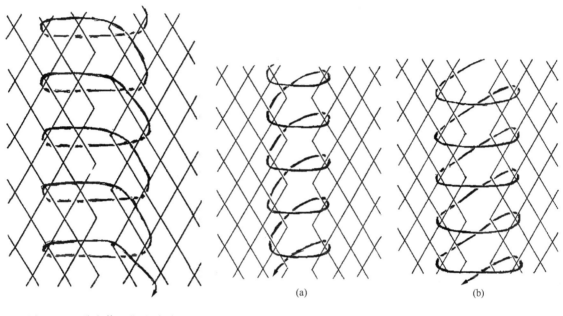

图 6-113　纵向等目绕缝（1）　　　　图 6-114　纵向等目绕缝（2）

②横向绕缝。网身末段小头与网囊前头之间的缝合。为了便于更换网囊，采用横向绕缝。如图 6-115 所示。

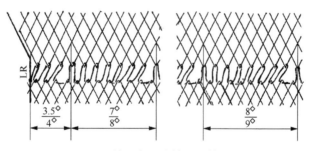

图 6-115　增加半目的横向不等目绕缝

③斜向绕缝。我国的两片式底拖网的上、下两片式网衣的缝合边是完全相同的边旁单脚斜边，一般采用边旁对边旁、单脚对单脚逐一绕扎的斜向绕缝。绕缝则是同时扎去两片网衣边缘的各一目，合起来共扎去两目。

（3）并缝

并缝是缝线在两缝合边上逐目或逐节作结的缝合，也就是在两缝合边用缝线并扎网衣边缘网结的一种缝合。在南海区的两片式底拖网中，并缝的形式只有纵向并缝和斜向并缝两种。缝线一般采用与网衣相同颜色的粗线。

①纵向并缝。南海区两片式底拖网网衣的纵向并缝和纵向绕缝一样，如图 6-114 所示，但每隔半目或一目要作结一次。

②斜向并缝。南海区两片式底拖网的上、下片网衣之间，一般采用边旁对边旁、单脚对单脚逐一并扎其对应网缘网结的斜向并缝。

（4）活络缝

活络缝是利用缝线或细绳做成的线圈穿套两缝合边的对应网目而使网衣连接起来的缝合，也就是用活络结（抽结）缝接网衣，如图 6-116 所示。活络缝的特点是缝合和解开简便而迅速，适用于网衣缝合边需要频繁地封闭和解开的场合，具有临时缝合的性质。我国拖网网囊的取鱼口，常采用这种缝合方法，便于及时打开取鱼口倒出渔获物。

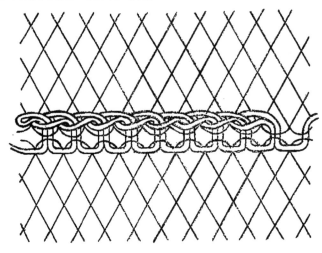

图 6-116　活络缝

（二）手编拖网网衣制作

手编拖网的网衣一般是用手工直接编结而成的，其网盖、网翼从网口向前编出，其网身从网口向后编出。

大目手编型拖网，其网盖背、腹部之间与网翼中间有 1～3 道纵向增目。由于网口目大较大，造成网口目数较少，而网囊目数相对较多，故要求网身网周目数从前至后增多至稍多于网囊网周目数。为了达到此要求，有两种编结方法：一种是网身采用增目直筒编结；另一种是网身前部采用增目直筒编结，后部采用多道减目编结。

现以 40 cm 底层双船拖网（图 6-93）为例，介绍其网衣的编结方法。

该网是手编型拖网，其网身分成 35 段，前 30 段是无增减目直筒编结，后 5 段基本上是减目直筒编结。其网盖背、腹之间与网翼中间是 3 道纵向增目。

网身各段均采用直筒编结，网身分成 35 段，一段由 330 目起头向后编结。前 6 段均由粗底和背部细线部分组成，粗底需用两支网梭，细线部分也需用两支网梭，即由一人共用 4 支网梭一起向后编结。从七段开始向后编结时，可由一人用 2 支网梭编结。可在每段起编的第一节，均采用双线或异色线编结一节网衣，作为分段的记号。

现根据图 6-93 和例 6-2 网图核算修改结果，可以列出 40 cm 底层双船拖网网衣编结规格表如表 6-13 所示。

随着织网机械化水平的不断提高，手编型拖网网身的直筒编结网衣逐渐被机织网片取代。其制作方法比较简单，即取相应规格的矩形机织网片材料缝合成网身各段的网筒，再用双线或异色线将各段网筒编缝连接起来即可。

20 世纪 80 年代末以后，大目拖网已被广泛推广使用。由于大目拖网目大较大，为 1 m 至十多米,采用剪裁方法制作十分困难,给传统的制作工艺带来了改革。传统制作网衣的方法,先是采用手编或机织的方法编织网片材料,再通过裁剪成一定形状规格的网片缝接形成网衣。目前普遍采用混合方法,目大超过 800 mm 的部分网衣,采用手工增减目方法编织而成。目大等于或小于 800 mm 的部分网衣采用机织网片材料,通过剪裁工艺获取所需形状规格网衣。南海所用的大目拖网,沿用了圆筒手编网工艺,目大超过 800 mm 的部分网衣采用增减目方法织成,而将目大等于或小于 800 mm 的部分网衣(身网衣和囊网衣)设计成圆筒状,采用方块机织网片材料缝合而成。随着大目拖网的普及和网口目大越来越大,网口前部的网衣已经全部采用手工编织了。目大超过 800 mm 的网片,不但织网机难以编织,手工也要用特定的方法才能实现。当网线粗度大于 4 mm 时,已成为细绳了,不可能用网梭和目板编结。目板应改用可改变绕绳长度的绕板,直接用手持绳捆进行作结。为作结方便,一般采用双活结。事实说明,双活结网片的纵向断裂强力比其他网结类型均较大,对于大目拖网是较适宜的。

表 6-13　40 cm 底层双船拖网网衣编结规格表

网衣部位			数量/片	线粗—目大网结 PE 36 tex	起目		编长/节	编结方法
	一段	背部	1	22×3—400 SJ	244	330	7	
		粗底	1	30×3—400 SJ	86			
	二段	背部	1	22×3—390 SJ	244	330	7	
		粗底	1	30×3—390 SJ	86			
	三段	背部	1	22×3—380 SJ	244	330	7	
		粗底	1	30×3—380 SJ	86			
	四段	背部	1	22×3—370 SJ	244	330	8	
		粗底	1	30×3—370 SJ	86			
	五段	背部	1	22×3—360 SJ	244	330		
		粗底	1	30×3—360 SJ	86		7	
	六段	背部	1	22×3—350 SJ	244	330		
		粗底	1	30×3—350 SJ	86			
网身	七段		1	20×3—340 SJ	330		8	
	八段		1	20×3—330 SJ	330		8	无增减目直筒编结
	九段		1	18×3—320 SJ	330		8	
	十段		1	18×3—310 SJ	330		9	
	十一段		1	16×3—300 SJ	330		9	
	十二段		1	16×3—290 SJ	330		9	
	十三段		1	14×3—280 SJ	330		10	
	十四段		1	14×3—270 SJ	330		10	
	十五段		1	14×3—260 SJ	330		11	
	十六段		1	14×3—250 SJ	330		11	
	十七段		1	14×3—240 SJ	330		11	
	十八段		1	14×3—230 SJ	330		12	
	十九段		1	14×3—220 SJ	330		13	
	二十段		1	14×3—210 SJ	330		13	
	廿一段		1	14×3—200 SJ	330		14	

续表

网衣部位		数量/片	线粗一目大网结 PE 36 tex	起目		编长/节	编结方法
网身	廿二段	1	14×3—190 SJ	330		14	无增减目直筒编结
	廿三段	1	14×3—180 SJ	330		15	
	廿四段	1	14×3—170 SJ	330		15	
	廿五段	1	14×3—160 SJ	330		17	
	廿六段	1	14×3—150 SJ	330		17	
	廿七段	1	14×3—140 SJ	330		20	
	廿八段	1	14×3—130 SJ	330		20	
	廿九段	1	14×3—120 SJ	330		24	
	三十段	1	14×3—110 SJ	330		24	
	卅一段	1	14×3—100 SJ	320		28	减目直筒编缝
	卅二段	1	14×3—90 SJ	310		28	
	卅三段	1	16×3—80 SJ	300		34	
	卅四段	1	16×3—70 SJ	290		34	
	卅五段	1	18×3—60 SJ	280		60	
网囊		1	20×3—40 SJ	280		750	直筒编结
网盖背部		1	22×3—400 SJ	（165）		34	背腹之间为3—4(8r + 2)，腹部下边缘为(2r−1)，下网缘后段配纲边编为15(1r−1.5)、6(2r−2)后改编为(2r+1)，即在下网缘后段小头的配纲处留出1个宕眼后，改编出宽10目的平行四边形网缘
网盖腹部		1	22×3—400 SJ	（39.5）×2	（306）		
下网缘后段		1	30×3—400 SJ	（31）×2			
上网缘		2	24×3—400 SJ	（40）		58	网翼中间为3—7(8r + 2)，两边缘为(2r−1)，上网缘配纲边为18(1r−1.5)、6(2r−2)、7(4r−3)，下网缘前段是两斜边为(2r + 1)和(2r−1)的平行四边形网衣
网翼		2	22×3—400 SJ	（42.5）	（127）		
				（34.5）			
下网缘前段		2	30×3—400 SJ	（10）			
上翼端三角		2	24×3—400 SJ	（42）		34	配浮纲边为(2r−1)，配翼端纲边为6(2r−2)、11(2r−1)
下翼端三角		2	24×3—400 SJ	（35）			两斜边均为(2r−1)

注：不带括号的起目为起头目数，带括号的起目为起编目数。

二、拖网装配

拖网装配必须严格按照网图要求进行。装配技术和工艺的好坏，与捕捞效果和网具使用寿命有密切的关系。拖网装配包括绳索装配、网囊装配和属具装配。

（一）绳索装配

绳索装配包括浮纲、下缘纲、水扣绳、沉纲、翼端纲、网身力纲及其他绳索的装配。

（1）浮纲的装配

浮纲制作方法是先截取所需的钢丝绳长度（全长），并将其两端插制成眼环，然后将钢丝绳涂上一薄层黄油，外用塑料薄膜包缠一层，再用乙纶网线缠绕一层即可，如图6-117所示。

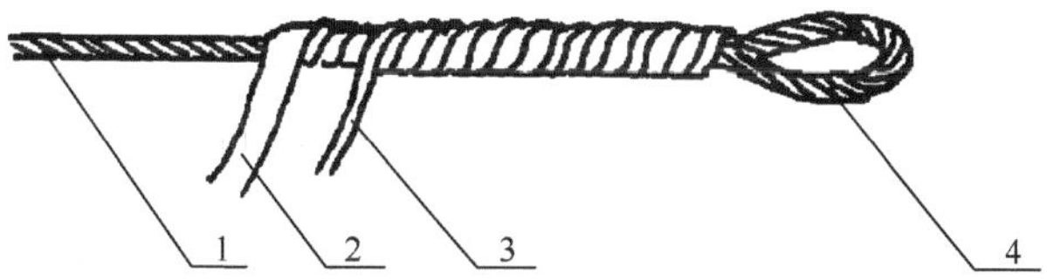

1. 钢丝绳；2. 塑料薄膜；3. 乙纶网线；4. 眼环

图 6-117　浮纲制作示意图

浮纲可由 3 段组成，即一段中浮纲和两段等长的翼浮纲，分别与上口门和左、右上翼配纲边结扎。装浮纲时，先将中浮纲与左、右翼浮纲用卸扣连接起来，如图 6-46 的 4 所示。

结扎中浮纲时，可先用一条比中浮纲稍长的细乙纶绳穿过上口门的网目（两端各留出数目）后，把细绳拉直与中浮纲等长，并将其两端结缚在中浮纲两端的眼环处。最后用粗网线把细绳中的上口门网目均匀地绕扎在中浮纲上。

结扎翼浮纲时，先从网图上了解每种配纲边的剪裁循环组数和所需配的纲长度，平均算出每组剪裁循环应配的纲长度，并在翼浮纲上做好分配记号，然后将每组剪裁循环结扎在应配的纲长上。结扎时全单边的，基本上是将网衣边缘稍微拉直绕扎；一宕多单边的，其单脚边基本上是稍微拉直绕扎；在宕眼处则按一定的缩结结扎。

由于在中浮纲与翼浮纲交接处（俗称三并口）受力较大，因此在三并口处应空出若干网目绕扎在该处附上的一小段绳索上，以减少网衣在该处的受力，避免撕网，如图 6-46 的左下方的 9 所示。

浮纲也可只用 1 条。装配时应先从网图上了解上口门和上翼配纲边各段应配的纲长度，并在浮纲上做好分段记号，分成相应的段数。中间一段与上口门绕扎，两端的各段分别与左、右上翼配纲边的各段相绕扎。其结扎方法可与上述由 3 段组成的浮纲相同，但在装配疏目网时，由于网目较大，为了使网目受力均匀，最好先计算出上口门每目应配的纲长度，并在浮纲中间一段按每目做好分段记号，然后用粗网线将上口门目数逐目直接结扎在相应长度的配纲上。

（2）下缘纲的装配

下缘纲若采用钢丝绳，则其制作方法与浮纲相同。若采用乙纶绳，其制作方法也是先截取所需的乙纶绳长度（全长），但只需将其两端插制成眼环即可。

下缘纲和浮纲一样，可由 3 段组成，也可只用 1 条，其和网衣的结扎方法与浮纲的结扎方法相同。

大目拖网配纲边的装配方法有别于上述传统工艺，在相当于一宕多单边和全单边的单脚处采用从网结处抽出等于半目长度网耳（又称假目）的方法。装配上、下缘纲时，将所有的网耳按宕眼和单脚原设定的配纲尺寸结扎在上、下缘纲的相应部位上。

（3）水扣绳的装配

水扣绳是结扎在沉纲上并作成“水扣”形状的绳索。水扣绳的装配实际上是控制每档水扣的档长和行距，如图 6-47（a）所示。其每档水扣绳长（l_s）约等于档长（l_d）与两倍行距（h）之和（$l_s = l_d + 2h$）。故在装配水扣绳前，应先根据网具大小和部位，参阅本章第六节拖网结构中绳索部分的水扣绳内容，确定档长和行距尺寸，然后计算出每档水扣绳长并按档长要求用粉笔在沉纲上做好分档记号。施工时，先将水扣绳的一端固扎在沉纲端的眼环旁，接着按每档水扣绳长的距离用网线将水扣绳绕扎在沉纲的第一个分档记号上，接着依次将每档水扣绳长分别绕扎（用网线缠绕水扣绳和沉纲数圈后结扎固定）在沉纲上，直至沉纲的另一端眼环旁，扎成如图 6-47（b）的水扣形状。

（4）沉纲的装配

沉纲的制作方法有多种，各地有所不同，主要根据渔场底质情况而定。

①大纲沉纲的制作。大纲沉纲的制作方法是先按全长规划截取所需的钢丝绳长度，并将其两端插制成眼环，然后涂上黄油，外用塑料薄膜带包缠，再包扎废乙纶网衣，最后缠绕一层废乙纶网衣单股绳或白棕、黄麻的单股绳，如图 6-118 所示。有的不包扎废乙纶网衣，只缠绕废乙纶网衣单股绳，则其沉纲直径可小一些；有的不但包扎废乙纶网衣，而且还缠绕了两层废乙纶网衣单股绳，最后再缠绕一层防摩擦用的废乙纶网衣。包扎层的灵活运用可改变沉纲直径以符合需要。

1. 钢丝绳；2. 塑料薄膜；3. 废乙纶网衣；4. 废乙纶网衣单股绳；5. 眼环

图 6-118　大纲沉纲结构示意图

②滚轮式沉纲的制作。滚轮式沉纲的制作方法是按全长截取所需的钢丝绳，先插制好一端的眼环，另一端按规格要求穿入滚轮等，再把另一端眼环插好，如图 6-51 和图 6-52 所示。

沉纲和浮纲一样，可由 3 段组成，即 1 段中沉纲和 2 段等长的翼沉纲。沉纲也可使用 1 条。装配时，先将中沉纲和 2 段翼沉纲用卸扣连接起来，然后用吊链或粗网线（绕扎成档耳）分档结扎连接在下中缘纲和下翼缘纲上。有的在沉纲上用水扣绳分档扎好水扣结构，再用粗网线将下缘纲结缚在水扣绳上，如图 6-52 所示。

不采用下缘纲的底拖网，其沉纲一定要先用水扣绳扎好水扣结构。在装配时先将中沉纲和 2 段翼沉纲用卸扣连接起来，然后将下口门目数均匀地绕扎在中沉纲的水扣绳上。下翼配纲边按缩结系数要求均匀地绕扎在翼沉纲的水扣绳上。由于在下口门两端的三并口处网衣受力较大，因此在该处通常要留出约 1 个水扣的网目绕扎在另附上的一小段绳索上，以减轻该处网衣受力，避免撕网，如图 6-48 中的 11 所示。

（5）翼端纲的装配

在网翼前端装配有 1 条翼端纲，其上端与浮纲前端相连接，其下端与缘纲或沉纲前端相连接。

翼端纲若采用钢丝绳，则其制作方法与浮纲相同；若采用乙纶绳，则其制作方法与乙纶绳下缘纲相同。

翼端纲有两种，一种是平头式的，另一种是燕尾式的。平头式翼端纲与上、下翼网衣的小头相结扎，其结扎方法与中浮纲相同。燕尾式翼端纲应根据网图数字做记号分成两段，一端与上翼端三角的配纲边相结扎，另一段与下翼端三角的配纲边相结扎。其结扎方法与翼浮纲相同。

（6）网身力纲的装配

我国两片式底拖网所采用的网身力纲，其装配方式大致可分为如下两种：

①整顶网装配 4 条或 3 条力纲。有的沿着上、下两片网衣的左、右绕缝边各装 1 条网侧力纲，沿着背、腹两片网衣中间的纵向中心线各装 1 条上中力纲和下中力纲，如图 6-119（a）所示，即装配有 4 条力纲。有的在网背中间不装力纲，即只装配 3 条力纲，如图 6-119（b）所示。

南海区的改进尾拖型网和部分疏目型网均采用上述装配方式，其力纲均采用乙纶绳，力纲长度一般与网衣拉直长度等长装配。

网侧力纲前端约 0.5 m 长的留头在背、腹网衣两侧绕缝边前端处绕过翼端纲弯回并拢结扎固定，然后用带有双线的网梭将其线端固定在力纲前端，缝线每隔适当间距扎一双套结。

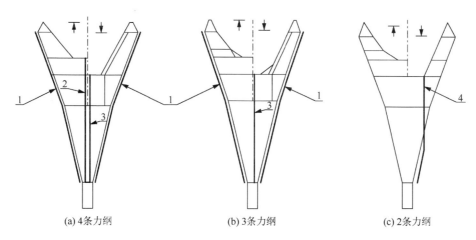

(a) 4 条力纲　　　　　　(b) 3 条力纲　　　　　　(c) 2 条力纲

1. 网侧力纲；2. 上中力纲；3. 下中力纲；4. 网腹力纲

图 6-119　网身力纲装置部位示意图

上中力纲前端约 0.5 m 长的留头绕过上口门配纲中点弯回并拢结扎固定，然后沿着网背纵向中轴线，与各段网衣拉直至等长用网线分段结扎固定，直至网身末端。最后用双线以适当间距把各段内的力纲和网衣结扎固定，其结扎方法如图 6-120 所示。

下中力纲的结扎方法与上中力纲基本相同。

②整顶网装配 2 条力纲。2 条力纲分别自网腹左、右三并口处或下网缘后段（或下网口三角）的配纲边中部开始，顺着纵目对角线向后结扎到网身末端。这种装配在网腹上的力纲又可称为网腹力纲，如图 6-119（c）所示。

装配这种力纲的网具沉纲需设计成三段，连接点就是力纲的前端点，所有力纲应结扎于网腹外侧。

（7）其他绳索的装配

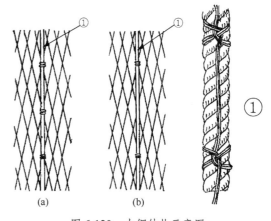

图 6-120　力纲结扎示意图

下面以 340 目底层拖网 [图 6-86（a）、图 6-86（b）] 为例，叙述浮纲、沉纲、翼端纲、网身力纲、空绳、撑杆、叉绳、单手绳、游绳、曳绳、网板、网板叉链、引扬绳、网囊束绳和铁链条等绳索、属具之间的连接装配，如图 6-121 所示。

在单手绳和止进铁之间应采用平头卸扣相连接。

凡是捻绳在受到拉力作用时都会产生捻转，为了防止这些绳索后端连接的属具或网具跟着翻转或扭结，在各绳的末端均接上一只转环，在曳绳后端连接一只特制的网板连接环（俗称"中心环"）。

为了减轻钢丝绳眼环与卸扣之间的磨损，可在眼环中装置尖口套环。

卸扣和转环的使用规格可根据被连接的钢丝绳的最大直径按相关标准选用。铁链前、后端的连接卸扣使用规格可把制链铁条的直径当作钢丝绳直径作为对照值。套环使用规格可根据拟使用套环的钢丝绳直径为对照值，附录 M 仅供参考。

网板需用特制的连接环、网板卸扣、网板连接钩相连接。

（二）网囊装配

网囊取鱼口的位置与起鱼方式有关。若渔船上有吊杆或门吊设备，可将网囊吊起的，则取鱼口装置在囊底便于渔获下卸。若渔船上没有大起吊设备，需用抄网从网囊中抄取渔获物的，则取鱼口装置在网囊后半段的背部。

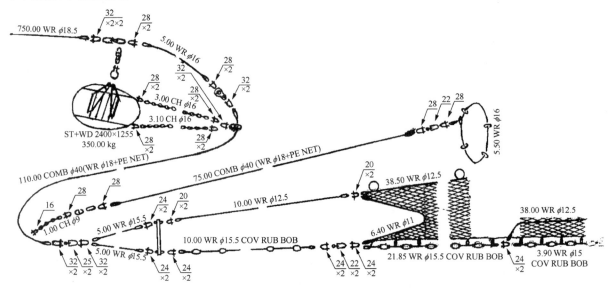

网板卸扣2个；止进环2个；平头卸扣32 mm 2个；网板连接钩2个；连接钩1个；
普通转环22 mm 3个；网板连接环2个；连接环1个；25 mm 2个；
圆环4个；止进铁2个；圆环4个；圆头卸扣16 mm 1个、20 mm 4个、24 mm 12个、28 mm 16个、32 mm 10个

图 6-121　绳索和属具连接示意图

若取鱼口设置在囊底为了增加囊底边缘的强度，在囊底装有囊底纲。但因网囊网目较小，可将囊底边缘的网目通过水扣结构连接到囊底纲上，也可以用粗网线沿囊底边缘加编 1～2 节较大的网目，然后每 2～5 目合并结扎在囊底纲上，形成类似水扣结构的均匀间距（图 6-122 右下方），便于穿过网囊抽口绳作活络缝合。

网囊抽口绳的装置方式有两种：若取鱼口圆周不大，可将网囊抽口绳的一端固扎在网囊一侧的囊底纲上（图 6-122 的 11），然后将囊底的背腹边缘对齐并拢用活络缝封闭囊底取鱼口；若取鱼口圆周较大，可将网囊抽口绳的中点固扎在网背中间，抽口绳沿着并拢的囊底纲向两侧结扎活络缝。

网囊束绳的装置部位有两种：一种是为了安全起吊渔获物，网囊束绳装置在网囊的中后部，这种束绳又称为隔绳，如图 6-122 的所示，固定隔绳位置的铁环固结点离囊底的距离应小于起吊允许负荷（后部网囊所容纳渔获物质量）利于分包起吊渔获物；另一种是网囊束绳装置在网囊中前部（图 6-122 的 4），可一次性起吊渔获物，如需分包起吊，必须在网囊中部加装隔绳（图 6-122 的 7）。

尾滑道渔船网囊束绳多数装置在网囊中后部，起网时，网囊直接拖上甲板。

网囊做好后，在网囊腹部或四周结缚上一层防擦网衣。防擦网衣一般用废网囊网衣制成。

（三）属具装配

1. 浮子装配

浮子按设计好的方式结扎在浮纲上，设计应参照网具模型实验结果：一般无上网口三角结构的拖网，上口门和左、右上翼配纲边各装约三分之一浮力的浮子。上口门处的浮子基本上分布均匀，但其两旁的浮子需结扎在靠近三并口处。有的在上口门中点装上一个特大或异色浮子，作为浮纲中点的标志。上翼配纲边的浮子，在后部要装得密一些，向翼端逐渐变疏。

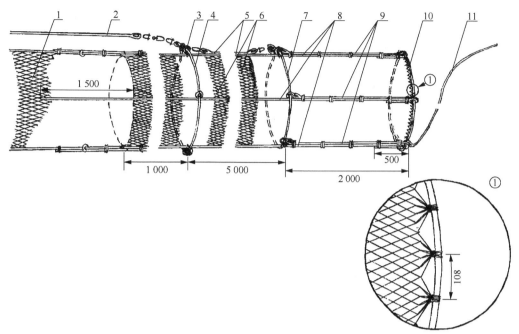

1. 网身末段；2. 网囊引绳 75.00 COMB ϕ40；3. 圆环 Fe RIN ϕ80 $\phi_1$10×8；4. 网囊束绳 5.50 WR ϕ16；5. 隔绳引绳 5.00 WR ϕ16；
6. 网囊；7. 隔绳 7.50 WR ϕ16；8. 网囊力纲 10.00 PE ϕ20×4；9. 囊底力纲 2.00 WR ϕ16×4；10. 囊底纲 6.48 PE ϕ20；
11. 网囊抽口绳 10.00 PE ϕ7

图 6-122　网囊装配示意图

上翼配纲边装浮子的个数和位置应左右对称。有上网口三角结构（包括配纲边为 1T1B 的上翼后段）的拖网，约 50%～60% 的浮子应装在上口门和左右上网口三角结构处的浮纲上。

网口目大小于 400 mm 时，可采用直径大于 250 mm 的带耳球浮。

2. 滚轮和沉子装配

沉纲按设计好的型式进行装配。

铁滚筒在制作沉纲时一般穿在滚轮的两侧或后侧，既可代替垫片使用，又可增加装置部位的沉力。滚轮式沉纲的沉力不足时，可用铁链条或铅沉子来补充。若沉纲全穿滚轮，则可用结缚铁链

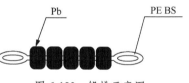

图 6-123　铅排示意图

条或铅排（图 6-123）来调整沉力。若为间隔式滚轮式沉纲，则可在滚轮两侧或后侧加减铅沉子来调整沉力。

3. 撑杆

采用撑杆可缩短空绳长度，撑杆用 4 个卸扣连接在上、下空绳和上、下叉绳之间。

如上、下空绳较长的，一般采用三角形撑杆（撑板）结构。撑板前孔用卸扣、转环与混合曳绳相连接，后孔用卸扣分别与上、下空绳相连接。

尾滑道拖网渔船，其上、下空绳较长，一般不装置撑杆，其上、下空绳前端合并一起用卸扣、转环与混合曳绳相连接，便于将空绳和网翼一起绞进纲盘。

4. 网板

网板直接根据网板设计图纸要求进行施工制造，这里只叙述网板如何连接到单拖网的绳索上。

在单拖网的曳绳和单手绳之间连接 1 条游绳。游绳的前端用卸扣连接网板连接环（又称中心环），

网板连接环带转环的一端再用卸扣与曳绳后端相连接。游绳的后端用卸扣与止进器（又称制铁、T形铁、丁字铁）连接，止进器与单手绳前端相连接。网板支架（或支链）的支点扣上带有连接钩（又称中心钩、G 型钩、开口器、象鼻头）的网板卸扣。网板后端叉链固结点接网板上、下叉链，叉链后端合并后用 1 个稍大的卸扣连接 1 个已套进单手绳上的止进环（又称 8 字环）。游绳长度应超过网板连接钩到止进环的拉直长度。

东海、黄海、渤海区和在西非远洋作业的单拖渔船的止进环不直接安装在网板叉链末端，而用一段钢丝绳延伸至后 5～10m 处，俗称"老鼠尾"，主要为了起网方便。

第十节　拖网设计理论

拖网渔具设计受到诸多因素制约，十分复杂，目前尚未有整套成熟的设计理论和方法。稳妥的办法是，以动力相似原理为基础，将母型网按比例缩小或放大。这种方法的着眼点是在渔船拖曳能力许可的条件下，确定网具规格，使网具达到适合捕捞对象的拖速和扩张要求，以降低设计失误的风险。

一、鱼类对拖网渔具的反应行为

了解鱼类对拖网渔具反应行为的目的，是为拖网渔具设计和选择性捕捞提供依据。水下观察发现，在网具附近，鱼类对运动渔具和对渔具移动时发出的振动刺激声音都会做出各种不同的反应，如见到网板时的反应及在拖网网口前的反应等。

当拖网接近时，网板是鱼类能够看见的第一部分。鱼类见到网板的距离，与海底地形、光线和背景有关。水下观察发现，当栖息在网板拖曳路径上的底层鱼发现网板时，就会像回避猎食者接近一样，采取绕着网板游动的方式回避不断接近的网板。绕过网板后，鱼类又会重新集结起来。鱼类在避开网板时的游速很慢，接近曳行网板速度。鱼类通常采用最低的游速，可能是为了保持最长的游泳持续时间，以备应急逃避。网板沿海底曳行时掀起的泥沙幕，将位于两块网板之间的鱼赶向拖网网口前方正中区间，在网板外侧的鱼则会逃离。底层鱼类在底拖网网口前的行为，不仅因鱼种而异，还随潮流强弱、水的透明度、昼夜不同等而变化。根据日本学者三浦的潜水观察，鱼类一般以与沉子纲前进速度相同的速度向前游动。海鳗和章鱼等善于钻入海底逃避，这类能潜底穴居的捕捞对象，即使碰到沉子纲也不会上浮，进网很少，但在海水浑浊时会上浮而入网。鲷、红娘鱼、石首鱼、海鳝等不潜入泥沙中的鱼碰到网口时都会越过浮子纲逃避，但在海水浑浊时也会进入网内。

根据英国学者 Main 等的水下观察，黑线鳕、无须鳕、鳕、比目鱼、玉筋鱼和鲂鲱等鱼群到达网口下纲前，会转向与网具拖曳方向相同的方向游动。在光线好的情况下，鱼可能调头早些，而在光线差的时候，鱼可能会径直朝网口游去或被下纲碰到。一般来说，网口附近的鱼会保持和行进的网具一起游动直到疲劳，持续时间的长短不但与鱼的种类有关，还和拖网速度和鱼体大小有关。水下观察表明，绿青鳕、黑线鳕等个体较大的鱼类能在拖网的网口游动很长时间，但对于新西兰鳀和玉筋鱼等小型鱼类，尽管它们竭尽全力试图保持它们的位置，但几分钟后就会放弃而让网具通过（许柳雄，2004）。

对于中层拖网来说，水下观察表明，大多数中上层鱼类遇到中层拖网时，往往向下方逃逸。如日本学者野田在日本伊势湾中部调查鳀浮拖网作业状况时发现，当网翼接近鱼群时，鱼群倾向往下方逃逸，但是，当网和鱼群位置不一致时，网对鱼群形不成威吓，鱼类不会逃逸。

二、拖网渔具基本要素计算

拖网渔具的要素，主要包括拖网线型的选择、拖网主尺度的确定、网目网线的选择、网衣缩结系数的选择、拖网浮沉力的配备、曳绳长度和粗度的确定及拖网阻力估算和拖网作业性能评估等。这里着重介绍前几个要素的选择与确定。

（一）拖网线型的选择

拖网线型是指拖网在曳行中的轮廓形状，它对网具水动力性能有较大影响。线型良好的拖网不但表面涡流小，可减少对鱼类的惊吓，而且受力均匀不易破损。拖网的线型的优劣，尤其是两片式拖网线型的优劣，主要表现在网体两侧的收缩率、网口装配边的斜率和翼端结构形状上。

1. 网体侧边的线型

对两片式拖网而言，网体侧边的线型是通过背、腹网衣侧边的剪裁斜率来实现的，是各部分网衣的剪裁边前后衔接形成的折线。为了使折线在水中形成符合要求的光滑曲线，要求各部分网衣侧边的剪裁斜率应遵循一定规律，这些规律是：自翼端至网囊剪裁斜率应由小逐渐增大，形成内凹的曲线，这样的曲线，一经水流冲击可变为近似的弧线，有利于过滤水体；前后网衣衔接处要避免剪裁斜率突变，以免产生应力集中和网目刺挂鱼类的现象，尤其网囊前一段网衣侧边要接近直角，否则该处形成的漏斗状筒体易滞留鱼类。

目前两片式拖网侧边的剪裁斜率，自前至后一般为 5∶4、4∶3、7∶5、2∶1、5∶2、3∶1、10∶3、4∶1 和 5∶1 等。设计网具时可根据分节数量依次或跳档采用。要求水平扩张较大的网具，其前部侧边剪裁斜率可小些，如 5∶4、4∶3 等；要求高网口或快速拖曳的网具，其前部侧边剪裁斜率可大些，如 3∶2、2∶1 等。

2. 上、下纲线型

上、下纲线型是指拖网浮、沉纲在水中曳行时的形状。从渔具模型实验可知，如将拖网浮、沉纲与网衣脱离并进行拖曳，浮、沉纲在水流冲击下会呈悬链线状。但装配上网衣的浮、沉纲的形状，由水流冲击力和网衣作用力共同决定。当网衣边缘形状不当时，会导致浮、沉纲形状曲线曲率的突变，甚至撕裂网衣。因此应以恰当的剪裁斜率剪裁网衣，使其尽量与悬链线的形状相吻合。为达到此目的，应根据悬链线的曲率剪裁网衣，即上、下翼配纲边的剪裁斜率从三并口起至翼端逐渐增大；网盖和网腹前沿的剪裁边组成近似弧形，但为了便于网具的装配和修补，不要求频繁地变换剪裁斜率，做到剪裁边基本与悬链线形状相吻合即可，其中浮、沉纲三并口处的线型是关键。

在较长的时间里，我国尾拖型拖网的网翼采用单一剪裁斜率，如上网翼采用 2∶3，下纲翼采用 1∶1，而网盖和网腹前沿部分较宽，这种结构方式与悬链线形状相差太大，导致浮、沉纲形状有突变而撕裂网衣。网模水槽实验可观察到三并口处浮子纲的曲率突然减小，该处的网衣呈现明显的受力线，张力集中在少数网目上，三并口网衣破损现象屡见不鲜，如图 6-124 所示。

为了解决三并口的线形，确保受力尽可能分布均匀，国内外不少拖网在此处加装了三角网衣，其结构如图 6-125 所示。

三角网衣的纵向长度常取上网翼纵向长度的 20% 和下网翼纵向长度的 15%，其配纲边的剪裁斜率多采用 1∶3、2∶3 或 1∶2。

六片式拖网同样存在网口的线形问题。

三角网衣改善了三并口处受力状态，减少了破网弊病，但沉子纲加装三角网衣后，力纲的起点应从网翼与口门的交界处移到三角网衣斜边的中点，三角网衣的配纲系数与邻近网翼边缘有明显的区别，如图 6-126 所示。

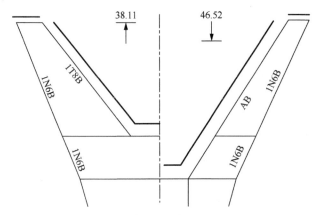

图 6-124　单一剪裁斜率拖网的网衣结构图

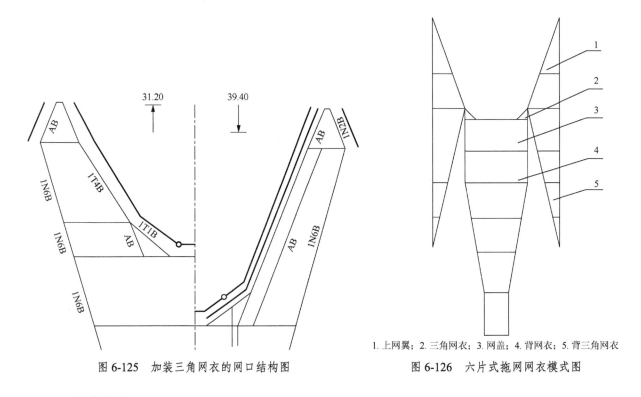

图 6-125　加装三角网衣的网口结构图

1.上网翼；2.三角网衣；3.网盖；4.背网衣；5.背三角网衣

图 6-126　六片式拖网网衣模式图

3. 翼端结构

菱形网目的力是沿着目脚方向传递的，网具模型实验和生产实践发现，平头翼端结构的拖网存在着部分网衣堆积、拖地、变形等弊病，可以采用燕尾开衩的办法解决。

一般燕尾部分长度为上翼的 1/3～1/2，尾叉的剪裁斜率常用 1：1，这种结构与菱形网衣力的传递吻合，适合于快速拖网。有的拖网燕尾长度为上网翼的 1/5～1/4，燕尾斜边剪裁斜率为 4：5、2：5 等。这种结构有利于调高网口，但快速拖曳该部网衣仍有拖泥现象。

（二）拖网主尺度确定

拖网主尺度是指拖网网口拉直周长、拖网拉直总长和浮纲长度，但以前两项为主。因网具各主尺度之间有一定的比例关系，所以一般先确定网口周长，然后根据它们之间的比例关系确定网具的其他尺度。

1. 网口拉直周长的确定

网口拉直周长的确定方法目前有 4 种，即按动力相似原理确定网口拉直周长、利用渔船拖力曲线或拖力数据求网口周长、利用网具阻力公式求网口周长及根据我国经验公式确定网口周长。

（1）按动力相似原理确定网口拉直周长

根据渔具动力相似原理可得下列关系

$$\frac{F_{Z1}}{F_{Z2}} = \frac{k_1 \dfrac{d_1}{a_1} L_1^2 v_1^2}{k_2 \dfrac{d_2}{a_2} L_2^2 v_2^2} \tag{6-29}$$

式中，　　F_{Z1}、F_{Z2}——母型网和设计网的网具阻力（kN）；

　　　　k_1、k_2——母型网和设计网的阻力系数；

　　d_1/a_1、d_2/a_2——母型网和设计网的线面积系数；

　　　　L_1、L_2——母型网和设计网的主尺度（可代表周长、总长，m）；

　　　　v_1、v_2——母型网和设计网的拖速（m/s）。

当船舶有效功率与标定功率的比值不变时，据船舶动力相似原理有

$$\frac{P_{n1}}{P_{n2}} = \frac{F_{Z1} v_1}{F_{Z2} v_2} \tag{6-30}$$

式中，P_{n1}、P_{n2}——拖曳母型网船舶和拖曳设计网船舶的标定功率。

将式（6-29）代入式（6-30）得

$$\frac{P_{n1}}{P_{n2}} = \frac{k_1 \dfrac{d_1}{a_1} L_1^2 v_1^3}{k_2 \dfrac{d_2}{a_2} L_2^2 v_2^3} \tag{6-31}$$

当设计网与母型网完全相似，即 $k_1 = k_2$ 和 $d_1/a_1 = d_2/a_2$ 时，式（6-31）变为

$$\frac{L_2}{L_1} = \sqrt{\frac{P_{n2}}{P_{n1}}} \cdot \sqrt{\frac{v_1^3}{v_2^3}} \tag{6-32}$$

L_2/L_1 也称缩放比，当已知母型网和设计网的船舶标定功率、拖速及母型网的主尺度时，可据式（6-32）求出设计网的主尺度（如网口拉直周长）。

当设计网的网型、拖速和阻力均与模型网相同时，即 $k_1 = k_2$、$v_1 = v_2$、$F_1 = F_2$ 时，式（6-29）变为

$$\frac{d_1}{a_1} \cdot L_1^2 = \frac{d_2}{a_2} L_2^2$$

$$\frac{L_2}{L_1} = \frac{\sqrt{\dfrac{d_1}{a_1}}}{\sqrt{\dfrac{d_2}{a_2}}} \tag{6-33}$$

式（6-33）可用于船舶拖力、网具阻力和拖速不改变，只改变网具线面积系数时网具主尺度的计算。如将一般网目长度尺寸的拖网改为疏目拖网时，也可用该式计算。

必须注意的是，以上的计算建立在船舶和网具动力相似的基础上，如船型或网型不同则不适用。采用上述简单的公式计算网具，可先当作动力相似的情况计算，然后做适当修正。

对于不同船型、螺旋桨形式的船舶可采用拖力动力相似计算，即

$$\frac{T_{e1}}{T_{e2}} = \frac{F_{Z1}}{F_{Z2}} = \frac{k_1 \dfrac{d_1}{a_1} L_1^2 v_1^2}{k_2 \dfrac{d_2}{a_2} L_2^2 v_2^2} \tag{6-34}$$

当网型完全相同时，有

$$\frac{T_{e1}}{T_{e2}} = \frac{L_1^2 v_1^2}{L_2^2 v_2^2} \tag{6-35}$$

或

$$\frac{L_1}{L_2} = \sqrt{\frac{T_{e1}}{T_{e2}}} \cdot \frac{v_2}{v_1} \tag{6-36}$$

式中，T_{e1}——母型网使用船拖力（N）；

T_{e2}——设计网渔船拖力（N）

其他的符号意义同上。

（2）利用渔船拖力曲线或拖力数据及网具阻力公式求网口周长

当已知渔船拖力曲线或一定拖速时的拖力时，可利用这些数据来求网口周长，其步骤如下。

①查出给定拖速的拖力。如我国 GY8160 型 735 kW 渔船拖速为 3.5 kn 时的拖力 $T_e = 65$ kN。我国近期设计的钢质渔船多给出系柱拉力和拖速为 3.5 kn 时的拖力，可供网具设计者近似地求出该拖速范围内各拖速对应的拖力。

②留有储备拖力。大风天气逆风拖网作业时船舶附加阻力增加，使拖速降低。降低的程度由风力和浪级决定，而计算船舶拖力时并未充分考虑该不利因素，因此应当留有储备拖力。国内有关文献建议留 10%的拖力作为储备拖力，即

$$F_z = 90\% T_e \tag{6-37}$$

式中，F_z——渔具阻力（包括网具、网板和绳索的阻力，N）；

T_e——拖力（N）。

③确定渔具系统各组成部分的阻力比例。渔具系统阻力包括网具、网板和纲索的阻力。它们之间的比例关系与网具类型、沉子纲质量、水深和底质等有关，并可通过试验等手段求得。如日本小山武夫经实验后得出大型六片式单拖网系统各部分的阻力比例为：网具占 85%、网板占 11.5%、纲索（曳绳、手绳）占 3.5%。双拖网系统由网具和纲索组成，一般认为其网具的阻力由下式计算：

$$F_z = 78.4 \frac{d}{a} \cdot LCv^2 \tag{6-38}$$

式中，F_z——网具阻力（包括沉子纲、浮子纲和浮子的阻力，N）；

d/a——网具线面积系数；

L——网具拉直总长（m）；

C——网具网口拉直周长（m）；

v——拖速（m/s）。

式（6-38）中包括网口周长的因子，因此可用于求网口周长。现用例题说明利用渔船拖力数据和阻力公式求网口周长的步骤。

例 6-4 已知某 735 kW 拖网渔船，拖速为 3.5 kn（1.8m/s）时的拖力为 65 kN，使用网具为六片

式拖网，网具线面积系数 $d/a = 0.06$，长周比 $L/C = 1$，网具阻力占网具系统阻力的 85%。求该拖网网口拉直周长。

解：取储备拖力为拖力 T_e 的 10%，并应用阻力公式（6-38），则拖力与网具参数的关系为

$$T_e - 0.1T_e = 78.4 \frac{d}{a} \cdot LCv^2 / 0.85$$

因 $L = C$，所以上式可转变为

$$C = \sqrt{\frac{0.9T_e \times 0.85}{78.4 \frac{d}{a} v^2}}$$

将已知数据代入上式则

$$C = \sqrt{\frac{0.9 \times 65000 \times 0.85}{78.4 \times 0.06 \times (1.8)^2}} = 57.12 (\text{m})$$

该网具网口拉直周长为 57.12 m。

（3）据我国的经验公式确定设计网的网口周长

对网口部位网目 110～117 mm 的尾拖型底拖网，其网口拉直周长与主机标定功率的关系为

$$C = 1.1KP_n^{\frac{1}{3}} \tag{6-39}$$

式中，C——网口拉直周长（m）；

P_n——主机标定功率（kW）；

K——系数，黄海区 $K = 16.5$ 左右；东海区 $K = 14.2～15.5$；南海区 $K = 11.5～13.2$。

类似的经验公式尚有数个，在此不一一列出，网具设计者可将式（6-39）作为其他计算方法的校验和比较来选择使用。

2. 拖网各组成部分尺度比例的确定

拖网网口拉直周长确定后，网具全长及各组成部分的拉直长度也将按一定的比例确定。但在选定比例时必须了解各比例关系对网具性能的影响，以及比例的一般范围。拖网各组成部分尺度比例，包括长周比、网翼长周比、网盖长周比、网身长周比和网囊长周比。

（1）长周比

长周比是网具总拉直长度与网口拉直周长之比，此数值反映了圆锥形网体的锥度。长周比大表明网具瘦长，网衣与水流的冲角小，因此导鱼性能和网具稳定性都好，但网口的扩张较小；长周比小的拖网情况相反。因此，要求快速拖曳的拖网可选择较大的长周比，要求高网口、中低拖速的拖网可选择相对小的长周比。

我国两片式尾拖型和改良疏目型拖网的长周比一般为 63%～79%，六片式拖网的长周比一般为 90%～105%；捕捞中层鱼类拖网的长周比为 90%～95%，捕捞底层鱼类拖网的长周比为 90%～105%。在此应注意的是，长周比的数值只能与同型式的拖网相比，如尽管六片式拖网的长周比明显大于两片式拖网，但不可凭此就判定六片式拖网属低网口和高拖速的拖网，还要看其他参数。

（2）上翼长周比

上翼长周比是指上网翼拉直长度与网口周长之比。比值大，说明上网翼相对长度大，网具水平扩张大，有利于捕捞分散的鱼类，但由于网翼网衣的冲角较大，网翼长将导致网具阻力增加；比值小将产生相反效果。多年的实践证明，适当缩短上网翼长度和增加空绳长度，能减小网具阻力，便于操作，并且不影响渔获率。

两片式尾拖型拖网的上翼长周比为 20%～26%，改良疏目型拖网为 12%～21%，六片式拖网为 30%～34%大目拖网的上翼长周比小于 10%。

（3）网盖长周比

网盖长周比是指网盖拉直长度与网口周长之比，该比值影响网口高度。增加网盖长度可增加网口上方遮盖面积。与此同时，增加网盖长度会导致浮子纲缩短和浮子纲与水平面夹角增大，从而导致作用于浮子纲上向下的分力增大。因此在某种程度上网盖长周比大限制了网口的向上扩张。

两片式尾拖型和改良疏目型拖网的网盖长周比为 6%～11%，捕捞鱿鱼的六片式拖网为 11%～12%，捕捞章鱼的六片式拖网为 12%～14%。随着拖速和网口目大的增大，网盖的作用减弱，大目拖网的网盖长周比小于 5%。

（4）网身长周比

网身长周比是指网身拉直长度与网口周长之比，比值大，网身相对长度大，泄水性强，网具导鱼性能和稳定性较好，同时在网具总长一定时，网身长必导致网翼短。如前所述，这种网的阻力较小。

两片式尾拖型拖网的网身长周比为 48%～63%，改良疏目型拖网为 55%～67%，六片式拖网为 34%～40%。随着网口目大的增大，网身的泄水性已不重要，大目拖网的网身长周比已降至 30%以下。

（5）网囊长周比

网囊长周比是指网囊拉直长度与网口周长之比。网囊位于网具末端，其相对长度大些有利于容纳更多的渔获物，但还要结合渔获量的多少和甲板操作条件而定。

两片式尾拖型和改良疏目型拖网的网囊长周比为 6%～15%，六片式拖网为 16%～20%。但有些国家的渔业法规或国家间的渔业协定中，一般都规定网囊的长度目数，如中日渔业协定就规定拖网网囊长度不超过 200 目。在这种情况下，网囊长度必须遵循有关渔业法规的规定。渔船船型不变，网囊的长度及规格不会随网具尺度不同而改变。

我国渔业企业目前使用的部分拖网渔具的主尺度参数比例见表 6-14，仅供参考。

表 6-14　我国渔业企业目前使用的部分拖网的主尺度参数

网具类型	使用区域（公司）	渔船功率/kW	网具规格	总长周比	上翼长周比	网盖长周比	网身长周比	网囊长周比
机轮尾拖网	东海、黄海	367.5	64 m×47.74 m（18.00 m）	0.75	0.11	0.07	0.47	0.10
大网目浮拖网	黄海	198.5	432 m×157.1 m（138.14 m）	0.41	0.14	0.04	0.21	0.02
四片式虾拖网	尼日利亚海豚公司	661.5	54.8 m×38.93（27.24 m）	0.69	0.16	0.10	0.29	0.14
六片式单拖网	中水西非	735	47.42 m×49.2 m（34.70 m）	1.04	0.35	0.14	0.36	0.19
拖缯网	宁波	99	193.38 m×107.0 m（46.53 m）	0.55	0.09	0.06	0.34	0.06
蛇口双拖	深圳	79	114.0 m×58.41 m（41.43 m）	0.51	0.13	0.03	0.27	0.08
鳕鱼中层拖网	上海	3500	1352 m×250.06（132.5 m）	0.18	0.04	0	0.12	0.02

注：表中数据摘自黄锡昌编《捕捞学》并加以变换获得。

3. 拖网网目尺寸和网线粗度的选择

拖网网目尺寸和网线粗度对网具的捕鱼效率、选择性、阻力、强度、材料消耗和资源保护均有较大的影响，在设计计算时需要慎重和合理决策。网目尺寸和网线粗度也是拖网不可调节的设计参数。

（1）网目大小与鱼类行为的关系

根据国外学者水下观察和试验研究表明，当网具逼近游动的鱼类时，多数鱼类首先与网具保持同步、同向游动。网具前部大网目网衣在曳行中因震动搅起的微小水花和振动波可阻吓大多数鱼类穿过网目。当鱼类进入网具中后部时，由于活动空间减小，受到胁迫才试图穿越网目逃逸。较小的网目可以阻断其逃路，于是大部分鱼类就陷入网囊。据此，在一般情况下，网翼和网盖的全部、网身的前部可采用大网目，网身中部以后的网目应逐渐减小。网囊是网具网目尺寸最小的部分，其网目尺寸受到渔业法规严格限制。

（2）网目长度对网具阻力的影响

研究证实，当其他条件不变时，网具阻力与网目尺寸成反比。1976 年，我国东海水产研究所拖网网模水槽实验，得到不同拖速网具阻力与网目长度（指网口目大）的关系，结果如图 6-127 所示。

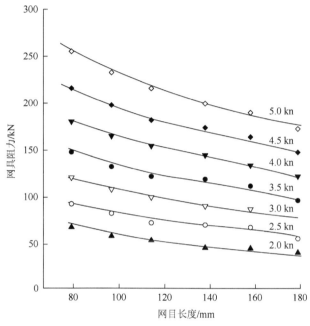

图 6-127 网具阻力与网目长度关系示意图

从表 6-14 可计算出，当网口周长和网具总长不变时，网翼、网盖和网身第一段的网目从 117 mm 增大至 140 mm、160 mm 和 180 mm 时，网具阻力分别减少 3.7%、9.6%和 22%。基于鱼类在网内的行为特征和网目长度与网具阻力的关系，世界许多地区的拖网渔具中，将前部网目放大，如我国疏目底拖网网口部分的网目长度从原来的 120～150 mm 放大至 300～400 mm，中层拖网将网具前部网目长度放大至 3～4 m，甚至增大至 10 m 以上。当前所用的大目拖网网口目大为 2～24 m，一般在 6 m 左右。在非洲从事远洋渔业的单船拖网网口目大为 6～15 m。

（3）拖网最小网目尺寸的确定

各国均对拖网最小网目尺寸作了法律规定。我国规定东海、黄海底拖网网囊网目长度（内径、湿态）不得小于 54 mm；南海底拖网网囊网目长度（内径、湿态）不得小于 39 mm；尼日利亚和塞拉利昂的渔业法规规定捕虾网网囊最小网目长度不得小于 44 mm；阿曼渔业法规规定拖网网囊最小网目长度（内径、湿态）不得小于 110 mm。设计网具时，必须了解和遵循这些规定。

（4）拖网网目尺寸的选择

拖网网目大小自网翼至网囊逐渐减小，一般可分为多档：网翼、网盖和网身第一段的网目尺寸最大；网身的其他部位次之；网囊网目最小。

根据最小网目的规定，选用网目尺寸时可以从网囊开始，其他部分递增。考虑国内对网目的定义与国际上渔业执法检查的差别，以及湿态情况下因材料缩水造成的网目尺寸的微量变化，建议设计者选用网囊的网目应比法规规定的内径大 3～4 mm。网身后部的网目尺寸可为网囊网目尺寸的1.2～2.0 倍；网翼、网盖和网身第一段的网目尺寸可根据捕捞对象的行为特征将设计网型放大。

选择网目尺寸的基本要求，是尽可能不使符合法律规定的捕捞对象漏网，而法律禁止的小个体鱼类不致刺缠网目并获得充分释放；同时，拖网网衣的阻力应尽可能小，一般是根据各部分的作用来选择相应的网目尺寸。

拖网网囊起集中渔获物的作用，一般用以下公式来确定网目尺寸。

$$a' = (0.6 \sim 0.7)a \tag{6-40}$$

式中，a'——网囊网目单脚长度（mm）；

a——捕捞同种、同体长鱼的刺网目脚长度（mm）。

$$a = k\sqrt[3]{M} \tag{6-41}$$

$$a = k_1 L \tag{6-42}$$

式中，　　L——鱼体长度（mm）；

M——鱼体质量（g）；

k、k_1——分别表明该鱼的特征系数，由试验结果确定。

拖网网口部分网目的目脚长度，由式（6-43）计算：

$$a = a' + \frac{rL}{2E_T} \cdot \frac{v_T}{v_\rho} \tag{6-43}$$

式中，　r——决定该种鱼压力中心位置的系数（从鱼的吻端至鱼体压力中心的距离为 rl）；

E_T——网衣水平缩结系数；

v_T——拖速（m/s）；

v_ρ——鱼的游速（m/s）。

如考虑到符合网的运动方向呈 α 角（$\alpha < 90°$），则式（6-43）可改写为式（6-44）：

$$a \leqslant a' + \frac{rL}{au} \cdot \frac{1}{\cos\alpha + \dfrac{v_\rho}{v_T}\sin\alpha} \tag{6-44}$$

由式（6-44）可看出，拖网网口部分的单脚长度不仅与捕捞对象的体长有关，而且也与拖速 v_T、鱼游泳速度 v_ρ、网衣水平缩结系数 E_T 和网片倾角 α 有关。

以上公式是由苏联学者格里巴达莫夫和沙尔福等根据试验结果得出，仅供参考。

有些学者在论述网具阻力与网目尺寸关系时指出，当网具规格一定，网口部分网目尺寸增大之后，网口高度变化甚微，而网具阻力明显减小。同时指出，无论在何种拖速下，网目尺寸超过一定规格后，网具阻力的下降均明显减缓。因此，在满足捕捞对象行为特征的前提下，可以选择有利节能和合理的网目尺寸。

在浅水海域，较大的网目也能对鱼群起到较好的驱集效果，对中上层鱼类效果更显著。可能是这些鱼类的视觉距离和侧线对水压感觉距离较大所致。但在深海底层水域，鱼类的视觉大大下降，大网目的驱集效果就会很差。所以一般认为，大于 100 m 水深的底拖网作业不宜使用大目拖网。大目拖网在夜间作业效果较显著，可能与网衣搅动海水引发海水中的夜光虫发光有关，网衣发光，易被发现和有一定的威胁作用。

4. 网线粗度的选择

网线粗度应根据网具各部分受力情况和网线强力需求确定。在保证网衣强力的前提下，网线粗度越小，网材料消耗减少，网具阻力越小，捕捞效果越好。由于目前尚缺乏科学数据，所以生产中常根据经验确定。确定网线受力时应考虑网线可能承受的集中载荷和磨损，并应留有余量，选用安全系数 4~5 倍为宜。

设计拖网时，常根据已知的网目长度和设定的线面积系数（d/a）确定网衣的网线直径。我国尾拖型网乙纶材料各部分的 d/a 值如下。

网翼、网盖和网身第一段：$d/a = 0.038 \sim 0.045$；大目拖网约为 0.005。

网身其他部分：$d/a = 0.050 \sim 0.060$。

网囊：$d/a = 0.07 \sim 0.075$。

母型网各部分网线直径的数值可作为主要参考依据，国外使用情况也可供分析参考。网目尺寸确定之后，网线规格可根据网线材料及网目受力大小而定。假设网具在拖曳过程中，网口上各个网目受力是均匀分布的，而且设计网的网具阻力也与母型网相同，则网线单脚的张力可由式（6-45）计算：

$$f_1 = f_0 \frac{a_1 c_0}{a_0 c_1} \tag{6-45}$$

式中，　f_0、f_1——母型网和新设计网网口每根网线的张力（N）；

　　　　a_0、a_1——母型网和新设计网网口网目单脚长度（mm）；

　　　　c_0、c_1——母型网和新设计网口周长（m）。

据统计，乙纶网线的断裂强力与网线的单丝数呈幂指数关系，即

$$F_d = 1.8 N^{0.95} (r = 0.999) \tag{6-46}$$

式中，F_d——网线的断裂强力（N）；

　　　N——网线的单丝数。

若式（6-45）中的 f_0、f_1 用 F_{d0}、F_{d1} 来代替，再将式（6-45）代入上式，则可改为

$$N_1 = \left(N_0^{0.95} \frac{a_1 c_0}{a_0 c_1} \right)^{1.0526} \tag{6-47}$$

式中，N_0、N_1——母型网和新设计网网口网线的单丝数。

利用式（6-47）便可根据母型网网线的单丝数 N_0 来求算新设计网网口网线的单丝数。

（1）拖网线面积系数计算

单片网片网线受流面积与网片虚拟面积之比称为该网片的线面积系数，其数值正好等于 d/a；整个网具的线面积系数应是各部分网片线面积系数的加权平均值。

单片网片的网线受流面积为

$$S_S = \frac{M + N}{2} \times H \times 4 a_\rho \times d_\rho \times 10^{-6} \tag{6-48}$$

而单片网片的虚拟面积为

$$S_\rho = \frac{M + N}{2} \times H \times 4 a_\rho^2 \times d_\rho \times 10^{-6} \tag{6-49}$$

式（6-48）和式（6-49）中，

　　　S_S——单片网片的网线受流面积（m²）；

　　　S_ρ——单片网片的虚拟面积（m²）；

　　　M——单片网片上底边目数；

　　　N——单片网片下底边目数；

　　　H——单片网片纵向目数；

　　　a_ρ——单片网片目脚长度（mm）；

　　　d_ρ——单片网片网线直径（mm）。

将式中（6-48）与式（6-49）相比，得到

$$\frac{S_{\mathrm{S}}}{S_{\mathrm{\rho}}}=\frac{d_{\mathrm{\rho}}}{a_{\mathrm{\rho}}} \tag{6-50}$$

在整顶网上，各组成部分网片的网线直径和目脚长度不同，线面积系数 $d_{\mathrm{\rho}}/a_{\mathrm{\rho}}$ 也不同。整顶网具的线面积系数 d/a 值定义为各部分网片 $d_{\mathrm{\rho}}/a_{\mathrm{\rho}}$ 的加权平均值，即单片网片的 $d_{\mathrm{\rho}}/a_{\mathrm{\rho}}$ 乘以该网片虚拟面积占整顶网虚拟面积的百分比。设计计算时，由于网囊网目、网线与其他部分差异较大，而且所占面积比例甚小，又常与母型网一致，所以在计算 d/a 的加权平均值时，一般可以不计算网囊。

网具线面积系数是计算网具阻力、缩放网具和计算网线直径时不可缺少的参数。具体计算步骤如下：

①求得各种规格网片的线面积系数 d_i/a_i。

②计算各规格网片的虚拟面积 S_i，如某种规格网片有数片，该规格网片的虚拟面积为

$$S_i = \sum S_{\mathrm{\rho}} \tag{6-51}$$

式中，　S_i ——某种规格网片的虚拟面积（m^2）；

　　　　$S_{\mathrm{\rho}}$ ——单片网片的虚拟面积（m^2）。

③计算整顶网具总虚拟面积，即 $\sum S_i$。

④计算各规格网片的 d_i/a_i 在整顶网片的 d/a 中所占的比例，即

$$\frac{d_i}{a_i} \times \frac{S_i}{\sum S_i} \tag{6-52}$$

计算整顶网具的线面积系数 d/a，即各种规格网片的 $\dfrac{d_i}{a_i} \times \dfrac{S_i}{\sum S_i}$ 之和。

$$\frac{d}{a} = \sum \left(\frac{d_i}{a_i} \times \frac{S_i}{\sum S_i} \right) \tag{6-53}$$

（2）线面积系数计算举例

某 735 kW 渔船所使用的六片式拖网网具线面积计算过程如表 6-15 所示。从该表可见，该网由 8 种规格的网片组成，网具的总虚拟面积为 1264.8 m^2，网具线面积系数 d/a 值为 0.0599，表格省略了单片网片虚拟面积的计算。

如欲求网翼、网身等局部的线面积系数，也可参照以上步骤计算。

表 6-15　六片式拖网线面积系数计算表

网片规格	d_i/mm	d_i/a_i	S_i/m^2	$S_i/\sum S_i$	$d_i/a_i \times S_i/\sum S_i$
PE 36 tex×70×3～150 mm	5.00	0.067	215.25	0.179	0.0120
PE 36 tex×25×3～150 mm	2.85	0.057	253.33	0.210	0.0120
PE 36 tex×25×3～150 mm	2.85	0.038	264.47	0.220	0.0084
PE 36 tex×29×3～150 mm	3.20	0.043	124.68	0.103	0.0044
PE 36 tex×36×3～120 mm	3.60	0.060	51.17	0.043	0.0026
PE 36 tex×25×3～120 mm	2.85	0.047	106.31	0.088	0.0041

续表

网片规格	d_i/mm	d_i/a_i	S_i/m²	$S/\sum S_i$	$d_i/a_i \times S/\sum S_i$
PE 36 tex×50×3～90 mm	4.30	0.096	81.00	0.067	0.0064
PE 36 tex×70×3～90 mm	5	0.111	108.54	0.090	0.0100
总计			$\sum S_i = 1204.75$		$\sum(d_i/a_i \times S/\sum S_i) = 0.0599$

5. 拖网缩结系数及配纲

拖网缩结系数不但影响网线的张力和网目的张开形状，而且在一定程度上决定了网具的张开形状，从而也影响了网具的性能。

（1）斜边缩结系数

拖网上的缩结系数包括横向缩结系数、纵向缩结系数和斜边缩结系数。斜边缩结系数计算方法如式（6-54）所示。

$$E_B = \sqrt{E_T^2\left(\frac{1}{R^2}-1\right)+1} \qquad (6\text{-}54)$$

式中，E_B——斜边缩结系数；

R——网衣斜边的剪裁斜率。

当采用直剪和斜剪混合剪裁时，$R>1$，$E_B<1$；当采用全单脚剪裁时，$R>1$，$E_B=1$；当采用横剪和斜剪混合剪裁时，$R>1$，$E_B>1$。在设计计算时，可查阅斜边缩结系数表获得。

斜边配纲长度

$$L_b = H_0 E_B \qquad (6\text{-}55)$$

式中，L_b——网衣斜边配纲长度或网衣斜边缩结长度（m）。

（2）缩结系数对拖网性能的影响

拖网渔具的缩结系数直接影响整个渔具的网型及作业性能。拖网渔具的合理缩结可使网具前部网目张开适宜，往后网目张开程度逐渐变小，至网囊网目接近闭拢。多数拖网在上中纲部位，一般采用 E_T/E_N 为 0.5/0.87，使网目成为菱形。

根据我国 20 世纪 80 年代拖网渔船实际使用经验，拖网前部横向缩结系数 E_T 可在下列范围内选用。

网翼部位：$E_T = 0.52～0.55$；

上中纲部位：$E_T = 0.45～0.50$；

下中纲部位：$E_T = 0.40～0.45$；

囊底纲部位：$E_T = 0.2$ 左右。

横向缩结系数过大，网衣受力大，容易造成破网；横向缩结系数过小，网身后部网目闭拢，影响网具滤水甚至会使网囊存积泥沙。

双撑架拖虾网的网目较小，上网口处的网目长度仅为 60～65 mm，为了防止在松软底质拖曳时"吃泥""吃沙"，可将上中纲和下中纲处的横向缩结系数 E_T 增大至 0.75～0.80，以弥补网目小所造成的缺陷。

大型中层拖网和大目拖网的网口目大，一般都超过十几米，为防止网线超负荷，将其上下中纲部分的横向缩结系数定为 0.15～0.30，以减少破网现象的发生。

由此形成这样一种概念，即使用小网目宜用大缩结；使用大网目宜用小缩结。

不能忽视缩结系数的微量变动对长达百米的拖网的影响。缩结系数的稍微改变，可能使网具长度变化达到几米，这种疏忽在拖网设计中常见。

力纲、上边纲和下边纲的缩结系数还影响网目形状。如前所述两片式拖网力纲的纵向缩结系数一般为 1，正常拖曳时力纲不承受网衣的张力，因此对网衣的保护作用较小，但从网具模型水槽实验可以看到网身的线型比较光顺；与两片式拖网相比，六片式拖网力纲的缩结系数小于 1，正常拖曳时力纲承受网衣的张力，对保护网衣免遭撕裂起着较大的作用，但从模型实验看，网具的线型不够光顺。选用缩结系数时，应顾及各种因素。

（3）拖网配纲计算

拖网的配纲缩结系数的基本公式大致表达了配纲的计算方法，但网衣和纲索在下水使用后可能的伸缩，实际配纲时不能忽视。考虑网材料伸缩后的配纲计算方法，需引出缩水系数和配纲系数的概念。

①缩水系数 μ。国内外拖网普遍使用乙纶作为网衣材料，而经过拉伸定型后的网衣下水使用后将产生回缩。人们将回缩后的网衣拉直长度与新网衣拉直长度之比称为缩水系数。即

$$\mu = \frac{L_s}{L_0} \tag{6-56}$$

式中，μ——缩水系数；

L_s——回缩后的网衣拉直长度（m）；

L_0——新网衣拉直长度（m）。

乙纶网衣使用一周后的缩水系数为 0.95～0.98，此后回缩缓慢。乙纶纲索也有回缩现象，收缩率与乙纶网衣相近。而钢丝绳和维纶混合绳（内有钢丝绳）无回缩现象。

②配纲系数 f。缩结系数与缩水系数的乘积为配纲系数，即

$$f = E\mu \tag{6-57}$$

式中，f——配纲系数；

E——缩结系数，表示为 E_T、E_B 和 E_N；

μ——缩水系数。

③配纲的计算方法。上中纲和下中纲的配纲计算式为

$$S_t \mu_1 \leqslant 2aME_T \cdot \mu \tag{6-58}$$

式中，S_t——上（下）中纲长度（m）；

μ_1——上（下）中纲材料的缩水系数；

a——网衣目脚长度（m）；

M——网衣横向目数；

E_T——横向缩结系数；

μ——缩水系数，$\mu = 0.95 \sim 0.98$。

由于拖网浮、沉纲多数使用钢丝绳和混合纲材料，其 $\mu_i = 1$，又因 $f = E\mu$，所以式（6-58）可转化为

$$S_t = 2a \cdot M \cdot f \tag{6-59}$$

拖网力纲的配纲计算式如下：

$$S_n = 2a \cdot N \cdot f \tag{6-60}$$

式中，S_n——力纲长度（m）；

a——网衣目脚长度（m）；

N——网衣纵向目数；

f——配纲系数，$f = E\mu$。

上下边纲的配纲计算如下：据式（6-55）并考虑网衣缩水的因素，上（下）边纲的长度为

$$S_b = H_0 E_B \mu$$

因据式（6-54）

$$E_B = \sqrt{E_T^2\left(\frac{1}{R^2}-1\right)+1}$$

所以

$$S_b \leqslant H_0\mu\sqrt{E_T^2\left(\frac{1}{R^2}-1\right)+1} \tag{6-61}$$

式中，S_b——某一段上（下）中纲长度（m）；

H_0——网衣纵向拉直长度（m）；

E_T——横向缩结系数（m）；

R——网衣剪裁斜率。

如拖网网衣采用锦纶或其他材料，则可直接采用缩结系数计算配纲长度后再乘以缩水系数即可，μ 值需根据材料的性能而定。

例 6-5 有一斜梯形网衣的纵向目数为 100.5 目，网目长度为 150 mm，横向缩结系数为 0.45，网衣斜边的剪裁斜率为 2 : 3，网衣缩水系数为 0.97，求网衣斜边所配钢丝绳纲索的长度。

解：$E_T = 0.45$，$R = 2 : 3$，$\mu = 0.97$，将有关数值代入式（6-61）得

$$S_b = H_0\mu\sqrt{E_T^2\left(\frac{1}{R^2}-1\right)+1} = 0.15\times100.5\times0.97\times\sqrt{0.45^2\times\left[\left(\frac{3}{2}\right)^2-1\right]+1} = 16.37\text{(m)}$$

所以需钢丝绳纲索长度为 16.37 m。

6. 拖网浮沉力确定

确定浮沉力的步骤，通常是先确定沉降力，然后根据不同捕捞对象的习性确定浮沉比，从而确定总静浮力。

（1）沉降力的确定

按照渔具材料的国家标准，沉降力是沉子纲在水中受到的沉力。确定沉降力的方法，有下列两种。

①据生产的经验确定。我国某些拖网以沉子沉力表示网具的沉降力。除此之外尚有其他的经验数值，如单位主机功率配备的沉降力，单位沉子纲长度配备的沉降力等，均可作为参考依据。

②按动力相似原理确定设计网的沉降力。根据动力学相似原理和本章关于拖网主尺度的确定方法，不难推导按母型网的沉降力求设计网沉降力的公式为

$$Q_2 = Q_1\left(\frac{L_2}{L_1}\right)^2 \cdot \left(\frac{v_2}{v_1}\right)^2 \tag{6-62}$$

式中，Q_1、Q_2——母型网和设计网沉子纲沉力（kN）；

L_1、L_2——母型网和设计网的特征长度（网口周长等，m）；

v_1、v_2——母型网和设计网的拖速（m/s）。

沉降力的配布大致有三种：第一种是中沉纲沉降力最大，逐渐向两翼递减，而至翼端再加装一定的集中载荷，如铁链等，大多数大型渔船采用这种方式；第二种是沉降力多密集配布在翼端，一部分小功率渔船在海底有泥堆或较软的海域作业时多采用这种方式；第三种情况与第一种相似，中沉纲和翼端的沉降力较为密集，而网翼其余部分的沉降力较少。

（2）浮力的确定

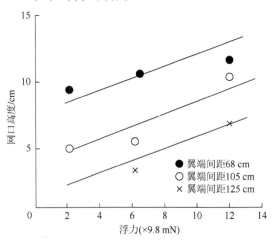

图 6-128 网口高度与浮力的关系示意图

①浮力与网口高度的关系。在一定的浮力范围内，网口高度与浮力大小成正比。日本大沢和小山武夫等学者所做关于网口高度与浮力关系的模型实验结果如图 6-128 所示（许柳雄，2004）。

从图示可看出它们的正比关系。又从其他的试验可知，当浮力增加至一定程度时，浮力的作用减弱。表 6-16 为烟台海洋渔业公司于 1997 年所做的海上试验结果，从表中可以看出，441 kW 渔船的拖网配备 63 个浮子以内，294 kW 渔船的拖网配备 57 个浮子以内，以及 184 kW 渔船的拖网在配备 51 个浮子以内时，增加浮子能有效地提高网口高度，而超过此值后见效甚微，最佳值应通过试验取得。每种网具的结构不同，浮力对网口高度的影响不同，其关系必须经实测获得。

表 6-16 浮力与网口高度关系试验数据

渔船功率/kW	浮子个数/个	网口高度/m
	53	6.5
441	63	9.4
	73	9.7
	47	7.0
294	57	8.5
	67	8.6
	41	7.0
184	51	7.5
	61	7.7

②关于球体浮子的直径。根据圆球浮子雷诺数 Re 与圆球浮子阻力系数 k_0 的实验曲线可知，当 $Re < 2.0 \times 10^5$ 时，其阻力系数为常数，$k_0 = 25$；而当 $Re > 2.0 \times 10^5$ 时，k_0 急剧减小至 8～9。而浮子的雷诺数与浮子的直径有关。因此加大浮子直径有可能减小浮子的阻力系数，从而减小阻力，现计算当拖速为 3 kn 时（1.54 m/s），k_0 急剧减小，恰进入失值区时的浮子直径。因为

$$Re = \frac{vD}{\mu} \tag{6-63}$$

式中，Re——圆球浮子的雷诺数；

$\quad v$——拖速（m/s）；

$\quad \mu$——海水运动黏性系数（m²/s），当水温为 20℃时，$\mu = 1.05 \times 10^{-6}$ m²/s；

$\quad D$——球体浮子直径（m）。

若如上述，当 $Re \geqslant 2.0 \times 10^5$ 时，k_0 急剧减小，将此雷诺数值代入（6-63），并整理后得

$$D = \frac{Re\mu}{v} = \frac{2 \times 10^5 \times 10^{-6}}{1.54} = 0.130 \text{(m)}$$

即当浮子直径达到 0.130 m 时，就可明显地减小阻力系数。由此可知，在维持总静浮力不变的前提下，浮子直径大些有利。

③浮力的配布。一般的浮力配布方式为：中浮纲最大，逐渐向翼端递减。底拖网浮力的分布比例大致是中浮纲 20%，两三并口各占 5%，两翼各 35%。

（3）拖网的浮沉比

浮沉比定义为拖网总静浮力与沉子纲总沉力之比。浮沉比反映了网具沉子纲的贴底程度。

浮沉比主要根据捕捞对象的习性而定，如捕捞对象是带鱼、马面鲀等栖息水层较高的鱼类时，浮沉比可大些，而在摩洛哥大西洋捕捞章鱼、乌贼等贴底种类时，浮沉比应明显减小。要注意浮沉比不是绝对浮力，浮沉比大并不能说明浮力大，网口就一定高。

浮沉比大于 1 时网具是否会离底上浮？由于浮沉比计算的局限性，答案是不一定的。浮沉比仅指网具上结缚的浮沉力之比，在整个拖网系统中，尚有很多零部件的浮、沉力及在拖曳时产生的各种力未计算在内。浮沉比大于 1 时网具不会离底上浮并不奇怪。事实上很多优良的网具浮沉比都大于 1。

7. 曳绳长度和直径的确定

网具除拖网网衣配备的纲索，还有曳绳、空绳和手绳等。这里着重介绍曳绳长度和直径的确定，而其他绳索以力的传递关系和负荷确定。

（1）双船底层拖网的曳绳长度计算

双船底层拖网的曳绳连接着船舶和网具空绳，接近船舶的一段悬浮于水中，而远离船舶的一段则贴底拖曳，因此需分别确定该两段的长度。单船底拖网的曳绳连接船舶和网板，不与海底接触，其长度的确定方法与双船底拖网悬浮部分曳绳基本相同。

① 按悬链线理论计算悬浮部分曳绳的长度。因为悬链线的水平张力可根据式（6-64）计算：

$$T_0 = \frac{qS^2}{8f} - \frac{qf}{2} \tag{6-64}$$

式中，T_0——悬链线的水平张力（N）；

　　　q——单位长度悬链线沉力（N/m）；

　　　S——悬链线弧长（m）；

　　　f——悬链线垂度（m）。

如将 $S/2$ 作为曳绳悬浮于水中部分的长度，f 当作水深，T_0 当作网具阻力的 1/2，整理上式后得浮于水中部分曳绳长度 S_1 为

$$S_1 = S/2 = \sqrt{\frac{2T_0 f}{q} + f^2} \tag{6-65}$$

式中，S_1——悬浮于水中部分的曳绳长度（m）。

底拖网作业的水深经常发生变化，理论计算值只能作参考。

②根据生产经验确定曳绳长度。生产作业时，双拖曳绳部分的长度，一般根据水深而定，夹棕部分长度则根据拖力大小而定，保证不使网翼离底，并有一定的贴底长度，借以在海底括起沙幕以拦集驱赶鱼群进入拖网通道。

国内双船底层拖网曳绳的贴底夹棕绳部分长度约 100～300 m，可依据渔船功率选择合适长度。

国内东海、黄海双船底拖网渔船曳绳长度（包括夹棕绳）如表 6-17 所示。

表 6-17　我国东海、黄海双拖渔船曳绳长度与水深的关系

渔场水深/m	曳绳长度与水深比值
30	16～20
40	15～18
50	14～16

续表

渔场水深/m	曳绳长度与水深比值
60	13～15
70	12～13
80	11～12

（2）单船底层拖网的曳绳长度确定

单船拖网曳绳长度为水深的 4～6 倍，水深越大，倍数越小，我国南海区 441 kW 单船拖网渔船曳绳长度与水深的关系见表 6-18。

表 6-18　国内南海区单手绳长 110m 的 441 kW 单船拖网渔船曳绳长度与水深的关系

水深/m	钢丝曳绳/m	曳绳长度与水深比值
50	300	6
60	300	5
70	300	4.5
80	350	4.4
90	400	4.4
100	400	4.0
110	450	4.1
120	500	4.1
130	550	4.2
140	600	4.3
150	600～700	4.5
200	750 以上	3.75

（3）曳绳直径的确定

当已知曳绳张力、渔船拖力和网具阻力中任何一项时，就可确定曳绳直径。

①当已知曳绳张力值时，可确定安全系数约为 6，查阅有关钢丝绳规格性能表，即可确定其直径。之所以取用如此大的安全系数，因为当网具拖遇障碍物或网具"吃泥"时，网具作用力成倍增加，同时还考虑钢丝绳的老化和磨损。

②据渔船拖力计算曳绳张力，然后根据曳绳张力计算曳绳直径。

曳绳张力与渔船拖力的关系为

$$T = \frac{T_e}{2\cos\delta \cdot \cos\beta} \tag{6-66}$$

式中，T——单根曳绳的张力（kN）；

T_e——渔船拖力（kN）；

β——两曳绳夹角的一半（$\beta = 6° \sim 10°$）；

δ——曳绳与水面的夹角（$\delta = 15° \sim 20°$）。

根据式（6-66）求出单根曳绳的张力，并进一步求出曳绳的直径。

8. 拖网网口扩张设计

拖网网口扩张设计包括网口的水平扩张和网口的垂直扩张。拖网网口扩张的大小，直接关系到拖网渔获率的高低，因此对拖网网口扩张的研究是拖网渔具设计的重要内容之一。

（1）拖网网口的水平扩张

设计拖网的水平扩张值，可用线尺度比例 C_1 按相似关系式确定。根据巴拉诺夫的方法，可以说明影响拖网水平扩张的各因素之间的联系。为此，研究拖网在 xy 平面的水平投影及其作用力的计算简图，如图 6-129 所示。

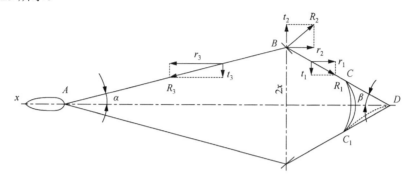

图 6-129　拖网水平扩张计算简图

这里不考虑垂向力和结构的垂向约束条件。A 点是渔船，B 点是网板，AB 表示曳绳投影，BC 是手绳投影，CD 是力纲投影，而 CC_1 是拖网的上下纲，AB 和 BD 作为在 A、B、D 点铰接的杆件看待。

作用力 R_1（手绳张力）、R_2（网板张力）和 R_3（曳绳下端点张力）保证曳绳下端点的平衡。在图中，将上述各力沿 x 和 y 的方向分解，其分力是 r_1 和 t_1、r_2 和 t_2、r_3 和 t_3。现在已知拖网网衣阻力 r_1（网衣总阻力的一半）、网板扩张力和阻力 t_2 和 r_2，并且给出力纲和手绳的总长度 l 及曳绳水平投影长度，需要根据已知数据求出水平投影 x（轴端间距的一半）的表达式。

网板作用力沿 x、y 方向的平衡方程式为

$$\sum x = r_3 - r_1 - r_2 = 0$$
$$\sum y = t_2 - t_1 - t_3 = 0$$

上述两式的解呈下式形式：

$$\frac{x}{\sqrt{l^2 - x^2}} = n - (1+m)\frac{x}{l}$$

系数 n 和 m 是：$n = t_2/r_1$，$m = r_2/r_1$，即网板扩张力和阻力的相对值。

拖网水平扩张 x 的值可以用迭代法求出，也可用图解法求出，这里用 y 表示方程的左部和右部，则得到

$$y = \frac{x}{\sqrt{l^2 - x^2}} \tag{6-67}$$

$$y = n - (1+m)\frac{x}{l} \tag{6-68}$$

然后，任意给出一些 x 值，按式（6-67）和式（6-68）得出一些对应的 y 值，如图 6-130 所示。

在图 6-130 中，式（6-67）的图像是正切曲线 a，式（6-68）的图像是直线 b，而两根线的交点 D 的横坐标就是欲求的 x 值。

式（6-68）的数值分析表明，拖网的水平扩张与拖网尺度、网板性能、曳绳和手绳长度有关。应用式（6-68）也可以求解逆问题：为了保证必要的水平扩张 x，网板应有多大的扩张力 t_2。这里有

$$n = \frac{x}{\sqrt{l^2 - x^2}} + (1+m)\frac{x}{l} \tag{6-69}$$

及 $t_2 = nr_1$。

在上述计算简图中，没有考虑也可使水平扩张减少的网板、曳绳沉力等的垂向力。由于这一原因，有的网板扩张力应当比式（6-68）的计算值大。为了近似估计这种附加扩张力，雷摩诺夫研究了图6-131所示的计算简图。

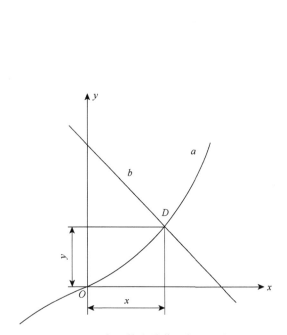

图6-130　水平扩张计算图解法示意图

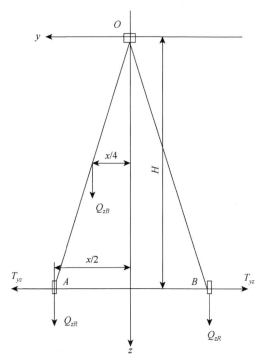

图6-131　网板附加扩张力的计算简图

图6-131中，O 为拖网船，OA 和 OB 是在平面 yz 内浮拖网曳绳。A 点和 B 点是网板。作用力有：Q_{zB} 是曳绳沉力；Q_{zR} 是网板沉力；T_{yz} 是待求的附加扩张力。对 O_x 的力矩可以写成：

$$T_{yz}H = Q_{zR}\frac{x}{2} + Q_{zB}\frac{x}{4}$$

由此

$$T_{yz} = \frac{x}{2H}\left(Q_{zR} + \frac{Q_{zB}}{2}\right) \tag{6-70}$$

概略计算表明，附加扩张力相对来说不算大，约等于基本扩张力的5%～10%。

（2）拖网网口的垂直扩张

底拖网网口垂直扩张计算如图6-132所示。这里，简略表示沿 x 方向拖曳的底拖网的侧向投影。

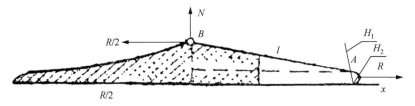

图6-132　底拖网网口垂直扩张计算图

N 是作用在上纲中部 B 点的浮子的总浮力；$R/2$ 是拖网网衣阻力的一半（上部或下部），也作用在 B 点。

底拖网上纲的平衡条件是 $\sum M(R) = 0$（$RH_2/2 - Nl = 0$，$H_2 = 2Nl/R$，其中 l 为 N 的力臂）。但是拖网的垂直扩张等于 $H = H_1 + H_2$，其中 H_1 是撑杆高度，所以

$$H = H_1 + \frac{2Nl}{R} \tag{6-71}$$

若拖网无撑杆，则

$$H = \frac{2Nl}{R} \tag{6-72}$$

对于变水层拖网，相应地得出

$$H = \frac{4Nl}{R} \tag{6-73}$$

在上述关系中，可以近似取 N 的力臂 l 等于拖网上纲的垂度。若已知上纲长度及其弦长（这里 l 是拖网水平扩张），则利用悬链线因素表很容易确定其垂度。由上述关系式可以看出，拖网垂直扩张与网衣阻力、网具尺寸（网翼长度）和浮子浮力有关。拖网配备静浮力浮子，在拖网停止（$R=0$）时，垂直扩张达到网衣所容许的最大值；如拖网去掉浮子（$N=0$），则垂直扩张等于撑杆高度；如无撑杆垂直扩张等于零。其他条件相同，网翼或空绳的伸长有助于提高拖网的垂直扩张。还可通过一些特殊的剪裁和缩结，从结构上提高拖网垂直扩张。网具近似于柔性体，与把它当作刚体的力学分析有一定的误差，分析结果仅供参考。

（3）水平扩张与垂直扩张的关系

前面研究的两个计算简图，是根据拖网的水平扩张和垂直扩张彼此无关的假设得出的，但实际上它们存在一定的关系。

拖网的水平扩张与上纲长度的比值 λ，一般有 $\lambda = 0.45 \sim 0.55$，λ 愈小，垂直扩张愈大。由于这一原因，在捕捞中上层鱼类时，拖网网板扩张力调小；而捕底栖鱼时，则增大。

三、单手绳冲角近似值的计算方法

在单船底层有翼单囊拖网中，作业时的单手绳冲角是设计网板冲角的重要依据，是网具设计及网具调整的重要参考因素。以往单手绳冲角都是采用模拟实验方法取得，虽然简单快捷，但往往受到实验器材、场地等的限制。况且要准确地模拟系统中各种力的作用情况也很困难。众所周知，手绳冲角的大小与网板间距、网板尾叉链长度、单手绳长度、叉绳长度、空绳长度及浮沉纲长度有关，如图 6-133 所示。根据多次水槽实验和海上水下观察结果可知，单手绳、空绳基本呈直线状，浮、沉纲则呈近似的悬链线状。事实上，单手绳和空绳受到水阻力（手绳和下空绳还受到海底的摩擦力）的作用，稍微向两外侧弯曲。但水阻力及海底的摩擦力（不考虑特殊情况）相对于网具和网板施加于手绳和空绳两端的张力而言，是比较微小的。为分析方便及简单起见，我们假设单手绳、空绳呈直线状，浮、沉纲呈悬链线状。

（一）推理

在单船底拖网作业中，假设网具的上、下纲等长，浮、沉纲呈悬链线状，上、下纲在水平面上的投影完全重合，单手绳与空绳成直线状，则网板间距、手绳、空绳及浮纲（或沉纲）的投影所围成的图形如图 6-134 所示。则有

$$\angle \alpha = \angle \beta$$

$$\sin \beta = \frac{L_b - L_x}{2(a+b+c+d)}$$

$$\angle \beta = \arcsin \frac{L_b - L_x}{2(a+b+c+d)} \tag{6-74}$$

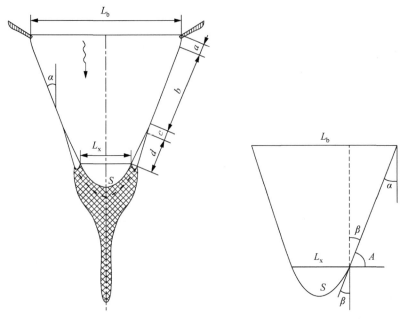

图 6-133　手绳冲角与网板间距及各有关纲索的　　图 6-134　手绳冲角计算示意图
关系示意图

式中，　α——手绳冲角；

　　　　β——空绳冲角，亦为悬链线两端切线与水流方向的夹角；

　　　　L_b——网板间距；

　　　　L_x——网翼端间距，此处等于悬链线的弦长；

　　　　a——网板尾链在手绳延长线上的投影，计算时可近似取其实长；

　　　　b——手绳长；

　　　　c——叉绳在手绳延长线上的投影，计算时可近似地取其实长；

　　　　d——空绳长，上空绳由垂直扩张引起的长度差忽略不计。

S 为浮纲或沉纲长度，因垂直扩张引起的长度差忽略不计，此处为悬链线弧长；设悬链线弧长 S 两端的切线与弦长线的夹角为 A，则有

$$\cot A = \cot(90° - \beta) \tag{6-75}$$

从悬链线因素之间的关系可知，式（6-74）与式（6-75）具有相互制约关系，式中 a、b、c、d 的值均为已知，L_b 的值可以间接测得（设计时为给定值），而 L_x 的长度取决于 $\dfrac{L_x}{S}$ 的大小，有

$$L_x \uparrow \to \beta \downarrow \to \cot A \uparrow \to \frac{L_x}{S} \downarrow \to L_x \downarrow \to \beta \uparrow \cdots\cdots$$

利用它们之间的循环制约关系，经过多次校正计算，就可求得匹配的 L_x 与 β 的值，计算方法如下。

先根据经验假设一个较为接近的 $\dfrac{L_x}{S}$ 值 K_1，得

$$L_{x1} = K_1 S$$

将 L_{x1} 值代入式（6-74）得

$$\angle\beta_1 = \arcsin \frac{L_{b1} - L_{x1}}{2(a + b + c + d)} \tag{6-76}$$

将 $\angle\beta_1$ 的值代入式（6-75）得

$$\tan \alpha_1 = \frac{1}{\cot \alpha_1} = \frac{1}{\cot(90° - \beta_1)} \qquad (6\text{-}77)$$

以 $\tan \alpha_1$ 的值查悬链线因素表（表 6-19）得 $\dfrac{L_{x2}}{S}$ 值 K_2

$$L_{x2} = K_2 S$$

$$\vdots$$

这样反复循环 n 次，便得到 $\angle \beta_n$ 的值，直到 $\angle \beta_n = \angle \beta_{n-1}$ 为止。

运算次数 n 的大小取决于初始值 K_1，因此第一次假设 K_1 时，要尽量接近实际值，这样可以减少运算次数而取得较为满意的结果。由于 β_n 的值是经过逐步校正计算得到的，因此可把这种方法称为逐步校正法。

一般地，上下纲实际上是不等长的，当采用上纲的有关数值时，用上述方法求得的 β 值为上空绳和模拟中的单手绳冲角的近似值 β_{sh}（详见图 6-135）。

当采用下纲的有关数值时，用上述方法同样可求得下空绳和模拟的单手绳冲角的近似值 β_x（详见图 6-135）。显然有

$$\beta_x < \alpha < \beta_{sh} \text{ 或 } \beta_x > \alpha > \beta_{sh}$$

当上空绳的张力大于下空绳的张力时，α 的值接近于 β_{sh}；当下空绳的张力大于上空绳时，α 的值接近于 β_x；当上、下空绳的张力相等时，有

$$\alpha = \frac{\beta_{sh} + \beta_x}{2} \qquad (6\text{-}78)$$

为方便起见，一般取上、下空绳张力相等时的 α 值。

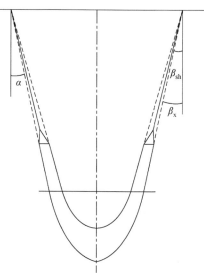

图 6-135　单手绳冲角与空绳冲角的关系示意图

表 6-19　悬链线因素表

$\dfrac{L}{S}\left(\dfrac{\varphi}{\mathrm{sh}\varphi}\right)$	$\dfrac{f}{S}$	$\dfrac{f}{L}$	$\tan\alpha$	$\dfrac{L}{S}\left(\dfrac{\varphi}{\mathrm{sh}\varphi}\right)$	$\dfrac{f}{S}$	$\dfrac{f}{L}$	$\tan\alpha$
0.90	0.191	0.212	0.893	0.61	0.359	0.588	2.960
0.87	0.216	0.249	1.065	0.60	0.363	0.605	3.064
0.85	0.232	0.273	1.181	0.59	0.367	0.621	3.172
0.83	0.246	0.296	1.298	0.58	0.370	0.639	3.284
0.80	0.265	0.332	1.478	0.57	0.374	0.656	3.400
0.77	0.283	0.368	1.669	0.56	0.378	0.675	3.520
0.75	0.294	0.392	1.802	0.55	0.381	0.693	3.645
0.73	0.305	0.418	1.941	0.54	0.385	0.713	3.776
0.70	0.320	0.457	2.164	0.53	0.388	0.733	3.911
0.68	0.329	0.484	2.322	0.52	0.392	0.753	4.053
0.67	0.334	0.498	2.405	0.51	0.395	0.774	4.200
0.66	0.338	0.512	2.409	0.50	0.398	0.796	4.355
0.65	0.342	0.527	2.578	0.49	0.401	0.820	4.520
0.64	0.347	0.542	2.669	0.48	0.405	0.845	4.690
0.63	0.351	0.557	2.763	0.47	0.409	0.870	4.680
0.62	0.355	0.572	2.860	0.46	0.411	0.894	5.050

续表

$\dfrac{L}{S}\left(\dfrac{\varphi}{\mathrm{sh}\varphi}\right)$	$\dfrac{f}{S}$	$\dfrac{f}{L}$	$\tan\alpha$	$\dfrac{L}{S}\left(\dfrac{\varphi}{\mathrm{sh}\varphi}\right)$	$\dfrac{f}{S}$	$\dfrac{f}{L}$	$\tan\alpha$
0.45	0.414	0.919	5.242	0.35	0.441	1.250	7.900
0.44	0.417	0.950	5.470	0.30	0.450	1.490	10.000
0.43	0.420	0.975	5.700	0.25	0.460	1.850	13.000
0.42	0.422	1.006	5.900	0.20	0.470	2.380	18.000
0.41	0.425	1.035	6.020	0.15	0.480	3.220	26.000
0.40	0.428	1.069	6.382	0.10	0.490	5.000	45.000

（二）推广应用

上述计算方法也可以推广应用于双船底拖网的曳绳和空绳的水平冲角计算，假设曳绳在海底平面上的投影为直线状，则曳绳和上、下纲在海底平面的投影如图 6-136 所示（注：不考虑有撑杆和叉绳情况）。则有

$$L_k = L_t - 2a \cdot \sin\alpha \tag{6-79}$$

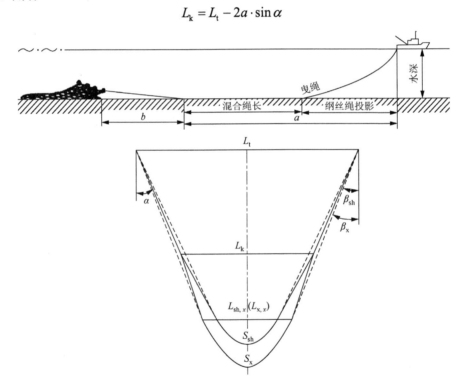

图 6-136 双船底拖网曳绳和空绳水平冲角计算示意图

式中，L_t——拖距，亦即两船的拖曳间距；

$\quad\quad L_k$——两边空绳前端的间距（如有叉纲，也可看作两边叉绳与曳绳连接点的间距）；

$\quad\quad \alpha$——曳绳水平冲角；

$\quad\quad a$——曳绳投影长度。

由于曳绳是由混合绳和钢丝绳两部分组成，而混合绳部分一般情况下是贴底的，因而曳绳投影长度可近似地取为

$$a = 混合绳长度 + \sqrt{曳绳钢丝绳长度^2 - 水深^2}$$

令 $\angle\alpha = \angle\beta$，在拖距、曳绳和上纲的投影组成的图形中，用逐步校正法可求得 β_{sh} 的值；在拖

距、曳绳和下纲的投影组成的图形中，用相同的方法可求得 β_x 的值。则

$$\angle\alpha=\frac{\angle\beta_{sh}+\angle\beta_x}{2}$$

为准确起见，可先求出空绳前端 L_k 的值，用 L_k 取代 L_t，分别利用 L_k 与上纲和下纲组成的图形，再次用逐步校正法求出 β_{sh} 和 β_x 的值，即上、下空绳较为准确的水平冲角值。

利用上述计算过程中所得的结果 $L_{sh,x}$ 和 $L_{x,x}$（与 β_n 相适应时）的值，可直接计算出上翼端内向覆盖幅度占下翼两端间距的百分比的近似值。

$$t_n=\frac{L_{x,x}-L_{sh,x}}{L_{x,x}}\times100\%$$

我们把 t_n 值称为上翼端的内倾率，可用此值的大小来衡量上翼的内倾程度。

当 $L_{sh,x}>L_{x,x}$ 时，上式改为

$$t_w=\frac{L_{sh,x}-L_{x,x}}{L_{sh,x}}\times100\% \tag{6-80}$$

可把 t_w 值称为上翼端的外倾率。从此值的大小可看出网具上翼的外倾程度。

利用上述的计算结果还可以计算出上翼网衣和盖网衣在沉纲上前方遮盖面积及遮盖面积占下纲与下翼两端间距面积的百分比等的近似值（图6-137阴影部分）。根据悬链线方程有

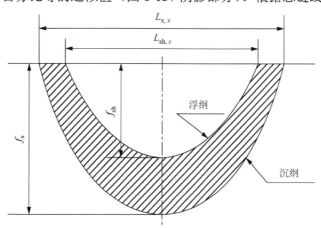

图 6-137 上翼网衣及盖网衣的遮盖率计算示意图

$$y=\frac{P}{2}\left(e^{\frac{x}{p}}+e^{\frac{-x}{p}}\right)-P \tag{6-81}$$

式中，

$$P=\frac{\frac{1}{2}S}{\cot A}=\frac{S}{2\cot A}$$

悬链线长度一半的下方的面积为

$$\int_0^{\frac{L}{2}}\left[\frac{P}{2}\left(e^{\frac{x}{p}}+e^{\frac{-x}{p}}\right)-P\right]dx$$

$$=\left[\frac{P^2}{2}\left(e^{\frac{x}{p}}-e^{\frac{-x}{p}}\right)-Px\right]_0^{\frac{L}{2}}$$

$$=\frac{P^2}{2}\left(e^{\frac{L}{2P}}-e^{-\frac{L}{2P}}\right)-\frac{1}{2}PL$$

$$= \frac{1}{2}\left(\frac{S}{2\cot A}\right)^2 \cdot \left(e^{\frac{L\cdot\cot A}{S}} - e^{-\frac{L\cdot\cot A}{S}}\right) - \frac{S\cdot L}{4\cot A}$$

悬链线与弦长围成的图形面积为

$$M = L\cdot f - 2\left[\frac{1}{2}\cdot\left(\frac{S}{2\cot A}\right)^2\right]\cdot\left(e^{\frac{L\cdot\cot A}{S}} - e^{-\frac{L\cdot\cot A}{S}}\right) - \frac{S\cdot L}{4\cot A}$$

$$= L\cdot f - \left(\frac{S}{2\cot A}\right)^2\cdot\left(e^{\frac{L\cdot\cot A}{S}} - e^{-\frac{L\cdot\cot A}{S}}\right) - \frac{S\cdot L}{4\cot A} \qquad (6-82)$$

式中，L——悬链线的弦长（m）；

$\qquad$ f——悬链线的垂度（m）；

$\qquad$ S——悬链线弧长（m）；

$\qquad$ A——悬链线两端切角。

当代入浮纲的有关数值时，式（6-82）的计算结果为 M_{sh}。代入沉纲的有关数值时，式（6-82）的计算结果为 M_x。则上翼网衣和盖网衣的沉纲上前方的遮盖面积为

$$M_{je} = M_x - M_{sh}$$

遮盖面积占下纲与下翼端间距包围面积的百分比为

$$T_{sh} = \frac{M_{je}}{M_x} \times 100\% = \frac{M_x - M_{sh}}{M_x} \times 100\% \qquad (6-83)$$

我们称 T_{sh} 为上翼网衣及盖网衣的上遮盖率，简称上遮盖率。M_x 与 T_{sh} 均较大对防止捕捞对象向上方逃逸有利，在底层拖网中较为常见，且在虾拖网中 T_{sh} 值特别大。

当 $M_{sh} > M_x$ 时，上式变为

$$T_x = \frac{M_{je}}{M_{sh}} \times 100\% = \frac{M_{sh} - M_x}{M_{sh}} \times 100\% \qquad (6-84)$$

我们称 T_x 为下翼网衣及底网衣的下遮盖率，简称下遮盖率。T_x 较大对防止捕捞对象向下方逃逸有利。$M_{sh} > M_x$ 的情况一般在表层拖网中较为常见。

（三）计算实例

实例 1

已知：441 kW 单船底拖网使用的网具浮纲长度为 34.90 m，沉纲长度为 43.10 m，配用空绳长 16.00 m，叉绳长 3.00 m，单手绳长 110.00 m，网板尾叉链长 2.00 m。拖速 4.2 kn 时，测得网板扩张间距为 80.00 m。

求：（1）手绳冲角 α 值；

$\qquad$（2）上翼端的内倾率 t_n；

$\qquad$（3）上翼网衣和盖网衣的遮盖面积 M_{je} 和上遮盖率 T_{sh}。

解：

（1）在上纲和手绳，网板间距围成的图形中，设 $K_1 = 0.55$，有

$$L_{x1} = K_1 S = 0.55 \times 34.90 = 19.20 (\text{m})$$

据公式（6-74）得

$$\angle\beta_1 = \arcsin\frac{L_b - L_{x1}}{2(a+b+c+d)} = \arcsin\frac{80.00 - 19.20}{2\times(2.00+110.00+3.00+16.00)} = 13.42°$$

$$\tan\alpha_1 = \frac{1}{\cot(90° - 13.42°)} = 4.191$$

以 $\tan\alpha_1 = 4.191$ 查悬链线因素表（见表6-19）得 $K_2 = 0.508$

$$L_{x2} = 0.508 \times 34.90 = 17.73\text{(m)}$$

$$\angle\beta_2 = \arcsin\frac{80.00 - 17.71}{264.00} = 13.64°$$

$$\tan\alpha_2 = \frac{1}{\cot(90° - 13.64°)} = 4.121$$

以 $\tan\alpha_2 = 4.121$ 查悬链线因素表得 $K_3 = 0.515$

$$L_{x3} = 0.515 \times 34.90 = 17.97\text{(m)}$$

$$\angle\beta_3 = \arcsin\frac{80.00 - 17.97}{264.00} = 13.59°$$

$$\tan\alpha_3 = \frac{1}{\cot(90° - 13.59°)} = 4.137$$

以 $\tan\alpha_3 = 4.137$ 查悬链线因素表得 $K_3 = 0.514$

$$L_{x4} = 0.514 \times 34.90 = 17.94\text{(m)}$$

$$\angle\beta_4 = \arcsin\frac{80.00 - 17.94}{264.00} = 13.60°$$

$$\angle\beta_4 = \angle\beta_3 = 13.60°$$

$$\therefore \angle\beta_{sh} = 13.6°$$

用相同方法求得 $\angle\beta_x = 12.8°$

手绳冲角为 $\angle\alpha = \dfrac{\angle\beta_{sh} + \angle\beta_x}{2} = \dfrac{13.60° + 12.8°}{2} = 13.2°$

（2）利用上述计算过程所得的结果有

$$L_{x,x} = 21.42 \text{ m}, L_{sh,x} = 17.94\text{(m)}$$

$$t_n = \frac{L_{x,x} - L_{sh,x}}{L_{x,x}} \times 100\% = \frac{21.42 - 17.94}{21.42} \times 100\% = 16.2\%$$

（3）在上纲悬链线因素中

$$K_4 = 0.514, L_{x4} = 17.94 \text{ m}, \cot\alpha_4 = 4.134, S = 34.90\text{(m)}$$

以 $K = 0.514$ 查悬链线因素表得 $\dfrac{f}{S} = 0.394$

$$f = 34.90 \times 0.394 = 13.75\text{(m)}$$

$$\tan\alpha = 4.134$$

$$\frac{L \cdot \tan\alpha}{S} = \frac{17.94 \times 4.134}{34.90} = 2.125$$

代入公式（6-82）得

$$M_{sh} = 17.94 \times 13.75 - \left(\frac{34.90}{2 \times 4.134}\right)^2 \cdot (e^{2.125} - e^{-2.125}) + \frac{34.90 \times 17.94}{2 \times 4.134} = 175.34\text{(m}^2)$$

在下纲悬链线因素中

$$K_4 = 0.497, L_{x4} = 21.42 \text{ m}, \tan\alpha_4 = 4.405, S = 43.10\text{(m)}$$

以 $K = 0.497$ 查悬链线因素表得 $\dfrac{f}{S} = 0.399$

$$f = 43.10 \times 0.399 = 17.20\text{(m)}$$

$$\frac{L \cdot \tan\alpha}{S} = \frac{21.42 \times 4.045}{43.10} = 2.189$$

$$M_x = 21.42 \times 17.20 - \left(\frac{43.10}{2 \times 4.405}\right)^2 \cdot (e^{2.189} - e^{-2.189}) + \frac{43.10 \times 21.42}{2 \times 4.405} = 262.26 (m)^2$$

$$M_{je} = 262.26 - 175.34 = 86.92 (m^2)$$

$$T_{sh} = \frac{M_{je}}{M_x} \times 100\% = \frac{86.92}{262.26} \times 100\% = 33.1\%$$

实例 2

已知：双船底拖网的渔船主机功率为 441 kw，两船的拖曳间距为 500.00 m。作业渔场水深 80.00 m，松出曳绳总长为 880.00 m（取水深的 11 倍），其中混合绳部分 440.00 m，钢丝绳部分 440 m，空绳长 76.00 m。无叉绳及撑杆装置，网具浮纲长 47.00 m，沉纲长 58.66 m。

求：曳绳的水平冲角 α 和上、下空绳的水平冲角 β_{sh}、β_x 的值。

解：计算示意图如图 6-136/137 所示

（1）在拖距、曳绳和上纲围成的投影图形中，设 $K_1 = 0.60$

$$L_{k1} = K_1 S = 0.60 \times 47.00 = 28.20 (m)$$

$$a = 440 + \sqrt{440^2 - 80^2} = 872.67 (m)$$

$$\angle \beta_1 = \arcsin \frac{L_t - L_{k1}}{2(a+b)} = \arcsin \frac{500.00 - 28.20}{2 \times (872.67 + 76.00)} = \arcsin \frac{471.80}{1897.34} = 14.40°$$

$$\tan \alpha_1 = \frac{1}{\cot(90° - 14.40°)} = 3.895$$

以 $\tan \alpha_1 = 3.895$ 查悬链线因素表得 $K_2 = 0.531$

$$L_{\alpha 2} = K_2 S = 0.531 \times 47.00 = 24.96 (m)$$

$$\angle \beta_2 = \arcsin \frac{500.00 - 24.96}{1897.34} = 14.50°$$

$$\tan \alpha_2 = \frac{1}{\cot(90° - 14.50°)} = 3.867$$

以 $\tan \alpha_2 = 3.867$ 查悬链线因素得 $K_3 = 0.533$

$$L_{k3} = K_3 S = 0.533 \times 47.00 = 25.05 (m)$$

$$\angle \beta_3 = \arcsin \frac{500.00 - 25.05}{1897.34} = 14.50°$$

$$\Theta \angle \beta_3 = \angle \beta_3 = 14.50°$$

$$\therefore \angle \beta_{sh} = 14.50°$$

在下纲、曳绳和拖距的设影图形中，以同样的方法求得

$$\angle \beta_x = 14.31°$$

$$\angle \alpha = \frac{L \angle \beta_{sh} + \angle \beta_x}{3} = \frac{14.50° + 14.31°}{2} = 14.40°$$

两边空绳前端的间距为

$$L_k = L_t - 2a \sin \alpha = 500.00 - 2 \times 872.67 \times \sin 14.40° = 65.95 (m)$$

（2）在上纲与空绳前端间距的投影图形中，设 $K_1 = 0.60$

$$L_{sh,x_1} = 0.60 \times 47.00 = 28.20 (m)$$

$$\angle \beta_1 = \arcsin \frac{65.95 - 28.20}{2 \times 76.00} = 14.38°$$

$$\tan \alpha_1 = \frac{1}{\cot(90° - 14.38°)} = 3.900$$

以 $\tan\alpha_1 = 3.900$ 查悬链线因素表得 $K_2 = 0.531$

$$L_{\mathrm{sh},x_2} = 0.531 \times 47.00 = 24.96(\mathrm{m})$$

$$\angle\beta_2 = \arcsin\frac{65.95 - 24.96}{152.00} = 15.64°$$

$$\tan\alpha_2 = \frac{1}{\cot(90° - 15.64°)} = 3.572$$

以 $\tan\alpha_2 = 3.572$ 查悬链线因素表得 $K_3 = 0.556$

$$L_{\mathrm{sh},x_3} = 0.556 \times 47.00 = 26.13(\mathrm{m})$$

$$\angle\beta_3 = \arcsin\frac{65.95 - 26.13}{152.00} = 15.19°$$

$$\tan\alpha_3 = \frac{1}{\cot(90° - 15.19°)} = 3.683$$

以 $\tan\alpha_3 = 3.683$ 查悬链线因素表得 $K_4 = 0.547$

$$L_{\mathrm{sh},x_4} = 0.547 \times 47.00 = 25.71(\mathrm{m})$$

$$\angle\beta_4 = \arcsin\frac{65.95 - 25.71}{152.00} = 15.35°$$

$$\tan\alpha_4 = \frac{1}{\cot(90° - 15.35°)} = 3.643$$

以 $\tan\alpha_4 = 3.643$ 查悬链线因素表得 $K_5 = 0.550$

$$L_{\mathrm{sh},x_5} = 0.550 \times 47.00 = 25.85(\mathrm{m})$$

$$\angle\beta_5 = \arcsin\frac{65.95 - 25.85}{152.00} = 15.30°$$

$$\tan\alpha_5 = \frac{1}{\cot(90° - 15.30°)} = 3.655$$

以 $\tan\alpha_5 = 3.655$ 查悬链线因素表得 $K_6 = 0.549$

$$L_{\mathrm{sh},x_6} = 0.549 \times 47.00 = 25.80(\mathrm{m})$$

$$\angle\beta_6 = \arcsin\frac{65.95 - 25.80}{152.00} = 15.32°$$

$$\tan\alpha_6 = \frac{1}{\cot(90° - 15.35°)} = 3.650$$

以 $\tan\alpha_6 = 3.650$ 查悬链线因素表得 $K_7 = 0.550$

$$\angle\beta_7 = \angle\beta_5 = 15.30°$$

$$\Theta\angle\beta_7 < \angle\beta_{\mathrm{sh}} < \angle\beta_6$$

$$\therefore 取\angle\beta_{\mathrm{sh}} = 15.31°$$

在下纲与空绳前端间距围成的图形中，以同样的方法求得

$$\angle\beta_x = 13.60°$$

也可取 $\angle\alpha = \dfrac{15.31° + 13.60°}{2} = 14.45°$

四、网板的设计与计算

大型单船拖网的扩张装置靠网板，它是单船拖网作业的重要属具。网板的主要作用，一是利用其扩张力实现网具的水平扩张，在中层拖网中也可以用网板实现网具的垂直扩张；二是起着沉降器

的作用，使网具处于一定的水层；三是驱集鱼群入网。网板的扩张以水平扩张的作用力为主。网板性能的优劣对单拖作业的捕捞效果影响甚大，而网板扩张性能必须与拖网网具规模相适应，同时网板扩张力的大小又与网板面积、网板形状有直接关系。因此优化设计拖网网板，在单船拖网渔具设计中有着非常重要的作用。

拖网网板设计，主要根据渔船规格、作业方式、捕捞机械设备、渔船条件、捕捞对象特性，以及网具尺度、单手绳长度和渔具阻力等因素来确定网板的形式和尺度。这里由于篇幅所限着重介绍网板的设计与计算。

（一）网板的设计程序

网板的设计程序包括下列几方面内容：网板类型选择，网板面积，网板主尺度，主要作用力计算，必要的调整措施。

1. 确定设计网板的类型

首先选择母型网板，了解母型网板的主尺度，分析其水动力性能和作业性能，掌握结构特征，包括 $C_y = f(\partial)$、$C_x = f(\partial)$、$k = f(\partial)$、$\overline{x_c}$、$\overline{x_f}$、$\overline{x_\partial}$、翼展（L）、翼弦（b）、面积（S）、展弦比（λ）、网板质量（M）等。

2. 确定网板面积

根据渔船的主机功率、拖网网具规格、作业渔场的海况特点等条件，如何计算新设计网板的面积，是一个最现实的问题。但由于渔船、网具、网板之间的各项因素又比较复杂多变，所以目前还没有非常完整的计算公式。在实际生产上，经常采用的几种方法，有些是实际经验积累的近似计算公式，在相似的作业条件下（渔船功率、网具大小等）具有直接参考价值。网板面积的确定方法，目前有理论计算法、动力相似法和经验计算法。

（1）理论计算法

网板在作业过程中，主要受到曳绳拉力 F_1、网板水动力 F_2 和手绳拉力 F_3 的作用，如图 6-138 所示。

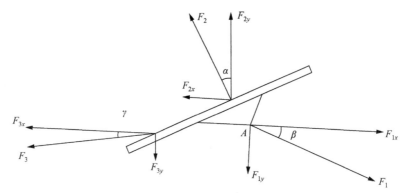

图 6-138　拖曳中网板受力示意图

注：α 为风板冲角

在匀速曳行时，三力处于平衡状态，并且都通过支链交点 A。根据受力平衡条件 $\sum F_y = 0$，则

$$F_{1y} - F_{2y} + F_{3y} = 0$$

所以

$$F_{2y} = F_{1y} + F_{3y} \tag{6-85}$$

又因为

$$F_{1y} = F_{1x} \cdot \tan\beta$$

$$F_{3y} = F_{3x} \cdot \tan\gamma$$

所以

$$F_{2y} = F_{1x} \cdot \tan\beta + F_{3x} \cdot \tan\gamma \tag{6-86}$$

式中，β——曳绳与水流方向的夹角；

γ——单手绳与水流方向的夹角；

因为

$$F_{1x} = \frac{T_e}{2}; F_{3x} = \frac{F_N}{2}$$

式中，T_e——船舶的拖力（N）；

F_N——网具的阻力（N）。

又因为

$$F_{2y} = \frac{1}{2}C_y\rho Sv^2$$

所以

$$\frac{1}{2}C_y\rho Sv^2 = \frac{T_e}{2} \cdot \tan\beta + \frac{F_N}{2} \cdot \tan\gamma \tag{6-87}$$

则

$$S = \frac{T_e \cdot \tan\beta + F_N \cdot \tan\gamma}{C_y\rho v^2} \tag{6-88}$$

式中，C_y——网板扩张力系数；

ρ——海水密度，为 1020 kg/m³；

S——网板面积（m²）；

v——相对拖速（m/s）。

（2）动力相似法

在船型、主机类型较近似的条件下，选择某类型网板为母型，再根据设计船的功率和对拖速的要求，决定网板面积和其他尺寸时，可采用动力相似法。船在拖曳网具时，其有效功率可用式（6-89）表示：

$$P_{eh} = (F_N + F_s + F_x) \cdot v \tag{6-89}$$

式中，P_{eh}——主机有效功率（kW）；

F_s——船舶阻力（N）；

F_N——网具和纲索阻力（N）；

F_x——网板阻力（N）；

v——相对拖速（m/s）。

在动力相似条件下，则

$$\frac{P_{eh1}}{P_{eh2}} = \frac{P_1\eta_1}{P_2\eta_2} = \frac{(F_{N1} + F_{s1} + F_{x1}) \cdot v_1}{(F_{N2} + F_{s2} + F_{x2}) \cdot v_2} \tag{6-90}$$

式中，P_1、P_2——母型船和现有船的船舶标定功率（kW）；

η_1、η_2——母型网和现有船的船舶总推进效率。

用下标 1、2 分别表示母型网板和设计网板。

由于船型和主机类型相似，则 $\eta_1 = \eta_2$。

所以

$$\frac{P_1}{P_2} = \frac{F_{x1}}{F_{x2}} \cdot \frac{v_1}{v_2} \qquad (6\text{-}91)$$

因为

$$F_x = \frac{1}{2} C_x \rho S v^2$$

所以

$$\frac{P_1}{P_2} = \frac{C_{x1} \rho_1 S_1 v_1^3}{C_{x2} \rho_2 S_2 v_2^3} \qquad (6\text{-}92)$$

或者

$$\frac{S_2}{S_1} = \frac{P_2}{P_1} \cdot \frac{v_1^3}{v_2^3} \qquad (6\text{-}93)$$

其线尺度 L_2（翼展、翼弦）为

$$L_2 = L_1 \sqrt{\frac{P_2}{P_1} \cdot \frac{v_1^3}{v_2^3}} \qquad (6\text{-}94)$$

式中，L_1、L_2——母型网板和设计网板的线尺度。

（3）经验计算法

在生产过程中，各国渔业工作者就如何确定网板面积总结了一套经验公式。其中比较适宜的有日本日网公司的网板面积近似计算法。网板在拖网作业中的受力情况，参阅各种网板的 C_x–α、C_y–α 特征曲线。

从中可知：

$$\sum F_y = 0 \qquad F_{zy} = F_1 \sin\beta + F_3 \sin\gamma$$

$$\sum F_x = 0 \qquad F_{zx} = F_1 \cos\beta - F_3 \cos\gamma$$

在设计网板时，根据经验一般取

$$F_{zy} = (0.4 \sim 0.5) F_3 \qquad (6\text{-}95)$$

$$F_3 \approx \frac{1}{2} F_N$$

所以网板面积的经验近似计算式为

$$S = \frac{2F_{zy}}{C_y \rho v^2} = (0.40 \sim 0.45) \frac{F_N}{C_y \rho v^2} \qquad (6\text{-}96)$$

式中，F_{zy}——网板的扩张力（N）；

F_{zx}——网板的阻力（N）；

γ——手绳与水流的夹角（°）；

β——曳绳与水流夹角（°）；

S——网板面积（m^2）；

F_N——网板和部分纲索阻力（N）。

3. 确定网板的主尺度

因为

$$\lambda = \frac{L^2}{S}$$

所以

$$L = \sqrt{\lambda S} \qquad （6-97）$$

对于矩形平面网板

$$\lambda = \frac{L}{b}$$

对于椭圆形网板的面积近似为

$$S = \frac{\pi L b}{4}$$

所以

$$b = \frac{4S}{\pi L} \qquad （6-98）$$

各主要参数

$$\overline{x_\partial} = \frac{x_\partial}{b} \times 100\% \qquad （6-99）$$

$$\overline{x_c} = \frac{x_c}{b} \times 100\% \qquad （6-100）$$

$$\overline{x_f} = \frac{x_f}{b} \times 100\% \qquad （6-101）$$

其他方面的尺寸，可以通过放样逐一加以确定。

网板上的主要作用力计算

扩张力

$$F_{2y} = \frac{1}{2} C_y \rho S v^2 \qquad （6-102）$$

水阻力

$$F_{2x} = \frac{1}{2} C_x \rho S v^2 \qquad （6-103）$$

对地摩擦力

$$F_f = Q \cdot f \qquad （6-104）$$

式中，Q——网板水中沉力（N）；

f——摩擦系数，常用 0.35～0.5。

4. 网板支架固结点的确定

这个固结点是指曳绳与网板连接点，其位置亦是根据网板受力平衡的原理确定的，如图 6-139 所示。

现取平面直角坐标系，x 轴与水流方向一致，y 轴与水流方向垂直。

由于曳绳拉力 F_1，网板水动力 F_2，手绳拉力 F_3 处于平衡状态，因此有

$$\sum M(A) = 0$$

$$F_{1x}(d\sin\alpha - h\cos\alpha) + F_{1y}(d\cos\alpha - h\sin\alpha) - F_{2y}d\cos\alpha - F_{2x}d\sin\alpha = 0 \qquad （6-105）$$

$$\sum F_x = 0$$

则

$$F_{1x} - F_{2x} - F_{3x} = 0$$

所以

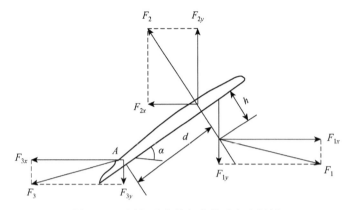

图 6-139　网板及有关纲索的受力分析图

$$F_{1x} = F_{2x} + F_{3x}$$
$$\sum F_y = 0$$

则

$$F_{1y} - F_{2y} + F_{3y} = 0$$

所以

$$F_{1y} = F_{2y} - F_{3y}$$

将上式代入（6-105）得

$$(F_{2x} + F_{3x})(d\sin\alpha - h\cos\alpha) + (F_{2y} - F_{3y})(d\cos\alpha - h\sin\alpha) - F_{2y}d\cos\alpha - F_{2x}d\sin\alpha = 0 \quad （6-106）$$

整理后得

$$h = \frac{d(F_{3x}\sin\alpha - F_{3y}\cos\alpha)}{F_{1x}\cos\alpha - F_{1y}\sin\alpha} \quad （6-107）$$

分子、分母同除以 $\cos\alpha$，则得

$$h = \frac{d(F_{3x}\tan\alpha - F_{3y})}{F_{1x} - F_{1y}\tan\alpha} \quad （6-108）$$

式中，h——支架固结点离板面的距离（m）；

　　　d——叉纲固结点与压力中心的垂直距离（m）。

式（6-108）中 d、α（冲角）、F_{3x}、F_{3y}、F_{1x} 一经确定，则网板支架固结点离板面的距离 h 即能计算。网板支架固结点高度对网板曳绳中的稳定性有重要影响，必须谨慎计算，作业中也应注意检测和调整。

（二）网板设计的基本要求

根据网板作业原理和作业要求，一般对网板设计的基本要求如下：

①要求网板在一定的拖速范围内，使网具水平扩张不会发生突变，在作业中，要求网板具有较大的扩张力，同时具有较小的阻力；

②作业中网板稳定性要好，能适应不平坦海底或软泥海底拖曳；

③要操作方便，结构简单，经济耐用。

五、网口高度估算方法

网具模型实验结果表明，在目前使用球体浮子作为拖网浮力配备的前提下，拖速是影响网口高度的最大因素之一。网口高度随拖速的提高而降低，不同的网具在不同的调整状态下，对于某一拖速时，均有各自不同的网口高度。如果把各网具在 3.5 kn 拖速时的网口高度看作"1"，那么可把其余各种拖速时的网口高度值换算成相对于 3.5 kn 的网口高度变化率。收集了 1976~1992 年在南京林业工业学院水工实验室、中山大学船池实验室和东海水产研究所水槽实验室等多次网具模型实验资料，进行各种拖网的拖速对网口高度变化率的差异性分析，结果表明：由拖速引起的网口高度变化率，在两片式底拖网之间及各种调整状态下，大多数不存在显著性差异；在圆锥式底拖网及各种调整状态下，根本不存在显著性差异。将这些网口高度变化率的平均数，描在以网口高度变化率 H 为纵轴、以拖速 v 为横轴的直角坐标系上，并将这些点用一条圆滑的曲线连接起来，便可以分别得到两片式底拖网和圆锥式底拖网的"网口高度变化率与拖速的关系曲线"，简称为"$v\text{-}H$"曲线。详见图 6-140 和图 6-141。

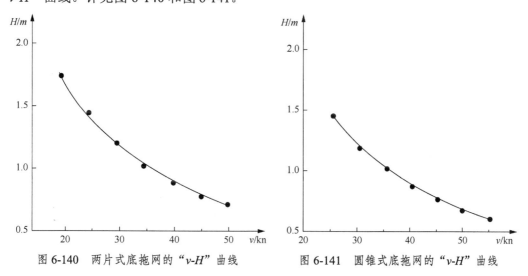

图 6-140 两片式底拖网的"$v\text{-}H$"曲线   图 6-141 圆锥式底拖网的"$v\text{-}H$"曲线

经加权回归得到两种型式底拖网的网口高度变化率与拖速的方程如下。

两片式底拖网的"$v\text{-}H$"曲线的回归方程为

$$H = 3.689v^{-1.047}$$

$$r = 0.998(r_{0.01} = 0.874) \tag{6-109}$$

圆锥式底拖网的"$v\text{-}H$"曲线的回归方程为

$$H = 4.292v^{-1.165} \tag{6-110}$$

$$r = 1.000$$

式中，H——某一拖网相对于该网具 3.5 kn 时的网口高度变化率；

$\qquad v$——网具相对于水的运动速度（kn）。

为方便起见，特将 H 的预报值和概率为 95% 的预报值区间列于表 6-20 和表 6-21，以供使用和参考。

表 6-20 两片式底拖网 H 的预报值和预报值区间

H	v/kn						
	2.0	2.5	3.0	3.5	4.0	4.5	5.0
预报值	1.785	1.413	1.168	1.000	0.864	0.764	0.684
预报值区间	±0.197	±0.114	±0.078	0	±0.050	±0.077	±0.090

表 6-21　圆锥式底拖网 H 的预报值和预报值区间

H	v/kn						
	2.5	3.0	3.5	4.0	4.5	5.0	5.5
预报值	1.476	1.193	1.000	0.854	0.744	0.658	0.589
预报值区间	±0.292	±0.106	0	±0.064	±0.101	±0.127	±0.139

如果已知或测得网具在某一拖速时的网口高度，利用公式或查表，就可以很方便地计算出另一拖速时的网口高度估算值。

六、拖网配纲的合理性检验

在拖网设计中，总是尽量把上、下纲设计成悬链线状。因为悬链线状的上、下纲受力均匀，网衣张开饱满，网口较高。事实上，由于网衣结构的限制，拖网的上、下纲是由多个部位的配纲线段连成的折线。又由于纲索和网衣都是柔性物体，在水流的作用下，纲索会形成一条没有折点的曲线（即近似的悬链线），再不会保持原来配纲的形状。这样，配纲的各部位就会发生形变。形变的程度直接反映出设计网配纲边斜率及长度比例的合理性。如何预先找出形变的部位及形变的趋势，以便及时改进设计？可以借助一条以设计网配纲长度为弧长的悬链线与设计网配纲进行对比，用以检验两者之间重合或接近的程度，从而判断设计的合理性。

（一）理论依据

假设某拖网的浮纲在网衣按缩结系数展开后的形状如图 6-142 中的实折线所示，浮纲上某一点 M，在水流的作用下移到 M' 点的位置。这时整条浮纲便移到虚线位置，形成一条以浮纲为弧长的悬链线，如图 6-143 所示。线段 MM' 即是 M 点的位移。MM' 真实地反映了浮纲该点的形变程度和趋势。在图 6-142 的坐标系中，显然有

$$MM' = \sqrt{(x - x')^2 + (y - y')^2}$$

式中，$(x-x')$ 的值反映了该点横向移动形变的程度。当 $(x-x') > 0$ 时，该点向中心线靠拢；当 $(x-x') < 0$ 时，该点远离中心线。$(y-y')$ 的值反映了该点纵向移动的程度。当 $(y-y') > 0$ 时，该点向后移动；当 $(y-y') < 0$ 时，该点向前移动。

令 $d = MM' = \sqrt{(x-x')^2 + (y-y')^2}$，则

$$d_1 = \sqrt{(x_1 - x_1')^2 + (y_1 - y_1')^2}$$

$$d_2 = \sqrt{(x_2 - x_2')^2 + (y_2 - y_2')^2}$$

$$\vdots$$

$$d_n = \sqrt{(x_n - x_n')^2 + (y_n - y_n')^2}$$

设计网配纲与悬链线间的平均距离为

$$\bar{d} = \frac{\sum\limits_{i=1}^{n} d_i}{n} \tag{6-111}$$

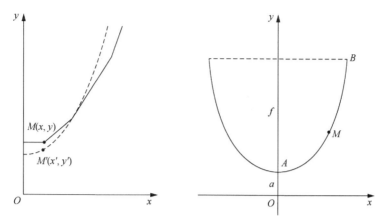

图 6-142　设计网配纲与悬链线对照图　　图 6-143　坐标系中的悬链线

$\overline{d}$ 值的大小，真实地反映了整条配纲与悬链线间的形状差异，也反映设计网配纲产生形变的程度，我们把 $\overline{d}$ 值称为设计网配纲形变系数。

在计算 $\overline{d}$ 值时，x_1、x_2……，y_1、y_2……等的值，根据网图和坐标系是不难推算的。但对于 x_1'、x_2'……、y_1'、y_2'……的值，则必须借助悬链线方程才能计算。

在图 6-143 的坐标系中，悬链线方程为

$$y = \frac{a}{2}\left(\mathrm{e}^{\frac{x}{a}} + \mathrm{e}^{-\frac{x}{a}}\right)$$

或

$$y = a\mathrm{ch}\frac{x}{a}$$

$$\widehat{AM} = a\mathrm{sh}\frac{x}{a}$$

（6-112）

对悬链线方程进行求导得

$$y' = \mathrm{sh}\frac{x}{a}$$

$$1 + y'^2 = 1 + \mathrm{sh}^2\frac{x}{a} = \mathrm{ch}^2\frac{x}{a}$$

于是

$$a^2 + (\widehat{AM})^2 = a^2 + a^2\mathrm{sh}^2\frac{x}{a} = a^2\mathrm{ch}^2\frac{x}{a} = y^2$$

即

$$a^2 + (\widehat{AM})^2 = y^2$$

（6-113）

设悬链线的垂度为 f，对于端点 B 有

$$y = f + a$$

代入式（6-113）得

$$a^2 + (\widehat{AM})^2 = (f + a)^2$$

$$a = \frac{(\widehat{AM})^2 - f^2}{2f} \tag{6-114}$$

式（6-114）中，$\widehat{AM}$ 为配纲长度的一半；f 值可根据拖网系统，利用逐步校正法计算得到。利用式（6-112）可求得 x 的计算式。根据式（6-112）有

$$\widehat{AM} = a\left(\frac{e^{\frac{x}{a}} - e^{-\frac{x}{a}}}{2}\right)$$

令 $u = e^{\frac{x}{a}}$，则 $e^{-\frac{x}{a}} = \frac{1}{u}$，有

$$\widehat{AM} = \frac{a}{2}\left(u - \frac{1}{u}\right)$$

$$u^2 - \frac{2\widehat{AM}}{a} \cdot u - 1 = 0$$

解这个方程

$$u = \frac{\dfrac{2\widehat{AM}}{a} \pm \sqrt{\left(\dfrac{2\widehat{AM}}{a}\right)^2 + 4}}{2}$$

$$e^{\frac{x}{a}} = \frac{\dfrac{2\widehat{AM}}{a} \pm \sqrt{\left(\dfrac{2\widehat{AM}}{a}\right)^2 + 4}}{2}$$

即

$$\frac{x}{a} = \ln\left[\frac{\dfrac{2\widehat{AM}}{a} \pm \sqrt{\left(\dfrac{2\widehat{AM}}{a}\right)^2 + 4}}{2}\right]$$

$$\left[\frac{2\widehat{AM}}{a} - \sqrt{\left(\frac{2\widehat{AM}}{a}\right)^2 + 4}\right] < 0 \text{（无意义，舍去）}$$

$$\therefore x = a\ln\left[\frac{\dfrac{2\widehat{AM}}{a} + \sqrt{\left(\dfrac{2\widehat{AM}}{a}\right)^2 + 4}}{2}\right] \tag{6-115}$$

$$x = 0$$

$$y = (f + a) - L_y \cdot E_N$$

式中，L_y——翼网衣拉直长度（m）；

E_N——翼网衣纵向缩结系数，可利用口门配纲求得。

其余设计网配纲上任意点的坐标的计算方法，将通过计算实例加以介绍。在计算 $\bar{d}$ 值时，为简单方便起见，取各段配纲的中点和连接点就可以了。

（二）计算实例

已知：湛江海洋渔业公司使用的 488$^\diamond$拖网，浮纲长 34.90 m，配用空绳长 16.00 m，手绳长 110.00 m，网板叉尾链长 3.00 m，网板扩张间距设计为 80.00 m，各部位配纲长度和网衣长度如图 6-144 所示，求 488$^\diamond$拖网的配纲形变系数 $\bar{d}$。

解：建立坐标系如图 6-145 所示，实折线是 488$^\diamond$拖网浮纲按缩结系数展开后的形状，实弧线是以浮纲长度为弧长的悬链线。根据系统的已知条件用逐步校正法求得

$$f = 13.75 \text{ m}$$

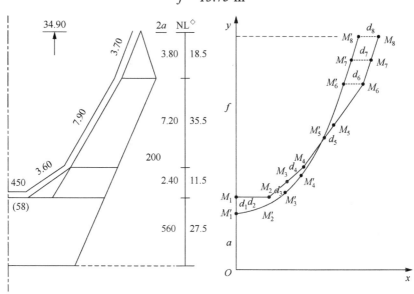

图 6-144　488$^\diamond$网浮纲配布图　　　图 6-145　浮纲诸点 d 值计算示意图

根据式（6-114）得

$$a = \frac{\left(\dfrac{34.90}{2}\right)^2 - 13.75^2}{2 \times 13.75} = 4.198$$

$$E_{\text{T}} = \frac{4.50}{0.20 \times (58 - 1)} = 0.395$$

$$E_{\text{N}} = \sqrt{1 - 0.395^2} = 0.919$$

取各段配纲的中点和连接点为计算点，从口门起到翼端止，顺次为 M_1、M_2、M_3、M_4、M_5、M_6、M_7、M_8，从悬链线中点起，与配纲对应弧长的悬链线上的点顺次为 M_1'、M_2'、M_3'、M_4'、M_5'、M_6'、M_7'、M_8'，如图 6-145 所示。M_1 点的坐标为

$$x_1 = 0$$

$$y_1 = a + f - L_{\text{y}} \cdot E_{\text{N}} = 4.198 + 13.75 - (3.80 + 7.20 + 2.40) \times 0.919 = 5.633$$

M_2 点的坐标为

$$x_2 = \frac{4.50}{2} = 2.25$$

$$y_2 = y_1 = 5.633$$

M_3 点的坐标为（参考图 6-146）

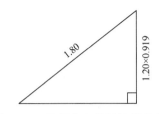

$$x_3 = 2.25 + \sqrt{1.80^2 - (1.20 \times 0.919)^2} = 3.673$$

$$y_3 = y_2 + 1.20 \times 0.919 = 5.633 + 1.103 = 6.736$$

M_4 点的坐标为

$$x_4 = x_3 + \sqrt{1.80^2 - (1.20 \times 0.919)^2} = 3.673 + 1.423 = 5.096$$

$$y_4 = y_3 + 1.20 \times 0.919 = 6.736 + 1.103 = 7.839$$

图 6-146　配纲上点坐标计算示意图

用相同的方法求得

$M_5(7.254,11.147)$、$M_6(9.412,14.455)$、$M_7(10.023,16.201)$、$M_8(10.634,17.947)$。

以浮纲长度为弧长的悬链线上对应配纲弧长的各点坐标计算如下：

M_1' 点的坐标为

$$x_1' = 0, \ \ y_1' = a = 4.198$$

M_2' 点的坐标为

$$\overset{\frown}{M_1'M_2'} = 2.25$$

$$x_2' = 4.198 \times \ln\left[\frac{\dfrac{2 \times 2.25}{4.198} + \sqrt{\left(\dfrac{2 \times 2.25}{4.198}\right)^2 + 4}}{2}\right] = 2.154$$

$$y_2' = \frac{4.198}{2} \times \left(e^{\frac{2.154}{4.198}} + e^{-\frac{2.154}{4.198}}\right) = 4.763$$

浮纲上各点与对应悬链线上各点间的距离分别为

$$d_1 = y_1 - y_1' = 5.633 - 4.198 = 1.435$$

$$d_2 = \sqrt{(x_2 - x_2')^2 + (y_2 - y_2')^2} = \sqrt{(2.25 - 2.154)^2 + (5.633 - 4.763)^2} \approx 0.875$$

用同样的方法计算得

$$d_3 = 0.933$$

$$d_4 = 0.721$$

$$d_5 = 0.776$$

$$d_6 = 1.429$$

$$d_7 = 1.530$$

$$d_8 = 1.684$$

$$\bar{d} = (1.435 + 0.875 + 0.933 + 0.721 + 0.776 + 1.429 + 1.530 + 1.684) \div 8 = 1.17$$

为了便于分析，将上面计算结果列成表如表 6-22 所示。

表 6-22　488°网浮纲形变系数表

数值	上口门		上网口三角		上翼前段		上翼端三角	
x	0	2.250	3.763	5.096	7.254	9.412	10.023	10.634
x'	0	2.154	3.594	4.761	6.649	7.985	8.494	8.950
y	5.633	5.633	6.763	7.839	11.147	14.455	16.201	17.947
y'	4.198	4.763	5.833	7.200	10.661	14.376	16.153	17.947
d_i	1.435	0.875	0.933	0.721	0.776	1.429	1.530	1.684
$\bar{d}$				$\sum\limits_{i=1}^{8} d_i / 8 = 1.17$				

也可以将表 6-22 的结果描绘在坐标系上，如图 6-145 所示。

从表 6-22 和图 6-145 都不难看出，分析网的浮纲，上口门处主要是发生向后的纵向移动形变，且较大。上翼端处主要是发生向内侧的横向移动形变，且较大。上网口三角处和上翼前段处两个方向同时发生移动形变，靠近口门处纵向移动形变大，靠近翼端处横向移动形变大。该种状况可能会出现两种情况：

①配备浮力足够大，浮纲口门部位松弛，有利于提高网口高度；

②浮力不足，网盖中间网衣可能会产生后移皱褶或堆积。

改进的方法主要有两种：

①调整各段网衣配纲边的长度和斜率，特别是口门的宽度和上翼前段的长度，包括斜率和缩结系数。网翼适当多分段，对合理配纲是有好处的。

②增大网板扩张距，使两上翼端的距离接近 21.26 m。

形变系数 $\bar{d}$ 值可以比较直观和科学地反映设计网配纲与悬线间形状的差异。通过对各部位 d_i 值的分析，可直接找出形变部位及其趋势，使我们能及时、正确地改进设计。$\bar{d}$ 值还可以用于多顶拖网间的合理性分析比较。但计算时，取点数必须相同，点间间隔要大致成比例或部位一致。

第十一节　中层拖网和深水拖网

中层拖网也称变水层拖网，通过调节可控制拖网在一定的水层中作业，可不受水深和海域限制，捕捞除底层及表层以外不同水层的鱼类，如目前我国的单船中层拖网，在北太平洋水深 1000 m 以上海域捕捞中层的狭鳕群。深水底层拖网，能适应捕捞大陆坡（水深 200～3000 m）海域的底层鱼、头足类和虾类。

一、中层拖网网具结构和捕鱼技术

中层拖网以捕捞中上层鱼类为主，由于中上层鱼类的习性与底层鱼类的习性有较大差别，中层拖网网具结构和操作技术与底拖网也有较大区别。

（一）中层拖网网具结构

中层拖网由于使用船数不同，可分为单船中层拖网和双船中层拖网两种作业方式。由于双船中层拖网作业需要两艘渔船紧密配合作业，在大风浪天气及外海海域中配合较难，因此只能在近海渔场作业而失去发展优势。而单船中层拖网比较灵活，特别是大型单船中层拖网，在渔场作业中占有绝对优势。

1. 丹麦双船中层拖网

图 6-147 为 20 世纪 70 年代丹麦双船中层拖网网衣展开图，该网具为四片式结构，网口周长352.8 m，网身第二段的网目目大是翼端网目的 2 倍，有利于减少阻力。网衣材料全部采用锦纶捻线，网具下空绳为长 47 m、直径 20 mm 的混合绳，下空绳中部悬挂 300 kg 的重锤 1 个；上空绳为长36.60 m、直径 20 mm 的混合绳。该网具主要使用在主机功率 220～294 kW、50～150 GT 的双拖网渔船上，主要捕捞对象是鲱。

300～400匹　中层对拖网（丹麦）

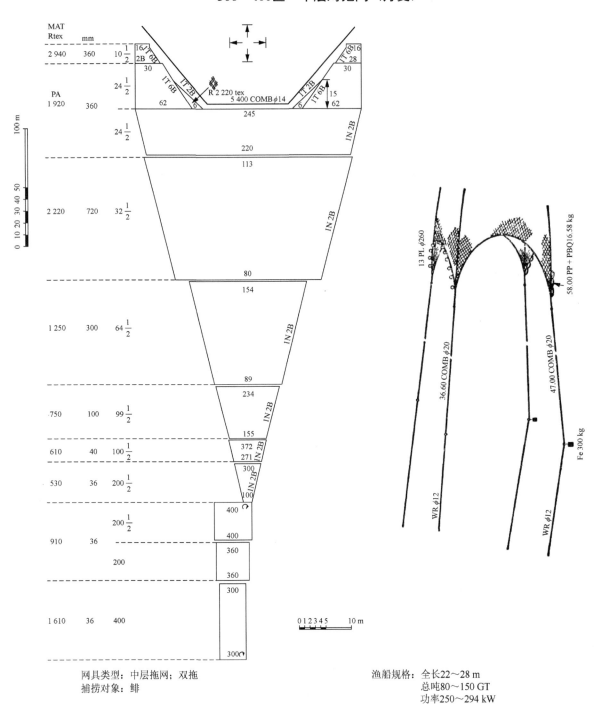

图 6-147　丹麦双船中层拖网网图（原图）

2. 德国单船中层绳子拖网

图 6-148 是 4 片式网衣结构的单船中层拖网，网口前部采用直径 8～10 mm 的锦纶绳子替代网衣，优点是能减小网具阻力，扩大网口有效面积，滤水性能较好。

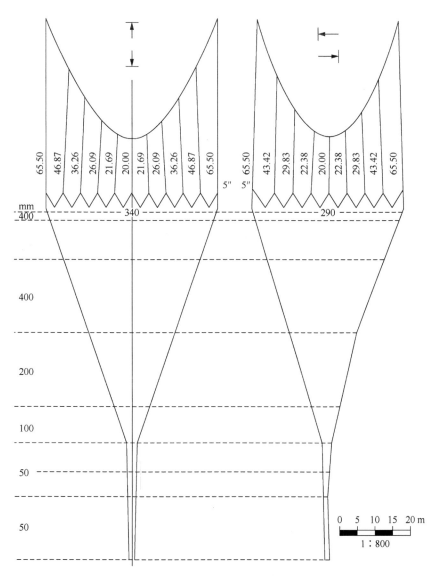

图 6-148　德国单船中层绳子拖网网衣展开图（原图）

3. 挪威单船中层拖网

图 6-149 是挪威单船中层拖网网衣展开图，该图为四片式网衣结构，网口周长 1072 m，网身第二段的网目目大 8 m，是网翼部网目大的 2 倍，有利于减小阻力和释放幼鱼。网衣材料全部采用锦纶网线，网身和网衣上不装力纲，而是在网衣 4 条缝合边处扎进较多网目（3～12 目），形成股绳代替力纲，能保持良好的网形；上纲不装浮子，网口垂直张开主要依靠重锤等的下沉力；网囊较长，强度较大，由 3 层和双层网衣制成；下网翼网片比上网翼长 2.5 倍；网具上空绳长 220 m，下空绳长 210 m，另接长 10 m 的铁链，重 200 kg；并另加重锤 1000 kg，配备矩形曲面网板，展弦比 0.8，网板面积 9.0 m²，该渔具主要应用在主机功率 2200 kW、净载重量为 2000 t 的大型拖网渔船上，主捕鳕、毛鳞鱼、鲱及鲭等。

4. 中国双船中层拖网

图 6-150 是中国单船中层拖网网衣展开图，为圆筒式网衣结构。网口前部的网目尺寸为 10 m，网口周长 620.00 m，网衣纵向拉直长 223.16 m，网身不作剪裁，每段的斜率通过逐段网衣的目脚长度，按一定比例缩小而成，在网身最后 7 段，边缘按全单边的剪裁斜率进行剪裁。主捕鲭等。

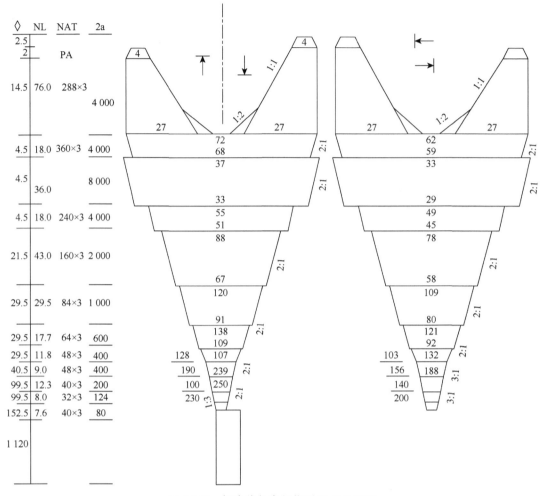

图 6-149　挪威单船中层拖网网衣展开图

（二）中层拖网捕鱼技术

中层拖网作业属"瞄准捕捞"，即利用水平探鱼仪（声呐）探测鱼群位置，然后调整网具所处水层，使拖网网口对准鱼群拖曳捕捞。所以在中层拖网作业中，鱼群侦察和网位调整是关键技术。单船中层拖网作业示意图如图 6-151 所示。

1. 鱼群侦察

中层拖网的鱼群侦察，主要是渔船驶抵渔场后，不断地利用水平和垂直探鱼仪在渔场进行探测，然后对所探测到的鱼群映像进行识别和判断，经过分析研究认为有捕捞价值，便立即准备投网。有关鱼群映像的形状和颜色，并不是固定不变的，而是根据鱼群种类和海况因素的变化而变化的，只有通过大量观测和认真分析，才能逐渐认识和提高识别判断能力。根据资料分析和经验积累，有关狭鳕在不同渔汛期的影响（图形和颜色），如表 6-23 所示。

2. 网位控制和调节

控制和调节中层拖网在水层中的位置，主要通过改变放出的曳绳长度、拖速和拖网的浮沉力来达到。由于改变放出曳绳的长度，对网位的控制和调节有显著的作用，而改变拖速和浮沉力，对网位的变动幅度有限，同时可操作性也较差。因此，国内外的中层拖网网位控制和调节，都是采用改

10 m大目鲹鱼中层拖网（山东　荣成）

620.00 m×223.16 m(139.40 m)

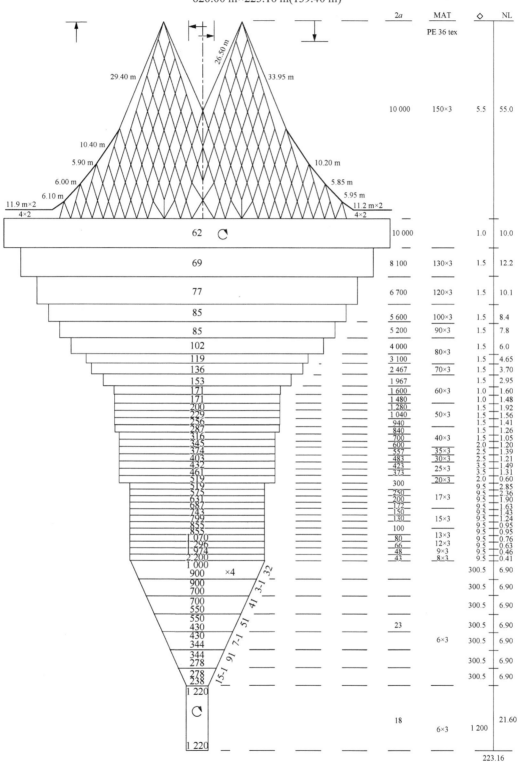

图 6-150（a）　中国单船中层拖网网图（调查图，局部）

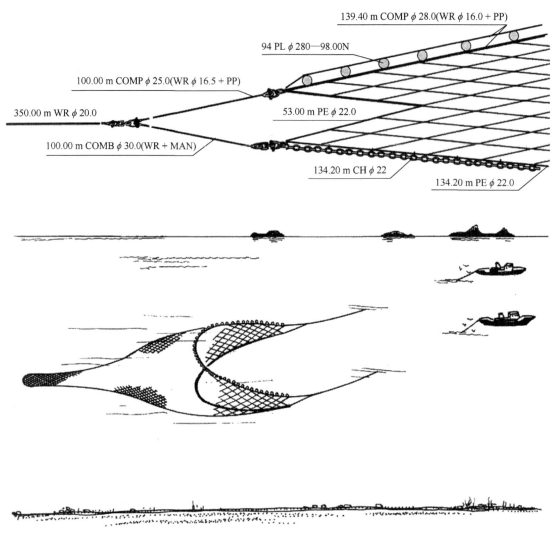

图 6-150（b）　中国单船中层拖网网图（调查图，局部）

变放出曳绳长度的方法来实现，一般随着曳绳放出长度的增加，网位下降，例如，曳绳长度从 650 m 增加至 750 m，网位由 240 m 下降到 280 m。但是应该指出，这些数值不是绝对数据，而是受到船型、主机功率、渔具在水中的沉力和阻力等主要因素的影响。由于目前还没建立这方面的理论或实际计算公式，因此曳绳长度对网位的影响都是采用实船测试的方法求得。即实际作业前，在该船的常规拖速条件下，按放出曳绳的长度，用网位仪或声呐探测到网位的数值，计算得出相关数据作为今后生产中控制和调节网位的依据。由于中层拖网作业是瞄准捕捞，在作业过程中应用仪器随时掌握鱼群位置和网位。不同船型、主机功率、渔具在水中的沉力和阻力等主要数值不同，相关的曳绳长度和网位调节数据应有所变动。

表 6-23　不同渔汛期的狭鳕群映像

渔汛期		栖息水层/m	图形	颜色度	一般网产/t
初期	一般	150～180	以点成带状	淡绿色	20～30
	较好	180～200	以点成带状	深绿（绿稍带黄色）	30～50
旺发期	一般	190～230	条块状	红色（红稍带黄色）	50 以上
	旺发	200～280	间断块状	深红（红色）	大网头（80 以上）

续表

渔汛期		栖息水层/m	图形	颜色度	一般网产/t
后期	一般	320～360	条块状	深绿（绿稍带黄色）	30～50
	末期	近400～400以下	以点成带状	绿色（淡绿色）	20～30以下

二、深水拖网主要设备、网具结构和捕鱼技术

随着大陆架海域传统渔场的日益衰退，丰富的深水底层鱼类资源必然引起人们的重视和开发利用。但也应该看到，在深水海域进行底拖网捕鱼需要有装备良好、抗风浪性能强和续航力较大的大、中型拖网渔船。深水拖网作业不仅对渔具、属具等有专门的要求，而且对渔船、捕鱼机械和鱼群侦察仪器等也有特殊要求，这些都是开展深水拖网作业不可缺少的条件。

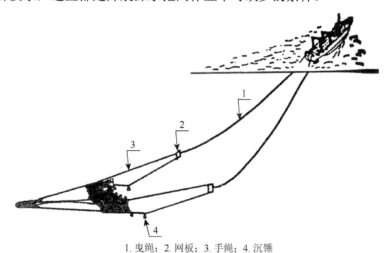

1. 曳绳；2. 网板；3. 手绳；4. 沉锤

图6-151　单船中层拖网作业示意图

（一）深水拖网的主要捕捞设备和仪器

深水拖网的作业方式，虽然与大陆架海域作业的单船底拖网作业相似，但由于作业海域水深大幅度增加，海况条件也较恶劣，因此，除了对作业渔船需要有特殊要求之外，对捕捞设备和仪器等也有特殊要求，如绞纲机和深海探鱼仪等。

1. 拖网绞纲机

深水拖网作业时所使用的曳绳长度，比在大陆架传统渔场时要长很多，在其他条件相同的情况下，增加曳绳长度后，拖网总阻力增加，起网时绞纲机的载荷也大大增加。因此深水拖网作业，必须有大功率的拖网绞纲机。表6-24是我国"东方"号在不同水深作业时的各项数据。

表6-24　"东方"号在不同水深作业时的各项数据

作业水深/m	曳绳长度/m	松放曳绳时间/min	二曳绳总阻力/kN	相对拖速/kn	网口高度/m	主机输出功率/kW
1 017	2 400	42	182	3.2	4.7	1 477
980	2 300	36	178	3.4	4.7	1 433
710	1 800	25	172	3.4	4.7	1 261

续表

作业水深/m	曳绳长度/m	松放曳绳时间/min	二曳绳总阻力/kN	相对拖速/kn	网口高度/m	主机输出功率/kW
435	1 400	21	152	3.6	4.7	1 190
280	900	15	150	4.0	4.7	1 150
125	470	10	143	4.2	4.7	1 139
64	240	7	128	4.3	4.9	974
49	220	7	126	4.5	4.7	887
45	160	6	121	4.6	4.7	830

注：系应用同一渔具，在不同时间内测定。

根据表 6-24 中所列的数据可以看出，一般在大陆架常规拖网作业的渔船，所配备的拖网绞纲机（容绳量和功率等）是很难适应深水拖网作业要求的，"东方"号安装的拖网绞纲机是串联式、油压驱动的，主滚筒绞拉力和绞拉速度为 117 kN、100 m/min，容绳量为每边直径 26 mm 的钢丝绳，曳绳长 3000 m（质量约 7 t），中心滚轮绞拉力和绞拉速度为 196 kN、50 m/min，起吊重大渔获时应用。

2. 深海探鱼仪

开展深海拖网捕鱼、直接侦察鱼群的基本工具是水平探鱼仪和垂直探鱼仪。只有当海洋中水声条件好、鱼群密度高、鱼群反射强度大时，现有常规的探鱼仪才能测到深水鱼群，在一般情况下是无法测定鱼群的，这会直接影响作业。同时，在深水海域探捕，通常对这些海域海底地形的要求比较高，必须是深水型的探测工具（探测距离大，分辨率高），才能适应深水拖网作业的要求。

3. 深水拖网渔具结构

深水拖网渔具可根据深水作业的特殊要求进行设计，也可选用一些适合于深水捕鱼的现有底拖网进行必要的加固和改进，例如，网具上装配的浮子必须是深水型的，网衣材料和纲索、属具必须能承受较大的阻力，网板的沉力必须增加。在渔船拖力不变的条件下，对深水拖网规格的大小，必须慎重选用，选用与大陆架海域相同规模的使用网具达不到预期的拖曳速度。

（1）深水拖网的网型

深水拖网的网型与一般的底拖网网型相同，也是两片式和多片式两种网型，两片式较广泛应用于俄罗斯、英国、法国、波兰等国，而日本、韩国等大多使用多片式网型。

①英国两片式高网口单拖网。此网如图 6-152 所示，该网具主要用于在北大西洋捕捞鳕鱼等鱼类，英国也曾利用这种网具进行深水拖网作业。为了增加拖曳深度，在原网板上增加 1～2 t 载荷。如果不加重网板，拖速为 4 kn 时，拖曳深度为 945 m，而网板的重量增加至 2～3 t（原网板为 3.048 m×1.524 m 的矩形平面网板，质量 1 t）时，拖曳深度可增加到 1060～1150 m，拖速减低 1 kn，拖曳深度可增加 300 m，因此在加重网板的情况下，拖速为 2.5 kn，拖曳深度可达 1600 m 左右。

②波兰高网口单船拖网。波兰高网口单船拖网网衣展开图，如图 6-153 所示。它是波兰通用的底层拖网，上纲长 26.10 m，下纲长 18.05 m，上纲上装配直径为 200 mm 的铝合金浮子 50 个，或相当浮力的深水塑料浮子和水动力型浮升装置，沉子纲上装配直径 450 mm 的钢质滚轮 30 个。采用规格为 3140 mm×1940 mm 的椭圆形网板，每块重 1300 kg。网具能适应在底质粗糙的海底作业，使用渔船的规格：全长 85～87 m，总吨 2800～3090 GT，主机功率 1617～1764 kW。波兰曾使用这种网具进行深水拖网作业，拖速 3 kn 左右，主要在大陆坡深水区捕捞鳕、海鲈、马舌鲽等鱼类。

高网口单船拖网（英国）

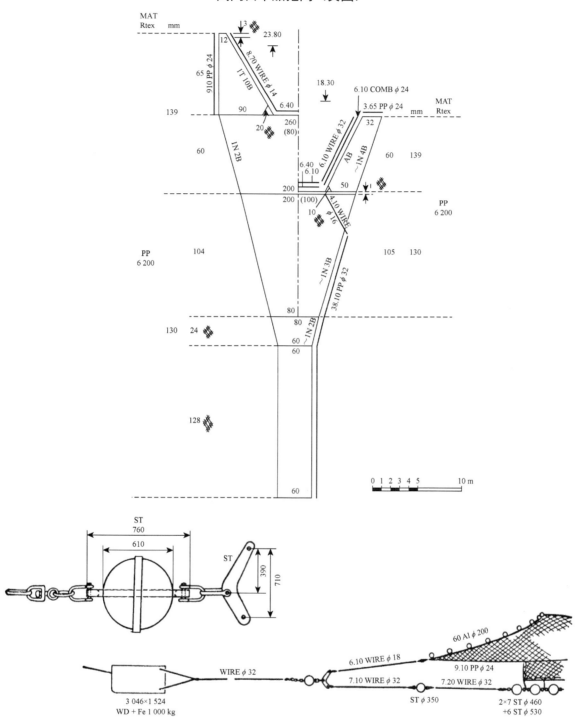

网具类型：单拖，附网板（Granton）　　　　渔船规格：全长52～72m
渔场：底质粗糙；北大西洋　　　　　　　　　　总吨750～1 800 GT
捕捞对象：鳕　　　　　　　　　　　　　　　　功率955.5～2 058 kW

图 6-152　英国 2 片式高网口单拖网网图（原图）

高网口单船拖网（波兰）

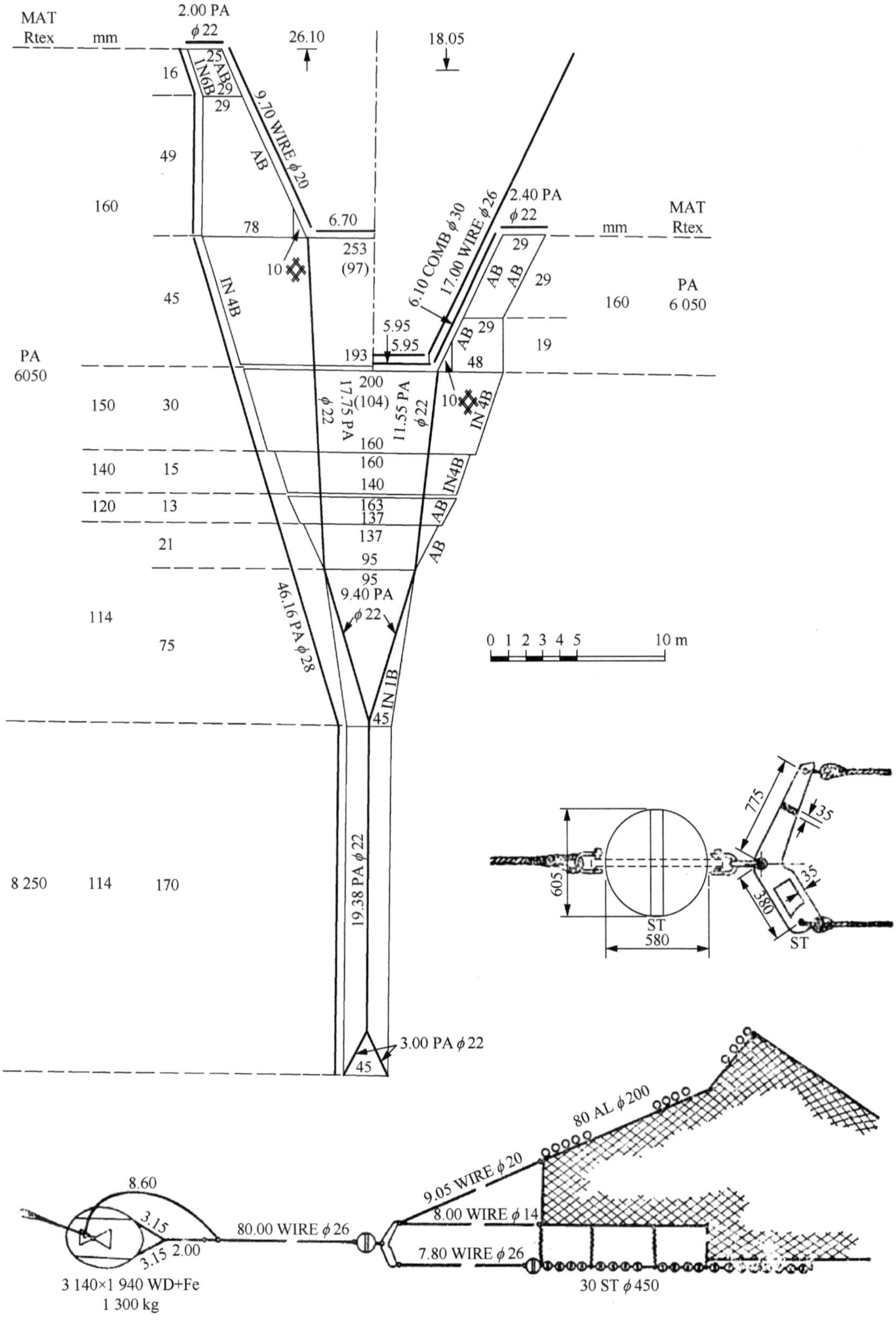

网具类型：单拖，附网板
渔场：底质粗糙
捕捞对象：鳕、鲳

渔船规格：全长85～87 m
总吨2 800～3 090 GT
主机功率1 617～1 764 kW

图 6-153　波兰高网口单船拖网网图（原图）

③中国八片式深水单拖网。如图 6-154 所示是中国八片式深水单拖网网衣展开图，该网网口周长 72.63 m，上纲长 40.50 m，下纲长 53.32 m，沉子纲上用金属滚轮和轮胎片式，适用于粗糙海底拖曳。配备的网板为大展弦比立式网板，网板面积为 7.48 m²，使用渔船全长为 62.5 m，主机功率 1840 kW，作业水深 1100 m。

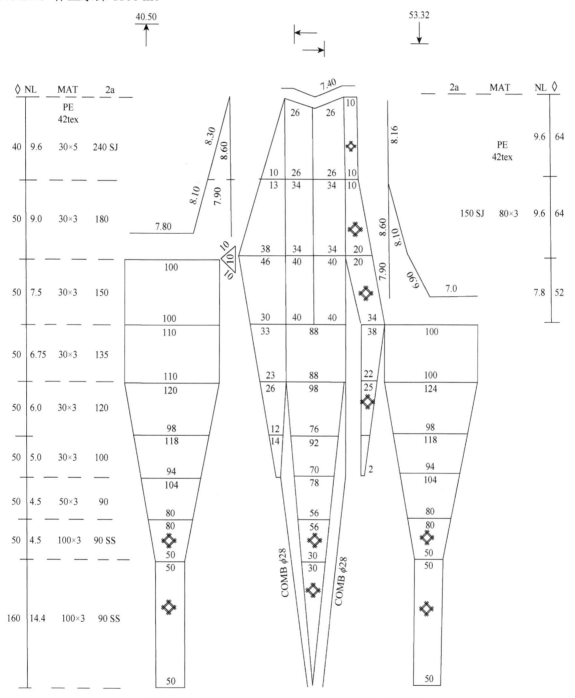

图 6-154 中国八片式深水单拖网网衣展开图（原图）

（2）深水拖网网板

深水拖网网板一般是椭圆形网板、V 形网板和立式网板，前两种网板多为俄罗斯、波兰使用，立式网板多为日本使用。网板的结构型式与常规的网板相同，但其质量需成倍增加，目的是减短曳绳长度和缩短投放曳绳的时间。

4. 深水拖网的捕鱼技术

（1）深水拖网拖曳形式

由于渔船的装备不同，深水拖网的拖曳形式有双曳绳式和单曳绳式两种。双曳绳式适用于有大功率拖网绞纲机的渔船，与常规的大陆架单船底拖网的作业方式相同，所有拖网渔具均由左右两根曳绳承担拖曳。单曳绳式适用于拖网绞纲机的容绳量和绞拉力较小的渔船，因为这些渔船的绞纲机功率有限，不可能容纳和承受每根长度达 3000～4000 m 的曳绳。采用单曳绳作业形式后可以减少 1 根曳绳的容绳量，同时功率也可减小。由于尺度较小，这些渔船一般适宜在水深 1000 m 以内的海底拖网作业。

（2）深水拖网的操作技术

为了示意单曳绳作业方式，拖网必须按图 6-155 中的方式安装网板手绳和手绳引绳，然后直接连结在 1 根曳绳上进行拖网。有关网板手绳和手绳引绳的长度，需根据船舶大小和作业要求而定。无疑，单曳绳作业方式较双曳绳作业方式差，不仅在起放网过程中，增加了操作步骤，同时在捕捞效果上也有一定的影响。唯一优点是可使用小功率的渔船和装备，能从事深海拖网捕捞。

①渔场。渔船达到渔场后，应用水平和垂直探鱼仪进行对鱼群和地形的探索。特别是一些新渔场，除了探索鱼群之外，对海底地形也应作较详细的探索，因为如发现海底有显著的高低不平或不适宜底拖网作业时，可避开这些区域，防止和减少丢网和破网等事故。

②放网。放网的操作程序基本上与大陆架常规的底拖网操作相同，由于深水拖网放网一般需要 40 min 左右，因此在放网地点和时间的估算上必须准确，以防偏离原计划拖网的位置而远离中心渔场。

③拖曳。拖曳中应密切关注拖速和曳绳的展开情况，同时使用探鱼仪探测海底地形。当发现有不利正常拖曳的情况，应及时采取必要的措施防止事故的发生。一般拖曳时间为 2.5～3.0 h。

④起网。深水拖网在起网收绞曳绳前应减低拖速，在曳绳收绞过程中也要不断降低车速，以防拖网绞纲机负荷过重，其他起网程序与大陆架常规单船底拖网起网操作相同。

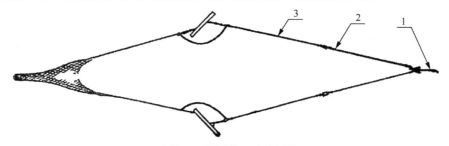

1. 曳绳；2. 手绳引绳；3. 网板手绳

图 6-155　单曳绳作业方式的纲索连接示意图

第十二节　拖网渔具网囊网目选择性研究

过滤性渔具的选择性特点有别于一些被动性渔具。众所周知，对于许多被动性渔具，有一个最适捕获尺寸或尺寸范围。例如，刺网，它只能捕获最适体长上下 20%的渔获物，小个体的鱼能直接穿越网目而逃逸，而大个体的鱼由于游泳能力很强，或由于个体很大，很难被网具捕获。而对于过滤性渔具，情况就有所不同，像拖网类主动过滤性渔具，鱼类进入网囊后通常是精疲力竭，不再有可能从网囊中逃逸。因此认为，拖网渔具网囊网目的选择性应该是一个相关的体长密度函数的累加函数。如果进入网囊的鱼，其体长属正态分布，那么这条选择率曲线就是一条累计的正态分布函数曲线。

一、拖网网囊网目选择性研究的试验方法

拖网渔具选择性研究的试验方法很多，在进行试验时，要根据渔场作业环境、网具结构特点、捕捞对象行为特征及所使用的选择率估算模型等因素进行综合选择。根据青山恒雄（1965）的 3 个条件，即等质性条件、正常性条件和数值化条件，现将拖网渔具网囊网目选择性研究中所采用的试验方法归纳为以下 4 种。

（一）套网法

套网法是运用最为广泛的传统试验方法，这种方法通常在作业渔具网囊外安装一个网目较小的套网（图 6-156）。

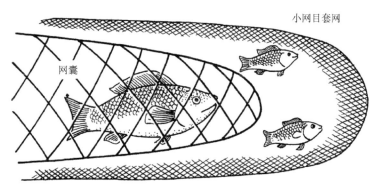

图 6-156 套网法示意图

套网的安装方法与套网的规格各不相同，有些学者设计的套网网周大于囊网衣 20%左右，比囊网衣长 15%左右。也有学者认为套网的长度和宽度应分别为网囊拉直长度和宽度的 1.5 倍左右。套网法有很多优点，一方面套网法收集资料比较容易，数值化计算方便，费用低；另一方面套网法是现行拖网选择性研究试验方法中唯一可以直接观察到从网囊中逃逸鱼尾数的方法，其所得数据可以直接用于网囊网目选择率计算。但是也存在不少异议，一方面由于套网网目尺寸一般都很小，假设网目选择性对所有渔获物体长组均为 1，实际上套网对渔获物也是有选择性的，尤其对个体很小的渔获物，可能会影响网囊网目选择性的判断；另一方面由于套网的安装，可能会产生套网依附在网囊网衣上的情况，从而阻止了鱼类的逃逸而使其滞留在网囊中，这种情况通常被称为"覆盖效应"，它会使网具选择性研究的结果产生一定的偏差。除此之外，由于一般的套网网目都很小，因此套网网具内外流体产生了一定的变化。同时，套网网线的视觉效果也会影响鱼类的行为。这些因素会影响鱼类的逃逸行为和游泳能力等。此外，由于套网的安装，增加了整顶网具的水阻力，致使网具部分网衣的网目比没有安装套网时更为闭合，从而阻止了鱼类的逃逸，影响了网具的选择性能。有学者通过白令海峡鳕的作业试验，发现套网的安装使得进入网具的鱼数量减少了 21%，选择性研究中安装了套网的 50%选择体长比没有安装套网的 50%选择体长小 2.4%，安装套网的网囊选择率范围比没有安装的网囊小 15.8%。通过估算，安装套网的网囊中 350～550 mm 的鳕鱼残留率较没有安装套网的网囊高，而且套网法估算的选择性曲线模型的参数偏差远大于采用交替作业试验法估算选择性曲线模型的参数的标准差。除了认为套网的存在使得网囊网目选择性发生变化之外（即认为从

套网法得到的网囊网目选择性曲线的 50%选择体长低于裤网法和交替作业试验法的 50%选择体长），还有学者认为，套网法试验数据的统计方法可能是产生这一结果的原因。

鉴于套网法的不足之处，一些学者提出了许多行之有效的解决方法：第一，适当增大套网网目，有助于那些原本被滞留在套网中的个体非常小的鱼逃逸，这有利于从套网中更好地选取个体较大的鱼体样本，还可以使选择率数据更为精确；第二，套网网目的增大，可以减小套网的水阻力，使得网囊形状更趋向实际状态，同时套网阻力减小，又有助于套网的横向扩张，减少套网的覆盖效应。Neill 和 Kynoch 通过试验发现，当网囊网目尺寸为 100 mm 时，采用两种不同网目尺寸的套网（分别是 60 mm 和 40 mm）研究网具的选择性，不同网目的套网对网囊选择性曲线的影响没有显著差异，而且安装大网目套网的网囊捕获的渔获物平均体长明显大于安装小网目套网的网囊。但是，Tokai 等认为，如果套网网目较大，那么小个体的渔获物可能会从套网网目中逃逸，这将最终导致小个体体长组的网囊网目留存率被高估，而往年的选择性曲线可能不再是传统的"S"型，而是"U"型。Gorie 和 Ohtahi 在对星康吉鳗（*Comger myriaster*）的套网法选择性试验中，发现在体长较小的一定范围内，选择性曲线较低的一端不能达到 0，并在选择性曲线估算过程中，对出现高估的数据点予以去除。套网试验法尽管具有许多缺点，但是由于高强度网材料的使用，就有可能生产出强度大、阻力小的网线材料，从而使套网对渔获性能的影响减小，因此这种方法仍是目前使用得比较广泛的方法（孙仲之，2014）。

除了适当增大套网的网目尺寸外，改变传统的套网设计和安装方式也可以降低套网对网囊网目选择性研究所产生的不利影响。最为常用的网囊设计改造是在套网上的适当位置增加一个或数个圆环来帮助套网周向扩张，以此来减少套网的覆盖效应以及其他不利影响，这种网囊的结构如图 6-157 所示。Madsen 等针对白令海峡鳕鱼渔业拖网改进的设计型套网，称为"风筝套网"（图 6-158）（孙仲之，2014）。

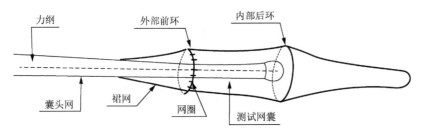

图 6-157　加圆环套网的结构图

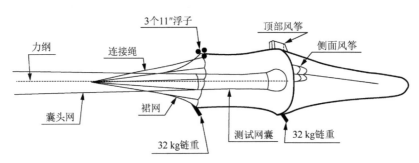

图 6-158　风筝套网的结构示意图

除了上述这些套网设计之外，还需要注意的环节有：使用适当的"裙网"，使得水流能较好地在套网与网具网衣间通过；注意这些圆环、"裙网"的颜色，应选用与背景色反差小的材料，以降低对鱼类行为反应的影响。上述的套网法不仅可以用于网目尺寸选择性的研究，在许多选择性装置的研究中，为了评价这些装置的性能，通常也可以采用在装置（如逃逸出口）局部外设置套网用以捕获从这些装置逃出（或释放）的鱼，以此进行统计分析。

（二）对比作业试验法

对比作业试验法包括双网囊法（或称裤网法）、联体作业法和平行作业法等。采用对比作业试验法的主要目的是保证试验网具（不同网具或同一网具的不同网囊）的捕捞努力量保持相等，同时克服上述套网法的种种缺点，如套网的覆盖效应和增加阻力效应等。

1. 双网囊法（裤网法）

双网囊法所使用的拖网结构如图 6-159 所示，网具大部分与商业渔业中所使用的网具相同，不同之处在于使用两个网囊，对渔获物进行相互比较。通常在其中一个网囊采用实际作业时的网囊结构，一般称它为试验网囊，另一个网囊网目比较小，其作用就好比套网法中的套网。在这种情况下，假设这一网囊的网目是无选择性的，用以表示与渔具相接触资源的情况，称它为对照网或是控制网。当然也有学者在采用裤网法研究两种不同选择性网囊的选择性，但在这种情况下，由于缺乏相对资源的情况，往往需要对网具的网囊网目选择性本身进行一定的假设（这与刺网渔具的选择性简介估算中的选择性曲线假设相类似），一般不推荐使用这种方法。双网囊法（裤网法）也存在许多不足之处，其中最大的困难在于设计用以分隔网囊的中间分隔网片：如果设计不合理，则两个网囊之间可能会发生相互覆盖的现象，从而影响了两者的选择性效果，而且在渔获量大时，裤网法是不适用的。例如，白令海的鳕鱼渔业，平均每网次的产量为 $30\sim50\ t$，这么多的渔获物一方面不利于各体长组的采样，同时由于渔获量很大，当渔获量达到一定时，由于两个网囊选择性不同，致使网囊中的渔获物质量也不同，导致两个网囊的形状和网目的张开程度不同，从而最后两个网囊网目尺寸不同，对流体反应也不一样，可能不稳定。当然，在实际渔业中，本身就存在一些具有双网囊或多网囊的拖网渔具，如我国东海的捕虾桁杆拖网，其网囊数量多达 10 个，这种网具进行选择性研究时，对比作业试验法具有不可媲美的优越性。

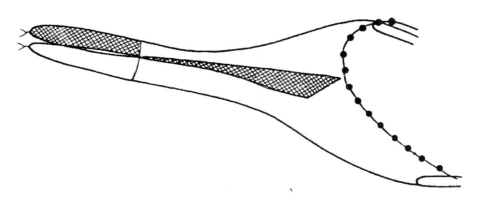

图 6-159　双网囊结构的拖网示意图

2. 联体作业法

裤网法是一项网具有两个网囊，而联体作业法是直接使用一艘渔船拖曳两顶独立的网具，其结构如图 6-160 所示。与裤网法类似，其中一顶网具就是所研究对象（可能是经济渔业的拖网），同样称为试验网具；而另一顶网具通常使用小网目网囊网具（用以确定相对资源密度），称为对照网具（控制网）。联体作业法可以有效地解决裤网法中网囊之间相互覆盖等不利影响，但是联体作业法对网具作业操作技术要求很高，如果操作不当，就会引起网具间的相互影响甚至引发事故。除此之外，在网具的选择中也存在着一定的限制，如果船只拖力有限，那么所选择的网具规格不能太大。而且对于一些特殊的作业，如深水拖网，这种实验方法将显得力不从心，同时在使用联体作业法时，要保证两顶除了网囊部分之外的所有部分完全相同也是不切实际的，因此作业时可能会产生网具形状不一致、网口扩张不同等影响渔获率的问题。

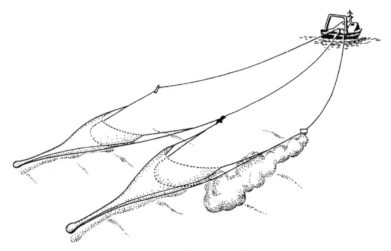

图 6-160 联体作业示意图

在实际的渔业生产中，存在着类似于联体作业法的一船多网的拖网作业方式，如我国在西非拖网渔业中使用的双支架捕虾拖网。

3. 平行作业法

平行作业法是使用两艘渔船在相同的条件下（比如同时进行，在相近的水域以相同的拖速和拖向）进行独立作业的方式。这种试验方法避免了网具之间的相互影响，也简化了作业的方式。但同样存在着网具不能完全相同所导致的选择性差异，而且由于渔船的差异、操作人员的能力差异等因素所造成的对选择性研究的影响也不容忽视。这一方法与前面两种方法相比，最大的缺点就是不能保证两顶网具所对应的可捕资源相同。当然在大多数情况下，只要保证渔船作业位置、作业时间相近，就可以假设它们试验的资源量是相同的，或者通过增加作业网次来减少随机误差。

（三）交替作业试验法

对于一些特殊的作业，如大型深水拖网作业，采用裤网法或平行作业法是不切实际的。这时往往使用交替作业试验法。此法就是使用一艘渔船（单拖）采用两顶不同的拖网交替进行作业。一顶网具称为试验网具，另一顶称为对照网具（或称标准网具）。对照网具往往被假设成没有选择性的网具。由于一次只能使用一顶网具进行作业，带来了许多不利的影响。这些影响，首先是不能保证两次作业过程所对应的相对资源密度相同，这给选择性研究带来很大的不便；其次是无法保证不同网具进行作业时的捕捞努力量一致，虽然可以采用后续的数学方法进行处理，但同时带来了一些参数估算的偏差。由于网次作业不是在同一时间、同一地点进行，因此网次间的差异是交替作业中最需要关心的问题。影响拖网选择性的因素除了拖网网目、网具结构等可控因素之外，作业条件也产生了相当的影响，如不同的拖速、不同的气候、不同的水流状况、不同水深、不同网次作业时间等。为此，Fryer 详细介绍了在交替作业试验时减少上述因素对选择性影响的方法，并提出了交替作业试验法（孙仲之，2014）。

因为用于对比作业试验法和交替作业试验法中的选择率解析方法相同，一些学者在进行拖网渔具选择性研究的时候，将上述两种方法看成是一种试验方法。由于在这些方法中，不能直接得到进入网具的鱼的体长组成，也就是说，在估算选择率的同时，还要估算接触种群的情况，因此选择性估算的不确定性和不精确性往往比套网法大。

（四）直接观察法

直接观察法是采用水下摄影机等试验机械对拖网网囊部的鱼类行为进行观察，或采用潜水员在拖网作业时目视观察的方法。水下观察法从理论上来说，是比较理想的选择性研究试验方法。一方面它可以对一项网具进行研究（甚至是一个网次），避免了裤网法和交替作业试验法中种种因为网目大小不同所引起的缺陷；另一方面直接观察法还能直接观察到鱼类对网目的逃逸行为，这有助于网具和选择性装置（如分隔网片）的设计和安装。

Wardle 认为，水下观察是选择性研究中的关键技术，因为通过水下观察可以了解渔具的作业性能，并可以直接比较不同拖网设计中的鱼类行为。其他实验技术往往会受鱼类分布、鱼类的集群状况及水体清晰度、光照条件的限制。直接观察法一般很难实现，例如，当底拖网作业时，由于网具的作用，拖网所在范围内的环境往往变得非常浑浊，采用摄像机很难完全辨别出鱼的行为；在深水拖网中采用这种试验方法，由于光线随水深增加而减少，水下观察不能很好地发挥作用，同时摄像机或潜水员所能观察的范围有限，不能顾全大局对整个网囊部都进行观察。此外由于摄像机的资料有限，要进行数值化计算也较为困难。正是这些不足，使得直接观察法的运用相对较少（孙仲之，2014）。

二、拖网渔具网目选择性研究的估算方法

长期以来，由于拖网渔具作业特点和重要性，网囊网目选择性估算成为了渔具选择性研究中的重要内容。从 20 世纪 50～60 年代开始，各国学者陆续开展这方面的研究工作。拖网渔具网目选择性的估算方法较多，大多数是通过比较渔获情况及资源情况进行统计、分析而得出选择性。青山恒雄认为，在拖网渔具选择性试验中，优势鱼种的渔获数据往往很充足，可以进行选择性分析，但是对于一些渔获数量较少的鱼类，则很难直接使用渔获数据进行选择性分析；Tokai 也认为，渔具对特定鱼类的选择性作用随着渔具结构、作业方法、目标种类的体形特征及它们的行为特征的不同而不同，因此对不同种类的鱼类进行选择性分析是不可能的，特别是在热带、亚热带等具有丰富鱼种的海域，所以认为从理论上对拖网网目的选择性进行研究是有必要的（孙仲之，2014）。

（一）采用最大体周估算选择率的方法

青山恒雄认为，网目的选择率（50%选择体长）与网目内径呈线性关系（孙仲之，2014）。但是由于不同鱼种的形态、柔软性和鱼类行为都存在差别，因此选择性也存在差异。如果用体长来表示选择性，因受体长-体周关系和鱼体截面形状的制约，选择性也势必存在差异。假设鱼体的体长和体周呈线性关系，即

$$G = a + bL \tag{6-116}$$

式中，　　G——体周；

　　　　L——体长；

　　a、b——常数，可以通过回归分析求得。

将网目形状和鱼体截面形状视为菱形与内接椭圆，并假设网目脚并非柔软（因为拖网受到水阻力后网目呈张紧的菱形），那么鱼不能与网目内周完全接触。通过确定一个体形系数（f）来表达鱼类通过网目的难易程度，该值必定与鱼体断面与网目形状有关。通过试验，发现拖网网囊后部的网目（作为菱形）的长短轴比例约为 3：2，那么不同体形的鱼类的体形系数 f 如表 6-25 所示。

表 6-25　不同体形鱼类的体形系数

鱼的体形	f
极其扁平的鱼	0.80
扁平的鱼	0.78
标准体形的鱼	0.75
圆形的鱼	0.73

资料来源：王明彦等，1997。

由于鱼体的柔软性、形态和行为习性等的不同，鱼的选择率也是有差别的。将这些因素综合起来，可以使用 l 来表示逃逸难易系数。通常情况下，鱼类逃逸出网囊的难易系数可以通过同一鱼类或体形、生活习性类似鱼类的已知 $L_{0.5}$ 值代入式（6-117）求得。

在确定了上述因素后，就可以使用式（6-117）进行选择率估算：

$$L_{0.5} = (2f \cdot M_s - a) \cdot l / b \qquad (6\text{-}117)$$

式中，M_s——网目内径。

这一方法不仅可以在没有充足渔获数据的时候采用，在一些特定作业环境下，例如，鱼类体长都很小未能达到 50%选择体长的时候，也可以采用。

藤石昭生的几何法中影响拖网渔具网目选择性的因素很多，其中最为关键的是网目的大小和形状及鱼体大小和形状。藤石昭生认为，如果可以把拖网渔具的网目选择性看成是网目和鱼体的相互作用结果，那么拖网网囊网目的选择性曲线就可以通过几何图形法进行理论推算（孙仲之，2014）。

藤石昭生在青山的选择性研究基础上，通过对网囊网目形状和鱼体截面形状的分析，得出了不同网目形状下不同体形鱼类的理论选择性曲线。周耀杰等在前人的基础上，进行了深入探讨，并将这一理论运用于台湾海峡的底拖网网目选择性研究中（孙仲之，2014）。

藤石昭生首先假设：鱼体是刚性的；鱼体的横截面为椭圆，长轴为 a、离心率为 ξ；网目为刚性的菱形，目脚为 L（即 $P/4$，P 为网目周长），在一般作业条件下，菱形网目的较大角为 2θ（孙仲之，2014）。在上述假设条件下，将鱼体的截面和网目的形状用图 6-161 来表示，得出了鱼体被网目留存的上下限［鱼体被留存的上限是鱼体体高小于图 6-161（a）的情况，而留存的下限是鱼体的体高大于图 6-161（c）的情况］。在上下限之间，给定体高（H）的鱼体被目脚长 L 的网目留存的条件如下：

$$H / a \geqslant \sin 2\theta / [1 - \xi^2 \sin^2(\phi - \theta)]^{\frac{1}{2}} \qquad (6\text{-}118)$$

式中，$\pi / 4 \leqslant \theta \leqslant \pi / 2$；

ϕ——椭圆主轴和网目长对角线之间的夹角（$0 < \phi < \pi/2$）。

从上面的表达式中，可以清楚地看出选择的上下限，当鱼体的体高小于 $L\sin 2\theta$ 时，所有的鱼都通过了网目；当体高大于下值 $a\sin 2\theta / (1 - \xi^2 \sin^2 \theta)^{\frac{1}{2}}$ 时，所有的鱼都被网目留存于拖网网囊中。对于体高在这两者之间［即 $a\sin 2\theta < H < a\sin 2\theta / (1 - \xi^2 \sin^2 \theta)^{\frac{1}{2}}$］的鱼，它们能否通过网目取决于 ϕ。

藤石昭生认为鱼体截面的椭圆形能在菱形网目中自由旋转，并利用了旋转的角度比和网目移动时椭圆所覆盖的面积来进行残留率的研究。周耀杰利用体高比和面积比估算网目的留存率进行研究。最终得到了不同网目形状对不同体形的鱼体的理论选择性曲线如图 6-162 所示（孙仲之，2014）。

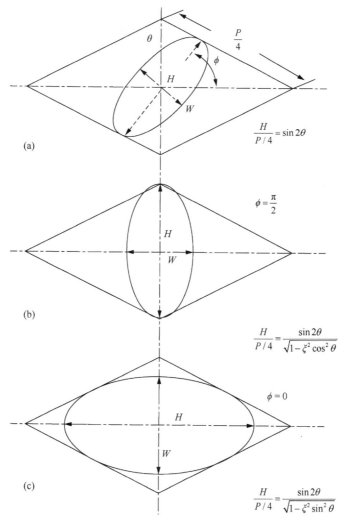

图 6-161　菱形网目和椭圆形鱼体的相互位置图

通过上面的理论推导和图 6-162，最终可以得出以下结论：

①选择性曲线的倾斜度主要由 ζ 决定，也就是说选择性的尖锐度要由鱼的体形而不是网目形状决定；

②网目 θ 角对 $\dfrac{H}{P/4}$ 有很大影响，但对选择性尖锐度影响不大；

③当 θ 角保持不变时，0%的残留率（选择率）点重合，但 100%残留率（选择率）随 ζ 的增大而增大；

④选择范围随 ζ、θ 的增大而增大。

但是，这种方法得出的选择性曲线广受批评，因为选择性曲线的形状并不是"S"形的。

随后，藤石昭生对网目形状进行了进一步的假设，认为网目网线应视为柔软的，并随着网目的增大，柔软性也逐渐增大，但在一定拖力下，网囊网目并不会柔软到与鱼体形状一致。假设鱼体通过网目时，网目的形状变成扁平的六边形（图 6-163），通过与菱形网目类似的方法进行分析，得到不同形状的网目对不同体形的鱼体的选择性曲线更接近实际的选择性曲线（孙仲之，2014）。

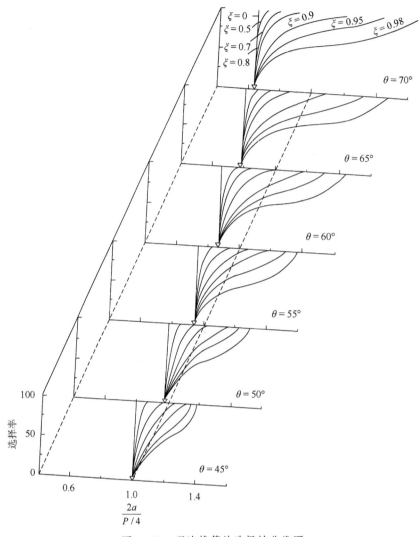

图 6-162　理论推算的选择性曲线图

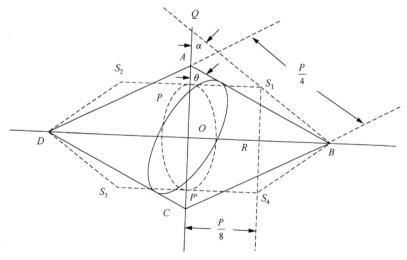

图 6-163　网目形状变成六边形时鱼体和网目位置的关系图

（二）利用鱼体截面积和网目形状适合度估算选择率的方法

梁振林等采用了上述的主要选择性曲线的方法，在试验中首先测量了体长与体周，并求出线型关系（孙仲之，2014）。根据这一关系式求出各对应体长的体周，然后使用网目内周长 P 对鱼体的体周长进行标准化，再将各鱼种的体周长变换成相对周长 R。在此基础上，根据藤石昭生和青山的理论，认为不同鱼种穿越网目的难易程度可以使用鱼体截面形状与网目形状的适合度来表示。所以不同的网目对不同鱼类的选择性可以通过鱼体截面和网目形状适合度来表示。如果以 50%选择体长的鱼体相对体周（即鱼体体周与网目的内径比值）作为选择性指标（即鱼类穿越网目的难易程度），那么 R_{50} 与鱼体截面形状和网目形状的适合度、鱼体截面长短轴比、菱形内切椭圆与菱形面积比来表示：

$$R_{50} = \frac{k\pi C_m C_f}{2(C_m^2 + C_f^2)} \qquad (6\text{-}119)$$

式中，C_f ——根据各种鱼类截面体高与体宽的比值；

C_m ——菱形网目的长短轴长；

k ——比例系数。

C_f、C_m 参见图 6-164，如下表示：

$$\begin{cases} C_f = a'/b', & a' > b' \\ C_f = b'/a', & a' < b' \end{cases}$$

$$C_m = a/b(a > b)$$

C_f 可以直接通过测量鱼体的体高和体宽进行计算，而参数 k 和 C_m 可以利用式（6-119）通过不同体形鱼类的体形系数和其 50%选择体长求得（梁振林等使用最小二乘法进行参数估算）。

从式（6-119）中可以看出，当鱼体体形与网目形状一致（即 $C_f = C_m$ 时），50%选择体长达到最大值 $k\pi/4$。这也说明，对于一些体形较高的鱼类，菱形网目的 50%选择体长要大于方形网目的 50%选择体长。

上面的这些方法都是设计鱼体和网目形状的关系，这些关系简化了选择性曲线。在大多数情况下，渔业状况要复杂得多，影响拖网网目选择性的因素也不仅仅局限于网目和鱼体的状况，鱼体体形和网目形状的实际情况往往不能被准确地测量出来，因此很多学者认为，今后必须进一步研究估算拖网网目的选择性。

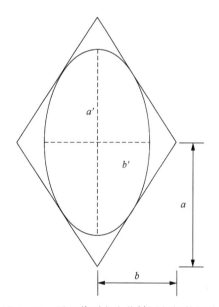

图 6-164　网目菱形与鱼体椭圆长短轴线的估算图

三、拖网渔具网囊最小网目的确定方法

在许多渔业中，为了克服生长型过度捕捞和补充型过度捕捞，会规定渔获物的最小上岸尺寸（有时亦称为最小合法尺寸）。确定拖网网具网囊最小网目尺寸和确定资源最小可捕体长是保护渔业资源的两个重要措施，这两个措施在本质上是一致的。对于渔业管理者来说，这两种控制兼捕的措施都

具有吸引力。在理论上，最小网目尺寸可以允许较小个体的鱼逃逸，但在实际中，仍存在着大量的小个体的鱼被捕获。

从早期的选择性研究中就发现，绝大多数的学者都是使用 50%选择体长作为渔业管理的考虑条件，这也是为什么我们以 50%选择体长作为主要选择性指标的原因。

如果鱼体的生长是按几何相似生长，也就是说，鱼体在生长过程中没有发生生体形的改变，那么在相同作业条件下，根据几何相似原理，不同大小的网目的 50%选择体长随着目大的增大而增大。国内外很多研究认为，这样增大是一种线性关系，即

$$L_{0.5} = a + b \times m \tag{6-120}$$

式中，a、b——系数；

m——网目大小。

可以看出，只要确定了合理的最小可捕体长，制定最小网目也就比较容易了。但是，如何确定最小可捕体长却是一项复杂的任务。渔业是一个生物学、生态学、经济学、社会学的平衡系统。有人认为确定最小可捕体长可以从两个角度来实施：一个从生物学的角度考虑，另一个是从经济学的角度考虑。

例如，对吕泗渔场桁杆拖网最小网目尺寸的研究。孙满昌（2004）使用套网法对吕泗渔场桁杆拖网捕虾作业进行了网囊网目的选择性研究，得到了不同试验网囊对主要的捕捞对象（哈氏仿对虾、葛氏长臂虾及脊尾白虾）的选择性指标，如表 6-26 所示。

表 6-26　不同捕捞对象的选择性指标

捕捞对象	网目大小/mm	$L_{0.25}$	$L_{0.5}$	$L_{0.75}$	$L_{0.25} \sim L_{0.75}$	$L_{0.1587}$	$L_{0.1587} \sim L_{0.5}$
哈氏仿对虾	35	59.511	72.732	85.95	26.44	52.72	20.01
	40	61.821	74.61	87.40	25.58	55.13	19.48
	45	63.991	81.429	98.87	34.88	54.95	26.48
葛氏长臂虾	35	60.641	70.424	80.21	19.57	55.72	14.70
	40	62.962	75.604	88.25	25.28	56.35	19.26
	45	63.316	79.448	95.58	32.26	55.03	24.42
脊尾白虾	35	79.337	88.372	97.41	18.07	74.44	13.93
	40	80.581	92.049	103.50	22.94	74.48	17.57
	45	86.424	97.173	107.90	21.50	81.01	16.16
三种虾类混合	35	61.841	77.81	93.78	31.94	53.41	24.40
	40	64.597	83.34	107.10	37.50	54.51	28.83
	45	67.949	89.28	110.60	42.66	56.35	32.93

资料来源：孙满昌，2004。

根据表 6-26 中网目大小与 50%选择体长的数据，可以通过线性回归得到它们之间的线性关系，如表 6-27 所示。

表 6-27　不同捕捞对象的 50%选择体长和网目大小的关系

捕捞对象	$L_{0.5} = a + b \times m$	相关系数 R^2
哈氏仿对虾	$L_{0.5} = 41.469 + 0.8697 \times m$	$R^2 = 0.9029$
葛氏长臂虾	$L_{0.5} = 39.063 + 0.9024 \times m$	$R^2 = 0.9927$
脊尾白虾	$L_{0.5} = 57.325 + 0.8801 \times m$	$R^2 = 0.9911$
三种虾类混合	$L_{0.5} = 37.597 + 1.1470 \times m$	$R^2 = 0.9996$

考虑桁杆拖网的网囊网目普遍小，江、浙、沪沿海一带一般都在 25 mm 以下，有的甚至低于 20 mm，这么小的网目对幼鱼资源破坏极大，幼虾也很难得到释放。

对于葛氏长臂虾而言，35 mm 网囊网目的 50%选择体长为 70 mm，因葛氏长臂虾为小型虾，尽管该次试验的夏季正为其性成熟期，但其在个体长度上仍和正处于产卵期的哈氏仿对虾相差无几，这也导致了 40 mm、45 mm 网囊网目的全部渔获物的选择率低于 50%。所以对于葛氏长臂虾为主要渔获物的葛氏长臂虾渔场，可适当降低网囊网目尺寸。

对于脊尾白虾，由于其个体相对较大，35 mm、40 mm 网囊网目的全部渔获物的选择率均高于 50%，45 mm 网囊网目的 50%选择体长为 95～100 mm，所以对于以脊尾白虾为主要渔获物的脊尾白虾渔场，可适当加大网囊网目尺寸。

第十三节　拖网渔具选择性装置

根据不同的拖网类型和不同的渔获物组成，拖网渔具的兼捕减少装置（bycatch reduction device，BRD）具有不同的结构特点和安装方法。这里着重介绍两种，一种是捕虾拖网中的选择性装置，另一种是捕鱼拖网中的选择性装置。运用选择性装置是为了减少经济鱼类幼鱼兼捕和部分濒危种类的兼捕。

一、捕虾拖网选择性装置

捕虾拖网的最大问题是兼捕大量的经济类幼鱼。虽然世界各地的许多拖网捕虾渔业有一些管理措施以限制兼捕的数量，但是因为捕虾拖网渔业的特点就是兼捕种类繁多而且数量时空差异很大，所以必须对此类作业加强管理。这种管理目前最为常用的仍然是对拖网结构的物理改变，采用 BRD，以改善渔具的选择性。目前绝大部分选择性装置的作业方法有下列两类：一类是利用生物行为特性的分离，通过目标种类和兼捕种类之间的行为差异来减少兼捕的装置，这类装置亦被称为被动式的选择性分离装置；另一类是物理的分离，通过目标种类和兼捕种类个体大小不同原理来减少兼捕的装置。

（一）利用虾类和鱼类行为差异分类兼捕种类的 BRD

鱼类和虾类对网具所产生刺激的行为反应完全不同。通常鱼类被移动的绳索和连接的网具所产生的视觉和触觉混合刺激后发现网具，立即做出回避反应。在此过程中，鱼类有可能逃离拖网的作业范围，也有可能被驱赶集中到拖网网口，由于鱼类具有向流性特点，因此进入拖网渔具的鱼类企图与拖网中的水流保持相对静止。经过一段时间后，鱼类开始产生疲劳反应，上浮并逐渐进入网囊。当鱼类在拖网后部聚集后，变得无方向性，导致游速加快和无规则逃逸。与鱼类相比，虾类等底层甲壳动物，对拖网的刺激所表现出来的行为反应是有限的，如拖网下纲的刺激，会使虾类收缩腹部，向垂直方向移动，而后游至海底。由于虾类不能使这种活动保持很长时间，因此快速移动的拖网产生的水流迫使虾类逐渐进入网囊。

（二）具有水平分隔网片的虾拖网

世界各国渔业工作研究人员，根据鱼类和虾类的行为差异，设计了各种兼捕减少装置（BRD），例如，有学者设计使用一水平网片将虾拖网分为两部分，用来从牙鲆中分离褐虾。这一设计的原理就是虾类受刺激后往垂直方向上弹跳，从而进入上面的网囊，而牙鲆则进入下面部分，并从下面部分逃逸，如图 6-165 所示。

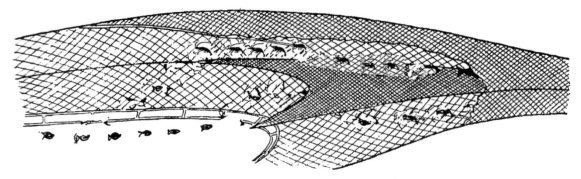

图 6-165　虾拖网渔具中分离鱼类的水平分隔网片示意图

（三）具有纵向分隔网片的虾拖网

我国台湾地区的捕虾渔业中也曾使用过类似的设计，例如，蒋国平等（1988）利用过滤网片将网具从翼端开始分为内、外两层，在拖曳过程中，网具中强大的水流经由网具两侧网目流出，由于虾类的游泳能力有限，受到刺激时会随水流穿过过滤网片而进入网具外层，而游泳能力较强的鱼类为了避免受过滤网片的刺激，不敢穿过网片，最终进入中间的网囊，如图 6-166 所示。

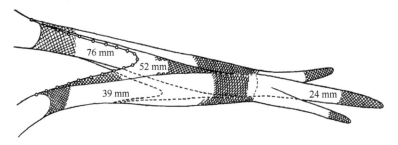

图 6-166　具有纵向分隔网片的虾拖网示意图

（四）具有鱼类分隔装置结构的虾拖网

20 世纪 80 年代后期，世界各国研究人员设计开发了一些安装在紧靠网囊前部的 BRD，用以引导水流和移动较慢的虾类进入网囊，而允许鱼类向前游动并穿越设置在特定位置的逃逸窗口逃出拖网。这些兼捕减少装置往往以导向漏斗和小网目网片为特征。其中一种装置被称为鱼类分隔装置（fish separator device，FSD），它由一个缝制于拖网内部的漏斗网所组成，并以一个反射栅结束，如图 6-167 所示。反射栅设计用以对鱼类产生视觉和触觉的刺激，使它们从侧面的辐射状逃逸出口中逃出拖网。FSD 能有效减少鱼类的兼捕，而对虾类渔获减少不明显，但有时会发生大个体目标鱼刺入漏斗网的情况。

前面讨论的所有 BRD 几乎都包含了在拖网结构上的物理改变，例如，使用各种导向的漏斗网，改变与之相连接的开口、网片和刚性栅栏等物理结构。而后，在北大西洋等地的渔业工作者对拖网网囊结构和网目形状改变进行了研究，发现在捕捞鳌虾的拖网网囊上安装方形网目网片可以有效地释放一些纺锤形鱼类（尤其是小牙鳕），而且目标种类鱼的渔获量没有明显减少。由于使用合理设计的方形网目网片以改善拖网选择性的试验成功，世界许多虾拖网渔业应运而生，这种设计的使用一方面是因为它在捕鱼拖网中的成功运用，另一方面是因为方形网目网片在结构、操作及法规实施中都相对简单。Thorsteinsson 发现全部由方形网目制成的网囊可以有效减少小虾兼捕（渔获的 10%～20%）（孙仲之，2014）。为此有些国家管理部门在捕虾渔业中规定强制使用方形网目网囊。

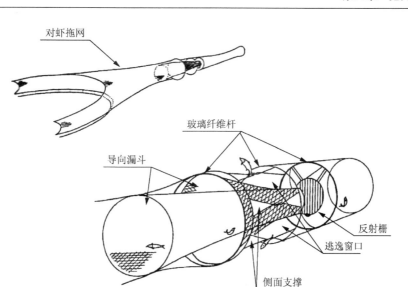

图 6-167　FSD 结构的虾拖网示意图

　　美国东南沿海的捕虾拖网渔业中大量使用了根据不同种类个体尺寸差异而开发的选择性装置。在此渔业中，为了减少海龟兼捕和死亡，从 20 世纪 80 年代后期开始强制使用此类的 BRD。这类 BRD 主要分为两种：一种是由网目尺寸大于虾类大小的网片制成的软拖网效率装置（trawl efficiency device，TED）；另一种是使用刚性栅栏制成的 BRD。Morrison 软 TED 是为了在拖网渔业中分离大型生物而设计的，如图 6-168 所示。这一装置中的分隔网片网目一般较大（为 150～203 mm），一端连接在下纲后面的网身腹网衣上，并沿网身向上倾斜装配至网囊前沿，并在最后以一开口较大的逃逸出口作为结束，如图 6-168 所示。个体大于网目大小的生物被一直引导至逃逸出口，释放出拖网，而小个体生物则通过这一网片进入网囊，Kendail 最早在美国佛罗里达沿海试验了这一设计并得出结论：虽然它在减少海龟和其他大个体生物兼捕方面非常有效，但它难于安装，并且有时网目会堵塞，造成虾类渔获率下降（孙满昌，2004）。

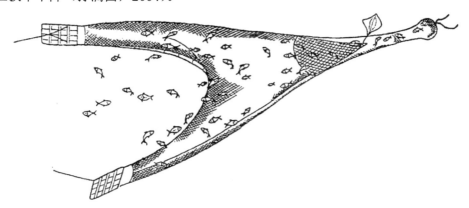

图 6-168　Morrison 软 TED 结构的虾拖网示意图

　　相比此类软 TED，由刚性栅栏所组成的 BRD 在减少大个体兼捕并保留目标虾类渔获方面更为有效。在墨西哥湾捕虾渔业和澳大利亚北部捕虾渔业中，最为成功的一种设计称为"倾斜的具有底部开口的栅栏"，其结构如图 6-169 所示。根据这种装置能有效地减少海龟兼捕而对虾类渔获影响较小。虽然很多其他类型的 BRD 能有效减少海龟兼捕（还可以减少大个体鱼类兼捕），但因为它们的相关成本较高，以及对渔具性能和操作方面的不利影响和目标虾类损失，这类装置没有被广泛使用。

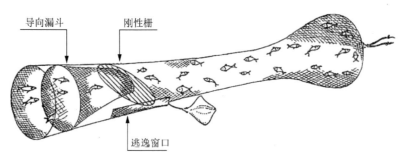

图 6-169　倾斜的具有底部开口的栅栏装置的虾拖网部分结构示意图

二、捕鱼拖网选择性装置

捕鱼拖网包括中层鱼类拖网和底层鱼类拖网，由于中层拖网是以捕捞集群鱼类为主的捕捞目标，因此具有高度的选择性，目前对该类拖网的选择性装置研究较少。而底层鱼类拖网，近似于捕虾拖网，能捕获很多兼捕种类，特别是经济鱼类的幼鱼。同虾拖网的 BRD 一样，此类拖网的兼捕减少装置也是通过两种分隔原理进行设计的：兼捕种类和目标种类的行为差异及它们之间的个体、体形差异。

（一）利用虾类和鱼类行为差异分离兼捕种类的 BRD

利用种类行为差异设计 BRD，其中由方形网目网片制成的逃逸窗口是最主要的一种，最早的试验出现在 20 世纪初，但是因为试验效果不明显没有引起足够的重视，到 80 年代重新开始设计这样的网囊，90 年代后使用更为广泛。由于方形网目能有效降低一些兼捕种类的渔获量，因此在很多地区方形网目已经成为一种强制使用的 BRD。例如，从 1985 年开始，105 mm 的丹麦式和瑞典式的逃逸窗口设计，如图 6-170［（a）为丹麦式的底部开口设计，（b）为瑞典式的侧部开口设计］被准许作为波罗的海中法定拖网的网囊而取代传统的网囊，并被国际波罗的海渔业协会应用于整个波罗的海海域，并允许以这一设计取代网囊网目从 105 mm 增加到 120 mm 的规定。

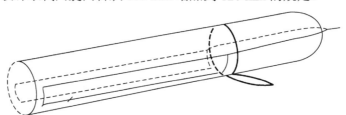

(a) 丹麦式的底部开口的拖网网囊逃逸窗口

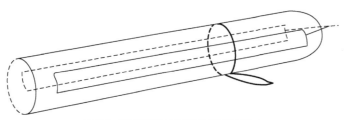

(b) 瑞典式的侧部开口的拖网网囊逃逸窗口

图 6-170　丹麦式和瑞典式的逃逸窗口示意图

Madsen 试图利用黑色网片取代绿色网片（影响鱼类的逃逸行为）作为网囊材料来改善方形网目逃逸出口的性能，如图 6-171 所示。但是这种改变并没有取得显著效果。Madsen 认为传统的方形网目逃逸窗口在释放兼捕鱼类时并没有达到最优。因此又开展了四种逃逸窗口的试验，分别如图 6-170 中的丹麦式和瑞典式逃逸窗口，以及图 6-172 中的两种逃逸窗口。他使用加环的套网法对上述网囊进行了选择性分析，结果显示，在顶部设计 105 mm 方形网目网片的网囊的 50%选择体长较标准网囊大，且在相同条件下选择性能更好（孙满昌，2004）。

不同鱼类的行为差异原理在底拖网中也得到运用。早期的一些学者就鱼类对拖网的行为差异做了详细描述，特别是对黑线鳕、大西洋鳕和绿青鳕之间的行为差异等信息，成为后来根据鱼类行为差异而设计拖网兼捕减少装置的基础。Main 和 Sangster 测试了使用分隔网片分成三层的拖网来确定进入不同层网囊的鱼类。他发现大部分的大西洋鳕进入了拖网较低层，而主要的黑线鳕在网口部向上游泳进入拖网的最高层。在巴伦支海的双层拖网的试验结果也证实了上述的结论（孙满昌，2004）。

近年来在巴伦支海的挪威底层多鱼种渔业中，渔民在执行配额管理捕捞时，常受兼捕问题的困扰。Engas 等使用目脚长度为 150 mm 的水平方形网目网片将拖网分为上下两层（孙满昌，2004）。因为各种类鱼的行为有所不同，一些鱼类进入上层的网囊，也有一些进入下层网囊。这一设计的基本结构及集中鳕鱼在不同网囊中的分布如图 6-173 所示。

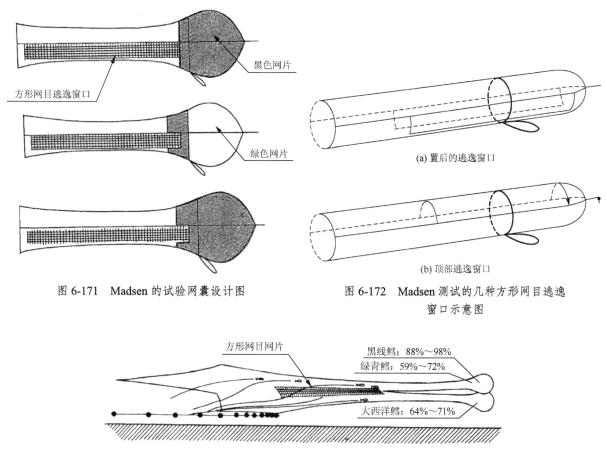

图 6-171　Madsen 的试验网囊设计图

图 6-172　Madsen 测试的几种方形网目逃逸窗口示意图

图 6-173　巴伦支海拖网使用水平方形网目网片将拖网分为上下两层结构的示意图

（二）通过个体尺寸差异分类兼捕种类的 BRD

柔性网片所制成的 BRD 都存在着可能被渔获物及其他杂质堵塞而影响拖网及 BRD 性能的潜在问题，因此许多学者在底层鱼类拖网中试验了刚性的栅栏系统作为释放、分离兼捕的装置。为了减少兼捕幼鱼的渔获率，Larsen 研究了一种被称为 "Sorr-X" 的硬 BRD，通过水下观察发现，当鱼类入网后大的鱼碰到栅格时，被迫沿着拖曳方向游动数秒钟后向下进入网囊，而小个体的鱼则通过栅格出逃（孙满昌，2004）。从 1997 年开始，Sorr-X 已在巴伦支海海域所有的底拖网中强制使用。这类 BRD 的另一种典型设计是 Sorr-V，如图 6-174 所示。

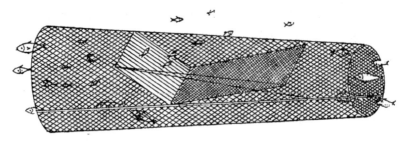

图 6-174　鱼类底拖网中 Sorr-V 硬分隔装置图

在纳米比亚南非鮟鱇和南非鳕的渔业中，存在大量的鮟鱇幼鱼被兼捕，Maartens 等对这一问题进行了研究，设计了两种硬 BRD（Sort-V 和 EX-it，其结构和栅栏规格如图 6-175 和图 6-176 所示）来分离幼鱼避免其被兼捕。这两种 BRD 的特点就是栅格不是由传统的栅条组成，而是使用圆环开口（上两图的下、右半部分）制成的格板作为栅格，并得到可喜的效果（孙满昌，2004）。

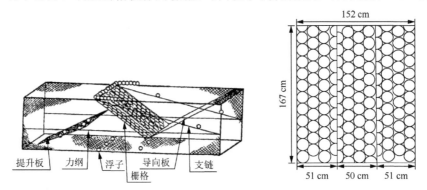

图 6-175　Maartens 等试验的 Sort-V 鱼类分隔装置结构图

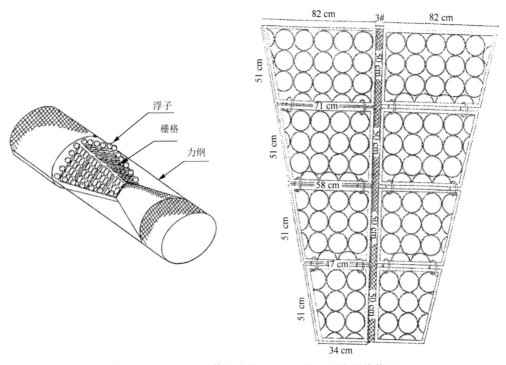

图 6-176　Maartens 等试验的 EX-it 鱼类分隔装置结构图

第十四节　光诱拖网技术

光诱拖网是通过设置在渔船前甲板的一组电灯光，诱集趋光鱼群汇集于船首前方，再通过渔船拖曳安装在渔船两侧的框架单囊网具，采用恰当的时机和拖速将聚集在光照区的趋光鱼群驱集入网内，从而将趋光鱼群捕获的一种技术。该技术起源于 2012 年阳江市闸坡镇，经广东海洋大学科技人员等改进成型。

利用灯光诱集趋光鱼群进行捕捞是一种普遍的捕捞技术，目前已在光诱围网、罩网、敷网、陷阱和光诱鱿鱼钓等渔法中成功应用。光诱拖网是将光诱技术和拖网技术有机结合的一种捕捞技术，机动灵活，安装、操作简单快捷，能适应多种渔船兼作轮作，设备成本低，能耗低，产量高，配员少，渔获物鲜度高。由于优点突出，在广东、广西、海南三省（区）得到迅速推广。光诱拖网除有较多的专业渔船外，尚有部分双拖、刺网、围网和杂渔具等多种渔船用作兼作轮作设备。

一、光诱拖网结构

采用光诱拖网技术作业渔船的捕捞系统如图 6-177 所示。

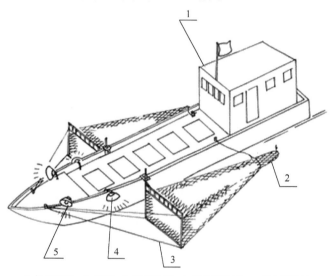

1. 机动渔船；2. 网囊；3. 网具拉绳；4. 侧向诱鱼灯；5. 前向诱鱼灯

图 6-177　光诱拖网作业示意图

（一）渔船

光诱拖网作业对渔船要求不高，适应范围较广，有机动能力和发电设备的渔船都可以从事光诱拖网作业。专业渔船一般为 40～200 kW 的玻璃钢壳渔船，小型围网渔船经改造成为专业或兼作渔船，双拖渔船也有部分附带光诱拖网设备用于夜晚兼作，光诱拖网也是杂渔具渔船兼作轮作必备渔具。作业时用员很少，3 人操作即可，一人驾驶，二人专管起卸渔获物。

（二）光诱设备

光诱设备主要为前向诱鱼灯和侧向诱鱼灯两组灯具。前向诱鱼灯组为 2～8 只 1 kW 的射灯组合在一起，照射渔船前进方向水域，照射角度可按渔获物种类和船速调节。侧向诱鱼灯的作用是将鱼诱集至网口，每侧各采用 1 只 1 kW 的射灯。因拖速快，侧向诱鱼灯作用有限，有的船已不用侧向诱鱼灯。光诱设备的作用是诱集和引导趋光鱼类聚集于船首并进入网具前方有效捕捞位置。

（三）网具拉绳

网具拉绳是与连接铰链一起固定网口框架的绳索，渔船每侧用三根，一般为直径 12~18 mm 的维纶绳。一端系于船首，另一端分别与网口框架的三个耳环连接。利用长度调节使网口正对前方（图 6-177）。

（四）网口框架

网口框架是固定网口位置和确保网口张开的重要设备，一般用钢管制成长方形框架（图 6-178），外表涂防锈油漆。

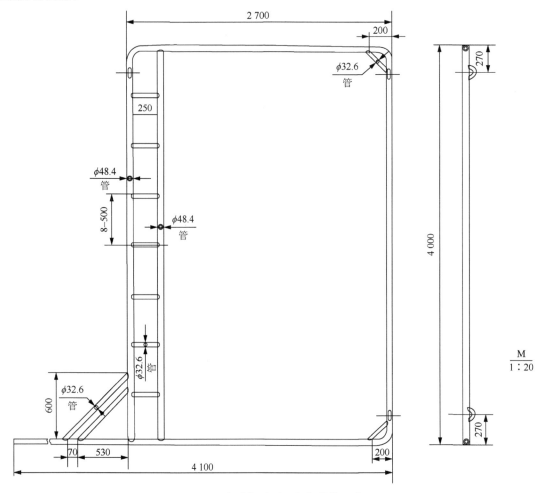

图 6-178　光诱拖网网口框架结构示意图

网口框架的材料可根据强度需要加粗，长高比可自定，一般接近 2∶1 的居多。每顶网的网口面积依船的拖力和作业拖速而定，约为 4~18 m² 不等。

（五）网具

所用网具为表层框架拖网，采用锦纶单丝双死结机织网衣，网线直径为 0.3～0.6 mm，网目尺寸为 20～80 mm。网目尺寸和网线粗度采用从前往后逐步减少的设计理念。网囊采用乙纶捻线单死结机织网衣，网目尺寸为 20～30 mm。有的网具设有缘网衣。缘网衣一般采用乙纶捻线单死结机织网衣，网目尺寸约为 50～80 mm。网衣展开图见图 6-179。

光诱拖网（广东 阳江）
21.60 m×27.20 m（12.52 m）

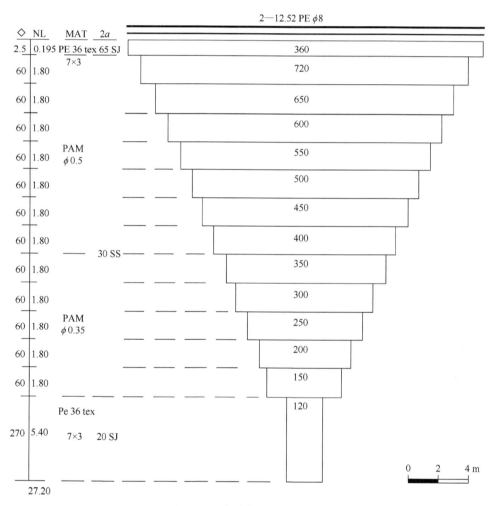

图 6-179 光诱拖网网衣展开图

网口装配有网口纲，由缘纲和网口主纲组成。网口纲净长与框架内侧周长等长，一般用直径为 6～8 mm 的乙纶绳制作。网具装配图见图 6-180。

网囊底部置有囊底扎绳 1 条，一般用直径为 6～8 mm 乙纶绳制作。网囊前端外侧均匀安装 4～8 只不锈钢圈。钢圈外径 40～80 mm，线径 3～6 mm。钢圈内穿网囊束绳 1 条，引出端固定于船甲板上，用作起卸渔获物。网囊束绳采用直径为 12～18 mm 的乙纶绳制作。

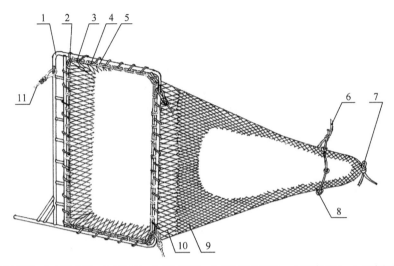

1. 网口框架；2. 网口扎绳；3. 网口纲；4. 网口缘纲；5. 网口纲扎档绳；6. 网囊束绳；7. 网囊扎绳；
8. 网囊收口环；9. 主网衣；10. 缘网衣；11. 网具拉绳

图 6-180　光诱拖网网具装配图

（六）连接铰链

连接铰链是指通过螺钉安装在渔船中部两侧舷的可三维旋转和具有高强度的金属构件，可以安装固定网口框架和调节网口框架水深，非作业时间可通过旋转栓把网口框架和网具调离水体并收拢于甲板上方，见图 6-181。

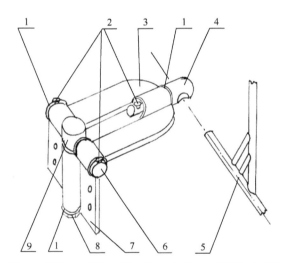

1. 垫圈；2. 螺钉；3. 转板；4. 转栓；5. 网口架；6. 转轴；7. 固定板；8. 螺母；9. 连接栓

图 6-181　固定网口框架连接铰链

二、光诱拖网捕捞技术

利用非月光夜，渔船到达渔场后，将网口框架插进连接铰链固定，利用连接铰链的三维旋转功能，将框架和网具旋转至船舷外侧，调节网具的适当作业水深，调整拉绳的长度，使网口框架平面正对船首前进方向。拉绳的一端系牢于船首系缆桩上。网囊扎绳封闭网囊卸鱼口后，将网囊抛下水，系好网囊束绳，开始顺风慢速航行，边航行边光诱。发现船首方有鱼群起水游戏，渔船立即加速冲向鱼群。确认有鱼群入网，立即吊起网囊卸下渔获物，快速封闭网囊卸鱼口，将网囊丢下水。反复多次，直至将该诱集鱼群基本捕完，渔船再恢复慢速航行光诱状态。

渔船拖曳速度快慢取决于渔获物种类。如遇小公鱼、鰛（俗称金钱花）、斑鰶（俗称黄鱼）、梅童鱼（俗称黄皮头）、小沙丁鱼、棱鯷、凤鲚等游速较慢的鱼类，拖速 3～4 kn 较适宜。如遇颌针鱼、鲔、鲻、羽鳃鲐等游速较快鱼类，船速必须加快到 5～6 kn 才能有效。

如遇"漏网"鱼群较多，可选择返回慢速航行诱集"漏网"鱼群，再次实施拖捕作业。

习　　题

1. 试写出某省、市、区海洋渔具的图集或报告中各种拖网的渔具分类名称及渔具分类代号。

提示：式的区分，单船或双船，可根据作业示意图或主机功率的标注中来辨别。作业水层可从渔具名称或作业示意图中来辨别。型的区分，可根据网衣展开图或作业示意图来辨别。

2. 试区分《中国图集》78～116 号拖网的结构类型。

结构类型		网号
无翼拖网	兜状式	
	圆筒式	
	二片式	
有翼拖网	圆筒式	
	二片式	
	四片式	
	多片式	

3. 试列出《中国图集》82 号拖网网衣部分的构件名称及其数量。

4. 试列出《中国图集》92 号拖网网衣部分的构件名称及其数量。

5. 试列出《中国图集》82 号拖网纲索和属具部分的构件名称及其数量。

提示：属具尚有止进铁、止进环、网板连接钩、网板连接环。

6. 试列出《中国图集》87 号拖网纲索和属具部分的构件名称及其数量。

提示：纲索尚有上网口小段绳索、下网口小段绳索、纵向网囊力纲、横向网囊力纲。属具尚有吊链、铁环（142＋6）Fe RIN，135 g、铁链沉子、钢丝绳夹 43Fe，Y7-22 型，1.10 kg。

7. 试写出《中国图集》82 号拖网 V 形网板的主要设计参数翼展 L_b、翼弦 b_b、面积 S 和展强比 λ_b。

提示：$S = I_b b_b - [(2R)^2 - \pi R^2]\cos 16°$。$S$ 和 λ_b 值均取 2 位小数。

8. 试列出中国图集中哪几号拖网各分别采用哪一种网板？

网板别	网号

9. 试分别列出计算《中国图集》78 号、79 号、80 号拖网的网口周长。

10. 试分别写出《中国图集》78 号、89 号拖网网图各包括哪几种图？

提示：要详细指明哪个图面的什么部位的图叫什么图。78 号网尚有浮子方装配图、沉子方装配图、囊底装配图（不完整）。89 号网尚有网身力纲、囊底纲、网囊抽口绳连接装配图（⑥图）。

11. 试核算《中国图集》82 号拖网上翼前段、上翼后段、网身一段上片和网侧二段的网宽目数。

提示：网身一段上片和网侧二段的小头目数包括了钝角处的单脚半目，故在计算小头目数时，应少减一个单脚。

12. 试核算《中国图集》79 号拖网网图（一）。

提示：上翼前段 1N6B 边开剪为 1N6B，收剪为 1B；1T4B 边开剪为 1 N，收剪为 1T3B。上翼后段 1N6B 边开剪为 1N4B，收剪为 1N1B。盖网衣两剪边开剪为 1N2B，收剪为 1B。上口门两端转角处要求缝合成 3B。

解：

（1）核对拖网两侧边斜度（略）。

（2）核对各段网衣网长目数。

（3）核对各段网衣网宽目数（只要求核对至上翼端三角小头为止，要求画出三处的缝合示意图）。

（4）核对上翼前段大小头目数。

上翼前段与上翼后段是一目对一目编缝的。缝合处两端边应形成 1N6B 和 3B，如图 6-89 所示。在网图中，上翼后段小头目数原为 58 目，除去全单边绕缝 1 目后剩下 57 目应与上翼前段大头的 56 目缝合。因上翼前段大头锐角处的开剪组为 1N，扎边时会扎去 2 目，故上翼前段大头目数应为

$$56 + 2 = 58目$$

13. 试核算《中国图集》79 号拖网网图（二）。

解：

（3）核对各段网衣网宽目数。

（8）核对下袖端三角大小头目数（要求画出缝合简图）。

······

（15）核对囊网衣网周目数。

注：在网宽核对中，后段网宽比前段网宽取小不超过 2 目或取大不超过 4 目，否则是不合理的。本题只要求说明合理与否，不要求修改，故只需对不合理之处加以说明即可。

14. 试核对《中国图集》82 号拖网各部分网衣的配纲和滚轮的配布。

注：盖网衣和上口门目数应改为 144（28），下网缘后段配纲。长为 2.10 m。圆柱形铅沉子的规格为 $\phi66 \times 55\ d30$，圆柱形铁沉子规格为 $\phi66 \times 50\ d30$。沉纲穿滚轮和沉子后两端端距不得小于 0.35 m。

解：

1）核对各部分网衣的配纲

（1）验算配纲系数。

①上口门

②上翼后段

③上翼前段

④上翼端三角

⑤下口门

⑥下网缘后段

⑦下网缘前段和下袖端三角

⑧翼端纲

（2）核对浮纲长度。

（3）核对沉纲总长度。

（4）核对袖端纲长度。

2）核对滚轮的配布

（1）核对中沉纲的滚轮配布。

假设大、小滚轮和铅沉子的个数是正确的，则中沉纲两端端距长为（若端距长小于 0.35 m 或大于 0.35 m 而大得多时，应提出修改方案）。

（2）核对袖沉纲的滚轮配布。

15. 试列出《中国图集》79 号拖网的网衣材料表。

注：盖网衣 3：4 边开剪为 1N2B，收剪为 1B（即为 1N7B）。按此剪裁排列剪裁后，另一剪边开剪时 1N6B，收剪 1N6B，收剪 1N3B，于是要进行修剪，剪成开剪 1N2B 和收剪为 1B。修剪时要破坏网宽宽 1 目，故计算网片用量，此盖网衣的 3：4 边每剪裁一次和修剪一次共计破坏 2 目。

16. 试绘制《中国图集》82 号拖网上袖前段、上袖后段、网身一段上片和网身二段的剪裁计划。

提示：可将斜梯形网衣网宽目数去掉 0.5 目和正梯形网衣小头去掉 1 目后用书本方法做习题。也允许将剪裁破坏目数改为半目而按网图数字做习题。

17. 试计算《中国图集》80 号拖网的网身一段和网身二段的上片之间，网身一段的疏底、网侧与网身二段下片之间的缝合比。

提示：网身一段和网身二段的缝合端边应保持与网身一段相同的剪裁循环。

18. 试将《中国图集》79 号拖网做最小的修改，使其网盖和网翼部分的网衣既能对称剪裁，又能对称连接。应保持网衣的配纲系数不变。并将计算修改的结果画出简图表示。

解：将上翼前段、上翼后段和网盖的网长目数分别改为 27.5 目、11.5 目和 27.5 目。

（1）计算网口三角大头目数（网口三角小头保持 3 目不变）。

（2）计算上口门目数（需配合绘制上网口三角、上翼后段与盖网衣的缝合简图，其上翼后段大头目数 61 保持不变，上网口三角大头与盖网衣大头的缝合端边 3B 不变）。

（3）计算下口门目数（需配合绘制下网口三角与疏底的缝合简图）。

（4）计算下翼小头目数（下翼大头目数保持不变）。

（5）计算上口门配纲。

（6）计算上网口三角配纲。

（7）计算上翼前段配纲。

（8）计算浮纲总长度。

（9）计算下网口三角配缘纲长度（原下网口三角配缘纲长 3.80 m）。

（10）计算下网缘和下翼端三角配缘纲长度。

（11）计算翼缘纲长度。

（12）计算下口门配纲（原下口门配纲长 3 m）。

（13）若中沉纲保持不变，计算翼沉纲长度（修改后翼沉纲长度应等于下口门配纲与两条翼缘纲长度之和减去中沉纲长度后，除以 2 再减去 0.1 m）。

19. 有某渔业公司某单拖渔船，作业时测得两曳绳离船尾曳绳滑轮 1 m 处的距离为 7.16 m，船宽与船尾两曳绳滑轮的距离同为 7 m，已知松放曳绳长 500 m。求两网板扩张距离。

20. 某海洋渔业公司 441 kW 双船拖网在渔船主机转数为 320 r/min（为额定转数的 80%）的情况下，测得相对拖速为 3.40 kn，单根曳绳张力为 44.62 kN，曳绳倾角为 6°。试求该拖网的阻力、每艘渔船的拖曳功率、其拖曳功率与主机额定功率的比值和此渔船的系柱拖力。

21. 某水产公司 441 kW 单船拖网在主机转数为 320 r/min（为额定转数的 80%）的情况下，测得相对拖速为 4.25 kn，单根曳绳张力为 21.57 kN，曳绳倾角 13°。试求该拖网的阻力、渔船的拖曳功率、其拖曳功率与主机额定功率的比值和此渔船的系柱拖力。

22. 试分别求出《中国图集》79 号和 87 号拖网的网大系数。

23. 已知 68.80 m×56.24 m（31.20 m）拖网（《中国图集》79 号网）的拖速为 3.8 kn，北海海洋渔业公司（简称北渔）441 kW 单拖渔轮使用 80.80 m×60.54 m（37.70 m）拖网，其网线面积系数的权平均值为 0.0368。试求此北渔 80.80 m 拖网的拖速。

24. 如以 68.80 m×56.24 m（31.20 m）拖网（《中国图集》79 号网）为母型网，其网口线粗目大为 36 tex13×3—160。现为同一主机功率的渔船设计同拖速的疏目大网，若其网口线粗大取为 20×3—240，试求其网周长可放大多少倍。

25. 试计算《中国图集》79 号网的各主尺度系数和网囊的长宽尺度，并简单说明其各数值在国营单拖的使用范围内是适中的或是稍大、较大、偏大还是稍小、较小、偏小。

提示：国营单拖的网衣长周比使用范围为 69%～82%。

$$(69+82) \div 2 = 75.5$$
$$(82-69) \div 5 = 2.6$$

<69.0 偏小	71.6−2.6 69.0～71.6 较小	74.2−2.6 71.6～74.2 稍小	$\left(75.5 - \dfrac{2.6}{2}\right) \times \left(75.5 + \dfrac{2.6}{2}\right)$ 适中	76.8+2.6 76.8～79.4 稍大	79.4+2.6 79.4～82.0 较大	>82.0 偏大

主尺度系数的百分数值和网囊的长宽尺度均取两位小数。

26. 在《中国图集》中，有哪几号拖网是分别属于尾拖型、改进尾拖型、疏目型、改进疏目型、南海编结型网具？

提示：改进尾拖型网具是在尾拖型网具基础上增设翼端三角、疏翼和疏底网衣。拖缯型网具为圆筒式编结网，兼有囊围网和尾拖型网具的特征，即网身有一个较大的"网膛"，上、下配纲边缘一般为三段式配纲结构。但在《中国图集》中，有的只增设类似上网口三角设置，形成七段式浮纲结构；有的增设翼端三角，还增设了类似网口三角设置，形成了五段式的浮缘纲结构。

27. 母型网为《中国图集》79 号拖网。拖速为 3.8 kn，现拟设计 294 kW 渔船拖曳的单拖网，设计拖速拟为 3.5 kn。若设计网与母型网的网型、网线面积系数和网口目大均取为相同：

（1）试求设计网的网口周长。

（2）若设计网衣各部分的主尺度系数与母型网相同，试求设计网衣各部分的长度（L_{x2}、L_{g2} 和 L_{sh2}）。

（3）若设计网各段的分段比例、目大及剪截斜率与母型网相同，试求设计网各段的网长目数（每段均要按比例缩小，并要求各段网目数均取为衣外侧边剪截循环纵目的整倍数，即包括了缝合的半目）。

注：计算各段的网长目数时，母型网的网长目数也应包括缝合的半目。

28. 疏翼或下网缘的网衣相对强力应比下翼的大些，疏底或粗底的网衣相对强力应比网侧、网身一段上片的大些，这才是合理的。根据上述原则，试核算《中国图集》80 号拖网的疏翼和下翼之间，疏底和网侧之间的线粗配布是否合理。

如果不合理，应改变哪几部分的线粗？请按与《中国图集》79 号网的下翼同强力来确定改变后的线粗。

29. 试核算《中国图集》92 号拖网的网衣展开图。

解：

（1）核对各段网衣的网衣目数（略）。

（2）核对各段网衣的编结符号。

①网盖与网盖下翼之间有 2 道纵向增目道，其每道增目周期应为

$$M \div (j \div 2) =$$

核算结果……

②网翼网衣

网翼中间有一道纵向增目道，其增目……

（3）核对各段网衣的网宽目数。

①核对网口目数

假设网筒前缘的起头目数是正确的，则网口周长应为

……

核算结果与主尺度的数字相符，则证明网盖小头、粗底网宽和网盖下翼大头的起编目数均无误。

②网盖

网盖小头由 190 目起编，网盖和网盖下翼之间有 2 道 4.5(4r + 2)增目，则其大头目数应为

$$N_1 = N_2 + n \cdot Z \cdot \frac{t}{2} =$$

假设网翼背部大头起编目数 36.5 目是正确的，则上网口网缘宽度目数应为

$$N_1 - 36.5 \times 2 =$$

核算结果与网图数字……

又假设上翼网缘后段大头起编目数 43 目和上口门目数 40 目是正确的，则上网口网缘宽度目数应为

……

核算结果也与网图数字不符，但两种核算结果均为…目，故网图标注是错的，应改为…目。

③网盖下翼

网盖下翼由 41 目起编，一边以 4.5(4r + 2)增目，另上边以(2r–1)减目，编长 9 目，则小头目数应为

$$N_2 = N_1 + n' \cdot z' \cdot \frac{t}{2} - n'' \cdot Z'' =$$

经核对……

④网翼背部或腹部

网翼背部或腹部大头由 36.5 目起编，一边为 21(4r + 2)增目，另一边以(2r–1)减目，编长 42 目，则小头目数应边……

⑤上翼网缘后段网衣

上翼网缘后段大头由 43 目起编，一边以 21(4r–3)、9(2r–2)减目，另一边以(2r + 1)增目，则小头目数应为

$$43 - \sum T - 1 =$$

⑥上翼网缘前段网衣

上翼网缘前段后头由上翼网缘后段小头的配网边留出 1 个空宕眼后的 4 目起编，其一边沿着网翼背部边缘以(2r + 1)增目，另一边以(2r–1)减目，即编成 4 目宽的平行四边形网衣。

⑦下翼网缘后段网衣

假设下口门 40 目是正确的，则下翼网缘后段大头起编目数均应为……。经核对……，证明上述假设……

已知下翼网缘后段由 34 目起编，一边为 15(2r–3)减目，另一边以(2r + 1)增目，则小头目数应为

……

⑧下翼网缘前段网衣（与"上翼网缘前段网衣"的写法相类似）

⑨翼端三角网衣

网翼背部或腹部小头目数和网翼前段大头目数之和为

$$15.5 + 4 = 19.5(目)$$

翼端三角的起编目数为 19 目，这是可以的。翼端三角大头由 19 目起编，两边为$(2r-1)$减目，编长 8 目，则小头目数为

$$19 - n \cdot Z \times 2 =$$

经核对……

⑩粗底二段网衣

网身二筒的背部和腹部应等宽，假设二筒背部 180 目和二筒腹部两侧网宽 36 目是正确的，则粗底二段网宽为

……

经核算……，证明上述假设是……。

30. 为了满足对称连接要求，试问《中国图集》79 号拖网的网口前各段网衣应如何进行剪裁？试写出各段网衣的剪裁排列（即写出各段网衣的开剪组、续剪的剪裁循环及其组数、终剪组）

提示：要求上翼前段 1N6B 边开剪组为 1N6B。

31. 若《中国图集》87 号拖网的横向缩结系数，上口门取为 0.49，下口门取为 0.40，网衣伸缩系数为 0.92，上翼配纲边缘的斜边缩结系数可按上口门的横向缩结系数从斜边缩结系数表中查出，浮、沉纲均采用 3 段，试分别求出此网浮、沉纲的各段长度。

提示：中浮纲和翼浮纲之间的连接卸扣可根据浮纲钢丝直径$\phi 18$ 查得应使用 CD3.5 型号卸扣，每一个 CD3.5 型号卸扣连接后连接处的增长为（$H_1 - \dfrac{d_1}{2} - 2\phi$），其增长可从上翼后段口门配纲中扣除。中沉纲和翼沉纲之间用两个卸扣连接，可根据沉纲钢丝直径$\phi 21.5$ 查得应使用 CD4.5 型号卸扣，其 H_1 为 120 mm，d_1 为 36 mm。两个卸扣连接的增长可从下口门配纲和网盖下翼配纲中各减去一半。

32. 试按《中国图集》80 号网图配置如下纲索：

（1）若改用两条网腹力纲，其后端要装到网囊底，要求力网长度与装置部位网衣等长，并应增长 2 m 左右备用。试求网腹力纲长度（取为 0.5 m 的整倍数）。

（2）网囊束绳长取为网囊周长的 0.67 倍，试求网囊束绳长度（取为整数，单位为 cm）。

（3）囊底长取为网囊周长的 0.45 倍，试求囊底纲长度（取为整数，单位为 cm）。

（4）网囊抽口绳长取为囊底纲长度的 2.5 倍，试求网囊抽口绳长度（取为整数，单位为 cm）。

（5）若取上翼纲加空纲长周比为 42% 左右，试求空纲长度（取为整数，单位为 cm）。

（6）网囊束绳装置在离囊底 5 m 处，引纲前端拟连接在距叉纲前端 0.5 m 处单纲上（叉纲长度仍取为 3 m）。若取引纲长度为装置部位长的 1.2 倍左右，试求引纲长度（取为整数，单位为 cm）。

提示：（6）计算引纲长度时，空纲长度应按（5）的计算后所取的长度。

33. 试求《中国图集》92 号和 93 号拖网的翼纲差比。

提示：在计算 93 号网的下翼配纲长度时，应注意网翼和网盖的网长目数应加上缝合的半目。

34. 试求《中国图集》87 号拖网的单位浮力、单位沉力及其浮沉比。

提示：沉纲上还采用铁制 YZ-22 型钢丝绳夹，每个重 1.10 kg，中沉纲上的吊链是用钢丝绳夹钳夹在中沉纲的钢丝绳上，此外每段翼沉纲尚需用 9 个同规格的钢丝绳来固定滚轮的间隔。

35. 148.80×94.97 m（46.40 m）拖网（闽图 85 号网）的渔船主机额定功率为 441 kW×2，拖速为 3.2 kn，单位沉力为 2.49 N/kW，浮沉比为 1.61。试用动力相似原理给《中国图集》90 号拖网配备浮沉力，其拖速为 3.0 kn。浮子拟采用 PL $\phi 280$—98.07 N 球体浮子。采用滚轮（RUB $\phi 130 \times 150\ d25$，3.00 kg）间隔排列的沉纲装置形式，中沉网档长取为 350 mm，翼沉网档长取为 450 mm。不够的沉力由每个重 0.5 kg 的铅沉子来补充。试求应装置多少个浮子？中沉纲和每段翼沉纲应各穿几个滚轮和垫片（Fe $\phi 60 \times 2\ d25$, 35 g）？沉纲钢丝的实际端距为多少？尚需配备几个铅沉子？其实际单位浮力、单位沉力和浮沉比各为多少？

提示：中沉纲滚轮个数为奇数时，沉子个数应取为偶数。缘纲为乙纶绳。橡胶滚轮的沉率为 1.96 N/kg。

36. 母型网板为《中国图集》79 号拖网使用的 2.3 m² 双叶片椭圆形网板，拖速为 3.8 kn。此设计为 294 kW 渔轮使用的网板，设计拖速 3.4 kn，试计算设计网板的各主要参数，并填写进下面的对照表中。

母型网板与设计网板主要参数对照表

参数	母型网板	设计网板
翼展 L/mm	1255	
翼弦 b/mm	2400	
面积 S/m²	2.3	
展弦比 λ	0.685	
压力中心前距 X_d/mm	960	
支点高度 h/mm	400	
网板质量 M/kg	350	

提示：b 的数字取为整数（单位为 cm），S 值取两位小数。

$$S_2 = 0.97 \frac{\pi}{4} L_2 b_2, \quad X_{d_2} / b_2 = X_{d_1} / b_1, \quad M_2 / M_1 = (L_2 / L_1)^3$$

第七章
张网类渔具

第一节　张网捕捞原理和型、式划分

　　张网是定置在水域中，利用水流迫使捕捞对象进入网囊的网具。它的作业方法是把张网网具敷设于近岸鱼虾类等捕捞对象洄游通道上或产卵场等捕捞对象较密集海域，依靠潮流作用，迫使捕捞对象入网而达到捕捞目的。

　　张网按网衣结构特征可分为单囊张网、单片张网和有翼单囊张网 3 种，其中单囊张网又可根据其网口扩张的结构特征分为张纲、框架、桁杆和竖杆 4 个型，则张网按结构特征可分为张纲、框架、桁杆、竖杆、单片、有翼单囊 6 个型；按作业方式可分单桩、双桩、多桩、单锚、双锚、船张、槁张和并列 8 个式。

一、张网的型

（一）张纲型

　　张纲型的张网由扩张网口的纲索和网身、网囊构成，称为张纲张网。

　　张纲张网的特点是不用框架、桁杆、桁架、竖杆等杆状物撑开其网口，网口不受杆状物长度的限制，因而网具规模在张网渔具中是最大的，如江苏启东的帆张网，利用装在网口两侧的帆布在水流作用下产生的水动力维持网口的水平扩张，利用上、下口纲及其所附的浮子、大型浮团和铁链的浮沉力维持网口的垂直扩张，用单个铁锚定置在海中，如图 7-1 所示。其网口纲长度为 180.00 m，是我国单囊张网中网具规模最大的网具，产量较高，主捕白鲳，兼捕海鳗、马鲛、鳓、虾、蟹等。较大型的张纲张网如图 7-2 所示。

（二）框架型

　　框架型的张网由框架和网身、网囊构成，称为框架张网。

　　框架张网利用框架来维持网口的扩张。框架一般是用 4 支竹竿或木杆扎成，张网网口由于受到杆状物长度的限制，所以网具规模较小。如河北乐亭的架子网，利用 4 支竹竿扎成的四方形框架撑开其网口（图 7-3），其网口纲长度为 17.32 m，网具规模较小，主捕毛虾及小型鱼、虾类。

（三）桁杆型

　　桁杆型的张网由桁杆或桁架、网身和网囊构成，称为桁杆张网。

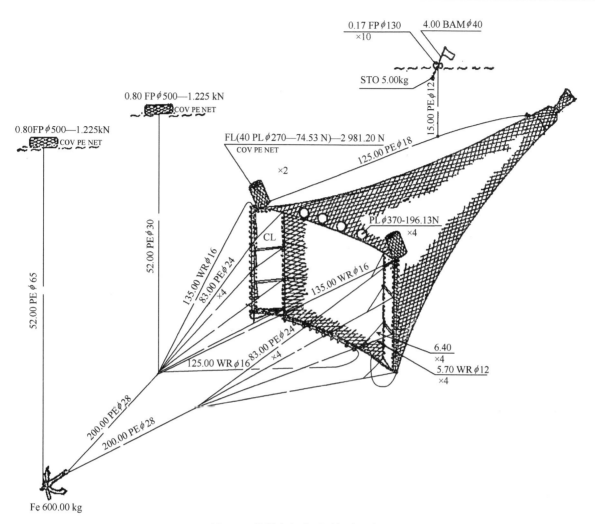

图 7-1 单锚张纲张网（帆张网）

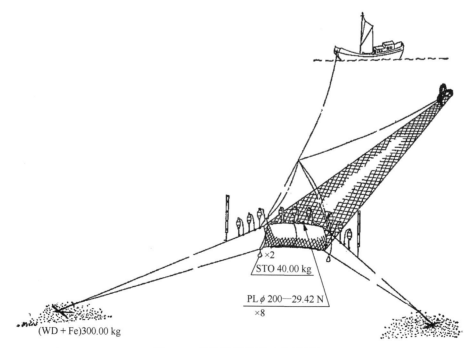

图 7-2 双锚张纲张网（大捕网）

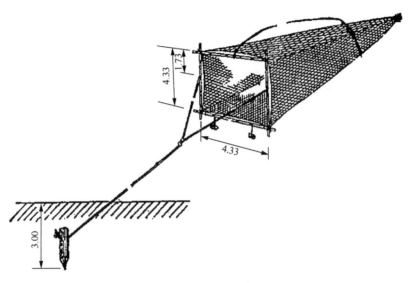

图7-3　单桩框架张网（架子网）

桁杆张网又可分为使用桁杆的张网和使用桁架的张网两种。在桁杆张网中，使用桁杆的张网，其网具规模相对较大；使用桁架的张网，其网具规模相对较小。

使用桁杆的张网利用桁杆维持网口的水平扩张，利用结缚在上、下桁杆上的浮、沉力维持网口的垂直扩张。如江苏启东的单锚张网（图7-4），利用上、下桁杆的长度维持网口的水平扩张，利用上桁杆的竹竿束和2个柱体泡沫塑料浮子的浮力和下桁杆的一支铁管及其上扎的铁棍或硬木的沉力维持网口的垂直扩张。

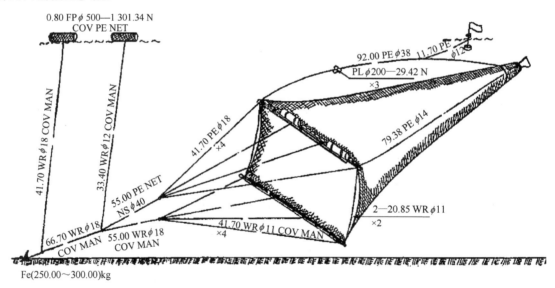

图7-4　单锚桁杆张网（单锚张网）

使用桁架的张网只需利用桁架就可维持其网口的水平和垂直两个方向的扩张。图7-5是江苏赣榆的小网，其桁架用3支竹竿扎成，则网口受到竹竿长度的限制，网具规模较小，网口纲长为19.60 m，主捕毛虾，兼捕小型鱼类。此外，在桁架上方用浮筒绳连接着两个浮筒，可通过调节浮筒绳的连接长度来控制网口的作业水层。

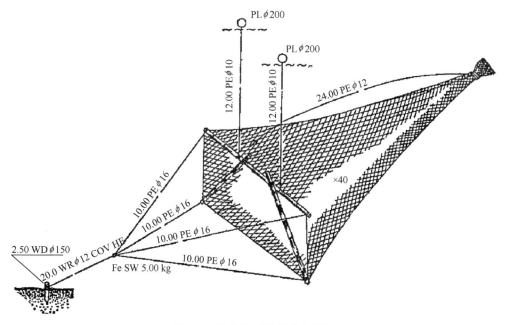

图 7-5　单桩桁杆张网（小网）

（四）竖杆型

竖杆型的张网由竖杆和网身、网囊构成，称为竖杆张网。竖杆张网利用左右两侧的两支竖杆维持网口的垂直扩张，利用双桩、多桩、双锚、船张、橹张、并列的作业方式定置网具并维持网具网口的水平扩张。故竖杆张网是张网中作业方式最多的一个型。

竖杆张网中的竖杆，按照其长短和作用不同可分为两种。一种是其长度比网口侧边高度稍长些的短竖杆，另一种是其长度比网口侧边高度长得多的长竖杆。

短竖杆的作用只是维持网口的垂直扩张。图 7-6 是浙江鄞县（现宁波市鄞州区）的反纲张网，

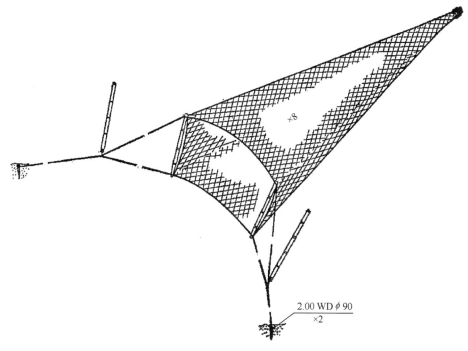

图 7-6　双桩竖杆张网（反纲张网）

除了利用竖杆维持网口的垂直扩张外，尚需利用双桩定置网具并维持网口的水平扩张。短竖杆一般是由 1 支竹竿或木杆构成，网口受到杆长限制，其网具规模相对较小。在图 7-6 中，反纲张网结缚网衣的网口纲长度为 25.60 m，主捕龙头鱼及小型虾类，兼捕鲳鱼、黄鲫、梅童鱼。此外，这种竖杆张网在左、右叉绳上常配置有坛子、浮子、浮团、浮竹等浮扬装置，以保持网口处于一定的水层。

长竖杆的中下部或中上部结缚网口侧边，起着维持网口垂直扩张的作用，其下部插入海底又起着樯张定置网具并维持网口的水平扩张的作用，这种长竖杆又称为"樯杆"。图 7-7 是山东海阳的闯网，由于樯杆也是用 1 支竹竿或木杆构成，而且其下部还要插入海底，故长竖杆张网的结缚网衣的网口纲长一般会比短竖杆张网的稍小些。在图 7-7 中，闯网的网口纲长度为 21.68 m，主捕小虾、乌贼、对虾，兼捕舌鳎、黄姑鱼、梭子蟹及杂鱼。

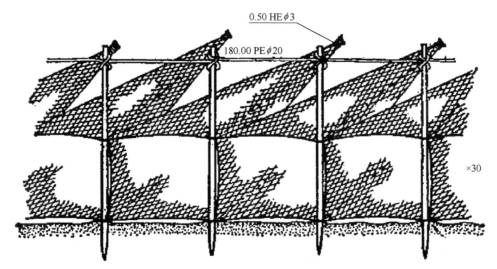

图 7-7　樯张竖杆张网（闯网）

（五）单片型

单片型的张网由单片网衣和上、下纲构成，称为单片张网。

单片张网可按其结构的不同分为两种。一种的结构与定置单片刺网完全相似，另一种的结构与定置单片刺网不完全相似。

结构与定置单片刺网完全相似的单片张网，均利用上、下纲的浮、沉力来维持网片的垂直扩张，利用每片网两端的根绳来维持网片的水平扩张。但其捕捞原理与定置单片刺网不同，定置单片刺网的捕捞对象是刺挂于网目内或缠络于网衣中而被捕获，单片张网的捕捞对象是被水流迫使进入网兜中而被捕获。图 7-8 是辽宁营口的海蜇网，利用浮力维持上下纲的垂直张开，利用双锚维护网具的水平张开。其网具规模相对较大，上纲长度为 50.00 m。作业时将 6～12 片网具首尾连接形成网列，相邻网片之间及网列首尾均用双齿铁锚固定。在海流作用下，单片网衣形成兜状专门截捕随流漂游的海蜇。

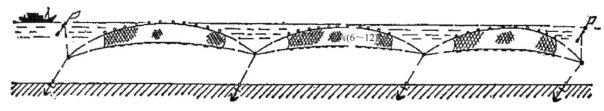

图 7-8　双锚单片张网（海蜇网）

结构与定置单片刺网不完全相似的单片张网如图7-9所示。图7-9是天津塘沽的梭鱼棍网,它与定置单片刺网相同的是装配有上、下纲,不同的是定置单片刺网是利用上、下纲上的浮、沉子的浮、沉力维持上、下纲的垂直扩张,而梭鱼棍网没有装置浮、沉子,而是利用装置在上、下纲之间的若干支小撑杆(细竹竿)和网具两端装置在上、下叉绳之间的竹片环来撑开上下纲而维持其垂直扩张,并利用网具两端的樯杆维持网具的水平扩张。梭鱼棍网的网具规模相对较小,上纲长度为29.25 m。在海流冲击下,其网衣形成兜状,主要兜捕随流漂游的梭鱼。此外,梭鱼棍网与地拉网类的梭鱼拉网的网具结构完全相似,但它们的捕捞原理不同。梭鱼拉网是由两人在浅水滩上放网,并步行拉曳1片网具作业的渔具,属于运动性渔具。而梭鱼棍网是利用樯杆将网具定置在沿岸水域中,利用水流迫使梭鱼进入网兜的渔具,属于定置性渔具。

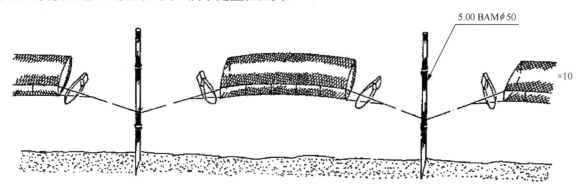

图 7-9 樯张单片张网(梭鱼棍网)

(六)有翼单囊型

有翼单囊型的张网由网翼、网身和一个网囊构成,称为有翼单囊张网。

我国较具有代表性的有翼单囊张网如图7-10所示。图7-10是福建霞浦的大扳缯,其网口周长91.80 m,利用结缚在上、下纲上的竹浮筒和沉石维持网口的垂直扩张,利用双桩定置网具并维持网口的水平扩张。其捕捞对象为真鲷、日本鳀、带鱼、乌贼等。

二、张网的式

张网属于定置渔具,张网的"式"实际是按张网的定置方式来划分。

(一)单桩式

单桩式的张网用单根桩定置,称为单桩张网。

桩一般采用竹桩、木桩或竹木结构桩,适宜在泥质或泥沙质海底使用。江苏启东和上海崇明的长江口附近海域均为沙质海底,桩难于在沙质海底中稳定牢固,故一般用茅草或马拉草等捆扎成草把桩(或称为柴把桩)埋入沙质海底深处,代替竹桩或木桩来定置网具,如图7-11中的6所示。图7-11是江苏启东的(洋方)张网,网口纲长19.50 m,较小,捕捞对象以虾类、梅童鱼、黄鲫、鳓、梭子蟹等小型鱼虾类为主,兼捕白鲳、鳓等经济鱼类。

采用单桩定置的张网有两种,即单桩框架张网和单桩桁杆张网。

单桩框架张网的定置方式有两种,一种如图7-3所示,其框架两侧连接有2条绳组成的一对叉绳,作业前先将连接有一条桩绳的一根木桩或竹桩打入海底,作业时再将桩绳的后端与叉绳的前端

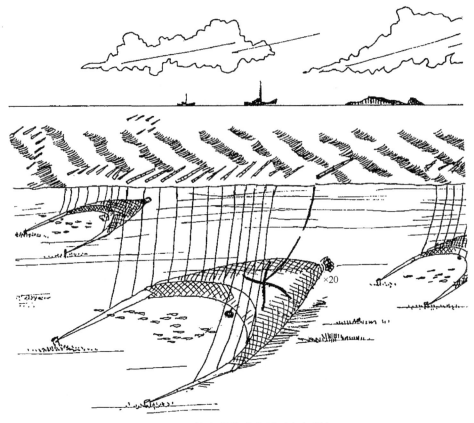

图 7-10　双桩有翼单囊张网（大扳缯）

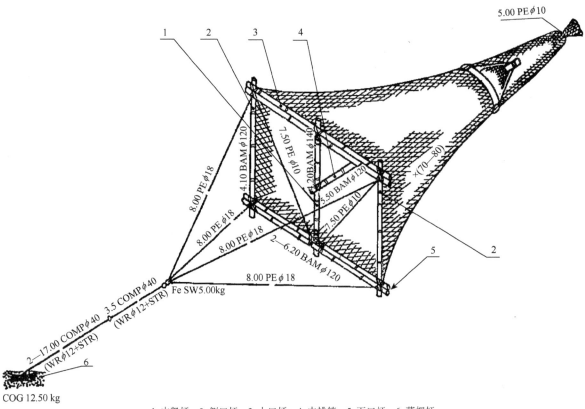

1. 中竖杆；2. 侧口杆；3. 上口杆；4. 中挑竿；5. 下口杆；6. 草把杆

图 7-11　单桩框架张网（洋方）

之间用转环或转轴连接起来；另一种如图 7-11 所示，其框架四角连接两对叉绳，又称为网口叉绳，作业前先将连接有一条桩绳的木桩、竹桩或草把桩打入或埋入海底，作业时再将桩绳的后端与网口叉绳前端用转环连接起来。

单桩桁杆张网的网口扩张方式有三种。第一种是采用两支水平桁杆的单桩桁杆张网，如图 7-12 所示。图 7-12 是山东乳山的三竿挂子网，其网口纲长 20.00 m，捕捞鼓虾类和其他小型鱼虾。采用两支水平桁杆的张网，上、下桁杆分别连接有 2 对、3 对或 4 对叉绳组成的网口叉绳。图 7-12 的网口叉绳由 2 对叉绳组成。采用两支水平桁杆的单桩桁杆张网的定置方式是：作业前先将连接有一条桩绳的一支桩打入海底，作业时再将桩绳的后端与网口叉绳的前端用转环连接起来。第二种是只采用一支上桁杆的单桩桁杆张网，如图 7-13 所示，这是河北黄骅的单桩张网，其网口纲长 23.32 m，捕捞毛虾、杂鱼。在网口四角连接有由两对叉绳组成的网口叉绳，其定置方式是：作业前先将连接有一条桩绳的一根木桩打入海底，作业时再将桩绳的后端与网口叉绳前端用转环连接起来。第三种是采用桁架的单桩桁杆张网，如图 7-5 所示，其网口四角连接有由两对叉绳组成的网口叉绳，其定置方式是：作业前先将连接有一条桩绳的一根木桩打入海底，作业时再将桩绳的后端与网口叉绳的前端用转环连接起来。

单桩张网的特点是适宜在回转流海域作业，也适宜在往复流海域作业。

（二）双桩式

双桩式张网用两根桩定置，称为双桩张网。

采用双桩定置的张网有三种，即为双桩张纲张网、双桩竖杆张网和双桩有翼单囊张网。双桩张纲张网类似于图 7-2，只需把锚和锚绳改为桩和桩绳即是。其定置方式是：作业前先分别将两根各连

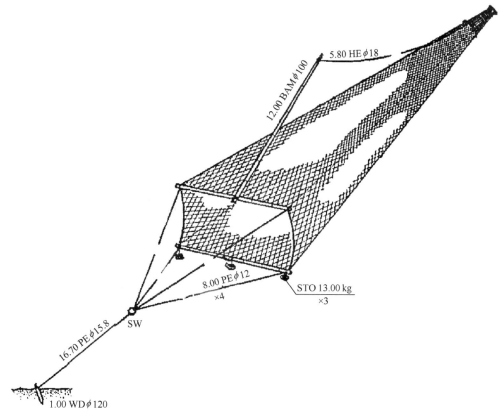

图 7-12　单桩桁杆张网（三竿挂子网）

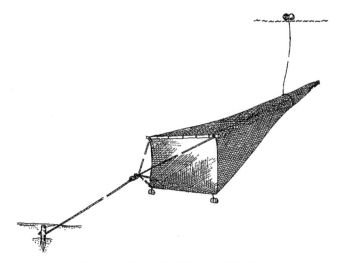

图 7-13　单桩桁杆张网（单桩张网）

接有桩绳的竹桩或木桩打入海底，作业时再将左、右各两条桩绳的后端分别与网口纲的四角连接。双桩竖杆张网如图 7-6 所示，其定置方式是：作业前先分别将两根各连接有一根桩绳和一对叉绳的木桩打入海底，作业时再将左、右一对叉绳的后端分别套结于竖杆上、下两端。双桩有翼单囊张网如图 7-10 所示，其定置方式是：作业前先将两根连接有桩绳的桩打入海底，作业时再将左、右各两条桩绳的后端分别与左、右网翼的上、下纲的前端相连接。

（三）多桩式

多桩式张网用超过两根桩定置，称为多桩张网。多桩式张网是在双桩的基础上增加桩基，以图牢固。

图 7-14 是浙江瓯海的柱艚网，是一种四桩竖杆张网，其网口纲长 41.20 m，捕捞梅童鱼、龙头

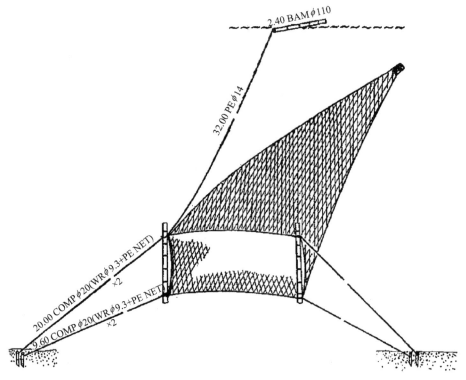

图 7-14　多桩竖杆张网（柱艚网）

鱼、凤尾鲚等小型鱼类。柱艚网的定置方式是：作业前先分别将左、右两处各两根连接有一条桩绳的竹桩打入海底，作业时再将左、右各两条桩绳的后端分别与左、右竖杆的上、下端相连接。这种定置方式只适宜在往复流海域作业中使用。

（四）单锚式

单锚式张网用单个锚定置，称为单锚张网。

采用单锚定置的张网有三种，即单锚张纲张网、单锚框架张网和单锚桁杆张网。单锚张纲张网的定置方式如图 7-1 所示，其定置构件铁锚连接有锚绳，放网前先将锚绳连接在网口左、右两侧四条叉绳前端，放网时再将锚、锚绳、叉绳、网具按顺序投入海中。单锚框架张网如图 7-15 所示，这是福建福州的虾荡网，其网口周长 17.80 m，捕捞毛虾、梅童鱼和小型鱼类。虾荡网的定置构件木锚连接有一条锚绳，其定置方式是：放网前先将锚绳后端与连接在框架四角的网口叉绳的前端相连，放网时再将木锚、锚绳、叉绳、网具按顺序投入海中。

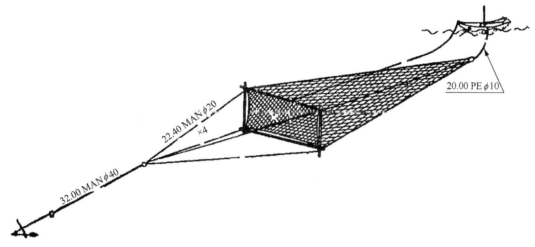

图 7-15　单锚框架张网（虾荡网）

单锚桁杆张网的定置方式有两种。第一种是采用两支水平桁杆的单锚桁杆张网（图 7-4），在上、下桁杆上分别连接有由两对叉绳组成的上、下叉绳，而上、下叉绳的前端又分别与一对前叉绳的后端相连接。单锚桁杆张网（图 7-4）的定置构件铁锚连接有一条锚绳，其定置方式是：放网前先将锚绳后端与前叉绳前端相连，放网时再将锚、锚绳、前叉绳、上叉绳和下叉绳、网具按顺序投入海中。第二种是只采用一支桁杆的单锚桁杆张网，类似图 7-13 所示，用木锚和锚绳代替木桩和桩绳。放网前先将锚绳后端与网口叉绳前端用转环相连，放网时再将木锚、锚绳、网口叉绳、网具按顺序投入海中。

上述单锚张网既适宜在回转流海域作业，也适宜在往复流海域作业。

（五）双锚式

双锚式张网用两个锚定置，称为双锚张网。

双锚竖杆张网的定置方式有两种，一种是单个网独立作业的定置方式，另一种是多网并联作业的定置方式。单个网独立作业的双锚竖杆张网类似图 7-2 所示，其定置方式与双桩张纲张网相似，先将各连接有一条锚绳的两个锚先后抛入海底固定，再将左、右锚绳的后端分别与左、右竖杆的一对叉绳的前端相连，待潮流转急后才把网具抛入海中。并联作业的双锚竖杆张网如图 7-16 所示，这是天津塘沽的锚张网，其网口纲长 25.08 m，15 个网并联作业，捕捞梅童鱼、小银鱼、黄鲫等。

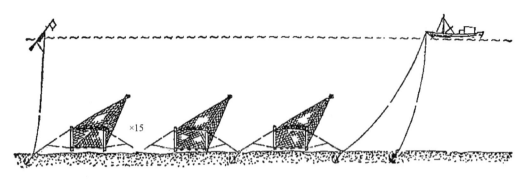

图 7-16　双锚竖杆张网（锚张网）

双锚单片张网如图 7-8 所示，将若干片网串联成一个网列进行作业。

双锚有翼单囊张网类似图 7-10 所示，只是用锚和锚绳代替桩和桩绳。其定置方式与双桩有翼单囊张网相似。

上述双锚张网适宜在往复流海域作业。

（六）船张式

船张式张网用锚泊渔船定置，称为船张张网。

采用渔船定置的张网有两种，即船张桁架张网和船张竖杆张网。船张桁架张网如图 7-17 所示，这是山东海阳的接网，其网口周长 9.98 m，捕捞蠓子虾、毛虾、小银鱼等。接网是一种单船双网作业的船张张网，即在一艘抛锚定置的渔船两舷外各挂一网作业。接网的桁架由两支较长的撑杆和一支较短的横档杆构成，定置网具的竹横杆装在船头两舷的系缆柱前，其桁架的定置方式是：两支竹竿的下端各用一条拉网绳分别连接到船舷外竹横竿的内、外端，两支撑杆上端用带网绳连接到船后两舷的系缆柱上。

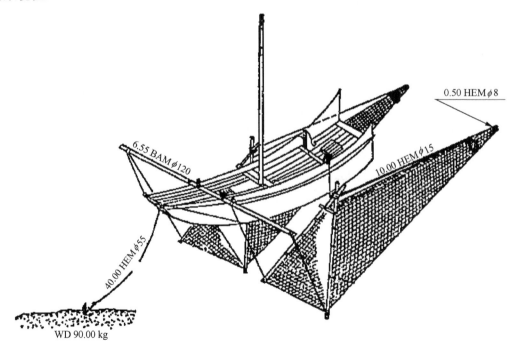

图 7-17　船张桁架张网（接网）

船张竖杆张网有两种作业方式，一种是单船双网作业，另一种是双船单网作业。单船双网作业的船张竖杆张网如图 7-18 所示，这是江苏射阳的俞翅网，其网口纲长 23.00 m，捕捞白虾、毛虾、鲚、梅童鱼等。俞翅网网口纲的两侧分别结扎在内、外竖杆上，其竖杆的定置方式是：内竖杆上部套在舷侧装好的绳环内，固定于船舷并能上、下滑动；外竖杆由连接其上端的上挑绳和连接其中部的撑杆来控制使其处于适当位置。双船单网作业的船张竖杆张网如图 7-19 所示，这是福建龙海的虎网，其网口纲长 51.60 m，捕捞小公鱼、小沙丁鱼、鳀、小银鱼、龙头鱼、毛虾及其他虾类等。虎网利用竖杆维持其网口垂直扩张，而连接在竖杆上端的上拉绳和连接在竖杆下端附近的下拉绳的上端均连接在两船之间内侧的船头系缆柱上。可通过收短或放长上、下拉绳来调整网具的作业水层以适应不同游泳水层的捕捞对象。当捕捞表层鱼虾时，可将上拉绳全部收上并把竖杆上端固定在船头系缆柱上，如图 7-19（a）所示，这时两船间距即为网口的水平扩张，此时虎网应属于船张竖杆张网。当捕捞中下层鱼虾时，可将上、下拉绳放长至中下层，如图 7-19（b）所示，这时虎网实际上是利用双锚来维持其网口的水平扩张，故实际上属于双锚竖杆张网。

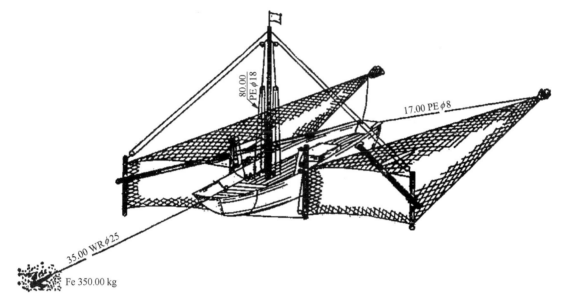

图 7-18　船张竖杆张网（俞翅网）

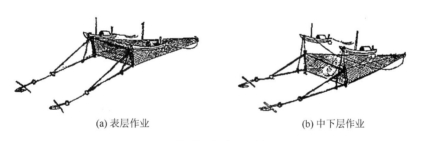

(a) 表层作业　　　　　　　　　　　(b) 中下层作业

图 7-19　船张竖杆张网（虎网）

属于单船双网作业的船张张网，均适宜在回转流海域和往复流海域作业。属于双船单网作业的船张张网，只适宜在往复流海域作业。

（七）樯张式

樯张式的张网用樯杆定置，称为樯张张网。

　　樯张张网是一种比较原始的定置网具。在竖杆张网中，当竖杆较长而其下部插进海底并起定置网具作用时，则这种长竖杆一般称为樯杆。故樯杆除了起定置网具的作用外，其中部或上部结缚网口两侧部位还起着维持网口垂直扩张的作用。

　　采用樯杆定置的张网有两种，即樯张竖杆张网和樯张单片张网。樯张竖杆张网根据其定置构件不同又可分为 4 种定置方式。第一种是只采用樯杆插入海底定置的樯张竖杆张网，如图 7-20 所示。图 7-20 是浙江苍南的河鳗苗张网，其网口纲长 10.36 m，捕捞鳗鲡苗。这种定置方式只适宜在软泥质海岸附近水深数米以内作业。第二种是采用樯杆和连樯绳联合定置的樯张竖杆张网，如图 7-7 所示。这种定置方式只是多用了一条连樯绳将全部樯杆的上方连接起来，可增强樯排的牢固程度，这种定置方式适宜软泥质或泥沙质海底作业。除了插樯后要用一条连樯绳将全部樯杆的上方连接起来外，其他的插樯和挂网的方法与第一种定置方式相似。第三种是采用樯杆和根绳联合定置的樯张竖杆张网，如图 7-21 所示。图 7-21 是浙江平阳的虾户网，其网口纲长 33.80 m，捕捞梅童鱼、龙头鱼、毛虾等。这种定置方式是在每支樯杆上方向前连接有 2 条根绳，可增加樯杆直立插入海底的牢固程度，这种定置方式适宜在水流较急的软泥质或泥沙质海底上作业。第四种是采用樯杆、连樯绳和根绳联合定置的樯张竖杆张网，如图 7-22 所示。图 7-22 是广西北海的网门，其网口纲长 35.84 m，捕捞斑鲦、小公鱼、海蜇及虾类等。这种定置方式适宜在泥沙质海底作业。由于泥沙底质是沙多泥少，樯杆不易插入海底（网门的樯杆插入海底约 0.6 m），故除了插樯入海底和连接连樯绳外，尚需用多条根绳协助固定樯排，如网门的定置方式是在每条樯杆前用 4 条根绳后用 3 条根绳并且两侧各用 6 条根绳来协助固定杆排。樯张竖杆张网的根绳一般是采用桩来固定的，这种用桩来固定的根绳，又可称为桩绳。若作业渔场底质为泥沙底或沙地而根绳难于用桩来固定时，可以采用大沉石来固定，如图 7-23 所示。图 7-23 是福建平潭的企桁，其网口纲长 32.00 m，捕捞毛虾、小公鱼、日本鳀等，使用空心钢筋水泥杆取代原用的木樯杆，采用大沉石来固定根绳。

　　樯张单片张网如图 7-9 所示，此梭鱼棍网的定置方式是：先在小潮流平流后将樯杆打入软泥海底形成一列与流向垂直的杆排，再在大潮流期间起流后才开始挂网，先将第一片网一侧的根绳前端连接到樯杆上，然后渔船载网驶向第二支樯杆，并按顺序抛出网衣一侧的根绳、叉绳、网衣和网衣另一侧的叉绳、根绳，最后将根绳的末端连接到第二支樯杆上，即挂好了第一片网。接着从第二支樯杆开始同样挂好第二片网，由岸向外逐片挂网。

　　上述樯张张网只适宜在往复流海域作业。

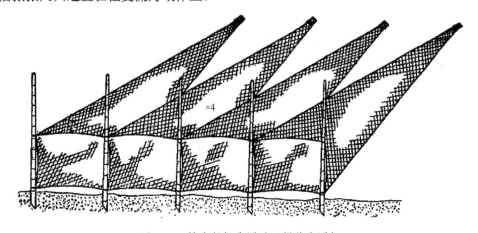

图 7-20　樯张竖杆张网（河鳗苗张网）

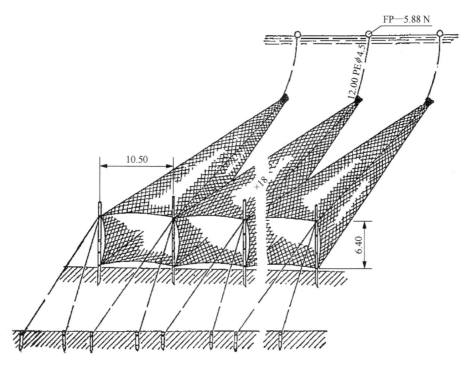

图 7-21　樯张竖杆张网（虾户网）

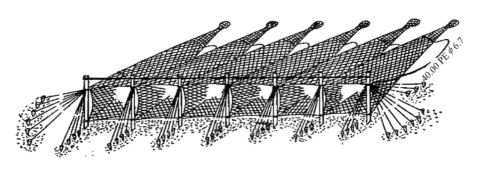

图 7-22　樯张竖杆张网（网门）

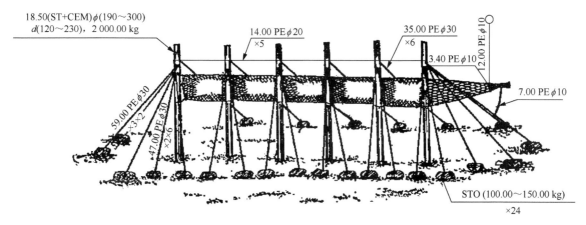

图 7-23　樯张竖杆张网（企桁）

（八）并列式

并列式的张网是在两个固定点之间的两条绳索上并列设置若干个单囊网衣，称为并列张网。

并列张网只有竖杆型一种，即为并列竖杆张网，其结构如图 7-24 所示。图 7-24 是浙江临海的山门张网，其网口纲长 17.40 m，捕捞龙头鱼、毛虾、梅童鱼等。这种作业方式一般选择设置在能够顶流作业的狭窄水域，特别适用于岩礁间的水道区域。山门张网定置网具前，先将竖杆上、下两端分别用系绳与上、下门绳系住。上、下门绳两端分别与一条根绳相连接。其定置方式是：先在小潮流期间平流后，将一端的根绳前端系扎在水道一侧的岩石桩上，然后另一端的根绳用船拉向水道另一侧并拉紧后也固定在岩石桩上。装好上、下门绳和竖杆后，在上、下门绳的两端与根绳的连接处各系上一个浮筒。在大潮流低潮缓流时开始挂网，先将上、下口门绳之间的头两支竖杆拉上船，再将网口四角的网耳绳分别套入已固定在头两支竖杆上的上、下网耳扎绳上，然后放出第一个网具，接着依次挂网、放网。并列竖杆张网只适宜在往复流海域作业。

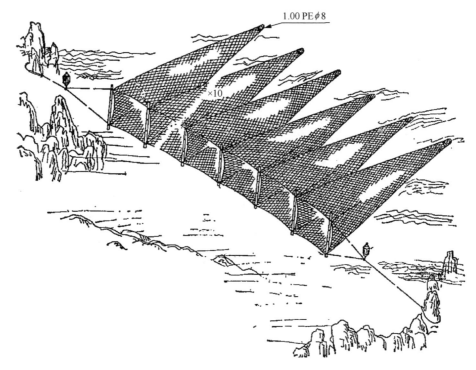

图 7-24　并列竖杆张网（山门张网）

第二节　单囊张网结构

张网是我国海洋渔具中型式最多的一种渔具。但张网只按其网衣结构特征分型时，只有单囊型、单片型和有翼单囊型 3 种。单片张网的结构与定置单片刺网的结构相类似，有翼单囊张网的结构与有囊围网的结构相类似（图 7-25）。

根据国家渔具分类标准，单囊张网按其网口扩张装置特征又可分为张纲型、框架型、桁杆型和竖杆型。其中竖杆型张网又可按竖杆的长短和作用的不同分为短竖杆张网和长竖杆张网 2 种。

张网均由网衣、绳索和属具三部分构成。其中框架型张网、桁杆型张网、短竖杆型张网和长竖杆型张网的网具结构分别如图 7-26 至图 7-29 所示，其单囊张网网具构件组成如表 7-1 所示。

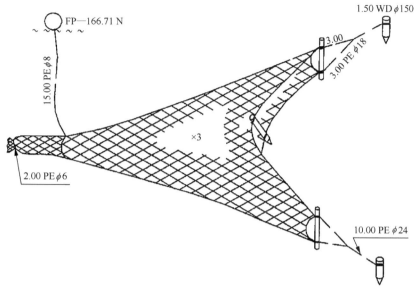

图 7-25 双桩有翼单囊张网（对虾张网）

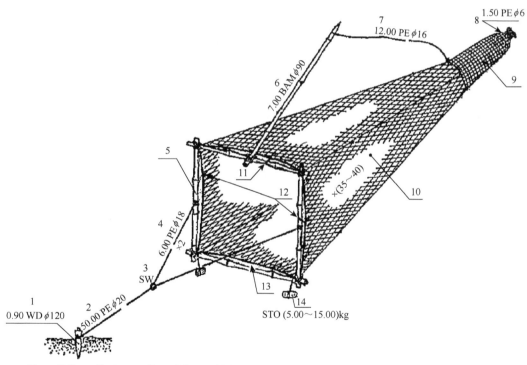

1. 桩；2. 根绳；3. 转环；4. 叉绳；5. 框架；6. 挑竿；7. 挑竿绳；8. 囊底扎绳；9. 囊网衣；10. 身网衣；11. 上口纲；
12. 侧口纲；13. 下口纲；14. 沉石

图 7-26 框架型张网总布置图

一、网衣部分

单囊张网网衣一般由身网衣和囊网衣两部分组成，少数在网口处还加编有若干目长的缘网衣或在网口 4 个网角处加编耳网衣，如图 7-30 所示。

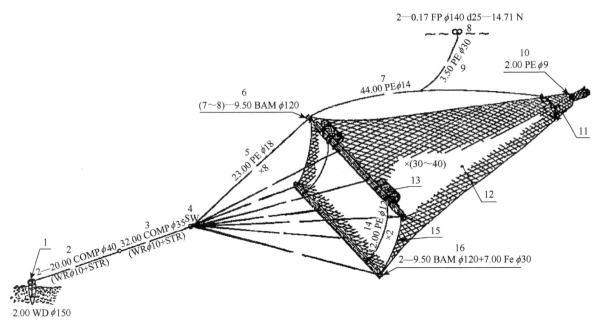

1. 桩；2. 根绳；3. 后根绳（千斤绳）；4. 转环；5. 叉绳；6. 上桁杆；7. 网囊引绳；8. 浮筒；9. 浮筒绳；10. 囊底扎绳；11. 囊网衣；12. 身网衣；13. 浮筒；14. 闭口绳；15. 网口纲；16. 下桁杆

图 7-27　桁杆型张网总布置图

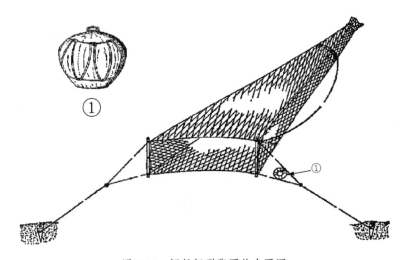

图 7-28　短竖杆型张网总布置图

　　身网衣的展开形状为等腰梯形，一般是采用纵向多道减目或横向多路减目的编结方法，但有些网衣采用逐筒减小目大而不改变网周目数的圆筒编结方法（即为无增减目编结）。也有采用一道斜向减目（又俗称为斜生、螺旋生）的编结方法。囊网衣的展开形状一般为矩形，是先编成一片矩形网片，然后将网片沿着纵向对折，并沿着网片两侧纵向边缘编缝半目缝合或绕缝缝合，即形成一个圆筒状的囊网衣。

　　单囊张网整个网衣的目大自网口向网囊逐渐减小，网口目大范围一般为 60～100 mm，网囊目大范围一般为 10～21 mm。

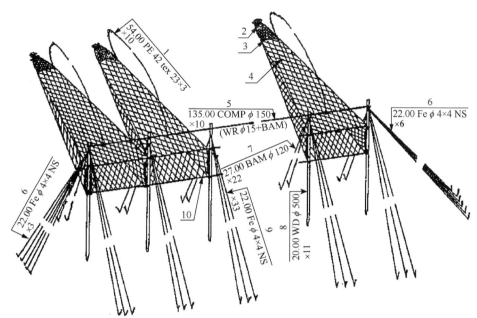

1. 网囊引绳；2. 囊底扎绳；3. 囊网衣；4. 身网衣；5. 连樯绳；6. 侧根绳；7. 后根绳；8. 樯杆；9. 前根绳；10. 网口纲

图 7-29 长竖杆型张网总布置图

表 7-1 单囊张网网具构件组成

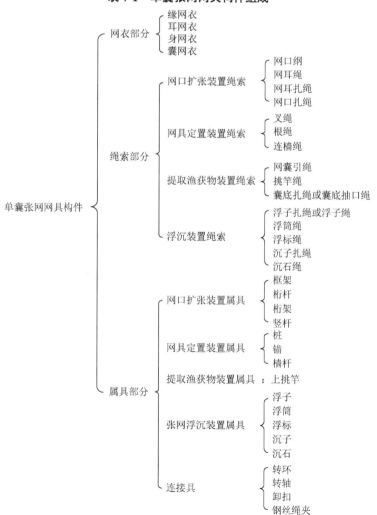

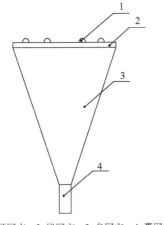

1. 耳网衣；2. 缘网衣；3. 身网衣；4. 囊网衣

图 7-30　单囊张网网衣模式

张网的身、囊网衣的网线材料可采用乙纶或其他合成纤维。采用菱形网目网衣，网线粗度自网口向网囊逐渐减小，在接近网囊时可逐渐加粗或只在网囊处稍加粗以适应强度需求。

单囊张网在网口处的网目，均为网目最大和网线最粗的网目，其网衣强度一般是足够的。只有少数张网考虑加强网口边缘强度或为了便于装配施工，才在身网衣前缘多编 0.5～4 目长、目大较大且网线较粗的缘网衣，如图 7-30 中的 2 所示。单囊张网网衣在网口处，一般是采用靠近网角处网衣缩结系数逐渐减小或在网角处集拢部分网目的装配办法来加强网角部分的网衣强度；也可以采用在身网衣前缘的网角处加编梯形或三角形的耳网衣，来加强网角强度，如图 7-30 中的 1 所示。

有些张网根据捕捞对象设置一些特殊的结构。如虾板网利用虾类进入网后上跳的习性，采用不同背腹网衣的结构，其网背和网囊采用无结的平织或插捻网衣，而网腹则采用大网目网衣。还有一种称为开口式虾板网（图 7-31），在网腹前部开了一个三角形的大孔。上述两种虾板网均有利于经济鱼类幼鱼进网后下潜并从网腹的大网目中或网腹前部的大孔中逃逸。还有一种特殊的单囊张网，利用毛虾进网后上跳和海蜇进网后下潜的习性，在网身后端设置了两个网囊，位置在上的细孔无结网衣网囊用于聚集毛虾渔获物，位置在下的大目网囊用于聚集海蜇，减轻了处理渔获物环节的劳动压力。

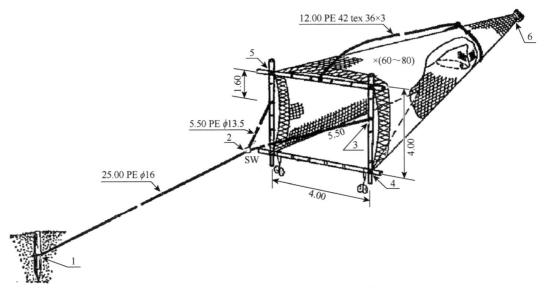

1. 桩；2. 转环；3. 侧口杆；4. 下口杆；5. 上口杆；6. 网囊扎绳；

图 7-31　开口式虾板网

二、绳索部分

由于单囊张网的形式较多，故单囊张网的绳索种类繁多，可归纳为网口扩张装置、网具定置装置、提取渔获装置和浮沉装置共 4 类绳索。此外有些单囊张网有自己的特制绳索，在此不一一举例。下面只着重介绍表 7-1 中绳索部分所列出的 15 种绳索。

（一）网口扩张装置绳索

网口扩张装置绳索是指装置在单囊张网网口上的绳索，有网口纲、网耳绳、网耳扎绳和网口扎绳等。

1. 网口纲

网口纲是装在网口上，限定网口大小和加强网口边缘强度的绳索。如图 7-27 中的 15 和图 7-29 中的 10 所示，其主要作用是固定网口尺寸，承受外力作用或结缚浮沉装置，一般由两条不同捻向的绳索组成。

作业时网口纲的形状一般与网口扩张装置属具的形状相适应，呈正方形、矩形（长方形）或等腰梯形，均具有 4 段边纲和 4 个网角。网口纲一般由 1 段上口纲、2 段侧口纲和 1 段下口纲组成。在网口上方，左、右两个网角之间的一段纲称为上口纲，如图 7-26 中的 11 所示；在网口左、右两侧，上、下两个网角之间的一段纲称为侧口纲，如图 7-26 中的 12 所示，分左、右共 2 段；在网口下方，左、右两个网角之间的一段纲称为下口纲，如图 7-26 中的 13 所示。

单囊张网的网口纲装置形式大体可分为两种，一种是附有网耳的网口纲，另一种是不附有网耳的网口纲。所谓网耳，是在网角上用一段绳索扎成的绳环，便于将网角固定在网口扩张装置的属具上。

附有网耳的网口纲如图 7-32 的右下方所示，这是一种在网角处用一段网口纲扎成网耳的矩形网口纲。图 7-32 左上方的①图，是网口纲布置图四分之一的局部放大图。从图中可以看出，网口纲一般是由两条不同捻向的乙纶绳组成，先将 1 条网口纲穿过网口边缘的网目后，再与另一条网口纲均匀分档并扎。装配前应先分别量出 4 个网角的部位，每个网角处应分别留出网口纲长 0.29 m 和网口边缘 20 目，并把 0.29 m 的纲长扎成绳环状的网耳，还可用一段水扣绳穿扎 20 目置于网角处。上、下网口纲各长 4.00 m，各结扎 280 目，可每间隔 0.20 m 扎一档，档内穿有 14 目，网衣缩结系数平均为 0.41。左、右侧网口纲各长 2.67 m，各结扎 180 目，网衣缩结系数平均为 0.42。

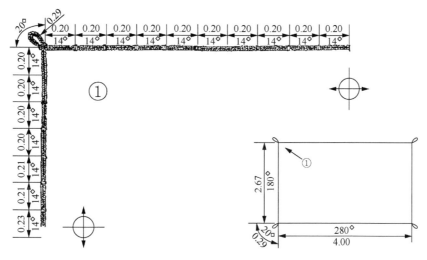

图 7-32　附有网耳的网口纲布置图

不附网耳的网口纲如图 7-33 所示，其网口纲不扎成网耳。网口纲净长等于上、下口纲长度与左、右侧口纲长度之和加上 4 个网角的长。此形式的网口纲一般也是由 2 条捻向不同的绳索组成，先将 1 条网口纲穿过网口边缘的网目后，再与另 1 条网口纲均匀分档并扎。上、下口纲各长 5.74 m，各结扎 300 目；左、右侧口纲各长 3.83 m，各结扎 200 目，其网衣缩结系数均为 0.22；4 个网角各长 0.90 m，各结扎 35 目。

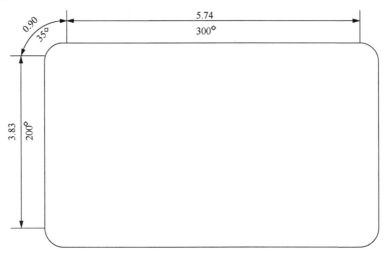

图 7-33　不附网耳的网口纲布置图

2. 网耳绳

网耳绳是装在不附网耳的网口纲的网角上，扎制呈 1～3 个绳环状网耳的一条短绳，如图 7-34 (b)、(c) 中的 3 所示。

在图 7-34 (b) 中，网耳是用 1 条短绳在网角处扎成 1 个双线绳环。在图 7-34 (c) 中，网耳是用 1 条长 4.20 m 的乙纶绳在网角处（耳网衣边缘的中部）结扎成 3 个分别拉直均长 0.45 m 的单线绳环。在图 7-34 (a) 中，其网口纲本身已附有网耳，故不再需用网耳绳。

3. 网耳扎绳

网耳扎绳是将网耳系结到网口扩张装置属具（框架、桁杆、桁架和竖杆）上的 1 条短绳，如图 7-34 (a)、(b) 中的 4 所示。

在图 7-34 (a) 中，先将 1 条长 2.50 m 的绳索在对折处以死结形式连接在网耳上，形成 1 条双线网耳扎绳，然后用此网耳扎绳系结到框架的框角处。在图 7-34 (b) 中，其网耳是用 1 条长 1.00 m 的网耳扎绳绕扎在樯杆上。此外，在下述两种情况下，是不需用网耳扎绳的：一是如图 7-34 (c) 所示，其网耳是用 1 条长 4.20 m 的绳索结扎成长 0.45 m 的 3 个绳环，如果绳环较长，可直接用绳环将网角系结到框架的框角处［图 7-34 (d)］；二是如图 7-34 (e) 所示，这种不附有网耳的网口纲，可利用网口扎绳将网口纲直接结扎在网口扩张装置的属具上。

4. 网口扎绳

网口扎绳是将网口纲直接结扎在网口扩张装置属具上的一条短绳，如图 7-34 (e) 中的 5 所示。

（二）网具定置装置绳索

网具定置装置绳索是指连接在网口扩张装置属具（框架、桁杆、桁架、竖杆）与网具定置装置属具（桩、锚等）之间的连接绳索，有叉绳和根绳。此外在并联作业的樯张竖杆张网中，有的整列的樯杆上方还装置有一条连樯绳，是具有辅助固定作用的绳索。

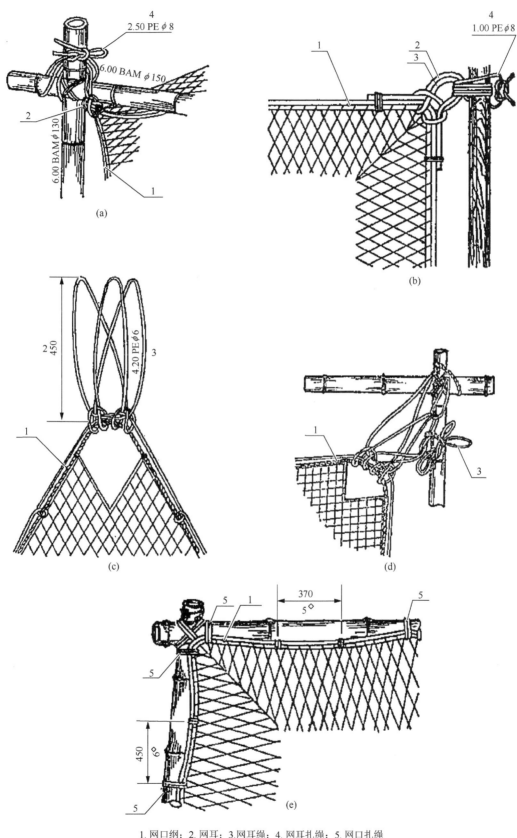

1. 网口纲；2. 网耳；3. 网耳绳；4. 网耳扎绳；5. 网口扎绳

图 7-34 网口扩张装置绳索示意图

1. 叉绳

叉绳是连接在网口扩张装置属具（框架、桁杆、桁架、短竖杆）与根绳之间的"V"字形绳索。单囊张网的叉绳若装置在网口前方，又被称为"网口叉绳"。我国单囊张网的网口叉绳，有 1 对叉绳、2 对叉绳、3 对叉绳、4 对叉绳、5 对叉绳等多种装置形式。现按图 7-35 中 12 个小图的顺序分别介绍各种不同型的张网叉绳装置。

图 7-35（a）、（b）表示框架张网的网具定置绳索，其叉绳采用 1 对叉绳构成网口叉绳的如图 7-35（a）所示。采用 2 对叉绳构成网口叉绳的如图 7-35（b）所示。采用 1 对的网口叉绳，一定是水平敷设的叉绳，如图 7-35（a）所示；采用 2 对的网口叉绳，可能是水平敷设的 2 对叉绳，如图 7-35（b）或图 7-15 所示；也可能是垂直敷设的 2 对叉绳，如图 7-11 所示。

桁杆张网按网口扩张装置又可分为桁杆和桁架 2 种，其网口的水平扩张由 1 支水平桁杆或 2 支水平桁杆撑开的桁杆张网如图 7-35（c）~（g）所示，其网口扩张由 3 支杆构成的桁架撑开的如图 7-35（h）~（k）所示。

2. 根绳

在框架型、桁杆型、短竖杆型的张网中，根绳是桩、锚等网具定置装置属具与叉绳之间的连接绳索，如图 7-35 中的 2 所示。在单桩框架张网中，如图 7-35 中的（a）、（b）所示，其桩与网口叉绳之间一般只采用 1 条根绳相连接。

在桁杆张网中，中、小型网具规模的，如图 7-35 中的（c）~（k）所示，其根绳一般是 1 条绳索。

在短竖杆张网中，其中双桩竖杆张网和双锚竖杆张网分别如图 7-6 和图 7-35（l）所示，均采用 2 条根绳分别连接在左、右 2 支桩和 2 个锚与左、右 2 对垂直叉绳之间。

在长竖杆张网中，根绳是桩、碇等网具固定装置与樯杆之间的连接绳索，如图 7-21 至图 7-23 和图 7-29 所示。

3. 连樯绳

在樯张竖杆张网中，连樯绳是连接在整列樯杆上方，用于固定樯杆间距和增加樯杆插入海底的牢固程度的绳索，如图 7-29 中的 5 所示。

（三）提取渔获物装置绳索

提取渔获物装置绳索是指装置在单囊张网网具上，便于起网时提取或卸下渔获物的绳索，有网囊引绳、挑竿绳、囊底扎绳或囊底抽口绳。

1. 网囊引绳

网囊引绳是装在网口扩张装置属具上与网囊前端附近之间，起网时牵引网囊的绳索。如图 7-27 中的 7 和图 7-29 中的 1 所示。

关于网囊引绳后端与网囊前端附近的连接方法，一般是将网囊引绳后端的若干米长的绳索绕过网囊前端附近的网周一圈后结扎成类似拖网网囊束绳的活络绳套，如图 7-27 中的 7 所示。

2. 挑竿绳

挑竿绳是装在挑竿梢端与网囊前端之间，起网时牵引网囊的绳索。

关于挑竿绳后端与网囊前端的连接方法，一般与我国两片式有翼单囊拖网的网囊引绳与网囊前端附近的连接方法相似，先在网身与网囊连接处的网周背、腹中点处和网周两侧中点处外面均匀地结扎 4 个绳环，或先在网身与网囊连接处编结一列网目稍大的网环，然后采用一条两端插制有眼环的网囊束绳依次穿过 4 个绳环或一列网环并形成一个绳套后，再与挑竿绳的后端相连接。但拖网的网囊引绳后端连接点是在网囊前端右网侧中点处，而挑竿绳后端连接点是在网囊前端网背中点处。

3. 囊底扎绳或囊底抽口绳

囊底扎绳是结缚在囊底附近处，用于开闭囊底取鱼口的绳索。如图 7-26 中的 8、图 7-27 中的 10

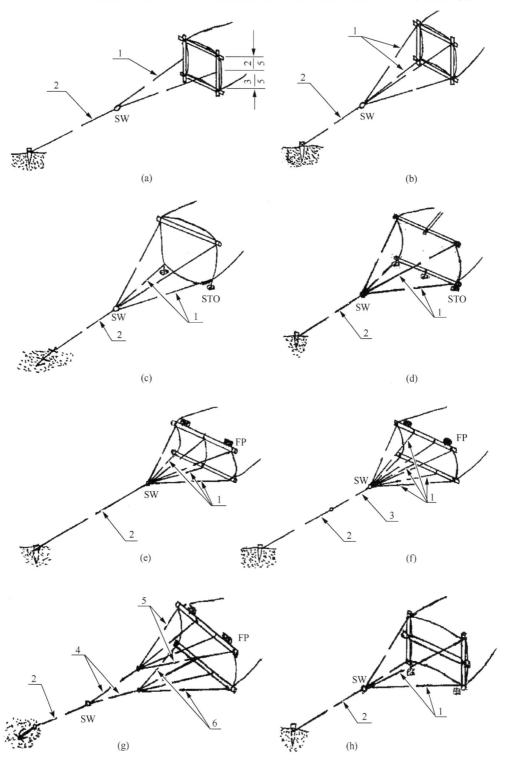

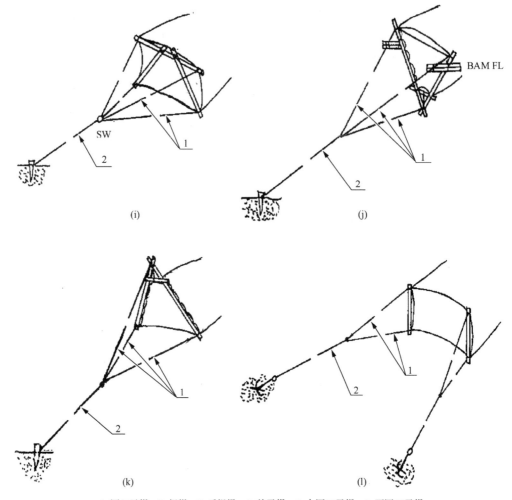

1. 网口叉绳；2. 根绳；3. 后根绳；4. 前叉绳；5. 上网口叉绳；6. 下网口叉绳

图 7-35　网具定置装置绳索示意图

和图 7-29 中的 2 所示，其囊底取鱼口均采用囊底扎绳结缚封闭。单囊张网囊底扎绳的结缚方法，一般采用 1 条长 0.50~3.00 m、直径小于或等于 8 mm 的细绳在离囊底约 0.5 m 处的网周结缚成活络方式，要求绳结既要牢固束紧网周和封闭取鱼口，又要便于抽开取鱼口倒出渔获物。

囊底抽口绳是穿过囊底边缘网目的绳环，用于开闭囊底取鱼口的绳索。囊底抽口绳的装置类似小型罩网的囊底装置，应在单囊张网网囊后缘用稍粗的网线加编 1~2 目稍大目网衣，然后用 1 条长 1.00~5.00 m、直径小于或等于 8 mm 的细绳穿过后缘的网目后将两端插接牢固形成一个绳环。放网前将绳环抽紧并扎个活络结封闭取鱼口，起网至网囊吊上甲板后，抽开活络结即可倒出渔获物。

（四）浮沉装置绳索

浮沉装置绳索是指在单囊张网网具上，用于结扎或连接浮子、浮筒、浮标、沉子和沉石等浮沉装置的绳索，有浮子扎绳或浮子绳、浮筒绳、浮标绳、沉子扎绳、沉石绳等。

三、属具部分

由于单囊张网的型式较多，故张网的属具种类也繁多，可归纳为网口扩张装置、网具定置装置、提取渔获物装置、张网浮沉装置和连接具五部分。下面只着重介绍表 7-1 中属具部分所列出的 17 种属具。

（一）网口扩张装置属具

单囊张网的网口扩张装置属具有多种。小型的单囊张网可采用框架或桁架来扩张网口，中、小型的可采用竖杆来扩张，中、大型的可采用桁杆来扩张，大型的张纲张网采用浮沉力来维持网口的垂直扩张，利用帆布装置的水动力或采用双锚、双桩等来维持网口的水平扩张。

1. 框架

框架是在单囊张网中，撑开和固定网口的框形属具。框架的形状有正方形、等腰梯形和长方形等，如图 7-36 所示。框架一般是由 4 种口杆扎制而成，当框架张网处于作业状态时，处于网口上方的称为上口杆，处于网口左、右两侧的称为侧口杆，处于网口下方的称为下口杆。

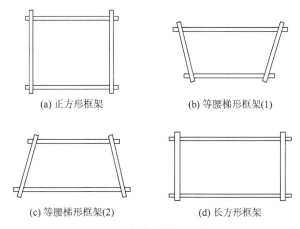

(a) 正方形框架　　　　　　　(b) 等腰梯形框架(1)

(c) 等腰梯形框架(2)　　　　　(d) 长方形框架

图 7-36　框架形状图示意图

（1）正方形框架

在框架型张网中，采用正方形框架［图 7-36（a）］的张网最多。每支口杆一般是 1 支竹竿或木杆组成，也可以由 2 支或 3 支竹竿合束扎制而成。

（2）等腰梯形框架

等腰梯形框架根据其上、下口杆的长短和结构的不同又可分为两种：一种是上口杆比下口杆稍长的，如图 7-36（b）所示。另一种是下口杆比上口杆稍长的，如图 7-36（c）所示。

（3）长方形框架

在框架型张网中，采用长方形框架［图 7-36（d）］的张网。

2. 桁杆

桁杆是在单囊张网网口的上、下边缘，固定网口横向宽度的杆状属具。在桁杆型张网中，中大型的张网一般采用桁杆，小型的张网一般采用桁架。

当桁杆张网处于作业状态时，处于网口上方的桁杆称为上桁杆，处于网口下方的桁杆称为下桁杆。

（1）小型桁杆张网

小型桁杆张网又可根据所使用的桁杆数量不同，分为单桁杆张网和双桁杆张网。单桁杆张网如图 7-13 和图 7-35（c）所示，均只采用 1 支上桁杆来维持网口的水平扩张。双桁杆张网如图 7-12 和图 7-35（d）所示。

（2）中型桁杆张网

中型桁杆张网均为双桁杆张网，其中较小的如图 7-35（e）图所示。

（3）大型桁杆张网

大型桁杆张网均属于双桁杆张网。其中较小的类似图 7-35（g）图所示，稍大的如图 7-37 所示，上桁杆应有较大强度保持不变形而又有一定的浮力，下桁杆应有较大强度保持不变形而又具一定的沉力。

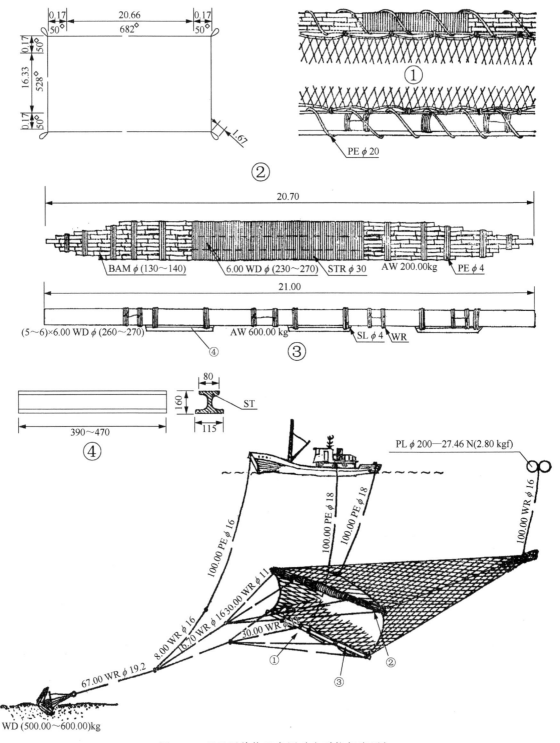

图 7-37　鮟鱇网结构示意图（大型桁杆张网）

3. 桁架

桁架是在单囊张网中，撑开和固定网口的架状属具。采用桁架扩张其网口的张网一般是小型的桁杆型张网，如图 7-35（h）～（k）和图 7-38 所示（桁架属桁杆的一种），桁架由 1 支横档杆和 2 支撑杆构成。

4. 竖杆

竖杆是在单囊张网网口两侧，固定网口纵向高度的杆状属具。

长竖杆张网中的竖杆长度比侧口纲长度长得多，其下部插入海底起定置作用。长竖杆又称为樯杆。由于樯杆起了定置网具的作用，所以樯杆也属于网具定置装置的属具。如图 7-7、图 7-23 和图 7-29 所示。

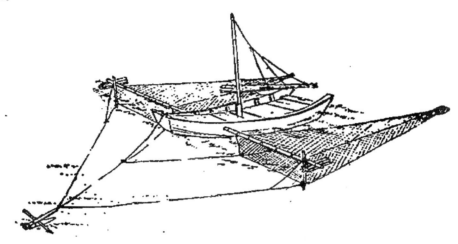

图 7-38 船张桁杆张网（虎网）作业示意图

（二）网具定置装置属具

张网定置装置属具主要是桩、锚和樯杆及其替代品。

1. 桩

桩是定置张网用的较短的杆状属具。

（1）木桩

木桩一般采用柳木、柞木、槐木、杨木和松木等木料制作而成，木桩是一段柱状木料，其大头在上、下端削尖呈锥状或楔尖状，其顶端结构有两种：一种是在木桩顶端向下钻有 33 mm 左右的孔，以便打桩时将孔套进打桩杆下端的导针上，如图 7-39（a）、（b）所示；另一种是在木桩顶端装有柱状的桩柄，以便打桩时将桩柄插入打桩杆下端的导管内，使其在打桩时不易脱离导管，如图 7-39（c）所示。为了方便与桩绳的连接固定，在木桩中上部结构方式有两种：一种是在中部钻有 1 个横孔，如图 7-39（a）所示；另一种是在上部先钻 1 个横孔，后插进 1 条木销，如图 7-39（b）、（c）所示。

（2）竹桩

竹桩的结构形式较多，最简单的是用 1 段竹竿，其大头在上，下端两侧削尖呈倒 U 字形，如图 7-40（a）所示。还有 1 种较简单的是将竹竿小头处削尖成斜楔形，在上部的横孔内插进 1 支木销，如图 7-40（b）所示。在上述结构的基础上，在竹桩大头处两侧各绑上 1 条长度稍短、直径近似的半片竹片，用绳分 3 道绕扎而成，如图 7-40（c）所示。还有 1 种是中间为 1 支毛竹竿，左右两侧各绑

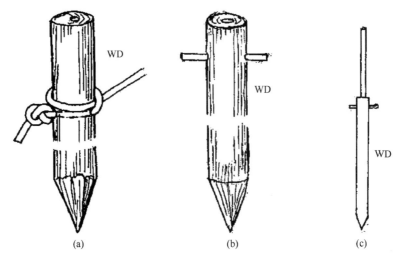

图 7-39　桩结构示意图

上 1 条稍长的竹片，竹片下方呈鸭嘴形，外用单股草篾绳分 4 道绕扎牢，如图 7-40（d）所示。最复杂的是由 3 支等长的毛竹竿组成，其大头处均锯平，下端均削尖成斜楔形，分 5 道用绳绕扎牢。其中 1 支稍大的竹竿的内竹节打通，供打桩时套进打桩的导针上。在另外 2 支竹竿上部的横孔内插入 1 支杂木销，其下部的横孔内插入 1 支钢销，如图 7-40（e）所示。

（3）竹木结构桩

竹木结构桩如图 7-40（f）所示。此桩是以 1 支圆柱状的硬木为芯，外包 2 支稍长的竹竿展平的竹片，在竹片上部用 1 支硬木销贯穿牢固，硬木露出竹片上端 330 mm 部位作为桩柄，在竹片中部和下部用绳绕扎。

综合以上所述，单竹桩一般比木桩细长，复合竹桩比木桩稍粗长，竹木结构桩最粗。竹木结构桩顶端一般留有或钻有眼孔，用于下端带导管的打桩杆打桩。

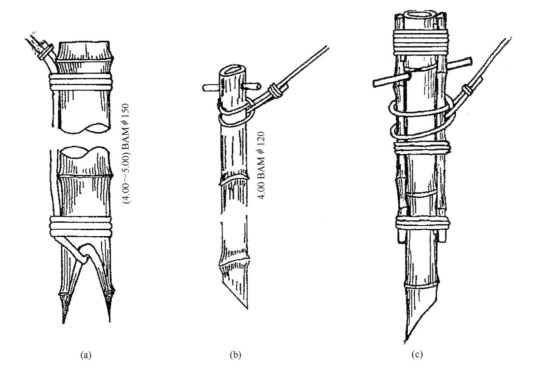

(a)　　　　　　　　　　(b)　　　　　　　　　　(c)

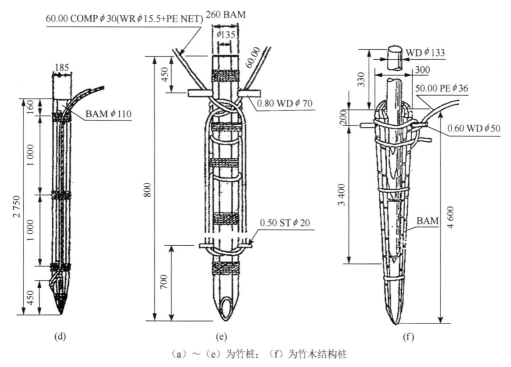

（a）～（e）为竹桩；（f）为竹木结构桩

图 7-40　传统竹桩和竹木桩结构示意图

2. 锚

锚是定置张网的齿状属具。

单囊张网所使用的锚有铁锚和木锚两种。木锚在水中较轻，适用于软泥底质渔场，既有固定力，又不易陷入软泥内，便于操作。在同等固定力条件下，铁锚比木锚小，在渔船上所占甲板面积就比木锚小。铁锚适用于较硬底质渔场，固定牢固。

（1）铁锚

铁锚是定置网具的铁制属具。单囊张网所采用的铁锚如图 7-41 所示。其中一种是较小型的双齿铁锚，质量 18～60 kg，如图 7-41（a）所示，由 1 支锚杆、2 个锚齿和 1 支档杆组成；另一种是中大型的双齿铁锚，质量 100～600 kg，如图 7-41（c）所示，图 7-41（c）是山东荣成的鲅鱇网所采用的大型双齿铁锚，质量 500 kg，锚杆为 3.12 m 长的圆铁杆，锚齿为 0.36 m 宽的铁板，档杆为 2.11 m 长的圆铁管，档杆插入锚杆下端的圆环中，形成如图 7-41（a）所示的形状；还有一种是中型的四齿铁锚，质量 150～350 kg，如图 7-41（b）所示，其结构较简单，只由 1 支锚杆和 4 个锚齿组成。

（2）木锚

木锚是定置网具的木制锚状属具，又可称为椗，是比较原始的锚。我国单囊张网所采用的木锚有单齿和双齿两种，小型和中型的木锚一般采用单齿锚，大型的木锚才采用双齿锚。小型的单齿木锚如图 7-42（a）所示，图 7-42（a）是浙江苍南的抛椗张网所采用的木锚，由 1 支锚杆、1 支锚齿和 1 支档杆组成，均为木质，只在齿头嵌装犁形铁块，质量约 20 kg。中型的单齿木锚如图 7-42（b）所示，是浙江定海的大捕网所采用的木锚，硬木制，质量约 300 kg。图 7-42（b）和图 7-42（a）是比较相似的，均由 1 支锚杆、1 个锚齿和 1 支横杆构成。横杆的安装部位虽不同，但目的一致，都是要保证锚齿不易翻侧而保持固定力。

此外，尚有一些代替桩、锚的特殊定置装置。如草把桩，用竹筐装石头块代替锚，把水泥块或砂袋串在一起代替锚，这种代替锚的石块或水泥块又称为碇。

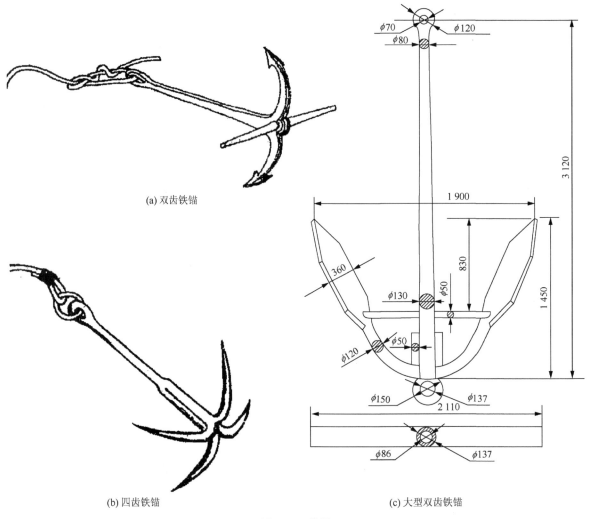

(a) 双齿铁锚

(b) 四齿铁锚

(c) 大型双齿铁锚

图 7-41　铁锚

3. 樯杆

樯杆是定置用的较长的杆状属具。

（1）木樯杆

较大型的樯张竖杆张网一般使用木樯杆，多用松木、柞木、杨木或其他硬木制成。如图 7-7 所示，其固定装置构件为木樯杆和连樯绳。

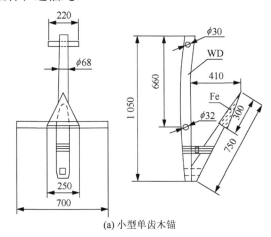

(a) 小型单齿木锚

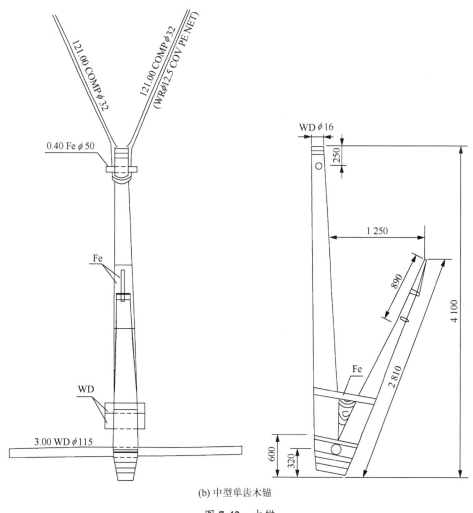

(b) 中型单齿木锚

图 7-42　木锚

（2）竹檣杆

较小型的檣张竖杆张网一般使用竹檣杆，多用毛竹。

（3）中孔钢筋混凝土檣杆

大型的檣张竖杆张网使用中孔钢筋混凝土檣杆，如图 7-23 所示。

（三）提取渔获物装置属具

在单囊张网中，专门用作提取渔获物的属具只有上挑竿，而浮筒、浮标也可用作提取渔获的属具。

（四）张网浮沉装置属具

单囊张网的浮沉装置属具主要是三大类：浮子、沉子和沉石。其他如框架、桁杆、挑竿、浮筒和浮标等也带有使张网浮沉的作用。浮子根据材料不同又可分为球体硬质塑料浮子、软质泡沫塑料浮子、竹浮子和其他大型的或特殊的浮子。沉子有铁块沉子、铁链沉子、陶土沉子、石沉子、水泥沉子等。沉石一般为近似椭球体的天然石块、稍微加工过的近似方体的石块或加工为秤锤形的石块。

1. 张纲型张网的浮沉装置

张纲型张网有单锚张纲张网、双锚张纲张网和双桩张纲张网 3 种型式。

（1）帆张网

江苏启东的帆张网利用上、下口纲上结缚的浮子、大型浮团和铁链的浮、沉力维持网口垂直扩张，故浮子、大型浮团和铁链是帆张网的浮沉装置属具。

（2）大捕网

大捕网利用上、下口纲和上、下根绳上结缚的浮子、大型钢桶、竹浮子、铁链和沉石的浮沉力维持网口的垂直扩张。

2. 框架型张网的浮沉装置

框架型张网有单桩框架张网和单锚框架张网 2 种型式。框架型张网的浮沉装置比较简单，主要属具只有沉石，其他具有浮沉作用的属具有框架、挑竿和浮筒。

（1）沉石

沉石采用天然石块或方体石块，每个质量 5.00～25.00 kg，用沉石绳悬挂于下口杆两端，用以稳定框架和调节网具的沉力。

（2）框架

框架一般采用竹竿扎成，竹竿本身具有浮力。

（3）挑竿

竹竿制作的挑竿除了撑开网身和网囊外，中竖杆和中挑竿本身的浮力还可以稳定网具的作业水层（图 7-43）。

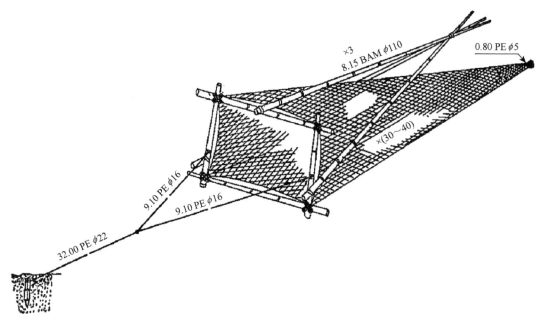

图 7-43　三杠网总示意图

（4）浮筒

浮筒是用浮筒绳连接在张网的上方并漂浮在水面上的大浮子，是网位的标志物。框架型张网所采用的浮筒有两种，一是泡沫塑料浮筒，二是竹浮筒（图 7-44）。

3. 桁杆型张网的浮沉装置

除了桁架张网和船张桁杆张网可不设浮沉装置外，其余张网均需利用浮子、沉子或沉石的浮沉力维持网口的垂直扩张。

（1）小型

小型桁杆张网，上桁杆具有一定的浮力；其下口纲两端的网耳上，均用沉石增加下桁杆的沉力。

（2）中型

中型桁杆张网的桁杆具备的浮力不足以支持网具，还需在上桁杆两端扎上大的泡沫塑料浮子。如下桁杆沉力不足，还要在下桁杆扎上圆铁杆沉子等增加沉力。

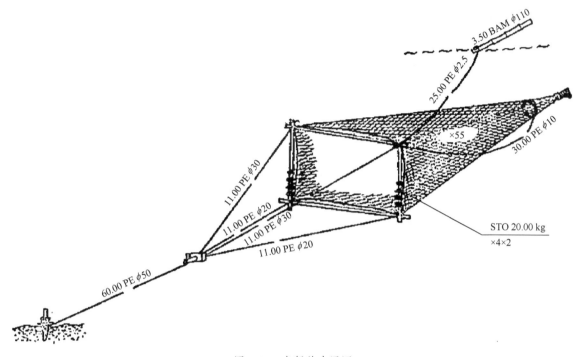

图 7-44 冬艋总布置图

（3）大型

大型的桁杆张网需将多支竹竿分段捆扎成中部粗、两端细的杆束，以增加上桁杆的强度和浮力。下桁杆用多支木杆制成组合杆增加沉力，还在下桁杆下方结缚铁质沉子。此外，尚需用球体泡沫塑料浮子集成的浮筒系在上桁杆两端和网囊前端以增加浮力。

4. 短竖杆张网的浮沉装置

短竖杆张网利用短竖杆来维持其网口的垂直扩张，上、下口纲一般不需装置浮、沉子。

（1）浮子

在叉绳和根绳后端处装有浮子是为了调整和稳定网口的作业水层。

（2）沉子或沉石

张网在网身后部装有沉子或沉石，是为了增加网衣沉力，稳定网具作业状态。

（3）浮筒或浮标

张网装有浮筒或浮标除用以标识网位外，还起辅助起网作用。起网时捞起浮筒和浮筒绳后，可沿着网囊引绳起上网囊。

5. 长竖杆张网的浮沉装置

张网中长竖杆实际上是指樯杆，故长竖杆张网也可称为樯杆张网，简称"樯张网"，则樯张网的渔具分类名称也可以称为"樯张竖杆张网"。

由于樯张网网口的侧口纲结扎在樯杆的中上部，故樯杆起着维持网口垂直扩张的作用；由于樯杆下部插入海底又起着樯张定置网具并维持网口水平扩张的作用。故一般情况下，樯张网不需再设置浮沉装置。

（1）沉子或沉石

在网囊和网身后部设置了沉子或沉石的樯张网，平流时会使网囊下垂，转流后，网身可从网口冲至樯列的另一侧，并继续在反方向迎流张捕。

（2）浮筒

网囊设置浮筒不但可以标识网囊的位置，还可以起辅助起网的作用。起网时只要捞起浮筒，沿浮筒绳即可拉上网囊。

（五）连接具

张网渔具绳索与绳索之间或绳索与属具之间一般直接结扎绑牢，不需用任何连接具。但大型张网采用钢丝绳制成叉绳、根绳，为了牢固和耐用而采用钢丝绳夹和卸扣。

框架型张网和桁杆型张网的叉绳与根绳或后根绳之间，均装有转环或转轴。有的采用铁质双重转环，如图7-45（a）、（b）所示；有的采用铁质转轴，如图7-45（c）所示；有的采用木质转轴，如图7-45（d）所示。转环或转轴的作用是防止网具随流转动扭断根绳。随着时代的进步，木质转轴已逐渐被淘汰。

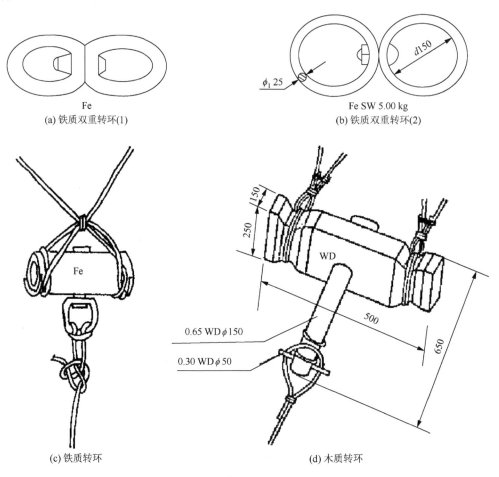

图 7-45　转环、转轴示意图

第三节　单囊张网渔具图

一、单囊张网网图种类

　　单囊张网网图有总布置图、网衣展开图、网口纲布置图、网口扩张装置构件图、局部装配图、浮沉力布置图、零件图、作业示意图等。除了浮沉力布置图、零件图和作业示意图可根据需要确定是否绘制外，其余各图一般均要求绘制。要较完整地表示单囊张网的结构和装配，调查图一般要求绘制在两张 4 号图纸上，第一张绘制网衣展开图、网口纲布置图和网口扩张装置构件图，第二张绘制总布置图和局部装配图等，如图 7-46 所示。单囊张网的身网衣分段较多，或增减目方法过于复杂而无法在网衣展开图中详细标注清楚时，应编制一张"网衣材料规格表"来表示其详细规格。绘制单片张网、有翼单囊张网网图所需绘制的网图种类和图纸数量，与单片刺网、有翼单囊拖网相似。

（一）总布置图

　　总布置图应绘制张网的整体布置结构，并标注网口扩张装置、网具定置装置、提取渔获物装置、浮沉装置等的规格，如图 7-46（b）的下方所示。图 7-46 是毛虾挂子网，其网口扩张装置是框架，此框架的规格难以在总布置图中标注，故只在总布置图中的框架附近用放大符号⑥来表示，把图⑥画成框架构件图并放在图 7-46（a）的右下方，在设计图中应单独绘制。在总布置图中，还需标注网具固定装置的规格，如标注桩的规格（0.85 WD ϕ 150）、根绳的规格（20.00 PE ϕ 22）和叉绳的规格（3.75 PE ϕ 22）。

（二）网衣展开图

　　单囊张网、有翼单囊张网的网衣展开图轮廓尺寸的绘制方法与有囊拖网相同。单囊张网的网衣展开图一般绘制成全展开式。

（三）网口纲布置图

　　单囊张网需绘制网口纲布置图，用以标注网口纲的具体装配布置规格，如图 7-46（a）的左下方所示。这是附有网耳的正方形网口纲布置图，需标注出网角处为扎成网耳而留出的网口纲长度（300 mm）和扎在网角处的网口边缘目数（44 目），还需标注 4 条等长的口纲长度（4000 mm）及其所结扎的网目数（331 目）。若为附有网耳的矩形网口纲，则需绘制出类似如图 7-32 所示的网口纲布置图。若为不附网耳的网口纲，则需绘制出类似图 7-33 所示的网口纲布置图。

（四）网口扩张装置构件图

　　在单囊张网中，框架型张网需绘制框架构件图；大型的桁杆型张网，若其上、下桁杆结构较复杂，则需画出上、下桁杆的构件图，如图 7-37 中的②、③所示。毛虾挂子网的框架构件图如图 7-46（a）的右下方⑥所示，框内的宽（4.00 m）、高（4.00 m）应按比例绘制和标注，还需标注上、下、左、右 4 条口杆的规格。左、右侧口杆附近的框内高度一般是相同的，故只需标注一侧的框内高度即可。

毛虾挂子网（山东　沾化）

16.00 m×10.56 m

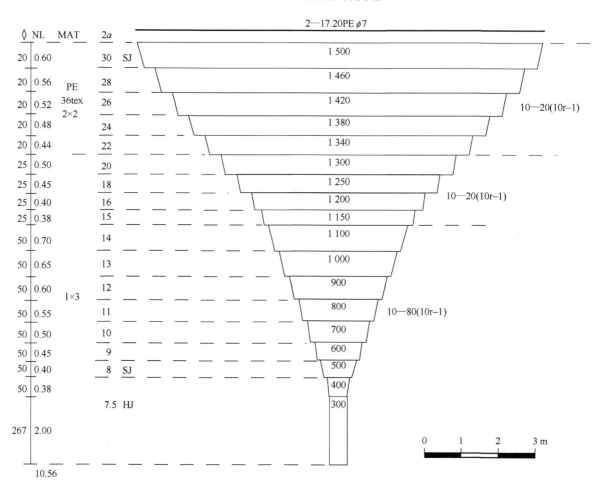

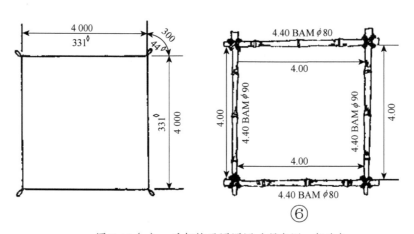

⑥

图 7-46（a）　毛虾挂子网网图（调查图，部分）

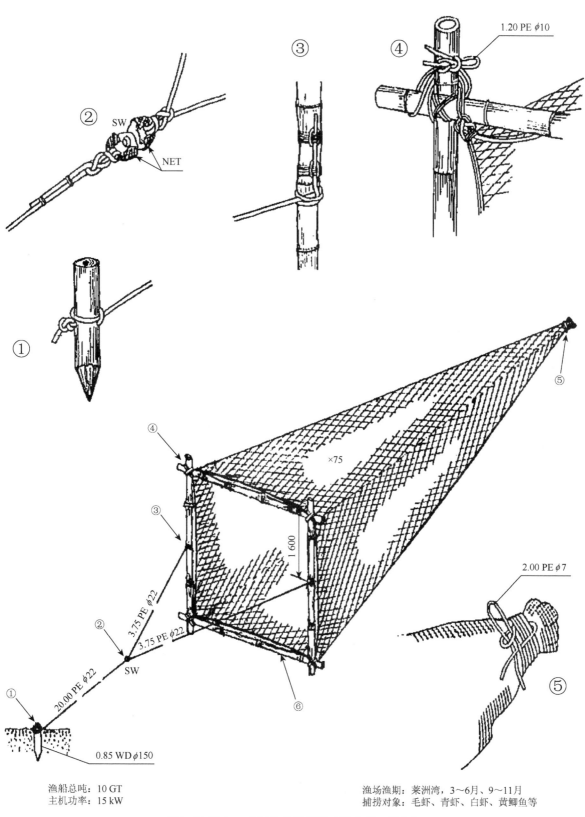

渔船总吨：10 GT
主机功率：15 kW

渔场渔期：莱洲湾，3～6月、9～11月
捕捞对象：毛虾、青虾、白虾、黄鲫鱼等

图 7-46（b）　毛虾挂子网网图（调查图，部分）

（五）局部装配图

单囊张网一般要求绘制根绳与桩、锚等网具固定装置属具的连接装配，如图 7-46（b）中的①所示；要求绘制根绳与叉绳的连接装配，如图 7-46（b）中的②所示；要求绘制叉绳与侧口杆的连接装配，如图 7-46（b）中的③所示。

此外，单囊张网还要求绘制网耳与 4 个框角处的连接装配，如图 7-46（b）中的④所示；网耳是通过网耳扎绳连接到框角上的，还需标注网耳扎绳的规格（1.20 PE ϕ 10）。最后要求绘制囊底扎绳与囊底的连接装配，如图 7-46（b）中的⑤所示，需标注囊底扎绳规格（2.00 PE ϕ 7）。

二、张网网图标注

（一）主尺度标注

1. 单囊张网

单囊张网主尺度标注为：结缚网衣的网口纲长度×网衣拉直总长度。
例：毛虾挂子网 16.00 m×10.56 m（见《中国图集》139 号网）。

2. 单片张网

单片张网主尺度的标注方法与单片刺网相同，即每片网具结缚网衣的上纲长度×网衣拉直高度。
例：海蜇网 54.00 m×11.05 m。

3. 有翼单囊张网

有翼单囊张网主尺度的标注方法与有翼拖网相同，即网口网衣拉直周长×网衣拉直总长（结缚网衣的上纲长度）。
例：大扳缯 91.80 m×59.68 m（51.00 m）（见《中国图集》163 号网）。

（二）网衣标注

单囊张网的身、囊网衣展开图的宽度一般是按全展开方式标注的，各段网衣所标注的网宽目数即为网周目数。

单囊张网和有翼单囊张网的具体网衣标注方法与有囊型网衣相同，单片张网网衣的具体标注方法与单片刺网相同。

（三）绳索标注

网衣展开图中的绳索按渔具制图标注规定进行标注。

（四）属具标注

张网属具的材料、规格均标注在总布置图和局部装配图中。
张网的属具标注大多数在前面介绍过，现只介绍前面没介绍过的如下。

1. 空心钢筋混凝土檣杆

空心钢筋混凝土檣杆规格可用长度（m）（材料略语）、外径 ϕ（mm）（上端处—下端处）和内径 d（mm）（上端处—下端处）、质量（kg）标注，如图 7-23 中的空心钢筋混凝土檣杆的标注为 18.50（ST＋CEM）ϕ（190～130）d（120～230），2000.00 kg。

2. 大型浮团

如图 7-1 所示，大型浮团是结缚在网口上方两侧，并由 40 个硬质塑料带耳球浮装入网袋后捆扎而成的。其规格可用浮子略语 FL（浮子个数、材料略语、每个浮子外径 ϕ（mm）—每个浮子浮力 N）—浮团总浮力 N 标注，如 7-1 中的大型浮团的标注为 FL（40 PL ϕ 270—74.53 N）—2981.20 N。

第四节　单囊张网网图核算

考虑张网渔具大多数属于单囊张网，故本节只介绍单囊张网的网图核算。

单囊张网网图核算的步骤和有翼单囊地拉网相类似，其网图核算包括对各筒网衣的网长目数、编结符号、网周目数和网口纲装配规格。

我国单囊张网网口纲的装配，其上、下口纲的缩结系数一般是相同的，而左、右侧口纲的缩结系数一定是相同的。有的张网，其上、下口纲与侧口纲的缩结系数是相同的，另有半数的张网其上、下口纲与侧口纲的缩结系数不同，或大些或小些。根据有关资料统计，单囊张网的上、下纲缩结系数一般为 0.22～0.51，最小的为 0.16，最大的达 0.70。侧口纲缩结系数一般为 0.22～0.54，最小的为 0.17，最大的达 0.70。网角的缩结系数一般为 0.02～0.10，最小的接近 0，即有些网口边缘在网角处由宽约 0.40～1.50 m 的网衣集拢在一起结扎。下面举例说明如何进行网图核算。

例 7-1　试对毛虾挂子网 ［图 7-46（a）］ 进行核算。

解：

1. 核对各筒网衣网长目数

根据网衣展开图所标注的目大和网长目数可算出各筒网衣的拉直长度如表 7-2 所示。

表 7-2 中经核算后的各筒网衣拉直长度与网图标注的数字相符，各筒长度加起来得出的网衣总长也与网图主尺度数字相符，则证明了表 7-2 所列各筒网衣的目大和网长目数均无误。

表 7-2　网长计算表

名称	筒别	拉直长度/m
身网衣	1	$0.030 \times 20 = 0.60$
	2	$0.028 \times 20 = 0.56$
	3	$0.026 \times 20 = 0.52$
	4	$0.024 \times 20 = 0.48$
	5	$0.022 \times 20 = 0.44$
	6	$0.020 \times 25 = 0.50$
	7	$0.018 \times 25 = 0.45$
	8	$0.016 \times 25 = 0.40$

续表

名称	筒别	拉直长度/m
	9	$0.015 \times 25 = 0.38$
	10	$0.014 \times 50 = 0.70$
	11	$0.013 \times 50 = 0.65$
	12	$0.012 \times 50 = 0.60$
身网衣	13	$0.011 \times 50 = 0.55$
	14	$0.010 \times 50 = 0.50$
	15	$0.009 \times 50 = 0.45$
	16	$0.008 \times 50 = 0.40$
	17	$0.007\ 5 \times 50 \approx 0.38$
囊网衣		$0.007\ 5 \times 267 \approx 2.00$
网衣总长		10.56

2. 核对各段网衣编结符号

身网衣分 10 道减目。在网衣展开图中，身网衣的编结符号只分三段标注，第一段包括 1～5 筒，第二段包括 6～9 筒，第三段包括 10～17 筒。现根据各段网衣的网长目数除以编结周期内纵目可得出各段网衣每道减目的周期数，如表 7-3 所示。

表 7-3　增减目周期计算表

段别	每道减目周期数
身网衣第一段	$20 \times 5 \div (10 \div 2) = 20$
身网衣第二段	$20 \times 4 \div (10 \div 2) = 16$
身网衣第三段	$50 \times 8 \div (10 \div 2) = 80$

表 7-3 中经核算得出的各段网衣每道减目周期数与网图数字相符，说明表 7-3 中各段网衣的每道减目周期数和周期内节数均无误。

3. 核对各筒网衣网周目数

（1）核对网口目数

根据网口纲布置图可算出网口目数为

$$(331 + 44) \times 4 = 1500 \text{（目）}$$

经核对无误。

（2）核对身网衣 2～6 筒大头网周目数

身网衣一段由网长均为 20 目的五筒网衣组成。一段每道共减 20 目，即每筒每道减少目数为

$$20 \div 5 = 4 \text{（目）}$$

身网衣一段分 10 道减目，则 2、3、4、5、6 筒的大头网周目数应分别为

$$1460 - 4 \times 10 = 1420 \text{（目）}$$

$$1420 - 4 \times 10 = 1380 \text{（目）}$$

$$1380 - 4 \times 10 = 1340(目)$$
$$1340 - 4 \times 10 = 1300(目)$$

经核对无误。

（3）核对身网衣 7~10 筒大头网周目数

身网衣二段由网长均为 25 目的四筒网衣组成。二段每道共减 20 目，即每筒每道减少目数为

$$20 \div 4 = 5(目)$$

分 10 道减目，则 7、8、9、10 筒的大头网周目数应分别为

$$1300 - 5 \times 10 = 1250(目)$$
$$1250 - 5 \times 10 = 1200(目)$$
$$1200 - 5 \times 10 = 1150(目)$$
$$1150 - 5 \times 10 = 1100(目)$$

经核对无误。

（4）核对身网衣 11~17 筒大头和囊网衣的网周目数

身网衣三段由网长均为 50 目的八筒网衣组成。三段每道共减 80 目，即每筒每道较少目数为

$$80 \div 8 = 10(目)$$

分 10 道减目，则 11、12、13、14、15、16、17 筒大头和囊网衣网周的目数应分别为

$$1100 - 10 \times 10 = 1000(目)$$
$$1000 - 10 \times 10 = 900(目)$$
$$900 - 10 \times 10 = 800(目)$$
$$800 - 10 \times 10 = 700(目)$$
$$700 - 10 \times 10 = 600(目)$$
$$600 - 10 \times 10 = 500(目)$$
$$500 - 10 \times 10 = 400(目)$$
$$400 - 10 \times 10 = 300(目)$$

经核对无误。

4. 核对网口纲装配规格

（1）核对缩结系数

上、下、侧口纲的缩结系数均为

$$4.00 \div (0.03 \times 331) = 0.403$$

网角处有 44 目集拢在一起，其宽度为

$$0.03 \times 44 = 1.32(m)$$

核算结果，上、下、侧口纲的缩结系数在我国当时的习惯使用范围（0.22~0.51）之内，是合理的。其转角处集拢的网衣宽度也在习惯使用的范围（0.40~1.50 m）之内，也是可以的。

（2）核对网口纲各部分装置长度

该网的网口纲是装成正方形的，根据网口纲布置图可核算出其结缚网衣的网口纲长度应为

$$4.00 \times 4 = 16.00(m)$$

核算结果与主尺度数字相符。

网口纲在网角处各留出 0.30 m 以便扎成网耳，则网口纲的总净长度应为

$$16.00 + 0.30 \times 4 = 17.20(m)$$

核算结果与网衣展开图上方标注的网口纲长度数字相符，说明网口纲各部分装置长度均无误。

第五节　单囊张网材料表与网具装配

一、单囊张网材料表

单囊张网材料表的数量是指一顶网所需的数量。在网图中，除了网口纲、叉绳、根绳和连檔绳一般表示净长外，其他绳索一般表示全长。毛虾挂子网材料表列出如表7-4和表7-5所示。

图7-46中的网线用量计算，可参考第六章中的"网衣材料表说明"。

二、单囊张网网具装配

完整的张网网图，应标注有网具装配的主要数据，使我们可以根据网图进行网具装配。现根据图7-46叙述毛虾挂子网的制作装配工艺如下。

（一）网衣编结

毛虾挂子网的身网衣，从编结符号看，好像是10道纵向减目的圆锥编结网衣，但由于其编结周期内的节数"10"为偶数，故其减目位置不可能处于一条纵线上。在纵向相隔4.5目的减目位置横向最少要相差半目，纵向每隔4.5目减目时，减目位置要向左或向右偏移半目。若减目位置偏左半目，下次要偏右半目，即偏左、偏右相间编结，其减目位置可保持在一条纵线的附近处，故这种编结方法是较麻烦的。纵向增减目网衣，其编结周期内的节数应为奇数，方能使减目位置保持在一条纵线上。若将编结周期(10r–1)2 组改为(9r–1)和(11r–1)，即这次间隔4减一目，下次间隔5目减一目，隔4目、隔5目相间编结，其减目位置可保持在一条纵线上，但这种编结方法仍稍麻烦，在实际生产中极少采用。

表 7-4　毛虾挂子网网衣材料表　　　　（主尺度：16.00 m×10.56 m）

名称	简别	网线规格—目大网结	网目尺寸/目			网线用量/g
			起目	终目	网长	
身网衣	1	PE 36 tex 2×2—30 SJ	1 500	1 460	20	375
	2	PE 36 tex 2×2—28 SJ	1 460	1 420	20	347
	3	PE 36 tex 2×2—26 SJ	1 420	1 380	20	320
	4	PE 36 tex 2×2—24 SJ	1 380	1 340	20	294
	5	PE 36 tex 2×2—22 SJ	1 340	1 300	20	269
	6	PE 36 tex 1×3—20 SJ	1 300	1 250	25	215
	7	PE 36 tex 1×3—18 SJ	1 250	1 200	25	193
	8	PE 36 tex 1×3—16 SJ	1 200	1 150	25	171
	9	PE 36 tex 1×3—15 SJ	1 150	1 100	25	157
	10	PE 36 tex 1×3—14 SJ	1 100	1 000	50	281
	11	PE 36 tex 1×3—13 SJ	1 000	900	50	244
	12	PE 36 tex 1×3—12 SJ	900	800	50	208

续表

名称	筒别	网线规格—目大网结	网目尺寸/目			网线用量/g
			起目	终目	网长	
	13	PE 36 tex 1×3—11 SJ	800	700	50	175
	14	PE 36 tex 1×3—10 SJ	700	600	50	144
身网衣	15	PE 36 tex 1×3—9 SJ	600	500	50	115
	16	PE 36 tex 1×3—8 SJ	500	400	50	89
	17	PE 36 tex 1×3—7.5 SJ	400	300	50	67
囊网衣		PE 36 tex 1×3—7.5 SJ	300	300	267	308
整个网衣总用量						3 972

表 7-5　毛虾挂子网绳索、属具材料表

名称	数量	材料及规格	长度/(m/条)		每条质量/g	合计质量/g	附注
			净长	全长			
网口纲	2 条	PE φ7	17.20	17.60	439	878	左、右捻各 1 条
囊底扎绳	1 条	PE φ7		2.00	50	50	
网耳扎绳	4 条	PE φ10		1.20	59	236	对折使用
叉绳	1 条	PE φ22	7.50	9.50	2 309	2 309	对折使用
桩绳	1 条	PE φ22	20.00	22.00	5 346	5 346	
上口杆	1 根	BAM φ80		4.40			
下口杆	1 根	BAM φ80		4.40			
侧口杆	2 根	BAM φ90		4.40			
木桩	1 个	WD φ50		0.82			硬木制
转环	1 个	Fe φ15					双重转环

（二）网口纲装配

将一条网口纲的前端留出 0.20 m 后，用 0.30 m 长的纲作一个网耳，内扎 44 目。而另一端穿过网口边缘 331 个网目并留出长度 4 m 后，再用 0.30 m 长的纲作一个网耳，内扎 44 目。接着纲端又穿过网口 331 目并留出长度 4 m 后又作一网耳，内扎 44 目。重复共做四次后，剩下的 0.20 m 留头与前端留头互相结缚形成封闭的网口纲。再将另一条网口纲与已结缚在网口边缘的网口纲并拢，每隔 133 mm 扎一档，内含 11 目网衣，缩结系数为 0.403，如图 7-46（a）的左下方所示。

（三）框架制作

将基部直径为 90 mm 的侧口杆放在两侧，其基部均朝向同一边。将基部直径为 80 mm 的上口杆放在两支侧口杆基部的上面，其基部放在右侧。又将基部直径为 80 mm 的下口杆放在两支侧口杆梢部的上面，其基部放在左侧。然后用绳索结缚成内框边长为 4 m 的正方形框架，如图 7-46（a）右下方的⑥所示。如框架采用其他材料制作，则应按相应材料制作工艺进行装配和固定，但要严格保证网口纲的安装尺寸。

（四）网口固定装置

将 4 条网耳扎绳的对折处套进网口的 4 个网耳上，然后结扎在框架的 4 个框角上，如图 7-46（b）中的④所示。

（五）叉绳装配

先将 2 条直径为 22 mm 的乙纶环扣绳分别套在转环的两端上，再将叉绳对折处连接在转环的后环扣绳上，如图 7-46（b）中的②所示。最后将叉绳的两端分别结扎在两支侧口杆上，其结扎处距上口杆为框架内框高度的 $\frac{2}{5}$ 处，即距上口杆为 1.60 m 处，具体结缚方法可详见图 7-46（b）中的③。

（六）桩绳装配

桩绳的一端连接在木桩上，如图 7-46（b）中的①所示。桩绳的另一端连接在叉绳前端转环之前的环扣绳上，如图 7-46（b）中的②所示。

（七）囊底扎绳装配

囊底附近用囊底扎绳结缚成活结，要求既要结绑牢固，又要便于抽解倒出渔获物。结缚方法可参考图 7-46（b）中的⑤所示。

第六节　张网渔法

张网的网具结构种类和作业方式较多，作业渔场条件差异也很大。因此，捕捞技术也有差异。但由于作业基本方法相同，不同类型的张网在生产技术上有很多共同之处。为此以下首先介绍张网作业的一般生产方法，然后再介绍一些有代表性的张网捕捞技术。

一、张网作业的一般方法

张网作业的一般方法，包括打桩、抛锚、挂网和收取渔获物及解网等。

（一）打桩

用桩定置网具的张网作业第一步就是打桩。打桩的方式根据网具的规模和作业渔场的条件的不同而不同，有使用桩头的人力打桩，使用打桩机的半机械打桩，还有机械化程度较高的机械打桩。

目前使用较多的是采用打桩器打桩，如图 7-47 所示。打桩器由导筒、支架和使锤等组成，导筒是由纵向铁条和横向定位圈构成的筒体框架，在打桩过程中用来导向和固定桩位。导筒分为上下两段，上段为使锤的导向，下段为使锤和桩头的导向，导筒下部系结数条绳。纵向铁条的直径为 14 mm，高 4～5 m，小型导筒质量为 110 kg，支架由 4 根钢管组成，每根钢管一端加拉绳弹簧与导筒的上下段结合处相连接，另一端底部焊有圆铁板，以增大支架与海底的接触面，防止支架陷入海底。钢管与导筒之间大致呈 40°夹角，采用活扣连接，能随力的作用自动张合。使锤设置在导筒内，材料为注铅铁锤，呈流线型，大多数质量 100～150 kg，铁锤头部有耳环，连接行索。

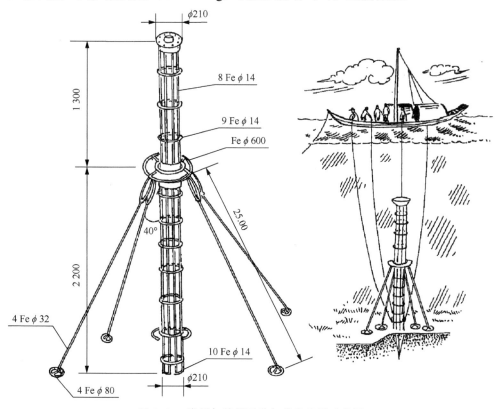

图 7-47 张网打桩器及其打桩作业图示意图

打桩时，先由打桩船选好桩位，装好支架和系结绳索，然后把打桩器放入水中，拉起导筒下部拉绳，倒向拉起打桩器，把桩头装入导筒下部，再松放绳索，一边放下打桩器，一边松开铁锤行索。打桩器沉放到海底后，用绞机驱动铁锤起落进行打桩。调节起落行程，可控制打桩冲击力的大小。每打完一桩，即系上桩头根绳和一个浮筒作为标志。然后升起打桩器，移往下一桩地。

（二）抛锚

用锚固定网具的张网作业的第一步就是抛锚。单锚张网作业抛锚比较简单，渔船到达渔场的预定网位后，船首顶流，将锚从一舷抛出，并松放锚绳至预定长度。也可使渔船横流，在顶流的一舷抛锚。

双锚张网作业抛锚时，需按潮流主流方向决定网口朝向。在平潮时，先在上风或上流处抛出第一枚锚，待其固定海底后，放出锚绳及其他相关联的绳索，如带网绳、提锚绳等，以及浮筒、浮标等属具，根据锚绳、带网绳和提锚绳的松放长度决定两锚之间的间距。当这些绳索被拉紧时，垂直于主流方向抛出第二枚锚。同时回转船首方向，一边绞收带网绳和拉门绳，一边松放第二锚的锚绳及浮筒、浮标等网具。抛锚间距通常视水深和流速而定，水浅流缓，可适当增大间距，水深流急，间距应适当减小。

（三）挂网张网

作业中，都需要先在打好的桩、插好的樯杆和抛下的锚绳上挂网。

框架张网应先在岸上扎敷好，将网具内网绳系在框架角，并连接好叉绳、旋转器等。渔船抵达作业场地后，捞起桩绳、锚绳或根绳、拉门绳等。框架张网需连接好旋转器，把框架推出船舷外使其浮在水面，把网角网耳绳系结在框架角，然后抛出网具。无框架张网将上、下锚绳或桩绳、提锚绳等连接到网具一侧的上、下纲，然后边收提锚绳边放网具，至另一侧的上、下锚绳或桩绳，把另一侧的上、下锚绳或桩绳与上、下纲分别连接好。

（四）收取渔获物和解网

张网敷设完毕后，等待渔获物进网。等待的时间因渔情状况不同而有很大的差异。估计渔获物达到一定数量时，就可收取渔获物，这通常在平潮前进行。

网具敷设在水表层附近的情况下，可直接用挠钩钩取下风侧网具的网衣，顺网拔取囊网，解囊取鱼。用带网绳等纲索敷设的网具，取鱼时以上风舷用绞机绞收带网绳和关联的其他绳索，将网囊绞收到船甲板，解开网囊引绳、扎囊绳以倒取渔获物。当渔获物较多时，另外用卡包绳将渔获物分数次起吊。渔获物收取完毕后，有些张网需进行"翻袋"，即将网囊翻进网身内，待转流后放出网具，网口对准流向，网囊会受流翻出。有些张网需将网具收到甲板上进行整理，待潮流转向时再放网。框架式张网渔获物收取完毕后，框架水平转向 180°，翻出扎好囊网，放出网衣时应使网衣全部转向，以避免网衣纠缠。

解网一般在小潮汛及大风浪天气前进行，因为小潮汛时流速缓慢，张网作业效果差；大风浪时网具易损坏，解网作业过程与挂网正好相反，仅取上网具，在海中留下锚绳和桩绳、浮筒、浮竹及有关的绳索。

二、帆张网生产技术

帆张网是典型的张纲型结构、单锚式作业的张网，在江苏、浙江及福建北部沿海地区得到广泛应用。

（一）网具结构

帆张网的结构特点是利用网口两侧的帆布产生的水动力，支持网口的水平扩张，其网口面积比普通锚张网大，生产效率也较高，现以网具主尺度为 180.0 m×124.98 m 的乙纶手工编制的帆张网为例，介绍其结构。

1. 网衣

帆张网网衣由网身和网囊组成，用乙纶网衣制作，网衣结构和规格如图 7-48 所示。

2. 纲索

纲索种类较多，有网口纲、叉绳、起锚绳等 9 种。

①网口纲。网口纲左右捻各 1 条，乙纶绳，直径 16 mm，长 181 m，质量 23.5 kg。

②叉绳。叉绳由网口两侧起向前为：a. 钢丝绳：网口左右各 1 条，直径 12 mm，长 12.1 m，对折使用；b. 乙纶绳：网口左右各 1 条，直径 24 mm，长 35 m；c. 乙纶绳：左右各 1 条，前端连接铁锚，直径 28 mm，长 20 m。

③起锚绳。起锚绳由乙纶旧网衣捻成，直径 65 mm，长 52 m。

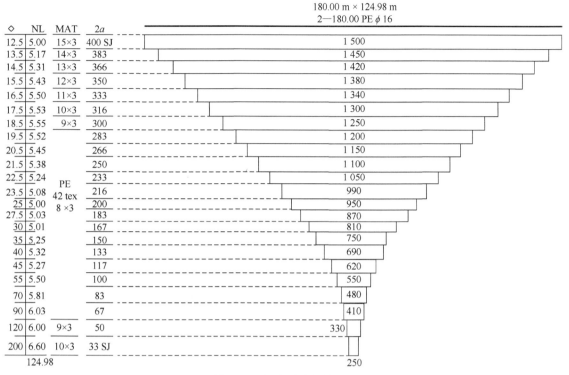

图 7-48　帆张网网衣展开图

④起网绳。起网绳采用乙纶绳，直径 30 mm，长 59 m。

⑤下闭口绳。下闭口绳采用钢丝绳，直径 16 mm，长 125 m，质量 162.5 kg。

⑥左右闭口绳。左右闭口绳采用钢丝绳左右各 1 条，直径 16 mm，长 135 m，质量 175.6 kg。

⑦引扬绳。引扬绳采用乙纶绳，直径 18 mm，长 125 m，质量 20 kg。

⑧浮标绳。浮标绳采用乙纶绳，直径 12 mm，长 15 m。

⑨网囊抽口绳。网囊抽口绳采用乙纶绳，直径 9 mm，长 5 m。

3. 属具

属具包括浮子、沉子、潮帆、撑杆等 7 种。

①浮子。浮子有浮团和大浮子两种，浮团由直径为 27 mm、静浮力 74 N 的球体硬质塑料小浮子组成，共 80 只，分扎成两捆，装置在网口上方的左右两侧；大浮子为直径 370 mm 的硬质塑料浮子，静浮力 103 N，共 4 只，安装在上网口纲。

②沉子。沉子使用铁链或混凝土滚轮及橡胶滚轮，总质量 370 kg，安装在下网口纲上。

③潮帆。潮帆采用锦纶帆布，高 4 m、宽 1.8 m 的潮帆共两块，分别安装在网口左右两侧。

④撑杆。撑杆为直径 70 mm、长 2 m 的铁管，共 8 支，其中 2 支填充成实心，6 支空心。

⑤铁圈。铁圈内径 50 mm，由直径 10 mm 的铁条弯曲而成，共 7 只。

⑥铁锚。铁锚为二爪型，质量 600 kg，1 只。

⑦浮标。浮标为竹竿中部系浮子，基部系铁块或石块，顶端扎 1 面小旗。

4. 渔具装配

渔具装配内容包括网口纲穿入边缘网目、大小浮子结扎等 5 方面工艺。

①将网口纲缘纲穿入网口边缘网目内，与主纲并扎，网口宽 50 m，高 40 m，网衣缩结系数 0.34（4 个网耳各扎 40 目）。

②大浮子均匀分布结扎于上网口纲上，小浮子扎成 2 捆，网口两端各扎 1 捆，并将铁链结扎于下网口纲上。

③两列帆布（潮帆）分别装于网口两侧绳上，每列帆布从上至下均匀分布 4 根铁管（下边 1 根为实心），每根铁管两端系接叉绳。

④下网口纲从左向右在 3/4 长度内结缚 10 只铁圈，左右侧网口纲上各系 20 只铁圈，上下均匀分布，闭口绳从铁圈中穿过。

⑤在网囊前端编结 1 行大网目，供穿结引扬纲，帆张网的网具作业过程如图 7-49 所示。

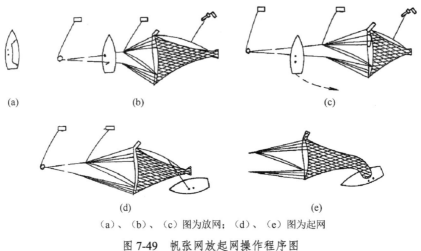

（a）、（b）、（c）图为放网；（d）、（e）图为起网

图 7-49 帆张网放起网操作程序图

（二）生产作业技术

生产作业技术包括渔船与捕捞设备配备、渔场和渔期选择、放网、收取渔获物、起网及网具调整技术 6 方面技术。

1. 渔船和捕捞设备配备

渔船总长 22～26 m，主机功率 88～136 kW，型宽 5～5.5 m，型深 2～2.3 m，总吨位 65～95 GT。船上除了助鱼、导航、通信设备之外，还安装立式绞机 2 台，每船配备船员 15 人。

2. 渔场和渔期选择

帆张网一般选择在大潮期生产，小潮期返港。帆张网全年均可生产，春夏汛在舟山渔场中南部偏外侧作业，其中 4～6 月主捕鲳鱼，兼捕海鳗、马鲛、鲥及虾蟹等，冬汛亦可在舟山渔场捕捞带鱼。

3. 放网

渔船抵达预定渔场后，渔船横流，在顶流舷抛出铁锚，放出锚绳和部分叉绳，同时将起网绳系在左舷缆柱上，待锚受力后，顺次投下网囊、网身、浮标和引扬绳，待叉绳即将放完时，松开起网绳，放网结束，渔船慢倒车退出放网。放网操作顺序见图 7-49（a）～（c）。

4. 收取渔获物

收取渔获物一般在平潮前进行，渔船从网具后面迎流而上，捞起浮标，绞收引扬绳，之后用吊杆将网囊吊至甲板，解开网囊扎绳，倒出渔获物［图 7-49（d）、（e）］。如果生产作业继续在该网位进行，则将网囊整理好，尾部开口扎好后，放回海中，即可继续生产作业。

5．起网

当需要转移渔场或该航次结束返航时，需要将网具全部收起。起网时先用绞机绞起起网绳，部分船员在船舷拔叉绳，叉绳拔完后，将网口部分的潮帆、浮子、沉子等吊起，然后拉上网身、网囊、引扬绳、浮标。上述操作完成后可绞起铁锚，起网完毕，随后转移渔场或返港。

帆张网作业过程中，有时需要移动网位。这种情况一般不进行上述起网操作，而是先起锚，待锚绞至船舷固定好后，使网在水中与船一起漂流，当到达合适位置后，再抛下锚，重新开始作业。

6．网具调整技术

帆张网作业中的网具调整技术是捕捞生产技术中重要的组成部分。因此，加强渔具、渔法调整的研究，都是提高帆张网捕捞效果的重要措施之一。帆张网的网具调整主要有网具轻重调整和浮沉力调整。

帆张网设计中的浮沉力配备是针对一般情况而言，对于不同渔汛、不同捕捞对象，不同汛期，其浮沉力要适当调整，以适应其变化。

网具轻重调整主要根据网具沉子纲触底程度及网口高度的情况，进行恰当调整，对网具的渔获性能起到直接影响。

①网具轻重的判别。网具重：渔获物中底层鱼多，而中上层鱼少；网具不易转流；缓流时不见浮标浮出水面。网具轻：渔获物中上层鱼多，底层鱼少，产量低，网具作业不稳定，出现不规则刺鱼现象；流急时浮团不沉没。

②浮沉力调整。浮沉力调整要看大小潮汛和主要捕捞对象。大潮汛时流急，浮力受到制约程度大，因此要加大浮力，以提高网口高度，增加渔获量。而小潮汛时流缓，网口不易转流，因此应适当减轻沉力，但要沉子触底。主捕中上层鱼类（白鲳、鲌）时，浮力应适当大些，主捕中下层鱼类（黄鲫、海鳗），浮力应适当小些，沉力大些。

（三）作业中发生事故的原因和预防

作业中发生事故的原因和预防内容包括锚移位原因与预防、破网原因与预防。

1．锚移位原因与预防

锚移位原因主要有：①网具规格与锚不匹配，网大锚小；②潮帆装配不当，冲角大，潮帆阻力大；③底质差，在沙质、烂泥地海域生产，锚抓力差（锚抓力系数泥质地10～12，沙质地6～8）；④流速太快，大潮汛时在沙槽中作业；⑤叉绳长度短，没有达到要求（6～8倍水深）；⑥大风浪天气，渔获物多，未能及时取渔获物，网具阻力大。

锚移位的预防概括起来的措施有：①网具规格应与锚相配；②潮帆装配应按要求进行，在作业中可调整叉绳内外绳长度比值，使冲角变小，或拆卸潮帆中段帆布，以减轻潮帆阻力；③避开底质差的海域；④大潮汛时应避开沙槽急流区；⑤叉绳长度应为作业渔场水深的6～8倍，以增加锚的固定力；⑥适时取渔获物，以减轻网具阻力。

2．破网原因与预防

破网原因主要有：①网口高度大于作业渔场水深，侧口纲后坠度过大，网衣臃肿堆积，耳网衣受力太大而造成破网；②力纲装配不当，起不了加强网衣强度的作用，或装配错误；③操作不当，风浪天气绳索网具纠缠导致破网；④网具不能随潮流转向而引起破网；⑤水流速度大，渔获物多，网具阻力大，网衣强度不足而造成破网，尤其是线面积系数小的旧网；⑥修补不当或错误。

破网预防归纳起来有如下措施：①作业时网口高度应略小于作业水深，而且要注意潮差，如网高水浅，可收短网口高度（折叠潮帆即可）；②力纲装配得当，受力均匀；③在大风浪天气作业时网具绳索要整理得有条有序，谨慎操作；④注意网具与流向，如不能顺利转向，应提起锚绳，使网具转过来，如果还不行，就要起网；⑤适当选择作业区域，急流区尽量避开，尤其是使用旧网的情况；⑥网具修补要正确。

第七节　张网设计理论

张网类渔具是我国分布广、数量大、种类多的一种传统定置渔具，也是沿岸和内陆水域的重要渔具之一。由于张网定置装置在张网渔具中起着举足轻重的作用，为此设计计算定置装置是一项非常重要的工作。

一、沉石和砂囊的固定力

在部分张网中用沉石和砂囊定置网具。沉石直接使用大的成形石块，将其修凿成一定形状，并开有系绳孔。砂囊是使用稻草或其他材料囊袋盛满沙石、沙土或以大网目网袋盛满石块等制成。混凝土锚以钢筋混凝土浇制成块体，经改进后可制成带爪混凝土锚。

将水中沉力为 Q 的沉石或砂囊系结在长度（l）为水深（h）n 倍的砂囊绳（即根绳）上，绳索一般系在具有足够浮力的浮子上，以平行水面方向拖曳，当以拉力 T 开始拖动砂囊时，T 与 Q 的比值即为该砂囊的固定系数 k，T 称为此时砂囊的固定力，如图 7-50 所示。

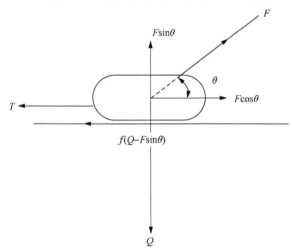

图 7-50　砂囊受力分析图

$$n = \frac{l}{h} \tag{7-1}$$

$$k = \frac{T}{Q} \tag{7-2}$$

$$T = F\cos\theta = f(Q - F\sin\theta) \tag{7-3}$$

式中，f 为砂囊与海底的静摩擦系数。

为了保持砂囊或沉石固定不动，其重力应满足下列条件。

$$Q = F\left(\sin\theta + \frac{\cos\theta}{f}\right) \tag{7-4}$$

固定系数 k、摩擦系数 f 与比值 $n = l/h$ 之间的关系如下：

$$k = \frac{T}{Q} = \frac{f(Q - F\sin\theta)}{Q} = f\left(1 - \frac{F}{Q}\sin\theta\right)$$

$$\frac{1}{f} = \frac{1}{k}\left(1 - \frac{F}{Q}\sin\theta\right)$$

$$= \frac{1}{k} - \frac{1}{k}\cdot\frac{F}{Q}\sin\theta$$

$$= \frac{1}{k} - \frac{F}{T}\sin\theta$$

$$= \frac{1}{k} - \frac{F}{F\cos\theta}\cdot\sin\theta$$

$$= \frac{1}{k} - \tan\theta$$

$$\therefore \frac{1}{f} = \frac{1}{k} - \tan\theta = \frac{1}{k} - \frac{1}{\sqrt{n^2 - 1}} \tag{7-5}$$

当砂囊或沉石的固定力为静摩擦力时，式（7-5）中的右项大体上为一定的数值。表 7-6 为水中沉力 511.56 N 砂囊实测的系数 k 和 $\dfrac{1}{k} - \dfrac{1}{\sqrt{n^2 - 1}}$ 的计算值。

表 7-6　砂囊的固定系数 k 和 $\dfrac{1}{k} - \dfrac{1}{\sqrt{n^2 - 1}}$ 的计算值

n	固定系数 k				平均	$\dfrac{1}{k} - \dfrac{1}{\sqrt{n^2-1}}$	f
	1 砂囊横向拖曳	1 砂囊纵向拖曳	2 砂囊横向拖曳	2 砂囊纵向拖曳			
1.0	0.15	0.18	0.21	0.21	0.19		
1.5	—	—	—	—	—	—	—
2.0	0.63	0.60	0.65	0.72	0.65	0.96	1.04
3.0	0.68	0.75	0.77	0.81	0.75	0.98	1.02
4.0	0.80	0.72	0.80	0.84	0.79	1.00	1.00
5.0	0.80	0.75	0.85	0.86	0.82	1.02	0.98
6.0	0.77	0.85	0.78	0.79	0.80	1.08	0.93

从表 7-6 可看出，摩擦系数 $f \approx 1$，比空气中固定摩擦系数大得多，n 从 1 增至 2～3，固定系数 k 随 n 的增加而迅速增大；n 超过 3 时，k 值增加速度减缓或下降。

有时将 2 个砂囊连接使用，如图 7-51 所示。

图 7-51（a）为 2 个砂囊均在海底的情况，这时

$$T = f\left(\frac{Q}{2}\right) + f\left(\frac{Q}{2} - F\sin\theta\right) = f(Q - F\sin\theta) \tag{7-6}$$

式（7-6）与式（7-3）相同，说明这种情况与单砂囊情况相同。

图 7-51（b）为 1 个砂囊在纲索张力 F_1 作用下离开海底时，它与海底间呈 θ_1 角。这时，离开海底的砂囊的平衡方程为

$$F \cos \theta = F_1 \cos \theta_1$$

$$F \sin \theta = \frac{Q}{2} + F_1 \sin \theta_1$$

接触海底的砂囊的平衡方程为

$$F_1 \cos \theta_1 = f\left(\frac{Q}{2} - F_1 \sin \theta_1 \right)$$

消去 F_1 和 θ_1，可得

$$T = F \cos \theta = f\left(\frac{Q}{2} - F_1 \sin \theta_1 \right) = f\left[\frac{Q}{2} - \left(F \sin \theta - \frac{Q}{2} \right) \right] = f(Q - F \sin \theta) \qquad (7\text{-}7)$$

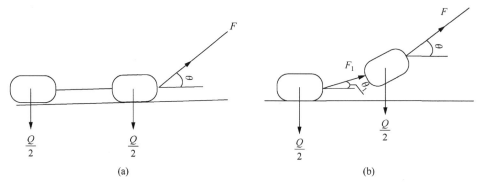

(a)　　　　　　　　　　　　　　　　(b)

图 7-51　双砂囊受力分析图

式（7-7）与式（7-3）也相同，说明这种情况与单砂囊情况相同。

当砂囊的体积很大，砂囊根绳张力作用点 O 与砂囊重心 δ 不在同一位置时，如图 7-52 所示，将产生 $F_x \alpha$ 与 $T\alpha$ 力偶，使砂囊转动。

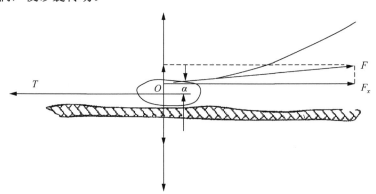

图 7-52　大砂囊产生的力偶示意图

据试验测定，砂囊根绳越长，固定系数越大，同时，固定系数值随着底质不同而变化，砂囊的实际固定力约为砂囊沉力的 60%～70%。

随着砂囊和沉石投放海底时间的增长，其固定力也增大，但是在硬质海底，砂囊或沉石不会下陷，不会产生这种效应。

混凝土锚的固定力约比同重力的砂囊大 50%，带爪混凝土锚中爪有各种类型，它的固定力比不带爪的混凝土块大，带爪混凝土锚增大的固定力由爪的固定力产生，主要受爪的角度和面积的影响。

二、锚和桩的固定力

锚和桩的固定力由锚爪的固定力产生，不同类型的锚其固定力也不同，为了达到相同的固定力，也可将砂囊转变成其他锚来计算。

（一）锚和桩的固定力分析

铁锚和木桩的固定力由锚爪的固定力产生，即由锚爪周围的沙土压力产生，其大小大致与锚爪的面积成正比，也与支持锚爪的土层厚度大致成正比。锚爪契入海底的方式，随锚杆与锚爪间夹角及海底底质的不同而不同。在硬质海底使用时，铁锚或木桩的固定力极小，在使用中应充分加以注意。

图 7-53 为锚抛到海底时锚爪尚未楔入海底的情况，图中锚爪面切线与海底面之间的夹角为小冲角或固定角，当锚在水中的沉力 Q 与锚绳拉力 T 的合力 R 的作用线恰好与锚爪两切线一致时，这时的角为最佳冲角，此时锚爪最易楔入海底砂泥中。

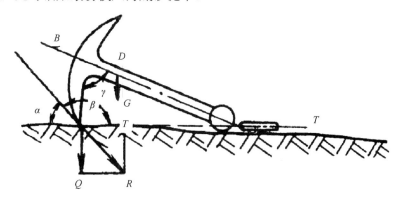

图 7-53　锚抛到海底时受力分析图

当锚爪楔入海底及锚绳适当曳动后，锚的形状如图 7-54 所示，锚杆与海底倾斜成交角 θ。锚绳受力时，锚爪面受砂泥土层的阻力，即为锚的固定力或爬驻力。该力 F 与锚爪面积 S 成正比，与支持锚爪的土层厚度 d_{OH} 也大致成正比。设锚杆中心线与爪面间的夹角为 α，则

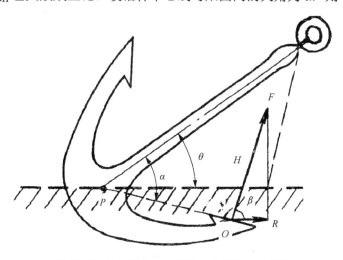

图 7-54　锚的固定力示意图（许柳雄，2004）

$$d_{OH} \backsim \tan(\alpha - \theta)$$

同时，固定力 F 和固定系数 k 均存在下列关系：

$$\left. \begin{array}{l} F \backsim \tan(\alpha - \theta)\sin(\alpha - \theta) \\ k = c\tan(\alpha - \theta)\sin(\alpha - \theta) \end{array} \right\} \tag{7-8}$$

式中，c 为参数。

根据式（7-8），结合实测和计算得出表 7-7 和图 7-55。从上述表、图中可看出，在相同的 α 角下，θ 角越小，固定系数 k 越大。

表 7-7 锚的固定系数 k 值随 θ 和 n 值的变化（许柳雄，2004）

锚纲长度与水深的比值 n	锚纲与海底面间夹角 θ	爪面与海底面间夹角 $\alpha - \theta$	$\tan(\alpha-\theta)\sin(\alpha-\theta)$	k			
				砂	砂泥	泥	平均
1.0	—	—	—	0.26	0.23	0.11	0.20
1.5	41°	29°	0.26	1.10	1.90	0.60	1.20
2.0	30°	40°	0.53	1.90	3.27	1.99	2.39
3.0	19°	51°	0.97	4.37	4.40	3.29	4.02
4.0	14°	56°	1.21	—	5.50	5.11	5.31
5.0	11.5°	58.5°	1.38	5.83	5.15	6.46	5.81
6.0	9.5°	60.5°	1.65	—	—	—	6.07

*锚爪角 $\alpha = 70°$。

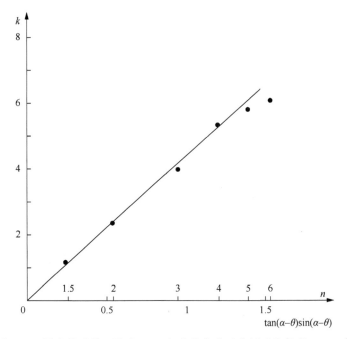

图 7-55 固定值系数 k 随（$\alpha - \theta$）值的变化示意图（许柳雄，2004）

若 α 角过大，把锚投放到海底牵引时，锚爪难以刺入海底，使支持锚爪的土层厚度减少，固定力减少。因此，在投锚至海底时，应调节锚绳长度，使锚爪刺入海底。当 α 为某一值时，固定系数达到最大值。

图 7-54 中的 β 角为锚杆头和锚爪尖的连线与爪面法线之间的夹角，它与 α 角直接相关，表 7-8 列出在不同的 β 角和 n 下，锚的固定系数的变化。从表中可看出，不管锚绳长与水深的比值（n）如何改变，当 $\beta = 110° \sim 120°$ 时，固定系数最大。

表 7-8 锚的固定系数 k 值随 β 角和 n 的变化（许柳雄，2004）

β	n			
	2.0	3.0	4.0	5.0
140°	2.2	3.0	3.5	3.9
130°	2.1	2.9	3.5	3.6
120°	2.8	3.1	3.9	4.5
110°	2.8	3.7	3.7	4.1
100°	2.7	3.1	3.6	3.7
90°	1.9	2.5	2.8	2.8

在水中沉力相同，α 角大致相等的锚，锚爪的面积越大，固定系数也越大，如图 7-56 所示。

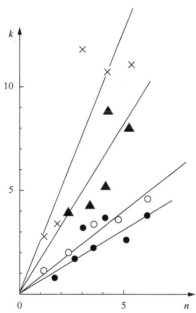

图 7-56 不同锚爪面积下锚的固定系数 k 与 n 值的关系（模型试验）图

图中带有四种符号的图线，表示模型试验用的 θ、α、锚沉力及锚爪面积如表 7-9 所示。

表 7-9 不同锚爪的实验数据（许柳雄，2004）

	●	×	○	▲
θ	100°	130°	150°	135°
α	30°	35°	0°	25°
锚水中沉力/mN	46.1	57.8	52.9	56.8
锚爪面积/mm²	14	27	11	22

例如，带有"×"符号的图线，因锚爪面积 27 mm² 最大，所以它的固定系数 k 也最大。同时，同类型的锚，底质不同，固定系数也不同，见表 7-10。

表 7-10 不同底质下锚的固定系数 k（许柳雄，2004）

底质	锚型	n			
		1.5	2.0	3.0	5.0
砂砾	铅首锚	3.4	3.9	3.5	3.9
泥底	船首锚	9.0	8.1	6.8	6.6
泥底	四爪锚	5.1	5.7	5.6	5.8

（二）不同类型锚的固定力

张网作业中使用的锚类型较多，常见的有十字锚（600 kg 型）、运转锚（150 kg 型）和双爪锚（88 kg 型）。

目前在帆张网的渔业上，普遍使用的是横杆二齿锚，它由锚柄、锚齿、锚杆和锚扣等组成，在锚杆上装有活动或固定的横杆，保障一齿着底，工作时一个锚齿楔入泥土。这种锚具有较大的固定力，结构简单，造价低廉，操作方便。

投锚时需要松放一定长度的锚链余量，使锚附近的链能平卧海底，产生一定的固定力，一般类型的锚和链的固定力可用式（7-9）计算：

$$P = kQ_a + k'Q_cL \tag{7-9}$$

式中，　k——锚的固定系数；

　　　　k'——链的固定系数：

　　　　Q_a——锚的沉力（N）；

　　　　Q_c——锚链单位长度沉力（N/m）；

　　　　L——链长（m）。

锚和链的固定系数与底质有关，如表 7-11 所示。

表 7-11　不同底质的锚和链的固定系数

固定系数	干泥	硬泥	砂泥	砂	砂贝	小石	岩
k	10	9	8	7	7	6	5
k'	3	2	2	2	2	1.5	1.5

上述的十字锚、运载锚和双爪锚，与砂囊混凝土锚及其他类型的锚相比，其固定力要大得多，这与锚沉力、锚爪面积、锚爪与锚杆夹角等有关。

此外，还有一类 M 式锚和带爪混凝土锚，M 式锚爪刺入海底的深度与爪长之比为插入率，在渔场实际投锚后，不同的地址，插入率不同。M 式锚在沙质底插入率为 0.40～0.50，砂泥底质为 0.50～0.60，浮泥底质为 1。在不同的锚绳长与水深的比值（n）下，固定系数 k 产生变化。无论何种底质，锚着底并移动 1 m 后均出现最大的固定力。在沙质底渔场，M 式锚的固定力约为砂囊沉力的 3 倍。

（三）砂囊与锚的固定力转换

从砂囊转换成其他锚的基本公式如下（设土质为沙，锚纲长度为水深的 3 倍）

$$锚沉力 = 砂囊沉力 \times \frac{砂囊的固定系数}{锚的固定系数} \tag{7-10}$$

例如，将质量为 1000 kg 的砂囊换成其他类型的锚，这时，砂囊水中沉力为

$$1000 \times \left(1 - \frac{1}{\rho}\right)g = 1000 \times \left(1 - \frac{1}{1.8}\right) \times 10 = 4.41 (kN)$$

换成混凝土锚：540 kg（砂囊质量的 1/2 左右）。

换成带爪混凝土锚：466 kg（砂囊质量的 1/2 左右）。

换成三角爪的十字锚：45 kg（砂囊质量的 1/20 左右）。

但是，实际上十字锚做成爪长 1.5 m 的正三角形锚爪，100 kg 以下的小型锚只能取大型锚固定系数的 1/2。

沙质海底锚的固定力最大，这时双爪锚与砂囊的对应质量关系见表 7-12。

表 7-12　双爪锚与砂囊质量的对应关系　　　　　　　　　　（单位：kg）

双爪锚质量	砂囊质量
50～60	1 000
70～80	1 300
100～110	1 500
140～150	2 000

当底质为泥沙质时，锚的固定力比沙质海底小，这时需要修正。大、中、小型锚的修正量如表 7-13 所示。

表 7-13　在泥沙质海底时锚的质量与修正量的关系

锚的质量/kg	在泥沙质海底时的修正量/%
>100（小型锚）	40～50
100～200（中型锚）	30～40
200～300（中型锚）	20～30
>300（大型锚）	约 10

表 7-13 说明，底质对 300 kg 以上的大型锚影响较少。总之，底质对锚的固定力的影响有很多因素，有条件时应尽可能实测。同时，为了有效地发挥锚的固定力，应尽可能使锚绳长度达到水深 3 倍以上。

三、桩柱的固定深度

桩张网的敷设是利用桩固定的，桩被打入海底以后，依靠其周围泥土对其打入部分的压力固定。图 7-57 中，G 为泥土三棱体的重力，B 为桩打入海底时泥土的水平作用力，R 为三棱体 ON 面的正压力。当桩固定时，三力达到平衡。由此可以得出桩打入海底所需的深度 h。根据力的平衡，泥土的水平作用力：

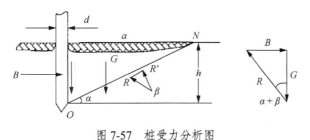

图 7-57　桩受力分析图

$$B = G\tan(\alpha + \beta) \qquad (7\text{-}11)$$

式中，α——ON 面与海底面间的夹角；

　　　β——海底天然斜面角即摩擦角。

泥土三棱体的质量

$$G = \frac{1}{2}ahdr$$

式中，r——底质的密度；

d——桩的直径；

a——泥土三棱体的长直角边；

h——桩打入海底深度。

桩的粗度按桩露出部分所受的最大弯矩 $M_{\max}$ 计算。设桩的许用抗弯应为 $[\sigma]$，则桩的直径为

$$d = 3\sqrt{\frac{M_{\max}}{0.1[\sigma]}} \tag{7-12}$$

因为 $a = hc\tan\alpha$ ，所以 $G = \frac{1}{2}drh^2c\tan\alpha$ 。

$$B = \frac{1}{2}drh^2c\tan\alpha \cdot \tan(\alpha + \beta) \tag{7-13}$$

为了取得最大水平作用力 B，设 $\dfrac{\mathrm{d}B}{\mathrm{d}\alpha} = 0$，得 $\alpha = 45° - \dfrac{\beta}{2}$ 。

整理以后可得桩打入海底深度：

$$h = c\tan\left(45° + \frac{\beta}{2}\right)\sqrt{\frac{2B}{dr}} \tag{7-14}$$

在水深小于 10 m 的海域，常常用桩铺设张网，桩的强度计算也很重要。为了简化张网联结件强度尺寸的计算，用假设的水流代替实际的水流，其中从海底到水面的流速为定值，方向垂直于网墙。水流速度的大小，根据建网铺设水域的条件给出，而水动力按常规方法计算，并考虑波浪的作用和沉积物对网衣可能产生的阻塞作用。假设建网各部分的形状相当于设计情况，不计因水流而发生的变形。

网墙一个桩柱所承受的负荷 $R_{\text{C·K}}$ 为

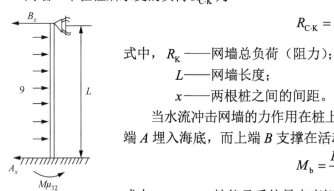

图 7-58 桩柱计算图

$$R_{\text{C·K}} = R_{\text{K}}\frac{x}{L} \tag{7-15}$$

式中，R_{K}——网墙总负荷（阻力）；

L——网墙长度；

x——两根桩之间的间距。

当水流冲击网墙的力作用在桩上，桩是一根静止不动的梁（图 7-58），其下端 A 埋入海底，而上端 B 支撑在活动支座（张纲）上。其最大弯矩近似等于

$$M_{\text{b}} = \frac{R_{\text{C·K}}H}{8} \tag{7-16}$$

式中，M_{b}——桩能承受的最大弯矩（N·m）；

H——桩柱高度（m）。

相应地，桩需要的直径为

$$d = 3\sqrt{\frac{M_{\text{b}}}{0.1\sigma_{\text{b}}}} \tag{7-17}$$

式中，σ_{b}——弯曲许用应力（N/m²）。

网圈用桩直径与网墙用桩的直径相同。根绳断裂时，桩的负荷相当悬臂梁，而弯矩成为

$$M_{\text{b}} = \frac{R_{\text{C·R}}H}{2} \tag{7-18}$$

即增大到 4 倍。所以，在最危险的地方，边角处的桩用 2～3 根张纲固定。

桩柱必须埋入海底的深度 h 按近似公式确定，即

$$h = 1.4\sqrt{\frac{R_{\text{C}}}{rd}} \tag{7-19}$$

式中，R_{C}——桩的负荷（N）；

$\quad\quad d$——桩的直径（m）；

$\quad\quad r$——海底底质重度（N/m³）。

对于渗水的底质，r 值约为 18 000 N/m³。

张纲张力 T 可按下式决定：

$$T = \frac{R_{\text{C}}}{2\cos\alpha}$$

（7-20）

式中，α——张纲与水平线的夹角。

第八节　张网网具的选择性装置研究

澳大利亚昆士兰的渔民在张网捕虾作业过程中，发现渔具捕获了一些不需要的渔获物，如大个体红鱼等，这些兼捕不仅影响了目标渔获的质量，而且还造成堵塞集鱼部入口的现象。为此，当地渔民开发了一种类似虾拖网渔具中的硬分隔栅来解决兼捕渔获物（图 7-59）。

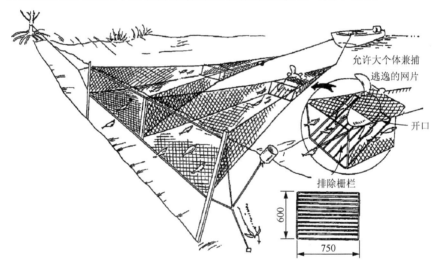

图 7-59　澳大利亚昆士兰渔民开发的张网渔具选择性装置示意图

据当地渔民反映，这种装置有效地使大个体鱼类从逃逸窗口逃逸，只有当虾类个体足够大时才会被对虾堵塞，有时大个体的水母也会从上面的逃逸窗口逃逸。

张网渔具是我国沿海常见的作业方式，渔获物种类繁杂。东海区张网渔具的渔获物中，幼鱼比例较大。彭永章等发现，春夏汛幼鲳比例达到 3/4。为此，他们进行了疏目囊头张网的试验开发，该网具在释放幼鱼方面具有良好性能，释放幼鲳 51.25%，释放幼体大黄鱼达 38.31%。试验后，该种网具得到了广泛的应用（孙满昌，2004）。

习　　题

1. 试写出你所在省、市、区海洋渔具的图集或报告中各种张网的渔具分类名称及其渔具分类代号。
2. 试列出《中国图集》150 号张网的构件名称及其数量。

提示：网绳 15.00 PEϕ6.7。

3. 试核算《中国图集》132 号张网网图。

解：（1）核对各筒网衣网长目数（略）。

（2）核对各筒网衣编结符号。

（3）核对各筒网衣网周目数。

①核对网口目数

②核对身网衣 2～6 筒大头网周目数

（4）核对网口纲装配规格。

①核对缩结系数

②核对网口纲长度

第八章 钓具类渔具

第一节 钓具捕捞原理和型、式划分

钓具在我国渔业中，具有悠久历史，考古已发现古代用动物骨、角作钩的原始钓具。商、周时期就有所谓"钓之六物"（钩、纶、竿、饵、浮子和沉子）的记载，宋朝邵雍在《渔樵问对》一书中对竿钓渔具已有完整记述，这些都说明钓具在我国起源很早，并在渔业发展过程中起过重要作用。

我国海洋钓具类分布甚广，遍及沿海各省、自治区、直辖市，钓具结构和作业方式较多，是我国海洋的五类主要渔具之一。钓具既是历史悠久的传统渔具，又是当前选择性强、有利于保护幼鱼资源和进行旅游开发的渔具。

钓具是用钓线结缚装饵料的钩、卡或直接缚饵引诱捕捞对象吞食从而达到捕捞目的的渔具。它的作业方法是用系结在钓线上的钓钩，装上具有诱惑性的钓饵（真饵或拟饵），或用钓线直接结缚钓饵，投放于捕捞对象活动的海域中，利用捕捞对象的食性，引诱捕捞对象吞食或抱食而使其被钩挂在钓钩上，或利用蟹类钳夹饵料不放的习性而使其被钓获，如图 8-1 至图 8-3所示。

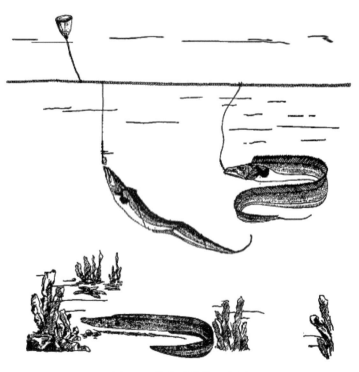

图 8-1 带鱼延绳钓示意图

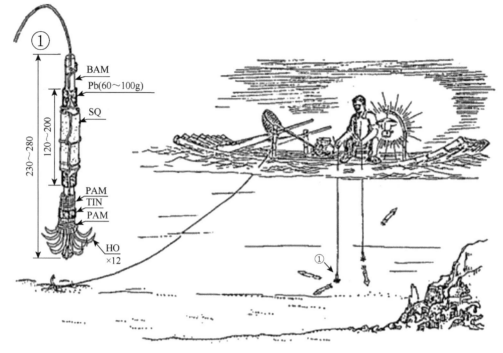

图 8-2　鱿鱼手钓示意图

图 8-3　蟹子手钓示意图

根据我国渔具分类标准，钓具按结构特征分为真饵单钩、真饵复钩、拟饵单钩、拟饵复钩、无钩、弹卡 6 个型，按作业方式分为定置延绳、漂流延绳、曳绳、垂钓 4 个式。

一、钓具的型

（一）真饵单钩型

真饵单钩型的钓具具有真饵和单钩，称为真饵单钩钓。

真饵是由天然动、植物做成的钓饵。单钩是由一轴和一钩组成的钓钩，如图 8-26 至图 8-29 所示。真饵单钩型是钓具中使用最多的一种型。

（二）真饵复钩型

真饵复钩型的钓具具有真饵和复钩，称为真饵复钩钓。

复钩是一轴多钩或由多枚单钩集合组成的钓钩，如图 8-30 所示。我国真饵复钩使用较少，主要是在钓捕头足类动物中使用，如图 8-2 中的①和图 8-4 所示。

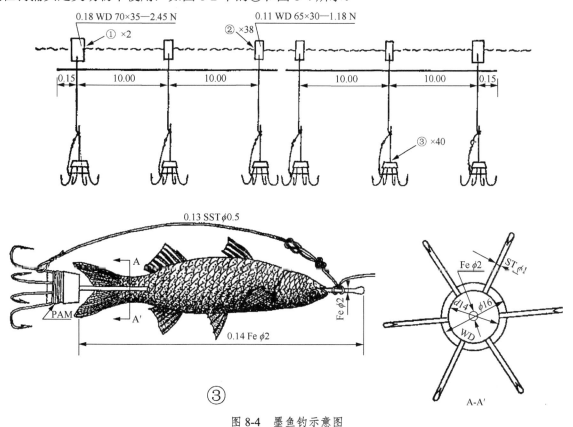

图 8-4　墨鱼钓示意图

（三）拟饵单钩型

拟饵单钩型的钓具具有拟饵和单钩，称为拟饵单钩钓。

拟饵是用人造或天然不能食用的材料制成捕捞对象食物的形状和触感及气味近似的假饵料（如鱼、虾、头足类软体动物等形状）。我国拟饵单钩使用较少，主要在曳绳钓中采用，如图 8-5 和图 8-6 中的①所示。

（四）拟饵复钩型

拟饵复钩型的钓具具有拟饵和复钩，称为拟饵复钩钓。

拟饵复钩钓只在鱿鱼机钓和鱿鱼手钓中采用。其所采用的拟饵复钩如图 8-42 中的（d）～（g）所示。

（五）无钩型

无钩型的钓具由钓线直接结缚饵料，称为无钩钓。

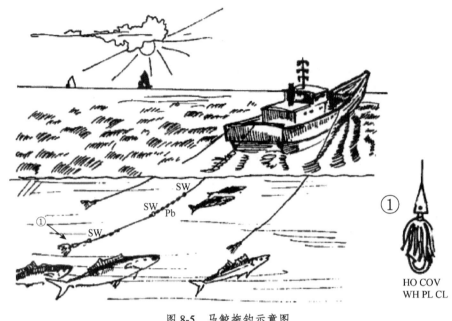

图 8-5　马鲛拖钓示意图

海洋无钩钓只用于钓捕蟹类，其结构最简单，不用钓钩，如图 8-3 的右方所示，其钓具是由 1 条手线、1 个小铅锤和 1 块饵料构成。又如图 8-7 中的①所示，只需用支线末端直接结缚包着网衣的饵料即可进行作业。

（六）弹卡型

弹卡型的钓具（图 8-8）由钓线连接装有饵料的弹卡构成，称为弹卡或卡钓。

弹卡采用竹篾片，两端削尖，制成卡弓。两端合拢后插进麦粒中，如图 8-8（a）所示。或合拢后夹住蚕豆、芽谷、面团、虾等饵料，再以芦苇或麦管制成的卡管套住，如图 8-8（b）所示。弹卡钓敷设在水域中，被鱼类吞食后，嚼碎麦粒或嚼破卡管，卡弓随即弹开，卡住鱼口，从而达到捕捞目的。这种弹卡钓一般分布在江河的缓流或静水区和湖泊水域，捕捞对象以鲤、鲫为主，其次有鳊、草鱼等，故在海洋渔具中极少采用。

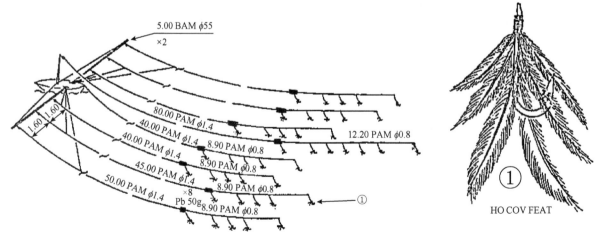

图 8-6　拖毛钓示意图

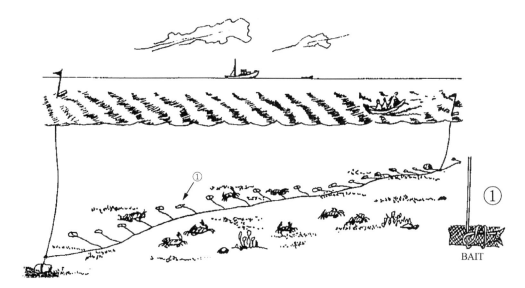

图 8-7　定量延绳无钩钓作用示意图

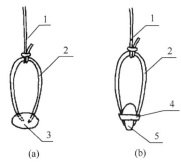

1. 钓线；2. 卡弓；3. 麦粒；4. 卡管；5. 蚕豆、芽谷、面团、虾等饵料

图 8-8　弹卡示意图

二、钓具的式

（一）定置延绳式

由一条干线和系在干线上的若干支线组成的钓具称为延绳钓。

延绳钓的基本结构是在一条干线上系结许多间隔等距的支线，支线末端结缚有钓钩，利用浮沉装置将其敷设在一定水层，作业时将数条或数十条甚至 100 多条干线连成一列，形成广阔的钓捕水域，如图 8-9 所示。每条干线或间隔若干条干线的两端系有浮在海面上的浮标或浮筒，以便识别钓具所在的位置。在浮标和浮筒的下方分别系有锚或沉石。

延绳钓根据钓具所处的作业水层，可分为两种：一种是钩列（作业时钓钩在水中形成的排列）处于海域中层以上作业的，称为浮延绳钓（图 8-10）；另一种是钩列接触海底或靠近海底作业的，称为底延绳钓（图 8-9）。

定置延绳式的钓具是用锚、石等定置装置敷设的，称为定置延绳钓。适宜在水流较急、渔场狭窄的海域作业。

定置延绳钓按结构上有无钓钩可分为 2 种型式，即定置延绳真饵单钩钓和定置延绳无钩钓。

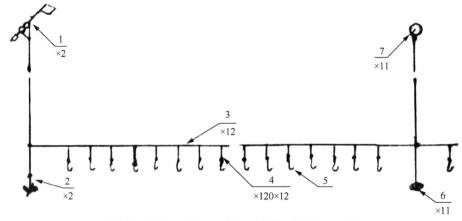

1. 浮标；2. 锚；3. 干线；4. 支线；5. 钓钩；6. 沉石；7. 浮筒

图 8-9 底延绳钓示意图

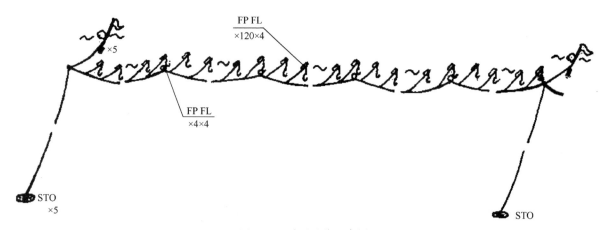

图 8-10 浮延绳钓示意图

1. 定置延绳真饵单钩钓

定置延绳真饵单钩钓是具有真饵和单钩，并以定置延绳方式作业的钓具。具有代表性的属于浮延绳钓的定置延绳真饵单钩钓，如图 8-10 所示。

2. 定置延绳无钩钓

定置延绳无钩钓是由钓线直接结缚饵料，并以定置延绳方式作业的钓具。此类钓具均为底延绳钓，专门钓捕蟹类，其作业示意图如图 8-7 所示。

（二）漂流延绳式

漂流延绳式的钓具作业时随水流漂移，称为漂流延绳钓。适宜在渔场广阔、潮流较缓的海域作业。

漂流延绳钓按钓钩的结构不同可分为 2 种型式，即漂流延绳真饵单钩钓和漂流延绳真饵复钩钓。

1. 漂流延绳真饵单钩钓

漂流延绳真饵单钩钓是具有真饵和单钩，并以漂流延绳方式作业的钓具。属于浮延绳钓的漂流延绳真饵单钩钓，具有代表性的是马鲛钓，如图 8-11 所示。属于底延绳钓的漂流延绳真饵单钩钓，具有代表性的是鳗鱼延绳钓，如图 8-12 所示。

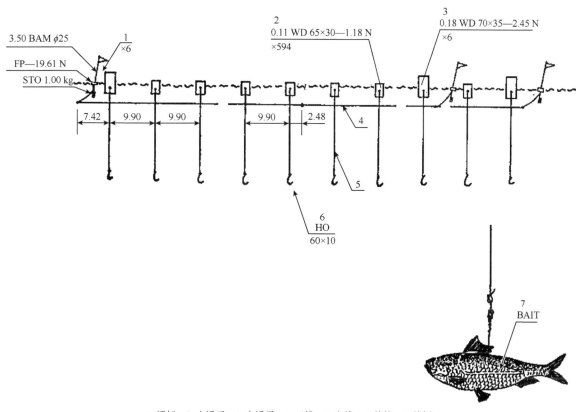

1. 浮标；2. 小浮子；3. 大浮子；4. 干线；5. 支线；6. 钓钩；7. 钓饵

图 8-11　马鲛钓示意图

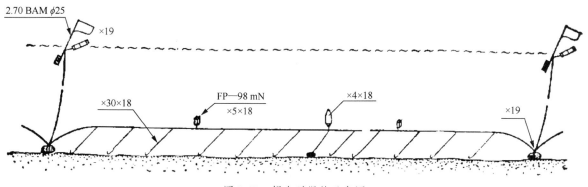

图 8-12　鳗鱼延绳钓示意图

2. 漂流延绳真饵复钩钓

漂流延绳真饵复钩钓是具有真饵和复钩，并以漂流延绳方式作业的钓具，是一种钓捕头足类动物乌贼的钓具，其总布置图如图 8-4 的上方所示。

（三）曳绳式

曳绳式的钓具以渔船拖曳钓具的方式作业，称为曳绳钓，俗称拖钓。

曳绳钓是用渔船拖曳钓具，使钓具和钓饵形成动态，迷惑引诱捕捞对象追食上钓的钓具。曳绳钓能捕捞各水层的鱼类，其中以中上层的大型鱼类为主，如金枪鱼、旗鱼、马鲛等。其基本构造有

2 种,一种是一线只装一钩,拖钓同一水层的鱼类;另一种是在一条线上装若干个钩,少则 5~7 个钩,多至 100 多个钩,以捕捞较深水层或底层的鱼类。由于钓具在拖曳过程中会受渔船的牵引力而使沉降力降低,并且受水流影响产生不稳定性,所以不装浮子而只装沉子或沉锤,使钓具能稳定在所要求的水层。沉子装置也有使用依靠水动力沉降的潜水板 [图 8-38(a)]。在上述 2 种构造中,若按钓饵性质分,又可分为 2 种型式,即曳绳真饵单钩钓和曳绳拟饵单钩钓。

1. 曳绳真饵单钩钓

曳绳真饵单钩钓是具有真饵和单钩,并以曳绳方式作业的钓具。

在曳绳真饵单钩钓中,结构为一线一钩的,具有代表性的是海南的拖钓(图 8-13);结构为一线多钩的,具有代表性的是广东的边板钓(图 8-14)。

2. 曳绳拟饵单钩钓

曳绳拟饵单钩钓是具有拟饵和单钩,并以曳绳方式作业的钓具。

在曳绳拟饵单钩钓中,结构为一线一钩的,具有代表性的是福建的马鲛拖钓,如图 8-5 所示。结构为一线多钩的,具有代表性的是海南的拖毛钓,如图 8-6 所示。

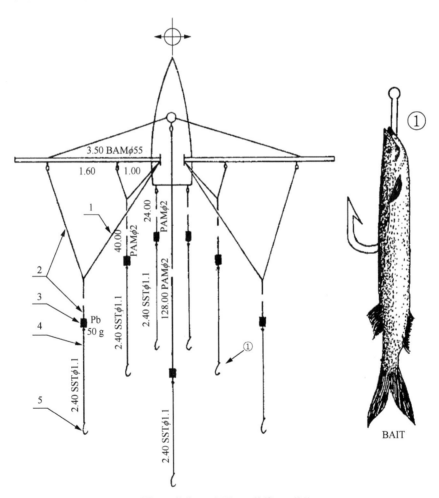

1. 引线;2. 钓线;3. 沉子;4. 钩线;5. 钓钩

图 8-13 拖钓示意图

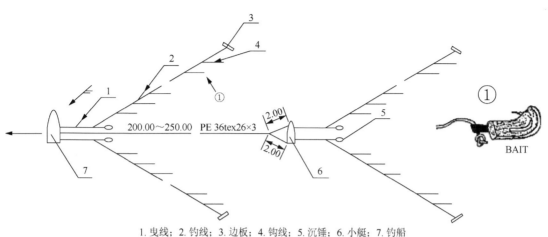

1. 曳线；2. 钓线；3. 边板；4. 钩线；5. 沉锤；6. 小艇；7. 钓船

图 8-14 边板钓示意图

此外，还有一种叫甩钩钓，也属于曳绳拟饵单钩钓，结构为一线一钩或一线两钩，但不是用渔船拖曳作业，而是用手拉曳绳作业。使用载重 1~2 t 的舢板，2~3 人作业，每人用 1 条甩钩，到达渔场后，1 人摇橹顶流，1 人甩钩，一般甩出钓线长 42 m 左右，然后用手迅速将钓线拉回，使钓饵在水面跳动，引诱鱼类上钩。这种钓具，具有代表性的是山东的鲅鱼甩钩（图 8-15）和鲈鱼甩钩。

（四）垂钓式

垂钓式的钓具将钓线悬垂在水域中进行作业，称为垂钓。

我国海洋垂钓按钓饵性质、钓钩结构或有无钓钩可分为 4 个型式，即垂钓真饵单钩钓、垂钓真饵复钩钓、垂钓拟饵复钩钓和垂钓无钩钓。

1. 垂钓真饵单钩钓

垂钓真饵单钩钓是具有真饵和单钩，并以垂钓方式作业的钓具。

垂钓真饵单钩钓根据其悬垂方式的不同，分为手钓和竿钓 2 种。

（1）手钓

手钓是用手直接悬垂钓线进行作业的钓具。

手钓在我国东南沿海和山东使用较多，主要分布在福建、广东、山东、广西和海南等省。它最适宜在岛礁周边、礁盘区或湾口等渔场使用。它的捕捞对象多数是名贵种类，如石斑鱼、笛鲷、鲈等。为了使钓线和钓钩能更快沉降，一般要在手线下端或钓线上装置沉子或沉锤；有的直接在钓钩的钩轴上端浇铸近似圆锥状的铅质轴头，这种带有铅质轴头的钓钩又可称为铅头钓钩，可使钓钩更快沉降。

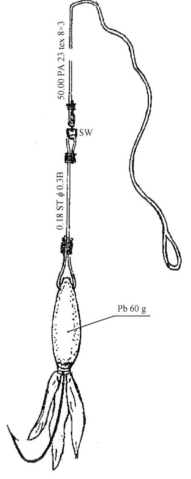

图 8-15 鲅鱼甩钓示意图

手钓的结构式样较多，但可根据其钓线有、无连接天平杆而将其区分为单线式和天平式两种。

①单线式的手钓（图 8-16）是指其钓线部分只由手线、钓线或钩线连接而成的手钓，称为单线

式手钓。单线式手钓结构较简单，如图 8-16（a）所示。图 8-16（b）是广西合浦的沙钻手钓，图 8-16（c）是广东南澳的石斑鱼手钓，图 8-16（d）是山东海阳的鲈鱼手钓，它们都是单线式手钓。

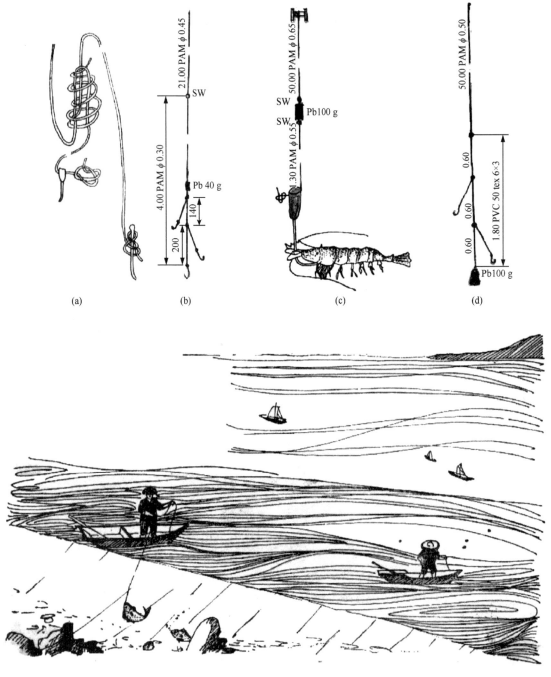

图 8-16　单线式手钓示意图

福建惠安的鱿鱼手钓如图 8-17 所示，是使用复钩的单线式手钓。

②手线与钓线之间或钓线与钩线之间连接有天平杆的手钓称为天平式手钓。

天平杆有单杆和双杆之分，具有代表性的单杆天平式手钓是广东的金线鱼手钓（图 8-18），具有代表性的双杆天平式手钓是广东的过鱼钓（图 8-19）。

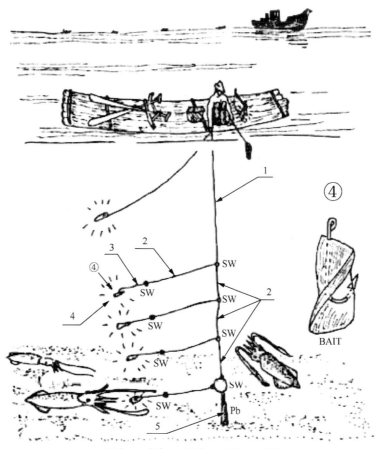

1. 手线；2. 钓线；3. 钩线；4. 钓饵；5. 沉锤

图 8-17　鱿鱼手钓（福建惠安）示意图

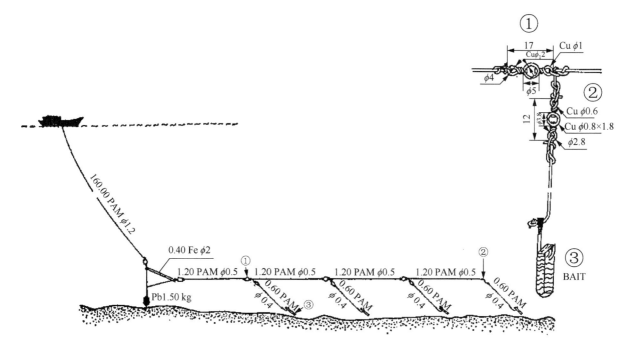

图 8-18　金线鱼手钓示意图

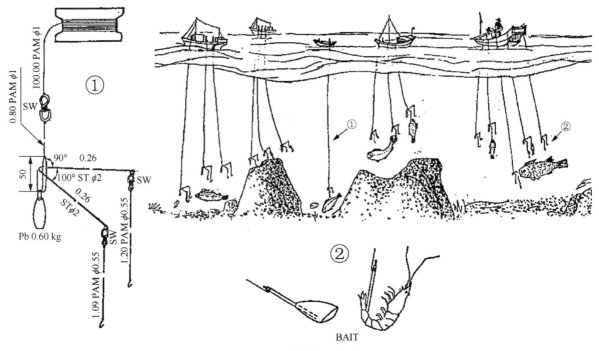

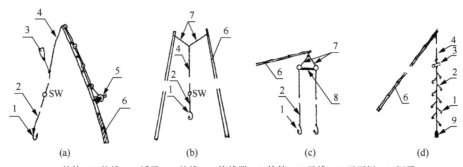

图 8-19　过鱼钓示意图

（2）竿钓

竿钓（图 8-20）是用钓竿悬垂钓线进行作业的钓具。竿钓常见于内陆水域，在港湾浅海和岸边使用较多。目前世界上的竿钓已发展成为外海、远洋钓捕中上层鱼类的重要渔具。它的基本构造是用延竿或继竿 1 根，在竿梢接 1 条钓线，钓线的末端用钩线连接钓钩，另外根据需要配置浮子和沉子等，如图 8-20（a）所示。

1. 钓钩；2. 钩线；3. 浮子；4. 钓线；5. 绕线器；6. 钓竿；7. 叉线；8. 天平杆；9. 沉子

图 8-20　竿钓示意图

在近水面作业的竿钓，一般不用浮子、沉子，或只用小型的浮子、沉子各 1 个，使浮子浮在水面，借观察浮子的动静来推测鱼类的吞饵情况。

钓捕大型鱼类时，如果 1 人握 1 竿不能胜任时，则用 2 竿［图 8-20（b）］或多竿合凑一线。钓捕小型鱼类且鱼较多时，可采用 1 竿上有 2 条钩线的天平钓。具有代表性的天平钓，是山东鲈鱼天平钓，如图 8-20（c）所示。也可采用 1 竿只有 1 条钓线，而在钓线上结缚有多条钩线的钓具，具有代表性的是福建的乌鱼钓，如图 8-20（d）所示。

2. 垂钓真饵复钩钓

垂钓真饵复钩钓是具有真饵和复钩，并以垂钓方式作业的钓具。

垂钓真饵复钩钓是专门钓捕头足类的单线式手钓，例如，鱿鱼手钓，如图 8-21 所示。另有河鲀手钓（图 8-22）也是垂钓真饵复钩钓，但钓钩的功能已变为钩刺河鲀的体表了。

3. 垂钓拟饵复钩钓

垂钓拟饵复钩钓是具有拟饵和复钩，并以垂钓方式作业的钓具。

垂钓拟饵复钩钓一般是用于钓捕头足类的单线式手钓，有河鲀手钓和章鱼手钓，如图 8-22 和图 8-23 所示。

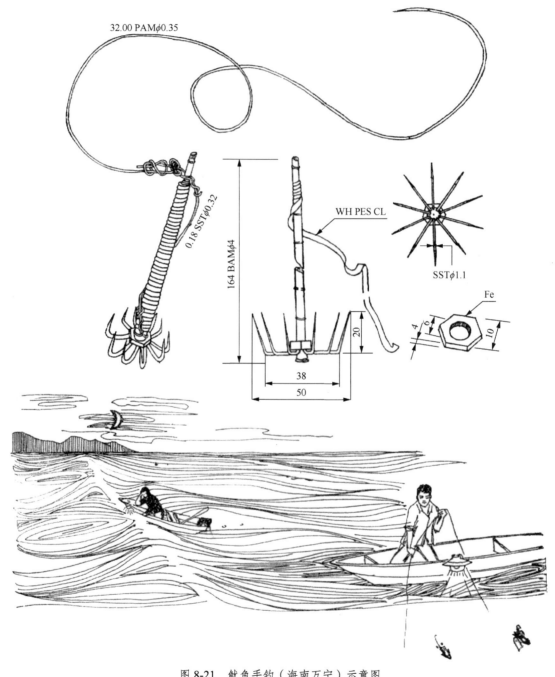

图 8-21 鱿鱼手钓（海南万宁）示意图

4. 垂钓无钩钓

垂钓无钩钓是由钓线直接结缚饵料，并以垂钓方式作业的钓具，其结构如图 8-3 右图所示。

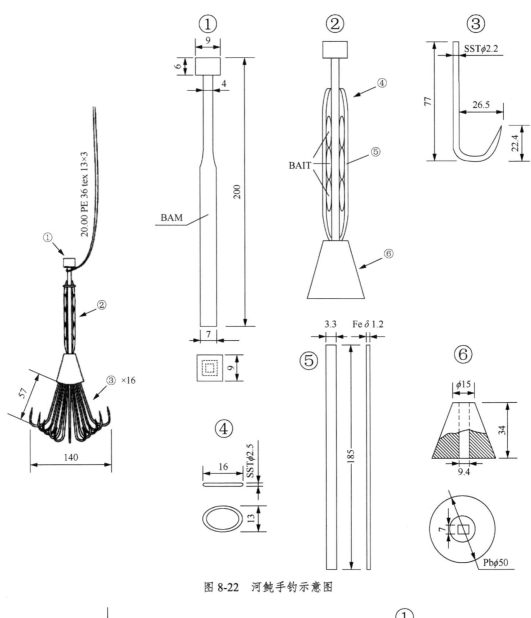

图 8-22 河鲀手钓示意图

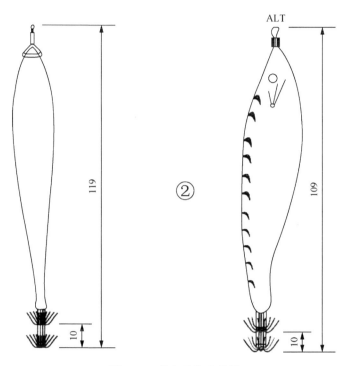

图 8-23 章鱼手钓示意图

第二节 钓具结构

钓具的型式较多，组成的构件也不一样，主要由钓钩、钓线和与之配合的钓饵、浮子、沉子、钓竿及其他属具等组成。也有不用钓钩，只在钓线上系着钓饵的最简单的钓具，如蟹钓。

一、钓钩

钓钩是由钩轴、钩尖等部分构成，用以钓获捕捞对象的金属制品。钓钩是钓具的主要构件，用来钩刺鱼类，其结构如图 8-24 所示。

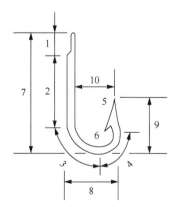

1.轴头；2.钩轴；3.后弯；4.前弯；5.钩尖；6.倒刺；7.钩高；8.钩宽；9.尖高；10.尖轴距

图 8-24 钓钩结构示意图

（一）钓钩结构

钓钩各部分的名称如图 8-24 所示，即钓钩由轴头、钩轴、弯曲部、钩尖和倒刺等部分构成。

1. 轴头

轴头是系结钓线的部分。依使用习惯和需要制成扁平、环状、钻孔、弯头、横槽和瘦腰轴等多种形状，如图 8-25 所示。轴头对钓鱼效果没有多大影响，但与钓线的系结有关。用金属线或金属链条系结的钓钩，以环状或钻孔的轴头为好，可以防止钓线滑脱。用合成纤维线系结的钓钩，采用扁头、弯头、横槽或瘦腰轴的轴头比较方便。轴头形状采用扁平轴头的最多，环状的次之，钻孔的更次之，个别的采用弯头或横槽，采用瘦腰轴的最少。

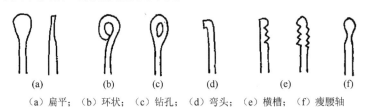

（a）扁平；（b）环状；（c）钻孔；（d）弯头；（e）横槽；（f）瘦腰轴

图 8-25　轴头形状示意图

2. 钩轴

钩轴是钓钩的柄，长短不一，依作业要求而定。其长短可以决定钓钩是属于长形还是短形的。钩轴的上方是轴头，钩轴的下方是弯曲部。长轴易从鱼的口中退钩，但影响鱼吞钩。

3. 弯曲部

弯曲部由两个弯曲组成。弯向钩尖的为前弯，或称为钩尖弯曲部；弯靠近钩轴的为后弯，或称为钩轴弯曲部。弯曲部形状、钩轴的长短不同可以组成各种不同形状的钓钩，从而影响到钓钩的强度及其钓捕性能。

4. 钩尖

钩尖又称为尖刺或尖芒。它是刺入鱼体的部分，做成锋利的尖芒，使钓钩容易刺入鱼体。钩尖的长短和倾斜程度，决定着刺入鱼体的可靠性。

5. 倒刺

倒刺是钩尖的切裂部分。它可以防止着钩鱼类逃脱，并可以使装上钓钩的钓饵不易脱落。倒刺的长短和倾斜角度，决定着刺入鱼体的牢固性。

（二）钓钩种类

钓钩可以按结构或捕鱼作用的不同进行分类，如表 8-1 所示。

表 8-1　钓钩分类序列

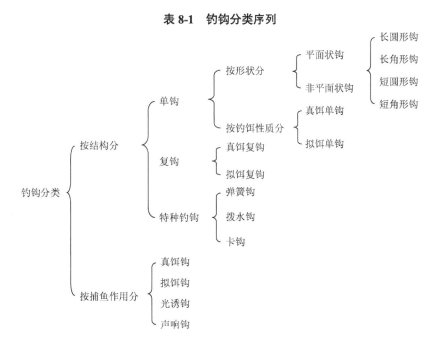

1. 单钩

单钩是用单根切断的金属线弯曲做成普通一轴钩的钓钩。钓钩可以做成平面状钩或非平面状钩。平面状钩的弯曲部可以轧成扁平状，以增加弯曲强度。非平面状钩又叫歪嘴钩，主要是增大鱼的着钩率，但其强度稍差。在平面状钩和非平面状钩中，又可根据钩轴的长短和弯曲部的形状分成 4 种基本钩形。即基本钩形可按钩高与尖高的比例来划分为长形或短形，钩高为尖高的 2 倍以上的为长形，等于或小于 2 倍的为短形。基本钩形又可按弯曲部的弯曲程度分为圆弧形弯曲的圆形和更大弧度弯曲的角形。这样，单钩就可以分为长圆形、长角形、短圆形和短角形共 4 种。长圆形钩的尖端与钩轴的距离加上钩轴直径之和一般等于或大于钩宽，长角形钩的尖端与钩轴的距离加上钩轴直径之和一般小于钩宽。

使用最普遍的是长圆形钩，如图 8-26 所示。在长圆形钩中，绝大多数是带倒刺的，如图 8-26（a）、图 8-26（b）所示。为了容易退钩，带鱼延绳钓的钓钩一般不带倒刺，浙江还有其他一些延绳钓的钓钩也不带倒刺，如图 8-26（c）所示。在长圆形钩中，绝大多数是平面状钩，如图 8-26（a）～（c）所示，但福建的鲨鱼延绳钓的钓钩有的也采用非平面状钩，如图 8-26（d）所示。

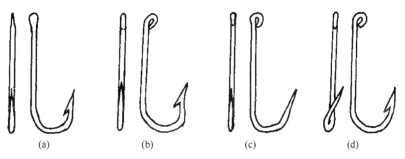

（a）　　　　　　　（b）　　　　　　　（c）　　　　　　　（d）

图 8-26　长圆形钩示意图

长角形钩使用不多，在捕捞大型或较凶猛的鱼类时才采用。如有些鲨、海鳗、鲈、河鲀、红笛鲷、鳖的延绳钓和一些金枪鱼的拖钩采用的是长角形钩。这些长角形钩均有倒刺，如图 8-27 所示，其中图 8-27（a）～（c）为平面状钩，图 8-27（d）为非平面状钩。

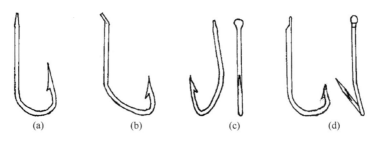

图 8-27　长角形钩示意图

短圆形钩使用较少。如捕捞金枪鱼、鳒、黑鲷、鲈的延绳钓和马鲛拖钓，有些采用的是短圆形钩，如图 8-28 所示。这些短圆形钩均有倒刺。其中黑鲷、鲈延绳钓用的还是非平面状钩，如图 8-28（b）、图 8-28（c）所示。

短角形钩使用更少，只有个别的鲨鱼延绳钓采用这种钩形，是带有倒刺的平面状钩，如图 8-29 所示。

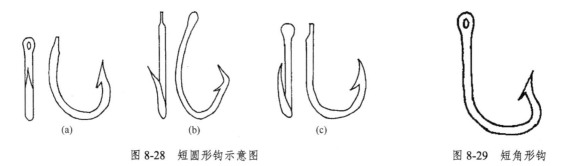

图 8-28　短圆形钩示意图　　　　　　　　　　　图 8-29　短角形钩

表示单钩规格的方法是依据材料的粗度（直径）用号数表示，称为几号钩。有的用 1 枚、100 枚或 1000 枚钩的质量来表示，有的用钩的伸直长度来表示。

2. 复钩

复钩（图 8-30）是一轴多钩或由多枚单钩集合组成共轴的钓钩。

复钩是为了使上钩的捕捞对象不容易挣扎逃脱和加强钓饵的牢固性而制作的钓钩。有以一段钢丝制成的组合双钩［图 8-30（a）］，或将 2～3 枚单钩用铅浇铸在一起的双钩或三钩［图 8-30（b）或（c）］，或将大、小 2 枚单钩用铅浇铸在一起的母子钩［图 8-30（d）］。还有钓捕头足类的菊花形钩，是以若干普通钓钩或特制无倒刺长圆形钩集合在一起，形成伞状的复钩，如图 8-30（e）所示。还有一种鱿鱼钓机用的伞形钩，如图 8-42（f）所示。

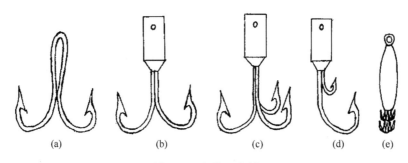

图 8-30　复钩示意图

3. 特种钓钩

特种钓钩（图8-31）是为了作业需要而做成特殊功能的钓钩。如弹簧钩、拨水钩、卡钩等。

弹簧钩是复钩的一种，它是用具有弹性的金属线弯曲做成的组合双钩。当捕捞对象吞食弹簧钩后拉动钓线时，钓线拉开弹簧钩中间的插销，弹簧钩的双钩因弹性会自动弹开，如图8-31（a）的虚线所示，使吞钩的捕捞对象更容易着钩。

拨水钩也是复钩的一种，它在组合三钩的上方加装拨水器，如图8-31（b）所示，利用拨水器拨动水花模拟饵料动态。

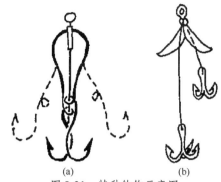

(a)　　　　　(b)

图8-31　特种钓钩示意图

卡钩，也称为弹卡，是采用弹性很强的条状薄片材料两端削尖而成，合拢后插进或夹住鱼类喜食的钓饵，如图8-8所示。鱼类吃进卡后，口腔被弹开的薄片卡住。这种钓具用于钓捕淡水中的鲤、鲫等鱼类比较有效。

二、钓线

钓线是直接或间接连接钓钩（或钓饵）的丝、线（包括金属丝或金属链）或细绳等的统称。用细绳时又称为钓绳。

钓线一般不包括专门用来连接浮子、沉子、浮标、浮筒、沉石和锚等用的线或细绳。钓线依不同的钓具组成，分为干线、支线、曳线、手线、主钓线和钩线等。

（一）干线（干绳）

干线（干绳）是在干支结构的钓线中，连接支线（支绳），承受钓具主要作用力的钓线（钓绳）部分。

干线（干绳）在延绳钓上使用，是承担延绳钓全部载荷的一条长线（绳）。其上面系结很多且有固定间距的支线（支绳），还可能系结浮子绳、浮筒绳、浮标绳、灯标绳、沉子绳、沉石绳、锚绳等。它的主要作用是承担延绳钓的全部载荷，确定钓捕范围。

为了便于搬运和收藏，作业时由数条或数十条干线连接成一钩列，一般长达数千米，大型金枪鱼延绳钓长达数十千米。一般是将1条干线及其支线纳入一个钓筐或桶中并把钓钩扎挂在筐边上；或把1条干线的钓钩先纳入一钩夹中后，再与干线、支线一起纳入一个网袋中。大型金枪鱼延绳钓干线暂不系接支线，待放钓时用钢夹把支线钩挂上，这样便于将干线全部卷进滚筒。

干线一般采用强度较大而柔软的合成纤维，粗度依据作业时的载荷大小和摩擦程度而定。延绳钓的干线大多数采用锦纶单丝，少数采用乙纶捻线，个别的鲨鱼延绳钓采用乙纶绳。

（二）支线（支绳）

支线（支绳）是在干支结构的钓线中，一端与干线连接，另一端直接或间接连接钓钩，或直接系缚钓饵的钓线（钓绳）部分。

支线（支绳）承受钓钩及钓饵的沉力、水阻力和上钩渔获物的挣扎力，并传递给干线（干绳）。支线材料一般要求无色透明或随水环境变色，坚韧且富有弹性。在保证足够强度的条件下其粗度越细越好，以不易被捕捞对象发现为宜。

延绳钓的支线长度依捕捞对象而定,较短的为浙江的河鲀延绳钓,其支线仅长 0.08 m。较长的为广东的鲨和海鳗的延绳钓,其支线有的长达 8 m。金枪鱼延绳钓支线长达 15 m。延绳钓的支线材料,绝大多数采用锦纶单丝,基本上满足对支线材料的要求。而钓蟹的无钩延绳钓,其支线一般采用乙纶捻线。个别的鲨鱼延绳钓,其支线采用乙纶绳。

(三)曳线(曳绳)

曳线(曳绳)是在曳绳钓中连接在船尾或船舷撑杆上的拖曳线(拖曳绳),承受曳绳钓的全部载荷。曳线(曳绳)长度要求与钓捕水深相适应,其材料要求坚韧且柔软。

曳绳钓的曳线(曳绳)多数采用直径 1~2 mm 的锦纶单丝,少数采用乙纶捻线或乙纶绳。

(四)手线

手线是手钓上的手握线,承受钓具的全部载荷。手线长度要与钓捕水深相适应,其材料要求坚韧且柔软。

手钓的手线一般采用直径 0.35~1.20 mm 锦纶单丝。手线长度视作业水深和作业范围而定,手线最长达 100 m。手线的下端直接连接主钓线、钩线或天平杆,有的手线通过转环连接主钓线、钩线,有的手线通过 1 个铅沉子及其前、后各一个小转环与钩线相连接。较短的手线一般卷绕在特制的线辘[图 8-41(b)]或线板[图 8-41(c)]上,较长的手线可装在钓筐里。

(五)主钓线

主钓线是指在曳绳钓或手钓中,一端与曳线(曳绳)或手线相连接,另一端直接或间接连接钓钩的那部分钓线。

主钓线承受钓钩及钓饵的沉力、水阻力和上钩渔获物的挣扎力,并传递给曳线(曳绳)或手线。主钓线材料要求与背景同色或无色透明,坚韧且富有弹性。在保证足够强度的条件下其线越细越好。曳绳钓和手钓中的主钓线均采用锦纶单丝,其粗度比曳线和手线稍细一些。

(六)钩线

钩线是紧连钓钩的一段钓线。

钩线是预防上钩对象咬断的部分支线,直接与钓钩连接。延绳钓大多数是用支线直接连接钓钩的,只有钓捕具有锐利牙齿的鱼类时,才采用不长的一段金属线或金属链作为钩线。如鲨、带鱼的延绳钓均采用金属钩线,部分海鳗、河鲀、马鲛的延绳钓和金枪鱼、鲨、马鲛的曳绳钓也采用金属钩线。其他曳绳钓和全部手钓的钩线均采用锦纶单丝。延绳钓的金属钩线一般采用直径为 0.3~2.0 mm 的不锈钢丝制成的单丝钩线或链状钩线。此外,较短的是山东河鲀延绳钓的钩线,仅长 0.20 m;较长的是广东鲨延绳钓的钩线,长达 0.95 m。曳绳钓的金属钩线较长,是采用直径为 0.71~1.30 mm 的不锈钢丝制成的长为 0.30~2.4 m 的单丝钩线。

三、钓竿

钓竿是垂钓时用于连接钓线的杆状属具,通常由坚韧且富有弹性的轻质材料制成。

钓竿的作用除扩大垂钓范围外，还可加快放起钓速度，并借助钓竿的弹性缓冲鱼类上钩后的挣扎力，防止脱钩。钓竿分手握的钓竿和钓线之间连接用的天平杆2种。

（一）手握的钓竿

手握的钓竿一般选用坚韧且富有弹性的竹竿制成，现竹竿已广泛被金属和炭纤维取代。手握的钓竿可分为延竿和继竿2种。

1. 延竿

延竿以原材料不分段做成，以粗细稍均匀而挺直的竹竿为好，要求是秋季、冬季采集的竹竿，其质地坚韧且不易被虫蛀蚀。

我国鲈鱼天平钓的钓竿属于延竿，其采用基部直径30～40 mm、长7 m的竹竿，如图8-20（c）中的6所示。

2. 继竿

继竿（也称收缩竿）是分数段插接而成的钓竿，上附卷线轮，便于收藏和携带，使用已越来越普遍。

（二）天平杆

天平杆是连接在手线与主钓线之间或主钓线与钩线之间的桁杆。有单杆（图8-18）和双杆（图8-19）之分，一般用较轻细的材料做成，天平杆的作用是使所有的钓钩维持在相同水深。

四、浮子、沉子、其他属具和副渔具

（一）浮子

浮子的作用是维持钓具所需的水深和警示钓具状态，此外，还能起到缓冲鱼类着钩后的挣扎力作用。竿钓作业时可通过观察其浮子在水面的动态来推测鱼吞饵的情况，以便及时起钓。

浮子的材料一般采用硬质塑料、泡沫塑料和木等，形状多种，以系结方便为主。在钓具上使用的均属小型浮子。钓具常用的几种浮子如图8-32所示。浮子一般用浮子绳连接在钓线上。

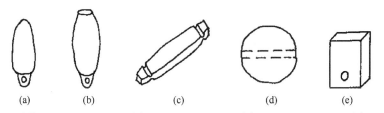

（a）PL—314 mN；（b）PL—108～510 mN；（c）PL—196～461 mN；（d）FP100 d18—4.41 N；（e）WD—1.18～2.45 N

图 8-32　钓具浮子示意图

（二）沉子

沉子的作用是加快钓具下沉，使钓具稳定在作业水层。

　　沉子和浮子配合使用，可设置钓具的作业水层。沉子的材料一般采用石块和铅块，形状多种，以系结方便为主。在钓具上使用的均属小型沉子。钓具常用的几种沉子如图8-33所示。除了铅沉子[图8-33（a）～（c）]外，其他沉子均用沉子绳连接在干线上。

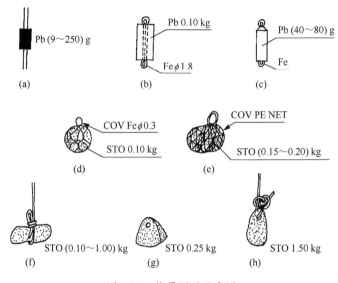

图 8-33　钓具沉子示意图

（三）其他属具和副渔具

　　各种不同的钓具依不同作业要求，除了采用钩、线、竿、浮子和沉子外，尚需它配合一些副渔具来进行钓具作业。如延绳钓尚需采用浮标、灯标、浮筒、沉石、锚、钓筐和钩夹，曳绳钓尚需扩张板、转环、沉锤等，垂钓尚需转环、沉锤和绕线装置。

　　1. 浮标

　　浮标是延绳钓作业时钓列的标识，在日间作业时可以观察浮标的排列位置预测钓列的形状，以便发现问题及时处理。浮标由标杆、旗帜、浮子和沉子组成。标杆一般采用竹竿。浮子采用泡沫塑料浮子、球体硬质塑料浮子或竹筒浮子。沉子材料采用水泥浇注件、石块或铁块。延绳钓的浮标型式与刺网基本相似，如图8-11所示。

　　2. 灯标

　　灯标一般是在木、竹等构成的支架或标杆上安装一个干电池闪光灯泡或一盏防风灯而构成，代替夜间作业时的浮标或与浮标组合使用。延绳钓的灯标型式和刺网基本相似。灯标用灯标绳连接在钓列两端或钓列中两条干线之间的连接处。

　　3. 浮筒

　　浮筒也是延绳钓日间作业时的标识。中上层作业时，还可以利用浮筒来控制钓具的作业水层。有的延绳钓用浮筒代替浮标，有的延绳钓既用浮标又用浮筒，两者间隔着使用。浮筒用浮筒绳连接在钓列两端或钓列中两条干线之间的连接处。延绳钓的浮筒一般采用球体硬质塑料浮子、泡沫塑料浮子和竹筒浮子，其形状和规格如图8-34所示。

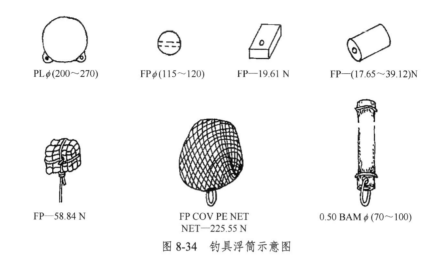

图 8-34　钓具浮筒示意图

4. 沉石

沉石是定置延绳钓的定置装置之一。延绳钓的沉石可以看成是用沉石绳连接在钓列两端或钓列中两条干线之间连接处的较重的石沉子，可起到沉子的作用，即加速延绳钓下沉，保证其降到所需水层。除了上述作用外，装置在漂流延绳钓的沉石，可通过控制其质量来调节延绳钓的漂移速度；装置在定置延绳钓的沉石，被当作定置装置来固定延绳钓。装置在漂流延绳钓上的沉石较轻，装置在定置延绳钓的沉石较重。沉石的形状与最普遍采用的石沉子形状相似，如图 8-33（f）所示，个别采用如图 8-33（g）所示的形状。

5. 锚

锚也是定置延绳钓的定置装置之一，其作用与沉石的一样，其固定性更可靠。如图 8-35 所示。定置延绳钓采用的锚均为小规格锚，用锚绳连接在钓列两端或钓列中两条干线之间的连接处。

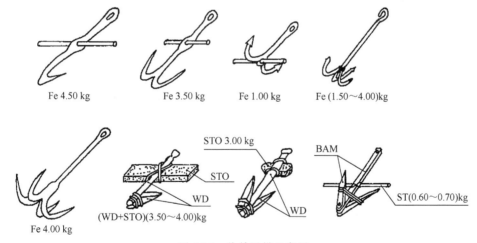

图 8-35　钓具用锚示意图

6. 钓筐

钓筐是用来收纳延绳钓的容器，用竹篾或木板等制成，现大多数已改用塑料筐或盆，属于副渔具。钓筐根据其材料、形状和用途的不同，又可称为筐篮、钓盘、钓笼、钓盆等（图 8-36）。

7. 钩夹

对于延绳钓小号钓钩的收纳一般采用钩夹，既安全又方便。钩夹用竹筒或塑料制成，用于装挂钓钩，属于副渔具。根据钓钩的大小选用外径为 15～40 mm 的一节竹筒制成钩夹。较细的竹筒，在

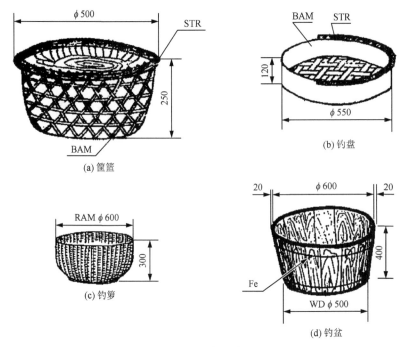

图 8-36　钓筐示意图

其正中开对面槽即可，可装挂较小号的钓钩，如图 8-37（a）所示。较粗的竹筒，两槽应偏向一边，两槽的距离与钓钩尺度相适应，如图 8-37（b）和（c）所示。一般是一个钩夹装挂一条干线的钓钩（50～100 枚钩）。

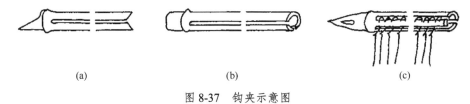

图 8-37　钩夹示意图

8. 扩张板

曳绳钓中采用的扩张板有 2 种，一种是利用拖曳中的水动力产生向下沉降力的潜水板，另一种是利用拖曳中的水动力产生水平扩张的边板。广东鲳板钓的鲳板，就是能使钓具下沉到较深水层的潜水板，如图 8-38（a）所示。广东边板钓的扩张板能使钓线左、右分开，如图 8-38（b）所示。

9. 转环

转环是连接在两段钓线之间，用来消除钓线因捻转而引起纠缠或折断的连接具。钓具上使用的均属小型转环，广泛地使用在垂钓、曳绳钓和大型延绳钓上，在小型延绳钓中使用较少。在垂钓中，手线一般要通过转环来连接主钓线、钩线或天平杆。在曳绳钓中，必要时曳线（曳绳）要通过转环来连接主钓线或钩线。

钓具采用的转环可分为 4 种：普通转环，又称为单向转环 [图 8-39（a）和（b）]；双重转环，又称为双向转环 [图 8-39（c）和（d）]；三头转环 [图 8-39（e）]；滚轴转环 [图 8-39（f）]。为了抗锈蚀，一般用铜或不锈钢制作。

10. 沉锤

沉锤相当于装置在手线、曳线或天平杆下方的秤锤状沉子，其作用与沉子的一样，即加速手钓或曳绳的下沉，使钓钩稳定在所需水层进行作业。

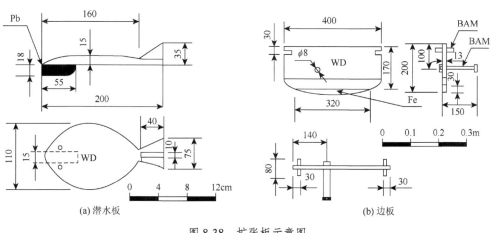

(a) 潜水板

(b) 边板

图 8-38 扩张板示意图

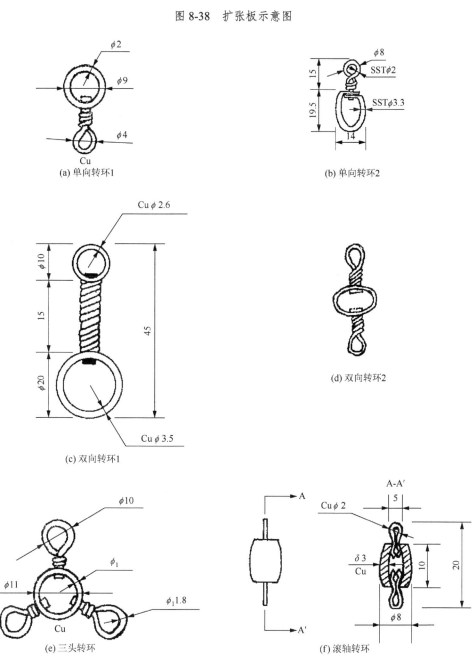

(a) 单向转环1

(b) 单向转环2

(c) 双向转环1

(d) 双向转环2

(e) 三头转环

(f) 滚轴转环

图 8-39 钓具转环示意图

在手钓中，使用沉锤加速沉降的较多。在曳绳钓中，绝大多数曳绳钓在中上层作业，只使用铅沉子加速其沉降。在底层作业的边板钓，使用质量为 7.50 kg 的铁质沉锤，如图 8-14 中的 5 所示。手钓一般用铅质沉锤，每个质量 0.40～1.50 kg，其形状如图 8-40 所示。

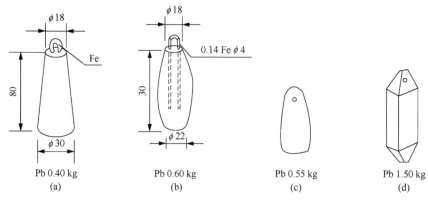

图 8-40　沉锤示意图

11. 绕线装置

绕线装置是手钓中用于卷绕手线的副渔具，其作用是防止手线纠缠及便于放出和收纳手线。

手钓的绕线装置有线辘和线板 2 种。线辘又称为绕线筒，由塑料或木料制成，如图 8-41（a）和（b）所示。线板一般用木板或塑料板制成，如图 8-41（c）所示。

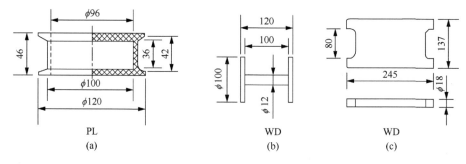

图 8-41　绕线装置示意图

曳绳钓、延绳钓和垂钓的钓具构件组成如表 8-2、表 8-3 和表 8-4 所示。

表 8-2　曳绳钓钓具构件组成

曳绳钓钓具构件
- 钓钩
- 钓线部分
  - 曳线（曳绳）
  - 主钓线
  - 钩线
- 绳索部分
  - 浮子绳
  - 沉锤绳
- 属具部分
  - 浮子
  - 沉子
  - 沉锤
  - 转环
  - 扩张板

表 8-3　延绳钓钓具构件组成

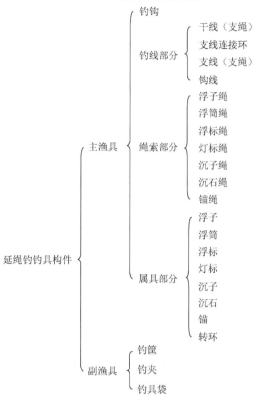

表 8-4　垂钓钓具构件组成

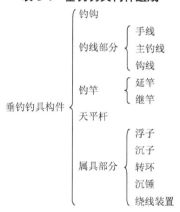

第三节　钓　饵

一、钓饵种类

钓饵可分为拟饵和真饵 2 种，各有特点，采用哪一种饵料主要视使用条件而定。

（一）拟饵

拟饵是用捕捞对象不能消化、利用的人造材料或天然材料制成捕捞对象所嗜好的物体形状、颜色和触感的假饵料，装在单钩或复钩上，做成拟饵钩，如图 8-42 所示。

使用拟饵有下列优点。

①可多次重复使用，节约费用和时间；

②易得，保藏条件低。

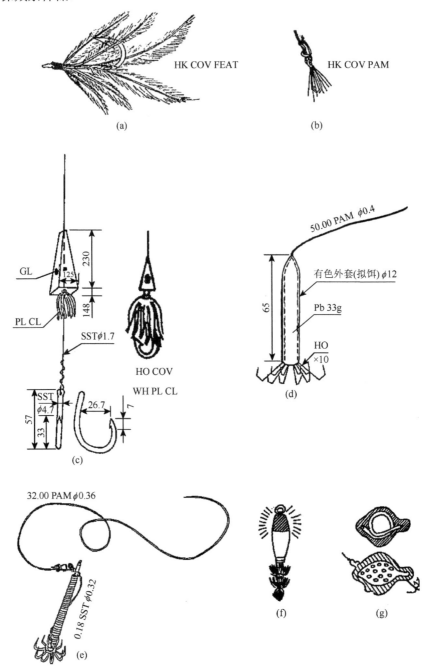

图 8-42　拟饵钩

（二）真饵

捕捞对象摄食的物种或以捕捞对象摄食的物种制作的饵料称为真饵。真饵在使用上可分为撒布饵和装钩饵 2 种。撒布饵是不装钩而在作业中撒布在作业水域的鱼饵，利用它引诱鱼类集中，当鱼群不加选择争夺饵料时，放钩钓捕。在海洋捕捞中，撒布饵主要在远洋金枪鱼竿钓渔业中采用。装钩饵是直接装在钓钩上诱鱼吞食的钓饵。

真饵由天然动物、植物做成。为了适应作业的需要，有的采用动物、植物的整体或切片，有的将动物、植物加工后使用。

1. 植物性钓饵

植物性钓饵种类很多，主要原料有水草（卡钩用）、蒸煮过的米麦、蚕豆、面团、番薯、芋头、豆粕、酒糟等，或经加工做成丸子，或掺入少量鱼肉、昆虫等做成钓饵（因含量少亦称为植物性钓饵），广泛应用于淡水钓具。

2. 动物性钓饵

海洋钓具多使用动物性钓饵，如鱼类、虾类、头足类、贝类、蟹类、沙蚕、猪肉、猪肠、羊肠和禽类内脏等数十种；在淡水钓具中，主要使用蚯蚓、昆虫和虾类等。由于使用要求和保藏方法的不同，动物性钓饵又可分为活饵、鲜饵和贮藏饵 3 种。

（1）活饵

活饵是最理想的钓饵，无论用作撒布饵或装钩饵，均能引起鱼类的迅速反应，其钓捕效果最好。但因活饵的收集和保养比较困难，成本高昂，所以使用不广。主要采用活饵作业的，有远洋金枪鱼竿钓，用活鲣做撒布饵和装钩饵。

（2）鲜饵

鲜饵是已失去生命力的动物体或其切块，放在阴凉的地方，或用冰藏保鲜。这种钓饵的搬运和保藏均较活饵方便，使用较广，但其效果不如活饵。

（3）贮藏饵

贮藏饵是用冷冻、盐藏、油渍保存等方法做较长期保存的钓饵。由于鲜饵不能持久保存，有冷藏设备的渔船，一般采用冷冻饵，没有冷藏设备的渔船，为了贮备充分的钓饵并保证其质量不变坏，均采用盐渍或油渍等方法保藏。油渍成本较高，一般盐渍较为普遍。

盐渍分干渍和湿渍 2 种。干渍的钓饵虽可供长期使用，但其品质硬化变脆，装钩时较易松散破碎；湿渍的钓饵浸于盐水内，能保持色泽和适当硬韧度，比干渍的好些，但均不如油渍的效果好。

油渍是待鲜饵稍干后，将其浸于动物油或植物油中，能使其色泽和质量保持较长时间。这种保藏方法比盐渍好，但成本比较高，使用不广。

现把捕捞中常使用的钓饵种类列表，如表 8-5 所示。

表 8-5　各种鱼类的钓饵

捕捞对象	钓饵名称及其使用方法	使用地区
带鱼	带鱼、海鳗（以上斜切片）、鲨（切片）、鳓、青鳞鱼、泥鳅（小的整条，大的横切为三段）、瘦猪肉（斜切片）	浙江、福建
海鳗	乌贼（鲜横切片）、带鱼（鲜斜切片）、梅童鱼（鲜切片）、梭子蟹（切割）	浙江
海鳗	鲐、蓝圆鲹、带鱼、黄鲫（以上斜切片）、乌贼（切片）	福建
海鳗	篮子鱼（活饵）、青鳞鱼（整条）、蓝圆鲹、金线鱼（以上切块）、飞鱼、河鲀	广东
海鳗	青鳞鱼（最佳，新鲜整条）、枪乌贼（鲜切片）	广西
鳓	鳓（鲜斜切片）、带鱼（斜切片）、海鳗、乌贼、泥鳅	浙江
黑鲷	小豆齿鳗、蛇鳗、泥鳅（以上鲜切片）、小红虾（整条）	浙江
鮸	乌贼（切条块）、泥鳅、鲐及鲹的幼体（以上整条）、蟹、虾蛄	浙江

捕捞对象	钓饵名称及其使用方法	使用地区
河鲀	海鳗、鲐、斑鰶、章鱼、猪肉（以上切块）等	山东
	枪乌贼（鲜饵、整条）、鲐幼鱼（鲜或咸，横切段）、乌贼（冻鲜、切块）	浙江
鲨	海鳗（切块）、金线鱼（整条）、金枪鱼、裸胸鳝	广东
石斑	龙头鱼（小的整条，大的切段）、鲐（切块）、虾类、泥鳅	浙江
	小枪乌贼、青鳞鱼、鲻幼鱼（以上整条）、金线鱼（切片）	广西
	小蓝圆鲹、小鲐、泥鳅、鳀（以上整条）、沙蟹（活饵）	浙江（手钓）
	虾（整条，活虾最佳）、虾蛄（整条）、小蟹、真鲷、二长棘鲷、画眉笛鲷、颊颊鲷、枪乌贼、章鱼（以上均为活饵）、沙蚕（整条）、小公鱼（每钩3～4条）、蓝圆鲹（整条）等	广东（手钓）
鲈	羊肠（切段）、褐虾、小乌贼（以上整条）等	江苏
	小红虾、小章鱼（以上整条）、梭鱼、小豆齿鳗、小蛇鳗（以上切段）	浙江
	虾蛄（活饵）、对虾、鹰爪虾（以上整条）、猪肉（切片）、猪肠（切段）	山东（天平竿钓）
马鲛	章鱼头拟饵、鹅毛拟饵	福建、广东（曳绳钓）
金枪鱼	小宝刀鱼（整条）、马鲛、鲣（以上均取鱼腹皮切成小鱼状）、鹅毛拟饵、锦纶白布条拟饵。真饵、拟饵兼用或各专用	海南（曳绳钓）
鱿鱼	小蛇鲻、蓝圆鲹、海鳗、鲨（以上切块）、枪乌贼（做成鱿胴）	福建（手钓）
	枪乌贼（做成鱿胴）、白色涤纶布条拟饵、有色外套拟饵	广东、海南、广西（手钓）

注：除在使用地区栏内注明何种钓具外，其余均为延绳钓。

二、鱼类习性、感觉与钓饵的关系

捕捞种类对钓饵的选择，由食性决定。不仅不同种类有所区别，即使同一种类，在不同生长阶段也是不同的。其中，有盛食期（主要在生长期和繁殖期后），也有厌食期和绝食期。

一般在盛食期的饥饿种类，对钓饵选择范围较宽。但当捕捞对象饱食而食欲不盛时，选择钓饵的范围较窄。

凶猛肉食并处于盛食期的种类，是海洋钓渔业的主要钓捕对象，凶猛种类喜欢追逐吞吃活动的钓饵，动态拟饵比较有效。游速慢的种类注重色、味和触感，当钓饵静止时，鱼在吞食时非常小心，有时甚至吃到口中也会再吐出来。静止的拟饵难以实现模拟条件，捕捞效果不好。故拟饵一般在动态中使用，即在曳绳钓和鱿鱼钓中使用。在鱿鱼钓中，真饵也要用手经常抽动钓线，钓机要设计成上下振动模式，使拟饵不断地振动，才能有较好效果。

三、装饵要领

鱼类对钓饵的摄取，各有不同姿态和不同方式，如吞食、啄食和抱食等，如从前面、后面或从水平、仰、俯等不同方向来夺取钓饵等。对这些不同的摄食姿态和方式，就需用不同的装饵方法，以保证装饵的牢固和钓捕效果。

装饵时应注意下述要点：

①装饵必须牢固，但在丰产和使用多量钓钩作业时，必须兼顾装饵的容易度。例如，带鱼以水平或仰角方向进行吞食，因此装饵力求牢固。若装切段饵时，应将钓钩从鱼饵背部刺入，钓饵绕轴转一圈，然后再套入钩尖部，并使钩尖外露，如图8-43（a）所示。

②装切块饵时，钩尖刺穿过皮质层，如图8-43（b）～（d）所示。大型钓饵用线扎缚，以求牢固。

③装活饵时，切勿钩刺在要害部位，以保持其活力，如图 8-43（e）～（h）所示。一般都加装活饵外套，避免钓钩直接钩挂活体。

④装饵时不宜直穿钓饵中心部位，以防钓饵在水流作用下产生旋转和摆动。

⑤装小鱼、小虾等小型饵料时，钩尖从尾部刺入，使鱼头、虾头等朝下，如图 8-43（i）～（k）所示。装稍大的整条鱼饵时，钩尖从头部刺入，使鱼头向上，如图 8-43（l）所示。因为一般鱼类对小型食饵是从食饵头部方向袭击，而对稍大的食饵则从尾部方向袭击。

⑥对于沉着机灵的鱼类，钩尖不宜露出饵外，对于凶猛盛食的鱼类则可不必计较。

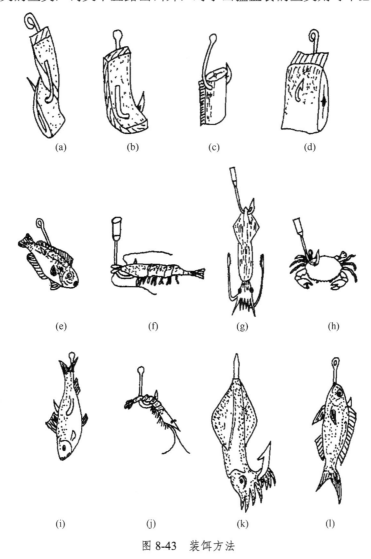

图 8-43　装饵方法

第四节　钓具渔具图及钓具图核算

一、钓具渔具图

标注钓具钓钩、钓线、钓饵、绳索、属具的形状、材料、规格、数量和连接装配工艺要求的图叫钓具渔具图，又可简称为钓具图。

（一）钓具图种类

钓具图包括总布置图、局部装配图、钓钩图、装饵图、作业示意图等。每种钓具一定要画总布置图、局部装配图、钓钩图和装饵图。作业示意图若与总布置图相似可以不画。钓具图一般可以集中绘制在一张 A4 纸面上。总布置图绘制在上方，局部装配图绘制在下方，钓钩图和装饵图可根据版面布置情况放在适当的地方，使版面显得饱满匀称即可，如图 8-44 所示。有些钓具结构简单，只要安排紧凑些，可在图面下方加绘作业示意图。

1. 总布置图

总布置图要求画出钓具的整体结构布置，完整表达出各构件的相互位置和连接关系。延绳钓要求标明整列钓的完整结构。若一列钓两端（或左右）对称时，可画出一个列钓布置，也可只画出一列钓端部若干条支线（画在左侧）的布置。图中应标注支线的安装间距、端距和整列延绳钓所需用的浮标、灯标、浮筒、沉石、锚、浮子、沉子、干线、支线的数量，如图 8-44 的上方所示。

2. 局部装配图

局部装配图应分别画出各构件之间的具体连接装配，应标注出浮子、浮筒、浮标、灯标、沉子、沉石、锚、浮子绳、浮筒绳、浮标绳、灯标绳、沉子绳、沉石绳、锚绳、干线、支线、钓线等的规格，如图 8-44 的下方所示。

3. 钓钩图

钓钩图应按机械制图的规定按比例绘制，并标注钓钩的材料、轴径、钩高、钩宽、尖高和尖轴距，如图 8-44 的中间所示。

4. 装饵图

装饵图是表示钓饵如何装置在钓钩上的实物示意图，必要时还应标注钓饵的材料，如图 8-44 的中下方④所示。

（二）钓具图标注

调查图上需标注钓具主尺度，其他标注与前述渔具基本相同。

1. 主尺度标注

①延绳钓：每条干线长度×每条支线总长度（每条干线系结钓钩的数量或钓饵数）。
例：黄、黑鱼延绳钓 307.50 m×1.60 m（120 HO），见图 8-44。
②曳绳钓：钓线总长度范围×每作业单位所拖曳的钓线总条数（每作业单位所拖曳的总钩数）。
例：拖钓（26.40～130.40）m×7（7 HO），见图 8-13。
③垂钓：每条钓线总长度（每条钓线系结的总钩数）。
例：石斑鱼手钓 51.30 m（1 HO），见图 8-16（c）。
④竿钓：钓竿长度×每条钓线长度（每竿钓系结的总钩数）。
例：鲈鱼天平钓 7.00 m×2.40 m（2 HO），见图 8-20（c）。

黄、黑鱼延绳钓（辽宁　大连）

307.50 m×1.60 m（120 HO）

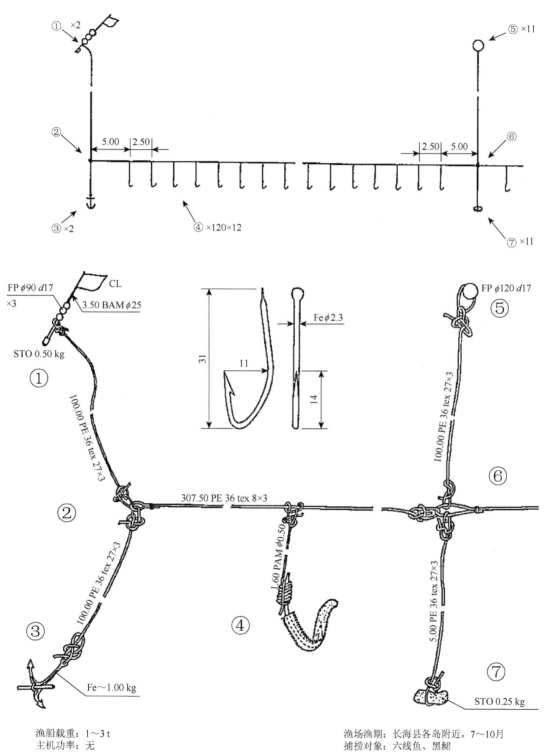

渔船载重：1～3 t
主机功率：无

渔场渔期：长海县各岛附近，7～10月
捕捞对象：六线鱼、黑鲪

图 8-44　钓具图（调查图）

2. 其他标注

钓钩的尺度标注，按零件图要求进行标注。

钓线、钓绳和其他渔具的绳索、网线的标注方法相同。

钩线的规格用长度、材料略语及其直径或结构号数标注，如 0.95 SST ϕ1.14、0.36 ST ϕ0.3×4。

在属具中，钓竿和天平杆的标注与一般杆标注相同，沉锤的标注与沉石相同。必要时应画出其零件图。转环和扩张板一般应画出其零件图。

钓筐、钩夹、线辘或线板等副渔具，必要时应画出其零件图。

二、钓具图核算

在钓具中，数量较多的主要钓具是延绳钓，故这里只介绍延绳钓的钓具图核算。延绳钓钓具图核算包括核对支线安装间距、端距的合理性，干线长度、支线的间距和端距、钓钩数量，浮子、浮筒、浮标、灯标、沉子、沉石、锚的数量等。

延绳钓的支线间距应大于支线长度，这样方能避免在起钓时相邻支线发生纠缠。延绳钓的支线间距一般为支线总长度的 1.25～2.00 倍，支线端距一般等于或大于支线间距。

下面举例说明如何具体进行延绳钓钓具图核算。

例 8-1 试对黄、黑鱼延绳钓（图 8-44）进行核算。

解：

1. 核对支线安装间距、端距的合理性

在局部装配图中，支线标明长 1.60 m，这长度与主尺度标注的数字相符，故支线长度无误。

在总布置图中，标明支线间距为 2.50 m，则支线间距与支线长度之比为

$$2.50 \div 1.60 = 1.56$$

核算结果在合理的范围内，是正确的。支线端距（5.00 m）也大于支线间距，故也是正确的。

2. 核对干线长度、支线的间距和端距

假设总布置图中的支线间距（2.50 m）、端距（5.00 m）和每条干线的钓钩数量（120 枚）是正确的，则干线长度应为

$$5.00 + 2.50 \times (120 - 1) + 5.00 = 307.50 \text{(m)}$$

核算结果与主尺度数字相符，说明干线长度、支线的间距和端距、钓钩数量均无误。

3. 核对浮标、浮筒、铁锚、沉石的数量

从总布置图中可以看出，由 12 条干线连接而成一列钓，列的首尾各装置 1 支浮标和 1 个铁锚。若每两条干线之间连接处均装上 1 个浮筒和 1 个沉石，假设列的干线条数（12 条）、2 支浮标和 2 个铁锚均是正确的，则列中间应装置的浮筒和沉石数量均为

$$12 + 1 - 2 = 11 \text{(个)}$$

核算结果与总布置图中标明的浮筒、沉石的数量相符，说明浮标、浮筒、铁锚和沉石的数量均无误。

第五节　延绳钓材料表与钓具装配

一、延绳钓材料表

延绳钓材料表中的数量是将每条干线和整列分开标明的，其合计用量是指整列的用量。在延绳钓钓具中，干线、支线、钩线均标注净长，其他线、绳均标注全长。

现根据图 8-44 列出黄、黑鱼延绳钓材料表如表 8-6 所示。

表 8-6　黄、黑鱼延绳钓材料表 ［主尺度：307.50 m×1.60 m（120 HO）］

名称	数量		材料及规格	线绳长度/(m/条)		单位数量用量/g	合计用量/g	附注
	每干	整列		净长	全长			
干线	1 条	12 条	PE 36 tex 8×3	307.50	307.70	292.315	3 508	
支线	120 条	1 440 条	PAM φ0.50	1.60	1.75	0.420	605	
浮标（筒）绳		13 条	PE 36 tex 27×3		100.00	326.600	4 246	浮标绳与浮筒绳同规格
沉石绳		11 条	PE 36 tex 27×3		5.00	16.330	180	
锚绳		2 条	PE 36 tex 27×3		100	32.660	66	
钓钩	120 个	1 440 个	长角形 Fe φ2.3×31×11					钩高 31 mm，尖高 11 mm
浮筒		11 个	FP φ120d17					
浮标		2 支	3.50 BAM φ25 + 3 FP φ90d17 + STO 0.50 kg + CL					
沉石		11 个	STO 0.50 kg			500	5 500	
铁锚		2 个	Fe 1.00 kg			1 000	2 000	

二、钓具装配

钓具构件间的连接包括钓钩的连接、钓线间的连接和属具的连接。连接的方法很多，随着时代的进步而不同一般要求构件简便而耐久，不发生自行松脱，能保持一定强度，有的还要求能方便解开。

1. 钓钩的连接

（1）环状或钻孔的轴头

这种形状的轴头，最适合与金属线或金属链所制作成的钩线相连接，其与金属线的连接方法如图 8-45 所示。

（2）扁平或弯头的轴头

扁平或弯头的轴头是钓具上最多用的一种，适于与除了金属线或金属链以外的各种钓线相连接，其连接方法如图 8-46 所示。

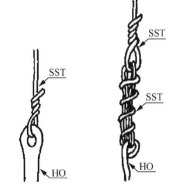

图 8-45　钓钩与金属线的连接示意图

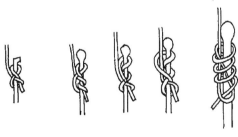

图 8-46　钓钩与钓线的连接示意图

2. 钓线间的连接

钓线间的连接分为钓线与钓线的连接（图8-47）、干线与支线的连接 [图8-48（a）和（b）]、支线与钩线的连接 [图8-48（c）]、干线与干线的连接 [图8-48（d）]。

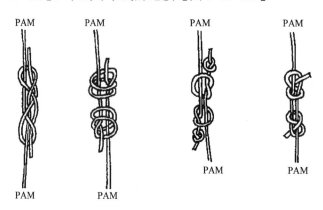

图 8-47　钓线与钓线的连接示意图

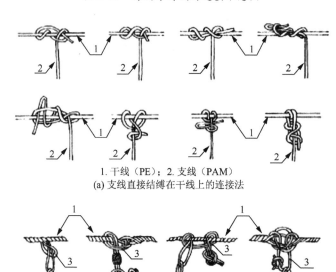

1. 干线（PE）；2. 支线（PAM）
(a) 支线直接结缚在干线上的连接法

1. 干线（PE）；2. 支线（PAM）；3. 支线连接环（PE）
(b) 支线间接结缚在干线上的连接法

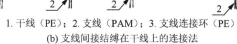

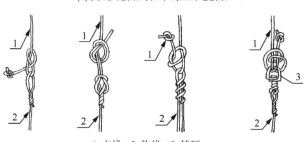

1. 支线；2. 钩线；3. 转环
(c) 支线与钩线的连接

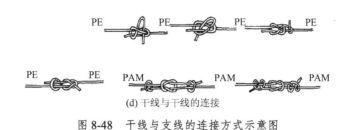

(d) 干线与干线的连接

图 8-48　干线与支线的连接方式示意图

第六节　钓具渔法

钓具捕捞技术内容较广，包括作业渔场选择，撒布诱饵方法、钓饵装钩技术，以及具体的放起钓操作方法等，当然也离不开对渔船的设备要求。

一、钓具作业渔场选择

钓具作业渔场的选择，应在科学的基础上依据多年积累的经验，推测鱼群可能出现的水域，同时要根据研究指导发布的海况、渔况报告，以及各钓船实际生产状况来确定渔场。当渔船驶往渔场时，需不断了解基地和他船的有关渔场信息，并随时掌握本船驶经水域的水深、水色、流隔等海况和他船生产动态等，以便确定作业位置。

捕捞中上层鱼群时，渔场宜选择流隔海域，因为那里饵料生物丰富，索饵鱼群较多。水温是中上层鱼群集群活动的主要因素，适宜的水温可以形成索饵和繁殖渔场。捕捞底层或近底层鱼群时，应选择海底有凹沟、隆起或有碎石的海域放钓，那里鱼群栖息多，而且相对稳定。在岩礁海域，鱼群在礁石间移动范围小，比较稳定，适合使用竿钓，手钓作业。游速较快的中上层鱼群，适合使用曳绳钓作业。延绳钓占用渔场大，要求渔场开阔的海域。

远洋的作业渔场，往往位于洄游鱼群游经的海域，如鲣、金枪鱼等随海流洄游，追随暖流中的鳀、小沙丁鱼鱼群索饵。金枪鱼鱼群索饵的海域，常有海鸟聚集掠食，因此，发现鸟群可找到鲣、金枪鱼鱼群等，这些都是钓具作业渔场选择的经验。

二、延绳钓捕捞技术

（一）延绳钓放起钓操作方法

这里选择黄、黑鱼延绳钓和鳗鱼延绳钓的放起钓操作方法进行叙述。

黄、黑鱼延绳钓属于定置延绳真饵单钩钓钓具，是一种在浅海岩礁边缘作业的底层延绳钓，分布在辽宁省大连市的旅顺和长海县等地，渔场在三山岛海域，可常年作业，主要渔期在每年的 7～10 月，主要捕捞六线鱼和黑裙等。

（1）渔船

黄、黑鱼延绳钓是一种沿岸小型渔业，多数采用载重 1～3 t 的舢板，使用 12 筐钓具，2～3 人操作。

（2）捕捞技术

延绳的捕捞包括下钓前的准备、下钓、捯钓和起钓 4 个生产环节。

①下钓前的准备。钓饵以沙蚕为主，1 条大沙蚕可分为数段装在多枚钩上，从干线的一端开始，钓钩装饵后顺次挂在筐缘的稻草束上，顺序将干线盘进钓筐内，筐缘可容纳 120 枚钩。

②下钩。1 人掌舵,1 人下钩,使下钩舷受风,横流下钩,先把头锚投入海中,同时抛出浮标,接上第 1 条干线,顺次将筐缘的钓线取出扔进水中。下完一筐钓线后,即将该筐的干线末端与第 2 筐的干线首端和浮筒绳、沉石绳连接,接着投第二筐钓线,直至下完全部钓线、抛出最后 1 个尾锚和第 2 支浮标为止。

③捋钓。捋钓是在起钓前,捞起干线、摘取渔获物和补装钓饵的操作。当渔获物较多时,可考虑在起钓前捋钓 1~2 次,捋钓要依风、流情况决定从钓线列的哪一端开始,尽量顺着风、流捋钓或在受风、流舷捋钓。一边拔起钓线,摘取上钩的渔获物和补装已丢失的钓饵,一边再把钓线继续放进海中。

④起钓。1 人驾驶,先拔起钓线列端的浮标和铁锚,并将浮标绳、锚绳与干线的连接点解开后,一边拔起钓线、摘取渔获物和摘除残存的钓饵,一边将钓线顺次盘进钓筐中,钓钩也顺次排挂在筐缘的稻草束上,一只筐盘放一条干线的钓具。

(二)鳗鱼延绳钓的渔法

鳗鱼(指海鳗)延绳钓属于漂流延绳钓,是钓渔具中主要的钓具之一,分布面较广。该种钓具的支线一般带有不锈钢丝钩线,采用圆形或角形不锈钢钓钩。夜间作业,底层布设,作业时随流移动。鳗鱼延绳钓作业示意图如图 8-49 所示,灯标上带有干电池闪光灯。

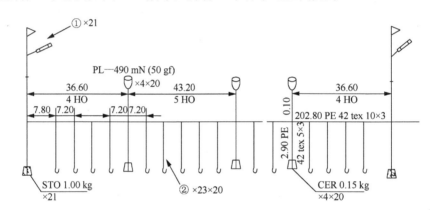

图 8-49　鳗鱼延绳钓作业示意图

1. 渔船

鳗鱼延绳钓的渔船为木质或玻璃钢壳柴油机船,总吨 10~60 GT,功率 30~200 kW,每船使用钓具 30~80 夹,每条干线 1 夹,每船 4~7 人。

2. 捕捞技术

鳗鱼(海鳗)延绳钓的钓饵,以活篮子鱼为最佳。装饵时将钓钩钩住尾部,其他的钓饵有飞鱼、蓝圆鲹、河鲀、小沙丁鱼、鲻等,小鱼用整条,大鱼切成块,每块重约 30 g。

捕捞作业时,选择底质为软泥或泥沟的渔场作业,下午 5 时左右开始放钓。为减少活海鳗逃避挣扎,午夜起钓,一般清晨起钓完毕。放钓时渔船向与流向约成 135°,起钓时渔船顺流前进,用起钓机绞收钓具,用钢钩钩取渔获物。海鳗在每年春季由大海向近岸作产卵洄游,南海渔场产卵期于 3~4 月,东海、黄海、渤海区滞后一些,产卵后摄食旺盛,尤以 5~9 月上钩率较高。海鳗白天藏身于洞穴内,头部稍露出,伺机袭击小鱼。海鳗出洞觅食最活跃的时间是在黄昏至凌晨,因此作业一般在下午 5 时前后放钓,放钓后 2~3 小时即可起钓。如果时间太久,饵料会被流动泥沙掩埋或因其他海底动物咬食而失效。

（三）子母船延绳钓技术

子母船延绳钓很早以前就有，现代化改进始于 20 世纪末广东省阳西县沙扒镇。由于近海渔业资源衰退，当时将处于停产状态的大量小功率拖网渔船改造成钓具渔船，经过原湛江水产学院的科技人员与当地渔民的努力，形成了现在较为现代化和使用广泛的子母船延绳钓技术。

1. 渔船

子母船延绳钓技术所用的母船为木质或玻璃钢壳柴油机船，总吨 10～100 GT，功率 30～250 kW，带子船（钓艇）2～5 艘。子船为玻璃钢壳尾挂桨汽油机船，排水量约 1.5 t，汽油机（带桨）功率 11～22 kW。

2. 钓具

子母船延绳钓的钓具为延绳钓，每条干线长 400 m，用直径 0.5～0.65 mm 的变色锦纶单丝制成。每条干线置支线 100 根，每根支线长 1.5 m，用直径 0.35 mm 的变色锦纶单丝制成。支线下端结缚 1220#5/6 号长圆形钩 1 只。制作完成后的钓具，干线顺次盘放于网袋中，每网袋盘放 5～7 条干线。每条干线上的钓钩套放于 1 只直径为 15～20 mm 竹制钓夹中，钓夹放满钓钩后顶端用橡胶圈套封。将整袋钓具的支线抽出少许，用塑料袋包封钓夹。各船钓具用量根据子船（钓艇）数和子船作业能力而定（如果母船开展放钓作业，也要占用一艘钓艇的钓具），一般每艘钓艇每天用钓具 5～7 袋，每航次作业 3～5 天。拥有 4 艘钓艇的 120 kW 母船带钓具约 175 袋，共约 49 万枚钓钩。

3. 绳索

子母船延绳钓的绳索只有浮标绳和沉石绳两种。浮标绳用 36 tex 15×3 规格的乙纶捻线制成，总长约 120 m，上端结缚浮标，作业时下端连接沉石和干线。沉石绳用 36 tex 10×3 规格的乙纶捻线制成，总长约 0.6 m，捆扎沉石后上端留出绳耳，以便与干线或浮标绳连接。

4. 副渔具

子母船延绳钓所用的副渔具有浮标、沉石和剪刀三种。浮标用直径约 40 mm 的整条竹制成，长约 3.5～4 m，上端扎缚红色或黑色布料方形小旗，下端与约 1 kg 的浇注矿泉水瓶状水泥块固结在一起，中部扎 200 mm×200 mm×100 mm 白泡沫塑料块 1 只，每艘钓艇备 3～4 支；沉石用质量约 1 kg 的适当形状的石头扎上沉石绳而成，每钓艇备用 6～8 只，每支浮标用 1 只，每两条干线相接处用 1 只；剪刀为常用的钢制剪刀，每钓艇备用 2 把，用于剪下渔获物。

5. 饵料种类与装饵

子母船延绳钓的饵料常用鲜小虾和小公鱼，有时用鲜小沙丁鱼的切块，冬季饵料紧缺时，也用盐渍小公鱼和小沙丁鱼的切块。装饵是在岸上的工厂场地上进行，先解除钓夹的封袋，从上至下取出钓钩，装饵后的钓钩排放于一个薄镀锌铁皮制作的方盘中（这个方盘也是渔获物保鲜盘的封盖）。装完一袋钓具后，再在装饵方盘上方扣上一个空方盘，扎牢形成包装盒，放进网袋与钓线一起封存，送冷库冷藏。

6. 开航准备

开航前将所需装好饵料的钓具从冷库取出放进渔船的保鲜舱中，加足补给后开航。

7. 捕捞对象与渔场

子母船延绳钓的捕捞对象广泛，主要为金线鱼、方头鱼、鲷、鲹、白姑鱼、蛇鲻、石斑鱼等。作业渔场分布于岛礁周边和捕捞对象栖息的 100 m 以内浅海域。

8. 放起钓操作技术

渔船到达渔场后，早上 5 时放钓艇下水开展钓捕作业。流缓，钓艇以母船为中心展开成放射状作业。流急，钓艇与母船平行并相距 300～400 m 开展作业。横顺流放钓，每袋钓具首尾及中间各放一支浮标，浮标绳下端及两条干线连接处置一块沉石。钓艇放完一袋钓具后即返回始端起钓，卸下浮标、沉石，剪下所有钓钩，渔获中有钓钩的暂不处理，钓线顺次盘进网袋。接着进行下一轮作业。渔获物多时，钓艇将渔获物送母船分类称重装箱冷藏。晚上 8 时停止作业，钓艇系缆母船休息。

9. 理钓

渔船返航卸鱼后，将未用完的钓具送回冷库冷藏，将剪下钓钩的钓线和清理干净残饵的钓钩交厂方或分发至居户进行理钓。工人理钓时，先用火烤掉钓钩轴头上的残留钓线，然后理顺干线，补足干线长度和支线数量，在支线下端扎上钓钩，钓钩顺次套进钓夹，钓夹用橡胶圈紧套住顶端后再用塑料袋包封。每 5～7 条干线放进一只网袋包装。

第七节　中国远洋金枪鱼延绳钓技术

金枪鱼是大洋性洄游鱼类，具有分布广、群体大、种类多、个体大、资源丰富和经济价值高等特点，在海洋渔业生产中占有相当重要的经济地位。过去金枪鱼主要为美国和日本所开发利用，20 世纪 80 年代，我国相继开发远洋金枪鱼延绳钓渔业。

金枪鱼捕捞的渔具、渔法，除了流刺网作业被禁止外，有延绳钓、竿钓、手钓、曳绳钓及围网等作业方式。而金枪鱼延绳钓的捕获效率高，渔获物质量好，能作为刺身鱼片食材，经济效益高，故在世界上许多从事远洋渔业国家和地区中有着重要地位。

中国在开发利用远洋金枪鱼延绳钓渔业方面起步较晚，1987 年 2 月中国水产科学研究院南海水产研究所派出"南锋 703"船对西太平洋加罗林群岛的西部帕劳海域进行金枪鱼延绳钓探捕工作。1988 年，福建中远渔业有限公司与帕劳共和国合作在帕劳海域进行金枪鱼延绳钓生产。由福建中远渔业有限公司牵头，福建、广东（汕头）、海南、广西组成的合资公司，组织了我国第一支远洋金枪鱼捕捞船队并于 1988 年 6 月从汕头港出发开赴帕劳，其中 3 艘小型玻璃钢船和 4 艘钢壳船进行延绳钓作业，另有 4 艘玻璃钢船进行竿钓作业。1990 年 6 月广东和广西首批金枪鱼延绳钓船队开赴帕劳海域，7 月份开始试捕生产。到 1994 年，我国沿海各省（自治区、直辖市）有 20 多家渔业公司共派出 500 多艘渔船，在中西太平洋帕劳、密克罗尼西亚联邦和马绍尔群岛等岛国海域生产，鲜销日本市场的金枪鱼已超过 $1×10^4$ t。

20 世纪 80 年代末至 90 年代初，我国远洋金枪鱼延绳钓的生产渔场主要在太平洋中西部、赤道以北海域（0～9°N、130～165°E），主要捕捞对象是黄鳍金枪鱼和大目金枪鱼，大目金枪鱼的分布海域比黄鳍金枪鱼稍偏北，但无明显界限。西部的帕劳、雅浦群岛附近的渔期始于 4 月下旬至 5 月上旬，7～9 月为旺汛，约在 12 月中旬结束；东部的波纳佩和特鲁克以东的海域季节差别不明显，可全年作业。

一、钓具

我国远洋金枪鱼延绳钓渔业所采用的钓具最初是参照我国台湾地区的金枪鱼延绳钓而制作的。下面只介绍最初采用 50 枚钓钩为一筐的钓具，其钓具示意图如图 8-50 所示。

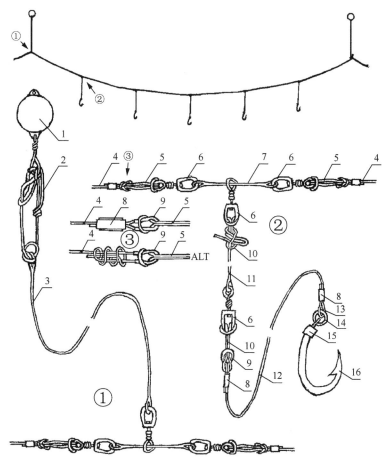

1. 浮子；2. 扣绳夹；3. 浮子绳；4. 干线；5. 干线连接线；6. 转环；7. 干线连接器；8. 铝套管；
9. 塑料套管；10. 支线连接环；11. 支线连接线；12. 支线；13. 平口套环；14. 轴头环；15. 锌片；16. 钓钩

图 8-50 金枪鱼延绳钓示意图

（一）主渔具

金枪鱼延绳钓是由钓钩、钓绳、绳索和属具四部分构件组成的。

1. 钓钩

钓钩为短圆形钩，其形状如图 8-50 的右下方的 16 所示。由直径 4 mm 的钢丝弯曲制成，镀锌，钩高 53 mm，钩宽 27 mm，尖高 42 mm，尖轴距 20 mm，钩尖端至倒刺尖端的垂直间距 15 mm，轴头有直径 4 mm 的孔。此外，钩轴上部孔下方圆周用方形锌片钳夹。每筐装钓钩 50 枚。

2. 钓绳

钓绳分干绳和支绳两部分。

（1）干绳

干绳是由干线和干线连接线相间排列，并用干线连接器连接成的一条长钓绳。附有 3 个转环的干线连接线的线端转环与干线的眼环用干线连接器来连接，如图 8-50② 的上方和① 的下方所示。

① 干线为 1 条直径 2.2～2.5[①]mm 的锦纶单丝（PAMϕ2.2～2.5），其两端弯回后用铝套管钳夹而制成眼环，净长 60～70 m，每筐钓用 60 条。

② 干线连接线为 1 条 PEM 36 tex×144 BS 乙纶单丝的编织线，先穿过 1 个单向转环的小环后，其两端分别穿过 1 个单向转环的大环，折回后形成两个眼环而成为附有 3 个转环的干线连接线。连接线净长 0.24～0.25 m，每筐钓用 60 条。

③ 干线连接器为 1 条 PEM 36 tex×144 BS 乙纶单丝编织线，其两端相连接而制成拉直长为 0.14～0.21 m 的线环，每筐钓用 120 条。

每筐钓具的 60 条干线的合计长度为 3600.00～4200.00 m，60 条干线连接线和 120 条干线连接器的合计长度为 31.20～40.20 m，为干线合计长度的 0.74%～1.12%。若忽略不计干线连接线和干线连接器的长度，则金枪鱼延绳钓主尺度中的每筐干绳长度可取为 3600.00～4200.00 m。

（2）支绳

支绳是由支线、支线连接线和支线连接环组成的一条短钓绳。附有转环的支线连接线的线端用支线连接环连接到干线连接线中间的转环上，支线连接线的转环端用支线连接环与支线的一端相连接，支线的另一端通过轴头环与钓钩相连接，如图 8-50② 的下方所示。

① 支线为 1 条直径 1.5～2 mm 的锦纶单丝（PAMϕ1.5～2），其两端弯回后用铝套管钳夹而制成眼环，净长 23～27 m，每筐钓需用 50 条。

② 支线连接线为 1 条由 PAM 36 tex×80 BS 乙纶单丝编织线构成的绳索，其一端穿过 1 个单向转环的小环弯回后制成眼环而连接在一起，连接线净长 1.50～2.00 m，每筐钓用 50 条。

③ 支线连接环为 1 条由 PAM 36 tex×80 BS 乙纶单丝编结线构成的绳索，其两端相连接制成拉直长为 0.14 m 的线环，每筐钓用 100 条。

每条支绳长度约为 1 条支线、1 条支线连接线和 2 条支线连接环的合计长度，即为 24.78～29.78 m。则该金枪鱼延绳钓的主尺度为（3600.00～4200.00）m×（24.78～29.28）m（50 HO）。

3. 绳索

金枪鱼延绳钓只需用"浮子绳"一种绳索。它由 1 条 PAM 36 tex×80 BS 乙纶单丝编织绳构成，其一端穿过干线连接线中间的转环弯回后制成眼环而连接在一起，另一端弯回后制成绳端眼环，以便套结在扣绳夹一端的圆环中，如图 8-50① 中的 3 所示，净长 25～30 m。每间隔 5 枚钓钩在干线连接线中间的转环上连接 1 条浮子绳，每筐钓用 10 条。

4. 属具

① 浮子和浮标。每间隔 5 枚钓钩用浮子绳连接 1 个白色浮子（PL FLϕ210～220），作业时在每两筐干绳的连接处用浮子绳连接 1 个红色浮子（PL FLϕ300），则每筐钓有 9 个白浮子和 1 个红浮子。为了便于观察，也可用浮标代替浮子。浮标的标杆为一支竹竿（3.50 BAMϕ22），其上端结扎一面矩形小旗帜（PVC CL 360×300），中间结缚一个浮子（PLϕ250），下方结缚一个沉子（Fe 1.15 kg），下端结扎一条绳环，以备作业时与浮子绳（也可称为浮标绳）端的扣绳夹相连接。每筐钓用浮标 10 支。

---

① 在本节中，线绳的长度范围或线绳的直径范围等，不是指在这个范围内可以随意采用，范围是由各渔船采用的数字或资料来源的不同而造成的，各渔船实际采用的数字相对保持相同。

②扣绳夹。

扣绳夹的形状如图 8-50 的左方的 2 所示，是一种弹扣式的扣绳器，用直径 3.5 mm 的不锈钢丝弯曲制成，长 155 mm，宽 30 mm，每筐钓用 10 只。

③转环。转环的形状如图 8-50 中间的 6 所示，是一种单向转环，用直径 3 或 3.5 mm 的不锈钢丝或铜丝弯曲制成，长 48～50 mm，每筐钓用 230 个。

④铝套管。铝套管是用于制作干线和支线端部眼环的 D 型铝质套管，经鸭嘴钳（一种专用的 D 型夹钳）钳夹后的形状如图 8-50 的中间③图上方的 8 和②图下方的 8 所示。用于制作干线端部眼环的铝套管应稍大（PAM ϕ 2.2～2.5），每筐钓用 120 个；用于制作支线端部眼环的铝套管应稍小（PAM ϕ 1.5～2），每筐钓用 100 个。

⑤塑料套管。塑料套管套在锦纶单丝干线两端和支线上端部的眼环中，起防止眼环与连接环直接摩擦和使连接更为紧密的作用。套在干线两端眼环中的塑料套管（图 8-50 的中间③图的 9 所示），其套管内径稍大（PAM ϕ 2.2～2.5），每筐钓用 120 个；套在支线上端眼环中的塑料套管（图 8-50 的中间②图下方的 9 所示），其套管内径稍小（PAM ϕ 1.5～2），每筐钓用 50 个。

⑥平口套环。平口套环是套在支线线端眼环中的铝质套环（图 8-50 的右下方的 13 所示），可以防止眼环与轴头环直接摩擦，每筐钓用 50 个。

⑦轴头环。轴头环是穿入钓钩轴孔的圆环（图 8-50 的中间②图右下方的 14 所示），用直径 2 mm 的不锈钢丝制成，每筐钓用 50 个。

⑧锌片。锌片是钳夹在钓钩钩轴上方的一块小矩形锌片，其钳夹后的形状如图 8-50 的中间②图右下方的 15 所示，每筐钓用 50 块。

（二）副渔具

1. 干绳布袋和钓筐

干绳布袋是一个帆布袋，将一条干绳盘放在一个袋内。钓筐是一个塑料筐，一筐钓的 10 条浮子绳和 50 条支绳依次盘进钓筐内，并将筐内浮子绳端的扣绳夹和支线端的钓钩依次挂在框边上，每筐钓需用 1 个干绳布袋和 1 个钓筐。

2. 电讯标

电讯标是一种无线电测向信号发射装置，如图 8-51 所示。电讯标在作业时设置于线列两端或中间处，它按已调定的频率及所规定的时间发出信号，渔船通过测向仪接收其发出的信号来测定延绳钓在海中的位置。该装置在干绳断裂后，能帮助找到丢失的钓具。每船需备用 3～5 支电讯标。

3. 灯标

灯标是用钢条焊成的灯架，如图 8-52 所示，其底座为一个罐型圆筒，内设有蓄电池或干电池做电源，灯架中间有一个用网衣包扎的球体塑料浮子，灯架上端是闪光灯泡。作业时在灯架两旁再附上几个浮子，使灯标浮于海面。灯标在能见度较好的夜间作业时，敷设于线列两端或中间处，可根据灯标的排列位置观察线列的形状。每船需备用 3～5 支灯标（现在灯标与电讯标早已二合为一，灯标就是电讯标）。

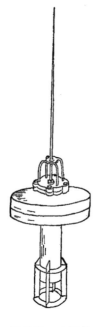

图 8-51　电讯标

图 8-52　灯标

4. 游绳

游绳是 1 条直径 7～8 mm、长约 30 m 的乙纶绳，用作电讯标（灯标）与浮子或浮标之间的连接绳索，每船备用 6～10 条。

5. 长鱼钩

长鱼钩由钢钩和较长的木柄或竹柄连接构成，用于把渔获物从舷侧的海面钩上甲板。其柄长根据渔船舷侧起鱼滚筒离海面的高度而定，有的木柄直径为 40 mm，长 2.20 m。钢钩钩高 180 mm，钩宽 94 mm，尖高 75 mm。每船需备用若干支长鱼钩。

6. 鱼镖枪

鱼镖枪由钢质箭头和木质镖柄连接构成，柄端结附 1 条乙纶绳，一端与箭头的轴孔连接，另一端连接固定在船上。当遇到较大的渔获物时，为了防止鱼体脱落，可先用鱼镖枪刺入鱼体，协助提上渔获物。每船需备用若干支鱼镖枪。

7. 电鱼圈

电鱼圈是由钢质圆环和木柄连接构成。钢环内径 120 mm，环侧开有一条小槽隙，通电后可用于电击鱼。大型凶猛渔获物强烈挣扎时，可先采用电鱼圈将鱼电昏，再用钩将鱼拖上甲板。拖上甲板的鱼难以制服，也可用电鱼圈将鱼击昏。每船备用若干支电鱼圈。

8. 剪刀

起钓时，应解下有鱼的支绳，如支线连接线的上端一时难于解脱，则需用剪刀将支线连接线上端剪断。

9. 渔获物处理用具

处理渔获物的用具有剖鱼刀、短柄鱼钩、木槌、冰铲、木棒等。

二、钓饵

金枪鱼延绳钓普遍选用的钓饵为速冻鲜鱿鱼、蓝圆鲹、鲐、小沙丁鱼和秋刀鱼。

鱿鱼钓饵个体质量一般为 160～300 g，头尾全长约为 25～35 cm，其大小可根据渔汛情况选择。"月光水"（农历的每月初七、初八至廿三、廿四）和渔汛较好、渔获物中大目金枪鱼占多数时，应尽量选用个体较大的鱿鱼，可增加金枪鱼觅食视觉距离，提高上钩率。鱿鱼钓饵的挂钩部位，可从头部胴口中间钩入，再自胴体部下约 1 cm 处钩出，可使鱿鱼钓饵在水下类似游动状态而诱发金枪鱼的食欲。

鲹、鲐或秋刀鱼钓饵个体质量一般为 200～350 g，要求鲜度较高，否则挂钩放钓后在水中较易脱落。一般在"月黑水"（农历的初一至初六、廿五至三十）的渔获物中以黄鳍金枪鱼为主且产量较低时，选用鲹、鲐或秋刀鱼可降低生产成本。鲹、鲐或秋刀鱼带有较强的鱼腥味，可增加金枪鱼的味觉察距离。鲹、鲐或秋刀鱼钓饵可在其背部两侧钩过，使钓饵在水中类似活鱼游动状态而诱发金枪鱼的食欲。

三、渔船

20 世纪 80 年代末和 90 年代初，我国初期的远洋金枪鱼延绳钓渔船多种多样。以"中远 102 号"为例，船长 19.89 m，型宽 4.8 m，型深 2.1 m，总吨 67.4 t，航速 9 kn，主机功率 177 kW，助渔、导航、通信设备齐全，渔捞设备有起钓机一台，电讯标 3 支，锦纶海锚 2 顶。

1990 年 6 月，广东和广西首批赴帕劳的群众集体金枪鱼延绳钓的船队中，玻璃钢船总长 19.95 m，总吨 51 t，主机功率 177 kW，由竿钓船改装而成；钢丝网水泥船总长 31 m，总吨 120 t，主机功率 303 kW，由拖网渔船改装而成；木质船总长 28.30 m，总吨 140 t，主机功率 313 kW，由拖网船改装而成。1992 年，山东省荣成市赴帕劳的金枪鱼延绳钓渔船总长 30.46 m，型宽 5.4 m，型深 2.5 m，主机功率 136 kW，由钢壳拖网船改装而成。远洋金枪鱼延绳钓渔船一般要求有较好的航行性能、渔捞设备和渔获物保鲜设备。

由拖网船等改装成的延绳钓船，可利用船首甲板上原有的卷扬机起钓，也可购置起钓机安装在船首右舷内侧用于起钓。

四、捕捞操作技术

（一）放钓前的准备

1. 放钓时间的选择

金枪鱼基本上是昼间分布于深层，夜间起浮于表层。而食欲最旺盛的时间是傍晚日落前后，其次是早上 7～9 时。从作业渔获物分析，钓获量不仅取决于钓饵在水下的延续时间，更重要的是金枪鱼食欲最旺盛的有利时间。最佳的钓捕作业时间是农历"月光水"的夜晚，上钩率最高，渔获物以大目金枪鱼为多。"月黑水"的上钩率较低，渔获物以黄鳍金枪鱼为主。

根据上述金枪鱼的生活规律和栖息索饵习性，最好选择在每天日落前 2～3 h 开始放钓，而具体时间还要视放钓筐数与"月光水""月黑水"的不同。"月光水"适当推迟放钓时间对渔获物质量有利，"月黑水"推迟放钓时间会影响上钩率。"月光水"一般正常情况下应在晚上 8 时前放完钓，"夜黑水"最好在傍晚 6 时前放完钓。放钓船速最好控制在 8.5 kn 左右。

2. 钓具投放方式的确定

未掌握中心渔场前，应尽量将投放的钓列拉直，以扩大钓捕水域的面积。掌握了中心渔场后，在海况环境允许的条件下，采用 U、W、C 字形进行放钓，以提高钓捕效率。

3. 放钓航向的确定

一般以右舷 30°顺风放钓为宜。若风浪作用小于海流，则以右舷保持 15°~45°顺流放钓，可使干绳易于在水中展开。不宜逆流放钓，否则干绳与支绳容易纠缠。在流速小于 1 kn 时，可根据海况条件和渔汛情况自由选择放钓航向。

4. 放钓深度的控制

作业实践证明，钓具投放的深度在 80~170 m 范围内比较适宜。按上面介绍的渔具尺度，两个浮子间的第 3 枚钓钩在水下的深度可达 100 m 左右，基本达到放钓深度要求。虽然可以利用浮子绳和支绳的长度来调整控制放钓深度，但比较麻烦。在浮子绳和支绳长度不变的前提下，可以利用放钓船速和干绳松放的快慢来控制放钓的深度。

5. 放饵的准备

放钓前约半小时，应把当日所需的速冻钓饵从舱内搬出解冻，以便放钓时使用。

6. 钓具的准备

（1）钓具筐数

我国金枪鱼延绳钓渔船一般是在早上 6 时左右开始测标起钓，若放钓 12 筐（600 枚钩），则钓列拉直长度超过 23 n mile，起钓时间约需 7~8 h。起钓完毕后，宜留有 2~3 h 转移渔场或维修机器、钓具。若放钓船船速为 9 kn，则放钓时间约需 2 h，于是最快能于傍晚 6 时之前放钓结束。若坚持每天作业一次，按当时渔船、渔具的现状，每次能放钓 12~14 筐钓具。在"月黑水"可放钓 12 筐，在"月光水"可放钓 14 筐或更多。

（2）浮子或浮标

浮子的耳环中应预先结扎 1 条乙纶连接绳环，如图 8-50 中的 1 下方所示。在浮标的浮子下方或下端的标杆上应预先结扎 1 条乙纶连接绳环。放钓前应把浮子或浮标放在船尾右边适当位置，并检查浮子或浮标的连接绳环是否牢固。如果采用红、白浮子穿插使用，即在钓列两端和每两筐干绳之间连接 1 个红浮子，干绳中间连接 9 个白浮子，若放钓 12 筐，则共用 13 个红浮子和 108 个白浮子。

（3）电讯标和灯标

一般在钓列两端应各连接 1 支电讯标，钓列中间可间隔 4~5 筐钓装 1 支电讯标或灯标。若夜间能见度较好时，可考虑装灯标，便于观察钓列情况。放钓前应预先把电讯标或灯标与相应的红浮子用游绳连接好并放在船尾右边适当的位置上。

（4）干绳、浮子绳和支绳

先把每条干绳按顺序连接好，并检查每条浮子绳和支绳是否已连接到干绳上，每条浮子绳和支绳有无叠乱，防止支绳与钓钩交叠。每筐钓所装的浮子绳数或支绳数应分别相符。

（二）放钓

放钓前，船长应预先制定有关放钓时间、放钓筐数、放钓方式、放钓航向和航速、松放支绳和浮子绳的间隔时间或放钓机输出速度等计划，并通知各有关岗位人员。临放钓前，甲板部放钓人员应各自位于所负责工作的岗位上。放钓人员分别以 A、B、C、D、E、F 表示，其分工说明如下。

A 负责投放电讯标或灯标、浮子或浮标。放钓时，A 接到 B 递来的扣绳夹将其按次序扣在浮子或浮标的连接环上，并立即将浮子或浮标投放海里，若浮子或浮标已连接有电讯标或灯标时，则应先将电讯标或灯标投入海里，待其漂开后再投下浮子或浮标。

B 负责将浮子绳端的扣绳夹递给 A，并按规定的间隔时间及时松放每条浮子绳。

C 负责整理钓筐的浮子绳和支绳，把浮子绳端的扣绳夹递给 B，把支绳端的钓钩按次序递给 D，并理顺浮子绳和支绳。

D 负责将 C 递来的钓钩钩挂上钓饵并递给 E。

E 负责将钩挂上钓饵的支绳按规定的间隔时间及时投放海中，并使支绳在海中自然伸展。

F 作为驾驶员按照船长意图掌握好放钓航向和航速，施放自动报放支绳、浮子绳的时间信号，与船尾的放钓配合，如有故障要协同采取措施，及时停、开车，协同排除故障。

（三）守钓

从放钓完毕到起钓前约 10~12 h 是等待鱼上钩，故称为守钓。守钓的目的是防止钓具失踪。开始守钓时，首先船航行至钓列的上风（流大风小时为上流）约 2~3 n mile 处（灯标应在视野之内），然后停机漂流，看守钓具。船体一般因风流影响漂流速度比钓具的漂流速度快，当船漂至钓列下风（下流）超过钓具的能见距离时，应航行至钓列的上风或上流处。在守钓时，还可进行渔场水温、风向风力、流向流速等的测定工作。为了确保渔获物质量，在守钓期间，还要进行 3~4 h 的巡钓。巡钓时可以从放钓点沿着钓列巡视，若发现浮子或浮标下沉且可能有鱼上钩时，则捞起浮子绳，沿着干绳找到有鱼的支绳并解下支绳或剪断（若解不开）支绳，将支绳引向舷侧取鱼口并提鱼上船。

（四）起钓

起钓时间一般在早上 6 时左右，航速 2~4 kn，以慢速，偏逆风、流起钓。因为放钓 12 筐的干绳总长超过 23 n mile，起钓时间约需 7~8 h，故太迟起钓会影响渔获物质量和下次放钓的开始时间。

起钓前要对起钓机或卷扬机加以检查，以保证其运转正常。还要检查前甲板上的工作场地，把阻碍起钓的工作之物搬放好。并将长鱼钩、鱼镖枪、电鱼圈、剪刀等起钓辅助工具放在适当位置上。上述准备工作完毕后，甲板部起钓人员按分工各就各位开始起钓。

起钓人员分别以 A、B、C、D、E、F、G 表示，其分工说明如下。

A 负责操纵起钓机或卷扬机，观察干绳负荷大小，判断有无鱼上钩。同时负责向驾驶员 G 用手势指示干绳方向和提出慢车、倒车或停车的要求。并负责将有鱼的支绳解下或剪下后递给 B、C、D。

B、C、D 负责卸下浮子或浮标，收捆游绳和提上灯标或电讯标，并将浮子或浮标、游绳、灯标或电讯标临时放置在适当的地方，还要负责将 A 递来的有鱼的支绳引向舷侧小门，将鱼拖上船并给予处理。

E 负责检查绞上的干绳有无损坏，发现有损伤处应立即修理。还负责将每筐的干绳盘圈成一扎后套进干绳袋中。

F 负责检查绞上的浮子绳、支绳有无损坏，发现有损伤处应立即修理或做上记号待起钓完毕后再作处理。还负责将每筐的浮子绳和支绳依次盘进一个钓筐内，并取下钓钩上的钓饵和将扣绳夹、钓钩依次挂于筐沿上。

G 作为驾驶员负责操舵和控制船速，还要与船头的起钓配合，如有故障要及时停车、开车、倒车，协同排除故障。

进入起钓过程后，除了上述分工外，还要做好如下两点。

①起钓开始前，根据测向仪测出的电讯标方位，就可找到钓具。先由 B、C、D 将钓列端的电讯标、浮子或浮标捞起，并卸下浮子绳递给 A。A 把干绳端压入起钓机的导轮上，再将其与起钓机中的干绳引绳连接，即可开机起钓。G 设法使船首保持与钓列方向成 30°起钓为宜。角度过大则起钓机的负荷过大，角度过小则干绳易与船舷摩擦而受损。同时控制船速，注意不要使主绳受力过大。若使用船首的卷扬机起钓，A 把钓列端干绳与干绳引绳连接后，再把引绳在卷扬机的鼓轮上环绕几圈后，即可开机起钓。在起钓过程中，G 设法使船首与钓列方向一致，若船速过快使干线有被压入船底的可能时，A 应通知 G 减慢船速。

②如发现有鱼上钩，A 应即刻通知 G 停车，待有鱼的支绳抵达起钓机或卷扬机后停止起钓，A 将有鱼的支绳解下或剪下并递给 B。若鱼体不大，可由 B 把鱼拉近舷侧小门，C、D 用长柄钩钩住鱼头，将鱼提上船。若鱼体过重或挣扎力较大，则由 C 或 D 用游绳连接支绳，游绳的另一端固定在船侧处。B、C、D 一起拉住游绳，防止鱼挣扎远游，直到将鱼拉近船边后再由 C 用鱼镖枪插入鱼头，D 用长柄钩，B、C、D 共同协力将鱼拖上甲板（必要时可使用起吊机）。如鱼的挣扎力还很强，三人仍无法将鱼拖上时，可待鱼再次被拉近船边后，由 C 改用电鱼圈来电击鱼头，将其电昏后，再将鱼拖上甲板。

（五）渔获物处理

20 世纪 80 年代末至 90 年代初，我国改装的金枪鱼延绳钓渔船仅适于鱼货冰鲜保藏，在就近基地转口销售，每航次持续时间以 12 天为宜。要提高保鲜质量，必须做好如下几点。

1. 理鱼

鱼由海到入舱理鱼为第一环节，要做到四个快：一是鱼拖上船如没被电鱼圈击死，要赶快用木槌猛击鱼头两眼睛之间的头顶部，将其击死，防止其在甲板上跳动而造成血酸过多或外表破损。二是赶快放血。按要求切除尾鳍、背鳍和臀鳍，保留胸鳍，并顺着鱼体纵向在腹部向鱼头方向开口，长 6～8 cm，在开口内割断直肠与鱼体的连接，掀开鳃盖，将鳃耙、隔膜割下，然后从开口处将鳃和内脏掏出，立即用海水冲洗鱼体内外，务必将残存的内脏、污血等清除干净。三是冲洗干净后，赶快用绳拴鱼尾吊挂起来，使鱼头朝下去血水 3 min，防止残血降低质量。四是赶快将去血水的鱼入冰舱或冰鲜舱加冰，即便舱内来不及加冰也要先将鱼置于舱内等待，防止留在舱外风吹日晒，降低鲜度。因此要求，钓上一条，处理一条，入舱一条，绝对不能放在甲板上等待集中处理，避免造成经济损失。起钓前在海中死亡的鱼鲜度不好，宜作次鱼处理或丢弃。

2. 冰鲜

入舱冰鲜为第二环节，其方法是：用专用木棒在鱼体体腔内、口腔内填足碎冰，再在舱内铺底冰，冰厚 30 cm 左右，将鱼肚朝下并使尾部略高于头部（使冰水易流出），鱼体分排摆放，间隔为 10 cm 左右，鱼间隙、舱边隙和上面要陪好冰，最后盖上冰被。最好是一天冰一层，第二天把冰化造成的空隙敲实再填满冰，个别大鱼还要向肚内敲实填冰。然后再加上一层冰（约 24 cm）后方可在上面摆放一层鱼，一般可摆放 3～4 层。

3. 保藏

保藏为第三环节。在保藏管理中切忌将鱼冰好后再倒舱，每次冰鱼发现冰化情况应及时敲实并加足冰，鱼舱应及时打冷降温，但要谨防冻结。

严格地采用上述 3 项措施，才能拿出高质量的冰鲜金枪鱼。

第八节 光诱鱿鱼钓技术

头足类主要包括柔鱼类、枪乌贼类、乌贼类和章鱼类。在世界头足类产量构成中，柔鱼类是最为重要的。捕捞头足类的作业方式主要有罩网、钓具、拖网和流刺网等，其中光诱鱿鱼钓是世界上最重要的作业方式之一，其产量约占世界头足类总产量的 60%。日本渔民早在 17 世纪就开始利用钓具作业，其产量曾占日本头足类总产量的 95%。拖网是第二作业方式，其产量约占世界头足类总产量的25%。流刺网曾是重要的作业方式之一，其产量约占世界头足类总产量的 10%，特别是在北太平洋公海海域。但由于联合国在第 46 届大会上通过了第 46/215 号"关于大型公海流刺网捕鱼活动及其对世界大洋的海洋生物资源的影响"决议，从 1993 年 1 月 1 日起，在各大洋和公海海域全面禁止大型流刺网作业。其他捕捞头足类的渔具还有围网类、掩罩类（光诱罩网）、张网类、陷阱类、笼壶类等。

目前世界上最为重要的经济头足类如北太平洋柔鱼、西南大西洋阿根廷滑柔鱼等，均采用光诱鱿鱼钓作业，其年产量累计在 100 万吨以上，在世界头足类产量中占据极为重要的地位。我国 21 世纪初拥有专业大型鱿鱼钓渔船（也称鱿鱼钓船）100 多艘、改装型鱿鱼钓船 300～400 艘，年产量达20 多万吨，已成为世界上捕捞柔鱼类的主要国家之一。

一、远洋鱿鱼钓作业渔场与环境

（一）北太平洋柔鱼渔场分布及其与海洋环境的关系

柔鱼的渔场形成与黑潮、亲潮势力强弱及其分布关系密切。柔鱼在夏秋季北上期间，一般分布在表层水温较高的黑潮前锋附近及等温线分布密集的暖冷水交汇区；在冬季南下产卵洄游期间，主要分布在表层水温较低的亲潮锋区或冷水域内的暖水团海域。

在 160°E 以西海域，主要鱿鱼钓渔场的位置因年份不同而有若干变化，渔汛初期（7 月）一般位于 40°N、152°～160°E 海域和 42°～44°N、154°～159°E 海域。而在 170°E 以东海域，6～12 月均可作业，并广泛分布在 170°E～145°W 海域。但是，不同月份的主要渔场位置也不同。6 月作业渔场一般分布在 38°～40°N、150°W 以西海域；7 月在 40°～43°N、8 月在 42°～46°N、9 月在 43°～46°N、170°W以西海域；10 月在 40°～44°N、170°W 以西海域；11～12 月在 39°～42°N、180°W 以西海域。

柔鱼渔场的分布与表温存在着一定的关系，各海区的渔获表温有着明显的差异。柔鱼一般分布的表温范围为 11～20℃，密度高的表温为 15～19℃。在 150°E 以西海域，其表温为 17～20℃；150°～160°E 海域，其表温为 16～19℃。160°E 以东海域，其表温为 15～18℃。

（二）太平洋褶柔鱼渔场分布及其与海洋环境的关系

太平洋褶柔鱼主要分布在日本列岛的周围海域。主要渔场有：①北海道渔场。中心渔场在北海道东南海域，位于黑潮暖流和亲潮寒流交汇的锋区，曾为日本列岛海域太平洋褶柔鱼的最大作业渔场，渔期为 6～9 月、10 月至翌年 1 月。②三陆渔场。北起青森，南至宫城、福岛和千叶海域，为日本太平洋沿海中部渔场，渔期为 3～8 月、10 月至翌年 2 月。③静冈渔场。位于 138°E、35°N 附近海域，为日本太平洋沿岸西南部渔场，渔期为 3～4 月、7 月、12 月至翌年 2 月。④奥九岛渔场。为日本海北部日本列岛一侧渔场，渔期为 7～8 月。⑤大和堆渔场。为日本中部外海渔场，渔期为 5～11 月。⑥佐渡岛−能登半岛渔场。为日本海中部日本列岛一侧渔场，渔期为 4～5 月、11 月至翌年

2月。⑦对马岛渔场。为日本南端渔场，渔期为9~10月、1~4月。⑧隐岐岛-岛根半岛渔场。为日本海南部日本列岛一侧渔场，渔期为12月至翌年5月。⑨东朝鲜渔场。为日本海中部朝鲜半岛一侧渔场，渔期为6~10月。⑩黄海渔场。位于黄海北部，石岛东南海域，在黄海冷水团区域内，渔场呈舌带形，范围为123°~125°E、34°~38°N，渔期为11~12月。

太平洋褶柔鱼渔场的形成与海洋环境关系密切，北上索饵期间的适宜表温为10~17℃，成体交配时的表温为13~18℃，南下产卵期间的表温为15~20℃。在黑潮暖流与亲潮寒流、对马暖流与里曼寒流等不同水系形成的锋区有大量太平洋褶柔鱼聚集。

（三）东南太平洋茎柔鱼渔场分布及其与海洋环境的关系

茎柔鱼分布在中部太平洋以东的海域，即在125°W以东的加利福尼亚半岛（30°N）至智利（30°S）一带水域，范围很广。但高密度分布的水域为从赤道到18°S之间的南美大陆架以西200~250 n mile的外海，即厄瓜多尔及秘鲁的200 n mile水域内外。

茎柔鱼的主要渔场有南部加利福尼亚沿岸和外海渔场、哥斯达黎加外海渔场及秘鲁西部沿岸和外海渔场。茎柔鱼的高密度集中区域具有季节性变化特性，但广泛分布在秘鲁沿岸水域，最高密度集中在秘鲁北部海域，即3°24′~9°S，较低密度出现在13°42′~16°14′S海域。最高密度值出现在秋季、冬季和春季，而在夏季茎柔鱼趋向于分散。

茎柔鱼属耐温性较高的头足类，其表温范围通常为15~20℃，在南半球进行高密度集群时表温为17~23℃（主要为18~20℃）。茎柔鱼资源量极易受到厄尔尼诺现象的影响，在出现厄尔尼诺现象的年份，秘鲁外海的茎柔鱼资源将会发生剧降。

（四）西南大西洋阿根廷滑柔鱼渔场分布及其与海洋环境的关系

阿根廷滑柔鱼栖息于巴西海和福克兰海的收敛辐合带。根据生产情况，其主要作业渔场有：

①35°~40°S之间的阿根廷-乌拉圭共同海域大陆架和陆架斜坡，3~8月由这两个国家拖网渔船实施兼捕，并以生殖前集群的冬季和春季产卵群为捕捞对象；

②42°~44°S之间的北巴塔哥尼亚大陆架，作业水深100 m左右，作业时间为12月至翌年2月，由阿根廷拖网船队进行捕捞作业，以性成熟和产卵中的沿岸夏季产卵群为捕捞对象；

③42°~44°S之间的陆架斜坡，作业时间从12月至翌年9月，但多半在12月至翌年7月，由日本、波兰、苏联、民主德国（1978~1979年）、古巴、保加利亚、韩国和西班牙等国家的拖网渔船和鱿鱼钓渔船作业，以生殖前集群的南巴塔哥尼亚群体为捕捞对象；

④福克兰群岛，渔期为2~7月，但主要在3~6月。

渔场形成与表温的关系密切。在公海海域，各月作业渔场的最适表温不相同。1月为14~15℃，2月为13~15℃，3月为12~14℃，4月为9~13℃，5月为8~10℃，6月为7~9℃，并且1~6月间每月作业渔场的最适表温有逐渐降低的趋势。阿根廷滑柔鱼渔场分布与等深线也有着密切的关系，主要作业渔场分布在200 m等深线附近海域。

（五）新西兰双柔鱼渔场分布及其与海洋环境的关系

新西兰双柔鱼主要分布在新西兰周围海域，共有6大渔场，其中南岛周围4个，北岛周围2个。

1. 斯图尔特渔场

斯图尔特渔场为新西兰岛最南端的渔场，位于南岛南端斯图尔特岛东部及南部陆架区，水深90~

130 m，渔汛期间的表层水温为 12～14℃。主要渔期为 2～3 月，渔获物以小、中型个体为主。

2. 坎特伯雷湾渔场

坎特伯雷湾渔场位于南岛东部 44°～45°S 之间的陆架区，水深 200 m 以内，渔汛期间的表层水温为 14～16℃。主要渔期为 2～4 月，渔获物以中型、大型个体居多。

3. 默鲁沙洲渔场

默鲁沙洲渔场位于南岛坎特伯雷湾东北外海 175°30′～176°30′E 和 40°00′～43°30′S 之间，距南岛约 160 km，水深 50～200 m，表层水温为 14～18℃。作业水深 50～60 m，主要渔期为 2～4 月。

4. 卡腊梅阿湾渔场

卡腊梅阿湾渔场是产量最高的一个渔场，位于南岛西北 172°30′E 以西卡腊梅阿湾陆架区，水深 200 m 以内。渔汛期间的表层水温为 16～19℃。渔汛开始较早，12 月鱼群开始出现，体型较小，集群于 175～200 m 水层，之后游向近岸并集群于 125～150 m 水层。1～2 月为盛渔期，渔获物以中、大型个体居多，作业水深一般为 50～60 m。3 月上旬渔获物急剧减少，3 月中旬渔汛终了。

5. 黄金湾渔场

黄金湾渔场位于北岛南端，与南岛、北岛之间的库克海峡相接，渔场较靠外方，水深 100～170 m，底质为砂泥或泥，潮流多变，西北、西南流特别大。渔汛期间的表层水温为 17～19℃，渔期为 1～4 月，盛渔期为 2～3 月。渔获物个体中等。

6. 艾格蒙特渔场

艾格蒙特渔场位于北岛西岸艾格蒙特山的北方至 38°S 海域，水深 90～120 m。渔汛期间的表层水温为 18～20℃。该渔场渔获物为北上交配、产卵的群体，个体大，但行动呆滞，不易钓获，渔期为 2～4 月。

二、光诱鱿鱼钓作业方法

（一）头足类对光反应的基本原理及其规律

1. 头足类的感光器官

头足类主要包括乌贼类、鱿鱼类（对柔鱼类、枪乌贼类的俗称，下同）和章鱼类，它们都有非常发达的眼睛。在构造特点上，它们的眼睛跟鱼类等脊椎动物相似，并且都属于折射型，能把照射到眼睛瞳孔上的光线折射聚焦在视网膜上形成物像。但是头足类的光感受器不是脊椎动物那种纤毛型的，而是感杆型，这与昆虫复眼的光感受器一样。

从视网膜色素的角度对头足类视觉特性也进行了大量研究，其研究结果见表 8-7。从表中可见，头足类视网膜中含有两种光敏色素体系，即视紫红质和视网膜色素。前者的光谱吸收峰值在 475～500 nm，后者为 490～522 nm，依种类不同而异。但对同一种头足类来说，表中数据表明，视网膜色素的吸收峰值与视紫红质的吸收峰值相比向长波段方向移动了 15～22 nm。一般认为，这种情况并不意味着头足类具有色觉功能，头足类有没有颜色视觉的争论迄今尚未结束。但是根据日本学者研究的结果，在明适应时，鱿鱼类对光谱的吸收峰值为绿色光谱；在暗适应时，光谱的吸收峰值为青色光谱。

表 8-7　头足类视网膜中光敏色素的吸收峰值　　　　　　　　　　（单位：nm）

光敏色素名称	鱿鱼	大乌贼	枪乌贼	章鱼
视紫红质	480	486	500	475
视网膜色素	495	508	522	490
酸性间视紫红质	488	495	500	503
碱性间视紫红质	378	378	380	380

2. 头足类趋光的一般规律

鱿鱼的趋光特性在日本有较多的研究。小仓通男报道了鱿鱼对各种发光强度的诱鱼灯的趋光行为特性。开启 100 W 的白炽灯时，鱿鱼能很好地聚集在光源附近，组成密度较高的趋光群体；如果光强增大（升压），鱿鱼鱼群游动变得活跃，有分散的倾向；改照 500 W 的白炽灯光，光线更强，鱿鱼立即逃到背离光源一侧的阴暗处；改为 20 W 的荧光灯时，鱿鱼在光源一侧滞留并集群，群体密度较高，游动缓慢，但有下沉的倾向，测得鱿鱼的适宜照度区也是 0.1～10 lx，但对于 0.01 lx 的弱光鱿鱼仍能感受。对杜氏枪乌贼趋光行为特性的研究，表明其适宜照度区也是 0.1～10 lx。铃木恒由在海上观测到，鱿鱼喜欢躲在灯船的船影区域，几乎是不停地前后游动或上下移动，也有相当一部分分布在离光源很远的 0.5～1 lx 等照度线以外的弱光区。这些都说明喜弱光怕强光的生态习性是鱿鱼的共性。一般认为在强光下，头足类活动激烈，群体分散逃逸；而在弱光下，头足类稳定，群体集中趋前。但不同头足类趋光性的强弱有所差异，与其种类如柔鱼类、枪乌贼类（主要栖息于中上层水域）、乌贼类（主要栖息于中下层）有关，而且与视神经细胞的数量有关系。柔鱼类和枪乌贼类的眼睛，1 mm^2 的视神经细胞数目约为 10 万个（孙满昌，2005）。

鱿鱼趋光行为受到月相的影响。在自然海域，月暗之夜，背景光弱，光诱效果好；月明之夜，背景光强，抵消了光诱效果，这在太平洋褶柔鱼、双柔鱼、滑柔鱼和鸢乌贼的钓捕作业中均有相应的反映。从总的情况来看，月明时的钓获量一般低于月暗时。

此外，鱿鱼对颜色光也能产生趋光反应。日本学者发现鱿鱼在绿光下能集群游动，群体稳定，移动缓慢，青白光次之，在白炽灯光下则惊慌地游动。有资料表明太平洋褶柔鱼对 560 nm 的光（黄绿光）、台湾枪乌贼对 510～540 nm 的光（蓝绿光）都有最大的趋光反应。据测定杜氏枪乌贼对短波段的颜色光趋光反应最大，以蓝光为适宜，绿光和紫光次之。因此，鱿鱼比较喜欢短波段光，这可能跟它们栖息于水质清、水色高的水域光学环境特点是相适应的。但由于种类不同，生态习性有所差异，鱿鱼对短波光的最适光色也必有不同。

（二）光诱鱿鱼钓的基本结构及其系统组成

光诱鱿鱼钓是利用柔鱼类的趋光和摄食习性，运用高强度灯光和自动化的钓机及拟饵复合伞钩进行钓捕柔鱼类的一种捕捞技术。它具有节能、省劳力、高效、高技术含量等特点。光诱鱿鱼钓是一个系统工程，其设备主要有渔船、集鱼灯、钓机、钓具、海锚和尾帆等。鱿鱼钓作业时渔船状态如图 8-53 所示。

（三）光诱鱿鱼钓作业的一般过程

根据海况速报资料和现场观测的水温、海流等状况，确定渔场的大致位置，并利用探鱼仪探测鱼群映像，然后决定作业渔场的位置。在确定中心渔场之后，视海流和风速、风向，船顶风抛下海

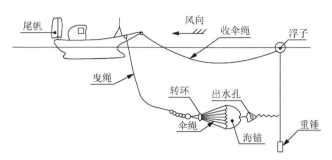

图 8-53 光诱鱿鱼钓作业时渔船状态示意图

锚,并升好尾帆,以控制船位和渔船漂流的速度。待天色暗下来,开启集鱼灯,开动钓机进行试捕。根据实际情况,决定开启钓机的数量。同时应注意观察探鱼仪,调整钓机的作业水层,并调整好钓机参数,同时进行手钓作业。到次日黎明时,结束鱿鱼钓作业。由于目前在鱿鱼钓船中普遍使用了水下灯装置,从而有效地延长了作业时间,使得白天也可进行钓捕作业。

三、鱿鱼钓渔船类型及其布置

(一)对鱿鱼钓渔船的一般要求

鱿鱼钓作业是一种较为特殊的作业方式,需要钓机、海锚、水槽、集鱼灯等渔用设备,同时其日产量在不同海域也有所不同,如在北太平洋海域日产量一般为 1~5 t,而在西南大西洋阿根廷海域和福克兰海域日产量最高可达 100 多吨,对渔船冷冻能力要求很高。因此,鱿鱼钓作业渔船必须具备三个主要条件:①较宽敞的甲板面积以布置钓机、输鱼水槽、尾帆和海锚;②较大的发电机功率以供数十台钓机和上百千瓦的集鱼灯用电;③较大的冷冻能力和冷藏容积以迅速冻结鱿鱼,保证其质量和储藏。

(二)鱿鱼钓渔船类型

我国于 20 世纪 80 年代末开始发展鱿鱼钓渔业,在发展初期,鱿鱼钓渔船主要是以改装型为主。20 世纪 90 年代末才开始建造和引进大型专业鱿鱼钓渔船,因此船体类型较多。有我国自行设计的,也有从日本进口的二手船,如表 8-8 所示。

表 8-8 国内改装鱿鱼钓渔船的装备

船型	船长/m	电站功率/kW	钓机/台	集鱼灯功率/kW	冻结能力/(t/d)	鱼仓容积	备注
Y8154	43.5	64~120×2	12~16	84~112	4.32~14.2	50~120 m³	
Y8152	48.9	75×2	20	120	6	120 t	
Y8157	44.82	126×2	14	96	8.64	90~100 t	
Y8101	41.00	64×2	10	96	4.32	176 m³	
舟山冷六		300×2	20	120	6	200 t	冷运改
冷五	54.30	90×3	24	160	3.15	334 t	冷水改
海子号	46~56	250 kV·A×2	27~40		8~20	280~460 m³	金枪鱼钓改
宁渔 802	56.10	450 kV·A×2	40	156×2	20	780 m³	专业钓
宁渔冷一	84.70	160~180×2	20~30	160~240	30	1 000 t	尾拖改

日本鱿鱼钓渔船的规模从几十吨到 300~400 GT 不等。小型鱿鱼钓渔船主要在日本周围海域捕

捞太平洋褶柔鱼；中型鱿鱼钓渔船主要在近海和外海作业；而大型鱿鱼钓渔船主要从事远洋作业。日本鱿鱼钓渔船的主尺度及其参数见表 8-9。

表 8-9　日本鱿鱼钓渔船的主尺寸及其参数

参数	型号			
	99 吨原船型	99 吨第 28 汐见丸	302 吨型第 18 长功丸	349 吨型第 18 善丸
建造年份	1969	1976	1986	1987
LOA/m	33.30	35.69	67.75	70.81
LBP/m	28.30	29.58	57.00	60.00
B/m	6.07	6.23	10.20	10.60
D/m	2.65	2.56	6.65	7.00
T/m	2.30	2.18	3.95	4.19
GT	99	99.55	302	349
鱼仓/m³	73.87	99.05	989.61	1 072
冻结仓/m³	18.23	41.30	—	—
油仓/m³	31.54	81.06	322.71	470
水仓/m³	8.77	17.00	26.20	27.0
航速/kn	9.5	11.30	14.47	14.52
定员/人	12	13	22	22
主机	450 ps/360 r/min	650 ps/1 200 r/min	1 600 ps/360/180 r/min	1 800 ps/370/170 r/min
副机电站	140 ps/110 kV·A	290 ps/300 kV·A	480 ps/1 200 r/min×2	300 ps/500 kV·A
冷冻机	115×90×4	45 kW×2	75 kW×4	75 kW×5
冻结方式	平板式	管架式	管架式	管架式
冻结力/(t/d)	8	14.88	40~50	70
制淡力/(t/d)	—	—	3	3
钓机/台	21	24	36（双）+26（单）	52
集鱼灯	40~50 kW	4 kW×50	2 kW×110	2 kW×150

四、海锚与尾帆

（一）海锚与尾帆的作用

海锚和尾帆是鱿鱼钓作业中两个必不可少的辅助工具。鱿鱼钓渔船在作业时不依靠本船的动力来控制钓船的状态，钓船处于漂流状态。如果在钓捕作业时不对钓船的漂流速度进行控制，将会使灯光诱集的鱿鱼因钓船漂移太快或太慢而离去，也会使钓线因钓船漂移太快或太慢而大幅度倾斜。钓线的大幅度倾斜会影响钓捕产量，使钓线与邻机钓线发生纠缠。因此，鱿鱼钓船在作业时需要依靠海锚和尾帆来控制钓船的漂移速度。

在鱿鱼钓作业时，最理想的情况是：钓船的漂移速度和方向与海流的速度和方向保持一致，即钓船与海水无相对运动。但实际上钓船在漂流时因受风的影响，渔船的漂移速度和方向与海流的流速和方向不相同。海锚和尾帆的作用就是使钓船的漂移速度和方向与海流的流速和方向基本保持一致。

海锚形似一个降落伞，它由曳绳、转环、伞绳、伞体、出水孔、浮子和沉子等组成。出水孔的面积是可调节的，起着调节海锚阻力大小的作用。调节出水孔的面积大小是海锚操作技术的关键，关系到实际海况条件下海锚是否能与渔船合理匹配的问题。

（二）海锚与尾帆操作基本原理

1. 当风向与海流的方向一致

钓船在风力作用下，会使钓船的漂移速度与海流的流速大小不同。如图 8-54 所示，钓船的漂移速度大于海流的流速 V_S。这样钓船与海水产生相对运动，从而使海锚产生与相对运动相反的阻力 F_p，以阻止钓船漂移速度进一步增加。与钓船匹配的海锚，在很小的相对运动速度下即能产生足够的大阻力来平衡风力，则钓船的漂移速度能与海流的流速基本保持一致。

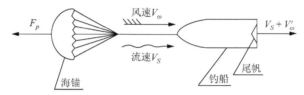

图 8-54　风向与海流方向一致时海锚作用状态图

由于海锚连接在钓船的船首，因此，要使海锚能达到以上这个目的，就得使钓船处于船首顶风状态。尾帆起到了让钓船处于船首顶风状态的作用。

2. 当风向与海流的方向相反

风向与海流方向相反，即船尾受流、钓船在顶风状态下（图 8-55）。与上述的情况差不多，风力的作用只是使钓船的漂移速度小于海流的流速 V_S。这样海锚也产生与相对运动方向相反的阻力 F_p，以阻止钓船漂移速度的进一步减慢。如果钓船海锚匹配合理，就能够在很小的相对运动速度下产生足够大的阻力来平衡风力，从而使钓船的漂移速度保持与海流流速基本一致。

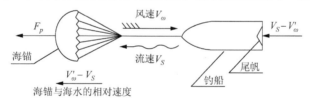

图 8-55　风向与海流的方向相反时海锚作用状态图

3. 当钓船在顶风状态下

受侧向流作用时（图 8-56），侧向流作用于钓船的水动力作用中心 R 上，会在钓船的重心上产生作用力 R_s 和力矩 M_s。因此，钓船会在随海流漂移的同时产生自转，从而发展成如图 8-57（a）所示的情形，钓船偏转了 β 角。此时钓船仍在 M_s' 作用下欲进一步自转，这时海锚即产生阻力 F_p [图 8-57（b）]。这个阻力 F_p 在钓船的重心上产生作用力 F_{px}、F_{py} 和力矩 M_w。此时钓船偏离了船尾顶风状态，由于船帆的作用，风力在尾帆上产生作用力 F_w。F_w 在钓船的重心上产生作用力 F_{wx}、F_{wy} 和力矩 M_w。这样就有：

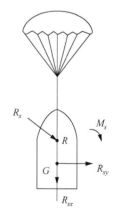

图 8-56　钓船在顶风状态下
受侧向流作用图

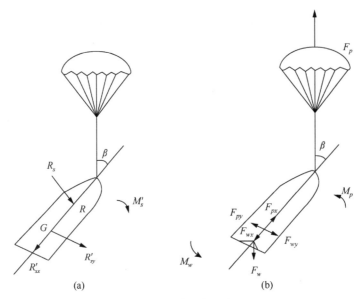

图 8-57 受力分解示意图

$$R'_{sx} - F_{px} + F_{wx} = ma_x \tag{8-1}$$

$$R'_{sy} - F_{py} + F_{wy} = ma_y \tag{8-2}$$

$$M'_s - M_p - M_w = J_G\beta'' \tag{8-3}$$

式中, m ——钓船的质量;

a_x ——钓船 x 方向上的运动加速度;

a_y ——钓船 y 方向上的运动加速度;

J_G ——钓船绕重心水平转动的转动惯量;

β'' ——钓船转动的角加速度;

R ——水动力作用力;

G ——钓船的重心。

如果钓船上匹配了海锚和尾帆,此时产生的力矩 M_p 和 M_w 能大于此时钓船的转动力矩 M'_s,即

$$M_p + M_w > M'_s$$

这样钓船就不能进一步自转。

如果此时对海锚和尾帆进行合理的调整,使得

$$F_{px} = F_{wx}$$

$$F_{py} = F_{wy}$$

根据上面分析,可得

$$R'_{sx} = ma_x \tag{8-4}$$

$$R'_{sy} = ma_y \tag{8-5}$$

$$\boldsymbol{R} = m\boldsymbol{a} \tag{8-6}$$

式中, $\boldsymbol{R}$ ——水流作用力;

$\boldsymbol{a}$ ——钓船的运动加速度。

由于水流作用, $\boldsymbol{R}$ 只有在钓船的漂移速度和方向与海流的流速和方向一致时才为零,此时钓船能与海流基本同步漂移。

通过以上分析可知,如果钓船上匹配了相应规格的海锚和尾帆,在钓捕作业时,根据不同的海况条件和气象条件准确地操纵和调整海锚和尾帆，可以在钓捕作业中控制钓船的漂流速度，提高钓捕渔获量。

（三）海锚操作方法

放海锚的方法有两种，即船头放海锚和船尾放海锚。专业鱿鱼钓渔船一般在船头放海锚，而拖网船改装的鱿鱼钓渔船大多在船尾进行。船头放海锚比较简单，而船尾放海锚相对比较复杂。现在我们以 Y8154 型拖网改装船为例说明在船尾放海锚的整个操纵过程。在放海锚时，应在后甲板上将海锚放在固定的位置。然后依次按以下 1～4 步骤的操作顺序投放海锚。

第 1 步：海锚的准备阶段（图 8-58）。

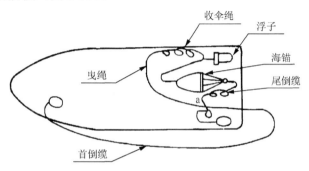

图 8-58　海锚的准备阶段示意图

在此阶段注意观察各部分绳索的连接是否良好。在图中的连接点 a 处应连接首倒缆、曳绳、收伞绳和尾倒缆。海锚的浮子连接在浮子绳与收伞绳的连接圆环上。在投放海锚之前，应将船首放在顺风的位置。

第 2 步：投放海锚阶段（图 8-59）。

在少许动车并打左舵之后停车，此时顺次将浮子、海锚、收伞绳和曳绳投入海中。在此之后，应不时地动车，并打左舵，使收伞绳和曳绳能顺利松出，并且受力不致过大。

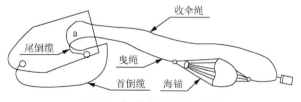

图 8-59　投放海锚阶段示意图

第 3 步：倒绳连接点 a 前移阶段（图 8-60）。

当收伞绳和曳绳全部松出后，利用船首锚机，收绞首倒缆，松出尾倒缆，使倒绳连接点 a 前移。此时仍应不时进车，并打左舵，使船继续左转，使海锚移向船首。

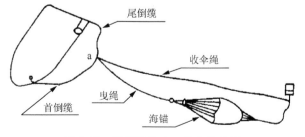

图 8-60　倒绳连接点 a 前移阶段图

第 4 步：海锚投放结束阶段（图 8-61）。

当倒绳连接点 a 移到船首后，海锚投放过程完成。此时应将曳绳从倒绳连接点 a 处解出，套在船首右侧缆桩上，并固定，将收伞绳及倒绳连接点 a 固定在船首左侧缆桩上。

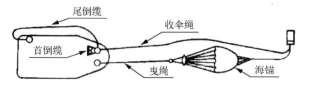

图 8-61　海锚投放结束阶段图

当需要转换作业渔场和结束鱿鱼钓作业时，则依次按以下 1～3 步骤收拢海锚。

第 1 步：倒绳连接点 a 后移阶段（图 8-62）。

欲起海锚时，首先利用船尾起网机上的摩擦鼓轮，收绞尾倒缆，松出首倒缆使倒绳连接点 a 后移。在此同时，曳绳与船的连接分开（必须这样做，不然会被螺旋桨打到或缠绕，俗称"打车叶"或"打叶子"）。此时应少许动车，并打右舵，观察海锚的动态，使海锚远离船体。

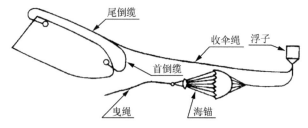

图 8-62　倒绳连接点 a 后移阶段图

第 2 步：收绞收伞绳阶段（图 8-63）。

将倒绳连接点 a 收绞到后甲板后，继续利用起网机上的摩擦滚轮收绞收伞绳。此时应继续进车，打右舵，使船尾正对海锚。之后，注意收伞绳的受力状况，受力过大应停车，受力过小（收伞绳松弛）应少许进车。

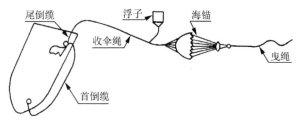

图 8-63　收绞收伞绳阶段图

第 3 步：起吊海锚阶段（图 8-64）。

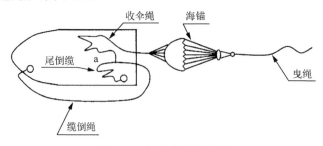

图 8-64　起吊海锚阶段图

把海锚的浮子收绞到后甲板后，将浮子解开，继续收绞；当将海锚绞上甲板时，利用船上的起钓设备，按顺序将海锚的伞针和伞绳吊上甲板；最后绞进曳绳，并将曳绳最后一端连接在倒绳连接点a上，做好下次投放海锚的准备工作。此时仍应根据海锚的受力情况，不时动车，防止"打叶子"。

（四）海锚调整方法

起放海锚以流向为主要依据，在正常情况下海锚迎流、船迎风。在风、流共同作用下，使船舶缓慢移动，钓线处于垂直状态，以保证鱿鱼钓作业顺利进行。在实际鱿鱼钓作业过程中，要最大限度地保持钓船与海锚同步漂移，这可以通过调整海锚出水孔的大小来实现。海锚出水孔的作用是减轻海锚背部的水流分离，以稳定海锚在海流中的状态。通过海锚在水池中的模拟试验和理论分析，发现现行设计范围内的海锚出水孔的大小与阻力成正比。即：出水孔越大，海锚的阻力越大；出水孔越小（没有完全闭合），海锚的阻力越小。但是，通过海锚模型水池试验发现，同样规格大小的海锚，当无出水孔时，即出水孔面积为零时，海锚的阻力最大；当有出水孔后，阻力大大减小；之后，海锚的阻力随着出水孔面积的增大而逐渐增大，当出水孔面积增大到一定程度后，海锚的阻力因出水孔面积的增大而减小。根据上述原理，在实际操作中，海锚可按表8-10进行调整。一般情况下，以表层流为主要依据，使海锚迎流。如风小、流缓，不放海锚又不能作业，可以缩短曳绳长度，有时干脆将曳绳全部收上，仅留伞绳，确保海锚迎表层流。

表 8-10　海锚调整方法

风的情况	流的情况	风、流方向	出水孔大小
较大	较急	同向	较大
较大	较急	反向	中等
较大	较缓	同向	较大
较大	较缓	反向	较大
较小	较急	同向	中等
较小	较急	反向	较小
较小	较缓	同向	较小
较小	较缓	反向	较小

（五）海锚和尾帆使用时应注意的事项

中心渔场找到后，要及时抛下海锚，稳定船位。抛海锚之前，首先要理清张索（连接帆布和曳绳的多根等长绳索），以防止纠缠。然后检查各种连接构件，一般情况下，曳绳放出长度为150 m左右，引扬绳250 m左右。在实际生产中，曳绳和浮标的长度要根据风、浪和潮流强弱进行调节。风大流急，曳绳放长些；风小流缓，曳绳收短些。最后检查引扬绳与浮标的连接及浮标是否正常。投放海锚时，根据是在船首还是在船尾抛锚，控制船和风、流的关系。如果起放海锚在船首进行，投放海锚时，有风则船头顶风，风小流急时船头顶流。先投放浮标和沉子，投放伞体时要适当运用倒车，有助于伞体较快地张开。先投放出水口部分，当伞体完全张开后，将转环投入水中。投放转环时，要避免其与张索纠缠。最后放出曳绳，并根据海流、风力条件确定其投放长度。起放海锚在船尾，有风则顺风放锚，无风有流则顺流放锚，待伞体张开后，动车使海锚逐渐处在船首方向。

抛好海锚后，要及时升尾帆，确保船位稳定及处在船首顶风状态。渔船在钓捕过程中，相对潮流的移动要尽可能小，尽量控制在2 kn以内，以免渔船离开鱼群。船首要保持顶风状态，使钓线尽可能垂直上升、下降。而实现这一切，除了根据船舶大小匹配合适的海锚外，还与海锚是否使用得当和调整有关。生产经验表明，3～4 级风力，是海锚和尾帆发挥作用的最佳时候。当风力超过 4 级，虽然船首顶风更易保证，但船首与水流的相对漂移速度则要根据具体情况，对海锚的一些参数进行调整才能得到控制。例如，调整海锚的出水口面积，放长曳绳，减少尾帆夹角等。风力较小，海锚受力小，会因潮流作用左右摆动，有时甚至漂到船中部。此时，船难以维持船首顶风状态，生产往往受到影响。在这种情况下，除调整海锚的作业参数（如缩短浮标绳、收短引扬绳和曳绳）外，运用舵角效应，也是控制海锚摆动的较好办法。值得指出的是，尽管有时海锚看上去似乎一点也不受力，但千万不要把它全部起到甲板上，让其荡在水中，对船舶还是能够起到明显的稳定作用。

五、集鱼灯

集鱼灯是光诱鱿鱼钓作业中最为主要的助渔设备，可分为水上灯和水下灯两类。集鱼灯有不同类型和不同的功率，渔船供电量的大小决定了集鱼灯功率配置的大小。

（一）鱿鱼钓集鱼灯的发展史

光诱鱿鱼钓技术最先从日本发展起来，至今已有三百多年的历史了。无论是在理论上还是在应用上，日本都堪称当今世界上鱿鱼钓业最先进的国家。纵观日本鱿鱼钓业的发展史，诱集鱿鱼所使用的光源也是一个极为重要的发展内容，体现了人类社会文明发展的轨迹。

最早日本采用松明、树根等制成的火炬来诱集鱿鱼，之后逐步采用乙炔灯、液化气灯和打气煤油灯。到了 19 世纪 30 年代，以干电池为能源的白炽灯开始充当鱿鱼钓集鱼灯，最后才逐步演变成能源来自发电机的集鱼灯系统。

荧光灯是最早成熟的气体放电灯，也是最早引入日本鱿鱼钓业的一种气体放电灯。但其单灯功率有限、应用上也比较麻烦，因此未被日本渔民沿用。与荧光灯相比，高压汞灯的发光效率虽不算高，但单灯功率大为提高，寿命也可达上万小时。尽管高压汞灯的光线在水中的穿透性也好于白炽灯的光线，它们诱集鱿鱼的效果却差不多。另外，炽热状态的高压汞灯一旦熄灭，要等到它冷却后才能被再次启亮，因此，高压汞灯在日本鱿鱼钓业中的应用也受到了很大的制约。

在金卤灯得到应用之前，所有气体放电类灯在日本鱿鱼钓业中均未形成规模性应用，白炽灯仍是应用最广泛的鱿鱼钓集鱼灯。目前，鱿鱼钓集鱼灯系统，除需要调节光强等少数场合仍使用白炽灯外，几乎全都采用金卤灯了。金卤灯不仅具有很高的使用寿命，还具有很高的发光效率。

（二）集鱼灯种类及其特性

国内外曾经用于或已经用于光诱鱿鱼钓生产的集鱼灯有：打气煤油灯、白炽灯、卤钨灯、水银灯及金卤灯等。按使用功能来分，集鱼灯可分为水上灯和水下灯；按能源来分，集鱼灯可分为电光源和非电光源；按电光源集鱼灯的发光源来分，又可分为热辐射电光源和气体放电电光源。非电光源只能作为水上灯，电光源既可作为水上灯又可作为水下灯。集鱼灯种类请参阅第五章内容。

（三）集鱼灯在水中形成光场的特性

研究集鱼灯在水中所形成的光场特点，并简单地计算光源的发光强度与聚集鱼类的关系，对合理利用集鱼灯、提高灯光使用效率及增强集鱼效果具有极为重要的意义。图 8-65 是集鱼灯在水中形成光场的示意图。集鱼灯发出的光被海水强烈地吸收和散射，形成强度从强到弱的光场。人们把这个光场依其光强度大小划分成 4 个部分。

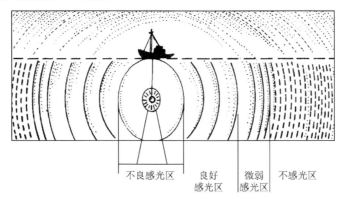

图 8-65 集鱼灯光场分布示意图

1. 不良感光区

不良感光区紧靠集鱼灯的照明区域。此处光线极强，超过了鱼类等动物的眼所能忍受的范围。一般说来，鱼类等动物在此区域都表现负趋光反应，迅速离去。不良感光区的大小，取决于光泽强度。

2. 良好感光区

良好感光区是不良感光区外围的照明区域。这个区域的光照强度适合鱼眼的视觉要求，所以在这个区域内鱼类会主动趋向光源，游聚集群，因而可称为趋光区域。

3. 微弱感光区

微弱感光区是良好感光区外围的光照区域，其最外线就是阈值强度的光照水平。这一阈值就是指刚刚能使鱼眼产生兴奋，感觉到光的刺激存在的光强度。不过在这个区域本身，鱼类通常是无法做出正趋光反应和负趋光反应的。鱼可能因为感受到光的刺激而越过这个区域进入良好感光区，产生趋光反应，也可能由于某些原因仅仅感到有光的刺激而辨别不出光源的方向，无法产生定向运动而游离这个光照区。

4. 不感光区

不感光区是照明区最外围的区域。这个区域的光照强度低于阈值强度，不能为鱼类等所感知。

不同发光强度的光源，前面三个区域的大小不一样。而对同一功率的光源来说，不同种类的鱼，由于眼睛的视觉特点不同，所以对这三个光照区域感觉的强度也不相同。此外，水的透明度、水的深度和水底的反光程度等都会影响这三个区域的大小。重要的是，这三个区域的大小意味着人工光源诱集鱼类的范围，是其实际效能的重要指标。

从光源到临界趋光区域的距离为 r，光源的发光强度为 I，根据光学原理，可得：

$$\frac{I_1}{I_2} = \frac{r_1^2}{r_2^2}$$

研究表明，在一般情况下，对于某一确定的集鱼灯来说，光源的光照距离决定了它诱集鱼类的范围，而后者则与诱集的鱼数量成正比，即 $r = mN$，N 为被诱集鱼的数量，m 为鱼群的均匀系数。

在同一海区作业，捕捞同一种鱼时，m 可视为常数。于是得到光源的发光强度和它诱集的鱼类数量之间的关系：

$$\frac{I_1}{I_2} = \frac{r_1^2}{r_2^2} = \frac{(mN_1)^2}{(mN_2)^2} = \frac{N_1^2}{N_2^2} \qquad (8\text{-}7)$$

$$G_1 = G_2 \sqrt{\frac{I_1}{I_2}} \qquad (8\text{-}8)$$

式中，I_2、N_2 可以是已知的灯光强度和用它来诱集某种鱼类的数量。

增加人工光源的功率，其发光强度 I_1 也随之增大。由上式可知，I_1 增大，N_1 也增大，即所能诱集的范围扩大，因而聚拢而来的鱼群数量增多。因此，集鱼灯的发展趋势之一是增加光强。从火把、打气煤油灯、白炽灯到水银灯、荧光灯等的发展历程证明这一结论。

从图 8-65 可知，人工光源发光强度的增大，必将伴随着不良感光区域的扩大，这就有可能使趋集而来的鱼群又游离光源，影响机钓渔获量。因此，对于鱿鱼钓来说，集鱼灯的灯光并不是越大越好。

（四）选择集鱼灯的基本原则

集鱼灯是光诱鱿鱼钓渔业生产中的重要工具之一，集鱼灯性能的优劣，直接影响到诱集鱼的效果，所以正确选择诱集鱼光源，对生产具有重要意义。选择集鱼灯，一般应符合以下几方面要求：①光源有较大照射范围；②光源具有足够的照度，并能适用于诱集鱼群；③启动操作简单迅速；④灯具坚固、耐震，水下灯水密耐压。

关于集鱼灯照射范围和照度的选择，应适应鱼类趋光和生产的要求。只有在大范围内广泛诱导鱼群，而在小范围内使鱼群集中，才能达到捕捞目的。理想的集鱼灯，不仅照射范围大，而且能随时调节灯光照度。关于水下灯水密耐压的选择，应适应作业渔场水深的需要。目前在鱿鱼钓渔业中使用的水下灯（日本进口）耐压强度为 30 kg/cm²，作业水深为 300 m 左右，并能保持水密。

（五）集鱼灯的使用与效果分析

1. 水上灯使用情况

由于捕捞作业的竞争，日本鱿鱼钓船的灯光强度节节上升，呈现一种浪费能源、增加成本的无益竞争。对适合光强的问题有过诸多调查研究，归纳起来有两个方面。

其一为光强增大，渔获量增加，但并不是无限制地增加，而是有一个峰值。一般可用渔获性能指数和光强（总千瓦数，每米船长千瓦数、每总吨千瓦数或每台钓机千瓦数）的关系曲线（值）来表示。如 1972～1977 年日本有关学者对鱿鱼钓灯光强度进行了研究。对 10～20 总吨级小船的调查表明，光强峰值为 40～50 kW，相当于每米船长 2.5～4 kW（图 8-66）。而中型鱿鱼钓船，每台钓机的光照功率由 20 kW 增至 40 kW 时，渔获性能指数也随着增加。但光照功率大于 40 kW 时，渔获性能指数不增加（图 8-67），因此中型鱿鱼钓渔船的适合光照功率为 5～7 kW/台。而实际上，1974年日本中型钓船（60～80 吨级）的集鱼灯光照功率在 150～190 kW 左右，其总功率和每吨功率（2.35 kW/t）均为 1969 年的 4 倍左右，其每台钓机光照功率（装 12 台钓机）为合适光强的 2 倍多。而大型鱿鱼钓船的光照功率（以日本鱿鱼钓船的 1981～1982 年），其 200 GT 船的光照功率平均为277 kW，300 GT 船平均为 334 kW、400 GT 船平均为 326 kW（孙满昌，2005）。

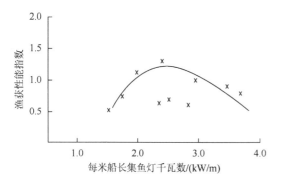

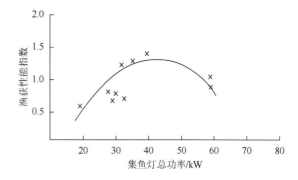

图 8-66　每米船长集鱼灯千瓦数与渔获性能指数的关系图　　图 8-67　集鱼灯总功率与渔获性能指数的关系图

其二为经营利润，即渔获产值与成本之差。尽管在一定范围内，渔获产值会随着光照强度的增加而增大，但是也促进了成本的增加，因此它们之间所得收益会有一个极大值。据 1972～1977 年日本学者对日本小型鱿鱼钓船的经营利润和适合光照功率的分析，其适合光照功率为每台钓机 5 kW，中型船为 6 kW，大型船（装 25 台钓机）为 7 kW。为了避免无益竞争的发展，日本鱿鱼钓渔业协会于 1975 年、1979 年、1983 年先后对中型鱿鱼钓渔船的灯光强度做出了规定。300 GT 以上大型船，其总功率不得大于 300 kW（图 8-68）。

集鱼灯的布置则会影响到灯光阴暗交界区域的产生，这一交界区与船舷、网托架的长度等也有一定关系。由于受到海水透明度、水深及风浪天气船舶摇摆等方面的影响，为了获得较为合适的交汇区域，日本鱿鱼钓渔船可以对集鱼灯的位置进行适当调节。

在中国，Y8154 型拖网改装船的集鱼灯光照功率指标为 1.93～2.57 kW/m，最大的可达到 3 kW/m。而专业鱿鱼钓船的集鱼灯光照功率在 3.80～4.20 kW/m。

2. 水下灯的应用

（1）水下灯的应用情况

为了钓捕深层、大型的柔鱼个体，采用水下灯诱集鱼不仅可以在晚上将深层的柔鱼逐步诱集到较浅的水层进行作业，以提高夜间的钓捕率，而且还可以在白天将柔鱼诱集在较深水层进行有效钓捕，延长有效作业时间。目前我国大型专业鱿鱼钓渔船均已安装了水下灯装置，在 Y8154 型拖网改装船中基本上安装了简易的水下灯装置系统。

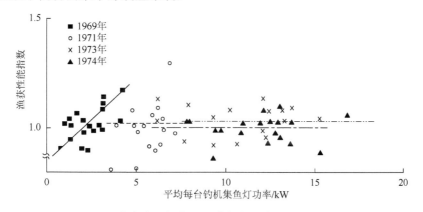

图 8-68　平均每台钓机集鱼灯功率和渔获性能指数的关系图

（2）水下灯的具体操作步骤

水下灯是一个系统性工程，其操作方法的正确与否直接影响到诱集鱿鱼数量的多少及捕获效率。为此，以日本进口的专业水下灯系统在北太平洋中部捕捞大型柔鱼为例，其一般操作方法与步骤如下。

①打开电源。此时水深显示屏幕出现信号。

②根据探鱼仪的映像及其水层，设定水下灯的深度。白天作业时一般设置的深度在 150～250 m，视具体时间段而定。

③观察海流的方向，采用下流一侧的水下灯设备。

④放置水下灯至水中，在离水面 3～5 m 处停顿，打开灯具的电源开关并逐渐升高电压，以检查灯光是否正常工作。

⑤检查之后，降低灯电源电压，并继续沉放水下灯至设定水层。

⑥打开灯具的电源开关并慢慢升高电压，不可将电压一下升至 220 V，需分 2～3 个阶段进行。

⑦密切注意探鱼仪映像的变化。

⑧水下灯放置好后。试用钓机进行单线和顺次作业，作业水深一般比与水下灯设置水层的深度多 100 m 左右为宜。

⑨若是临近傍晚，水下灯诱集 1～2 h 之后，应根据探鱼仪的映像逐渐上提水下灯，上提的距离以 30～40 m 为宜。同时也可逐渐采取降电压措施，每次降电压 20～30 V。每次采取措施之后，需稳定一段时间，一般为 20～30 min。注意密切关注探鱼仪中鱼群映像的变化。

⑩夜间水下灯可提至约 50 m 以内浅水层。

⑪关闭水下灯时，应逐渐减少电压直至关闭，并将水下灯提至离水面下 4～5 m 处，冷却 5～10 min 之后再将水下灯提出水面。

以上是水下灯操作的一个完整过程，同时还应视具体情况而定。

在操作过程中，水下灯作业时应注意的事项：①根据流向选择采用下流一侧的水下灯设备，以免电缆绕过船底，影响电缆的升降和磨损电缆。②水下灯关闭之后，必须将水下灯在海水中冷却 5～10 min 之后才能上提。③在放置水下灯之前，应检查水下灯是否正常工作。④在采取提升间距和降电压措施时，提升间距和降电压值不能太大，以免影响鱿鱼的诱集。⑤安全措施方面，要经常检查电缆的磨损情况（如有无钓钩刺穿孔等），防止电缆短路；减少电缆打捻及防止电缆和水上灯触碰，延长电缆的使用寿命。

（3）使用效果

水下灯使用效果以北太平洋中东部海域的柔鱼钓捕为例进行说明。

①傍晚使用水下灯的效果。试验表明：在北太平洋中东部海域，傍晚利用水下灯进行诱捕作业能取得一定的渔获增加量；水下灯的放置水深一般在 200 m 左右，最浅仅为 150 m，但作业水深（指钓钩到达水深）较深，作业水深一般为 250～370 m，具体应视水下灯放置的水深而定，一般在 340 m 以下的水层作业渔获效果较好；采用水下灯后上鱼比没有用水下灯早 1～1.5 h。

试验记录经过整理分析如表 8-11，从表中可知，柔鱼上钩率最高的作业水深是在 300 m 以下水层，平均上钩率达到 3.0 尾/次以上。而作业水深为 250～270 m 时，上钩率仅为 0.77 尾/次。另外作业水深在 200 m 以内共进行 58 次钓捕，没有钓获 1 尾，上钩率为 0.0%。这些都说明傍晚前柔鱼的栖息水层多在 300 m 以下。同时由于作业水层深，个体大，脱钩率也相对较高，平均脱钩率达到 42%，一般在 35.0%～51.0% 之间。

表 8-11 傍晚前利用水下灯钓捕大型柔鱼的上钩率和脱钩率

日期	水下灯深度/m	作业水深/m	上钩率/(尾/次)	钓捕数量/次	脱钩率/%
7.18	170～190	250～270	0.77	6	40.0
7.19	150～200	250～280	1.67	21	51.4

日期	水下灯深度/m	作业水深/m	上钩率/(尾/次)	钓捕数量/次	脱钩率/%
7.20	160～180	280	2.18	17	43.2
7.21	200	320～370	3.27	30	35.7
7.23	200	340～350	3.72	18	46.3
小计	150～200	250～370	2.63（均值）	92	42（均值）

②凌晨使用水下灯的效果。凌晨天渐亮，鱿鱼钓作业结束。在北太平洋中东部海域，当地时间（北京时间）一般为 01：30 左右没有柔鱼上钩，可开始采用水下灯诱集进行钓捕。一般设置水深为 200 m，钓机的作业水深为 340～380 m，柔鱼的上钩率一般在 1.00～1.40 尾/次，平均脱钩率为 43.5%；当作业水深为 380 m 时，其脱钩率最高达 75.0%（表 8-12）。

表 8-12 凌晨利用水下灯钓捕大型柔鱼的上钩率和脱钩率

日期	水下灯深度/m	作业水深/m	上钩率/(尾/次)	钓捕数量/次	脱钩率/%
7.23	200	358	1.07	15	43.8
7.23	200	348	1.35	65	42.0
7.23	200	380	1.00	4	75.0
小计	200	348～380	1.28（均值）	84	43.5（均值）

资料来源：孙满昌，2005。

③钓机作业水深与灯光设置水层的垂直距离与钓获率之间的关系。钓机作业水深与灯光设置水层的垂直距离与钓获率之间的关系如图 8-69 所示。从图中可以看出，水下灯与钓机作业水深之间的垂直间距一般以灯下方 100～180 m 之间为准，渔获效果也较好，而在 50 m 以内渔获效果则不佳，超过 150 m 渔获效果开始有所下降。这说明水下灯的诱集范围有一定的范围和限制，距离太远或太近渔获效果都不好。

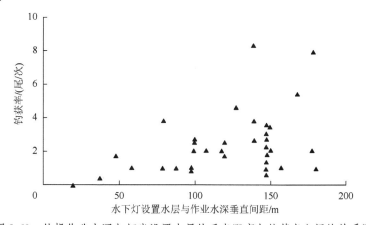

图 8-69 钓机作业水深与灯光设置水层的垂直距离与钓获率之间的关系图

六、钓机、钓线与钓钩

（一）钓机

1. 钓机的发展史

鱿鱼钓机是鱿鱼钓渔业最基本的生产工具，但是钓机的发展与完善也经历了几十年的时间。在鱿鱼钓渔业发展初期，由于当时科技水平的限制，鱿鱼钓设备较为简单，20世纪50年代鱿鱼钓渔业所用的钓机为单滚筒手摇钓机。由于科技的进步，以及提高渔获率因素的驱动，60年代中期开始采用机械控制的双滚筒自动钓机。70年代中、末期发展成为电控型自动钓机。由于电脑控制技术的应用，80年代开发电脑型自动钓机，且从单机控制发展为集中遥控。钓机的作业水深也从原来的300 m发展到1000 m。自动钓机可实现作业深度、起放线速度、起线速度脉冲幅值（即抖动强度）等各方面的调节功能。电脑型钓机除了可显示数字控制外，还可以使滚筒脉冲转动记忆和模拟人的手钓动作，钓线的脉冲速度调节范围更为广阔。图8-70为鱿鱼自动钓机作业示意图。

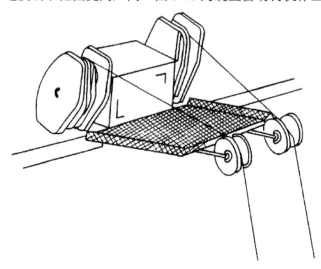

图 8-70　鱿鱼自动钓机作业示意图

2. 钓机的类型及其性能

随着我国远洋鱿鱼钓渔业的快速发展，国内对鱿鱼钓机的需求量也逐年增加，但迄今为止各渔业公司所选用的鱿鱼钓机基本上都是从日本进口的。1990年以来国内选用过的鱿鱼钓机主要有以下4种：KE-BM-1001型（日本海鸥）、MY-2D型（日本东和）、SE-58型（日本三明）和SE-81型（日本三明）。其中KE-BM-1001型和SE-58型鱿鱼钓机电控部分为一般的控制电路，称为基本型钓机；而MY-2D型和SE-81型鱿鱼钓机电控部分是计算机控制，称为电脑型钓机。表8-13列出了这4种鱿鱼钓机的主要参数和基本特点。钓机的功能主要包括了作业水深、收放线速度、抖动强度与方式、时间及其控制方式等。

表 8-13　四种日产鱿鱼钓机的对比情况

钓机类型		基本型		电脑型	
		KE-BM-1001	SE-58	SE-81	MY-2D
输入电源		AC 200～300 V 单相	AC 200 V 60 Hz 单相	AC 200 V 60 Hz 单相	AC 200 V 60 Hz 三相
电动机	额定功率	DC 400 W	DC 500 W	DC 500 W	DC 400 W
	过载能力	最大瞬间功率 1 800 W	最大电流 16 A（2 000 W）	最大电流 17 A	最大电流 6 A（每相）
减速比		30	22	36	
主轴直径/mm		28	28	30	
箱体等防锈材料		防锈铝	SUS 不锈钢	SUS 不锈钢	SUS 不锈钢
箱体尺寸（$L \times W \times H$）		430×310×430	490×315×475	500×420×480	485×310×460
最大放线长度/m		200（400）	260	999	99
零位设定功能		无	无	有	有

续表

钓机类型		基本型		电脑型	
		KE-BM-1001	SE-58	SE-81	MY-2D
转速可调范围/(r/min)	收线速度	15～95	0～100	10～83	20～99
	放线速度	15～98	0～100	10～93	20～99
钓机动作特点	抖动机制	减速-增速简单合成	减速-增速简单合成	减速-增速简单合成	每转八等分速度设置
	抖动上限定位	电子延时	机械限位	数字控制	数字控制
	其他特点		有自动切换功能	收线速度四段可设有自动切换功能	可用手摇法输入抖动模式，可调用工厂设置的抖动模式
电控部分核心元件		集成数字电路	微型继电器	Z80-CPU	MCS-51 单片机
人机界面		防水开关加旋钮	防水开关加旋钮	防水开关加触摸旋钮	触摸旋钮
		无电源开关	内藏电源开关	内藏电源开关	外面板防水电源开关
		拖线按钮	拖线按钮	拖线按钮	拖线按钮
		防水性略差	防水性略差	防水性好	防水性好
		操作简明易掌握	操作简明易掌握	操作不易全面掌握，三显示窗	操作直观较易掌握四显示窗
集控盘情况		CPMU-4 型	KII 型	SE-81 专用型	MY-2D 专用型
		每个集控盘可控8台钓机，每扩充1个子盘可多控4台钓机	每个集控盘根据内部所配控制单元情况可控4～16台钓机	每个集控盘最多可控16台钓机	每个集控盘最多可使16台钓机联机受控
		1个主盘最多可扩充6个子盘，使32台钓机联机控制	2个集控盘可互连，最多使32台钓机联机受控	2个集控盘可互连，最多使32台钓机联机受控	集控盘不能互连
		控制电缆并联连接	控制电缆并联连接	控制电缆并联连接	控制电缆串联连接
其他				与集控盘相连后具有160种程序记忆功能	输入电压 190～260 V 可调，有自检功能

KE-BM-1001 型钓机的机箱壳体和卷线鼓轮侧板均采用防锈铝合金，故自身质量较轻。控制电路的核心元件采用集成数字电路，有利于缩小体积和降低成本。抖动上限的定位采用电子延时电路来控制。

KE-BM-1001 型钓机是最早进口的一种鱿鱼钓机。其价格较低、渔获效果较好。同为基本型的 SE-58 型鱿鱼钓机，由于机箱壳体和卷线鼓轮侧板均采用了 SUS 不锈钢，虽自身质量较重，但较结实牢固。其直流电动机的额定功率为 500 W，比 KE-BM-1001 型鱿鱼钓机大 100 W，在钓大个体鱿鱼时更为有利；减速比为 22，比 KE-BM-1001 型鱿鱼钓机小。此外，SE-58 型鱿鱼钓机的箱体尺寸也比 KE-BM-1001 鱿鱼钓机大。电脑型钓机在控制功能上要比基本型钓机更为丰富和精确。

SE-81 型鱿鱼钓机着眼于钓捕大个体鱿鱼，设计中加粗了主轴的直径。为了增强钓机的负载能力，改良了专用直流电动机，并采用了大减速比，也有"自动切换"功能。速度分七段可调（放线三段、收线四段），意欲提高钓获率。由于可调参数多（包括许多隐功能），操作人员不易全面掌握。电控部分的核心元件采用 Z80-CPU，程序记忆功能做在集中控制盘中，钓机在不接集中控制盘而独立运行时无法调用。

MY-2D 型鱿鱼钓机问世早于 SE-81 型鱿鱼钓机，但调速采用交流调频技术，电控部分的核心元件采用 MCS-51 系列单片机。交流电动机相对于直流电动机来说具有结构简单、故障少、维护方便等优点，但启动力矩较小。在 MY-2D 鱿鱼钓机的操作面板上，除了一个防水电源开关外，全部采用触摸式按钮，有利于提高钓机在恶劣环境中的三防（防水、防雾、防盐雾）能力。与 SE-81 型鱿鱼钓机相比，MY-2D 型鱿鱼钓机操作面板的布置更为合理。虽然单机独立功能强于 SE-81 型鱿鱼钓机（除没有自动切换功能外），但 MY-2D 型鱿鱼钓机使操作人员感到较直观、容易掌握。四显示窗比三显示窗可提供更多的动态信息。在与集控盘联用时，MY-2D 型鱿鱼钓机的控制电缆为串联接法，比较省事。但 MY-2D 型鱿鱼钓机最多只能使 16 台钓机联机受控，这对于每舷钓机超过 16 台的钓船来说，会产生一些不便。

（二）钓线与钓钩

1. 钓线与钓钩的配置与连接

鱿鱼钓渔业中，钓具通常由钓机、钓线和钓钩组成。钓线又分为主钓线和钩线，主钓线俗称座根线，钩线又称为机钓线。座根线一般为 100～400 m，具体视不同作业海域和钓捕对象而定。其材料一般为专用钢丝绳、100 号尼龙线（锦纶单丝，下同）。而机钓线一般采用 30 号、40 号、50 号、60 号、70 号、80 号、90 号的尼龙线，其规格大小的选用一般根据不同的捕捞对象。钓线与钓钩之间的连接结构图见图 8-71。

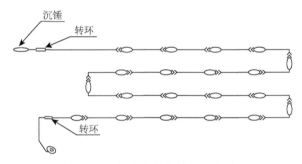

图 8-71　钓线与钓钩连接示意图

通常在每根机钓线装备 20～30 个机钓钩，其钓钩的数量、大小、型号和颜色等依据不同的渔场、不同捕捞对象、不同的个体大小和不同的作业时间段进行调整。钓钩之间的间距一般为 1 m。为了防止钓钩、钓线因海流等原因发生旋转、打捻，在一定钓钩数量之间采用了转环连接。为了确保钓线能够垂直上下运动，在钓线的最下端连接沉锤，其质量一般为 1～2 kg。

2. 柔鱼钓钩

（1）钓钩的定义与类型

柔鱼钓钩为拟饵复钩。根据柔鱼钓钩的结构特征、操作方式分为手钓钩和机钓钩两类。手钓钩是指由不锈钢制成的钩刺与铜管灌铅钓钩体组成的柔鱼钓钩。机钓钩是指由不锈钢制成的钩刺与纺锤形塑料空心钓钩体组成的柔鱼钓钩。

手钓钩的型式可按钓钩体的几何形状进行划分，如八角形手钓钩和四角形手钓钩等。机钓钩的型式可按钓钩体的材料进行划分，如塑料硬体机钓钩、塑料软体机钓钩等。同时，机钓钩还可以根据塑料体的颜色、伞针等的不同进行划分。

（2）钓钩的基本结构与材料

钓钩一般由钓钩体和伞针两个主要部分组成。钓钩体包括手钓钩和机钓钩，手钓钩和机钓钩的基本结构见图 8-72 和图 8-73。伞针包括针伞和针尖，针伞和针尖的基本结构见图 8-74 和图 8-75。

手钓钩采用 H62-1 铜质薄壁方管，内填灌纯铅。机钓钩采用无毒、耐火、耐水、耐低温、具可挠性、透明度好的热塑性工程塑料或采用优质热固性塑料。针体、针套采用硬度值为 HRC47～48 的不锈钢，铜芯钢丝、串芯吊丝采用硬度值为 HRC43～44 的不锈钢。双槽芯棒采用铅黄铜。

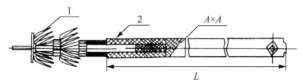

1. 伞针；2. 钓钩体；L. 钓钩体长度；A. 钓钩体几何形状的每一边长

图 8-72 手钓钩的基本结构图

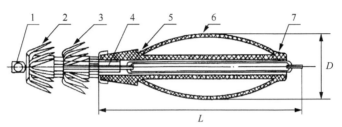

1. 扎线孔；2. 伞针；3. 针套；4. 双槽芯棒；5. 铜芯钢丝；6. 钓钩体；7. 串芯吊丝；L. 钓钩体长度；D. 钓钩体的最大直径

图 8-73 机钓钩的基本结构图

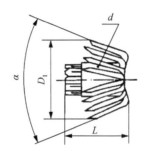

α. 顶锥角；L. 针伞长度；d. 针的直径；D_1. 针尖外围直径

图 8-74 针伞的基本结构图

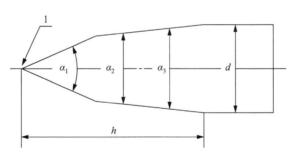

1. 针尖的顶部；$α_1$. 第一针尖锥角；$α_2$. 第二针尖锥角；$α_3$. 第三尖锥角；h. 针尖高度；d. 直径

图 8-75 针尖的基本结构图

（3）钓钩的参数与性能

伞针的物理性能指标见表 8-14。钓钩的物理性能指标见表 8-15。（见 SC/T 4015—2002）

表 8-14 伞针的物理性能指标

直径/mm	针伞长度/mm	针尖外周直径/mm	单刺变形强力*/N	角度/°
0.9±0.02	11.0±0.1	17.5±0.1	≥70	
1.0±0.02	12.5±0.1	19.0±0.1	≥80	$α_1 = 45±1$ $α_2 = 14±1.5$
1.17±0.02	15.6±0.1	22.0±0.1	≥110	$α_3 = 8±1.5$
1.3±0.02	17.0±0.1	24.0±0.1	≥130	$α = 45±2$

续表

直径/mm	针伞长度/mm	针尖外周直径/mm	单刺变形强力*/N	角度/°
1.4±0.02	17.0±0.1	25.0±0.1	≥140	$\alpha_1 = 45\pm1$
1.5±0.02	20.0±0.1	28.0±0.1	≥150	$\alpha_2 = 14\pm1.5$ $\alpha_3 = 8\pm1.5$
1.6±0.02	22.0±0.1	30.0±0.1	≥160	$\alpha = 45\pm2$

*当单刺变形量达到 2.00 mm 时所承受的力。

表 8-15　钓钩的物理性能指标

序号	钓钩体长度/mm	边长（最大直径）/mm	标称质量/g	扎线孔断裂强力/N	镀层厚度/μm	备注
1	175	9	450±20			八角形手钓钩
2	185	9	650±20			八角形手钓钩
3	200	9	750±20		0.5	八角形手钓钩
4	270	10	210±10	≥700		四角形手钓钩
5	300	10	230±10			四角形手钓钩
6	330	10	250±10			四角形手钓钩
7	56	17	—		—	塑料硬体机钓钩
8	65	16	—		—	塑料软体机钓钩

七、光诱钓捕鱿鱼作业相关技术

（一）脱钩率及其降低方法

脱钩率是限制渔获量提高的一个重要因素。不同的捕捞对象，其脱钩率不一样。国内外很多学者对鱿鱼的脱钩率进行了大量的研究，并提出了降低脱钩率的一些方法和改进技术。现以北太平洋柔鱼为例进行说明。

脱钩率的计算公式为：脱落量/（渔获量＋脱落量）。结果发现北太平洋海域小型柔鱼的机钓脱钩率平均在 25%～40% 之间，手钓平均脱钩率约为 20%。在不同型号鱿鱼钓机脱钩率中，SE-81 型鱿鱼钓机和船中部位置的脱钩率最低。不同型号手钓钩脱钩率也不同，并与柔鱼的个体大小有一定关系。改良型手钓钩（伞针增加到 3～4 个，以扩大接触面积）可以在原脱钩率的基础上降低 42%。此外，合理选择钓机的工作参数可有效降低脱钩率。

脱钩率可能与起钓速度、钓钩间距及网托架的水平角度等有关。由于柔鱼上升过程中碰到滚轮会受到阻力，有时难以入网，产生脱钩。针对这种情况，可以通过改造网托架的水平角度，减少在滚轮处的脱钩数。据统计，当网托架的水平角度较大时（25°），该处的脱钩率高达 12% 左右，而当水平角度较小（0～5°），脱钩率可降为 2%。

（二）钓钩对鱿鱼钓捕捞效率的影响

钓钩对鱿鱼钓捕捞效率的影响是多方面的，包括钓钩的大小、颜色，钓钩的使用时间等。大量的试验发现，不同的捕捞对象对钓钩的选择性不一定相同。

1. 北太平洋柔鱼对钓钩颜色的选择

孙满昌和陈新军对 1995 年 7～8 月北太平洋海域不同机钓钩颜色的渔获量效果进行分析，发现不同颜色机钓钩的上钩率相差较大，其中以青色、淡绿色和淡蓝色为好，橙色较差。机钓钩在试用

15 天以后，由于颜色的下降，导致产量下降约 20%～40%。柔鱼对钓钩颜色的选择性随着海况条件（如透明度、风、流）、柔鱼的栖息水层等的不同而改变。海况条件不同，光线在海水中的传播与分布也不同，从而影响到柔鱼对钓钩颜色的选择。由于柔鱼个体大小不一，生长发育状况及栖息水层也不一样，其对颜色反应的最适光色不尽相同。在钓钩颜色的搭配上，不能只用一种颜色的钓钩，而应该根据实际情况，选用几种选择性较好的机钓钩颜色（如青色、蓝色、绿色及介于它们之间或附近的颜色）进行组合。分布在北太平洋中东部海域的柔鱼个体大，栖息水层为 150～300 m，该水层的海水颜色偏向波长更短的光，因而推测在该海域作业的机钓钩应以深蓝色等波长短的颜色为主，青蓝色次之，粉红色和橙色等波长较长的颜色机钓钩钓捕效果会更差。（孙满昌，2005）

2. 钓钩对日本海太平洋褶柔鱼渔获率研究

许柳雄（2004）对 1989、1990 年日本海钓捕太平洋褶柔鱼的试验结果进行比较，发现褶柔鱼对钓钩颜色具有明显的选择性，在粉红色、绿色和黄色三种钓钩中，绿色钓钩的钓捕效果最好，其次为黄色钓钩，粉红色钓钩最差。在钓钩使用时间方面，由于钓钩在使用过程中受到磨损或钩到障碍物，钓钩在使用一段时间后往往出现钩针变形、变钝，塑料外套管表面起毛，色泽变淡等情况，使钓捕效率降低。初步比较试验表明，新钓钩连续使用 10 天，其钓捕率与全新钓钩没有差别。但是连续使用 15 天的钓钩，其钓捕效率大大下降，渔获率只相当于新钓钩的 70%，差别十分显著。

3. 钓钩对西南大西洋阿根廷滑柔鱼钓捕效率的影响

唐议根据 2000 年西南大西洋阿根廷滑柔鱼钓生产调查与试验的结果，初步研究了西南大西洋阿根廷滑柔鱼钓作业中有关钓钩对渔获率的影响。结果表明，不同颜色的钓钩的渔获效果有差异，钓钩颜色对渔获效果的影响极为显著，其中草绿色钓钩的渔获量最高。（孙满昌，2005）

4. 钓钩对新西兰双柔鱼钓捕效率的影响

陈新军根据 1996～1997 年度我国鱿鱼钓船的生产试验结果，对钓钩颜色和钓钩大小对新西兰双柔鱼上钩率的影响进行了研究。结果表明，黄色、淡绿色和淡蓝色机钓钩的捕捞效率较高，淡红和碧绿色机钓钩次之，红色和夜光最差。此外，双柔鱼的个体大小不同，其上钩率也不同。CM 型机钓钩在钓捕体长 15～20 cm 个体时，上钩率最低，这是由于小型个体足腕细小，而 CM 型的伞针粗度就有 1.5 mm，锋利程度比其他型号差，鱿鱼不能很好地被钩住，因而上钩率相对较低。双柔鱼的脱钩率较低，其腕足的断裂强度与日本海太平洋褶柔鱼基本上一致，都比较大。（孙满昌，2005）

5. 钓钩对秘鲁外海和哥斯达黎加外海茎柔鱼钓捕效率的影响

茎柔鱼广泛分布在中东太平洋的秘鲁外海和哥斯达黎加外海，个体大小从 250 g 到几十千克。在机钓中，其脱钩率可达 60% 以上，同时水中脱钩、水上脱钩和滚轮处脱钩都极为严重。引起脱钩的主要原因是茎柔鱼本身肉质脆，个体大。生产过程中发现，手钓中捕获的茎柔鱼个体大于机钓捕获的茎柔鱼。一般情况下，机钓难以捕获 8 kg 以上的个体。这同钓钩的选择和钓机、网托架、导向滚轮等的设备有关。

（三）钓线对鱿鱼钓捕捞效率的影响

1. 日本海太平洋褶柔鱼

（1）钓线颜色与钓获率

太平洋褶柔鱼对钓钩颜色具有选择性，针对钓线颜色对钓获率的影响，许柳雄（2004）在 1990 年

6月22日至7月1日进行了研究。白色钓线比灰色钓线的钓获率高7%。以渔获尾数计算，白色钓线比灰色钓线多出15%。

（2）钓线粗度与能见度关系

一般来说，线径越细，能见度越低，越不易被鱿鱼发现，因此有利于钓获率的提高。据Hamabe介绍，如果把线径1.05～1.17 mm钓线的平均钓获率作为1个单位，那么线径0.84～0.90 mm钓线的平均钓获率为1.32，线径0.74～0.84 mm钓线的钓获率为2.18，说明使用细线钓捕效果改善非常明显。但同时，又指出这种效果可能与渔场环境有关。在不影响钓捕强度的情况下，尽可能采用较细规格的钓线（孙满昌，2005）。

（3）钓线长度对钓获率的影响

钓线长度对钓获率也有一定的影响，钓线长度决定了钓钩的间距。在日本北海道鱿鱼钓渔船中，一般采用80 cm、110 cm和120 cm长的钓线。许柳雄（1994）于1990年分别采用80 cm、90 cm和100 cm长的三种钓线进行了生产性对比试验，结果表明100 cm和90 cm长的钓线连接的钓钩钓获率差别很小。而长度为80 cm的钓线连接的钓钩，钓获率比100 cm高8%～12%，比90 cm高37%，差别极为明显。

2. 其他捕捞对象

钓捕分布在西南大西洋的阿根廷滑柔鱼对钓线也有一定的要求，根据唐议分析，生产中应根据渔获物个体大小的变化对单根钓线的钓钩数量和钓线粗度进行调整。渔汛初期，钓线可选用50～60号钓线；渔汛末期，钓线则可选用80～90号钓线。

对于北太平洋柔鱼，孙满昌和陈新军（1997）认为，脱钩率随着细线长度的增加而缓慢降低，最后稳定在4～5 m时的16%左右。这是由于细线的弹性和柔软性好，柔鱼喷水逃逸时，具有很好的缓冲作用，因而腕足不易断（孙满昌，2005）。

（四）手钓技术对鱿鱼渔获率的影响

手钓技术在捕捞北太平洋柔鱼、日本海太平洋褶柔鱼、秘鲁外海和哥斯达黎加外海茎柔鱼、新西兰双柔鱼等时，对提高产量有着十分重要的作用，特别是在捕捞北太平洋柔鱼时。手钓技术主要影响因素包括拉线速度、每次抖动时间、抖动频率等技术参数，此外还包括手钓的位置、钓线等方面的因素。

手钓钓具由手钓钩、转环、手线、钓钩与转环的连接线（钩线，俗称细线）组成。手钓钩用反光极强的不锈钢材料制成。手线一般用80号、90号线或钓线用钢丝，其长度视不同作业海域而定，如北太平洋中部海域，手线长度可达200 m。钩线一般用30号线。其连接方式同机钓连接方式一样。

张圣海和孙满昌认为，手钓技术指标有三个：拉线速度、每次抖动时间、抖动频率。研究认为，保证一定的拉线速度、每次抖动时间和抖动频率是获得较高渔获率的重要条件（孙满昌，2005）。

第九节　钓具设计理论

因为钓具捕鱼的原理是利用鱼类摄食习性使鱼类吞饵着钩达到捕捞的目的，所以在钓具设计时考虑的因素很多，如鱼类对钓具的行为反应，干线、支线的张力、强度，以及如何利用各种因素提高渔获量等。

一、鱼类对钓具的反应行为

因为钓捕属于诱惑性的捕鱼方法，所以在讨论鱼类对钓具的反应行为时，离不开鱼类对装在钓钩上钓饵的反应行为。当然，鱼类对钓钩、钓线等存在反应也是必然的，它是关系到鱼类上钩率高低的重要因素之一。

（一）鱼类对钓饵的反应行为

鱼类的这种反应是从寻找饵料、接近饵料，到吞食饵料的一系列摄食行为，都是鱼类视觉、嗅觉、触觉等器官功能的综合反应，这些功能的强弱与鱼的种类有关。例如，生存在光照充分水域的中上层鱼类，视觉功能较强，大多依靠视觉辨别饵料。带鱼在索饵时只要看到形似小鱼的饵料，就会猛冲过去吞食。又如，嗅觉较强的鱼类鲨等，一嗅到有血腥味就朝着血腥味的方向冲过去，还会把有血腥味的网线咬断。再如，触觉较强的一些鱼类，对饵料的软硬、黏滑、新鲜度等特别敏感。鱼类的味觉、听觉及侧线等都具有搜寻和辨认饵料的功能。

鱼类对钓饵的反应行为，除了上述的与鱼类的种类有关之外，还与饵料的种类及其特性和环境条件等有关。例如，拟饵与真饵比较，由于拟饵没有味道，其诱惑性能远比真饵差。有些学者曾做过对比试验，用塑料制成的秋刀鱼形状的拟饵与新鲜的秋刀鱼真饵做饵料来钓捕金枪鱼，结果表明：用秋刀鱼真饵做饵料的渔获量比秋刀鱼拟饵做饵料的渔获量提高了7倍。但是，当拟饵有动态时，拟饵的缺陷就会降低。例如，在机钓鱿鱼的生产中，用塑料制成有颜色的拟饵复钩，当复钩随自动升降的钓线上下抖动时，水流冲击在复钩钩尖上如同活动的小鱼尾巴在摆动，结果引诱了鱿鱼前来扑食饵料而频频着钩，捕获效果很好。这表明钓饵的动态和颜色容易引起鱼类的摄食反应。然而，生产中还观察到，即使用真饵，也要选择捕捞对象喜欢的物种。例如，钓捕金枪鱼时用罗非鱼做钓饵的渔获效果就比不上用日本鳀做饵料的渔获效果。

至于环境因素对鱼类摄食行为的影响，可从鲣竿钓的生产中看出，鲣竿钓作业时喷水产生的振动波，可激发鲣冲向水面，捕获效果更好，可见喷水有增进食欲、激发鲣摄食行为的作用。又如，金枪鱼类对延绳钓饵料的摄食行为具有昼夜节律变化；黄鳍金枪鱼、大眼金枪鱼、蓝鳍金枪鱼的摄食行为昼间比夜间活跃，夜间几乎不摄食，但长鳍金枪鱼在夜间不摄食，早上摄食，白天休息，傍晚又开始摄食。Strasbury等从船上和水下观察到钓捕鲣的过程：鲣的活动性依鱼体大小而异，体长约20 cm的小鱼常形成庞大群体，摄食中也不散群，对刺激反应敏捷；体长70~80 cm的大鱼，活动性差，很少形成群体，游速在10 kn以下；体长在45~60 cm的中等大小鲣摄食时大致以25 kn的速度上下往复游动，渔船喷水时浮出水面，停止喷水时又下沉至2~6 m以下。说明各种鱼类对钓饵反应的环境条件各不相同（孙满昌，2005）。

（二）鱼类对钓具的反应行为

鱼类的这种反应可从鱼的上钩率大小来判断。钓钩的长短和钩尖的倾斜程度也是影响鱼类上钩率的因素之一。生产中可看到：钩尖内倾，钩尖不易刺挂鱼体，但可使鱼吞食顺畅，一旦被吞入，钩尖易刺入鱼体，鱼体越挣扎，刺挂就越牢靠；钩尖短的钓钩对鱼体杀伤力不大，容易脱钩，也容易退钩；钩尖长的钓钩对鱼体杀伤力大，着钩的鱼不易脱钩，也不容易退钩。因此，应根据鱼类的特点来选择钓钩的形状和尺寸，使其尽可能与鱼的大小、嘴形、咽喉大小、捕食特性和作业条件相适应。例如，角形钩适合钓捕中、小型鱼类；歪嘴钩适用于钓捕敏感性鱼类；钩尖外倾的钩适合钓捕贪食性凶猛鱼类;而对于作业时间较长的定置延绳钓应选择钩尖内倾、钩宽较窄的钓钩,以保证刺获牢靠。

至于钓具所使用的钓线,除了强度和弹性要符合要求之外,还必须考虑颜色为无色透明或与背景色彩相近,才不易被鱼类发现。现在生产中多采用变色锦纶单丝,渔获效果良好。从钓钩的受力情况来看,鱼对钓钩的静拉力和动拉力一般小于鱼体在空气中的重力。钓线在作业中承受的载荷,除了钓钩的重力之外,主要是鱼作用在钓线上的力。因此计算钓线的强力一般应以不小于鱼体在空气中的重力为标准,生产实践中还看到鱼对钓具的反应,上钩一次而逃逸的鱼将难以再次上钩。

二、延绳钓的干线形状和钓钩位置

延绳钓干线的形状与钓钩所处的位置,两者是联系在一起的,因为延绳钓在中上层作业时干线展开呈悬链线形状,所以结附在干线上不同位置支线末端的钓钩深度位置不一样。

(一)延绳钓干线的形状

延绳钓干线上每隔一定距离系结浮子,作业时承受干线、支线、钓钩及沉子的沉力。作业时,延绳钓干线在水中保持柔索特性。若仅考虑干线的沉力,在理想状态下每段干线呈悬链线状,其形状可表示为

$$y = P \mathrm{ch} \frac{x}{P} \tag{8-9}$$

式中,$P = \dfrac{T_0}{q}$ ——悬链线参数;

T_0 ——干线水平张力(N);

q ——干线单位长度沉力(N/m);

x ——干线长度的横坐标值(m);

y ——干线长度的纵坐标值(m)。

设放钓时的船速为 v_2,长度为 S 的每段干线的投放时间为 t,则两浮子的间距 L 为

$$L = v_2 \cdot t \tag{8-10}$$

按悬链线因素表(表6-19)L/S,查得相应的 f/S,可求得干线的垂度 f,其中 L 为两浮子间距,S 为两浮子间的干线长度。

投放延绳钓时,为了达到一定的钓捕水深,应使每船干线保持一定的 L 值。实际上,在干线沉力的作用下,两浮子间距 L 将不断减少,干线越长,减小幅度越大。在延绳钓作业中,常将 L/S 的比值称为短缩率,并用式(8-11)表示:

$$k = \frac{L}{S} \tag{8-11}$$

在金枪鱼延绳钓生产中,短缩率 k 一般在 40%～80%。

(二)延绳钓钓钩深度位置

延绳钓钓钩水深直接影响钓捕种类,对作业效果影响十分重大。延绳钓钓钩所及深度与渔场水流速度、钓钩沉力、干线粗细及沉力配备等有关,要精确计算难度较大,一般采用估算的方法。日本学者吉原友吉认为,在理想的作业状态下,两浮标之间的干绳呈悬链线状,各个钓钩所处深度位置可用式(8-12)估算:

$$D_j = h_a + h_b + f_j = h_a + h_b + l\left[\sqrt{1+\cot^2\alpha} - \sqrt{\left(1-\frac{2j}{n}\right)^2 + \cot^2\alpha}\,\right] \tag{8-12}$$

$$n = m + 1 \tag{8-13}$$

$$l = (m+1)v_1 t / 2 \tag{8-14}$$

式中，D_j——第 j 号钩的钓深位置（m）；

j——两浮子间的支线编号序数；

f_j——接浮子绳处和第 j 号钩间干线的垂直间距，在两浮子中间处，$f_j = D_j$；

h_a——支线长（m）；

h_b——浮子绳长（m）；

l——两浮子间干线全长的一半（m）；

n——两浮子间干线分段数；

m——两浮子间钓钩数量；

v_1——投绳机出绳速度（m/s）；

v_2——船速（m/s）；

t——投绳时前后两支线相隔时间；

α——干线支撑点切线与水平面交角（°）。该夹角一般很难实测，通常是由短缩率 k 得出。

短缩率 k 除了上述的两浮子间距 L 与两浮子间干线长度 S 之比，也可根据渔船放钓时投绳距离和干绳全长求出，即

$$k = \frac{L}{S} = \frac{v_2}{v_1} = \cot\alpha \ln\left[\tan\left(45° + \frac{\alpha}{2}\right)\right] \tag{8-15}$$

式（8-15）中的 v_1 和 v_2 分别为投绳机出绳速度和船速，其他有关参数如图 8-76 所示，此式计算结果偏大一些。以大眼金枪鱼和黄鳍金枪鱼作为主要捕捞对象时，作业参数可按表 8-16 选取，表 8-17 是每段干线 7 枚钓钩时，根据式（8-12）估算的钓钩所处深度位置。

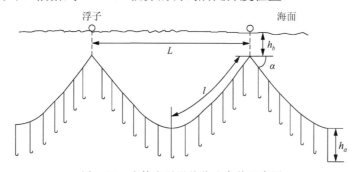

图 8-76　金枪鱼延绳钓作业参数示意图

表 8-16　金枪鱼延绳钓作业参数

目标鱼种	v_1/(m/s)	v_2/(m/s)	t/s	m	k	$\cot\alpha$	l/m	h_a/m	h_b/m
大眼金枪鱼	7.20	5.14	7.0	13	0.714	0.485 1	352.80	35	30
黄鳍金枪鱼	6.66	5.14	6.8	11	0.772	0.603 0	271.7	35	30

表 8-17　根据表 8-16 有关参数计算的各钓钩所处深度　　　　　（单位：m）

目标鱼种	钩号						
	1	2	3	4	5	6	7
大眼金枪鱼	109.6	152.5	192.7	228.8	258.5	278.5	286.0
黄鳍金枪鱼	102.8	138.0	169.4	195.1	212.3	218.4	—

三、延绳钓干线的张力

延绳钓干线的张力包括干线沉力产生的张力、鱼上钩后挣扎发出的作用在干线上的张力及钓机起钓时干线受到的冲击张力。

1. 干线沉力产生的张力

干线沉力包括干线、支线和钓钩等在水中的沉力，是沿索长均布的载荷，使干线呈悬链线状态。当干线垂度较小（通常 $f/S \leqslant 0.14$）时，干线端的张力为

$$T = \frac{q}{2}\left(\frac{S}{4f} - \frac{f}{S}\right) \qquad (8\text{-}16)$$

当干线垂度较大（通常 $f/S \geqslant 0.14$）时，干线端的张力为

$$T = \frac{q}{2}\left(\frac{S}{4f} + \frac{f}{S}\right) \qquad (8\text{-}17)$$

式中，T——干线端张力（接浮子绳处，N）；

$\quad q$——干线段均布载荷（N/m）；

$\quad S$——干线长（相邻两浮子间的干线长，m）；

$\quad f$——干线中央垂度（相邻两浮子间干线垂度，m）。

对于小垂度的干线，式（8-17）中 f/S 项可略去，弧长 S 趋近于弦长 L，这时张力接近于水平张力 T_0，即

$$T_0 = \frac{qL}{8f} \qquad (8\text{-}18)$$

2. 鱼上钩后的干线张力

鱼上钩后，干线张力增加，每段干线中央支线钓钩上捕到鱼时，鱼施加的力 F 作用于干线中点并垂直于干线段时，干线张力最大，这时的情况如图 8-77 所示。

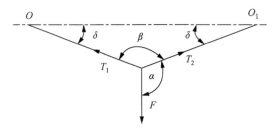

图 8-77　干线张力与鱼体作用力的关系示意图（A）

依据图 8-77 有

$$T = \frac{F}{\sin \alpha} = \frac{F}{\sin 2\delta} \qquad (8\text{-}19)$$

当干线的垂度 f/S 较小时，δ 趋近于零，则有

$$\sin 2\delta = 2\delta, \delta = \frac{f}{S/2} = \frac{2f}{S}$$

$$T = \frac{FS}{4f} \qquad (8\text{-}20)$$

式（8-20）中的 F 可按下式计算

$$F = kmL^{-1/3}$$

式中，m ——鱼体质量；

L ——鱼体全长；

k ——系数，因鱼种而不同，一般 $k = (0.2\sim1.0)\sqrt[3]{L}$ 。

式（8-20）适用于干线两端固定的情况。实际上，在鱼的作用下，干线两端相趋近，使张力减小。

3. 起钓时的干线张力

改变干线端载荷 W，以不同绞速 v 卷收干线，测定干线张力 T，绘制 W-T 试验曲线如图 8-78 所示。

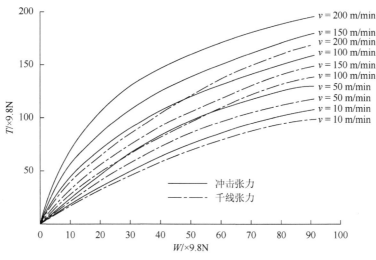

图 8-78　载荷（W）与干线张力（T）和绞速 v 的关系图

据此可得出下列关系式

$$T = \frac{a}{b}W + \frac{W \cdot v}{c + dW} \tag{8-21}$$

式中，a、b、c、d——试验曲线系数。

钓机刚启动时，干线将受到冲击张力 T_s，为了使该冲击张力 T_s 大致与正常起钓时的干线张力 T_h 保持相等，接上离合器时的卷收速度 v_s，应低于常用卷扬速度 v_h，通常为

$$v_h = (1.5\sim2.0)v_s \tag{8-22}$$

当支线与干线的连续点通过导向滑轮时，干线陷入钓机轮内，风浪天气船舶摇摆，起绞钓获鱼所增加的干线张力与鱼体沉力成正比。

在收绞钓具时，通过调节船速 v_2，可使干线增加的张力最小。

$$v_2 = v_h k \tag{8-23}$$

式中，k——短缩率；

v_h——起钓时正常卷扬速度。

同时，通过起钓操作中的技术调整，也可控制干线张力的增加。

四、延绳钓干线、支线的强度、直径及钓钩的强度与特性尺度

延绳钓干线、支线的强度、直径及钓钩的强度与特性尺度，是延绳钓设计的中心问题，在上述设计理论的基础上解读设计中心问题，就会使设计更有依据。

（一）延绳钓干线的强度、直径和干线绳索的选择

延绳钓干线的强度与直径的确定，可从两个角度来衡量，既可按干线的总张力来衡量，也可按干线的结构来确定，但都离不开绳索的选择。

可按干线自重（Q）和水阻力产生的干线总张力来计算干线的强度。式（8-16）和式（8-17）为每筐干线端自动产生的干线张力，在水流作用下，有水阻力产生附加张力，这时，干线总张力为

$$T = \frac{L}{8f}(Q+R) \quad (f/S \leq 0.14) \tag{8-24}$$

$$T = \frac{1}{2}(Q+R) \left(\frac{S}{4f}+\frac{f}{S}\right) \quad (f/S \geq 0.14) \tag{8-25}$$

考虑到干线强度所需的安全系数，则干线的破断力应为

$$P = \frac{nL}{8f}(Q+R) \quad (f/S \leq 0.14) \tag{8-26}$$

$$P = \frac{n}{2}(Q+R) \left(\frac{S}{4f}+\frac{f}{S}\right) \quad (f/S \geq 0.14) \tag{8-27}$$

式中，R——干线上的水阻力（N）。按计算，其中钓线的阻力面积（直径和长度的乘积）为干线、支线、钓钩和钓饵面积的总和；

P——干线的破断力（N）；

n——安全系数。

按式（8-17）计算鱼上钩干线所受的张力时，将该部分附加张力在计算式（8-24）和式（8-25）或在式（8-26）和式（8-27）的安全系数集中加以考虑。

当使用钓机作业时，应按计算起钓时的干线张力，特别是冲击载荷，计算干线的破断力。根据 Morita 测定，金枪鱼衍生到中型船舶起钓时的冲击张力约为 590 N，干线的破断力约为 2350～3200 N，安全系数 $n = 4.0 \sim 5.4$。

依此，再根据干线材料种类和所需的破断力，来选定干线的直径。

（二）按干线结构确定其直径和强度

多股干线的直径和破断力，可参考式（8-28）来确定

$$d = a + k_1 n \tag{8-28}$$

$$P = k_2 n \tag{8-29}$$

式中，d——干线的直径（mm）；

P——干线的破断力（N）；

n——每股线中的单丝根数；

a、k_1 和 k_2——干线直径和破断力的计算参数，因干线材料种类而不同，见表 8-18。

表 8-18　干线直径和破断力的计算参数

干线材料	k_1/mm	k_2/N	a/mm
锦纶	0.062	57.2	2.05
维纶	0.072	65.9	2.20
棉	0.046	34.3	2.20

1. 延绳钓支线的强度和直径

破断力也是选择支线材料和直径的依据。还有一种选择支线强度的方法，是使支线的强度大于鱼类钩刺部位肌肉的强度，观察钓钩钩刺性质、测定金枪鱼钩刺部位和鱼体肌肉组织的强度表明，在75%的情况下，钩刺部位为上唇的侧部，这一钩刺部位的强度与鱼体重力的最大比值约等于2。显然，支线各个部分的强度，应当等于或者稍大于这一钩刺部位的强度。于是，所选金枪鱼延绳钓支线的材料和直径，应使其强度可承受鱼体重力的两倍。

已经知道可能作用在支线上的力，最好计算当捕捞鱼类的数量不同时干线和浮标绳可能承受的负荷，此时，采用图解静力学模拟方法为宜，然后选择相应的绳索。

2. 钓钩的强度和特性尺度

钓钩的类型和材料不同，破断力也不同。根据$\phi\cdot N\cdot EAPAHOB$的研究，破断力P与钓钩的特性尺度l之间有下列关系：

$$P = ml^2 \tag{8-30}$$

式中，m——安全系数，与钓钩的类型和材料有关，通过强力实验测定求得。（许柳雄，2004）

当鱼上钩时，鱼施加的力F_f对钩所产生的弯矩等于$F_f r$。r为钓钩弯曲部的曲率半径，可作为钓钩的特性尺度。设安全系数为n，则钓钩弯曲部的曲率半径r可按式（8-31）计算：

$$r = \sqrt{\frac{F_f}{nm}} \tag{8-31}$$

第十节　钓具选择性研究

钓具作业的选择性研究，可以从影响钓具选择性的因素和作业时间来进行研究。

一、影响钓具选择性的因素

影响钓具选择性的因素，包括钓钩对钓具选择性的影响，诱饵对钓具选择性的影响，钓线材料和线径及支线的长度和连接方法等对钓具选择性的影响。

（一）钓钩对钓具选择性的影响

钓钩对钓具选择性的影响包括钓钩的种类、规格及钓钩（拟饵钩）颜色对其选择性的影响。

1. 延绳钓钓钩对其选择性的影响

延绳钓钓钩的种类很多，可以根据一列不同的参数进行区分，例如，它们的总体形状，接点的形状（如是否有倒刺），轴头的形状（如圈状或扁平头状），等等。

钓钩规格既影响其选择性，也影响其断裂力。Bjordal认为，规格较小的钓钩比规格较大的钓钩上钩率高，而且钓钩规格较小通常能提高渔获率。Erzirini等观察了大量的钓捕试验，认为随着钓钩规格的增大，钓具渔获性能逐渐降低，其主要原因是直径小的钓钩比直径大的钓钩更容易刺入鱼体组织（许柳雄，2004）。

2. 鱿鱼钓钓钩颜色对其选择性的影响

鱿鱼钓机上通常都带有不同颜色的拟饵钓钩。生产实践表明，柔鱼类对钓钩的颜色有明显的选择性，即不同颜色的钓钩其上钩率不一样（在本章第八节光诱鱿鱼钓技术内容中有详细叙述）。

（二）诱饵对钓钩选择性的影响

大多数渔民认为诱饵是提高延绳钓渔获的最主要因素，然而诱饵是许多延绳钓渔业中成本最高的部分，因此诱饵的实际生产过程中通常是使用一些经济价值较低的兼捕种类作为诱饵，如在太平洋和大西洋拟庸鲽渔业中就是这样。而且渔民习惯同时使用多种诱饵，如在北大西洋一些钓渔业中使用鱿鱼和鲐等。在国内一些钓渔业中也使用活饵，效果非常好，但西方许多国家出于动物权利的考虑，禁止使用活饵。

诱饵的吸引性能与诱饵的质量直接相关，例如，已经浸泡过的诱饵（它的吸引物质已经被洗刷掉了）比新鲜诱饵的作业性能差，同时使用不同时间和不同脂肪含量的诱饵的试验也显示，最优渔获量是脂肪含量较高的新鲜诱饵（在本章第三节钓饵内容中有更详细论述）。

（三）钓线材料、规格对钓具选择性的影响

在一些延绳钓渔业中，半透明的单丝钓线已经代替了传统的材料，半透明材料可以提高渔获率。单丝钓线强度大，允许钓线直径更细，不易被鱼类发现，其渔获率比复丝钓线（支线）高10%～20%。

至于支线的连接，在商业性渔业中不同目标鱼种类，支线间的间距相差很大。在以大个体和高价值的鱼种（金枪鱼、鲑、鲽鱼）作为捕捞对象的渔业中往往采用大间隔，间距为10 m以上；在以较小个体作为捕捞对象的渔业中，支线间距通常很小，如北大西洋渔业中典型的支线间距为1.8 m左右。生产中看到，合理布置支线上的钓钩间距，可使诱饵所发出的气味影响区域更大，对提高钓获率有利。

挪威研究人员通过实验对支线长度和连接方法进行了研究，认为，将支线长度从传统的400 mm缩短到150 mm时，单鳍鳕和舒鳕的渔获量明显减少。Bjordal注意到依靠转环将支线系在干线取代传统以结节方式连接主线可以使渔获量上升15%，同时，转环可以在很大程度上减少支线的缠绕，并且通过减少收线时的渔获物逃逸改善渔获率（孙满昌，2004）。

二、作业时间对钓具选择性的影响

在研究钓渔业时，研究人员都很注重钓钩的空钩率，这是因为钓具的渔获率随作业时间的推延会出现渔获尾数下降的现象。同时，被其他种类个体占据的钓钩数量也会影响具有经济效益的目标渔获量。所以很多学者都认为钓具的渔获量增长并不与钓钩的设置时间成正比。

Somerton和Kikkawa讨论钓具的渔获过程，观察到钓钩的渔获率随时间的降低可以用一个指数衰退模型来描述，诱饵钓钩的瞬时减少率可以用公式（孙满昌，2004）表示为

$$\mathrm{d}B_t / \mathrm{d}t = \Lambda B_0 \tag{8-32}$$

对此式两边进行积分处理，可变为

$$B_t = B_0 \Lambda t \tag{8-33}$$

诱饵总的减少率可以分为几部分的组合，即

$$\Lambda = \lambda_1 + \lambda_2 + \cdots + \lambda_n + \lambda_0 \tag{8-34}$$

式中，　　　B_0——作业前安装诱饵的钩数；

B_t——t 时刻仍有诱饵的钩数；

λ_1，λ_2，λ_n——n 种不同鱼类所影响的诱饵减少率；

λ_0——其他作业过程所引起的减少率（由于腐食动物或机械过程所引起的）；

Λ——诱饵的减少率。

这样，诱饵总的瞬间减少可以由下式进行估算

$$\Lambda = \frac{-\ln\left(\dfrac{B_t}{B_0}\right)}{t} \tag{8-35}$$

而第 i 种鱼类引起的部分减少率可以通过下式进行估算

$$\lambda_i = \frac{C_i \Lambda}{B_0(1 - e^{-\Lambda t})} \tag{8-36}$$

式中，C_i——第 i 种渔获数量。

Somerion 和 Kikkawa 曾用"智能性钓钩"来记录每一层实际捕获的时间，他们证实了中层五棘鲷及其他种类联合渔获，以及空钩的增长指数衰减模型。在作业初期的短时间内诱饵的减少率呈增加趋势，可以认为最初这一阶段是鱼类用以认识钓钩的阶段。类似的指数衰减和短时间的作业初期现象可以从太平洋拟庸鲽的渔获数据中推得（孙满昌，2004）。

三、用于选择性研究和资源调查研究的钓具设计

在进行钓具的选择性研究中，研究人员应利用近年来所发现的对延绳钓作业技术的改进，将可以增加潜在渔获率的方法进行了归纳，将传统的长圆形钓钩改为短圆形钓钩可以使渔获率提升15%～20%，支线使用单丝材料可以提升 10%，使用转环连接支线可以提高 15%～20%。

如果将延绳钓渔业作为资源调查的一部分，应考虑在渔船上装备机械钓线投放系统，如在对格陵兰鲽的资源调查中，通过使用这一系统，每日可以使捕捞努力量增加 40%。由于商业性渔业中所使用的诱饵往往是比较了诱饵效率和费用后采用的，其效率往往不高，因此研究人员还应考虑使用其他优质诱饵而不是商业性渔业中所使用的诱饵。

一些研究人员注意到，钓钩尺寸的重要性可能不如诱饵尺寸的重要性。为了避免这两种影响混合，应使用具有一定标准的诱饵。

有学者考虑了钓钩和诱饵尺寸的混合影响，渔业中钓钩和诱饵的尺寸通常是相关的，因此他们把钓钩和诱饵当作一个单元体。对于钓具选择性研究，如果诱饵起着决定性作用，那么这种方法不应被采用。

已经进行的延绳钓资源调查工作大多使用一种钓钩尺寸，但通过实验将延绳钓的渔获体长组成与拖网渔具渔获信息相比，有学者认为应该考虑同时使用多种尺寸以达到更好的渔获体长分布规律，一般认为，为了使不同的钓具渔获体长分布差异明显，在使用不同尺寸钓钩时，选择差异较大的尺寸，相邻两种钓钩尺寸的差异应该是较小规格的钓钩尺寸的 1.4 倍。

第十一节　延绳钓渔业的选择性装置

延绳钓渔业是使用被动性渔具生产的一种渔业，具有对海洋环境影响较小、能耗低和渔获

量大的优点，在世界各地的渔业中占有一定比例。但是延绳钓也会兼捕到海鸟和各种非目标种类鱼、海洋哺乳类、鲨及海龟等，当然也会兼捕到一些经济鱼类的幼鱼，这引起了国际社会的广泛关注。

一、减少海鸟兼捕的装置

在延绳钓的投饵过程中，装有诱饵的钓钩在投放后的短时间内会浮在海面上，引诱海鸟从钓钩上偷食诱饵，使海鸟意外着钩。海鸟的兼捕不仅违反海鸟种群保护规定，还会影响延绳钓渔业的捕捞效率。

延绳钓渔业中的海鸟兼捕引起国际社会的广泛关注，如联合国粮农组织（FAO）指定了减少延绳钓渔业海鸟兼捕的国际行动计划。为了减少渔业中濒危种类的兼捕，世界各地的渔业科研人员和渔民都进行了大量的研究工作。

在延绳钓渔业中，夜间放钓可以有效减少海鸟兼捕。有研究表明，改成夜间作业会使海鸟兼捕减少 60%～90%，但在某些水域强推实行夜间作业并不可行。

未解冻的冰冻诱饵下沉速度慢，被海鸟偷食的时间相对长，所以在投放钓具前，将诱饵解冻也是一种减少兼捕的方法。当诱饵具有气囊时，必须先把气囊割掉，以减少诱饵浮于海面而引来海鸟的抢食。

目标种类鱼被拉上甲板后需要进行加工，如金枪鱼延绳钓渔业通常将加工后的废弃物（如鱼类的内脏等）直接抛到渔船附近的海中，这会吸引大量的海鸟来到渔船附近，增加了海鸟在放钓过程中的兼捕。因此，将其内脏等废弃物集中处理，也可以减少海鸟的兼捕。

减少海鸟兼捕，大多数是要通过特定方法来实现，最为常用的是如延绳钓作业中使用的海鸟惊吓绳。海鸟惊吓绳安装在船尾，以惊吓飞来偷食诱饵的海鸟。这种装置可用一条悬挂长带状的绳索，如图 8-79 所示，是金枪鱼延绳钓作业时使用的海鸟惊吓绳。

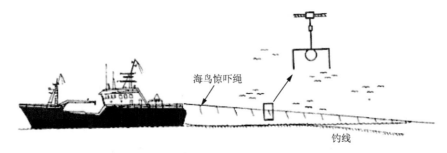

图 8-79　延绳钓作业中使用的海鸟惊吓绳装置示意图

最早使用海鸟惊吓绳来减少鸟类兼捕的研究是在 20 世纪 90 年代初，当时日本延绳钓渔业使用这一装置来减少诱饵的丢失。后来澳大利亚为了减少海鸟的兼捕和诱饵的丢失，这一装置很快被推荐使用，无论在澳大利亚专属经济区，还是在公海，他们的渔船都积极采用了这一装置。

除了使用海鸟惊吓绳来减少海鸟的兼捕外，近年来许多国家的渔业研究人员和渔具生产部门还创造了一些水下投饵设备来减少海鸟对诱饵的偷食。目前这类装置共有 4 种类型，分别为水下投饵漏斗、水下投饵斜道、水下投饵囊及船体整合水下投饵系统，图 8-80 和图 8-81 的两种水下投饵装置是新西兰资源保护部门和澳大利亚合作开发的。

图 8-80　Mustad 水下投饵漏斗图

图 8-81　水下投饵斜道图

二、减少幼鱼兼捕的新型钓钩

对钓钩尺寸选择性的研究，显然是改变钓具选择性捕捞的一种最好方法。钓钩的形状不仅影响鱼类的上钩率，还会影响渔获的种类。在新西兰的鱼类延绳钓中存在大量的幼鱼被兼捕，这些兼捕鱼类在渔获后再释放的存活率相当低，因此渔民为了增加鲷类幼鱼上钩率、提高渔获的存活率，创造了一种新型钓钩，如图 8-82 所示。这种钓钩在实际作业中可以有效减少体长小于 300 mm 的鲷鱼吞食钓钩的现象，钓钩减少了 50%小个体渔获尾数。对于捕获的鱼类，吞食钓钩的尾数从 20%下降到 1%，总的吞食钓钩的幼鱼数量下降了 99%。虽然这种钓钩在安装诱饵方面较为费时，但单位捕捞努力量的提高足以补偿这种不足，而且上岸渔获物中存活个体的比重有所上升，从而提高了渔民的经济收入。

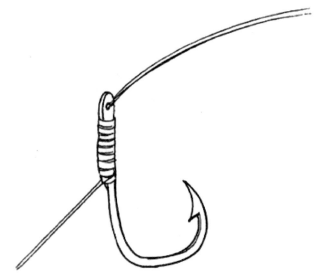

图 8-82　新西兰鲷鱼延绳钓渔业中为了减少兼捕而设计的新型钓钩装置连接图

习　题

1. 钓饵有几种类型？各种类型有何特点？举例说明。

2. 钓具捕鱼时钓饵的装钩技术有何要领？为什么？举例说明。

3. 钓具的型式如何划分？各种型式有何特点？举例说明。

4. 我国海洋钓具有几种型式？举例说明。

5 钓具图有哪些种类？钓具主尺度如何标注？举例说明。

6. 延绳钓、曳绳钓的构件由哪些组成？举例说明。

7. 在《中国图集》中，哪些渔具号的钓具使用平面状的长角形钩？哪些钓具使用平面状的短圆形钩？哪些钓具使用非平面状的长圆形钩？哪些钓具使用非平面状长角形钩？哪些钓具使用非平面状的短圆形钩？

提示：202 号、205 号、215 号、218 号、222 号钓具的钓钩均为圆形钩。

钓钩形状	图号

8. 试列出《中国图集》203 号钓具的构件名称及其数量。

提示：应分别列出每条干线和整列钓具的数量。沉石分为大沉石和小沉石两种，沉石绳也分为大沉石绳和小沉石绳两种，应分别列出。

9. 试列出《中国图集》218 号钓具的构件名称及其数量。

提示：应分别列出每条钓线和整处钓具的数量。部分构件名称可见 203 号图。构件有主渔具和副渔具两部分，主渔具的浮子有大浮子和小浮子两种。副渔具有拖绳 1 条和叉绳 2 条。

10. 试列出《中国图集》223 号钓具的构件名称及其数量。

提示：由于副渔具没画清楚，可不列出副渔具。作业示意图中在最上方放出的一条手钓可忽略不计。部分构件名称可见 205 号图。转环有转环①和转环②两种，或称为普通转环和三头转环两种。

11. 试核算《中国图集》205 号钓具图。

解：（1）核对支线总长度。

（2）核对支线安装间距、端距的合理程度（只说明合理与否，不要求修改）。

（3）核对干线长度和支线间距、端距。

（4）核对沉子个数（先假设沉子的安装间距、端距和支线间距内的沉子个数是正确的，再核算出支线间距长度是否正确，从而证明支线间距内的沉子个数是否正确。然后再核算出每条干线的沉子数）。

（5）核算沉石个数（先假设大沉石个数和钓列的干线条数是正确的，再核算出小沉石的个数是否正确，从而说明大、小沉石个数是否无误）。

12. 试设计 1 枚不锈钢长圆形钓钩，绘制 4 号设计图纸。

注：尺度相当于 4 号钩，用软件设计者只打印，免描图。

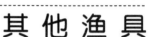

第九章
其他渔具

第一节　敷网类渔具

一、敷网捕捞原理和型、式划分

敷网是预先敷设在水域中，等待、诱集或驱赶捕捞对象进入网内，然后提出水面获取渔获物的网具。它的作业方法是把网具敷设在鱼、虾或头足类栖息的海域中，利用声、光、物形、饵料等手段，诱集或驱赶捕捞对象进入网具上方的有效捕捞范围之内，然后将网具提出水面从而达到捕捞目的。

敷网按结构特征可分为箕状、撑架两个型，按作业方式可分为岸敷、船敷、拦河三个式。

（一）敷网的型

1. 箕状型

箕状型的敷网是用网衣构成簸箕状的敷网，称为箕状敷网。

箕状敷网是一种较大型的敷网。箕状敷网按作业方法可分为4种。第一种是利用捕捞对象趋光的生理特性，先用两船将网具在水中敷设成簸箕状后，再用灯光引诱捕捞对象入网。具有代表性的有浙江海蜒网（图 9-1），其主要捕捞对象为鳀。第二种是利用捕捞对象趋群的生理特性，先由一船拖曳若干木制乌鲳模型引诱到乌鲳群后，再用两船将网具敷设在鱼群前方，最后将鱼群引进网内。

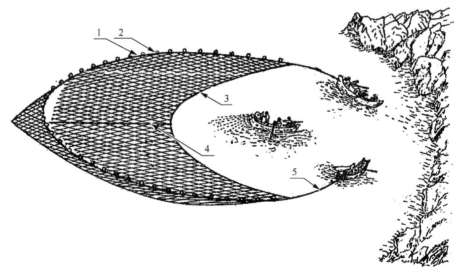

1.上纲；2.浮子；3.下纲；4.网底力纲；5.曳绳

图 9-1　海蜒网

具有代表性的有广东乌鲳楚口网。第三种是利用两船拖曳一个簸箕状网具追上捕捞对象后调头驱集鱼群入网。如广东的鸡毛鸟网（图 9-2），追捕小公鱼、颌针鱼等小型鱼类。第四种是利用捕捞对象的趋光习性，在船的后方敷设簸箕状网具，在网具的上方敷设诱鱼灯，再用灯光引诱捕捞对象入网，专门用于捕捞枪乌贼和中上层鱼类，其结构如图 9-9（b）所示。

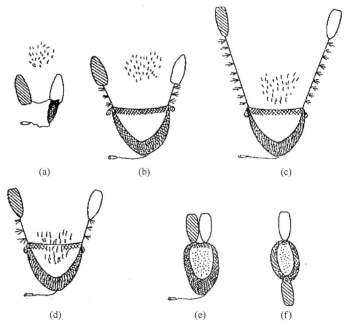

(a)　　　　　　(b)　　　　　　(c)

(d)　　　　　　(e)　　　　(f)

图 9-2　鸡毛鸟网放起网作业示意图

2. 撑架型

撑架型的敷网是由支架或支持索和正方形、矩形或正梯形网兜等构成的敷网，称为撑架敷网。

撑架敷网是相对较小型的敷网。其中较大型的有边长为 55～72 m 的矩形敷网，中型的有边长为 4～25 m 的正方形、矩形或正梯形的敷网，小型的有边长为 0.33～1.13 m 的正方形或矩形的敷网。

（二）敷网的式

1. 岸敷式

在岸边水域中敷设的敷网称为岸敷敷网。

岸敷敷网均为撑架型，其分类名称为岸敷撑架敷网。

岸敷撑架敷网由支架和正方形或正梯形网兜等构成。小型的岸敷撑架敷网示意图如图 9-3 所示，图 9-3 中使用的是上海南汇的手扳缯，先用 4 支竹片分别插入 2 只撑杆筒的 2 端，组成了 2 根撑杆，再在 2 根撑杆的中点交叉并结扎成 1 个十字形支架，支架 4 端固结在边长为 1 m 的正方形筛绢或细纱布网衣 4 角的眼环上，最后用绳索或梢子将十字形撑杆筒固定在支杆的梢端。将手扳缯敷设在海边或水闸口附近的岸边水中，捕捞鱼苗及小杂鱼。操作人员 1 人在网边守候，俯视水中的网具，每隔数分钟或十多分钟提网一次，有渔获物时可用小抄网抄取，渔获物多时可勤起网。中型的岸敷撑架敷网作业示意图如图 9-4 所示，图 9-4 中使用的是江苏启东的扳缯，先由 2 支长 5 m 的竹竿对扎成 8 m 长的 1 根撑杆，再由 2 根撑杆中间交叉扎成 1 个十字形支架，支架 4 端固结在边长为 4.50 m 的正方形网兜 4 角的网耳上。最后将支杆梢端与支架中点结扎，并在此处结扎拉绳。扳缯由 1 人操作，在岸边水深 1～2 m 和鱼类活动较多的地方作业，支杆基部顶住岸，并在两侧用桩固定好带角绳，防止网具倾倒。作业时网具平放海底，每隔一段时间拉收拉绳，把网提出水面，用小抄网抄取渔获，随后松放收拉绳，把网放下，继续生产。大型的岸敷撑架敷网作业示意图如图9-5所示，图9-5中使用的是海南琼山的绞缯，采用正梯形网兜，前纲长16.00 m，后纲长9.60 m，两侧纲长16.80 m，用4根支杆撑住网衣4角，支杆下端连接在4根支杆桩上，支杆上端各连接着1条桩绳和1支桩。由1人操作，放网时慢慢松出绞车内的绞绳，依靠桁绳上3个沉石的重力，使4根支杆慢慢向前倾倒，并将网具平放海底，每隔一段时间用绞车收绞绞绳，4根支杆慢慢竖起，兜捕游至网上的鱼虾类。

2. 船敷式

在船上敷设或用船去敷设的敷网称为船敷敷网。

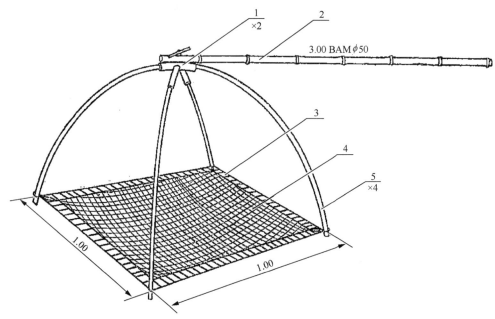

1. 撑架筒；2. 支杆；3. 网缘；4. 网衣；5. 竹片

图9-3　小型岸敷撑架敷网（手扳缯）示意图

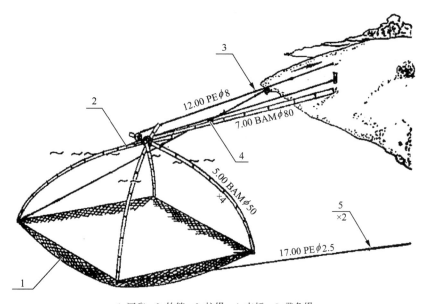

1. 网兜；2. 竹竿；3. 拉绳；4. 支杆；5. 带角绳

图9-4　中型岸敷撑架敷网（扳缯）作业示意图

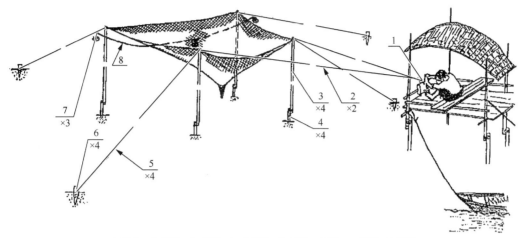

1.绞车；2.绞绳；3.支杆；4.支杆桩；5.桩绳；6.桩；7.沉石；8.桁绳

图9-5　大型岸敷撑架敷网（绞缯）作业示意图

船敷撑架敷网是以船敷方式作业，由支架或支持索和正方形、矩形、正梯形网兜或箕状网衣等构成的敷网。这种敷网又可根据作业船数分为单船、双船和多船三种。单船作业的有小型和大型两种。小型的船敷撑架敷网如图9-6所示的广东台山的蟹缯，采用边长为0.42 m的正方形网衣，用由2支弓形竹片交叉组成的支架把网兜的4个网角系牢并撑开，支架中间悬挂鱼块作为诱饵，支架顶端用浮筒绳连接1个泡沫塑料浮筒，4个网角处悬挂有4串贝壳沉子。用载重1 t的小船在珠江口近岸水深2~3 m处散布作业，诱捕蟹类。另一种小型的船敷撑架敷网如图9-7所示的辽宁金县（现大连市金州区）的海螺延绳网兜，其网具结构如图9-7（a）所示，先将一片正方形网衣的边缘分档均匀地结扎在边长为0.33 m的正方形铁框上，形成1个网兜；再将2条叉绳的对折处扎成1个连接眼环，于是形成了由2对叉绳构成的支持索，将支持索下端分别系在网兜的4个框角上；最后在铁

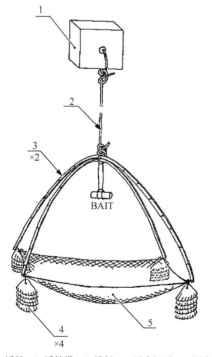

1.浮筒；2.浮筒绳；3.撑杆；4.贝壳沉子；5.网兜

图9-6　蟹缯示意图

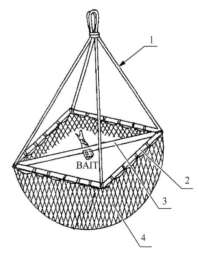

1.支持索；2.铁框；3.橡胶皮；4.网兜

图9-7（a）　海螺延绳网兜示意图

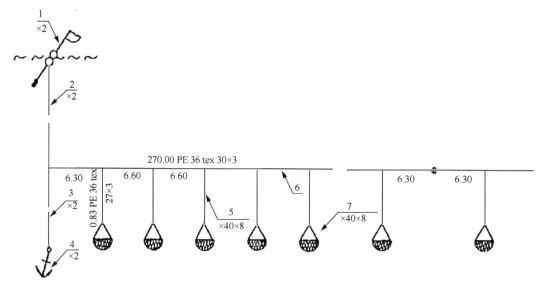

1. 浮标；2. 浮标绳；3. 锚绳；4. 铁锚；5. 支线；6. 干线；7. 网兜

图 9-7（b）　海螺延绳网兜总布置图

框两个相对的网角之间用乙纶网线将用自行车废内胎剪成的橡胶皮栓在铁框的中央，并在橡胶皮上割一口，用于夹住诱饵，至此整个网兜已构成。此网兜在生产中采用干支结构的作业方式。

用单船作业的大型船敷撑架敷网如图 9-8 所示的浙江三门的船缯，采用前边纲长 7.51 m、后边纲长 5.45 m、侧边纲长 7.42 m 的正梯形网兜，用由 2 支弓形撑竹组成的支架把网兜的 4 角系牢，支架上端与固定在船尾上的扳架上端相连接。用载重 4 t 的小风帆船在浙江沿岸港湾、河口附近作业，捕捞鲻、白虾等。

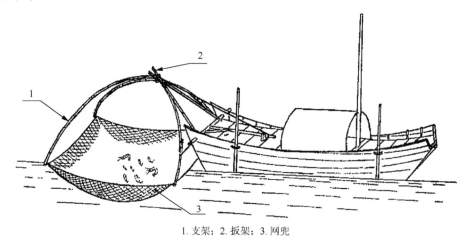

1. 支架；2. 扳架；3. 网兜

图 9-8　船缯作业示意图

灯光鱿鱼敷网属船敷箕状敷网，俗名灯光敷网、灯光诱网，主要分布在山东荣成。该渔具在作业时网衣呈箕状，网衣结缚于上纲和下纲，带有较短的网身和一个网囊，网囊网目最小，其余部位网目较大。单船作业，在近船尾处两舷侧向船外各伸出长 25～40 m 的支杆 1 根，用以吊挂网绳并固定网具。渔船两侧有 1～2 kW 水上照明灯若干个，水面下有 2～4 kW 水下诱鱼灯若干个，网具上方配有诱鱼灯。将网具敷设在水中，开启诱鱼灯，等待、诱集鱿鱼进入网的上方，鱼群入网后，依次关闭水上灯、水下灯和诱鱼灯，然后迅速提起网具，收网抄取渔获物。山东的灯光鱿鱼敷网（图 9-9）的作业渔场为石岛外海，主要捕捞鱿鱼和鲐等，渔期为 8～11 月，渔场水深 50～80 m。

灯光鱿鱼敷网（山东 荣成）

149.60 m×221.40 m

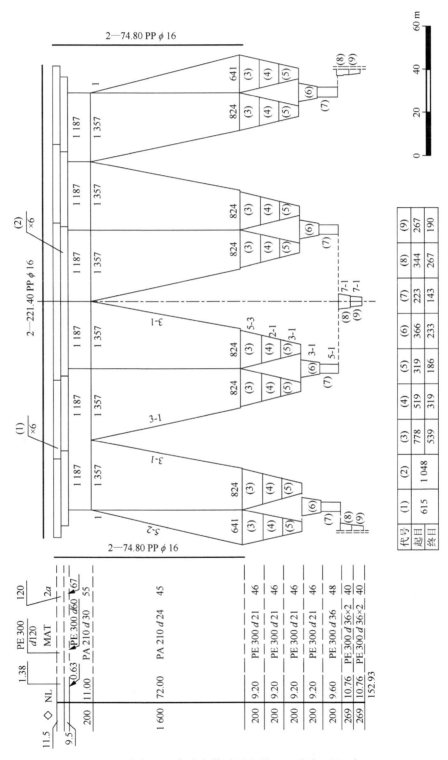

图 9-9（a） 灯光鱿鱼敷网网衣展开图（引用原图）

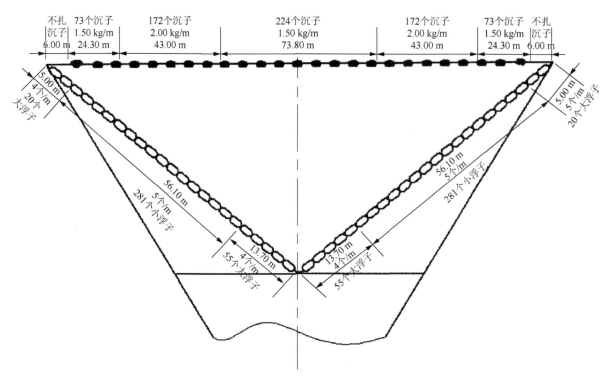

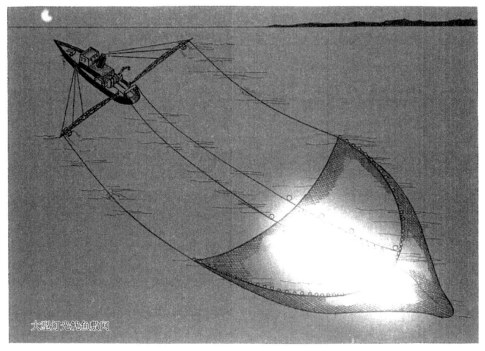

图 9-9（b） 灯光鱿鱼敷网作业示意图（引用原图）

　　双船作业的船敷撑架敷网如图 9-10 所示的广东惠东的车鱼缯，采用矩形网衣装配成的正梯形网兜，两船共用由 2 条前网角拉绳、2 条网侧拉绳和 2 条后网角拉绳组成的 6 条支持索分别与网兜的两侧相连接。作业时两船同步松放支持索，使网具敷于两船之间的水中，等待捕捞对象进入网内后再提起支持索而将其捕获。用二艘小船在大亚湾礁盘区作业，捕捞蓝圆鲹、圆腹鲱等。

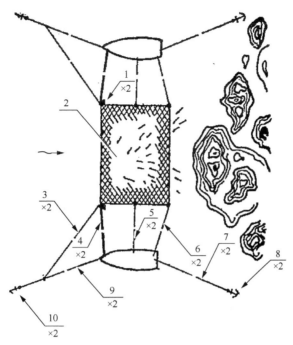

1. 沉石；2. 正梯形网兜；3. 网角支绳；4. 前网角拉绳；5. 网侧拉绳；6. 后网角拉绳；
7. 后锚绳；8. 后锚；9. 前锚绳；10. 前锚

图 9-10 车鱼缯作业示意图

多船作业的船敷撑架敷网有小型和大型两种。小型的如图 9-11 所示的福建东山的四碇缯作业示意图。采用矩形网衣的正梯形网兜，采用 2 只舢板和 2 只竹排联合敷网。每只舢板有 3 人，负责 3 条拉绳、1 条碇绳和 1 个碇的放、起网工作；每只竹排只有 1 人，负责 1 条拉绳、1 条碇绳和 1 个碇的放、起网工作。图 9-11（a）是表示在 2 只舢板和 2 只竹排上共有 8 人把 8 条拉绳放出去后，整个网具敷设于海底上的情景，图 9-11（b）表示 8 人同时拉提 8 条拉绳至网衣在水中形成网兜的情景。综合以上所述，四碇缯是由 8 条拉绳组成的支持索和 1 个由矩形网衣装配成的正梯形网兜构成的敷网，为船敷撑架敷网。四碇缯的支持索与网兜的连接方式与图 9-16 灯光四角缯的连接方式相似，每年 5 月～ 10 月，在福建东山沿海，四碇缯被用于捕捞蓝圆鲹、金色小沙丁鱼。大型的是 1 个边长为 55～72 m 的矩形网衣，用 4 只或 8 只小艇拉住网具四角或四周敷设于水中，再用 1～3 只灯艇引诱鱼类进入网具上方。具有代表性的有广东的灯光四角缯（图 9-16）和广西的八角缯。

(a) 布网   (b) 起网

图 9-11 四碇缯作业示意图

3. 拦河式

拦着河道敷设的敷网称为拦河敷网。

拦河敷网是在内河中使用的淡水渔具。

二、敷网结构

敷网渔具分为箕状和撑架两个型，其网具结构比较简单，均为网衣四周边缘装配纲索，再加上其他绳索和属具组成。

箕状敷网和撑架敷网均由网衣、绳索和属具3部分构成，其网具构件组成分别如表9-1和表9-2所示。

表 9-1　箕状敷网网具构件组成

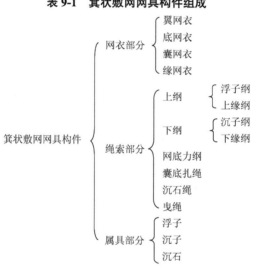

表 9-2　撑架敷网网具构件组成

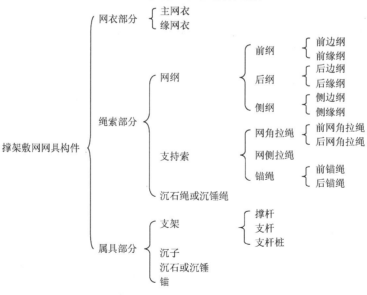

（一）网衣部分

1. 箕状敷网网衣

箕状敷网的网衣组成形式多样，但一般是由底网衣、囊网衣、缘网衣3部分或由翼网衣、底网衣、囊网衣、缘网衣4部分组成。

最简单的无翼箕状敷网是广东的鸡毛鸟网（图9-2），其网衣是由1片矩形底网衣、4片三角形囊网衣和4片长矩形缘网衣组成，如图9-12（a）所示。较简单的一种是福建的厉缯，其网衣是由3片矩形底网衣、1片矩形囊网衣和7片长矩形缘网衣组成，如图9-12（b）所示。较复杂的一种是福建的鱿鱼缯，其网衣是由2片直角三角形和5片矩形网片合成的底网衣、1片矩形囊网衣和6片长矩形缘网衣组成，如图9-12（c）所示。以上均先制成各种形状的网片，再缝合成整个网衣。还有一种是由手工采用纵向增减目方法直接编结而成的，如广东的乌鲳楚口网（图9-15），其囊网衣由三筒分别为20道、10道、8道减目的圆锥形网衣和一圆柱形网衣组成，其底网衣由2道增目编结而成，如图9-12（d）所示。具有代表性的有翼箕状敷网，如浙江的海蜇网，其翼网衣为2片正梯形网衣，底网衣为2片斜梯形网衣，囊网衣由2片大正梯形网衣和4片小正梯形网衣组成，缘网衣为

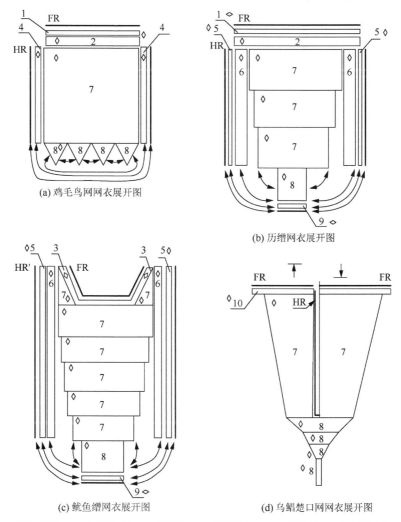

(a) 鸡毛鸟网网衣展开图

(b) 厉缯网衣展开图

(c) 鱿鱼缯网衣展开图

(d) 乌鲳楚口网网衣展开图

1. 外前缘网衣；2. 内前缘网衣；3. 前缘网衣；4. 侧缘网衣；5. 外侧缘网衣；6. 内侧缘网衣；
7. 底网衣；8. 囊网衣；9. 后缘网衣；10. 下缘网衣

图9-12　箕状敷网网衣展开图

4 片长平行四边形网衣，如图 9-13 所示。除缘网衣外，其他网衣均由手工采用横向增减目方法直接编结而成。

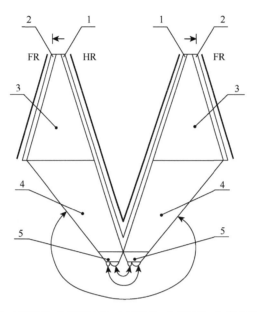

1. 上缘网衣；2. 下缘网衣；3. 翼网衣；4. 底网衣；5. 囊网衣

图 9-13　海蜇网网衣展开简图

箕状敷网网衣一般采用密度较高的网线，采用锦纶捻线或锦纶单丝的较多。有些全部或局部采用乙纶网衣的，在网底部分的乙纶网衣上钳夹铅沉子，使网衣具有沉降力。

2. 撑架敷网网衣

小型的撑架敷网均采用正方形或矩形网兜。如图 9-3 所示的上海的手扳缯。

中型的撑架敷网均采用正方形或正梯形网兜。有的中型岸敷撑架敷网是采用 1 片正方形网片和 4 片三角形网片组成的正方形网兜。图 9-14（a）是江苏的扳缯的网衣展开简图。图 9-14（b）是浙江的乌贼扳缯的网衣展开简图。最大型的岸敷撑架敷网是海南的绞缯，其网衣展开简图如图 9-14（c）所示。双船船敷撑架敷网如广东的车鱼缯，其网衣展开简图如图 9-14（d）所示。

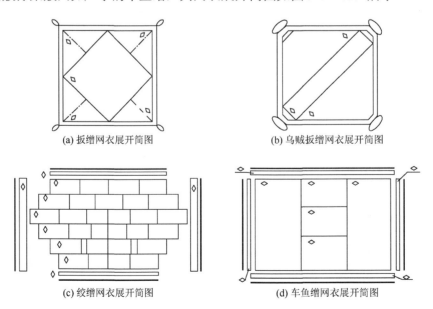

(a) 扳缯网衣展开简图

(b) 乌贼扳缯网衣展开简图

(c) 绞缯网衣展开简图

(d) 车鱼缯网衣展开简图

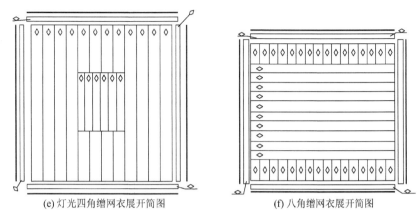

(e) 灯光四角缯网衣展开简图　　　(f) 八角缯网衣展开简图

图 9-14　撑架敷网网衣展开简图

大型的撑架敷网均属于大型的船敷撑架敷网。一种是广东的灯光四角缯,其网衣展开简图如图9-14(e)所示。另一种是广西的八角缯,其网衣展开简图如图9-14(f)所示,八角缯原是我国海洋船敷撑架敷网中最大的网具,也是我国海洋敷网中最大的网具。

(二)绳索和属具部分

1. 箕状敷网的绳索和属具

箕状敷网的绳索主要有上纲、下纲和曳绳,有的还装有网底力纲、囊底扎绳和沉石绳,如图9-1、图9-2、图9-15所示。箕状敷网的绳索一般采用乙纶绳,个别采用维纶绳、锦纶单丝捻绳、麻绳或红棕。上纲较长,由浮子纲和上缘纲各一条组成。下纲较短,一般由沉子纲和下缘纲各一条组成。曳绳一般采用左、右各一条等长和同材料规格的绳索。个别采用左、右各两条同材料规格的曳绳,其下曳绳比上曳绳长些,如图9-15的右下方所示。

箕状敷网的属具主要有浮子、沉子和沉石。浮子一般采用中孔式泡沫塑料浮子,串在浮子纲上。沉子一般采用铅沉子,钳夹在下纲上。采用乙纶网衣作底网衣的箕状敷网,均需在乙纶网衣上均匀地钳夹些小铅沉子,以保证底网衣的沉降力。个别采用维纶底网衣和维纶下纲的箕状敷网,由于维纶具有沉降力,可以不装沉子。有些敷网在曳绳或下曳绳与网纲连接的一端用沉石绳结缚一个沉石,如图9-15的左下方所示。此外,乌鲳楚口网作业时,每艘船尚需用3条鲳板引绳共拖引15块杉木制的鲳板进行诱鱼,如图9-15的右下方所示。鸡毛鸟网在两条曳绳上均匀等距地结扎上鸡毛,其作用是在放曳绳和追鱼的过程中,利用鸡毛引起的阴影和水花去恐吓鱼群,防止鱼群从曳绳下方向外逃逸,如图9-2所示。

2. 撑架敷网的绳索和属具

撑架敷网网衣是一副正方形、矩形或无规则的网衣,其四周均装配有网纲。一般采用同规格、反捻向的两条绳索,其中一条网纲先穿过网衣边缘网目或与网衣边缘扎缝后,再与另一条网纲合并分档结扎在一起。在4个网角处,一般是将留出部分纲长扎制成网耳。

撑架敷网按其扩张方式的不同,可分为采用支架和支持索两种。

采用支架方式的撑架敷网,中、小型的支架一般先用竹竿或竹片制成1根撑杆,再将2根撑杆在其中点处交叉结缚成十字形架,其4个撑杆端结缚在网兜的4个网角上,如图9-3、9-4和9-6所示。如图9-12(a)所示,扳缯只使用1条网纲,把网衣装配成边长4.50 m的正方形网兜,其4角若用0.20 m纲长扎成1个网耳,则网纲是1条净长18.80 m的乙纶网线(PE 36 tex 24×3)。

乌鲳楚口网（广东　吴川）

84.80 m×53.40 m

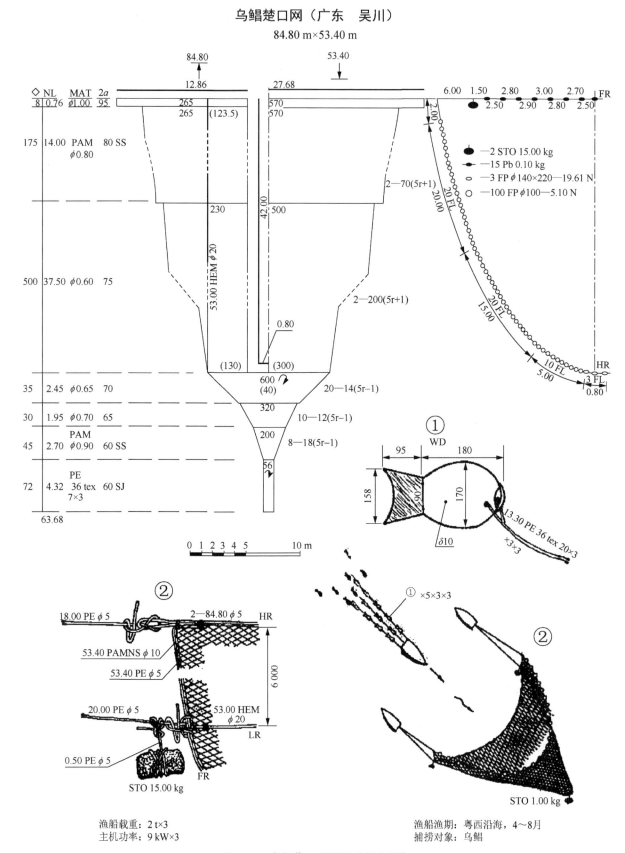

图 9-15　乌鲳楚口网网图（调查图）

渔船载重：2 t×3
主机功率：9 kW×3

渔船渔期：粤西沿海，4～8月
捕捞对象：乌鲳

大型敷网的支架是指其上端固定在正梯形或正方形网兜的 4 个网角上，起网时支撑着 4 个网角的 4 根支杆和 4 根支杆桩，如图 9-5 的绞缯所示。

采用支持索方式的撑架敷网，均是在海中作业的中大型或大型的撑架敷网，如图 9-9 所示。

采用支持索方式的中大型撑架敷网（如图 9-10 所示的车鱼缯），其绳索有网纲、支持索等。

三、敷网捕捞技术

现介绍广东省吴川市王村港的乌鲳楚口网渔法和广东省遂溪县杨柑镇的灯光四角缯渔法。目前这些渔法已淘汰，但对捕捞技术发展有一定的启迪作用。

（一）乌鲳楚口网捕捞技术

乌鲳楚口网曾经分布于广东省的阳江、吴川、电白等市县区及湛江市郊沿海，是一种传统作业方式。

1. 渔场、渔期、捕捞对象和渔船

吴川的乌鲳楚（原意为坐，粤语"坐"与"楚"同音）口网作业渔船在放鸡岛西至硇洲岛偏东沿岸一带海域作业，水深 10～25 m。渔期 4～8 月，主捕乌鲳，兼捕游鳍叶鲹等。

原渔船为木帆船，总长 7.4 m，型宽 1.8 m，型深 0.8 m，载重 2 t，每船 2 或 3 人，每次作业最少需三船组合（其中两艘船布网，一艘船引鱼），有时需用四船或多船组合作业。

2. 捕捞操作技术

乌鲳主要栖息于西沙群岛以南水域，每年随着气温回升，鱼群逐渐向北移动，到水温达 20℃时，其卵迅速成熟，鱼群到达粤西沿岸一带海域产卵。

到达渔场后，三艘渔船放下诱鲳板拖曳诱鱼。待诱到一定数量的鱼后，三船靠拢，其中两船把诱导的鱼带给第三艘船后，便收起诱鲳板，由第三艘船继续诱鱼。带网具的两艘船选择适宜位置顶流放网。当网具张开后，便通知诱鲳船把乌鲳鱼群带入网内，然后两船一起把各自的上、下曳绳拉起，接着两船先从两端拉起下纲，继而一起从网前向网囊拉起底网衣，使网起到水面，迫使鱼群进入网囊。最后将网囊从前向后拉上甲板，倒出渔获物后，再视渔情继续作业或转移渔场。

（二）灯光四角缯捕捞操作技术

灯光四角缯曾经分布在广东省湛江市遂溪县杨柑镇及草潭镇一带，在广东省的湛江市、阳江市、电白区及海南省周边也有分布。

1. 渔场、渔期、捕捞对象和渔船

遂溪的灯光四角缯的旺季生产是在海南省西北部昌化镇及临高角沿海，作业水深一般为 15～40 m。渔期全年，旺季在 3～5 月和 9～11 月。主要捕捞对象为小沙丁鱼、蓝圆鲹、小公鱼等。

渔船总吨为 25 GT，主机 44 kW，带载重约 1.5 t 敷网作业艇 4 只，灯艇 1 或 2 只。船员共 16 人。每只灯艇用集鱼灯 2 盏，左、右舷各 1 盏。集鱼灯为有 4 个灯芯的打气煤油灯（俗称大光灯）。

2. 捕捞操作技术

渔船于傍晚到达渔场后，先放下灯艇，抛锚开灯诱鱼，如图 9-16 左下方的作业示意图所示。待鱼群到达一定密度时，灯艇通知母船放下敷网作业艇，准备放网。敷网作业是在灯艇的下游方向进行的。先由处于上游的 2 只作业艇（其中 1 只为载网艇）分别在灯艇左右两侧约 50 m 处抛锚，然后分别放出锚绳靠近灯艇，接过灯艇曳绳，顺流退下。处于下游的 2 只作业艇左、右分开约 100 m，分别在距灯艇约 150 m 处抛锚。然后 4 只作业艇均放出锚绳向中间靠拢，载网艇向其余 3 只艇分别送 1 个网角。2 只下游的作业艇分别从 2 只上游的作业艇接过灯艇尾绳。各艇将网角扎紧后分别拉紧各船的锚绳，使网具呈矩形展开。

网具展开并拉紧后，各作业艇即将网角拉绳与网角的网耳前端相连结；再将锚绳用活络形式与网耳后部相连结，如图 9-16 的右下方的③所示；最后在离网耳后端约 3 m 的锚绳处用沉石绳系上 12 kg 重的沉石 1 个，如图 9-16 的右下方的②所示。这些绳索连结好后，便抛出网具，送出网角拉绳和锚绳，这时网具在沉石的沉力作用下慢慢下沉至平敷海底。作业艇通过网角拉绳与网角相连，由于网角拉绳通过网耳又与锚绳相连，因此，4 只作业艇位于 4 个网角的水面上，如图 9-16 的左下方所示。

在上述放网过程中，当被抛出的网具下沉时，应控制好网角拉绳和锚绳的送出速度，网角拉绳的送出速度应稍慢而受力，锚绳送出速度应稍快而不受力。否则，当锚绳稍慢送出而受力时，会使锚绳连结在网耳后部的活络结拉开，造成锚绳与网角分离，放网失败，此时应立即停止放网。4 只作业艇应同时拉起网角拉绳，把网具拉上水面后，再从头开始放网，按前述重新敷网并拉紧网具，检查并连结好所有绳索，再次放网。

当网具平敷海底后，灯艇便开始引诱鱼群至网上。灯艇逐渐放出锚绳顺流退下，并用与下游作业艇相连的灯艇尾绳控制灯艇，用灯艇把鱼群引到敷网中央，如图 9-16 的右下部作业示意图所示。

当灯艇进网并把鱼群引到敷网中央后，各作业艇便开始起网。各作业艇先拉起锚绳，待拉紧至拉开锚绳与网耳的连接活络后，才开始拉起网角拉绳。当拉到网角拉绳和网纲离开水面时，灯艇便可离开敷网，而各作业艇继续拉起网衣，使渔获物集中于取鱼部。此时用 1 只艇抄取渔获物，3 只艇起网。起网完毕后，将网具盘放在 1 只艇上。然后 4 只艇各自起锚，并驶近母船装卸渔获物，准备下次作业。

随着社会的发展和技术进步，国内大部分敷网渔具都因渔业资源变动和衰退而被捕捞效率更高的渔具所取代，尚存少量渔具规模很小的渔船作业。

四、舷提网捕捞技术

（一）舷提网渔业简介

舷提网又称棒授网，作业时配合灯光诱集鱼群，所以又有人把它称为光诱棒授网。这种主要捕捞秋刀鱼的光诱渔业发源于日本，至今已有 100 多年的历史，是一种比较成熟的光诱渔业。秋刀鱼舷提网中心渔场在千岛群岛外侧的北太平洋水域，渔期为 9～10 月，其中以 9 月为盛渔期。

舷提网属船敷撑架敷网，作业时在渔船单舷把网具敷设在海中，利用集鱼灯将鱼群诱集至网上方后起网捕捞。这种作业网具规模可大可小，操作简单，机械化程度高，捕捞趋光性的中上层鱼类效果较好，主要捕捞对象为鲐、蓝圆鲹、秋刀鱼、鳀、玉筋鱼等，现已成为捕捞秋刀鱼的主要作业方式。

秋刀鱼广泛分布于西北太平洋及其沿岸海域，是日本、俄罗斯、韩国、中国等国家重要的捕捞对象之一，在世界小型中上层鱼类产量中占有重要地位。

日本的舷提网网具主要形状为方形或长方形，上缘绑扎一捆竹竿（日本称之为"向竹"）形成浮竿，使网的上缘浮于水面。浮竿的长度略短于渔船的长度，一般 100 t 级的渔船，其浮竿的长度为 25～30 m。网具下缘的长度约为上缘的 1.10～1.30 倍，而网两侧的长度要比下缘短 20% 左右。网的

灯光四角缯（广东 遂溪）

55.49 m×60.03 m

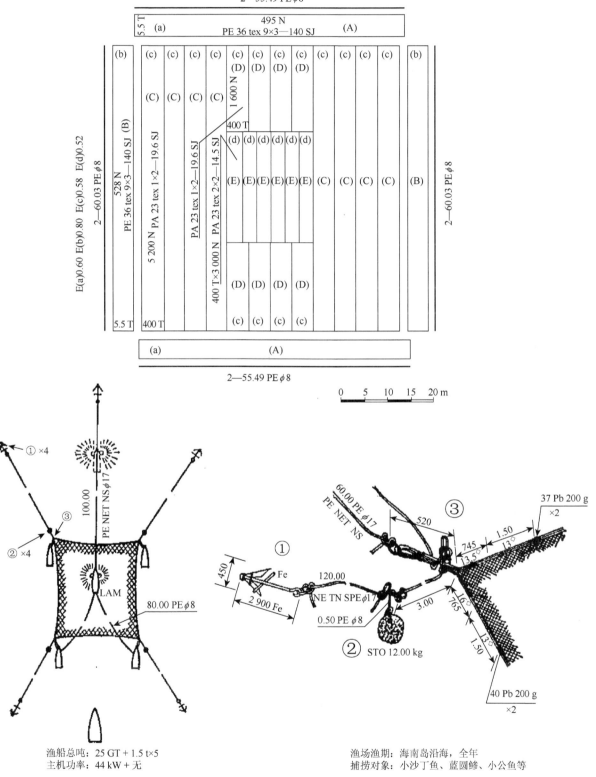

渔船总吨：25 GT + 1.5 t×5
主机功率：44 kW + 无

渔场渔期：海南岛沿海，全年
捕捞对象：小沙丁鱼、蓝圆鲹、小公鱼等

图 9-16 灯光四角缯的网图（调查图）

下缘安装 6～9 根引纲，并装有沉子。网的两侧各有一根推竹（日本称之为"向竹撑出棒"），自船舷伸向浮竿的两端，网的左右两缘装有浮子、铁环和环绳。作业时将网具预先敷设在水中，利用秋刀鱼的趋光特性，采用集鱼灯诱集鱼群，再将鱼群导入网具上方区域，迅速收绞起网绳，然后用抄网或用吸鱼泵抽取集拢的渔获物。舷提网具有操作简单、渔获率高等特点。舷提网作业示意图见图 9-17 和图 9-18。

图 9-17　秋刀鱼舷提网作业示意图（左舷、正面）

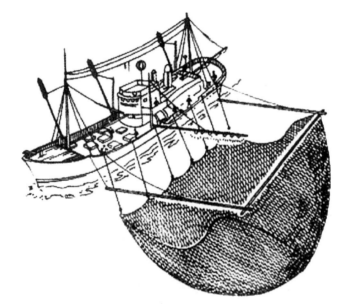

图 9-18　秋刀鱼舷提网作业示意图（左舷、侧面）

（二）舷提网结构

舷提网由网衣、纲索和属具组成。网衣由主网衣、上缘网衣、下缘网衣、侧缘网衣 4 部分缝制连接组成；纲索主要包括浮子纲、上缘纲、沉子纲、下缘纲、侧纲、起网绳、提索、支索等；属具主要有铅沉子、浮子、浮棒、撑杆及连接件等（图 9-19）。

1. 网衣部分

（1）主网衣

主网衣是用来兜捕渔获物的网兜网衣。网目大小均匀，尺寸依据秋刀鱼个体的大小而定。网线在保证足够强度的条件下越细越好。结节牢固，不易松脱变形，通常用死结或变形死结编结。用合成纤维网线编结的网衣，一般进行定型热处理，以防网目受力变形。为了方便扎制和缝拆，整个主网衣通常由若干幅矩形网片构成，网片数量依渔船的大小及渔具规格而定，一般为 10～15 片，均为纵目使用（图9-20）。

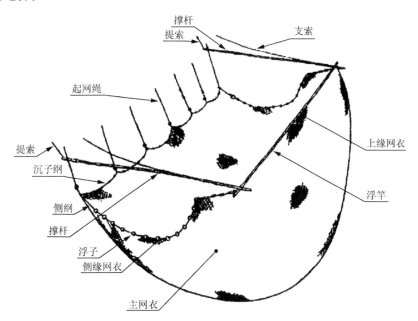

图 9-19　秋刀鱼舷提网结构示意图

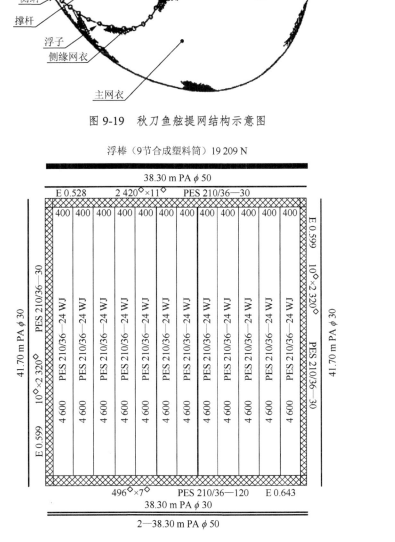

图 9-20　"国际 908 号"舷提网网衣展开图（引用原图）

（2）缘网衣

缘网衣的主要作用是减少主网衣的冲击力、防止主网衣与纲索的摩擦和增加主网衣与起网滚筒的摩擦力。缘网衣主要有上缘网衣、下缘网衣和侧缘网衣。缘网衣使用较粗的网线,网目也比主网衣稍大一些,但上缘网衣、侧缘网衣的网目较下缘网衣的网目要小,高度(宽度)一般为5～10目。

2. 纲索部分

(1)浮子纲及浮竿吊绳

与其他网具不同,舷提网浮子纲(与浮棒等长部分)与浮竿相互捆扎在一起,一般不结扎浮子,主要是保证网具上缘浮于水面,防止鱼群从上缘逃窜。浮竿吊绳(亦称支索)将浮竿连接于船舷,具有一定的长度,一般为30～50 m,视网具规格而定,其作用为在各种海况条件下调节放网距离。

(2)侧缘纲及侧括绳

侧缘纲装配于侧缘网衣边缘,用于加强网具两侧强度,承受垂向张力,避免主网衣两侧在起网时载荷集中,并使网衣形成一定的缩结,以维持网型。同时在两边侧缘纲上,每隔1 m左右装设一侧环,内穿侧括绳,连接于船舷底纲绞机上,起网收绞括绳时,使网衣呈"兜"状,并集拢鱼群。

(3)下纲

下纲由下缘纲和沉子纲构成。下缘纲穿入下缘网衣边缘网目,使网衣缩结后能保持一定的形状,并承受网具下缘的拉力。沉子纲用来结缚沉子和承受渔具的载荷,一般采用两条沉子纲(俗称双沉纲),其中一条用来穿沉子,双沉纲与下缘纲三纲并扎,构成下纲。适当的沉力配备能使网具下缘迅速沉降并维持网衣在水中的网形,使网具不至于因受水流冲击而产生较大拱度,损失包围体积。秋刀鱼舷提网适当加大下纲沉力(均穿有若干个质量1 kg的铅沉子),可使放网时网衣迅速下沉并保持放完网后的网形,提高放网效率。

(4)起网绳

起网绳是多条连接渔船与网具下纲的绳索,其作用是起网。在与船舷各滚筒接头对应下纲处装配一卸扣和8字环,通过起网绳(亦称底边绞绳)连接至船舷底绳绞机上,便于起放网。

3. 属具部分

(1)沉子

沉子是用来伸展网具的属具,能使网具下纲迅速下沉,保证网衣的伸展面积。沉子材料一般为铅,每个质量约1 kg。沉子串连在沉子纲上。

(2)浮子

浮子是使网具侧纲浮于水面的属具。舷提网的浮子一般为球体或柱体硬质塑料浮子,绑缚在两侧的侧纲上。有的舷提网侧纲上不装配浮子,有的在靠近浮竿的侧纲上装配少量浮子。

(3)浮竿

浮竿用于支撑网衣的上缘使其浮于水面。浮竿一般由多根竹竿或塑料管绑缚在一起而成,除起浮力作用外,同时也起到拦阻秋刀鱼从网中跃出网外的作用。

(4)撑杆

网具的两侧各有一根撑杆,俗称推杆,自船舷伸向浮竿的两端。撑杆用于将浮竿撑出,以使网衣(兜口)保持较大的张开。

(5)铁环

网的左右两缘装有铁环,用以穿侧括绳,起网时收绞侧括绳使网衣迅速形成网兜。

(三)舷提网作业的操作方法

秋刀鱼捕捞作业首先根据历史生产资料和船长生产经验,结合近期渔情、海况及水温预报等情况，确定作业渔场的大致范围。渔船到达渔场后，利用探鱼仪（声呐）寻找鱼群，入夜后渔船保持慢速航行，一旦发现鱼群，开启集鱼灯，把其他灯光全部关闭。当鱼群密集且稳定后，以右舷集鱼灯诱集鱼群，停车并利用船尾的三角帆稳住渔船，使作业舷受风。一般在左舷下网，支开撑杆，张好网具，待网具展开后，开启左舷的导鱼灯，并依次熄灭右舷集鱼灯，将鱼群诱导至左舷（此系左舷作业模式，采用左舷或右舷作业常因船长的习惯而异）网具上方，并开启置于网具上方正中的红色灯诱使鱼群密集上浮，然后开始收绞起网纲索，起吊网衣，直至渔获物高度密集，利用抄网或吸鱼泵将渔获物起上甲板，再分类装箱冷冻。舷提网作业场景如图 9-21 所示。

图 9-21　秋刀鱼舷提网作业场景（左舷作业）图

秋刀鱼舷提网捕捞作业过程主要有鱼群侦察、鱼群诱集、放网和导鱼、起网、鱼水分离、渔获物处理与加工等几个步骤。

1. 鱼群侦察

白天开始进行边航行边侦察，一般开启少数几盏绿色集鱼灯，同时通过垂直和水平探鱼仪（声呐）观察鱼群（白天主要是垂直探鱼仪）。到了夜晚，秋刀鱼渔船云集渔场，此时鱼群的侦察除了通过探鱼仪或声呐探测外，在渔船航行中，还可通过位于首尾的探照灯扫海来观察鱼群的密度。在鱼群侦察过程中，船长的经验和其他渔船的动向也起着相当大的作用。

2. 鱼群诱集

一旦发现大的秋刀鱼鱼群，渔船便慢速前进，并开启渔船四周所有水上集鱼灯，开始诱鱼，诱鱼所需时间的长短主要视鱼群聚拢程度而定。在诱鱼过程中，船长和船员们要时刻注意鱼群动态。船长根据经验判断鱼群的厚度，随时对灯光配置进行调整，以达到最佳集鱼效果，并决定是否放网。

3. 放网和导鱼

当鱼群聚拢到一定程度后，船长决定放网。此时，负责放网操作的船员各就各位（每台绞机都有专人负责，网衣的堆放也有指定船员负责）。

放网时，使作业舷受风，先关闭放网舷所有的灯，让鱼群集中到另一舷。首先是放下浮竿，然后将网衣按顺序投放到海里，张开撑杆和网具。当网投放完毕后，开启放网舷的导鱼灯，同时慢慢地、有顺序地关闭另一舷的集鱼灯，将鱼群诱导到放网舷。将鱼群从集鱼舷诱集到放网舷的方法有两种。一种是引导鱼群穿过船底到放网舷，适用于吃水浅的小船，其作业方法是：当集鱼舷诱集了许多鱼后，打开放网舷的导鱼灯，然后关闭集鱼舷的集鱼灯，将鱼从船底引向放网舷。另一种方法是引导鱼群绕过船首和船尾迂回到放网舷，适用于吃水较深的大船，其作业方法是：打开放网舷的诱鱼灯，从中间开始顺次关闭集鱼舷的集鱼灯，将鱼群沿船首和船尾诱导到放网舷。鱼群诱导过程如图9-22。

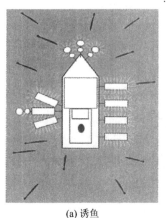 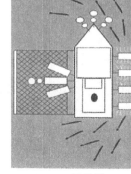 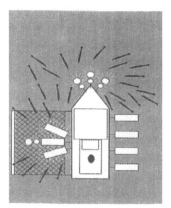

(a) 诱鱼   (b) 放网   (c) 导鱼（右舷还有鱼群）

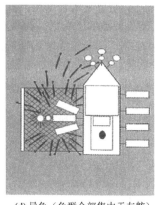 

(d) 导鱼（鱼群全部集中于左舷）   (e) 起网

图9-22　舷提网作业鱼群诱导过程示意图（引用原图）

4. 起网

当秋刀鱼鱼群被诱集到放网舷后，除留下网具正上方的红色灯外，立即关闭所有导鱼灯，诱使鱼群进一步聚集、上浮至水表层。随后船长下令起网。为了防止鱼从网的两侧逃逸，同时收绞侧括绳（两侧括绳）和下纲，然后把网衣吊起，固定于船舷，由船员依次将网衣由两边向中间聚拢，将鱼聚集到网兜中部。

5. 鱼水分离

当秋刀鱼集中到网兜中部后，随即放下吸鱼泵吸管，用吸鱼泵将秋刀鱼连水带鱼一起吸上甲板，经过鱼水分离器和分级装置将鱼水分离并对鱼进行分级，然后将秋刀鱼送入加工舱。

6. 渔获物处理与加工

渔获经过鱼水分离器去水和分级后进入加工舱。渔货物处理与加工过程主要有冲洗、分级装箱、冷冻、下舱储藏4个步骤。

①冲洗。秋刀鱼倒入加工槽后，即刻用干净的海水将鱼冲洗干净。

②分级装箱。将秋刀鱼冲洗干净后，即进行分级装箱，一般是边分级边装箱。秋刀鱼要按加工标准分级，其规格一般有以下5种。

特号：150 g 以上/尾；1 号：130 以上～150 g/尾；2 号：110 以上～130 g/尾；3 号：90 以上～110 g/尾；4 号：60 以上～90 g/尾。

装箱时按照以上 5 种规格装箱，装箱的标准如下：每箱净质量 10 kg，清洗干净，自下而上，体长方向一致整齐摆放，不得交叉叠放，加套塑料袋后用纸箱包装。

③冷冻。秋刀鱼装箱后，通过传送带直接进入速冻舱进行冷冻。

④下舱储藏。夜晚捕获的秋刀鱼冷冻到次日早上，负责下舱的船员将已冷冻好的秋刀鱼运送到渔船冷藏舱进行保存，同时为当晚作业所捕捞的秋刀鱼冷冻留出空间。当冷藏舱保存秋刀鱼达到一定吨数时，就傍靠转载船进行转载。

（四）秋刀鱼舷提网渔船及装备

1. 舷提网渔船的一般要求

秋刀鱼舷提网作业渔船多数与蛙蹲鱼流网渔船、鲣竿钓渔船、鱿鱼钓渔船兼作，一般多能，随着公海流刺网渔业的终止，现在的秋刀鱼渔业只有一小部分仍保留流刺网作业，大部分以舷提网捕捞为主（图 9-23 和图 9-24）。因此，秋刀鱼舷提网作业渔船一般应满足以下条件。

①吃水浅：渔船吃水过深，集鱼灯的光线会被船底遮挡住，从而影响鱼群通过船底游向放网的一侧。大型渔船要通过船上的集鱼灯诱导，使鱼群由诱集船舷绕过船首游向放网舷。

②稳定性能好：稳定性能差的渔船，在风浪较大时，要保持船、网相对位置稳定相当困难，而且横风起放网作业受风浪影响大。

③干舷低：起放网容易，抄取渔获也比较方便。自从开发了各种起网机械以后，干舷问题已不十分突出。

④鱼舱分成为几个小仓：要将渔获物按时间先后顺序分别放置冷藏，可以提高渔获物的冷藏效果。秋刀鱼舷提网渔船鱼舱布置与鲣竿钓渔船相同，即采用纵向三列配置小鱼舱。大型渔船则采取冻结后冷藏的形式。

2. 舷提网渔船的装备布置特点

（1）总体布局

舷提网渔船设三层甲板结构：上两层甲板为船员生活区，下层甲板为加工操作区，主要开展秋刀鱼加工操作和渔获物冷冻处理，冷藏舱在甲板下层。渔船船舱前端为捕捞操作区，捕捞操作设备主要有舷侧滚筒、浮竿绞机、电动和液压绞机、吸鱼泵、鱼水分离器、分级装置等。集鱼灯位于船舷的两侧、船首和船尾，舷侧滚筒位于两舷，网具平时堆放在船侧甲板上（和舷侧滚筒同侧）。船舱后部为渔获物堆放区。舷提网渔船设备布置可参考图 9-23 至图 9-25。

（2）渔捞设备的布置及其作用

渔船甲板机械主要有：集鱼灯、舷侧滚筒、浮竿绞机、电动和液压绞机、吸鱼泵、鱼水分离器、渔获物分级装置及与之配套的液压设备。集鱼灯的作用是诱集秋刀鱼至船舷两侧，并引导秋刀鱼汇集于舷提网中。集鱼灯主要分诱集灯和导鱼灯两种，诱集灯装置在集重舷，导鱼灯装置在船首、船尾和起放网舷。诱集灯用于诱集鱼群，导鱼灯用于将诱集灯诱到的鱼群引导到敷有网具的作业舷。舷侧滚筒主要采用液压驱动，用于舷提网的起放网操作。浮竿绞机采用液压驱动，其作用是收绞、松放浮竿引绳及侧纲；浮竿绞机共有 6 台，其中 4 台用于收、放浮竿引绳，两台用于收、放侧纲。吸鱼泵、鱼水分离器、渔获物分级装置的作用是在起网时，吸取网内的秋刀鱼，并通过鱼水分离器把鱼与水分离，再通过渔获物分级装置把各种规格的鱼分别送至各个急冻车间。

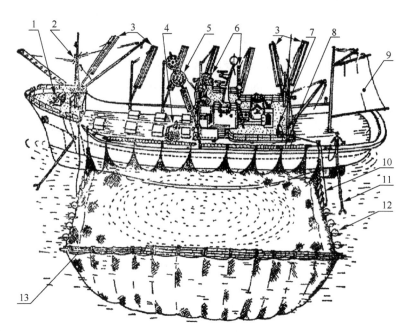

1. 锚机；2. 抄网吊杆；3. 右舷诱鱼灯；4. 6/8 卷筒串联绞机；5. 左舷诱鱼灯；6. 探照灯；7. 绞机；
8. 舷边拉网滚筒；9. 尾桅纵帆；10. 引绳；11. 推杆；12. 浮子；13. 浮竿

图 9-23 日本舷提网渔船设备布置图

图 9-24 中国大陆秋刀鱼舷提网渔船图

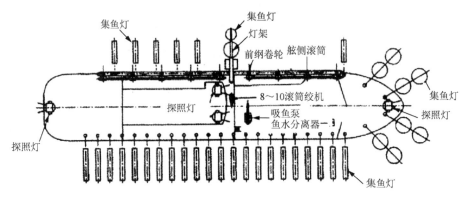

图 9-25 中国台湾舷提网主要渔捞设备布置图

（五）舷提网设计理论

舷提网设计主要是根据渔船规模、渔捞设备、捕捞对象的特性、渔场条件、作业特点等因素来确定网具和属具的主尺度。

1. 网目尺寸的计算

确定网目尺寸（2a）时一般采取理论计算与实际相结合的方法，首先根据刺网理论公式进行计算，再进行修正，公式如下。

$$a \leqslant a_1 \tag{9-1}$$

$$a_1 = kL \tag{9-2}$$

式中，a——舷提网网目的目脚长度（mm）；

a_1——刺网网目的目脚长度（mm）；

L——鱼体长度（mm）；

k——鱼类体型系数。

2. 网具主尺度的计算

网具规格的确定主要取决于渔船的大小和绞机的绞拉力，同时还应考虑被诱集的鱼群在网具上方有充分的回旋空间。当渔船确定后可根据渔船的大小和船型来确定绞机的数量和总绞拉力。秋刀鱼舷提网作业时，绞机的绞拉力主要用于克服网具的沉力及沿绞拉方向产生的阻力，如图 9-26 和图 9-27 所示。

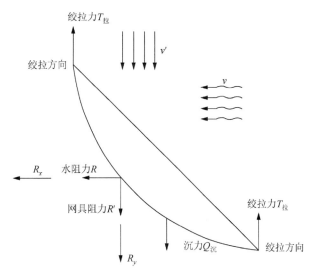

图 9-26 绞拉初状态下网具受力示意图

图 9-26 显示，为保持平衡，绞拉力 $T_拉$ 等于网具阻力 R' 和水动力 y 轴方向分力 R_y、网具水中沉力之和，而图 9-27 中，y 轴方向水动力 R_y 和 R_y 之和要小于图 9-26 中 R_y，绞拉方向的各作用力之和在图 9-26 状态下大于图 9-27 状态下。因此为确保在网具最大负荷状态下能收绞网具，在图 9-26 状态下进行水动力力学的计算。

$$T_拉 \geqslant R' + Q_沉 + R_y \tag{9-3}$$

式中，$T_拉$——绞机总拉力；

R'——沿绞拉方向产生的网具阻力；

$Q_沉$——网具水中沉力；

R_y——水平方向水流产生的y轴方向的水动力。

秋刀鱼舷提网作业时，网衣受水动力、沉力等影响，弯曲变形，而其形状的改变，又使其所受的力发生变化，直到各作用力平衡。目前，尚未在理论上完全解决网片水动力与网具形状之间的关系。为便于计算，多假设网片在水流中呈理想的平面，那么网具的水动力可采用平面网片的力学计算方法来进行估算。网片阻力公式如下。

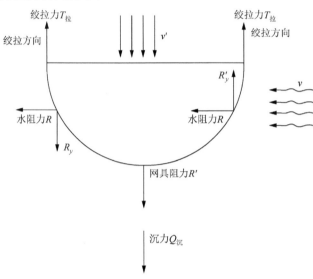

图 9-27 绞拉最终状态下网具受力示意图

$$R_\alpha = \left[17.6 + 19.6\left(\frac{d}{\alpha} - 0.01\right)a\right]Sv^2 \tag{9-4}$$

式中，R_α——网片与水流成α角时网片的阻力（N）；

S——网片缩结面积（m^2）；

v——来流速度（m/s）；

α——网片冲角（°）；

d——网线直径（mm）；

a——目脚长度（mm）。

根据有关学者的测定，R_y约为水阻力的 20%。y轴方向水动力的计算公式如下。

$$R_y = C_y \frac{\rho_海 Sv^2}{2} \tag{9-5}$$

式中，R_y——y轴方向水动力；

C_y——y轴方向水动力系数；

$\rho_海$——海水密度（kg/m^3）；

S——虚构面积（m^2）；

v——网片与水流相对速度（m/s）。

网片质量的计算公式如下。

$$M = 4aNM_H \tag{9-6}$$

式中，M——网片用线总质量（kg）；

M_H——网线单位长度的质量（kg/m）；

    a——目脚长度（m）；

    N——网片中的网目总数。

$$Q_{沉} = 9.8M \frac{\rho_{网} - 1.04}{\rho_{网}}$$

（9-7）

式中，$Q_{沉}$——网具水中沉力（N）；

    M——网片质量（kg）；

    $\rho_{网}$——网线材料密度（kg/m³）。

3. 浮力配备的计算

浮力的计算如下。

$$F = K(Q_{沉} + Q_{沉子})$$

（9-8）

式中， F——浮力（N）；

    K——浮力储备系数（2～2.2）；

    $Q_{沉}$——网具水中沉力（N）；

    $Q_{沉子}$——沉子水中沉力（N）。

浮竿的净浮力计算公式如下。

$$F_{竿} = \rho_{海} g(V_1 + V_2) - Q_1 - Q_2$$

（9-9）

式中，$F_{竿}$——净浮力（N）；

    $\rho_{海}$——海水密度（kg/m³）；

    g——重力加速度（m/s²）；

    V_1——FRP 管排水体积（m³）；

    V_2——毛竹排水体积（m³）；

    Q_1——FRP 管自身沉力（N）；

    Q_2——毛竹自身沉力（N）。

4. 纲索的计算

舷提网纲索主要有浮竿绞纲、上纲和侧纲等。

浮竿绞纲长度的估算公式如下。

$$L_1 = K\sqrt{d_1^2 + H_1^2}$$

（9-10）

式中，L_1——浮竿绞纲长度（m）；

    d_1——浮竿与船舷的水平间距（m）；

    H_1——支架距水面高度（m）；

    K——富余系数。

上纲长度的估算公式如下。

$$L_2 = K\sqrt{d_2^2 + (H_2 + h)^2}$$

（9-11）

式中，L_2——前纲长度（m）；

    d_2——下纲与前纲连接点距船舷的水平间距（m）；

    H_2——下纲水中高度（m）；

    h——绞机距水面高度（m）；

    K——富余系数。

侧纲长度的估算公式如下。

$$L_3 = K[l + \sqrt{d_3^2 + (H_2 + H_1)^2}]$$ (9-12)

式中，L_3——侧纲长度（m）；

l——力纲长度（m）；

d_3——网具下纲距船舷的水平间距（m）；

H_2——下纲水中高度（m）；

H_1——支架距水面高度（m）；

K——富余系数。

（六）舷提网设计与装配

所有舷提网网具结构和装配方法基本相同，仅是在不同时期网具使用的材料略有差异，根据渔船的大小，渔具规格有大有小，因船而异。中国大陆早期从事秋刀鱼捕捞作业的渔船为远洋鱿鱼钓兼捕鱼船，使用的舷提网网具较小。以大连国际合作远洋渔业有限公司的"国际 908 号"渔船为例，简述舷提网的设计与装配。

1. 方案设计

①根据秋刀鱼生物学资料，包括最新的渔业资源预测情况，群体、个体的生物学参数（体长、体质量、年龄方面的资料），洄游路线、产卵场、越冬场、作业渔场、渔期及捕捞对象的资源简况，等等，确定秋刀鱼的可捕规格，进而确定网目尺寸。

②依据相关条例和规定等确定秋刀鱼可捕规格进而确定网目尺寸。

③根据作业渔场环境条件（主要为水文、底质、气象等资料）和渔船、渔机方面的资料（主要为渔船基本参数、甲板布置、渔捞机械和助渔助航仪器的性能）等来确定网具的形状和规格。网具的规格取决于绞机的绞拉力。当渔船规格确定后，即可确定绞机数量，并通过计算，确定网具的大致规格。从渔获效果来看，网具规格越大，扫海面积越大，渔获效果越好。但是，在最终确定网具规格时，尚需考虑几方面的因素：舷侧滚筒的长度、集鱼灯主灯架的长度等。网具装配好后，在水中作业时，应能够形成一定的兜状。

④参考国内外有关秋刀鱼舷提网方面的资料确定渔具主要参数。

⑤绘制网具设计图和装配图，编写施工说明书。

2. 基础资料

以"国际 908 号"渔船为例，渔船总长 58.68 m、型宽 10.10 m，总吨位 909 GT，主机功率 1212.8 kW，绞机 3 台，鱼舱容积 703 m³。西北太平洋秋刀鱼最小法定（或商业）可捕体长为 200 mm，最小可捕体质量为 60 g。

3. 主要参数的确定

秋刀鱼舷提网网衣由上缘网衣、下缘网衣、主网衣、侧缘网衣 4 部分缝制连接组成（图 9-20 和表 9-3）。

（1）网具横向长度确定

舷提网网具横向长度因网具上纲与浮棒相连接固定，其缩结长度与浮棒长度有关。网具的横向长度取决于船长及舷侧滚筒的长度，考虑到渔船可操作区域及以网具上方集鱼灯为中心，一般最大取船长的 90% 或小于 90%，比舷侧滚筒的长度长 0.50~1.00 m，并使浮竿两端分别余出 1.00 m 左右。经计算得出浮子纲装配长度为 35~40 m。本设计中上纲长度取 38.30 m。

表 9-3　"国际 908 号"舷提网网衣参数

名称	数量/片	材料	网目尺寸/mm	网衣规格（横向/目×纵向/目）	网结类型	网线直径/mm
上缘网衣	1	PES 210 D12×3	30	2 420×11	单死结	2
主网衣	12	PES 210 D12×3	24	400×4 600	无结	1.5
下缘网衣	1	PES 210 D20×3	120	496×7	单死结	4
侧缘网衣	2	PES 210 D12×3	30	10×2 320	单死结	2

（2）网具纵向长度确定

网具纵向长度的确定主要考虑舷边鱼群的活动范围。在作业过程中，鱼群的活动主要受灯光的影响，从渔船的首、尾向中间集中，并最终集于中部舷侧，围绕主集鱼灯作回旋游动。由于网具中央上方有集鱼灯，在导鱼完毕、收绞网衣时，要求秋刀鱼鱼群比较稳定，几乎在集鱼灯下方中心水域及附近游动，因此网具纵向长度只要满足网衣的作业深度大于秋刀鱼集群时的栖息深度即可。本设计中网具侧纲长度取 41.70 m。

（3）主网衣网目尺寸确定

影响渔具选择性的因素很多，其中最为关键的因素是网目的大小和形状及鱼类群体的组成、个体大小和体型，正确选择群体中需要捕捞的秋刀鱼鱼体长度和质量，是确定舷提网网目尺寸的重要依据。经过水槽实验，认为当鱼类穿越网目时，鱼体的轴向与网目在空间的相对位置通常保持垂直状态。目前实际生产中使用的舷提网网目尺寸（$2a$）仅为 20 mm，但实际生产情况表明，有大量的渔获物因未达加工标准而被抛弃。以 2007 年为例，最小生产加工标准为 60～70 g/尾，但是在渔获物中 50 g/尾以下的个体约占总量的 55.9%，约过半数的渔获物被抛弃，不仅造成了浪费，而且破坏了资源。因此，为了保护资源，可适当放大网目尺寸。

根据探捕期间的秋刀鱼生物学测定结果，体质量 60 g/尾（最小加工标准）的秋刀鱼体长 200 mm 左右、体高约为 32.3 mm，体型系数（k 值）为 0.08～0.10，代入式（9-2）（$a_1 = kL$）计算得出刺鱼网目的理论值 a_1 为 16～20 mm，$2a_1 = 32～40$ mm。若以不刺鱼为条件，那么舷提网的主网衣网目尺寸（$2a$）应小于 32 mm。故本设计网具主网衣网目尺寸取 $2a = 24$ mm。

（4）缘网衣网目尺寸确定

根据舷提网的作业特点（作业过程中，网衣两边由两侧括绳绞机收绞，底纲由底纲绞机收绞，主网衣则手工收绞），参考 10～80 t 级渔船舷提网缘网的尺寸（上缘网目大小为 23 mm，侧缘网网目大小为 23 mm），本设计中网具下缘网网目尺寸取 $2a = 120$ mm，上缘网和侧缘网网衣网目尺寸为 $2a = 30$ mm。

（5）纲索

纲索主要包括上缘纲、沉子纲、下缘纲、侧纲。

上缘纲：绵纶（PA）绳，1 根，直径 50 mm，长 38.30 m；

下缘纲：绵纶（PA）绳，1 根，直径 30 mm，长 38.30 m；

沉子纲：绵纶（PA）绳，2 根，直径 50 mm，长 38.30 m；

侧缘纲：绵纶（PA）绳，2 根，两侧各 1 根，直径 30 mm，长 41.70 m。

侧环绳（括绳）：侧环纲（括纲）为 1 根钢丝绳，括纲总长为网具长度的 1.3～1.5 倍。括绳除了有封闭网两侧的作用外，还有增加网具沉降速度的作用。

4. 浮、沉力配备

（1）沉子纲沉力

作业过程中，需将网具预先敷设在水中，为缩短放网时间，提高捕捞效率，应结合绞机的收放速度和纲索拉力，选择加重沉子纲。

沉力：每根沉子纲串有铅沉子 310 个（铅沉子规格：1 kg/个），2 根沉子钢铅沉子共 620 个，总质量为 620 kg，总沉力约为 5530.4 N。

（2）上缘纲浮力

在秋刀鱼生产期间（一般 7~11 月），尤其是生产后期，西北太平洋公海风浪比较大，为使网衣上缘能一直浮于海面，防止鱼群从网衣上缘逃窜，结合网具长度，将网衣通过上缘纲捆绑于一圆筒形浮竿（外部用竹竿包裹）上。实践中发现，没有秋刀鱼从网具上方逃窜，同时借助浮竿将网衣固定，使得收绞网衣更加方便，也避免网衣缠绕。浮竿根据渔船的大小确定节数，由 9 节合成塑料筒组成，静浮力 2134.34 N/节，浮棒总净浮力为 19 209 N。

5. 属具

①侧环。不锈钢圆环，直径为 120 mm，质量约 200 g，共 100 个，分别装配在侧缘纲上，括绳从其中穿过，在括绳收绞时，利于主网衣形成网兜。

②撑杆。钢铁管制成，长约 15 m，直径 150 mm，2 根。

另外，该舷提网侧缘纲上不设置浮子。

6. 网具装配

（1）网衣缝合

先将 12 片主网衣按 1 目对 1 目逐次缝合成一片长方形的完整网衣，然后，再将两侧的缘网衣按 1 目侧缘网衣对 2 目主网衣、1 目上缘网衣对 2 目主网衣、1 目下缘网衣对 10 目主网衣的方式进行缝合。

（2）纲索装配

①上纲装配。上缘网衣以 0.528 的水平缩结系数装配在上缘纲上，每 7 目（即上纲间隔 110 mm）用扎绳打结固定。浮棒为 9 节合成塑料筒，外面用直径 9 mm 的绳子吊扣打结固定。

②下纲装配。下缘网衣以 0.643 的水平缩结系数装配在下缘纲上，每 2 目（即下纲间隔 154 mm）与沉子纲固定结扎，共同组成下纲。在下纲与滚筒相对应的节点处，安装一个 8 字转环和卸扣，并通过钢丝绳将其连接至下纲绞机，用于起放网衣。

③侧纲。侧缘网衣以 0.599 的纵向缩结系数装配在侧纲上，每 0.851 m 固定一侧环，侧纲两端各固定结缚 1 个侧环，用于穿引括绳，以使起网时使主网衣形成囊状 [图 9-28（f）]。

网具局部装配见图 9-28。

(a) 侧纲的装配

(b) 浮竿

(c) 主网衣与上缘网、侧缘网的角部装配　　　(d) 沉子纲、下缘网与主网衣的装配

(e) 沉子纲与侧纲角部装配　　　(f) 侧纲、侧纲圆环与括绳

图 9-28　"沪渔 910 号"船舷提网网具局部装配图（引用原图）

第二节　地拉网类渔具

地拉网又称为大拉网或地曳网，是我国近岸海域的一种传统渔具。

地拉网一般作业于水深 15 m 以内的近岸海域，捕捞随潮而来的小型鱼类，如鳀、蓝圆鲹、梭鱼、小沙丁鱼、丁香鱼等。由于渔业资源变动，洄游到近岸的鱼类逐渐减少，大型地拉网已逐渐减少，目前作业的多数是中、小型网具。

地拉网类的渔具结构近似围网，其网具可分为有囊和无囊两种，有囊又可分为有翼单囊、单囊和多囊共三种。其中无囊地拉网和有翼单囊地拉网一般属于中大型地拉网，单囊和多囊地拉网一般属于小型地拉网。

地拉网历史悠久，作业形式古老，其网具结构和捕捞操作技术均较简单，成本低，渔场近，多作为沿海地区的浅海副业或季节性兼业生产。有些沿海旅游地区曾把地拉网发展成为一种娱乐性渔具，在娱乐场所范围内作业，供游客赏玩。地拉网作业对渔业资源损害严重，已在 2014 年被农业部（现农业农村部）列为海洋禁用渔具。

一、地拉网捕捞原理和型式划分

地拉网是在近岸水域或冰下放网，并在岸、滩或冰上曳行起网的渔具。它的作业方法按网具结构形式和捕捞对象的不同分为两种：一种是利用长带形的网具（有囊或无囊）包围一定水域后，在岸边或冰上曳行并收绞曳绳和网具，逐步缩小包围圈，迫使鱼类进入网囊或取鱼部从而达到捕捞的目的;另一种是用带有宽阔网盖和网后方形成网囊或长形网兜的网具,在岸、滩用人力拖曳,将其所经过水域的底层鱼类、虾类或螺类拖捕到网内,而后拔收曳绳至岸边起网收取渔获物。

根据我国渔具分类标准,地拉网类按结构特征可分为有翼单囊、有翼多囊、单囊、多囊、无囊、框架 6 个型,按作业方式分为船布、穿冰、抛撒三个式。

(一)地拉网的型

1. 有翼单囊型

有翼单囊型的地拉网由网翼和一个网囊构成,称为有翼单囊地拉网。

有翼单囊地拉网(图 9-29)网具结构与有翼单囊拖网相类似,不同之处是有翼单囊地拉网的两翼较长且网囊较短,而有翼单囊拖网却相反,其两翼相对较短且网身和网囊长度之和相对较长。

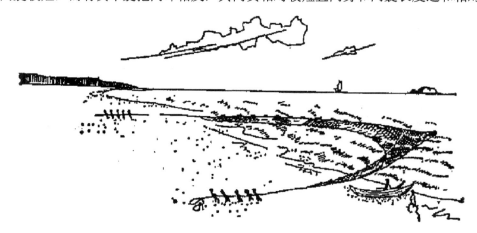

图 9-29 有翼单囊地拉网作业示意图

2. 有翼多囊型

有翼多囊型的地拉网由网翼和若干网囊构成,称为有翼多囊地拉网。

在海洋渔业中,很少使用有翼多囊地拉网。在淡水渔业中有使用,如松花江流域的多囊大拉网、长江流域的牵网(大塘网)等均属于有翼多囊地拉网。

3. 单囊型

单囊型的地拉网由单一网囊(兜)构成,称为单囊地拉网。

单囊地拉网有两种,一种是网衣为一个网囊,另一种是网衣为一个网兜。由单一网囊构成的单囊地拉网如图 9-30 所示的上海崇明的鱼苗拉网,以捕捞鳗鱼苗、蟹苗为主。其网衣是由较宽的背、腹 2 片规格相同的近似正梯形网衣和较窄的两侧 2 片规格相同的近似正梯形网衣缝合而成的四片式网囊。

由单一网兜构成的单囊地拉网如图 9-31 所示的江苏如东的泥螺网。

4. 多囊型

多囊型的地拉网由一片背网衣和若干片腹网衣构成若干网囊,称为多囊地拉网。

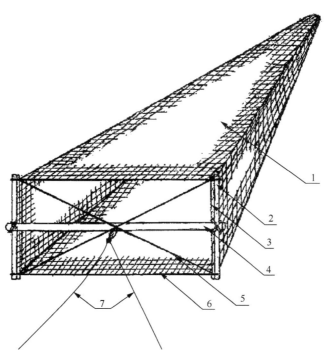

1. 网囊；2. 竖杆；3. 侧杆；4. 横杆；5. 叉绳；6. 网口纲；7. 曳绳
图 9-30　鱼苗拉网总布置图

多囊地拉网如图 9-32 所示的江苏东台的曳网，其网衣由 1 片较大的矩形背网衣和 4 片窄长的矩形腹网衣组成。

5. 无囊型

无囊型的地拉网由网翼和取鱼部构成，称为无囊地拉网，如图 9-33 所示的天津汉沽的梭鱼拉网。中间宽两端窄的带状无囊地拉网是由双翼和取鱼部构成的大拉网（图 9-34），其网具结构与无环无囊围网相类似。

6. 框架型

由框架和网身、网囊构成的地拉网称为框架地拉网。
在我国海洋渔业生产中，很少使用框架地拉网。

（二）地拉网的式

1. 船布式

船布式是指利用渔船装载网具进行投放的一种作业方式。
有翼单囊地拉网和较大型的无囊地拉网，其网具规格相对较大，作业水深相对较深，均需使用渔船装载网具进行投放，如图 9-34（b）的（1）～（3）所示，图 9-34（b）的（4）和（5）表示起网过程。我国从 21 世纪开始，大型的无囊地拉网一般用绞车代替人力来绞拉曳绳，或用拖拉机代替人力来拖拉曳绳。渔船也安装上轮子，水陆均可行驶。

泥螺网（江苏 如东）
7.71 m×1.51 m (2.60 m)

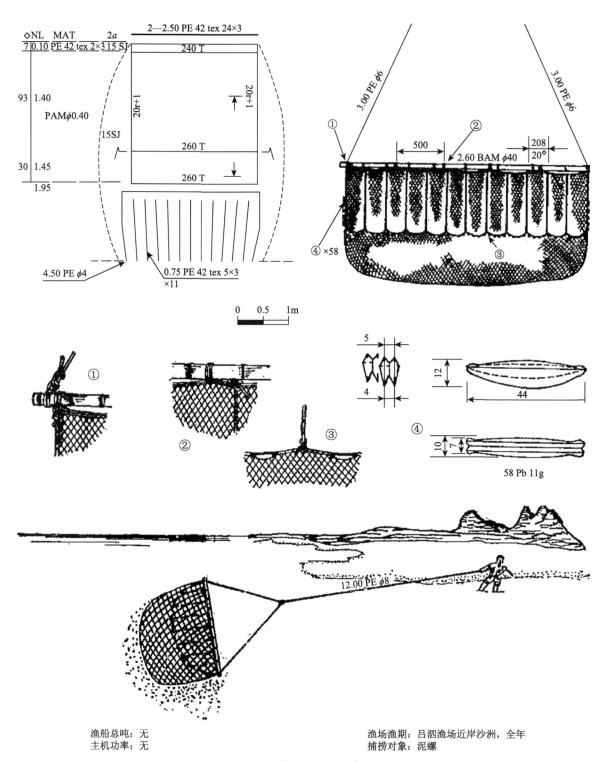

渔船总吨：无

主机功率：无

渔场渔期：吕泗渔场近岸沙洲，全年

捕捞对象：泥螺

图 9-31 泥螺网网图（调查图）

曳网（江苏 东台）
3.68 m×1.33 m

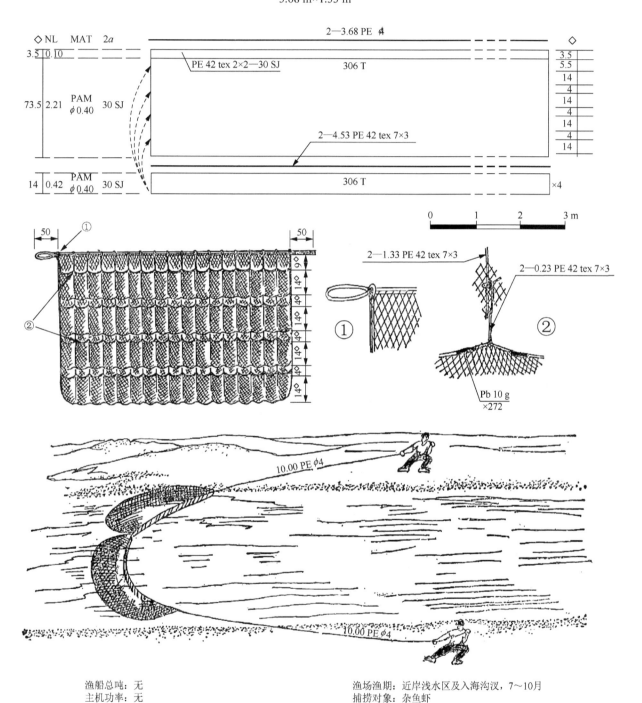

图 9-32 多囊地拉网（曳网）网图（调查图）

渔船总吨：无　　　　　　　　　渔场渔期：近岸浅水区及入海沟汊，7~10月
主机功率：无　　　　　　　　　捕捞对象：杂鱼虾

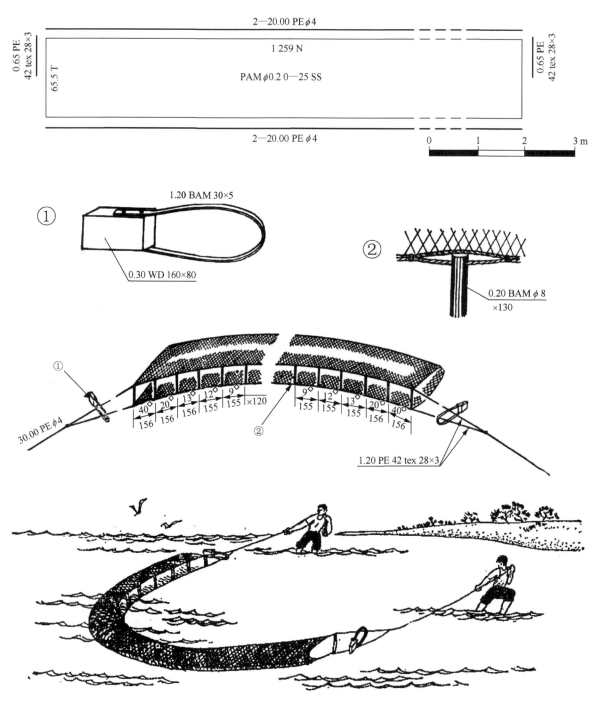

图 9-33　梭鱼拉网网图（调查图）

2. 穿冰式

穿冰式是指在冰上凿洞，将网具放在冰下拖曳的一种作业方式。

这是在我国北方寒冷地区的河流、湖泊或水库上使用冰下大拉网（一种规格较大的有翼单囊地拉网）进行捕捞的一种作业方式，在我国海洋渔业中不存在。

3. 抛撒式

抛撒式是指将网具抛撒在河中、泥潭上、岸边浅海处，然后由 1 人或 2 人用人力进行曳网的一种作业方式。

单囊地拉网、多囊地拉网和矩形无囊地拉网，其网具规模较小，作业水深相对较浅时，一般采用抛撒方式进行作业。

综合以上所述，采用抛撒方式作业的地拉网，均是在沿海浅滩上或泥滩上，或在沿海河口或闸门的河道边进行作业，并用人力拖曳进行捕捞生产的小型渔具。

二、地拉网结构

我国地拉网型式虽不多，在网具结构上差别却较大，主要为有翼单囊和无囊两种。无囊地拉网的网具结构与无囊围网较类似，其网衣编结和网图核算均相对较简单，也与无囊围网的网衣编结和网图核算较类似。有翼单囊地拉网虽然也与有囊围网相似，但其网衣编结和网图核算相对复杂。图 9-35 是广西北海的涠洲大网，属有翼单囊地拉网。

大拉网（河北 抚宁）
1 436.48 m×8.02 m

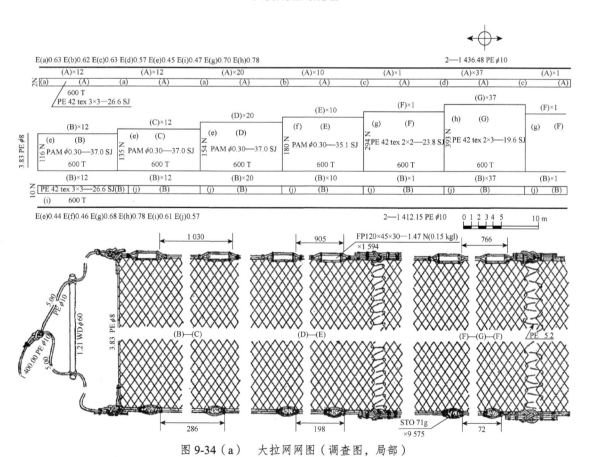

图 9-34（a） 大拉网网图（调查图，局部）

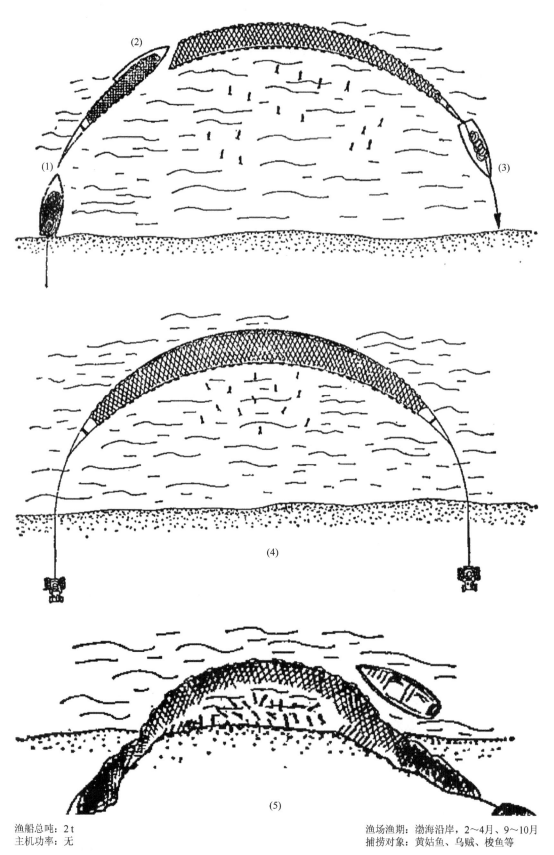

渔船总吨：2 t
主机功率：无

渔场渔期：渤海沿岸，2～4月、9～10月
捕捞对象：黄姑鱼、乌贼、梭鱼等

图9-34（b） 大拉网网图（调查图，局部）

涠洲大网（广西 北海）
90.50 m×50.4 m×24.49 m

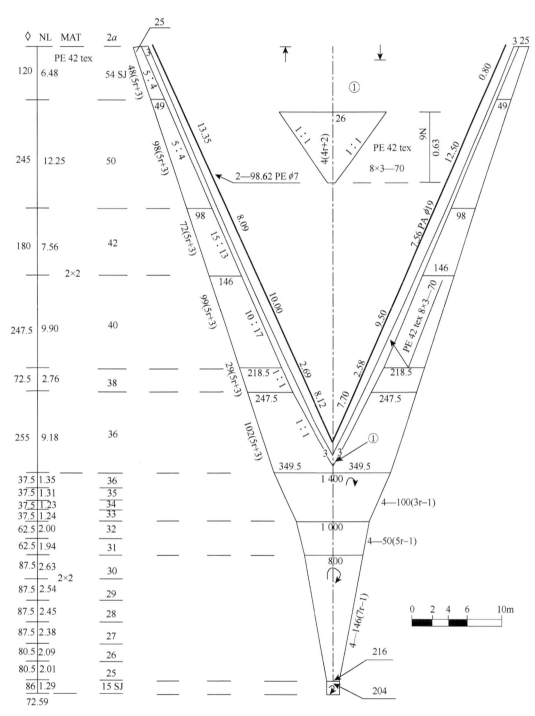

图 9-35（a） 涠洲大网网图（调查图，局部）

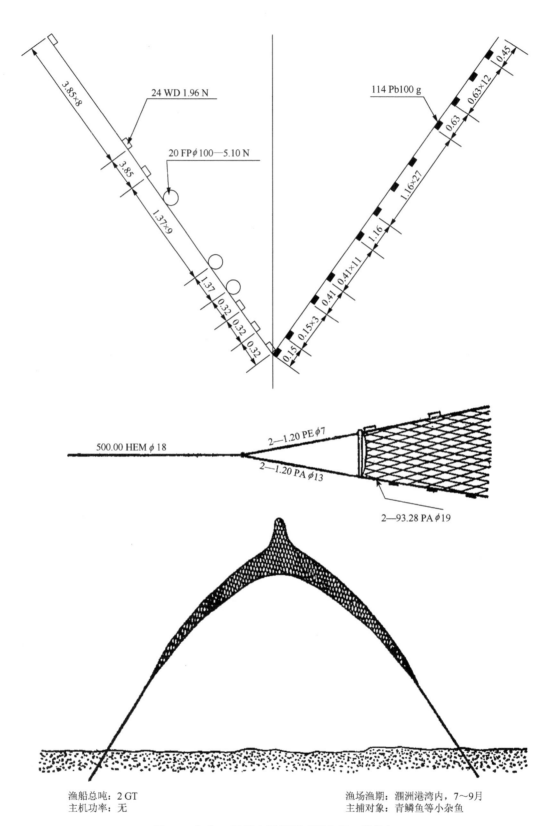

图 9-35（b）　涠洲大网网图（调查图，局部）

渔船总吨：2 GT
主机功率：无

渔场渔期：涠洲港湾内，7～9月
主捕对象：青鳞鱼等小杂鱼

有翼单囊地拉网由网衣、绳索和属具三部分构成，其网具构件组成如表9-4所示。

表9-4　有翼单囊地拉网网具构件组成

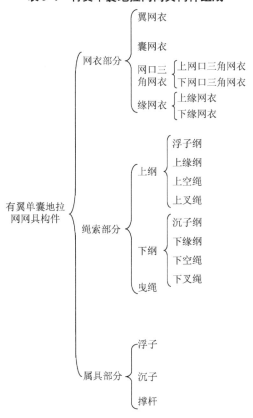

（一）网衣部分

网衣由翼网衣、囊网衣、网口三角网衣和缘网衣四部分组成，均按规定的增减目要求采用手工直接编结而成。

1. 翼网衣

翼网衣是两片左、右对称的正梯形网衣，采用中间一道增目和两边减目的编结方法。大多数的地拉网，其翼网衣前端的网目大一些，越接近网口的网目越小。翼网衣的作用是包围、拦截和引导鱼群进入网囊。

2. 囊网衣

囊网衣是背腹左右对称的、多道减目的截锥形网衣。囊网衣前端的网目大一些，越接近囊底网目越小。囊网衣的作用是容纳渔获物。

3. 网口三角网衣

网口三角网衣嵌于两翼网衣间的网口中间处，其作用是缓解该处的应力集中和增加网衣强度，避免撕破网口。网口三角网衣又分为上网口三角网衣和下网口三角网衣，其规格完全相同。网口三角网衣用较粗的网线编结。

4. 缘网衣

缘网衣位于翼网衣上、下边缘外侧，与翼网衣上、下边缘绕缝连接，或直接沿着翼网衣上、下边缘编结而成。位于翼网衣上边缘的称为上缘网衣，位于下边缘的称为下缘网衣。上、下缘网衣规格相同，各有左、右两片，一共4片，为3.0～7.5目宽无增减目的长带形网衣，或沿着翼网衣上、下边缘编出的几目宽的平行四边形网衣。其网线粗度一般与网口三角网衣相同，采用较粗的网线编结。缘网衣的主要作用是增加翼网衣边缘的强度，可防止翼网衣与纲索直接摩擦，也有些地拉网不装置缘网衣。

（二）绳索部分

1. 上纲

上纲是装在地拉网上方边缘，承受网具上方主要作用力的绳索。由于网翼前方的撑杆装置部位不同，上纲的构成也不同。若撑杆装置在网翼前端，如图 9-35（b）中间的绳索属具布置图中上边缘所示，上纲是由撑杆后方的浮子纲、上缘纲各 1 条和前方的左、右各 2 条上叉绳构成。若撑杆装置在网翼前方若干米处，如图 9-36 的上边缘所示，则上纲是由撑杆后方的浮子纲、上缘纲各 1 条和前方的左、右各 2 条上空绳及左、右各 2 条上叉绳构成。上纲起着维持地拉网上方网形和承受网具上方张力的作用。

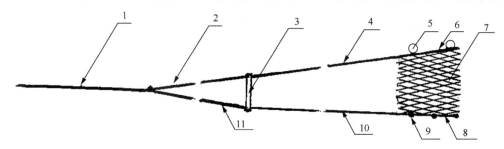

1. 曳绳；2. 上叉绳；3. 撑杆；4. 上空绳；5. 浮子；6. 浮子纲和上缘纲；7. 翼端网衣；8. 下缘纲和沉子纲；
9. 沉子；10. 下空绳；11. 下叉绳

图 9-36　地拉网绳索属具布置图

从图 9-35（b）中可以看出，涠洲大网的上纲由 2 条乙纶绳构成，其中 1 条结扎在网衣上方边缘的绳索属于上缘纲部分，另 1 条结缚在上缘纲上的绳索属于浮子纲部分，浮子纲和上缘纲两端在翼端前方的延长部分即为左、右各 2 条的上叉绳部分。2 条上纲一般采用等粗等长的捻绳，最好采用捻向相反的 2 条捻绳。

2. 下纲

下纲是装在地拉网下方边缘，承受网具下方主要作用力的绳索。下纲的构成与上纲的构成相同，即下纲由撑杆后方的下缘纲、沉子纲各 1 条和前方的左、右各 2 条下叉绳构成，如图 9-35（b）中间的下边缘所示。或者下纲是由后方的下缘纲、沉子纲各 1 条和前方的左、右各 2 条下空绳及左、右各 2 条下叉绳构成，如图 9-36 中下边缘所示。下纲起着维持地拉网下方网形和承受网具下方张力的作用。与上纲相同，下纲也可由 2 条绳索构成，一般采用等粗等长、捻向相反的 2 条乙纶绳，有的采用废锦纶网衣捻绳。

3. 曳绳

曳绳是连接在叉绳前端，用于拉曳网具的绳索。左、右各用 1 条，一般采用长数百米、直径为 10～25 mm 的乙纶绳或废锦纶网衣捻绳。

（三）属具部分

1. 浮子

浮子一般采用中孔球体泡沫塑料浮子。浮子的作用是产生浮力，保证上纲浮于水面。

2. 沉子

沉子一般采用铅沉子、陶土沉子或水泥沉子等。铅沉子一般直接钳夹在下纲上。陶土沉子可做成中孔式穿在沉子纲上，也可做成带凹槽式夹缚于下缘纲和沉子纲之间。水泥沉子可与陶土沉子一样作成中孔式或带槽式。沉子的作用是产生沉降力，保证下纲紧贴海底，并和浮子配合使网具垂直张开。

3. 撑杆

撑杆是装在翼端或空绳前端，用于支撑翼端高度或撑开上、下空绳前端的杆状属具。地拉网一般装有撑杆。有的撑杆装在翼端，如图 9-35（b）的中间所示，其上、下纲在翼端前延长后形成上、下叉绳部分。有的撑杆装在翼端前方约 3～7 m 处，如图 9-36 所示，其上、下纲先在翼端前延长后先形成上、下空绳部分，后在撑杆前又形成上、下叉绳部分。撑杆一般为木制，长 0.27～0.80 m。

第三节　抄网类渔具

抄网类渔具是沿岸作业的小型滤水性渔具，依靠人力推捕或舀捕捕捞对象以达到捕捞目的。在网具结构上有固定网衣的桁架或框架装置，以维持网兜或网囊的扩张。

抄网类渔具作业历史悠久，是人们向海洋猎取鱼虾类的原始作业之一。其渔具尺度小，结构简单，由一人或数人作业，作业渔场一般为沿岸数米深水域或滩涂水域，最深的为 10～20 m 水深的礁石区，捕捞对象为小型鱼虾类或鱿鱼。此类渔具在海洋网渔具中是渔具规模和生产规模最小的网具。此类渔具一般生产能力较低，渔获效果较差，劳动强度较大。但它具有作业渔场近、生产成本低、技术要求不高等优点，且有一定的经济效益，故一直为沿海地区个别渔民所喜用，分布较广。

一、抄网捕捞原理和型、式划分

抄网是由网囊（兜）、框架和手柄组成，以舀取方式作业的网具。

如按抄网结构特征分型，抄网可分为囊状、兜状两个型，按作业方式为推移式和舀捕式。

（一）抄网的型

1. 囊状型

由网囊、框架和手柄构成的抄网称为囊状抄网。

囊状抄网一般如图 9-37 所示的广西北海的鱿鱼抄网（《中国图集》173 号网）。

2. 兜状型

由网兜、纲索和桁架构成的抄网称为兜状抄网。

兜状抄网一般如图 9-38 所示的山东胶南（现青岛市黄岛区）的毛虾推网（《中国图集》175 号网）。毛虾推网由 1 人手持网具，沿着海岸 1～1.5 m 水深处推网前进，约 10 分钟起网 1 次，捕捞对象以毛虾、小蟹为主，一般多作为副业生产的渔具。

鱿鱼抄网（广西　北海）

4.50 m×0.75 m (2.20 m)

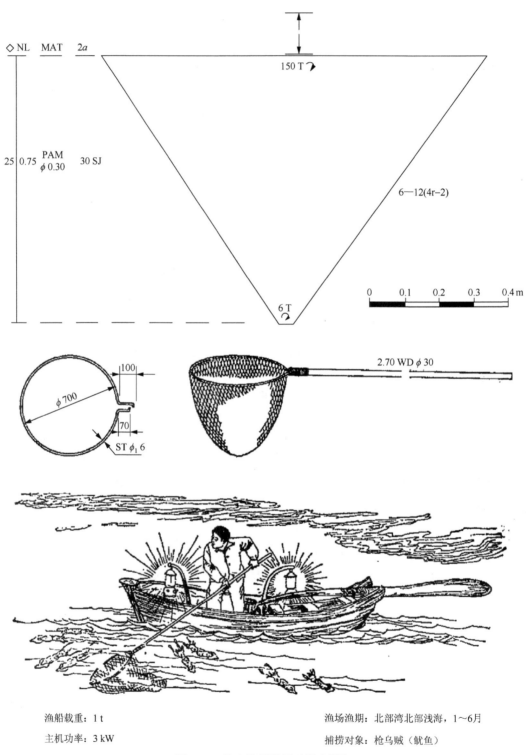

渔船载重：1 t

主机功率：3 kW

渔场渔期：北部湾北部浅海，1～6月

捕捞对象：枪乌贼（鱿鱼）

图 9-37　鱿鱼抄网网图（调查图）

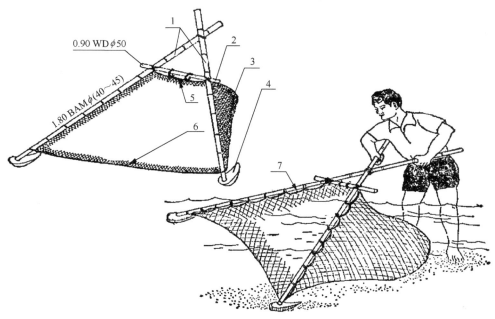

1. 推杆；2. 撑杆；3. 网兜；4. 推脚；5. 后纲；6. 前纲；7. 侧纲

图 9-38　毛虾推网示意图

（二）抄网的式

1. 推移式

用手握住推杆基部向前推移捕捞的抄网称为推移抄网。

我国的推移抄网均为兜状型，为推移兜状抄网，如图 9-39 所示的江苏赣榆的推网，其网具规模、网具结构和捕捞对象均与图 9-38 的毛虾推网相似。不同的只是图 9-38 的作业者是徒步推移捕捞，其作业水域稍浅，为 1～1.5 m；而图 9-39 的作业者是脚踩高跷推移捕捞，其作业水域稍深，为 2～3 m。

图 9-39　推网作业示意图

2. 舀捕式[①]

用手握住手柄或桁架，并瞄准捕捞对象进行舀捕的抄网称为舀捕抄网。

我国舀捕抄网一般为囊状型，即舀捕囊状抄网，如图9-37所示。这种抄网一般是由网囊、框架和手柄构成的，这种网囊均为一个圆锥形的编结网，故其网口可以结扎在圆形的框架上。但也有一种是带有底网衣的网囊，不能结扎在圆形框架上，如图 9-40 所示的福建平潭的光诱船抄网。在其网衣

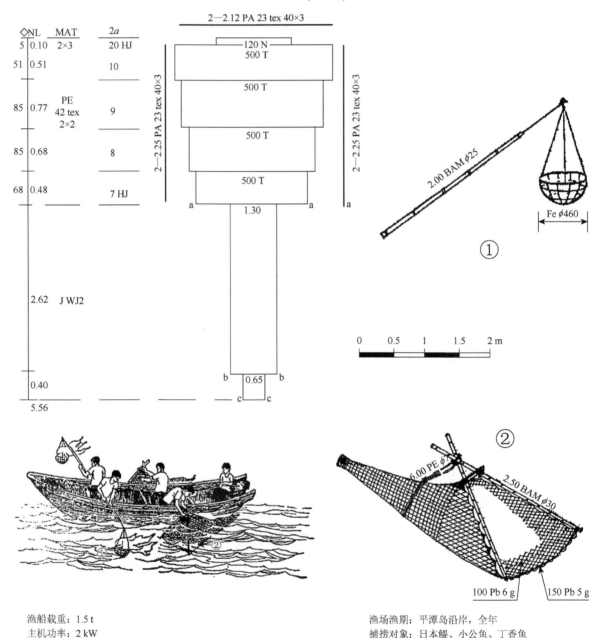

光诱船抄网（福建　平潭）

1.30 m×5.56 m(6.62 m)

渔船载重：1.5 t
主机功率：2 kW

渔场渔期：平潭岛沿岸，全年
捕捞对象：日本鳀、小公鱼、丁香鱼

图 9-40　光诱船抄网网图（调查图）

---

① 舀捕归属推移式，但又存在很大差异，钟百灵建议将舀捕从推移式中独立出来列为舀捕式，但未获标准认可。

展开图中，除了最前缘 5 目长的缘网衣外，后面 4 段均为网口前方的底网衣，最后 2 段是用无结的插捻网片构成的网囊，故此网口不能结扎在圆形框架上，而只能如图 9-40 中所示那样，结扎在类似兜状抄网所使用的桁架上。不同的是其网杆（类似兜状抄网的推杆）的梢端不用装推脚，作业时，1 人手握桁架上端，进行瞄准舀捕。

上述的几种舀捕囊状抄网，均在小船或小艇上进行光诱舀捕作业。也有个别的舀捕囊状抄网是利用乌贼在岩礁边产卵的习性，倚山舀捕乌贼，如图 9-41 的倚山舀所示。其网衣是 1 个分道纵向减目的圆锥形编结网。其框架是 2.58 m 长的毛竹片，内留有竹隔，每竹隔中间钻一小孔，以便穿过网口纲。网口纲是 1 条长 2.25 m 的铁线。横杆是一块毛竹片，两端及中间凿孔，以便固定框架和手柄。手柄是 1 支四季竹。作业者站在岩边或浅水处，手持倚山舀手柄，将其插进水中（深度随海况而定），贴岩边刮过去，一般由凸处向凹处刮，迫使乌贼入网，然后将网具提上，倒取渔获物后，寻找新的捕捞目标再下网。

我国的舀捕抄网除了有囊状型外，也有个别是兜状型的，即舀捕兜状抄网，如图 9-42 的鲧网所示。

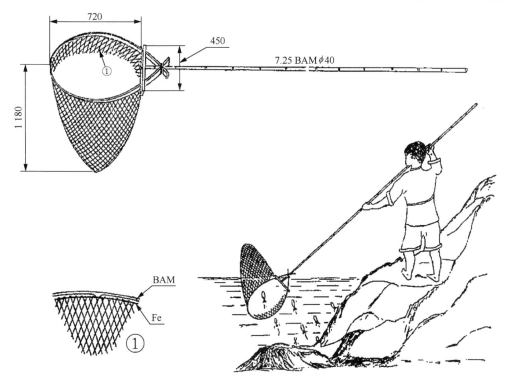

图 9-41 倚山舀及作业示意图

二、抄网结构

下面对兜状抄网和囊状抄网的结构分别进行介绍。

（一）兜状抄网

兜状抄网分为舀捕兜状抄网和推移兜状抄网两种。

舀捕兜状抄网只有 1 种，即江苏的鲧网（图 9-42），其网衣是一片两侧直目编结、中间分 3 道（3r-1）减目的等腰梯形网衣，其桁架用 1 支桁杆装在手柄前端。网衣边缘装有网口纲，将网角分别结扎在桁杆两端和手柄上，则网衣形成三角形的网兜，这种抄网可简称为三角形抄网。

推移兜状抄网（手推网）是由网衣、纲索和桁架三部分组成的，其网具构件组成如表 9-5 所示。

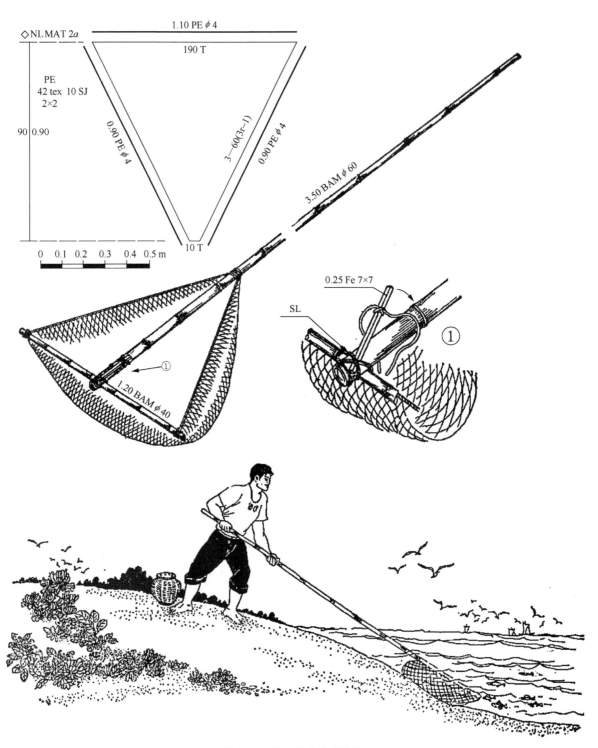

图 9-42　糙网及作业示意图

表 9-5　手推网网具构件组成

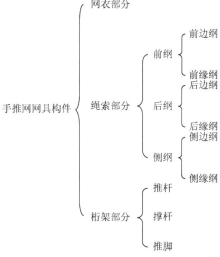

1. 网衣部分

手推网（网兜）的网衣可分为三种形式。最简单的一种是一片两斜边为（2r+1）增目的等腰梯形网片，如图 9-43（a）所示。较简单的一种由两片矩形网片组成，如图 9-43（b）所示。广东台山的手推网的网衣展开模式如图 9-43（b）所示，不同的是手推网在网衣的后纲和侧纲的配纲边缘均用比主网衣稍粗的网线加编半目长的网缘，在网衣的前纲的配纲边缘用比主网衣稍粗的网线加编 2 目长的网缘。较复杂的一种是一片由许多段长矩形网片组成的网衣，其网衣展开模式如图 9-43（c）所示。

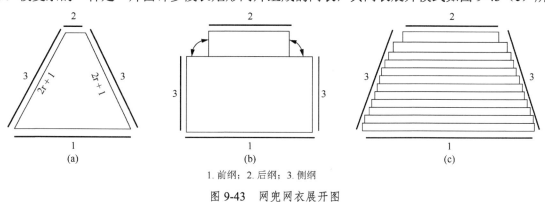

1. 前纲；2. 后纲；3. 侧纲

图 9-43　网兜网衣展开图

2. 绳索部分

手推网网衣配纲后，一般形成一个等腰梯形的网兜，其四周均配有纲索。作业时在下方贴底向前推移的绳索称为前纲，在上方靠近手握处的绳索称为后纲，左、右两侧的绳索均称为侧纲，左、右侧纲是相同的。

3. 桁架部分

手推网的桁架一般是由 2 支推杆，1 支撑杆和 2 个推脚组成。2 支推杆在基部交叉固定。在固定点前方附近将 1 支撑杆的两端分别结扎在 2 支推杆上，以使 2 支推杆呈一定角度分叉固定。最后在每支推杆梢端装上 1 个推脚，如图 9-38 所示。

（1）推杆

推杆是桁架的主要构件，没有推杆，也就没有桁架。故最简单的桁架就是由 2 支推杆在其基部交叉固定后组成的，如图 9-44 所示的福建平潭的光诱手推抄网。

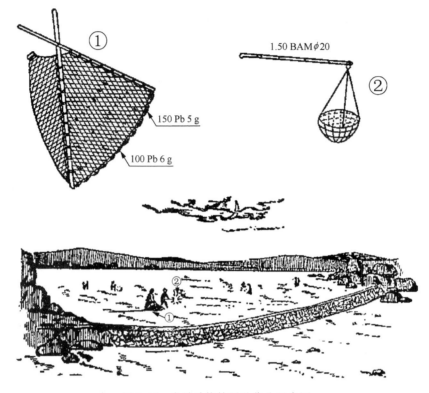

图 9-44　光诱手推抄网及作业示意图

（2）撑杆

手推网的撑杆，是两端分别与 2 支推杆相结扎，用于撑开和固定 2 支推杆呈一定角度分叉的杆状物，如图 9-45 所示。作业时 1 人双手各握住 1 支推杆基部拉开推杆至最大角度后向前推移，待有渔获时，将 2 支推杆合拢并将其前纲提至水面后，再将渔获物抓进鱼篓中。

（3）推脚

推脚是装置在推杆前端，用于防止推杆前端插进海底的和减少摩擦力鞋形、船形或其他形状的属具。

图 9-45　手推抄网及作业示意图

（二）囊状抄网

囊状抄网由网囊、框架和手柄三部分构成。下面只介绍常用渔具的囊状抄网的结构。

1. 网囊

网囊网衣展开模式如图 9-46 所示。图 9-46（a）是广西北海的鱿鱼抄网的网囊展开模式，其网衣是分 6 道以（4r–2）纵向减目的圆锥形网衣。图 9-46（b）是海南琼山的公鱼抄网的网衣展开模式，分成两段，其上段是较短的直目编结的柱形网衣，下段是较长的分 8 道以（3r–1）纵向减目的圆锥形网衣。图 9-46（c）是海南临高的手抄网的网衣展开模式，也分成两段，其上段是较长的分 31 道以（7r–1）纵向减目的圆锥形网衣，下段是较短的直目编结的柱形网衣。

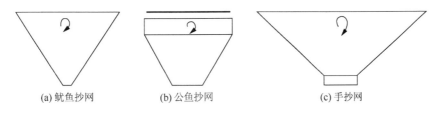

图 9-46　网囊网衣展开模式

还有采用 PE 36 tex 3×3 的网线编结的网囊，其目大分别为 52 mm、45 mm、41 mm、40 mm、39 mm 和 38 mm，采用双死结编结。

2. 框架

广西北海的鱿鱼抄网的框架如图 9-37 的中间左图所示，采用 1 支直径为 6 mm 的钢筋弯曲成直径为 700 mm 的圆形框架。海南琼山的公鱼抄网和海南临高的手抄网，均采用铁线弯曲成圆形框架。浙江椒江的倚山舀如图 9-41 所示，其框架比较特殊，采用宽 25 mm、内留有竹隔的竹片弯曲成近似圆形的框架，再用直径为 3～5 mm 的铁线穿过竹隔孔和网口边缘网目，即可把网囊装置在框架上。

3. 手柄

手柄选用竹或木材料，以易取耐用为上。

第四节　掩罩类渔具

一、基本情况

掩罩类渔具自上而下扣罩捕捞对象，其中以掩网的数量最多，沿海和内陆水域均有分布，结构相似。

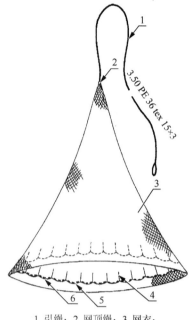

1. 引绳；2. 网顶绳；3. 网衣；
4. 吊绳；5. 下纲；6. 沉子

图 9-47 抛撒掩网总布置图

掩网原来是一种沿岸性作业网具，网衣呈圆锥形，顶端系有引绳，网衣下缘装有下纲和沉子，网缘向内翻卷，用吊绳分档将下纲吊在网衣内侧，形成集鱼用的网兜，如图 9-47 所示。这种掩网的作业方式分为抛撒和撑开两个式。抛撒掩网和撑开掩网的网具结构基本相同，只是网具规模大小和作业方式不同，抛撒掩网网具规模较小。

二、掩罩捕捞原理和型、式划分

掩罩类渔具是由上而下扣罩捕捞对象的渔具。掩罩按结构特征分为掩网、罩架两个型，按作业方式分为抛撒、撑开、扣罩、罩夹 4 个式。

（一）掩罩的型

1. 掩网型

掩网是下网缘有褶边的锥形网具，其底部网缘装配下纲后，就将网缘向内翻卷形成网兜，用吊绳分档把下纲吊在网衣上，或者把网缘向内分档将下纲直接结缚在网衣上，形成网兜。这种将网缘向内翻卷形成网衣两层折叠的形式就叫褶边，如图 9-48 所示。

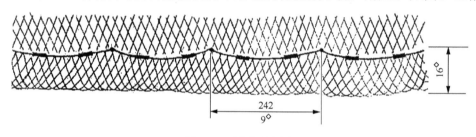

图 9-48 褶边示意图

掩网由于分布较广，各地称呼不一，山东称为旋网，江苏称为撒网，上海称为撒网、旋网或天打网，浙江称为手撒网、手网、罩网或梅雨网，福建称为手撒网或手抛网，广东称为手抛网、抛网、罩网或鸡笼网，广西称为手抛网或抛网，海南称为手抛网。各地掩网的网具结构基本相似，只是规格大小不同而已。

2. 罩架型

罩架型是由支架和罩衣构成的渔具。

（二）掩罩的式

掩网的作业方式有抛撒和撑开，罩架的作业方式有扣罩和罩夹。

1. 抛撒式

抛撒式的掩罩用人力将网具向水面撒开，称为抛撒掩网。

在 20 世纪 90 年代之前，我国沿海的掩网，除了福建的大黄鱼掩网外，均属于抛撒掩网。各地的抛撒掩网网具结构基本相似，均由圆锥形网衣、下纲、吊绳、网顶绳、引绳和沉子等组成（图 9-47）。

2. 撑开式

撑开式的掩罩是用船撑开网具的掩网，称撑开掩网，其结构如图 9-49 所示，（1）～（4）是该网具的作业顺序示意。

20 世纪 90 年代初在南海区开始使用的光诱罩网，也属于撑开掩网的一种，如图 9-50 所示的广东电白的小罩网。此罩网与大黄鱼掩网在网具结构上不同之处有三点：一是大黄鱼掩网的下缘有褶边形成网囊，而小罩网的圆筒状网囊在网具的顶端；二是下纲结构不同，大黄鱼掩网的下纲由 1 条绳索构成，而小罩网由下缘纲、下主纲和网口束绳共 3 条绳索构成；三是沉子不同，大黄鱼掩网用中孔鼓体陶质沉子串在下纲上，而小罩网用铅铸的沉子和沉力环串在下主纲和网口束绳上。在捕捞操作上，它与大黄鱼掩网的不同是：大黄鱼掩网是先听鱼声判断了鱼群位置和游向后，两船配合一起，在鱼群上方拉开网具，罩捕鱼群。小罩网是由一艘渔船单独作业，用船上的 4 支撑杆将网具撑开并敷于船底的水域中，采用光诱方法把捕捞对象诱集至网具下方，然后利用机关使罩网与撑杆迅速脱离，将捕捞对象罩入网内，如图 9-50（c）所示。

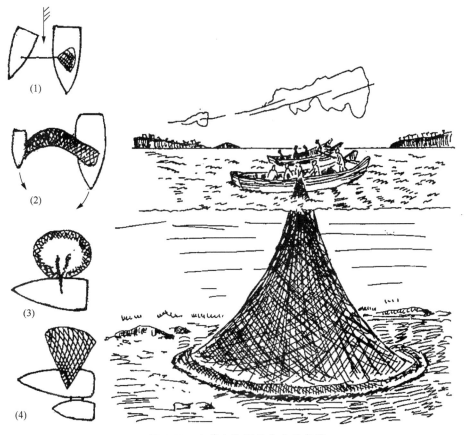

图 9-49　大黄鱼掩网及作业示意图

三、掩网结构

国内的掩网有抛撒掩网和撑开掩网两种，这两种掩网在结构上稍有差别，下面将分别进行介绍。

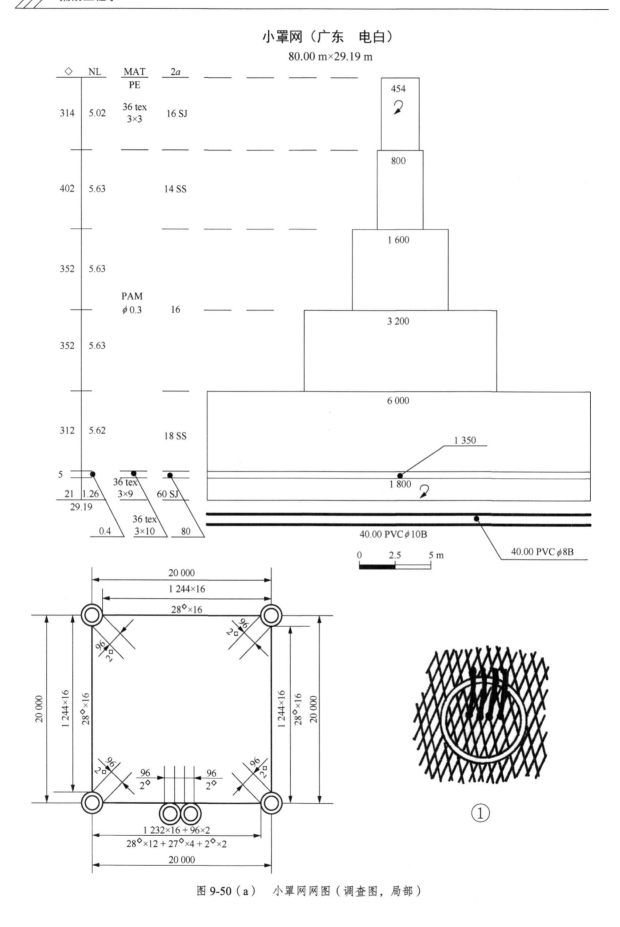

图 9-50（a） 小罩网网图（调查图，局部）

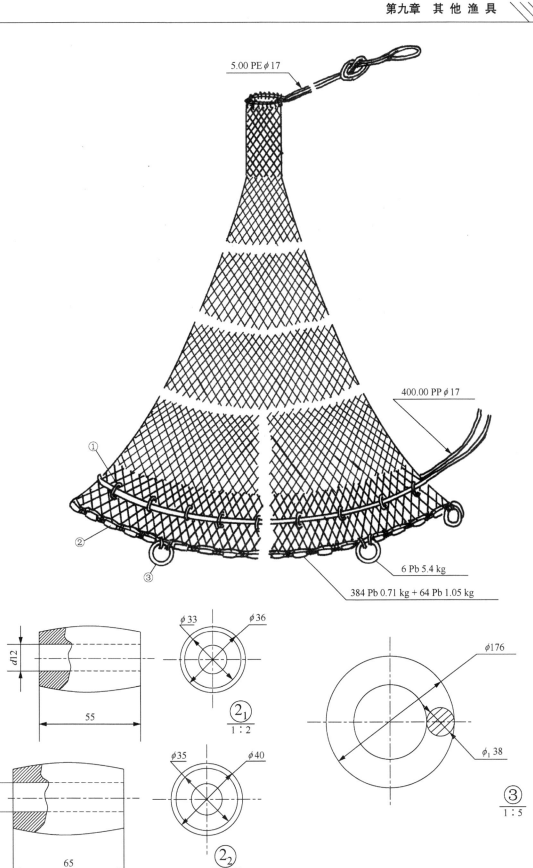

图 9-50（b） 小罩网网图（调查图，局部）

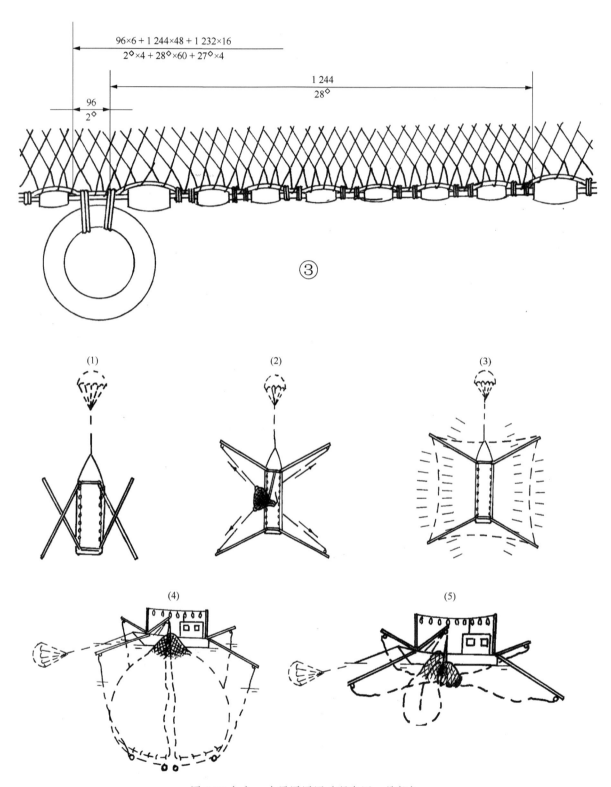

图 9-50（c） 小罩网网图（调查图，局部）

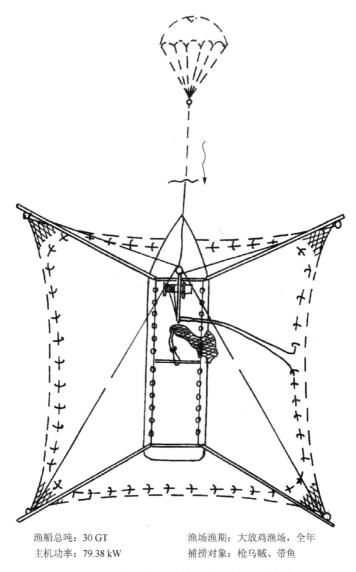

渔船总吨：30 GT　　　　　渔场渔期：大放鸡渔场，全年
主机功率：79.38 kW　　　　捕捞对象：枪乌贼、带鱼

图 9-50（d）　小罩网网图（调查图，局部）

（一）抛撒掩网结构

抛撒掩网是由网衣、绳索和沉子三部分构成的，一般结构如图 9-47 所示，其网具构件组成如表 9-6 所示。

表 9-6　抛撒掩网网具构件

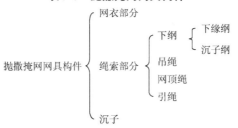

1. 网衣部分

抛撒掩网网衣的编结方法有 3 种,最简单的是一片多道纵向增目的圆锥形网衣,如图 9-51(a)所示。另一种较简单的,其上段主体部位是较长的一个多道纵向增目的圆锥形网衣,其下段褶边部位是一个较短的柱形网衣,如图 9-51(b)所示。还有一种是一个多道横向增目圆筒编结网衣,其网衣展开图如图 9-51(c)所示,由多个宽度由小到大的柱形网衣组成,网衣展开图由多个宽度由小到大的扁矩形构成。

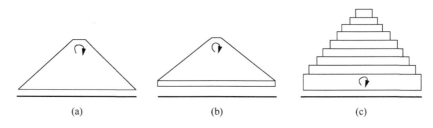

图 9-51 抛撒掩网网衣展开图

抛撒掩网网衣一般采用直径为 0.17~0.27 mm 的锦纶单丝单死结或双死结编结,目大为 60~17 mm。也有少数抛撒掩网用乙纶 5×3~1×2 捻线死结编结,目大为 90~35 mm,从网顶到网底,网目逐渐减小,网线也逐渐减细。

2. 绳索部分

(1)下纲

下纲是装在网衣下方边缘,承受网具主要作用力的绳索。若采用 1 条下纲,如图 9-47 中的 5 所示,先将下纲穿过网衣下方边缘网目,再用铅沉子把分档处的边缘网目钳夹在下纲上,如图 9-47 中的 6 所示。若采用 2 条下纲,即采用 2 条等长而不同捻向的下缘纲和沉子纲各 1 条,可先将下缘纲穿过网衣下方边缘网目后,再与另一条沉子纲合并分档结扎在一起。

下纲的材料有多种,有乙纶网线或维纶捻绳下纲,也有锦纶单丝编线下纲。

(2)吊绳

吊绳是悬吊在褶边上方的网目和下纲之间,用于使下方网缘向内卷并形成网兜的绳索。吊绳两端分别与网目和下纲结扎,其净长为 0.15~0.20 m,吊绳一般采用与下纲材料相同而粗度稍细的网线。广西合浦的手抛网不采用吊绳,而是把网衣下方褶边部位的网筒向内翻卷一半后,用乙纶网线分档将下纲直接结扎在褶边部位网衣上边缘的网目上,形成网兜,其褶边部位网长 8 目,内卷 4 目,目大 38 mm,内卷拉直高度为 0.15 m(0.038×4)。

(3)网顶绳

网顶绳是穿过网顶边缘网目后,用来抽紧网顶口并与引绳相连接的绳索。网顶绳一般采用 1 条 0.20~0.50 m 长且较粗的乙纶网线。网顶绳先穿过网顶边缘网目后,有的将网顶绳两端插接或作结形成网顶绳圈,再将绳圈抽紧封住网顶口后作结留出眼环状的绳头,以便与引绳连接;有的先将网顶绳两端合并抽紧封住网顶口后再作结形成 1 个眼环,以便与引绳连接,如图 9-47 中的 2 所示。

(4)引绳

引绳是与网顶绳相连接,起网时牵引网具的绳索。引绳一般采用 1 条乙纶网线或乙纶绳,也可采用其他材料的绳索。引绳的长短与作业水深有关,作业水深越深,引绳越长。引绳的一端穿过网顶绳的眼环扎成双死结固定,另一端做成长 200 mm 的眼环。作业时,眼环套在作业人的左手腕上。

有些掩网不用网顶绳，而是用引绳穿过网顶边缘网目抽紧，封住网顶后用绳端作死结固定，引绳的另一端做成一个长 200 mm 的眼环。

3. 沉子

抛撒掩网一般采用铅沉子，每个质量为 12～28 g。个别的也采用锡沉子，每个质量为 35 g。若只采用 1 条下纲，先将下纲穿过网衣下缘网目后再用铅沉子将分档处的下缘网目钳夹在下纲上。若采用 2 条下纲，即采用 1 条下缘纲和 1 条沉子纲，先将下缘纲穿过网衣下缘网目后与沉子纲合并，用网线分档结扎在一起，再将铅沉子钳夹在沉子纲上。

（二）撑开掩网结构

1. 福建的大黄鱼掩网

福建的大黄鱼掩网如图 9-52 所示，从图中可看出，撑开掩网是由网衣、绳索和属具 3 部分构成的，其网具构件组成如表 9-7 所示。

表 9-7　撑开掩网网具构件组成

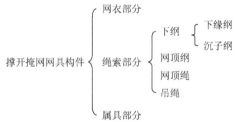

（1）网衣部分
①主网衣。大黄鱼掩网的主网衣是一个多道纵向增目的圆锥体乙纶捻线有结网衣，如图 9-52 所示。
②上缘网衣。在主网衣的上边缘设上缘网衣。上缘网衣是乙纶捻线有结柱形网衣。
③兜网衣。大黄鱼掩网在主网衣的下边缘设兜网衣，由乙纶捻线有结柱形网衣向内侧卷折形成网兜。
（2）绳索部分
①下纲。下纲是指装配在下缘网衣下边缘的钢索。大黄鱼掩网的下纲采用 1 条麻质捻绳。
②网顶纲。网顶纲是穿过网顶口边缘网目并按一定缩结系数结扎固定的一条绳索。如图 9-52 总布置图的上方所示。
③网顶绳。网顶绳是连接在网顶纲上，用于牵引网具的绳索。用乙纶捻绳制成，共用 2 条。
④吊绳。吊绳是悬吊在褶边上方的网目和下纲之间，用于使下方网缘向内卷并形成网兜的绳索。采用乙纶捻线制成。
（3）属具部分
撑开掩网一般利用沉子的沉力使网具迅速向下扣罩捕捞对象，大黄鱼掩网采用有中孔的腰鼓形陶制沉子。

2. 光诱罩网结构

光诱罩网如图 9-53 所示，由网衣、绳索和属具 3 部分构成，其网具构件组成如表 9-8 所示。

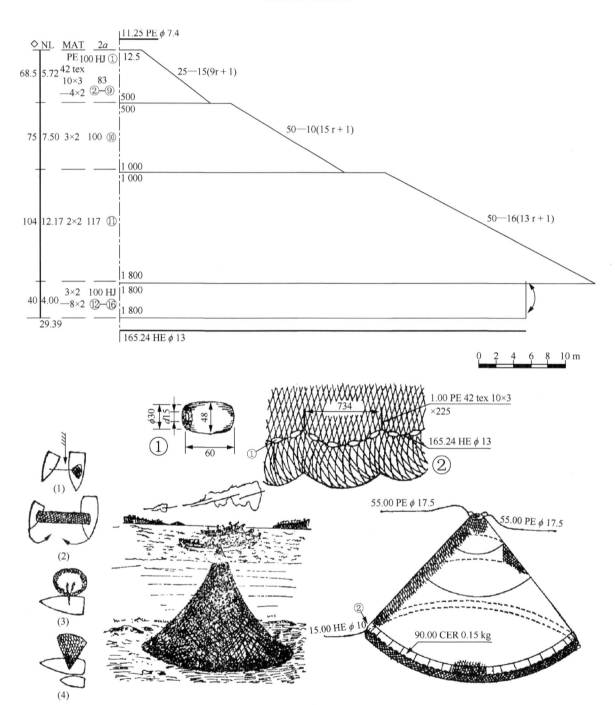

图 9-52　大黄鱼掩网网图（调查图，局部）

临高大马力机船灯诱罩网

200.00 m×45.58 m

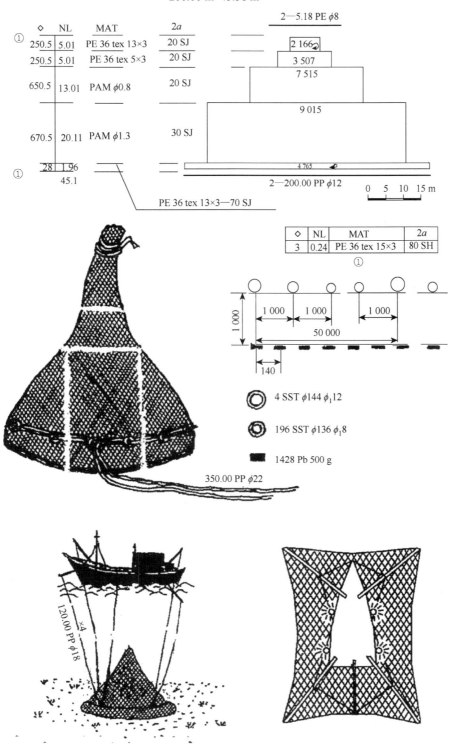

渔船总吨：120 GT

主机功率：250 kW

渔场渔期：北部湾、海南岛东南部、西、中沙海区，农历12月至翌年9月

捕捞对象：蓝圆鲹、鲐、青鳞鱼、金色小沙丁鱼、金枪鱼、乌鲳、鱿鱼、乌贼

图 9-53　临高大马力机船灯诱罩网网图（调查图）

表 9-8　光诱罩网网具构件组成

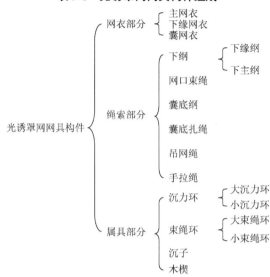

（1）网衣部分

①主网衣。灯诱罩网网衣一般采用多段不同规格的主网衣缝接而成。主网衣由多段机编锦纶单丝有结网片缝接而成。从上往下各段目大顺次加大，网线顺次加粗。如图 9-53 所示。

②下缘网衣。在主网衣的下边缘设下缘网衣（俗称疏脚）。下缘网衣一般采用乙纶经编无结网片或乙纶捻线有结网片，圆筒结构。小型光诱罩网的下缘网衣直接缝接在主网衣的下边缘。大型光诱罩网的下缘网衣分为上、下两部分，上部分的上边缘与主网衣的下边缘缝接，上、下部分缘网衣通过两条与网周拉直等长的乙纶绳，各自穿过上、下部分的边缘网目，每间隔一定的距离（目数）穿过一个钢圈，通过钢圈把两部分下缘网衣连接在一起。

③囊网衣。光诱罩网的囊网衣设置在主网衣的上方，柱形结构，如图 9-50（b）的上方顶部所示。其网线规格较粗，目大最小，一般采用乙纶捻线单死结网片。大型光诱罩网的囊网衣下方设置 1～2 段过渡段，过渡段网衣材料与囊网衣相同，网衣目大略大一些，网线略细一些。囊网衣上边缘是卸渔获开口，下边缘与主网衣或过渡段上边缘缝接。

（2）绳索部分

①下纲。光诱罩网的下纲采用 2 条等长的绳索（最好是采用 2 条捻向相反的绳索），即 1 条下缘纲和 1 条下主纲。大型光诱罩网采用 3 条下纲，即在 2 条下纲的基础上再加 1 条沉子纲。下纲一般采用乙纶绳或维纶绳制作。

②网口束绳。网口束绳是安装在下纲沉环中或下缘网衣的钢环上，起网时用于收束网口并把网具下部提到船上的绳索。小型光诱罩网的网口束绳一般用乙纶绳制作。大型光诱罩网的网口束绳钢环一般安装在离下纲约 0.8～1.2 m 的下缘网衣处，这样可以避免在浅水区作业和下纲触底时刮泥或钩挂障碍物，如图 9-53 中总布置图的下方所示。

③囊底纲。小型光诱罩网不设置囊底纲，而将囊底扎绳直接穿过经过双线加强的网囊上缘网目中形成卸渔获口结构。大型光诱罩网一般设置囊底纲，囊底纲是安装在网囊底部（顶端）使其形成卸渔获口结构的纲索。囊底纲材料一般采用乙纶绳，其制作安装工艺与拖网囊底纲相同。

④囊底扎绳。囊底扎绳是用来开闭网囊卸渔获口的绳索。如图 9-53 中总布置图的上方所示。小型光诱罩网的囊底扎绳直接穿过经过双线加强的网囊上缘网目中，然后两端对接连成环状。封闭囊底时，将囊底收拢后用活络结扎牢。打开囊底时，拉开活络结即可。大型光诱罩网的囊底扎绳将其中部固定在囊底纲上。封闭囊底时，用活络缝方法将囊底封牢。打开囊底时，拉开活络缝即可。囊底扎绳与拖网囊底扎绳操作方法相同。

⑤吊网绳。吊网绳是使网具网口（下部圆周）张开成长方形并吊挂在撑杆外端的绳索。大型光诱罩网的吊网绳在布网时通过木楔分离装置连接在大沉力环和渔船之间，布网时将大沉力环拉至撑杆外端并固定。吊网绳如图9-54中的10所示。大型光诱罩网的吊网绳连接在大束绳环和渔船之间，布网时将大束绳环拉至撑杆外端并固定。大型光诱罩网设木楔分离装置，放网时吊网绳与网具分离。大型光诱罩网不设木楔分离装置，放网后吊网绳随着大束绳环一起下沉，起网时通过收绞网口束绳把整个网具提到船上，如图9-53的左下方所示。

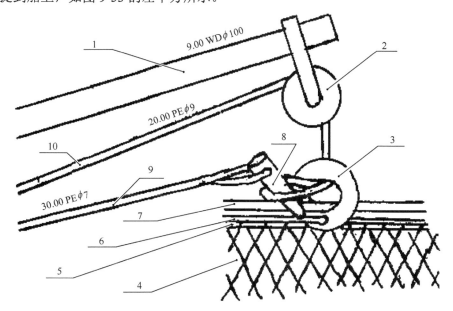

1. 撑杆；2. 导索滑轮；3. 大沉力环；4. 网衣下边缘；5. 下缘纲；6. 下主纲；7. 网口束绳；8. 木楔；9. 手拉绳；10. 吊网绳

图9-54　撑杆外端连接示意图

⑥手拉绳。大型光诱罩网的手拉绳是连接在木楔和渔船之间的绳索。放网开始时，同步拉开插在吊网绳上的木楔，使网具与撑杆分离并迅速扣罩，如图9-54中的9所示。小型光诱罩网不设木楔分离装置和手拉绳。

（3）属具部分

①沉力环。沉力环是在小型光诱罩网中，供网口束绳穿过和便于快速收拢网口且起着沉力作用的铅铸圆环。沉力环有大、小2种，均按设定间隔安装在下纲上，如图9-50（c）的上方所示。大沉力环设置于下纲吊挂于某撑杆外端的转角处，因而只用4只。大沉力环除上述作用外，还有便于设置木楔分离装置的作用。

②束绳环。束绳环是大、小型光诱罩网中，供网口束绳穿过的不锈钢圆环。束绳环有大、小2种，均按设定间隔安装在下缘网衣上。由于大型光诱罩网的网口束绳安装部位已离开下纲，因此下纲采用沉子代替沉力环起沉力作用，用不锈钢圆环代替沉力环，起网口束绳穿过和快速收拢的作用，形成专用的束绳环，其效果更加优越，如图9-53的中间右图所示。大束绳环的安装位置和作用与大沉力环是一致的，因而也只用4只。但大束绳环已离开下纲，必须另加绳索与下纲连接，以减轻该部网衣的负荷。

③沉子。光诱罩网采用的沉子有两种：一是将U形铅块钳夹于下主纲上，形成沉力使网具迅速向下扣罩捕捞对象；二是浇注成有中孔的腰鼓状铅质沉子，用沉子纲穿成串后结缚在下主纲上。小型光诱罩网使用沉力环代替沉子和束绳环，不利于在淤泥或有障碍物的浅海作业。

④木楔。大罩网的木楔是连接在手拉绳端，设置成木楔分离装置的主要木质圆锥体属具，如图9-54中的8所示。木楔采用硬质木制成，圆锥形，大头横向钻孔，便于手拉绳穿过后连接。

四、光诱罩网捕捞技术

（一）光诱罩网概况

光诱罩网是 1990 年由原湛江水产学院的科技人员和湛江市乌石镇的渔民共同研制的一种掩网类渔具。其最大的改进是：取消了掩网下部的网兜，将顶部设置成网囊，在网囊顶部设置卸渔获口，在掩网下部设置网口束绳，直接在一艘渔船上用撑杆把网具撑开。作业时似西游记故事中的乾坤袋。初始试产时，在渔船尾部架设一支架，支架两侧置两支向船后面伸出的呈八字形的（杉木）撑杆，将网具用木楔分离装置撑开布设于渔船后面的两撑杆中间，灯具置于支架上。放网前关闭所有灯具，只保留网具上方的灯具，引鱼群至网具下方，吹哨为号，同时拉开木楔分离装置，网具与撑杆迅速分离向下扣罩。这一程式至今仍没有改变。试产时发现一大问题：网具布设于渔船后面，作业时渔船不能动车，失去动力后的渔船十分危险。后来将支架和撑杆移至右舷，形成为初期状态的光诱单边罩网（图 9-55）。

单边罩网捕捞北部湾丰富的枪乌贼、乌鲳及趋光性的中上层渔业资源十分高效，机械化程度高，操作人员少，优势明显，迅速在北部湾沿岸得到推广。但其安全性较差，沉重的设备和网具置于渔船的一侧，使渔船重心偏移并侧倾，风浪大时十分危险。虽在渔船左侧压载（用大胶桶装水）可减轻危险，但仍不能彻底解决安全问题。后来渔民发挥聪明才智，引进水锚稳定设备，采用大支架四撑杆，网具布设时跨越船底，四根吊网绳两端直接与网具大束绳环和绞纲机连接。渔船的稳定性和安全性得到大大提高，网具扣罩面积成倍增加，机械化和自动化得到提升，使得这一技术成为成熟的光诱罩网捕捞技术。这一技术又称为双边罩网技术（图 9-53 和图 9-56）。

（二）光诱罩网渔船

光诱罩网对渔船的技术要求较低，初始推广时都是改装其他作业渔船进行作业。不管什么捕捞方式的作业渔船，经安装支架、撑杆、集渔灯具、发电设备等改装，配备相应的网具均可进行光诱罩网作业，适用渔船的功率和吨位涵盖很广。但过高的支架会影响渔船的稳定性并且增加航行阻力，存在安全隐患。在 21 世纪 10 年代初进行了标准化设计，较好地解决了安全性问题。为了适应远海和深海的中上层渔业资源开发，光诱渔船向大吨位发展。2018 年南海最大的钢制罩网渔船总长 72 m，1200 GT，主机功率 1100 kW，发电机组 1200 kW，灯组的 1 kW 卤素灯 800 只，内设冷冻和超低温冷藏舱，日冻结能力 20 t。

图 9-55　光诱单边罩网示意图

图 9-56　光诱双边罩网示意图

（三）灯组设备

光诱罩网的灯组设备基本与光诱围网相同，分诱鱼灯和集鱼灯两种。

1. 诱鱼灯

光诱罩网的诱鱼灯主要为弧光灯和金卤灯，分设挂于渔船两侧的灯架上。

2. 集鱼灯

光诱罩网的集鱼灯主要为可调节的钨丝灯，200 W 灯泡 4～8 只一组，安装在一个灯罩内，两组集鱼灯分设挂于渔船两侧舷边。灯组中全为黄色灯或黄、红色灯各占一半。

3. 调光技术

通过诱鱼灯诱集的鱼群一般比较分散地聚集在渔船周边，要采用调光技术和合理运用集鱼灯，才能有效地把鱼群高度集中在网具下方。先按每分钟关一半灯的办法关掉四分之三的灯具，开启集鱼灯后再关掉最后四分之一的诱鱼灯具，集鱼灯中有红灯的，可开启红灯后放网。最好是结合探鱼仪（声呐）的探测结果来调节调光节奏，确保鱼群高度聚集于网具下方并靠近表层时放网。放网后要迅速开启诱鱼灯，避免未入网的鱼群走失。在起网和处理渔获物的时间段也是诱集鱼群的过程，渔获物处理完毕，即可进行下一网次放网操作。

（四）撑杆长度与扣罩面积

光诱罩网的撑杆长度决定了网具的规模和扣罩面积，撑杆越长扣罩面积越大。但撑杆过长除影响渔船航行和靠泊的安全外，还使支架增高，影响渔船稳定性，使倾覆危险升高。撑杆长度的极限长约为船长的 0.8～0.85 倍。网具最大缩结圆周（下纲长度）约为撑杆长度的 12 倍。网具的扣罩面积还与撑杆架设位置有关，撑杆基座距离大则扣罩面积大。

（五）网具的沉降力配备

光诱罩网的沉降力配备暂未有理论值，习惯按下纲长度配置，每米下纲配铅质沉子 6～8 kg，折算成沉降力为 53.5～71.4 N/m。沉降力配备一般按沉降速度需要而定，沉降力大则沉降速度快，可减缓网口收缩速度，增加网具包围体积。但加大沉降力也会带来一些不利影响，除加重撑杆负担外，还会使两撑杆间的下纲垂度和张力加大，减缓起网速度。有些渔船采用四角（大束绳环下方的下纲处）加挂沉子串的方法解决这些问题，每串沉子质量为 20～40 kg。

（六）光诱罩网渔场

光诱罩网的渔场十分广阔，不受水深限制，中上层趋光鱼群密集的海域都可能成为光诱罩网的作业渔场。南海 200 kW 以下的小型光诱罩网渔船主要集中在北部湾和近岸浅海海域作业，捕捞枪乌贼、带鱼、棱鳀、乌鲳、眼镜鱼、小公鱼、小沙丁鱼、鲔、马鲛等。200 kW 及以上的中大型光诱罩网渔船主要集中在大陆架区及深海区作业。随着中沙、西沙、南沙鸢乌贼和大型金枪鱼渔场的发现，中大型光诱罩网渔船已成为开发中沙、西沙、南沙渔场的主力。中沙、西沙、南沙鸢乌贼渔场旺季为春季和夏季，现阶段评估鸢乌贼资源可捕量约 100 万吨（冯波，2012），尚有丰富的鲔、鲣和大型金枪鱼等渔业资源，中沙、西沙、南沙群岛周边深海海域成为大型光诱罩网渔船的主要渔场。

（七）金枪鱼罩网

针对中沙、西沙、南沙深海丰富的大型金枪鱼渔业资源，广东海洋大学的科技人员研制了金枪鱼罩网技术。该技术是在大型光诱罩网的基础上，经加粗网线、加大网具下部包围体积和加大下纲沉力而制成（卢伙胜，2011），如图 9-57 所示。在光诱罩网捕捞鸢乌贼的过程中，鸢乌贼鱼群引来大量金枪鱼索饵。特别是在下半夜，金枪鱼索饵活动强烈，是金枪鱼罩网作业的好机会。很多光诱罩网渔船都创造过一网次捕获近百尾大型金枪鱼的纪录，除金枪鱼围网、金枪鱼延绳钓外，金枪鱼罩网是世界上第三种最有效的金枪鱼捕捞技术。

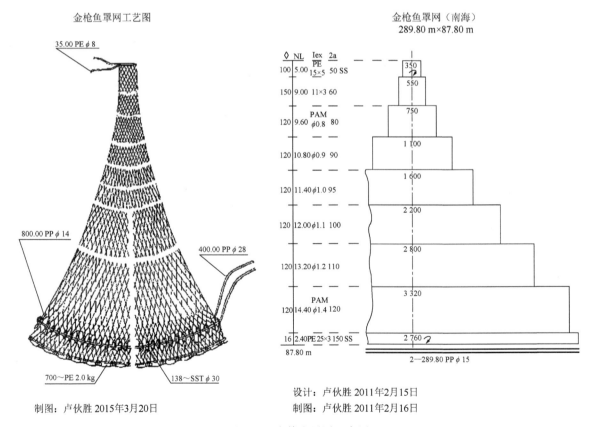

图 9-57　金枪鱼罩网示意图

第五节　耙刺类渔具

一、耙刺渔业基本情况

耙刺类渔具是利用特制的钩、耙、锹、铲、锄、叉、夹等工具，以延绳、拖曳、钩刺、铲掘、投射等方式采捕作业的渔具。耙刺渔具在国内沿海均有分布，作业范围较广，在滩涂的干潮带、河口三角洲水域、岛礁周围、沿岸浅海及水深达百米的近海均有多种耙刺渔具作业，捕捞对象除了鱼类外，还有瓣鳃纲、腹足纲的软体动物。耙刺渔具是我国的传统渔具之一，历史悠久。这类渔具除了大型齿耙和延绳滚钩外，多数为手持操作，属于沿海地区很好的兼业或副业生产渔具。随着贝类养殖业的发展，一些齿耙被用作贝类养殖的收获工具。

二、耙刺捕捞原理和型、式划分

耙刺类渔具是耙刺捕捞对象的渔具。

我国的耙刺类渔具按结构特征可分为滚钩、齿耙、柄钩、锹铲、叉刺、复钩 6 个型，按作业方式可分为定置延绳、漂流延绳、拖曳、钩刺、铲掘、投射 6 个式。

（一）耙刺的型

1. 滚钩型

滚钩型的耙刺由干线和若干支线结缚锐钩构成，称为滚钩，如图 9-58 所示。

我国海洋滚钩均以定置延绳方式作业，其渔具结构与定置延绳钓相似，但其捕捞原理不同。延绳钓是利用装有真饵的钓钩引诱鱼类吞食从而达到捕捞目的的，而滚钩则是利用不装饵料且较为密集的锐钩，敷设在鱼类通道上，待鱼类通过钩列时不慎被锐钩钩刺住鱼体而将其捕获。由于滚钩的锐钩不装饵料，故滚钩又称为空钩。其锐钩没有倒刺，钩尖长而锋利，故滚钩又称为快钩。其钩与钩之间有密切的关系，当鱼类通过钩列而误触锐钩并负痛挣扎时，搅动两旁支线，带动邻近的锐钩，结果刺入鱼体的钩越来越多，鱼挣扎越厉害，钩刺得越紧密。由于钩与钩之间有这样的密切关系，故渔民又称之为兄弟钩。

滚钩分布在我国沿海各地，是我国传统的浅海渔具之一。滚钩常年可在沿岸底质泥沙或沙泥水深为 3～40 m 的海域作业，广东沿海作业最深达 100 m，主捕鳐、魟、鳓、梭鱼、鲈，兼捕鲨、海鳗、鲆鲽、舌鳎、鲬、鳖等。在我国具有代表性的滚钩有河北的空钩，辽宁、天津、江苏、上海的滚钩，山东的空钩，浙江的鳐魟拉钩，福建的绊钩，广东、广西、海南的兄弟钩等。

2. 齿耙型

齿耙型由耙架装齿或另附容器等构成，称为齿耙。

齿耙是以拖曳方式为主，耙掘浅海淤泥、泥沙中或砂砾海底中贝类等的专用渔具。齿耙一般具有钢质耙架，耙架底部前方装设一排耙齿或一块刨板（可看是一块单齿），耙架后方附有收集耙起贝类的乙纶网囊或铁丝网兜，详见图 9-59 至图 9-62。

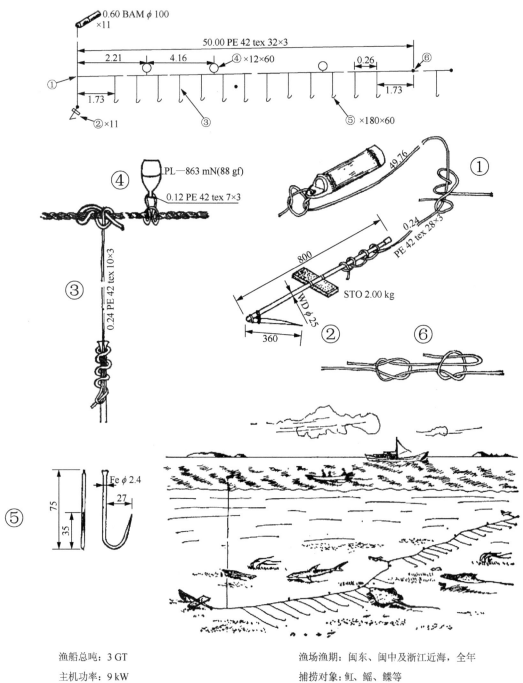

绊钩（福建　闽侯）
50.00 m×0.24 m(180 HO)

渔船总吨：3 GT

主机功率：9 kW

渔场渔期：闽东、闽中及浙江近海，全年

捕捞对象：魟、鳐、鲽等

图 9-58　滚钩耙刺渔具图（调查图）

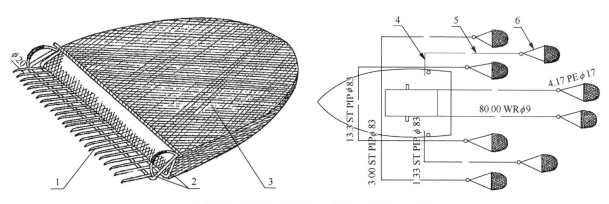

1. 柱形耙齿；2. 耙托；3. 网囊；4. 撑杆；5. 曳绳；6. 叉绳

图 9-59 魁蚶耙示意图

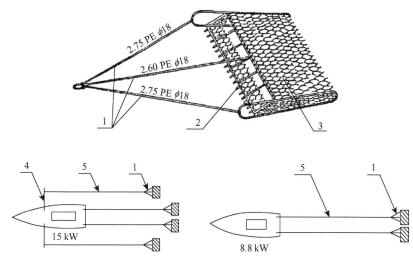

1. 叉绳；2. 柱形耙齿；3. 网兜；4. 撑杆；5. 曳绳

图 9-60 海螺耙示意图

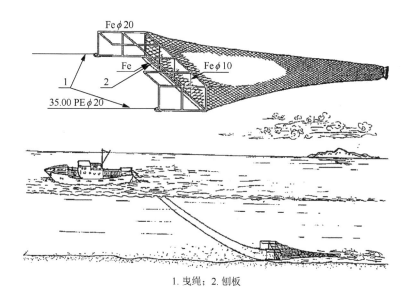

1. 曳绳；2. 刨板

图 9-61 蚶子网（山东寿光）示意图

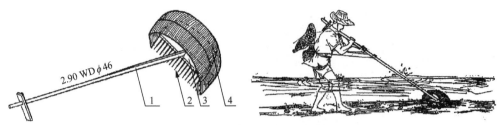

1. 耙柄；2. 耙齿；3. 木托；4. 网兜

图 9-62 红螺耙示意图

此外，尚有一种结构最简单的齿耙，是江苏的文蛤刨（图 9-63），其耙架由近似"凵"形的铁刨板的两端用螺丝钉固定在 T 字形木档的横杆两端构成，在木档竖杆上方连接一支竹耙柄。

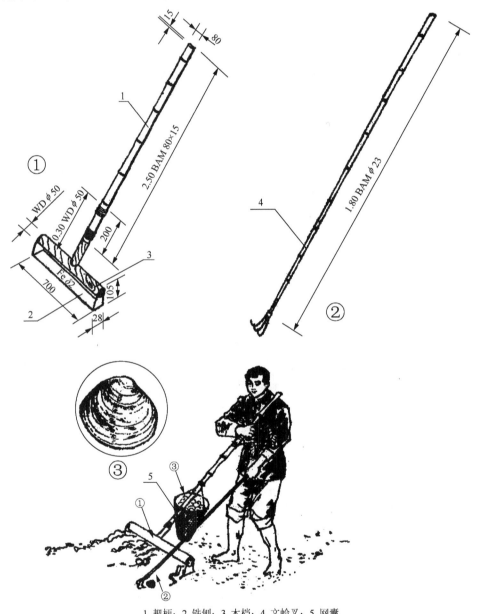

1. 耙柄；2. 铁刨；3. 木档；4. 文蛤叉；5. 网囊

图 9-63 文蛤刨示意图

类似这种结构的，还有广西的车螺耙。这种齿耙用于在沿海滩涂或浅水滩涂上刨耙埋在沙或沙泥中的文蛤（车螺）。还有一种特殊的齿耙，是广东的乃挖，如图9-64的上方所示，它由附有9～11支互成楔形夹缝的耙齿组成的扇形耙架和耙柄构成，在广东珠江口外水深1～4 m的浅海海域耙掘潜于泥中的狼牙鰕虎鱼（乃鱼）。

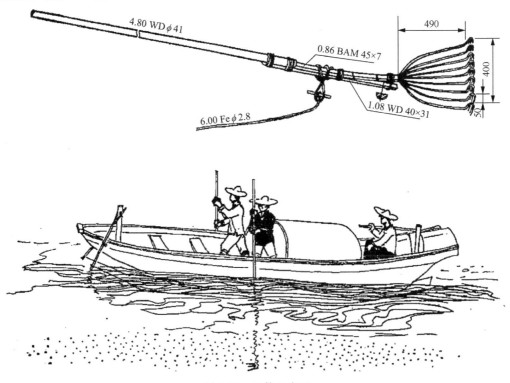

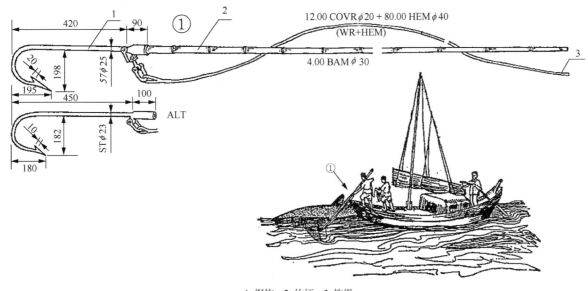

图 9-64 乃挖示意图

3. 柄钩型

柄钩型的耙刺由柄和钩构成，简称为柄钩。

柄钩在我国海洋渔业中较少使用。具有代表性的有3种，一种是福建北部沿海钩捕姥鲨（昂鲨，现已列入保护动物）的昂鲨钩，数量不多。昂鲨钩由具有倒刺的大型钢钩、竹柄和钩绳构成，如图9-65

1. 钢钩；2. 竹柄；3. 钩绳

图 9-65 昂鲨钩示意图

的上方所示。另一种是海南在西沙、南沙、中沙群岛珊瑚礁盘区钩捕砗磲（一种大型瓣鳃纲软体动物）的砗磲钩，由钢钩和竹柄构成，如图 9-66 的左方所示。还有一种是江苏东南沿海滩涂上钩取洞穴中蛏子（属于瓣鳃纲软体动物）的蛏钩，由铁线长钩和木柄构成，如图 9-67 的左方所示。类似上述结构的，还有上海的蛏子钩。

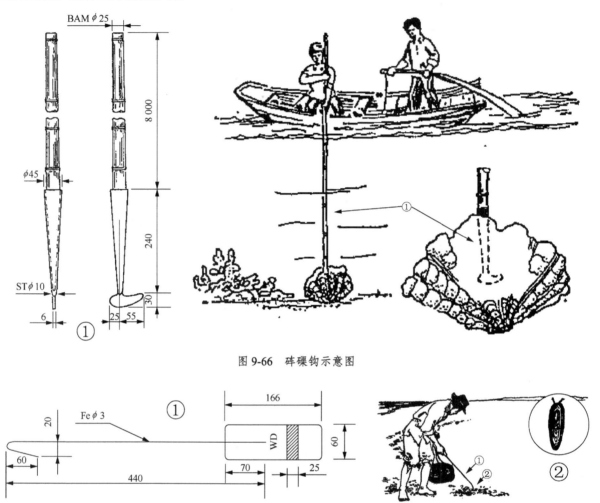

图 9-66 砗磲钩示意图

图 9-67 蛏钩示意图

4. 锹铲型

锹铲型的耙刺装有带柄的锹或铲，称为锹铲。

锹铲在我国海洋渔业中也较少使用。具有代表性的有两种，一种是海南省的砗磲铲。砗磲铲和砗磲钩均属在西沙、南沙、中沙群岛珊瑚礁盘区采捕砗磲的传统专用渔具。海南琼海的砗磲铲如图 9-68 的①图所示，由钢铲和木柄构成。另一种是浙江普陀的贻贝铲，如图 9-69（a）的上方所示，由铁质铲头和铲柄构成，有短攻铲、短敲铲、长铲和长攻铲 4 种，其副渔具有抄网、梯架、腰篓和网袋。贻贝铲是用于在贻贝丛生的岩壁上铲取贻贝的渔具图 9-69（b）。

5. 叉刺型

叉刺型的耙刺由柄或叉绳和叉刺构成，称为叉刺。

叉刺在我国海洋渔业中较少使用，具有代表性的有两种，即海南省的海参刺叉和马蹄螺弹夹。

海参刺叉是在南海的西沙、南沙、中沙群岛周围海域作业的传统渔具，具有 100 多年的历史，捕捞对象为梅花参、黑尼参、二斑参等。海参刺叉由带铅锤的刺叉、叉绳和浮子构成，如图 9-70 的上方所示。马蹄螺弹夹是在南海的西沙、南沙、中沙群岛周围海域采贝作业的传统渔具，历史悠久，其捕捞对象大马蹄螺是一种中型腹足纲软体动物。马蹄螺弹夹是一支形似鱼叉的渔具，由钢质四爪的弹夹和竹制夹柄构成，如图 9-71 左方所示。

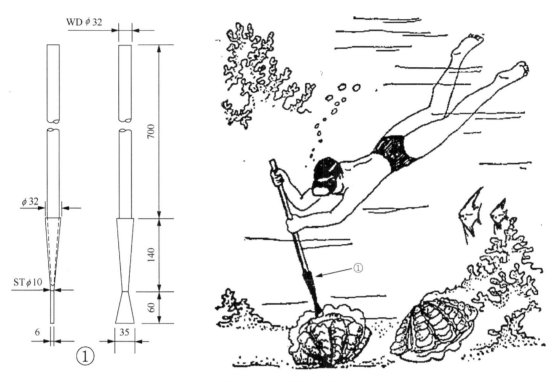

图 9-68　砗磲铲示意图

6. 复钩型

还有一种特殊渔具是浙江东部沿海滩涂上钩捕弹涂鱼的弹涂鱼钩，由四爪钩、钩线和钓竿构成，如图 9-72 的上方所示。其四爪钩为复钩，属于复钩型。

（二）耙刺的式

1. 定置延绳式

定置式的耙刺是由一条干线和系在干线上的若干支线组成的耙刺，只有滚钩型一种，称为延绳滚钩。
用石、锚、桩等固定装置敷设的滚钩，称为定置延绳滚钩，可在水流较急、渔场相对较窄的海域作业。

2. 漂流延绳式

作业时随水流漂移的滚钩称为漂流延绳滚钩。我国海洋渔具中尚未发现有漂流延绳式滚钩。

3. 拖曳式

拖曳式的耙刺是用拖曳方式进行作业的耙刺，按渔具分类标准，我国的拖曳式耙刺有多种，称为拖曳齿耙。拖曳齿耙根据拖曳的动力不同又可分为两类，一类是采用机动渔船的拖力进行拖曳，另一类是采用人力进行拖曳。

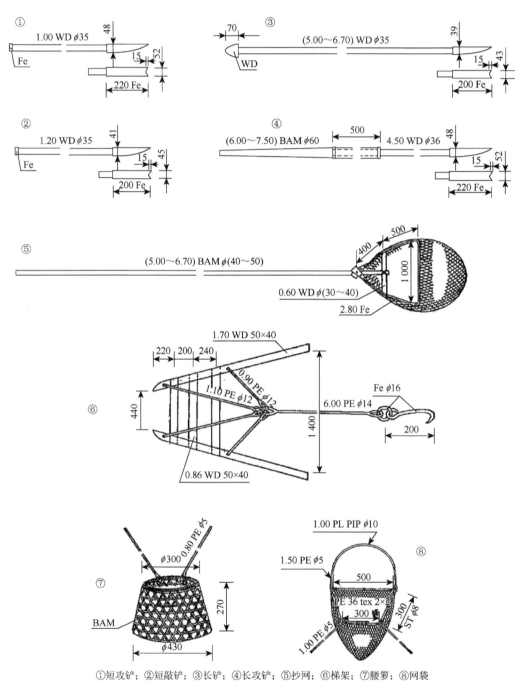

①短攻铲；②短敲铲；③长铲；④长攻铲；⑤抄网；⑥梯架；⑦腰箩；⑧网袋

图 9-69（a） 贻贝铲示意图

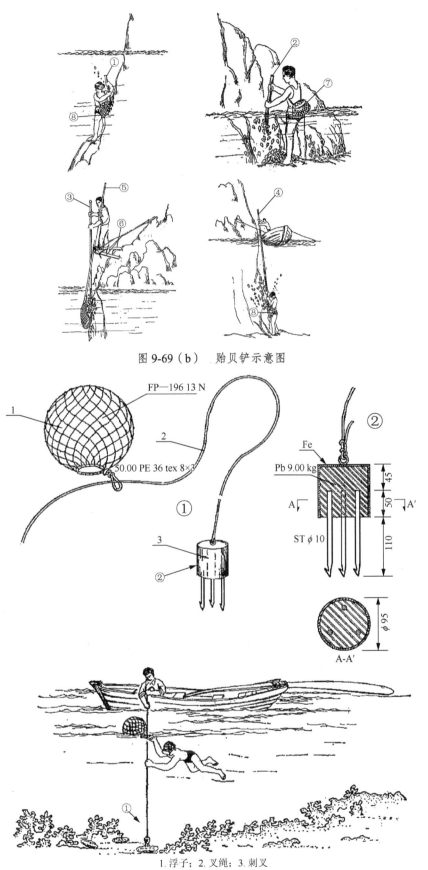

图 9-69（b）　贻贝铲示意图

1. 浮子；2. 叉绳；3. 刺叉

图 9-70　海参刺叉示意图

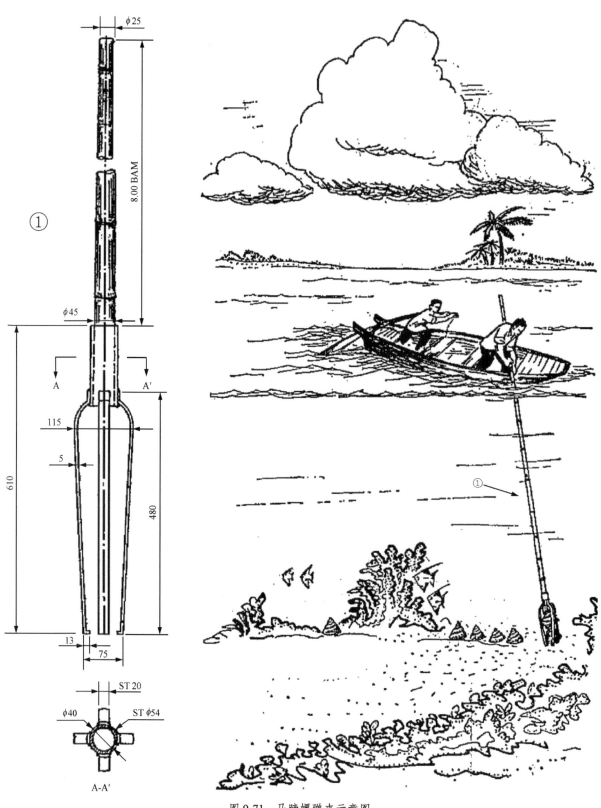

图 9-71　马蹄螺弹夹示意图

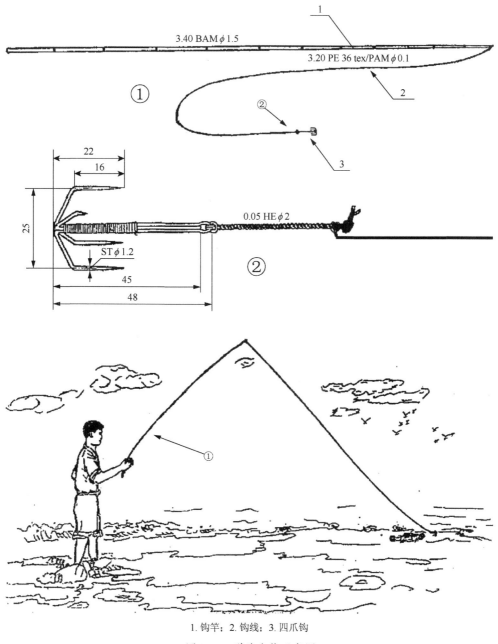

1. 钩竿；2. 钩线；3. 四爪钩

图 9-72 弹涂鱼钩示意图

1）渔船拖曳的齿耙

（1）齿耙

采用渔船拖曳的齿耙均为附容器的较大型齿耙，和极少数的嵌有耙柄的小齿耙，如图 9-73 所示。较大型的齿耙根据渔船主机功率大小和齿耙规模大小的不同，一艘渔船可以拖曳 1～14 个齿耙不等。如图 9-74（a）和图 9-74（b）所示的蚬耙子，渔船主机功率为 88.2 kW，可拖曳两个齿耙。

渔具规模较小且均嵌有耙柄的齿耙，多数以人力拖曳方式作业，但有两种是特殊的，这两种齿耙仍以渔船拖曳方式作业。一种是如图 9-64 所示的乃挖，是用载重 4 t、装置着功率 8.8 kW 艇尾机的木质小船拖曳 2 个耙作业。另一种是如图 9-73 所示的广东台山的蟹耙，其耙架是近似半圆形的框架，耙架后方附有网囊，上方嵌有耙柄。耙架前方用叉绳和曳绳连接在载重 0.5 t、装置着功率 5.9～8.8 kW 艇尾机的木质小船船首上，一船拖曳 2 个耙作业。

v = 3.0 kn
1.50 PE ϕ10
11.00 PE ϕ10
1.50 PE ϕ10

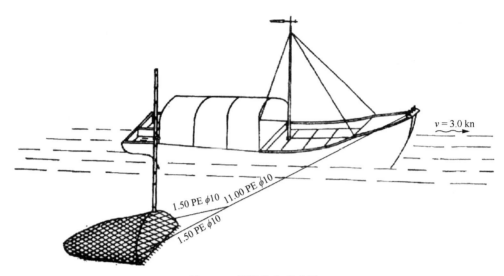

图 9-73　蟹耙作业示意图

蚬耙子（辽宁　东港）

1.20 m×2.50 m

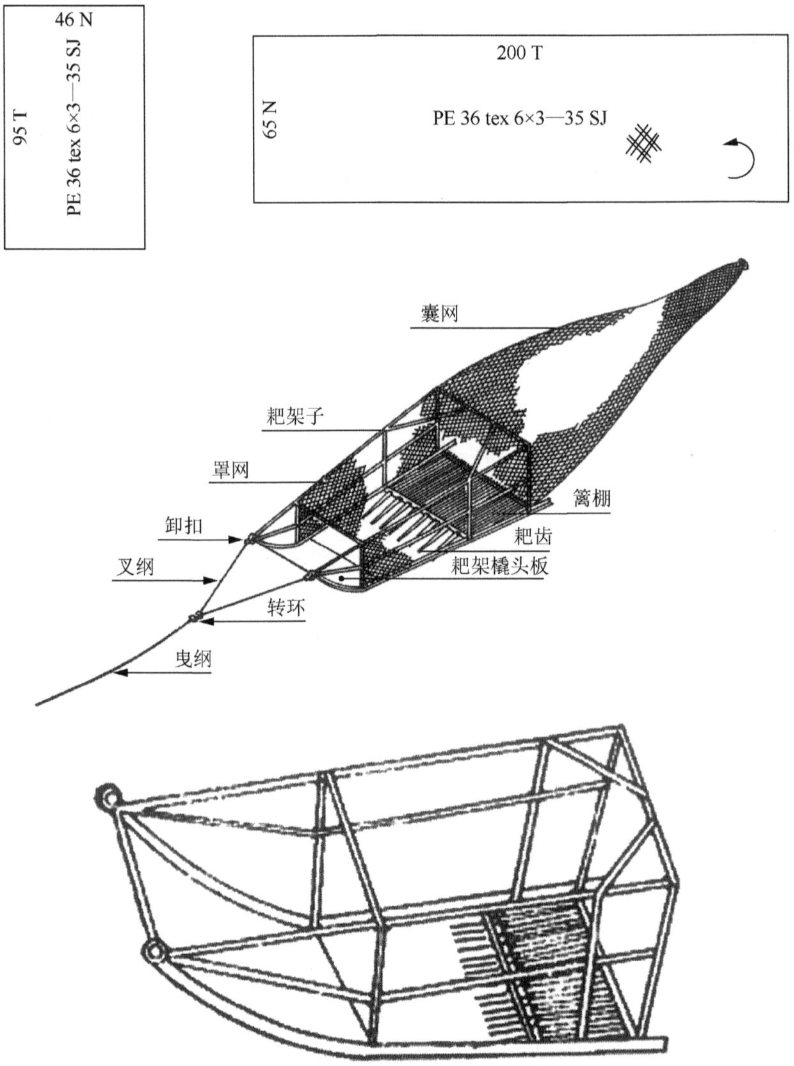

46 N
95 T
PE 36 tex 6×3—35 SJ
200 T
65 N
PE 36 tex 6×3—35 SJ
囊网
耙架子
罩网
篱棚
卸扣
耙齿
叉纲
耙架橇头板
转环
曳纲

图 9-74（a）　蚬耙子渔具图（调查图，局部）

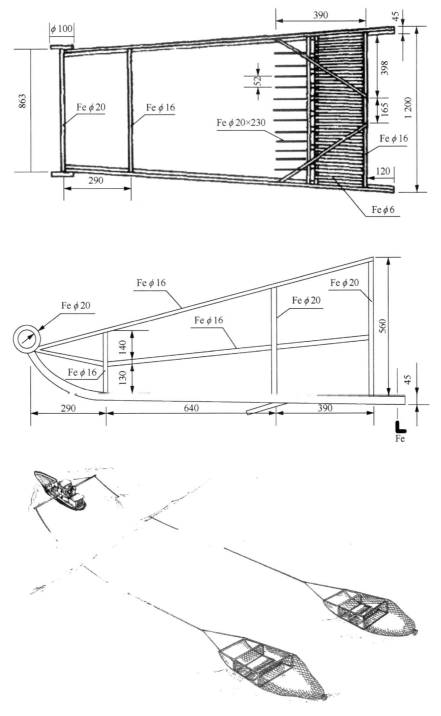

图 9-74（b） 蚬耙子渔具图（调查图，局部）

（2）泵耙子

泵耙子是 21 世纪初在原有蚬耙子的基础上改进而成的（图 9-75 至图 9-79），耙架和网袋与蚬耙子的基本相同，把原来的一排耙齿改成 3 排向前倾斜向下的高压水喷管。高压水泵置于船上，高压水管依附曳绳与耙架相连。现多已改用潜水泵，置于耙架上，电缆依附曳绳与潜水泵相连。渔具分类属拖曳齿耙耙刺。泵耙子又俗称泵耙网，其捕捞原理为利用装在耙架上的高压潜水泵的吹力，吹起海底的蚬子、海肠子等，使其在拖曳过程中落入网袋。单船拖带两盘泵耙子。此类渔具主要在沿岸沙泥底质的贝类栖息海域作业，渔期一般为春汛的 3～5 月和秋汛的 8 月中旬至 11 月末，主捕蚬子和海肠子。泵耙子捕捞效率高，经济效益好，但由于不利于保护海洋底质和底栖生物等，2014 年已被农业部（现农业农村部）列为海洋禁用渔具。

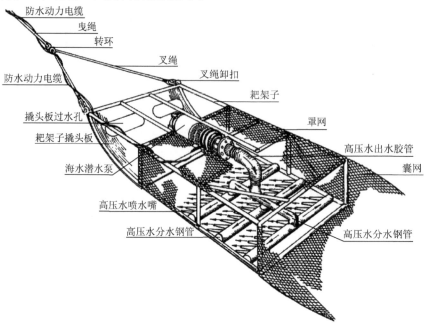

图 9-75　潜水泵泵耙子内部结构图示意图

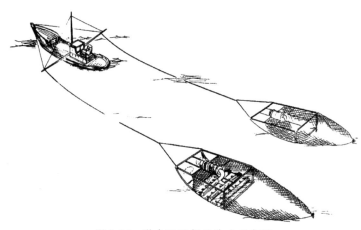

图 9-76　潜水泵泵耙子作业示意图

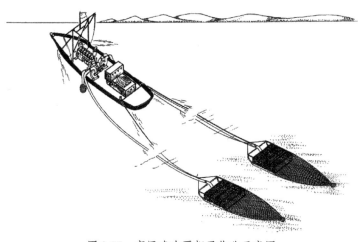

图 9-77　高压喷吹泵耙子作业示意图

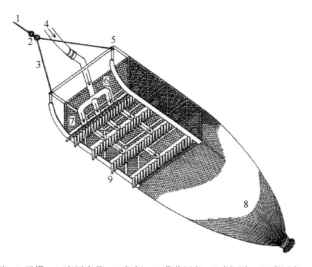

1.曳绳；2.转环；3.叉绳；4.高压水带；5.耙架；6.背盖网衣；7.侧网衣；8.囊网衣；9.高压水喷嘴

图9-78　高压喷吹泵耙子的渔具内部结构（仰视）示意图

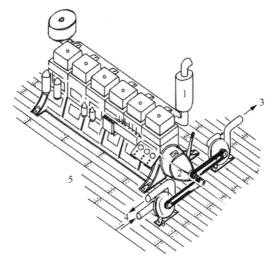

1.柴油机；2.变速箱离合器；3.左舷离心泵；4.右舷离心泵；5.船甲板

图9-79　高压喷吹主机示意图

（3）吸蛤泵

吸蛤泵捕鱼原理为利用装在船上的离心泵的吸力，通过软管连接拖曳在海底的簸箕状装置，吸取海底的蛤类（图9-80）。然后通过船上的过滤网将水、泥沙和蛤类分开。离心泵由195型柴油机带动，单船拖带一盘或两盘该渔具。吸蛤泵捕捞效率高，经济效益好，但由于不利于保护海洋底质和底栖生物等，2014年已被农业部（现农业农村部）列为海洋禁用渔具。

2）人力拖曳的齿耙

采用人力拖曳的齿耙均为渔具规模较小及其耙架上方嵌有耙柄的齿耙，如蛤耙、红螺耙和文蛤耙等，均以人力拖曳方式作业。如图9-62所示的山东崂山的红螺耙，其耙架是近似半圆形的框架，耙架后方附有网囊，上方嵌有耙柄，耙柄中部与囊底之间连接1条囊底吊绳。又如图9-63所示的广西北海的文蛤刨，此齿耙由耙柄、木档和铁刨构成。

此外，还有一种特殊渔具为弹涂渔钩，图9-72是浙江乐清的弹涂鱼钩，由单人采用拖曳1个复钩的方式作业，故弹涂鱼钩应属于拖曳复钩渔具。

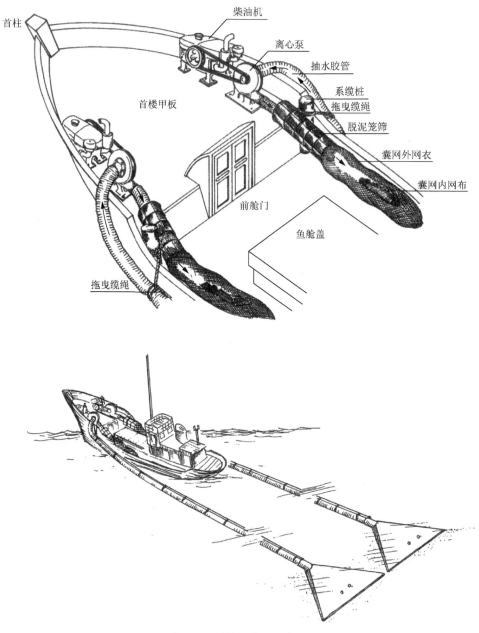

图 9-80 吸蛤泵作业示意图

4. 钩刺式

钩刺式的耙刺是用钩刺方式进行作业的耙刺。按我国渔具分类标准，钩刺式耙刺只有柄钩型一种，称为钩刺柄钩。我国的钩刺柄钩有昂鲨钩、砗磲钩、海参钩和蛏钩等。随着昂鲨和砗磲相继被国家列为保护动物，相应的该类渔具已被禁用。

5. 铲掘式

铲掘式的耙刺是用铲掘方式进行作业的耙刺。我国的铲掘锹铲有砗磲铲和贻贝铲等。图 9-69（a）是浙江普陀的贻贝铲，其作业示意图如图 9-69（b）所示，其采捕渔法有攻、敲、铲和攻铲结合 4 种。

（1）攻

攻的采捕渔法如图 9-69（b）的左上方所示，选择好作业地形，人头戴潜水镜，腰系网袋，一手持短攻铲。然后潜入水中，另一手抓住石岩，使人固定并贴于岩壁。再用短攻铲直接铲削附生于岩礁或缝隙间的贻贝使其落入网袋。此渔法是单人操作，行动方便，产量较高，是铲贻贝的主要方法。潜水深度一般为 3～5 m。

（2）敲

在大潮汛期间，潮退后，生于岩礁上的贻贝，有的露出水面，有的仍淹没于水中，但可看见。如图 9-69（b）的右上方所示，人肩挎着腰箩，手持短敲铲进行作业。此渔法也是单人操作，方法简单，人站在齐腰的水中，还可敲铲到水下 1 m 左右深处的贻贝。

（3）铲

人站在岩礁上，先用长铲沿岩壁插入水中，探测贻贝的位置，确定作业水层。然后提上长铲，将抄网插入贻贝下方的岩壁处。抄网柄靠着左肩，柄上套系一条绳环，用脚固定住。接着把长铲顺着抄网柄插入水中，铲削贻贝落入抄网内。铲毕，由助手提上抄网倒出贻贝。若在峻崖处作业，人不易站立时，可将梯架敷设于岩壁上，人可站在梯架上进行操作，如图 9-69（b）的左下方所示。此渔法需 2 人作业，作业水深一般在 4 m 左右，最深不超过 6 m，在大潮汛的低潮时作业效果最佳。

（4）攻铲结合

攻铲结合的采捕渔法如图 9-69（b）的右下方所示，用机动舢板横向固定于岩壁旁。作业时，1 人站立在船上，把长攻铲沿岸壁插入水中；另 1 人腰系网袋，顺着铲柄下潜至近铲头处，一手抓住岩壁，另一手握住铲柄，铲削贻贝落入网袋内。船上人与水下人要紧密配合，协同铲削。每次下水作业完毕，应浮出水面并上船休息 5～10 min，然后再进行作业。

6. 投射式

投射式的耙刺是以投掷或刺射方式作业的耙刺。我国投射式耙刺只有叉刺型一种，称为投射叉刺。图 9-81 是海南琼海的海参刺叉，采用投掷方式作业，用小艇进行采捕作业。图 9-71 是海南琼海

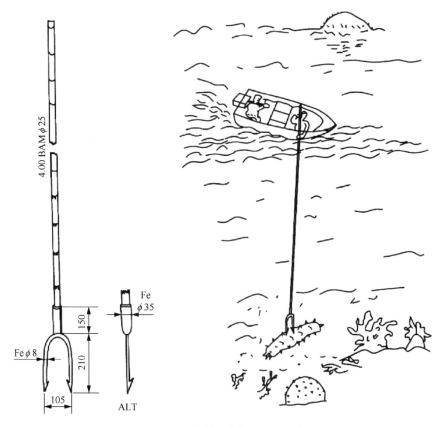

图 9-81　海参刺叉结构及作业示意图

的马蹄螺弹夹，采用投射方式作业。马蹄螺弹夹与海参刺叉、砗磲钩、砗磲铲一样，主要分布在海南省琼海及文昌两市，均是在南海的西沙、南沙、中沙群岛作业的传统渔具。

三、耙刺类渔具结构

我国耙刺类渔具型式较多，在渔具结构上差别也较大。因此，下面只对在海洋捕捞生产上较重要和规模较大的拖曳齿耙和定置延绳滚钩的结构进行介绍。

（一）拖曳齿耙结构

下面根据天津的毛蚶耙网渔具图（图 9-82）等资料，对其渔具结构进行介绍。

大型拖曳齿耙由耙架、容器、绳索和属具构成，其渔具构件组成如表 9-9 所示。

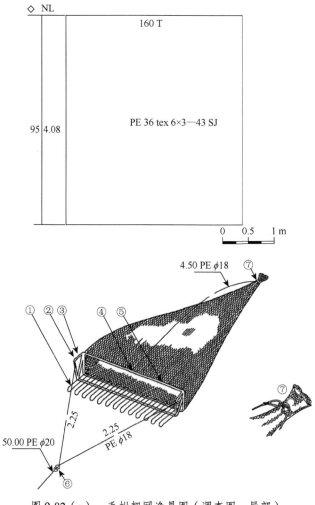

图 9-82（a）　毛蚶耙网渔具图（调查图，局部）

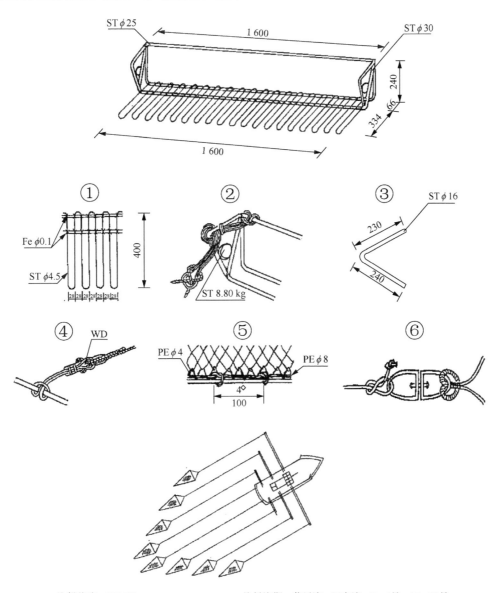

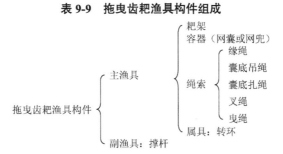

渔船总吨：103 GT 渔场渔期：莱州湾、辽东湾，3～4月、10～12月

主机功率：136 kW 捕捞对象：毛蚶

图 9-82（b） 毛蚶耙网渔具图（调查图，局部）

表 9-9 拖曳齿耙渔具构件组成

1. 耙架

耙架主要由圆钢焊成，由 1 根上横梁、2 根下横梁、2 根叉梁、2 块钢锭和耙齿等组成，整个耙架总质量约为 54 kg，如图 9-82（b）中的中上部所示。

①上横梁：圆钢条，直径为 25 mm，长 1.60 m，质量 6.60 kg。1 根。

②下横梁：圆钢条，直径为 30 mm，弯曲成凹形梁，其下横边宽 1.60 m，两侧边高 0.24 m，在上横梁下方分前、后共用 2 个，如图 9-82（b）的中上部所示。

③叉梁：如图 9-82（b）的③所示，叉梁由直径为 16 mm 圆钢条弯曲而成，在框架两侧共用 2 个。圆钢条弯曲后上部长 0.23 m，下部长 0.24 m。

④钢锭：如图 9-82（b）的②所示，圆柱体状钢锭每个重 8.80 kg，在框架两侧共用 2 个，用于加重框架。

⑤耙齿：如图 9-82（b）中的①所示，耙齿用 1 根直径为 4.5 mm 的圆钢条弯曲而成，齿长 0.40 m，齿宽和齿距均为 28 mm。

⑥铁丝：如图 9-82（b）中的①所示，耙齿的后部用直径为 0.1 mm 的铁丝结扎在前、后下横梁上，铁丝用量约 1 kg。

2. 网囊

采用 36 tex 6×3 的乙纶网线编结成目大 43 mm 的 1 片矩形死结网衣，纵目使用，网周 160 目，网长 95 目，如图 9-82（a）的上方所示。

3. 绳索

绳索有缘绳、囊底吊绳、囊底扎绳、叉绳和曳绳。

①缘绳：乙纶绳，直径为 8 mm，如图 9-82（b）中的⑤所示。沿着上横梁和网口处的下横梁结扎。

②囊底吊绳：乙纶绳，直径为 18 mm，全长 4.50 m，如图 9-82（a）下方的总布置图的右方所示。

③囊底扎绳：结扎在囊底附近用于封闭囊底的 1 条绳索，如图 9-82（a）的⑦所示。

④叉绳：乙纶绳，直径为 18 mm，净长 4.50 m，对折使用，如图 9-82（a）的下方所示。

⑤曳绳：乙纶绳，直径为 20 mm，全长 50 m，如图 9-82（a）的左下方所示。

4. 属具

转环：在叉绳和曳绳连接处装 1 个，如图 9-82（a）和（b）的⑥所示。

5. 副渔具

撑杆：横向固定在船尾和两舷，为撑开耙网用。此耙网的撑杆采用基部直径为 100～140 mm 的毛竹，最长的撑杆用 2 支毛竹对接扎成后长约 12 m。拖曳 8 个耙网的渔船每艘需使用 6 支撑杆，如图 9-82（b）的下方所示。

（二）定置延绳滚钩结构

定置延绳滚钩由锐钩、钩线、绳索和属具构成，其一般结构如图 9-83 所示，渔具构件组成如表 9-10 所示。

1. 锐钩

我国的锐钩均采用平面状钩，其平面形状有长角形 [图 9-84（a）]、长圆形 [图 9-84（b）] 和短圆形 [图 9-84（c）和（d）] 4 种。

表 9-10 定置延绳滚钩渔具构件组成

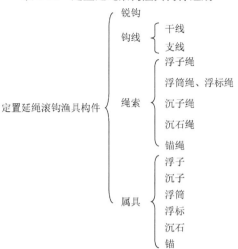

2. 钩线

钩线是直接或间接连接锐钩的线。钩线分为干线和支线 2 种。

（1）干线

干线是在干支结构中，连接支线、承受滚钩主要作用力的钩线。

干线是承担延绳滚钩全部负荷的一条长线，其上面系结很多有固定间距的支线，还可能系结浮子绳、浮筒绳、浮标绳、沉子绳、沉石绳、锚绳等。它的主要作用是承担全部延绳滚钩的载荷和扩大钩捕面积。

为了方便搬运和收藏，我国延绳滚钩的每条干线长 27～110 m。作业时由 10～80 条甚至 100 多条干线连接成一钩列，一般达一千多米至四千多米；此外，较短的为 170 m，较长的达五千多米。一般将一条干线上的锐钩纳入一个钩夹中。

我国的延绳滚钩，其干线多数采用乙纶捻线，少数采用乙纶绳，个别的采用锦纶单丝捻线或乙纶、维纶混纺线。

（2）支线

支线是在干支结构中，一端与干线连接，另一端直接连接锐钩的钩线。

支线主要承受上钩渔获物的挣扎力，并传递给干线。我国延绳滚钩的支线长为 0.10～0.32 m，多数采用乙纶捻绳。但在南海区，多数采用锦纶单丝或锦纶单丝捻线。

3. 绳索

（1）浮子绳

浮子绳是将浮子系结在干线上的连接绳索。延绳滚钩上所使用的浮子，其静浮力一般较小，一般采用较细的乙纶捻线即可。系结时，一般要求浮子尽量靠近干线，故浮子绳较短，一般为 0.12～0.30 m，较长的也只有 0.50 m。

（2）浮筒绳、浮标绳

浮筒绳、浮标绳分别是浮筒、浮标与干线之间的连接绳索。延绳滚钩的浮筒绳和浮标绳，一般采用较粗的乙纶绳或较细的乙纶绳。作业时，浮筒绳和浮标绳的使用长度一般为作业水深的 1.5～2.5 倍。

（3）沉子绳

沉子绳是将沉子系结在干线上的连接绳索。系结时，一般要求沉子尽量靠近干线，故沉子绳较短，一般为 0.15 m 左右。

空钩（河北 海兴）
105 m×0.11 m(1 000 HK)

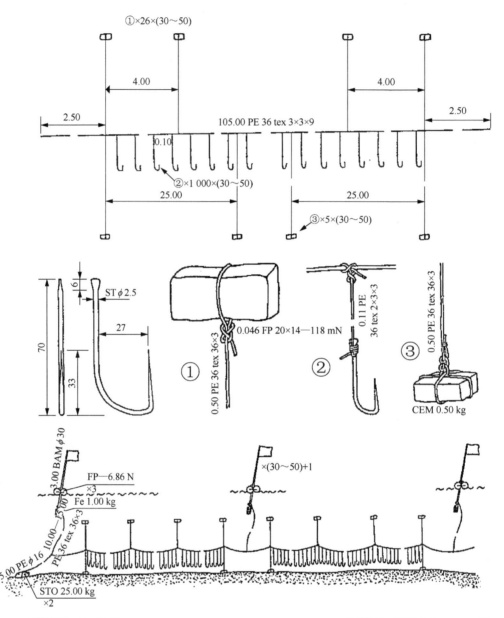

渔船总吨：14～24 GT
主机功率：16 kW

渔场渔期：渤海湾河口，5～10月
捕捞对象：梭鱼、鰄、鲈

图 9-83　空钩渔具图（调查图）

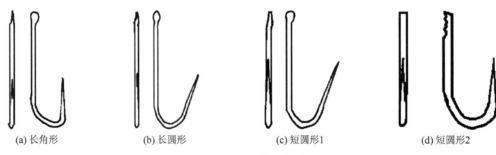

(a) 长角形　　　(b) 长圆形　　　(c) 短圆形1　　　(d) 短圆形2

图 9-84　锐钩示意图

（4）沉石绳

沉石绳是沉石与干线之间的连接绳索。

南海区的延绳滚钩，其沉石经常不采用沉石绳来连接，而采用浮筒绳或浮标绳来连接。其连接方法有两种，一种是将浮筒绳或浮标绳的下部先与干线端相连接，然后再连接沉石，如图9-85（a）所示；另一种是将浮筒绳或浮标绳的下部先连接沉石，然后再连接到干线端，如图9-85（b）所示。

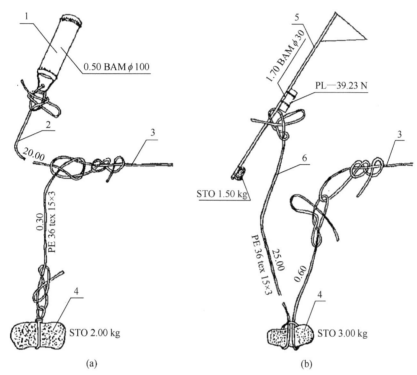

1. 浮筒；2. 浮筒绳；3. 干线；4. 沉石；5. 浮标；6. 浮标绳

图 9-85　干线两端的连接示意图

（5）锚绳

锚绳是锚与干线之间的连接绳索。我国延绳滚钩一般采用较轻的木锚或铁锚，锚绳一般可采用较粗的乙纶捻线或较细的乙纶绳。有的将木锚直接连接到浮筒绳或浮标绳的下端。

4. 属具

（1）浮子

延绳滚钩上一般系结有浮子，以便提起干绳和支线，使锐钩稍微离底而更易于钩刺鱼体。并利用鱼体上钩后牵动干线上的浮子而产生的反作用力，使锐钩更有效地钩住鱼体。

我国延绳滚钩的浮子材料一般采用泡沫塑料、硬质塑料和木轻，形状多种，在滚钩上使用的均属于小型浮子。除采用中孔球体泡沫塑料浮子外，多数采用块状的泡沫塑料浮子，如图9-86所示。

（2）沉子

沉子可加速滚钩的下沉，减少干线在水流作用下的弯曲。沉子和浮子配合使用，易于控制锐钩使其稍微离底。

我国延绳滚钩，大多数在干线中间是不装沉子的。只有河北、天津的滚钩，才在干线中间装有砖沉子，每个质量为 0.42～0.50 kg。

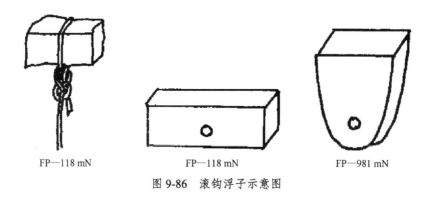

FP—118 mN　　　　　FP—118 mN　　　　　FP—981 mN

图 9-86　滚钩浮子示意图

（3）浮标

浮标是钩列的标识，作业时可根据浮标的排列位置观察钩列的形状。浮标用浮标绳连接在钩列的两端或钩列中两条干线之间的连接处。浮标形式和结构与流刺网或延绳钓具相同。

（4）浮筒

钩列也可用浮筒标识。有的延绳滚钩用浮筒代替浮标。有的延绳滚钩既用浮标又用浮筒，即钩列两端用浮标而中间用浮筒。浮筒形式和结构与流刺网或延绳钓具相同。

（5）沉石

沉石是装置延绳滚钩的定置装置之一。沉石可以看成是连接在钩列两端或连接在钩列中两条干线之间连接处的较重的石沉子，故沉石可起到沉子的作用，即可加速滚钩的下沉和减少干线在水流作用下的弯曲。全部采用沉石固定的延绳滚钩，有的整钩列只使用一种同一规格的沉石，在钩列两端和各干线之间连接处均装上一个；有的在钩列两端各用一个质量为 3～10 kg 的沉石，中间用质量 3 kg 以上～10 kg 和质量 1～3 kg 的沉石相间装置。沉石用沉石绳连接在钩列的两端或钩列中两条干线之间的连接处，如图 9-85 所示。

（6）锚

锚也是定置延绳滚钩的定置装置之一，其作用和沉石一样，但其固定作用比沉石更为可靠和牢固。我国定置延绳滚钩采用的锚有铁锚和木锚 2 种。北方一般采用质量 1.00～2.50 kg 的双齿小铁锚，南方一般采用单齿或双齿的小木锚，在木锚的锚柄上缚有一块质量约 2 kg 的长方体石块或铁块。锚用锚绳连接在钩列两端或钩列中两条干线之间的连接处。

第六节　陷阱类渔具

陷阱类渔具根据沿岸地形、潮流和鱼虾蟹类的洄游分布，敷设在潮差较大的海滩、河口、湾澳等沿岸海域，拦截、诱导鱼虾蟹类陷入，从而达到捕捞目的。

国内海洋陷阱类渔具分为插网、建网、箔筌三个型。该类渔具种类繁多，规模相差较大，其中建网规模最大，但其种类和数量不多；插网的种类和数量均较多，我国沿海均有分布；箔筌的数量较少。

一、陷阱类渔具捕捞原理和型、式划分

陷阱类渔具是固定设置在水域中，使捕捞对象受拦截、诱导而陷入的渔具。

根据我国渔具分类标准，陷阱类渔具按结构特征分为插网、建网、箔筌三个型，按作业方式分为拦截、导陷两个式。

（一）陷阱类渔具的型

1. 插网型

插网型的陷阱由带形网衣和插杆构成，简称为插网。

插网大部分敷设在涨落潮差较大的浅滩上。其作业方法是利用樯杆将网具插立在海滩上，形成长带状的网列（有的还在某些部位设置鱼圈、网袋、网囊等取鱼部装置），以拦截涨潮时游到岸边浅滩的鱼虾蟹类的归路，待退潮时拾取被阻拦的渔获物。根据沿岸地形，网具敷设呈面向陆地的直线形、弧形、角形等。网具结构和操作技术简单，有的不用渔船作业，主要捕捞小型鱼虾蟹类，兼捕多种幼鱼。由于插网的渔获物绝大部分是幼鱼幼虾，严重破坏渔业资源，2014 年农业部（现农业农村部）把该型渔具列为禁用渔具。

2. 建网型

建网型的陷阱由网墙、网圈和取鱼部等构成，简称为建网。

建网的作业方法是使用浮子、沉子、沉石、桩、锚等，将网具敷设在浅海鱼类洄游通道上，依靠其横截潮流的长带形网墙，引导鱼类沿网墙进入网圈，最后诱导鱼类进取鱼部而加以捕获。

建网是陷阱类渔具中规模最大、产量较高、比较先进的网具。网墙长达数十米至数百米，网圈呈多角箱形，网具规模大而结构复杂。常年均可作业，捕捞对象大部分是经济鱼类或大型鱼类。网具投资大，易受风浪袭击而遭受损失，故对渔场环境条件要求比较严格，需有岛屿或岬角屏障，不易受到大风浪袭击，海底平坦无障碍，底质泥沙，潮流以往复流为主，流速不大于 2 kn。大型的建网，其网墙长达数百米，因此在敷设网具时，所动用的物资、船只和人员较多，但平日管理和作业的人员较少。

建网在国外使用较多，机械化程度较高，作业水深也较大。有些国家已设计和使用了网具自动抗风暴装置，大大减少了网具遭受风浪袭击的损失。

我国建网使用不多，主要分布于辽东半岛、山东半岛和河北北部沿海，大多数建网敷设在沿海浅水区域。根据网具结构的不同，可分为袋建网、大折网和落网 3 种。

（1）袋建网

袋建网是建网型陷阱类渔具中较小型、结构较简单的一种网具，由网墙、网圈和网袋三部分组成，如图 9-87 所示。网墙为长 40~170 m 的长带形网壁，起阻拦和诱导鱼类进入网圈的作用。网圈

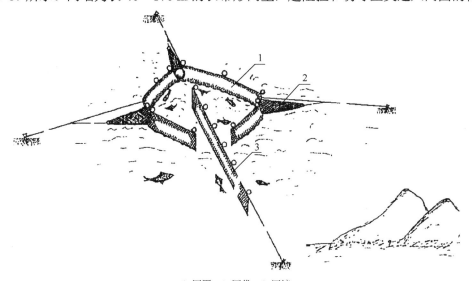

1. 网圈；2. 网袋；3. 网墙

图 9-87 三袋建网示意图

的平面几何图形取决于网袋的个数,一般为左、右对称的多角形。网圈内没有设置网袋,网袋装在网圈的周围。网袋内一般装有两层漏斗网衣(倒须),用以防止渔获物反逃。取鱼时把网袋末端提起,倒出渔获物。

(2)大折网

大折网的规模比较大,除了有长达 500 m 的网墙之外,网圈内还设置有底网衣。为了更有效地诱导鱼类进入网圈,网圈入口处的外面设置有外网导,入口处设置有内网导和网帘装置,网圈两端为取鱼部,如图 9-88 所示。取鱼时,把网帘提起关上,拉起底网衣,把渔获物集中到两端取鱼部,用抄网捞取。整个网具外形是由乙纶绳构成的框架。

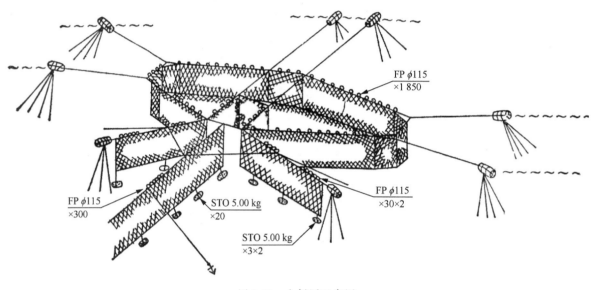

图 9-88 大折网示意图

(3)落网

落网是建网型中规模最大、结构较复杂的一种网具。其网墙长达 210～866 m,如图 9-89 所示。网具结构除了有网墙和前网圈外,在前网圈端部外有后网圈装置。由于后网圈数量不同,整个落网的平面几何图形有对称和不对称的区别。前网圈与后网圈之间还有由若干片不同形状网片组成的升道装置。因此后网圈部分可以不接触水底而悬挂在水中。国外有一种浮动式建网,它是适于深水海域作业的落网。这种落网入口处也有升道装置,其前网圈和后网圈均悬挂在水中。

3. 箔筌型

箔筌型的陷阱由箔帘(栅)和篓等构成,简称为箔筌。

箔筌的作业原理是利用竹竿或木杆和由竹片或木条编结而成的箔帘(即竹栅或木栅)等敷设在潮差较大的河口、湾澳的浅滩上,拦截、诱导涨潮和受洪水胁迫游来的鱼虾蟹类进入的渔具。根据底形和流向,决定敷设地点和形状。一般用竹竿或木杆插在海底上的导墙呈倒"八"字形排列,大开口方向正迎流,小开口端导墙后面用箔帘敷设多层的陷阱部,如图 9-90 所示。

箔筌在海洋捕捞中数量较少,具有代表性的有广西的渔箔(如图 9-90),捕捞随潮水游到近岸的斑鰶、小马鲛、鱿鱼、青鳞鱼和虾蟹类等,有些地方还用来捕鲨。由于箔筌的渔获物绝大部分是幼鱼幼虾,严重破坏渔业资源和妨碍水上航行,2014 年农业部(现农业农村部)把该型渔具列为禁用渔具。

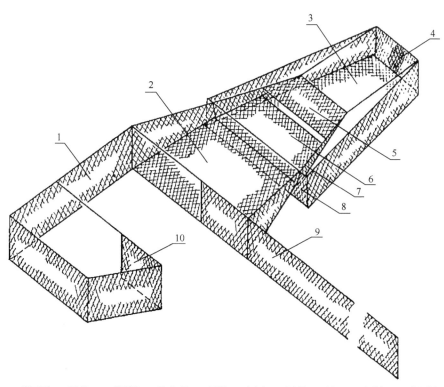

1. 前网圈；2. 网坡；3. 后网圈；4. 取鱼部；5. 网盖；6. 网舌；7. 网须；8. 网凹；9. 网墙；10. 内网导

图 9-89 落网网衣布置图

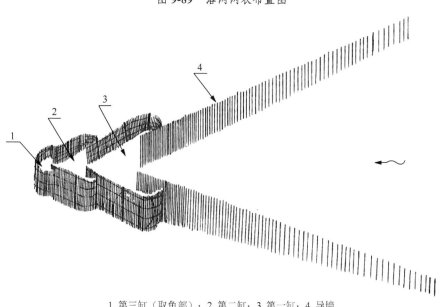

1. 第三缸（取鱼部）；2. 第二缸；3. 第一缸；4. 导墙

图 9-90 渔箔作业示意图

（二）陷阱类渔具的式

1. 拦截式

拦截式的陷阱是利用拦截原理在有潮落的沿岸海域敷设呈弧形或直线形等形状的长带形网列或长笼形的网具。

　　这种拦截式陷阱一般是长带形的插网,又称为拦截插网。有的插网敷设成一个弧形,如辽宁的档网,江苏的高网、阻网、提网和坞网,浙江的吊网,福建的闸箔,广东的起落网和海南的百袋网。有的在弧形的两端各形成一个鱼圈,使已被拦截在网前的鱼虾不易从网列两端逃逸,如天津的地撩网、山东的滩网、江苏的密网和广西的塞网。有的敷设近似呈"V"形而两端也各形成一个鱼圈,如河北的插网。有的敷设成中间和两端均形成鱼圈,如辽宁的梁网,福建的吊乾。有的敷设成若干个弧形串连在一起〔图9-91(f)〕,如江苏的罩网和琼网。有的敷设成与涨落潮方向相垂直的直线形网列,如天津的青虾倒帘网(图9-92)。此网具的结构特点是将下网缘向前(朝着潮流方向的一面称为前方)翻卷形成网兜的倒帘装置。此倒帘装置与抛撒掩网的褶边装置相似,采用若干条吊绳把网衣下边缘朝前吊起形成网兜,并利用青虾触网后的弹跳习性,使其落入网兜而被捕获。此网具主要捕捞青虾,兼捕海鲶。还有辽宁的梭鱼锚兜网(图9-93),是由许多小网兜并列构成长带状的网列,在低潮时横流插网,将网具敷设成与潮流方向相垂直的直线形网列,用于拦捕梭鱼。

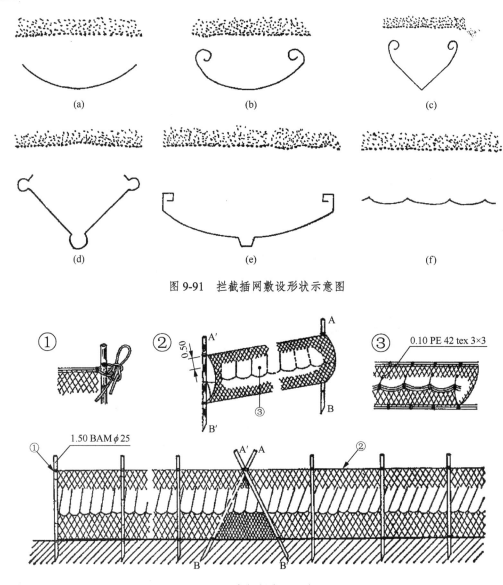

图 9-91　拦截插网敷设形状示意图

图 9-92　青虾倒帘网示意图

有一种在结构上较特殊的拦截插网如图 9-94 所示，这是江苏的插网。插网又称为袋儿网，是一种已有 200 多年历史的传统渔具，为捕鲻、梭鱼的有效网具，沿用至今，分布较广。

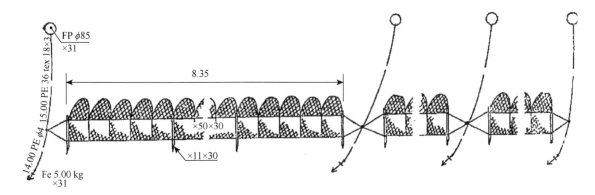

图 9-93　梭鱼锚兜网作业示意图图

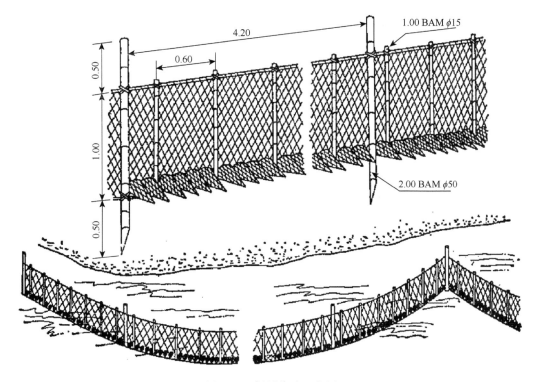

图 9-94　插网作业示意图

2. 导陷式

导陷式的陷阱类渔具是利用网墙或导墙引导鱼类进入网圈、网囊或取鱼部的渔具。

前面已介绍过的建网和箔筌均属于导陷式的陷阱类渔具。在插网中，凡具有导墙和取鱼部或网囊的，均属于导陷式插网，又称为导陷插网。由导墙和取鱼部组成的导陷插网，具有代表性的是山东的梭鱼跳网［图 9-95（a）］、浙江的串网［图 9-95（b）］和广东的督罟［图 9-95（c）］。由导墙和网囊组成的导陷插网，具有代表性的是山东的须子网［图 9-96（a）］、福建的起落网、山东的柳网［图 9-96（b）］、浙江的插西网［图 9-96（c）］和山东的泥网。

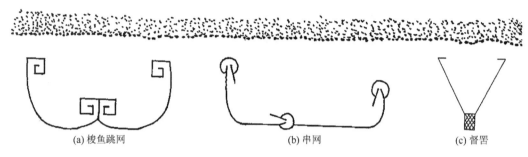

(a) 梭鱼跳网　　　　　　　　(b) 串网　　　　　　　　(c) 督罟

图 9-95　导陷插网（附取鱼部）的敷设形状图

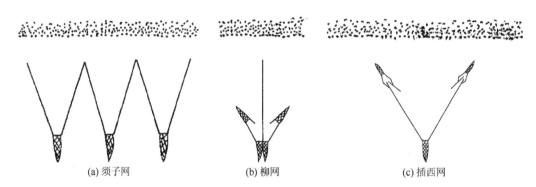

(a) 须子网　　　　　　　　(b) 柳网　　　　　　　　(c) 插西网

图 9-96　导陷插网（附网囊）的敷设形状图

有一种在结构上较特殊的导陷插网如图 9-97 所示的海南的拦箔。由于它是由大网圈、二网圈、网导和网墙组成，很容易被误认为是导陷建网。但它与其他插网一样，均是用插杆把矩形网衣固定在沿岸浅水处，落潮后，整个网具底部大部分露出水面，作业者走进大网圈中用小抄网抄捕渔获，主要捕捞斑鲦、篮子鱼、白姑鱼和虾。而建网是利用浮子、沉子等把矩形网衣敷设在海中，底部不会露出水面。

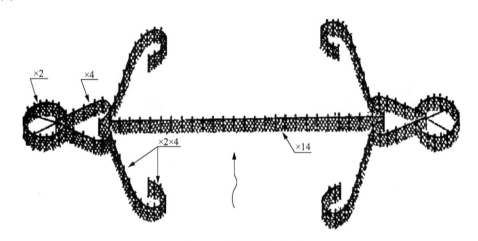

图 9-97　拦箔总布置图

二、插网结构

我国陷阱类渔具的三个型，在网具结构上差别较大，其中分布较广、数量较多的是拦截插网，故本节着重对拦截插网进行介绍。

下面根据江苏东台的阻网网图（图 9-98）资料和具有代表性的拦截插网资料综合简述如下。

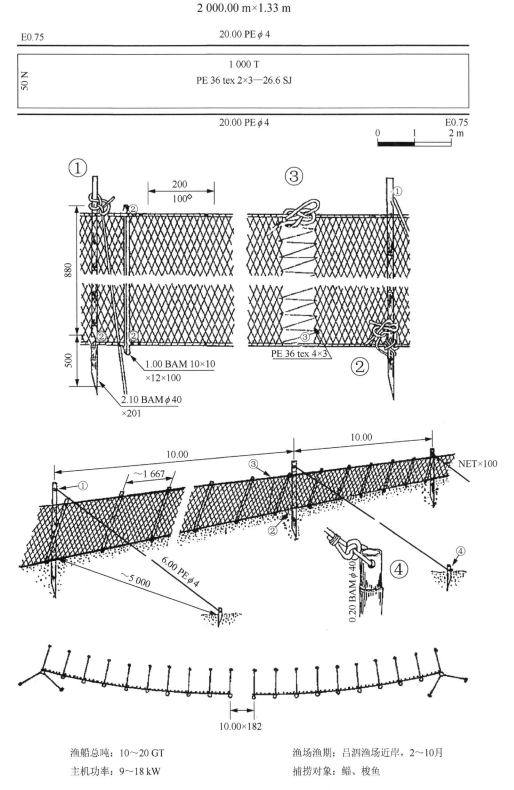

图 9-98　阻网网图（调查图）

插网是由网衣、绳索和属具三部分构成的。拦截插网网具构件组成如表 9-11 所示。

1. 网衣部分

为了制作、搬运、调换、修补等方便起见，整处的拦截插网的网衣是由几十片、甚至 100 多片网衣连接而成的网列。每片网衣的上纲长度一般为 8～30 m，最长为 50 多米。网衣拉直高度一般为 1.60～3.80 m，最矮的为 1.33 m，最高的达 8.00 m。网衣一般纵目使用，也有一些横目使用的。整处网列长 700～2600 m，最短的为 321 m，最长的达 3000 m。一般采用乙纶网线死结编结，其网线结构有 PE 36 tex 1×2、1×3、2×2、2×3、3×3、4×3，有的也采用直径为 0.20 mm 的锦纶单丝死结编结。目大一般为 16～40 mm。个别的采用平结网片或插捻网片做网衣。

表 9-11　拦截插网网具构件组成

拦截插网网具构件
- 网衣部分
- 绳索部分
  - 上纲
  - 下纲
  - 桩绳
- 属具部分
  - 插杆
  - 撑杆
  - 桩

网衣一般为矩形网片，如图 9-98 的上方所示。个别的拦截插网在网片上、下边缘加有 4～10 目高的粗线缘网衣。也有个别的拦截插网在网片的上、下边缘各用稍粗网线增编比原目大大一倍的网目为网缘，便于网衣与纲索之间的结扎装配。

2. 绳索部分

（1）上、下纲

网衣的上、下边缘一般装配有 2 条上纲和 2 条下纲，其中各 1 条上、下纲分别穿过网衣上、下边缘网目后，再与另一条上、下纲合并分档结扎。有些只采用各 1 条上、下纲，分别穿过网衣上、下边缘网目后，分档把网衣结扎到纲索上。个别网衣采用各 3 条上、下纲，其中 1 条穿过网缘网目后与另 2 条合并分档结扎。

上、下纲一般采用直径为 2.5～6.0 mm 的乙纶网线或乙纶绳，个别采用锦纶单丝。

（2）桩绳

有些长期固定在一个地点作业的拦截插网，其插杆的前、后方各用 1 条桩绳将插杆上端拉紧固定。桩绳一般采用直径为 4～7 mm 的乙纶绳，其长度一般为插杆长度的 1.7～3.0 倍。桩绳的一端结缚在插杆梢部的上纲上方，另一端结缚在桩上。

3. 属具部分

（1）插杆

插杆一般采用竹竿，有的也采用木杆。插杆基部削成楔形或削尖，便于插入海底。竹竿基部直径为 40～60 mm，较细的直径为 20～25 mm，较粗的达 70 mm，长 1.50～7.00 m；木杆基部直径为 70～100 mm，较细的直径为 35 mm，长 3.50～10.00 m。

（2）撑杆

有些拦截插网的插杆间距较大，其间距内的网衣尚需用撑杆撑开使网衣形成一定的兜状。撑杆为基部直径 15～20 mm 的竹竿或由毛竹劈成宽厚各 10 mm 左右的竹片。

（3）桩

有些较长期固定在一个地点作业及插杆间距较大的拦截插网，还利用桩和桩绳协助固定插杆。桩的材料有三种，一种是直径 40～60 mm、长 0.20 m 的竹桩，其一端削成楔形，另一端钻有直径 15 mm 的横孔，以便穿绳结缚。另一种是直径 60 mm、长 0.20 m 的木桩，其一端削尖，另一端钻有横孔。还有一种是草桩，用质量 1 kg 左右的茅草把来固定桩绳。

第七节　笼壶类渔具

笼壶类渔具是根据捕捞对象特有的栖息、摄食或生殖等生活习性，在渔场中布设笼或壶诱其入内而将其捕获的渔具。

笼壶类渔具是我国古老、原始的渔具之一，其渔具、渔法变化不大，但制作笼壶的渔具材料和结构变化较大。20 世纪 90 年代之前的笼一般是用竹篾编织或用竹、木框架外罩乙纶网衣而成，90 年代以后普遍改用稍粗的塑料单丝或塑料薄片代替竹篾编结，或改用金属框架外罩网衣而成；原采用竹筒的壶改用塑料经模压而成的壶。笼壶类渔具的结构更加趋向于适合多捕捞对象的综合功能发展，现在的蟹笼不仅适合捕蟹，也适合捕鱼、螺、虾和头足类等。

20 世纪 90 年代之前，笼壶类渔具主要在河口、海湾和一些沿岸浅海作业，作业水深一般为 2～12 m，主要捕捞对象是头足类、腹足纲的软体动物和一些鱼、虾、蟹类，作业渔船为小船或小艇。90 年代以后，部分笼壶类渔具发展成母子船形式作业，母船为机动渔船，带若干小船或小艇，开赴较深的渔场后，放下小船或小艇进行作业。部分笼壶类渔具发展成机轮作业。

人们会把笼壶类渔具名称与构件名称混淆，为了便于区分，后述内容将对渔具称为"笼壶渔具"和"笼具"或"壶具"；对笼壶状器具称为"笼壶"和"笼"或"壶"。

一、笼壶类渔具捕捞原理和型、式划分

笼壶类渔具是利用笼壶状器具，引诱捕捞对象进入而将其捕获的渔具。笼状器具简称笼，壶状器具简称壶。

根据我国渔具分类标准，笼壶类渔具按笼、壶的结构特征分为倒须、洞穴两个型，按作业方式分为定置延绳、漂流延绳和散布三个式。

（一）笼壶类渔具的型

1. 倒须型

制成笼形或壶形、其入口有倒须装置的器具，称为倒须笼或倒须壶。

我国的倒须型笼壶，可分为倒须笼和倒须壶两种。

（1）倒须笼

笼一般均有倒须装置或起倒须作用的装置，其作用是使捕捞对象易进入笼内而不易逃出。如图 9-99 中间的总布置图所示，其倒须是装置在半圆形网口后方、由一片梯形网衣缝合成的、近似漏斗状的网衣，简称为漏斗网。

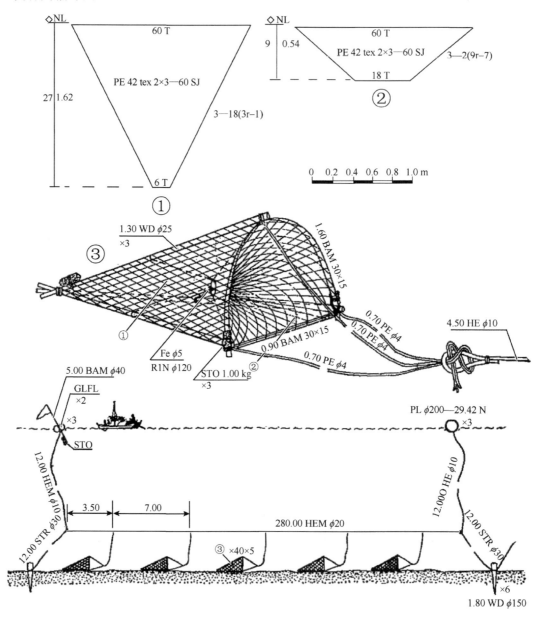

图 9-99　乌贼笼示意图

乌贼笼利用成熟乌贼繁殖期间结伴并产卵于隐蔽物体上的习性，将笼敷设于海底，诱其入笼而将其捕获。取渔获物时，应留 1 尾没有损伤的活雌乌贼在笼里作为诱饵，以提高捕捞效率。同时，在起笼时要注意保护笼具表面的乌贼卵，以便让其自然孵化，同时也不影响乌贼的入笼率。在山东沿海南部和浙江沿海北部的诸岛曾较多使用特制的传统竹篾笼诱捕乌贼，因乌贼卵大量附着笼体而被损害，从而影响其繁殖保护，曾一度被禁止使用。后来江苏、山东两省在海州湾沿海生产的乌贼笼均做了改进，采用竹、木制成的框架，罩上网衣后形成网笼，其发展较快，使用数量不少。这种乌贼笼如图 9-99 的中部所示的江苏连云港的乌贼笼，其笼是用 2 支竹片和 3 支圆木条制成框架，罩上网衣后形成前端为近似半圆形笼口、后方为三棱锥形网体的网笼，笼口内装有起倒须作用的漏斗网。还有一种类似的乌贼笼，是山东胶南一带的墨鱼笼，其笼是用 4 支方木条和 4 支圆木条制成框架，罩上网衣后形成前端为矩形笼口、后方为四棱锥形网体的网笼，笼口内装有漏斗网，其使用数量也不少。此外还有广东、广西的墨鱼笼。

专捕鱼类的倒须笼具，具有代表性的是广东的花鳝笼、石鳝笼和浙江的鲚鱼篓。花鳝笼、石鳝笼利用鳝类喜钻洞觅食和栖息的特点，在笼内装饵诱其入笼而将其捕获。图 9-100 是广东湛江的花鳝笼，其笼是笼目呈矩形的圆柱形竹篾笼，两端笼口内均装有用竹篾编成的漏斗形倒须，笼内还系有引诱花鳝入笼的圆柱形竹篾饵料罐（如②图所示）。图 9-101 是广东台山的石鳝笼，其笼是用竹篾密集编成的长圆台形笼，前端大头笼口也用竹篾向内编有漏斗形倒须，后端为取鱼口，作业前先将饵料从取鱼口投入笼内，再用塑料塞子封住取鱼口。鲚鱼篓利用潮流流经篓体形成缓流区，引诱鲚、梅童鱼等入篓而将其捕获，如图 9-102 所示。

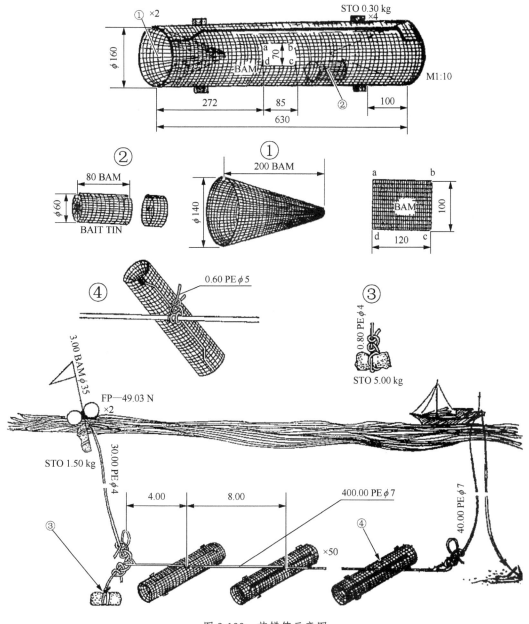

图 9-100 花鳝笼示意图

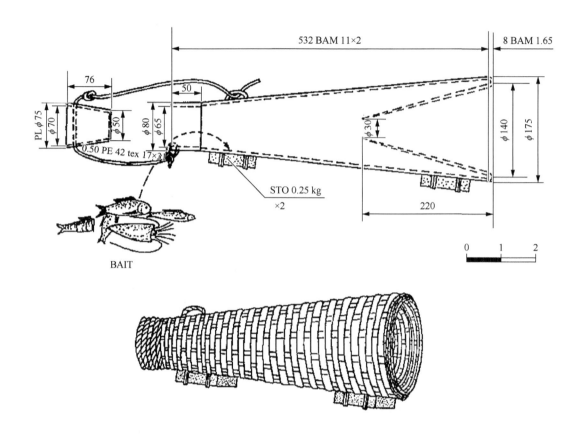

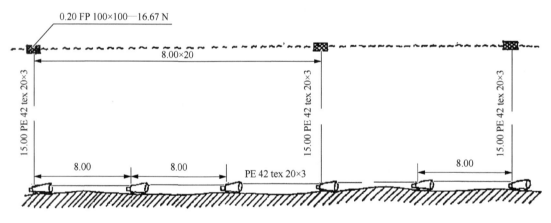

图 9-101　石鳝笼示意图

专捕蟹类的倒须笼具，有福建的蟳笼，该笼具利用蟹类喜欢穴居的习性诱其入笼而将其捕获。图 9-103 是福建龙海的蟳笼，其笼是笼目呈六边形的近似萝卜形竹篾笼，前端大头笼口内装有两层用竹篾编成的漏斗形倒须，后端取鱼口用一个由竹篾编成的圆盘形笼盖封住，如其中③图所示。

鲚鱼篓（浙江 瓯海）
396.00 m×3.40 m(200 BAS)

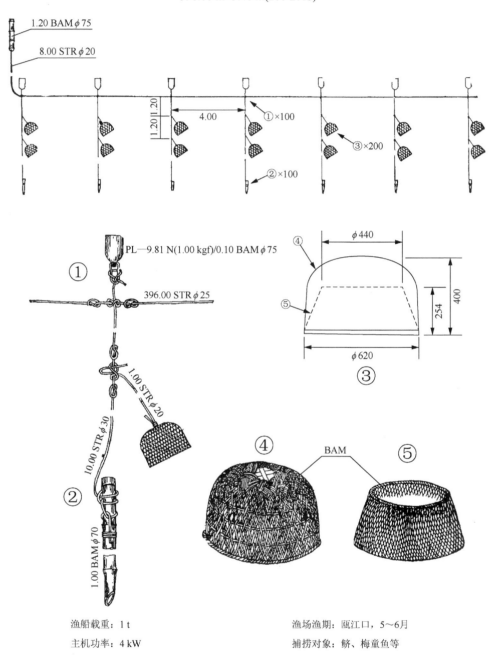

渔船载重：1 t

主机功率：4 kW

渔场渔期：瓯江口，5～6月

捕捞对象：鲚、梅童鱼等

图 9-102　鲚鱼篓渔具图（调查图）

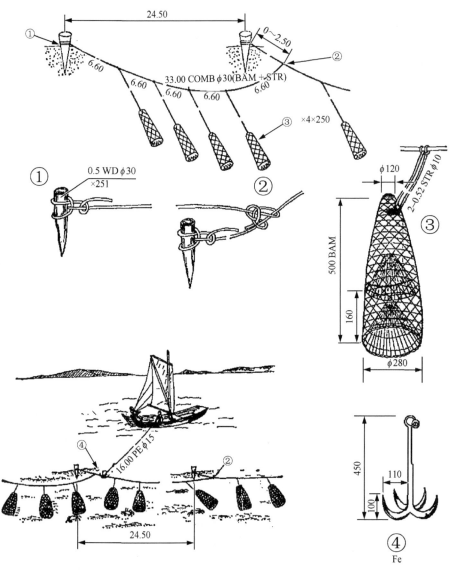

图 9-103　蟳笼示意图

　　专捕螺类的倒须笼具，有福建的黄螺笼和东风螺笼，均是利用在笼内设置饵料引诱东风螺（俗称黄螺或风螺）入笼摄食而将其捕获。图 9-104 是福建长乐的黄螺笼，其笼是用竹篾编成，近似矮圆台形，上方笼口唇向内翻卷，起倒须作用。笼分大小两种，大的如右下方的①图所示，小的如左下方的①所示。在笼口叉线的上端连接有 1 条绑饵料线，将饵料结缚并吊在近笼底的正中央，如图 9-104 的下方中间所示。

　　（2）倒须壶

　　壶具一般不设置倒须，但个别也设置倒须，如图 9-105 的①和②所示。这是广东阳江的石鳝壶，其壶是在两端壶口内均设置有竹篾倒须的竹筒壶，此竹筒内所有的竹节均打通。利用鳝鱼喜钻洞的特点，在竹筒内装饵诱其入壶而将其捕获。

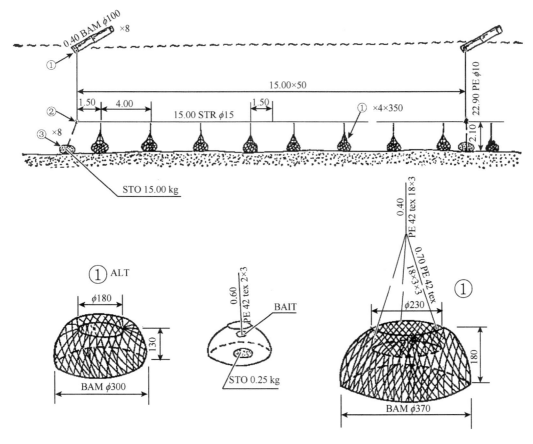

图 9-104 黄螺笼示意图

2. 洞穴型

洞穴型的笼壶类渔具制成笼形或壶形器具，其入口无倒须装置，称为洞穴笼或洞穴壶。

（1）洞穴笼

20 世纪 80 年代及以前的笼一般装有倒须，当时捕捞东风螺的竹篾笼虽然没有明显装有倒须，但其笼口唇向内翻卷，起着倒须作用，故还是属于倒须笼。但到了 20 世纪 90 年代初，东风螺笼逐渐改用如图 9-112 所示的洞穴笼时，发现笼内倾的侧壁可防止东风螺爬出笼口。

（2）洞穴壶

在我国海洋洞穴壶中，分布最广的是诱捕章鱼的壶，此壶利用章鱼喜入穴栖息的行为习性，诱其入壶而将其捕获。其壶具有两种，一种利用天然的海螺壳，如图 9-106 所示，另一种利用陶罐、陶杯等，如图 9-107 所示。图 9-106 是广东陆丰的章鱼壳，其壶具有 2 种，一种是角螺壳，如②图所示，壳内壁直径大于 70 mm（即活螺每个质量大于 0.30 kg）；另一种是大蚶壳，如③图所示，壳内壁直径大于 65 mm。图 9-107 是广西合浦的章鱼煲，其壶如④图所示是采用陶质煲仔（小陶罐），每个煲仔旁系结 1 个文蛤壳作煲盖，供章鱼入煲后伸出头足拉过煲盖盖上煲口。

捕捞鱼类的洞穴壶如图 9-108 所示的浙江玉环的弹涂竹管，此图的左上方是 1 支弹涂竹管，是用四季竹的一节竹管制成，其小头处留有节，鱼入管后不能穿过；上中方是 1 只泥涂船，由数块木板钉制而成，船底平滑，船头稍翘；上右方是 1 个鱼篓，用来装渔获物。弹涂竹管的作业过程：落潮时，携带竹管、鱼篓及泥涂船，将 150～300 支竹管置于船中部的扶手后，将船推往作业场所。推

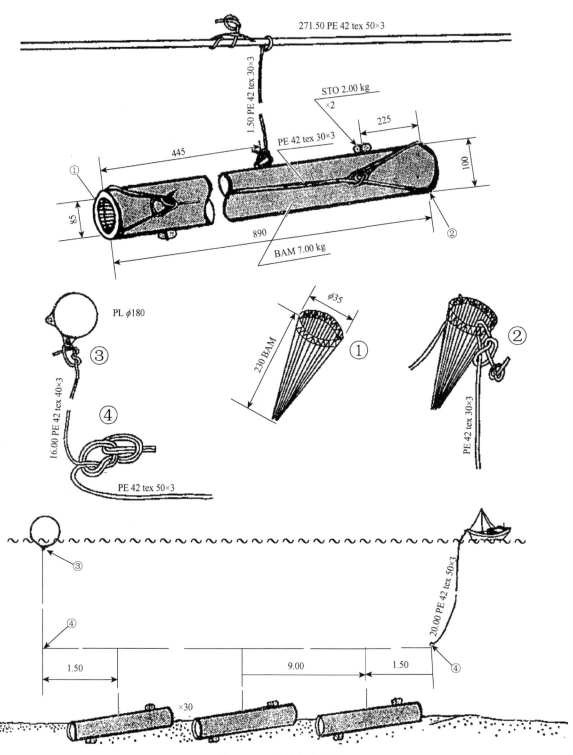

图 9-105　石鳝壶示意图

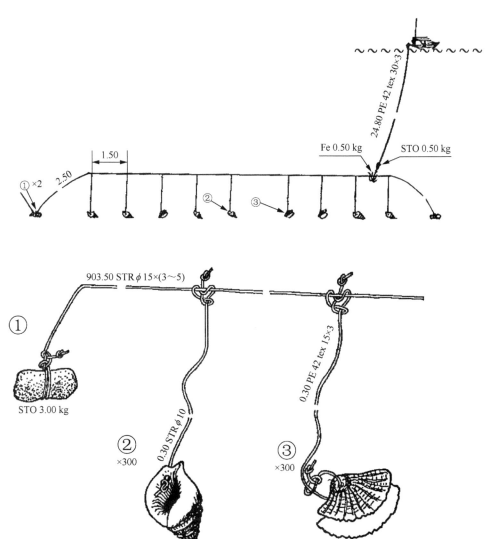

图 9-106　章鱼壳示意图

船时，双手按在船的扶手上，一只脚跪在尾部底板上，另一只脚向后用脚尖踩蹬泥涂，船便滑行于泥涂上，如图 9-108 中部的作业示意图所示。在滑行过程中随时注意周围是否有弹涂鱼洞，发现有洞时，随手把竹管插在离洞口 5～10 cm 的泥中，使管口略低于泥涂面，用泥在管口上做成光滑的洞沿，抹去弹涂鱼原来的洞口，然后做上标记以免回收时遗失。这样一边滑行，一边将竹管布放好，然后推船离开。经过一定时间后，弹涂鱼出来活动，有的就会钻入管中被陷住。船再推回布放竹管的地点，以返程收取渔获物。鱼被倒出后，再另找附近洞口，将竹管插入。这样连续不断地取放，待涨潮或天晚时，收好渔具回返。

　　还有一种主要用来捕捞蟹类的特殊壶，在泥质滩涂上挖洞作穴，利用青蟹、弹涂鱼喜入穴栖息的行为习性，诱其入洞而将其捕获。具有代表性的有广东的蟹灶和广西的蟹屋等。图 9-109 是广东湛江的蟹灶，图的上方是挖掘蟹灶用的锹铲零件图，由正视图和俯视图组成，可知此锹铲由铁铲头和木铲柄连接而成。锹铲零件图下方是钩取渔获物用的手钩零件图，由钢丝钩和木手柄连接而成。图的中间是蟹灶的垂直剖面图和俯视图，从图中可看出蟹灶捕获的过程，落潮后在沿岸泥质滩涂上用锹铲挖掘出曲折的泥洞穴，待涨潮后引诱随潮而来的青蟹、弹涂鱼入洞，待退潮干出后，再用手钩将藏在洞穴内的渔获物钩出来。

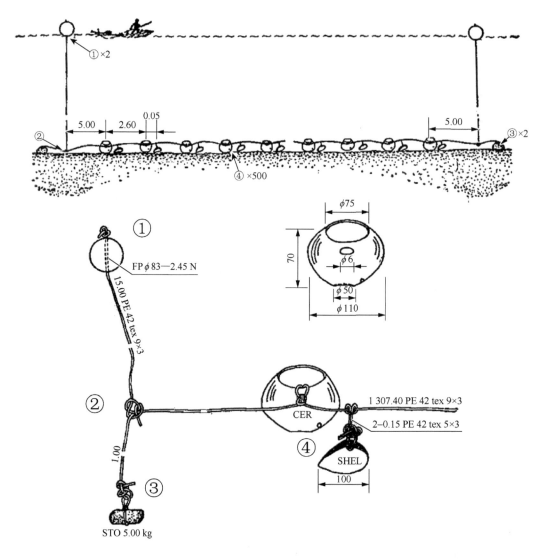

图 9-107 章鱼煲示意图（引用原图）

（二）笼壶类渔具的式

1. 定置延绳式

定置延绳式的笼壶类渔具由笼、壶和一条干线及系在干线上的若干支线组成，称为延绳笼具或延绳壶具。

用碇石、桩等定置装置敷设的延绳笼具或延绳壶具称为定置延绳笼具或定置延绳壶具，适宜在水流较急、渔场面积相对较窄的渔场作业。

20 世纪 90 年代初以前，我国海洋渔业中的定置延绳笼具均属于倒须型，其分类名称为定置延绳倒须笼具。

我国海洋渔业中的定置延绳壶具有倒须型和洞穴型两种，其分类名称分别为定置延绳倒须壶具和定置延绳洞穴壶具。其中定置延绳倒须壶具较少，大多数是定置延绳洞穴壶，如图 9-106 的章鱼壳和图 9-107 的章鱼煲等。随着时代的变迁和工业水平的提高，此类壶具已被工业化生产的章鱼杯取代（图9-115）。

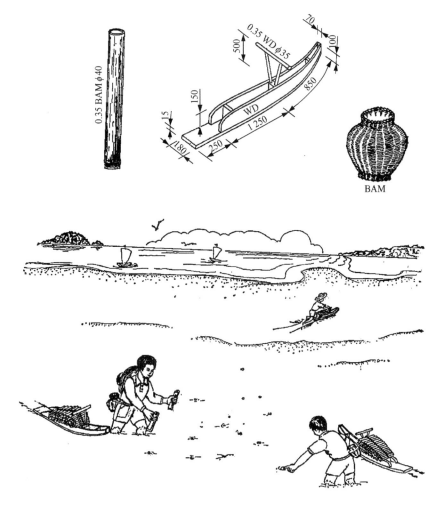

图 9-108　弹涂竹管示意图

2. 漂流延绳式

漂流延绳式的笼壶类渔具作业时随水流漂移，称为漂流延绳笼具或漂流延绳壶具，适宜在渔场广阔、潮流较缓的海域作业。

3. 散布式

散布式的笼壶类渔具逐个分散布设，称为散布笼具或散布壶具。

我国海洋笼壶类渔具大多数采用定置延绳方式作业，采用散布方式作业的较少。我国海洋渔业中的散布洞穴壶具，有如图 9-108 所示的弹涂竹管和如图 9-109 所示的蟹灶。21 世纪南海区出现很多新材料新形状的笼壶类渔具，如图 9-110 至图 9-115，仅供参考。

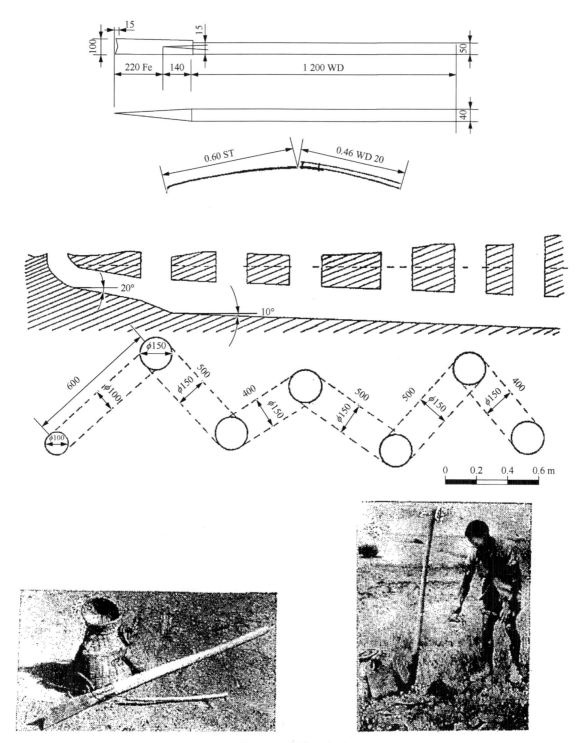

图 9-109　蟹灶示意图

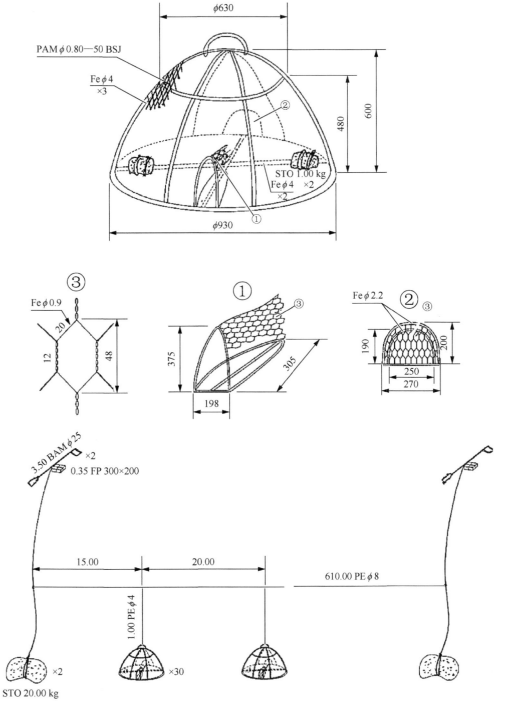

图 9-110 延绳泥猛笼示意图

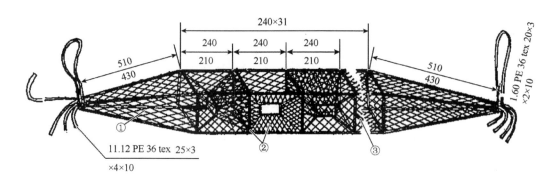

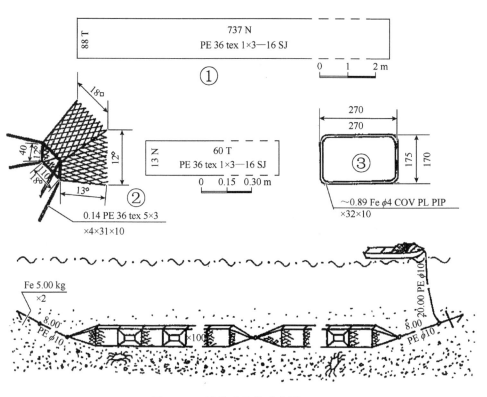

图 9-111　滩涂百足笼示意图

二、笼壶类渔具结构

我国笼壶类渔具构件由笼壶、饵料、绳索和属具 4 部分构件组成，其渔具构件组成如表 9-12 所示，其中定置延绳笼壶渔具的一般结构如图 9-116 所示。

（一）笼壶

1. 笼

我国海洋笼壶渔具的笼，根据年代出现先后和制作材料可分为 4 种。一是用竹篾编成的竹篾笼；二是用塑料单丝或塑料片编成的塑料笼；三是用竹、木或用金属制成框架，再外罩网衣制成的网笼；四是用铁丝网制成的铁丝笼。

2. 壶

我国海洋渔业中的壶，根据年代出现先后和制作材料可分为螺壳壶或贝壳壶、陶壶、泥质滩涂壶、竹筒壶和塑料壶共 5 种。

（二）饵料

我国的笼具，一般在笼内装有饵料，以引诱捕捞对象入笼。定置延绳洞穴壶，其捕捞对象只有章鱼，是利用章鱼喜入穴栖息的行为习性而诱其入壶的，故不需要饵料。

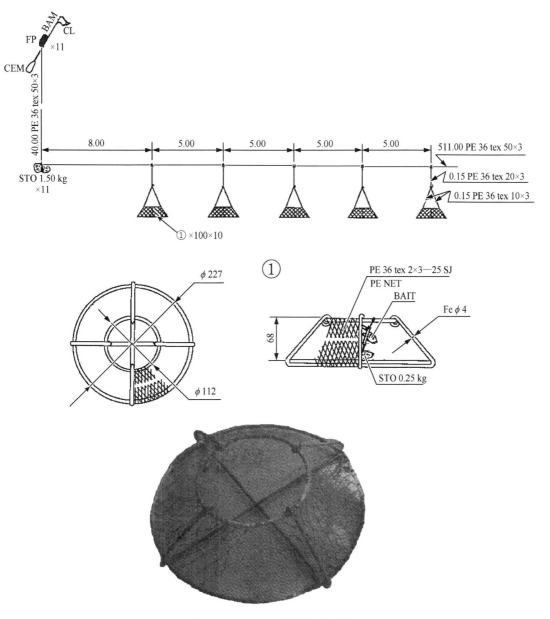

图 9-112　广东东风螺笼示意图

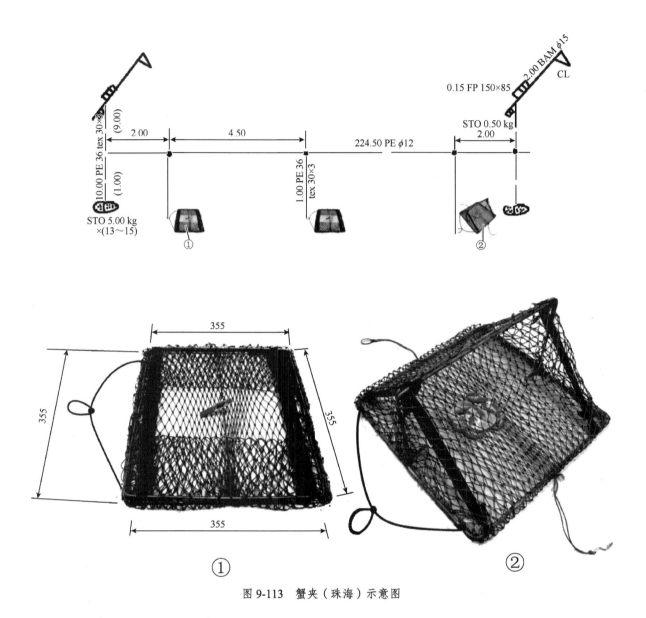

图 9-113　蟹夹（珠海）示意图

1. 花鳝笼

广东的花鳝笼（石鳝笼），其饵料以青鳞鱼和乌贼肉块为主。青鳞鱼个体小，每个笼放入 2～3 尾；乌贼个体大的，则切成小块放入。饵料以新鲜为佳，腥味大，散发时间长，容易引诱鳝入笼。花鳝笼的饵料罐如图 9-100 的②所示，在作业前，先将饵料放入饵料罐内盖实，再把饵料罐系在笼内，鳝只能闻到其味而不能吃到。

2. 黄螺笼

黄螺即东风螺，喜食腐臭味较大的有机体，臭鱼经盐渍后腐臭味较大，且能保持较长的时间，容易引诱东风螺索食而陷入笼中。如图 9-104 的下方中间所示，上端连接在支线与叉线连接处的绑饵料线将饵料吊在笼口正中央的下方，让掉进笼底的黄螺能闻到饵料味而不能吃到。碎鱼块或小杂鱼需先用布包扎好后方能绑吊。

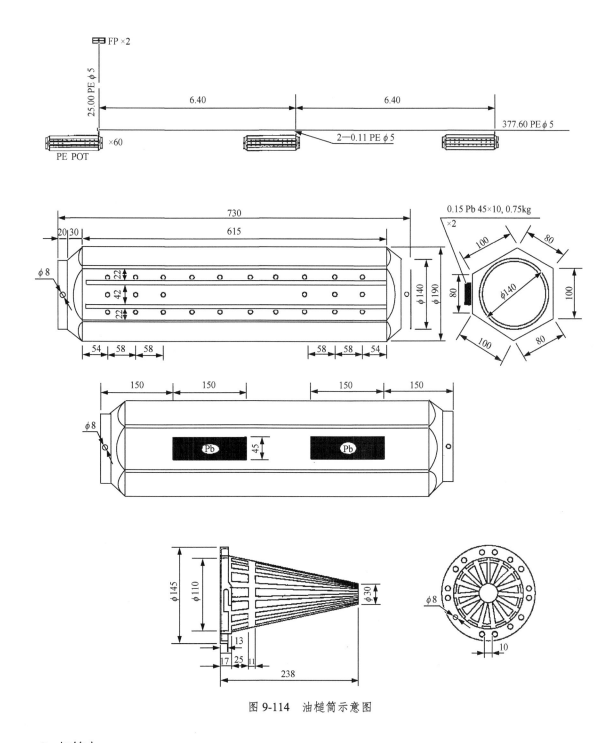

图 9-114 油槌筒示意图

3. 灯笼卜

广东的灯笼卜，其饵料比较特别，由花生麸（花生榨油后剩下的残渣）、米一起煮熟后和硼砂（防腐作用）混合均匀，然后切成 10 mm×10 mm×10 mm 的正方体，每笼放一块，两天换一次。

4. 蟹笼

根据蟹的觅食习性，饵料要腥味大，肉质坚硬，光泽度好，以新鲜鱼类为佳，舵鲣最好，其他鱼类次之。

5. 泥猛笼

渔民用鱼露或鲜鱼肉混合面粉制成饵料。泥猛笼的拱形倒须入口处的前、后方笼底上各敷有一片方形网目的方形铁丝网片，如图 9-110 所示。作业前在铁丝网片上各铺上菜叶，上面放置饵料。

6. 墨鱼笼

墨鱼笼利用墨鱼（即乌贼）喜入笼交配产卵并附于笼体的习性，将笼形渔具放在海底，诱其入笼产卵而将其捕获。墨鱼笼作业时，不用饵料引诱墨鱼入笼。但在首次作业起笼后，若连续作业，可留一条活的没有损伤的雌墨鱼在笼里作为诱饵，引诱更多雄墨鱼入笼。

（三）绳索

在延绳笼壶渔具的绳索结构中，若笼壶是通过支绳连接到干绳上的，这种绳索结构称为"干支结构"，如图 9-105 上方所示。

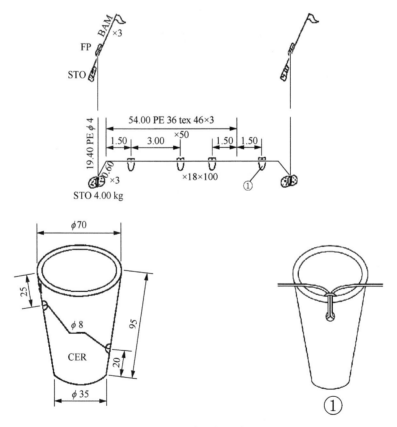

图 9-115 章鱼杯示意图

非干支结构的延绳笼具中，一种是广东湛江的花鳝笼，如图 9-100 的④所示，用一条系笼绳（0.60 PE ϕ5）将笼体中部系结在干绳上；另一种是广东台山的石鳝笼，如图 9-101 所示，将拟系结笼具处的干绳对折后套在花鳝笼后端附近的连接环上。

非干支结构的延绳壶具中，干绳直接穿过壶具的孔或将壶具缚于干绳上。

下面逐一介绍笼壶渔具所采用的各种绳索。

1. 干绳

干绳是在延绳笼壶渔具绳索的干支结构中，连接支绳或笼壶，承受延绳笼壶渔具主要作用力的绳索。

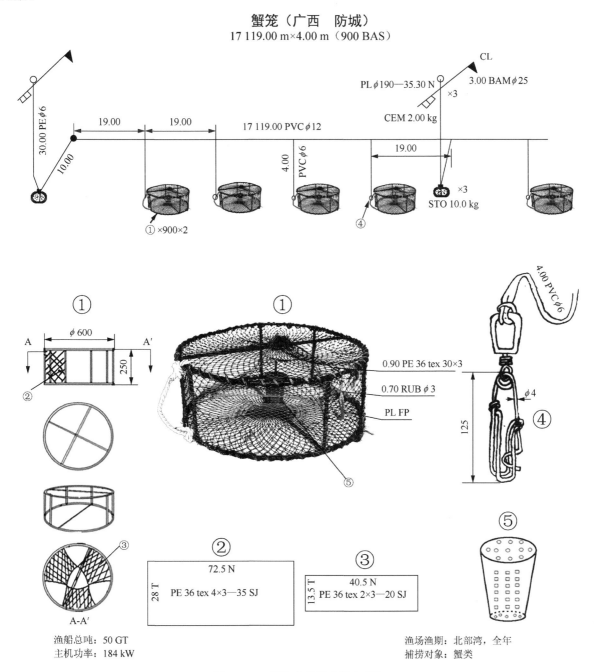

蟹笼（广西　防城）
17 119.00 m×4.00 m（900 BAS）

渔船总吨：50 GT
主机功率：184 kW

渔场渔期：北部湾，全年
捕捞对象：蟹类

图 9-116　蟹笼渔具图（调查图）

表 9-12　笼壶渔具构件组成

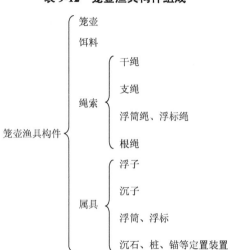

2. 支绳

支绳是在笼壶渔具绳索的干支结构中，一端与干绳连接，另一端连接笼具或壶具的那部分绳索。支绳主要承受笼壶的水阻力和沉力，并传递给干绳，固定笼壶间距。一般采用比干绳细的材料绳索制作。

3. 浮筒绳、浮标绳

在定置延绳笼壶渔具中，浮筒绳、浮标绳分别是浮筒、浮标与干绳之间的连接绳索。在散布笼壶渔具中，浮筒绳是浮筒与笼壶之间的连接绳索。

4. 根绳

在定置延绳笼壶渔具中，根绳是干绳与沉石、锚、桩等固定构件之间的连接绳索。用于连接沉石的根绳又称为沉石绳，用于连接锚的根绳又称为锚绳，用于连接木锚的根绳又可称为椗绳，用于连接桩的根绳又称为桩绳。

（四）属具

1. 浮子

我国的延绳笼壶渔具一般不装置浮子，只有浙江的鮨鱼篓才采用浮子配合桩绳的长短来调整笼具所处的水层，如图 9-102 的上方所示。诱捕鮨时，由于鮨常栖息于表层，于是桩绳应较长，浮力应较大，采用基部直径为 70～80 mm、长 1 m 左右的竹筒浮子。诱捕梅童鱼时，因梅童鱼习惯栖息于底层，故桩绳应较短，浮力应较小，采用浮力约为 9.81 N 的玻璃瓶作为浮子。其浮子就系在桩绳的上端。

2. 沉子

采用竹篾、塑料或竹、木框架外套乙纶网衣制作的笼壶渔具在水中的沉力较小，初用时还具有浮性，故需在上述笼、壶上装置沉子，方能使笼、壶平稳地坐在海底上。

笼壶渔具的沉子一般是指装置在笼壶上并能使笼壶平稳坐底的石沉子、铅沉子或水泥沉子等。

3. 浮筒、浮标

浮筒、浮标是显示笼壶列或散布笼壶渔具作业位置的标识。作业时，可根据浮筒、浮标的排列位置观察定置延绳笼壶列的形状，也可根据浮筒的位置估计散布笼壶渔具的作业位置。

我国笼壶渔具的浮筒及浮标与刺网浮筒及浮标的型式基本相同或相似。

定置延绳笼壶渔具一般需采用浮标或浮筒来标识其作业位置。有的只采用浮标来标识，有的只采用浮筒来标识，有的既采用浮标，又采用浮筒，两种标识间隔使用。浮标或浮筒分别通过浮标绳或浮筒绳连接在笼壶列的两端或连接在笼壶列中间两条干绳之间的连接处。散布笼壶渔具一般只采用浮筒来标识其作业位置，浮筒通过浮筒绳连接在笼壶的上方。

4. 沉石、桩、锚等定置装置

定置延绳笼壶渔具的定置装置有沉石、桩和锚三种。定置延绳笼壶渔具的沉石用沉石绳连接在笼壶列两端或笼壶列中间两条干绳的连接处，沉石直接连接在壶列两端；桩用桩绳连接在干绳端或干绳中间；锚用锚绳连接在笼壶列两端或中间。

三、笼壶类渔具图

我国笼壶类渔具，大多数为定置延绳笼壶渔具，本处只着重说明定置延绳笼壶渔具图。

定置延绳笼壶渔具图有总布置图、构件图、网衣展开图、零件图、局部装配图、作业示意图等，每种定置延绳笼壶渔具均需根据需要画出上述各种图。总布置图与作业示意图类似的，可以综合绘制成一个图，在图中既能表示出整体结构布置，又能表示出作业状态；也可以根据需要，两种图均绘制。定置延绳笼壶渔具调查图可以集中绘制在一张4号图纸上。总布置图一般绘制在上方，构件图、网衣展开图、零件图和局部装配图绘制在中间或下方，如图9-116所示。作业示意图一般绘制在下方，如果将总布置图和作业示意图综合成一个图时，可先将网衣展开图、构件图和局部装配图绘制在中上方，综合图绘制在下方。

1. 总布置图

一般要求画出笼壶整列的结构布置。若笼壶整列头尾（或左右）对称，可画出整列布置图，也可只画出列头部分（左侧）的布置。图中应标注支绳或笼壶的安装间距、端距和整笼壶列所需的浮筒和浮筒绳、浮标和浮标绳、沉石和沉石绳、桩和桩绳的材料规格和数量，还应标注笼壶整列所需的浮子、沉子、干绳、支绳或笼壶的数量。若不画笼壶整列的总布置图，只画一条干绳的总布置图，需另画能表示整列布置的作业示意图，并在总布置图和作业示意图中标注出上述整列的标注数据。

2. 构件图、零件图

笼壶的构件图要求按比例绘制。若笼由若干零件组成，一般还要求画出各个零件的结构规格，如图9-116的下方所示。在图的中下方只画出蟹笼的构件图，蟹笼是由一个笼体框架（①）、一片笼体网衣（②）和三片网口倒须网衣（③）组成。A-A'表示三片网口倒须网衣连接装配的断面俯视图。若壶是整体刚性结构，则只需画出一个壶具的结构，并标注其材料规格即可，如图9-115所示。

3. 局部装配图

局部装配图应分别画出各构件之间具体的连接装配，标注出干绳、支绳、浮子、沉子、浮筒和浮筒绳、浮标和浮标绳、沉石和沉石绳、桩和桩绳等的规格。若在局部装配图中还不能全部标注出上述规格，应在其他图中标注出来，如图 9-116 所示。

关于定置延绳笼壶渔具图标注，除了零件图可按机械制图的要求标注外，其他绳索和属具的标注与前面各章所介绍的要求相同。

定置延绳笼壶渔具的主尺度：每条干绳长度×每条支绳总长度（每条干绳系结的笼壶个数）。

例：蟹笼　17119.00 m×4.00 m（900 BAS），见图 9-116。

　　章鱼煲　1307.40 m×0 m（500 POT）。

四、笼壶类渔具制作装配

完整的延绳笼壶渔具图应标注延绳笼壶渔具制作装配的主要数据，以便人们根据渔具图进行制作装配。现根据图 9-116 叙述蟹笼渔具的制作装配工艺如下。

1. 笼的制作装配

笼的制作装配包括笼体框架、饵料装置、笼体网衣和倒须装置 4 部分内容。

（1）笼体框架

从前面关于"笼体框架钢筋长度计算"中可知笼体框架全部是用直径为 10 mm 的钢筋焊接而成。先将钢筋切割成两条长 1.85 m 的圆环钢筋、两条长 0.58 m 的横杆钢筋和 6 条长约 0.23 m 的立柱钢筋。将两条圆环钢筋分别弯曲并焊接成两个圆环，再将两条直线状横杆分别通过圆环中心焊接在两个圆环平面内。将两个圆环相叠，两横杆呈"十"字相交，以 0.206 m 的弧长为标准各将两个圆环周长分成对应的 9 段弧长，并标明分段记号。将第一条 0.23 m 长的直线状立柱钢筋的一端垂直焊接在一个圆环的分段记号上，间隔一段弧长焊接第二条立柱，再间隔两段弧长焊接第三条立柱。间隔一段弧长焊接第四条立柱，间隔两段弧长焊接第五条立柱，再间隔一段弧长焊接第六条立柱。至此，在圆环上共垂直焊接上一个弧长间隔和两个弧长间隔相间排列的 6 条立柱。最后将另一个圆环放在地上，将焊接好立柱的圆环倒过来放在另一个圆环的上面，先旋转上面的圆环，使上、下两条横杆投影呈垂直相交后，再将立柱下端焊接在另一个圆环上。至此，1 个笼体框架焊接完成。

（2）饵料装置

安装饵料罐的饵料针是一条直径为 6 mm、长 130 mm 的尖头钢筋，垂直焊接在笼内底圆环的横杆中点处。作业时，先将饵料放入饵料罐中，然后在作业前将饵料罐安插在笼内的饵料针上。

（3）笼体网衣

笼体网片横向 29 目（蟹笼渔具图核算后的修改目数），纵向 72.5 目，目大 35 mm，单死结编织。以上规格的网片剪裁出来后，在网片的横向两侧用乙纶 12 丝网线以增加半目方式编缝成一个周长为纵向 73 目可以套在笼体框架外面的圆筒网衣。圆筒网衣缝好后，用一条当作封底绳的乙纶网线穿入圆筒网衣下边缘倒数第二列网目后将下边缘网目收拢扎紧。把框架的底圆环套入圆筒网衣后，将封底绳两端固定结扎在笼底横杆的中点处留长一点后剪断，整条封底绳约长 0.20 m。再用一条长 0.90 m 的乙纶网线作为抽口绳穿入圆筒网衣上边缘第二列网目并将两端互相连接结扎形成一个周长为 0.70 m 的线圈后，两端尚有将近 0.10 m 的留头用于与橡皮筋相连接。再用一条全长为 0.70 m 的橡皮筋穿过塑料钩的轴头眼环两次后将两端连接固定形成一个拉直长度为 0.10 m 的橡皮筋双绳环。再将抽口绳两端连接结扎后的留头结扎固定在橡皮筋两端的连接固定处，形成了由抽口绳、橡皮筋和塑料钩连接组成的取鱼口的封口装置。用力拉紧抽口绳与橡皮筋的连接处以封闭笼顶，再用力拉住塑料钩朝下拉紧并钩挂在笼侧网目上，尽量将网衣调整到紧紧地套在整个框架上。最后用两条直径为 6 mm、长 3.80 m 的乙纶保护绳分别沿着上、下圆环，以 2 目间隔要求将笼体网衣牢固地绕缝在圆环上。保护绳既起了将笼体网衣固定在框架上的作用，又起着减少笼体网衣与海底摩擦的保护作用。

（4）倒须装置

倒须网片横向 13.5 目，纵向 41.5 目（蟹笼渔具图核算后的修改目数），网线材料规格为乙纶 6 丝网线，目大 20 mm，单死结编织。以上规格的网片剪裁出来后，在网片的横向两侧，用乙纶 6 丝网线以增加半目的方式编缝成周长为纵向 42 目的倒须圆筒网衣。

每个倒须圆筒网衣的装配如下：先在倒须口处两侧立柱之间约 16 目长的笼体网衣中间，沿着纵向剪开 12 目，作为倒须的入口处。然后用一条乙纶 18 丝网线将倒须圆筒网衣前方边缘的 42 目网衣与笼体网衣中间剪开处的上、下边缘共 24 目网衣合并拉直等长地绕缝在一起，缝成倒须网衣前方大椭圆形的大倒须口。最后用三条乙纶 18 丝网线将笼内三个倒须后方的三组相邻的两个边角分别结扎拉紧连接在一起，如图 9-116 左下方的倒须俯视图（A-A'剖面图）所示，形成了三个倒须后方的扁椭圆形小倒须口。

2. 饵料罐的制作

饵料罐由罐体和罐盖两部分组成。罐体和罐盖分别用塑料直接在模具内注塑成形。

罐体呈上大下小的倒圆台形。罐体高 78 mm，上方罐口外径 62 mm，下方罐底外径 48 mm，周边分布有矩形小孔，罐底中心留有孔径稍小于 6 mm 的圆孔，圆孔周围匀布一圈椭圆形小孔。罐盖呈圆柱形，盖口内径 62 mm，外径 64 mm，盖高 9 mm，盖顶中心留有孔径稍小于 6 mm 的圆孔，圆孔周围均布两圈椭圆形小孔。罐盖上还一起注塑有罐盖带，最后用热塑方式将罐盖焊接在罐体上方，便于使用时合上或打开饵料罐。作业时先将饵料放入罐内盖好，再将饵料罐的罐盖和罐底的中孔对准蟹笼内的饵料针将其按插在饵料针上。

3. 干绳、支绳和笼耳绳的连接装配

先将每条干绳前端的留头 0.45 m 插制成周长约 0.10 m 的眼环，接着从干绳前端眼环留出 19 m 长的端距后连接第一条支绳，以后每间隔 19 m 连接一条支绳，直到一条干绳上连接 900 条支绳，另一端也留出 19 m 长的端距和 0.35 m 的留头，以便与另一条干绳端的眼环或浮标绳相连接。支绳的一端留头 0.35 m 连接在干绳上，另一端留头 0.35 m 可以插制成一个眼环并套结在 1 个扣绳器上方的转环上。笼耳绳全长 0.96 m，其两端各有 0.35 m 的留头分别连接在 2 个倒须口之间中点的上、下圆环上。作业时将扣绳器扣住笼耳绳，即可放笼作业。

4. 浮标绳、浮标和沉石的连接装配

作业时，在笼列两端和中间两条干绳连接处分别连接一条浮标绳，在离干绳端约 10 m 处的浮标绳上套结一个沉石，在浮标绳的另一端连接一支浮标。该蟹笼渔具采用两条干绳，整个笼列连接有浮标绳三条、浮标三支和沉石三个。

五、笼壶类渔具捕捞操作技术

下面以蟹笼渔具的捕捞技术为例来讲解笼壶类渔具捕捞操作技术。

（一）渔船、渔捞设备与笼具生产规模

蟹笼的生产规模多样，可大可小，规模小的干绳长不超过 2000 m，系笼 100 多个。生产规模较大的渔船总吨 60 GT 左右、主机功率 100～200 kW，船上装有绞绳机，并配有雷达和单边带对讲机，干绳总长达 14 km 以上，系笼 1500 个左右。生产规模最大的钢质渔船长 36 m，宽 6.5 m，渔船总吨 250 GT，主机功率 300 kW 以上，船上配有定位导航系统、单边带对讲机、雷达、绞绳机等设备，配备船员 10 多人，其笼列干绳长 30 km 以上，系笼超过 1800 个。

（二）蟹笼渔具捕捞操作技术

现参照图 9-116 来叙述蟹笼捕捞操作技术。

1. 放笼前的准备

（1）连接和整理笼具。将支绳下端的扣绳器预先连接在笼耳绳上，饵料放入饵料罐内盖紧后按插在笼内的饵料针上，浮标、浮标绳、沉石和干绳之间连接好。这些工作一般根据蟹笼在渔船上的堆放情况、放笼工作场所的宽窄情况和放笼作业过程中的方便情况来确定，有的预先连接好，有的边连接边放笼。图 9-116 的蟹笼只使用三组浮标和沉石，一般按总布置图要求将三组浮标和沉石预先连接到浮标绳上，并将第一组的浮标绳与第一条干绳的前端预先连接好。已连接好支绳的两条干绳根据放笼顺序分别依次盘放好。

（2）准备饵料。由于渔船上摆放的笼具较多，渔船放笼的位置一般较狭窄，故支绳与蟹笼的连接和笼内按插饵料罐一般采用边连接边按插后立即放出蟹笼的作业方法。在放笼前把饵料先放入饵料罐中盖紧放好。

（3）观察风、流的方向和速度，以便根据风、流实际情况，确定放笼方向和放笼舷。

（4）检查并润滑起绳机，以保证操作安全，提高效率。

2. 放笼

（1）放笼时间和作业渔场

一般在傍晚放笼，早上起笼。作业渔场一般选择蟹类经常出现的礁石区或沙石底质区，可选择海流较大的海域敷设笼具，因为水流大可把饵料气味带得更远，扩大捕捞范围。也可以在日间作业，清晨放笼，下午起笼。

（2）放笼方向

一般以横流顺风或横流侧顺风放笼。风对船的影响较大时，应在上风舷放笼；流对笼具影响较大时，应在下流舷放笼。风、流同时作用下，风大时上风舷放笼，流大时下流舷放笼，这是船舷放笼的原则。

（3）放笼人员岗位

手工操作的最少需 3 人，一人负责开船操舵，一人负责松放浮标、浮标绳、沉石、干绳、支绳和放笼，一人负责备笼，先将准备下海的支绳端部的扣绳器扣住网笼的笼耳绳，再将饵料罐按插在饵料针上并封住笼口，然后将网笼交给放笼者。放笼者待已下海的干绳将支绳拉紧后才将与此支绳连接的网笼放入海中。

（4）放笼顺序

参照图 9-116 的总布置图来叙述蟹笼的放笼顺序。根据海况，先开慢车或中车将船首对准放笼方向后停车，先借余速放笼。先投放第一支浮标，其投放顺序是：浮标—浮标绳—沉石。接着投放第一条干绳，其投放顺序是：干绳—支绳—网笼，按此循环反复，放完 900 个笼。然后投放第二支浮标，其顺序是：浮标—浮标绳—沉石。随后按投放第一条干绳的方法投放完第二条干绳的 900 个笼和第三支浮标后，即完成了整列蟹笼的放笼操作。

（5）放笼注意事项

①投放完浮标绳后，要待浮标漂离放笼方向后才继续投放干绳，避免浮标、浮标绳与干绳纠缠。②投放干绳速度要与船速配合。投放速度若快于船速，容易造成干绳沉入海底重叠、纠缠等事故；投放速度若慢于船速，将影响干绳正常沉降，干绳也易被拉断。③投放干绳时应注意避免干绳靠近船舷，防止干绳被压入船底，避免干绳卷到螺旋桨上。④放笼方向以横流为宜，放出的笼列尽量保持直线，以增加捕捞面积。⑤在风浪大、周围生产渔船多的情况下，可采用多列式放笼，以避免笼列过长而容易受外界干扰。多列式的两笼列之间距离至少在 1.0～1.5 n mile 以上，以防笼列间互相纠缠。⑥放笼作业区应避开航道、障碍物和定置性渔具作业区。

3. 起笼

放好笼后，至少需经过 6 h 才能起笼，故起笼作业一般在早上开始用绞绳机起笼，一人负责开船操舵，一人负责操控绞绳机，一人负责将绞到船舷边的浮标沉石、网笼提到甲板上，并及时解下浮标沉石、网笼。再由其他船员负责拉开笼口取出并处理渔获物，同时取出饵料罐，检查饵料罐及饵料的完好程度，视饵料的状况决定是否需要补充或更换，最后把补充好的或更换的饵料罐进行冷藏保存，以备下一次放笼时再用。同时也要检查网笼有无破损情况。

起笼的顺序可按放笼的顺序进行。先开船找到第一支浮标，并将其捞上渔船，先解开浮标绳，并将浮标绳绕过绞绳机的转轮后，利用绞绳机先绞收浮标绳，其绞收顺序是：浮标绳—沉石绳—沉石。接着绞收第一条干绳，其绞收顺序是：干绳—支绳—网笼，按此循环反复，收完 900 个笼。然后绞收第二支浮标，其顺序是：浮标绳—沉石绳—沉石。最后又按上述方法绞收完第二条干绳的 900 个笼和第三支浮标和沉石后，即完成了整列蟹笼的起笼操作。

（三）渔获物处理

较大型的圆柱形网笼，在南海区主要捕捞对象是蟹类，也可兼捕到鱼、东风螺等。

笼具捕获的渔获物基本上都是活体海产动物，起笼后按渔获品种的不同和市场的需求进行分类处理。蟹类捕上来后将其两螯扎紧，防止它们互相争斗受伤害，蟹类扎螯后放在活水舱中暂养。东风螺放在箩筐内置于活水舱中暂养。活鱼类放置水箱中暂养。

六、渔笼网目的渔获选择性研究

渔笼是一种主要渔具，其结构简单，操作方便，而且可以获得活鱼，在北方应用较广。但在渔笼网目尺寸未规范化的地方，一些人用网目很小的渔笼捕鱼，使资源受到严重破坏。为了保护资源、限制网目尺寸，应该首先搞清楚网目对鱼体的选择性。渔笼的网片被固定在框架上，其网目变形很小，若能根据鱼体特征、鱼穿过网目时的相对位置及穿过方式等求出鱼体穿不过网目的概率，再根据体长画出曲线，就能够根据该曲线求出网目对鱼体的不同选择性，进而依照资源保护法所规定的最小体长来设计渔笼网目尺寸，达到保护资源的目的。

（一）理论计算

1. 条件假设

鱼从网目的中央穿过；网目形状不变；鱼体对称，断面为椭圆形；鱼体沿体轴方向可 360° 旋转。

2. 建立坐标及计算式

如图 9-117（a）所示为鱼体最大截面，与网目的关系有 3 种：①能够通过；②刚好通过；③通不过。鱼体能否从网目中穿过的判断采用椭圆切线法，即把图 9-117（a）中的切线与目脚线 AB 进行比较，若切线斜率 K 大于目脚线 AB 的斜率则鱼不能穿过网目，若切线斜率 K 小于目脚线 AB 斜率则鱼能穿过网目。同理如果鱼体旋转 90°，与网目关系变成图 9-117（b）所示的那样时，也可以用此种方法进行判断。鱼体与网片的相对位置：图 9-118（a）所示的网片与 y 轴成 θ 角，网片所截得的鱼体截面能刚好通过网目时，捕获概率可用式（9-13）表示：

$$P_1 = (90 - \theta_1)/90 \tag{9-13}$$

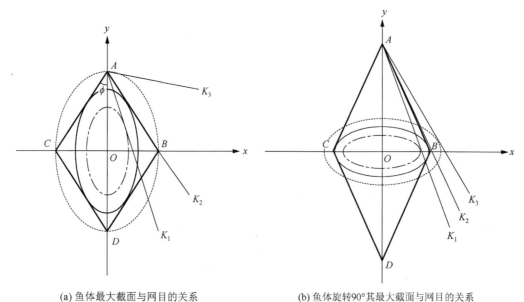

(a) 鱼体最大截面与网目的关系 (b) 鱼体旋转90°其最大截面与网目的关系

图 9-117　鱼体与网目的关系示意图

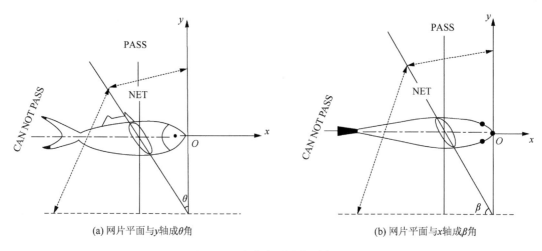

(a) 网片平面与y轴成θ角 (b) 网片平面与x轴成β角

图 9-118　鱼体与网片相对位置图

同理若将鱼体沿体长轴线旋转 90°有式（9-14）成立

$$P_2 = (90 - \theta_2)/90 \qquad (9\text{-}14)$$

图 9-118（b）所示的网片平面与 x 轴成 β 角，网片所截得的鱼体截面刚好通过网目时，捕获概率可用式（9-15）表示

$$P_3 = (90 - \beta_1)/90 \qquad (9\text{-}15)$$

同理将鱼体沿体长轴线旋转 90°时有式（9-16）成立：

$$P_4 = (90 - \beta_2)/90 \qquad (9\text{-}16)$$

把鱼体看成是左右、上下对称，并且鱼只能从鱼头穿过网目时，其捕获的概率 P 可用式（9-17）求出

$$P = (P_1 + P_2 + P_3 + P_4)/90 \qquad (9\text{-}17)$$

设鱼体截面椭圆的半长轴为 a，半短轴为 b，该椭圆方程为

$$\frac{x^2}{a^2} + \frac{y^2}{b^2} = 1 \qquad (9\text{-}18)$$

通过点 $(0, A)$ 与该椭圆相切的切线 AB（鱼刚好通过或刚好通不过的切线）的方程为

$$\frac{x}{A} + \frac{y}{B} = 1 \qquad (9\text{-}19)$$

将式（9-18）代入式（9-19）可得

$$\left(\frac{A^2}{B^2 b^2} + \frac{1}{a^2} \right) x^2 - 2\frac{A^2}{B b^2} x + \frac{A^2}{b^2} - 1 = 0 \qquad (9\text{-}20)$$

通过解式（9-20）的方程，可得出鱼体截面椭圆的长轴或短轴的长度，再根据鱼体与网片的位置关系，可以计算出角度 θ 或 β。根据 θ 或 β 便可求出捕获概率 P。由概率画图便可求出鱼的选择性曲线。

（二）实验

1. 材料与方法

为了检测计算式的推导是否正确，我们采用空间几何照相法对鱼体与其在各平面上的投影尺寸进行了拍照，求出了平面与鱼体成一定角度时其被平面所截得的最大截面椭圆的长轴与短轴，并与用式（9-20）求得的理论计算值进行了比较。

实验方法：用 10 号铁丝制成每边长 50 cm 的正二十面体，每个面均为正三角形。如图 9-119 所示。

将已死亡但鱼体未变形的六线鱼，用一根细铁丝从首至尾穿过鱼体，再用另一根同样粗细的铁丝，从实验鱼的最大体高垂直于首尾方向穿过鱼体，两根铁丝交于鱼体内一点，然后将实验鱼固定在正二十面体中心。由于鱼体是对称的，所以只需从正二十面体中十个面对鱼体进行拍照即可。

实验共使用如表 9-13 所示的实验鱼 10 尾，体长 154～240 cm，体质量 30～116 g。

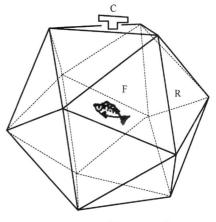

C. 照相机；F. 六线鱼；R. 正三角形

图 9-119　正二十面体示意图

表 9-13　实验鱼规格

序号	体长/mm	体高/mm	体宽/mm	质量/g	序号	体长/mm	体高/mm	体宽/mm	质量/g
1	240	46	26.0	115	6	183	33	20.5	57
2	235	44	26.0	116	7	173	32	19.0	51
3	225	42	24.5	112	8	165	31	18.0	39
4	202	38	22.0	80	9	162	31	18.0	39
5	195	36	21.5	71	10	154	29	17.0	30

2. 椭圆长、短轴的测量

从照片上分别量出如图 9-120 所示的 EF 或 GH，再乘以照片缩小的倍数，就可以得到鱼体截面椭圆的长轴或短轴的长度。

3. 鱼体长与体宽、体高的关系

为计算网目对各种体长的渔获选择性，应该首先知道六线鱼体长与体高、体宽的关系。通过对表 9-13 所示的 10 条实验鱼的统计分析的值

$$L = 36.2 + 0.191(M - 193.4) \quad (r = 0.99) \tag{9-21}$$

$$L = 21.25 + 0.107(N - 193.4) \quad (r = 0.99) \tag{9-22}$$

式中，L——体长（mm）；

M——体高（mm）；

N——体宽（mm）。

可以用式（9-21）和式（9-22）来计算体长已知的六线鱼的体宽或体高。

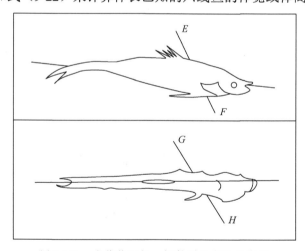

图 9-120　鱼体截面长、短轴测量方法示意图

（三）结果

1. 理论计算的椭圆长轴与实验测出的椭圆长轴的比较

把用式（9-20）计算的鱼体截面长轴（$2a$）和通过实验测得的长轴的值绘制成图 9-121，从图

中可看出理论计算值与实测值非常接近，误差小于 1%，因此可以用式（9-20）的计算值来计算概率 P。

2. 渔获选择性曲线

根据以上的分析与计算，我们求出两目脚夹角分别为 45°、60°、90°时网目的捕获概率，并根据体长、网目大小、捕获概率绘成了如图 9-122 所示的选择性曲线。

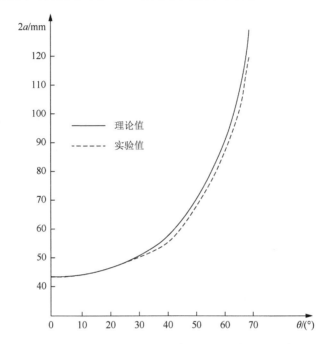

图 9-121 鱼体恰好通过时长轴理论值与实测值的关系

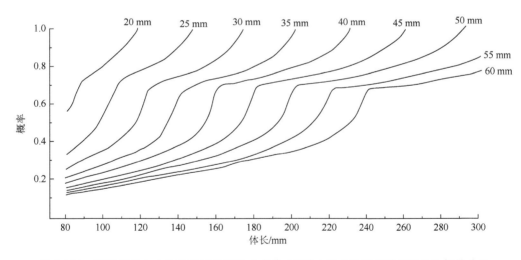

图 9-122 不同网目大小的菱形网目两边夹角为 45°时六线鱼渔笼捕获概率的选择性曲线

图 9-122、图 9-123 分别是不同网目大小下目脚夹角 $\phi = 45°$、$\phi = 60°$时的选择性曲线，从图得知：除网目大小对渔获选择性有影响外，其目脚夹角 ϕ（也可以理解为缩结）对选择性亦有较大影响。同样是 30 mm 的网目，在 $\phi = 45°$时对体长为 120 mm 的鱼的捕获概率是 0.61，而在 $\phi = 60°$和 $\phi = 90°$时捕获概率分别是 0.36 和 0.31。当 ϕ 比较小的时候，即网目变成正方形时，这种现象消失，选择性

曲线变得圆滑。这与假设条件及概率的推导过程有关。网目夹角 ϕ 越小，选择性曲线的斜率越大，即选择性越差，从保护资源的立场上看，渔笼的网目缩结不宜选得太小。

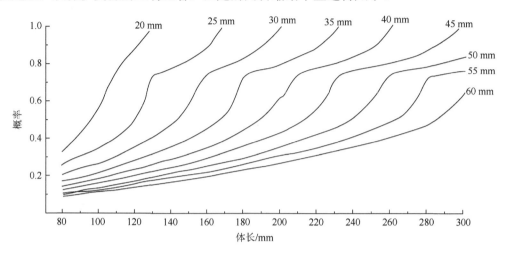

图 9-123　不同网目大小的菱形网目两边夹角为 60°时六线鱼渔笼捕获概率的选择性曲线

（四）讨论

上述的结果是在一些假设的条件下，求出的六线鱼渔笼的渔获选择性曲线，但这仅仅是网目的选择性，并不是整个渔笼的选择性。若求渔笼整体的选择性，还必须在计算渔笼入口处的选择性后进行综合计算。该研究从网目入手，假设所有的六线鱼都能进笼，然后通过概率计算，得到了网目选择性曲线，所以选择范围非常宽，而渔笼的整体选择范围，应比网目选择范围窄一些，太小的鱼可以从渔笼网目中穿出，太大的鱼又不能从渔笼入口进入。对网目的选择性进行研究单纯从保护幼鱼、制定最小网目尺寸等渔政管理的立场出发，但今后有必要对整个渔笼的渔获选择性做进一步的研究，得到渔笼整体的选择性曲线（图 9-124）。

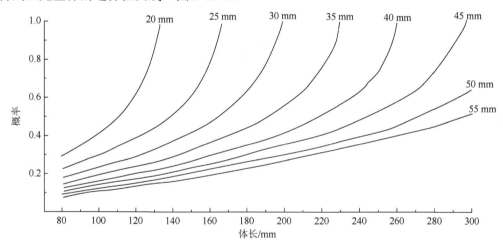

图 9-124　不同网目大小的菱形网目两边夹角为 90°时六线鱼渔笼捕获概率的选择性曲线

六线鱼（这里指大泷六线鱼）是地方性鱼类，主要分布于山东、辽宁等地的近海岩礁海域。

根据冯邵信等人的研究，大泷六线鱼的开捕年龄以 3 龄以上为宜，此年龄的六线鱼体长在 200 mm 以上，依此从图 9-124（目脚夹角 $\phi=90°$）可得，渔笼的网目应选择 30 mm 以上，这样可以减少幼鱼、低龄鱼的捕获率，保护六线鱼资源。

从图 9-122 至图 9-124 的选择性曲线得知，目脚夹角对六线鱼的捕获概率有很大的影响，夹角越小其选择性越差，因此，建议渔笼的网目缩结选择 0.707，即网目呈正方形为宜，这样做既可保护资源，又能节省网片材料，还能减少渔笼在海底的流体阻力，对渔笼制作、操作都比较有利。

从选择性曲线的求导过程可知，网目所在平面若能与鱼体体轴相垂直，鱼逃跑的机会增加，可增加不在捕捞体长范围内幼鱼的生存机会。因此，渔笼的形状最好做成立方体或圆柱体，以提高保护幼鱼的功能。

以上，虽然从理论上对六线鱼渔笼网目的选择性进行了研究，但还存在一些假设条件上的缺点。另外，六线鱼在不同生理阶段，其体形也会有所不同，体形的变化也会对选择性曲线产生影响。

习 题

1. 试按图 9-20 原有的资料绘制该渔具的网衣展开图的设计图。

2. 试列出《中国图集》119 号地拉网的构件名称及其数量。

提示：翼网衣前段和翼网衣后段各 2 片。翼网衣前段网宽为 65 目，网图中缺标注翼网衣前段背部或腹部网宽为 32.5 目；翼网衣后段网宽为 94 目，网图中缺标注翼网衣后段背部或腹部网宽为 47 目。空绳规格改为 2—6.50 PE ϕ7，上下叉绳规格均改为 4—0.80 PE ϕ7。

3. 试核算《中国图集》119 号地拉网。

解：（1）核对各段网衣纲长度目数。

（2）核对囊网衣一筒的编结符号。

（3）核对各段网衣的网宽目数。

①核对网口目数

②核对囊网衣一筒小头目数

③核对囊网衣二筒网宽目数（后段网宽可比前段网宽加宽 3%）

④核对翼网衣一段、网口三角①、②的后头网宽目数（后段网宽可比前段网宽少 2 目以内）

⑤核对网口三角①的小头目数

⑥核对网口三角②的小头目数

（4）核对各部分网衣配纲 [1.73 是指网口三角②后头 70 目的配纲。网口缩结系数以 0.20～0.46 为宜。（2r–1）边的缩结系数不能大于 1，直目边的缩结系数可参考无囊围网翼网部的缩结系数范围 0.60～0.87]。

（5）核对浮沉子配布。

4. 试列出《中国图集》119 号网的材料表。

提示：表中的网线用量和纲索用量可以不计算。每条上、下纲长度均为网衣配纲长度加上两端上、下空纲长度和两端两倍的上、下叉纲长度，两端留头可取为 0.30 m×2。取翼端纲的缩结系数为 0.50。其材料规格取与上下纲相同，两端留头可取为 0.20 m×2。左右各 1 条，上网口三角②（2r–1）边的缩结系数取为 1.00，其两侧边各配 2 条与上下纲材料规格相同的绳索，两侧配纲相连成一条，并在前端形成一个眼环，以便与网口曳纲连接，此纲可称为上网口纲，其两端和中间留长可取为 0.30 m×3。网口曳纲为 20.00 PE ϕ9.4。囊底边缘可按 E20 的缩结系数配囊底纲，其材料规格可取与上下纲相同。囊底纲只用 1 条，留头为 0.30 m。囊底扎绳取长为 2 m，其材料规格可取与上下纲相同。叉纲与曳纲连接用的转环、卸扣可参考书中涠洲大网的取用。

5. 试列出《中国图集》中所有掩罩类渔具的分类名称及代号。

6. 试列出《中国图集》167 号敷网的构件名称及其数量。

提示：网衣名称可详见《中国图集》中的图 167。网底力纲 19.9 PVA ϕ2.5。囊底力纲 0.64 PVA ϕ2.5，左曳纲、右曳纲。

7. 试列出《中国图集》169 号敷网的构件名称及其数量。

提示：网角拉绳 30.00 PA ϕ9.6，滑轮拉纲 80.00 PA ϕ9.6，滑轮连接绳 2—0.15 PE ϕ9，环扣绳 2—0.10 PE ϕ9，沉锤绳 2—0.10 PE ϕ6，前锚纲 200.00 PE ϕ20 + (400.00 + 40.00) PA ϕ9.6，后锚纲 350.00 PE ϕ12 + (50.00 + 40.00) PA ϕ9.6；大沉锤 Pb 12.00 kg，中沉锤 Pb 5.00 kg，小沉锤 Pb 2.00 kg，沉子 Pb 2.00 kg，滑轮。

8. 试分别核对《中国图集》164 号、166 号、167 号敷网的主尺度。

提示：列式核算出主尺度后，应与网图标注的主尺度对照一下，并说明核对结果如何。

9. 试写出《中国图集》169 号敷网各种网衣的网目使用方向。

提示：网衣纵向与水流方向平行的为纵目使用，网衣纵向与水流方向垂直的为横目使用。本图水流来自右方。侧缘网衣（A）、前、后缘网衣（B）、主网衣（C）、主网衣（D）。

10. 试列出《中国图集》164 号敷网的材料表。

提示：网衣名称可详见《中国图集》图 166（4）。网衣材料表可参照表 33 编制，其三角底网衣的横向网片尺寸可写为"600→1"。侧端纲 0.54 PE ϕ5。浮子纲 PE ϕ5，长约为

$$\left\{\left[\sqrt{\left(\frac{100}{2}\right)^2 + \left(\frac{146-100}{2}\right)^2} \times 2 + 100\right] \times 60 + \left[\left[\sqrt{\left(\frac{76}{2}\right)^2 + \left(\frac{146-76}{2}\right)^2}\right]\right] \times 1070\right\}$$

起网绳 200.00 PA ϕ10；拉灯绳 PE ϕ7，长约为曳绳长与一半上纲长度之和的两倍；除了起网绳、拉灯绳和曳绳不用留头，上、下纲各留头 2.00 m×2；侧端纲和浮子纲各留头 0.25 m×2；铜环 Cu RIN 50 g；防水灯；上主纲 2—165×18 PE ϕ10。

11. 试核算《中国图集》176 号抄网网图。

解：（1）核对网衣目大和网衣尺寸。

（2）核对网衣配纲。

①核算前纲缩结系数

②核算侧纲缩结系数

12. 试核算《中国图集》178 号掩网网图。

解：（1）核对各筒网衣网长目数（略）。

（2）核对各筒网衣编结符号 [网衣展开图中第一筒网长包括了一目长的缘网衣，故计算一筒的编结周期数时，一筒网长应为（68×5-1）目]。

（3）核对各筒网衣网周目数。

假设一筒小头的网周目数为 125 目，编结符号中的周期内增加目数和增目道数均是正确的，则二筒、三筒小头和三筒大头的网周目数应分别为……

（4）核对网衣缩结（书中只提到我国抛撒掩网的底部网缘缩结系数一般为 0.70～0.85。而 178 号是撑开掩网，其底部网缘缩结系数稍大些，在 0.92 以内还是可以的）。

13. 试核算《中国图集》183 号插网网图。

解：（1）核对网衣缩结系数（可根据局部装置图②的数字计算，并说明其合理与否）。

（2）核对上、下纲长度和网长目数。

假设上、下纲长度、网长目数和目大均是正确的，则其网衣缩线结系数为……

（若核算结果与前面计算出的网衣缩结系数基本上相同，则说明假设均无误）

则整处网列总长度为（应将核算结果与主尺度标注的数字对照，并说明主尺度的标注是否有误）。

（3）核对网高目数。

（4）核对撑杆、插杆和桩的长度。

（5）核对撑杆、插杆和桩的安装间距和支数。

14. 试列出《中国图集》232 号滚钩的构件名称、材料规格及其数量。

提示：要求分别列出每干和整列的数量。

名称	材料及规格	数量	
		每干	整列

15. 试核算《中国图集》232 号滚钩渔具图。

提示：试核对浮筒和锚的配布。

16. 试列出《中国图集》243 号笼具的构件名称、材料规格及其数量。

提示：要求分别列出每干和整列的数量。笼具和支绳之间用 3 条叉线来连接。笼具的材料为 BAM + WD + PENE。每个笼具结缚三个沉石。

17. 试核算《中国图集》246 号笼具图。

解：（1）核对支线总长度。

（2）核对干绳长度和笼具的间距、端距（间距和端距均应大于支线总长度与笼具高度之和）。

（3）核对浮筒和沉石的配布。

18. 将图 9-20 中的网衣展开图绘制成设计图。（设计者：不签字，制图者：自己）

第十章
渔具模型实验与设计

第一节　渔具模型实验的相似原理和相似准则

渔具模型实验是指将渔具按相关相似准则，复制成小尺寸的模型，模拟受力与形状的关系，并通过换算，分析该渔具在实际作业中的受力和形状变化。它与实物试验相比，有投资少、节省人力和物力、可在人为控制条件下进行系列实验等优点。作为一种对目标的间接测试，渔具模型实验对渔具基础理论研究、渔具设计和改进都具有重要的意义和作用。通过渔具模型实验来研究网具作业中的形状及调整方法，研究渔具各因素之间的相互关系已是国际上通用的方法。

模型实验建立在相似原理的基础上，但与刚体不同，绳索和网具是柔软体，其受力和形状关系复杂，因此需要一些特殊的准则。这里着重介绍渔具模型的相似原理、相似准则。

一、相似原理

渔具模型实验的相似原理，包括几何相似、运动相似、动力相似、流体动力相似和特种模型相似定律等。

（一）几何相似

几何相似是指两个物体或比较系统在外形上相似，即实物（F）与模型（m）对应边的线尺度成比例。即

$$\frac{A_F}{A_m}=\frac{B_F}{B_m}=\frac{C_F}{C_m}=\frac{D_F}{D_m}=\frac{L_F}{L_m}=\lambda \tag{10-1}$$

式中，A、B、C、D——几何形状对应边；

　　　　λ——几何相似尺度比；

　　　　L——特殊线尺度。

因此两个物体的面积 S 有如下关系

$$\frac{S_F}{S_m}=\frac{L_F^2}{L_m^2}=\lambda^2 \tag{10-2}$$

体积 V 之比为

$$\frac{V_F}{V_m}=\frac{L_F^3}{L_m^3}=\lambda^3 \tag{10-3}$$

（二）运动相似

运动相似是指在两个几何相似物体或比较系统中，对应点的运动轨迹相似，各对应点经过对应空间部分所需时间成比例，即实物与模型对应点运动速度、加速度成比例。

因为几何相似有 $L_F/L_m=\lambda$，则流体质点经过对应部分所需时间 t 也成比例。即

$$\frac{t_{\mathrm{F}}}{t_{\mathrm{m}}} = T \tag{10-4}$$

式中，T——时间相似模数。

则对应点的运动速度 v 和加速度 a 之比为定值，即

$$\frac{v_{\mathrm{F}}}{v_{\mathrm{m}}} = \frac{\dfrac{\mathrm{d}L_{\mathrm{F}}}{\mathrm{d}t_{\mathrm{F}}}}{\dfrac{\mathrm{d}L_{\mathrm{m}}}{\mathrm{d}t_{\mathrm{m}}}} = \lambda T^{-1}, \quad \frac{a_{\mathrm{F}}}{a_{\mathrm{m}}} = \frac{\dfrac{\mathrm{d}v_{\mathrm{F}}}{\mathrm{d}t_{\mathrm{F}}}}{\dfrac{\mathrm{d}v_{\mathrm{m}}}{\mathrm{d}t_{\mathrm{m}}}} = \lambda T^{-2} \tag{10-5}$$

（三）动力相似

动力相似是指两个运动相似的物体或比较系统中，对应点的质量 m 之比为常数，即

$$\frac{m_{\mathrm{F}}}{m_{\mathrm{m}}} = M \tag{10-6}$$

式中，M——质量相似模数。

根据牛顿动力学基本定律，则

$$\frac{F_{\mathrm{F}}}{F_{\mathrm{m}}} = \frac{m_{\mathrm{F}} a_{\mathrm{F}}}{m_{\mathrm{m}} a_{\mathrm{m}}} = M\lambda T^{-2} = \phi \tag{10-7}$$

式中，ϕ 为常数，这表明各点的重力、作用力等都对应成比例。因此也可写成

$$\phi = \frac{F_{\mathrm{F}}}{F_{\mathrm{m}}} = \frac{\rho_{\mathrm{F}} L_{\mathrm{F}}^4 T_{\mathrm{F}}^{-2}}{\rho_{\mathrm{m}} L_{\mathrm{m}}^4 T_{\mathrm{m}}^{-2}} = \frac{\rho_{\mathrm{F}} L_{\mathrm{F}}^2 v_{\mathrm{F}}^2}{\rho_{\mathrm{m}} L_{\mathrm{m}}^2 v_{\mathrm{m}}^2} \tag{10-8}$$

（四）流体动力相似

流体动力相似是指渔具在作业中，当渔具与周围的水发生相对运动时，渔具所受到的流体动力与周围的流态密切相关。为了保持模型和实物所受到的流体作用力方向相同，大小成比例，就必须保持它们周围的流态，即流线谱相似。

物体在流体中运动时的阻力公式，一般表示为

$$R = \frac{k\rho S v^2}{2} \tag{10-9}$$

如果实物与模型渔具的流体动力保持相似，则有

$$\frac{R_{\mathrm{F}}}{R_{\mathrm{m}}} = \frac{k_{\mathrm{F}} \rho_{\mathrm{F}} S_{\mathrm{F}} v_{\mathrm{F}}^2}{k_{\mathrm{m}} \rho_{\mathrm{m}} S_{\mathrm{m}} v_{\mathrm{m}}^2} \tag{10-10}$$

式（10-10）称为牛顿普通相似定律。

当实物与模型的流线谱相似时，两者的流体动力特性相同，因此 $k_{\mathrm{F}} = k_{\mathrm{m}}$，则式（10-10）可写成

$$\frac{R_{\mathrm{F}}}{R_{\mathrm{m}}} = \frac{\rho_{\mathrm{F}} S_{\mathrm{F}} v_{\mathrm{F}}^2}{\rho_{\mathrm{m}} S_{\mathrm{m}} v_{\mathrm{m}}^2} \tag{10-11}$$

或

$$\frac{\dfrac{1}{2}\rho_{\mathrm{F}} v_{\mathrm{F}}^2}{q_{\mathrm{F}}} = \frac{\dfrac{1}{2}\rho_{\mathrm{m}} v_{\mathrm{m}}^2}{q_{\mathrm{m}}} Eu \tag{10-12}$$

式中，$q = R/S$——单位面积上的流体动阻力；

$\quad\quad Eu$——欧拉数。

由此可见，在进行模型实验时，若按牛顿普通相似定律进行实验，则实物和模型的欧拉数必须相等。

（五）特种模型相似定律

为解决因流体具有惯性力而产生的压力或阻力问题，根据牛顿第二定律，流体运动的惯性力应为各种作用力的向量和，即有

$$F = m \cdot a = F_g + F_\mu + F_e + F_t + \cdots \qquad (10\text{-}13)$$

式中，F——惯性力；

   m——质量；

   a——加速度；

   F_g——重力；

   F_μ——黏性力；

   F_e——弹性力；

   F_t——表面阻力。

根据动力学原理，实物与模型实验时流体的惯性力相似必须符合

$$\phi = \frac{F_\text{F}}{F_\text{m}} = \frac{F_{g\text{F}} + F_{\mu\text{F}} + F_{e\text{F}} + F_{t\text{F}} + \cdots}{F_{gm} + F_{\mu m} + F_{em} + F_{tm} + \cdots} \qquad (10\text{-}14)$$

同时，完全的相似尚需满足各分力成比例，即

$$\phi = \frac{F_\text{F}}{F_\text{m}} = \frac{F_{g\text{F}}}{F_{gm}} = \frac{F_{\mu\text{F}}}{F_{\mu m}} = \frac{F_{e\text{F}}}{F_{em}} = \frac{F_{t\text{F}}}{F_{tm}} \qquad (10\text{-}15)$$

式（10-15）为流体动力全相似的必要条件。

由于各力的性质不同，分布不一，在实践中无法制出一种模型能够完全满足式（10-15）的情况。可以证明，除非 $\phi = 1$（即实物本身），否则模型实验无法实现完全相似。因此，只能根据其运动特点，使对物体运动起主导作用的力保持相似，这就是特种模型相似定律。

1. 雷诺定律（黏性力相似定律）

潜体运动时的阻力以黏性力为主，因此在进行模型实验时，必须实现黏性力相似，这就是雷诺定律。根据牛顿内摩擦定律，对于表面积为 S 的潜体，其黏性力 F_μ 可表示为

$$F_\mu = \mu \cdot \frac{\mathrm{d}v}{\mathrm{d}y} S \qquad (10\text{-}16)$$

式中，μ——黏性系数；

   v——流速或物体运动速度；

   y——纵向分力；

   S——物体的表面积。

也可写成

$$F_\mu = \mu \cdot \frac{L^2}{T} \qquad (10\text{-}17)$$

式中，T——物体的运动时间。

运动流体的惯性力为

$$F_\rho = \rho \cdot \frac{L^4}{T^2}$$

式中，ρ——运动流体的密度。

按特种模型相似定律建立原理，物体的黏性力必须与流体惯性力的倍数相等，有

$$\rho_n = \frac{L_n^4}{T_n^2} = \mu_n \frac{L_n^2}{T_n}$$

或

$$T_n = L_n^2 \frac{\rho_n}{\mu_n} \qquad (10\text{-}18)$$

因运动黏性系数

$$\eta_n = \frac{\mu_n}{\rho_n}$$

故

$$T_n = \frac{L_n^2}{\eta_n}$$

$$v_n = \frac{L_n}{T_n} = \frac{\eta_n}{L_n} \qquad (10\text{-}19)$$

若实物与模型所处的流体相同即

$$\eta_n = 1$$

则

$$T_n = L_n^2$$
$$v_n = L_n^{-1}$$

得

$$\frac{v_n L_n}{\eta_n} = Re = 1 \qquad (10\text{-}20)$$

式中，Re——雷诺数，当黏性力支配运动而忽略其他作用力时，唯一的相似条件为实物与模型的 Re 值必须相等。

如果模型采用的流体与实物的相同，则应使

$$v_n L_n = 1 \text{或} v_m L_m = v_F L_F$$

即模型长度 L_m 缩小 L_n 倍，模型实验的流速需增大 L_n 倍，方能保持流体的雷诺数相等，实现黏性力相似。

2. 弗劳德相似准则（重力相似准则）

渔具在水面或近水面作业时，如浮拖网，流体的重力起主导作用。这类渔具进行模型实验时，必须实现实物与模型的流体重力相似，这就是弗劳德相似准则，即弗劳德数相等。

因为重力可以表示为

$$F_g = \rho L^3 g \qquad (10\text{-}21)$$

式中，g——重力加速度；

ρ——流体密度。

根据动力相似，有

$$\phi = \frac{F_F}{F_m} = \frac{F_{gF}}{F_{gm}} \qquad (10\text{-}22)$$

则

$$\frac{\rho_F L_F^2 v_F^2}{\rho_m L_m^2 v_m^2} = \frac{\rho_F L_F^3 g_F}{\rho_m L_m^3 g_m}$$

化简，得

$$\frac{v_F^2}{v_m^2} = \frac{L_F g_F}{L_m g_m} \qquad (10\text{-}23)$$

或

$$\frac{v_F}{\sqrt{L_F g_F}} = \frac{v_m}{\sqrt{L_m g_m}} = Fr$$

式（10-23）表明，当主要考虑流体重力进行模型实验时，必须使弗劳德数相等。

二、相似准则

渔具模型实验采用的主要相似准则，至目前为止，有田内准则、狄克逊准则、克里斯登生准则及巴拉诺夫准则等。其中田内准则和狄克逊准则应用比较广泛。

（一）田内准则

该准则于 20 世纪 30 年代建立，田内博士认为网线可视为粗糙的圆柱体，经观察发现：当运动速度（当时的拖网）为 1~1.25 m/s 时，网线直径（2~5 mm）轴向与水流垂直时的雷诺数约在 2×10^3~ 1.25×10^4 内，正好处在圆柱体阻力曲线的"自动模型区"（$Re = 1 \times 10^3$~1.8×10^5）内。在该雷诺数范围内，物体周围流态基本相同，阻力系数大体保持定值，与 Re 无关。因此，田内认为：如果模型网实验在这一范围内进行，就不受雷诺定律的约束，即不必保持雷诺数相等，而只要保持其主要作用力的动力相似就可以。

田内认为对渔具模型实验必须作如下几点假设（即田内准则的几点假设）。

①渔具在受力时，网线的伸长度不予考虑；

②网片是充分柔软的；

③网片的形状变化缓慢，因此在外力作用下的网片每一微元都可以看作处于平衡状态；

④网具的每个部分均符合水动力的牛顿普通相似定律，而不考虑雷诺定律。

此外，田内还认为网片的阻力与网线直径 d 和网目脚长度 a 的比值（即 d/a）成正比。只要保持模型网和实物网的 d/a 值不变，即使改变 a 或 d 的大小，亦不影响网具阻力。因此在制作模型网时，网线直径 d 和网目脚长度 a 可按不同于网具其他尺度的比例进行缩小，即可选用两个不同的尺度比。

对于渔具中的纲索和网片长度等主尺度，选用大尺度比 λ，即

$$\lambda = \frac{L_F}{L_m} \qquad (10\text{-}24)$$

对于网目脚长度和网线直径，可选用小尺寸比 λ'，即

$$\lambda' = \frac{d_F}{a_F} = \frac{d_m}{a_m} \qquad (10\text{-}25)$$

此外，为了保持网具几何形状相似，模型和实物网片的缩结系数必须相同。

实验的换算公式主要有以下几个尺度比。

a. 大尺度比

$$\frac{L_F}{L_m} = \lambda$$

b. 小尺度比

$$\frac{a_F}{a_m} = \frac{d_F}{d_m} = \lambda'$$

c. 速度比

$$\frac{v_{\mathrm{F}}}{v_{\mathrm{m}}} = \sqrt{\lambda'\frac{(r_{\mathrm{nF}}-1)}{(r_{\mathrm{nm}}-1)}} \qquad (10\text{-}26)$$

d. 时间比

$$\frac{t_{\mathrm{F}}}{t_{\mathrm{m}}} = \lambda\frac{v_{\mathrm{m}}}{v_{\mathrm{F}}} \qquad (10\text{-}27)$$

e. 力的比例（包括沉、浮力比）

$$\frac{R_{\mathrm{F}}}{R_{\mathrm{m}}} = \lambda^2\lambda'\frac{(r_{\mathrm{nF}}-1)}{(r_{\mathrm{nm}}-1)} \qquad (10\text{-}28)$$

f. 张力之比

$$\frac{T_{\mathrm{F}}}{T_{\mathrm{m}}} = \lambda^2\lambda'\frac{(r_{\mathrm{nF}}-1)}{(r_{\mathrm{nm}}-1)} \qquad (10\text{-}29)$$

g. 纲索直径比

$$\frac{d'_{\mathrm{F}}}{d'_{\mathrm{m}}} = \sqrt{\lambda'\lambda\frac{(r_{\mathrm{wm}}-1)}{(r_{\mathrm{wF}}-1)}} \qquad (10\text{-}30)$$

h. 浮、沉子直径比

$$\frac{d''_{\mathrm{F}}}{d''_{\mathrm{m}}} = \sqrt[3]{\lambda^2\lambda'\frac{(r_{\mathrm{Bm}}-1)}{(r_{\mathrm{BF}}-1)}} \qquad (10\text{-}31)$$

式中，r_{w}——纲索密度；

$\quad\quad r_{\mathrm{B}}$——浮、沉子密度；

$\quad\quad r_{\mathrm{n}}$——网材料密度；

$\quad\quad L$——网具主尺度的长度；

$\quad\quad a$——网目脚长度；

$\quad\quad d$——网线直径；

$\quad\quad d'$——纲索直径；

$\quad\quad d''$——浮子直径。

（二）狄克逊准则

狄克逊于1954～1958年进行过渔具模型实验，他在研究工作中基于弗劳德相似准则建立的模型相似理论和模型试验换算办法而创立了渔具模型实验的相似准则，该相似准则在欧美国家得到了广泛应用。

1. 狄克逊准则理论

狄克逊准则理论主要有三方面内容：①渔具的静浮力 F 和重力（沉子沉力）Q 取决于体积的大小，与线尺度的立方成比例；②升阻力 R_{L}、阻力和 R_{D}（所有不同方向水流对渔具产生的力）是由水流引起的，与表面积有关，因而与线尺度的平方成正比；③为使模型网与实物网在水下工作时能达到力学相似，浮沉力和升阻力应具有相同的相似比例，即满足：

$$\frac{F_{\mathrm{F}}}{F_{\mathrm{m}}} = \frac{Q_{\mathrm{F}}}{Q_{\mathrm{m}}} = \frac{R_{\mathrm{LF}}}{R_{\mathrm{Lm}}} = \frac{R_{\mathrm{DF}}}{R_{\mathrm{Dm}}}$$

2. 网模水槽实验的前提条件

网模水槽实验的前提条件包含三方面内容：①模型网上的浮子和沉子的密度应与实物网相同；②模型网上的网线材料必须与实物网相同；③线尺度比和速度比应有一定的限制。对于英国的底拖网，建议选择线尺度比 $\lambda \leqslant 8$ 和网线直径比 $\lambda_d \leqslant 4$。

3. 狄克逊准则换算公式

狄克逊准则换算公式有大尺度比、小尺度比、速度比、时间比、力的比例和网片重力之比。

a. 大尺度比

$$\frac{L_F}{L_m} = \lambda \tag{10-32}$$

b. 小尺度比

网目尺寸比

$$\frac{a_F}{a_m} = \lambda_m \tag{10-33}$$

网线直径比

$$\frac{d_F}{d_m} = \lambda_d \tag{10-34}$$

c. 速度比

$$\frac{v_F}{v_m} = \sqrt{\lambda} \tag{10-35}$$

d. 时间比

$$\frac{t_F}{t_m} = \sqrt{\lambda} \tag{10-36}$$

e. 力（包括浮、沉力）的比例

$$\frac{R_F}{R_m} = \lambda^3 \tag{10-37}$$

f. 网片重力之比

$$\frac{Q_{nF}}{Q_{nm}} = \frac{\lambda^2 \cdot \lambda_d^2}{\lambda_m} \tag{10-38}$$

4. 应用狄克逊准则的几个说明

应用狄克逊准则应注意：①当 $\lambda_d = \lambda_m = \lambda$ 时，则有 $Q_{nF}/Q_{nm} = \lambda^3$，狄克逊准则与弗劳德相似准则相同；②当 $\lambda_d = \lambda_m = \lambda'$ 时，有 $Q_{nF}/Q_{nm} = \lambda^2\lambda'$；③在一般情况下，由于网材料的限制，$\lambda' < \lambda$，故有 $\lambda^2\lambda' < \lambda^3$，即模型网网衣的重力偏大，应增加一些附加浮力来调整。

（三）克里斯登生准则

克里斯登生针对现代渔具纤维材料受载荷时会产生较大的伸长的特点，认为进行渔具模型实验时，应考虑伸长和载荷的关系，以保证模型实验的准确性。他以弗劳德相似准则为基础，提出了合成纤维网具模型实验的换算准则和准则假设（网线高度柔软，不考虑网线的柔挺性）。

1. 准则换算公式

克里斯登生准则换算公式有大尺度比，小尺度比，大小尺度比的关系，张力、浮沉力及重力比，时间比，速度比，纲索直径比和浮、沉子直径比。具体如下。

①大尺度比

$$\lambda = \frac{L_F}{L_m} \tag{10-39}$$

为了保证雷诺相似，要求 $\lambda < 15$。

②小尺度比中：

网目尺寸比

$$\lambda_{\mathrm{m}} = \frac{a_{\mathrm{F}}}{a_{\mathrm{m}}} \tag{10-40}$$

网线直径比

$$\lambda_d = \frac{d_{\mathrm{F}}}{d_{\mathrm{m}}} \tag{10-41}$$

③大小尺度比的关系

$$\lambda = \sqrt{\frac{\lambda_{\mathrm{F}} \rho_{\mathrm{m}} A_{\mathrm{F}}}{\lambda_{\mathrm{m}} \rho_{\mathrm{F}} A_{\mathrm{m}}}} \lambda_d \tag{10-42}$$

或当 $\lambda_{\mathrm{F}} = \lambda_{\mathrm{m}} = \lambda_d = \lambda'$ 时

$$\lambda = \sqrt{\frac{\rho_{\mathrm{m}} A_{\mathrm{F}}}{\rho_{\mathrm{F}} A_{\mathrm{m}}}} \lambda'$$

④张力、浮沉力及重力比

$$\frac{F_{\mathrm{F}}}{F_{\mathrm{m}}} = \frac{R_{\mathrm{F}}}{R_{\mathrm{m}}} = \frac{Q_{\mathrm{F}}}{Q_{\mathrm{m}}} = \frac{\rho_{\mathrm{F}}}{\rho_{\mathrm{m}}} \cdot \lambda^3 \tag{10-43}$$

⑤时间比

$$\frac{t_{\mathrm{F}}}{t_{\mathrm{m}}} = \sqrt{\lambda} \tag{10-44}$$

⑥速度比

$$\frac{v_{\mathrm{F}}}{v_{\mathrm{m}}} = \sqrt{\lambda} \tag{10-45}$$

⑦纲索直径比

$$\lambda_{d\mathrm{R}} = \frac{d_{\mathrm{RF}}}{d_{\mathrm{Rm}}} = \sqrt{\frac{\rho_{\mathrm{F}} A_{\mathrm{m}}}{\rho_{\mathrm{m}} A_{\mathrm{F}}}} \lambda^{\frac{3}{2}} \tag{10-46}$$

⑧浮、沉子直径比

$$\lambda_{d\mathrm{B}} = \frac{d_{\mathrm{BF}}}{d_{\mathrm{Bm}}} = \frac{r_{\mathrm{Bm}} - 1}{r_{\mathrm{BF}} - 1} \lambda \tag{10-47}$$

式中， L——网具主尺度；

a——网目脚长度；

d——网线直径；

ρ——流体密度；

A——网线应力/形变公式中的特性常数；

d_{R}——纲索直径；

d_{B}——浮、沉子直径；

r_{B}——浮子质量或沉子密度。

2. 换算公式理论分析

这里仅对大小尺度比关系和纲索直径比两方面内容进行分析。

①大小尺度比的关系。因为合成纤维材料制成的网线和纲索在受到载荷时伸长较大，其伸长与拉力之间的关系不符合胡克定律，而是符合近似功率定律，则应力与形变呈下列指数关系

$$\sigma = A \cdot \varepsilon^b \tag{10-48}$$

式中，A、b——网线和材料的特性常数，无量纲，一般取 $b = 0.9$；

ε——形变；

σ——单位截面积网线上的力，即应力。

当渔具受作用力 R 时，网衣上所具有的应力为

$$\sigma = \frac{R}{N \frac{\pi}{4} d^2} \tag{10-49}$$

式中，N——网衣周长目数，与网衣拉直长度 L 的关系如式（10-50）所示；

d——网线直径。

$$N = \frac{L}{2aE_T} \tag{10-50}$$

则有

$$\frac{\sigma_F}{\sigma_m} = \frac{R_F}{N_F d_F^2} \cdot \frac{N_m d_m^2}{R_m}$$

实物网与模型网的网目数量关系为

$$\frac{N_F}{N_m} = \frac{L_F}{a_F} \cdot \frac{a_m}{L_m} = \frac{\lambda}{\lambda'} \tag{10-51}$$

因为载荷和重力的关系为

$$\frac{R_F}{R_m} = \frac{\rho_F}{\rho_m} \cdot \lambda^3$$

所以

$$\frac{\sigma_F}{\sigma_m} = \frac{\rho_F}{\rho_m} \cdot \lambda^3 \cdot \frac{\lambda'}{\lambda} \cdot \frac{1}{\lambda_d^2} = \frac{\rho_F}{\rho_m} \cdot \frac{\lambda^2 \lambda'}{\lambda_d^2} \tag{10-52}$$

当 $\lambda_m = \lambda_d = \lambda'$ 时，则有

$$\frac{\sigma_F}{\sigma_m} = \frac{\rho_F}{\rho_m} \cdot \frac{\lambda^2}{\lambda'}$$

因为网线形变 ε 相对伸长且为无量纲量，在两个相似系统中，网线应变应相等，则

$$\varepsilon_F = \varepsilon_m, \ b_F = b_m$$

$$\frac{\sigma_F}{\sigma_m} = \frac{A_F}{A_m} = \frac{\rho_F}{\rho_m} \cdot \frac{\lambda^2}{\lambda'}$$

$$\lambda = \sqrt{\frac{\rho_m A_F}{\rho_F A_m} \lambda'} \tag{10-53}$$

②纲索直径比。直径为 d_R 的纲索上受拉力为 F 时，拉应力为

$$\sigma_R = \frac{F}{\frac{n}{4} \cdot d_R^2}$$

因为

$$\frac{F_F}{F_m} = \frac{\rho_F}{\rho_m} \cdot \lambda^3$$

所以

$$\frac{\sigma_F}{\sigma_m} = \frac{\rho_F}{\rho_m} \cdot \frac{\lambda^3}{\lambda_{dR}^2}$$

则纲索直径的换算公式为

$$\lambda_{dR} = \frac{d_{RF}}{d_{Rm}} = \sqrt{\frac{\rho_F}{\rho_m} \cdot \frac{A_m}{A_F}} \cdot \lambda^{\frac{3}{2}} \qquad (10\text{-}54)$$

网具上配置的总浮力为

$$F_B = n \cdot c \cdot d_B^3 (v_B - v_w) \qquad (10\text{-}55)$$

浮子的总阻力为

$$R_B = n \cdot c \cdot d_B^2 \cdot \rho \cdot v^2 \qquad (10\text{-}56)$$

式中，c——浮子形状系数；

$\quad\quad n$——浮子数量；

$\quad\quad \rho_B$——浮子密度；

$\quad\quad \rho_w$——水的密度；

$\quad\quad \rho$——流体密度。

则

$$\frac{n_F}{n_m} \cdot \frac{d_{BF}^3 (\rho_{BF} - \rho_w)}{d_{Bm}^3 (\rho_{Bm} - \rho_w)} = \frac{n_F}{n_m} \cdot \frac{v_F^2}{v_m^2}$$

因为

$$\frac{v_F}{v_m} = \sqrt{\lambda}$$

所以

$$\frac{d_{BF}}{d_{Bm}} = \frac{v_{BF} - 1}{v_{Bm} - 1} \cdot \lambda$$

模型网的浮子直径为

$$d_{Bm} = d_{BF} \frac{v_{Bm} - 1}{v_{BF} - 1} \cdot \frac{1}{\lambda} \qquad (10\text{-}57)$$

模型网上配置的浮子数量，因为渔具的阻力和重力存在相似关系，故有

$$\frac{\rho_F \cdot n_F \cdot d_{BF}^2 \cdot v_F^2}{\rho_m \cdot n_m \cdot d_{Bm}^2 \cdot v_m^2} = \frac{\rho_F}{\rho_m} \cdot \lambda^3$$

所以

$$\rho_F = \rho_m = \frac{v_F}{v_m} = \sqrt{\lambda} \qquad (10\text{-}58)$$

$$n_m = n_F \cdot \left(\frac{v_{Bm} - 1}{v_{BF} - 1}\right)^2 \qquad (10\text{-}59)$$

如果模型网的浮子材料与实物网相同，则浮子数量也相同。

第二节 拖网模型实验

拖网是渔具中最有代表性的渔具类型，为此本节着重介绍拖网今后的研究方向——拖网模型实验，即从拖网模型实验设备、天然水域拖网模型试验设备、拖网模型实验准则、拖网模型实验换算步骤、拖网模型制作、枪网模型实验记录和数据处理六方面内容进行论述。

一、拖网模型实验设备

拖网模型实验的实验设备，目前主要是水槽，水槽分动水槽和静水槽。因为在水槽实验中，介质是水，网材料的密度与水接近，网在水中几乎无沉力，所以容易满足渔具模型相似准则。况且渔具模型的尺度较小，因此拖网模型实验常在水槽中进行。

动水槽由水槽体、改变流量和流速的调流系统和测试仪器组成。动水槽分为重力式动水槽和回流式动水槽两种。重力式动水槽通过泵和管路系统将水源的水引入水渠或水槽，流量和流速由进水闸门控制调节。将模型网固定在流速稳定的渠槽段，配以测定仪器，便可进行实验观测。这种水槽结构简单，实验精度低，适用于简单项目的实验。而回流式动水槽通过泵使水循环运行，设备包括蓄水池、泵系统、水塔、配水管路、回水路管和回水槽及测试仪器设备，采用这种形式可自由调节流速。只要具有足够的宽度，并采用消除或减小边界层影响的技术装置，回流式动水槽测量精度高，能满足多种实验需要，如日本东京大学的回流水槽，其规格和动能如下。

①设有底面移动装置的回流水槽，如图 10-1 所示。水槽体长 7.3 m，宽 3.0 m，高 2.2 m；观测部流速 0.05～1.2 m/s；动力 7.5 kW，135～1350 r/min，直径 680 mm 的液压叶轮 3 个；底面移动装置长 2.6 m，宽 1.0 m，特殊耐水皮带制成。驱动电机 220 V，1.5 kW，120～1200 r/min，移动速度 0～1.2 m/s。

该水槽的观测部底面移动装置可消除底面边界的影响。没有该装置时，拖网网板模型在槽底不稳定，拖网浮力不能充分发挥。启动该装置进行实验，可使底曳网实验精度提高。

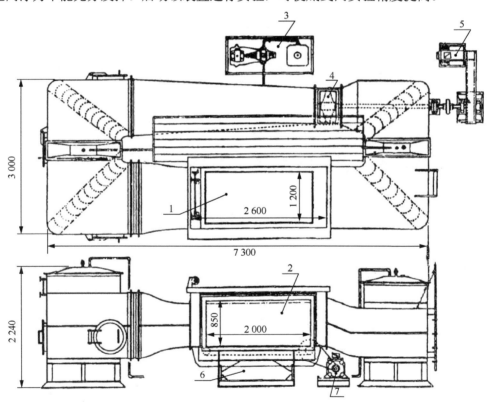

1. 实验段；2. 观测窗；3. 真空泵；4. 叶轮；5. 主电动机；6. 移动皮带；7. 移动皮带用电动机

图 10-1　设有底面移动装置的回流水槽结构图

②设有边界层吸入装置的大型回流水槽，如图 10-2 所示。水槽体长 17.0 m，宽 6.05 m，高 3.0 m；观测部长 7.0 m，宽 1.45 m，水深 1.2 m；观测部流速 0～2.0 m/s；动力电机 200 V，37 kW，135～

1750 r/min；直径 980 mm 的液压叶轮 4 个；底部边界层吸流装置为泵式，电机功率 5.5 kW，设定泵机转数和手动阀，可控制吸流量，设有手动—自动切换开关。该边界层吸流装置可使槽底流态均匀，提高实验精度，同时设有表面流加速装置。

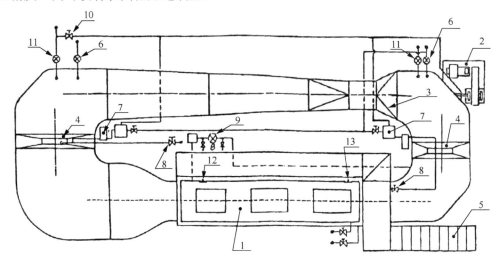

1. 实验段；2. 观测窗；3. 叶轮；4. 整流栅；5. 楼梯；6. 给水阀；7. 水阀；8. 气栓；9. 边界层吸入装置控制阀；
10. 主给水阀；11. 排水阀；12. 测定部水位第一标记；13. 测定部水位第二标记

图 10-2 设有边界层吸入装置的大型回流水槽结构图

静水槽由水槽体、拖车和测试仪器组成，拖车沿池壁顶轮匀速拖曳模型网具或其构件模型运行，观测其形态和受力。静水槽一般长 50～150 m，宽 4～6 m，水深 2～3 m。拖曳速度 0.04～3 m/s，兼作船模实验用时，拖速高达 8 m/s，一般在池边设置消波器。

我国东海水产研究所静水槽长 90 m，宽 6 m，深 3 m；拖车速度 0.1～4.0 m/s；网口高度测量方式为回声记录式；测力方式为通过应变仪测量。中山大学和南京林业大学工学院的静水槽也曾多次进行拖网模型实验。

二、天然水域拖网模型试验的设备

为了进一步减少渔具模型实验的误差，可以增大模型的尺度比。模型实验条件越接近实物，实验结果越准确。但是，这往往是很难的，也使得试验费用增加。因此，可以利用天然水域进行模型试验。例如，在海湾、湖泊或者河流，配置一定的试验设备对大尺度渔具模型应用较小功率的船舶在浅水的天然水域进行拖网（围网）模型试验，试验结果可以作为设计网具或者改进网具的重要参考。

天然水域大尺度拖网（围网）模型试验的效果和精度，完全取决于试验场所的条件、试验船舶的性能和测试仪器。由于这种试验是在室外大水面的自然条件下进行的，所以试验时的天气条件也是非常重要的因素。

1. 试验场所的选择

天然水域条件多样，海湾、湖泊和河流等均可作为大尺度模型的试验场所（图 10-3）。试验场所建议满足下列条件和要求：

①水深一般在 10～20 m，但是如要进行中层拖网（围网）模型试验，则水深还要适当增加；

②试验水域水底需平坦，无障碍物，以便模型网具进行拖曳作业；

③水质清澈，水下能见度最好不低于 5～8 m；

④潮差和风浪均要小。

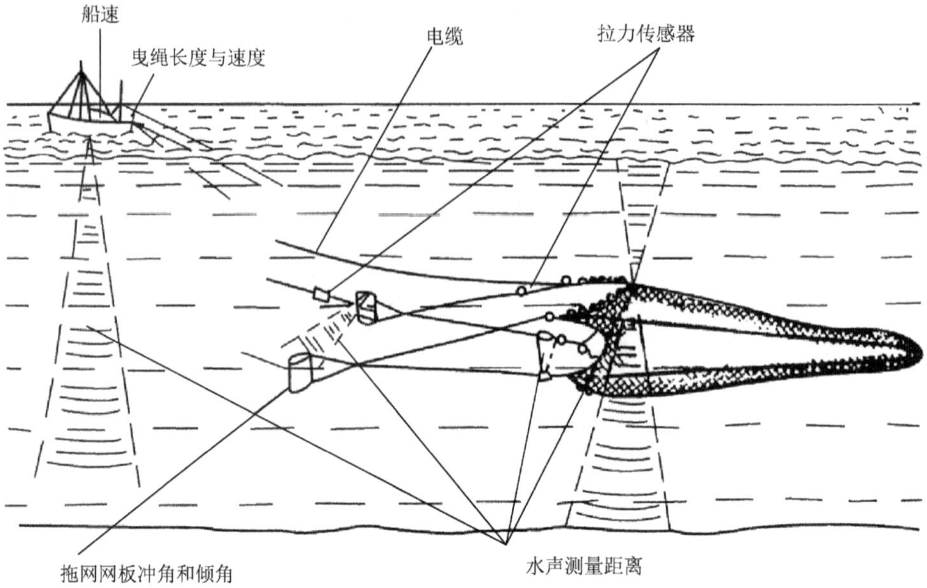

图 10-3　天然水域拖网模型试验示意图

2. 试验船舶的性能要求

试验船舶的性能要求如下。

①应具有一定的功率和拖曳能力，并且能够满足速度变换的条件以便适应模型试验的需要；

②应有拖网绞机和起放网的设施；

③应有安装测试模型网各项参数仪器、仪表的功能条件。

3. 测试和观察的仪器

天然水域大尺度模型试验的质量和精度，主要取决于测试和观察的仪器和仪表。应该有一套能测定水下渔具模型测试数据的仪器和仪表。由于进行渔具模型试验测定和观察的仪器、仪表等器具和设备，在市场上往往难以采购，因此必须由试验单位和科研人员与仪器公司联合设计与制作。

三、拖网模型实验准则

目前我国普遍使用的拖网模型实验准则是在田内准则的基础上做了一些近似和调整，使之更具有实用性的实验准则，有如下三个假定：①构成实验渔具的主要材料如网衣和纲索是完全的柔软体，其形状完全由外部作用力所决定；②网线和纲索不随作用力而伸缩；③作用于网具各部分的水阻力与流速的平方成正比。现有模型网和实物网的形状和受力情况如图 10-4 所示。

两网相对应的网衣各部分受到的外力方向相同，大小按比例分布；两网相对应位置作用力的平衡三角形相似，其相似比在网具各部位均相等，从而使网具相对应位置作用力 F 的比相等。力平衡三角形相似条件为其各边长之比相等，从而得出如下关系：

$$\frac{S'T'}{ST} = \frac{A'W'}{AW} = \frac{A'K'}{AK} = \frac{F'}{F} \tag{10-60}$$

根据模型网与实物网形状和作用力的相似分析，可得出两者之间 5 个量值之比，5 个量值为 $\frac{l'}{l}$，$\frac{d'(\rho-\rho'_w)}{d(\rho-\rho_w)}$，$\frac{v'}{v}$，$\frac{T'}{T}$，$\frac{F'}{F}$。

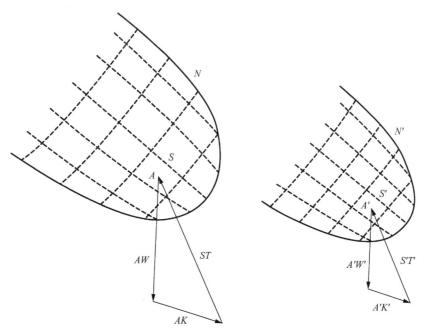

图 10-4 模型网和实物网的形状和作用力相似示意图（两图可互为模型图）

资料来源：许柳雄，2004。

其中 3 个比值可按下式确定

$$\frac{l'^2 d'(\rho' - \rho'_{\mathrm{w}})}{l^2 d(\rho - \rho_{\mathrm{w}})} = \frac{l'^2 v'^2}{l^2 v^2} = \frac{l'^2 T'}{l^2 T} = \frac{F'}{F} \tag{10-61}$$

另外 2 个比值可按模型实验实际条件和需要，任意设定，即

$$\Lambda = \frac{l'}{l} \tag{10-62}$$

$$v^2 = \frac{d'(\rho' - \rho'_{\mathrm{w}})}{d(\rho - \rho_{\mathrm{w}})} \tag{10-63}$$

式中， Λ ——模型缩小比例；

l'、l ——模型和实物网的线尺度；

d'、d ——模型网和实物网的网线直径；

ρ'、ρ ——模型和实物网网衣材料的密度；

ρ'_{w}、ρ_{w} ——模型网和实物网所处的环境介质的密度；

v'、v ——模型网和实物网的拖速；

T'、T ——模型网和实物网网衣长度的作用力；

F'、F ——模型网和实物网任意点的作用力。

四、拖网模型实验换算步骤

现按照拖网模型的制作顺序来叙述计算步骤。

1. 大尺度比 λ

大尺度比有两种表示方法，二者互为倒数，为了符合一般模型制作通用的缩小比例概念，这里表示为

$$\varLambda = \frac{l'}{l} = \frac{1}{\lambda} \tag{10-64}$$

式中，$\varLambda$——模型缩小比例。

在条件许可下，应尽可能增大模型网的线尺度，通常要求 $\varLambda > 1/20$。各部分网衣和纲索的长度均以 $\varLambda$ 值为准进行换算。

2. 小尺度比 λ'

小尺度比也有两种表示方法，根据上述同样原理，这里表示为

$$\varLambda' = \frac{1}{\lambda'} = \frac{a'}{a} = \frac{d'}{d} \tag{10-65}$$

式中，a'、a 分别为模型网和实物网的半目长度；d'、d 分别为模型网和实物网的网线直径。

3. 速度比

速度比概括为下列表示形式

$$\varLambda^2 = \left(\frac{v'}{v}\right)^2 = \frac{d'(\rho' - \rho_w')}{d(\rho - \rho_w)} = \lambda \frac{\rho' - \rho_w'}{\rho - \rho_w}$$

式中，v'、v 分别为模型网和实物网的拖速。式中的水密度 $\rho_w' = 1.0 \text{ g/cm}^3$，海水密度 $\rho_w \approx 1.03 \approx 1 \text{ g/cm}^3$。这时

$$v = \sqrt{\lambda \frac{\rho' - 1.0}{\rho - 1.0}} \tag{10-66}$$

当模型网和实物网材料相同时，$\rho = \rho'$，式（10-66）可简化为

$$v = \sqrt{\lambda} \tag{10-67}$$

4. 网衣单位长度作用力的尺度比

可表示为

$$\frac{T'}{T} = \varLambda v^2 \tag{10-68}$$

5. 其他

网具的水阻力，单位长度的浮力、沉力均可按式（10-68）换算。浮、沉子的使用个数按式（10-69）计算

$$\frac{F'}{F} = \varLambda^2 v^2$$

网具任意点作用力的尺度比，可表示为

$$\frac{F'}{F} = \varLambda^2 v^2 \tag{10-69}$$

6. 网具曳绳的张力、网板的阻力或扩张力、浮沉子的使用个数

网具曳绳的张力、网板的阻力或扩张力、浮沉子的使用个数均可按式（10-69）换算，网衣目数比为

$$\frac{a'N'}{aN} = \lambda\frac{N'}{N} = \Lambda$$

所以

$$\frac{N'}{N} = \frac{\Lambda}{\lambda} \tag{10-70}$$

式中，N' 和 N 分别表示模型网和实物网的网周目数，或长度目数，也可以为大小头目数。

7. 浮、沉子大小和数量

模型的浮、沉子制作时很难同时满足浮、沉子和阻力的要求，为此通常略去它们的水阻力，仅考虑浮、沉力的要求，即可按式（10-71）换算浮、沉子的大小和数量：

$$\frac{D_a'^3 n'}{D_a^3 n} = \Lambda v^2 \frac{\rho_a - \rho_w}{\rho_a' - \rho_w'} \tag{10-71}$$

式中，　D_a'、D_a——模型网和实物网的浮、沉子的特性尺寸；

　　　　n'、n——模型网和实物网的浮、沉子数量；

　　　　ρ_a'、ρ_a——模型网和实物网制作材料的密度。

8. 纲索的长度、直径和材料密度

纲索的长度和直径可按大尺度比换算，材料密度按速度比关系换算。

$$\frac{l_r'}{l_r} = \frac{D_r'}{D_r} = \Lambda \tag{10-72}$$

$$\frac{\rho_a' - \rho_w'}{\rho_a - \rho_w} = \frac{\Lambda}{v^2} \tag{10-73}$$

式中，　l_r'、D_r' 和 l_r、D_r——模型网和实物网纲索的长度和直径；

　　　　ρ_a'、ρ_a——模型网和实物网制作材料的密度。

拖速较慢时，纲索阻力和沉降力相比可以忽略不计，通常可按式（10-74）换算纲索直径

$$\frac{D_r'}{D_r} = \sqrt{\Lambda v^2 \frac{\rho_a - \rho_w}{\rho_a' - \rho_w'}} \tag{10-74}$$

中层拖网网口使用绳索网，可达到高网口和轻网快拖的目的，这时模型网和实物网的绳索直径 D_r 和根数（n_r）可按式（10-75）求得

$$\Lambda^2 \frac{n_r' D_r'^2 (\rho_a' - \rho_w')}{n_r D_r^2 (\rho_a - \rho_w)} = \Lambda^2 \frac{n_r' D_r'}{n_r D_r} = \Lambda^2 v^2 \tag{10-75}$$

设定网具单位长度的绳索根数 n_r' 后，可确定根数比

$$N_r = \frac{n_r'}{n_r} \tag{10-76}$$

于是，网具绳索的直径和材料可按下式选定。

$$\frac{D_r'}{D_r} = \frac{1}{N_r}$$

$$\frac{\rho_a' - \rho_w'}{\rho_a - \rho_w} = N_r v^2$$

五、拖网模型制作

应用上述的换算步骤，计算和制作拖网模型时，必然会遇到一些具体问题，为此这里有必要进一步说明。

1. 模型的大尺度比应用

模型的大尺度比通常是根据模型网和实物网的代表长度来确定的。模型网常用实验水槽测定部位的长度和宽度，而实物网常取其网衣、上纲长度或翼端间距为代表尺度来换算。按比例将拖网实物网图换算成一拖网模型网图。

2. 拖网模型网衣制作材料

拖网模型网衣要求选用尽可能柔软的材料制作只要保持速度比不变，通过改变模型网材料的密度 ρ'，同一模型拖网的小尺度比 λ 可以改变，不必局限于使用同一个 λ 值。当实物网使用两种以上不同材料编制，或其网目大小、网线粗度变化很大时，更应通过改变小尺度比或模型材料去适应同一速度比的要求。

拖网实物网衣材料广泛使用乙纶，$\rho = 0.95\ \text{g/cm}^3$，模型试验中习惯使用锦纶编制模型网。但是，锦纶材料 $\rho = 1.14\ \text{g/cm}^3$，式（10-66）根号中出现负值，不能应用。这时，模型网也应选用 $\rho < 1$ 的材料。例如，使用同样的乙纶或丙纶（$\rho = 0.91\ \text{g/cm}^3$），或在锦纶丝中夹入比重小的材料捻制成 $\rho < 1$ 的模型网衣材料。

3. 拖网模型最小网目尺寸设定

拖网模型可能制作的最小网目尺寸按实物拖网的最小网目尺寸（一般为网囊），应用小尺度比 λ' 计算。另一方面，可按实物最细的网线直径，选配有现成规格的最细的拖网模型网线直径，计算 λ' 值。

实物与模型之间存在 $d/a = d'/a'$ 的关系。因此，按实物主要网衣部分或最小网目部分的 d/a 值，编制 d'/a' 值相等的模型网衣，或选配有现成规格的同一 d'/a' 值的网衣，是比较简便的方法。在此基础上，按 d'/d 值和 a'/a 值确定小尺度比 λ' 的平均值。例如，实物和模型的 d 和 a 分别为 0.99 mm、0.49 mm 和 5.93 mm、3.0 mm，则 $d/a = 0.99/5.93 = 0.167$，$d'/a' = 0.49/3.0 = 0.163$，由此得出 $d'/d = 0.495$，$a'/a = 0.506$，平均值 $\lambda' = 0.50$。

为了简化模型网的制作，也有只使用一种直径的网线编制模型的尝试。先把实物网换算为只有一种网线直径（以身网衣一段为准）的中间实物网，再把它换算成模型。要求中间实物网与模型网保持阻力、网型、d/a 值不变。这种方法虽然比较简便，但在条件许可时应尽可能配用不同规格的模型网线。

模型材料和小尺度比选定后，应用式（10-66）可简易地求得速度比。

在按第一种网衣材料的第一小尺度比求出速度比的基础上，根据需要可选用第二种网具模型网衣材料按同一速度比求得第二小尺度比等。此项计算往往与上述第 2 项交叉进行。

4. 绳索的材料和粗度

根据田内准则"网衣和纲索是完全的柔软体"的前提条件，拖网模型的纲索必须选用柔软绳索制作。具体如下。

①当纲索的沉降力比较小，可忽略不计时，模型网纲索的长度和粗度一般都按前述方法选定。

②当纲索的材料密度较大，沉力不能忽略时，特别是拖网沉子纲等沉力较大的纲索，应按纲索密度计算选定拖网模型的纲索材料密度。但是，这样求得的密度值有时过大；难以找到合适的材料。

例如，速度比 $v = 0.509$，$\varLambda = 1/20$，实物网纲索氯纶制 $\rho = 1.40\ \mathrm{g/cm^3}$，按式（10-73）模型网纲索材料的密度应为：

$$\rho_r' = \rho_w' + \frac{v^2}{\varLambda}(\rho_a - \rho_w) = 1.0 + 0.509^2 \times 20 \times (1.40 - 1.03) = 2.92(\mathrm{g/cm^3})$$

这时，可在软性绳索上缠绕适当大密度的材料，在保持模型网纲索柔软性和达到该密度的条件下，不必模仿实物纲索的结构去制作模型纲索。

③当拖速较小，纲索阻力可忽略不计时，可简化计算拖网模型的纲索直径。上例中设模型纲索使用维纶材料（$\rho = 1.30\ \mathrm{g/cm^3}$），其直径的缩小比例为：

$$\frac{D_r'}{D_r} = \sqrt{\frac{0.509^2}{20} \times \frac{1.40 - 1.03}{1.30 - 1.0}} = 0.126$$

对不同密度材料的纲索，分别换算出它们的直径缩小比例。

5. 拖网模型的浮子和沉子的换算

拖网模型的浮子和沉子的换算一般不必考虑它们的配置要求。对于外形尺寸很大或特殊类型的浮、沉子，除了浮、沉力的配置外，还应考虑水阻力（有时还有动升力）的影响。

对于单位长度浮力比例和沉力比例，一般按上述方法计算。如上例中实物网上的中纲每 75 cm 配置 1 个浮力为 882 mN 的浮子，现选用浮力为 0.49 mN 的小浮子作为拖网模型浮子，则每个模型浮子的配置间隔就为

$$0.49 \div 0.152 = 3.22(\mathrm{cm})$$

而使用浮子的数量应是 23 个。如果要求模型网浮子数量与实物网浮子数量保持相同，即 1 个对应 1 个配置时，先按前述方法计算，然后求出每个模型网浮子的浮力。例如，已知实物网具上中纲长 15 m，模型上中纲长度为

$$l' = \varLambda l = 1500/20 = 75(\mathrm{cm})$$

则网具模型网浮子数量与实物网浮子数量相同，均为 20 个，每个模型网浮子间距为

$$75 \div 20 = 3.75(\mathrm{cm})$$

模型网浮子数量、浮力配置等按上述两种方法之一进行换算，效果相同。若有现成的小浮力浮子时，选用前种方法较好，后一种方法求得的每个模型网浮子的浮力，很难选配到现成的小浮子，一般可采用软木自行制作。

沉子、沉子纲的换算原则和方法与浮子相同。

六、拖网模型实验记录和数据处理

拖网模型实验的内容很多，必须根据测试项目的要求来确定。为了使测定数据和分析结果有效，实验前应依照概率统计方法预先进行实验设计，对实验顺序、有关参数和实验配置等做出详细的实验计划。

1. 拖网模型实验

有一般项目和专门项目，一般项目中有底拖网单网具模型多项目实验、底拖网多模型系列实验、中层拖网和离底拖网模型实验、网板模型实验等。而专门实验项目，除了上述的一般内容之外，还可根据各自的需要进行专门实验。

①底拖网单网具模型多项目实验。它是以一个网具模型进行实验的，测定在不同拖速、浮沉力配备、网口水平扩张（L/S）下的网口高度、网具阻力、网具形状、网囊张开、网目张开、拖网扫海容积、下纲着底情况等。以上各项测定可通过各种不同的组合交叉进行，结合使用各种仪器、量规、摄影等方法进行测定。

②底拖网多模型系列实验。它是以若干组网具模型进行系列实验的，实验中固定某些参数，变动若干待定参数如网目大小，网口周长，剪裁网型，网口面积，二片式、四片式、六片式结构，等等，制作不同系列的模型进行实验分析对比。

③中层拖网和离底拖网模型实验。它的基本内容与上述底拖网相同。中层拖网和离底拖网模型实验中，应增加观测网具结构类型、网具离底高度、网口形状、网具稳定性等项目。有条件时（在大型水槽或水池中），应系结曳绳、手绳、网板等构件进行整体性实验。

④网板模型实验。它测定不同的冲角 α 下网板的阻力系数 C_x、扩张力系数 C_y 和压力中心 X 等，同时可固定若干系数，改变网板结构，以不同的展弦比、不同的叶片数等，测定上述各项，进行系列对比实验。网板模型实验可在水槽或风洞中进行。

拖网模型的专门项目实验有：网内外流速的分布、网囊中鱼可能游泳的容积、网囊充鱼后阻力和网形的变化、入网鱼群的行为、大目网翼的拦鱼效果、中层拖网和绳索网口的进鱼数量、鱼群对曳网手绳的行为反应等。

2. 拖网模型实验记录图表

拖网模型实验记录图表包括：①模型实验主要尺度比换算表，如大尺度比、小尺度比、速度比、单位长度作用力的尺度比、任意点作用力尺度比及网衣目数比等；②实物网和模型网的主要参数换算表，如网口拉直周长、上纲总长、网具总长、空绳长度及浮沉比等；③实物网和模型网规格换算表和纲索、浮沉力规格换算表；④实物网和模型网的网图；⑤按实验设计方案拟定的拖网性能参数系列变化换算表等。

3. 实验数据处理内容

实验数据处理内容包括：①按各尺度比将模型实验数据相应地换算成实物网具的数据。②拖速 v、阻力 R、网口高 H、网口面积 S（$S=$ 翼端间距×网口高）、单位时间扫海容积 Q [$Q=$ 网口面积（m²）×v（kn）×1852 m] 等参数绘制 $R\text{-}v$、$H\text{-}v$、$S\text{-}a$、$Q\text{-}v$ 等基本曲线图。阻力、网高等参数随拖网的变化曲线可组合在同一张图上，不同网型的相应参数的系列变化也应组合在同一张图上，以便比较。③同时可根据实验设计项目的需要，绘制其他图表。④按概率统计方法分析各主要参数间的关系。

第三节　围网与拖网设计程序

一、围网设计基本程序

围网设计基本程序是：收集有关资料、确定作业方式、选择结构类型、选择网具参数、计算网料用量、绘制各种网图、模型网水池实验；制作网具模型进行水池实验验证，修改定型后制作实物网具正式投入生产。但生产中常根据生产实践经验，从收集资料到网图绘制，不经过模型网水池实验，只进行实物网具生产试验或直接用于生产。围网设计基本程序如图 10-5 所示。

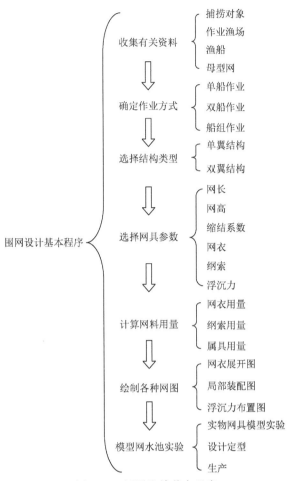

图 10-5 围网设计基本程序

（一）设计任务及要求

围网设计要有明确的要求和技术指标。

（二）收集有关资料

1. 渔船

需收集渔船的有关资料包括如下。

①船型、吨位；

②主机功率、设计航速；

③主要尺度，如总长、设计水线长、型宽、型深、水线以上最大横向受风（投影）面积、水线以下最大横向受流（投影）面积；

④最大抗风能力、安全作业最大承受风力；

⑤起网机械设备（绞拉力和收绞速度）、绞纲机械设备（括绳、网头绳、跑绳的绞拉力和收绞速度）。

2. 捕捞对象

需收集捕捞对象的有关资料包括如下。

①种类、习性、可捕量；

②个体形态尺度、群体大小、最小可捕体长。

3. 作业渔场

需收集作业渔场的有关资料包括如下。
①作业渔场所处海域；
②平均作业水深、最大作业水深与底质。

（三）确定作业方式和网具结构

1. 单船作业方式

单船行动迅速，操作灵活，自带灯艇，自备鱼货舱。在近海渔场作业，可采用无囊型双翼式结构网具。如是大型渔船在外海渔场作业，应根据渔船甲板配布决定作业方式：采用舷侧放网结合滚筒起网的渔船，采用无囊型双翼式结构网具较适合；采用尾放网的渔船只有一台起网机时，采用无囊型单翼式结构网具较适合；采用尾放网的渔船有两台起网机时，采用有囊型网具较适合。

2. 船组作业方式

船组作业方式适合大型渔船，远离基地渔场作业，船组由网船、灯船和运输船组成。网船不装渔获物，专由运输船运送。为方便直接把渔获物起到运输船上，采用无囊型单翼式结构网具较适合。

（四）备选母型网具分析

1. 选择母型网具

评估备选母型网具的使用效果（使用单位、网具主尺度、结构特点、作业海域、捕捞对象、渔船总吨位及主机功率、存在问题及改进意见），肯定其先进性后才选为母型。最后应附上母型网具网图（调查图）。

2. 母型网具参数计算

母型网具参数计算包括如下。
①网长（L）；
②网高（H_0）；
③长高比（M）；
④上下纲长度比（C）；
⑤缩结系数；
⑥网衣材料、网结类型与网目使用方向（目向）；
⑦网目长度（目大）；
⑧网衣相对强度；
⑨网衣配布；
⑩底环绳装置。

（五）选择设计参数

1. 网长的确定

①选择网长的依据；

②围捕光诱鱼群网长计算；
③围捕起水鱼群网长计算；
④根据渔船尺度计算网长。

2. 网高的确定

①根据网具长高比计算网高；
②根据渔场水深计算网高。

3. 缩结系数的确定

①选择缩结系数的依据；
②确定上下纲长度比；
③确定各部位缩结系数。

4. 网衣材料、网结类型与目向的选择确定

①选择网衣材料、网结类型与目向；
②确定各部位的网衣材料、网结类型与目向。

5. 各部网衣网目尺寸的确定

①确定取鱼部主网衣网目尺寸；
②确定各部位网目尺寸。

6. 各部网线规格的确定

参考母型网的数据，计算结果可以在一层范围内确（取）定。

7. 底环装置的设计

参考母型网的数据，计算结果可以在一层范围内确（取）定。

（六）设计网具计算

1. 网衣设计

①网长设计；
②网高设计；
③取鱼部网衣设计；
④翼网衣设计；
⑤缘网衣设计。

2. 纲索设计

（1）网头绳、跑绳设计
①张力、断裂强力计算；
②参照母型网，确定纲索材料，再根据断裂强力确定纲索直径；
③参照母型网确定网头绳、跑绳长度。
（2）上纲、下纲、叉纲或侧纲、底环绳设计
①根据网头绳断裂强力，计算其断裂强力；

②参考母型网等确定纲索材料，再根据断裂强力确定纲索直径；

③根据设计参数和网衣设计计算结果确定其长度和数量。

（3）括绳设计

①参考母型网，确定结构形式和材料；

②根据下纲、网头绳的长度确定其长度。

3. 浮沉力设计计算

（1）浮力

①参考母型网，确定设计浮子规格及浮沉比；

②计算浮子个数；

③核算设计实际浮沉比。

（2）沉力

①根据理论计算每米下纲承受的理论负荷（机轮围网或起水鱼围网）或根据生产经验确定设计网具每米下纲承受的负荷；

②设计网衣、纲索的质量与用量计算；

③参考母型网等确定设计铅沉子规格并计算其个数；

④计算设计网具总沉力。

（七）设计结果及评价

1. 绘制设计网具的图纸

2. 设计网具与母型网具的主要参数对照分析

3. 综合分析设计实现的目标和尚存在的不足与风险

例 10-1　某渔业公司的渔船从事光诱围网作业，鱼群聚集在集鱼灯周围的直径为 80 m，如果该渔船白天围捕起水鱼群时，渔船至鱼群边缘的安全距离为 33 m，试计算所需网具长度。当渔船甲板有限，只能容纳 780 m 网长时，渔船围捕应该采用什么办法？（计算结果：网长取整米数，航速保留两位小数）

已知：$2r = 80\ \text{m}$，$x = 33\ \text{m}$，求 L。

解：光诱围网作业，渔船在网图中受风、流影响，船位难于控制，同时需要一定回转范围，因此渔船漂流系数 k 为 1.8，则所需计算网长为

$$L_{计} = 2\pi(r + k \cdot x) = 2 \times 3.14 \times (40 + 1.8 \times 33) = 624.23\,(\text{m})$$

考虑到作业时网圈不可能呈正圆形，网长必须增加 10%，则实际网长为

$$L_{实} = L_{计} \times 1.1 = 624.23 \times 1.1 = 687\,(\text{m})$$

该渔船白天还围捕起水鱼群，鱼群半径 20 m，游速 v_p 2.5 kn；渔船围捕速度 v_c 5.6 kn，投网时渔船至鱼群边缘安全距离 45 m，则上述所求网长必须改变。

围捕起水鱼群所需计算网长为

$$L_{计} = \frac{2\pi \dfrac{v_c}{v_p}}{\dfrac{v_c}{v_p} - \dfrac{\pi}{2\sqrt{2}}}(x + r) = \frac{2 \times 3.14 \times \dfrac{5.6}{2.5}}{\dfrac{5.6}{2.5} - \dfrac{3.14}{2\sqrt{2}}} \times (45 + 20) = \frac{14.07}{1.13} \times 65 = 809\,(\text{m})$$

$$L_{实} = L_{计} \times 1.1 = 809 \times 1.1 = 890\,(\text{m})$$

但该渔船由于起网机功率不足，网台面积有限，网长只能使用 780 m，则该船围捕速度必须增加。

根据实际网长 780 m，则计算网长应该为

$$L_{计} = \frac{L_{实}}{1.1} = \frac{780}{1.1} = 709(\text{m})$$

$$\because L_{计} = k(x+r)$$

$$k = \frac{L_{计}}{x+r} = \frac{709}{45+20} = 10.91$$

$$又 \because k = \frac{2\pi\dfrac{v_c}{v_p}}{\dfrac{v_c}{v_p} - \dfrac{\pi}{2\sqrt{2}}}$$

$$\frac{v_c}{v_p} = \frac{k \times \dfrac{\pi}{2\sqrt{2}}}{k - 2\pi} = \frac{10.91 \times 1.11}{10.91 - 6.28} = 2.62$$

$$\therefore v_c = 2.62 \times v_p = 2.62 \times 2.5 = 6.55(\text{kn})$$

光诱围网作业使用 780 m 网具，投网时渔船至鱼群边缘距离应改变。

根据 $L_{计} = 2\pi(r + k \cdot x)$

$$\therefore x = \frac{L_{计} - 2\pi r}{2\pi k} = \frac{709 - 2 \times 3.14 \times 20}{2 \times 3.14 \times 10.91} = 8.51(\text{m})$$

则，该渔船使用 780 m 网具，夜间从事灯光围捕作业，投网超前距离可从 33 m 减小到 8.51 m，白天围捕起水鱼群，围捕速度必须从 5.6 kn，提高到 6.55 kn。

例 10-2　某渔船主要从事光诱围网生产，但在每年 12 月至翌年 2 月，在珠江口渔场夜间围捕起水蓝圆鲹鱼群。该渔船自由航速 8.5 kn，夜间起水即将产卵的蓝圆鲹鱼群游速 1.5 kn，鱼群半径 6 m，投网时渔船至鱼群边缘距离 24 m，作业渔场水深 50 m，沿上纲水平缩结系数 0.75，试计算所需网具的长度和高度。（网长和网高的计算结果取整米数）

已知：$v_R = 8.5$ kn，$v_p = 1.5$ kn，$r = 6$ m，$x = 24$ m，$H_水 = 50$ m，$E_T = 0.75$。

求：L、H_0、$H_先$、$H_后$。

解：考虑到渔船投网时做圆周运动，船体阻力大于直线航行时的阻力，同时随着网具下水阻力不断增加，因此围捕最快速度 v_B 取其自由航速的 75%，即

$$v_B = v_R \times 75\% = 8.5 \times 0.75 = 6.38(\text{kn})$$

整个围捕过程不可能保持最快速度，则平均围捕速度取

$$v_c = 5.25 \text{ kn}$$

围捕速度与鱼群游速之比为

$$\frac{v_c}{v_p} = \frac{5.25}{1.5} = 3.5$$

根据网长系数 k_1 与围捕速度对鱼群游速比值 $\dfrac{v_c}{v_p}$ 的关系，计算或查表 5-11 得

$$k_1 = 8.79$$

则计算网长为

$$L_{计} = k_1(x+r) = 8.79 \times (24+6) = 263.7(\text{m})$$

考虑到作业过程受风、流影响，网长应增加 10%，即

$$L_\text{实} = L_\text{计} \times 1.1 = 263.7 \times 1.1 = 290\text{(m)}$$

根据生产实践，网具伸直高度为作业渔场水深的 1.5～2 倍，取 1.9 倍，则网具中部网衣伸直高度为

$$H_0 = H_\text{水} \times 1.9 = 50 \times 1.9 = 95\text{(m)}$$

缩结高度为

$$H = H_0 E_\text{N} = H_0 \sqrt{1 - E_\text{T}^2} = 95 \times \sqrt{1 - 0.75^2} \approx 63\text{(m)}$$

先下水一侧网具的缩结高度为

$$H_\text{先} = H \times 67\% = 63 \times 0.67 \approx 42\text{(m)}$$

后下水一侧网具的缩结高度为

$$H_\text{后} = H \times 63\% = 63 \times 0.63 \approx 40\text{(m)}$$

则所需网长 290 m，网具中部网衣伸直高度 95 m，网具先下水一侧缩结高度 42 m，后下水一侧缩结高度 40 m。

该网具长高比为

$$M = \frac{L}{H_0} = \frac{290}{95} = 3.05$$

由于该船网具长高比满足光诱作业要求并且接近最佳长高比值，网长又适应围捕夜间起水的蓝圆鲹鱼群的需要，所以此网具可用于上述两种作业。

例 10-3　某机轮光诱围网，上纲长度为 820 m，缩结高度为 120 m，网衣用标准网片（每捆伸直长度 100 m，宽 100 目，目大 35 mm，质量 10.5 kg），试计算水平缩结系数为 0.5、0.6、0.67、0.707、0.75、0.80、0.85 时网衣消耗量，如果以 $E_\text{T} = 0.5$ 为基数，分析在各种缩结系数时网衣节约的百分数。（计算结果取 1 位小数）

已知：$L = 820$ m，$H = 120$ m，$L_O = 100$ m；

$H_O = 100$ 目，$2a = 35$ mm，$m = 10.5$ kg；

$E_\text{T} = 0.5$、0.6、0.67、0.707、0.75、0.80、0.85。

求：M，分析在各种 E_T 时网衣节约的百分数。

解：网具缩结面积 S 为

$$S = LH = 820 \times 120 = 98400\text{(m}^2\text{)}$$

网具虚构面积 S_Φ 为

$$S_\Phi = L_O H_O = \frac{L}{E_\text{T}} \cdot \frac{H}{E_\text{N}} = \frac{1}{k} S = 98400 \times \frac{1}{k}$$

标准网片虚构面积 S_Φ^0 为

$$S_\Phi^0 = L_O H_O = 100 \times 100 \times 0.035 = 350\text{(m}^2\text{)}$$

标准网片每平方米虚构面积质量 M_O 为

$$M_O = \frac{m}{S_\Phi^0} = \frac{10.5}{350} = 0.03\text{(kg/m}^2\text{)}$$

当 $E_\text{T} = 0.5$ 时，查表 10-1 得 $k = 0.432$。

表 10-1 缩结系数 E_T 与网片利用率 k 的关系

E_T	k	E_T	k
0.95	0.307	0.60	0.480
0.90	0.392	0.55	0.459
0.85	0.449	0.50	0.432
0.80	0.480	0.45	0.401
0.75	0.495	0.40	0.366
0.707	0.500	0.30	0.286
0.667	0.497	0.20	0.196
0.650	0.494	0.10	0.0995

则

$$S_{\Phi} = 98400 \times \frac{1}{0.432} = 227777.78 (\mathrm{m}^2)$$

$$M = S_{\Phi} \cdot M_O = 227777.78 \times 0.03 = 6833.3 (\mathrm{kg})$$

当 $E_T = 0.60$ 时，查表 10-1 得 $k = 0.480$。

则

$$S_{\Phi} = 98400 \times \frac{1}{0.48} = 205000 (\mathrm{m}^2)$$

$$M_1 = S_{\Phi} M_O = 205000 \times 0.03 = 6150 (\mathrm{kg})$$

网衣节约

$$A_1 = \frac{M - M_1}{M} \times 100\% = \frac{6833.3 - 6150}{6833.3} \times 100\% = 10.0\%$$

同样方法，可算出各种 E_T 时的 S_{Φ}、M、A 值并列于表 10-2。

表 10-2 各种缩结网衣用量

E_T	0.50	0.60	0.67	0.707	0.75	0.80	0.85
S_{Φ}/m^2	227 777.78	205 000	200 816	196 800	198 788	205 000	219 154
M/kg	6 833.3	6 150.0	5 939.0	5 904.0	5 764.0	6 150.0	6 575.0
$A/\%$	0	10.0	12.8	13.6	12.7	10.0	3.8

从表中可看出，选用的水平缩结系数在 0.67~0.75 之间，网衣消耗量较少，其中 $E_T = 0.707$ 时网衣用量最省，比 $E_T = 0.5$ 时少用 929 kg，即节约 13.6%。

如果考虑到作业过程需要较大网高增长值，则水平缩结系数必须选用 0.75，这种情况下，网具所需标准网片数量如下：

网衣伸直长度 L_O 为

$$L_O = \frac{L}{E_T} = \frac{820}{0.75} = 1093.3 (\mathrm{m})$$

网衣伸长高度 H_O 为

$$H_O = \frac{H}{E_N} = \frac{120}{\sqrt{1 - 0.75^2}} = 181.4 (\mathrm{m})$$

网具长度方向使用标准网片数量 n_1 为

$$n_1 = \frac{L_O}{L_C} = \frac{1093.3}{100} = 10.9(捆)$$

网具高度方向使用标准网片数量 n_2 为

$$n_2 = \frac{H_O}{h_C} = \frac{181.4}{3.5} = 51.8(捆)$$

则在水平缩结系数 0.75 时，网具所需标准网片数量为

$$n = n_1 n_2 = 10.9 \times 51.8 = 565(捆)$$

例 10-4　某渔轮光诱围网，网具规格为 820 m×162 m，$2a = 35$ mm，网衣水平缩结系数 0.75，起网时跑绳收绞速度 13 m/min，括绳一端收绞速度为 30 m/min，该渔轮水面受风面积 186 m²，水面下受流面积为 103 m²，作业时风速 9 m/s，试选择跑绳、上纲、下纲、括绳的规格，并计算其质量。（计算结果保留 1 位小数）

已知：$L_O = 820$ m，$H_O = 162$ m，$E_T = 0.75$；

$\quad\quad v_跑 = 13$ m/min，$v_h = 30$ m/min，$S_1 = 186$ m²；

$\quad\quad v_收 = 9$ m/s，$S_2 = 103$ m²。

求：跑绳、上纲、下纲、括绳规格及其质量。

解：根据 E_T 值，查表可得

$$E_N = \sqrt{1 - E_T^2} = \sqrt{1 - 0.75^2} = 0.66$$

$$H = H_O E_N = 162 \times 0.66 = 106.92(m)$$

$$Tg = 0.5 H L_O v_跑^2 g = 0.5 \times 106.92 \times 820 \times \left(\frac{13}{60}\right)^2 \times 9.8 = 0.5 \times 106.92 \times 820 \times 0.047 \times 9.8 = 20.19 \ (kN)$$

跑绳安全系数取 3，则跑绳破断力 $P'_跑$ 为

$$P'_跑 = nTg = 3 \times 20.19 = 60.57 \ (kN)$$

跑绳材料选用白棕绳，根据上海网具厂产品，查纲索性能规格表，得直径为 37 mm 的白棕绳，其破断力为 50.96 kN。接近于计算值，该规格白棕绳每百米质量为 200～220 kg，根据生产习惯，此规格网具的跑绳长度一般为 340 m，则白棕绳跑绳质量 $M'_跑$ 为

$$M'_跑 = 340 \times \frac{200}{220} = 309.1 \ (kg)$$

如果跑绳选用钢丝绳，安全系数取 5，则跑绳破断力 $P''_跑$ 为

$$P''_跑 = nTg = 5 \times 2060 \times 9.8 = 100.94 \ (kN)$$

查纲索性能规格表得直径为 15.5 mm 的 6×37 丝 D 型（公称抗拉强度为 1.47 kN/mm²）的钢丝绳，其破断力为 102.9 kN，接近计算值，该规格钢丝绳每米质量为 0.8027 kg。则所求钢丝绳跑绳质量 $M''_跑$ 为

$$M''_跑 = 340 \times 0.8027 = 272.9(kg)$$

上、下纲材料选用乙纶绳，其结构 36 tex 234×3，破断力为 19.89 kN，接近于计算值，该规格

纲索密度为 0.0868 kg/m。下纲长度比上纲长 1.1 倍，考虑到每幅网具网端的纲索接头，每一条纲索增加 12 m，则上、下纲质量为

$$M_{上} = (820+12) \times 2 \times 0.0868 = 144.4(\text{kg})$$

$$M_{下} = (820 \times 1.1 + 12) \times 2 \times 0.0868 = 158.7(\text{kg})$$

括绳收绞时的张力为

$$LP = 0.06gF_1v_{收}^2 + 30gF_2v_h^2 = 0.06 \times 9.8 \times 186 \times 9^2 + 30 \times 9.8 \times 103 \times \left(\frac{30}{60}\right)^2 = 16.43 \text{ kN}$$

括绳选用钢丝绳，为了增加网具的沉降力、直径适当选用粗些，安全系数取 8，则括绳破断力为

$$P_{括} = nTg = 8 \times 16.41 = 131.43(\text{kN})$$

查纲索性能规格表得直径 17 mm、规格 6×24（公称抗拉强度 1.67 kN/mm²）的钢丝绳，其破断力为 129.36 kN，接近于计算值，该规格钢丝绳密度 0.909 kg，其长度为纲长 1.4 倍，则括绳选用的钢丝绳质量为

$$M_{括} = 820 \times 1.4 \times 0.909 = 1043.5(\text{kg})$$

例 10-5 某光诱围网，网具上纲长度为 820 m，下纲比上纲长 8%，锦纶网衣质量为 5714 kg，乙纶网衣质量为 1189 kg，乙纶纲索质量为 1244 kg，钢丝绳括绳质量为 1682 kg，底环质量为 250 kg，作业水深为 60 m，投网超前距离为 40 m，投网时鱼群游向网壁的速度为 1.25 m/s，收绞过程括绳一端张力为 11.76 kN，每个沉子质量为 0.3 kg，每个浮子浮力为 19.6 N。试计算沉子、浮子用量。（计算结果取整数）

已知：$L = 820$ m，$L_2 = 820 \times 1.08$ m $= 885.6$ m；

$M_{锦网} = 5714$ kg，$M_{乙网} = 1189$ kg，$M_{乙纲} = 1244$ kg，$M_{括} = 1682$ kg，$M_{环} = 250$ kg；

$H = 60$ m，$x = 40$ m，$v_p = 1.25$ m/s；

$M_{个沉} = 0.3$ kg，$F_{个浮} = 19.6$ N。

求：沉子 n、浮子 N。

解：鱼群游完超前距离所需时间 t_1 为

$$t_1 = \frac{x}{v_p} = \frac{40}{1.25} = 32(\text{s})$$

鱼群沿网壁下滑至 60 m 深度所需时间 t_2 为

$$t_2 = \frac{H}{v_p} = \frac{60}{0.25 \times 1.25} = 192(\text{s})$$

网具下纲沉降总时间 t 为

$$t = t_1 + t_2 = 32 + 192 = 224(\text{s})$$

每米下纲负荷 q 为

$$q = 0.8 \frac{H^3}{t^2} g = 0.8 \times \frac{60^3}{224^2} \times 9.8 = 33.7(\text{N}) = 0.0337(\text{kN})$$

锦纶网衣水中沉力 $q_{锦网}$

$$q_{锦网} = M_{锦网} \left(1 - \frac{r_{水}}{r_{锦纶}}\right) \times 9.8 = 5714 \times \left(1 - \frac{1.01}{1.14}\right) \times 9.8 = 5714 \times 0.114 \times 9.8 = 6.38(\text{kN})$$

乙纶网衣、纲索沉力 $q_{乙网纲}$ 为

$$q_{乙网纲} = (M_{乙网} + M_{乙纲})\left(1 - \frac{r_水}{r_2}\right) = (1189 + 1244) \times \left(1 - \frac{1.01}{0.94}\right) \times 9.8 = 2433 \times (-0.074) \times 9.8 = -1.76 \text{(kN)}$$

括绳、底环水中沉力 $q_{括环}$ 为

$$q_{括环} = (M_括 + M_环)\left(1 - \frac{r_水}{r_{括环}}\right) = (1682 + 250) \times \left(1 - \frac{1.01}{7.5}\right) \times 9.8 = 1932 \times 0.866 \times 9.8 = 16.4 \text{(kN)}$$

沉子沉力 $q_沉$ 为

$$\begin{aligned}
q_沉 &= qL_2 - q_{括环} - 0.6q_{锦网} - 0.6q_{乙网纲} \\
&= 0.0337 \times 885.6 - 16.4 - 0.6 \times 6.38 - 0.6 \times (-1.76)] \\
&= 29.845 - 16.4 - 3.828 + 1.056 = 10.67 \text{(kN)}
\end{aligned}$$

沉子总质量 $M_{总沉}$ 为

$$M_{总沉} = \frac{q_沉}{\dfrac{r_沉 - r_水}{r_沉}} = \frac{10670 \div 9.8}{\dfrac{11.3 - 1.01}{11.3}} = \frac{1088.77}{0.91} = 1196.5 \text{(kg)}$$

则沉子数量 n 为

$$n = \frac{M_{总沉}}{M_{个沉}} = \frac{1196.5}{0.3} = 3988 \text{(个)}$$

因为括绳绞收力 F_1 为

$$F_1 = 1.3 \frac{IP}{L} g = 1.3 \times 9.8 \times \frac{1200}{820} = 18.6 \text{(N)}$$

每米上纲网具在水中沉力 q 为

$$q = q_端 + q_{乙网纲} + q_{括环} + q_沉 = \frac{11.76 - 1.76 + 16.4 + 10.67}{8} = 37.07 \text{(N)}$$

所以总浮力 $F_{总浮}$ 为

$$F_{总浮} = 1.5q = 1.5 \times 37.07 = 55.605 \text{(kN)}$$

则浮子数量 N 为

$$N = \frac{F_{总浮}}{F_{个浮}} = \frac{55605}{19.6} = 2837 \text{(个)}$$

二、拖网设计基本程序

拖网设计基本程序是：收集有关资料、选择结构类型、选择网具参数、计算网料用量、绘制各种设计图；制作模型网进行水槽实验验证，修改定型后制作实物网正式投入生产。但生产中常根据生产实践经验，从收集资料到网图绘制，不经过模型网水槽实验，只进行实物网生产试验或直接将实物网用于生产。单船拖网设计基本程序如图 10-6 所示。

（一）设计任务及要求

（二）收集有关资料

1. 渔船

①船型、吨位；

②主机功率、设计航速、拖力、自持力；

③作业方式；

④最大抗风能力、可作业最大风力；

⑤起网机械设备（绞拉力、纲盘容量和收绞速度）、吊机设备（起吊能力）。

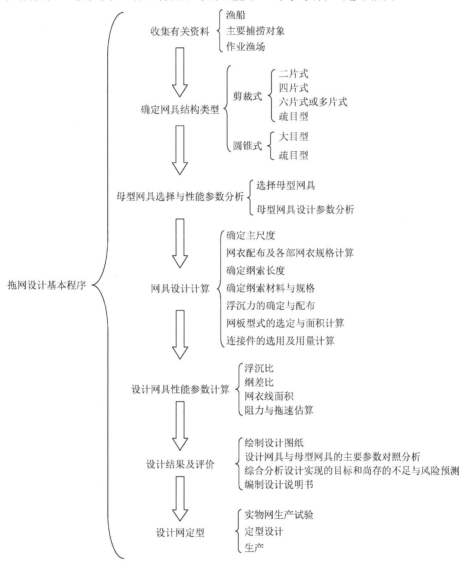

图 10-6 拖网设计基本程序

2. 主要捕捞对象

①种类、习性、游速；

②群体大小、可捕量、最小可捕体长。

3. 作业渔场

①作业渔场位置和底质；

②平均作业水深、最大作业水深。

（三）确定网具结构类型

网具结构类型可根据主要捕捞对象和渔场环境选择二片式、四片式、六片式或多片式；也可以根据拖速的需要选择疏目型和大目型；还可以根据工艺需要选择剪裁式或圆锥式；大目型拖网一般采用手编和剪裁混合工艺。

（四）母型网具选择与性能参数分析

1. 选择母型网具

收集多顶备选母型网具基本情况：使用单位、结构特点、作业渔场、捕捞对象、渔船结构形式及其主机功率、网图技术资料、捕捞性能和作业效果等。选择一顶捕捞性能较佳且渔船结构形式和功率相近的拖网为母型网具进行详细深入分析。

2. 母型网具设计参数分析

①网口网周目大及捕捞性能分析；
②网翼长度分析；
③网盖长度分析；
④网身长度分析；
⑤网囊容积及网目尺寸分析；
⑥网口配纲形状分析；
⑦纲差比分析；
⑧浮沉力配备分析；
⑨网身外侧剪裁斜边斜度分析；
⑩其他参数及性能分析。

（五）网具设计计算

1. 确定主尺度

①网口目大与周长；
②网囊目大、周长和长度；
③各部网衣长度和目大。

2. 网衣配布及各部网衣规格计算

①外侧边剪裁方式或增减目编织工艺确定；
②配纲边剪裁方式或增减目编织工艺确定；
③网衣配布规划（绘制网衣配布图）；
④各部网衣规格计算；
⑤绘制网衣设计图。

3. 确定纲索长度

①浮纲、上缘纲长度计算；
②沉纲、下缘纲长度计算；
③力纲设置与长度计算；
④翼端纲长度计算；
⑤空绳长度确定；
⑥叉绳长度确定；
⑦游绳长度确定；

⑧曳绳长度确定。

4. 确定纲索材料与规格

①曳绳强度估算；
②各种绳索材料与规格确定。

5. 浮沉力的确定与配布

①浮力计算与配布（绘制浮力配布图）；
②沉力计算与沉纲设计（绘制沉力设计图）。

6. 网板型式的选定与面积计算

7. 连接件的选用及用量计算

（六）设计网具性能参数计算

1. 浮沉比

2. 纲差比

3. 网衣线面积

4. 阻力与拖速估算

（七）设计结果及评价

1. 绘制设计图纸

2. 设计网具与母型网具的主要参数对照分析

3. 综合分析设计实现的目标和尚存在的不足与风险预测

4. 编制设计说明书

（八）设计网具型

1. 实物网生产试验

2. 型设计

3. 生产

第四节　拖网设计例题（拖网设计说明书）

一、设计任务

（一）设计目标

设计一款主机功率为 294 kW 的钢质单拖渔轮底层拖网，作业地点为南海北部大陆架渔场。

（二）设计要求

采用二片式剪裁网工艺，拖速达到 4 kn，各项指标优于现行同类渔船用网。

二、选择母型网

南海水产有限公司使用的 68.80 m（430$^\diamond$×160 mm）441 kW 拖网使用 D 型网板时，拖速可达 3.9~4.7 kn，适于捕捞南海北部大陆架渔场游速较快、栖息较分散的底层鱼类。现南海水产有限公司使用的 64.60 m（406$^\diamond$×160 mm）294 kW 拖网，拖速可达 3.5 kn，纲差比较大（0.91），网口较低（根据网模实验网高只达 2.1 m）。故本设计拟选择 68.80 m 单拖网为母型网，增快拖速，增加网口高度，以期在目前 294 kW 渔船产量的基础上，再进一步提高。

母型网有如下优缺点。

1. 疏目快速性能

网翼、网盖、疏底目大均为 200 mm，网身一段为 160 mm。网目大，阻力小，因而拖速快，可达 3.9 kn 以上。但网囊目大只有 40 mm，网目偏小，其内径未达现行行业标准，且阻力较大。本设计拟将网囊目长放大，拟取为 50 mm，实现内径大于或等于 39 mm。

2. 上翼长度和网盖长度

母型网的上翼长周比为 17.15%，在我国渔轮底拖网中，这个比值是比较适中的。母型网的网盖长周比 7.85%，在我国渔轮底拖网中，这个比值是最大的。母型网的上翼长与网盖长之比为 2.19，在我国渔轮底拖网中，这个比值是中偏小。本设计拟先按母型网的比值计算，在具体确定网长目数时，网盖可适当地减短。

3. 网身长度

母型网的网身长周比为 46.25%，在我国渔轮底拖网中，此值偏大。为减少阻力，本设计拟取小些。

4. 网囊的长度和周长

母型网网囊的网长为 7.2 m，偏短。周长为 12 m，偏大。现参考 64.63 m（560$^\diamond$×115 mm）600 hp 拖网（湛江海洋渔业公司用网）的网囊，其网长也为 7.2 m，周长只为 10 m，网囊的容积稍小些。同时为了减少阻力，本设计网囊长度拟取大些，而周长拟根据 88.80 m（240$^\diamond$×370 mm）2×255 hp 拖网取大一些，即取为 8.8 m，并使本设计网囊的容积与 64.63 m 拖网网具的容积相等。

5. 纲差比

母型网的纲差比为 0.84，在我国渔轮单拖网具中，这个比值还是适中的。为了增加网口高度，本设计纲差比拟再取小些。

6. 每千瓦所配沉力及浮沉比

母型网每千瓦所配沉力为 1.01N，稍小些。浮沉比为 1.85，偏大些，但这是由于沉力偏小所造成的。故本设计每千瓦所配沉力拟取大些，其浮力将按母型网的浮力数值相应缩小。

7. 网口配纲形状

母型网设有网口三角和翼端三角，形成七段式浮纲结构和五段式缘纲结构，使配纲形状比较接近浮缘纲在水中的自然状态。但增设网口三角，使网具的装配和修补也增加了一定的麻烦。为简化工艺，本设计拟将上网口三角并入上翼后段里，将下网口三角并入下网缘里，并把下网缘分成前、后两段（配纲形状合理性检验略）。

8. 网衣两侧边的形状

母型网两侧边的剪裁循环自前向后，其倾斜度由小到大，这是合理的。但网翼、网盖两侧的剪裁是非对称剪裁，进行剪裁时，既浪费时间又浪费网料。故本设计拟全部采用对称剪裁。

9. 疏底设计

母型网针对南海底质较差的特点，设置有疏底和下网缘，这是合理的。但疏底采取正方形，则疏底后端两侧靠近网身两侧边，其实入网的泥沙是不会盖到疏底后端两侧的，即这种后端同样宽大作用不大，反而会由于线粗而增加一些水阻力，故本设计拟将疏底形状改为前大后小的正梯形网衣。

10. 网身设计

从拖网模型的水槽实验中，可以看到母型网网身后部张开不良，会影响捕捞对象顺利进入网囊。故本设计拟除了放大网身后部和网具目大以利滤水扩张外，拟将五筒由矩形网衣改为具有斜边的梯形网衣。通过上述改进措施，以期改善网具后部网衣的扩张。

三、确定主要尺度

主要尺度根据设计要求进行计算来确定。

1. 设计要求

本设计渔船指标功率为 294 kW。目前南海水产有限公司 294 kW 单拖网拖速为 3.5 kn，现要求本设计减少阻力，设计拖速拟提高到 3.8 kn，又要求设计网口高度比原 294 kW 单拖网的网口高度增加，以期提高捕捞效果。

2. 主尺度计算

根据前面的母型网分析，本设计对母型网各主尺度系数加以修改后，作为本设计各主尺度系数来计算各部分网衣的长度。根据烟台海洋渔业公司、上海市水产研究所及辽宁省水产研究院于 1977 年在海上实测的资料可以计算出烟台海洋渔业公司 441 kW 及 294 kW 渔船正常拖曳功率为

$$P_1 = 441 \text{ kW} \qquad P_{\text{T1}} = 62.3 \text{ kW}$$
$$P_2 = 294 \text{ kW} \qquad P_{\text{T2}} = 44.4 \text{ kW}$$

因为没有南海区渔业公司渔船的拖曳功率实测资料，故本设计拟采用上述数据进行设计计算。

已知：$P_{\text{T1}} = 62.3 \text{ kW}$，$v_1 = 4.0 \text{ kn}$

$P_{\text{T2}} = 44.4 \text{ kW}$，$v_2 = 3.8 \text{ kn}$

将上述数字代入下式得

$$\frac{C_2}{C_1} = \left(\frac{P_{\text{T2}}}{P_{\text{T1}}}\right)^{0.5}\left(\frac{v_1}{v_2}\right)^{1.25} = \left(\frac{44.4}{62.3}\right)^{0.5} \times \left(\frac{4.0}{3.8}\right)^{1.25} = (0.713)^{0.5} \times 1.053 \times (1.053)^{0.25} = 0.90$$

（1）网口周长

母型网网口周长 $C_1 = 68.80$ m，设计网网口周长 $C_2 = 0.90\ C_1 = 0.90 \times 68.80 = 61.92$ m。

本设计网网口目数取与母型网相同，则本设计网网口目数为 $61.92 \div 0.16 = 387$(目)，取为390目。

则本设计网网口周长应为

$$C_2 = 390 \times 0.16 = 62.40(\text{m})$$

（2）网衣各部分长度

根据前面的母型网分析，本设计上翼长周比、网盖长周比按母型网分别取为 17.15% 和 7.85%，网身长周比拟根据 64.63 m（$560^\diamond \times 115$ mm）294 kW 拖网取为 37.54%，网囊周长拟取为 8.8 m，而网囊网长拟按与此网网囊同容积计算得出。则本设计网网衣各部分长度为

$$L_翼 = 62.40 \times 0.1715 = 10.70(\text{m})$$

$$L_盖 = 62.40 \times 0.0785 = 4.90(\text{m})$$

$$L_身 = 62.40 \times 0.3754 = 23.42(\text{m})$$

网囊周长拟取为 8.8 m，网囊目长拟取为 50 mm，则网囊圆周目数为 $8.8 \div 0.05 = 176$(目)，取为180目。则网囊周长为

$$C_2 = 180 \times 0.05 = 9.00(\text{m})$$

64.63 m（$560^\diamond \times 115$ mm）294 kW 拖网网囊周长和半径为

$$2\pi r_1 = 250 \times 0.04 = 10(\text{m})$$

$$r_1 = \frac{10}{2\pi} = \frac{5}{\pi}(\text{m})$$

网囊网长 h_1 和网囊虚构容积 V_1 为

$$h_1 = 7.20(\text{m})$$

$$V_1 = \pi r_1^2 h_1 = \pi \left(\frac{5}{\pi}\right)^2 \times 7.2$$

设本设计网网囊网长为 h_2，网囊圆周的虚构半径为 r_2，网囊虚构容积为 V_2，则

$$2\pi r_2 = 9(\text{m})$$

$$r_2 = \frac{9}{2\pi}(\text{m})$$

$$V_2 = \pi r_2^2 h_2 = \pi \left(\frac{9}{2\pi}\right)^2 h_2$$

本设计网网囊虚构容积拟取与 6 号网的相同，则

$$V_2 = V_1$$

$$\pi \left(\frac{9}{2\pi}\right)^2 h_2 = \pi \left(\frac{5}{\pi}\right)^2 \times 7.2$$

$$h_2 = \frac{5^2}{\pi^2} \times 7.2 \times \frac{4\pi^2}{9^2} = 25 \times 7.2 \times 4 \div 81 = 8.89(\text{m}),\ \text{取为}9.00\ \text{m}。$$

四、网衣配布

本设计按母型网采取七段式浮纲结构和五段式缘纲结构。但为了简化工艺，本设计拟将上网口三角并入上翼后段里，下网口三角并入下网缘里，并把下网缘分成前后两段。

本设计上翼分上翼端三角、上翼前段和上翼后段，下翼分为下翼端三角、下翼、下网缘前段和下网缘后段。网身一段下片中间设置疏底，两旁为疏侧。上翼、下翼、网盖和疏底目大按母型网均取为 200 mm，网身拟按母型网仍分五段，目大分别取为 160 mm、120 mm、100 mm、80 mm 和 60 mm，网囊目大取为 50 mm。

南海水产有限公司新设计的 66.16 m（274$^\diamond$×240 mm）294 kW 拖网，其网身一段上片和疏侧的线粗—目大（单位：丝—mm，下同）为 51—240，而本设计网身一段上片和疏侧的目大为 160 mm，若本设计网片强度取与上述 66.16 m 拖网相近，则线粗应为 $\frac{51}{240} \times 160 = 34$，取为36丝。

本设计网翼、网盖的线粗取与网身一段上片一样，即取为 36 丝。

南海水产有限公司新设计的 66.16 m 拖网，其下网缘、疏底的线粗—目大为 90—320。而本设计的下网缘和疏底的目大为 200 mm，若其网片强度取与上述 66.16 m 拖网相近，则线粗应为 $\frac{90}{320} \times 200 = 56.3$，取大些，取为 60 丝。

网身二、三、四段按母型网取为 30 丝，网身五段线粗取与网身一段上片相同，即取为 36 丝，网囊线粗取与疏底相同，即取为 60 丝。

五、网衣计算

1. 确定各段网衣的剪裁循环

母型网两侧边的剪裁循环及其倾斜度如表 10-3 所示。

表 10-3　两侧边剪裁循环与倾斜度对照表

段别	网口前部分	网身一段	网身二段	网身三段	网身四段	网身五段
剪裁循环	1N6B	1N4B	1N4B	1N2B	3N2B	AN
倾斜度	69°27′	71°34′	71°34′	75°58′	82°52′	90°

从表中可以看出母型网两侧边的倾斜度由前向后逐渐增加，这是合理的。其递增幅度分别约为 2°、4°、7°和 7°，递增幅度逐渐增加，增加幅度不大，合理。本设计各段网衣的剪裁循环参照母型网选取，如表 10-4 所示。

表 10-4　设计网斜边剪裁循环

段别		网口前部分						网身部分						
		上翼前段	上翼后段	网盖	下翼	下网缘前段	下网缘后段	疏底	疏侧	一段上片	二段	三段	四段	五段
剪裁循环	两侧边	1N6B	1N6B	1N6B	1N6B	AB	AB	AB	1N6B	1N6B	1N4B	1N4B	1N2B	3N2B
	配纲边	1T4B	1T1B		AB	AB	1T1B							

2. 确定各段网衣的网长目数

根据前面的确定，本设计各段网衣的线粗—目大如表 10-5 所示。

表 10-5　设计网各段网衣的线粗—目大　　　　　　　（单位：丝—mm）

段别	网口前部分					网身部分						网囊
	翼端三角	上翼前后段	网盖	下翼	下网缘前后段	疏底	一段上片与疏侧	二段	三段	四段	五段	
线粗—目大	36—200	36—200	36—200	36—200	60—200	60—200	36—160	30—120	30—100	30—80	36—60	60—50

本设计与母型的缩小比例为

$$\frac{C_2}{C_1} = \frac{62.40}{68.80} = 0.907$$

本设计上翼长周比取与母型网一致，故本设计网翼各段长度可按母型网各段长度缩小。加上本设计网翼目大取与母型网相同，则本设计网翼各段网长目数可按母型网各段网长目数缩小。

（1）上翼前段

上翼前段拟按母型网缩小，则网长目数为 $29 \times 0.907 = 26.3$(目)，取为28目。

（为方便安排对称剪裁，长度目数应取剪裁循环组的公倍数，下同。）

上翼前段实长为

$$28 \times 0.2 = 5.60 \text{(m)}$$

（2）上翼后段

上翼后段也拟按母型网缩小，则网长目数为 $13 \times 0.907 = 11.8$(目)，取为12目。

上翼后段实长为

$$12 \times 0.2 = 2.40 \text{(m)}$$

（3）翼端三角

本设计要求上翼长为 10.70 m，则翼端三角网长目数为 $[10.70 - (5.60 + 2.40)] \div 0.2 = 13.5$(目)，取为14目。

翼端三角实长为

$$14 \times 0.2 = 2.80 \text{(m)}$$

本设计上翼实长为

$$2.80 + 5.60 + 2.40 = 10.80 \text{(m)}$$

（4）网盖

本设计要求网盖长约为 4.90 m，则网长目数为 $4.90 \div 0.2 = 24.5$(目)，取为24目。

网盖实长为

$$24 \times 0.2 = 4.80 \text{(m)}$$

（5）下翼

下翼网长目数应与上翼前段、上翼后段、网盖的总网长目数相等，则网长目数应为

$$28 + 12 + 24 = 64 \text{(目)}$$

（6）下网缘后段

下网缘后段取与上翼后段等长，即网长目数为 12 目。

（7）下网缘前段

下网缘前段和下网缘后段网长目数之和应与下翼的网长目数相等，则下网缘前段网长目数应为

$$64 - 12 = 52 \text{(目)}$$

（8）网身一段

本设计要求网身长为 23.42 m。现拟分为五段，每段平均网长为

$$23.42 \div 5 = 4.68(\text{m})$$

为了减少网具阻力，并使网身一段上片网长与疏底网长相适应，本设计拟加长网身一段，取网身一段长为 40 目，则网身一段长度为

$$40 \times 0.16 = 6.40(\text{m})$$

本设计拟将网身一段取长的数值从网身二、三段中平均减去，则网身二、三段网长应分别减少为

$$(6.40 - 4.68) \div 2 = 0.86(\text{m})$$

（9）疏底

疏底应与疏侧等长，则疏底网长目数应为

$$6.40 \div 0.2 = 32(\text{目})$$

（10）网身二段

网身二段网长目数为 $(4.68 - 0.86) \div 0.12 = 31.8(\text{目})$，取为33目。

网身二段实长为

$$33 \times 0.12 = 3.96(\text{m})$$

（11）网身三段

网身三段网长目数为 $(4.68 - 0.86) \div 0.10 = 38.2(\text{目})$，取为39目。

网身三段实长为

$$39 \times 0.10 = 3.90(\text{m})$$

（12）网身四段

网身四段网长目数为 $4.68 \div 0.08 = 58.5(\text{目})$，取为58目。

网身四段实长为

$$58 \times 0.08 = 4.64(\text{m})$$

（13）网身五段

网身五段网长目数为 $[23.42 - (6.40 + 3.96 + 3.9 + 4.64)] \div 0.06 = 75.3(\text{目})$，取为75目。

网身五段实长为

$$75 \times 0.06 = 4.50(\text{m})$$

本设计网身长度实为

$$(6.40 + 3.96 + 3.90 + 4.64 + 4.50) = 23.40(\text{m})$$

与原设计要求的 23.42 m 只短 0.02 m，基本上符合要求。

（14）网囊

前面已确定本设计网囊网长为 9.00 m，则网长目数应为

$$9.00 \div 0.05 = 180(\text{目})$$

本设计网衣总长为

$$10.80 + 4.80 + 23.40 + 9.00 = 48.00(\text{m})$$

3. 确定各段网衣的网宽目数

上面已经确定的各段网长目数是包括了前后段间缝合的半目，则各段网衣的实际网长目数应减少半目，如表 10-6 所示。

表 10-6　设计网各段网长目数

段别	网口前部分							网身部分						网囊
	翼端三角	上翼前段	上翼后段	网盖	下翼	下网缘前段	下网缘后段	疏底	一段上片与疏侧	二段	三段	四段	五段	
网长目数/目	13.5	27.5	11.5	23.5	63.5	51.5	11.5	31.5	39.5	32.5	38.5	57.5	74.5	180

（1）网身一段上片

本设计网口目数为 390 目，则网身一段上片的大头目数为

$$390 \div 2 = 195(目)$$

已知网长 39.5 目，两边 1N6B，大头 195 目，求小头目数。

解：一边 1N6B 边减少为

$$39.5 \div 4 = 9 \cdots\cdots 3.5$$

$$1N5B \qquad 1N6B(9)$$

小头目数为

$$9 \times 3 + 2.5 = 29.5(目)$$

$$195 - 2 \times 29.5 = 136(目)$$

（2）网身二段

网身二段分为上、下两片规格一样的网衣。网身二段大头应与网身一段小头等宽，则网身二段大头目数应为 $136 \times 160 \div 120 = 181.3(目)$，取为 181 目。

已知网长 32.5 目，两边 1N4B，大头 181 目，求小头目数。

解：一边 1N4B 边减少为

$$32.5 \div 3 = 10 \cdots\cdots 2.5$$

$$1N3B \qquad 1N4B(10)$$

$$10 \times 2 + 1.5 = 21.5(目)$$

小头目数为

$$181 - 2 \times 21.5 = 138(目)$$

（3）网身三段

网身三段分为上、下两片规格一样的网衣。网身三段大头为 $138 \times 120 \div 100 = 165.6(目)$，取为 165 目。

已知网长 38.5 目，两边 1N4B，大头 165 目，求小头目数。

解：一边 1N4B 边减少为

$$38.5 \div 3 = 12 \cdots\cdots 2.5$$

$$1N3B \qquad 1N4B(12)$$

$$12 \times 2 + 1.5 = 25.5(目)$$

小头目数为

$$165 - 2 \times 25.5 = 114(目)$$

（4）网身四段

网身四段分为上、下两片规格一样的网衣。网身四段大头为 $114 \times 100 \div 80 = 142.5(目)$，取为 141 目。

已知网长 57.5 目，两边 1N2B，大头 141 目，求小头目数。

解：一边 1N2B 边减少为

$$57.5 \div 2 = 28 \cdots\cdots 1.5$$

$$1N1B \qquad 1N2B(28)$$

$$28 \times 1 + 0.5 = 28.5(目)$$

小头目数为

$$141 - 2 \times 28.5 = 84(目)$$

（5）网身五段

网身五段分为上、下两片规格一样的网衣。网身五段大头目数为

$$84 \times 80 \div 60 = 112(目)$$

为了配合缝合工艺，前段小头目数为偶数，后段大头因数应取奇数，改取 111 目。

已知网长 74.5 目，两边 3N2B，大头 111 目，求小头目数。

解：一边 3N2B，边减少为

$$74.5 \div 4 = 18 \cdots\cdots 2.5$$

$$2N1B \; 1N1B \; 1N1N(18)$$

$$18 \times 1 + 0.5 = 18.5(目)$$

小头目数为

$$111 - 2 \times 18.5 = 74(目)$$

若网具分成上、下两片规格一样的矩形网片，则网囊网宽目数为

$$74 \times 60 \div 50 = 88.8(目)$$

若稍取宽些，取为 90 目，则与前面已确定的网囊圆周目数 180 目相符。

（6）网盖

网盖小头目数应为

$$195 \times 160 \div 200 = 156(目)$$

已知网长 23.5 目，两边 1N6B，小头 156 目，求大头目数。

解：一边 1N6B 边增加为

$$23.5 \div 4 = 5 \cdots\cdots 3.5$$

$$1N5B \quad 1N6B(5)$$

$$5 \times 3 + 2.5 = 17.5(目)$$

大头目数为

$$156 + 2 \times 17.5 = 191(目)$$

（7）上翼后段

母型网的上口门宽与网盖大头宽之比为 0.2227，若本设计上口门宽与网盖大头宽之比取与母型网相同，则本设计上口门目数为

$$191 \times 0.2227 = 42.5(目)$$

母型网上网口三角与网盖的缝合如图 10-7 所示，本设计上翼后段与网盖的缝合如图 10-8 所示。故本设计上口门目数应比按母型网比例计算出来的上口门目数少 4 目，即可取为 39 目。则上翼后段大头目数应为

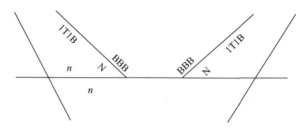

图 10-7　母型网上网口三角与网盖的缝合示意图

$$(191-39)\div 2-3=73(目)$$

已知网长 11.5 目，1N6B 和 1T1B 边，大头 73 目，求小头目数。

解：1N6B 边增加为

$$11.5\div 4=2\cdots\cdots 3.5$$

$$1N5B\qquad 1N6B(2)$$

$$2\times 3+2.5=8.5(目)$$

1T1B 边减少为

$$11.5\div 0.5=21\cdots\cdots 1$$

$$21\times 1.5=31.5(目)$$

小头目数为

$$73+8.5-31.5=50(目)$$

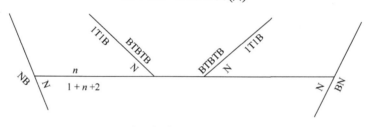

图 10-8　设计网上翼后段与网盖的缝合示意图

（8）上翼前段

上翼前段与上翼后段的缝合如图 10-9 所示，则上翼前段大头目数应为

$$50-1=49(目)$$

已知网长 27.5 目，1N6B 和 1N4B 边，大头 49 目，求小头目数。

解：1N6B 边增加为

$$27.5\div 4=6\cdots\cdots 3.5$$

$$1N5B\qquad 1N6B(6)$$

$$6\times 3+2.5=20.5(目)$$

1T4B 边减少为

$$27.5\div 2=13\cdots\cdots 1.5$$

$$1N1B\qquad 1T4B(13)$$

$$13\times 3+0.5=39.5(目)$$

小头目数为

$$49+20.5-39.5=30(目)$$

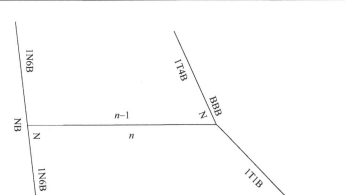

图 10-9　上翼前段与上翼后段的缝合示意图

（9）上翼端三角

上翼端三角与上翼前段的缝合如图 10-10 所示，则上翼端三角大头目数为

$$30 - 3 = 27(目)$$

已知网长 13.5 目，两边 AB，大头 27 目，求小头目数。

解：一边 AB 边减少 12.5 目，则小头目数为

$$27 - 12.5 \times 2 = 2(目)$$

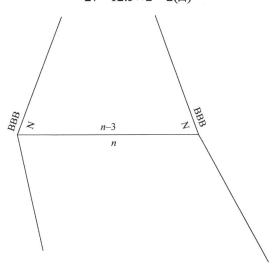

图 10-10　上翼端三角与上翼前段的缝合示意图

（10）下网缘前段

下网缘前段网宽目数可按母型网缩小求得：$10 \times 0.907 = 9.1(目)$，取为9目。

（11）下网缘后段

下网缘的后段与前段的缝合如图 10-11 所示，则下网缘后段小头目数应与下网缘前段网宽目数一致，即为 9 目。

已知网长 11.5 目，1T1B 和 AB 边，小头 9 目，求大头目数。

解：1T1B 边增加为

$$11.5 \div 0.5 = 21 \cdots \cdots 1$$

$$21 \times 1.5 = 31.5(目)$$

AB 边减少为 10.5 目，则大头目数为

$$9 + 31.5 - 10.5 = 30(目)$$

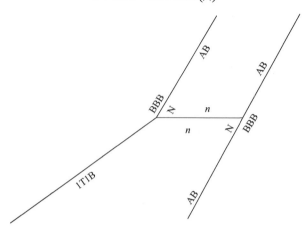

图 10-11　下网缘的后段与前段的缝合示意图

（12）疏底

下口门目数拟按母型网的比例缩小，则下口门目数为

$$36 \times 0.907 = 32.7(目)$$

母型网下网口三角与疏底的缝合如图 10-12 所示，本设计下网缘后段与疏底缝合如图 10-12 所示。故本设计下口门目数应比按母型网缩小的下口门目数少 4 目，即可取为 29 目，则本设计疏底大头目数应为

$$29 + 2 \times (30 + 2) = 93(目)$$

已知网长 31.5 目，两边 AB，大头 93 目，求小头目数。

解：一边 AB 边减少为 30.5 目，则小头目数应为

$$93 - 2 \times 30.5 = 32(目)$$

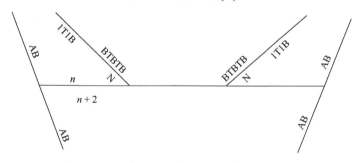

图 10-12　设计网下网缘后段与疏底缝合示意图

（13）疏侧

疏侧小头目数应为 $(195 - 93 \times 200 \div 160) \div 2 = 39.4(目)$，取为 39 目。

已知网长 39.5 目，1N6B 和 AB 边，小头 39 目，求大头目数。

解：1N6B 边减少为

$$39.5 \div 4 = 9 \cdots\cdots 3.5$$
$$1N5B \qquad 1N6B(9)$$
$$9 \times 3 + 2.5 = 29.5(目)$$

AB 边增加为 38.5 目，则大头目数为

$$39 + 38.5 - 29.5 = 48(目)$$

（14）下翼

下翼与疏侧的缝合如图 10-13 所示。则下翼大头应与疏侧小头减去 1 目后等宽，即下翼大头目数应为
$$(39-1)\times160\div200=30.4(目)，取为30目$$
已知网长 63.5 目，1N6B 和 AB 边，大头 30 目，求小头目数。

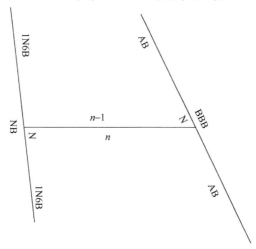

图 10-13　下翼与疏侧的缝合示意图

解：1N6B 边增加为
$$63.5\div4=15\cdots\cdots3.5$$
$$1N5B\quad 1N6B(15)$$
$$15\times3+2.5=47.5(目)$$
AB 边减少为 62.5 目，则小头目数为
$$30+47.5-62.5=15(目)$$

（15）下翼端三角

下翼端三角与下翼、下网缘前段的缝合如图 10-14 所示，则下翼端三角大头目数为
$$15+9-3=21(目)$$
已知网长 13.5 目，1N2B 和 AB 边，大头 21 目，求小头目数。

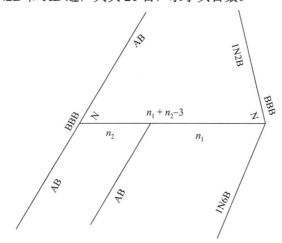

图 10-14　下翼端三角与下翼、下网缘前段的缝合示意图

解：1N2B 边减少为
$$13.5\div2=6\cdots\cdots1.5$$

$$1N1B \qquad 1N2B(6)$$

$$6 \times 1 + 0.5 = 6.5(\text{目})$$

AB 边减少 12.5 目，则小头目数为

$$21 - 6.5 - 12.5 = 2(\text{目})$$

本设计实际网口周长为

$$0.16 \times (195 + 2 \times 39) + 93 \times 0.20 = 62.28(\text{m})$$

现将以上计算结果绘制成网衣配布图如图 10-15 所示。

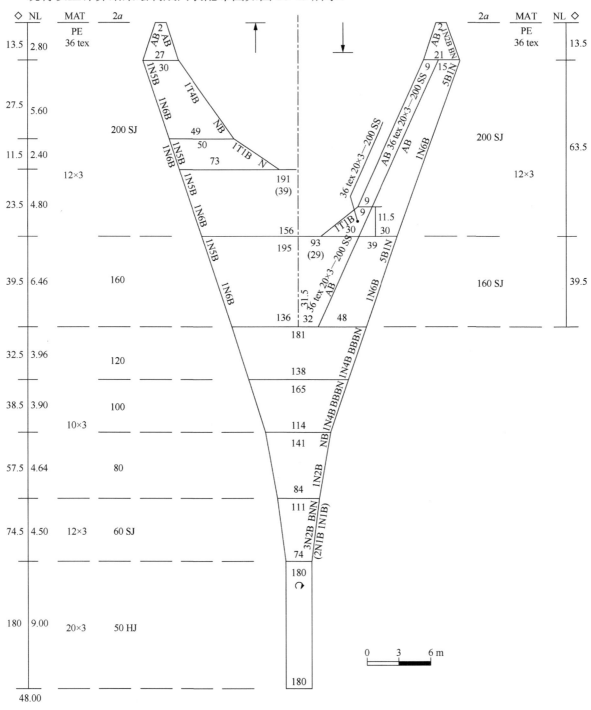

图 10-15　设计网衣配布示意图

六、纲索确定

（一）浮纲与缘纲

1. 确定浮纲与缘纲的长度

上、下口门的横向缩结系数增加，有利于扩大网口。本设计的上口门横向缩结系数取为 0.50，下口门取为 0.45，网衣伸缩系数 r 取为 0.99。上、下翼的横向缩结系数比上、下口门小 0.07。根据上、下翼的横向缩结系数 E_T 值和配纲边的剪裁循环可从斜边缩结系数（E_B）表中查出相对应的 E_B 值。则本设计上、下翼各段网衣的 E_T 和 E_B 值确定如下：

上翼后段 1T1B 边

$$E_T = 0.43 \quad E_B = 1.575$$

上翼前段 1T4B 边

$$E_T = 0.43 \quad E_B = 1.110$$

上翼后段 1T1B 边

$$E_T = 0.38 \quad E_B = 1.468$$

下网缘前段和下翼端三角 AB 边

$$E_T = 0.38 \sim 0.43 \quad E_B = 1.000$$

（1）上口门配纲

$$L = 2a(N-1)rE_T = 0.20 \times (39-1) \times 0.99 \times 0.50 = 3.76(\text{m})$$

（2）上翼后段配纲

$$L = 2a(M-0.5)rE_B = 0.20 \times (12-0.5) \times 0.99 \times 1.575 = 3.59(\text{m})$$

（3）上翼前段配纲

$$L = 2aMrE_B = 0.20 \times 28 \times 0.99 \times 1.110 = 6.15(\text{m})$$

（4）上翼端三角配纲

$$L = 2a(M+0.5)rE_B = 0.20 \times (14+0.5) \times 0.99 \times 1.000 = 2.87(\text{m})$$

（5）下口门配纲

$$L = 2a(N-1)rE_B = 0.20 \times (29-1) \times 0.99 \times 0.45 = 2.49(\text{m})$$

（6）下网缘后段配纲

$$L = 2aMrE_B = 0.20 \times 12 \times 0.99 \times 1.468 = 3.49(\text{m})$$

（7）下网缘前段和下翼端三角配纲

$$L = 2aMrE_B = 0.20 \times (52+14) \times 0.99 \times 1.000 = 13.07(\text{m})$$

浮纲不分段，则长为

$$3.76 + 2 \times (3.59 + 6.15 + 2.87) = 28.98(\text{m})$$

缘纲不分段，则长为

$$2.49 + 2 \times (3.49 + 13.07) = 35.61(\text{m})$$

2. 核算纲差比

上口门的配纲系数为

$$L \div 2a(N-1) = 3.76 \div [0.20 \times (39-1)] = 0.495$$

下口门的配纲系数为

$$L \div 2a(N-1) = 2.49 \div [0.2 \times (29-1)] = 0.445$$

则网盖的平均横向缩结系数为

$$(0.495 + 0.445) \div 2 = 0.470$$

据 $E_T = 0.470$ 查缩结系数表得 $E_N = 0.883$，则网盖张开后实长为

$$0.20 \times 24 \times 0.883 = 4.24(\text{m})$$

则纲差比为

$$\phi = (35.61 - 28.98) \div 2 \div 4.24 = 0.78$$

本设计纲差比与南海区渔业公司单拖网相比，明显减小，故有利于网口向上扩张。

（二）沉纲

本设计沉纲拟按母型网方式分为三段。

母型网的沉纲是根据网身力纲固结点来分段的。母型网的网身力纲固结在第 10 组横目位置上（图 10-16），则两网身力纲固结点之间的宽度与网身一段下片大头宽度之比为

$$0.2 \times [2 \times (1.5 \times 10 + 0.5) + 36] \div [0.2 \times (86-2) + 2 \times 0.16 \times (57-2)] = 0.39$$

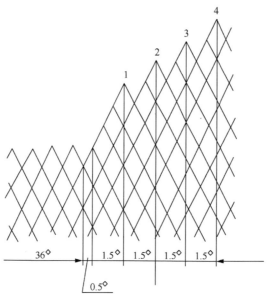

图 10-16 母型网网身力纲固结点计算示意图

假设本设计网网身力纲是固结在第 10 组横目位置上（图 10-17）。若本设计两网身力纲固结点之间的宽度与网身一段下片大头宽度之比取与母型网的相同，则本设计网网身力纲固结点位置可由下式求得

$$0.2 \times [2 \times (1.5x - 0.5) + 29] \div (0.2 \times 93 + 2 \times 0.16 \times 39) = 0.39$$

$$0.2 \times (3x - 1 + 29) = 0.39 \times (0.2 \times 93 + 2 \times 0.16 \times 39) = 12.12$$

$$3x + 28 = 12.12 \div 0.2 = 60.6$$

$$3x = 60.6 - 28 = 32.6$$

$$x = 10.9，取为11组$$

中沉纲长度应等于下口门配纲长度加上两边各 11 组 1T1B 的配纲长度，即为

$$2.49 + 2 \times 0.2 \times (11 \div 2) \times 0.99 \times 1.468 = 5.69(\text{m})$$

若沉纲长度取与缘纲等长，则翼沉纲长度为

$$(35.61 - 5.69) \div 2 = 14.96 \text{(m)}$$

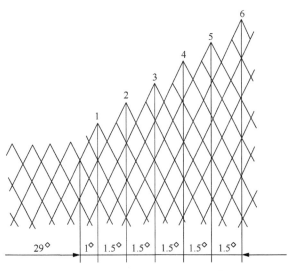

图 10-17 设计网网身力纲固结点计算示意图

考虑到连接中沉纲和翼沉纲之间的卸扣约增长 0.09 m，翼沉纲应取短些，即可取为

$$14.96 - 0.09 = 14.87 \text{(m)}$$

（三）空绳

母型网的空绳长度加上翼端三角配纲长度与翼端宽度之比为 1.44。本设计为了增加网口高度，拟将此比值提高到 1.9 倍来确定本设计的空绳长度。本设计翼端三角配纲长度为

$$2aMrE_B = 0.2 \times 14 \times 0.99 \times 1.000 = 2.77 \text{(m)}$$

则本设计空绳长度应为 $0.2 \times (30 + 9 + 15) \times 1.9 - 2.77 = 17.75 \text{(m)}$，取为 18 m。

（四）水扣绳

本设计中沉纲拟采取 1 个中滚轮（RUB $\phi 90 \times 120$—2.058 N）和 2 个小滚轮（RUB $\phi 65 \times 80$—0.882 N）相间排列，其档绳结扎方式如图 10-18 所示。

则档长为

$$120 + 80 \times 2 = 280 \text{(mm)}$$

水扣绳长度为纲长度的倍数取 2。

水扣绳每档长度为

$$280 \times 2 = 560 \text{(mm)}$$

中缘纲与小滚轮的间距约为

$$(560 - 280) \div 2 = 140 \text{(mm)}$$

则中沉纲的水扣绳长度应为

$$5.69 \times 2 = 11.38 \text{(m)}$$

本设计翼沉纲拟采取 1 个中滚轮和 3 个小滚轮相间排列，其档绳结扎方式如图 10-19 所示。

则档长为

$$120 + 80 \times 3 = 360 \text{(mm)}$$

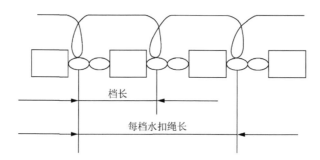

图 10-18　沉纲档绳结扎示意图

每档水扣绳长为

$$120 \times 2 + 80 \times 5 = 640 (\text{mm})$$

则翼沉纲的水扣绳长应为

$$14.87 \times 1.78 = 26.47 (\text{m})$$

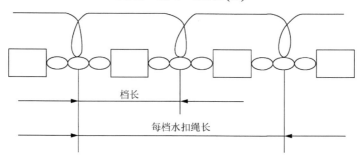

图 10-19　设计网档绳结扎示意图

（五）翼端纲

根据上下翼的横向缩结系数和配纲边的剪裁循环可从斜边缩结系数表中查出 E_B 值。则本设计翼端的 E_T 和 E_B 值如下。

上翼端三角 AB 边

$$E_T = 0.43 \quad E_B = 1.000$$

下翼端三角 1N2B 边

$$E_T = 0.38 \quad E_B = 0.944$$

AB 边配纲长度为

$$L = 2aMrE_B = 0.2 \times 14 \times 0.99 \times 1.000 = 2.77 (\text{m})$$

1N2B 边配纲长度为

$$L = 2aMrE_B = 0.2 \times 14 \times 0.99 \times 0.944 = 2.62 (\text{m})$$

则每条翼端纲长度为

$$2.77 + 2.62 = 5.39 (\text{m})$$

（六）叉绳

为了增加网口高度，本设计档杆拟比母型网的档杆（0.6 m）取长些，取为 0.7 m。叉绳长度仍按母型网取为档杆长的 5 倍，即本设计叉绳长度应为

$$0.7 \times 5 = 3.5 (\text{m})$$

（七）网身力纲

本设计网身力纲固结在下网缘后段 1T1B 边的第 11 组横目上，则本设计网身力纲的装置部位长度为

$$0.2 \times 0.5 \times 11 + 23.40 = 24.50(\text{m})$$

考虑到网衣使用后可能伸长而需加长力纲，或网身力纲前端的眼环磨损后需重新插钢丝头等，可加上备用长度 3～4 m，则可取网身力纲长度为 28 m。

（八）网囊力纲

本设计按母型网采用 8 条网囊力纲。每条长度与网囊拉直长度等长，即取为 9 m。

（九）束绳

网囊束绳长度取网囊周长的 0.45 倍，即为

$$180 \times 0.05 \times 0.45 = 4.05(\text{m})$$

（十）隔绳

隔绳长度取网囊周长的 0.6 倍，即为

$$180 \times 0.05 \times 0.6 = 5.40(\text{m})$$

（十一）隔绳引绳

束绳拟安装在网囊上，离网身末端 1 m 处。隔绳拟安装在离囊底约 2 m 处。隔绳引绳结缚在束绳和隔绳之间的网囊力纲上，故其长度应等于束绳和隔绳之间的网长，即为

$$9 - 1 - 2 = 6(\text{m})$$

（十二）囊底纲

囊底纲长度取网囊周长的 0.5 倍，即为

$$180 \times 0.05 \times 0.5 = 4.50(\text{m})$$

（十三）囊底力纲

囊底力纲连接于囊底纲与隔绳之间，吊网时用于加强网囊强度。每条囊底力纲长度应等于隔绳和囊底纲的安装间距，即为 2 m。

（十四）囊底抽绳

囊底抽绳长度可取囊底纲长度的 3 倍，即为

$$4.50 \times 3 = 13.50(\text{m})$$

（十五）网囊引绳

网囊引绳前端拟连接在离叉绳前端约 1 m 处的单手绳上，后端与束绳连接，则网囊引绳装置部位的长度为

$$1 + 3.5 + 18 + 10.8 + 23.4 + 1 = 57.7(m)$$

为了减少网囊引绳对网具的不利影响，拟加长 14～15 m，则网囊引绳可取长度为 72 m。

（十六）单手绳

单手绳按南海水产有限公司习惯长度取为 110 m。

（十七）游绳

游绳按南海水产有限公司习惯长度取为 4.5 m。

（十八）曳绳

曳绳备用长度取为 700 m，足够在 200 m 水深渔场使用。

以上计算了各种纲索的设计长度。本设计各种纲索的材料、规格和长度可详见表 10-8 和表 10-10。

七、浮沉力配备

母型网每千瓦配沉力为 1.01 N，此值偏小。本设计每千瓦拟参照 64.60 m（406°×160 mm）294 kW 拖网取为 2.67 N，则

$$Q_{AD} = d \cdot N = 2.67 \times 294 = 784.98(N)$$

本设计采用橡胶滚轮式沉纲，拟按母型网穿用中滚轮（RUB ϕ90×120—2.058 N）和小滚轮（RUB ϕ65×80—0.882 N）相间排列，翼沉纲采取 1 个中滚轮和 3 个小滚轮相间排列。沉纲钢丝两端插头各长约 0.35 m 处是不能穿滚轮的。

1. 中沉纲 5.69 m

每组 1 个中滚轮和 2 个小滚轮长为

$$0.12 + 0.08 \times 2 = 0.28(m)$$

可穿滚轮的纲长度为

$$5.69 - 0.35 \times 2 = 4.99(m)$$

可穿滚轮的组数为 4.99÷0.28＝17.8，取为17组 。

穿 17 组后剩下的纲长度为

$$4.99 - 0.28 \times 17 = 0.23(m)$$

考虑到沉纲两端都是中滚轮，剩下的纲长度可多穿 1 个中滚轮，则中沉纲共穿 18 个中滚轮、34 个小滚轮和 2 个铁介子。

2. 翼沉纲 14.87 m×2

每组 1 个中滚轮和 3 个小滚轮长为

$$0.12 + 0.08 \times 3 = 0.36 (m)$$

可穿滚轮的纲长度为

$$14.87 - 0.35 \times 2 = 14.17 (m)$$

可穿滚轮的组数为 $14.17 \div 0.36 = 39.4$，取为39组。

穿了 39 组后剩下的纲长度为

$$14.17 - 0.36 \times 39 = 0.13 (m)$$

考虑到沉纲两端都是中滚轮,剩下的纲长度可多穿 1 个中滚轮,则每条翼沉纲共穿 40 个中滚轮、117 个小滚轮和 2 个铁介子。

整顶网共穿 98 个中滚轮、268 个小滚轮和 6 个铁介子(铁介子的沉力忽略不计)。

本设计缘纲、沉纲和橡胶滚轮的沉力分别为

$$Q_{缘} = 35.61 \times 0.31 \times 0.76 \times 9.8 = 82.22 (N)$$
$$Q_{沉} = (5.69 + 14.87 \times 2) \times 0.85 \times 0.76 \times 9.8 = 224.30 (N)$$
$$Q_{轮} = 98 \times 2.058 + 268 \times 0.882 = 438.06 (N)$$

本设计不足之沉力拟采用铁链条来补充,则铁链条的沉力应为

$$Q_{链} = Q_{AD} - Q_{缘} - Q_{沉} - Q_{轮} = 784.98 - 82.22 - 224.30 - 438.06 = 40.4 (N)$$

则铁链条质量为 $M = 40.4 \div 9.8 \div 0.86 = 4.79$，取为5 kg。

铁链条沉力为

$$Q_{链} = M \cdot g = 5 \times 0.86 \times 9.8 = 42.14 (N)$$

本设计总沉力为

$$Q_{AD} = Q_{缘} + Q_{沉} + Q_{轮} + Q_{链} = 82.22 + 224.30 + 438.06 + 42.14 = 786.72 (N)$$

本设计拟取浮沉比(ϕ)为 1.50,则本设计净浮力为

$$F' = \phi \cdot Q_{AD} = 1.50 \times 786.72 = 1180.108 (N)$$

本设计浮纲的沉力为

$$Q_{浮} = 28.98 \times 0.31 \times 0.76 \times 9.8 = 66.93 (N)$$

则本设计总浮力为

$$F = F' + Q_{浮} = 1180.08 + 66.93 = 1247.01 (N)$$

本设计拟采用广州塑料五厂生产的 PLϕ250—6.85 kgf 浮子,则本设计应配备的浮子个数为

$$n = F \div b \div g = 1247.01 \div 6.85 \div 9.8 = 18.6,\ 取为19个。$$

则本设计的实际浮力为

$$F = b \cdot n \cdot g = 6.85 \times 19 \times 9.8 = 1275.47 (N)$$
$$F' = F - Q_{浮} = 1275.47 - 66.93 = 1208.54 (N)$$

本设计的实际浮沉比为

$$\phi = F' \div Q_{AD} = 1208.54 \div 786.74 = 1.54$$

八、网板计算

母型网板选取南海水产有限公司为 441 kW 渔轮新设计的 1.9 m² 双叶片球缺型网板,拖速可达 4.2 kn。已知

$$P_1 = 441\ kW \quad P_{T1} = 62.33\ kW \quad v_1 = 4.2\ kn \quad S_1 = 1.9\ m^2$$
$$P_2 = 294\ kW \quad P_{T2} = 44.39\ kW \quad v_2 = 3.8\ kn$$

将上述数字代入下式得本设计网板面积为

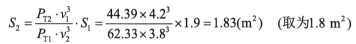
$$S_2 = \frac{P_{T2} \cdot v_1^3}{P_{T1} \cdot v_2^3} \cdot S_1 = \frac{44.39 \times 4.2^3}{62.33 \times 3.8^3} \times 1.9 = 1.83(\text{m}^2) \quad (\text{取为1.8 m}^2)$$

本设计的缩小比例为

$$\frac{e_2}{e_1} = \left(\frac{S_2}{S_1}\right)^{0.5} = \left(\frac{1.8}{1.9}\right)^{0.5} = 0.973$$

则本设计网板各主要参数为

$$e_2 = 0.973e_1 = 0.973 \times 1584 = 1541(\text{mm}) \quad (\text{取为1540 mm})$$

$$b_2 = 0.973b_1 = 0.973 \times 1487 = 1447(\text{mm}) \quad (\text{取为1450 mm})$$

$$\lambda_2 = \frac{e_2^2}{S_2} = \frac{1.54^2}{1.8} = 1.32$$

叶片设计参数

$$e_2' = 0.973e_1' = 0.973 \times 1140 = 1109(\text{mm}) \quad (\text{取为1110 mm})$$

$$b_2' = 0.973b_1' = 0.973 \times 650 = 632(\text{mm}) \quad (\text{取为630 mm})$$

$$\lambda_2' = \frac{e_2'}{b_2'} = \frac{1110}{630} = 1.762$$

$$S_2' = e_2' \cdot b_2' = 1.11 \times 0.63 = 0.699(\text{m}^2)$$

式中，e 为翼展，b 为翼弦，λ 为展弦比，S 为面积。

缝口间距

前缝口为

$$0.973 \times 450 = 438(\text{mm})$$

后缝口为

$$0.973 \times 420 = 409(\text{mm})$$

压力中心前距为

$$d_2 = 0.973d_1 = 0.973 \times 535 = 521(\text{mm})$$

本设计网板与母型网板主要参数对照如表 10-7 所示。

表 10-7　本设计网板与母型网板主要参数对照表

参数		设计网板	母型网板
翼展 e/mm		1 540	1 584
翼弦 b/mm		1 450	1 487
展弦比 λ		1.32	1.32
面积 S/m²		1.8	1.9
板面弧（圆弧）		1/6	1/6
安装角度/(°)	前叶片	26	26
	后叶片	20	20
缝口间距/mm	前缝口	438	450
	后缝口	409	420
压力中心前距 d/mm		521	535
相对厚度 C		0.198	0.198
网板质量/kg		—	350
在空气中重心高为 e 的百分比/%		40.7	40.7

九、材料用量计算

1. 网片用量计算

（1）翼端三角（36—200）
上翼端三角 2 片和下翼端三角 2 片一起剪裁，所需的矩形网片为
$$N(网宽目数) = 2 + 27 + 2 + 21 + 8 + 4 - 0.5 = 63.5(目)$$
$$M(网长目数) = 13.5(目)$$

（2）上翼前段（36—200）
左、右 2 片一起剪裁，所需网片为
$$N = 30 + 49 + 4 + 2 - 0.5 = 84.5(目)$$
$$M = 27.5(目)$$

（3）上翼后段（36—200）
左、右 2 片一起剪裁，所需网片为
$$N = 50 + 73 + 4 + 6 - 0.5 = 132.5(目)$$
$$M = 11.5(目)$$

（4）下翼（36—200）
左、右 2 片一起剪裁，所需网片为
$$N = 15 + 30 + 4 + 2 - 0.5 = 50.5(目)$$
$$M = 63.5(目)$$

（5）网盖（36—200）
只用 1 片，所需网片为
$$N = (191 + 156) \div 2 + 2 + 1 = 176.5(目)$$
$$M = 23.5(目)$$

（6）下网缘前段（60—200）
左、右 2 片一起剪裁，所需网片为
$$N = 9 + 9 + 4 + 2 - 0.5 = 23.5(目)$$
$$M = 51.5(目)$$

（7）下网缘后段（60—200）
左、右 2 片一起剪裁，所需网片为
$$N = 9 + 30 + 4 + 6 - 0.5 = 48.5(目)$$
$$M = 11.5(目)$$

（8）疏底（60—200）
只用 1 片，所需网片为
$$N = (93 + 32) \div 2 + 2 + 1 = 65.5(目)$$
$$M = 31.5(目)$$

（9）网身一段上片与疏侧（36—160）
网身一段上片与疏侧左、右两片一起剪裁，所需网片为
$$N = [39 + 48 + (195 + 136) \div 2 + 6 + 3] = 261.5(目)$$
$$M = 39.5(目)$$

（10）网身二段（30—120）
上、下 2 片一起剪裁，所需网片为

$$N = 181 + 138 + 4 + 2 - 0.5 = 324.5(目)$$
$$M = 32.5(目)$$

（11）网身三段（30—100）

上、下 2 片一起剪裁，所需网片为

$$N = 165 + 114 + 4 + 2 - 0.5 = 284.5(目)$$
$$M = 38.5(目)$$

（12）网身四段（30—80）

上、下 2 片一起剪裁，所需网片为

$$N = 141 + 84 + 4 + 2 - 0.5 = 230.5(目)$$
$$M = 57.5(目)$$

（13）网身五段（36—60）

上、下 2 片一起剪裁，所需网片为

$$N = 111 + 74 + 4 + 2 - 0.5 = 190.5(目)$$
$$M = 74.5(目)$$

（14）网囊（60—50）

上、下 2 片一起编结成 1 片矩形网片，所需网片为

$$N = 90 + 90 + 2 = 182(目) \quad (取为182.5目)$$
$$M = 180(目)$$

2. 纲索用量计算

前面已确定的纲索长度均为净长，即不包括纲索两端做成的眼环或结扎时所消耗的留头长度。纲索用量长度是指全长，即包括了纲索两端做成眼环或结扎时所消耗的留头长度。纲索的质量可用下式求出

$$M = gL$$

式中，M——纲索的质量（kg）；

$\qquad g$——纲索的单位长度质量（kg/m）；

$\qquad L$——纲索的全长（m）。

本设计各种纲索的全长和质量如表 10-8 所示。

3. 属具用量计算

（1）网板

前面的"网板计算"中已确定本设计采用 1.8 m² 的双叶片球缺形网板 1 对。

（2）档杆

母型档杆长为 0.6 m，本设计拟取为 0.7 m。

本设计拟采用 ϕ 50 mm 的圆钢管来制作档杆，需用 2 支。

（3）浮子

前面的"浮沉力配备"中，已确定本设计采用广州塑料五厂生产的 ϕ 250 mm 的球体塑料浮子，共用 19 个。

（4）滚轮

前面的"浮沉力配备"中，已确定本设计采用 RUB ϕ 90×120—2.058 N 的中滚轮 98 个，RUB ϕ 65×80—0.882 N 的小滚轮 268 个。

（5）卸扣与转环

本设计采用的卸扣与转环和铁链条的规格与数量见表 10-9。

（6）铁圆环

结扎在上、下中间和左、右两侧的 4 条网身力纲上，用于穿过束纲的铁圆环有 4 个。穿在网底力纲前端眼环中的铁圆环有 4 个。铁圆环是用 ϕ_1 12 mm 的圆铁条制成内径为 65 mm 的圆环。

根据上面材料用量计算的结果，列出本设计的材料用量表如表 10-8 至表 10-10 所示。

表 10-8 纲索用量计算表

纲索名称		材料	规格		每条净长/m	留头长度/m	每条全长/m	纲索数量/条	总质量/kg
			ϕ/mm	g/(kg/m)					
上纲	浮纲	WR	9.3	0.31	28.98	0.35×2	29.68	1	9.20
	上空绳	WR	9.3	0.31	18.00	0.35×2	18.70	2	11.59
下纲	缘纲	WR	9.3	0.31	35.61	0.35×2	36.31	1	11.26
	中沉纲	WR	15	0.75	5.69	0.55×2	6.79	1	5.09
	翼沉纲	WR	15	0.75	14.87	0.55×2	15.97	2	23.96
	下空绳	WR	15	0.75	18.00	0.55×2	19.10	2	28.65
水扣绳（中）		PE	8	0.0359	11.38	0.35×2	12.08	1	2.38
水扣绳（翼）		PE	8	0.035 9	26.47	0.35×2	27.17	2	2.38
翼端纲		WR	9.3	0.31	5.39	0.35×2	6.09	2	3.78
叉绳		WR	15	0.75	3.50	0.55×2	4.60	4	13.80
网身力纲		WR	12	0.50	28.00	1.5 + 0.5	30.00	2	30.00
网囊力纲		PE	14	0.092 0	9.00	0.5×2	10.00	4	3.68
束绳		WR	12	0.50	4.05	0.45×2	4.95	1	2.48
隔绳		WR	12	0.50	5.40	0.45×2	6.30	1	3.15
隔绳引绳		WR	12	0.50	6.00	0.45×2	6.90	1	3.45
囊底纲		WR	9.3	0.31	4.50	0.35×2	5.20	1	1.61
囊底力纲		WR	12	0.50	2.00	0.45×2	2.90	4	5.80
囊底抽绳		PE	8	0.035 9	13.50	0.35	13.85	1	0.50
网囊引绳		WR	15	0.75	72.00	0.55×2	73.10	1	54.83
单手绳		COMB	57	1.35	110.00	0.75×2	111.50	2	301.05
游绳		WR	12	0.50	4.50	0.45×2	5.40	2	5.40
曳绳		WR	17	1.03	700.00		700.00	2	1 442.00

表 10-9 设计网材料用量表（一）

名称		单位	数量	材料及规格	网料用量$^\circ$×$^\circ$
网衣	下网缘前段	片	1	PE 36 tex 20×3—200 SJ	23.5×51.5
	下网缘后段	片	1	PE 36 tex 20×3—200 SJ	48.5×11.5
	疏底	片	1	PE 36 tex 20×3—200 SJ	65.5×31.5
	翼端三角	片	1	PE 36 tex 12×3—200 SJ	63.5×13.5
	上翼前段	片	1	PE 36 tex 12×3—200 SJ	84.5×27.5
	上翼后段	片	1	PE 36 tex 12×3—200 SJ	132.5×11.5
	下翼	片	1	PE 36 tex 12×3—200 SJ	50.5×63.5
	网盖	片	1	PE 36 tex 12×3—200 SJ	176.5×23.5

续表

名称		单位	数量	材料及规格	网料用量◇×◇
网衣	网身一段上片与疏侧	片	1	PE 36 tex 12×3—160 SJ	261.5×39.5
	网身二段	片	1	PE 36 tex 10×3—120 SJ	324.5×32.5
	网身三段	片	1	PE 36 tex 10×3—100 SJ	284.5×38.5
	网身四段	片	1	PE 36 tex 10×3—80 SJ	230.5×57.5
	网身五段	片	1	PE 36 tex 12×3—60 SJ	190.5×74.5
	网囊	片	1	PE 36 tex 20×3—50 HJ	182.5×180
属具	网板	块	2	1.8 m² 双叶片球缺形网板	
	档杆	支	2	用 φ50 圆钢管制成长 0.7 m	
	浮子	个	19	PL φ250—6.85 kgf	
	中滚轮	个	98	RUB φ90×120—2.058 N	
	小滚轮	个	268	RUB φ65×80—0.882 N	
	平头卸扣	个	25	12 mm 3 个，16 mm 3 个，20 mm 8 个	
	圆头卸扣	个	21	12 mm 3 个，16 mm 14 个，20 mm 12 个，22 mm 4 个	
	转环	个	7	16 mm 1 个，20 mm 4 个，22 mm 2 个	
	铁圆环	个	8	用 Fe φ₁12 制成，内 φ65 mm	
	铁链条	条		略	

表 10-10 设计网材料用量表（二）

纲索名称		数量/条	材料及规格	每条净长/m	每条全长/m	总质量/kg	附注
上纲	浮纲	1	WR φ9.3	28.98	29.68	9.20	外绕 30 丝 PE 网线
	上空绳	2	WR φ9.3	18.00	18.70	11.59	
下纲	缘纲	1	WR φ9.3	35.61	36.31	11.26	外绕 30 丝 PE 网线
	中沉纲	1	WR φ15	5.69	6.79	5.09	穿 RUB 滚轮
	翼沉纲	2	WR φ15	14.87	15.97	23.96	穿 RUB 滚轮
	下空绳	2	WR φ15	18.00	19.10	28.65	外绕废乙纶网衣 φ60
叉绳		4	WR φ15	350	4.60	13.80	
翼端纲		2	WR φ9.3	5.39	6.09	3.78	外绕 30 丝 PE 网线
网身力纲		2	WR φ12	30.00	30.00	30.00	外绕 30 丝 PE 网线
束绳		1	WR φ12	4.05	4.95	2.48	
隔绳		1	WR φ12	5.40	6.30	3.15	
隔绳引绳		1	WR φ12	6.00	6.90	3.45	
囊底纲		1	WR φ9.3	4.50	5.20	1.61	外绕 30 丝 PE 网线
囊底力纲		4	WR φ12	2.00	2.90	5.80	外绕 30 丝 PE 网线
网囊引绳		1	WR φ15	72.00	73.10	54.83	外绕废乙纶网衣 φ32
网囊力纲		4	PE φ14	9.00	10.00	3.68	
囊底抽绳		1	PE φ8	13.50	13.85	0.50	
水扣绳（中）		1	PE φ8	11.38	12.08	2.38	
水扣绳（翼）		2	PE φ8	26.47	27.17	2.38	
单手绳		2	COMB φ57	110.00	111.50	301.05	
游绳		2	WR φ12	4.50	5.40	5.40	
曳绳		2	WR φ17	700.00	700.00	1 442.00	

十、网具制作与装配

1. 网衣剪裁计划

①网身五段（36—60）　190.5[◇]×74.5[◇]，见图 10-20。

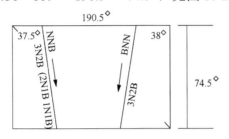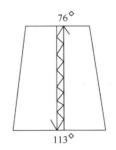

图 10-20　网身五段剪裁计划示意图

②网身四段（30—80）　230.5[◇]×57.5[◇]，见图 10-21。

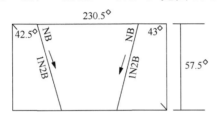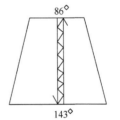

图 10-21　网身四段剪裁计划示意图

③网身三段（30—100）　284.5[◇]×38.5[◇]，见图 10-22。

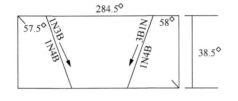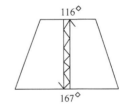

图 10-22　网身三段剪裁计划示意图

④网身二段（30—120）　324.5[◇]×32.5[◇]，见图 10-23。

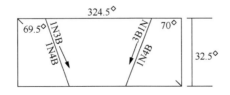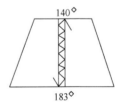

图 10-23　网身二段剪裁计划示意图

⑤网身一段上片与疏侧（36—160）　261.5[◇]×39.5[◇]，见图 10-24。
⑥疏底（60—200）　65.5[◇]×31.5[◇]，见图 10-25。
⑦网盖（36—200）　176.5[◇]×23.5[◇]，见图 10-26。
⑧上翼后段（36—200）　132.5[◇]×11.5[◇]，见图 10-27。

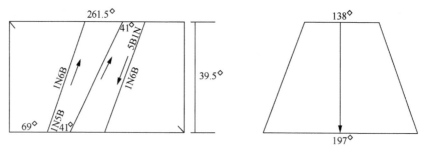

图 10-24　网身一段上片与疏侧剪裁计划示意图

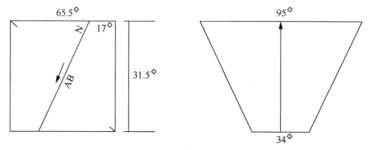

图 10-25　疏底剪裁计划示意图

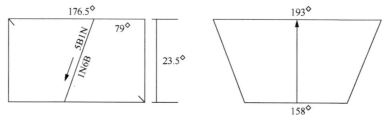

图 10-26　网盖剪裁计划示意图

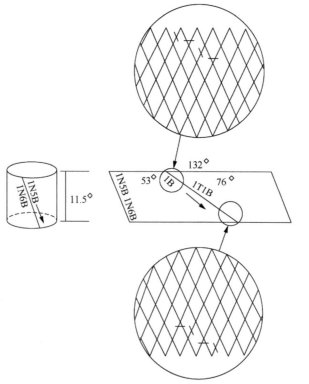

图 10-27　上翼后段剪裁计划示意图

⑨上翼前段 36—200　84.5°×27.5°，见图 10-28。

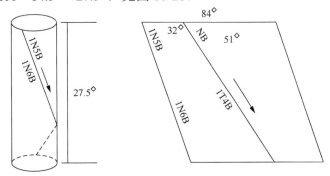

图 10-28　上翼前段剪裁计划示意图

⑩下翼 36—200　50.5°×63.5°，见图 10-29。

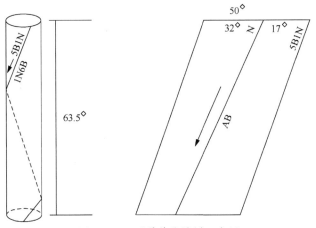

图 10-29　下翼剪裁计划示意图

⑪下网缘后段 60—200　48.5°×11.5°，见图 10-30。

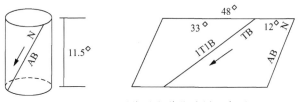

图 10-30　下网缘后段剪裁计划示意图

⑫下网缘前段 60—200　23.5°×51.5°，见图 10-31。

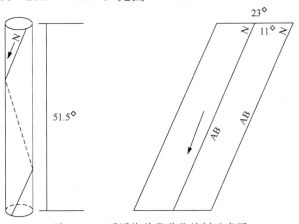

图 10-31　下网缘前段剪裁计划示意图

⑬翼端三角 36—200 63.5$^\diamond$×13.5$^\diamond$，见图 10-32。

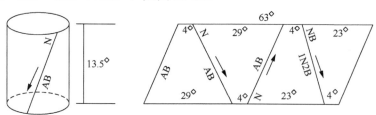

图 10-32 翼端三角剪裁计划示意图

在上述剪裁过程中，本设计均要求锐角处的 1N 中的第一个单脚留长些，以便于缝合之工艺要求。

2. 网衣缝合计算

本设计前后两段网衣缝合时，在两侧的缝合端边，缝线与后段锐角的 1B 均组成 1N1B′。若前后两段均为正梯形网衣时，则缝边两端的缝合形式如图 10-33 所示。前段小头缝边一端比后段多出 0.5 目，两端共多出 1 目。故计算前后两正梯形网片的缝合比时，前段小头应减去 1 目。

图 10-33 缝边两端的缝合形式示意图

（1）网盖与网身一段上片的缝合

$$\frac{网盖小头目数158-1=157}{网身一段上片大头目数197} \quad \begin{array}{ll} 197-157=40 & 3:4 \quad 40-37=3(次) \\ 157÷40=3……37 & 4:5 \quad 37次 \end{array}$$

考虑到中间应当有 3∶3，则改为

$$3:4 \qquad 6 次，4:5 \qquad 34 次$$

（2）下翼与疏侧的缝合

下翼与疏侧的缝合形式，则下翼大头的钝角处比疏侧小头多出 0.5 目，下翼大头的锐角处只比疏侧小头少 1.5 目，两端抵消后下翼大头仍少 1 目。故计算缝合比时，下翼大头应加上 1 目。

$$\frac{下翼大头目数31+1=32}{疏侧小头目数40} \quad \begin{array}{l} 40-32=8 \\ 32÷8=4 \end{array} \quad 4:5 \quad 8次$$

（3）网身一段上片与网身二段上片缝合

$$\frac{网身一段上片小头目数138-1=137}{网身二段上片大头目数183} \quad \begin{array}{ll} 183-137=46 & 2:3 \quad 46-45=1(次) \\ 137÷46=2……45 & 3:4 \quad 45次 \end{array}$$

考虑到中间当有 2∶2，则改为

$$2:3 \qquad 3 次，3:4 \qquad 43 次$$

（4）疏侧与网身二段下片两旁之缝合

疏侧与网身二段下片两旁之缝合形式，则网身二段下片两旁与疏侧缝合的宽度除了与疏侧大头等宽外，还应多一目，即网身二段下片两旁与疏侧缝合的目数应为

$$49×160÷120+1=66.3(目) \quad (取为66目)$$

$$\frac{疏侧大头目数49+1=50}{网身二段下片两旁目数66} \quad \begin{array}{ll} 66-50=16 & 3:4 \quad 16-2=14(次) \\ 50÷16=3……2 & 4:5 \quad 2次 \end{array}$$

（5）疏底与网身二段下片中间之缝合

疏底与网身二段下片中间之缝合形式如图 10-34 所示，疏底小头两端钝角处比网身二段下片的中间部分两端各多出 1.5 目，故计算缝合比时，疏底小头应减去 3 目。

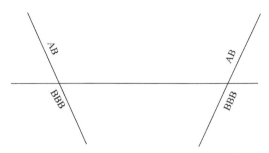

图 10-34　疏底与网身二段下片中间之缝合形式示意图

$$\frac{\text{疏底小头目数}32-3=29}{\text{网身二段下片大头中间目数}183-66\times2=51}\quad\begin{array}{l}51-29=22\\29\div22=1\cdots\cdots7\end{array}\quad\begin{array}{l}1:2\quad22-7=15(次)\\2:3\qquad\qquad7次\end{array}$$

（6）网身二段与网身三段之缝合

$$\frac{\text{网身二段小头目数}140-1=139}{\text{网身三段大头目数}\qquad\quad167}\quad\begin{array}{l}167-139=28\\139\div28=4\cdots\cdots27\end{array}\quad\begin{array}{l}4:5\quad28-27=1(次)\\5:6\qquad\qquad27次\end{array}$$

考虑到中间当有 4：4，则改为

$$4：5\quad5次，5：6\qquad23次$$

（7）网身三段与网身四段之缝合

$$\frac{\text{网身三段小头目数}116-1=115}{\text{网身四段大头目数}\qquad\quad143}\quad\begin{array}{l}143-115=28\\115\div28=4\cdots\cdots3\end{array}\quad\begin{array}{l}4:5\quad28-3=25(次)\\5:6\qquad\qquad3次\end{array}$$

考虑到中间当有 3：3，则改为

$$4：5\qquad28次$$

（8）网身四段与网身五段之缝合

$$\frac{\text{网身四段小头目数}86-1=85}{\text{网身五段大头目数}\qquad\quad113}\quad\begin{array}{l}113-85=28\\85\div28=3\cdots\cdots1\end{array}\quad\begin{array}{l}3:4\quad28-1=27(次)\\4:5\qquad\qquad1次\end{array}$$

考虑到中间当有 2：2，则改为

$$2：3\quad1次，3：4\qquad27次$$

（9）网身五段与网囊之缝合

网身五段与网囊是各自先缝合成圆筒后再进行前后之编缝合的。故应采用网筒圆周的实际目数进行缝合计算。

$$\frac{\text{网身五段小头圆周目数}148}{\text{网囊前头圆周目数}\qquad\quad180}\quad\begin{array}{l}180-148=32\\148\div32=4\cdots\cdots20\end{array}\quad\begin{array}{l}4:5\quad32-20=12(次)\\5:6\qquad\qquad20次\end{array}$$

3. 浮纲和缘纲的装配

（1）浮纲

先用笔按图 10-35 在浮纲上分段作记号，然后将上口门和上翼配纲边各剪裁组结扎在相应的纲长度上。

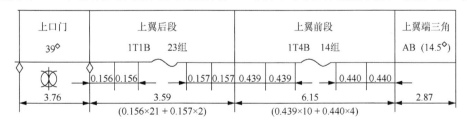

图 10-35　浮纲分段装配示意图（长度单位：m）

（2）缘纲

先用笔按图 10-36 在缘纲上分段作记号，然后将下口门和下翼配纲边各剪裁组结扎在相应的纲长度上。

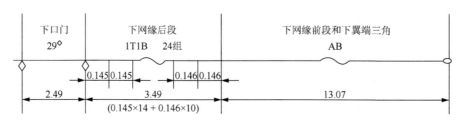

图 10-36　缘纲分段装配示意图（长度单位：m）

4. 浮子配布

浮纲上共装 19 个浮子，其中上口门处装 7 个，左、右翼处各装 6 个。浮子的安装位置如图 10-37 所示。

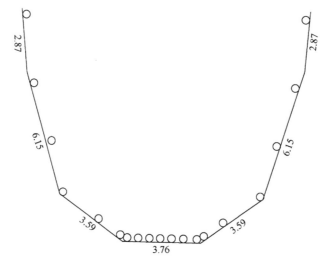

图 10-37　浮子配布示意图（长度单位：m）

5. 沉纲装配

沉纲装配如图 10-38 所示。

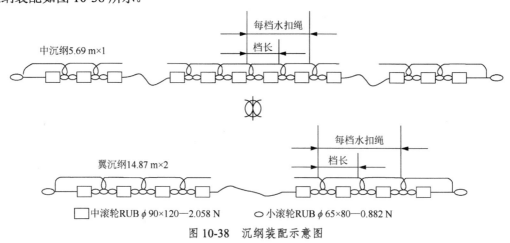

□中滚轮 RUB ϕ 90×120—2.058 N　　○小滚轮 RUB ϕ 65×80—0.882 N

图 10-38　沉纲装配示意图

6. 网囊装配

网囊装配如图 10-39 所示。

7. 纲索和属具的连接

纲索与属具的连接和所使用连接构件（卸扣、转环等）的规格、数量详见图 10-40。

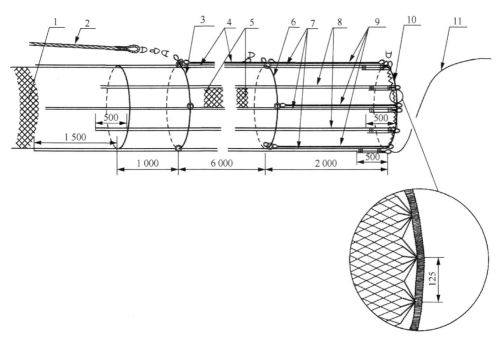

1.网身五段；2.网囊引绳；3.束绳；4.隔绳引绳；5.网囊；6.隔绳；7.网囊力纲；8.网囊力纲；
9.囊底力纲；10.囊底纲；11.囊底抽绳

图 10-39　网囊装配示意图

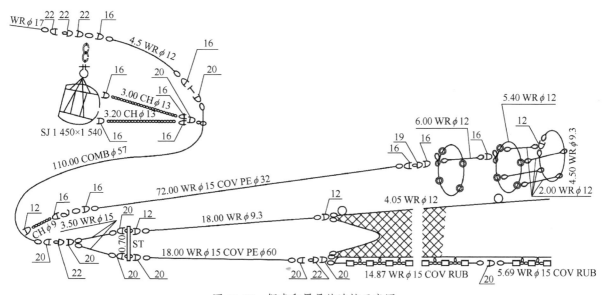

图 10-40　纲索和属具的连接示意图

十一、设计结果评估

根据前面全部设计计算结果，绘出设计装配图如图 10-41 所示。

1. 设计网速度估算

设计网与南海水产有限公司的同功率单拖网做比较。已知 64.6 m（406$^\diamond$×160 mm）294 kW 拖网（1号网）的网衣总长为 52.22 m，拖速约为 3.5 kn，本设计 62.28 m（390$^\diamond$×160 mm）294 kW 拖网的网衣总长为 48.00 m。上述两顶拖网之网线面积系数可详见表 10-11。即

$$\frac{d_1}{a_1} = 0.0328, \quad L_1 = 52.22 \text{ m}, \quad C_1 = 64.60 \text{ m}, \quad v_1 = 3.50 \text{ kn}$$

$$\frac{d_2}{a_2} = 0.0282, \quad L_2 = 48.00 \text{ m}, \quad C_2 = 62.28 \text{ m}$$

62.28 m(390$^\diamond$×160 mm)294 kW

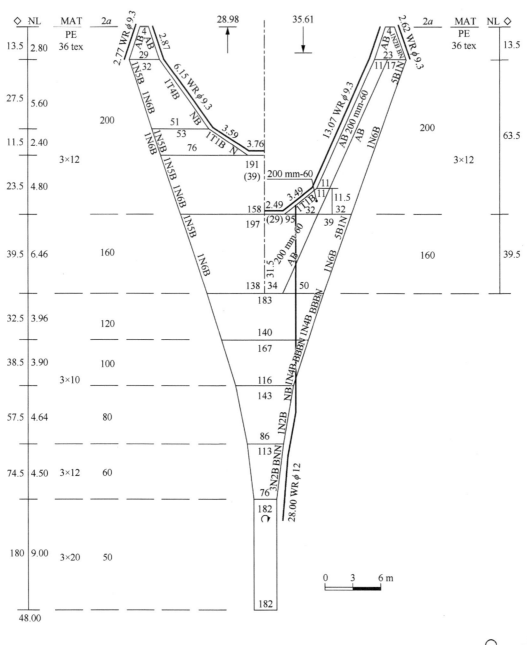

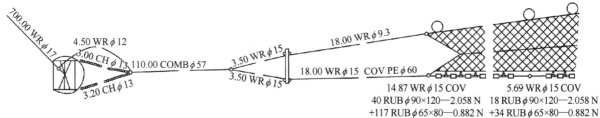

图 10-41　设计网装配示意图

将上述数值代入下式得

$$v_2 = \left(\frac{\dfrac{d_1}{a_1} L_1 C_1}{\dfrac{d_2}{a_2} L_2 C_2} \right)^{0.4} v_1 = \left(\frac{0.0328 \times 52.22 \times 64.60}{0.0282 \times 48.00 \times 62.28} \right)^{0.4} \times 3.50 = (1.313)^{0.4} \times 3.50 = 1.115 \times 3.50 = 3.90(\text{kn})$$

本设计网与母型网——68.80 m（430°×160 mm）441 kW 拖网作比较。已知 68.80 m 拖网的网衣总长为 56.22 m，拖速约为 4.0 kn，其网线面积系数可详见表 10-11。441 kW 及 294 kW 渔船的拖曳功率分别取为 62.33 kW 和 44.39 kW。即

$$P_{T1} = 62.33 \text{ kW}, \quad \frac{d_1}{a_1} = 0.0344, \quad L_1 = 56.22 \text{ m}, \quad C_1 = 68.80 \text{ m}, \quad v_1 = 4.00 \text{ kn}$$

$$P_{T2} = 44.39 \text{ kW}, \quad \frac{d_2}{a_2} = 0.0282, \quad L_2 = 48.00 \text{ m}, \quad C_2 = 62.28 \text{ m}$$

表 10-11　设计网网线面积系数表

段别	网别		
	64.60 m 406°×160 mm 294 kW	68.80 m 430°×160 mm 441 kW	62.28 m 390°×160 mm 294 kW
网口三角	0.029 5	0.029 5	—
下网缘	..	..	0.025 5
疏底	..	..	..
翼端三角	..	..	0.019 0
上翼前段	0.019 9	0.024 0	..
上翼后段	..	..	..
下翼	..	..	..
网盖	..	..	..
疏侧	0.024 9	0.030 0	0.023 8
网身一段上片	..	0.024 9	..
网身二段	0.029 5	0.029 5	0.029 5
网身三段	0.044 3	0.044 3	0.035 4
网身四段	0.059 0	0.059 0	0.044 3
网身五段	0.079 6	0.079 6	0.063 3
平均 $\frac{d}{a}$ 值	0.032 8	0.034 4	0.028 2

将上述数值代入下式得：

$$v_2 = \left(\frac{N_{T2} \dfrac{d_1}{a_1} L_1 C_1}{N_{T1} \dfrac{d_2}{a_2} L_2 C_2} \right)^{0.4} v_1 = \left(\frac{60.4 \times 0.0344 \times 56.22 \times 68.80}{84.8 \times 0.0282 \times 48.00 \times 62.28} \right)^{0.4} \times 4.00 = 1.124^{0.4} \times 4.00 = 1.048 \times 4.00 = 4.19(\text{kn})$$

根据上述计算，设计网与母型网比较，设计网的拖速可达 4.19 kn，结果偏大，可能是采用烟台海洋渔业公司渔轮的拖曳功率数值进行计算，因而产生误差。而本设计网与南海水产有限公司的同功率单拖网作比较，则得出设计网拖速为 3.90 kn，预测比较可靠，比原定设计拖速 3.8 kn 多 0.1 kn，故本设计达到了增快拖速的要求。

2. 本设计网和母型网比较

各设计参数的对比可详见表 10-12。从表中可以看出，本设计的网翼长周比较大而网盖长周比较小，故网翼长与网盖长之比则较大些。结果设计的纲差比较小，有利于提高网口高度。本设计的网衣长周比较小，有利于减小阻力，增快拖速。

综合上面所述，本设计已达到了减少阻力、增快拖速，增加网口高度等的设计要求。

表 10-12 设计参数对照表

网别	K	$\dfrac{L}{C}$/%	$\dfrac{L_翼}{C}$/%	$\dfrac{L_盖}{C}$/%	$\dfrac{L_身}{C}$/%	$\dfrac{L_纲}{C}$/%	$\dfrac{L_下}{C}$/%
62.28 m（390°×160 mm）294 kW	3.1	77.07	17.34	7.71	37.57	17.34	9.31
68.80 m（430°×160 mm）441 kW	2.8	81.72	17.15	7.85	46.25	18.60	10.47

网别	$\dfrac{F_上}{F_盖}$/%	$\dfrac{L_△}{L_翼}$/%	$\dfrac{L_翼}{L_盖}$	ϕ	$Q_{AD}/(N/kW)$	ψ
62.28 m（390°×160 mm）294 kW	20.42	25.93	2.25	0.78	1.44	1.54
68.80 m（430°×160 mm）441 kW	22.27	28.81	2.19	0.84	1.01	1.85

3. 设计的不足与风险分析（略）

另附：设计图纸一套（略）

设计例题仅为设计程序和计算方法提供参考，不考虑创新性。设计的创新性应根据时代的技术进步及解决所遇问题的需要，吸收新理论进行充分分析论证和实验，针对论证和实验结论对设计程序和方法进行改进。

主要参考文献

陈良国，1980. 拖网设计与使用[M]. 北京：农业出版社.

崔建章，1997. 渔具与渔法学[M]. 北京：中国农业出版社.

傅恩波，许佳才，王明德，等，1998. 六线鱼渔笼网目的渔获选择性研究[C]//中国水产捕捞学术研讨会论文集（三）.
　　上海：上海科学.

弗里德曼，1988. 渔具理论与设计[M]. 侯恩准，高清廉，译. 北京：海洋出版社.

何大仁，蔡原才，1998. 鱼类行为学[M]. 厦门：厦门大学出版社.

黄锡昌，1990. 海洋捕捞手册[M]. 北京：农业出版社.

黄锡昌，2001. 捕捞学[M]. 重庆：重庆出版社.

黄锡昌，虞聪达，苗振清，2003. 中国远洋捕捞手册[M]. 上海：上海科学技术文献出版社.

李显森，许传才，孙中之，等，2017. 黄渤海区渔具渔法[M]. 北京：海洋出版社.

卢伙胜，1995a. 手纲冲角近似值的计算方法[J]. 湛江水产学院学报，15（2）：41-48.

卢伙胜，1995b. 拖速对网口高度的影响及估算[C]//全国水产捕捞学术交流会论文集，第九辑，中国水产学会.

卢伙胜，1998. 拖网配纲形状合理性检验[J]. 湛江海洋大学学报，18（1）：33-38.

卢伙胜，1998. 围网长，高比的合理性分析[C]//中国水产捕捞学术研讨会论文集.

农业部水产司，1991. 中国钢质海洋渔船图集[M]. 北京：科学出版社.

秦明双，1997. 刺网损坏的原因及其预防[J]. 湛江海洋大学学报，17（1）：31-33.

全国水产标准化技术委员会渔具分技术委员会，1986. 渔网网片缝合与装配：SC/T 4005—1986[S]. 北京：中国标准
　　出版社.

全国水产标准化技术委员会渔具分技术委员会，1995. 渔具基本术语：SC/T 4001—1995[S]. 北京：中国标准出版社.

全国水产标准化技术委员会渔具分技术委员会，1995. 渔具制图：SC/T 4002—1995[S]. 北京：中国标准出版社.

全国水产标准化技术委员会渔具分技术委员会，2003. 渔具分类、命名及代号：GB/T 5147—2003[S]. 北京：中国标
　　准出版社.

全国水产标准化技术委员会渔具及渔具材料分技术委员会，2014. 渔具材料基本术语：SC/T 5001—2014[S]. 北京：
　　中国标准出版社.

上海市水产研究所，1974. 渔具设计图集[M]. 上海：上海市水产研究所.

宋利明，2017. 渔具测试[M]. 北京：中国农业出版社.

孙满昌，2004. 渔具渔法选择性[M]. 北京：中国农业出版社.

孙满昌，2005. 海洋渔业技术学[M]. 北京：中国农业出版社.

孙仲之，2014. 刺网渔业与捕捞技术[M]. 北京：海洋出版社.

孙仲之，周军，黄六一，等，2014. 黄渤海区渔具通论[M]. 北京：海洋出版社.

唐逸民，1980. 现代深水拖网[M]. 北京：农业出版社.

夏章英，1984. 光诱围网[M]. 北京：海洋出版社.

夏章英，2013. 渔政管理学[M]. 北京：海洋出版社.

夏章英，卢伙胜，颜云榕，等，2014. 应用渔具设计学[M].北京：海洋出版社.

王明彦，陈雪忠，1996. 双船底拖网渔具设计参数的研究[J]. 水产学报，20（1）：36-44.

许柳雄，2004. 渔具理论与设计学[M]. 北京：中国农业出版社.

杨吝，2002. 南海区海洋渔具渔法[M]. 广州：广东科技出版社.

杨吝，张旭丰，张鹏，等，2007. 南海区海洋小型渔具渔法[M]. 广州：广东科技出版社.

赵传锢，陈思行，1983. 金枪鱼类和金枪鱼渔业[M]. 北京：海洋出版社.

中国海洋渔具调查和区划编写组，1990. 中国海洋渔具调查和区划[M]. 杭州：浙江科学技术出版社.

中国海洋渔具图集编写组，1989. 中国海洋渔具图集[M]. 杭州：浙江科学技术出版社.

钟百灵，2022. 中国海洋渔具学[M]. 北京：科学出版社.

朱清澄，花传祥，2017. 西北太平洋秋刀鱼渔业[M]. 北京：海洋出版社.

朱清澄，花传祥，舒畅，等，2019. 江西省渔具渔法名录[M]. 北京：海洋出版社.

附 录

附录 A　图集或报告等资料的简称

简称	全称	编者	出版/编印单位	出版/编印时间
中国图集	中国海洋渔具图集	《中国海洋渔具图集》编写组	浙江科学技术出版社	1989.3
中国调查	中国海洋渔具调查和区划	《中国海洋渔具图集》编写组	浙江科学技术出版社	1990.10
辽宁报告	辽宁省海洋渔具调查报告	顾尚义等	辽宁省海洋渔业开发中心	1985.12
河北图集	河北省海洋渔具图集	庄申等	河北省水产研究所	1985.1
天津图集	天津市海洋渔具图集	陈家余等	天津市水产局区划办公室	1985.8
山东图集	山东省海洋渔具图集	魏绍善等	山东省海洋水产研究所等	1986.6
山东报告	山东海洋渔具调查报告	魏绍善等	山东省海洋水产研究所等	1986.6
江苏选集	江苏省海洋渔具选集	周松亭等	江苏省海洋水产研究所	1986.12
上海报告	上海市海洋渔具调查报告	宋广谱等	上海市水产局渔业区划办公室	1984.11
浙江图集	浙江省海洋渔具图集	刘嗣淼等	浙江省海洋水产研究所等	1985.10
浙江报告	浙江省海洋渔具调查报告	刘嗣淼等	浙江省海洋水产研究所等	1985.10
福建图册	福建省海洋渔具图册	林学钦等	福建科学技术出版社	1986.12
广东图集	广东省海洋渔具图集	钟百灵等	广东省水产局等	1985.10
广东报告	广东省海洋渔具渔法调查报告	傅尚郁等	广东省水产局等	1985.10
广西图集	广西海洋渔具图集	朱其宝等	广西壮族自治区水产局	1987.3
广西报告	广西海洋渔具调查报告	朱其宝等	广西壮族自治区水产局	1987.3
南海区渔具	南海区海洋渔具渔法	杨吝等	广东科技出版社	2002.9
南海区小型渔具	南海区海洋小型渔具渔法	杨吝等	广东科技出版社	2007.11

附录 B　渔具图略语、代号或符号

略语或代号	中文名称	英文名称
2a	网目长度	meshsize
Al	铝	aluminium
ALT	替换、或选	alternative
AS	总沉降力	all sinking force
AW	总质量	all weight
B	单脚、编线	bar，braided netting twine

续表

略语或代号	中文名称	英文名称
BAG	囊	bag
BAIT	饵料	bait
BAM	竹	bamboo
BAS	笼	basket
BOB	滚轮	bobbin
BS	编绳	braided rope
BSJ	变形死结	distorted hard knot
CEM	水泥	cement
CER[①]	陶土	ceramic
CH	铁链	chain
CL	布	cloth
CLIP	钢丝绳夹	clip for wire rope
COG	茅草	couch grass
COMB	夹芯绳	combination rope
COMP	包芯绳	compound rope
COT	棉	cotton
COV	缠绕、穿有	cover
COVR	缠绕绳	cover rope
Cu	铜	copper
E	缩结系数	hanging ratio
Fe	铁、铁线、铁筋	iron
FEAT	羽毛	feather
FISH	鱼	fish
FL	浮子	float
FP	泡沫塑料	foam plastic
FR	下纲	foot rope
GALV	镀锌	galvanize
GL	玻璃	glass
GT	总吨	gross tonnage
HE	麻类[②]	hemp
HJ	活结	reef knot
HO（HK）	钩	hook
hp	功率	horespower
HR	上纲	head rope
J	经向	direction of longitude
kW	千瓦	kilowatt
LAM	灯	lamp
LIV	活饵	live-bait
LR	力纲	lacing rope
MAN	白棕	manila
MAT	材料	material
N	网衣纵向、边旁、牛顿	N-direction，point，Newton
NET	网衣	netting

续表

略语或代号	中文名称	英文名称
NL	网衣纵向拉直长度	N-direction length of netting
NS	捻绳	twisted rope
PA	锦纶（聚酰胺）	polyamide
PAM	锦纶单丝	polyamide monofilament
Pb	铅	lead
PE	乙纶（聚乙烯）	polyethylene
PEM	乙纶单丝	polyethylene monofilament
PES	涤纶（聚酯）	polyester
PENE	废乙纶网衣	
PIP	管	pipe
PL	塑料	plastic
POT	壶	pot
PP	丙纶（聚丙烯）	polypropylene
PR	围网底环	purse ring
PS	聚苯乙烯	polystyrene
PVA	维纶（聚乙烯醇）	polyvinyl alcohol
PVC	氯纶（聚氯乙烯）	polyvinyl chloride
r	节、目脚	bar
RIN	圆环	ring
RUB	橡胶	rubber
SH	双活结	double reef knot
SHAC	卸扣	shackle
SHEL	贝壳	shell
SIN	沉子	sinker
SJ	死结	hard knot
SL	铁线	steel line
SQ	枪乌贼	squid
SS	双死结	double hard knot
SST	不锈钢	stainless steel
ST	钢、钢丝、钢筋	steel
STO	石	stone
STR	稻草绳	straw rope
SW	转环	swivel
t	吨	ton
T	网衣横向、宕眼	T-direction，mesh
TH	套环	thimble
TIN	点锡、镀锡、罐	tin
kn	流速、拖速（节）	trawling（kn）
VIN	藤	vine
W	纬向	direction of weft
WD	木	wood
WH	白色	white
WJ	无结网片	knotless netting

续表

略语或代号	中文名称	英文名称
WR	钢丝绳	steel wire rope
Zn	锌	zinc
δ	厚度	thickness
ϕ	直径、外径	diameter，outside diameter
ϕ_1	圆环材料直径	diameter of material ring
d	内径、孔径	inside diameter，hole-size
◇	网目	mesh
◊	双线编结	double braided
⊤	上网衣	upper panel
⊥	下网衣	lower panel
 ⊢⊦⊣	侧网衣	side panel
~	大约、表示数字范围	approximately，range
↻	圆周目数、圆周长度、绕缝	circumference meshs，circumference length，seaming
⊕	左右对称中心	center of symmetry
 ⟿→	流向	current
 ⇝→	风向	wind
∴∵	鱼群	fishs

注：本附录摘自《中国海洋渔具图集》的附录一，并加以修改和补充。

①在渔具图中，把"烧黏土"沉子画成扁方矩形的，一般是指砖块沉子；画成圆鼓形、圆柱形等其他形状的，一般是指陶质（CER）沉子。

②泛指除了白棕（MAN）以外的其他麻类材料。

附录 C　常用沉子材料的沉率参考表

沉子材料	Pb	Fe	STO	CER	CEM
q'（N/kg 或 mN/g）	8.92	8.42	6.03	5.24	4.71

附录 D　锦纶单丝（PAM）规格参考表

名义直径 ϕ/mm	线密度 tex/(g/km)	干无结断裂强力/N	名义直径 ϕ/mm	线密度 tex/(g/km)	干无结断裂强力/N
0.10	11	6.37	0.32$^{\triangle}$	101	52.04
0.12	16	8.82	0.35	120	61.74
0.15	23	12.74	0.40	155	75.46
0.18	30	15.68	0.45	185	93.1
0.20	44	22.54	0.50	240	117.6
0.25	58	30.38	0.55	280	137.2
0.28$^{\triangle}$	77	39.45	0.60	330	166.6
0.30	90	46.06	0.65$^{\triangle}$	402	199.6

续表

名义直径 φ/mm	线密度 tex/(g/km)	干无结断裂强力/N	名义直径 φ/mm	线密度 tex/(g/km)	干无结断裂强力/N
0.70	480	235.2	1.40	1 790	735.0
0.80	600	284.2	1.50	2 060	842.8
0.90	755	352.8	1.60	2 330	960.4
1.00	920	411.6	1.70	2 630	1 078
1.10	1 110	460.6	1.80	2 960	1 176
1.20	1 320	539.0	1.90	3 290	1 293.6
1.30	1 540	637.0	2.00	3 640	1 421

注：本附录摘自《渔具材料与工艺学》的附表 3-7，并补充了三种规格，即名义直径注有"△"上角标的单丝技术指标数字是根据单丝的截面积用内插法估算出来的。

附录 E　网结耗线系数（C）参考表

网结类型	活结 HJ	死结 SJ	双活结 SH	双死结 SS	双线死结◇SJ	双线双活结◇SH
C 值	14	16	22	24	32	44

注：本附表主要摘自《渔具材料与工艺学》的表 3-2。表内 SH 和双线 SH 的 C 值为估计值。

附录 F　乙纶渔网线规格参考表

规格	公称直径/mm	综合线密度（Rtex）	断裂强力/N	
			一等品	二等品
			≥	≥
36 tex×1×2	0.40	74	34.32	31.38
36 tex×1×3	0.50	111	51.98	47.07
36 tex×2×2	0.60	148	68.65	61.78
36 tex×2×3	0.75	231	97.09	87.28
36 tex×3×3	0.90	347	145.14	130.43
36 tex×4×3	1.00	462	178.48	160.83
36 tex×5×3	1.15	578	222.61	200.06
36 tex×6×3	1.30	693	267.72	241.24
36 tex×7×3	1.40	809	311.85	280.47
36 tex×8×3	1.55	950	356.96	321.66
36 tex×9×3	1.65	1 069	401.09	360.88
36 tex×10×3	1.75	1 188	446.20	402.07
36 tex×11×3	1.85	1 331	190.33	441.30
36 tex×12×3	1.95	1 452	535.44	481.51
36 tex×13×3	2.05	1 572	579.57	521.71
36 tex×14×3	2.15	1 693	623.70	560.94

续表

规格	公称直径/mm	综合线密度（Rtex）	断裂强力/N	
			一等品	二等品
			≥	≥
36 tex×15×3	2.20	1 814	668.81	602.13
36 tex×16×3	2.25	1 931	711.96	640.37
36 tex×17×3	2.30	2 074	764.92	688.43
36 tex×18×3	2.35	2 177	803.16	722.75
36 tex×19×3△	2.43	2 298	848	
36 tex×20×3	2.50	2 419	892.41	803.16
36 tex×21×3△	2.57	2 540	926	
36 tex×22×3△	2.64	2 661	959	
36 tex×23×3△	2.71	2 782	992	
36 tex×24×3△	2.78	2 903	1 026	
36 tex×25×3	2.85	3 024	1 059.12	953.21
36 tex×26×3△	2.92	3 145	1 100	
36 tex×27×3△	2.99	3 266	1 141	
36 tex×28×3△	3.06	3 387	1 183	
36 tex×29×3△	3.13	3 508	1 224	
36 tex×30×3	3.20	3 629	1 265.06	1 137.57
36 tex×31×3△	3.25	3 750	1 308	
36 tex×32×3△	3.30	3 871	1 351	
36 tex×33×3△	3.35	3 992	1 395	
36 tex×34×3△	3.40	4 113	1 438	
36 tex×35×3△	3.45	4 234	1 481	
36 tex×36×3△	3.49	4 354	1 524	
36 tex×37×3△	3.53	4 475	1 567	
36 tex×38×3△	3.57	4 596	1 610	
36 tex×39×3△	3.62	4 717	1 653	
36 tex×40×3	3.65	4 838	1 696.55	1 520.03
36 tex×41×3△	3.69	4 959	1 723	
36 tex×42×3△	3.73	5 080	1 766	
36 tex×43×3△	3.77	5 201	1 823	
36 tex×44×3△	3.81	5 322	1 865	
36 tex×45×3△	3.85	5 442	1 907	
36 tex×46×3△	3.88	5 563	1 949	
36 tex×47×3△	3.91	5 684	1 991	
36 tex×48×3△	3.94	5 805	2 033	
36 tex×49×3△	3.97	5 926	2 075	
36 tex×50×3△	4.00	6 047	2 117	

注：本表规格数字摘自中华人民共和国水产行业标准"乙纶渔网线"（SC 5007—1985），1985 年发布与实施。规格注有"△"上角标的网线的技术指标数字是根据网线的单丝数等用内插法或外插法估算出来的。表中综合线密度的偏差范围为±10%。

附录G　锦纶渔网线规格参考表

结构规格	直径/mm	线密度（tex）	断裂强力/N	
			一等品	二等品
23 tex×1×2	0.28	49	23.54	21.57
23 tex×1×3	0.34	74	35.30	32.36
23 tex×2×2	0.41	102	46.09	44.13
23 tex×2×3	0.51	152	69.63	65.70
23 tex×3×3	0.62	230	104.93	98.07
23 tex×4×3	0.72	313	139.25	131.41
23 tex×5×3	0.82	392	174.56	163.77
23 tex×6×3	0.90	470	202.02	188.29
23 tex×7×3	1.00	543	235.36	219.67
23 tex×8×3	1.08	629	269.68	251.05
23 tex×9×3	1.14	705	293.22	275.57
23 tex×10×3	1.21	796	326.56	306.95
23 tex×11×3	1.28	871	358.52	337.35
23 tex×12×3	1.34	966	391.29	367.75
23 tex×13×3	1.40	1 035	423.65	389.15
23 tex×14×3	1.45	1 102	456.99	429.53
23 tex×15×3	1.51	1 204	489.35	459.93
23 tex×16×3	1.56	1 261	521.71	490.33
23 tex×17×3	1.62	1 358	554.08	520.73
23 tex×18×3	1.66	1 411	587.42	552.11
23 tex×20×3	1.76	1 558	652.14	612.92
偏差		+10% −5%	≥	≥

注：本表规格数字摘自中华人民共和国水产行业标准"锦纶渔网线"（SC 5006—1983），1983 年发布与实施。

附录H　乙纶绳规格参考表

直径/mm	质量/(g/m)	断裂强力/kN	直径/mm	质量/(g/m)	断裂强力/kN
4	8.1	1.50	12	72.0	11.60
5△	12.6	2.21	14	95.0	15.80
6	18.2	3.00	16	128	21.20
7△	24.9	4.07	18	161	26.20
8	32.7	5.30	20	200	32.30
9△	40.5	6.70	22	243	38.30
10	49.0	8.25	24	295	46.00

续表

直径/mm	质量/(g/m)	断裂强力/kN	直径/mm	质量/(g/m)	断裂强力/kN
26	338	52.80	38△	723	110.26
28	392	60.90	40	802	122.00
30	450	69.60	44	971	146.00
32	513	79.00	48	1 160	173.00
34△	579	88.79	52	1 360	202.00
36	649	99.10			

注：本表规格数字摘自中华人民共和国水产行业标准"三股乙纶单丝绳索"（SC 5013—1988），1988 年发布后实施。直径注有"△"上角标的乙纶绳的技术指标数字是根据乙纶绳的截面积用内插法估算出来的。其断裂强力为合格品的数字。

附录 I 渔用钢丝绳规格参考表

直径/mm	参考质量/(kg/m)	断裂强力/kN	直径/mm	参考质量/(kg/m)	断裂强力/kN
6.2	0.135	19.61	18.0△	1.151	166.94
7.7	0.211	30.69	18.5	1.218	176.52
8.5△	0.255	37.14	19.0△	1.287	186.55
9.0△	0.285	41.50	19.5△	1.357	196.85
9.3	0.304	44.23	20.0	1.429	207.41
10.0△	0.347	50.45	21.5	1.658	240.75
11.0	0.414	60.11	23.0	1.901	276.06
11.5△	0.451	66.00	24.5	2.165	314.30
12.0△	0.49	72.14	26.0	2.444	355.00
12.5	0.531	78.55	28.0	2.740	397.66
13.0△	0.580	85.13	31.0	3.383	491.31
14.0	0.685	99.05	34.0	4.093	594.28
15.0△	0.791	114.47	37.0	4.882	707.55
15.5	0.846	122.58	40.0	5.717	830.13
16.0△	0.903	130.98	43.0	6.630	963.01
17.0	1.023	148.57	46.0	7.611	1 103.25

注：本表规格数字摘自"圆股钢丝绳（6×9）的技术性能表"（GB 1102—74）。直径注有"△"符号的钢丝绳的技术指标数字是根据钢丝绳的截面积用内插法估算出来的。

附录 J 钢丝绳插制眼环的留头长度参考表

WR φ/mm	9.3～11	12～14	15～17	18～23.5
留头长度/m	0.35～0.40	0.45～0.50	0.55～0.70	≥0.75

注：南海水产有限公司网具车间提供的资料。

附录 K　夹芯绳插制眼环的留头长度参考表

COMB ϕ（mm）	23～30	32～40	42～50	＞50
留头长度（m）	0.85	0.90	0.95	≥1.00

附录 L　常见的编结符号与剪裁循环（ C ）、剪裁斜率（ R ）对照表

L.1　网衣边缘的编结符号（一宕眼多单脚系列）

编结符号	2r±1 （1r±0.5）	2r±3 （1r±1.5）	2r±2	6r±5 （3r±2.5）	4r±3	10r±7 （5r±3.5）	6r±4	…
C	AB	1T1B	1T2B	1T3B	1T4B	1T5B	1T6B	…
R	1：1	1：3	1：2	3：5	2：3	5：7	3：4	…

L.2　网衣边缘的编结符号（一边旁多单脚系列）

编结符号	6r±1 （3r±0.5）	4r±1	10r±3 （5r±1.5）	6r±2	14r±5 （7r±2.5）	8r±3	…	42r±19 （21r±9.5）	…
C	1N1B	1N2B	1N3B	1N4B	1N5B	1N6B	…	1N19B	…
R	3：1	2：1	5：3	3：2	7：5	4：3	…	21：19	…

L.3　网衣中间的编结符号（纵向增减目道的多目系列）

编结符号	3r±1	5r±1	7r±1	9r±1	11r±1	13r±1	15r±1	…
C	1N1B	2N1B	3N1B	4N1B	5N1B	6N1B	7N1B	…
R	3：1	5：1	7：1	9：1	11：1	13：1	15：1	…

L.4　网衣中间的编结符号（纵向增减目道的多重系列）

编结符号	1r±1	3r±1	4r±2	5r±3	6r±4	7r±5	8r±6	…
C	AB	1N1B	1N2B	1N3B	1N4B	1N5B	1N6B	…
R	1：1	1：3	1：2	3：5	2：3	5：7	3：4	…

注：与网衣中间的编结符号相对应的 C 和 R ，是指沿纵向增减目线分开左、右两边网衣时，其分开边缘上的剪裁循环和剪裁斜率。

附录 M　钢丝绳直径与卸扣、转环、套环规格对应参考表

WR ϕ/mm	SHAC d_1/mm	SW d/mm	套环 B/mm	WR ϕ/mm	SHAC d_1/mm	SW d/mm	套环 B/mm
6.2	10		10	9.3	16	15.5	15
7.7	12		13	10.0	18	15.5	17
8.5	12		13	11.0	18	15.5	17
9.0	16		15	11.5	20	19	19

续表

WR ϕ/mm	SHAC d_1/mm	SW d/mm	套环 B/mm	WR ϕ/mm	SHAC d_1/mm	SW d/mm	套环 B/mm
12.0	20	19	19	20.0	36	28.5	31
12.5	20	19	19	21.5	36	28.5	31
13.0	20	19	19	23.0	40	32	36
14.0	24	22	22	24.5	40	32	36
15.0	24	22	22	26.0	40	32	36
15.5	24	22	22	28.0	45		39
16.0	28	22	25	31.0	50		43
17.0	28	22	25	34.0	55		46
18.0	32	25	27	37.0	58		52
18.5	32	25	27	40.0	65		57
19.0	32	25	27	43.0	65		57
19.5	32	25	27	46.0	70		62

注：ϕ——钢丝绳直径，根据附录 I 摘用。

　　d_1——卸扣横销直径，根据 GD 型钢索螺纹销直形卸扣国家标准（GB 559—65）摘用。

　　d——转环本体钢条直径。

　　B——套环本体宽度，根据 GT 型钢索套环国家标准（GB 560—65）摘用。